DIN-Taschenbuch 22

Für das Fachgebiet Einheiten und Formelgrößen bestehen folgende DIN-Taschenbücher:

DIN-Taschenbuch 22
Einheiten und Begriffe für physikalische Größen.
Normen
(AEF-Taschenbuch 1)

DIN-Taschenbuch 202
Formelzeichen, Formelsatz, Mathematische Zeichen und Begriffe.
Normen
(AEF-Taschenbuch 2)

DIN-Taschenbücher sind vollständig oder nach verschiedenen thematischen Gruppen auch im Abonnement erhältlich. Die Abonnement-Abteilung des Beuth Verlages erreichen Sie unter Tel. (0 30) 26 01 - 22 80 bis 22 82.

Für alle anderen Auskünfte und Bestellungen wählen Sie bitte im Beuth Verlag
Tel. (030) 26 01 - 22 60 bis 22 63.

DIN-Taschenbuch 22

Einheiten und Begriffe für physikalische Größen

Normen
(AEF-Taschenbuch 1)

8. Auflage
Stand der abgedruckten Normen: Februar 1999

Herausgeber: DIN Deutsches Institut für Normung e.V.

Beuth
Beuth Verlag GmbH · Berlin · Wien · Zürich

Die Deutsche Bibliothek – CIP-Einheitsaufnahme

Einheiten und Begriffe für physikalische Größen : Normen
Hrsg.: DIN, Deutsches Institut für Normung e.V.
8. Aufl., Stand der abgedr. Normen: Februar 1999
Berlin ; Wien ; Zürich : Beuth
1999
(AEF-Taschenbuch ; 1)
(DIN-Taschenbuch ; 22)
ISBN 3-410-14463-3

Titelaufnahme nach RAK entspricht DIN V 1505-1.
ISBN nach DIN ISO 2108.
Übernahme der CIP-Einheitsaufnahme auf Schrifttumskarten durch Kopieren oder Nachdrucken frei.
560 Seiten, A5, brosch.
ISSN 0342-801X
(ISBN 3-410-12383-0   7. Aufl.   Beuth Verlag)

Printed in Germany. Druck: DBC Druckhaus Berlin-Centrum

Inhalt

Die in den Verzeichnissen in Verbindung mit einer DIN-Nummer verwendeten Abkürzungen bedeuten:

Bbl Beiblatt

EN Europäische Norm (EN), deren Deutsche Fassung den Status einer Deutschen Norm erhalten hat

Maßgebend für das Anwenden jeder in diesem DIN-Taschenbuch abgedruckten Norm ist deren Fassung mit dem neuesten Ausgabedatum.

Vergewissern Sie sich bitte im aktuellen DIN-Katalog mit neuestem Ergänzungsheft oder fragen Sie: Tel. (0 30) 26 01 - 22 60.

Normung ist Ordnung

DIN – der Verlag heißt Beuth

Das DIN Deutsches Institut für Normung e.V. ist der runde Tisch, an dem Hersteller, Handel, Verbraucher, Handwerk, Dienstleistungsunternehmen, Wissenschaft, technische Überwachung, Staat, also alle, die ein Interesse an der Normung haben, zusammenwirken.

DIN-Normen sind ein wichtiger Beitrag zur technischen Infrastruktur unseres Landes, zur Verbesserung der Exportchancen und zur Zusammenarbeit in einer arbeitsteiligen Gesellschaft.

Das DIN orientiert seine Arbeiten an folgenden Grundsätzen:

- Freiwilligkeit
- Öffentlichkeit
- Beteiligung aller interessierten Kreise
- Einheitlichkeit und Widerspruchsfreiheit
- Sachbezogenheit
- Konsens
- Orientierung am Stand der Technik
- Orientierung an den wirtschaftlichen Gegebenheiten
- Orientierung am allgemeinen Nutzen
- Internationalität

Diese Grundsätze haben den DIN-Normen die allgemeine Anerkennung gebracht. DIN-Normen bilden einen Maßstab für ein einwandfreies technisches Verhalten.

Das DIN stellt über den Beuth Verlag Normen und technische Regeln aus der ganzen Welt bereit. Besonderes Augenmerk liegt dabei auf den in Deutschland unmittelbar relevanten technischen Regeln. Hierfür hat der Beuth Verlag Dienstleistungen entwickelt, die dem Kunden die Beschaffung und die praktische Anwendung der Normen erleichtern. Er macht das in fast einer halben Million von Dokumenten niedergelegte und ständig fortgeschriebene technische Wissen schnell und effektiv nutzbar.

Die Recherche- und Informationskompetenz der DIN-Datenbank erstreckt sich über Europa hinaus auf internationale und weltweit genutzte nationale, darunter auch wichtige amerikanische Normenwerke. Für die Offline-Recherche stehen der DIN-Katalog für technische Regeln (als CD-ROM und in Papierform) und die komfortable internationale Normendatenbank PERINORM zur Verfügung. Auch über das Internet können DIN-Normen recherchiert werden (www.din.de/beuth). Aus dem Rechercheergebnis kann direkt bestellt werden.

DIN und Beuth stellen auch Informationsdienste zur Verfügung, die sowohl auf besondere Nutzergruppen als auch auf individuelle Kundenbedürfnisse zugeschnitten werden können, und berücksichtigen dabei nationale, regionale und internationale Regelwerke aus aller Welt. Sowohl das DIN als auch der in dessen Gemeinnützigkeit eingeschlossene Beuth Verlag verstehen sich als Partner der Anwender, die alle notwendigen Informationen aus Normung und technischem Recht recherchieren und beschaffen. Ihre Serviceleistungen stellen sicher, daß dieses Wissen rechtzeitig und regelmäßig verfügbar ist.

DIN-Taschenbücher

DIN-Taschenbücher sind kleine Normensammlungen im Format A 5. Sie sind nach Fach- und Anwendungsgebiet geordnet. Die DIN-Taschenbücher haben in der Regel eine Laufzeit von drei Jahren, bevor eine Neuauflage erscheint. In der Zwischenzeit kann ein Teil der abgedruckten DIN-Normen überholt sein. Maßgebend für das Anwenden jeder Norm ist jeweils deren Originalfassung mit dem neuesten Ausgabedatum.

Kontaktadressen

Auskünfte zum Normenwerk

Deutsches Informationszentrum für technische Regeln im DIN (DITR)
Postanschrift: 10772 Berlin
Hausanschrift: Burggrafenstraße 6, 10787 Berlin
Kostenpflichtige Telefonauskunft: 01 90 - 88 26 00

Bestellmöglichkeiten für Normen und Normungsliteratur

Beuth Verlag GmbH
Postanschrift: 10772 Berlin
Hausanschrift: Burggrafenstraße 6, 10787 Berlin
E-Mail: postmaster@beuth.de

Deutsche Normen und technische Regeln

Fax: (0 30) 26 01 - 12 60
Tel.: (0 30) 26 01 - 22 60

Auslandsnormen

Fax: (0 30) 26 01 - 18 01
Tel.: (0 30) 26 01 - 23 61

Normen-Abonnement

Fax: (0 30) 26 01 - 12 59
Tel.: (0 30) 26 01 - 22 21

Elektronische Produkte

Fax: (0 30) 26 01 - 12 68
Tel.: (0 30) 26 01 - 26 68

Loseblattsammlungen/Zeitschriften

Fax: (0 30) 26 01 - 12 60
Tel.: (0 30) 26 01 - 21 21

Interessenten aus dem Ausland erreichen uns unter:

Fax: + 49 30 26 01 - 12 60
Tel.: + 49 30 26 01 - 22 60

Prospektanforderung

Fax: (0 30) 26 01 - 17 24
Tel.: (0 30) 26 01 - 22 40

Fax-Abruf-Service

(0 30) 26 01 - 4 50 01

Vorwort

Der Fachbereich A des Normenausschusses Technische Grundlagen (NATG), vormals Normenausschuß Einheiten und Formelgrößen (AEF) im DIN Deutsches Institut für Normung e.V., erarbeitet Normen über einheitliche Begriffsbestimmungen, Benennungen und Formelzeichen für physikalische Größen, über Einheiten und Einheitenzeichen sowie über mathematische Zeichen und Begriffe.

Die vom NATG-A (AEF) bearbeiteten Normen sind mit den internationalen Festlegungen der Organe der Meterkonvention, der International Organization for Standardization (ISO), der International Electrotechnical Commission (IEC), der International Union of Pure and Applied Physics (IUPAP) und der International Union of Pure and Applied Chemistry (IUPAC) abgestimmt.

Dieses DIN-Taschenbuch 22 soll es einem weiten Benutzerkreis und insbesondere den Verfassern von Veröffentlichungen und den Bearbeitern anderer Normen erleichtern, sich der vom NATG-A (AEF) ausgearbeiteten Normen über Einheiten und Begriffe für physikalische Größen zu bedienen und damit die einheitliche und unmißverständliche Verständigung in Naturwissenschaft und Technik zu fördern.

Das vorliegende DIN-Taschenbuch 22 wird ergänzt durch das DIN-Taschenbuch 202 “Formelzeichen, Formelsatz, Mathematische Zeichen und Begriffe. Normen (AEF-Taschenbuch 2, 2. Aufl., 1994)”, das die vom NATG-A (AEF) ausgearbeiteten Normen über Formelzeichen für physikalische Größen, über Formelsatz, über mathematische Zeichen und Begriffe sowie über graphische Darstellungen enthält. Der gestiegene Umfang der vom NATG-A (AEF) bearbeiteten Normen hatte es notwendig gemacht, diese Aufteilung in zwei Bände vorzunehmen.

Durch das Gesetz über Einheiten im Meßwesen und die zugehörige Ausführungsverordnung sind die im geschäftlichen und amtlichen Verkehr zu benutzenden Einheiten und Einheitenzeichen festgelegt. Zahlreiche, früher viel benutzte Einheiten (wie z. B. das Kilopond, die physikalische und die technische Atmosphäre) dürfen nicht mehr angewendet werden. In sämtlichen in diesem DIN-Taschenbuch abgedruckten Normen sind die Auswirkungen des Gesetzes über Einheiten im Meßwesen und seiner Ausführungsverordnung berücksichtigt.

In diese 8. Auflage sind unter der Überschrift “Einführung” einige allgemeine Empfehlungen für die Abfassung technisch-wissenschaftlicher Veröffentlichungen im Hinblick auf Einheiten und Begriffe für physikalische Größen aufgenommen worden (siehe Seiten XII bis XIV).

In dieser 8. Auflage sind fast sämtliche jetzt vom NATG-A (AEF) betreuten Normen wiedergegeben, die sich mit Einheiten sowie mit Begriffsbestimmungen und Benennungen physikalischer Größen befassen, und die bis 1999-02 erschienen sind. Die Normen sind in aufsteigender Folge der DIN-Nummern abgedruckt.

Nicht in diese 8. Auflage aufgenommen wurden einige Normen, die sehr spezielle Gebiete behandeln oder lediglich Übersichten enthalten. Ferner sind die vom NATG-A (AEF) als Haupt- oder Mitträger erarbeiteten Normen über Formelzeichen und Formelsatz, über mathematische Zeichen und Begriffe sowie über graphische Darstellungen nicht mehr in diesem DIN-Taschenbuch 22, sondern im DIN-Taschenbuch 202 abgedruckt. Die Vornormen der Reihe DIN IEC 50 (Internationales Elektrotechnisches Wörterbuch) wurden schon in die 7. Auflage nicht mehr übernommen. Deutsche Übersetzungen von IEV-Kapiteln werden jetzt von der Deutschen Elektrotechnischen Kommission im DIN und VDE (DKE) im Rahmen der “Deutschen Ausgabe des IEV” herausgegeben. Verzeichnisse der in den beiden DIN-Taschenbüchern 22 und 202 abgedruckten Normen (nach Sachgebieten geordnet) erleichtern die Information über dieses Fachgebiet.

Ein umfangreiches Stichwortverzeichnis soll dem Anwender das Auffinden bestimmter Festlegungen in den abgedruckten Normen erleichtern.

Allen Mitarbeitern des NATG-A (AEF), insbesondere den Mitgliedern des Fachbeirates und den Obleuten der Arbeitsausschüsse, sei für ihre Arbeit gedankt, durch die diese 8. Auflage des DIN-Taschenbuches 22 zustande gekommen ist.

Der Fachbereichsleiter des NATG-A
G. Garlichs

Der Referent im NATG-A
B. Brinkmann

Berlin, im März 1999

Hinweise für das Anwenden des DIN-Taschenbuches

Eine **Norm** ist das herausgegebene Ergebnis der Normungsarbeit.

Deutsche Normen (DIN-Normen) sind vom DIN Deutsches Institut für Normung e.V. unter dem Zeichen DIN herausgegebene Normen.

Sie bilden das Deutsche Normenwerk.

Eine **Vornorm** war bis etwa März 1985 eine Norm, zu der noch Vorbehalte hinsichtlich der Anwendung bestanden und nach der versuchsweise gearbeitet werden konnte. Seit April 1985 wird eine Vornorm nicht mehr als Norm herausgegeben. Damit können auch Arbeitsergebnisse, zu deren Inhalt noch Vorbehalte bestehen oder deren Aufstellungsverfahren gegenüber dem einer Norm abweicht, als Vornorm herausgegeben werden (Einzelheiten siehe DIN 820-4).

Eine **Auswahlnorm** ist eine Norm, die für ein bestimmtes Fachgebiet einen Auszug aus einer anderen Norm enthält, jedoch ohne sachliche Veränderungen oder Zusätze.

Eine **Übersichtsnorm** ist eine Norm, die eine Zusammenstellung aus Festlegungen mehrerer Normen enthält, jedoch ohne sachliche Veränderungen oder Zusätze.

Teil (früher Blatt) kennzeichnete bis Juni 1994 eine Norm, die den Zusammenhang zu anderen Teilen mit gleicher Hauptnummer dadurch zum Ausdruck brachte, daß sich die DIN-Nummern nur in den Zählnummern hinter dem Zusatz "Teil" voneinander unterschieden haben. Das DIN hat sich bei der Art der Nummernvergabe der internationalen Praxis angeschlossen. Es entfällt deshalb bei der DIN-Nummer die Angabe "Teil"; diese Angabe wird in der DIN-Nummer durch "-" ersetzt. Das Wort "Teil" wird dafür mit in den Titel übernommen. In den Verzeichnissen dieses DIN-Taschenbuches wird deshalb für alle ab Juli 1994 erschienenen Normen die neue Schreibweise verwendet.

Ein **Beiblatt** enthält Informationen zu einer Norm, jedoch keine zusätzlichen genormten Festlegungen.

Ein **Norm-Entwurf** ist das vorläufig abgeschlossene Ergebnis einer Normungsarbeit, das in der Fassung der vorgesehenen Norm der Öffentlichkeit zur Stellungnahme vorgelegt wird.

Die Gültigkeit von Normen beginnt mit dem Zeitpunkt des Erscheinens (Einzelheiten siehe DIN 820-4). Das Erscheinen wird im DIN-Anzeiger angezeigt.

Hinweise für den Anwender von DIN-Normen

Die Normen des Deutschen Normenwerkes stehen jedermann zur Anwendung frei.

Festlegungen in Normen sind aufgrund ihres Zustandekommens nach hierfür geltenden Grundsätzen und Regeln fachgerecht. Sie sollen sich als "anerkannte Regeln der Technik" einführen. Bei sicherheitstechnischen Festlegungen in DIN-Normen besteht überdies eine tatsächliche Vermutung dafür, daß sie "anerkannte Regeln der Technik" sind. Die Normen bilden einen Maßstab für einwandfreies technisches Verhalten; dieser Maßstab ist auch im Rahmen der Rechtsordnung von Bedeutung. Eine Anwendungspflicht kann sich aufgrund von Rechts- oder Verwaltungsvorschriften, Verträgen oder sonstigen Rechtsgründen ergeben. DIN-Normen sind nicht die einzige, sondern eine Erkenntnisquelle für technisch ordnungsgemäßes Verhalten im Regelfall. Es ist auch zu berücksichtigen, daß DIN-Normen nur den zum Zeitpunkt der jeweiligen Ausgabe herrschenden Stand der Technik berücksichtigen können. Durch das Anwenden von Normen entzieht sich niemand der Verantwortung für eigenes Handeln. Jeder handelt insoweit auf eigene Gefahr.

Jeder, der beim Anwenden einer DIN-Norm auf eine Unrichtigkeit oder eine Möglichkeit einer unrichtigen Auslegung stößt, wird gebeten, dies dem DIN unverzüglich mitzuteilen, damit etwaige Mängel beseitigt werden können.

Einführung

1 Einheiten

1.1 Grundnormen über Einheiten

Festlegungen über Einheiten, Einheitennamen, Einheitenzeichen und allgemein angewendete Teile und Vielfache von Einheiten finden sich in DIN 1301-1 und DIN 1301-2. Grundlage dieser Normen ist das Internationale Einheitensystem, das mit dem für alle Sprachen gleichen Kurzzeichen SI (von Système International d'Unités) bezeichnet wird. In einem Einheitensystem unterscheidet man zwischen Basiseinheiten und abgeleiteten Einheiten. Die Basiseinheiten des Internationalen Einheitensystems sind von der Generalkonferenz für Maß und Gewicht definiert. Die abgeleiteten SI-Einheiten werden durch Produkte und Quotienten aus den Basiseinheiten gebildet. Einige abgeleitete SI-Einheiten haben einen besonderen Namen (siehe DIN 1301-1 : 1993-12, Tabelle 2). Eine weitere Änderung betrifft ein besonderes Einheitenzeichen für einen dezimalen Teil der SI-Einheit des Volumens: Die Generalkonferenz für Maß und Gewicht hat beschlossen, neben dem Einheitenzeichen l für das Liter auch das Zeichen L gleichberechtigt zuzulassen. Zu einem späteren Zeitpunkt soll entschieden werden, welches der beiden Einheitenzeichen allein verwendet werden soll.

Beim *Rechnen* mit Größen ist es oft vorteilhaft, sich auf die Verwendung der SI-Basiseinheiten und der abgeleiteten SI-Einheiten zu beschränken, d. h. *keine* Vorsätze zu verwenden. In diesem Fall können sehr große oder sehr kleine Zahlenwerte vorkommen, die dann zweckmäßigerweise mit Hilfe von Zehnerpotenzen dargestellt werden.

Bei *Größenangaben* dagegen werden sehr große oder sehr kleine Zahlenwerte oft als unhandlich oder störend empfunden. Will man die Zahlenwerte in einer praktikablen Größenordnung halten – in DIN 1301-1 wird der Bereich von 0,1 bis 1 000 empfohlen – kann man Vorsätze verwenden, um dezimale Vielfache und Teile von Einheiten zu bezeichnen, wie z. B. Kilowatt oder Millimeter. Diese Vorsätze haben den Namen SI-Vorsätze erhalten. Es gibt 20 SI-Vorsätze; zusammen mit der Einheit ohne Vorsatz stehen deshalb in einfachen Fällen 21 verschiedene Einheiten für eine Größe zur Verfügung. Bei zusammengesetzten Einheiten nimmt die Anzahl der Kombinationsmöglichkeiten stark zu.

Aus der großen Anzahl von Möglichkeiten für dezimale Vielfache und Teile von Einheiten bevorzugte Anwendungsbeispiele anzugeben, ist ein Ziel von DIN 1301-2. Der AEF hat damit dem wiederholt und seit langem vorgetragenen Wunsch vieler Anwender entsprochen und eine Liste von Einheiten mit Vorsätzen genormt, die in allen Fachgebieten angewendet werden können. Wo ein Bedarf nach weitergehenden Festlegungen besteht, müssen diese für das jeweilige Fachgebiet durch den zuständigen Normenausschuß geschaffen werden. Die Gliederung in Abschnitte und die Benummerung der Größen in DIN 1301-2 ist aus der inzwischen durch DIN 1304-1 : 1994-03 (siehe DIN-Taschenbuch 202) ersetzten DIN 1304 : 1978-02 übernommen. Da DIN 1304 mehr Größen enthielt als DIN 1301-2, weist die Benummerung in DIN 1301-2 Lücken auf.

Obwohl aufgrund des Gesetzes über Einheiten im Meßwesen und der zugehörigen Ausführungsverordnung zahlreiche früher vielbenutzte Einheiten im geschäftlichen und amtlichen Verkehr nicht mehr benutzt werden dürfen, finden sich ihre Namen und Zeichen noch vielfach im älteren Schrifttum. Um den Anwender die Anwendung dieses Schrifttums zu erleichtern, sind in DIN 1301-3 zahlreiche Umrechnungsbeziehungen für nicht mehr anzuwendende Einheiten festgelegt. Der Anwender findet also genormte Umrechnungsfaktoren, soweit diese eindeutig festliegen.

Neben den eigentlichen physikalischen Einheiten werden eine Reihe von besonderen Namen und Zeichen für Einheiten von Größen der Dimension 1 gebraucht. Soweit diese in Normen verschiedener Fachgebiete oder von technischen oder wissenschaftlichen Fachorganisationen einheitlich benutzt werden, sind sie in Beiblatt 1 zu DIN 1301-1 zusammengestellt.

1.2 Einheitenangaben in Normen

Im Sinne des Beschreibens physikalischer Erscheinungen und Vorgänge durch Größen ist es nicht folgerichtig, hierbei bestimmte Einheiten vorzuschreiben. *Größengleichungen* (siehe DIN 1313) gelten allgemein und unabhängig von den für die Größenwerte gewählten Einheiten. Der große Vorteil des Rechnens mit Größen ist daher die Möglichkeit einer freien Wahl der Einheiten.

Auch in Normen sollte man die Wahl der Einheiten dem Benutzer freistellen. In vielen Fällen wird es genügen, auf DIN 1301-1 und DIN 1301-2 als die Zusammenstellung der allgemein empfohlenen und üblichen Einheiten zu verweisen. Will man aber in einer Norm bestimmte Einheiten empfehlen (d. h. ihre Anwendung in diesem Bereich normen), so sollte dies in einer geeigneten Form ausdrücklich gesagt werden. Einheitenspalten in Tabellen und Zusammenstellungen können z. B. mit "empfohlene Einheit" oder mit "anzugeben in" überschrieben werden. Im Text hat man es durch einen geeigneten Wortlaut immer in der Hand, deutlich erkennen zu lassen, ob eine Einheit in dem betreffenden Anwendungsbereich genormt werden soll.

Unberührt hiervon bleibt, daß bei *Zahlenwertgleichungen* und *zugeschnittenen Größengleichungen* (siehe DIN 1313) immer angegeben werden muß, welche Einheiten den einzusetzenden Zahlenwerten zugrunde zu legen sind, damit sie zu richtigen Ergebnissen führen. Hierfür empfohlene Möglichkeiten sind in DIN 1313 zusammengestellt. In einer Norm, in der man häufiger Zahlenwertgleichungen verwenden will, kann man sich die notwendigen Einheitenangaben gegebenenfalls dadurch erleichtern, daß man nur Einheiten eines bestimmten Systems voraussetzt und an genügend auffallender Stelle einen Hinweis darauf bringt, daß für alle angegebenen Zahlenwertgleichungen die Einheiten dieses Systems gelten.

Werden nur Einheiten eines kohärenten Einheitensystems, z. B. des Internationalen Einheitensystems (SI), gewählt, so sind die Zahlenwertgleichungen formal gleichlautend wie die zugehörigen Größengleichungen. Das gleiche wird erreicht, wenn eine Gruppe von Einheiten teils mit Vorsätzen, teils ohne Vorsätze so ausgewählt wird, daß die zugehörigen Einheitengleichungen keinen von 1 abweichenden Faktor ergeben. Eine solche Gruppe (z. B. kVA, kV, A, kΩ, kH, mF, s) ist dann kohärent und kann ohne zusätzliche Zahlenfaktoren in die Größengleichungen eingeführt werden.

2 Erklärung physikalischer Größen

2.1

Physikalische Phänome werden qualitativ und quantitativ durch physikalische Größen und Größengleichungen beschrieben. Formelzeichen für Größen stehen in Größengleichungen für Größenwerte, und jeder *Größenwert* kann als Produkt aus Zahlenwert und Einheit dargestellt werden. Wenn sich die Einheit ändert, ändert sich auch der Zahlenwert. Das Produkt aus Zahlenwert und Einheit bleibt dabei für einen betrachteten Größenwert konstant; der Größenwert ist "invariant" gegenüber einem Wechsel der Einheit. Größengleichungen gelten also unabhängig von den gewählten Einheiten und sind deshalb unbedingt zu bevorzugen. Es ist deshalb auch nicht richtig, bei Benennungen und Erklärungen physikalischer Größen allgemeine oder gar besondere Einheiten zu Hilfe zu nehmen. Formulierungen in Definitionen wie "Zählergröße je Einheit der Nennergröße" sind falsch, richtig ist "Zählergröße durch Nennergröße" (z. B. bei der Dichte nicht “Masse je Volumeneinheit”, sondern “Masse durch Volumen”). Solche Größenquotienten sollte man strikt mit “durch” und auch nicht mit “je” oder “pro” ausdrücken, also z. B. auch nicht “Masse je Volumen” sagen, da mit einer solchen Angabe nicht die Dichte gemeint ist, sondern die Masse eines jeweils betrachteten Volumens.

2.2

Man gelangt zur Dimension einer physikalischen Größe, indem man von deren Vektor- oder Tensorcharakter, allen numerischen Faktoren einschließlich des Vorzeichens und gegebenenfalls bestehenden Sachbezügen absieht. Eine Dimension wird mit Hilfe des Zeichens “dim” vor dem Symbol der zugeordneten Größe dargestellt. In einem Dimensionssystem unterscheidet man zwischen Basisdimensionen und abgeleiteten Dimensionen. Die Basisdimensionen müssen so ausgewählt sein, daß sie voneinander unabhängig sind und aus ihnen die abgeleiteten Dimensionen durch Multiplikation, Division und Potenzierung ableitbar sind. Das dem Internationalen Einheitensystem (SI) zugrundeliegende Dimensionssystem hat die Basisdimensionen Länge, Masse, Zeit, elektrische Stromstärke, thermodynamische Temperatur, Stoffmenge und Lichtstärke.

Es ist zu beachten, daß das Wort “Dimension” kein Synonym für die Benennung “Einheit” ist.

3 Gleichungen

DIN 1313 enthält die grundlegenden Begriffe zu Gleichungen im Zusammenhang mit physikalischen Größen. Es wird empfohlen, Größengleichungen bevorzugt zu benutzen. Diese Empfehlung gilt insbesondere für Veröffentlichungen, in denen Gleichungen vorkommen, die allgemeine Zusammenhänge erkennbar machen sollen. In derartigen Veröffentlichungen soll meist nicht der Gebrauch bestimmter Einheiten vorgeschrieben werden. Es ist der entscheidende Vorzug von Größengleichungen, unabhängig von den für die Angabe von Größenwerten benutzten Einheiten zu sein. Anders verhält es sich bei Zahlenwertgleichungen und zugeschnittenen Größengleichungen, die deshalb unmißverständlich als solche gekennzeichnet werden müssen. Für die in Zahlenwertgleichungen zu benutzenden Einheiten gilt Abschnitt 1.

4 Grundlagen der Meßtechnik

Die Reihe der Normen DIN 1319 behandelt jetzt unter dem gegenüber früheren Ausgaben erweiterten Haupttitel “Grundlagen der Meßtechnik” einerseits Begriffe (DIN 1319-1 und DIN 1319-2) und andererseits Auswerteverfahren, insbesondere Berechnungsverfahren für die Meßunsicherheit (DIN 1319-3 und DIN 1319-4). Es wird erwogen, DIN 1319-3 und DIN 1319-4 zukünftig nicht mehr in diesem DIN-Taschenbuch 22, sondern im DIN-Taschenbuch 202 abzudrucken.

DIN-Nummernverzeichnis

Hierin bedeuten:

● Neu aufgenommen gegenüber der 7. Auflage des DIN-Taschenbuches 22

□ Geändert gegenüber der 7. Auflage des DIN-Taschenbuches 22

○ Zur abgedruckten Norm besteht ein Norm-Entwurf

(en) Von dieser Norm gibt es auch eine vom DIN herausgegebene englische Übersetzung

Gegenüber der letzten Auflage nicht mehr abgedruckte Normen

DIN 1355-1	Ersetzt durch DIN EN 28601
DIN 5479	Zurückziehung beabsichtigt
DIN 5493	Ersetzt durch DIN 5493-2
DIN 5493 Bbl 1	Ersetzt durch DIN 5493-2 Bbl 1
DIN 5496-2	Ersetzt durch DIN 5496
DIN 13346	Ersetzt durch DIN 1345
DIN 40146-2	Ersatzlos zurückgezogen
DIN 40146-3	Ersetzt durch DIN 40146-1
DIN 66030	Ersatzlos zurückgezogen

Verzeichnis abgedruckter Normen
(nach Sachgebieten geordnet)

DK 001.6(083.5) : 389.16 : 53.081 : 003.62

Dezember 1993

Einheiten

Einheitennamen, Einheitenzeichen

DIN 1301 Teil 1

Units; names, symbols

Ersatz für Ausgabe 12.85

Diese Norm stimmt sachlich weitgehend überein mit der Internationalen Norm ISO 1000 : 1992, siehe Erläuterungen. Sie berücksichtigt darüber hinaus die Beschlüsse der 19. Generalkonferenz für Maß und Gewicht (CGPM), 1991.

1 Anwendungsbereich und Zweck

In der vorliegenden Norm sind die Einheiten des Internationalen Einheitensystems (SI) sowie einige weitere empfohlene Einheiten und die Vorsätze für dezimale Teile und Vielfache der Einheiten aufgeführt.

Allgemein angewendete Teile und Vielfache von SI-Einheiten und weiteren empfohlenen Einheiten sind in DIN 1301 Teil 2 zusammengestellt.

Umrechnungsbeziehungen für nicht mehr zu verwendende Einheiten siehe DIN 1301 Teil 3.

Einheitenähnlich verwendete Namen und Zeichen siehe Beiblatt 1 zu DIN 1301 Teil 1.

2 Begriffe

2.1 Einheiten und Einheitensysteme

Siehe DIN 1313

2.2 SI-Einheiten

SI-Einheiten sind die SI-Basiseinheiten und die abgeleiteten SI-Einheiten.

ANMERKUNG: Der Name „Système International d'Unités" (Internationales Einheitensystem) und das Kurzzeichen SI wurden durch die 11. Generalkonferenz für Maß und Gewicht (CGPM), 1960, festgelegt. Eine ausführliche Information über das Internationale Einheitensystem gibt die in englischer und französischer Sprache vom Internationalen Büro für Maß und Gewicht erhältliche Schrift: „Le Système International d'Unités (SI)".

2.3 SI-Basiseinheiten

Die SI-Basiseinheiten sind in Tabelle 1 aufgeführt. Aus ihnen lassen sich alle übrigen Einheiten des Systems ableiten.

Definitionen der SI-Basiseinheiten siehe Anhang A.

2.4 Abgeleitete SI-Einheiten

Abgeleitete SI-Einheiten sind kohärente, d. h. mit dem Zahlenfaktor Eins gebildete Produkte, Quotienten oder Potenzprodukte von SI-Basiseinheiten.

BEISPIELE:

$\frac{\mathrm{kg}}{\mathrm{s}}$ für den Massenstrom

$\mathrm{A \cdot s}$ für die elektrische Ladung

$\frac{\mathrm{kg \cdot m}}{\mathrm{s}^2}$ für die Kraft

Abgeleitete SI-Einheiten mit besonderem Namen und besonderen Einheitenzeichen siehe Tabelle 2.

Tabelle 1: SI-Basiseinheiten

Nr	Größe	SI-Basiseinheit	
		Name	Zeichen
1.1	Länge	Meter	m
1.2	Masse	Kilogramm	kg
1.3	Zeit	Sekunde	s
1.4	elektrische Stromstärke	Ampere	A
1.5	thermodynamische Temperatur	Kelvin	K
1.6	Stoffmenge	Mol	mol
1.7	Lichtstärke	Candela	cd

3 Darstellung der abgeleiteten SI-Einheiten

Eine abgeleitete SI-Einheit kann mit den Namen der SI-Basiseinheiten oder auf mehrere Arten mit den besonderen Namen von abgeleiteten SI-Einheiten ausgedrückt werden.

Zur besseren Unterscheidung zwischen Größen gleicher Dimension dürfen bestimmte Namen oder bestimmte Kombinationen bevorzugt werden.

Zum Beispiel:

- für das Kraftmoment das Newtonmeter (N · m) anstelle des Joule,
- für die Frequenz eines periodischen Vorganges das Hertz (Hz) und für die Aktivität einer radioaktiven Substanz das Becquerel (Bq) anstelle der reziproken Sekunde $\left(\frac{1}{\mathrm{s}}\right)$.

Fortsetzung Seite 2 bis 6

Normenausschuß Einheiten und Formelgrößen (AEF) im DIN Deutsches Institut für Normung e. V.

Tabelle 2: Abgeleitete SI-Einheiten mit besonderem Namen und mit besonderem Einheitenzeichen

Nr	Größe	SI-Einheit Name	Zeichen	Beziehung
2.1	ebener Winkel	Radiant	rad	$1\ \text{rad} = 1\ \frac{\text{m}}{\text{m}}$
2.2	Raumwinkel	Steradiant	sr	$1\ \text{sr} = 1\ \frac{\text{m}^2}{\text{m}^2}$
2.3	Frequenz eines periodischen Vorganges	Hertz	Hz	$1\ \text{Hz} = \frac{1}{\text{s}}$
2.4	Aktivität einer radioaktiven Substanz	Becquerel	Bq	$1\ \text{Bq} = \frac{1}{\text{s}}$
2.5	Kraft	Newton	N	$1\ \text{N} = 1\ \frac{\text{J}}{\text{m}} = 1\ \frac{\text{m} \cdot \text{kg}}{\text{s}^2}$
2.6	Druck, mechanische Spannung	Pascal	Pa	$1\ \text{Pa} = 1\ \frac{\text{N}}{\text{m}^2} = 1\ \frac{\text{kg}}{\text{m} \cdot \text{s}^2}$
2.7	Energie, Arbeit, Wärme	Joule	J	$1\ \text{J} = 1\ \text{N} \cdot \text{m} = 1\ \text{W} \cdot \text{s} = 1\ \frac{\text{m}^2 \cdot \text{kg}}{\text{s}^2}$
2.8	Leistung, Wärmestrom	Watt	W	$1\ \text{W} = 1\ \frac{\text{J}}{\text{s}} = 1\ \text{V} \cdot \text{A} = 1\ \frac{\text{m}^2 \cdot \text{kg}}{\text{s}^3}$
2.9	Energiedosis	Gray	Gy	$1\ \text{Gy} = 1\ \frac{\text{J}}{\text{kg}} = 1\ \frac{\text{m}^2}{\text{s}^2}$
2.10	Äquivalentdosis	Sievert	Sv	$1\ \text{Sv} = 1\ \frac{\text{J}}{\text{kg}} = 1\ \frac{\text{m}^2}{\text{s}^2}$
2.11	elektrische Ladung	Coulomb	C	$1\ \text{C} = 1\ \text{A} \cdot \text{s}$
2.12	elektrisches Potential, elektrische Spannung	Volt	V	$1\ \text{V} = 1\ \frac{\text{J}}{\text{C}} = 1\ \frac{\text{m}^2 \cdot \text{kg}}{\text{s}^3 \cdot \text{A}}$
2.13	elektrische Kapazität	Farad	F	$1\ \text{F} = 1\ \frac{\text{C}}{\text{V}} = 1\ \frac{\text{s}^4 \cdot \text{A}^2}{\text{m}^2 \cdot \text{kg}}$
2.14	elektrischer Widerstand	Ohm	Ω	$1\ \Omega = 1\ \frac{\text{V}}{\text{A}} = 1\ \frac{\text{m}^2 \cdot \text{kg}}{\text{s}^3 \cdot \text{A}^2}$
2.15	elektrischer Leitwert	Siemens	S	$1\ \text{S} = \frac{1}{\Omega} = 1\ \frac{\text{s}^3 \cdot \text{A}^2}{\text{m}^2 \cdot \text{kg}}$
2.16	magnetischer Fluß	Weber	Wb	$1\ \text{Wb} = 1\ \text{V} \cdot \text{s} = 1\ \frac{\text{m}^2 \cdot \text{kg}}{\text{s}^2 \cdot \text{A}}$
2.17	magnetische Flußdichte	Tesla	T	$1\ \text{T} = 1\ \frac{\text{Wb}}{\text{m}^2} = 1\ \frac{\text{kg}}{\text{s}^2 \cdot \text{A}}$
2.18	Induktivität	Henry	H	$1\ \text{H} = 1\ \frac{\text{Wb}}{\text{A}} = 1\ \frac{\text{m}^2 \cdot \text{kg}}{\text{s}^2 \cdot \text{A}^2}$
2.19	Celsius-Temperatur [1])	Grad Celsius	°C	1 °C = 1 K
2.20	Lichtstrom	Lumen	lm	$1\ \text{lm} = 1\ \text{cd} \cdot \text{sr}$
2.21	Beleuchtungsstärke	Lux	lx	$1\ \text{lx} = 1\ \frac{\text{lm}}{\text{m}^2} = 1\ \frac{\text{cd} \cdot \text{sr}}{\text{m}^2}$

[1]) Siehe Anhang A, Abschnitt A.5, Anmerkung 2

4 Einheiten außerhalb des SI

Tabelle 3: Allgemein anwendbare Einheiten außerhalb des SI

Nr	Größe	Einheitenname	Einheitenzeichen	Definition
3.1	ebener Winkel	Vollwinkel Gon Grad Minute Sekunde	2) gon ° 3) ′ 3) ″ 3)	1 Vollwinkel = 2 π rad 1 gon = (π/200) rad 1° = (π/180) rad 1′ = (1/60)° 1″ = (1/60)′
3.2	Volumen	Liter	l, L 4)	$1\ l = 1\ dm^3 = 1\ L$
3.3	Zeit	Minute Stunde Tag	min 3) h 3) d 3)	1 min = 60 s 1 h = 60 min 1 d = 24 h
3.4	Masse	Tonne Gramm	t g 5)	$1\ t = 10^3\ kg = 1\ Mg$ $1\ g = 10^{-3}\ kg$
3.5	Druck	Bar	bar	$1\ bar = 10^5\ Pa$

2) Für diese Einheit ist international noch kein Zeichen genormt.
3) Nicht mit Vorsätzen verwenden.
4) Die beiden Einheitenzeichen für Liter sind gleichberechtigt.
5) Das Gramm ist eine Basiseinheit des CGS-Systems, aber zugleich auch eine Einheit im SI.

Tabelle 4: Einheiten außerhalb des SI mit beschränktem Anwendungsbereich

Nr	Größe und Anwendungsbereich	Einheitenname	Einheitenzeichen	Definition, Beziehung
4.1	Brechwert von optischen Systemen	Dioptrie	dpt 6)	1 Dioptrie ist gleich dem Brechwert eines optischen Systems mit der Brennweite 1 m in einem Medium der Brechzahl 1. $1\ dpt = \frac{1}{m}$
4.2	Fläche von Grundstücken und Flurstücken	Ar Hektar	a ha 3)	$1\ a = 10^2\ m^2$ $1\ ha = 10^4\ m^2$
4.3	Wirkungsquerschnitt in der Atomphysik	Barn	b	$1\ b = 10^{-28}\ m^2$
4.4	Masse in der Atomphysik	atomare Masseneinheit	u	1 atomare Masseneinheit ist der 12te Teil der Masse eines Atoms des Nuklids ^{12}C: $1\ u = 1{,}660\ 540\ 2 \cdot 10^{-27}\ kg$ Die Standardabweichung beträgt: $s = 1{,}0 \cdot 10^{-33}\ kg$ (CODATA Bulletin Nr 63, November 1986)
4.5	Masse von Edelsteinen	metrisches Karat	7)	1 metrisches Karat = 0,2 g
4.6	längenbezogene Masse von textilen Fasern und Garnen	Tex	tex	$1\ tex = 1\ \frac{g}{km}$
4.7	Blutdruck und Druck anderer Körperflüssigkeiten in der Medizin	Millimeter-Quecksilbersäule	mmHg 3)	1 mmHg = 133,322 Pa
4.8	Energie in der Atomphysik	Elektronvolt	eV	1 Elektronvolt ist die Energie, die ein Elektron beim Durchlaufen einer Potentialdifferenz von 1 Volt im leeren Raum gewinnt: $1\ eV = 1{,}602\ 177\ 33 \cdot 10^{-19}\ J$ Die Standardabweichung beträgt: $s = 4{,}9 \cdot 10^{-26}\ J$ (CODATA Bulletin Nr 63, November 1986)
4.9	Blindleistung in der elektrischen Energietechnik	Var	var	1 var = 1 W Siehe DIN 40 110 Teil 1 (z. Z. Entwurf)

3) Nicht mit Vorsätzen verwenden.
6) Dieses Zeichen ist nicht international genormt.
7) ES gibt kein international genormtes Einheitenzeichen. Bisher wurde Kt verwendet.

5 Dezimale Teile und Vielfache von Einheiten

5.1 Dezimale Teile und Vielfache von Einheiten werden mit den Vorsätzen und Vorsatzzeichen nach Tabelle 5 dargestellt. Die Vorsätze und Vorsatzzeichen werden nur zusammen mit Einheitennamen und -zeichen benutzt.

5.2 Ein Vorsatzzeichen wird ohne Zwischenraum vor das Einheitenzeichen geschrieben. Das Vorsatzzeichen bildet mit dem Einheitenzeichen das Zeichen einer neuen Einheit. Ein Exponent am Einheitenzeichen gilt auch für das Vorsatzzeichen.

BEISPIELE:

$$1\,\mathrm{cm}^3 = 1 \cdot (10^{-2}\,\mathrm{m})^3 = 1 \cdot 10^{-6}\,\mathrm{m}^3$$

$$1\,\mu\mathrm{s}^{-1} = \frac{1}{\mu\mathrm{s}} = \frac{1}{10^{-6}\,\mathrm{s}} = 10^6\,\mathrm{s}^{-1} = 10^6\,\mathrm{Hz} = 1\,\mathrm{MHz}$$

Tabelle 5: Vorsätze und Vorsatzzeichen für dezimale Teile und Vielfache von Einheiten („SI-Vorsätze")

Nr	Vorsatz	Vorsatzzeichen	Faktor, mit dem die Einheit multipliziert wird
5.1	Yocto	y	10^{-24}
5.2	Zepto	z	10^{-21}
5.3	Atto	a	10^{-18}
5.4	Femto	f	10^{-15}
5.5	Piko	p	10^{-12}
5.6	Nano	n	10^{-9}
5.7	Mikro	µ	10^{-6}
5.8	Milli	m	10^{-3}
5.9	Zenti	c	10^{-2}
5.10	Dezi	d	10^{-1}
5.11	Deka	da	10^{1}
5.12	Hekto	h	10^{2}
5.13	Kilo	k	10^{3}
5.14	Mega	M	10^{6}
5.15	Giga	G	10^{9}
5.16	Tera	T	10^{12}
5.17	Peta	P	10^{15}
5.18	Exa	E	10^{18}
5.19	Zetta	Z	10^{21}
5.20	Yotta	Y	10^{24}

5.3 Mehrere Vorsätze dürfen nicht zusammengesetzt werden.

BEISPIEL:

Für $1 \cdot 10^{-9}$ m darf geschrieben werden 1 nm (Nanometer), aber nicht 1 mµm (Millimikrometer).

5.4 Vorsätze werden nicht auf die SI-Basiseinheit Kilogramm (kg), sondern auf die Einheit Gramm (g) angewendet.

BEISPIEL:

Milligramm (mg), aber nicht Mikrokilogramm (µkg)

6 Anwendung von Einheiten mit Vorsätzen

6.1 Bei der Angabe von Größen kann es zweckmäßig sein, die Vorsätze so zu wählen, daß die Zahlenwerte zwischen 0,1 und 1000 liegen.

BEISPIELE:

Es kann geschrieben werden

12 kN	anstelle von	$1{,}2 \cdot 10^4$ N
3,94 mm	anstelle von	0,003 94 m
1,401 kPa	anstelle von	1401 Pa
31 ns	anstelle von	$3{,}1 \cdot 10^{-8}$ s
6 al^{-1}	anstelle von	$6 \cdot 10^{18}/\mathrm{l}$

6.2 Innerhalb einer Wertetabelle sollte jeweils nur ein Vorsatz bei einer Einheit verwendet werden, auch wenn dadurch einige Zahlenwerte außerhalb des Bereiches zwischen 0,1 und 1000 liegen. In besonderen Anwendungsbereichen wird eine Einheit mit nur einem bestimmten Vorsatz verwendet, zum Beispiel das Millimeter in technischen Zeichnungen des Maschinenbaues.

7 Artikel der Einheitennamen und Schreibweise von Einheitenzeichen

7.1 Die Namen der Einheiten in den Tabellen 1, 2, 3 und 4 sind sächlich (z. B. das Meter) mit folgenden Ausnahmen:

die Sekunde, die Minute, die Stunde, die Candela (Betonung auf der zweiten Silbe), die Tonne, die atomare Masseneinheit, die Dioptrie, die Millimeter-Quecksilbersäule, der Radiant, der Steradiant, der Vollwinkel, der Grad, der Tag, der Grad Celsius.

7.2 Einheitenzeichen werden mit Großbuchstaben geschrieben, wenn der Einheitenname von einem Eigennamen abgeleitet ist, sonst mit Kleinbuchstaben (Ausnahme: L).

7.3 Einheitenzeichen werden ohne Rücksicht auf die im übrigen Text verwendete Schriftart senkrecht (gerade) wiedergegeben, siehe DIN 1338. Sie stehen in Größenangaben nach dem Zahlenwert, wobei ein Abstand zwischen Zahlenwert und Einheitenzeichen einzuhalten ist (Ausnahmen: °, ′, ″).

7.4 Produkte von Einheiten werden auf eine der folgenden Arten dargestellt:

N · m, N m

7.5 Beim Gebrauch eines Einheitenzeichens, das einem Vorsatzzeichen gleich ist, sind Faktoren so zu schreiben, daß keine Verwechslung möglich ist.

BEISPIEL:

Die Einheit Newtonmeter für das Kraftmoment sollte N m oder m · N geschrieben werden, aber nicht m N, um eine Verwechslung mit Millinewton (mN) auszuschließen.

7.6 Quotienten von Einheiten werden auf eine der folgenden Arten dargestellt:

$\frac{m}{s}$ oder m/s oder durch Schreiben des Potenzproduktes $m \cdot s^{-1}$

Wenn ein schräger Bruchstrich verwendet wird und im Nenner mehrere Einheitenzeichen vorkommen, sollen Mehrdeutigkeiten durch Verwendung von Klammern vermieden werden.

BEISPIEL:

Die SI-Einheit der Wärmeleitfähigkeit soll nicht W/K/m, sondern

$W \cdot K^{-1} \cdot m^{-1}$ oder $\frac{W}{K \cdot m}$ oder W/(K · m)

geschrieben werden.

Wenn eine Einheit eine Potenz mit negativem Exponenten ist, kann sie als Bruch mit einer 1 im Zähler geschrieben werden.

BEISPIEL:

$$s^{-1} = \frac{1}{s}$$

Die 1 sollte entfallen, wenn die Einheit mit einer Zahl multipliziert wird.

BEISPIEL:

$$3000\ s^{-1} = \frac{3000}{s}$$

7.7 Über maschinelle Wiedergabe von Einheitennamen und Vorsätzen auf Datenverarbeitungsanlagen mit beschränktem Schriftzeichenvorrat siehe DIN 66 030.

Anhang A

Die von der Generalkonferenz für Maß und Gewicht (Conférence Générale des Poids et Mesures – CGPM) festgelegten Definitionen der Basiseinheiten des Internationalen Einheitensystems

A.1 Meter

Das Meter ist die Länge der Strecke, die Licht im Vakuum während der Dauer von (1/299 792 458) Sekunden durchläuft.
(17. CGPM, 1983)

A.2 Kilogramm

Das Kilogramm ist die Einheit der Masse; es ist gleich der Masse des Internationalen Kilogrammprototyps.
(1. CGPM (1889) und 3. CGPM (1901))

A.3 Sekunde

Die Sekunde ist das 9 192 631 770fache der Periodendauer der dem Übergang zwischen den beiden Hyperfeinstrukturniveaus des Grundzustandes von Atomen des Nuklids ^{133}Cs entsprechenden Strahlung.
(13. CGPM (1967))

A.4 Ampere

Das Ampere ist die Stärke eines konstanten elektrischen Stromes, der, durch zwei parallele, geradlinige, unendlich lange und im Vakuum im Abstand von 1 Meter voneinander angeordnete Leiter von vernachlässigbar kleinem, kreisförmigem Querschnitt fließend, zwischen diesen Leitern je 1 Meter Leiterlänge die Kraft $2 \cdot 10^{-7}$ Newton hervorrufen würde.
(CIPM (1946), angenommen durch die 9. CGPM (1948))

A.5 Kelvin

Das Kelvin, die Einheit der thermodynamischen Temperatur, ist der 273,16. Teil der thermodynamischen Temperatur des Tripelpunktes des Wassers.
(13. CGPM (1967))

ANMERKUNG 1: Die 13. CGPM (1967) entschied, daß die Einheit Kelvin und das Einheitenzeichen K benutzt werden können, um eine Temperaturdifferenz anzugeben.

ANMERKUNG 2: Bei Angabe der Celsius-Temperatur

$$t = T - T_0$$

mit

$$T_0 = 273{,}15\ K$$

wird der Einheitenname Grad Celsius (Einheitenzeichen: °C) als besonderer Name für das Kelvin benutzt. Eine Differenz zweier Celsius-Temperaturen darf auch in Grad Celsius angegeben werden. Siehe auch DIN 1345.

A.6 Mol

Das Mol ist die Stoffmenge eines Systems, das aus ebensoviel Einzelteilchen besteht, wie Atome in 0,012 Kilogramm des Kohlenstoffnuklids ^{12}C enthalten sind. Bei Benutzung des Mol müssen die Einzelteilchen spezifiziert sein und können Atome, Moleküle, Ionen, Elektronen sowie andere Teilchen oder Gruppen solcher Teilchen genau angegebener Zusammensetzung sein.
(14. CGPM, 1971)

A.7 Candela

Die Candela ist die Lichtstärke in einer bestimmten Richtung einer Strahlungsquelle, die monochromatische Strahlung der Frequenz $540 \cdot 10^{12}$ Hertz aussendet und deren Strahlstärke in dieser Richtung (1/683) Watt durch Steradiant beträgt.
(16. CGPM, 1979)

Zitierte Normen und andere Unterlagen

DIN 1301 Teil 2	Einheiten; Allgemein angewendete Teile und Vielfache
DIN 1301 Teil 3	Einheiten; Umrechnungen für nicht mehr anzuwendende Einheiten
Beiblatt 1 zu DIN 1301 Teil 1	Einheiten; Einheitenähnliche Namen und Zeichen
DIN 1313	Physikalische Größen und Gleichungen; Begriffe, Schreibweisen
DIN 1338	Formelschreibweise und Formelsatz
DIN 1345	Thermodynamik; Grundbegriffe
DIN 40 110 Teil 1	Wechselstromgrößen; Zweileiter-Stromkreise
DIN 66 030	Informationsverarbeitung; Darstellung von Einheitennamen in Systemen mit beschränktem Schriftzeichenvorrat
ISO 1000 : 1992	SI units and recommendations for the use of their multiples and of certain other units

Le Système International d'Unités (SI), Bureau International des Poids et Mesures, Pavillon de Breteuil, F-92312 Sèvres Cedex

CODATA Bulletin Nr 63, November 1986, Pergamon Press, Pergamon Journals Ltd, Headington Hill Hall, Oxford 0X30BW, UK

Weitere Normen

DIN 1305	Masse, Kraft, Gewichtskraft, Gewicht, Last; Begriffe

Frühere Ausgaben

DIN 1301: 07.25, 04.28, 03.33, 06.55, 11.61, 02.62X, 01.66X, 11.71

DIN 1301 Teil 1: 02.78, 10.78, 12.85

DIN 1339: 07.46, 04.58, 09.68, 11.71

DIN 1357: 04.58X, 08.66, 12.67, 11.71

Änderungen

Gegenüber der Ausgabe Dezember 1985 wurden folgende Änderungen vorgenommen:

a) Die neuen Vorsätze Zepto, Zetta, Yocto und Yotta wurden in Tabelle 5 ergänzt.

b) Die Werte für die atomare Masseneinheit und das Elektronvolt wurden entsprechend CODATA Bulletin Nr 63 geändert.

Erläuterungen

Die vorliegende Norm DIN 1301 Teil 1 enthält den Inhalt der Abschnitte 1 bis 5 der Internationalen Norm ISO 1000 „SI units and recommendations for the use of their multiples and of certain other units" (Third edition – 1992), sowie deren Annex B. Gegenüber den Festlegungen in ISO 1000 bestehen folgende Abweichungen:

Die Einheiten Radiant und Steradiant wurden nicht als „ergänzende SI-Einheiten", sondern als abgeleitete SI-Einheiten mit besonderem Namen klassifiziert. In Anlehnung an die Richtlinie 80/181/EWG wurden die Einheiten Barn, metrisches Karat, Millimeter-Quecksilbersäule, Tex und Var aufgenommen, die Einheiten astronomische Einheit und Parsec gestrichen. Nicht übernommen wurde die Regel aus ISO 1000, nach der in zusammengesetzten Einheiten nur einmal ein Vorsatz verwendet werden soll. Weiterhin wurde die Schreibweise für Einheiten mit dem Multiplikationspunkt auf der Zeile (z. B.: N . m) nicht übernommen, weil der Multiplikationspunkt auf der Zeile bei Zahlen zu Mißverständnissen führen kann und deshalb auch nicht bei Einheiten genormt werden sollte.

Die in ISO 1000, Annex A enthaltenen Beispiele für dezimale Vielfache und Teile von Einheiten werden in DIN 1301 Teil 2 behandelt.

Internationale Patentklassifikation

G 09 F 007/00

G 11 B 005/00

DK 001.6(083.5) : 389.16 : 53.081 : 001.4 : 003.62 April 1982

Einheiten

Einheitenähnliche Namen und Zeichen

Beiblatt 1 zu DIN 1301 Teil 1

Units; names and symbols analogous to units

Dieses Beiblatt enthält Informationen zu DIN 1301 Teil 1, jedoch keine zusätzlichen genormten Festlegungen.

Außer den in DIN 1301 Teil 1 genormten Einheiten werden in Normen verschiedener Fachgebiete und von technischen und wissenschaftlichen Fachorganisationen die in der folgenden Tabelle aufgeführten Namen und Zeichen wie Einheiten für Größen der Dimension 1 benutzt.

Nr	Größe	Einheitenähnliche Namen und Zeichen		Bemerkung
		Name	Zeichen	
1	Pegel und Maße in der Nachrichtentechnik und Akustik	das Neper das Bel das Dezibel	Np B dB	1 Np = [20/ln10] dB ≈ 8,686 dB 1 B = [(ln10)/2] Np ≈ 1,15 Np 1 dB = [(ln10)/20] Np ≈ 0,115 Np DIN 5493*) DIN 40 148 Teil 1 ISO 31 Teil II und Teil VII IEC 27-3
2	Lautstärkepegel	das Phon	phon	ISO 131 DIN 45 630 Teil 1
3	Lautheit	das Sone	sone	DIN 45 630 Teil 1
4	Frequenzmaßintervall, Intervall	die Dekade die Oktave die Terz das Cent	dec oct terz cent	DIN 13 320 (lg 2) dec = 1 oct = 3 terz = 1200 cent
5	Anzahl der Binärentscheidungen, Entscheidungsgehalt, Informationsgehalt	das Bit	bit	DIN 44 300
6	photographische Empfindlichkeit	DIN Röntgen-DIN	DIN Rö-DIN	DIN 4512 Teil 1 DIN 6830 Teil 2

*) Entwurf Oktober 1980.

Fortsetzung Seite 2

Normenausschuß Einheiten und Formelgrößen (AEF) im DIN Deutsches Institut für Normung e.V.
Normenausschuß Grundlagen der Normung (NG) im DIN

Nr	Größe	Einheitenähnliche Namen und Zeichen: Name	Zeichen	Bemerkung
7	scheinbare Helligkeit der Sterne	astronomische Größenklasse (magnitudo)	$\ldots^{m}$ oder mag	Sind m_1 und m_2 die Größenklassen zweier Sterne 1 und 2 und E_1 und E_2 die am Ort des Beobachters von ihnen hervorgerufenen Beleuchtungsstärken, so gilt: $\{m_1\} - \{m_2\} = -2{,}5 \log (E_1/E_2)$ Für einige Sterne ist die Größenklasse festgelegt. (Die Internationale Polarsequenz, Transactions Intern. Astro. Union Vol XIV B (Proceedings 1970) und Landolt Börnstein, Neue Serie VI Band I „Astronomie und Astrophysik" (1965) S. 316 und S. 323)
8	Zuckergehalt	der Grad Zucker	°S	Recommandation No. 14, Organisation Internationale de Métrologie Légale (OIML) 11, Rue Turgot, F-75009 Paris

Zitierte Normen und andere Unterlagen

DIN 1301 Teil 1 Einheiten; Einheitennamen, Einheitenzeichen

DIN 4512 Teil 1 Photographische Sensitometrie; Bestimmung der Lichtempfindlichkeit von Schwarzweiß-Negativmaterial für bildmäßige Aufnahmen

DIN 5493*) Logarithmierte Größenverhältnisse; Maße, Pegel in Neper und Dezibel

DIN 6830 Teil 2 Röntgenfilme zur Verwendung mit Fluoreszenz-Verstärkungsfolien in der medizinischen Diagnostik; Bestimmung der Empfindlichkeit des mittleren Gradienten und des Schleiers

DIN 13 320 Akustik; Spektren und Übertragungskurven; Begriffe, Darstellung

DIN 40 148 Teil 1 Übertragungssysteme und Zweitore; Begriffe und Größen

DIN 44 300 Informationsverarbeitung; Begriffe

DIN 45 630 Teil 1 Grundlagen der Schallmessung; Physikalische und subjektive Größen von Schall

ISO 31 Teil II Quantities and units of periodic and related phenomena

ISO 31 Teil VII Quantities and units of acoustics

ISO 131 Acoustics; expression of physical and subjective magnitudes of sound or noise in air

IEC 27-3 Letter symbols to be used in electrical technology. Part 3: Logarithmic quantities and units

OIML Recommandation No. 14

Transactions Intern. Astro. Union, Vol XIV B (Proceedings 1970)

Landolt Börnstein, Neue Serie VI Band 1 „Astronomie und Astrophysik" (1965), S. 316 und S. 323.

*) Entwurf Oktober 1980

DK 001.6 (083.3) : 389.16 : 53.081 : 001.4 : 003.62

Februar 1978

Einheiten

Allgemein angewendete Teile und Vielfache

DIN 1301 Teil 2

Units; sub-multiples and multiples for general use

Mit DIN 1301 Teil 1 Ersatz für DIN 1301

Zusammenhang mit der Internationalen Norm ISO 1000-1973 siehe DIN 1301 Teil 1.

Um dem Benutzer die Auswahl der Einheiten zu erleichtern, werden für in Naturwissenschaft und Technik häufig verwendete Größen die SI-Einheiten, weitere Einheiten und Beispiele für die Auswahl von Einheiten mit Vorsätzen für dezimale Teile und Vielfache angegeben.

Die Auswahl soll keine Einschränkung bedeuten, sondern soll helfen, gleichartige Größen in den verschiedenen Bereichen der Technik in gleicher Weise anzugeben. Für einige Anwender (zum Beispiel in Forschung und Lehre) wird eine größere Freiheit in der Auswahl von dezimalen Teilen und Vielfachen der SI-Einheiten angebracht sein, als aus der folgenden Tabelle zu entnehmen ist.

Wenn in speziellen Anwendungsbereichen ein Bedarf nach weiteren mit Vorsätzen bezeichneten Teilen und Vielfachen von Einheiten besteht, wird den Normenausschüssen empfohlen, entsprechende Festlegungen zu treffen.

Für besondere Einheiten der Akustik, Informatik und Nachrichtentechnik ist eine eigene Norm in Vorbereitung.

In der folgenden Liste sind die Größenbenennungen aus DIN 1304 nicht vollständig übernommen.

1	2	3	4	5	6	7
Nr nach DIN 1304	Größe	SI-Einheit	ausgewählte dezimale Teile und Vielfache der SI-Einheit	Einheiten außerhalb des SI Einheit	 ausgewählte dezimale Teile und Vielfache der Einheiten aus Spalte 5	Bemerkungen und Information über Einheiten für spezielle Anwendungsbereiche
1 Länge und ihre Potenzen						
1.1	ebener Winkel	rad (Radiant)	µrad mrad	″ (Sekunde) ′ (Minute) gon (Gon) ° (Grad)	mgon cgon	Die Winkeleinheiten Grad, Minute und Sekunde sollten in technischen Berechnungen nicht gleichzeitig verwendet werden, also z. B. nicht $\alpha = 33° 17' 27{,}6''$, sondern besser $\alpha = 33{,}291°$. $1 \text{ gon} = \frac{\pi}{200} \text{ rad}$ $1° = \frac{\pi}{180} \text{ rad}$
1.3	Raumwinkel	sr (Steradiant)				siehe DIN 1315
1.5	Länge	m (Meter)	nm µm mm cm km			Die internationale Seemeile wird in der Luft- und Seefahrt verwendet. 1 internationale Seemeile = 1852 m

Fortsetzung Seite 2 bis 11

Normenausschuß Einheiten und Formelgrößen (AEF) im DIN Deutsches Institut für Normung e.V.
Normenausschuß Grundlagen der Normung (NG) im DIN

1	2	3	4	5	6	7
Nr nach DIN 1304	Größe	SI-Einheit	ausgewählte dezimale Teile und Vielfache der SI-Einheit	Einheiten außerhalb des SI Einheit	 ausgewählte dezimale Teile und Vielfache der Einheiten aus Spalte 5	Bemerkungen und Information über Einheiten für spezielle Anwendungsbereiche
1.13	Wellenlänge	m	pm nm µm mm			
1.14	Fläche	m^2 (Quadratmeter)	mm^2 cm^2 dm^2 km^2			Ar (Einheitenzeichen: a) und Hektar (Einheitenzeichen: ha) werden für Grund- und Flurstücke verwendet. 1 a = 10^2 m^2 1 ha = 10^4 m^2
1.16	Volumen	m^3 (Kubikmeter)	mm^3 cm^3 dm^3	l (Liter)	ml cl hl	1 l = 1 dm^3
2 Zeit und Raum						
2.1	Zeit	s (Sekunde)	ns µs ms ks	min (Minute) h (Stunde) d (Tag)		
2.2	Periodendauer, Schwingungsdauer	s	ns µs ms			
2.4	Frequenz	Hz (Hertz)	kHz MHz GHz THz			
2.14	Drehzahl, Umdrehungsfrequenz	s^{-1}				$1\ min^{-1} = \frac{1}{60} s^{-1}$
2.15	Winkelgeschwindigkeit	rad/s				
2.23	Geschwindigkeit	m/s		m/h	km/h	1 Knoten = 1 Seemeile/Stunde = $0{,}51\overline{4}$ m/s $1\ km/h = \frac{1}{3{,}6}$ m/s
2.25	Beschleunigung	m/s^2				

1	2	3	4	5	6	7
Nr nach DIN 1304	Größe	SI-Einheit	ausgewählte dezimale Teile und Vielfache der SI-Einheit	Einheiten außerhalb des SI		Bemerkungen und Information über Einheiten für spezielle Anwendungsbereiche
				Einheit	ausgewählte dezimale Teile und Vielfache der Einheiten aus Spalte 5	
3 Mechanik						
3.1	Masse	kg (Kilogramm)	µg mg g Mg	u t (Tonne)	dt	Zu u (atomare Masseneinheit) siehe DIN 1301 Teil 1, Ausgabe Februar 1978, Tabelle 4. Masseneinheiten werden auch für das Gewicht als Ergebnis der Wägung von Warenmengen benutzt, siehe DIN 1305. 1 dt = 100 kg Das Karat (Einheitenzeichen: Kt) wird zur Angabe der Masse von Edelsteinen verwendet. 1 Kt = 0,2 g
3.2	längenbezogene Masse	kg/m	mg/m			Das Tex (Einheitenzeichen: tex) wird in der Textilindustrie verwendet. 1 tex = 1 g/km siehe DIN 60 905 Teil 1
3.4	Dichte	kg/m³	g/cm³ kg/dm³ Mg/m³	t/m³ kg/l	g/l g/ml	$1\ g/cm^3 = 1\ kg/dm^3 = 1\ Mg/m^3 = 1\ t/m^3 = 1\ g/ml = 1\ kg/l$ siehe DIN 1306
3.9	Trägheitsmoment	kg · m²				
3.10	Kraft	N (Newton)	µN mN kN MN			siehe DIN 1305
3.13	Drehmoment	N · m	µN · m mN · m kN · m MN · m			
3.16	Impuls	kg · m/s				1 kg · m/s = 1 N · s
3.17	Drehimpuls	kg · m²/s				$1\ kg \cdot m^2/s = 1\ N \cdot m \cdot s$
3.18	Druck	Pa (Pascal)	µPa mPa kPa MPa GPa	bar	µbar mbar	$1\ bar = 10^5\ Pa$, siehe DIN 1314

1	2	3	4	5	6	7
Nr nach DIN 1304	Größe	SI-Einheit	ausgewählte dezimale Teile und Vielfache der SI-Einheit	Einheiten außerhalb des SI		Bemerkungen und Information über Einheiten für spezielle Anwendungsbereiche
				Einheit	ausgewählte dezimale Teile und Vielfache der Einheiten aus Spalte 5	
3.22 3.23	mechanische Spannung	N/m², Pa	kPa N/mm² MPa GPa			1 MPa = 1 N/mm²
3.33	dynamische Viskosität	Pa · s	mPa · s			siehe DIN 1342
3.34	kinematische Viskosität	m²/s	mm²/s			siehe DIN 1342
3.35	Grenzflächen-spannung	N/m	mN/m			
3.39 3.40	Arbeit Energie	J (Joule) [dʒu : l]	mJ kJ MJ GJ TJ	eV (Elektron-volt) W · h	keV MeV GeV kW · h MW · h GW · h TW · h	Die Einheiten keV, MeV und GeV werden in der Atom- und Kernphysik, in der Beschleuniger- und Reaktortechnik und in der Energiewirtschaft verwendet. 1 W · h = 3,6 kJ siehe DIN 1345
3.45	Leistung	W (Watt)	µW mW kW MW GW			
4 Elektrizität und Magnetismus						
4.1	elektrische Ladung	C (Coulomb)	pC nC µC mC kC			Die Amperestunde (Einheitenzeichen: A · h) wird bei Akkumulatoren verwendet. 1 A · h = 3,6 kC siehe DIN 1324
4.3	Flächenladungs-dichte	C/m²	µC/m² mC/m² kC/m² C/cm² C/mm² MC/m²			siehe DIN 1324 1 C/mm² = 1 MC/m²

1	2	3	4	5	6	7
Nr nach DIN 1304	Größe	SI-Einheit	ausgewählte dezimale Teile und Vielfache der SI-Einheit	Einheiten außerhalb des SI Einheit	 ausgewählte dezimale Teile und Vielfache der Einheiten aus Spalte 5	Bemerkungen und Information über Einheiten für spezielle Anwendungsbereiche
4.4	Raumladungsdichte	C/m^3	µC/m^3 mC/m^3 kC/m^3 C/cm^3 MC/m^3 C/mm^3			siehe DIN 1324 1 C/cm^3 = 1 MC/m^3
4.5	elektrischer Fluß	C	mC kC MC			siehe DIN 1324
4.6	elektrische Fluß-dichte	C/m^2	µC/m^2 mC/m^2 kC/m^2 C/cm^2			siehe DIN 1324
4.7	elektrische Polarisation	C/m^2	µC/m^2 mC/m^2 kC/m^2 C/cm^2			siehe DIN 1324
4.8	elektrisches Dipolmoment	C · m				siehe DIN 1324
4.9 4.10	elektrisches Potential elektrische Spannung	V (Volt)	µV mV kV MV			siehe DIN 1323
4.11	elektrische Feldstärke	V/m	µV/m mV/m V/cm V/mm kV/m MV/m			siehe DIN 1324 1 V/mm = 1 kV/m
4.12	elektrische Kapazität	F (Farad)	aF pF nF µF mF			siehe DIN 1357
4.13	Permittivität, Dielektrizitäts-konstante	F/m	pF/m nF/m µF/m			siehe DIN 1324

1	2	3	4	5	6	7
Nr nach DIN 1304	Größe	SI-Einheit	ausgewählte dezimale Teile und Vielfache der SI-Einheit	Einheiten außerhalb des SI		Bemerkungen und Information über Einheiten für spezielle Anwendungsbereiche
				Einheit	ausgewählte dezimale Teile und Vielfache der Einheiten aus Spalte 5	
4.17	elektrische Stromstärke	A (Ampere)	pA nA µA mA kA MA			siehe DIN 1324
4.18	elektrische Stromdichte	A/m^2	kA/m^2 A/cm^2 A/mm^2 MA/m^2			siehe DIN 1324 $1\ A/mm^2 = 1\ MA/m^2$
4.19	elektrischer Strombelag	A/m	A/cm A/mm kA/m			siehe DIN 1324 1 A/mm = 1 kA/m
4.21	magnetische Spannung	A	mA kA MA			siehe DIN 1325
4.22	magnetische Feldstärke	A/m	A/cm A/mm kA/m			siehe DIN 1325 1 A/mm = 1 kA/m
4.23	magnetischer Fluß	Wb (Weber)	mWb			siehe DIN 1325
4.25	magnetische Flußdichte	T (Tesla)	nT µT mT			siehe DIN 1325
4.26	magnetisches Vektorpotential	Wb/m	Wb/mm kWb/m			siehe DIN 1325 1 Wb/mm = 1 kWb/m
4.27	Induktivität	H (Henry)	pH nH µH mH			siehe DIN 1325
4.28	Permeabilität	H/m	nH/m µH/m			siehe DIN 1325
4.32	Magnetisierung	A/m	A/mm kA/m			siehe DIN 1325 1 A/mm = 1 kA/m

1	2	3	4	5	6	7
				Einheiten außerhalb des SI		
Nr nach DIN 1304	Größe	SI-Einheit	ausgewählte dezimale Teile und Vielfache der SI-Einheit	Einheit	ausgewählte dezimale Teile und Vielfache der Einheiten aus Spalte 5	Bemerkungen und Information über Einheiten für spezielle Anwendungsbereiche
4.33	magnetische Polarisation	T	mT			siehe DIN 1325
4.34	elektromagnetisches Moment	$A \cdot m^2$				siehe DIN 1325
4.35	magnetischer Widerstand	H^{-1}				siehe DIN 1325
4.36	magnetischer Leitwert	H				siehe DIN 1325
4.37	elektrischer Widerstand	Ω (Ohm)	μΩ mΩ kΩ MΩ GΩ TΩ			siehe DIN 1324
4.38	elektrischer Leitwert	S (Siemens)	μS mS kS			siehe DIN 1324
4.39	spezifischer elektrischer Widerstand	Ω · m	nΩ · m μΩ · m mΩ · m Ω · cm kΩ · m MΩ · m GΩ · m			Ferner sind μΩ · cm und $\Omega \cdot mm^2/m$ gebräuchlich. $1\ \mu\Omega \cdot cm = 10^{-8}\ \Omega \cdot m$ $1\ \Omega \cdot mm^2/m = 10^{-6}\ \Omega \cdot m$ siehe DIN 1324
4.40	elektrische Leitfähigkeit	S/m	kS/m MS/m			siehe DIN 1324
4.41	Blindwiderstand	Ω	mΩ kΩ MΩ			siehe DIN 40 110
4.42	Blindleitwert	S	μS mS kS			siehe DIN 40 110
4.44	Scheinwiderstand	Ω	mΩ kΩ MΩ			siehe DIN 40 110
4.46	Scheinleitwert	S	μS mS kS			siehe DIN 40 110

1	2	3	4	5	6	7
				Einheiten außerhalb des SI		
Nr nach DIN 1304	Größe	SI-Einheit	ausgewählte dezimale Teile und Vielfache der SI-Einheit	Einheit	ausgewählte dezimale Teile und Vielfache der Einheiten aus Spalte 5	Bemerkungen und Information über Einheiten für spezielle Anwendungsbereiche
4.50	Leistung	W	nW µW mW kW MW GW TW			In der elektrischen Energietechnik wird die Scheinleistung in Voltampere (Einheitenzeichen: VA) und die Blindleistung in Var (Einheitenzeichen: var) angegeben, siehe DIN 40 110
5 Thermodynamik und Wärmeübertragung						
5.1	thermodynamische Temperatur	K (Kelvin)	mK			siehe DIN 1345
5.2	Temperaturdifferenz	K	mK			Für Intervalle und Differenzen von Celsius-Temperaturen kann °C anstelle von K benutzt werden, siehe DIN 1345
5.3	Celsius-Temperatur	°C (Grad Celsius)				Bei der Angabe von Celsius-Temperaturen wird der Einheitenname Grad Celsius (Einheitenzeichen: °C) als besonderer Name für das Kelvin (Einheitenzeichen: K) benutzt, siehe DIN 1345
5.5	(thermischer) Volumenausdehnungskoeffizient	K^{-1}				siehe DIN 1345
5.7 5.27	Wärme innere Energie	J	mJ kJ MJ GJ TJ			siehe DIN 1345
5.8	Wärmestrom	W	kW			siehe DIN 1341
5.13	Wärmeleitfähigkeit	W/(m · K)				siehe DIN 1341
5.14	Wärmeübergangskoeffizient	$W/(m^2 \cdot K)$				siehe DIN 1341
5.17	Wärmekapazität	J/K	kJ/K			siehe DIN 1345
5.18	spezifische Wärmekapazität	J/(kg · K)	kJ/(kg · K)			siehe DIN 1345
5.23	Entropie	J/K	kJ/K			siehe DIN 1345
5.24	spezifische Entropie	J/(kg · K)	kJ/(kg · K)			siehe DIN 1345

1	2	3	4	5	6	7
Nr nach DIN 1304	Größe	SI-Einheit	ausgewählte dezimale Teile und Vielfache der SI-Einheit	Einheiten außerhalb des SI		Bemerkungen und Information über Einheiten für spezielle Anwendungsbereiche
				Einheit	ausgewählte dezimale Teile und Vielfache der Einheiten aus Spalte 5	
5.26 5.28	spezifische Enthalpie spezifische innere Energie	J/kg	kJ/kg MJ/kg			siehe DIN 1345
6	**Physikalische Chemie und Molekularphysik**					
6.12	Stoffmenge	mol (Mol)	μmol mmol kmol			
6.14	Stoffmengen-konzentration	mol/m^3	kmol/m^3 mol/dm^3	mol/l		siehe DIN 1310 1 kmol/m^3 = 1 mol/l
6.15	stoffmengenbezogenes (molares) Volumen	m^3/mol	cm^3/mol dm^3/mol	l/mol		siehe DIN 1345
6.17	Molalität	mol/kg	mmol/kg			siehe DIN 1310
6.18	stoffmengenbezogene (molare) Masse	kg/mol	g/mol			siehe DIN 1345
6.19	stoffmengenbezogene (molare) Entropie	J/(mol · K)				siehe DIN 1345
6.21	stoffmengenbezogene (molare) innere Energie	J/mol	kJ/mol			siehe DIN 1345
6.26	stoffmengenbezogene (molare) Wärmekapazität	J/(mol · K)				siehe DIN 1345
6.35	Diffusions-koeffizient	m^2/s	cm^2/s			siehe DIN 5491
7	**Licht und verwandte elektromagnetische Strahlungen**					
7.1	Lichtstärke	cd (Candela)				siehe DIN 5031 Teil 3
7.2	Lichtstrom	lm (Lumen)				siehe DIN 5031 Teil 3
7.3	Lichtausbeute	lm/W				siehe DIN 5031 Teil 3
7.4	Lichtmenge	lm · s				siehe DIN 5031 Teil 3 1 lm · h = 3600 lm · s
7.5	Leuchtdichte	cd/m^2				siehe DIN 5031 Teil 3

1	2	3	4	5	6	7
Nr nach DIN 1304	Größe	SI-Einheit	ausgewählte dezimale Teile und Vielfache der SI-Einheit	Einheiten außerhalb des SI Einheit	Einheiten außerhalb des SI ausgewählte dezimale Teile und Vielfache der Einheiten aus Spalte 5	Bemerkungen und Information über Einheiten für spezielle Anwendungsbereiche
7.6	spezifische Lichtausstrahlung	lm/m^2				siehe DIN 5031 Teil 3
7.7	Beleuchtungsstärke	lx (Lux)				siehe DIN 5031 Teil 3
7.8	Belichtung	$lx \cdot s$				siehe DIN 5031 Teil 3
7.13	Brechwert von Linsen	m^{-1}				Die Dioptrie (Einheitenzeichen: dpt) wird zur Angabe des Brechwertes optischer Systeme verwendet. $1\ dpt = 1\ m^{-1}$
7.14	Strahlungsenergie	J				siehe DIN 5496
7.16	Strahlungsleistung	W				siehe DIN 5496
7.19	Strahlstärke	W/sr				siehe DIN 5496
7.20	Strahldichte	$W/(sr \cdot m^2)$				siehe DIN 5496
7.21	spezifische Ausstrahlung	W/m^2				siehe DIN 5496
7.22	Bestrahlungsstärke	W/m^2				siehe DIN 5496
9 Kernreaktionen und ionisierende Strahlungen						
9.1	Aktivität einer radioaktiven Substanz	Bq (Becquerel)				siehe DIN 6814 Teil 4
9.46	Energiedosis	Gy (Gray)				siehe DIN 6814 Teil 3
9.47	Energiedosisrate	Gy/s				siehe DIN 6814 Teil 3
9.50	Äquivalentdosis	J/kg				siehe DIN 6814 Teil 3
9.51	Äquivalentdosisrate	W/kg				siehe DIN 6814 Teil 3
9.54	Ionendosis	C/kg				siehe DIN 6814 Teil 3
9.55	Ionendosisrate	A/kg				siehe DIN 6814 Teil 3
10 Akustik						
10.1	Schalldruck	Pa	μPa mPa			
10.3	Schallschnelle	m/s	mm/s			
10.4	Schallgeschwindigkeit	m/s				

1	2	3	4	5	6	7
Nr nach DIN 1304	Größe	SI-Einheit	ausgewählte dezimale Teile und Vielfache der SI-Einheit	Einheiten außerhalb des SI		Bemerkungen und Information über Einheiten für spezielle Anwendungsbereiche
				Einheit	ausgewählte dezimale Teile und Vielfache der Einheiten aus Spalte 5	
10.5	Schallfluß	m^3/s				
10.7	Schalleistung	W	pW µW mW kW			
10.8	Schallintensität	W/m^2	pW/m^2 $\mu W/m^2$ mW/m^2			
10.9	spezifische Schallimpedanz	$Pa \cdot s/m$				
10.10	akustische Impedanz	$Pa \cdot s/m^3$				
10.11	mechanische Impedanz	$N \cdot s/m$				
10.19	äquivalente Absorptionsfläche	m^2				
10.20	Nachhallzeit	s				

DK 001.6(083.3) : 389.16.001.36
: 53.081 : 351.821

Oktober 1979

Einheiten

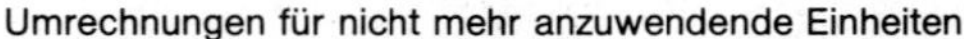

Umrechnungen für nicht mehr anzuwendende Einheiten

DIN 1301 Teil 3

Units; conversion factors for units no longer to be used

Die in der folgenden Tabelle in den Spalten 2 und 3 genannten Einheitennamen und Einheitenzeichen sind – soweit in Spalte 5 „Bemerkungen" nicht anders erwähnt – nicht mehr anzuwenden.

Die Umrechnungen in die zugehörige SI-Einheit und/oder weitere empfohlene Einheiten sind angegeben.

Angelsächsische Einheiten wurden im Regelfall nicht aufgenommen.

1	2	3	4	5
Nr	Nicht mehr anzuwendende Einheiten Name	Zeichen	Umrechnung in die zugehörige SI-Einheit und/oder weitere empfohlene Einheiten	Bemerkungen
1	Ampere, absolutes	A_{abs}	$1\ A_{abs} = 1\ A$	
2	Ampere, internationales	A_{int}	$1\ A_{int} = \frac{1{,}000\ 34}{1{,}000\ 49}\ A$ $= 0{,}999\ 85\ A$	
3	Ångström	Å	$1\ Å = 10^{-10}\ m = 0{,}1\ nm$	
4	Apostilb	asb	$1\ asb = \frac{1}{\pi}\ cd/m^2$	
5	Astron	[1]	1 Astron = 1 pc	Bezüglich Parsec (pc) siehe DIN 1301 Teil 1, Ausgabe Oktober 1978, Tabelle 5.
6	Atmosphäre, physikalische	atm	1 atm = 101,325 kPa = 1,013 25 bar	101,325 kPa ist der Normwert des Luftdrucks.
7	Atmosphäre, technische	at ata atu atü	1 at = 98,0665 kPa = 0,980 665 bar	Die Anhängezeichen a, u, ü wurden benutzt, um einen Absolut-, Unter- bzw. Überdruck zu kennzeichnen, siehe DIN 1314.
8	Barn	b	$1\ b = 10^{-28}\ m^2$	
9	Biot	Bi	1 Bi = 10 A	
10	Blindwatt	bW	1 bW = 1 W = 1 var	
11	Clausius	Cl	1 Cl = 4,1868 J/K	Ursprüngliche Definition: 1 Cl = 1 cal/K
12	Curie	Ci	$1\ Ci = 3{,}7 \cdot 10^{10}\ Bq$	Die Anwendung des Curie ist zwar gesetzlich noch bis 31. Dezember 1985 erlaubt. Der AEF empfiehlt aber, ab sofort das Becquerel (Bq) anzuwenden.

[1]) Für diese Einheit war kein Zeichen genormt.

Weitere Normen siehe Originalfassung der Norm

Fortsetzung Seite 2 bis 5

Normenausschuß Einheiten und Formelgrößen (AEF) im DIN Deutsches Institut für Normung e.V.
Normenausschuß Grundlagen der Normung (NG) im DIN

1	2	3	4	5
Nr	Nicht mehr anzuwendende Einheiten Name	Zeichen	Umrechnung in die zugehörige SI-Einheit und/oder weitere empfohlene Einheiten	Bemerkungen
13	Dalton	[1])	1 Dalton = $1{,}6601 \cdot 10^{-27}$ kg	
14	Denier	den	$1\ \text{den} = \frac{1}{9}\ \text{tex} = \frac{1}{9}\ \text{g/km}$	Die Anwendung des Tex ist auf Angaben der längenbezogenen Masse von textilen Fasern und Garnen beschränkt.
15	Deutscher Grad	°d	1 °d = 0,1785 mmol/l	Die Beziehung gilt für die Umrechnung der Härte eines Wassers in die Stoffmengenkonzentration von Erdalkali-Ionen.
16	Dez	Dez	$1\ \text{Dez} = 10° = \frac{\pi}{18}\text{rad}$	
17	Doppelzentner	dz	1 dz = 100 kg = 1 dt	
18	Dyn	dyn	1 dyn = 10^{-5} N	Ursprüngliche Definition: 1 dyn = 1 g · cm/s^2
19	Engler-Grad	°E E	–	Keine feste Umrechnungsbeziehung. Siehe auch DIN 51 560.
20	Erg	erg	1 erg = 10^{-7} J	Ursprüngliche Definition: 1 erg = 1 dyn · cm
21	Farad, absolutes	F_{abs}	1 F_{abs} = 1 F	
22	Farad, internationales	F_{int}	$1\ F_{int} = \frac{1}{1{,}000\ 49}F$	
23	Fermi	[1])	1 Fermi = 10^{-15} m = 1 fm	
24	Festmeter	Fm	1 Fm = 1 m^3	Bisher besonderer Name für das Kubikmeter bei Volumenangaben für Langholz, errechnet aus Stammlänge und Stammdurchmesser.
25	Franklin	Fr	$1\ \text{Fr} \approx \frac{1}{3} \cdot 10^{-9}\ \text{C}$	
26	Gal	Gal	1 Gal = 10^{-2} m/s^2	
27	Gamma	γ	1 γ = 10^{-9} kg = 1 µg	
28	Gauß	G	1 G = 10^{-4} T	
29	Gilbert	Gb	$1\ \text{Gb} = \frac{10}{4\pi}\ \text{A}$	Ursprüngliche Definition: 1 Gb = 1 Oe · cm
30	Grad	grd	1 grd = 1 K = 1 °C	Wurde für Temperaturdifferenzen benutzt.
31	Grad Kelvin	°K	1 °K = 1 K	
32	Grad Réaumur	°R	1 °R = 1,25 K = 1,25 °C	$t = 1{,}25\ t_R$ t in °C, t_R in °R
33	Gramm, (Kraft-)	g* g_f gf	1 g* = 1 g_f = 1 gf = 9,806 **65** · 10^{-3} N	Wurde zur Angabe von Kräften benutzt.
34	Hefner-Kerze	HK	1 HK = 0,903 cd	

[1]) Siehe Seite 1

1	2	3	4	5
Nr	Nicht mehr anzuwendende Einheiten Name	Zeichen	Umrechnung in die zugehörige SI-Einheit und/oder weitere empfohlene Einheiten	Bemerkungen
35	Henry, absolutes	H_{abs}	$1\ H_{abs} = 1\ H$	
36	Henry, internationales	H_{int}	$1\ H_{int} = 1{,}000\ 49\ H$	
37	Jahrestonne	jato	–	Wurde fälschlich für Tonne bei Angaben z. B. der Jahresproduktion und für den Quotienten Tonne durch Jahr bei Angabe der Produktionsrate benutzt.
38	Kalorie	cal	1 cal = 4,186**8** J	Siehe auch Nr 42. Es gab auch andere Umrechnungsbeziehungen.
39	Kayser	K	$1\ K = 1\ cm^{-1}$	
40	Kerze, internationale	IK	1 IK = 1,019 cd	
41	Kilogramm, (Kraft-)	kg* kg_f kg_p kgf	$1\ kg^* = 1\ kg_f = 1\ kg_p = 1\ kgf$ = 9,806 **65** N	Wurde zur Angabe von Kräften benutzt.
42	Kilokalorie	kcal Kal	1 kcal = 1 Kal = 4,186**8** kJ	Früher auch große Kalorie, in der Ernährungslehre fälschlich oft nur Kalorie (Kal) genannt.
43	Kilopond	kp	1 kp = 9,806 6**5** N	Wurde zur Angabe von Kräften benutzt.
44	(Kubik . . .)	cmm ccm cdm cbm	$1\ cmm = 1\ mm^3$, $1\ ccm = 1\ cm^3$ $1\ cdm = 1\ dm^3$, $1\ cbm = 1\ m^3$	Name weiter erlaubt, Zeichen nicht mehr.
45	Maxwell	M	$1\ M = 10^{-8}\ Wb$	Ursprüngliche Definition: $1\ M = 1\ G \cdot cm^2$
46	Meter Wassersäule, konventionelle	mWS	1 mWS = 98,066**5** mbar	
47	Millimeter Quecksilbersäule, konventionelle	mmHg mmQS	1 mmHg = 1,333 22 mbar = 133,322 Pa	
48	Morgen	Morgen	$1\ Morgen = 2500\ m^2 = 25\ a$	Regional waren auch andere Umrechnungen üblich.
49	My	µ	$1\ \mu = 10^{-6}\ m = 1\ \mu m$	
50	Neugrad	^{g}	$1^g = 1\ gon = \frac{\pi}{200}\ rad$	Wird heute Gon genannt.
51	Neuminute	^{c}	$1^c = 10^{-2}\ gon = \frac{\pi}{2 \cdot 10^4}\ rad$	Ist durch Zentigon ersetzt.
52	Neusekunde	^{cc}	$1^{cc} = 10^{-4}\ gon = \frac{\pi}{2 \cdot 10^6}\ rad$	
53	Nit	nt	$1\ nt = 1\ cd/m^2$	
54	Normkubikmeter	Nm^3 nm^3 $m_n{}^3$	$1\ Nm^3 = 1\ m^3$	Enthielt den Hinweis, daß sich das Gas im Normzustand befindet. Siehe DIN 1343.

1	2	3	4	5
Nr	Nicht mehr anzuwendende Einheiten Name	Zeichen	Umrechnung in die zugehörige SI-Einheit und/oder weitere empfohlene Einheiten	Bemerkungen
55	Normliter	l_n	$1\ l_n = 1\ l$	Enthielt den Hinweis, daß sich das Gas im Normzustand befindet. Siehe DIN 1343.
56	Nox	nx	$1\ \text{nx} = 10^{-3}\ \text{lx}$	
57	Oersted	Oe	$1\ \text{Oe} = \frac{1000}{4\pi}\ \text{A/m}$	
58	Ohm, absolutes	Ω_{abs}	$1\ \Omega_{abs} = 1\ \Omega$	
59	Ohm, akustisches	[1])	1 akustisches Ohm = $10^5\ \text{Pa} \cdot \text{s/m}^3$	
60	Ohm, internationales	Ω_{int}	$1\ \Omega_{int} = 1{,}000\ 49\ \Omega$	
61	Ohm, kalorisches	[1])	1 kalorisches Ohm = 1 K/W	
62	Ohm, mechanisches	[1])	1 mechanisches Ohm $= 10^{-3}\ \text{N} \cdot \text{s/m}$	
63	Pferdestärke	PS	1 PS = 735,498 **75** W	
64	Pfund	Pfd ℔	1 Pfd = 1 ℔ = 0,5 kg	
65	Phot	ph	$1\ \text{ph} = 10^4\ \text{lm/m}^2$	
66	Poise	P	$1\ \text{P} = 10^{-1}\ \text{Pa} \cdot \text{s}$	1 cP = 1 mPa · s
67	Pond	p	$1\ \text{p} = 9{,}806\ \mathbf{65} \cdot 10^{-3}\ \text{N}$	Wurde zur Angabe von Kräften benutzt.
68	Punkt, typographischer	p	$1\ \text{p} = \frac{1{,}000\ 333}{2660}\ \text{m}$	
69	(Quadrat . . .)	qmm qcm qdm qm qkm	$1\ \text{qmm} = 1\ \text{mm}^2$, $1\ \text{qcm} = 1\ \text{cm}^2$ $1\ \text{qdm} = 1\ \text{dm}^2$, $1\ \text{qm} = 1\ \text{m}^2$ $1\ \text{qkm} = 1\ \text{km}^2$	Name weiter erlaubt, Zeichen nicht mehr erlaubt.
70	Rad	rd	$1\ \text{rd} = 10^{-2}\ \text{Gy}$	Die Anwendung des Rad ist zwar gesetzlich noch bis 31. Dezember 1985 erlaubt. Der AEF empfiehlt aber, ab sofort das Gray (Gy) anzuwenden.
71	Raummeter	Rm	$1\ \text{Rm} = 1\ \text{m}^3$	Bisher besonderer Name für das Kubikmeter bei Volumenangaben für geschichtetes Holz einschl. der Luftzwischenräume.
72	Rayl	[1])	$1\ \text{Rayl} = 10\ \text{Pa} \cdot \text{s/m}$ $= 1\ \text{g/(cm}^2 \cdot \text{s)}$	
73	Rechter Winkel oder Rechter	∟	$1^{∟} = \frac{\pi}{2}\ \text{rad} = 90° = 100\ \text{gon}$	
74	Rem	rem	$1\ \text{rem} = 10^{-2}\ \text{J/kg}$	Die Anwendung des Rem ist zwar gesetzlich noch bis 31. Dezember 1985 erlaubt. Der AEF empfiehlt aber, ab sofort das Joule durch Kilogramm (J/kg) anzuwenden.

[1]) Siehe Seite 1.

1	2	3	4	5
Nr	Nicht mehr anzuwendende Einheiten Name	Zeichen	Umrechnung in die zugehörige SI-Einheit und/oder weitere empfohlene Einheiten	Bemerkungen
75	Röntgen	R	$1\ \mathrm{R} = 258 \cdot 10^{-6}\ \mathrm{C/kg}$	Die Anwendung des Röntgen ist gesetzlich noch bis 31. Dezember 1985 erlaubt.
76	Square foot	ft^2	$1\ \mathrm{ft}^2 = 0{,}092\,903\ \mathrm{m}^2$	Wurde zur Angabe der Fläche von gegerbten Häuten benutzt.
77	Stilb	sb	$1\ \mathrm{sb} = 1\ \mathrm{cd/cm}^2$	
78	Stokes	St	$1\ \mathrm{St} = 1\ \mathrm{cm}^2/\mathrm{s}$	$1\ \mathrm{cSt} = 1\ \mathrm{mm}^2/\mathrm{s}$
79	Strich, artilleristischer	‾	$1^{-} = \frac{\pi}{3200}\ \mathrm{rad} = 0{,}056\,25°$	
80	Strich, nautischer	″	$1'' = \frac{\pi}{16}\ \mathrm{rad} = 11{,}25° = 12{,}5\ \mathrm{gon}$	
81	Tagestonne	tato	–	Wurde fälschlich für Tonne bei Angabe z. B. der Tagesproduktion und für den Quotienten Tonne durch Tag bei Angabe der Produktionsrate benutzt.
82	Tonne, (Kraft-)	t* t_f tf	$1\ \mathrm{t}^* = 1\ \mathrm{t}_f = 1\ \mathrm{tf} = 9{,}806\,65\ \mathrm{kN}$	Wurde zur Angabe von Kräften benutzt.
83	Tonne Steinkohleneinheiten	t SKE	1 t SKE = 29,3076 GJ = 8,141 MW h	Der Energieeinheit Tonne SKE lag ein Heizwert von 7000 kcal/kg zugrunde.
84	Torr	Torr	1 Torr = 1,333 22 mbar	
85	Val	val	–	Es gibt unterschiedliche Auffassungen über die Definition der Einheit Val. Siehe DIN 32 625.
86	Volt, absolutes	V_{abs}	$1\ V_{abs} = 1\ V$	
87	Volt, internationales	V_{int}	$1\ V_{int} = 1{,}000\,34\ V$	
88	Watt, absolutes	W_{abs}	$1\ W_{abs} = 1\ W$	
89	Watt, internationales	W_{int}	$1\ W_{int} = \frac{1{,}000\,34^2}{1{,}000\,49}\ W$ $= 1{,}000\,19\ W$	
90	X-Einheit (Siegbahnsche)	X.E.	1 X.E. $= (1{,}002\,02 \pm 3 \cdot 10^{-5}) \cdot 10^{-13}\ \mathrm{m}$	
91	Zentner	Ztr	1 Ztr = 50 kg	Regional auch andere Umrechnungen.
92	Zoll	″	–	Bei der Umrechnung wird als Zoll meist die angelsächsische Einheit inch (= 25,4 mm) zugrunde gelegt.

DK 389:531.2/.5:001.4 Januar 1988

Masse, Wägewert, Kraft, Gewichtskraft, Gewicht, Last

Begriffe

DIN 1305

Mass, weight value, force, weight-force, weight, load; concepts

Ersatz für Ausgabe 05.77

1 Anwendungsbereich

Diese Norm gilt für den Bereich der klassischen Physik und ihrer Anwendung in Technik und Wirtschaft.

2 Masse

Die Masse m beschreibt die Eigenschaft eines Körpers, die sich sowohl in Trägheitswirkungen gegenüber einer Änderung seines Bewegungszustandes als auch in der Anziehung auf andere Körper äußert.

3 Wägewert

Bei einer Wägung in einem Fluid (Flüssigkeit oder Gas) der Dichte ϱ_{fl} ist der Wägewert W durch folgende Beziehung festgelegt:

$$W = m \frac{1 - \frac{\varrho_{\text{fl}}}{\varrho}}{1 - \frac{\varrho_{\text{fl}}}{\varrho_{\text{G}}}} \quad (1)$$

Dabei ist ϱ die Dichte des Wägegutes und ϱ_{G} die Dichte der Gewichtstücke.

Anmerkung: Der Wägewert eines Wägegutes (einer Ware) ist gleich der Masse der Gewichtstücke, die die Waage im Gleichgewicht halten bzw. die gleiche Anzeige an der Waage wie das Wägegut liefern.

4 Konventioneller Wägewert

Der konventionelle Wägewert W_{std} wird aus Gleichung (1) mit den Standardbedingungen $\varrho_{\text{fl}} = 1{,}2\ \text{kg/m}^3$ und $\varrho_{\text{G}} = 8000\ \text{kg/m}^3$ errechnet. Dabei ist für ϱ die Dichte des Wägegutes bei 20 °C einzusetzen.

5 Kraft

Die Kraft F ist das Produkt aus der Masse m eines Körpers und der Beschleunigung a, die er durch die Kraft F erfährt oder erfahren würde:

$$F = m\,a\,. \quad (2)$$

6 Gewichtskraft

Die Gewichtskraft F_{G} eines Körpers der Masse m ist das Produkt aus Masse m und Fallbeschleunigung g.

$$F_{\text{G}} = m\,g\,. \quad (3)$$

7 Gewicht

Das Wort Gewicht wird vorwiegend in drei verschiedenen Bedeutungen gebraucht:

a) anstelle von Wägewert;

b) als Kurzform für Gewichtskraft;

c) als Kurzform für Gewichtstück (siehe DIN 8120 Teil 2).

Wenn Mißverständnisse zu befürchten sind, soll anstelle des Wortes Gewicht die jeweils zutreffende Benennung Wägewert, Gewichtskraft oder Gewichtstück verwendet werden.

8 Last

Das Wort Last wird in der Technik mit unterschiedlichen Bedeutungen verwendet (z. B. für die Leistung, die Kraft oder für einen Gegenstand).

Wenn Mißverständnisse zu befürchten sind, soll das Wort Last vermieden werden.

Fortsetzung Seite 2

Normenausschuß Einheiten und Formelgrößen (AEF) im DIN Deutsches Institut für Normung e.V.

Zitierte Normen

DIN 8120 Teil 2 Begriffe im Waagenbau; Benennung und Definitionen von Bauteilen und Einrichtungen für Waagen

Weitere Normen und andere Unterlagen

DIN 8120 Teil 1 Begriffe im Waagenbau; Gruppeneinteilung, Benennungen und Definitionen von Waagen

DIN 8120 Teil 3 Begriffe im Waagenbau; Meß- und eichtechnische Benennungen und Definitionen

Recommendation Internationale No. 33, Valeur Conventionelle du Résultat des Pesées dans l'Air, Organisation Internationale de Métrologie Légale, 11 rue Turgot, F-75009 Paris.

Änderungen

Gegenüber Ausgabe 05.77 wurden folgende Änderungen vorgenommen:

a) Der Wägewert und der konventionelle Wägewert wurden eingeführt.

b) Die Anwendungsregeln für die Benennungen Gewicht und Last wurden neu gefaßt.

Erläuterungen

Wir leben und wägen auf dem Boden eines Luftozeans. Bei kaum einer Wägung wird – wie es eigentlich erforderlich wäre – der Luftauftrieb korrigiert. Man begnügt sich fast immer mit dem unkorrigierten Meßwert, der auch die Grundlage für Abrechnungen im Handel ist, wenn Waren nach Gewicht verkauft werden. Es ist aber erforderlich, zwischen der Masse und dem Ergebnis einer Wägung in Luft – dem Wägewert – zu unterscheiden. Bei Wägegütern geringer Dichte, wie zum Beispiel Mineralölen, beträgt der relative Unterschied zwischen Masse und Wägewert etwa 1 Promille. Bei Wägegütern hoher Dichte ist er kleiner. Luft hat den Wägewert Null. Körper mit gleicher Masse, aber unterschiedlicher Dichte haben verschiedene Wägewerte. Außerdem ändert sich der Wägewert eines Körpers, wenn sich die Dichte der umgebenden Luft ändert. Der Wägewert ist vom Wetter abhängig.

Bei der Ableitung von Gleichung (1) geht man davon aus, daß auf beiden Seiten der Waage die Summen aus Gewichtskräften und Auftriebskräften gleich sind.

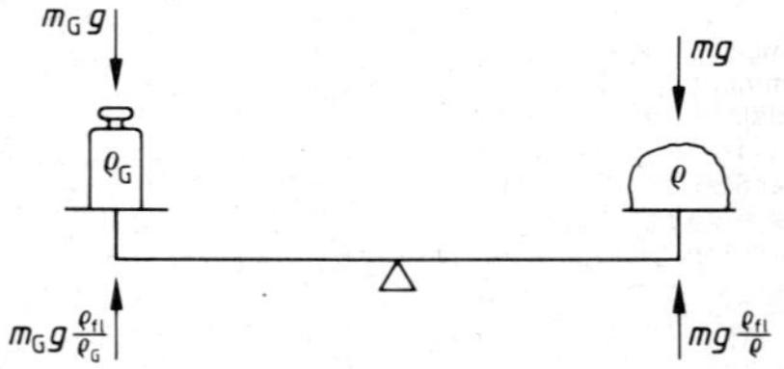

$$m_G\, g \left(1 - \frac{\varrho_{fl}}{\varrho_G}\right) = m\, g \left(1 - \frac{\varrho_{fl}}{\varrho}\right) . \qquad (4)$$

Die Masse des Gewichtstückes m_G wird dem Wägegut als Wägewert zugeordnet:

$$m_G = W . \qquad (5)$$

Das Wägegut kann auch ein Gewichtstück sein. Um einem Gewichtstück einen unveränderlichen Wägewert – den konventionellen Wägewert – zuordnen zu können, werden Sollwerte für die Dichte der Gewichtstücke und die Dichte der umgebenden Luft eingeführt.

Wenn bei der Herstellung von Gewichtstücken der Sollwert der Dichte von 8000 kg/m^3 nicht genau erreicht wird, werden die Massen der Gewichtstücke so lange verändert, bis die konventionellen Wägewerte die gewünschten Nennwerte erreicht haben. Beträgt die Dichte der Gewichtstücke genau 8000 kg/m^3, so sind ihre konventionellen Wägewerte gleich ihren Massen. Die Aufschriften auf Gewichtstücken geben die Nennwerte ihrer konventionellen Wägewerte an.

Mit Hilfe von Gleichung (1) wird die Masse des Wägegutes aus dem Wägewert errechnet. Werden genormte oder den Eichvorschriften entsprechende Gewichtstücke oder mit ihnen justierte Waagen verwendet, ist für $\varrho_G = 8000$ kg/m^3 und anstelle von W der konventionelle Wägewert W_{std} der Gewichtstücke einzusetzen. Die Abweichung, die dadurch bei der Bestimmung der Masse auftritt, ist klein gegen die Fehlergrenzen der Gewichtstücke.

Internationale Patentklassifikation

G 01 G 1/00

DK 531.424 : 532.14 : 533.12 : 001.4 Juni 1984

Dichte

Begriffe, Angaben

DIN 1306

Density; concepts, presentation of values

Masse volumique; notions, présentation des valeurs

Ersatz für Ausgabe 12.71

1 Dichte

1.1 Die Dichte ϱ ist der Quotient aus der Masse m und dem Volumen V einer Stoffportion:

$$\varrho = \frac{m}{V} \tag{1}$$

Anmerkung: Eine Stoffportion ist ein abgegrenzter Materiebereich (Festkörper, Flüssigkeit, Gas), der aus einem Stoff oder mehreren Stoffen oder definierten Bestandteilen von Stoffen bestehen kann (aus: DIN 32 629/07.80).

1.2 Wenn die Dichte im Zusammenhang mit anderen auf das Volumen bezogenen und mit dem Grundwort „-dichte" benannten Größen (z. B. der Energie- oder Ladungsdichte) benutzt wird, sollte die Dichte zur besseren Unterscheidung „Massendichte" mit dem Formelzeichen ϱ_m genannt werden (siehe DIN 1304, Ausgabe Februar 1978, Nr 3.4). Das Formelzeichen ϱ_m ist auch dann zu verwenden, wenn im selben Zusammenhang der spezifische elektrische Widerstand mit dem Formelzeichen ϱ benutzt wird.

2 Dichte homogener Stoffportionen

Eine Stoffportion kann als homogen betrachtet werden, wenn das für die Dichtebestimmung gewählte Volumen wesentlich größer ist als alle zufällig verteilten oder regelmäßig angeordneten Strukturen in dieser Stoffportion. Die Dichte ist dann vom Quantum der Stoffportion unabhängig. Sie kann daher einem Stoff oder einer Mischung von Stoffen bei vorgegebenen Werten von Temperatur, Druck usw. eindeutig zugeordnet werden (siehe Abschnitt 4).

Anmerkung: Ideal homogene Stoffportionen gibt es in Wirklichkeit nicht.

3 Dichte inhomogener Stoffportionen

Die Dichte kann in einer Stoffportion von Ort zu Ort verschieden sein, z. B. weil

a) die Stoffportion heterogen ist wie etwa beim Zweiphasensystem Eis und Wasser,

b) die Stoffportion kontinuierlich ist wie bei einer Luftsäule unter dem Einfluß des Schwerefeldes,

c) die Stoffportion Hohlräume enthält wie bei porenhaltigen Stoffen, z. B. Sinterkörpern oder Dämmstoffen,

d) die Stoffportion nicht zusammenhängt, also pulverförmig oder körnig ist.

Wenn das Volumen der Stoffportion hinreichend klein gegen das Volumen der Inhomogenitäten ist, erhält man die örtliche Dichte. Ist das Volumen groß gegen das Volumen der Inhomogenitäten, erhält man die mittlere Dichte $\overline{\varrho}$ oder ϱ_{med} (zum Index siehe DIN 1304, Ausgabe Februar 1978, Nr 11.23). Ob die ermittelten Dichtewerte bei inhomogenen Stoffportionen sinnvoll angewendet werden können, hängt vom Zweck ab, für den die Dichte angegeben wird.

4 Dichteangaben

Die Dichteangabe ist nur dann vollständig, wenn alles genannt wird, was ihren Wert merkbar beeinflußt, z. B. chemische Zusammensetzung, Aggregatzustand, Modifikation, Vorbehandlung, Temperatur, Druck, Feuchte. Bei inhomogenen Stoffportionen ist insbesondere anzugeben, ob das Volumen der Hohl- oder Zwischenräume einbezogen wurde.

Beispiele:

a) Dichte von luftfreiem Wasser bei der Celsius-Temperatur $t = 4$ °C und beim Druck $p = 1{,}01325$ bar: $\varrho = 999{,}972$ kg/m³

b) Bariumferrit-Magnet, gesintert:

Masse	$m = 20$ g
Volumen (einschließlich Porenvolumen)	$V = 4{,}12$ cm³
Dichte mit Einschluß der Poren	$\varrho = 4{,}85$ g/cm³
Dichte ohne Einschluß der Poren (röntgenographisch bestimmt)	$\varrho = 5{,}26$ g/cm³

Mit Hilfe dieser Werte kann das Volumen des Feststoffes und der Poren getrennt berechnet werden.

5 Besondere Dichtebenennungen

Anstelle der Dichteangaben nach Abschnitt 4 werden in verschiedenen Fachgebieten Wortzusammensetzungen mit „-dichte" benutzt, die den jeweiligen Zustand ausreichend beschreiben. Beispiele sind in den Abschnitten 5.1 bis 5.4 gegeben.

5.1 Die Normdichte eines Gases ist seine Dichte im Normzustand (siehe DIN 1343).

5.2 Bei körnigen oder pulvrigen Stoffen unterscheidet man im unverarbeiteten Zustand Schütt-, Füll- und Klopfdichte, im verarbeiteten Zustand Preß- und Sinterdichte (siehe DIN 30 900).

Fortsetzung Seite 2

Normenausschuß Einheiten und Formelgrößen (AEF) im DIN Deutsches Institut für Normung e. V.

5.3 Unter Feststoffdichte wird bei porenhaltigen Stoffen der Quotient Masse durch Feststoffvolumen verstanden, also unter Ausschluß des Hohlraumvolumens (siehe DIN 30 900). Der Feststoff wird auch Gerüststoff genannt.

5.4 Im Bauwesen versteht man unter Rohdichte den Quotienten Masse durch dasjenige Volumen, das die Hohlräume eines porösen Stoffes mit einschließt (z. B. Stein-Rohdichte, siehe DIN 106 Teil 1, DIN 4108 Teil 4).

6 Relative Dichte

6.1 Die relative Dichte d ist das Verhältnis der Dichte ϱ eines Stoffes oder einer Mischung zur Bezugsdichte ϱ_0 eines Bezugsstoffes unter Bedingungen, die für beide Stoffe gesondert anzugeben sind. Die relative Dichte ist ein Größenverhältnis und hat die Dimension 1:

$$d = \frac{\varrho}{\varrho_0} \tag{2}$$

6.2 Die relative Dichte soll nur bei Gasen benutzt werden. Als Bezugsdichte wird häufig die Dichte der trockenen Luft im Normzustand $\varrho_L = 1{,}2930\,\text{kg/m}^3$ gewählt, siehe DIN 1871.

Anmerkung: Für Flüssigkeiten und Festkörper sollte die relative Dichte nicht mehr verwendet werden, denn es gibt dafür keine Gründe mehr. Alle genormten Dichtemeßgeräte für Flüssigkeiten und Festkörper liefern die Dichte. Die bisher auf die Dichte von Wasser bei verschiedenen Bezugstemperaturen (4 °C, 15 °C, 17,5 °C, 20 °C) bezogenen Werte für die relative Dichte unterscheiden sich untereinander und von dem Zahlenwert der Dichte in g/cm um bis zu 1,8 ‰, was häufig Umrechnungen nötig macht und zu Verwechslungen führt.

7 Spezifisches Volumen

Das spezifische Volumen (massenbezogene Volumen) v ist der Quotient aus dem Volumen V und der Masse m einer Stoffportion:

$$v = \frac{V}{m} = \frac{1}{\varrho} \tag{3}$$

8 Wichte

Die Wichte γ ist der Quotient aus der Gewichtskraft G und dem Volumen V einer Stoffportion:

$$\gamma = \frac{G}{V} = \varrho\, g \tag{4}$$

g Fallbeschleunigung

Statt der örtlichen Fallbeschleunigung g wird häufig die Normfallbeschleunigung (siehe DIN 4897, Ausgabe Dezember 1973, Nr 2.13) eingesetzt.

Die Wichte wird insbesondere im Bauingenieurwesen benutzt (siehe z. B. DIN 1080 Teil 6).

Zitierte Normen

DIN 106 Teil 1 Kalksandsteine; Vollsteine, Lochsteine, Blocksteine, Hohlblocksteine

DIN 1080 Teil 6 Begriffe, Formelzeichen und Einheiten im Bauingenieurwesen; Bodenmechanik und Grundbau

DIN 1304 Allgemeine Formelzeichen

DIN 1343 Normzustand, Normvolumen

DIN 1871 Gasförmige Brennstoffe und sonstige Gase; Dichte und relative Dichte bezogen auf den Normzustand

DIN 4108 Teil 4 Wärmeschutz im Hochbau; Wärme- und feuchteschutztechnische Kennwerte

DIN 4897 Elektrische Energieversorgung; Formelzeichen

DIN 30 900 Terminologie der Pulvermetallurgie; Einteilung, Begriffe

DIN 32 629 Stoffportion; Begriff, Kennzeichnung

Frühere Ausgaben

DIN 1306: 08.38, 08.58x, 07.66, 03.67, 12.71

Änderungen

Gegenüber der Ausgabe Dezember 1971 wurden folgende Änderungen vorgenommen:

a) Dichteangaben für inhomogene Stoffportionen erweitert.
b) Liste der zusammengesetzten Benennungen mit „-dichte" ergänzt.
c) Wichte wieder im Normtext aufgenommen.
d) Erläuterungen gestrichen.
e) Vollständig redaktionell überarbeitet.

Internationale Patentklassifikation

G 01 N 9 – 00

DK 54-135 : 54-145 : 54-165 : 001.4 : 003.62

Februar 1984

Zusammensetzung von Mischphasen (Gasgemische, Lösungen, Mischkristalle)

Begriffe, Formelzeichen

DIN 1310

Composition of mixtures (gaseous, liquid and solid); concepts, symbols

Ersatz für Ausgabe 12.79

1 Allgemeines

1.1 Unter Phase wird in dieser Norm eine homogene gasförmige oder flüssige oder feste Stoffportion (siehe DIN 32 629) verstanden. Eine Phase kann aus einem Stoff oder aus mehreren Stoffen bestehen. Eine aus mehreren Stoffen bestehende Phase wird Mischphase genannt. Gasförmige Mischphasen werden auch als Gasgemische, flüssige Mischphasen auch als Lösungen, feste Mischphasen auch als Mischkristalle oder feste Lösungen bezeichnet.

Anmerkung: Auf Mehrphasen-Systeme, z. B. Gemenge, sind die Begriffe dieser Norm sinngemäß übertragbar. Ebenso können diese Begriffe sinngemäß verallgemeinert werden, wenn es sich um die Rückführung einer Verbindung auf die Elemente oder andere Verbindungen handelt.

1.2 Zur Beschreibung der Zusammensetzung der Mischphase kann man für die Stoffportion i jedes einzelnen Stoffes der insgesamt Z Stoffe eine der folgenden Größen verwenden:

Masse m_i
Volumen V_i
Stoffmenge n_i
Teilchenzahl N_i

V_i ist das Volumen, das die Stoffportion i vor dem Mischvorgang bei der vorliegenden Temperatur, unter dem vorliegenden Druck und im vorliegenden Aggregatzustand einnimmt. Zwischen der Teilchenzahl N_i und der Stoffmenge n_i besteht die Beziehung:

$$N_i = N_A n_i$$

Hierin bedeutet:

N_A Avogadro-Konstante

Anmerkung 1: Zur eindeutigen Angabe einer Stoffportion und des zugehörigen Stoffes sind im allgemeinen zwei Angaben erforderlich, und zwar neben dem Index für die Stoffportion noch eine weitere Angabe über den Stoff oder die Teilchenart. Wird der Stoff oder die Teilchenart explizit genannt, schreibt man den zugehörigen Namen oder das zugehörige Symbol in Klammern auf der Zeile, z. B. m_i (Asche) oder n_i (H_2SO_4). In der vorliegenden Norm charakterisiert der Index i zur Angabe der Stoffportion auch den zugehörigen Stoff, da bei der Betrachtung der Zusammensetzung einer Mischphase Stoffportionen und zugehörige Stoffe einander eindeutig zugeordnet sind.

Anmerkung 2: Das Volumen V_i sollte nur dann zur Beschreibung der Zusammensetzung der Mischphase benutzt werden, wenn die Stoffportion i vor dem Mischvorgang und die Mischphase denselben Aggregatzustand haben.

1.3 Zur Beschreibung der Zusammensetzung der Mischphase unabhängig von deren Quantum werden Quotienten aus folgenden Größen gebildet:

a) Zählergrößen: m_i, V_i, n_i, N_i für eine herausgegriffene Stoffportion i,

b) Nennergrößen: m_k, V_k, n_k, N_k für eine herausgegriffene Stoffportion k,

$$m = \sum_{j=1}^{Z} m_j \text{ (Gesamtmasse),}$$

$$V_0 = \sum_{j=1}^{Z} V_j \text{ (Gesamtvolumen vor dem Mischvorgang),}$$

V (Gesamtvolumen nach dem Mischvorgang oder Volumen der Mischphase),

$$n = \sum_{j=1}^{Z} n_j \text{ (Gesamtstoffmenge),}$$

$$N = \sum_{j=1}^{Z} N_j \text{ (Gesamtteilchenzahl).}$$

Dabei gilt im allgemeinen: $V_0 \neq V$ (siehe Abschnitt 3).

2 Wortverbindungen mit -anteil

2.1 Wortverbindungen mit -anteil geben den Quotienten aus einer der Größen m_i, V_i, n_i oder N_i (siehe Abschnitt 1.2) für eine Stoffportion i und der Summe m, V_0, n oder N der gleichdimensionalen Größen aller Z Stoffe der Mischphase an:

Massenanteil	$w_i = m_i/m$
Volumenanteil	$\varphi_i = V_i/V_0$
Stoffmengenanteil	$x_i = n_i/n$
Teilchenzahlanteil	$X_i = N_i/N$

Hierbei ist $i = 1, 2, \ldots, Z$.

Anmerkung 1: Es wird empfohlen, anstelle des Volumenanteiles die Volumenkonzentration (siehe Abschnitt 3) anzuwenden, sofern eine eventuelle Volumenänderung beim Mischvorgang nicht genau bekannt ist.

Anmerkung 2: Bisher waren auch Wortverbindungen mit -gehalt synonym mit -anteil genormt. Das Wort Gehalt wird aber in der Praxis überwiegend in anderem Sinne benutzt, siehe Abschnitt 6.

Anmerkung 3: Der Wert von X_i ist gleich dem Wert von x_i.

2.2 Jede der in Abschnitt 2.1 genannten Größen kann mit ungleichen Einheiten (z. B. cg/g) oder mit gleichen Einheiten (z. B. g/g) für die Zählergröße und für die Nennergröße angegeben werden. Die Größe kann auch als Bruchteil der Zahl 1, in % oder in ‰ angegeben werden.

Fortsetzung Seite 2 und 3

Normenausschuß Einheiten und Formelgrößen (AEF) im DIN Deutsches Institut für Normung e. V.
Arbeitsausschuß Chemische Terminologie (AChT) im DIN

Beispiel 1:

$w_i = 13{,}5\,\text{cg/g} = 0{,}135\,\text{g/g} = 0{,}135 = 13{,}5\,\%$
$x_i = 738\,\text{mmol/mol} = 0{,}738\,\text{mol/mol} = 0{,}738 = 738\,‰$

2.3 Veraltete Angaben wie „3 Gewichtsprozent", „4 Molprozent (Atomprozent)" und „5 Volumenprozent" sind zu ersetzen durch die folgenden Gleichungen:

$w_i = 3\,\%$
$x_i = 4\,\%$
$\varphi_i = 5\,\%$

Beispiel 2:

Schreibweisen von Tabellenköpfen (siehe auch Beispiel 1)

Massenanteil w_i	Stoffmengenanteil x_i in %	Volumenanteil φ_i in ‰
0,135	73,8	183

3 Wortverbindungen mit -konzentration

Wortverbindungen mit -konzentration bezeichnen Quotienten aus einer der Größen m_i, V_i, n_i oder N_i (siehe Abschnitt 1.2) für eine Stoffportion i und dem Volumen V der Mischphase:

Massenkonzentration (auch Partialdichte) $\beta_i = m_i/V$
Volumenkonzentration $\sigma_i = V_i/V$
Stoffmengenkonzentration $c_i = n_i/V$
Teilchenzahlkonzentration $C_i = N_i/V$

Die Volumenkonzentration σ_i ist nur dann dem Volumenanteil φ_i gleich, wenn $V_0 = V$ ist, d. h. wenn der Mischvorgang ohne Volumenänderung verläuft, siehe Anmerkung 1 zu Abschnitt 2.1.

Anmerkung 1: Das Formelzeichen β wird anstelle des bisher genormten Zeichens ϱ festgelegt, damit Verwechslungen mit der Dichte vermieden werden.

Anmerkung 2: Es ist falsch, bei der Massenkonzentration β_i die Einheit $\text{mg}/(100\,\text{cm}^3)$ (= mg/dl) Milligrammprozent zu nennen.

Anmerkung 3: International wird die Stoffmengenkonzentration c_i auch kurz Konzentration (engl. concentration) genannt. Dies wird in dieser Norm nicht empfohlen. Ebensowenig sollten die Benennungen der Größen β_i, σ_i und C_i zum Wort Konzentration verkürzt werden.

4 Wortverbindungen mit -verhältnis

In dieser Norm geben Wortverbindungen mit -verhältnis Quotienten aus einer der Größen m_i, V_i, n_i oder N_i (siehe Abschnitt 1.2) für eine Stoffportion i und der jeweils gleichdimensionalen Größe m_k, V_k, n_k oder N_k für eine andere Stoffportion k an:

Massenverhältnis $\zeta_{ik} = m_i/m_k$
Volumenverhältnis $\psi_{ik} = V_i/V_k$
Stoffmengenverhältnis $r_{ik} = n_i/n_k$
Teilchenzahlverhältnis $R_{ik} = N_i/N_k$

Anmerkung: Der Wert von R_{ik} ist gleich dem Wert von r_{ik}.

5 Molalität

Die Molalität b_i ist der Quotient aus der Stoffmenge n_i der gelösten Stoffportion i und der Masse m_k der Lösemittelportion k:

$$b_i = n_i/m_k$$

Anmerkung 1: Wegen der Möglichkeit der Verwechslung mit der Größe Masse (Formelzeichen: m) wird das Zeichen m_i für die Molalität nicht empfohlen.

Anmerkung 2: Neben der Molalität wird auch die Größe n_i/m (SI-Einheit: mol/kg) benutzt. Dabei ist m die Masse der Mischphase. Eine eigene Benennung und ein eigenes Formelzeichen sind für die Größe n_i/m noch nicht festgelegt.

6 Gehalt

Das Wort Gehalt wird als Oberbegriff bei der qualitativen Beschreibung der Zusammensetzung einer Mischphase angewendet, solange keine konkreten Größenwerte (als Zahlenwerte mal Einheiten) angegeben werden.

Bei quantitativen Angaben ist anstelle des Wortes Gehalt die jeweils benutzte Größe, z. B. der Massenanteil (siehe Abschnitt 2.1) oder die Massenkonzentration (siehe Abschnitt 3) mit Benennung und/oder Formelzeichen anzugeben.

Beispiel 1:

Das vorliegende Verfahren dient zur Bestimmung des Cadmiumgehaltes von Abwässern mit Hilfe der Atomabsorptionsspektrometrie.

Beispiel 2:

Der Wassergehalt der Probe wird als Massenanteil $w(H_2O)$ in % nach folgender Zahlenwertgleichung berechnet ...

Beispiel 3:

Der Bleigehalt der Probe wird als Massenkonzentration $\beta(\text{Pb})$ in g/l angegeben.

7 Zusammenstellung der Zusammensetzungsgrößen

Benennung	Formelzeichen	SI-Einheit [1])	Bemerkungen
Massenanteil	w_i	1	
Volumenanteil	φ_i	1	siehe
Stoffmengenanteil	x_i	1	Abschnitt 2
Teilchenzahlanteil	X_i	1	
Massenkonzentration	β_i	kg/m^3	
Volumenkonzentration	σ_i	1	siehe
Stoffmengenkonzentration	c_i	mol/m^3	Abschnitt 3
Teilchenzahlkonzentration	C_i	m^{-3}	
Massenverhältnis	ζ_{ik}	1	
Volumenverhältnis	ψ_{ik}	1	siehe
Stoffmengenverhältnis	r_{ik}	1	Abschnitt 4
Teilchenzahlverhältnis	R_{ik}	1	
Molalität	b_i	mol/kg	siehe Abschnitt 5

[1]) 1 steht in dieser Spalte für das Verhältnis zweier gleicher SI-Einheiten.

Zitierte Normen

DIN 32 629 Stoffportion; Begriff, Kennzeichnung

Frühere Ausgaben

DIN 1310: 04.26, 09.70, 12.79

Änderungen

Gegenüber der Ausgabe Dezember 1979 wurden folgende Änderungen vorgenommen:

a) Die Teilchenzahl und die daraus abgeleiteten Größen (Teilchenzahlanteil usw.) wurden eingeführt.
b) Das Formelzeichen für die Massenkonzentration wurde geändert.
c) Gehalt (bisher gleichbedeutend mit Anteil) wurde als qualitativer Oberbegriff festgelegt.
d) Abschnitt 7 wurde neu eingefügt.
e) Der Gesamttext wurde redaktionell überarbeitet.

Internationale Patentklassifikation

C 08 L 81-00
C 10 G
C 09 K 3-34

DK 534.01 : 001.4 Februar 1974

Schwingungslehre

Kinematische Begriffe

Vibration; kinematic definitions

1. Sinusschwingung, Sinusgröße

Läßt sich die Zeitabhängigkeit eines Vorganges durch eine Sinus- oder eine Cosinusfunktion beschreiben, deren Argument (siehe Abschnitt 1.5) eine lineare Funktion der Zeit ist, so heißt der Vorgang Sinusschwingung und die zugehörige physikalische Größe eine Sinusschwingungsgröße, kurz Sinusgröße (z. B. Sinusspannung).

Anmerkung 1: Die Tatsache, daß die Addition und Subtraktion zweier Sinusschwingungen gleicher Frequenz sowie deren Integration und Differentiation wieder zu Sinusschwingungen führt, macht die Sinusschwingung zur einfachsten Schwingungsform.

Anmerkung 2: Die Sinusschwingung wird auch harmonische Schwingung genannt. In der Akustik wird das Wort „harmonisch" in Anlehnung an die musikalischen Intervalle benutzt, um auszusagen, daß die Frequenzen mehrerer Sinusschwingungen in ganzzahligen Verhältnissen zueinander stehen (siehe Abschnitte 3.2 und 3.3).

Anmerkung 3: In der Akustik wird die Sinusschwingung Ton genannt.

1.1. Amplitude

Der maximale Augenblickswert $\hat{x}$, der Scheitelwert einer Sinusgröße x (siehe Bild 1) heißt ihre Amplitude.

Anmerkung: Das Wort Amplitude soll nur bei den Scheitelwerten sinusförmiger oder zumindest sinusverwandter Schwingungen (siehe Abschnitt 2) benutzt werden.

1.2. Periodendauer

Die Zeit T ist der kürzeste Zeitabschnitt, nach welchem eine Schwingung (z. B. die Sinusschwingung in Bild 1) sich periodisch wiederholt, sie heißt Periodendauer, siehe auch Abschnitt 3.

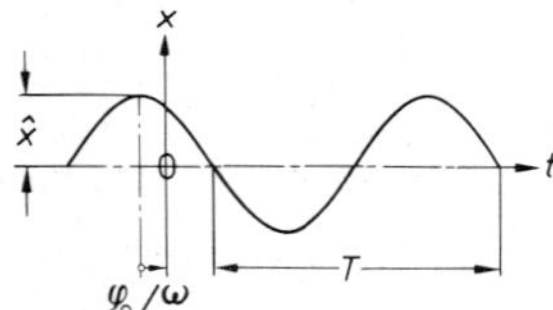

Bild 1. $\hat{x}$ Amplitude (siehe Abschnitt 1.1), T Periodendauer (siehe Abschnitt 1.2), φ_0 Nullphasenwinkel (siehe Abschnitt 1.5.1), ω Kreisfrequenz (siehe Abschnitt 1.4).

1.3. Frequenz, Periodenfrequenz

Der Kehrwert der Periodendauer T heißt Frequenz f. Will man den Unterschied dieser Frequenz gegenüber der in Abschnitt 1.4 definierten Kreisfrequenz oder Winkelfrequenz hervorheben, so wird sie Periodenfrequenz genannt.

Die SI-Einheit s^{-1} der Periodenfrequenz wird Hertz (Einheitenzeichen: Hz) genannt.

1.4. Kreisfrequenz, Winkelfrequenz

Das 2π-fache der Periodenfrequenz heißt Kreisfrequenz oder Winkelfrequenz (Formelzeichen ω).

Anmerkung 1: Die Wahl des auch für die Winkelgeschwindigkeit üblichen Buchstabens ω für die Kreisfrequenz oder Winkelfrequenz beruht auf der in Abschnitt 1.5 erwähnten, in Bild 2 wiedergegebenen Darstellung einer Sinusschwingung als Projektion eines rotierenden Zeigers, bei dem der Zahlenwert seiner Winkelgeschwindigkeit in rad/s gleich dem Zahlenwert der Kreisfrequenz oder Winkelfrequenz in s^{-1} ist.

Anmerkung 2: Der bisher übliche Name Kreisfrequenz ist an die erste Stelle gesetzt; da dieser Ausdruck aber zu dem Mißverständnis verleitet, daß die Frequenz der umfahrenen Vollkreise gemeint sei, wird der Name Winkelfrequenz empfohlen. Dabei steht Winkelfrequenz kurz für Einheitswinkel-Frequenz.

1.5. Phasenwinkel

Das Argument der Sinus- oder Cosinusfunktion heißt Phasenwinkel φ. Die Einheit Radiant wird hierbei durch 1 ersetzt.

Der Phasenwinkel tritt bei der Darstellung einer Sinusschwingung durch Projektion der Drehung eines Zeigers als ebener Winkel zwischen Zeiger und Projektionsachse in Erscheinung (siehe Beispiel in Bild 2). Zum Begriff „Phase" siehe Abschnitt 3.4 sowie DIN 40 108, Ausgabe Juni 1966, Abschnitt 1.2.

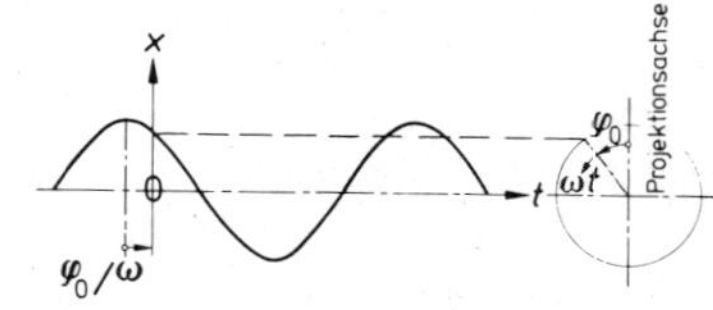

Bild 2.

Fortsetzung Seite 2 bis 5

Ausschuß für Einheiten und Formelgrößen (AEF) im Deutschen Normenausschuß (DNA)

1.5.1. Nullphasenwinkel

Wird der Zeitverlauf der Sinusgröße x mit den Festlegungen nach den Abschnitten 1.2, 1.3 und 1.4 als Cosinusfunktion geschrieben:

$$x = \hat{x} \cos(\varphi_0 + 2\pi t/T) = \\ = \hat{x} \cos(\varphi_0 + 2\pi f t) = \\ = \hat{x} \cos(\varphi_0 + \omega t), \quad (1)$$

so heißt der dabei für $t = 0$ auftretende Phasenwinkel der Nullphasenwinkel φ_0.

1.5.2. Phasenverschiebungswinkel

Unterscheiden sich zwei Sinusgrößen gleicher Frequenz durch ihre Nullphasenwinkel, so heißen sie phasenverschoben; dabei heißt jene voreilend (nacheilend), deren jeweilige Phasen (z. B. Höchstwert) innerhalb einer halben Periodendauer früher (später) eintreten.

Die Differenz $\Delta\varphi$ der Nullphasenwinkel heißt Phasenverschiebungswinkel.

1.6. Phasenzeit

Die Zeit

$$t = \varphi/\omega, \quad (1a)$$

die dem Phasenwinkel entspricht, heißt Phasenzeit. Ausgezeichnete Phasenzeiten sind Nullphasenzeit und Phasenverschiebungszeit.

1.6.1. Nullphasenzeit

Die Nullphasenzeit t_0 ist dem Nullphasenwinkel gemäß

$$t_0 = \varphi_0/\omega \quad (1b)$$

zugeordnet.

1.6.2. Phasenverschiebungszeit

Die Phasenverschiebungszeit Δt ist dem Phasenverschiebungswinkel $\Delta\varphi$ gemäß

$$\Delta t = \Delta\varphi/\omega \quad (1c)$$

zugeordnet.

1.7. Komplexe Amplitude, Zeiger

Wird die Sinusgröße als Cosinusfunktion gemäß Gleichung (1) in der Form

$$x = \mathrm{Re}\{\hat{x} e^{j(\varphi_0 + \omega t)}\} = \\ = \mathrm{Re}\{\hat{x} e^{j\varphi_0} e^{j\omega t}\} = \\ = \mathrm{Re}\{\underline{\hat{x}} e^{j\omega t}\} \quad (2)$$

angegeben, so heißt die komplexe Größe

$$\underline{\hat{x}} = \hat{x} e^{j\varphi_0}, \quad (3)$$

welche die Sinusgröße hinsichtlich Amplitude und Nullphasenwinkel kennzeichnet, ihre komplexe Amplitude oder ihr Zeiger (siehe DIN 5483 und DIN 5475 Blatt 1).

Anmerkung 1: Gleichung (2) entspricht der in Bild 2 gezeigten Projektion des rotierenden Zeigers, wobei die Projektionsachse als reelle Achse angenommen ist, die dort mit Rücksicht auf die daneben gezeichnete Sinusschwingung senkrecht gestellt ist.

Anmerkung 2: Um die komplexe Amplitude von der Amplitude zu unterscheiden, empfiehlt es sich, eine der Kennzeichnungen komplexer Größen zu verwenden, z. B. die Unterstreichung (siehe DIN 5483).

Anmerkung 3: Dem Brauch in der Elektronik folgend wurde — mit Rücksicht auf die Verwendung des Buchstabens i für die Stromstärke — der Buchstabe j für die imaginäre Einheit verwendet.

2. Sinusverwandte Schwingungen

Eine Schwingung heißt sinusverwandte Schwingung, wenn die in Gleichung (1) als konstant eingeführte Amplitude, verglichen mit der Periodendauer einer Einzelschwingung, sich langsam ändert oder/und wenn der Phasenwinkel innerhalb einer Periode nur wenig von der linearen Zunahme mit der Zeit abweicht (siehe Beispiel in Bild 3).

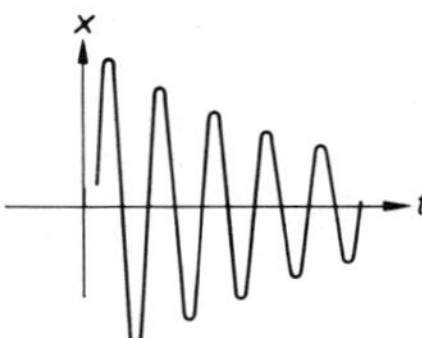

Bild 3.

Anmerkung: Die hierbei zweckmäßigen Benennungen sind in DIN 5488 aufgeführt. Hinsichtlich der sinusverwandten Schwingung mit abklingender Amplitude, die auch kurz abklingende Schwingung genannt wird, finden sich auch Angaben in DIN 1311 Blatt 2 (z. Z. Entwurf November 1972), Abschnitt 1.2.2.

3. Allgemeine periodische Schwingungen

Ein Vorgang, bei welchem die schwingende Größe x einen periodischen Zeitverlauf (siehe Bild 4) hat

$$x(t) = x(t + nT) \quad (4)$$

(n ganze Zahl, T Periodendauer nach Abschnitt 1.2), heißt periodische Schwingung (siehe DIN 5488).

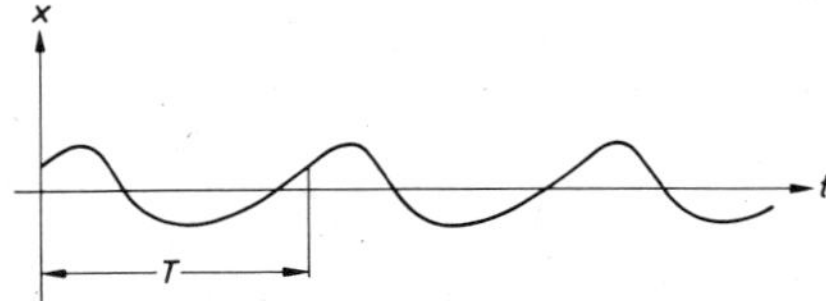

Bild 4.

Anmerkung: Meist ist diese allgemeine periodische Schwingung gemeint, wenn von Schwingung schlechthin gesprochen wird. Vielfach wird als Schwingung auch jeder nichtperiodische Vorgang angesehen, bei dem die schwingende Größe abwechselnd zu- und abnimmt. Es ist deshalb zweckmäßig, den Begriff noch weiter zu fassen (siehe Anmerkung zu Abschnitt 4).

3.1. Pulsschwingung, Puls

Ein periodischer Vorgang, dessen Augenblickswert x innerhalb einer Periodendauer T nur während eines Zeitabschnitts $\tau < T$ von Null verschiedene Werte annimmt (siehe Bild 5), heißt Pulsschwingung oder Puls (siehe DIN 5488, dort auch weitere Benennungen).

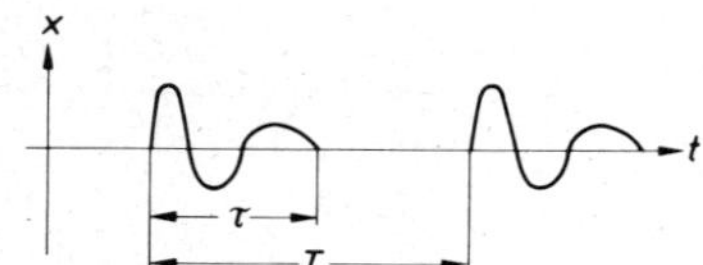

Bild 5.

3.2. Harmonische Synthese (Fouriersche Reihe)

Die additive Zusammensetzung einer periodischen Schwingung aus Sinusschwingungen der Periodendauern

$$T_n = T_1/n \tag{5}$$

(n ganze Zahl), also der Frequenzen

$$f_n = n f_1. \tag{6}$$

heißt **harmonische Synthese (Fouriersche Reihe)**. Für die zugehörige schwingende Größe x gilt:

$$x(t) - \overline{x(t)} = \sum_{n=1}^{\infty} \hat{x}_n \cos(\varphi_{0n} + 2\pi n f_1 t) = \sum_{n=1}^{\infty} \mathrm{Re}\{\underline{\hat{x}}_n e^{j2\pi n f_1 t}\}. \tag{7}$$

Anmerkung 1: Die Benennung „harmonische Synthese" wird beiden Bedeutungen des Wortes „harmonisch" gerecht, indem es sich einmal bei den Summanden um harmonische Schwingungen handelt, zum anderen, indem deren Frequenzen im Verhältnis ganzer Zahlen stehen.

Anmerkung 2: In der Akustik heißt die harmonische Synthese auch Tonsynthese.

Anmerkung 3: Da in den Summen der Gleichung (7) beliebige Summanden, auch der erste, ausfallen können, ist damit praktisch der Übergang zu beliebigen Frequenzgemischen gegeben, deren Teilfrequenzen nicht mehr harmonisch zueinander sind. Es wurde deshalb auf eine ausdrückliche Erwähnung beliebiger Frequenzgemische in dieser Norm verzichtet.

3.2.1. Teilschwingungen (Teiltöne)

Die Summanden der Gleichung (7) heißen **Teilschwingungen**, in der Akustik **Teiltöne**.
Die Teilschwingung, die zur Ordnungszahl n gehört, heißt n-te Teilschwingung (n-ter Teilton) oder n-te Harmonische.

Anmerkung: Von der Kennzeichnung der n-ten Teilschwingung als $(n-1)$te Oberschwingung wird abgeraten, da dies zu Verwechslungen mit der $(n-1)$ten Teilschwingung führen kann. Dagegen kann es vorteilhaft und manchmal sogar notwendig sein, von den Oberschwingungen zu sprechen. Beispiel: Grundschwingungsleistung und Oberschwingungsleistung (siehe DIN 40110).

3.2.2. Grundschwingung (Grundton)

Die erste Teilschwingung (der tiefste Teilton), deren Periodendauer T_1 gleich der Periodendauer der periodischen Schwingung nach Gleichung (4) ist, heißt **Grundschwingung (Grundton)**, die zugehörige Frequenz **Grundfrequenz**.

Anmerkung 1: Die Periodendauer T_1 kennzeichnet die Periode auch dann, wenn die Grundschwingung bei der harmonischen Synthese nicht auftritt.

Anmerkung 2: Bei manchen Frequenzgemischen kann nicht die Grundfrequenz f_1 als Bezugsfrequenz f_B dienen, sondern man muß eine andere ausgezeichnete Frequenz benutzen (z. B. die Erregerfrequenz bei nichtlinearen Schwingungen, siehe DIN 1311 Blatt 2). Es können dann außer den Teilschwingungen mit den Frequenzen $f_n = n f_B$ mit ganzzahligen n (Superharmonischen) auch solche Teilschwingungen auftreten, bei denen n ein Stammbruch $n = 1/q$ (Subharmonische) oder ein Vielfaches eines Stammbruches $n = p/q$ (Super-Subharmonische) ist. In jedem der drei Fälle (n ganzzahlig, $n = 1/q$, $n = p/q$) heißt n die Ordnung der Harmonischen, der Subharmonischen oder Super-Subharmonischen.

3.3. Harmonische Analyse

Die Zerlegung einer periodischen Schwingung (eines einfachen Klanges (siehe DIN 1320, Ausgabe Oktober 1969, Abschnitt 2.2.1.1)) in ihre Teilschwingungen (Teiltöne) gemäß der Beziehung für die zugehörige schwingende Größe

$$\underline{\hat{x}}_n = \hat{x}_n e^{j\varphi_{0n}} = \frac{2}{T}\int_0^T x(t)\, e^{-j2\pi n f_1 t}\, dt \tag{8}$$

heißt **harmonische Analyse**, in der Akustik **Klanganalyse**.

3.3.1. Amplitudenspektrum

Die Auftragung der Amplituden $\hat{x}_n$ der Teilschwingungen über ihrer Frequenz oder über ihrer Ordnungszahl heißt **Amplitudenspektrum** (siehe Bild 6).

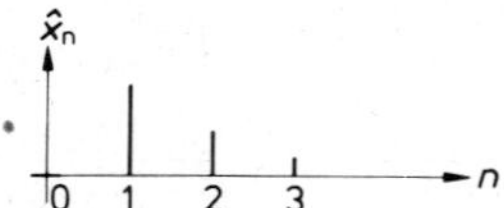

Bild 6.

Anmerkung: Das Amplitudenspektrum genügt nicht, um den Zeitverlauf der periodischen Schwingung zu bestimmen. Hierzu ist die zusätzliche Angabe der Nullphasenwinkel erforderlich. Diese hängen aber, wie auch die Aufteilung der Teilschwingungen in Sinus- und Cosinus-Glieder, von der jeweiligen Wahl des Anfangszeitpunktes ab. Das Amplitudenspektrum ist hiervon unabhängig und seine Kenntnis für viele Zwecke ausreichend.

3.3.2. Phasenwinkelspektrum

Die Auftragung der Nullphasenwinkel φ_{0n} der Teilschwingungen über ihrer Frequenz oder über ihrer Ordnungszahl heißt **Phasenwinkelspektrum**, kurz **Phasenspektrum** (siehe Bild 7).

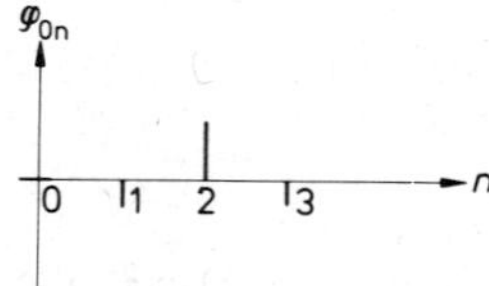

Bild 7.

3.3.3. Komplexes Amplitudenspektrum

Jede Zusammenfassung von Amplituden- und Phasenspektrum heißt **komplexes Amplitudenspektrum**.

3.4. Phase

Der augenblickliche Schwingungszustand eines Systems m-ter Ordnung (dessen Vorgang einer Differentialgleichung m-ter Ordnung genügt, siehe DIN 1311 Blatt 3) ist durch m Größen (z. B. eine abhängige Veränderliche x und ihre $(m-1)$ten zeitlichen Ableitungen $\dot{x}$, $\ddot{x}, \ldots, x^{(m-1)}$) festgelegt und heißt seine **Phase**.

3.4.1. Phasenraum

Trägt man die jeweiligen Werte der m Größen nach Abschnitt 3.4 auf den Achsen eines m-dimensionalen Raumes auf, so daß jedem Zeitpunkt ein bestimmter Punkt dieses Raumes zugeordnet ist, so nennt man diesen Raum den **Phasenraum**.

3.4.2. Phasenebene

Bei einem System 2. Ordnung wird der Phasenraum zur **Phasenebene**.

3.4.3 Phasenkurve

Die Kurve, die die Schwingung im Phasenraum (in der Phasenebene) beschreibt, heißt **Phasenkurve** (siehe Bild 8).

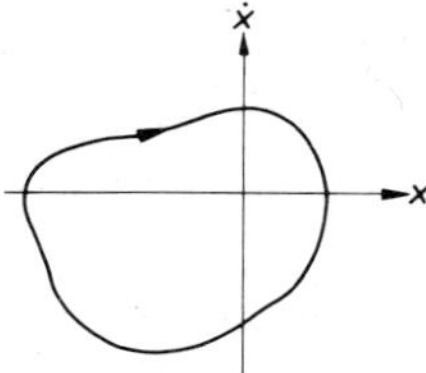

Bild 8.

Anmerkung: Die Phasenkurve einer Sinusschwingung ist eine Ellipse, bei geeigneter Normierung der Koordinaten ein Kreis. Die Phasenkurven abklingender oder anschwellender Schwingungen sind spiralige Kurven.

4. Schwingung begrenzter Dauer

Eine Schwingung, bei der die Größe x nur in einem begrenzten Zeitintervall $t_0 < t < t_1$ von Null verschiedene Werte aufweist, heißt **Schwingung begrenzter Dauer** (siehe Bild 9).

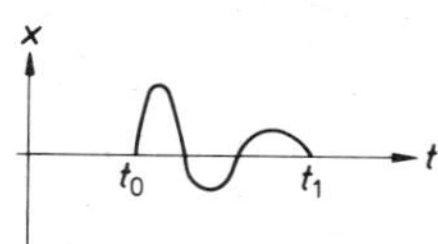

Bild 9.

Anmerkung: Da nicht nur Vorgänge, die jedermann als Schwingung bezeichnen würde, z. B. die in der Anmerkung zu Abschnitt 2 erwähnten abklingenden Schwingungen, gemäß ihrer zugeordneten Spektralfunktion aus unendlich vielen Teilschwingungen zusammensetzbar sind (Fouriersches Integral), sondern auch Vorgänge, denen niemand den Namen „Schwingung" zubilligen möchte, ist die Grenze für den Begriff „Schwingung" unscharf. Es wird empfohlen, nur dann von Schwingung zu sprechen, wenn der Vorgang mindestens zwei Extremwerte hat. Es wird nicht empfohlen, den Begriff der Schwingung so allgemein zu fassen, daß er alle nichtperiodischen Vorgänge mitenthielte und dadurch mit dem Begriff des „Vorganges" schlechthin zusammenfiele.

4.1. Impulsförmige Schwingung

Wenn die Dauer einer Schwingung, das ist die Dauer, während der die Augenblickswerte der Größe x einen bestimmten Schwellenwert überschreiten, klein ist im Verhältnis zu einer charakteristischen Dauer, z. B. der Beobachtungsdauer, heißt die Schwingung **impulsförmige Schwingung** oder kurz Impuls.

Anmerkung 1: Benennungen für verschiedene impulsförmige Vorgänge sind in DIN 5488 festgelegt.

Anmerkung 2: Der einseitige Impuls heißt Stoß.

4.2. Spektralfunktion

Das bei Vorgängen beschränkter Dauer stets existierende Integral

$$\int_{-\infty}^{+\infty} x(t)\, \mathrm{e}^{-\mathrm{j}\omega t}\, \mathrm{d}t = \underline{X}(\omega) \tag{9}$$

ist die zum Zeitverlauf $x(t)$ gehörige Fourier-Transformierte (siehe DIN 5487) und heißt **Spektralfunktion** $\underline{X}(\omega)$. Da die Spektralfunktion ihrer Definition nach komplex ist, wird die Kennzeichnung des komplexen Charakters durch Unterstreichung meist weggelassen. Die Auftragung des Absolutwertes $|\underline{X}|$ der Spektralfunktion $\underline{X}$ über der Frequenz ergibt im Gegensatz zum Amplitudenspektrum nach Abschnitt 3.3.1, das nur aus Linien über diskreten Frequenzen besteht und deshalb auch „Linienspektrum" heißt, eine durch eine Kurve begrenzte Fläche, die als „kontinuierliches Spektrum" bezeichnet wird (siehe Bild 10).

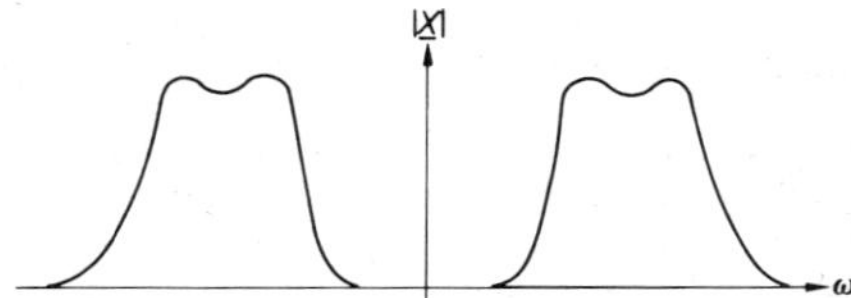

Bild 10.

Anmerkung: Den Übergang von dem durch Gleichung (8) definierten komplexen Amplitudenspektrum zu der durch Gleichung (9) definierten Spektralfunktion erhält man am einfachsten, wenn man bei einer Pulsschwingung nach Abschnitt 3.1 die Periodendauer immer länger werden läßt. Die Spektrallinien rücken dabei immer mehr aneinander, während ihre Längen kleiner werden. Multipliziert man diese mit T, erhält man bei diesem Grenzübergang eine endlich bleibende Repräsentation der spektralen Verteilung. Zur Vereinfachung des Integrals wird noch mit dem Faktor 1/2 multipliziert. Man findet aber auch andere Normierungen in der Literatur.

5. Schwankungsvorgang, Rauschvorgang

Eine ständige, aber nicht periodische Schwingung, die bei Herausgreifen und Analysieren über beliebige, hinreichend große Beobachtungszeiten Δt immer nahezu die gleiche spektrale Amplitudenverteilung bei statistisch schwankenden Nullphasenwinkeln aufweist, heißt **Schwankungsvorgang** oder **Rauschvorgang** (siehe Bild 11). Weitere Benennungen siehe DIN 5488.

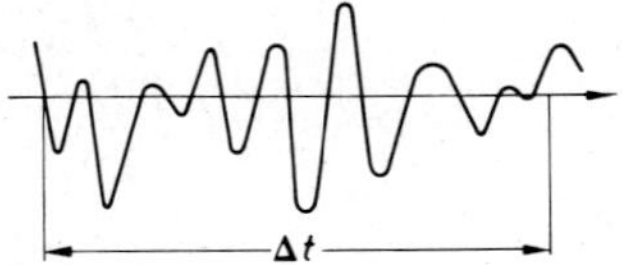

Bild 11.

5.1. Leistungsspektralfunktion

Das Quadrat der Absolutwerte der für endliche Beobachtungszeiten existierenden Spektralfunktion dividiert durch die Beobachtungszeit heißt Leistungsspektralfunktion:

$$\lim_{\Delta t \to \infty} \frac{1}{\Delta t} |\underline{X}(\omega)|^2 = \Phi(\omega) \tag{10}$$

(siehe Bild 12).

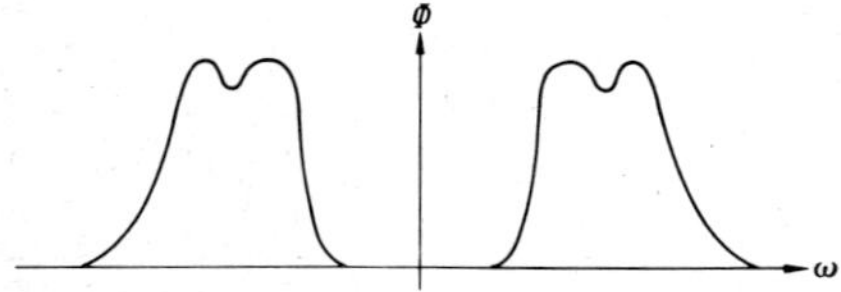

Bild 12.

Der hierbei eingeführte Grenzübergang besagt, daß die Beobachtungszeit jedenfalls so groß sein muß, daß sich der jeweils errechnete Wert für Φ bei weiterer Verlängerung im Rahmen der gegebenen Fehlergrenze nicht ändert.

Anmerkung: Die Leistungspektralfunktion wird vielfach auch etwas anders normiert und einfach Leistungsspektrum genannt. Der Ausdruck Leistung weist auf die Quadrierung der zur schwingenden Größe gehörigen Spektralfunktion und ihre Division durch die Beobachtungszeit hin, jedoch müßte Φ erst mit einem der jeweiligen Größe x entsprechenden Koeffizienten multipliziert werden, um eine Größe von der Art einer Leistung zu werden. Auch stellt Φ nicht die zum Zeitverlauf der Leistung gehörige Spektralfunktion dar. Die Benennung „quadratische Spektralfunktion" würde diese Schwierigkeit umgehen, wobei der Kürze halber die Division durch die Beobachtungszeit unerwähnt bleibt.

5.2. Autokorrelationsfunktion

Das Integral des Produktes des Zeitverlaufes $x(t)$ mit dem um $(-\tau)$ verschobenen Zeitverlauf $x(t + \tau)$ über eine — im Grenzfall wieder unendlich lange — Beobachtungszeit Δt dividiert durch diese Beobachtungszeit heißt die zu $x(t)$ gehörige Autokorrelationsfunktion:

$$\lim_{\Delta t \to \infty} \frac{1}{\Delta t} \int_{\Delta t} x(t)\, x(t + \tau)\, \mathrm{d}t = \varphi(\tau) \tag{11}$$

(siehe Bild 13).

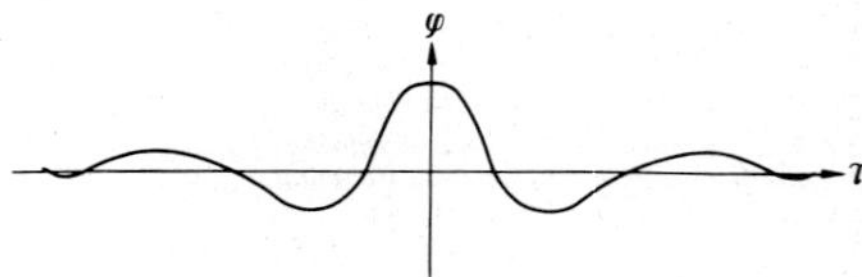

Bild 13.

Anmerkung 1: Die Leistungsspektralfunktion ist die Fourier-Transformierte der Autokorrelationsfunktion:

$$\Phi(\omega) = \int_{-\infty}^{+\infty} \varphi(\tau)\, \mathrm{e}^{-\mathrm{j}\omega\tau}\, \mathrm{d}\tau. \tag{12}$$

Anmerkung 2: Zur gleichen Leistungsspektralfunktion und somit zur gleichen Autokorrelationsfunktion gehören unendlich viele verschiedene Rauschvorgänge, die sich durch die Verteilung der Augenblickswerte $x(t)$ unterscheiden.
Bei den meisten der für Rauschvorgänge abgeleiteten Gesetze ist angenommen, daß diese Verteilung einer Gauß-Verteilung entspricht, die auch Normalverteilung genannt wird.

DK 534.01 : 001.4

Dezember 1974

Schwingungslehre
Einfache Schwinger

DIN 1311 Blatt 2

Vibration; simple oscillators

1. Einfacher Schwinger

Läßt sich das Verhalten eines schwingenden Systems durch den Zeitverlauf einer einzigen schwingenden Zustandsgröße beschreiben, so heißt es einfacher Schwinger.

Anmerkung 1: Der einfache Schwinger besitzt zwei unabhängige Energiespeicher, zwischen denen Energieaustausch stattfinden kann.

Beispiele: Kinetische Energie eines starren Körpers, potentielle Energie einer Feder; elektrische Energie eines Kondensators, magnetische Energie einer Spule.

Anmerkung 2: Zustandsgrößen sind diejenigen Größen, die den Zustand des Schwingers zu einem Zeitpunkt vollständig kennzeichnen.

Beispiele: Ausschlag, Geschwindigkeit; Ladung, elektrische Stromstärke.

2. Freier Schwinger

Wird dem Schwinger keine Energie zugeführt, so heißt er freier Schwinger.

2.1. Freier ungedämpfter Schwinger

Besteht der einfache Schwinger nur aus den beiden Schwingungsenergie-Speichern, so heißt er freier ungedämpfter Schwinger.

Wird hierbei einer der Speicher oder werden beide mit einer Energie beladen und dann der Schwinger sich selbst überlassen, so folgt ein periodischer Energieaustausch, der Eigenschwingung heißt.

Der Kehrwert der Periodendauer T_0, nach der die Zustandsgrößen (und ihre zeitlichen Ableitungen) immer wieder die gleichen Werte annehmen, heißt die Eigenfrequenz f_0 des Schwingers, siehe auch Abschnitt 2.2.2.1.1.

2.1.1. Ungedämpfter linearer Schwinger

Gehorcht die zur Beschreibung der Schwingung gewählte Zustandsgröße x (und somit jede) einer linearen Differentialgleichung der Form

$$a\ddot{x} + c\,x = 0 \quad \text{oder} \quad \ddot{x} + \omega_0^2 x = 0 \qquad (1)$$

so heißt der Schwinger ungedämpfter linearer Schwinger. a und c heißen Speicherkoeffizienten. Hinsichtlich ω siehe DIN 1311 Blatt 1.

Beispiele:

x	Ausschlag,	a	Masse,	c	Federsteife
x	Ladung,	a	Induktivität,	c	Kehrwert Kapazität

Anmerkung 1: Bei einem ungedämpften linearen Schwinger ändern sich die Zustandsgrößen sinusförmig mit der Eigenfrequenz

$$f_0 = \frac{\omega_0}{2\pi} = \frac{1}{2\pi}\sqrt{\frac{c}{a}} \qquad (2)$$

Anmerkung 2: Bei einem linearen Schwinger sind die Energieinhalte der Speicher dem Quadrat einer Zustandsgröße und dem Quadrat ihrer zeitlichen Ableitung proportional

$$W_c = \frac{c}{2}\,x^2, \qquad W_a = \frac{a}{2}\,\dot{x}^2 \qquad (3)$$

Die Energieanteile ändern sich also ebenfalls sinusförmig, aber mit der doppelten Frequenz.

2.1.2. Nichtlinearer Schwinger

Sind die Speicherkoeffizienten von den Zustandsgrößen abhängig, so heißt der Schwinger nichtlinear, da die zugehörige Differentialgleichung nichtlinear ist.

Anmerkung 1: Der Fall, daß sich ein nichtlinearer Schwinger durch eine Zustandsgröße beschreiben läßt, für die eine Differentialgleichung der Form

$$\ddot{x} + F(x) = 0 \qquad (4)$$

gilt, wie z. B. beim Pendel, wo Gl. (4) die Form

$$a\,\ddot{x} + c\,\sin x = 0 \qquad (4a)$$

annimmt, stellt nur einen einfachen Spezialfall dar. Allgemein können a und c in beliebiger Weise von x, $\dot{x}$ und $\ddot{x}$ abhängen, wobei auch gar keine Aufspaltung in zwei Summanden mehr in Erscheinung zu treten braucht.

Anmerkung 2: Allen nichtlinearen Systemen ist gemeinsam, daß die Superposition zweier Teillösungen, z. B. für die Fälle, in denen im Anfangszeitpunkt nur ein Energiespeicher beladen wird, nicht wieder eine Lösung ist.

Fortsetzung Seite 2 bis 5

Ausschuß für Einheiten und Formelgrößen (AEF) im Deutschen Normenausschuß (DNA)

2.2. Freier gedämpfter Schwinger

Enthält der Schwinger außer den Energiespeichern noch Elemente, die den Energieinhalt (z. B. durch Verwandlung in Wärme oder durch Abstrahlung) vermindern, so heißt er gedämpft.

Anmerkung: In der Nachrichtentechnik wird der Begriff der Dämpfung nicht nur im vorliegenden Sinne (entsprechend dem englischen „damping", dem französischen „amortissement") benutzt, sondern allgemein zur Kennzeichnung, daß eine Zustandsgröße am Ausgang eines Übertragungsgliedes kleiner ist als am Eingang (entsprechend dem englischen „attenuation", dem französischen „affaiblissement").

2.2.1. Dämpfungsglied, Dämpfungskennlinie, Dämpfungskoeffizient

Tritt das Vorhandensein einer Dämpfung in der Differentialgleichung der betrachteten Zustandsgröße durch das Hinzukommen eines weiteren von der Zustandsgröße und ihrer zeitlichen Ableitung abhängigen Summanden in Erscheinung, z. B.:

$$a\ddot{x} + F(x, \dot{x}) + c\,x = 0, \tag{5}$$

so heißt dieser Summand das Dämpfungsglied.

Ist das Dämpfungsglied nur von $\dot{x}$ abhängig, so heißt der Verlauf der Funktion $F(\dot{x})$ die Dämpfungskennlinie. Ist diese eine durch den Nullpunkt gehende Gerade

$$F(\dot{x}) = b\,\dot{x}, \tag{5a}$$

so heißt die Größe b der Dämpfungskoeffizient.

Anmerkung: In der Elektrotechnik ist das der bei ohmschen Widerständen auftretende Normalfall. In der Mechanik kann er, wenn die Dämpfung überwiegend durch Flüssigkeitsreibung verursacht ist, oft als gute Näherung zugrunde gelegt werden. Alle anderen Fälle werden als nichtlineare Dämpfung bezeichnet. Darunter fallen z. B. die quadratische Gasreibung und die trockene Reibung.

2.2.2. Gedämpfter linearer Schwinger

Ein Schwinger, bei dem die gewählte (und somit jede) Zustandsgröße einer Differentialgleichung der Form

$$a\ddot{x} + b\dot{x} + cx = 0 \tag{6}$$

gehorcht, heißt gedämpfter linearer Schwinger.

2.2.2.1. Schwach gedämpfter linearer Schwinger

Ist

$$b < 2\sqrt{a\,c}, \tag{7}$$

so heißt der Schwinger schwach gedämpft.

Ist sogar

$$b \ll 2\sqrt{a\,c}, \tag{7a}$$

so heißt der Schwinger sehr schwach gedämpft.

2.2.2.1.1. Eigenfrequenz, Kennfrequenz

Bei schwach gedämpften linearen Schwingern läßt sich der Verlauf jeder Zustandsgröße auf die Form

$$x = X e^{-\delta t} \cos(\varphi + \omega_d t) \tag{8}$$

bringen. Obwohl dieser Vorgang nicht mehr periodisch ist, ist es üblich, die im Argument der Cosinusfunktion auftretende Frequenz

$$f_d = \frac{\omega_d}{2\pi} \tag{9}$$

die Eigenfrequenz des gedämpften Schwingers zu nennen. Diese Frequenz ist geringer als die ohne Dämpfung sich ergebende Eigenfrequenz f_0 (siehe Abschnitt 2.1), nämlich:

$$f_d = f_0 \sqrt{1 - \left(\frac{\delta}{\omega_0}\right)^2} = f_0 \sqrt{1 - \frac{b^2}{4ac}}\,. \tag{10}$$

Da aber beim gedämpften Schwinger die ohne Dämpfung errechnete Frequenz f_0 zur Kennzeichnung des Schwingers und bei der Aufstellung von Formeln benutzt wird, wird sie hierbei Kennfrequenz genannt.

2.2.2.1.2. Abklingkoeffizient, Abklingzeit, Dämpfungsgrad, Verlustfaktor

Die Größe δ in Gl. (8), die dort das exponentielle Abklingen der Schwingung mit der Zeit bestimmt und für welche gilt:

$$\delta = \frac{b}{2a}, \tag{11}$$

heißt Abklingkoeffizient.

Der Kehrwert des Abklingkoeffizienten heißt Abklingzeit.

Anmerkung 1: Die Abklingzeit wurde früher auch Zeitkonstante genannt.

Der Quotient

$$\frac{\delta}{\omega_0} = \vartheta \tag{12}$$

heißt Dämpfungsgrad ϑ, sein doppelter Wert Verlustfaktor d. Es ist

$$d = 2\vartheta. \tag{12a}$$

Anmerkung 2: In der Mechanik wird der Dämpfungsgrad auch mit D bezeichnet.

Anmerkung 3: Der vielfach anzutreffende Ausdruck Dämpfung für diese Größe wird nicht empfohlen. Dieses Wort sollte dem Vorgang vorbehalten bleiben.

Anmerkung 4: Früher wurde der Grad der Dämpfung durch den natürlichen Logarithmus des Verhältnisses zweier um eine Periodendauer aufeinander folgender Extremwerte gekennzeichnet:

$$\Lambda = \ln \frac{\hat{x}_n}{\hat{x}_{n+1}}\,. \tag{13}$$

Diese Größe heißt logarithmisches Dekrement. Zwischen dieser Größe und dem Dämpfungsgrad besteht die Beziehung:

$$\Lambda = \frac{2\pi\vartheta}{\sqrt{1-\vartheta^2}} = 2\pi\vartheta\frac{\omega_0}{\omega_d}, \tag{13a}$$

woraus sich ergibt, daß für sehr schwach gedämpfte Schwinger

$$\Lambda \approx 2\pi\vartheta \tag{13b}$$

wird. Mit Annäherung von δ an ω_0 wird Λ unendlich und für $\delta > \omega_0$ imaginär, verliert also seine ursprüngliche Bedeutung, während ϑ stets endlich und reell bleibt.

2.2.2.2. Stark gedämpfter linearer Schwinger

Ist

$$b > 2\sqrt{a\,c}, \tag{14}$$

so heißt der Schwinger stark gedämpft.

Der an die Stelle einer gedämpften Eigenschwingung tretende Eigenvorgang setzt sich aus zwei Vorgängen mit monotoner Änderung zusammen, die auch Kriechvorgänge genannt werden.

Anmerkung: Der Grenzfall

$$b = 2\sqrt{ac} \tag{14a}$$

wird auch „aperiodischer Grenzfall" genannt, obwohl auch für $b < 2\sqrt{ac}$ die Schwingung nicht periodisch ist.

3. Selbsterregter Schwinger

Unter einem selbsterregten Schwinger wird ein Schwinger verstanden, der seine Energieverluste dadurch deckt, daß er aus einer an sich unperiodischen Energiequelle im Takte seiner Schwingung Energie aufnimmt. Gerät er ins Schwingen, ohne daß einer seiner Energiespeicher der Zuführung eines Schwellenwertes an Energie von außen bedarf, heißt der Schwinger selbstentfachend.

Erreicht seine selbsterregte Schwingung einen stationären periodischen Zustand, heißt er selbsterhaltend.

Beispiel: Eine Pendeluhr ist ein selbsterhaltender aber nicht selbstentfachender Schwinger.

3.1. Entdämpfte Eigenschwingung

Ist die zwischen den Energiespeichern ausgetauschte Energie groß gegen die während jeder Periode verlorengehende und von außen ersetzte Energie, so heißt die Schwingung entdämpfte Eigenschwingung, da sie sich nur wenig von der Eigenschwingung des dämpfungsfrei gedachten Systems unterscheidet.

3.2. Ladeschwingung, Relaxationsschwingung

Wird während des größten Teils der Periode nur der eine Energiespeicher geladen (oder entladen) und bestimmt dieser Ladevorgang (Relaxationsvorgang) die Periodendauer, so heißt die Schwingung Ladeschwingung oder Relaxationsschwingung.

3.2.1. Kippschwingung

Ändert bei einer Lade- oder Relaxationsschwingung ein Element des Schwingers seine Eigenschaften beim Überschreiten eines Schwellenwertes durch eine Zustandsgröße plötzlich, heißt sie Kippschwingung.

Beispiel: Zündung einer Gasentladung, Übergang von Haft- zur Gleitreibung.

4. Fremderregter Schwinger

Ist der Schwinger einer äußeren Einwirkung (Erregung) ausgesetzt, so heißt er fremderregter Schwinger. Ist die Erregung periodisch, heißt ihre Frequenz Erregerfrequenz.

4.1. Erzwungene Schwingungen
(Quellenerregte Schwingungen)

Erfolg der Erregung über eine Quelle, die die Eigenschaften des Schwingers nicht verändert, so heißt die Erregung Quellenerregung und die dadurch verursachte Schwingung erzwungene Schwingung.

Anmerkung: Mathematisch wird dieser Vorgang dadurch erfaßt, daß auf der rechten Seite in den Differentialgleichungen (1), (4), (5) oder (6) eine Erregungsfunktion (Quellenfunktion) auftritt, z. B.

$$a\ddot{x} + F_1(\dot{x}) + F_2(x) = F_Q(t). \qquad (15)$$

Der in der früheren Ausgabe von DIN 1311 Blatt 2 für diese Erregungsfunktion gebrauchte Ausdruck „Störfunktion" wurde fallengelassen, weil vielfach unter Störungen Einflüsse verstanden werden, die einerseits unerwünscht und andererseits klein sind.

Gehorcht die Quellenerregung dem Zeitverlauf

$$F_Q(t) = \hat{F}_Q \cos(\varphi_Q + \omega t), \qquad (15a)$$

so heißt die Erregung sinusförmig.

4.1.1. Erzwungene Schwingungen des linearen Schwingers

Handelt es sich um einen gedämpften linearen Schwinger, so heißt die bei sinusförmiger Erregung im eingeschwungenen Zustand entstehende sinusförmige Schwingung jeder Zustandsgröße erzwungene Schwingung des linearen Schwingers.

Da die partikuläre Lösung der inhomogenen Differentialgleichung

$$a\ddot{x} + b\dot{x} + cx = F_Q(t) \qquad (16)$$

sich immer aus den Teillösungen zusammensetzen läßt, die der Synthese von $F_Q(t)$ aus Sinusschwingungen entsprechen, genügt es, sinusförmige Erregungen zu betrachten.

Anmerkung: Hierbei empfiehlt sich, wie bei allen linearen Systemen, die Zeigerdarstellung (siehe DIN 5475 Blatt 1).

Mit

$$F_Q = \mathrm{Re}\left\{\hat{\underline{F}}_Q\, e^{j\Omega t}\right\} \qquad (17)$$

läßt sich auch der eingeschwungene Zustand von x darstellen als

$$x = \mathrm{Re}\left\{\hat{\underline{x}}\, e^{j\Omega t}\right\}, \qquad (17a)$$

wobei Gl. (16) die Zeigergleichung liefert:

$$[(c - a\Omega^2) + j\Omega b]\,\underline{x} = \underline{F}_Q. \qquad (18)$$

4.1.1.1. Übertragungsfaktor, Übertragungsfunktion

Der Quotient des Zeigers einer Zustandsgröße durch den Zeiger der Quellengröße F_Q oder einer ihr proportionalen Größe heißt – in Anknüpfung an die Nachrichtentechnik – Übertragungsfaktor. Will man seine Abhängigkeit von der Erregerfrequenz kennzeichnen, so spricht man von einer Übertragungsfunktion.

Anmerkung 1: Aus Gl. (18) erhält man z. B.

$$\frac{\underline{x}}{\underline{F}_Q} = \frac{1}{(c - a\Omega^2) + j\Omega b}, \qquad (19)$$

oder auch für die zeitliche Ableitung von x

$$\frac{j\Omega\underline{x}}{\underline{F}_Q} = \frac{1}{b + j\sqrt{ac}\left(\frac{\Omega}{\omega_0} - \frac{\omega_0}{\Omega}\right)}, \qquad (20)$$

also auch

$$\frac{|\underline{x}|}{|\underline{F}_Q|} = \frac{1}{\sqrt{(c - a\Omega^2)^2 + (\Omega b)^2}}, \qquad (19a)$$

oder

$$\frac{|\Omega\underline{x}|}{|\underline{F}_Q|} = \frac{1}{\sqrt{b^2 + ac\left(\frac{\Omega}{\omega_0} - \frac{\omega_0}{\Omega}\right)^2}}. \qquad (20a)$$

Anmerkung 2: Stellt $F_Q(t)$ einen Rauschvorgang dar, so treten in Gl. (19a) an Stelle von $|\underline{x}|$ und $|\underline{F}_Q|$ die aus hinreichend langer Beobachtungszeit gebildeten Effektivwerte, die sich bei schmalbandiger Filterung der Rauschvorgänge ergeben.

Anmerkung 3: Häufig ist auch der Zeiger der Zustandsgröße $\underline{x}$ gegeben und die benötigte Quellengröße $\underline{F}_Q$ gesucht; es sind dann die Kehrwerte von Gl. (19) und Gl. (20) als Übertragungsfaktoren oder Übertragungsfunktionen zu betrachten.

4.1.1.2. Resonanz
Erreicht die Übertragungsfunktion bei Annähern der Erregerfrequenz an die Eigenfrequenz sehr große (oder sehr kleine) Werte, so heißt diese Erscheinung Resonanz.

4.1.1.2.1. Resonanzfrequenz, Gipfelfrequenz, Talfrequenz
Die Erregerfrequenz, bei der die jeweilige Größe ihren Größtwert oder Kleinstwert erreicht, heißt Resonanzfrequenz, speziell Gipfelfrequenz oder Talfrequenz.

Anmerkung: Wenn Gl. (20) den Frequenzgang des Übertragungsfaktors beschreibt, ist die Gipfelfrequenz gleich der Kennfrequenz, wenn Gl. (19) den Frequenzgang beschreibt, liegt sie darunter, nämlich bei

$$f_g = f_0 \sqrt{1 - 2\,\vartheta^2}, \tag{21}$$

also auch noch unter der Eigenfrequenz nach Gl. (10). Bei sehr schwacher Dämpfung sind diese Unterschiede meist vernachlässigbar.

4.1.1.2.2. Verstimmung
Der Ausdruck

$$\varepsilon = \frac{1}{2}\left(\frac{f_1}{f_2} - \frac{f_2}{f_1}\right) \tag{22}$$

heißt Verstimmung der Frequenz f_1 gegen die Frequenz f_2.
Hier interessiert die Verstimmung der Erregerfrequenz gegen die Kennfrequenz, die zugleich streng oder meist sehr angenähert die Gipfelfrequenz ist:

$$\varepsilon = \frac{1}{2}\left(\frac{\Omega}{\omega_0} - \frac{\omega_0}{\Omega}\right). \tag{22a}$$

Für kleine Frequenzdifferenzen $f_1 - f_2 = \Delta f$ geht Gl. (22) über in:

$$\varepsilon \approx \frac{\Delta f}{f_1} \approx \frac{\Delta f}{f_2}, \tag{22b}$$

und Gl. (22a) in

$$\varepsilon \approx \frac{\Delta \Omega}{\omega_0}. \tag{22c}$$

4.1.1.2.3. Resonanzfunktion, Resonanzkurve
Unter Einführung der Verstimmung läßt sich die durch ihren Gipfelwert dividierte Übertragungsfunktion ohne Einschränkung bei Gl. (20) auf die Form bringen:

$$\frac{\Omega \underline{x}}{(\Omega \underline{x})_{max}} = \frac{1}{1 + \mathrm{j}\,\varepsilon/\vartheta} \tag{23}$$

oder bei Gl. (19) für sehr schwach gedämpfte Schwinger in Gipfelnähe angenähert:

$$\frac{\underline{x}}{\underline{x}_{max}} \approx \frac{1}{1 + \mathrm{j}\,\varepsilon/\vartheta}. \tag{23a}$$

Der Ausdruck auf der rechten Seite heißt Resonanzfunktion; die Kurve, die die Abhängigkeit ihres Betrages von ε (oder von $\Delta\Omega$) darstellt, heißt Resonanzkurve.

Anmerkung: Die Resonanzkurve weist nicht nur einen parabolischen Gipfel auf, sondern hat Glockencharakter mit Wendepunkten.

4.1.1.2.4. Halbwertsbreite, Resonanzschärfe, Gütefaktor
Die Breite der symmetrischen Resonanzkurve heißt an der Stelle, an der die schwingenden Energien auf die Hälfte, die Beträge der beobachteten Zustandsgröße also auf $1/\sqrt{2} \approx 0{,}707$ des Höchstwertes gesunken sind, Halbwertsbreite.

Anmerkung: Die Halbwertsbreite ist gleich

$$\left.\begin{matrix} 2\,\vartheta \\ 2\,\vartheta \\ \delta/\pi \end{matrix}\right\} \quad \textit{wenn} \quad \left\{\begin{matrix} \textit{die Verstimmung } \varepsilon \\ \textit{die Winkelfrequenz } \Omega \\ \textit{die Frequenz } f \end{matrix}\right\} \textit{Abszisse is}$$

Der Kehrwert der als Verstimmung angegebenen Halbwertsbreite heißt Resonanzschärfe des Schwingers, bei dessen Anwendung als Sender oder Filter auch sein Gütefaktor Q:

$$Q = \frac{1}{2\,\vartheta} = \frac{1}{d}. \tag{24}$$

4.1.2. Erzwungene Schwingungen bei nichtlinearen Schwingern
Läßt man auf einen nichtlinearen Schwinger fortwährend eine periodisch veränderliche Größe einwirken, so stellt sich auch hier schließlich eine periodische Schwingung ein, deren Frequenz durch die Frequenz der einwirkender Größe bestimmt wird. Die so entstehende periodische Schwingung heißt erzwungene nichtlineare Schwingung.

4.1.2.1. Untertonerregung nichtlinearer Schwinger
Wenn eine Erregung eine nichtlineare erzwungene Schwingung erzeugt, deren Frequenz f ein Stammbruch der Erregerfrequenz f_e ist,

$$f = \frac{f_e}{n}, \quad n = 1, 2, 3, \ldots, \tag{25}$$

so wird von Untertonerregung einer nichtlinearen erzwungenen Schwingung gesprochen.

4.1.3. Übergangsschwingungen, Ausgleichsschwingungen
Nach dem Einschalten der Erregung stellt sich der eingeschwungene Zustand, die erzwungene Schwingung, erst allmählich her. Ebenso brechen die Schwingungen nach dem Ausschalten der Erregung nicht plötzlich ab. Es tritt mit Änderung der Erregung stets ein Übergangsvorgang (eine Übergangsschwingung) auf, also beim Einschalten ein Einschwing- oder Einschaltvorgang (eine Einschaltschwingung) beim Abschalten ein Ausschwin oder Ausschaltvorgang (eine Ausschaltschwingung).

Anmerkung: Bei linearen Schwingern kann der Einschwingvorgang aus der erzwungenen Schwingung und einer freien Schwingung zusammengesetzt werden.

Immer heißen die Differenz aus Einschwingvorgang und erzwungener Schwingung Ausgleichsvorgang und die entsprechenden Schwingungen Ausgleichsschwingungen, da sie den Unterschied zwischen den vorhandenen und den vom erzwungenen Zustand geforderten Anfangsbedingungen ausgleichen.

4.2. Parametrisch erregte Schwingungen
Die Erregung kann auch in einer periodischen Zeitabhängigkeit eines Speicherkoeffizienten bestehen. Ein derartiger Schwinger heißt parametrisch erregter Schwinger.
Die Schwingungen seiner Zustandsgrößen heißen parametrisch erregte Schwingungen.

Anmerkung 1: In der ersten Ausgabe dieser Norm war statt dessen die Vorsilbe „rheo" empfohlen worden. Das hatte den Vorteil, daß man diese kurze Silbe leicht mit den Begriffen linear und nichtlinear verbinden konnte. Außerdem wurde empfohlen, den Fall nicht zeitabhängiger Speicherkoeffizienten, falls es erforderlich ist, diesen besonders zu betonen, durch die Vorsilbe „sklero" zu kennzeichnen. Dieses Schema wird hier an Hand der einfachsten Fälle nochmals dargelegt:

	linear	*nichtlinear*
sklero —	$\ddot{x} + \omega_0^2 x = 0$	$\ddot{x} + \omega_0^2(x)x = 0$
rheo —	$\ddot{x} + \omega_0^2(t)x = 0$	$\ddot{x} + \omega_0^2(x,t)x = 0$

Es kann benutzt werden, wenn die Unterscheidung dieser vier Fälle in kurzer Form benötigt wird.

Anmerkung 2: Die parametrisch erregten Schwingungen sind im allgemeinen nicht mehr periodisch. Da ihr Verlauf sowohl von der Stärke der Erregung als auch von den Anfangsbedingungen abhängt, nehmen sie eine Mittelstellung ein zwischen den erzwungenen und den freien Schwingungen eines linearen Schwingers.

4.3. Erzwungene und parametrisch erregte Schwingungen

Tritt die Erregung eines Systems sowohl als Quellenerregung (siehe Abschnitt 4.1) als auch als parametrische Erregung (siehe Abschnitt 4.2) auf, so heißt im Falle, daß beide Erregungen periodisch sind, der eingeschwungene Zustand erzwungene und parametrisch erregte Schwingung.

Anmerkung: Die Gesamtlösung der sich dabei ergebenden Differentialgleichung

$$\ddot{x} + \omega_0^2(\Omega_1 t)x = F_Q(\Omega_2 t) \qquad (26)$$

setzt sich zusammen aus der zur homogenen parametrischen Differentialgleichung gehörigen Lösung und einer partikulären Lösung, die von der Quellenfunktion abhängt.

5. Selbst- und fremderregte Schwinger

Selbst- und fremderregte Schwinger besitzen sowohl die in Abschnitt 3 genannten Merkmale einer Selbsterregung als auch die in Abschnitt 4 genannten Merkmale einer Fremderregung.

5.1. Mitnahme selbsterregter Schwinger

Führt ein selbsterregter Schwinger zunächst eine selbsterregte Schwingung aus und läßt man zusätzlich eine äußere periodische Erregung auf ihn einwirken, so kann die Schwingung dahin beeinflußt werden, daß ihre Frequenz gleich der Erregerfrequenz oder gleich einem Stammbruch von ihr wird, daß ihre Form und ihr Scheitelwert aber nahezu einer selbsterregten Schwingung von der betreffenden Frequenz entsprechen. Diese Erscheinung heißt Mitnahme.

5.2. Untertonerregung selbsterregter Schwinger

Wird eine selbsterregte Schwingung mitgenommen, deren Frequenz ein Stammbruch derjenigen der Erregung ist, so spricht man von Untertonerregung oder genauer von Mitnahme eines selbsterregten Schwingers im Unterton.

DK 534.01 : 001.4 Dezember 1974

Schwingungslehre

Schwingungssysteme mit endlich vielen Freiheitsgraden

1311
Blatt 3

Vibrations; vibrating systems with several degrees of freedom

1. Allgemeine Begriffe

1.1. Schwingungssystem mit endlich vielen Freiheitsgraden

Unter einem S c h w i n g u n g s s y s t e m[1]) m i t e n d l i c h v i e l e n F r e i h e i t s g r a d e n (kurz „mehrfacher Schwinger" genannt) versteht man ein schwingendes System, dessen Verhalten nur durch Angabe des Zeitverlaufs mehrerer, aber endlich vieler Zustandsgrößen beschrieben werden kann.

1.2. Zustandsgrößen

1.2.1. Mechanische und elektrische Zustandsgrößen

In Mechanik und Elektrotechnik werden die folgenden zur Beschreibung des Verhaltens des Systems benutzten schwingenden Größen Z u s t a n d s g r ö ß e n genannt:

a) Mechanische Zustandsgrößen

Lageänderungen, durch Strecken oder Winkel gekennzeichnet (je nachdem, ob es sich um Verschiebungen oder Drehungen handelt), ihre zeitlichen Ableitungen beliebiger Ordnung, z. B. Geschwindigkeiten oder Winkelgeschwindigkeiten, Beschleunigungen oder Winkelbeschleunigungen, sowie deren Produkte mit konstruktiven Größen, z. B. Flächen.

Impulse oder Drehimpulse, ihre zeitlichen Ableitungen beliebiger Ordnung, insbesondere Kräfte und Momente sowie deren Quotient durch konstruktive Größen, z. B. Flächen.

b) Elektrische Zustandsgrößen

Spannungen sowie deren zeitliche Ableitungen und Integrale beliebiger Ordnung, z. B. Magnetflüsse.

Ströme sowie deren zeitliche Ableitungen und Integrale beliebiger Ordnung, insbesondere Ladungen.

A n m e r k u n g 1 : Auch in anderen Gebieten treten schwingende Größen auf, z. B. Temperatur, Konzentration. Dabei sollen vorzugsweise solche Größen als Zustandsgrößen eingeführt werden, die mit einer der obengenannten Zustandsgrößen in einem linearen Zusammenhang stehen. Dagegen sollen schwingende Energien oder andere „quadratische Größen" nicht Zustandsgrößen genannt werden, wenn das Problem sich mit einer der „linearen Größen" beschreiben läßt.

A n m e r k u n g 2: Die Zustandsgrößen werden auch, vorzugsweise im Kontinuum, aber nicht nur dort, Feldgrößen genannt (siehe DIN 5493).

1.2.2. Abhängige und unabhängige Zustandsgrößen

Ist es möglich, bestimmten Zustandsgrößen voneinander unabhängige Anfangswerte zu erteilen, so heißen sie u n a b h ä n g i g. Ist dies nicht möglich, so heißen sie a b h ä n g i g.

A n m e r k u n g : Z. B. sind die Zusammendrückungen zweier die gleiche Kraft übertragender Federn oder die Magnetflüsse zweier vom gleichen Strom durchflossener Spulen nicht unabhängig voneinander.

1.2.3. Zustandsvektor

Die zur Beschreibung des Verhaltens eines Systems benutzten n unabhängigen Zustandsgrößen können als Komponenten eines n-dimensionalen Vektors behandelt werden. Dieser Vektor heißt Z u s t a n d s v e k t o r.

A n m e r k u n g : Während die Anzahl n der Komponenten festliegt, ist ihre Auswahl willkürlich. Sie kann ebenso nach physikalischen Gesichtspunkten, z. B. Meßbarkeit, wie nach dem geringsten Rechenaufwand erfolgen.

1.3. Koordinaten

Wenn zwei unabhängige Zustandsgrößen durch Differentiation oder Integration ineinander übergehen, heißt diejenige, die dabei differenziert wird, auch K o o r d i n a t e.

A n m e r k u n g : Ursprünglich wurden unter Koordinaten überhaupt nur die Lage-Koordinaten verstanden. Später wurde in der analytischen Mechanik gezeigt, daß man ebenso die Impulse als Koordinaten verwenden kann. Schließlich zeigten die Analogien zwischen mechanischen und elektrischen Systemen, daß den genannten Koordinaten in elektrischen Systemen Ladungen und Flüsse entsprechen.

1.3.1. Abhängige und unabhängige Koordinaten

Hier gelten dieselben Merkmale wie hinsichtlich der abhängigen und unabhängigen Zustandsgrößen (siehe Abschnitt 1.2.2).

1.4. Ordnungszahl und Anzahl der Freiheitsgrade

1.4.1. Ordnungszahl n

Die Anzahl der unabhängigen Zustandsgrößen heißt O r d n u n g s z a h l n des Systems.

A n m e r k u n g : Sie ist gleich der Anzahl der unabhängigen Energiespeicher, gleich der Anzahl der Eigenvorgänge (siehe Abschnitt 2.4.1), gleich der Ordnung der resultierenden Differentialgleichung und somit gleich dem Grad der charakteristischen Gleichung (siehe Abschnitt 2.3.2).

1.4.2. Anzahl der Freiheitsgrade m

Die Mindestanzahl der zur Beschreibung der Vorgänge in einem System notwendigen Koordinaten heißt A n z a h l d e r F r e i h e i t s g r a d e m des Systems.

A n m e r k u n g 1 : Diese Definition knüpft an die in der klassischen Mechanik übliche an. Sie erscheint für die Schwingungslehre geeigneter als die in der Thermodynamik übliche Definition der Anzahl der Freiheitsgrade, wo man darunter die Anzahl der unabhängigen Energiespeicher versteht, also die Ordnungszahl (siehe Abschnitt 1.4.1).

A n m e r k u n g 2 : Zwischen der Anzahl der Freiheitsgrade m und der Ordnungszahl n besteht die Ungleichung $2\,m \geqq n$.

---

[1]) Siehe auch DIN 1311 Blatt 1, Schwingungslehre; Kinematische Begriffe
DIN 1311 Blatt 2, —; Einfache Schwinger
DIN 1311 Blatt 4, —; Schwingende Kontinua, Wellen

Fortsetzung Seite 2 bis 4

Ausschuß für Einheiten und Formelgrößen (AEF) im Deutschen Normenausschuß (DNA)

1.5. Systemgleichungen

1.5.1. Zustandsgleichungen

Die n Gleichungen, die die n Zustandsgrößen miteinander verbinden, heißen Zustandsgleichungen.

Anmerkung 1: In ihnen treten die Zustandsgrößen höchstens mit ihrer ersten Ableitung nach der Zeit auf.

Anmerkung 2: Die n Zustandsgleichungen lassen sich als eine Differentialgleichung erster Ordnung für den Zustandsvektor schreiben. Die Koeffizienten dieser Gleichung sind Matrizen mit n Zeilen und Spalten.

1.5.2. Schwingungsgleichungen

Die m Gleichungen, die die m Koordinaten miteinander verbinden, heißen Schwingungsgleichungen.

a) Mechanische Schwingungsgleichungen

Verschwinden der Summe der Kraftkomponenten an einem Kraftverzweigungspunkt oder der Summe der Momente um eine Achse.

Verschwinden der Summe der Geschwindigkeitsdifferenzen längs eines Umlaufs.

b) Elektrische Schwingungsgleichungen

Verschwinden der Ströme in einem Knotenpunkt.

Verschwinden der Spannungen längs eines Umlaufs.

Anmerkung 1: In den Schwingungsgleichungen treten die Koordinaten höchstens in einer zweiten Ableitung auf.

Anmerkung 2: Auch die Schwingungsgleichungen lassen sich in Matrizenform zusammenfassen.

1.6. Analoge Systeme

Analoge Systeme werden alle Systeme genannt, die zu gleich aufgebauten Systemgleichungen führen, d. h. bei denen die Systemgleichungen durch Austausch der Formelzeichen für die Kenngrößen der Elemente und für die Zustandsgrößen oder die Koordinaten ineinander übergehen.

Anmerkung: Da die Systemgleichungen von der Wahl der Zustandsgrößen oder der Koordinaten abhängen, bezieht sich die Analogie auch immer auf bestimmte Zustandsgrößen oder Koordinaten.

1.7. Elemente des Schwingungssystems

Die Konstruktionsteile eines Schwingungssystems haben vielfach mehrere Eigenschaften, die in verschiedenen Summanden der Schwingungsgleichungen zum Ausdruck kommen. Diese zu verschiedenen Koeffizienten der Schwingungsgleichungen gehörigen Eigenschaften werden Elemente des Systems genannt.

Anmerkung: Die Elemente entsprechen Idealisierungen der Konstruktionsteile. Z. B. hat der ideale Transformator weder ohmsche Widerstände noch Streuinduktivitäten und eine unendlich große Gegeninduktivität.

1.7.1. Aktive und passive Elemente

Elemente der Schwingungssysteme, die nur Energie speichern oder dem System Energie entziehen, heißen passive Elemente. Elemente, die dem ihnen zugeordneten System von außen Energie zuführen können, heißen aktive Elemente.

Anmerkung: Passive Elemente sind z. B. Massen, Federsteifen, Induktivitäten, Kapazitäten und Widerstände. Aktive Elemente treten auf bei mechanischen (hydraulischen), elektrischen und elektromechanischen Verstärkern, z. B. bei Drosselklappen, Transistoren und Kohlemikrophonen.

1.7.2. Wandlerelemente

Elemente, die weder Energie speichern noch dem System entziehen noch zuführen, sondern sie lediglich von einer der einen Koordinate zugehörigen Form in eine einer anderen Koordinate zugehörige Form umwandeln, heißen Wandlerelemente oder auch ideale Wandler.

Beispiele für Wandlerelemente:

mechanische	elektrische	elektromechanische
masseloser starrer Hebel	idealer Transformator	elektromagnetischer und elektrodynamischer Wandler
idealer Kreisel	Gyrator	dielektrischer und piezoelektrischer Wandler

Anmerkung 1: Die Aufteilung der Beispiele in zwei Zeilen entspricht gewissen Verwandtschaften unter den nebeneinander aufgeführten Elementen, deren Behandlung aber über den Rahmen dieser Norm hinausgehen würde.

Anmerkung 2: Das Wandlerelement „idealer Kreisel" berücksichtigt nur die aus dem Drall des Kreisels sich ergebenden Eigenschaften und vernachlässigt die Trägheitsmomente um die beiden anderen Achsen.

1.8. Gleiche Begriffe und Benennungen wie beim einfachen Schwinger

Hinsichtlich der Begriffe der freien Schwinger, selbsterregten Schwinger, fremderregten Schwinger sowie hinsichtlich der Benennung „linearer" Schwinger und „nichtlinearer" Schwinger und schließlich hinsichtlich der Angabe „parametrisch" gelten sinngemäß die gleichen Merkmale wie beim einfachen Schwinger (siehe DIN 1311 Blatt 2).

2. Lineare Systeme mit konstanten Koeffizienten

2.1. Lineare Zustandsgleichungen

Die Zustandsgleichungen eines linearen Systems mit Erregungsfunktionen (Quellenfunktionen) lassen sich auf die folgende Form bringen:

$$\sum_j (A_{ij}\dot{y}_j + B_{ij}y_j) = F_i(t) \qquad (1)$$

2.2. Lineare Schwingungsgleichungen

Die Schwingungsgleichungen eines linearen Systems mit Erregungsfunktionen (Quellenfunktionen) lassen sich auf die folgende Form bringen:

$$\sum_j (a_{ij}\ddot{x}_j + b_{ij}\dot{x}_j + c_{ij}x_j) = F_i(t) \qquad (2)$$

2.2.1. Hauptglieder und Kopplungsglieder

Die Glieder $a_{ij}\ddot{x}_j$, $b_{ij}\dot{x}_j$, $c_{ij}x_j$ der Schwingungsgleichungen, für die $i = j$ ist, heißen Hauptglieder, die anderen Kopplungsglieder.

Anmerkung: Die Koeffizienten der Hauptglieder bilden die Hauptdiagonale der in Gl. (2) auftretenden Matrizen (a_{ij}), (b_{ij}), (c_{ij}).

2.2.2. Hauptkoordinaten

Bei Systemen mit verschwindenden Dämpfungsgliedern $b_{ij} = 0$ ist es stets möglich, solche Koordinaten einzuführen, daß nur Hauptglieder in den Schwingungsgleichungen auftreten. Diese Koordinaten heißen Hauptkoordinaten.

2.3. Eigenwerte, Eigenfrequenzen

2.3.1. Eigenwerte des Systems

Unterliegt das lineare Schwingungssystem keinen äußeren Einwirkungen, d. h. verschwinden in Gl. (1) und Gl. (2)

die Erregungsfunktionen (Quellenfunktionen) auf der rechten Seite, so sind die Systemgleichungen mit dem Ansatz

$$y_j = \hat{y}_j \, e^{pt} \text{ bzw. } x_j = \hat{x}_j \, e^{pt} \qquad (3)$$

für bestimmte $p = p_k$ lösbar. Diese p_k heißen in der Schwingungslehre die Eigenwerte des Systems.

2.3.2. Charakteristische Gleichung (Stammgleichung)

Die Bestimmungsgleichung für die Eigenwerte p_k, die man durch Einsetzen des Ansatzes (3) in die Systemgleichungen (1) bzw. (2) erhält, heißt charakteristische Gleichung (Stammgleichung)

$$\alpha_0 p^n + \alpha_1 p^{n-1} + \ldots + \alpha_{n-1} p + \alpha_n = 0 \qquad (4)$$

2.3.3. Stabile und instabile Systeme

Die Eigenwerte p_k sind entweder reell oder sie treten als konjugiert komplexe Paare auf. Dem entsprechen monotone oder oszillatorische Änderungen mit der Zeit. In beiden Fällen bedeutet ein negativer Realteil schließlich Verschwinden der Eigenvorgänge, ein positiver Realteil ein unbegrenztes Anwachsen. Haben alle Eigenwerte negativen Realteil, so wird das System stabil genannt; ist auch nur ein Realteil positiv, so wird es instabil genannt.

2.3.3.1. Monotone und oszillatorische Instabilität

Ist das System instabil auf Grund eines positiv reellen Eigenwertes, so wird es monoton instabil genannt, ist es instabil auf Grund eines konjugiert komplexen Eigenwertpaares mit positivem Realteil, so wird es oszillatorisch instabil genannt.

Anmerkung: Der Grenzfall verschwindenden Realteiles bedeutet bei reellem p_k einen indifferenten Zustand, bei konjugiert komplexen eine Sinusschwingung beliebiger Amplitude.

2.3.4. Eigenfrequenzen

Bei ungedämpftem System ($b_{ij} = 0$) gehen die konjugiert komplexen Eigenwertpaare in imaginäre Wertpaare über. Ihr Absolutwert hat dann die Bedeutung einer Kreisfrequenz (Winkelfrequenz) und wird Eigenkreisfrequenz (Eigenwinkelfrequenz) genannt. Der 2π-te Teil heißt entsprechend Eigenfrequenz.

Bei schwach gedämpften Systemen sollen (wie in DIN 1311 Blatt 2) die Begriffe Eigenkreisfrequenz (Eigenwinkelfrequenz) und Eigenfrequenz entsprechend auf die Absolutwerte des Imaginärteils der konjugiert komplexen Eigenwertpaare bzw. deren 2π-ten Teil übertragen werden.

2.4. Eigenschwingungen

2.4.1. Eigenvorgänge und Eigenschwingungen

Ist der Zeitverlauf aller Zustandsgrößen durch Gl. (3) bestimmt, wobei p einen bestimmten Eigenwert p_k bedeutet, so wird dieser Vorgang Eigenvorgang genannt.

Bei ungedämpften (oder schwachgedämpften) Systemen bildet die Summe zweier zu einem konjugiert komplexen Eigenwertepaar gehöriger Eigenvorgänge eine ungedämpfte (oder schwachgedämpfte) Eigenschwingung.

2.4.2. Eigenschwingungsform eines Systems

Führt das System einen Eigenvorgang aus, so ist damit das im allgemeinen komplexe Verhältnis der Amplituden aller Koordinaten bestimmt. Bei Systemen mit passiven Elementen ohne Dämpfung werden die Verhältnisse zwischen gleichartigen Koordinaten reell und bestimmen so eine z. B. durch Verschiebungen anschaulich darstellbare Bewegungs-(Spannungs-, Strom-, Kräfte-)verteilung. Diese Verteilung heißt Eigenschwingungsform.

Anmerkung 1: Z. B. besteht die eine Eigenschwingungsform bei zwei gleichen durch eine Feder verbundenen Pendeln darin, daß sie nach der gleichen Seite schwingen, die andere darin, daß sie gegeneinander schwingen.

Anmerkung 2: Die Begriffe lassen sich näherungsweise für Systeme mit passiven Elementen und schwacher Dämpfung übernehmen sowie unter Einbeziehung von Phasenverschiebungen auch auf beliebige Systeme übertragen.

2.5. Erzwungene Schwingungen

2.5.1. Resonanz

Weisen die Erregungsfunktionen (Quellenfunktionen) in den Systemgleichungen sinusförmigen Zeitverlauf von der gleichen Frequenz auf, so wird die Gleichheit oder angenäherte Gleichheit dieser „Erregerfrequenz" mit der Eigenfrequenz eines ungedämpften (oder schwachgedämpften) Systems Resonanz genannt. Die Begriffe „Resonanzkurve" und „Resonanzschärfe" können sinngemäß von DIN 1311 Blatt 2 übernommen werden, wenn der Abstand benachbarter Eigenfrequenzen wenigstens zwei Halbwertsbreiten beträgt.

2.5.2. Erregungsform

Weisen die Erregungsfunktionen (Quellenfunktionen) in den Systemgleichungen harmonischen Zeitverlauf auf, so bildet die Gruppe ihrer Amplituden unter Berücksichtigung ihrer Phasenlagen eine Erregungsform.

2.5.3. Formanpassung

Bewirkt im Falle der Resonanz die Erregungsform, daß die erzwungene Bewegung des Systems die zu einer Eigenschwingungsform gehörige Bewegungsverteilung aufweist, so soll von Formanpassung gesprochen werden.

3. Schaltungen

3.1. Elektrische, stereomechanische und hydrodynamische Schaltungen

3.1.1. Elektrische Schaltungen

In der Elektrotechnik ist es allgemein üblich, das Schwingungssystem in einer Schaltung darzustellen.

a) Das Schwingungssystem erscheint dabei als ein Netz aus Knoten, Zweigen und Maschen. Jede Grundgleichung bezieht sich entweder auf die Summe der Ströme in einem Knotenpunkt oder auf die Summe der Spannungen beim Umlaufen einer Masche.

b) Das Netz repräsentiert das Schwingungssystem unabhängig von der speziellen Auswahl der zum Erfassen in Gleichungen benutzten Koordinaten. Durch Angeben der jeweils benutzten unabhängigen Koordinaten und ein möglichstes Anpassen der zeichnerischen Anordnung bei dieser Auswahl läßt die Schaltung auch einen unmittelbaren Schluß auf die jeweils benutzten Gleichungen zu.

c) Die Kopplungskoeffizienten in den Systemgleichungen sind unabhängigen Schaltelementen zugeordnet; auch den in den Hauptgliedern zusätzlich auftretenden Koeffizienten sind Elemente in der Schaltung zugeordnet.

3.1.2. Stereomechanische Schaltungen, kurz mechanische Schaltungen

Hierunter sollen alle Darstellungen mechanischer Schwingungsgebilde verstanden werden, die die gleichen Merkmale aufweisen, die hinsichtlich der elektrischen Schaltungen angeführt wurden.

a) Sie sollen als Netz aus Knoten, Zweigen und Maschen in Erscheinung treten, wobei die Systemgleichungen entweder der Summe der Kräfte in einem Knoten (Momente um eine Achse) oder der Summe der Geschwindigkeitsdifferenzen beim Umlaufen einer Masche entsprechen.

b) Bei Angeben der gewählten Koordinaten und geeigneter Anordnung sollen sie die jeweiligen Systemgleichungen erkennen lassen.

c) Alle Kopplungskoeffizienten sollen je einem Element der Schaltung entsprechen. Alle bei den Hauptgliedern zusätzlich auftretenden Koeffizienten sollen je einem Element der Schaltung entsprechen.
d) Sie sollen zugleich als idealisierte Konstruktionsskizze eines dynamisch möglichen Systems aufgefaßt werden können.

Anmerkung: Bei den elektrischen Schaltungen ist die Bedingung d) immer erfüllt. Bei den mechanischen verlangt diese zusätzliche Bedingung, daß alle an einem Knoten (Strang) oder innerhalb einer Masche auftretenden Kräfte und Geschwindigkeitsdifferenzen parallel sind.

3.1.3. Hydrodynamische Schaltungen

Hierunter sind alle Darstellungen von Flüssigkeit oder Gas enthaltenden Hohlraumsystemen zu verstehen, deren Elemente entweder Federsteifen, Massen oder auf Zähigkeitsverlusten beruhende Widerstände darstellen oder auch aus entsprechenden aktiven Elementen bestehen.

a) Sie sollen als Netz aus Knoten, Zweigen und Maschen in Erscheinung treten, wobei die Systemgleichungen entweder der Summe der Volumenflüsse (Schallflüsse) in einem Knoten oder der Summe der Druckdifferenzen beim Umlaufen einer Masche entsprechen.
b) Bei Angeben der gewählten Koordinaten und geeigneter Anordnung sollen sie die jeweiligen Systemgleichungen erkennen lassen.
c) Alle Kopplungskoeffizienten sollen je einem Element der Schaltung entsprechen. Alle bei den Hauptgliedern zusätzlich auftretenden Koeffizienten sollen je einem Element der Schaltung entsprechen.

Anmerkung: Die Analogie zwischen hydrodynamischen und elektrischen Schaltungen war der Grund dafür, daß Ohm den Quotienten Spannung (analog Druck) durch Strom (analog Volumenfluß) Widerstand nannte.

3.1.4. Gemischte Schaltungen

Für Schaltungen aus elektrischen, stereomechanischen und/oder hydrodynamischen Netzwerken sind die gleichen Merkmale anzuwenden.

3.2. Analoge Schaltungen

Analoge Schaltungen sind Schaltungen verschiedener Art, die sich durch formales Auswechseln von Koordinaten und Elementen ineinander überführen lassen.

3.2.1. Schaltungstreue Analogie

Zwischen einem elektrischen, einem stereomechanischen und einem hydrodynamischen System besteht eine schaltungstreue Analogie, wenn Knotenpunkte des einen in Knotenpunkte des anderen, Zweige des einen in Zweige des anderen übergehen und für die Zweige analoge Beziehungen zwischen den für den Zweig und für die angrenzenden Knoten kennzeichnenden Koordinaten gelten.

Anmerkung 1: Bei der schaltungstreuen Analogie entsprechen einander

elektrisch	*mechanisch*	*hydrodynamisch*
Spannung	*Geschwindigkeit*	*Druckdifferenz*
Strom	*Kraft*	*Volumenfluß (Schallfluß)*

Anmerkung 2: Die schaltungstreue elektromechanische Analogie wird auch Kraft-Strom-Analogie genannt.

3.2.2. Duale Schaltungen

Duale Schaltungen sind solche, bei denen die Knoten in Maschen übergehen und umgekehrt.

3.2.3. Duale Analogie

Eine duale Analogie liegt zwischen einem elektrischen und einem stereomechanischen System vor, wenn die Knoten der einen Schaltung in Maschen der anderen übergehen und umgekehrt.

Anmerkung 1: Bei der dualen Analogie entsprechen einander

elektrisch	*mechanisch*
Spannung	*Kraft*
Strom	*Geschwindigkeit*

Anmerkung 2: Die duale elektromechanische Analogie wird auch Kraft-Spannungs-Analogie genannt.

Anmerkung 3: Bei den hydrodynamischen Systemen ist die duale Analogie ungebräuchlich, da sie keinerlei Vorteil gegenüber der schaltungstreuen bietet.

4. Gekoppelte Schwingungssysteme

Vom Standpunkt des Aufbaus der Systemgleichungen können alle in dieser Norm behandelten Schwingungssysteme mit endlich vielen Freiheitsgraden gekoppelte Schwingungssysteme genannt werden. Diese Benennung soll aber vorzugsweise auf solche Fälle angewendet werden, bei denen das Schwingungssystem aus mehreren einfachen Schwingern entstanden gedacht werden kann, indem in den zugehörigen Systemgleichungen infolge konstruktiver Maßnahmen Kopplungsglieder erscheinen.

4.1. Kopplung

Unter der Kopplung wird jeder Vorgang verstanden, der zum Auftreten von Kopplungsgliedern in den Systemgleichungen führt.

4.1.1. Arten der Kopplung

Die an das Wort „Kopplung" geknüpften Benennungen sollten sich nur auf die Eigenschaften der Kopplungsglieder in den Systemgleichungen beziehen, z. B.:

Kopplung in den Koordinaten,
Kopplung in deren einfachen Ableitungen,
Kopplung in deren zweifachen Ableitungen,
Kopplung in den Integralen.

Anmerkung: Die Kopplungsarten sind nicht für das System schlechthin kennzeichnend, sondern nur in bezug auf eine bestimmte Koordinatenauswahl.

4.1.2. Kopplungsgrade

Die Ausdrücke

$$a_{ij}/\sqrt{a_{ii}a_{jj}},\quad b_{ij}/\sqrt{b_{ii}b_{jj}},\quad c_{ij}/\sqrt{c_{ii}c_{jj}}$$

heißen Kopplungsgrade zwischen den Zustandsgrößen $\ddot{x}_i$ und $\ddot{x}_j$, $\dot{x}_i$ und $\dot{x}_j$, x_i und x_j.

4.1.2.1. Lose und feste Kopplung

Ist der Kopplungsgrad klein gegen eins, wird von loser Kopplung, ist er nahezu eins, von fester Kopplung zwischen den zugehörigen Koordinaten gesprochen.

4.2. Verbindung und Verkettung

Unter Verbindung wird der konstruktive Vorgang verstanden, bei dem zwei zunächst zu verschiedenen Systemen gehörige Knotenpunkte (oder Drehachsen) durch ein Ströme, Kräfte (Momente) oder Volumenflüsse übertragendes Element (Zweig) verbunden werden. Unter Verkettung wird der konstruktive Vorgang verstanden, bei dem die zunächst getrennten Systeme einen gemeinsamen Zweig erhalten.

DK 534.01 : 001.4 Februar 1974

Schwingungslehre
Schwingende Kontinua, Wellen

DIN 1311 Blatt 4

Vibration; vibrating continua, waves

1. Kontinuum

Sind die Eigenschaften eines schwingungsfähigen Systems stetige Funktionen des Ortes, so heißt das System ein Kontinuum (Mehrzahl: Kontinua).

1.1. Einteilung der Kontinua nach der Ortsabhängigkeit der Eigenschaften

1.1.1. Homogenes Kontinuum

Wenn sich die Eigenschaften des Kontinuums nicht mit dem Ort ändern, so heißt das Kontinuum homogen.

1.1.2. Inhomogenes Kontinuum

Wenn sich die Eigenschaften des Kontinuums mit dem Ort ändern, so heißt das Kontinuum inhomogen.

1.2. Einteilung der Kontinua nach der Richtungsabhängigkeit der Eigenschaften

1.2.1. Isotropes Kontinuum

Sind die Eigenschaften des Kontinuums nicht richtungsabhängig, so heißt das Kontinuum isotrop.

1.2.2. Anisotropes Kontinuum

Sind gewisse Eigenschaften des Kontinuums richtungsabhängig, so heißt das Kontinuum anisotrop.

1.3. Ausdehnung des Kontinuums

1.3.1. Einteilung der Kontinua nach der Anzahl der Ortskoordinaten

1.3.1.1. Ein **eindimensionales** Kontinuum liegt vor, wenn der Zustand des Kontinuums nur von einer einzigen Ortskoordinate abhängig ist.
Beispiele: Saite, Stabantenne, Koaxialleiter, Ring, Schraubenfeder.

1.3.1.2. Ein **zweidimensionales** Kontinuum liegt vor, wenn der Zustand des Kontinuums von zwei Ortskoordinaten abhängig sein kann.
Beispiele: Platte, Schale.

1.3.1.3. Ein **dreidimensionales** Kontinuum liegt vor, wenn der Zustand des Kontinuums von drei Ortskoordinaten abhängig sein kann.
Beispiele hierfür sind räumliche Gebilde wie unendlicher Raum, Halbraum, Quader.

1.3.2. Rand und Grenze des Kontinuums

1.3.2.1. Ist das Kontinuum einseitig oder allseitig begrenzt, so heißen die Begrenzungen, gleichgültig, ob sie durch einen Punkt, eine Linie oder eine Fläche zu beschreiben sind, der **Rand** des Kontinuums.

1.3.2.2. Folgt dem Kontinuum ein zweites, heißt der Rand des betrachteten Kontinuums seine **Grenze.**

1.4. Zustand des Kontinuums

1.4.1. Energiegrößen

1.4.1.1. Energiebelag, Energiebedeckung, Energiedichte

1.4.1.1.1. Der im eindimensionalen Kontinuum gebrauchte Quotient aus Energie und Länge heißt **Energiebelag.**

1.4.1.1.2. Der im zweidimensionalen Kontinuum gebrauchte Quotient aus Energie und Fläche heißt **Energiebedeckung.**

1.4.1.1.3. Der im dreidimensionalen Kontinuum gebrauchte Quotient aus Energie und Volumen heißt **Energiedichte.**

1.4.1.2. Leistungsbelag, Intensität

1.4.1.2.1. Der im zweidimensionalen Kontinuum gebrauchte Quotient aus Leistung und Länge heißt **Leistungsbelag.**

1.4.1.2.2. Der im dreidimensionalen Kontinuum gebrauchte Quotient aus Leistung und Fläche heißt Intensität (Leistungsbedeckung).

Anmerkung 1: Schwingende Kontinua setzen die Anwesenheit mindestens zweier Energiearten voraus.
Beispiele: Elektrische und magnetische Energie, potentielle und kinetische Energie.

Anmerkung 2: Die Energiegrößen kennzeichnen den Zustand des Kontinuums nicht vollständig. Zum Beispiel ergibt sich aus der kinetischen Energie nicht die Richtung der Geschwindigkeit, aus dem Poyntingschen Intensitätsvektor nicht die Richtung der magnetischen und elektrischen Feldstärke.

1.4.2. Zustandsgrößen

Der Zustand des Kontinuums wird vollständig gekennzeichnet durch die — im allgemeinen unmittelbar beobachtbaren — Zustandsgrößen.

Beispiele: beim eindimensionalen Kontinuum elektrische Spannung, Kraft,
beim zweidimensionalen Kontinuum Kraftbelag,
beim dreidimensionalen Kontinuum elektrische Feldstärke, Druck.

1.4.2.1. Schwingende Zustandsgrößen

Diese Norm beschränkt sich im folgenden auf zeitlich sich ändernde Zustände, wobei immer an Änderungen gegenüber einem Ruhezustand gedacht ist. Der Fall überlagerter monotoner Zustandsänderung, z. B. von Gleichbewegungen, wird ausgeschlossen.

Dabei ist es im folgenden zweckmäßig, als Zustandsgrößen die Abweichungen gegenüber dem Ruhezustand einzuführen. Diese heißen schwingende Zustandsgrößen.

Fortsetzung Seite 2 bis 5

Ausschuß für Einheiten und Formelgrößen (AEF) im Deutschen Normenausschuß (DNA)

2. Gleichungen des schwingenden Kontinuums

2.1. Gleichungen im Innern

2.1.1. Feldgleichungen

Die zwischen den Zustandsgrößen geltenden Beziehungen heißen Feldgleichungen des schwingenden Kontinuums.

Beispiele: Maxwellsche Gleichungen,
Newtonsche Gleichung, Hookesches Gesetz.

Anmerkung: Sind die Feldgleichungen linear, was meistens für hinreichend kleine Amplituden gilt, so kann das Kontinuum auch ein lineares genannt werden.

In diesem Falle sind die für die Schwingungen verfügbaren Anteile der Energiegrößen den Quadraten der zugeordneten Zustandsgrößen oder ihrer Ableitungen proportional.

Beispiel: Potentielle Energie proportional dem Quadrat der Dehnung.

2.1.2. Wellengleichungen

Eliminiert man aus den Feldgleichungen alle Zustandsgrößen bis auf eine, so entsteht stets eine partielle Differentialgleichung, die hinsichtlich der Zeit die zweite Ableitung, hinsichtlich des Ortes mindestens die zweite Ableitung enthält. Alle diese partiellen Differentialgleichungen heißen Wellengleichungen.

2.1.2.1. Gewöhnliche Wellengleichung

Enthält die Wellengleichung hinsichtlich des Ortes nur die zweite Ableitung, heißt sie gewöhnliche Wellengleichung. Sie kann als eindimensionale Wellengleichung, z. B.

$$c^2 \frac{\partial^2 u}{\partial x^2} = \frac{\partial^2 u}{\partial t^2}, \tag{1a}$$

als zweidimensionale Wellengleichung, z. B.

$$c^2 \left(\frac{\partial^2 p}{\partial x^2} + \frac{\partial^2 p}{\partial y^2}\right) = \frac{\partial^2 p}{\partial t^2}, \tag{1b}$$

oder als dreidimensionale Wellengleichung, z. B.

$$c^2 \Delta\varphi = \frac{\partial^2 \varphi}{\partial t^2}, \tag{1c}$$

geschrieben werden.

Bezüglich der Größe c siehe Abschnitt 4.1.2.1.1.2.

Anmerkung: Zu den Feld- und Wellengleichungen können noch Glieder hinzutreten, die von äußeren Einwirkungen herrühren. Wie bei Schwingungssystemen mit endlich vielen Freiheitsgraden werden diese Gleichungen in linearen Kontinua inhomogene Feld- oder Wellengleichungen genannt.

2.2. Rand- und Grenzbedingungen

2.2.1. Randbedingungen

Die Beziehungen zwischen den Zustandsgrößen oder die Bedingungen für einzelne Zustandsgrößen am Rande des Kontinuums heißen Randbedingungen.

2.2.2. Grenzbedingungen

Die Beziehungen zwischen den Zustandsgrößen an der Grenze zweier Kontinua heißen Grenzbedingungen.

2.3. Anfangsbedingungen

Die Werte, welche die Zustandsgrößen im Anfangszeitpunkt der Beobachtung oder Beschreibung, der meist durch $t = 0$ festgelegt wird, annehmen, ergeben die Anfangsbedingungen.

Anmerkung: Die Anzahl der unabhängigen Anfangsbedingungen ist gleich der Anzahl der unabhängigen Energiearten.

Jeder freie Vorgang läßt sich aus Eigenvorgängen, bei fehlender oder schwacher Dämpfung aus Eigenschwingungen, zusammensetzen. Die Zusammensetzung ergibt sich eindeutig aus den Anfangsbedingungen.

3. Schwingungen des Kontinuums

3.1. Eigenvorgänge, Eigenschwingungen

Diejenigen freien, zeit- und ortsabhängigen Zustandsänderungen eines allseitig begrenzten Kontinuums, die sich multiplikativ in eine Orts- und eine Zeitabhängigkeit aufspalten lassen, heißen Eigenvorgänge.

Unter Benutzung der komplexen Zeigerdarstellung führt das auf

$$u(\vec{r}, t) = \mathrm{Re}\left\{ \underline{\hat{u}}(\vec{r})\, e^{\underline{p}t} \right\}. \tag{2}$$

Bei fehlender oder schwacher Dämpfung verläuft ein Eigenvorgang zeitlich als Sinusschwingung oder als schwach abklingende sinusverwandte Schwingung, er heißt dann Eigenschwingung.

3.1.1. Eigenform, Eigenfunktion

Die durch Bezug auf einen ausgezeichneten Wert normierte Ortsabhängigkeit des Eigenvorganges heißt Eigenform oder Eigenfunktion.

3.1.2. Eigenwert

Der Koeffizient $\underline{p}$ im Exponenten der Zeitabhängigkeit des Eigenvorganges, der bei allseitig begrenzten Kontinua stets nur diskrete Werte annehmen kann, heißt, wie bei den Systemen mit endlich vielen Freiheitsgraden, Eigenwert oder komplexer Wuchskoeffizient des Eigenvorgangs.

3.1.2.1. Abklingkoeffizient

Der stets negative Realteil des Eigenwertes heißt, wie beim einfachen Schwinger, Abklingkoeffizient δ. Es ist

$$\mathrm{Re}\,\underline{p} = -\delta. \tag{3a}$$

3.1.2.2. Eigenfrequenz

Der Imaginärteil des Eigenwertes, der, wenn überhaupt, stets mit beiden Vorzeichen auftritt, stellt die Winkelfrequenz (Kreisfrequenz) ω der Eigenschwingung dar. Es ist

$$\mathrm{Im}\,\underline{p} = \pm\,\omega. \tag{3b}$$

Die zugehörige (Perioden-)Frequenz $f = \omega / 2\pi$ heißt Eigenfrequenz.

3.2. Erzwungene Sinusschwingungen des linearen Kontinuums

Wird das Kontinuum am Rande oder im Innern durch fremde sinusförmige Einwirkungen (Quellengrößen) erregt, so stellt sich ein eingeschwungener Zustand ein, der, wie bei Systemen mit endlich vielen Freiheitsgraden, erzwungene Sinusschwingung heißt.

3.2.1. Erregungsform

Die Ortsabhängigkeit der normierten Erregung heißt Erregungsform. Sie kann auf Punkte, Linien, Flächen oder auch auf den ganzen Raum verteilt sein.

3.2.1.1. Erregungsformanalyse

Die Zerlegung der Erregungsform in Eigenformen heißt Erregungsformanalyse, kurz Formanalyse.

Anmerkung: Dabei kann es vorkommen, daß gewisse Eigenformen nicht enthalten sind, also auch nicht angeregt werden können.

3.2.1.2. Formanpassung
Bewirkt im Falle der Resonanz (siehe Abschnitt 3.2.2) die Erregungsform eine einer Eigenform entsprechende Verteilung der inneren Zustandsgrößen, so wird von Formanpassung gesprochen.

3.2.2. Resonanz
Ist die Erregerfrequenz gleich oder angenähert gleich einer Eigenfrequenz, spricht man von Resonanz. Die Resonanz führt, wie bei den Systemen mit endlich vielen Freiheitsgraden, wenn nicht ausnahmsweise die Erregungsform die betreffende Eigenform nicht enthält, bei schwach gedämpften Kontinua zu sehr großen Amplituden der Zustandsgrößen. Dabei gelten die in DIN 1311 Blatt 2, an Hand des einfachen Schwingers aufgeführten Aussagen über Resonanzkurve, Resonanzschärfe und Halbwertsbreite.

3.3. Selbsterregte Schwingungen des Kontinuums
Werden die Energieverluste der Schwingungen eines Kontinuums dadurch gedeckt, daß mit Hilfe einer oder mehrerer Zustandsgrößen einer an sich unperiodischen Energiequelle im Takte einer Eigenschwingung Energie entzogen wird, so heißen die Schwingungen des Kontinuums sich selbst erregende oder kurz selbsterregte.

4. Wellen

Läßt sich eine räumliche und zeitliche Zustandsänderung eines Kontinuums als einsinnige örtliche Verlagerung eines bestimmten Zustandes mit der Zeit erkennen oder beschreiben, so heißt diese Zustandsänderung eine Welle.

Anmerkung: Bei linearen Kontinua kann die ungestörte Überlagerung von Wellen zu Schwingungszuständen führen, die nicht mehr als Wellen erkennbar sind. Zum Beispiel ergeben zwei gleich starke einander entgegenlaufende eindimensionale Wellen ein Schwingungsbild, bei dem nur Phasensprünge um 180° vorkommen. Man spricht dann von einer „stehenden Welle".

4.1. Kinematische Einteilung der Wellen

4.1.1. Einteilung nach der Form

4.1.1.1. Wellen im Innern

4.1.1.1.1. Anzahl der benötigten Ortskoordinaten

4.1.1.1.1.1. Einfache Welle
Eine Welle, deren Ortsabhängigkeit nur Funktion einer Ortskoordinate ist, heißt einfach. Dies gilt für alle Wellen eindimensionaler Kontinua, aber auch beim zweidimensionalen Kontinuum treten einfache Wellen auf als

gerade Wellen, d. h. Wellen, bei denen die Zustandsgrößen längs paralleler Geraden gleich sind,

Kreis-Wellen, bei denen die Zustandsgrößen auf konzentrischen Kreisen gleich sind,

und ebenso im dreidimensionalen Kontinuum als

ebene Wellen,

Zylinder-Wellen,

Kugel-Wellen,

bei denen die Zustandsgrößen jeweils auf parallelen Ebenen, konzentrischen Zylindern und konzentrischen Kugeln gleich sind.

4.1.1.1.1.2. Zweifache Welle
Eine Welle heißt zweifach, wenn ihre Ortsabhängigkeit eine Funktion von zwei Koordinaten ist.

4.1.1.1.1.3. Dreifache Welle
Eine Welle heißt dreifach, wenn ihre Ortsabhängigkeit eine Funktion von drei Koordinaten ist.

4.1.1.1.2. Raumwelle und Flächenwelle

4.1.1.1.2.1. Raumwelle
Soll eine Welle im Innern eines dreidimensionalen Kontinuums ausdrücklich von einer Oberflächenwelle (siehe Abschnitt 4.1.1.2.2.1) unterschieden werden, so wird sie Raumwelle genannt.

4.1.1.1.2.2. Flächenwelle
Soll eine Welle im Innern eines zweidimensionalen Kontinuums ausdrücklich von einer Kantenwelle (siehe Abschnitt 4.1.1.2.2.2) unterschieden werden, so wird sie Flächenwelle genannt.

4.1.1.2. Geführte Wellen
Erfolgt die Ausbreitung einer Welle infolge von Grenzflächen oder Grenzlinien im drei- oder zweidimensionalen Kontinuum nur entlang dieser Grenzen, so heißen die Wellen geführte Wellen.

4.1.1.2.1. Kanalwelle
Schließt die führende Grenze die Welle auf allen oder zumindest auf zwei gegenüberliegenden Seiten ein, so heißt die Welle Kanalwelle.

4.1.1.2.2. Randwelle
Ist die führende Grenze nur an einer Seite vorhanden und nimmt die Welle mit der Entfernung von diesem Rand ab, so heißt sie Randwelle.

4.1.1.2.2.1. Grenzschichtwelle, Oberflächenwelle
Wird eine Welle einseitig von einer Grenzfläche geführt, heißt sie Grenzschichtwelle. Ist die Grenze eine freie Oberfläche, so heißt die geführte Welle Oberflächenwelle.

4.1.1.2.2.2. Kantenwelle
Ist der Rand eine Kante, also Begrenzung eines zweidimensionalen Kontinuums, so heißt die Randwelle Kantenwelle.

4.1.1.2.3. Quasistationäres Rand-Nahfeld
Bei eindimensionalen Wellenproblemen tritt an die Stelle der Randwellen ein quasistationäres, d. h. gleichphasig schwingendes vom Rande aus abnehmendes Feld, das quasistationäres Rand-Nahfeld genannt wird.

4.1.1.3. Polarisation
Die spezielle Kombination der maßgebenden, d. h. die Leistungsübertragung bestimmenden Zustandsgrößen nach ihren Amplitudenverhältnissen, Phasendifferenzen und Richtungen, letzte auch gegenüber der Richtung der Wellenausbreitung, heißt — in Erweiterung eines ursprünglich nur auf die Lichtwellen angewandten Begriffs — ihre Polarisation.

4.1.1.3.1. Longitudinale Welle
Ist eine, oder sind mehrere, der maßgebenden Zustandsgrößen Vektoren (im physikalischen Sinne) und fällt deren Richtung mit der der Ausbreitung zusammen, so heißt die Welle longitudinal.

Beispiel: Schallwellen in Gasen und Flüssigkeiten.

4.1.1.3.2. Transversale Welle
Sind die maßgebenden Zustandsgrößen Vektoren und senkrecht zur Ausbreitungsrichtung gerichtet, so heißt die Welle transversal.

Beispiele: Elektromagnetische Welle, Torsionswelle eines Stabes.

4.1.1.3.2.1. Linear polarisierte transversale Welle
Behalten in einer transversalen Welle die vektoriellen Zustandsgrößen ihre Richtung während der Ausbreitung bei, so heißt sie linear polarisiert.

4.1.1.3.2.2. Elliptisch polarisierte transversale Welle
Bei einer sinusförmigen transversalen Welle kann es vorkommen, daß die zueinander senkrechten Komponenten einer vektoriellen Zustandsgröße gegeneinander phasenverschoben sind. Die Welle heißt dann elliptisch polarisiert.

Sind beide Komponenten gleich und um 90° in der Phase verschoben, entsteht der Sonderfall der kreisförmigen Polarisation oder Zirkularpolarisation.

4.1.1.3.3. Wellentyp, Modus
Bei einem in einer oder zwei Richtungen enger als in den beiden anderen oder der dritten begrenzten dreidimensionalen Kontinuum ist es zweckmäßig, die möglichen Wellenbewegungen in Teilwellen zu zerlegen, bei denen verschiedene Querverteilungen sich als Wellen in der Richtung größerer Ausdehnung des Kontinuums bewegen. Man kann diese Querverteilungen als Polarisationsformen auffassen. Jede von ihnen stellt einen besonderen Wellentyp oder Modus dar.

4.1.2. Einteilung nach dem Zeitverlauf

4.1.2.1. Sinuswelle
Läßt sich der Zeitverlauf einer Welle im Sinne der Gl. (2) multiplikativ abspalten und entspricht er dabei einer Sinusschwingung, so heißt die Welle eine Sinuswelle.

4.1.2.1.1. Vollständige Sinuswelle
Die vollständige Sinuswelle ist dadurch definiert, daß in ihr die räumliche und zeitliche Abhängigkeit in der Form

$$u(x, t) = \mathrm{Re}\left\{ \underline{\hat{u}}\, e^{j 2\pi \left(\frac{t}{T} \pm \frac{x}{\lambda}\right)} \right\} = \hat{u} \cos\left[2\pi \left(\frac{t}{T} \pm \frac{x}{\lambda}\right) + \varphi \right] \quad (4)$$

dargestellt werden kann.

4.1.2.1.1.1. Wellenlänge
Die Länge, die der räumlichen Periode der Welle entspricht, heißt Wellenlänge λ.

4.1.2.1.1.2. Ausbreitungsgeschwindigkeit
Der Quotient aus Wellenlänge und Periodendauer heißt Ausbreitungsgeschwindigkeit c. Es ist

$$c = \frac{\lambda}{T} = f\lambda . \quad (5)$$

Dabei ist vorausgesetzt, daß die Größe c unabhängig von der Frequenz f ist, daß also λ proportional T ist.

Anmerkung: Die Größe c ist dieselbe, die bei der gewöhnlichen Wellengleichung in Abschnitt 2.1.2.1 auftritt.

4.1.2.1.2. Gedämpfte vollständige Sinuswelle
Die gedämpfte vollständige Sinuswelle ist dadurch definiert, daß in ihr die räumliche und zeitliche Abhängigkeit in der Form

$$u(x, t) = \mathrm{Re}\left\{ \underline{\hat{u}}\, e^{j\omega t \pm \underline{\gamma} x} \right\} \quad (6)$$

dargestellt werden kann.

4.1.2.1.2.1. Ausbreitungskoeffizient
Die komplexe (daher hier unterstrichene) Größe

$$\underline{\gamma} = \alpha + j\beta \quad (7)$$

heißt Ausbreitungskoeffizient; ihr Realteil α heißt Dämpfungskoeffizient, ihr Imaginärteil β Phasenkoeffizient.

Anmerkung: Bei ungedämpften Sinuswellen wird für den Phasenkoeffizient auch der Ausdruck Kreiswellenzahl mit der Bezeichnung k benutzt.

4.1.2.2. Wanderwelle
Eine Welle, die bei ihrer Ausbreitung an jedem Ort angenähert den gleichen Zeitverlauf ergibt, heißt Wanderwelle.

Anmerkung: Eine Wanderwelle ergibt sich nach der Fouriersynthese aus der Summation von vollständigen Sinuswellen, wenn alle die gleiche Ausbreitungsgeschwindigkeit haben. An die Stelle von Gl. (4) tritt dann die Schreibweise

$$u(x, t) = u(x \pm ct). \quad (8)$$

4.1.2.2.1. Sprungwelle
Ist der Zeitverlauf einer Wanderwelle durch eine Sprungfunktion gegeben, so heißt sie eine Sprungwelle.

4.1.2.2.2. Stoßwelle
Ist der Zeitverlauf einer Wanderwelle durch einen Stoß (einseitigen Impuls, siehe DIN 5488) gegeben, so heißt sie eine Stoßwelle.

Anmerkung: Die Zeitverläufe stellen bei Wellen nicht immer Schwingungen im Sinne von DIN 1311 Blatt 1, Ausgabe Februar 1974, Anmerkung zu Abschnitt 4, dar. Der Wellenbegriff umfaßt Vorgänge aller Art.

4.1.2.2.3. Wellenfront
Die Verbindung aller Orte, bis zu denen der Beginn einer plötzlich einsetzenden Welle jeweils gedrungen ist, heißt Wellenfront.

Anmerkung: Die Wellenfront ist bei Sprung- und Stoßwellen besonders ausgeprägt; sie kann aber auch für jede Phase eines Zeitverlaufs definiert werden, wenn dieser an allen Stellen ähnlich ist.

4.1.2.2.3.1. Kopfwelle
Wird eine Welle durch eine Quelle ausgelöst, die sich mit größerer Geschwindigkeit als die Wellenausbreitungsgeschwindigkeit bewegt, so heißt ihre Front Kopfwelle.

4.1.2.3. Dispergierende Welle
Sind bei einer Welle Winkelfrequenz und Phasenkoeffizient nicht einander proportional, so heißt sie dispergierend. Da dies aus Eigenschaften des Kontinuums folgt, nennt man auch das Kontinuum dispergierend.

Anmerkung 1: Der Ausdruck kommt von der örtlichen Zerlegung des weißen Lichtes in seine Spektralanteile durch ein Prisma her, in welchem $\lambda/T = \omega/\beta$ nicht konstant ist.

Anmerkung 2: Beim linearen Kontinuum bleibt die Synthese aus Sinuswellen davon unberührt. Sie bildet bei dispergierenden Kontinua meist sogar den einzigen Lösungsweg.

4.1.2.3.1. Phasengeschwindigkeit
Bei einer dispergierenden Welle heißt der Quotient aus Winkelfrequenz und Phasenkoeffizient Phasengeschwindigkeit c_{ph}. Es ist

$$c_{ph} = \frac{\omega}{\beta} . \quad (9)$$

Anmerkung 1: Die Phasengeschwindigkeit ist die Geschwindigkeit, mit der sich bestimmte Phasen, z. B. Nulldurchgänge, weiterbewegen.

Anmerkung 2: Man spricht von normaler Dispersion, wenn die Phasengeschwindigkeit mit wachsender Wellenlänge wächst, von anomaler Dispersion, wenn sie mit wachsender Wellenlänge abnimmt.

4.1.2.3.2. Gruppengeschwindigkeit
Bei einer dispergierenden Welle heißt der Differentialquotient der Winkelfrequenz nach dem Phasenkoeffizienten Gruppengeschwindigkeit c_{gr}. Es ist

$$c_{gr} = \frac{d\omega}{d\beta} . \quad (10)$$

Anmerkung 1: Die Gruppengeschwindigkeit ist die Geschwindigkeit, mit der sich die Hüllkurve einer Gruppe frequenzbenachbarter Wellen, die auch Wellenpaket genannt wird, weiterbewegt, und somit auch die Geschwindigkeit, mit der die mittlere Leistung fortbewegt wird.

Anmerkung 2: In der Seismik spricht man von regulärer Dispersion, wenn die Gruppengeschwindigkeit mit wachsender Wellenlänge wächst, von inverser Dispersion, wenn sie mit wachsender Wellenlänge abnimmt.

4.2. Physikalische Einteilung der Wellen

4.2.1. Freie und erzwungene Wellen

4.2.1.1. Räumlich und zeitlich freie Welle
Eine Welle, die nach Aufhören jeder äußeren Einwirkung auf das Kontinuum als Folge der Anfangsbedingungen entsteht, heißt räumlich und zeitlich freie Welle, kurz raum-zeitlich freie Welle. Sie soll vorzugsweise gemeint sein, wenn von einer freien Welle die Rede ist.

4.2.1.2. Räumlich freie Welle, Eigenwelle
Eine Welle, die infolge örtlich konzentrierter, sinusförmiger Einwirkungen von außen entsteht, heißt außerhalb des Erregungsgebietes räumlich freie Welle oder Eigenwelle.

Anmerkung: Der Übergang von Eigenschwingungen zu Eigenwellen ergibt sich beim Übergang von einem allseitig begrenzten Kontinuum zu einem in wenigstens einer Richtung unbegrenzten.

Die diskreten Eigenfrequenzen erfüllen dann den ganzen Frequenzbereich.

Es können daher beliebige Erregerfrequenzen zugleich als Eigenfrequenzen angesehen werden.

4.2.1.2.1. Eigenspur
Die räumliche Periodizität, die eine Eigenwelle am Rande aufweist, heißt Eigenspur. Ihre Periodenlänge heißt Spurwellenlänge.

4.2.1.3. Räumlich und zeitlich erzwungene Welle
Wird einer Welle in einem Kontinuum nicht nur ihre zeitliche, sondern auch ihre räumliche Periodizität aufgezwungen, so heißt sie räumlich und zeitlich erzwungene Welle, kurz raum-zeitlich erzwungene Welle. Sie soll vorzugsweise gemeint sein, wenn von einer erzwungenen Welle die Rede ist.

4.2.1.3.1. Erregungsspur
Erfolgt die äußere, raum-zeitlich periodische Einwirkung (Erregung) am Rande des Kontinuums, so heißt die dort auftretende periodische Verteilung die Erregungsspur.

Beispiel: Schräger Einfall einer ebenen Welle aus einem benachbarten Kontinuum auf die Grenze zwischen ihm und dem interessierenden Kontinuum. Spezielleres Beispiel: Einfall einer Luftschallwelle auf eine Wand.

4.2.1.3.2. Spuranpassung
Ist die Erregungsspur gleich einer Eigenspur, so heißt diese Übereinstimmung Spuranpassung.

Anmerkung 1: Die Spuranpassung wird auch, namentlich in englisch sprechenden Ländern, als Koinzidenz (Coincidence) bezeichnet. Doch werden hierunter sonst meist zeitliche Übereinstimmungen verstanden.

Anmerkung 2: Die Spuranpassung stellt ein räumliches Analogon zur Resonanz dar, bei der die zeitlichen Periodizitäten von Erregung und Eigenschwingung übereinstimmen.

4.2.2. Primäre und sekundäre Wellen

4.2.2.1. Reflektierte Wellen
Trifft eine (primäre) Welle auf den Rand des Kontinuums und werden dadurch neue sekundäre Wellen im betrachteten Kontinuum ausgelöst, so heißen diese reflektiert.

4.2.2.1.1. Regulär reflektierte Wellen
Ist der Rand des Kontinuums schwach oder nicht gekrümmt und sind die Randbedingungen überall die gleichen, so heißen die reflektierten Wellen regulär reflektiert.

4.2.2.1.2. Diffus reflektierte oder gestreute Wellen
Ist der Rand des Kontinuums rauh, d. h. weist er Krümmungen auf, deren Radien an vielen Stellen vergleichbar mit der Wellenlänge sind, oder ändern sich die Randbedingungen in Gebieten, deren Ausdehnungen vergleichbar mit der Wellenlänge sind, so treten auch bei Auslösung durch eine gerichtete primäre Welle sekundäre Wellen auf, die sich mehr oder weniger nach allen Seiten ausbreiten. Diese sekundären Wellen heißen diffus reflektierte oder gestreute Wellen.

4.2.2.2. Gebrochene Wellen
Trifft eine gerade oder ebene Welle auf die Grenzfläche zweier homogener Kontinua, und löst sie im zweiten Kontinuum eine Flächen- oder Raumwelle aus, so heißt diese sekundäre Welle gebrochene Welle.

Anmerkung 1: Der Ausdruck kommt daher, daß die Linien die auf beiden Seiten die Ausbreitungsrichtung anzeigen und die allgemein als Strahlen bezeichnet werden, zu einem an der Grenze gebrochenen Strahl führen.

Anmerkung 2: In einem inhomogenen Kontinuum erfolgt die Brechung stetig. Die ebenso stetig sich vollziehende Richtungsänderung führt zu gekrümmten Strahlen.

4.2.2.3. Gebeugte Wellen
Schließt der Rand ein begrenztes Gebiet mit anderen Eigenschaften aus dem Kontinuum aus, so löst das Auftreffen einer primären Welle bestimmter Richtung auf diesen Rand auch sekundäre Wellen aus, die an Orte gelangen, die nur mit Hilfe einer Abbiegung der Ausbreitungsrichtung von der ursprünglichen Richtung erreicht werden können. Diese sekundären Wellen heißen gebeugte Wellen.

Anmerkung: Eine scharfe Grenze zwischen diffus reflektierten und gebeugten Wellen läßt sich nicht ziehen.

4.2.2.4. Wellenumformung
Die Randbedingungen können auch zu sekundären Wellen anderer Art führen. Man spricht dann von Wellenumformung.

Beispiel: Auslösung sekundärer Biegewellen durch eine primäre longitudinale Welle bei einem Stab mit exzentrisch aufgesetztem Körper bestimmter Masse.

Dezember 1998

Größen

DIN 1313

ICS 01.040.01; 01.060; 01.075

Ersatz für Ausgabe 1978-04

Deskriptoren: Naturwissenschaften, Technik, Wirtschaftswissenschaften, Größe, Einheit

Quantities

Grandeurs

Inhalt

Vorwort

Diese Norm wurde vom Arbeitsausschuß NATG-A.159 des Normenausschusses Technische Grundlagen (NATG) — Fachbereich A: Einheiten und Formelgrößen (AEF) — im DIN Deutsches Institut für Normung e.V. erarbeitet. Während der auf dem Internationalen System SI basierende Größenkalkül sich in der praktischen Anwendung durchgesetzt hat, sind die begrifflichen Grundlagen des Größenkalküls seit langem in der Diskussion. Diese Norm enthält einen konsistenten Aufbau der in der Praxis auftretenden Begriffe.

Die physikalischen Größen gehören zu den in dieser Norm betrachteten Größen. Die Abschnitte 3 bis 7 behandeln skalare Größen, die auch kurz Größen genannt werden. Die Abschnitte 3 und 4 enthalten begriffliche Festlegungen, die jeweils nur eine einzelne Größe betreffen. Beziehungen zwischen mehreren Größen zugleich werden für Größen gleicher Art in Abschnitt 5 und für beliebige Größen in den Abschnitten 6 und 7 behandelt. Abschnitt 8 geht über skalare Größen hinaus. Die Abschnitte 9 und 10 erläutern in Beispielen die Verwendung von Größen in Gleichungen und Abhängigkeiten von Größen. Abschnitt 11 zeigt, wie sich die Größen in die Theorie der Merkmale einordnen.

Änderungen

Gegenüber der Ausgabe April 1978 wurden folgende Änderungen vorgenommen:

a) Titel der Norm geändert.

b) Konsequente Unterscheidung von Größen, Größenwerten und Trägern von Größen.

c) Neue Festlegung der Begriffe Größenart, Größensystem und Dimension.

d) Einordnung der Größen in die Theorie der Merkmale.

e) Inhalt vollständig überarbeitet.

Frühere Ausgaben

DIN 1313: 1931-11; 1962-09; 1978-04

DIN 5494: 1966-09

1 Anwendungsbereich

Diese Norm enthält grundlegende Festlegungen für Größen und damit zusammenhängende Begriffe. Diese sind für den allgemeinen Gebrauch bei der qualitativen und quantitativen Beschreibung naturgesetzlicher Erscheinungen in den verschiedenen Gebieten von Naturwissenschaft und Technik vorgesehen. Sie können auch in anderen Gebieten, z. B. den Wirtschafts- und Sozialwissenschaften angewendet werden.

Fortsetzung Seite 2 bis 17

Normenausschuß Technische Grundlagen (NATG) — Einheiten und Formelgrößen — im DIN Deutsches Institut für Normung e.V.

2 Normative Verweisungen

Diese Norm enthält durch datierte oder undatierte Verweisungen Festlegungen aus anderen Publikationen. Diese normativen Verweisungen sind an den jeweiligen Stellen im Text zitiert, und die Publikationen sind nachstehend aufgeführt. Bei datierten Verweisungen gehören spätere Änderungen oder Überarbeitungen dieser Publikationen nur zu dieser Norm, falls sie durch Änderung oder Überarbeitung eingearbeitet sind. Bei undatierten Verweisungen gilt die letzte Ausgabe der in Bezug genommenen Publikation.

DIN 461	Graphische Darstellungen in Koordinatensystemen
DIN 1301-1 : 1993-12	Einheiten - Teil 1 : Einheitennamen, Einheitenzeichen
DIN 1303	Vektoren, Matrizen, Tensoren - Zeichen und Begriffe
DIN 1304	Formelzeichen
DIN 1319-1	Grundlagen der Meßtechnik - Teil 1 : Grundbegriffe
DIN 1333	Zahlenangaben
DIN 1338	Formelschreibweise und Formelsatz
DIN 5477	Prozent, Promille
DIN 5483-3	Zeitabhängige Größen - Teil 3 : Komplexe Darstellung sinusförmig zeitabhängiger Größen
DIN 5485	Benennungsgrundsätze für physikalische Größen
DIN 5493	Logarithmische Größen und Einheiten
DIN 13 312	Navigation
DIN 55 350-12	Begriffe der Qualitätssicherung und Statistik - Teil 12 : Merkmalsbezogene Begriffe
IEC 27-1 : 1992	Letter symbols to be used in electrical technology - Part 1 : General
IEC 27-3 : 1989	Letter symbols to be used in electrical technology - Part 3 : Logarithmic quantities and units
ISO 31 : 1992	Quantities and Units
ISO 1000 : 1992	SI units and recommendations for the use of their multiples and of certain other units

3 Größen

3.1 (Skalare) Größe

Merkmal, für das zu je zwei Merkmalswerten ein Verhältnis gebildet werden kann, das eine reelle Zahl ist.

BEISPIELE: Länge, Kurvenlänge, Wellenlänge, Durchmesser, Umfang, Volumen, Volumenkonzentration, Dauer, Halbwertszeit, Geschwindigkeit, Masse, Massendefekt, Einwohnerzahl, Anzahl.

ANMERKUNG 1: Zum Begriff des Merkmals siehe Abschnitt 11 sowie DIN 55 350-12.

ANMERKUNG 2: Merkmalswerte, für die reellwertige Verhältnisse definiert sind, werden auch als Skalare bezeichnet, so daß eine Größe ein Merkmal ist, dessen Merkmalswerte Skalare sind.

ANMERKUNG 3: Zum Begriffsinhalt einer Größe gehören mehrere Bestandteile: Der qualitative Aspekt bezieht sich in allgemeiner Weise auf die Beschaffenheit möglicher Träger und auf die Erscheinungsformen, welche die Größe an Trägern der Größe zeigen kann, d. h. darauf, wie die Größe an Trägern ausgeprägt sein kann. Der quantitive Aspekt besteht darin, daß die Erscheinungsformen der Größe multiplikativ verglichen, d. h. ins Verhältnis gesetzt werden können. Ferner können zusätzliche Festlegungen, insbesondere einschränkende Bedingungen an die Träger der Größe, diese weiter spezifizieren.

3.2 Träger

Objekt, dem die Größe in genau einer Erscheinungsform zukommt.

BEISPIELE: Ein ausgewählter Stab, ein gegebenes Rad, ein vorliegender Draht, eine elektromagnetische Welle.

ANMERKUNG: Träger kann z. B. ein Körper, eine Stoffportion, ein Stoff, Vorgang, Zustand oder eine Kombination solcher Objekte sein. Er braucht kein materielles Objekt zu sein. Der Träger stellt eine Sachbindung dar.

3.3 Größenwert

Ein der Erscheinungsform der Größe zugeordneter Wert.

BEISPIELE: 15 m, −3,7 V, Lichtgeschwindigkeit im Vakuum, Ruhemasse des Elektrons.

ANMERKUNG 1: Die Größenwerte sind (i. allg.) nicht mit den Erscheinungsformen der Größe identisch,sondern ihnen nur umkehrbar eindeutig zugeordnet. Sie können durch Vereinbarung näher festgelegt werden, vorzugsweise durch Größenwerte aus einem Größensystem (siehe 6.8).

ANMERKUNG 2: Der Größenwert ist vom Träger abstrahiert und enthält keine Sachbindung; derselbe Größenwert kann verschiedenen Trägern zukommen. So kann die Länge dieses Stabes gleich der Länge jenes Stabes sein.

ANMERKUNG 3: Der Größenwert legt auch nicht eindeutig eine Größe fest; unterschiedliche Größen können dieselben Größenwerte haben. Die Größen Länge, Umfang, Durchmesser haben Längenwerte als Größenwerte. Ebenso haben die Größen elektrische Stromstärke und magnetische Spannung sowie Entropie und Wärmekapazität dieselben Größenwerte.

ANMERKUNG 4: Ein Objekt kann Träger für unterschiedliche Größen sein und Größenwerte unterschiedlicher Größen tragen. So kommt z. B. einem Rad je ein Größenwert der Größen Durchmesser, Umfang, Masse, Volumen usw. zu. Aber von jeder Größe kommt ihm nur ein Größenwert zu.

ANMERKUNG 5: Oft werden Größenwerte auch als Größen bezeichnet, da der Träger vielfach aus dem Zusammenhang ersichtlich ist und nicht genannt wird. So wird kurz von dem Durchmesser und Umfang gesprochen, und es sind der Durchmesser dieses Rades bzw. der Umfang dieses Rades gemeint, also Längenwerte.

ANMERKUNG 6: Oft werden auch Träger genauso wie Größen bzw. Größenwerte bezeichnet. Doch gibt es in manchen Fällen, aber von Sprache zu Sprache in verschiedenem Ausmaß, klare und unterschiedliche Bezeichnungen für Träger und für Größen (bzw. deren Größenwerte), die zu bevorzugen sind. Beispiele: Gefäß (Träger) und Volumen (Größe, bzw. Größenwert), Kondensator (Träger) und Kapazität (Größe, bzw. Größenwert), Rheostat (Träger) und elektrischer Widerstand (Größe, bzw. Größenwert), Körper (Träger) und Masse (Größe, bzw. Größenwert).

3.4 Rechnen mit Größenwerten einer Größe

Die Größenwerte haben quantitativen Gehalt, der sich auf die Möglichkeit der Bildung von Verhältnissen gründet. Mit Größenwerten einer Größe kann (abgesehen von der Beschränkung bei der Bildung von Produkten) nach den elementaren Regeln der Arithmetik gerechnet werden.

Für Größenwerte x, y einer Größe ist die in 3.1 genannte reelle Zahl das Verhältnis von x und y; sie wird als Quotient x/y geschrieben. Die Größe kann einen Nullgrößenwert haben, der als Nenner y nicht zugelassen ist.

Wenn $\lambda = x/y$, so entsteht x aus y durch Vervielfachen mit der reellen Zahl λ, als Produkt $x = \lambda \cdot y$ geschrieben.

Für die Größenwerte einer Größe ist die Addition und Subtraktion definiert. Es gilt $x + y = (x/c + y/c) \cdot c$ und $x - y = (x/c - y/c) \cdot c$ (wobei c ein beliebiger vom Nullwert verschiedener Größenwert der betreffenden Größe ist, von dem das Ergebnis der Addition bzw. Subtraktion nicht abhängt).

Größenwerte x, y einer Größe sind entgegengesetzt, wenn ihr wechselseitiges Verhältnis -1 ist. Dann ist $x = -y$ und $y = -x$.

Von zwei entgegensetzten Größenwerten ist einer als positiv, der andere als negativ festgesetzt (wobei die Vervielfachung positiver Größenwerte mit positiven reellen Zahlen stets wieder positive Größenwerte ergeben muß).

Die Kleiner-als-Beziehung $x < y$ für Größenwerte ist damit gleichbedeutend, daß $y - x$ positiv ist.

ANMERKUNG 1: Die Vervielfachung ist eine Multiplikation von reellen Zahlen mit Größenwerten, die wieder Größenwerte ergibt. Durch eine Vervollständigung der Wertemenge kann erreicht werden, daß die Vervielfachung mit beliebigen reellen Zahlen stets ausführbar ist. Das wird im folgenden vorausgesetzt.

ANMERKUNG 2: Es ist Sache einer Vereinbarung, welche Größenwerte als positiv und welche als negativ angesehen werden. Ein Beispiel liefert die Festlegung des Vorzeichens der elektrischen Ladungen. In folgenden wird eine Festsetzung positiver Größenwerte vorausgesetzt.

ANMERKUNG 3: Innerhalb der Größenwerte einer Größe gibt es (falls diese nicht reelle Zahlen sind) keine Multiplikation. Die in Größensystemen (siehe 6.2) definierte Multiplikation von Größenwerten führt gewöhnlich in eine andere Dimension hinein.

ANMERKUNG 4: Die Ausführbarkeit der Operationen mit den Größenwerten garantiert nicht, daß die Ergebnisse physikalisch bedeutungsvoll sind.

3.5 Spezielle Größe

Größe, eingeschränkt auf einen Träger.

ANMERKUNG 1: Zum Begriffsinhalt der speziellen Größe gehört insbesondere der volle Begriffsinhalt der Größe, von der sie durch Einschränkung gebildet wurde; zusätzlich enthält er mit dem Träger die spezielle Sachbindung.

ANMERKUNG 2: Zu einer speziellen Größe gehört ein eindeutig bestimmter Größenwert, der Größenwert der speziellen Größe. Verschiedene spezielle Größen können denselben Größenwert haben. In Rechnungen geht der Größenwert der speziellen Größe ein.

ANMERKUNG 3: Obwohl eine spezielle Größe (die als Begriffspaar bestehend aus einer Größe und einem Träger aufgefaßt werden kann) nicht dasselbe wie ihr Größenwert ist, benutzt die Sprache für beides oft dieselben Benennungen, in denen die Benennung der Größe mit einer des Trägers kombiniert wird. Beispiele: Länge dieses Stabes, Umfang dieses Rades, Masse dieses Kolbens. Als Größenwertangaben geben solche beschreibenden Namen die volle Sachbindung an, enthalten aber keinen Hinweis darauf, wie sich der Größenwert als Vielfaches von Einheiten ausdrückt. Dazu bedarf es einer Messung.

3.6 Meßverfahren für eine Größe

Verfahren zum multiplikativen Vergleich von Erscheinungsformen der Größe, das dazu dient, die Größenwerte als Vielfache von Einheiten angeben zu können.

ANMERKUNG 1: Zur Festlegung einer Größe gehört ein Meßverfahren, das auch dem Begriffsinhalt der Größe zuzurechnen ist. Die Angabe eines Größenwertes als Vielfaches einer Einheit (siehe 4.4) bedeutet die quantitative Bestimmung des Größenwertes. Die spezielle Größe wird, wenn sie Gegenstand der Messung ist, als Meßgröße bezeichnet (siehe DIN 1319-1).

ANMERKUNG 2: Der Begriff des Meßverfahrens ist in idealisierter Weise gemeint, so daß auch Erweiterungen des Anwendungsbereichs der Größe abgedeckt sind. Längenmessungen können z. B. durch Aneinanderlegen von Stäben, durch Triangulierungen, durch Zeitmessungen (bei bekannter Geschwindigkeit), durch Messung der scheinbaren Helligkeit (bei Gestirnen bekannter Leuchtkraft) o. ä. erfolgen.

3.7 Formelzeichen für eine Größe

Zeichen, das in Formeln und Gleichungen für Werte der Größe steht.

ANMERKUNG 1: Für viele Größen sind Benennungen und Formelzeichen vereinbart (siehe DIN 1304, DIN 5485, ISO 31 : 1992, IEC 27-1 : 1992).

BEISPIELE: Die Größe Länge mit dem Formelzeichen l, die Größe Durchmesser mit dem Formelzeichen d, die Größe Masse mit dem Formelzeichen m, die Größe Kolbenmasse von Motoren, auch speziell die Masse dieses Kolbens, mit dem Formelzeichen m_k.

ANMERKUNG 2: Spezielle Größen, auf besondere Träger eingeschränkte Größen oder besondere Sachbindungen werden oft durch einen Index am allgemeinen Formelzeichen gekennzeichnet.

ANMERKUNG 3: Ein Formelzeichen darf keinen Hinweis auf zu verwendende Einheiten enthalten, z. B. ist für ein Verstärkungsmaß nicht G_dB zu schreiben.

ANMERKUNG 4: Formelzeichen für Größen sind in kursiver Schrift zu schreiben. Zu weiteren Festlegungen über Benennungen von Größen und Schreibweisen siehe DIN 1304, DIN 1338, ISO 31-0 : 1992 und IEC 27-1: 1992.

4 Einheiten von Größen

4.1 Einheit; Maßeinheit

Vereinbarter positiver Größenwert.

4.2 Einheitenzeichen

Vereinbartes Zeichen für eine Einheit, das bei der Angabe von Größenwerten verwendet wird.

ANMERKUNG 1: Für viele Einheiten sind besondere Namen und besondere Einheitenzeichen vereinbart (siehe DIN 1301-1 : 1993-12, ISO 1000 : 1992).

BEISPIELE: Einheiten der Größe Länge sind m (Meter), cm (Zentimeter); Einheiten der Größe Dauer sind s (Sekunde), h (Stunde), d (Tag); Einheiten der Größe Masse sind kg (Kilogramm), g (Gramm).

ANMERKUNG 2: Besondere Hinweise auf die Größe sind am Formelzeichen und nicht am Einheitenzeichen anzubringen; z. B. darf für die Angabe des Größenwertes einer Effektivspannung $U_\mathrm{eff} = 3,7\,\mathrm{V}$, aber nicht $U = 3,7\,\mathrm{V_{eff}}$ geschrieben werden.

ANMERKUNG 3: Einheitenzeichen sind in gerade stehender Schrift zu schreiben. Zu weiteren Festlegungen über Benennungen von Einheiten und Schreibweisen siehe DIN 1301-1 : 1993-12, DIN 1338, ISO 31-0 : 1992, ISO 1000 : 1992 und IEC 27-1 : 1992.

4.3 Zahlenwert; Maßzahl

Nach Wahl einer Einheit e für jeden Größenwert x sein Verhältnis x/e zur Einheit. Der zur Einheit e gehörige Zahlenwert eines Größenwertes x wird auch mit $\{x\}_\mathrm{e}$ bezeichnet. Wenn die Einheit aus dem Zusammenhang ersichtlich ist, so wird auch kurz $\{x\}$ für den Zahlenwert und dann $[x]$ für die Einheit geschrieben.

ANMERKUNG: Die eckigen Klammern dürfen nicht um Einheitenzeichen gesetzt werden. Angaben wie [kg] sind nicht zu verwenden, auch nicht zur Beschriftung von Koordinatenachsen in graphischen Darstellungen (siehe DIN 461).

4.4 Darstellung von Größenwerten durch Zahlenwert und Einheit

Jeder Größenwert x kann als das Produkt von Zahlenwert und Einheit dargestellt werden. Es gilt

$$x = (x/\mathrm{e}) \cdot \mathrm{e} = \{x\}_\mathrm{e} \cdot \mathrm{e} = \{x\} \cdot [x] \,.$$

BEISPIELE:

Größenwert:	150 cm	Zahlenwert:	150	Einheit:	Zentimeter
Größenwert:	1,5 m	Zahlenwert:	1,5	Einheit:	Meter
Größenwert:	3,7 V	Zahlenwert:	3,7	Einheit:	Volt

ANMERKUNG: Die Angabe als Produkt von Zahlenwert und Einheit ist die systematische Angabe von Größenwerten, die am Ende einer Messung steht (wenn in idealisierter Weise von der Meßunsicherheit abgesehen wird); sie läßt keinen Träger erkennen und enthält keine Sachbindung.

4.5 Wechsel der Einheit

Der Größenwert ist gegenüber einem Wechsel der Einheit invariant. Wenn das μ-fache einer Einheit als neue Einheit gewählt wird, so multipliziert sich der zugehörige Zahlenwert mit $1/\mu$. Aus

$$x = \{x\}_{\mathrm{e}_1} \cdot \mathrm{e}_1 = \{x\}_{\mathrm{e}_2} \cdot \mathrm{e}_2 \quad \text{und} \quad \mathrm{e}_2 = \mu \cdot \mathrm{e}_1 \quad \text{folgt} \quad \{x\}_{\mathrm{e}_2} = 1/\mu \cdot \{x\}_{\mathrm{e}_1} \,.$$

5 Größenarten

5.1 Allgemeines

Größenarten sind Zusammenfassungen von Größen, die als qualitativ gleichartig gelten und deren Werte, unabhängig von der Zugehörigkeit zu einem Größensystem, in sinnvoller Weise addiert werden können. Der Begriff von Größen gleicher Art wird auch für die Bildung von Verhältnisgrößen benutzt. Die Kriterien sind nicht scharf; dennoch sind die in dieser Norm gegebenen Festlegungen für eine Orientierung nützlich und oftmals ausreichend. Eine Größenart wird durch eine ausgewählte Größe, den Prototyp der Größenart, festgelegt.

5.2 Prototyp einer Größenart

Zweckmäßig ausgewählte Größe mit umfassendem Anwendungsbereich, die zur Begründung einer Größenart verwendet wird.

BEISPIELE: Länge, Flächeninhalt, Volumen, Dauer, Geschwindigkeit, Masse, Energie, elektrische Ladung.

ANMERKUNG: Als Prototyp einer Größenart ist eine Größe geeignet, die eine vollständige Menge von Größenwerten hat (so daß es möglich ist, Größenwerte mit beliebigen reellen Zahlen zu vervielfachen, sowie Summen und Differenzen von beliebigen Größenwerten zu bilden) und deren Träger nicht in besonderer Weise eingeschränkt sind (so daß diese sich zur Charakterisierung vieler anderer Objekte eignen). Die Größe Umfang (die Rädern, Kreisen, Flächenstücken u. ä. zukommt) ist nicht als Prototyp einer Größenart geeignet, da sie einen zu engen Anwendungsbereich hat. Dagegen wird Länge als Prototyp einer Größenart genommen, weil Punktepaare, Linien, Kurven (die Träger der Größe Länge sind) an vielen Objekten aufgezeigt werden können.

5.3 Größe einer Größenart

Größe, die in hinreichender Weise mit dem Prototyp der Größenart qualitativ übereinstimmt. Insbesondere greift das Meßverfahren in wesentlicher Weise auf das Meßverfahren des Prototyps zurück, und die Größenwerte sind solche des Prototyps der Größenart.

ANMERKUNG 1: Die Benennung des Prototyps wird auch zur Benennung der Gesamtheit aller Größen von der Art des Prototyps verwendet. So wird z. B. als Größenart Länge die Gesamtheit aller Größen bezeichnet, die von der Art der Größe Länge (dem Prototyp dieser Größenart) sind.

ANMERKUNG 2: Beim Übergang von einer Größe zu speziellen Größen oder bei Einschränkung auf besondere Träger bleiben Größenarten erhalten. Ferner werden Größen einer gegebenen Größenart oft durch charakterisierende Träger gebildet. Dabei werden mit Hilfe von Objekten, die zu Trägern der zu bildenden Größe erklärt werden, sog. charakterisierende Träger des Prototyps der Größenart festgelegt. Deren Größenwerte werden als Größenwerte der zu bildenden Größe übernommen, und das Meßverfahren besteht darin, daß es festlegt, wie aus einem Träger der Größe ein charakterisierender Träger des Prototyps der Größenart zu gewinnen ist, auf den dann das Meßverfahren des Prototyps der Größenart anzuwenden ist. Ein Beispiel ist die Größe Umfang, die auf diese Weise gebildet wird und von der Größenart Länge ist. Sie hat flächenartig ausgedehnte Träger, an denen die Umfangslinie als charakterisierend ausgezeichnet wird; deren Längenwert wird als Umfangswert des Trägers übernommen.

6 Größensysteme und Dimensionen

6.1 Allgemeines

Größensysteme stellen einen Bereich von Werten bereit, die als Größenwerte benutzt werden können und mit denen in eindeutiger und umfassender Weise Rechenoperationen durchgeführt werden können. Die Rechenoperationen gehen über das Rechnen mit Größenwerten nur innerhalb einer Größenart (d. i. das Rechnen nach 3.4 mit den Größenwerten des Prototyps der Größenart) hinaus. Sie konstituieren den Größenkalkül.

6.2 Größensystem

Menge von Werten (im folgenden auch Größenwerte genannt), derart, daß darin Rechenoperationen ausführbar sind, die den üblichen Rechengesetzen genügen, und die die Größenwerte zweckmäßig ausgewählter Größenarten und die reellen Zahlen umfaßt.

ANMERKUNG: Zu den Rechenoperationen gehört die Multiplikation, die unbeschränkt ausführbar ist.

Ein Größensystem hat genau einen Nullwert, nämlich die reelle Zahl 0. Im Größensystem gilt: $0 = 0\,\mathrm{m} = 0\,\mathrm{kg} = 0\,\mathrm{V} = 0\,\mathrm{A}$ usw.

Als Umkehrung der Multiplikation ist die Division (mit Ausnahme der Division durch 0) für Größenwerte erklärt. Die von 0 verschiedenen Größenwerte sind entweder positiv oder negativ. Der Bereich der positiven Größenwerte enthält von jedem Paar entgegengesetzter Größenwerte (deren wechselseitiger Quotient -1 ist) genau einen, er enthält die positiven reellen Zahlen, und das Produkt positiver Größenwerte ist wieder positiv.

Es sind Potenzen beliebiger Größenwerte mit ganzzahligen Exponenten (abgesehen von Potenzen von 0 mit negativen Exponenten) erklärt. Darüber hinaus können Potenzen positiver Größenwerte mit beliebigen reellen Exponenten gebildet werden.

Logarithmen und andere transzendente Funktionen können innerhalb des Größensystems auf solche Größenwerte angewendet werden, die Zahlen sind.

6.3 Größe eines Größensystems

Größe, deren Größenwerte zu dem Größensystem gehören.

6.4 Dimension eines Größensystems

Menge von Größenwerten, die sich als Menge der Vielfachen eines von 0 verschiedenen Größenwertes mit beliebigen reellen Koeffizienten darstellen läßt.

ANMERKUNG 1: Die Menge der reellen Zahlen bildet eine Dimension, die auch als Dimension Eins oder neutrale Dimension bezeichnet wird.

ANMERKUNG 2: Die Größenwertemengen wichtiger und für die physikalische Beschreibung der Natur grundlegender Größenarten wie z. B. Länge, Dauer, Masse, elektrische Ladung sollten als Dimensionen des Größensystems vorkommen. Solche Dimensionen werden ebenso benannt, wie diese Größenarten, die die Größenwerte liefern.

ANMERKUNG 3: Die Zahl 0 gehört zu allen Dimensionen. Verschiedene Dimensionen des Größensystems haben außer der Null keine anderen Größenwerte gemeinsam.

ANMERKUNG 4: Innerhalb einer Dimension des Größensystems ist die Addition und Subtraktion von Größenwerten und die Kleiner-Beziehung erklärt. Für Größenwerte aus verschiedenen Dimensionen sind Addition, Subtraktion und Kleiner-als-Beziehung nicht erklärt.

ANMERKUNG 5: Es ist üblich, Dimensionszeichen in einer vom übrigen Text abweichenden serifenlosen Schriftart zu schreiben. Beispiele: L (Länge), M (Masse), T (Dauer), I (elektrische Stromstärke).

6.5 Dimension eines Größenwertes

Für einen von 0 verschiedenen Größenwert x eines Größensystems die eindeutig bestimmte Dimension, der er angehört. Die Dimension von x wird mit $\dim x$ bezeichnet.

ANMERKUNG: Die Dimension Eins ist die Dimension der Zahlen, also insbesondere auch gleich $\dim 1$.

6.6 Dimension einer Größe

Für eine Größe G eines Größensystems die eindeutig bestimmte Dimension, in der die Werte der Größe liegen. Die Dimension von G wird mit $\dim G$ bezeichnet.

ANMERKUNG 1: Wenn auch nur ein von 0 verschiedener Größenwert einer Größe des Größensystems zu einer Dimension gehört, so gehören alle ihre Größenwerte zu dieser Dimension, so daß es sinnvoll ist, von der Dimension einer Größe zu reden.

ANMERKUNG 2: Die Größen einer Dimension brauchen nicht von gleicher Art zu sein. Alle Größen der Dimension benutzen zwar dieselben Größenwerte, aber sie können durchaus verschiedenartig sein und ganz unterschiedliche Meßverfahren haben. So sind z. B. die Größen Gang von Uhren (siehe 10.6), Dehnung, Windungszahl von Spulen verschiedenartig, aber von derselben Dimension Eins.

6.7 Produkte, Quotienten und Potenzen von Dimensionen

Für Dimensionen eines Größensystems sind Produkte, Quotienten und Potenzen eindeutig definiert, so daß gilt

$$\dim x \cdot \dim y = \dim (x \cdot y) \qquad (\text{für } x \neq 0 \neq y),$$
$$\dim x / \dim y = \dim (x/y) \qquad (\text{für } x \neq 0 \neq y),$$
$$(\dim x)^{\lambda} = \dim x^{\lambda} \qquad (\text{für } x > 0).$$

ANMERKUNG 1: Die Dimension Eins ist das neutrale Element für diese Multiplikation von Dimensionen, d. h. es gilt $\dim 1 \cdot \mathrm{D} = \mathrm{D} \cdot \dim 1 = \mathrm{D}$ für jede Dimension D. Deshalb kann in Dimensionsprodukten die Dimension Eins weggelassen werden.

ANMERKUNG 2: Für den Exponenten Null ergibt sich die Dimension Eins, d. h. es gilt $\mathrm{D}^0 = \dim 1$ für jede Dimension D.

6.8 Einfügung einer Größe in eine Dimension

Festlegung der Größenwerte einer Größe aus einer Dimension eines Größensystems.

ANMERKUNG 1: Die Größenwerte einer Größe sind nur insoweit festgelegt, als sie den Erscheinungsformen der Größe umkehrbar eindeutig zugeordnet sein müssen. Deshalb läßt sich eine Größe, die dem Größensystem noch nicht angehört, dadurch in ein Größensystem einfügen, d. h. in eine Größe des Größensystems überführen, daß die Größenwerte aus einer Dimension des Größensystems gewählt werden. Dabei genügt es, von einem positiven Größenwert der Größe festzulegen, mit welchem positiven Größenwert der Dimension er gleichzusetzen ist. Mit einer Einfügung des Prototyps einer Größenart ist auch die Einfügung aller Größen dieser Art verbunden.

ANMERKUNG 2: Viele Größen sind ursprünglich unabhängig von einem Größensystem konstituiert worden. Für Rechnungen mit Größenwerten ist es aber zweckmäßig, wenn diese einem Größensystem angehören. Um das zu erreichen, kann die Größe in ein Größensystem eingefügt werden. Das ist seit dem Aufkommen von Größensystemen so üblich, wenn es auch nicht besonders thematisiert wurde. In DIN 1304, ISO 31 : 1992 und IEC 27-1 : 1992 sind zu zahlreichen Größen SI-Einheiten angegeben. Dadurch sind Einfügungen dieser Größen in Dimensionen des SI-Größensystems festgelegt.

ANMERKUNG 3: Die Einfügung einer Größe kann in unterschiedlicher Weise (siehe Beispiel 2) und in unterschiedliche Dimensionen (siehe Beispiel 5) erfolgen, doch bleiben die Erscheinungsformen und das Meßverfahren der Größe davon unberührt. Auch Benennung, Formelzeichen und eigenständige Einheitennamen und Einheitenzeichen werden gewöhnlich beibehalten, wenn eine andere Einfügung vereinbart wird.

ANMERKUNG 4: Die von der Größe benutzten Größenwerte sind allerdings von der Einfügung abhängig. Werden verschiedenartige Größen in dieselbe Dimension eingefügt, so müssen sie dieselben Größenwerte benutzen. Das ist unvermeidlich, damit die Rechenoperationen mit Größenwerten eindeutig ausführbar sind.

ANMERKUNG 5: Während mit dem Formelzeichen die volle Information über die Größe verbunden ist, kann der Darstellung eines Größenwertes als Vielfaches einer Einheit (sofern Einheitenzeichen benutzt werden, die für die Größe unspezifisch sind), nicht entnommen werden, als Größenwert welcher Größe er benutzt wird. Der Übergang von Formelzeichen zu Angaben von Größenwerten als Vielfache von Einheiten, wie er bei der rechnerischen Auswertungen auftritt, bewirkt somit einen Informationsverlust. Um diesen zu kompensieren, können in solchen Zusammenhängen, die sich auf eine eingefügte Größe beziehen, die dafür üblichen Einheitennamen und Einheitenzeichen benutzt werden.

BEISPIEL 1: Durch die Festsetzung $1\,\mathrm{Hz} = 1/\mathrm{s}$ wird die Größe Frequenz in die Dimension T^{-1} (reziproke Dauer) eingefügt. Dabei wird, um den Informationsverlust zu kompensieren, festgelegt, den Namen Hertz und das Zeichen Hz für die reziproke Sekunde bei der Angabe von Frequenzen zu verwenden.

BEISPIEL 2: Durch die Festsetzung $1\,\mathrm{rad} = 1$ wird die Größe Winkel in die Dimension Eins eingefügt, wobei festgelegt wird, den Namen Radiant und das Zeichen rad für die Zahl 1 bei der Angabe von Winkeln zu verwenden. Es wäre auch eine Einfügung möglich, bei der dem Vollwinkel die Zahl 1 zugeordnet wird. Allerdings können nicht beide Einfügungen zugleich in Kraft sein, da sonst ein Objekt mehrere Größenwerte derselben Größe tragen würde.

BEISPIEL 3: Die Größe Arbeit wird dadurch in die Dimension $\mathrm{L}^2 \cdot \mathrm{M}/\mathrm{T}^2$ eingefügt, daß der Arbeit, welche eine Kraft vom Betrag 1 N längs des gleichgerichteten Weges von der Länge 1 m verrichtet, der Größenwert $1\,\mathrm{m}^2 \cdot \mathrm{kg}/\mathrm{s}^2$ zugeordnet wird. Für die Einheit wird dann J (Joule) geschrieben.

BEISPIEL 4: Die Größe Betrag von Drehmomenten wird dadurch in die Dimension $L^2 \cdot M/T^2$ eingefügt, daß dem Betrag eines Drehmomentwertes, den eine senkrecht an einem Hebelarm der Länge 1 m ansetzende Kraft vom Betrag 1 N erzeugt, der Größenwert $1\,m^2 \cdot kg/s^2$ zugeordnet wird. Für die Einheit wird dann $N \cdot m$ geschrieben.

BEISPIEL 5: Die Größe elektrische Kapazität kann dadurch in die Dimension L (Länge) eingefügt werden, daß einem Kondensator der Radius einer Kugel gleicher Kapazität im Vakuum als Größenwert zugeordnet wird. Diese Einfügung ist allerdings heute nicht mehr üblich, vielmehr wird die Größe elektische Kapazität in die Dimension $L^{-2} \cdot M^{-1} \cdot T^4 \cdot I^2$ eingefügt.

ANMERKUNG 6: Es ist eine Frage der Zweckmäßigkeit und nicht der Richtigkeit, ob und wie eine Größe, die eigenständig konstituiert wurde, in eine Dimension eingefügt wird. Beispielsweise führt die Einfügung elektrischer Größen in mechanische Dimensionen wie in Beispiel 5 dazu, daß sich in manchen Fällen die Dimensionen solcher Größen durch die gewählten Basisdimensionen nur mit gebrochenen Exponenten ausdrücken lassen. Ein Vorteil des heute empfohlenen SI-Größensystems (das über eine eigene elektrische Basisdimension verfügt) gegenüber den früher üblichen CGS-Systemen besteht darin, daß in diesen Fällen ganzzahlige Exponenten genügen.

6.9 Potenzdarstellung von Größenwerten und ihren Dimensionen

Der Größenwert x eines Größensystems sei von 0 verschieden, und x habe eine Darstellung als Produkt von Potenzen:

$$x = \lambda \cdot x_1^{\mu_1} \cdot \ldots \cdot x_n^{\mu_n}$$

mit einem reellen Koeffizienten λ und Exponenten $\mu_1, \ldots \mu_n$, wobei $x_1, \ldots x_n$ positive Größenwerte des Größensystems sind. Dann gilt

$$\dim x = (dim\, x_1)^{\mu_1} \cdot \ldots \cdot (\dim x_n)^{\mu_n}.$$

ANMERKUNG: Die Dimension eines Größenwertes x, der durch eine solche Darstellung mit Hilfe von positiven Größenwerten $x_1, \ldots x_n$ gegeben ist, wird also in der Weise erhalten, daß von Zahlenfaktoren abgesehen wird und bei den Größenwerten zu den Dimensionen übergegangen wird.

6.10 Basisdimensionen

Ausgewählte Dimensionen $D_1 \ldots D_n$ eines Größensystems, in denen es positive Größenwerte $x_1, \ldots x_n$ gibt, derart daß sich jeder von 0 verschiedene Größenwert x als Produkt von Potenzen

$$x = \lambda \cdot x_1^{\mu_1} \cdot \ldots \cdot x_n^{\mu_n}$$

schreiben läßt, wobei der reelle Koeffizient λ und die Exponenten $\mu_1, \ldots \mu_n$ eindeutig durch x bestimmt sind.

ANMERKUNG 1: Die Dimension Eins gehört nicht zu den Basisdimensionen.

ANMERKUNG 2: Im folgenden wird vorausgesetzt, daß das Größensystem endlich viele Basisdimensionen hat. Ihre Anzahl ist dann eindeutig bestimmt, aber die Auswahl der Basisdimensionen selbst ist es nicht. So wäre es z. B. möglich, in dem SI-Größensystem statt der elektrischen Stromstärke die elektrische Ladung oder die elektrische Spannung als Basisdimension zu wählen, ohne das Größensystem (d.h. die Menge der Größenwerte und die dafür definierten Rechenoperationen) und seine Größen zu verändern.

6.11 Abgeleitete Dimension (bezüglich ausgewählter Basisdimensionen)

Jede Dimension, die keine Basidimension ist.

ANMERKUNG: Wenn $D_1 \ldots D_n$ Basisdimensionen eines Größensystems sind, so hat jede Dimension D des Größensy¡stems eine Darstellung $D = D_1^{\mu_1} \cdot \ldots \cdot D_n^{\mu_n}$, wobei die Dimensionsexponenten $\mu_1, \ldots \mu_n$ eindeutig bestimt sind. Für die Basisdimensionen ist genau einer der Dimensionsexponenten 1, die anderen sind 0. Sind alle Dimensionsexponenten 0, so entsteht die Dimension Eins, es gilt $\dim 1 = D_1^0 \cdot \ldots \cdot D_n^0$.

6.12 SI-Größensystem

Größensystem mit den sieben Basisdimensionen L (Länge), M (Masse), T (Dauer), I (elektrische Stromstärke), Θ (thermodynamische Temperatur), N (Stoffmenge), J (Lichtstärke).

7 Einheitensysteme

7.1 Allgemeines

Die Definition von Einheiten geht historisch und oft auch gedanklich der Festlegung von Größensystemen voraus. Größensysteme werden oft geradezu dadurch definiert, daß Basiseinheiten und zugehörige Dimensionen festgelegt werden. Indessen ist der Begriff des Größensystems von dem eines Einheitensystems unabhängig, und auch der des Einheitensystems von einer vorangegangenen Auswahl von Basiseinheiten und Basisdimensionen.

7.2 Einheitensystem eines Größensystems

Menge von vereinbarten Größenwerten, die aus jeder Dimension des Größensystems genau einen positiven Größenwert als Einheit in dieser Dimension enthält.

7.3 Kohärentes Einheitensystem
Einheitensystem, derart daß jedes Produkt von Potenzen von Einheiten des Systems (ohne einen von 1 verschiedenen Zahlenfaktor) auch eine Einheit des Systems ist.

7.4 Basiseinheit (bezüglich ausgewählter Basisdimensionen)
Einheit eines Einheitensystems aus einer der ausgewählten Basisdimensionen.

7.5 Kohärent abgeleitete Einheit (bezüglich ausgewählter Basisdimensionen)
Einheit in einer abgeleiteten Dimension, die ein Produkt von Potenzen von Basiseinheiten ist.

ANMERKUNG 1: Wenn in den Basisdimensionen beliebige Einheiten vereinbart werden und in den abgeleiteten Dimensionen jeweils die kohärent abgeleitete Einheit gewählt wird, so entsteht ein kohärentes Einheitensystem. Die kohärent abgeleitete Einheit in der Dimension Eins ist stets die Zahl 1.

ANMERKUNG 2: Mit der Darstellung einer abgeleiteten Einheit als Produkt von Potenzen von Basiseinheiten ist noch keine Sachbindung gegeben. Es muß z. B. besonders festgelegt werden, daß mit m^2 der Flächeninhalt eines Quadrates der Seitenlänge 1 m gemeint ist (und nicht etwa der eines gleichseitigen Dreiecks mit dieser Seitenlänge oder der eines Kreises mit diesem Radius).

7.6 Internationales Einheitensystem (SI)
Kohärentes Einheitensystem des SI-Größensystems bestehend aus den sieben SI-Basiseinheiten Meter (m), Kilogramm (kg), Sekunde (s), Ampere (A), Kelvin (K), Mol (mol) und Candela (cd) sowie allen kohärent daraus abgeleiteten Einheiten. Die Basiseinheiten und die kohärent daraus abgeleiteten Einheiten heißen SI-Einheiten. Die Dimensionen der SI-Basiseinheiten in dem SI-Größensystem sind dim m = L, dim kg = M, dim s = T, dim A = I, dim K = Θ, dim mol = N, dim cd = J.

ANMERKUNG 1: Das Internationale Einheitensystem mit dem für alle Sprachen geltenden Kurzzeichen SI wurde 1960 von der Generalkonferenz für Maß und Gewicht (Conférence générale des poids et mesures, CGPM) angenommen. Zu den Einheitennamen und Einheitenzeichen der Basiseinheiten siehe DIN 1301-1 : 1993-12, Tabelle 1 und ISO 1000 : 1992, Tabelle 1, zu ihrer Definition siehe DIN 1301-1 : 1993-12, Anhang A und ISO 1000 : 1992, Anhang B.

ANMERKUNG 2: Einige abgeleitete SI-Einheiten haben besondere Namen und Einheitenzeichen für die Angabe besonderer Größen dieser Dimension. Zur Definition der abgeleiteten SI-Einheiten mit besonderen Namen und besonderen Einheitenzeichen siehe DIN 1301-1 : 1993-12, Tabelle 2 und ISO 1000 : 1992, Tabelle 2.

ANMERKUNG 3: Darüberhinaus sind Einheitenzeichen für SI-Einheiten aus den Zeichen für Basiseinheiten und Einheiten mit besonderen Namen mit Hilfe von Produkten, Quotienten und Potenzen zu bilden.

7.7 Einheit im SI
Einheit, die aus SI-Einheiten oder Vielfachen von SI-Einheiten, die SI-Vorsätzen entsprechen, mit Hilfe von Produkten, Quotienten und Potenzen gebildet ist.

ANMERKUNG: Zu den SI-Vorsätzen und den SI-Vorsatzzeichen siehe DIN 1301-1 : 1993-12, Tabelle 5 und ISO 1000 : 1992, Tabelle 4. Bei der Masse sind die Vorsätze jedoch auf das Gramm (d. i. 10^{-3} kg) anzuwenden. Einheitenzeichen für Einheiten im SI sind aus SI-Vorsatzzeichen und Einheitenzeichen für Basiseinheiten und Einheiten mit besonderen Namen mit Hilfe von Produkten, Quotienten und Potenzen zu bilden. Dabei dürfen nicht mehrere Vorsatzzeichen vor demselben Einheitenzeichen kombiniert werden.

BEISPIELE: mm (Millimeter), Mg (Megagramm), kN · m (Kilonewton mal Meter), hPa (Hektopascal)

7.8 Einheit außerhalb des SI
Einheit, die keine Einheit im SI ist.

BEISPIELE: km/h (d. i. 0,2778 m/s), t (Tonne, d. i. 1 Mg), bar (d. i. 10^5 Pa), sm (Seemeile, d. i. 1852 m, siehe DIN 13 312)

7.9 Darstellung von Größenwerten und ihrer Dimensionen
Jeder Größenwert x des SI-Größensystems hat eine Darstellung

$$x = \lambda \cdot \mathrm{m}^\alpha \cdot \mathrm{kg}^\beta \cdot \mathrm{s}^\gamma \cdot \mathrm{A}^\delta \cdot \mathrm{K}^\varepsilon \cdot \mathrm{mol}^\zeta \cdot \mathrm{cd}^\eta,$$

wobei der reelle Koeffizient λ und die Exponenten α, β, γ , δ, ε, ζ, η eindeutig bestimmt sind, wenn $x \neq 0$ ist. Für die Dimension von x gilt dann

$$\dim x = \mathsf{L}^\alpha \cdot \mathsf{M}^\beta \cdot \mathsf{T}^\gamma \cdot \mathsf{I}^\delta \cdot \Theta^\varepsilon \cdot \mathsf{N}^\zeta \cdot \mathsf{J}^\eta.$$

ANMERKUNG: Das Produkt der Potenzen von Basiseinheiten in der Darstellung von x ist eine SI-Einheit, der Koeffizient λ der zugehörige Zahlenwert.

8 Komplexe, vektorielle und tensorielle Größen

8.1 Allgemeines

Neben den in den vorigen Abschnitten betrachteten skalaren Größen werden auch andere Merkmale als Größen bezeichnet, deren Merkmalswerte eine kompliziertere Struktur haben, bei deren Beschreibung aber auf skalare Größenwerte zurückgegriffen wird.

8.2 Komplexe Größe

Merkmal, für das zu je zwei Merkmalswerten ein Verhältnis definiert ist, das eine komplexe Zahl ist.

ANMERKUNG 1: Die Festlegungen in Abschnitt 3 gelten entsprechend auch für komplexe Größen, abgesehen davon, daß die Merkmalswerte, die auch als komplexe Größenwerte bezeichnet werden, nicht angeordnet werden können. Für komplexe Größenwerte z_1, z_2 läßt sich keine Kleiner-als-Beziehung $z_1 < z_2$ einführen.

ANMERKUNG 2: Ein komplexer Größenwert ist (sofern er vom Nullwert verschieden ist) durch einen positiven Größenwert einer zugehörigen skalaren Größe, der Betragsgröße, und einen Winkel (Betrag und Phasenwinkel) oder auch durch zwei Größenwerte der Betragsgröße (Realteil und Imaginärteil) gegeben.

ANMERKUNG 3: Eine komplexe Größe ist einem Größensystem zugeordnet, wenn ihre Betragsgröße bzw. Realteil und Imaginärteil Größen des Größensystems sind. Deren Dimension ist dann die Dimension der komplexen Größe.

8.3 Vektorielle Größe

Merkmal, dessen Merkmalswerte Vektoren sind.

ANMERKUNG 1: Es werden hier Vektoren im dreidimensionalen Raum betrachtet, in dem eine Orientierung durch ein Rechtssystem und eine euklidische Metrik vorgegeben sind. Ein Vektor ist dann durch Betrag und Richtung gegeben, wobei der Betrag ein positiver Größenwert ist. Zusätzlich gibt es den Nullvektor $\mathbf{0}$, der den Betrag 0 und keine Richtung hat.

BEISPIELE: Der Verbindungsvektor zweier Punkte, die elektrische Feldstärke in einem Punkt, eine an einem Punkt angreifende Kraft.

ANMERKUNG 2: Ein Vektor ist einem Größensystem zugeordnet, wenn sein Betrag dem Größensystem angehört. Die Dimension des Vektors wird dann durch die Dimension seines Betrages gegeben. So hat z. B. der Verbindungsvektor zweier Punkte die Dimension Länge. Ein Vektor der Dimension Eins wird als Zahlenvektor bezeichnet. Die sinnvolle Bildung einer vektoriellen Größe erfordert, daß ihre Merkmalswerte Vektoren derselben Dimension sind, die dann als die Dimension der vektoriellen Größe bezeichnet wird.

ANMERKUNG 3: Mit Vektoren kann nach den Regeln der Vektorrechnung gerechnet werden. Insbesondere ist für Größenwerte x und Vektoren $\boldsymbol{a}$ das Produkt $x \cdot \boldsymbol{a}$ definiert. Für Vektoren $\boldsymbol{a}$, $\boldsymbol{b}$ ist, sofern sie von derselben Dimension sind, die Summe $\boldsymbol{a} + \boldsymbol{b}$ definiert. Für beliebige Vektoren $\boldsymbol{a}$, $\boldsymbol{b}$ sind Skalarprodukt (inneres Produkt) $\boldsymbol{a} \cdot \boldsymbol{b}$ und Vektorprodukt $\boldsymbol{a} \times \boldsymbol{b}$ definiert. Wenn ein Tripel ($\boldsymbol{e}_1$, $\boldsymbol{e}_2$, $\boldsymbol{e}_3$) linear unabhängiger (nicht komplanarer) Zahlenvektoren als Vektorbasis vorgegeben ist, so läßt sich jeder Vektor $\boldsymbol{a}$ als Linearkombination $\boldsymbol{a} = a_1\boldsymbol{e}_1 + a_2\boldsymbol{e}_2 + a_3\boldsymbol{e}_3$ der Basisvektoren darstellen mit eindeutig bestimmten Koordinaten a_1, a_2, a_3, die Größenwerte von der Dimension des Vektors sind. Zu weiteren Einzelheiten über Vektoren, insbesondere wie sich die Rechenoperationen in Koordinaten ausdrücken, siehe DIN 1303.

ANMERKUNG 4: Die Festlegungen in Abschnitt 3 gelten entsprechend auch für vektorielle Größen, abgesehen davon, daß die in Anmerkung 3 genannten Operationen der Vektorrechnung an die Stelle der auf die Verhältnisbildung gegründeten Operationen nach 3.4 treten.

ANMERKUNG 5: Verallgemeinerungen des Vektorbegriffs, insbesondere auf andere Dimensionszahlen, sind möglich (siehe DIN 1303). Ferner lassen sich auch komplexe vektorielle Größen einführen, deren Koordinaten komplexe Größen sind (siehe DIN 5483-3). Es werden auch gemischte Vektoren verwendet, deren Koordinaten verschiedenen Dimensionen angehören und die keine einheitliche Dimension haben.

ANMERKUNG 6: Nach DIN 1303 sind Zeichen für vektorielle Größen durch halbfette Schrift oder darübergesetzte Pfeile kenntlich zu machen.

8.4 Tensorielle Größe

Merkmal, dessen Merkmalswerte Tensoren sind.

ANMERKUNG 1: Ein Tensor p-ter Stufe in einem dreidimensionalen orientierten euklidischen Raum ist nach Wahl einer Vektorbasis gegeben durch in besonderer Weise indizierte Systeme von 3^p Tensorkoordinaten, die Größenwerte gleicher Dimension sind und die sich bei einem Wechsel der Basis in einer charakteristischen Weise transformieren. Zu einer koordinatenunabhängigen Definition von Tensoren, zu dem Transformationsverhalten der Koordinaten und wie die Umrechnung zwischen Koordinaten eines Tensors bzgl. kontravarianter und kovarianter Indizes erfolgt, siehe DIN 1303. Vektoren sind Tensoren erster Stufe, und die in Anmerkung 3 zu 8.3 genannten Koordinaten sind die kontravarianten Koordinaten. Tensoren nullter Stufe sind Skalare.

ANMERKUNG 2: Ein Tensor ist einem Größensystem zugeordnet, wenn seine Koordinaten einer Dimension des Größensystems angehören. Die Dimension des Tensors wird dann durch die Dimension seiner Koordinaten gegeben. Die sinnvolle Bildung einer tensoriellen Größe erfordert, daß ihre Merkmalswerte Tensoren derselben Stufe und Dimension sind, die dann als Stufe und Dimension der tensoriellen Größe bezeichnet wird.

ANMERKUNG 3: Für Tensoren sind gewisse Rechenoperationen definiert. Insbesondere ist für Größenwerte x und Tensoren $\boldsymbol{T}$ das Produkt $x \cdot \boldsymbol{T}$ definiert. Für Tensoren $\boldsymbol{T}$, $\boldsymbol{U}$ ist, sofern sie von derselben Stufe und Dimension sind, die Summe $\boldsymbol{T}+\boldsymbol{U}$ definiert. Für beliebige Tensoren $\boldsymbol{T}$, $\boldsymbol{U}$ ist das Tensorprodukt $\boldsymbol{T}\otimes\boldsymbol{U}$ definiert. Ferner sind Überschiebungen (innere Produkte) möglich, in speziellen Fällen mit $\boldsymbol{T}\cdot\boldsymbol{U}$, $\boldsymbol{T}:\boldsymbol{U}$ bezeichnet. Das äußere Produkt der Vektoren $\boldsymbol{a}$, $\boldsymbol{b}$ ergibt den Bivektor (alternierenden Tensor) $\boldsymbol{a}\wedge\boldsymbol{b}$, dessen Ergänzung das Vektorprodukt $\boldsymbol{a}\times\boldsymbol{b}$ ist. Zu weiteren Einzelheiten über Tensoren, insbesondere wie sich die Rechenoperationen in Koordinaten ausdrücken, siehe DIN 1303.

ANMERKUNG 4: Die Festlegungen in Abschnitt 3 gelten entsprechend auch für tensorielle Größen, abgesehen davon, daß die in Anmerkung 3 genannten Operationen der Tensorrechnung an die Stelle der auf die Verhältnisbildung gegründeten Operationen nach 3.4 treten.

ANMERKUNG 5: Nach DIN 1303 sind Zeichen für tensorielle Größen durch halbfette serifenlose Schrift, vorzugsweise Großbuchstaben kenntlich zu machen.

9 Gleichungen

9.1 Allgemeines

Viele Naturgesetze und andere wissenschaftliche und technische Zusammenhänge lassen sich durch Gleichungen beschreiben, in denen Formelzeichen für Größen (einschließlich komplexer, vektorieller und tensorieller Größen), sowie Zeichen für Einheiten, Zahlen und die erlaubten Rechenoperationen des Größenkalküls vorkommen können. Es werden verschiedene Arten von Gleichungen unterschieden.

9.2 Größengleichung

Gleichung, die eine Beziehung zwischen Größen ausdrückt.

ANMERKUNG 1: Die Formelzeichen für Größen stehen in Gleichungen für deren Größenwerte, die allgemein gemeint oder durch eine Anwendungssituation näher festgelegt sein können, und das Rechnen mit Größen gründet sich auf das Rechnen mit ihren Größenwerten. Damit die eindeutige Ausführbarkeit der Rechenoperationen gesichert ist, sollten die Größen einem Größensystem zugeordnet sein.

ANMERKUNG 2: Für die Bildung einer sinnvollen Gleichung ist es außerdem erforderlich, daß ersichtlich ist oder mitgeteilt wird, wie sich jeweils die Träger der beteiligten Größen zueinander verhalten.

ANMERKUNG 3: Wenn die in der Gleichung vorkommenden Größen nicht einem Größensystem zugeordnet sind, so ist die eindeutige Ausführbarkeit der gewünschten Rechenoperationen nicht gesichert, und es ist unklar, was die hingeschriebenen Rechenausdrücke bedeuten. Überdies garantiert auch die Ausführbarkeit einer Rechenoperation nicht, daß sie sachlich sinnvoll ist. So ist die Addition der Größenwerte zweier Größen ausführbar, wenn diese Größen von derselben Dimension sind, aber meist ist sie physikalisch sinnlos, wenn die Größen von verschiedener Art sind. Deshalb sind Gleichungen in sinnvoller Weise zu bilden und hinreichend zu erläutern.

BEISPIEL 1: Für die Geschwindigkeit v eines Objektes, das in gleichförmiger Weise während der Dauer t den Weg der Länge s zurücklegt, gilt die Größengleichung

$$v = s/t\,.$$

Bei nicht gleichförmiger Bewegung ist, wenn $\boldsymbol{r}$ der Ortsvektor des Objektes ist, der Vektor der Momentangeschwindigkeit

$$\boldsymbol{v} = \frac{\mathrm{d}\boldsymbol{r}}{\mathrm{d}t}\,.$$

BEISPIEL 2: Für die Periodendauer T der Schwingung eines Fadenpendels der Länge l gilt bei kleiner Amplitude die Größengleichung

$$T = 2\pi\sqrt{l/g}\,,$$

wobei g die örtliche Fallbeschleunigung ist. Für einen Ort mit $g = 9{,}81\,\mathrm{m\,s^{-2}}$ ergibt sich die für diesen Ort gültige Größengleichung

$$T = (2{,}006\,\mathrm{m}^{-1/2}\,\mathrm{s})\cdot\sqrt{l}\,.$$

BEISPIEL 3: Für den freien Fall eines Körpers im Vakuum gilt die Größengleichung

$$(m/2)\,v^2 = m\,g\,h\,,$$

wobei m die Masse des Körpers, h die Fallhöhe, v die erreichte Geschwindigkeit und g die örtliche Fallbeschleunigung ist.

BEISPIEL 4: Für die Entfernung d der Kimm auf See gilt bei einer Augeshöhe h_{A} über dem Meeresspiegel annähernd die Größengleichung

$$d = \sqrt{2\,h_{\mathrm{A}}\,r_0}\,,$$

wobei r_0 der mittlere Erdradius ist. Mit $r_0 = 6367\,\mathrm{km}$ ergibt sich die Größengleichung

$$d = (3568\,\mathrm{m}^{1/2}) \cdot \sqrt{h_A}\,.$$

BEISPIEL 5: Eine Kraft $\boldsymbol{F}$ greife an einem Punkt an, zu dem von einem Punkt P aus der Längenvektor $\boldsymbol{r}$ führt. Wird das in P erzeugte Drehmoment $\boldsymbol{M}$ als Vektor aufgefaßt, so gilt die Größengleichung

$$\boldsymbol{M} = \boldsymbol{r} \times \boldsymbol{F}\,.$$

Werden Drehmomente als Bivektoren aufgefaßt, so tritt an die Stelle des Vektorproduktes das äußere Produkt.

BEISPIEL 6: Eine Kraft $\boldsymbol{F}$ greife an einem Punkt an, der sich längs eines Längenvektors $\triangle\boldsymbol{r}$ bewegt. Für die dabei erbrachte Arbeit W gilt die Größengleichung

$$W = \boldsymbol{F} \cdot \triangle\boldsymbol{r}\,.$$

Wenn sich der Punkt längs einer Kurve von einem Punkt P zu einem Punkt Q bewegt und die angreifende Kraft $\boldsymbol{F}$ längs des Weges nicht konstant ist, so ergibt sich die erbrachte Arbeit durch Integration längs dieser Kurve:

$$W = \int_{\mathrm{P}}^{\mathrm{Q}} \boldsymbol{F} \cdot \mathrm{d}\boldsymbol{r}\,.$$

9.3 Einheitengleichung

Gleichung, die eine Beziehung zwischen Einheiten ausdrückt.

BEISPIELE: 1 km = 1000 m, 1 h = 3600 s, 1 d = 24 h, 1 N = 1 m kg/s^2, 1 N m = 1 W s, 1 sm = 18**52** m, 1 m = (c_0/299 792 4**58**) s, wobei c_0 die Lichtgeschwindigkeit im Vakuum ist. (Die halbfett gedruckten Endziffern drücken aus, da es sich um genaue (nicht gerundete) Zahlenwerte handelt, siehe DIN 1333)

9.4 Auf Einheiten zugeschnittene Größengleichung

Gleichung, in der alle Formelzeichen für Größen durch zugehörige Einheitenzeichen dividiert dargestellt sind.

BEISPIEL 1: Wenn in Beipiel 1 zu 9.2 Geschwindigkeit auf Kilometer durch Stunde, Weglänge auf Meter und Dauer auf Sekunden zugeschnitten werden, so ergibt sich

$$\frac{v}{\mathrm{km/h}} = 3,6 \cdot \frac{s/\mathrm{m}}{t/\mathrm{s}}.$$

BEISPIEL 2: Wenn in Beispiel 4 zu 9.2 die Entfernung der Kimm auf Seemeilen und die Augeshöhe auf Meter zugeschnitten werden, so ergibt sich (mit einer weitereren Abrundung)

$$\frac{d}{\mathrm{sm}} = 2 \cdot \sqrt{\frac{h_{\mathrm{A}}}{\mathrm{m}}}\,.$$

BEISPIEL 3: Für die Länge s des Bremswegs eines Personenkraftwagens mit der Geschwindigkeit v auf trockener Fahrbahn gilt annähernd

$$\frac{s}{\mathrm{m}} = \left(\frac{1}{10} \cdot \frac{v}{\mathrm{km/h}}\right)^2.$$

9.5 Zahlenwertgleichung

Gleichung, die zu einer Größengleichung (mit nur skalaren Größen) den zugehörigen Zusammenhang der Zahlenwerte dieser Größen bezüglich ausgewählter Einheiten angibt. Eine Zahlenwertgleichung ist als solche zu kennzeichnen, und die Einheiten, auf die sich die Zahlenwerte beziehen, müssen angegeben werden.

ANMERKUNG 1: Verschiedene Zahlenwertgleichungen derselben Größengleichung unterscheiden sich voneinander durch Zahlenfaktoren, die von den verwendeten Einheiten abhängen. Werden nur kohärente Einheiten verwendet, so hat die Zahlenwertgleichung die Gestalt der Größengleichung. In einer zugeschnittenen Größengleichung stellen die Quotienten aus Formelzeichen und Einheitenzeichen bereits die zugehörigen Zahlenwerte dar, so daß dann die Zahlenwertgleichung die Gestalt der zugeschnittenen Größengleichung hat. Wenn Mißverständnisse ausgeschlossen sind, kann aus Gründen der Übersichtlichkeit für die Zahlenwerte $\{G\}$ einer Größe einfach G geschrieben werden.

BEISPIEL 1: Für die in Beispiel 1 zu 9.4 gewählten Einheiten ergibt sich die Zahlenwertgleichung

$\{v\} = 3,6\,\{s\}/\{t\}$ mit $\{v\}$ in Kilometern durch Stunde, $\{s\}$ in Metern, $\{t\}$ in Sekunden,

kurz:

$v = 3,6\,s/t$ mit v in Kilometern durch Stunde, s in Metern, t in Sekunden.

BEISPIEL 2: Für die kohärenten SI-Einheiten m , s ergibt sich aus Beispiel 2 zu 9.2 die Zahlenwertgleichung

$\{T\} = 2,006 \cdot \sqrt{\{l\}}$ mit $\{T\}$ in s, $\{l\}$ in m,

kurz:

$T = 2,006 \cdot \sqrt{l}$ mit T in s, l in m.

BEISPIEL 3: Für die in Beispiel 2 zu 9.4 gewählten Einheiten ergibt sich in Kurzform die Zahlenwertgleichung für die Entfernung der Kimm auf See

$d = 2 \cdot \sqrt{h_{\mathrm{A}}}$ mit d in Seemeilen, h_{A} in Metern.

BEISPIEL 4: Für die Länge des Bremsweges eines Personenkraftwagens auf trockener Fahrbahn gilt gemäß Beispiel 3 zu 9.4 die Faustformel

$s = (v/10)^2$ mit s in Metern, v in Kilometern durch Stunde.

ANMERKUNG 2: Zahlenwertgleichungen können für praktische Zwecke und Überschlagsrechnungen von Vorteil sein; es müssen aber die vorausgesetzten Einheiten erkennbar sein. Generell sind jedoch Größengleichungen zu bevorzugen, da sie unabhängig von der Wahl von Einheiten gelten.

10 Abhängige und abgeleitete Größen

10.1 Allgemeines

Eine Größengleichung, in der das Größenzeichen einer Größe auf einer Seite allein vorkommt, drückt eine Abhängigkeit dieser Größe von den anderen in der Gleichung genannten Größen aus. Dies wird in 10.2 allgemein formuliert und nachfolgend für einige Arten von Abhängigkeiten diskutiert. Eine solche Größengleichung kann benutzt werden, um eine Größe neu einzuführen und aus anderen bereits bekannten Größen abzuleiten. Dies wird in 10.8 formuliert.

10.2 Abhängigkeit einer Größe von anderen Größen

Eine Größe G ist von Größen $G_1, \dots G_n$ abhängig, wenn es eine Funktion f gibt, so daß die Größengleichung

$$G = f(G_1, \dots, G_n)$$

gilt.

ANMERKUNG: Die Funktion f ist gewöhnlich durch einen Rechenausdruck gegeben, der aus den Formelzeichen für die anderen Größen mit den erlaubten Verknüpfungszeichen des Größenkalküls aufgebaut ist.

10.3 Proportionale Größen

Größen G, H, für die es einen konstanten Größenwert k gibt, so daß die Größengleichung $G = k \cdot H$ gilt.

ANMERKUNG 1: Proportionale Größen haben dieselben Träger.

BEISPIEL 1: Umfang von Kreisen und Durchmesser von Kreisen sind proportionale Größen der Art Länge. Der Proportionalitätsfaktor ist π.

BEISPIEL 2: Magnetische Flußdichte $\boldsymbol{B}$ und magnetische Feldstärke $\boldsymbol{H}$ in Punkten eines magnetischen Feldes im Vakuum sind proportional. Es gilt die Größengleichung $\boldsymbol{B} = \mu_0 \cdot \boldsymbol{H}$, wobei μ_0 die magnetische Feldkonstante ist.

BEISPIEL 3: Bewegt sich ein Objekt mit gleichförmiger Geschwindigkeit v, so ist die Länge s des während der Dauer t zurückgelegten Weges proportional zu der genannten Dauer. Es gilt die Größengleichung $s = v \cdot t$.

BEISPIEL 4: Winkelgeschwindigkeit ω und Umdrehungsfrequenz n sind proportional, es gilt die Größengleichung $\omega = 2\,\pi\,n$.

BEISPIEL 5: Für eine angegebene chemische Zusammensetzung sind für Stoffpartionen die Stoffmenge der Stoffportion und die Teilchenzahl in der Stoffportion proportional.

ANMERKUNG 2: Wenn eine Größe, die unabhängig von einem Größensystem konstituiert wurde, auf verschiedene Weisen in ein Größensystem eingefügt wird, so entstehen proportionale Größen.

10.4 Produktgröße

Größe G, für die eine Größengleichung $G = k \cdot G_1 \cdot G_2$ 2gilt, wobei k ein konstanter Größenwert ist.

ANMERKUNG: Die Größe G hängt dann produktartig von G_1 und G_2 ab. Das bedeutet, daß sich der Größenwert von G mit $\lambda \cdot \mu$ multipliziert, wenn die Größenwerte von G_1 bzw. G_2 mit λ bzw. μ multipliziert werden.

Die Größe G wird als direkt proportional zu den Größen G_1 und G_2 bezeichnet. Die Konstante k ist oft die Zahl 1, so daß dann die Größenwerte von G genau die Produkte der Größenwerte von G_1 und G_2 im Größensystem sind.

BEISPIEL 1: Flächeninhalt von Rechtecken ist eine Produktgröße der Seitenlängen.

BEISPIEL 2: Für ein gegebenes Material hängt die Längenänderung von Stäben aus diesem Material bei Temperaturänderungen produktartig von Anfangslänge und Temperaturdifferenz ab.

10.5 Quotientengröße

Größe G, für die eine Größengleichung $G = k \cdot G_1/G_2$ gilt, wobei k ein konstanter Größenwert ist.

ANMERKUNG: Die Größe G hängt dann quotientenartig von G_1 und G_2 ab. Das bedeutet, daß sich der Größenwert von G mit λ/μ multipliziert, wenn die Größenwerte von G_1 bzw. G_2 mit λ bzw. μ multipliziert werden. Die Größe G wird als direkt proportional zur Größe G_1 und umgekehrt proportional zur Größe G_2 bezeichnet. Die Konstante k ist oft die Zahl 1, so daß dann die Größenwerte von G genau die Quotienten der Größenwerte von G_1 und G_2 im Größensystem sind.

BEISPIEL 1: Die Dichte ρ von Stoffportionen ist eine Quotientengröße von Masse m und Volumen V der Stoffportion. Es gilt die Größengleichung $\rho = m/V$.

BEISPIEL 2: Die Dehnung eines Stabes ist einer angreifenden Zugkraft direkt und dem Querschnitt des Stabes umgekehrt proportional.

10.6 Verhältnisgröße

Quotientengröße von Größen, die von derselben Größenart sind, wobei der Faktor k nach 10.5 gleich 1 ist.

ANMERKUNG: Jede Verhältnisgröße ist von der Dimension Eins und hat die Zahl 1 als kohärente Einheit.

BEISPIEL 1: Der Gang von Uhren ist das Verhältnis der Abweichung der angezeigten von der tatsächlich verstrichenen Dauer zu der tatsächlich verstrichenen Dauer selbst. Als Einheit wird oft s/d (d. i. 1/86 400) benutzt.

BEISPIEL 2: Für die Dehnung ε eines Stabes gilt die Größengleichung $\varepsilon = \Delta l/l$, wobei Δl die Verlängerung und l die Ausgangslänge des Stabes ist. Als Einheit wird oft 1% (d. i. 1/100, siehe DIN 5477) benutzt.

BEISPIEL 3: Lineare Verstärker, die Eingangsspannungen U_1 in Ausgangsspannungen U_2 und Eingangsleistungen P_1 in Ausgangsleistungen P_2 überführen, haben den Spannungsverstärkungsfaktor U_2/U_1 und den Leistungsverstärkungsfaktor P_2/P_1.

10.7 Logarithmische Größe

Größe G, für die es eine Größe H der Dimension Eins gibt, so daß die Größengleichung $G = k \cdot \log H$ gilt, wobei k ein konstanter Größenwert ist. Die Größe H, die Basis des Logarithmus und der Größenwert k sind anzugeben.

ANMERKUNG: Die Konstante k ist meist eine Zahl. Dann ist die logarithmische Größe von der Dimension Eins und hat als kohärente Einheit die Zahl 1. Für diese und andere Einheiten werden oft besondere Namen benutzt, die auf die Basis des Logarithmus und das Anwendungsgebiet hinweisen. Die Zahl k ist überdies in vielen Fällen gleich 1. Logarithmische Größen werden oft von Verhältnisgrößen gebildet. Zu weiteren Einzelheiten über logarithmische Größen und ihre Einheiten siehe DIN 5493 und IEC 27-3 : 1989.

BEISPIEL 1: Für lineare Verstärker, die Eingangsspannungen U_1 in Ausgangsspannungen U_2 und Eingangsleistungen P_1 in Ausgangsleistungen P_2 überführen, sind die logarithmischen Größen Spannungsverstärkungsmaß G_U und Leistungsverstärkungsmaß G_P definiert.
Das Spannungsverstärkungsmaß wird definiert als

$$G_U = \ln (U_2/U_1) .$$

Die kohärente Einheit 1 erhält den besonderen Namen Neper mit dem Einheitenzeichen Np. Das ist das Spannungsverstärkungsmaß von Verstärkern mit dem Spannungsverstärkungsfaktor e, denn es gilt

$$1\,\mathrm{Np} = 1 = \ln \mathrm{e} .$$

Das Leistungsverstärkungsmaß G_P wird definiert als

$$G_P = (1/2) \ln (P_2/P_1) .$$

Der Vorfaktor 1/2 wird gewählt, weil die Leistungsgrößen von den Feldgrößen (wie z. B. Spannung) quadratisch abhängen. Dadurch wird erreicht, daß in dem häufig angestrebten Sonderfall, wenn der Eingangswiderstand des Verstärkers gleich dem Abschlußwiderstand ist, $G_U = G_P$ gilt.
Als nicht kohärente Einheit mit dem Einheitennamen Bel und dem Einheitenzeichen B wird das Leistungsverstärkungsmaß von Verstärkern mit dem Leistungsverstärkungsfaktor 10 benutzt. Dann ist

$$1\,\mathrm{B} = 1/2 \ln 10 = 1{,}151\,292 \ldots ,$$

so daß Bel ein besonderer Name der Zahl 1,151 292... ist. Es gilt die Einheitengleichung

$$1\,\mathrm{B} = 1{,}151\,292\ldots\,\mathrm{Np}\,.$$

Anstelle von Bel wird meist das Dezibel verwendet: 1 dB = 0,1 B. Ein Verstärker, der die Leistung verzehnfacht, bzw. verhundertfacht, bzw. vertausendfacht, hat das Leistungsverstärkungsmaß 10 dB, bzw. 20 dB, bzw. 30 dB. Statt des natürlichen Logarithmus kann auch der dekadische Logarithmus verwendet werden. Insgesamt gilt

$$G_U = \ln(U_2/U_1)\,\mathrm{Np} = 20\,\lg(U_2/U_1)\,\mathrm{dB}\,,$$

$$G_P = (1/2)\,\ln(P_2/P_1)\,\mathrm{Np} = 10\,\lg(P_2/P_1)\,\mathrm{dB}\,.$$

Die Verwendung des dekadischen Logarithmus wird oft als bequemer angesehen. Für die Logarithmierung komplexer Größenverhältnisse, die sich entsprechend definieren lassen, ist der dekadische Logarithmus aber schlecht geeignet. Für das komplexe Spannungsverstärkungsmaß G_U der komplexen Eingangs- bzw. Ausgangsspannungen U_1, U_2 (mit den Beträgen $|U_1|, |U_2|$ und den Phasenwinkeln φ_1, φ_2) gilt

$$U_1 = |U_1| \cdot \mathrm{e}^{\mathrm{j}\varphi_1}, \qquad U_2 = |U_2| \cdot \mathrm{e}^{\mathrm{j}\varphi_2}\,,$$

$$G_U = \ln(U_2/U_1) = \ln(|U_2|/|U_1|) + \mathrm{j}(\varphi_2 - \varphi_1)\,.$$

Die kohärente Einheit 1 von G_U kann nach dem Aufspalten in Realteil und Imaginärteil beim Realteil als Np (Neper) und beim Imaginärteil als rad (Radiant) zugesetzt werden.

BEISPIEL 2: Die Speicherkapazität M eines Datenspeichers, der in n verschiedenen Zuständen sein kann, ist mit Hilfe des binären Logarithmus durch

$$M = \mathrm{lb}\,n$$

definiert. Gebräuchliche Einheiten sind 1 bit = lb 2 = 1 (Speicherkapazität eines Datenspeichers mit zwei Zuständen) und 1 byte = 8 bit (Speicherkapazität eines Datenspeichers mit $256 = 2^8$ Zuständen). Zur Bildung von Vielfachen sind Zweierpotenzen $2^{10}, 2^{20}, 2^{30}, 2^{40}$ statt Zehnerpotenzen $10^3, 10^6, 10^9, 10^{12}$ gebräuchlich.

10.8 Ableitung einer Größe mit einer Größengleichung

Die Größen $G_1, \ldots G_n$ des Größensystems seien bereits eingeführt. Dann läßt sich eine neue Größe G dadurch definieren, daß die Gültigkeit einer Größengleichung

$$G =_{\mathrm{def}} f(G_1, \ldots, G_n)$$

gefordert wird. Doch reicht die Größengleichung allein nicht zur Definition des Begriffsinhalts der Größe G und damit zur Ableitung von G aus $G_1, \ldots G_n$ aus. Es ist auch der sachliche Zusammenhang anzugeben, insbesondere wie sich jeweils die Träger der beteiligten Größen zueinander verhalten.

ANMERKUNG 1: Die Definition neuer Größen erfolgt oft so, daß auf bereits definierte Größen zurückgegriffen wird. Einfache Fälle, in denen keine Rechnungen mit Größenwerten erfolgen, sind der Übergang zu speziellen Größen, die Einschränkung auf besondere Träger und die Definition von Größen durch charakterisierende Träger (siehe Anmerkung 2 zu 5.3). Häufig werden aber Größen aus anderen Größen dadurch abgeleitet, daß durch eine Größengleichung angegeben wird, wie sich ihre Größenwerte aus denen der gegebenen Größen in einem Größensystem errechnen. Dieser Fall ist hier in 10.8 behandelt.

ANMERKUNG 2: Die nach 10.8 abgeleitete Größe G ist von $G_1, \ldots G_n$ im Sinne von 10.2 abhängig. Viele der oben gegebenen Beispiele für Abhängigkeiten beruhen auf einer vorherigen Ableitung der abhängigen Größe.

11 Merkmale

11.1 Allgemeines

Der Begriff des Merkmals ist der systematische Oberbegriff für den Begriff der Größe. Der Größenbegriff ist also ein Spezialfall des allgemeineren Merkmalbegriffs. Viele in Abschnitt 3 gemachte Festlegungen und Anmerkungen treffen entsprechend auch bei Merkmalen zu.

Ein Merkmal ist eine in objektiver Weise präzisierte Eigenschaft, durch die Objekten, die Träger für das Merkmal sind, jeweils ein Merkmalswert als Kennzeichen der Erscheinungsform zugeordnet wird. Durch die Träger des Merkmals, in DIN 55 350-12 als Einheiten (im Sinne von Betrachtungseinheiten) bezeichnet, ist die Sachbindung gegeben. Ein Objekt kann Merkmalswerte unterschiedlicher Merkmale tragen, aber von jedem Merkmal kommt ihm nur ein Merkmalswert zu. Die Merkmalswerte sind den Erscheinungsformen des Merkmals zugeordnet und dienen als Kennzeichen dafür, in welcher Weise das Merkmal an dem Träger ausgeprägt ist. Sie müssen für den vorliegenden Zweck hinreichend präzise festgelegt sein. Es können besondere Operationen oder Relationen für Merkmalswerte definiert sein. Ferner muß es ein (prinzipielles) Verfahren geben, die Merkmalswerte für gegebene Träger zu ermitteln, d. h., eine Angabe des Merkmalwerts zu finden, aus der hervorgeht, wie sich der Merkmalswert in eine Systematik der Merkmalswerte einordnet. Zu weiteren Einzelheiten über Merkmale siehe DIN 55 350-12.

Außer den Größen spielen andere Merkmale in Wissenschaft und Technik eine Rolle. Es folgt eine Klassifizierung von Merkmalen, die nicht erschöpfend, aber für eine Orientierung nützlich ist. Viele Merkmale sind (wie es bereits bei den komplexen, vektoriellen und tensoriellen Größen zu erkennen ist) aus Bestandteilen, Koordinaten oder Komponenten aufgebaut, die unter diese Klassifizierung fallen. In die Klassifizierung sind auch die 3.1 eingeführten und in den Abschnitten 3 bis 7 betrachteten skalaren Größen aufgenommen, die in diesem Zusammenhang als verhältnisskalierte Merkmale bezeichnet werden.

11.2 Verhältnisskaliertes Merkmal; (skalare) Größe
Merkmal, für das zu je zwei Merkmalswerten ein Verhältnis gebildet werden kann, das eine reelle Zahl ist.

11.3 Intervallskaliertes Merkmal
Merkmal, für das zwischen je zwei Merkmalswerten eine Differenz (gerichteter Abstand) gebildet werden kann, die Größenwert einer Größe, der Differenzengröße des Merkmals, ist.

BEISPIELE: Tabelle 1

Intervallskaliertes Merkmal	Träger	Differenzengröße
Höhenlage	Punkte im Gelände	Länge
Zeitpunkt	Momentanereignisse	Dauer
elektrischer Potentialzustand	Punkte im Raum oder an einem Leiter	elektrische Spannung
Energieniveau	angeregte Atome	Energie

ANMERKUNG 1: Wenn x die Differenz der Merkmalswerte b (Endwert) und a (Anfangswert) ist, so sagt man auch, daß b aus a durch Abtragen von x entsteht und x der Größenwert ist, der a mit b verbindet.

ANMERKUNG 2: In der Tabelle ist als Differenzengröße jeweils ein Prototyp einer Größenart genommen. Doch ist zu beachten, daß die elektrische Spannung die Differenz der elektrischen Potentialzustände zwischen Anfangswert und Endwert ist (also das Negative der elektrischen Potentialdifferenz).

ANMERKUNG 3: Mit der Differenzbildung allein läßt sich keine Addition von Merkmalswerten und keine Verhältnisbildung definieren.

ANMERKUNG 4: Ein Merkmalswert eines intervallskalierten Merkmals wird gewöhnlich in einer Weise angegeben, aus der ein Referenzwert ersichtlich ist und der Größenwert, auch als Koordinate bezeichnet, der vom Referenzwert abzutragen ist, um den Merkmalswert zu erhalten. Es ist zu beachten, daß eine solche Angabe nicht dasselbe wie die Angabe eines Größenwertes ist.

BEISPIELE:
842 m üNN (Höhenlage von 842 m über Normal-Null)
90 m über Talsohle (Höhenlage von 90 m über einem ausgewählten Punkt der Talsohle)
(Diese beiden Angaben können z. B. die Höhenlage desselben Punktes im Gelände angeben.)
12 Uhr (Zeitpunkt 12 Stunden nach Beginn des aktuellen Tages)
24 V gegen Erde (Potentialzustand eines Punktes, von dem aus die elektrische Spannung gegen die benutzte Erde 24 V beträgt)

ANMERKUNG 5: Der im übrigen frei wählbare Referenzwert ist bei einer solchen Angabe erforderlich, da ein Größenwert der Differenzengröße allein keinen Merkmalswert des intervallskalierten Merkmals kennzeichnet und das intervallskalierte Merkmal allein keinen Hinweise auf einen Referenzwert beinhaltet. Doch oft ist ein Referenzwert aus dem Zusammenhang ersichtlich und wird nicht erwähnt. Das leistet dem Mißverständnis Vorschub, ein Merkmalswert eines intervallskalierten Merkmals sei ein Größenwert der zugehörigen Differenzengröße.

11.4 Ordinalmerkmal
Merkmal, für das eine Ordnungsbeziehung zwischen den Merkmalswerten gegeben ist.

BEISPIELE: Tabelle 2

Ordinalmerkmal	Träger	Merkmalswerte
Beaufort-Windstärke	Luftströmungen	Bf 1, Bf 2, . . . , Bf 12
Mohs-Härte	Oberflächen von Mineralien	1, 2, . . . , 10
Bewertungsnote	Prüfungsleistungen	sehr gut, gut, . . .

ANMERKUNG: Der Vergleich braucht nicht quantitativ in dem Sinne zu sein, daß Abstände zwischen den Merkmalswerten definiert sind, mit denen im Sinne des Größenkalküls gerechnet werden kann. Auch die Verwendung von Zahlen als Merkmalswerte besagt nicht, daß die Differenzen bedeutungsvoll sind.

11.5 Nominalmerkmal
Merkmal, für das keine Operationen oder Relationen zwischen den Merkmalswerten gegeben sind.

BEISPIELE: Tabelle 3

Nominalmerkmal	Träger	Merkmalswerte
Farbe	einfarbige Körper	rot, blau, grün usw.
Geschlecht	Menschen, Tiere	männlich, weiblich
Postleitzahl	Orte, Postbezirke	fünfstellige Zahlen

ANMERKUNG: Die Merkmalswerte eines Nominalmerkmals lassen sich zwar anordnen (etwa Postleitzahlen nach ihrer Größe), aber diese Anordnungen entsprechen keiner sachgerechten Ordnungsbeziehung.

Anhang A (informativ)

Literaturhinweise

Le Système International d'unités, The International System.
7e édition, 1998, BIPM, F92312 Sèvres Cedex, ISBN 92-822-2154-7

Symbole, Einheiten, und Nomenklatur in der Physik.
Dokument U.I.P.20 (1978), Physik Verlag, Weinheim 1980, ISBN 3-87664-045-8

DK 532.11 : 001.4 : 531.787.081.1 Februar 1977

Druck
Grundbegriffe, Einheiten

DIN 1314

Pressure; basic concepts, units

1 Geltungsbereich

Die Festlegungen dieser Norm betreffen den Druck in Flüssigkeiten, Gasen und Dämpfen.

2 Grundbegriffe

2.1 Die physikalische Größe Druck p ist der Quotient aus der Normalkraft F_N, die auf eine Fläche wirkt, und dieser Fläche A:

$$p = \frac{F_N}{A}.$$

2.2 In der Technik werden verschiedene Druckgrößen benutzt, überwiegend Differenzen zweier Drücke, die im Sprachgebrauch der Technik ebenfalls Druck genannt werden. Weil dies zu Mißverständnissen führen kann, wird empfohlen, die Benennungen nach den Abschnitten 2.2.1 bis 2.2.3 zu gebrauchen.

2.2.1 Absoluter Druck, Absolutdruck

Der absolute Druck oder Absolutdruck p_{abs} ist der Druck gegenüber dem Druck Null im leeren Raum.

2.2.2 Druckdifferenz, Differenzdruck

Die Differenz zweier Drücke p_1 und p_2 wird Druckdifferenz $\Delta p = p_1 - p_2$ oder auch, wenn sie selbst Meßgröße ist, Differenzdruck $p_{1,2}$ genannt.

2.2.3 Atmosphärische Druckdifferenz, Überdruck

Die Differenz zwischen einem absoluten Druck p_{abs} und dem jeweiligen (absoluten) Atmosphärendruck p_{amb} ist die atmosphärische Druckdifferenz p_e; sie wird Überdruck genannt:

$$p_e = p_{abs} - p_{amb}.$$

Der Überdruck p_e nimmt positive Werte an, wenn der absolute Druck größer als der Atmosphärendruck ist; er nimmt negative Werte an, wenn der absolute Druck kleiner als der Atmosphärendruck ist.

Anmerkung 1: Bisher wurde von Überdruck nur gesprochen, wenn der absolute Druck größer als der Atmosphärendruck war; war er kleiner, wurde die durch die Differenz $p_{amb} - p_{abs}$ definierte Größe Unterdruck verwendet. Den Unterdruckbereich kennzeichnen nunmehr negative Werte des Überdruckes.

Das Wort „Unterdruck" darf nicht mehr als Benennung einer Größe, sondern nur noch für die qualitative Bezeichnung eines Zustandes verwendet werden. Beispiele: „Unterdruckkammer"; „Im Saugrohr herrscht Unterdruck".

In Wortzusammensetzungen mit Überdruck darf der Wortteil „-über-" entfallen, wenn die zugehörige Größe eindeutig als Überdruck definiert ist. Beispiele: Berstdruck, Blutdruck, Schalldruck, Reifendruck.

Anmerkung 2: Der Bereich der Drücke unterhalb des Atmosphärendruckes wird auch Vakuumbereich genannt (siehe DIN 28 400 Teil 1). In der Vakuumtechnik wird stets der absolute Druck angegeben.

Anmerkung 3: Eine graphische Darstellung erläutert die Beziehung der verschiedenen Druckgrößen zueinander.

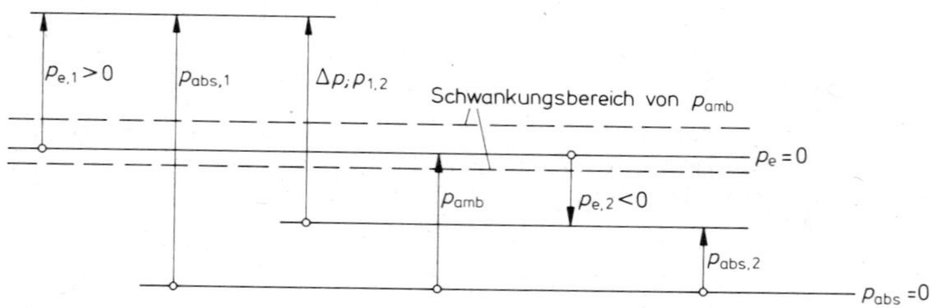

Fortsetzung Seite 2
Erläuterungen Seite 3 und 4

Ausschuß für Einheiten und Formelgrößen (AEF) im DIN Deutsches Institut für Normung e.V.

Anmerkung 4: Die Indizes der Formelzeichen leiten sich von lateinischen Wörtern ab:

abs *absolutus* *losgelöst, unabhängig*
amb *ambiens* *umgebend*
e *excedens* *überschreitend*

3 Einheiten

(Siehe DIN 1301)

3.1 Die SI-Einheit des Druckes ist das Pascal (Einheitenzeichen: Pa):

$$1 \text{ Pa} = 1 \text{ N/m}^2$$

3.2 Der zehnte Teil des Megapascal (Einheitenzeichen: MPa) heißt Bar (Einheitenzeichen: bar):

$$1 \text{ bar} = 0{,}1 \text{ MPa} = 0{,}1 \text{ N/mm}^2 = 10^5 \text{ Pa}.$$

Anmerkung: Es hat sich als zweckmäßig erwiesen, in dem Bar eine Druckeinheit in der Größenordnung des Atmosphärendruckes zur Verfügung zu haben.

3.3 Zur Unterscheidung zwischen einem absoluten Druck und einem Überdruck darf keine zusätzliche Kennzeichnung an den Einheitenzeichen angebracht werden. Der Unterschied muß durch die Benennung der Größe und/oder das benutzte Formelzeichen zum Ausdruck gebracht werden.

Anhang A

Umrechnung nicht mehr anzuwendender Druckeinheiten in Pascal und Bar.

Die bisher gebrauchten Druckeinheiten Kilopond durch Quadratzentimeter (kp/cm²), technische Atmosphäre (at), physikalische Atmosphäre (atm), Torr (Torr), konventionelle Meter Wassersäule (mWS) und konventionelle Millimeter Quecksilbersäule (mmHg) werden nach folgenden Beziehungen in die SI-Einheit Pascal und die Einheit Bar umgerechnet:

$1 \text{ kp/cm}^2 = 1 \text{ at} = 98\,066{,}5 \text{ Pa} = 0{,}980\,665 \text{ bar}$

$1 \text{ atm} = 101\,325 \text{ Pa} = 1{,}013\,25 \text{ bar}$

$1 \text{ Torr} = \frac{1 \text{ atm}}{760} = 133{,}322 \text{ Pa} = 1{,}333\,22 \text{ mbar}$

$1 \text{ mmHg} = 133{,}322 \text{ Pa} = 1{,}333\,22 \text{ mbar}$

$1 \text{ mWS} = 9\,806{,}65 \text{ Pa} = 98{,}0665 \text{ mbar}$

Weitere Normen

DIN 1332	Akustik; Formelzeichen
DIN 1343	Normzustand, Normvolumen
DIN 2401 Teil 1	Rohrleitungen; Druckstufen, Begriffe, Nenndrücke
DIN 2401 Teil 1	Innen- oder außendruckbeanspruchte Bauteile; Druck- und Temperaturbegriffe; Definitionen, Nenndruckstufen (z. Z. noch Entwurf)
DIN 5492	Formelzeichen der Strömungsmechanik
DIN 16 109 Teil 1	Zifferblätter für Betriebs-Druckmeßgeräte, einskalig; 50 bis 250 mm Gehäusedurchmesser; Skalen und Aufschriften
DIN 19 201	Durchflußmeßtechnik; Begriffe, Gerätemerkmale für Durchflußmessungen nach dem Wirkdruckverfahren
DIN 24 312	Fluidtechnik; Druck; Druckstufen, Begriffe (z. Z. noch Entwurf)
DIN 28 002	Drücke und Temperaturen für Behälter und Apparate; Begriffe, Stufung
DIN 28 400 Teil 1	Vakuumtechnik; Benennungen und Definitionen; Grundbegriffe, Einheiten, Vakuumbereiche, -kenngrößen, Grundlagen
DIN 43 615	Elektrische Schaltanlagen; Nenndrücke und Druckbereiche für Druckgasanlagen
DIN 43 691	Elektrische Schaltanlagen; Drucklufttechnik, Druck-Begriffe
DIN 66 037	Kilopond je Quadratzentimeter – Bar; Bar – Kilopond je Quadratzentimeter; Umrechnungstabellen
DIN 66 038	Torr – Millibar; Millibar – Torr; Umrechnungstabellen

Eine Norm über Mechanik ideal elastischer Körper, Begriffe, Größen, Formelzeichen, in welcher der Zusammenhang zwischen der mechanischen Spannung in Festkörpern und dem allseitigen Druck in Flüssigkeiten behandelt wird, ist in Vorbereitung.

Erläuterungen

In der Norm DIN 1314 „Druck; Begriffe, Einheiten" vom Dezember 1971 wurden Überdruck und Unterdruck als Differenzen gegen einen Bezugsdruck (meist den Atmosphärendruck) so definiert, daß beide Größen positive Werte aufwiesen. Infolgedessen konnte man aus den Zahlenwerten auf den Zifferblättern der Druckmeßgeräte nicht erkennen, ob Über- oder Unterdruck gemessen wurde. Um ohne zusätzliche Beobachtungen hierüber Sicherheit zu gewinnen, wurde von den meisten an der Norm DIN 1314 interessierten Kreisen gewünscht, den Unterdruck durch negative Werte zu kennzeichnen. Dies ließ sich nur verwirklichen, indem für das Gebiet des Überdruckes (also für Drücke oberhalb des Atmosphärendruckes) und für das Gebiet des Unterdruckes (also für Drücke zwischen Atmosphärendruck und Druck Null) gemeinsam eine einzige Größe (mit entsprechenden Bereichen positiver und negativer Werte) eingeführt wurde. Um einen geeigneten Namen für diese Größe zu finden, waren mehrere Forderungen zu erfüllen: die Benennung sollte eindeutig und nicht mit einer schon benutzten zu verwechseln sein; sie sollte sinnvoll und dadurch leicht eingängig sein; sie sollte kurz sein und schließlich keine große Mühe bei der Umstellung machen. Zahlreiche Vorschläge wurden im Laufe der Zeit diskutiert; sie werden in alphabetischer Reihenfolge vorgestellt:

Aktivdruck
Differenzdruck
Effektivdruck
Excedenzdruck
Excessivdruck
Relativdruck
Überdruck, positiv und negativ

In dem Norm-Entwurf DIN 1314 vom August 1974 wurde die Benennung Überdruck für den gesamten Bereich der atmosphärischen Druckdifferenzen vorgeschlagen. Dies fand, insbesondere wegen des Ersatzes des Unterdruckes durch den Überdruck mit negativem Wert, zunächst keine allgemeine Zustimmung. Auf der Sitzung des zuständigen AEF-Arbeitsausschusses „Druck" gemeinsam mit den Einsprechern zum Norm-Entwurf am 10. April 1975 wurde die Benennung „Effektivdruck" vorgeschlagen. Bei der weiteren Diskussion wurde jedoch eingewendet, diese Benennung sei leicht mit dem effektiven Wert einer Wechselgröße zu verwechseln, der zum Beispiel in der Akustik kurz Effektivdruck — ausführlicher: Effektivwert des Schalldruckes — genannt wird.

In einer zweiten Sitzung des zuständigen AEF-Arbeitsausschusses gemeinsam mit den Einsprechern zum Norm-Entwurf am 26. November 1975 zeigte sich deutlicher als in den vorangegangenen Besprechungen, daß ein neues Wort von der Industrie nur ungern übernommen werden würde. So wurde auf die Lösung, die der Norm-Entwurf DIN 1314 vom August 1974 bereits zur Diskussion vorgelegt hatte, zurückgegriffen und „Überdruck" als die einzige Benennung aller atmosphärischen Druckdifferenzen festgelegt.

Der Benennung „Überdruck" werden mehrere Vorteile zugeschrieben. Zum ersten befaßt sich die überwiegende Mehrheit der Druckmessungen mit einem Druck, der größer ist als der Atmosphärendruck; in diesem Fall ändert sich nichts. Im Apparatebau und bei der Konzessionierung ist das Wort „Überdruck" eingeführt, z. B. beim TÜV in der Form des „Betriebsüberdruckes". Die Gerätenormen benutzen bereits das negative Vorzeichen, um den Unterdruckbereich zu kennzeichnen. Nachteilig wird beurteilt, daß der Geltungsbereich eines seit langem eingeführten Begriffes geändert wird, daß das Wort „Überdruck" eine Richtung enthält (nämlich einen Druck bezeichnet, der über einer Grenze liegt), schließlich daß die — schon immer bestehende — Doppeldeutigkeit als Druckdifferenz gegen einen Bezugsdruck und gegen den zulässigen Betriebsdruck stört. Für letzteren Begriff eine geeignete Benennung festzulegen, sollte Angelegenheit der Gremien sein, die sich mit Sicherheitsfragen befassen. Als Behelf könnte „gefährlicher Druck" dienen.

In Parallele zu „Überdruck" wird international in der englischen Sprache „gauge pressure", in der französischen Sprache „pression effective" mit demselben Geltungsbereich wie der deutsche Ausdruck vorgeschlagen.

Der Unterdruck als Benennung einer Größe scheidet durch die gewählte Lösung aus. Das Wort darf nur noch für die qualitative Bezeichnung eines Zustandes benutzt werden, wie es die Beispiele zu Abschnitt 2.2.3 zeigen. Es bleibt abzuwarten, ob der Überdruck mit negativem Wert sich einbürgern wird.

Der Beschluß, den Überdruck mit geändertem Geltungsbereich zu benutzen, fand nicht vollständige Zustimmung, jedoch war die für ihn eintretende Mehrheit unter den Sitzungsteilnehmern und Einsprechenden sehr groß. Bei der Vielfalt der Verfahren, wie Druck angewendet und gemessen wird, ist nicht zu erwarten, daß es eine Lösung gibt, die alle Beteiligten zufriedenstellt; die Schwierigkeiten des Weges zur Neufassung der Norm DIN 1314 beweisen es.

Auf einen Unterschied der Neufassung dieser Norm gegenüber der Fassung vom Dezember 1971 sei aufmerksam gemacht. Bisher konnte für Überdruck und Unterdruck von einem beliebigen Bezugsdruck ausgegangen werden. In der Neufassung ist jedoch der Überdruck nur noch als Differenz gegenüber dem Atmosphärendruck definiert. Werden zwei beliebige Drücke verglichen, kann man nur von Druckdifferenzen sprechen.

Das Problem der atmosphärischen Druckdifferenzen stellte das Kernproblem der Neufassung von DIN 1314 dar. Als nicht so schwerwiegend wurde das andere Problem angesehen, das sich aus der mehrfachen Bedeutung des Wortes „Druck" ergibt. Einmal, besonders im Arbeitsbereich des Physikers, wird es gleichbedeutend mit dem in Abschnitt 2.2.1 der Norm definierten absoluten Druck gebraucht. Zum anderen, und zwar hauptsächlich im Sprachgebrauch der Technik, wird Druck als Oberbegriff benutzt, der alle Druckgrößen umfaßt, unabhängig von der Definition im Einzelfall. Die Ursache der verschiedenen Betrachtungsweisen liegt darin, daß Druck für den Physiker eine Zustandsgröße ist, die viele Eigenschaften der Materie bestimmt, für den Techniker eine Kontrollgröße, die überwacht werden muß; daß mit dieser Gegenüberstellung die Extreme gebracht sind, braucht kaum vermerkt zu werden. Wegen der verschiedenen Einstellungen wurde nicht versucht, den Abschnitten 2.1

und 2.2 Überschriften zu geben, wie es naheliegend wäre. Dem Physiker bleibt die Möglichkeit, weiterhin von Druck schlechthin zu sprechen, wenn er den absoluten Druck meint, andererseits werden die Meßgrößen im industriellen Bereich besser als bisher unterschieden. Die Industrie hat im wesentlichen mit Druckdifferenzen zu tun, sogar der absolute Druck läßt sich als die Differenz zweier Drücke auffassen, von denen einer Null ist. Diese Darstellung entspricht der Meßtechnik; daß der absolute Druck in der Norm nicht auf diese Weise definiert wurde, liegt an der späteren Einführung der Druckdifferenz. Bei dieser Auffassung erscheint die Benennung „absolut" wenigstens dem Physiker nach der Bedeutung des Wortes nicht zutreffend. Doch bringt die Festlegung der Norm klar zum Ausdruck, was gemeint ist.

Eine Druckdifferenz ist naturgemäß wieder ein Druck. Die Unterscheidung zwischen Druck und Druckdifferenz ist aber notwendig, damit der Bezugspunkt der letztgenannten Größe und somit der Nullpunkt der angewendeten Druckskale klargestellt wird. Einigen Wünschen zu diesem Punkt wurde Rechnung getragen und der Differenzdruck in die Norm aufgenommen. Man erinnere sich daran, daß er unmittelbar als Meßergebnis mit dem Wirkdruckmeßgerät mit vorgeschalteter Düse oder Blende gewonnen wird. Durch die Fassung des Abschnittes 2.2.2 wird deutlich gemacht, daß die Benennung Druckdifferenz vorgezogen wird.

Daß in Wortzusammenhängen mit Überdruck der Wortteil „-über-" wegfallen darf, wird durch die Forderung nach einer sprachlich einfachen Verständigung diktiert. Die Fassung des letzten Absatzes in Abschnitt 2.2.3 mag nicht sehr präzise klingen, dürfte aber ausreichen, Mißdeutungen zu vermeiden.

Der Bereich des Überdruckes mit negativen Werten deckt sich nach dem Wortlaut mit dem Vakuumbereich, wie er in der Norm DIN 28 400 Teil 1 festgelegt ist: „Vakuum im Sinne der Vakuumtechnik ist der Zustand eines Gases, dessen Druck geringer ist als der Atmosphärendruck." Im allgemeinen Sprachgebrauch der Technik trifft dies nicht zu, von Vakuum spricht man nur bei kleinen und sehr kleinen Drücken, kaum jemand wird einen absoluten Druck von z. B. 0,7 bar mit Vakuum bezeichnen. Der einschränkende Zusatz „im Sinne der Vakuumtechnik" trennt die Anwendungsbereiche beider Wörter ausreichend.

Die graphische Darstellung von Überdruck, absolutem Druck und Druckdifferenz bzw. Differenzdruck wurde von so vielen Einsprechern gewünscht, daß sie trotz der Einfachheit der Beziehungen der verschiedenen Druckgrößen zueinander aufgenommen wurde.

Die geltenden Druckeinheiten und die Umrechnungen nicht mehr anzuwendender Einheiten sollten nach mehrheitlicher Meinung auch in der vorliegenden Norm zu finden sein, obwohl sie bereits in DIN 1301 „Einheiten; Einheitennamen, Einheitenzeichen" enthalten sind.

Eine Begründung des Bar erschien angebracht, weil die Diskussionen über seine Weiterverwendung in der ISO bei den Anwendern der Norm Unsicherheit hervorgerufen haben. Der Weiterverwendung des Bar dürfte nichts im Wege stehen.

DK 514.112 : 001.4 : 531.74.081 August 1982

Winkel
Begriffe, Einheiten

DIN 1315

Angle; concepts, units

Ersatz für Ausgabe 03.74

1 Ebener Winkel

1.1 Definition der Größe

Der ebene Winkel kennzeichnet den Richtungsunterschied zweier von einem gemeinsamen Punkt (dem Scheitel) ausgehender Halbgeraden. Diese Größe wird als Verhältnis des von den Schenkeln 1 und 2 (siehe Bild 1) begrenzten Bogens eines Kreises, der um den Scheitel geschlagen ist, zum Radius dieses Kreises definiert.

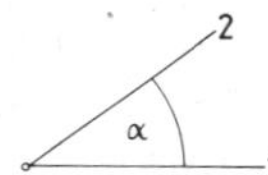

Bild 1.

Diese von der zugrundeliegenden geometrischen Figur her im Gegensatz zum Raumwinkel (siehe Abschnitt 2.1) ebener Winkel genannte Größe soll immer gemeint sein, wenn nur von Winkel die Rede ist.

Der Winkel ist positiv, wenn die Schenkel 1, 2 einander im positiven Drehsinn folgen, worunter in der Mathematik, Physik und Technik (mit Ausnahme von Astronomie und Geodäsie) der Drehsinn entgegen dem des Uhrzeigers zu verstehen ist (siehe DIN 1312, Ausgabe März 1972, Abschnitt 6).

In der Geometrie heißt auch die aus den Schenkeln gebildete Figur Winkel, z.B. spitzer Winkel, rechter Winkel, stumpfer Winkel.

Anmerkung 1: Die in Abschnitt 1.1 gegebene Definition der Größe Winkel stellt keineswegs die einzige Möglichkeit dar, den Richtungsunterschied quantitativ zu beschreiben. Statt des im Nenner stehenden Radius könnte auch jede ihm proportionale Bezugslänge, z.B. der volle Kreisumfang, gewählt werden.

Anmerkung 2: Die in Abschnitt 1.1 gegebene, in der Mathematik und Physik eingebürgerte Definition des Winkels hat den Vorzug, daß sein Differential $\mathrm{d}\alpha$ zugleich das Differential der relativen Änderung eines Vektors senkrecht zu dessen Richtung darstellt (siehe Bild 2). Dadurch werden alle Formeln, in denen das Differential auftritt, besonders einfach.

Beispiel:

$$\frac{\mathrm{d}(\sin\alpha)}{\mathrm{d}\alpha} = \cos\alpha \qquad (1)$$

Ebenso werden die Reihenentwicklungen von transzendenten Funktionen besonders einfach.

Beispiel:

$$\mathrm{e}^{\mathrm{i}\alpha} = \cos\alpha + \mathrm{i}\sin\alpha = 1 + \mathrm{i}\alpha - \frac{1}{2}\alpha^2 - \frac{\mathrm{i}}{6}\alpha^3 + \dots \qquad (2)$$

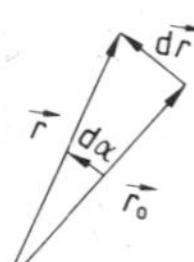

Bild 2.

Anmerkung 3: Der Winkel tritt in der Zeigerdarstellung von Sinusgrößen auch als der Imaginärteil des logarithmierten Verhältnisses zweier durch Zeiger dargestellter Größen auf:

$$b = \operatorname{Im}\left\{\ln\frac{\underline{U}_1}{\underline{U}_2}\right\} \qquad (3)$$

Es besteht deshalb eine enge Verwandtschaft zwischen dem Winkel und den in DIN 5493 behandelten Pegeln und Maßen. Die durch Gleichung (3) definierte Größe wird deshalb in Übereinstimmung mit DIN 5475 Teil 1, Ausgabe Dezember 1971, Gleichung (9), und DIN 40148 Teil 1 „Dämpfungswinkel" genannt.

1.2 Winkeleinheiten

1.2.1 Radiant

Der Winkel ergibt sich in der SI-Einheit, wenn die Bogenlänge und der Radius in der SI-Einheit Meter eingesetzt werden. Um zusätzlich darauf hinzuweisen, daß das vorliegende Längenverhältnis einen ebenen Winkel bedeutet, nennt man diese SI-Einheit Radiant (Einheitenzeichen: rad). Diese Winkeleinheit, und nur diese, darf in bestimmten Fällen durch die Zahl 1 ersetzt werden (siehe Abschnitt 1.3).

1.2.2 Vollwinkel und Vollwinkelteilungen

1.2.2.1 Vollwinkel

Ist die Bogenlänge gleich dem Kreisumfang, so ist der Winkel ein Vollwinkel:

$$1\,\text{Vollwinkel} = 2\pi\,\text{rad} \qquad (4)$$

Anmerkung: Ein Zeichen für den Vollwinkel ist international noch nicht festgelegt.

Fortsetzung Seite 2 und 3

Normenausschuß Einheiten und Formelgrößen (AEF) im DIN Deutsches Institut für Normung e.V.

1.2.2.2 Grad

Der Grad (bisher auch Altgrad genannt) ist der 360ste Teil des Vollwinkels. Einheitenzeichen: ° (hochgestellt).

Es gilt:

$$1° = \frac{1}{360}\ \text{Vollwinkel} = \frac{\pi}{180}\ \text{rad} \qquad (5)$$

1.2.2.3 Gon

Das Gon (bisher auch Neugrad genannt) ist der 400ste Teil des Vollwinkels. Einheitenzeichen: gon.

Es gilt:

$$1\ \text{gon} = \frac{1}{400}\ \text{Vollwinkel} = \frac{\pi}{200}\ \text{rad} \qquad (6)$$

1.2.2.4 Weitere Unterteilungen

Es werden unterteilt:

Der Grad sexagesimal in

die Minute, Einheitenzeichen: ′ (hochgestellt),

$$1' = \left(\frac{1}{60}\right)^{\circ},$$

und die Sekunde, Einheitenzeichen: ″ (hochgestellt),

$$1'' = \left(\frac{1}{60}\right)' = \left(\frac{1}{3600}\right)^{\circ};$$

das Gon dezimal z. B. in

das Zentigon $\left(1\ \text{cgon} = \frac{1}{100}\ \text{gon}\right)$,

und das Milligon $\left(1\ \text{mgon} = \frac{1}{10}\ \text{cgon} = \frac{1}{1000}\ \text{gon}\right)$,

siehe DIN 1301 Teil 1.

Anmerkung: Es ist zweckmäßig, in jeder Winkelangabe nur eine der genannten Einheiten zu benutzen, also zum Beispiel nicht $\alpha = 33°17'27{,}6''$ zu schreiben, sondern $\alpha = 33{,}291°$ oder $\alpha = 1997{,}46'$ oder $\alpha = 119\,847{,}6''$. Hiermit erspart man umständliche Zwischenrechnungen, besonders in der Multiplikation und der Division.

1.2.3 Umrechnungstabelle

Der Erleichterung des rechnerischen Überganges von einer Winkelteilung in die anderen dient eine Reihe von Rechentafeln. Als Schlüsseltabelle wird hier eine Zusammenstellung der wichtigsten Beziehungen gegeben *):

$$1\ \text{Vollwinkel} = 6{,}283\,18\ldots\ \text{rad} = 36\mathbf{0}° = 40\mathbf{0}\ \text{gon}$$

$$1\ \text{gon} = 15{,}707\,96\ldots \cdot 10^{-3}\ \text{rad} = 0{,}\mathbf{9}°$$

$$1° = 17{,}453\,29\ldots \cdot 10^{-3}\ \text{rad} = 1{,}\overline{1}\ \text{gon}$$

$$1' = 290{,}888\,2\ldots \cdot 10^{-6}\ \text{rad} = 0{,}01\overline{6}° = 18{,}\overline{518}\ \text{mgon}$$

$$1'' = 4{,}848\,13\ldots \cdot 10^{-6}\ \text{rad} = 0{,}000\,2\overline{7}° = 0{,}\overline{308\,641}\ldots\ \text{mgon}$$

$$1\ \text{rad} = 0{,}159\,1549\ldots\ \text{Vollwinkel} = 63{,}661\,9\ldots\ \text{gon} = 57{,}295\,7\ldots° = 3\,437{,}74\ldots' = 206\,264{,}8\ldots''$$

1.3 Anwendung der Einheiten des ebenen Winkels

1.3.1 Angabe der speziellen Einheit

Bei der Angabe spezieller Winkelwerte wird die benutzte Einheit angegeben.

Wenn ausnahmsweise ein Winkel nur durch eine Zahl, insbesondere durch Vielfache und Teile von π, angegeben wird, gilt als vereinbart, daß er in Radiant angegeben wurde.

*) Überstreichung kennzeichnet Periode, Fettdruck genaue Zahl (siehe DIN 1333 Teil 1)

Die Einheit Radiant soll nicht weggelassen werden, wenn bei einer Angabe nicht erkennbar bliebe, daß ein Winkel gemeint ist.

Beispiele:

$\alpha = 0{,}3$ rad, wenn α auch andere Bedeutung als Winkel haben kann.

Drehsteife D in N · m/rad (siehe DIN 1332).

1.3.2 Ersatz der Einheit Radiant durch die Zahl 1

Die Einheit Radiant wird üblicherweise durch die Zahl 1 ersetzt:

a) wenn kein Bedürfnis besteht, eine andere Winkeleinheit als rad zu benutzen,

b) wenn der Winkel als Argument einer transzendenten Funktion auftritt, z. B. beim Phasenwinkel φ in $\cos(\varphi_0 + \omega t)$, siehe DIN 1311 Teil 1,

c) in Gleichungen der Drehbewegungen des starren Körpers.

Andere Winkeleinheiten müssen hierbei zunächst in die SI-Einheit Radiant umgerechnet werden.

2 Räumlicher Winkel, Raumwinkel

2.1 Definition der Größe

Räumlicher Winkel, auch kurz Raumwinkel, wird das Verhältnis der Oberfläche der Kugelhaube, die ein Kegelmantel aus einer um den Scheitel gelegten Kugel ausschneidet, zum Quadrat des Radius dieser Kugel genannt.

Unter einem Raumwinkel wird in der Geometrie auch der aus einem Kegelmantel beliebiger Gestalt umschlossene Hohlraum oder die von ihm gebildete Figur verstanden.

Anmerkung: Für die Definition des Raumwinkels bieten sich viele Möglichkeiten an. Die Bezugsfläche im Nenner braucht nur dem Quadrat des Radius proportional zu sein, könnte also beispielsweise auch die Oberfläche der Vollkugel sein. Die in Abschnitt 2.1 gegebene Definition ist wie beim ebenen Winkel die für physikalische Gleichungen und mathematische Formeln einfachste.

2.2 Raumwinkeleinheit

Der Raumwinkel ergibt sich in der SI-Einheit, wenn die Oberfläche der Kugelhaube und das Quadrat des Kugelradius in der SI-Einheit Quadratmeter eingesetzt werden. Um darauf hinzuweisen, daß ein Raumwinkel gemeint ist, nennt man diese SI-Einheit Steradiant (Einheitenzeichen: sr).

Diese Raumwinkeleinheit, und nur diese, darf auch durch die Zahl 1 ersetzt werden.

Anmerkung: Als weitere Einheiten für den Raumwinkel wurden früher auch die Quadrate der Einheiten Grad und Gon des ebenen Winkels (siehe Abschnitt 1.2.2.2 und Abschnitt 1.2.2.3) unter den Namen Quadratgrad und Quadratgon benutzt.

2.3 Anwendung der Raumwinkeleinheit

Die SI-Einheit Steradiant soll nicht durch die Zahl 1 ersetzt werden, wenn in einem Fachgebiet zwischen Größen unterschieden werden muß, die auf den Raumwinkel bezogen sind, und solchen, die es nicht sind.

Beispiel:

In der Strahlungsphysik (siehe DIN 5031 Teil 1 und DIN 5496) unterscheidet man zwischen

Strahlungsfluß, Einheit Watt (W) und

Strahlstärke, Einheit Watt durch Steradiant (W/sr);

speziell in der Lichttechnik (siehe DIN 5031 Teil 3) zwischen

Lichtstrom, Einheit Lumen (lm),

Lichtstärke, Einheit Lumen durch Steradiant (lm/sr) gleich Candela (cd).

Zitierte Normen

DIN 1301 Teil 1	Einheiten; Einheitennamen, Einheitenzeichen
DIN 1311 Teil 1	Schwingungslehre; Kinematische Begriffe
DIN 1312	Geometrische Orientierung
DIN 1332	Akustik; Formelzeichen
DIN 1333 Teil 1	Zahlenangaben; Dezimalschreibweisen
DIN 5031 Teil 1	Strahlungsphysik im optischen Bereich und Lichttechnik; Größen, Formelzeichen und Einheiten der Strahlungsphysik
DIN 5031 Teil 3	Strahlungsphysik im optischen Bereich und Lichttechnik; Größen, Formelzeichen und Einheiten der Lichttechnik
DIN 5475 Teil 1	Komplexe Größen; Benennungen
DIN 5493	Logarithmierte Größenverhältnisse (Pegel, Maße)
DIN 5496	Temperaturstrahlung
DIN 40 148 Teil 1	Übertragungssysteme und Zweitore; Begriffe und Größen

Frühere Ausgaben

DIN 1315: 08.38, 08.59, 12.71, 03.74

Änderungen

Gegenüber der Ausgabe März 1974 wurden folgende Änderungen vorgenommen:

a) Abschnitt über den Vollwinkel neu gefaßt und das Einheitenzeichen pla gestrichen.

b) Der gesamte Text wurde redaktionell durchgesehen und, insbesondere die Zitate, berichtigt.

Internationale Patentklassifikation

G 01 B

Januar 1995

Grundlagen der Meßtechnik

Teil 1: Grundbegriffe

DIN 1319-1

ICS 17.020; 01.040.17

Deskriptoren: Meßtechnik, Metrologie, Grundbegriff, Begriffe, Terminologie

Fundamentals of metrology – Part 1: basic terminology

Ersatz für Ausgabe 1985-06, teilweise Ersatz für DIN 1319-2 : 1980-01 und teilweise Ersatz für DIN 1319-3 : 1983-08

Diese Norm wurde in Zusammenarbeit mit der VDI/VDE-Gesellschaft Meß- und Automatisierungstechnik (GMA) erstellt.

Inhalt

1 Anwendungsbereich

In dieser Norm sind allgemeine Grundbegriffe der Metrologie (Wissensbereich, der sich auf Messungen bezieht) definiert und beschrieben. Die in der Norm enthaltenen Begriffe gelten unabhängig von der zu messenden Größe für alle Bereiche der Meßtechnik. Spezielle und weitergehende Festlegungen bleiben den besonderen Normen oder Richtlinien für die unterschiedlichen Anwendungsbereiche vorbehalten.

Fortsetzung Seite 2 bis 35

Normenausschuß Einheiten und Formelgrößen (AEF) im DIN Deutsches Institut für Normung e.V.
Deutsche Elektrotechnische Kommission im DIN und VDE (DKE)
Normenausschuß Qualitätsmanagement, Statistik und Zertifizierungsgrundlagen (NQSZ) im DIN

2 Begriffe

Eine Klammer hinter einer Benennung verweist auf diejenige Nummer, unter welcher der Begriff in dieser Norm festgelegt ist.
Zu den aufgeführten englischen und französischen Benennungen siehe Erläuterungen.

Nr	Benennung	Definition und Anmerkungen	Bemerkungen
1.1	**Meßgröße** en: *Measurand* fr: *Mesurande*	Physikalische Größe, der die Messung (2.1) gilt. ANMERKUNG 1: Zum Begriff der physikalischen Größe, auch Größe genannt, siehe DIN 1313. ANMERKUNG 2: Spezielle Größe ist eine zu speziellen physikalischen Sachbezügen gehörende Größe. Spezielle Meßgröße ist eine spezielle Größe, der die Messung gilt. (Siehe dazu auch Bemerkung 1.) Sofern keine Mißverständnisse zu erwarten sind, dürfen die Benennungen "Größe" und "Meßgröße" sowohl kurz für "spezielle Größe" bzw. "spezielle Meßgröße", als auch im allgemeinen Sinne verwendet werden. Hiervon wird in dieser Norm Gebrauch gemacht. ANMERKUNG 3: Meßgröße kann sowohl die "gemessene Größe" als auch die "zu messende Größe" sein. ANMERKUNG 4: Der (Größen-) Wert einer speziellen Meßgröße wird durch das Produkt aus Zahlenwert und Einheit ausgedrückt. (Diese Begriffe siehe DIN 1313.) Einheiten, Einheitennamen, Einheitenzeichen siehe DIN 1301-1.	1 Zu ANMERKUNG 2 Spezielle Meßgrößen sind z. B. das Volumen eines vorliegenden Körpers, der elektrische Widerstand eines vorliegenden Kupferdrahtes bei einer gegebenen Temperatur, die mittlere Anzahl von Zerfällen in einer gegebenen Zeitspanne in einer vorliegenden radioaktiven Probe. Bei Verwendung der Benennung "Meßgröße" im allgemeinen Sinne wird unabhängig von Sachbezügen und dem bei der Messung vorliegenden Wert diejenige physikalische Größe genannt (z. B. Masse, Energie, thermodynamische Temperatur, Lichtstärke), die Ziel einer Messung war oder sein wird. 2 Die Meßgröße muß nicht unmittelbarer Gegenstand der Messung sein. Sie kann auch indirekt über bekannte physikalische oder festgelegte mathematische Beziehungen mit denjenigen Größen zusammenhängen, denen unmittelbare Messungen gelten. BEISPIELE: a) Die Meßgröße "elektrischer Widerstand" ist durch den Quotienten der beiden am selben physikalischen Meßobjekt (1.2) unmittelbar zu messenden Meßgrößen "elektrische Spannung" und "elektrische Stromstärke" gegeben. b) Die Meßgröße ist eine Größe, die sich aus dem mathematischen Ausdruck zur Bildung eines Mittels vieler Meßgrößen ergibt, denen am selben Meßobjekt (1.2) nach demselben Meßverfahren (2.4) Messungen gelten. Z. B.: Mittlerer Durchmesser eines vorliegenden zylinderförmigen Werkstücks oder mittlere Anzahl der Zerfälle in einer radioaktiven Probe während einer gegebenen Zeitspanne. Auch alle Meßgrößen in der Quantenphysik sind als mittlere Größen definiert. 3 Eine Meßgröße hängt im allgemeinen von mehreren physikalischen Größen ab; insbesondere kann sie zeit- oder ortsabhängig sein. 4 Die Komponenten von vektoriellen und tensoriellen (speziellen) Meßgrößen sind selbst spezielle (skalare) Meßgrößen.

(fortgesetzt)

fortgesetzt

Nr	Benennung	Definition und Anmerkungen	Bemerkungen
1.2	**Meßobjekt** en: *Measuring object* fr: *Objet de mesurage*	Träger der Meßgröße (1.1).	Meßobjekte können Körper, Vorgänge oder Zustände sein. BEISPIELE: a) Für die Meßgröße "Volumen eines vorliegenden Körpers" ist der Körper das Meßobjekt. b) Für die Meßgröße "Strahlungsleistung einer vorliegenden elektromagnetischen Strahlung" ist der Vorgang "Strahlung" das Meßobjekt. c) Für die Meßgröße "Flußdichte eines vorliegenden magnetischen Feldes" ist der Zustand "magnetisches Feld" das Meßobjekt.
1.3	**Wahrer Wert (einer Meßgröße)** en: *True value* fr: *Valeur vraie*	Wert der Meßgröße (1.1) als Ziel der Auswertung von Messungen (2.1) der Meßgröße.	1 Die Benennung "wahrer Wert" der Meßgröße für "Wert" der Meßgröße hat ihren Ursprung in der Anwendung statistischer Schätzmethoden bei der Auswertung von Messungen der Meßgröße. Solche Methoden ergeben einen Schätzwert, das Meßergebnis (3.4), für den Wert der Meßgröße. Der Schätzwert darf zwar als möglicher Wert der Meßgröße betrachtet werden, er kann aber vom gesuchten "wahren Wert" abweichen. 2 Nach Auswertung der Messungen ist der wahre Wert der Meßgröße in aller Regel nicht genau bekannt. Er ist ein ideeller Wert, der aus den vorliegenden Messungen geschätzt wird. Ausnahmen bilden definierte Werte von Meßgrößen (z. B. Winkel des Vollkreises, Lichtgeschwindigkeit im Vakuum) oder die ermittelbare endliche Anzahl von Elementen einer festgelegten Menge von Objekten. 3 Die Existenz eines eindeutigen Wertes und damit des wahren Wertes ist für diejenige Meßgröße sichergestellt, die unter den bei der Messung herrschenden Bedingungen tatsächlich vorliegt. Wird die Meßgröße in einer Meßaufgabe festgelegt, so kommt ihr ein eindeutiger Wert und damit ein wahrer Wert zu, sofern die Beschreibung der Meßgröße vollständig ist. Ist die Beschreibung unvollständig (z. B. elektrischer Widerstand eines vorliegenden Kupferdrahtes bei einer Temperatur zwischen 20 °C und 30 °C), so kann nicht vom Wert oder wahren Wert dieser Meßgröße gesprochen werden. In diesem Fall werden bei der Messung die in der Meßaufgabe unvollständig festgelegten Bedingungen erfüllt, und der wahre Wert der bei der Messung vorliegenden Meßgröße zum zu ermittelnden Wert der unvollständig definierten Meßgröße erklärt. 4 Sind systematische Meßabweichungen (3.5.2) ausgeschlossen und werden Meßwerte (3.2) unter Wiederholbedingungen (2.7) ermittelt, so ist der Erwartungswert (3.3) gleich dem wahren Wert der Meßgröße.

(fortgesetzt)

fortgesetzt

Nr	Benennung	Definition und Anmerkungen	Bemerkungen
1.4	**Richtiger Wert (einer Meßgröße)** en: *Conventional true value* fr: *Valeur conventionellement vraie*	Bekannter Wert für Vergleichszwecke, dessen Abweichung vom wahren Wert (1.3) für den Vergleichszweck als vernachlässigbar betrachtet wird. ANMERKUNG 1: Auch (konventionell) richtiger Wert. ANMERKUNG 2: Bei einer Maßverkörperung (4.5) wird der richtige Wert durch Kalibrierung (4.10) ermittelt. Er kann von dem durch vereinbarte Zeichen dargestellten Wert (aufgedruckter Wert) abweichen.	1 BEISPIEL: Für den Zweck des Kalibrierens (4.10) wird ein ermittelter Wert einer Meßgröße durch Vereinbarung als richtiger – den wahren Wert ersetzender – Wert festgelegt. 2 Ersetzt der richtige Wert den wahren Wert, so wird für den vorgesehenen Zweck die Differenz zwischen beiden Werten vernachlässigt. Daher wird der richtige Wert mit Meßgeräten (4.1) und Normalen (4.7) ermittelt, deren Meßabweichungen (5.10) nach Möglichkeit dem Betrage nach mindestens um eine Zehnerpotenz kleiner sein sollen als die für den vorgesehenen Zweck zugelassenen Meßabweichungsbeträge.
2	**Messungen**		
2.1	**Messung (Messen einer Meßgröße)** en: *Measurement* fr: *Mesurage*	Ausführen von geplanten Tätigkeiten zum quantitativen Vergleich der Meßgröße (1.1) mit einer Einheit. ANMERKUNG 1: Die Auswertung von Meßwerten (3.2) der Meßgröße bis zum angestrebten Ergebnis (siehe 3.4 und 3.10) ist Teil der Meßaufgabe und wird zur Messung der Meßgröße gerechnet. Dagegen gehört eine weitere Verwertung der Meßwerte und Meßergebnisse in einer anderen Meßaufgabe nicht zur Messung der Meßgröße. ANMERKUNG 2: Von der Benutzung des Wortes "Bestimmung" für "Messung" wird abgeraten, da es sowohl die Festlegung vorzugebender Werte als auch die Ermittlung festzustellender Werte bedeuten kann.	1 Die Tätigkeiten beim Messen sind überwiegend praktischer (experimenteller) Art, schließen jedoch theoretische Überlegungen und Berechnungen ein. 2 Eine Messung soll für einen vorgegebenen Zweck die Kenntnis über das quantitative Verhältnis der Meßgröße zur Einheit erweitern. Das Ziel der Messung muß nicht unbedingt ein der Meßgröße zugeordneter Wert sein. Je nach Planung kann die Messung beispielsweise auch die Feststellung darüber zum Ziel haben, ob der Wert der Meßgröße größer oder kleiner als ein Vielfaches der Einheit ist. Erst dann, wenn diese Feststellung dem Zweck dient, das Ergebnis mit einer Forderung zu vergleichen, handelt es sich um eine Prüfung (2.1.4). 3 Es ist für eine Messung nicht wesentlich, ob das Ergebnis unmittelbar nach der Messung zur Kenntnis genommen wird oder nicht. Die Ausführung kann so geplant sein, daß sie von einer technischen Einrichtung vorgenommen wird, die das Ergebnis entweder speichert oder anderweitig verwertet.
2.1.1	**Dynamische Messung** en: *Dynamic measurement* fr: *Mesurage dynamique*	Messung (2.1), wobei die Meßgröße (1.1) entweder zeitlich veränderlich ist, oder ihr Wert sich abhängig vom gewählten Meßprinzip (2.2) wesentlich aus zeitlichen Änderungen anderer Größen ergibt.	BEISPIELE: a) Messung des Momentanwertes einer zeitlich veränderlichen elektrischen Stromstärke. b) Bei einem Rauschprozeß die Ermittlung der Produkte aus den Momentanwerten von elektrischer Stromstärke und elektrischer Spannung als zeitlich veränderliche elektrische Leistung.

(fortgesetzt)

fortgesetzt

Nr	Benennung	Definition und Anmerkungen	Bemerkungen
2.1.1	**Dynamische Messung**		c) Ermittlung der (zeitlich konstanten) Masse eines Körpers durch Messen der Änderung seiner Geschwindigkeit bei Einwirkung einer bekannten Stoßkraft.
2.1.2	**Statische Messung** en: *Static measurement* fr: *Mesurage statique*	Messung (2.1), wobei eine zeitlich unveränderliche Meßgröße (1.1) nach einem Meßprinzip (2.2) gemessen wird, das nicht auf der zeitlichen Änderung anderer Größen beruht.	1 BEISPIEL: Siehe Beispiel e) in 2.2. 2 Bei einer statischen Messung müssen Einschwingvorgänge so weit abgeklungen sein, daß das dynamische Verhalten der verwendeten Meßeinrichtung (4.2) vernachlässigbar ist.
2.1.3	**Zählen** en: *Counting* fr: *Comptage*	Ermitteln des Wertes der Meßgröße (1.1) "Anzahl der Elemente einer Menge". ANMERKUNG: Eine als "Anzahl" festgelegte Meßgröße wird auch Zählgröße genannt (siehe dazu auch Bemerkung 5). Sie hat die Dimension 1 (siehe dazu DIN 1313). Jede andere Meßgröße gilt auch dann nicht als Zählgröße, wenn das zur Ermittlung eines Meßwertes (3.2) verwendete Meßverfahren (2.4) Zählen erfordert (siehe dazu auch Bemerkung 4).	1 BEISPIELE: Räumlich oder zeitlich voneinander unterscheidbare Körper wie Kugeln oder α-Teilchen; die Zähne eines Zahnrades; Ereignisse wie Umläufe, Schwingungen oder Kernzerfälle; Interferenzstreifen. 2 Unter einer Menge wird eine Zusammenfassung von in festgelegter Hinsicht gleichartigen und unterscheidbaren Elementen verstanden. In welcher Hinsicht zwei an einem zu untersuchenden Meßobjekt (1.2) unterscheidbare Elemente oder Ereignisse als gleichartig zu betrachten sind, wird vor dem Zählen festgelegt. 3 Gezählt werden kann durch Sinneswahrnehmung oder mittels Zähleinrichtungen (Zählwerken, Zählern). Dabei wird die Anzahl gleichartiger Elemente in einem vorgegebenen Raumbereich, während eines betrachteten Vorganges oder in einer vorgegebenen Zeitspanne ermittelt. 4 Zählen kann Teil eines Meßverfahrens (2.4) für eine andere Meßgröße sein (z. B. Zählen von Radumdrehungen für die zurückgelegte Wegstrecke eines Fahrzeugs), oder aber Zählen kann durch Messen einer anderen Größe ersetzt werden (z. B. durch Wägen einer Anzahl von Schrauben). 5 Zur ANMERKUNG Zählgrößen sind z. B. die Anzahl der Bohrungen in einer Flanschverbindung, die Windungsanzahl einer Spule oder die Anzahl von Kernzerfällen in einer betrachteten Zeitspanne. 6 Durch Digitalisierung von Meßsignalen (Anmerkung 2 zu 2.6) und Verwendung zählender Meßgeräte wird in der Meßtechnik zunehmend Zählen als besondere Art des Messens verwendet.

(fortgesetzt)

fortgesetzt

Nr	Benennung	Definition und Anmerkungen	Bemerkungen
2.1.4	**Prüfung** en: *Inspection* fr: *Contrôle*	Feststellen, inwieweit ein Prüfobjekt eine Forderung erfüllt. ANMERKUNG 1: Mit dem Prüfen ist immer der Vergleich mit einer Forderung verbunden, die festgelegt oder vereinbart sein kann. Wird durch eine Messung (2.1) ein Meßwert (3.2) ermittelt, so ist dies nur dann eine Prüfung, wenn dabei auch festgestellt wird, inwieweit (oder ob) der Meßwert eine Forderung erfüllt. Die z. B. in der Werkstofftechnik verbreitete Verwendung des Wortes "Prüfung" anstelle von "Messung" wird nicht empfohlen. ANMERKUNG 2: Prüfobjekt kann ein Probekörper, eine Probe oder auch ein *Meßgerät* (siehe 5.13) sein. ANMERKUNG 3: In der Europäischen Norm DIN EN 45001:1990-05 und anderen Normen der Reihe DIN EN 45000 wird "Prüfung" im Sinne lediglich einer Untersuchung verwendet, während in dieser Norm, übereinstimmend mit internationalen Normen neuester Ausgaben (z. B. E DIN ISO 8402) und dem allgemeinen Sprachgebrauch, der Begriff Prüfung Untersuchung und Vergleich mit einer Forderung umfaßt. (Siehe dazu auch "Erläuterungen".)	1 Eine Prüfung erfolgt häufig mit einem Meßgerät (4.1), einer Meßeinrichtung (4.2) oder einem Normal (4.7), um festzustellen, inwieweit die gemessene Größe (das geprüfte Merkmal des Prüfobjektes) eine Forderung erfüllt. 2 Vielfach wird für Entscheidungszwecke das quantitative Prüfergebnis "inwieweit" in ein qualitatives Prüfergebnis "ob" oder "ob nicht" umgewandelt (auch: "Umwandlung in ein alternatives Prüfergebnis"; siehe DIN 55350-12).
2.1.5	**Klassierung** en: *Grouping* fr: *Classement*	Zuordnen der Elemente einer Menge zu festgelegten Klassen von Merkmalswerten. ANMERKUNG 1: Zur Menge siehe Bemerkung 2 zu 2.1.3. ANMERKUNG 2: Die Klassen bestehen aus vorgegebenen oder vereinbarten Wertebereichen für die an den Elementen zu messenden Meßgrößen (1.1). Auch die Ermittlung von Häufigkeiten in den Klassen kann zur Klassierung gerechnet werden. ANMERKUNG 3: Von der Klassierung ist die Klassenbildung (en.: *classification*) zu unterscheiden, unter der man die Aufteilung des Wertebereiches eines Merkmals in Teilbereiche versteht, die einander ausschließen und den Wertebereich vollständig ausfüllen.	BEISPIELE: a) Zuordnen der Teilchen eines Teilchenstrahls zu festgelegten Klassen für die Werte der Energie oder des Spins der Teilchen oder zu Klassen für die Werte beider Merkmale gemeinsam. b) Zuordnen von Signalwerten eines zufällig veränderlichen Meßsignals (2.6) innerhalb einer Zeitspanne zu einer Klasse oberhalb eines festgelegten Signalwertes und zu einer Klasse unterhalb dieses Wertes. Ermitteln der Häufigkeit des Überschreitens in einer gegebenen Zeitspanne.

(fortgesetzt)

fortgesetzt

Nr	Benennung	Definition und Anmerkungen	Bemerkungen
2.2	**Meßprinzip** en: *Principle of measurement* fr: *Principe de mesurage*	Physikalische Grundlage der Messung (2.1).	1 BEISPIELE: a) Die Interferenz des Lichts als Grundlage einer Längenmessung. b) Die Erwärmung eines Leiters durch den elektrischen Strom als Grundlage einer Messung der elektrischen Stromstärke. c) Der thermoelektrische Effekt als Grundlage einer Temperaturmessung. d) Der Dopplereffekt als Grundlage einer Geschwindigkeitsmessung. e) Die Proportionalität von Masse und Gewichtskraft als Grundlage einer Massemessung. 2 Das Meßprinzip erlaubt es, anstelle der Meßgröße eine andere Größe zu messen, um aus ihrem Wert eindeutig den der Meßgröße zu ermitteln. Es beruht auf einer immer wieder herstellbaren physikalischen Erscheinung (Phänomen, Effekt) mit bekannter Gesetzmäßigkeit zwischen der Meßgröße und der anderen Größe.
2.3	**Meßmethode** en: *Method of measurement* fr: *Méthode de mesure*	Spezielle, vom Meßprinzip (2.2) unabhängige Art des Vorgehens bei der Messung (2.1).	BEISPIELE: Vergleichs-Meßmethode; Substitutions-Meßmethode; Vertauschungs-Meßmethode; Differenz-Meßmethode; Kompensations-Meßmethode; Nullabgleich-Meßmethode; Ausschlag-Meßmethode; integrierende Meßmethode; analoge Meßmethode; digitale Meßmethode; direkte Meßmethode; indirekte Meßmethode.
2.4	**Meßverfahren** en: *Measurement procedure* fr: *Mode opératoire (de mesure)*	Praktische Anwendung eines Meßprinzips (2.2) und einer Meßmethode (2.3). ANMERKUNG: Meßverfahren werden mitunter nach dem Meßprinzip eingeteilt und benannt, auf dem sie beruhen (z. B. interferenzielle Längenmessung).	BEISPIELE: a) Thermoelektrische Temperaturmessung mit Drehspulmeßgerät nach der Ausschlag-Meßmethode. b) Masseermittlung mit einer Waage und Gewichtstücken nach der Substitutions-Meßmethode.
2.5	**Einflußgröße** en: *Influence quantity* fr: *Grandeur d'influence*	Größe, die nicht Gegenstand der Messung (2.1) ist, jedoch die Meßgröße (1.1) oder die Ausgabe (3.1) beeinflußt. ANMERKUNG: Bei der Messung vorkommende Abweichungen der Werte der Einflußgrößen von ihren vorgesehenen oder vorgegebenen Werten (siehe auch Anmerkung 2 zu 5.13) sollen bei oder nach der Messung im Ergebnis geeignet berücksichtigt werden (siehe dazu auch Bemerkung 3 zu 3.5.2).	BEISPIEL: Umgebungstemperatur, Feuchte, Luftdruck, mechanischer Kraftstoß, elektromagnetische Feldstärke bei der Messung einer Masse.

(fortgesetzt)

fortgesetzt

Nr	Benennung	Definition und Anmerkungen	Bemerkungen
2.6	**Meßsignal** en: *Measurement signal* fr: *Signal de mesure*	Größe in einem Meßgerät (4.1) oder einer Meßeinrichtung (4.2), die der Meßgröße (1.1) eindeutig zugeordnet ist. ANMERKUNG 1: Die Parameter des Meßsignals werden Signalparameter und ihre Werte Signalwerte genannt. ANMERKUNG 2: Bei einem digitalen Meßsignal kann im allgemeinen nur auf diskrete Werte der Meßgröße geschlossen werden.	1 BEISPIEL: Meßgröße: Frequenz einer akustischen Schwingung. Meßsignal: Elektrische Wechselspannung. 2 Das Meßsignal ist in der Regel zeitlich veränderlich und wird häufig durch einen physikalischen Vorgang übertragen (z. B. elektromagnetische Welle; elektrischer Strom in Leitern). 3 Siehe auch Bild A.2 und Bild A.3.
2.7	**Wiederholbedingungen** en: *Repeatability conditions*	Bedingungen, unter denen wiederholt einzelne Meßwerte (3.2) für dieselbe spezielle Meßgröße (1.1) unabhängig voneinander so gewonnen werden, daß die systematische Meßabweichung (3.5.2) für jeden Meßwert die gleiche bleibt. ANMERKUNG 1: Es müssen wenigstens die folgenden Bedingungen erfüllt sein: – Derselbe Beobachter, – dasselbe Meßverfahren (2.4), – dieselbe Meßeinrichtung (4.2), – dieselben speziellen Einflußgrößen (2.5). ANMERKUNG 2: Mitunter wird durch die Messung (2.1) das Meßobjekt (1.2) nachhaltig verändert oder zerstört. In diesem Fall werden mehrere möglichst gleichartige Meßobjekte in der Weise nacheinander gemessen, daß Wiederholbedingungen näherungsweise erfüllt sind.	1 Bei wiederholter Messung derselben Meßgröße bleiben beherrschbare Bedingungen ungeändert. Wiederholbedingungen stellen einen Idealfall dar: Es bleiben alle diejenigen Bedingungen ungeändert, deren Änderung als Ursache für die Änderung systematischer Meßabweichungen in Frage kommen. Die systematische Meßabweichung von unter Wiederholbedingungen ermittelten Meßwerten ist nicht erkennbar. 2 Unter Wiederholbedingungen ermittelte Meßwerte streuen zufällig um ihren (unbekannten) Erwartungswert (3.3), der sich um die bei Wiederholbedingungen für jeden Meßwert gleiche systematische Meßabweichung vom wahren Wert (1.3) der Meßgröße unterscheidet. (Siehe dazu auch Bemerkung 4 zu 1.3 und Bild A.1.) Lassen sich Wiederholbedingungen über eine ausreichende Anzahl der Messungen aufrechterhalten, sind statistische Aussagen über zufällige Meßabweichungen (3.5.1) möglich. 3 Siehe auch DIN 55350-13.
2.8	**Erweiterte Vergleichbedingungen** en: *Reproducibility conditions*	Bedingungen, unter denen eine Gesamtheit unabhängiger Meßergebnisse (3.4) für dieselbe spezielle Meßgröße (1.1) so gewonnen wird, daß durch Vergleich Unterschiede der systematischen Meßabweichungen (3.5.2) erkennbar werden. ANMERKUNG 1: Ein spezieller Fall der erweiterten Vergleichbedingungen sind Vergleichbedingungen nach DIN 55350-13: Bei der Gewinnung voneinander unabhängiger Meßergebnisse geltende Bedingungen, bestehend in der Anwendung des festgelegten Meßverfahrens am identischen Objekt durch verschiedene Beobachter mit verschiedenen Meßeinrichtungen an verschiedenen Orten.	1 In der Praxis sind erweiterte Vergleichbedingungen Gegenstand von Vereinbarungen. 2 Einzelne der zu vergleichenden Meßergebnisse werden in der Regel unter Wiederholbedingungen (2.7) gewonnen. Bei einer Vergleichmessung (Anmerkung 3) ist die Anzahl der Messungen unter Wiederholbedingungen in einem teilnehmenden Laboratorium meist festgelegt.

(fortgesetzt)

fortgesetzt

Nr	Benennung	Definition und Anmerkungen	Bemerkungen
2.8	**Erweiterte Vergleichsbedingungen**	ANMERKUNG 2: Mitunter kann an unterschiedlichen Meßorten nicht dasselbe Meßobjekt (1.2) zur Verfügung gestellt werden. In diesem Fall ist zur Erzielung mehrerer Meßergebnisse unter erweiterten Vergleichbedingungen eine Menge möglichst gleichartiger Meßobjekte bereitzustellen. ANMERKUNG 3: Als Vergleichmessung wird die unter vereinbarten erweiterten Vergleichbedingungen in mehreren Laboratorien ausgeführte Ermittlung und der anschließende Vergleich von Meßergebnissen für dieselbe Meßgröße bezeichnet. Ringvergleich – auch Ringversuch – und Sternvergleich sind besondere Fälle einer Vergleichmessung.	
3	**Ergebnisse von Messungen**		
3.1	**Ausgabe** en: *Output*	Durch ein Meßgerät (4.1) oder eine Meßeinrichtung (4.2) bereitgestellte und in einer vorgesehenen Form ausgegebene Information über den Wert einer Meßgröße (1.1). ANMERKUNG: Direkte Ausgabe, Anzeige: Unmittelbar optisch oder akustisch erfaßbare Ausgabe. Indirekte Ausgabe: Ausgabe ohne Anzeige. (Siehe auch Bemerkung 2.)	1 Im Sinne dieser Definition ist die Ausgabe kein Vorgang. 2 Zur ANMERKUNG Direkte Ausgabe ist z.B. die Ausgabe als ablesbarer Skalenteil bei Skalenanzeige, als Lichtsignal, als Zeitzeichen im Rundfunk oder als Meßwert (3.2) über Schreiber oder Drucker vermittelt. Indirekte Ausgabe ist z.B. die Ausgabe als unmittelbar innerhalb einer Meßeinrichtung (4.2) weiterzuverarbeitendes Meßsignal (2.6) oder als Darstellung des Meßwertes auf Datenträgern. 3 Der Definitionsbestandteil "Information über den Wert der Meßgröße" drückt aus, daß zwischen der Ausgabe und dem Wert der Meßgröße ein Zusammenhang besteht. Die Ausgabe enthält jedoch nicht ausschließlich die Information über den Wert der Meßgröße. Dies gilt in gleicher Weise auch für den Meßwert (3.2), der der vorliegenden Ausgabe entspricht oder gleich der Ausgabe ist (siehe Bemerkung 1 zu 3.2).
3.2	**Meßwert** en: *Measured value* fr: *Valeur de mesurage*	Wert, der zur Meßgröße (1.1) gehört und der Ausgabe (3.1) eines Meßgerätes (4.1) oder einer Meßeinrichtung (4.2) eindeutig zugeordnet ist. ANMERKUNG 1: Der Meßwert x setzt sich zusammen aus: x_w: Wahrer Wert. e_r: Zufällige Meßabweichung (3.5.1) (hier: des Einzelmeßwertes). Sie ist nicht genau bekannt. e_s: Systematische Meßabweichung (3.5.2) (hier: des Einzelmeßwertes). Sie ist im allgemeinen nicht vollständig bekannt. Fortsetzung	1 Der Meßwert kann gleich der Ausgabe sein. Anderenfalls muß der Meßwert der interessierenden Meßgröße aus der Ausgabe ermittelt werden (z.B. durch Multiplizieren mit einer Gerätekonstanten, durch Zuordnen des Meßwertes zu Skalenteilen oder durch Berechnen nach bekannten Beziehungen, falls die Ausgabe zu einer anderen Meßgröße als der interessierenden gehört). 2 Der Meßwert kann gespeichert vorliegen. Er muß nicht unmittelbar zur Kenntnis genommen werden.

(fortgesetzt)

fortgesetzt

Nr	Benennung	Definition und Anmerkungen	Bemerkungen
3.2	**Meßwert**	$x = x_w + e_r + e_s$ $e_s = e_{s,b} + e_{s,u}$ wobei: $e_{s,b}$: Bekannte (auch: erfaßbare) systematische Meßabweichung (als bekannt betrachteter – geschätzter – Anteil in e_s). $e_{s,u}$: Unbekannte (auch: nicht erfaßbare) systematische Meßabweichung (unbekannt bleibender Anteil in e_s). ANMERKUNG 2: Die Differenz $x - e_{s,b}$ wird auch berichtigter Meßwert x_E genannt (siehe auch 3.4.2). ANMERKUNG 3: Bei einer Maßverkörperung (4.5) entspricht der Meßwert dem durch Kalibrierung (4.10) festgelegten richtigen Wert (1.4). Dieser kann vom aufgedruckten Wert abweichen (siehe Anmerkung 2 zu 1.4).	
3.3	**Erwartungswert** en: *Expectation (value)* fr: *Espérance*	Wert, der zur Meßgröße (1.1) gehört und dem sich das arithmetische Mittel (siehe Anmerkung 2 zu 3.4) der Meßwerte (3.2) der Meßgröße mit steigender Anzahl der Meßwerte nähert, die aus Einzelmessungen (2.1) unter denselben Bedingungen gewonnen werden können. ANMERKUNG: Siehe auch DIN 55350-21 und DIN 13303-1.	1 Die Wahrscheinlichkeit des Abweichens des arithmetischen Mittels der Meßwerte vom Erwartungswert wird Null, wenn die Anzahl der Einzelmessungen über alle Grenzen wächst. Der Erwartungswert (üblicherweise mit dem Formelzeichen μ) ist – wie auch der wahre Wert (1.3) – ein ideeller Wert, da nur endlich viele Meßwerte ermittelt werden. 2 Das arithmetische Mittel endlich vieler Meßwerte ist ein Schätzwert für den Erwartungswert (siehe 3.4.1). 3 Die Bedingungen bei der Ermittlung des arithmetischen Mittels endlich vieler Meßwerte können insbesondere Wiederholbedingungen (2.7) sein (siehe DIN 55350-13). 4 Der Erwartungswert μ stimmt mit dem wahren Wert (1.3) x_w der Meßgröße nicht überein, wenn systematische Meßabweichungen (3.5.2) vorliegen. Es gilt: $\mu = x_w + e_s$ (siehe Anmerkung 1 zu 3.2 und Bild A.1).
3.4	**Meßergebnis** en: *Result of measurement* fr: *Résultat d'un mesurage*	Aus Messungen (2.1) gewonnener Schätzwert für den wahren Wert einer Meßgröße (1.3). ANMERKUNG 1: Das Schätzen des wahren Wertes erfolgt meist durch die Anwendung statistischer Schätzmethoden.	1 Grundlage für das Schätzen des wahren Wertes sind Meßwerte (3.2) und bekannte systematische Meßabweichungen (Anmerkung 1 zu 3.2), auch bekannte physikalische Beziehungen und sonstige Kenntnisse und Erfahrungen. 2 Bereits ein einzelner berichtigter Meßwert (Anmerkung 2 zu 3.2) kann das Meßergebnis sein.

(fortgesetzt)

fortgesetzt

Nr	Benennung	Definition und Anmerkungen	Bemerkungen
3.4	**Meßergebnis**	ANMERKUNG 2: Liegen n unter Wiederholbedingungen (2.7) gewonnene Meßwerte x_i ($i = 1,\ldots,n$) vor und wird mit diesen Meßwerten das arithmetische Mittel (auch: der arithmetische Mittelwert) $$\bar{x} = \frac{1}{n} \sum_{i=1}^{n} x_i$$ gebildet (siehe z.B. DIN 55350-23), so ist dieses Mittel das unberichtigte Meßergebnis (3.4.1). Das Meßergebnis ist $$\bar{x}_E = \bar{x} - e_{s,b}$$ ($e_{s,b}$: Siehe Anmerkung 1 zu 3.2.) ANMERKUNG 3: Wird der wahre Wert nicht durch das arithmetische Mittel berichtigter Meßwerte (Anmerkung 2 zu 3.2) geschätzt, sondern z.B. durch deren Median, so ist dies anzugeben. Ebenso sind zur Erzielung des Meßergebnisses verwendete spezielle Auswerteverfahren anzugeben (z.B.: Ausgleichsrechnung nach der Methode der kleinsten Quadrate). ANMERKUNG 4: Vollständiges Meßergebnis siehe 3.10.	
3.4.1	**Unberichtigtes Meßergebnis** en: *Uncorrected result* fr: *Résultat brut*	Aus Messungen (2.1) gewonnener Schätzwert für den Erwartungswert (3.3).	1 Bereits ein einzelner Meßwert (3.2) kann das unberichtigte Meßergebnis sein. 2 Siehe Bemerkung 2 zu 3.3.
3.4.2	**Berichtigen** en: *Correcting* fr: *Corriger*	Beseitigen der im unberichtigten Meßergebnis (3.4.1) enthaltenen bekannten systematischen Meßabweichung (siehe Anmerkung 1 zu 3.2). ANMERKUNG: Berichtigen erfolgt meist durch Addieren der Korrektion (3.4.3) oder auch durch Multiplizieren mit dem Korrektionsfaktor.	Berichtigen des unberichtigten Meßergebnisses ergibt das Meßergebnis (3.4). Berichtigen des Meßwertes ergibt den berichtigten Meßwert (Anmerkung 2 zu 3.2). Siehe auch Bild A.1.
3.4.3	**Korrektion** en: *Correction* fr: *Correction*	Wert, der nach algebraischer Addition zum unberichtigten Meßergebnis (3.4.1) oder zum Meßwert (3.2) die bekannte systematische Meßabweichung (siehe Anmerkung 1 zu 3.2) ausgleicht. ANMERKUNG: Die Korrektion hat den gleichen Betrag wie die bekannte systematische Meßabweichung, jedoch das entgegengesetzte Vorzeichen. Nach Anmerkung 1 zu 3.2 ist die Korrektion also $- e_{s,b}$.	1 Abhängig von den Bedingungen bei der Messung (2.1) können zu unterschiedlichen Meßwerten derselben oder einer sich ändernden Meßgröße (1.1) unterschiedliche Korrektionen gehören (z.B. beim Kalibrieren (4.10)). 2 Siehe auch Bild A.1.

(fortgesetzt)

fortgesetzt

Nr	Benennung	Definition und Anmerkungen	Bemerkungen
3.5	**Meßabweichung** en: *(Absolute) Error of measurement* fr: *Erreur (absolue) de mesure*	Abweichung eines aus Messungen gewonnenen und der Meßgröße (1.1) zugeordneten Wertes vom wahren Wert (1.3). ANMERKUNG 1: Ist m der der Meßgröße zugeordnete Wert und x_w ihr wahrer Wert, so ist die Meßabweichung des zugeordneten Wertes $m - x_w$. ANMERKUNG 2: Der der Meßgröße zugeordnete Wert kann ein Meßwert (3.2), das unberichtigte Meßergebnis (3.4.1) oder das Meßergebnis (3.4) sein. Der Wert, dessen Meßabweichung betrachtet wird, ist anzugeben, z. B.: Meßabweichung des Meßergebnisses. ANMERKUNG 3: Zwischen der Meßabweichung und der in ihr enthaltenen Meßabweichung eines *Meßgerätes* (5.10) ist zu unterscheiden.	1 Die Meßabweichung des unberichtigten Meßergebnisses (3.4.1) setzt sich additiv aus der zufälligen Meßabweichung (3.5.1) und der systematischen Meßabweichung (3.5.2) zusammen. 2 Die Meßabweichung ist nicht genau bekannt, da der wahre Wert der Meßgröße nicht genau bekannt ist (siehe dazu auch 3.6). 3 Siehe auch Bild A.1.
3.5.1	**Zufällige Meßabweichung** en: *Random error* fr: *Erreur aléatoire*	Abweichung des unberichtigten Meßergebnisses (3.4.1) vom Erwartungswert (3.3).	1 Die zufällige Meßabweichung ist nicht genau bekannt, da der Erwartungswert nicht genau bekannt ist (siehe Bemerkung 1 zu 3.3). Das Ausgleichen der zufälligen Meßabweichung ist daher nicht möglich. 2 Der zufälligen Meßabweichung liegt die zufällige, nicht einseitig gerichtete Streuung der ermittelten Meßwerte (3.2) um den Erwartungswert zugrunde. 3 Als Ursache zufälliger Meßabweichungen kommen in der Regel vor: – nicht beherrschbare Einflüsse der Meßgeräte (4.1), – nicht beherrschbare Änderungen der Werte der Einflußgrößen (2.5), – nicht beherrschbare Änderungen des Wertes der Meßgröße (1.1), – nicht einseitig gerichtete Einflüsse des Beobachters (z. B. bei der Ablesung). Meist bestehen mehrere dieser Ursachen zufälliger Meßabweichungen. Bei konstanter Meßgröße und unter Wiederholbedingungen (2.7) wird die zufällige Meßabweichung – abgesehen von Beobachtereinflüssen – durch die nicht beherrschbaren Einflüsse der Meßgeräte hervorgerufen. 4 In Anmerkung 2 zu 3.4 ist das arithmetische Mittel der zufälligen Meßabweichungen der Meßwerte $\bar{e}_r = \bar{x}_E - x_w - e_{s,u} = \bar{x} - \mu$. Die zufällige Meßabweichung des einzelnen Meßwertes ist $e_r = x - \mu$. (Bedeutung der Formelzeichen siehe Anmerkung 1 zu 3.2 und Bemerkung 4 zu 3.3.) 5 Siehe auch Bild A.1.

(fortgesetzt)

fortgesetzt

Nr	Benennung	Definition und Anmerkungen	Bemerkungen
3.5.2	**Systematische Meßabweichung** en: *Systematic error* fr: *Erreur systématique*	Abweichung des Erwartungswertes (3.3) vom wahren Wert (1.3). ANMERKUNG: Werden einzelne Meßergebnisse (3.4) unter (vereinbarten) erweiterten Vergleichbedingungen (2.8) ermittelt, so sind Unterschiede zwischen ihren systematischen Meßabweichungen erkennbar. (Siehe dazu auch Bemerkung 1 zu 3.9.) Die systematische Meßabweichung von unter Wiederholbedingungen (2.7) ermittelten Meßwerten ist nicht erkennbar. (Siehe dazu auch Bemerkung 2.)	1 Die systematische Meßabweichung e_s eines Meßwertes (3.2) setzt sich additiv aus der bekannten systematischen Meßabweichung $e_{s,b}$ und der unbekannten systematischen Meßabweichung $e_{s,u}$ zusammen. Es gilt $e_s = \mu - x_W$ (siehe Anmerkung 1 zu 3.2 und Bemerkung 4 zu 3.3). 2 Für jeden Meßwert (3.2) einer unter Wiederholbedingungen (2.7) gewonnenen Meßreihe liegt dasselbe e_s, dasselbe $e_{s,b}$ und dasselbe (nicht erkennbare) $e_{s,u}$ vor (siehe Anmerkung 1 zu 3.2). 3 Als Ursache systematischer Meßabweichungen kommen in der Regel vor: – Unvollkommenheit der Meßgeräte (4.1), – Einflüsse wie Eigenerwärmung, Abnutzung oder Alterung des Meßgerätes oder des verwendeten Normals (4.7), – Abweichungen der tatsächlichen Werte der Einflußgrößen (2.5) von den vorausgesetzten, – Abweichungen des tatsächlich vorliegenden Meßobjekts (1.2) vom vorausgesetzten, – Rückwirkung (5.7) bei Erfassung der Meßgröße (1.1) durch das Meßgerät, – durch den Beobachter verursachte Abweichungen (z. B. unkorrektes Ablesen der Anzeige (Anmerkung zu 3.1)), – Verwendung einer zum Meßergebnis (3.4) führenden Beziehung zwischen mehreren Größen (1.1), die der tatsächlichen Verknüpfung dieser Größen nicht entspricht (z. B. bei Nichtberücksichtigung tatsächlich vorhandener Einflußgrößen). Meist bestehen mehrere dieser Ursachen systematischer Meßabweichungen. 4 Eine Unterscheidung zwischen unbekannten systematischen Meßabweichungen (Anmerkung 1 in 3.2) und zufälligen Meßabweichungen (3.5.1) ist nicht immer möglich. So werden z. B. bei der Auswertung von Vergleichmessungen (Anmerkung 3 zu 2.8) mit genügender Anzahl von Teilnehmern unbekannte systematische Meßabweichungen auch wie zufällige Meßabweichungen behandelt. 5 Siehe auch Bild A.1.

(fortgesetzt)

fortgesetzt

Nr	Benennung	Definition und Anmerkungen	Bemerkungen
3.6	**Meßunsicherheit** en: *Uncertainty of measurement* fr: *Incertitude de mesurage*	Kennwert, der aus Messungen (2.1) gewonnen wird und zusammen mit dem Meßergebnis (3.4) zur Kennzeichnung eines Wertebereiches für den wahren Wert der Meßgröße (1.3) dient. ANMERKUNG 1: Sofern Mißverständnisse nicht zu erwarten sind, darf die Meßunsicherheit auch kurz "Unsicherheit" genannt werden. ANMERKUNG 2: Die Meßunsicherheit ist positiv und wird ohne Vorzeichen angegeben. ANMERKUNG 3: Ist u die quantitativ ermittelte Meßunsicherheit und M das Meßergebnis, so hat der zu diesen Angaben gehörige Wertebereich für den wahren Wert die Untergrenze $M - u$ und die Obergrenze $M + u$. Es wird erwartet, daß dieser Wertebereich den wahren Wert enthält. (Siehe dazu auch Bemerkung 2.) ANMERKUNG 4: Die Meßunsicherheit ist ein quantitatives Maß für den nur qualitativ zu verwendenden Begriff der Genauigkeit (siehe auch DIN 55350-13), der allgemein die Annäherung des Meßergebnisses an den wahren Wert der Meßgröße bezeichnet. (Siehe dazu auch Bemerkung 2.) (Von zwei Messungen derselben Meßgröße ist diejenige genauer, der die kleinere Meßunsicherheit zukommt.) ANMERKUNG 5: Weder darf die Meßunsicherheit mit der Benennung "Genauigkeit" versehen werden, noch soll die Benennung "Präzision" anstelle von "Genauigkeit" verwendet werden. (Siehe dazu auch 3.8 und 3.9.) ANMERKUNG 6: Zur quantitativen Ermittlung der Meßunsicherheit siehe DIN 1319-4.	1 Die Meßunsicherheit wird auf der Grundlage von Meßwerten (3.2) und Kenntnissen über vorliegende systematische Meßabweichungen (3.5.2), aber auch von bekannten physikalischen Beziehungen gewonnen (siehe dazu auch DIN 1319-4). Die Meßunsicherheit ist von der halben Weite eines Vertrauensbereiches (symmetrischer Fall) zu unterscheiden (siehe dazu auch Bemerkung 5). 2 Zu ANMERKUNG 3 Die Angabe des aus Messungen gewonnenen Bereichs $[M - u; M + u]$ drückt aus, daß nach vorliegender Kenntnis jeder Wert dieses Bereichs als wahrer Wert in Betracht kommt. Daher kennzeichnet die Meßunsicherheit u quantitativ die Unsicherheit in der Kenntnis des wahren Wertes, wenn – wie meist in der Praxis – vermutet werden darf, daß der gesuchte wahre Wert x_w im angegebenen Bereich liegt, also angenommen werden kann, daß für den Betrag der Meßabweichung des Meßergebnisses $\|M - x_w\| \leq u$ gilt. 3 Oft enthält die Meßunsicherheit zwei Komponenten: Eine, die aufgrund statistischer Kenntnisse ermittelt wird, und eine weitere, die aus anderen Informationen und Annahmen abgeschätzt wird. Zu ihrer Ermittlung und Zusammenfassung siehe DIN 1319-4. 4 Zur Ermittlung der Meßunsicherheit im Falle mehrerer gemeinsam gemessener Meßgrößen siehe DIN 1319-4. 5 Sind bei n unabhängigen Messungen unter Wiederholbedingungen (2.7) die Meßwerte (3.2) normalverteilt (siehe z. B. DIN 13303-1) und ihre unbekannten systematischen Meßabweichungen (Anmerkung 1 zu 3.2) vernachlässigbar gegen die zufälligen (3.5.1), so wird nicht selten zu gewähltem Vertrauensniveau $(1-\alpha)$ (meist 95 %) ein Vertrauensbereich (Bemerkung 1) für den wahren Wert mit der unteren Vertrauensgrenze $M - u^*$ und der oberen Vertrauensgrenze $M + u^*$ angegeben. (Diese Begriffe siehe DIN 55350-24, auch DIN 13303-2.) M: Meßergebnis. Der Wert $u^* = t \cdot s_M = t \cdot s / \sqrt{n}$ (der Student-Faktor t hängt von $(1-\alpha)$ und n ab; s siehe Anmerkung 2 zu 3.8), der zusammen mit dem Meßergebnis M die Vertrauensgrenzen festlegt, ist zu unterscheiden von der Meßunsicherheit u, da dieselben Meßwerte bei unterschiedlichen Vertrauensniveaus zu unterschiedlichen Werten u^* führen, während u als Meßunsicherheit ungeändert bleibt. u^* (mit dem zugehörigen Vertrauensniveau) kann – wie die Meßunsicherheit u – als quantitatives Maß für die Genauigkeit (siehe Anmerkung 4) der Messung verwendet werden. (Siehe dazu auch 3.10.)

(fortgesetzt)

fortgesetzt

Nr	Benennung	Definition und Anmerkungen	Bemerkungen
3.7	**Relative Meßunsicherheit** en: *Relative uncertainty of measurement* fr: *Incertitude relative de mesurage*	Meßunsicherheit (3.6), bezogen auf den Betrag des Meßergebnisses (3.4). ANMERKUNG: Ist u die Meßunsicherheit und M ($\neq 0$) das Meßergebnis, so ist die relative Meßunsicherheit gleich $\frac{u}{\lvert M \rvert}$.	Durch die aus Meßunsicherheit u und Meßergebnis M (u und M in derselben Einheit) als Zahl berechnete relative Meßunsicherheit wird die Genauigkeit (Anmerkung 4 zu 3.6) der ausgeführten Messung meist deutlicher gekennzeichnet als durch die Angabe von u.
3.8	**Wiederhol-standardabweichung** en: *Repeatability standard deviation*	Standardabweichung von Meßwerten (3.2) unter Wiederholbedingungen (2.7). ANMERKUNG 1: Formelzeichen σ_r; Standardabweichung siehe z. B. DIN 55350-21. ANMERKUNG 2: Bei genügender Anzahl von Meßwerten x_i ($i = 1,\ldots,n$) kann die (empirische) Standardabweichung (siehe z. B. DIN 55350-23) $s = \sqrt{\frac{1}{n-1} \sum_{i=1}^{n} (x_i - \bar{x})^2}$ die Wiederholstandardabweichung σ_r ersetzen. Weitere Einzelheiten siehe DIN 55350-13. ANMERKUNG 3: Bei bekannter Wiederholstandardabweichung σ_r ist die Wiederholgrenze r (DIN 55350-13) (früher auch: Wiederholbarkeit) für zwei einzelne Meßwerte $r = 1{,}96 \cdot \sqrt{2} \cdot \sigma_r \approx 2{,}8 \cdot \sigma_r$. (Siehe dazu auch Bemerkung 2.) ANMERKUNG 4: Die Wiederholstandardabweichung ist ein Maß für die Wiederholpräzision (siehe DIN 55350-13, auch DIN ISO 5725). (Siehe dazu auch Bemerkung 3.)	1 Die Wiederholstandardabweichung ist unabhängig vom Auftreten systematischer Meßabweichungen (3.5.2). 2 Zu ANMERKUNG 3 und 4 Werden zwei Meßwerte unabhängig voneinander durch Messungen unter Wiederholbedingungen gewonnen, so wird erwartet, daß der Betrag ihrer Differenz in 95 % aller Fälle nicht größer als r ist, wenn beide Meßwerte einer zumindest angenäherten Normalverteilung entnommen sind. 3 Zu ANMERKUNG 4 Wiederholpräzision ist eine qualitative Bezeichnung für das Ausmaß der gegenseitigen Annäherung voneinander unabhängiger Meßwerte, die unter Wiederholbedingungen ermittelt werden. Je kleiner die Wiederholstandardabweichung, um so besser ist die gegenseitige Annäherung der Meßwerte, und um so "präziser" arbeitet das verwendete Meßverfahren (2.4) unter Wiederholbedingungen. Damit ist aber noch nichts über die Genauigkeit (Anmerkung 4 zu 3.6) gesagt, die zusätzlich von vorliegenden systematischen Meßabweichungen (3.5.2) abhängt.
3.9	**Vergleich-standardabweichung** en: *Reproducibility standard deviation*	Standardabweichung von Meßergebnissen (3.4) unter erweiterten Vergleichbedingungen (2.8). ANMERKUNG 1: Formelzeichen σ_R; Standardabweichung siehe z. B. DIN 55350-21. ANMERKUNG 2: Bei genügender Anzahl von Meßergebnissen kann die aus ihnen gebildete (empirische) Standardabweichung s (siehe Anmerkung 2 zu 3.8) die Vergleichstandardabweichung σ_R ersetzen. Weitere Einzelheiten siehe DIN 55350-13. Fortsetzung	1 Die Vergleichstandardabweichung wird durch die systematischen Meßabweichungen (3.5.2) der einzelnen Meßergebnisse beeinflußt. Fortsetzung

(fortgesetzt)

fortgestzt

Nr	Benennung	Definition und Anmerkungen	Bemerkungen
3.9	**Vergleich-standardabweichung**	ANMERKUNG 3: Bei bekannter Vergleichstandardabweichung σ_R ist die Vergleichgrenze R (DIN 55350-13) (früher auch: Vergleichbarkeit) für zwei einzelne Meßergebnisse $R = 1{,}96 \cdot \sqrt{2} \cdot \sigma_R \approx 2{,}8\ \sigma_R$. (Siehe dazu auch Bemerkung 2.) ANMERKUNG 4: Die Vergleichstandardabweichung ist ein Maß für die Vergleichpräzision (siehe DIN 55350-13, auch DIN ISO 5725). (Siehe dazu auch Bemerkung 3.)	2 Zu ANMERKUNG 3 Es gilt Entsprechendes wie in Bemerkung 2 zu 3.8. 3 Zu ANMERKUNG 4 Vergleichpräzision ist eine qualitative Bezeichnung für das Ausmaß der gegenseitigen Annäherung voneinander unabhängiger Meßergebnisse, die unter erweiterten Vergleichbedingungen ermittelt werden.
3.10	**Vollständiges Meßergebnis**	Meßergebnis (3.4) mit quantitativen Angaben zur Genauigkeit (Anmerkung 4 zu 3.6) der Messung (2.1). ANMERKUNG 1: Das vollständige Meßergebnis für eine Meßgröße (1.1) x kann wie folgt – hier eingerahmt – angegeben werden (M: Meßergebnis; u: Meßunsicherheit (3.6); beides anzugeben als Produkt von Zahlenwert und Einheit): A) $x = M \pm u$ (Siehe Bemerkungen 1 und 3.) BEISPIEL: $l = 1{,}13\,\text{cm} \pm 1{,}8\,\text{mm}$; oder: $l = (1{,}13 \pm 0{,}18)\,\text{cm}$. B) $x = M \cdot \left(1 \pm \frac{u}{\vert M \vert}\right)$ (Siehe Bemerkungen 1, 2 und 3.) BEISPIEL: $l = 1{,}13 \cdot (1 \pm 0{,}16)\,\text{cm}$. C) Vollständiges Meßergebnis für die Meßgröße x: $M \pm u$ oder: Vollständiges Meßergebnis für die Meßgröße x: $M \cdot \left(1 \pm \frac{u}{\vert M \vert}\right)$ (Siehe Bemerkungen 1, 2 und 4.)	1 Zu ANMERKUNG 1 Die anzugebenden Grenzen bedeuten, daß der wahre Wert (1.3) der Meßgröße zwischen ihnen erwartet wird oder jeder der von ihnen eingeschlossenen Werte als wahrer Wert in Frage kommt. 2 Zu ANMERKUNG 1, Schreibweisen B, C und D Die relative Meßunsicherheit (3.7) ist eine Zahl und wird aus den ermittelten Werten u und M (beide zur gleichen Einheit) berechnet. 3 Zu ANMERKUNG 1, Schreibweisen A und B Bei diesen Schreibweisen steht links des Gleichheitszeichens eine Meßgröße, rechts jedoch werden Grenzen für Werte der Meßgröße angegeben. Schreibweisen C in Anmerkung 1 vermeiden dies. 4 Zu ANMERKUNG 1, Schreibweisen C, E und F Der Textteil "für die Meßgröße x" ist Platzhalter für Benennung und Formelzeichen der Meßgröße (z.B.: Vollständiges Meßergebnis für den Druck p). Sofern keine Mißverständnisse zu erwarten sind, können Benennung oder Formelzeichen oder beide entfallen.

(fortgesetzt)

fortgesetzt

Nr	Benennung	Definition und Anmerkungen	Bemerkungen
3.10	**Vollständiges Meßergebnis**	D) Getrennte Angabe: $M; u$ oder: $M; \frac{u}{\|M\|}$ oder: $M\ (u)$ oder: $M \left(\frac{u}{\|M\|}\right)$ (Siehe Bemerkung 2.) Bei getrennter Angabe ist klarzustellen, ob neben M die Meßunsicherheit oder die relative Meßunsicherheit angegeben wird. E) Vollständiges Meßergebnis für die Meßgröße x: Vertrauensbereich für den wahren Wert von x zum Vertrauensniveau $(1-\alpha)$ ist $(M - u^*; M + u^*)$ (Siehe Bemerkungen 1 und 5.) BEISPIEL: Der 95%-Vertrauensbereich für l ist (1,198 m ; 1,202 m) bei Normalverteilung. F) Vollständiges Meßergebnis für die Meßgröße x: Vertrauensgrenzen für den wahren Wert von x zum Vertrauensniveau $(1-\alpha)$ sind $M \pm u^*$ oder: Vollständiges Meßergebnis für die Meßgröße x: Vertrauensgrenzen für den wahren Wert von x zum Vertrauensniveau $(1-\alpha)$ sind $M \cdot \left(1 \pm \frac{u^*}{\|M\|}\right)$ (Siehe Bemerkungen 1 und 5.) BEISPIEL: Die 68%-Vertrauensgrenzen für l sind 1,2 m ± 0,2 mm bei Normalverteilung. Fortsetzung	5 Zu ANMERKUNG 1, Schreibweisen E und F Bei diesen Schreibweisen kann "Vollständiges Meßergebnis für die Meßgröße x" entfallen. Anderenfalls siehe Bemerkung 4. Der Textteil "für den wahren Wert von x" kann entfallen, sofern keine Mißverständnisse zu erwarten sind. Bei Schreibweisen E und F werden Vertrauensbereich und Vertrauensgrenzen (siehe Bemerkung 5 zu 3.6) aus den ermittelten Werten M und u^* berechnet. u^* kennzeichnet die halbe Weite des Vertrauensbereiches zu festgelegtem Vertrauensniveau (siehe Bemerkung 5 zu 3.6). u^* ist von der Meßunsicherheit u zu unterscheiden (siehe Bemerkungen 1 und 5 zu 3.6). Es ist üblich, das Vertrauensniveau $(1-\alpha)$ in Prozent anzugeben, wobei meist $\alpha = 0{,}05$ (Vertrauensniveau: 95 %) benutzt wird. Zur Ermittlung von u^* wird neben dem festgelegten Vertrauensniveau eine vorausgesetzte Wahrscheinlichkeitsverteilung (siehe z. B. DIN 55350-21, auch DIN 13303-1) der Meßwerte verwendet (in der Meßtechnik häufig die Normalverteilung; siehe dazu auch Bemerkung 5 zu 3.6). Sie ist zusätzlich anzugeben. Vertrauensgrenzen können unsymmetrisch zu M liegen. In diesem Fall wird bei Schreibweise E der entsprechende Vertrauensbereich angegeben. Bei Schreibweise F werden obere und untere Vertrauensgrenze getrennt angegeben. Systematische Meßabweichungen (3.5.2) verhindern im allgemeinen die Angabe von Vertrauensgrenzen. Nach DIN 1319-4 können die Angaben in E und F nicht innerhalb anderer Auswertungsaufgaben verwendet werden. 6 In speziellen Fällen werden zusätzlich angegeben: – Anzahl der Meßwerte, – Ursachen und quantitative Abschätzungen von Beiträgen systematischer Meßabweichungen (3.5.2) zur Meßunsicherheit, – geschätzte Kovarianzen oder Korrelationskoeffizienten (siehe DIN 13303-1, DIN 55350-23, DIN 1319-4) im Falle mehrerer gemeinsam gemessener Meßgrößen.

(fortgesetzt)

fortgesetzt

Nr	Benennung	Definition und Anmerkungen	Bemerkungen
3.10	**Vollständiges Meßergebnis**	ANMERKUNG 2: Für die Zahlenwerte von M und u bzw. u^* sind die Runderegeln nach DIN 1333 anzuwenden. ANMERKUNG 3: Für ein vollständiges Meßergebnis werden nicht selten mehrere einzelne Meßergebnisse und die zugehörigen Meßunsicherheiten benötigt. Es ist klarzustellen, auf welche Weise sich das vollständige Meßergebnis aus ihnen ergibt (siehe dazu DIN 1319-4).	
4	**Meßgeräte**		
4.1	**Meßgerät** en: *Measuring instrument* fr: *Instrument de mesure; appareil de mesure (appareil mesureur)*	Gerät, das allein oder in Verbindung mit anderen Einrichtungen für die Messung (2.1) einer Meßgröße (1.1) vorgesehen ist. ANMERKUNG: Auch Maßverkörperungen (4.5) sind Meßgeräte.	1 Ein Gerät ist auch dann ein Meßgerät, wenn seine Ausgabe (3.1) übertragen, umgeformt, bearbeitet oder gespeichert wird und nicht zur direkten Aufnahme durch den Beobachter geeignet ist. BEISPIELE: Meßumformer, Strom- und Spannungswandler, Meßumsetzer, Meßverstärker. 2 Ein Meßgerät kann auch Meßobjekt (1.2) sein (z. B. bei seiner Kalibrierung (4.10)).
4.2	**Meßeinrichtung** en: *Measuring system* fr: *Système de mesure*	Gesamtheit aller Meßgeräte (4.1) und zusätzlicher Einrichtungen zur Erzielung eines Meßergebnisses (3.4). ANMERKUNG 1: Zusätzliche Einrichtungen sind Hilfsgeräte, die nicht unmittelbar zur Aufnahme, Umformung und Ausgabe (3.1) dienen (z. B. Einrichtung für Hilfsenergie, Ableselupe, Thermostat). ANMERKUNG 2: Die Benennung Meßanlage wird üblicherweise für fest installierte und umfangreiche Meßeinrichtungen verwendet (z. B. Kesselhausmeßanlage zur Erfassung aller hier anfallenden Meßgrößen).	1 BEISPIELE: a) Einrichtung zur Kalibrierung (4.10) von Meßgeräten. b) Einrichtung zur Messung der Resistivität von elektrotechnischen Werkstoffen. 2 Wesentliche Aufgaben der Meßeinrichtung sind die Aufnahme der Meßgröße (1.1), die Weiterleitung und Umformung eines Meßsignals (2.6) und die Bereitstellung des Meßwertes (3.2). Es gibt Meßeinrichtungen, die mehrere unterschiedliche Meßgrößen gemeinsam aufnehmen. 3 Im einfachsten Fall besteht eine Meßeinrichtung aus einem einzigen Meßgerät (4.1). 4 Siehe auch Bild A.2.
4.3	**Meßkette** en: *Measuring chain* fr: *Chaîne de mesure*	Folge von Elementen eines Meßgerätes (4.1) oder einer Meßeinrichtung (4.2), die den Weg des Meßsignals (2.6) von der Aufnahme der Meßgröße (1.1) bis zur Bereitstellung der Ausgabe (3.1) bildet.	1 BEISPIEL: Elektroakustische Meßkette, die aus Mikrofon, Pegelsteller, Filter, Verstärker und Spannungsmeßgerät besteht. 2 Die Meßkette dient der wirkungsmäßigen Darstellung eines Meßgerätes oder einer Meßeinrichtung. 3 Siehe auch Bild A.3.

(fortgesetzt)

fortgesetzt

Nr	Benennung	Definition und Anmerkungen	Bemerkungen
4.4	**(Meßgrößen-) Aufnehmer** en: *Sensor* fr: *Capteur*	Teil eines Meßgerätes (4.1) oder einer Meßeinrichtung (4.2), der auf eine Meßgröße (1.1) unmittelbar anspricht. ANMERKUNG 1: Der Aufnehmer ist das erste Element einer Meßkette (4.3). ANMERKUNG 2: Soll zwischen dem Aufnehmer als ganzem und demjenigen Teil des Aufnehmers, der unmittelbar auf die Meßgröße empfindlich ist, unterschieden werden, so wird dieser Teil als meßgrößenempfindliches Element des Aufnehmers bezeichnet. (Siehe dazu auch Bemerkung 2.) ANMERKUNG 3: Die Benennung "Fühler" wird nicht einheitlich verwendet und kann den Aufnehmer oder dessen meßgrößenempfindliches Element bezeichnen. Bei Verwendung der Benennung muß der Bezug klargestellt sein. ANMERKUNG 4: Bei Verwendung der Benennung "Sensor" für den Aufnehmer oder dessen meßgrößenempfindliches Element muß dieser Bezug klargestellt sein, da diese Benennung nicht einheitlich gebraucht wird. Die Verwendung von "Sensor" für die gesamte Meßkette (4.3), deren erstes Element der Aufnehmer ist, oder sogar für das Meßgerät, welches diese Meßkette enthält, ist nicht zu empfehlen.	1 BEISPIELE: a) Thermoelement eines thermoelektrischen Thermometers (Temperaturaufnehmer). b) Differenzdruckaufnehmer eines Durchflußmessers. c) Bourdonrohr eines Manometers (Druckaufnehmer). d) Schwimmer (meßgrößenempfindliches Element) eines Flüssigkeitsstand-Anzeigers. 2 Zu ANMERKUNG 2 BEISPIEL: Das Thermoelement als Aufnehmer besteht aus dem Thermopaar als meßgrößenempfindlichem Element des Aufnehmers und den Armaturen (Schutzrohr, Anschlußkopf usw.).
4.5	**Maßverkörperung** en: *Material measure* fr: *Mesure matérialisée*	Gerät, das einen oder mehrere feste Werte einer Größe darstellt oder liefert.	1 BEISPIELE: Gewichtstück, Volumenmaß (für einen oder mehrere Werte), Normal (4.7) für den elektrischen Widerstand, Parallelendmaß, Meterstab, Signalgenerator für Frequenz. 2 Die festen Werte werden in gleichbleibender Weise nur während einer begrenzten Zeitspanne und unter festgelegten Bedingungen geliefert. 3 Maßverkörperungen sind Meßgeräte (4.1), die z. B. weder eine Eingangsgröße (4.8) erfassen noch einen Beitrag zur zufälligen Meßabweichung (3.5.1) verursachen noch eine Ausgangsgröße (4.9) bereitstellen. 4 Siehe auch Anmerkung 2 zu 1.4.

(fortgesetzt)

fortgesetzt

Nr	Benennung	Definition und Anmerkungen	Bemerkungen
4.6	**Referenzmaterial** en: *Reference material* fr: *Matériau de référence*	Material oder Substanz mit Merkmalen, deren Werte für den Zweck der Kalibrierung (4.10), der Beurteilung eines Meßverfahrens (2.4) oder der quantitativen Ermittlung von Materialeigenschaften ausreichend festliegen. ANMERKUNG 1: Siehe auch DIN 32811. ANMERKUNG 2: Referenzmaterialien können Maßverkörperungen (4.5) sein (siehe Beispiel b). ANMERKUNG 3: Zwischen unterschiedlichen Proben eines Referenzmaterials (z. B. Kalibrierproben), die für die bestimmungsgemäße Verwendung hergestellt oder einem Vorrat entnommen werden, dürfen keine signifikanten Unterschiede in den verkörperten Merkmalswerten auftreten.	BEISPIELE: a) Wasser zur Realisierung der Temperatur 273,16 K (in einer Tripelpunktzelle). b) Opalglasscheibe, mattiert, zur Realisierung der Reflexionscharakteristik einer weißen Oberfläche. c) Gereinigter Quarzsand zur Realisierung des reinen Stoffes Siliciumdioxid. d) Milchpulver-Präparat zur Realisierung festgelegter Gehalte von Schwermetallen in Milch.
4.7	**Normal** en: *(Measurement) Standard; etalon* fr: *Étalon*	Meßgerät (4.1), Meßeinrichtung (4.2) oder Referenzmaterial (4.6), die den Zweck haben, eine Einheit oder einen oder mehrere bekannte Werte einer Größe darzustellen, zu bewahren oder zu reproduzieren, um diese an andere Meßgeräte durch Vergleich weiterzugeben. ANMERKUNG 1: Als Primärnormal wird allgemein ein Normal bezeichnet, das die höchsten metrologischen Forderungen auf einem speziellen Anwendungsgebiet erfüllt. Sekundärnormal ist ein Normal, das mit einem Primärnormal verglichen wird. (Siehe dazu auch Bemerkung 2.) ANMERKUNG 2: Bezugsnormal ist ein Normal von der höchsten örtlich verfügbaren Genauigkeit (Anmerkung 4 zu 3.6), von dem an diesem Ort vorgenommene Messungen (2.1) abgeleitet werden. (Siehe dazu auch Bemerkung 3.) Die früher vielfach übliche Benennung "Kontrollnormal" soll nicht verwendet werden. Gebrauchsnormal ist ein Normal, das unmittelbar oder über einen oder mehrere Schritte mit einem Bezugsnormal kalibriert (4.10) und routinemäßig benutzt wird, um Maßverkörperungen oder Meßgeräte zu kalibrieren oder zu prüfen (5.13). Die bei den Zwischenschritten verwendeten Normale können auch als Normale zweiter, dritter usw. Ordnung bezeichnet werden. ANMERKUNG 3: Internationales Normal ist ein Normal, das durch ein internationales Abkommen als Basis zur Festlegung des Wertes aller anderen Normale der betreffenden Größe anerkannt ist.	1 BEISPIELE: a) Massenormal 1 kg. b) Kalibriertes Parallelendmaß. c) Widerstandsnormal 100 Ω. d) Gesättigte Weston-Normalzelle. e) Cäsium-Atom-Frequenznormal. f) Zertifiziertes Kohlenstoffmonoxid-Prüfgas. 2 Zu ANMERKUNG 1 Das Primärnormal wird außer zum Vergleich mit Sekundär- oder Bezugsnormalen (Anmerkung 2) nicht unmittelbar für Messungen (2.1) benutzt. 3 Zu ANMERKUNG 2 Das Bezugsnormal wird außer bei Vergleichsmessungen mit anderen Normalen, in der Regel mit Gebrauchsnormalen, nicht unmittelbar für Messungen (2.1) benutzt.

(fortgesetzt)

fortgesetzt

Nr	Benennung	Definition und Anmerkungen	Bemerkungen
4.7	**Normal**	Nationales Normal ist ein Normal, das in einem Land als Basis zur Festlegung des Wertes aller anderen Normale der betreffenden Größe anerkannt ist. ANMERKUNG 4: Normalsatz ist ein Satz von Normalen mit speziell ausgesuchten Werten, die einzeln oder entsprechend kombiniert eine Folge von Werten einer Größe in einem festliegenden Bereich darstellen. (Siehe dazu auch Bemerkung 4.) ANMERKUNG 5: Die Kalibrierung (4.10) eines Meßgerätes durch Vergleich mit Normalen höherer Genauigkeit (Anmerkung 4 zu 3.6) oder mit entsprechend festgelegten physikalischen Fixpunkten wird vielfach auch Anschließen genannt. ANMERKUNG 6: Als Rückverfolgbarkeit (en: *traceability*) bezeichnet man die Eigenschaft eines Meßergebnisses (3.4), durch eine ununterbrochene Kette von dokumentierten Vergleichen auf geeignete Normale – im allgemeinen internationale oder nationale Normale (Anmerkung 3) – bezogen zu sein. Zur Erfüllung der Forderung an die Rückverfolgbarkeit auf dem Gebiet des Qualitätsmanagements von Meßgeräten und Normalen siehe DIN ISO 10012-1.	4 Zu ANMERKUNG 4 BEISPIELE: a) Ein Satz von Gewichtstücken. b) Ein Satz von Aräometern, die aneinandergrenzende Dichtebereiche abdecken. c) Ein Satz von Farbnormalen auf Farbkarten.
4.8	**Eingangsgröße eines Meßgerätes** en: *Input quantity* fr: *Grandeur d'entrée*	Größe, die von einem Meßgerät (4.1), einer Meßeinrichtung (4.2) oder einer Meßkette (4.3) am Eingang wirkungsmäßig erfaßt werden soll. ANMERKUNG 1: Kurz auch "Eingangsgröße", wenn der Bezug auf ein Meßgerät klargestellt ist. (Siehe dazu auch Bemerkung 4.) ANMERKUNG 2: Als Eingangsgröße kann je nach Zweckmäßigkeit festgelegt sein: A: Die am Eingang des Meßgerätes vorliegende Größe. B: Die vor der Erfassung durch das Meßgerät vorliegende Größe. Sind Mißverständnisse möglich, so ist anzugeben, in welchem Sinne – A oder B – die Eingangsgröße des betrachteten Meßgerätes festgelegt ist. (Siehe dazu auch Bemerkung 2.) ANMERKUNG 3: Ist die Eingangsgröße ein Meßsignal (2.6), so wird sie Eingangssignal genannt.	1 Häufig ist die Meßgröße (1.1) als Eingangsgröße eines Meßgerätes festgelegt. In einer aus mehreren Meßgeräten bestehenden Meßeinrichtung zur Messung (2.1) der Meßgröße ist jedoch die Meßgröße nicht für jedes der Meßgeräte die Eingangsgröße. 2 Zu ANMERKUNG 2 Bei der Messung einer elektrischen Spannung U gilt aufgrund von Rückwirkung des Spannungsmeßgerätes (5.7) $U_E < U$, wobei U_E die elektrische Spannung am Eingang des Meßgerätes ist. Es kann U_E (Fall A) oder U (Fall B) als Eingangsgröße des Meßgerätes festgelegt werden. In aller Regel werden Bedingungen für das Meßgerät und seine Anwendung so angegeben, daß Rückwirkung des Meßgerätes für den Zweck der Messung von U unberücksichtigt bleiben kann. Dann ist eine Unterscheidung zwischen Fall A und Fall B praktisch unerheblich, da U_E und U für den Zweck der Messung ausreichend übereinstimmen. 3 Eingangs- und Ausgangsgröße (4.9) müssen nicht von gleicher Dimension sein. 4 Zur Eingangsgröße (eines Systems) siehe DIN 19226-1.

(fortgesetzt)

fortgesetzt

Nr	Benennung	Definition und Anmerkungen	Bemerkungen
4.9	**Ausgangsgröße eines Meßgerätes** en: *Output quantity* fr: *Grandeur de sortie*	Größe, die am Ausgang eines Meßgerätes (4.1), einer Meßeinrichtung (4.2) oder einer Meßkette (4.3) als Antwort auf die erfaßte Eingangsgröße (4.8) vorliegt. ANMERKUNG 1: Wenn keine Mißverständnisse möglich sind, kurz auch "Ausgangsgröße". (Siehe dazu auch Bemerkung 2.) ANMERKUNG 2: Ist die Ausgangsgröße ein Meßsignal (2.6), so wird sie Ausgangssignal genannt.	1 Ausgangs- und Eingangsgröße (4.8) müssen nicht von gleicher Dimension sein. 2 Zur Ausgangsgröße (eines Systems) siehe DIN 19226-1.
4.10	**Kalibrierung** en: *Calibration* fr: *Étalonnage*	Ermitteln des Zusammenhangs zwischen Meßwert (3.2) oder Erwartungswert (3.3) der Ausgangsgröße (4.9) und dem zugehörigen wahren (1.3) oder richtigen Wert (1.4) der als Eingangsgröße (4.8) vorliegenden Meßgröße (1.1) für eine betrachtete Meßeinrichtung (4.2) bei vorgegebenen Bedingungen. ANMERKUNG 1: Bei der Kalibrierung einer Maßverkörperung (4.5) wird der Zusammenhang zwischen dem aufgedruckten Wert (siehe dazu auch Anmerkung 2 zu 1.4) und dem entsprechenden wahren oder richtigen Wert der Meßgröße ermittelt. ANMERKUNG 2: Bei der Kalibrierung im engeren Sinne wird der Zusammenhang zwischen den Meßwerten (oder auch einem arithmetischen Mittel (Anmerkung 2 zu 3.4) mehrerer unter Wiederholbedingungen (2.7) gewonnener Meßwerte) und dem vereinbarten richtigen Wert der Meßgröße ermittelt. Dieser Zusammenhang dient als Grundlage für die Erstellung einer Korrektionstabelle (3.4.3), die Ermittlung von Kalibrierfaktoren oder einer (empirischen) Kalibrierfunktion. Die Kalibrierfunktion kann als Schätzung der theoretischen Kalibrierfunktion betrachtet werden, die den funktionalen Zusammenhang zwischen dem zur Ausgangsgröße gehörenden Erwartungswert und dem wahren Wert der Meßgröße darstellt (siehe dazu auch DIN 55350-34.)	1 Bei der Kalibrierung erfolgt kein Eingriff, der das Meßgerät verändert. 2 Das Ergebnis einer Kalibrierung erlaubt auch das Ermitteln oder Schätzen von Meßabweichungen des Meßgerätes (5.10), der Meßeinrichtung oder der Maßverkörperung oder die Zuordnung von Werten zu Teilstrichen auf beliebigen Skalen.
4.11	**Justierung** en: *Adjustment* fr: *Ajustage*	Einstellen oder Abgleichen eines Meßgerätes (4.1), um systematische Meßabweichungen (3.5.2) so weit zu beseitigen, wie es für die vorgesehene Anwendung erforderlich ist.	Justierung erfordert einen Eingriff, der das Meßgerät bleibend verändert.

(fortgesetzt)

fortgesetzt

5 Merkmale von Meßgeräten

Aus Gründen der Zweckmäßigkeit wird in diesem Kapitel *Meßgerät* als Sammelbegriff verwendet. Die so zu verstehende Benennung ist kursiv gedruckt. *Meßgerät* umfaßt das Meßgerät (4.1) (somit auch die Maßverkörperung (4.5)), die Meßeinrichtung (4.2), Elemente der Meßkette (4.3) und das Normal (4.7). Die Verwendung von *Meßgerät* in Benennung oder Definition eines Begriffes ist sinngemäß zu verstehen. Es ist der jeweiligen Definition zu entnehmen, welche der von *Meßgerät* umfaßten Begriffe er betrifft. (Zum Beispiel betrifft das "Übertragungsverhalten eines *Meßgerätes*" nach Definition 5.2 nicht die Maßverkörperung).

Nr	Benennung	Definition und Anmerkungen	Bemerkungen
5.1	**Meßbereich** en: *Specified measuring (working) range* fr: *Étendue de mesure spécifiée*	Bereich derjenigen Werte der Meßgröße (1.1), für den gefordert ist, daß die Meßabweichungen eines *Meßgerätes* (5.10) innerhalb festgelegter Grenzen bleiben. ANMERKUNG 1: Der Meßbereich wird durch Anfangswert und Endwert angegeben. Die Differenz zwischen End- und Anfangswert heißt Meßspanne. ANMERKUNG 2: Ausgabebereich ist der Bereich aller derjenigen Werte, die durch das *Meßgerät* als Ausgabe (3.1) bereitgestellt werden können. Anzeigebereich ist der Ausgabebereich bei anzeigenden Meßgeräten. Die Benennung Nennbereich für den Ausgabebereich soll vermieden werden. (Diese Benennung wird nicht einheitlich benutzt und kann auch "Meßbereich" oder "Bereich von Nennwerten" bedeuten).	Häufig sind die Grenzen für die Meßabweichungen des *Meßgerätes* durch Fehlergrenzen (5.12) festgelegt. Bei *Meßgeräten* mit mehreren Meßbereichen können für die einzelnen Meßbereiche unterschiedliche Fehlergrenzen festgelegt sein.
5.2	**Übertragungsverhalten eines Meßgerätes** en: *Response characteristic* fr: *Caractéristique de transfert*	Beziehung zwischen den Werten der Eingangsgröße (4.8) und den zugehörigen Werten der Ausgangsgröße (4.9) eines *Meßgerätes* unter Bedingungen, die Rückwirkung des *Meßgerätes* (5.7) ausschließen. ANMERKUNG 1: Kurz auch "Übertragungsverhalten", wenn der Bezug auf ein *Meßgerät* klargestellt ist. (Siehe dazu auch Bemerkung 4.) ANMERKUNG 2: Der Begriff des Übertragungsverhaltens eines *Meßgerätes* bezieht sich auf ein *Meßgerät* ohne Belastung am Ausgang. ANMERKUNG 3: Wird die Beziehung zwischen unterschiedlichen festen Werten der Eingangsgröße und den zugehörigen sich einstellenden festen Werten der Ausgangsgröße eines *Meßgerätes* betrachtet, so kennzeichnet dieses Übertragungsverhalten die Eigenschaften eines *Meßgerätes* im Beharrungszustand (auch eingeschwungener oder stationärer Zustand genannt). Zur Angabe eignen sich Wertetabelle oder Kennlinie. (Diese Begriffe siehe DIN 19226-2.) Fortsetzung	1 Die Beziehung kann auf theoretischen Überlegungen oder auf experimentellen Untersuchungen beruhen; sie kann als Wertetabelle, als Diagramm oder z. B. als mathematischer Term dargestellt sein. 2 Bei der experimentellen Ermittlung des Übertragungsverhaltens eines *Meßgerätes* (z. B. Kalibrierung (4.10)) können Rückwirkung des *Meßgerätes* und Einfluß einer Belastung im allgemeinen nicht vollständig vermieden werden. Daher stimmt die experimentell erhaltene Beziehung in aller Regel nicht genau mit dem Übertragungsverhalten des *Meßgerätes* überein. Für sehr genaue Messungen müssen Rückwirkung und Einfluß einer Belastung geeignet erfaßt und in der experimentell ermittelten Beziehung berücksichtigt werden. Wird jedoch unter festzulegenden Bedingungen eine für praktische Zwecke ausreichende Beseitigung der Rückwirkung und des Einflusses einer Belastung erzielt, so ersetzt bei Anwendung des *Meßgerätes* unter diesen Bedingungen die experimentell ermittelte Beziehung das Übertragungsverhalten des *Meßgerätes*. Fortsetzung

(fortgesetzt)

fortgesetzt

Nr	Benennung	Definition und Anmerkungen	Bemerkungen
5.2	**Übertragungsverhalten eines Meßgerätes**	Wird die Beziehung zwischen der in vorgegebener Weise zeitlich veränderlichen Eingangsgröße und der Ausgangsgröße eines *Meßgerätes* betrachtet, so kennzeichnet dieses Übertragungsverhalten dynamische Merkmale eines *Meßgerätes*. Ändert sich die Eingangsgröße sprunghaft, wird der zeitliche Verlauf der Ausgangsgröße Sprungantwort genannt. Wird die Sprungantwort auf die Sprunghöhe der Eingangsgröße bezogen, wird sie Übergangsfunktion genannt. Auch das Übertragungsverhalten bei sinusförmiger Änderung der Eingangsgröße wird zur Kennzeichnung der dynamischen Eigenschaften eines *Meßgerätes* verwendet. (Diese Begriffe siehe DIN 19226-2.)	3 Die Empfindlichkeit (5.4) ist eine spezielle Angabe zum Übertragungsverhalten eines *Meßgerätes* im Beharrungszustand. 4 Zum Übertragungsverhalten (eines Systems) siehe DIN 19226-2.
5.3	**Ansprechschwelle** en: *Discrimination (threshold)* fr: *(Seuil de) Mobilité*	Kleinste Änderung des Wertes der Eingangsgröße (4.8), die zu einer erkennbaren Änderung des Wertes der Ausgangsgröße (4.9) eines *Meßgerätes* führt. ANMERKUNG 1: Bei integrierenden *Meßgeräten* ist der Anlaufwert derjenige Wert der zeitlich zu integrierenden Meßgröße (1.1), bei welchem die erste eindeutige Anzeige (Anmerkung zu 3.1) erkennbar wird. ANMERKUNG 2: Derjenige Wertebereich, innerhalb dessen die Werte einer Eingangsgröße geändert werden können, ohne daß dadurch eine erkennbare Änderung des Wertes der Ausgangsgröße eines *Meßgerätes* hervorgerufen wird, heißt auch Totzone.	1 BEISPIEL: Wenn die kleinste Änderung der Belastung, die eine wahrnehmbare Änderung der Anzeige einer Waage hervorruft, 90 mg beträgt, dann ist die Ansprechschwelle der Waage 90 mg. 2 Die Ansprechschwelle kann von unterschiedlichen Einflüssen oder Eigenschaften abhängen, wie vom Rauschen, von Reibung, Dämpfung, Trägheit oder Quantisierung.
5.4	**Empfindlichkeit** en: *Sensitivity (coefficient)* fr: *(Coefficient de) Sensibilité*	Änderung des Wertes der Ausgangsgröße (4.9) eines *Meßgerätes*, bezogen auf die sie verursachende Änderung des Wertes der Eingangsgröße (4.8). ANMERKUNG: Hängt die Empfindlichkeit vom Wert der Eingangsgröße ab, so ist sie für jeden Wert getrennt anzugeben. Insbesondere kann bei einem betrachteten Wertebereich (z. B. Meßbereich (5.1)) zwischen Anfangsempfindlichkeit und Endempfindlichkeit unterschieden werden. Auch die Angabe einer über den Wertebereich gemittelten Empfindlichkeit, der mittleren Empfindlichkeit, ist möglich.	1 BEISPIELE: a) Bei einem Temperaturaufnehmer (Thermoelement) bedeutet die Empfindlichkeitsangabe 5 mV/100 K, daß eine Temperaturänderung von 100 K die Thermospannung um 5 mV ändert. b) Bei einer Waage mit Ziffernanzeige (siehe Anmerkung zu 3.1) bedeutet die Empfindlichkeitsangabe 1 Ziffernschritt/mg, daß sich die Ausgabe bei einer Belastungsänderung von 1 mg um einen Ziffernschritt ändert. 2 Bei der experimentellen Ermittlung der Empfindlichkeit muß die Änderung der Anzeige so groß sein, daß sie nicht durch die Ansprechschwelle (5.3) verfälscht wird.

(fortgesetzt)

fortgesetzt

Nr	Benennung	Definition und Anmerkungen	Bemerkungen
5.5	**Auflösung** en: *Resolution* fr: *Résolution*	Angabe zur quantitativen Erfassung des Merkmals eines *Meßgerätes*, zwischen nahe beieinanderliegenden Meßwerten (3.2) eindeutig zu unterscheiden.	Die Auflösung kann quantitativ z. B. durch die kleinste Differenz zweier Meßwerte, die das *Meßgerät* eindeutig unterscheidet, gekennzeichnet werden.
5.6	**Hysterese eines Meßgerätes** en: *Hysteresis* fr: *Hystérésis*	Merkmal eines *Meßgerätes*, das darin besteht, daß der zu ein und demselben Wert der Eingangsgröße (4.8) sich ergebende Wert der Ausgangsgröße (4.9) von der vorausgegangenen Aufeinanderfolge der Werte der Eingangsgröße abhängt. ANMERKUNG: Die Umkehrspanne ist ein quantitatives Maß für die Hysterese eines *Meßgerätes*. Sie ist die Differenz der Werte der Ausgangsgröße, die sich daraus ergibt, daß der Wert der Eingangsgröße einmal von größeren und anschließend von kleineren Werten her stetig oder langsam schrittweise eingestellt wird. Zur Ermittlung der Umkehrspanne bedarf es einer detaillierten Meßanweisung.	Die Hysterese eines *Meßgerätes* wird üblicherweise in bezug auf die Meßgröße (1.1) betrachtet, kann jedoch auch in bezug auf Einflußgrößen (2.5) betrachtet werden.
5.7	**Rückwirkung eines Meßgerätes**	Einfluß eines *Meßgerätes* bei seiner Anwendung, der bewirkt, daß sich die vom *Meßgerät* zu erfassende Größe von derjenigen Größe unterscheidet, die am Eingang des *Meßgerätes* tatsächlich vorliegt. ANMERKUNG: Kurz auch "Rückwirkung", wenn der Bezug auf ein *Meßgerät* klargestellt ist.	1 Da beide Größen einander eindeutig zugeordnet sind, kann aus den Eigenschaften des *Meßgerätes* auf die ursprünglich zu erfassende Größe geschlossen werden. Nicht selten ist es dabei nötig, auch den Einfluß von Zuleitungen oder anderen mit dem Eingang des *Meßgerätes* verbundenen Elementen außerhalb des *Meßgerätes* geeignet zu berücksichtigen. 2 Ist die am Eingang eines *Meßgerätes* vorliegende Größe als Eingangsgröße des *Meßgerätes* festgelegt (siehe Fall A in Anmerkung 2 zu 4.8), so besteht keine Rückwirkung bezüglich der so festgelegten Eingangsgröße. Anderenfalls (siehe Fall B in Anmerkung 2 zu 4.8) muß mit Rückwirkung bezüglich der Eingangsgröße gerechnet werden. 3 Eine Folge der Rückwirkung ist die Rückwirkungsabweichung (Anmerkung 4 zu 5.10).
5.8	**Meßgerätedrift** en: *Drift* fr: *Dérive*	Langsame zeitliche Änderung des Wertes eines meßtechnischen Merkmals eines *Meßgerätes*. ANMERKUNG: Wenn keine Verwechslung möglich, kurz auch Drift.	

(fortgesetzt)

fortgesetzt

Nr	Benennung	Definition und Anmerkungen	Bemerkungen
5.9	**Einstelldauer** en: *Response time, settling time* fr: *Temps de réponse*	Zeitspanne zwischen dem Zeitpunkt einer sprunghaften Änderung des Wertes der Eingangsgröße (4.8) eines *Meßgerätes* und dem Zeitpunkt, ab dem der Wert der Ausgangsgröße (4.9) dauernd innerhalb vorgegebener Grenzen bleibt. ANMERKUNG: Auch Einschwingzeit genannt (siehe auch DIN 19226-2).	
5.10	**Meßabweichung eines Meßgerätes** en: *Error (of indication) of a measuring instrument* fr: *Erreur (d'indication) d'un instrument de mesure*	Derjenige Beitrag zur Meßabweichung (3.5), der durch ein *Meßgerät* verursacht wird. ANMERKUNG 1: Die Meßabweichung (3.5) und die in ihr enthaltene Meßabweichung eines *Meßgerätes* sind sorgfältig zu unterscheiden. ANMERKUNG 2: Die Meßabweichung eines *Meßgerätes* hat einen zufälligen Anteil, auch zufällige Meßabweichung eines *Meßgerätes* genannt, und einen systematischen Anteil, auch systematische Meßabweichung eines *Meßgerätes* genannt. (Siehe dazu auch Bemerkung 1). ANMERKUNG 3: Die bezogene Meßabweichung (eines *Meßgerätes*) ist der Quotient aus der Meßabweichung eines *Meßgerätes* und einem für das *Meßgerät* festgelegten Bezugswert. Der Bezugswert kann beispielsweise der Endwert des Meßbereiches (Anmerkung 1 zu 5.1) sein. ANMERKUNG 4: Eigenabweichung ist die Meßabweichung eines *Meßgerätes* bei Referenzbedingungen (Anmerkung 2 zu 5.13). Nachlaufabweichung ist der Beitrag zur Meßabweichung eines *Meßgerätes* infolge einer Nacheilung der Ausgangsgröße (4.9) gegenüber einer sich ändernden Eingangsgröße (4.8). Rückwirkungsabweichung ist der Beitrag zur Meßabweichung eines *Meßgerätes* infolge von Rückwirkung des *Meßgerätes* (5.7).	1 Zu ANMERKUNG 2 Wird zur Messung nur ein *Meßgerät* verwendet, so stimmt bei konstanter Meßgröße (1.1) und unter Wiederholbedingungen (2.7) die zufällige Meßabweichung eines *Meßgerätes* mit der zufälligen Meßabweichung (3.5.1) überein. Meist kann die systematische Meßabweichung eines *Meßgerätes* aus Messungen geschätzt werden (siehe. 5.11). 2 Die Wiederholpräzision (Anmerkung 4 zu 3.8) eines *Meßgerätes* kann durch Ermittlung der Wiederholstandardabweichung (3.8) beurteilt werden. Zu beachten ist, daß sich die Wiederholstandardabweichung mit den bei der Messung vorliegenden Bedingungen ändern kann (z. B. Messung in einem anderen Meßbereich (5.1) oder andere Meßgröße (1.1)).

(fortgesetzt)

fortgesetzt

Nr	Benennung	Definition und Anmerkungen	Bemerkungen
5.11	**Festgestellte systematische Meßabweichung (eines Meßgerätes)** en: *Bias error (of a measuring instrument)* fr: *Erreur de justesse (d'un instrument de mesure)*	Geschätzter Beitrag eines *Meßgerätes* zur systematischen Meßabweichung (3.5.2). ANMERKUNG 1: Die festgestellte systematische Meßabweichung A_s eines *Meßgerätes* ist $A_s = \bar{x}_a - x_r$ oder auch $A_s = x_a - x_r$, wobei: x_r: richtiger Wert (1.4); $\bar{x}$: arithmetisches Mittel (Anmerkung 2 zu 3.4). Der Index a deutet auf die abgelesenen "angezeigten" Werte der Meßgröße (oft "Anzeigen" genannt) hin. Es muß im Einzelfall entschieden werden, ob eine einzige Anzeige (Ausgabe, 3.1) x_a zur Angabe von A_s genügt. (Siehe dazu auch Bemerkung 1.) ANMERKUNG 2: Bei einer Maßverkörperung (4.5) entspricht die Aufschrift x_A der Anzeige. Daher ist die festgestellte systematische Meßabweichung einer Maßverkörperung $A_s = x_A - x_r$. x_r wird durch Messung der Maßverkörperung ermittelt, z.B. durch Vergleich mit einem Normal (4.7). (Siehe dazu auch Bemerkung 2.)	1 Zu ANMERKUNG 1 Der Beitrag eines *Meßgerätes* zur systematischen Meßabweichung einer Messung wird durch A_s dann in guter Näherung geschätzt, wenn a) der Betrag der zufälligen Meßabweichung eines *Meßgerätes* (siehe 5.10) wesentlich kleiner als der Betrag seiner systematischen Meßabweichung ist, und wenn b) der Betrag der Abweichung des richtigen Wertes der Meßgröße von ihrem wahren Wert (1.3) wesentlich kleiner als der Betrag von A_s ist. 2 Zu ANMERKUNG 2 Bei einer Maßverkörperung als Meßobjekt (1.2) ist es üblich, die Abweichung $x_r - x_A = -A_s$ des richtigen Wertes vom aufgedruckten Wert (siehe dazu auch Anmerkung 2 zu 1.4) zu betrachten.
5.12	**Fehlergrenzen** en: *Limits of permissible error (of a measuring instrument); maximum permissible errors (of a measuring instrument)* fr: *Limites d'erreurs tolérées (d'un instrument de mesure); erreurs maximales tolérées (d'un instrument de mesure)*	Abweichungsgrenzbeträge für Meßabweichungen eines *Meßgerätes* (5.10). ANMERKUNG 1: Abweichungsgrenzbetrag ist der Betrag für die untere oder obere Grenzabweichung (DIN 55350-12). ANMERKUNG 2: Fehlergrenzen sind Beträge und werden daher ohne Vorzeichen angegeben. ANMERKUNG 3: Fehlergrenzen werden vereinbart oder sind in Spezifikationen, Vorschriften usw. vorgegeben. ANMERKUNG 4: Für die positiven und die negativen Meßabweichungen eines *Meßgerätes* können unterschiedliche Fehlergrenzen (unsymmetrische Fehlergrenzen) vorgegeben sein. Sie werden als obere Fehlergrenze G_o bzw. untere Fehlergrenze G_u bezeichnet. Fortsetzung	1 Zu ANMERKUNG 4 Ist die Meßabweichung eines *Meßgerätes* positiv und ist sie kleiner als die obere Fehlergrenze G_o oder ist sie gleich G_o, so erfüllt das *Meßgerät* die Forderung. Anderenfalls entspricht es nicht der Forderung und arbeitet fehlerhaft. Ist die Meßabweichung eines *Meßgerätes* negativ und ist ihr Betrag kleiner als die untere Fehlergrenze G_u oder gleich G_u, so erfüllt das *Meßgerät* die Forderung. Anderenfalls entspricht es nicht der Forderung und arbeitet fehlerhaft. Überwiegend werden gleiche obere und untere Fehlergrenzen vorgegeben. Für sie gilt: Ist der Betrag der Meßabweichung eines *Meßgerätes* kleiner als oder gleich G, so erfüllt das *Meßgerät* die Forderung. Anderenfalls entspricht es nicht der Forderung und arbeitet fehlerhaft. Fortsetzung

(fortgesetzt)

fortgesetzt

Nr	Benennung	Definition und Anmerkungen	Bemerkungen
5.12	**Fehlergrenzen**	Ist nur eine Fehlergrenze G vorgegeben (symmetrische Fehlergrenzen), dann gilt: $G = G_o = G_u$. (Siehe dazu auch Bemerkung 1.) ANMERKUNG 5: Ist bei einem *Meßgerät* der Betrag der zufälligen Meßabweichung (Anmerkung 2 zu 5.10) wesentlich kleiner als der der systematischen Meßabweichung (Anmerkung 2 zu 5.10), werden die Fehlergrenzen im allgemeinen im Hinblick auf die festgestellte systematische Meßabweichung (5.11) festgelegt. Ist hingegen die zufällige Meßabweichung eines *Meßgerätes* nicht vernachlässigbar, so werden Fehlergrenzen so festgelegt, daß sie vom Betrag der Meßabweichungen des *Meßgerätes* (5.10) nicht mit einer höheren als einer vorgegebenen Wahrscheinlichkeit (z. B. 5 %) überschritten werden. (Siehe dazu auch Bemerkung 2.) ANMERKUNG 6: Fehlergrenzen können in der Einheit der Meßgröße oder bezogen auf den Endwert des Meßbereiches (Anmerkung 1 zu 5.1) oder bezogen auf einen anderen Wert angegeben sein (siehe dazu auch Anmerkung 3 zu 5.10). Die relative Angabe erfolgt meist in Prozent, beispielsweise in Prozent vom Endwert des Meßbereiches eines *Meßgerätes*. (Siehe dazu auch Bemerkung 3.) ANMERKUNG 7: Eichfehlergrenzen sind durch die Eichordnung vorgeschriebene Fehlergrenzen. Sie gelten bei der Eichung (Anmerkung 3 zu 5.13) eines *Meßgerätes*. (Siehe dazu auch Bemerkung 5.) Verkehrsfehlergrenzen sind ebenfalls durch die Eichordnung vorgeschriebene Fehlergrenzen. Sie gelten beim Gebrauch eines geeichten *Meßgerätes*. ANMERKUNG 8: Genauigkeitsklasse ist eine Klasse von *Meßgeräten*, die vorgegebene meßtechnische Forderungen erfüllen, so daß Meßabweichungen dieser *Meßgeräte* innerhalb festgelegter Grenzen bleiben. (Siehe dazu auch Bemerkung 6.) Eine Genauigkeitsklasse wird üblicherweise durch eine Zahl oder durch ein Symbol bezeichnet. Diese werden durch Vereinbarung festgelegt und Klassenzeichen genannt.	2 Zu ANMERKUNG 5 Bei der Festlegung von Fehlergrenzen werden die charakteristische und unvermeidliche, bei der Fertigung von *Meßgeräten* der betrachteten Bauart (von *Meßgerät* zu *Meßgerät*) auftretende Streuung der meßtechnischen Gerätemerkmale und der Einfluß von Alterungserscheinungen berücksichtigt. Bei der Festlegung von Fehlergrenzen werden zufällige Meßabweichungen z. B. dann berücksichtigt, wenn das *Meßgerät* bei einem Meßverfahren (2.4) verwendet wird, bei dem Mehrfachmessungen unter Wiederholbedingungen (2.7) nicht möglich sind. 3 Zu ANMERKUNG 6 BEISPIEL: Relative Angabe a einer symmetrischen Fehlergrenze G: $\frac{G}{x_e} = a,$ wobei x_e ein anzugebender Bezugswert ist. Dann gilt für den Meßwert x die folgende Bedingung, wenn das *Meßgerät* der durch a bzw. G gestellten Forderung entsprechen soll (x_r: richtiger Wert (1.4) der Meßgröße): $\|x - x_r\| \leq a \cdot x_e,$ oder auch $x_r - a \cdot x_e \leq x \leq x_r + a \cdot x_e.$ 4 Mitunter erfolgt die Angabe der Fehlergrenzen mittelbar durch Vorgabe von Grenzwerten für den Meßwert. Anstelle der Fehlergrenzen werden dann zum richtigen Wert (1.4) der Meßgröße ein unterer und ein oberer Grenzwert (Mindestwert und Höchstwert) für den Meßwert des *Meßgerätes* angegeben. 5 Zu ANMERKUNG 7 Ein *Meßgerät* wird nur dann als geeicht gekennzeichnet, wenn keine Abweichungen der Meßwerte (3.2) vom richtigen Wert (1.4) festgestellt werden, deren Beträge größer als die Eichfehlergrenzen sind. 6 Zu ANMERKUNG 8 Die Genauigkeitsklasse von *Meßgeräten* kennzeichnet deren Merkmale hinsichtlich der Meßabweichung eines *Meßgerätes* (5.10). Meßabweichungen (3.5) von Messungen, die mit ihnen ausgeführt werden, enthalten zwar die Meßabweichungen des *Meßgerätes*, werden aber durch die Genauigkeitsklasse nicht gekennzeichnet.

(fortgesetzt)

abgeschlossen

Nr	Benennung	Definition und Anmerkungen	Bemerkungen
5.13	**Prüfung eines Meßgerätes**	Feststellen, inwieweit ein *Meßgerät* eine Forderung erfüllt. ANMERKUNG 1: Siehe auch 2.1.4. ANMERKUNG 2: Um Verfälschungen von Prüfergebnissen durch Einflußgrößen (2.5) zu vermeiden, können zugelassene Werte der Einflußgrößen als Referenzbedingungen vorgegeben sein. Die Referenzbedingungen können als Referenzwerte (Sollwerte mit Grenzabweichungen) oder als Referenzbereiche (Toleranzbereiche) festgelegt sein. ANMERKUNG 3: Die Eichung eines *Meßgerätes* umfaßt die nach den Eichvorschriften (z.B. Eichgesetz, Eichordnung) vorzunehmenden Qualitätsprüfungen und Kennzeichnungen. (Siehe dazu auch Bemerkung 2.) Das Wort "Eichung" soll nur in diesem Sinne verwendet werden und nicht – wie vielfach üblich – für Kalibrierung (4.10) oder Justierung (4.11). Welche *Meßgeräte* der Eichpflicht unterliegen, ist gesetzlich geregelt.	1 Bei der Prüfung von *Meßgeräten* betreffen die festgelegten oder vereinbarten Forderungen insbesondere die Meßabweichungen des *Meßgerätes* (5.10). Ihre Beträge dürfen die Fehlergrenzen (5.12) nicht überschreiten. 2 Zu ANMERKUNG 3 Durch die Qualitätsprüfung wird festgestellt, ob das *Meßgerät* die Eichvorschrift erfüllt, d.h. ob es die an seine Beschaffenheit und seine meßtechnischen Merkmale zu stellenden Forderungen erfüllt, insbesondere, ob die Beträge der Meßabweichungen die Eichfehlergrenzen (Anmerkung 7 zu 5.12) nicht überschreiten. Durch die Kennzeichnung wird beurkundet, daß das *Meßgerät* zum Zeitpunkt der Prüfung die Forderungen erfüllt hat. Für viele *Meßgeräte* ist die Gültigkeit der Eichung befristet (siehe Eichordnung).

Anhang A

Erläuternde Skizzen zu "Ergebnisse von Messungen" und "Meßgeräte" in Abschnitt 2 "Begriffe"

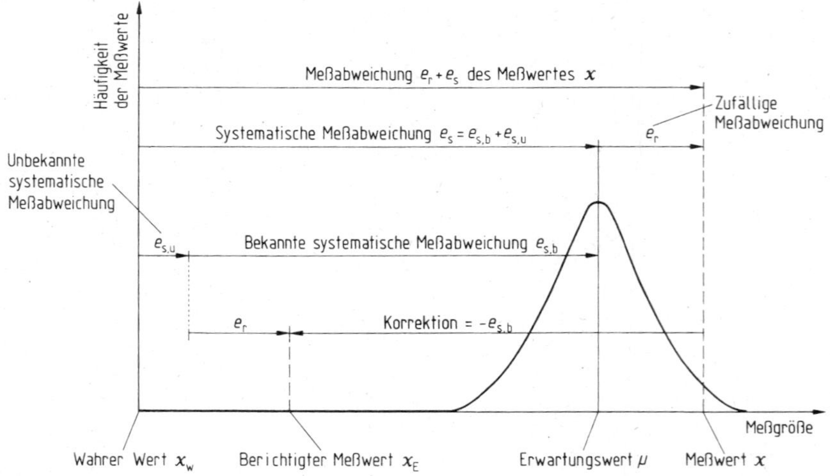

Unter Wiederholbedingungen (2.7) aufgenommene Meßwerte (3.2) einer Meßgröße (1.1) gruppieren sich in Form einer Häufigkeitsverteilung um den Erwartungswert (3.3) μ, der zu dieser Verteilung gehört. Im Bild ist sie als etwa normale Häufigkeitsdichtefunktion skizziert. Wird der (nicht eingezeichnete) arithmetische Mittelwert (Anmerkung 2 zu 3.4) von Meßwerten gebildet, so ist dessen Abweichung vom Erwartungswert um so weniger wahrscheinlich, je größer die Anzahl der Meßwerte ist. Der Erwartungswert weicht vom unbekannten wahren Wert (1.3) x_w um die systematische Meßabweichung (3.5.2) e_s ab.

Im Bild eingezeichnet ist ein einzelner Meßwert x. Er verfehlt den wahren Wert um die Meßabweichung (3.5), die sich additiv aus systematischer Meßabweichung e_s und zufälliger Meßabweichung (3.5.1) e_r zusammensetzt.

Die systematische Meßabweichung e_s setzt sich aus einem bekannten ($e_{s,b}$) und einem unbekannt bleibenden Anteil ($e_{s,u}$) zusammen (Anmerkung 1 zu 3.2). Zur bekannten systematischen Meßabweichung $e_{s,b}$ trägt z. B. auch die bei einer früheren Kalibrierung (4.10) des benutzten Meßgerätes (4.1) festgestellte systematische Meßabweichung des Meßgerätes (5.11) bei. Der bekannte Anteil der systematischen Meßabweichung kann mit umgekehrtem Vorzeichen als Korrektion (3.4.3) zum Meßwert x addiert werden. Damit findet man den berichtigten Meßwert (Anmerkung 2 zu 3.2) x_E. Er weicht vom wahren Wert nur noch um die Summe aus dem unbekannt bleibenden Anteil $e_{s,u}$ der systematischen Meßabweichung und der nicht genau feststellbaren zufälligen Meßabweichung e_r ab.

Die Darstellung bleibt gültig, wenn der Meßwert x durch das unberichtigte Meßergebnis (3.4.1), der berichtigte Meßwert durch das Meßergebnis (3.4) und die Häufigkeitsdichtefunktion der Meßwerte durch die der unberichtigten Meßergebnisse ersetzt wird.

Bild A.1: Schematische Darstellung des Zusammenhangs der unter "Ergebnisse von Messungen" definierten Werte

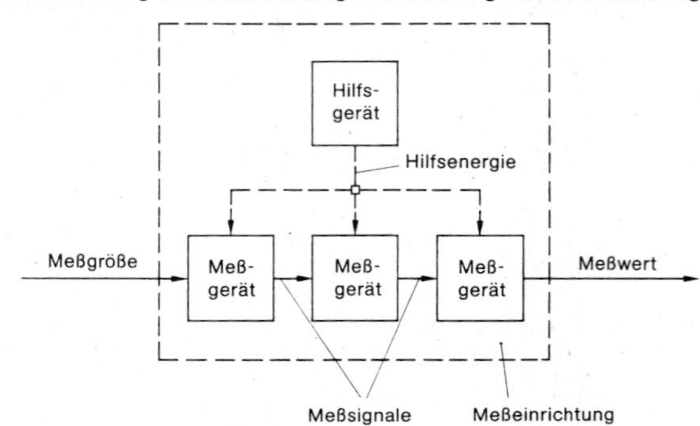

Bild A.2: Beispiel für eine Meßeinrichtung (4.2), bestehend aus drei Meßgeräten (4.1) und einem Hilfsgerät (Anmerkung 1 zu 4.2)

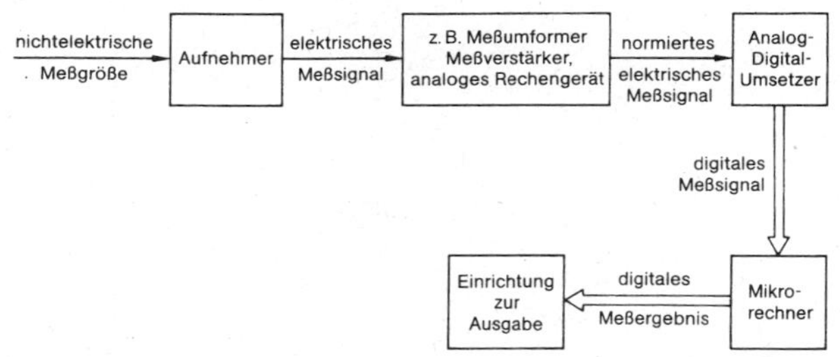

Bild A.3: Beispiel für eine Meßkette (4.3)

Zitierte Normen

DIN 1301-1	Einheiten – Einheitennamen, Einheitenzeichen
DIN 1313	Physikalische Größen und Gleichungen – Begriffe, Schreibweisen
DIN 1319-4	Grundbegriffe der Meßtechnik – Behandlung von Unsicherheiten bei der Auswertung von Messungen
DIN 1333	Zahlenangaben
DIN 13303-1	Stochastik – Wahrscheinlichkeitstheorie, Gemeinsame Grundbegriffe der mathematischen und der beschreibenden Statistik – Begriffe und Zeichen
DIN 13303-2	Stochastik – Mathematische Statistik – Begriffe und Zeichen
DIN 19226-1	Leittechnik – Regelungstechnik und Steuerungstechnik – Allgemeine Grundbegriffe
DIN 19226-2	Leittechnik – Regelungstechnik und Steuerungstechnik – Begriffe zum Verhalten dynamischer Systeme
DIN 32811	Grundsätze für die Bezugnahme auf Referenzmaterialien in Normen
DIN 55350-12	Begriffe der Qualitätssicherung und Statistik – Merkmalsbezogene Begriffe
DIN 55350-13	Begriffe der Qualitätssicherung und Statistik – Begriffe zur Genauigkeit von Ermittlungsverfahren und Ermittlungsergebnissen
DIN 55350-21	Begriffe der Qualitätssicherung und Statistik – Begriffe der Statistik – Zufallsgrößen und Wahrscheinlichkeitsverteilungen
DIN 55350-23	Begriffe der Qualitätssicherung und Statistik – Begriffe der Statistik – Beschreibende Statistik
DIN 55350-24	Begriffe der Qualitätssicherung und Statistik – Begriffe der Statistik – Schließende Statistik
DIN 55350-34	Begriffe der Qualitätssicherung und Statistik – Erkennungsgrenze, Erfassungsgrenze und Erfassungsvermögen
DIN EN 45001	Allgemeine Kriterien zum Betreiben von Prüflaboratorien
DIN ISO 5725	Genauigkeit (Richtigkeit und Präzision) von Meßverfahren und Meßergebnissen. Teil 1: Begriffe und allgemeine Grundlagen
E DIN ISO 8402	Qualitätsmanagement und Qualitätssicherung – Begriffe
DIN ISO 10012-1	Forderungen an die Qualitätssicherung für Meßmittel – Bestätigungssystem für Meßmittel

Weitere Normen und andere Unterlagen

DIN 55350-11	Begriffe zu Qualitätsmanagement und Statistik – Begriffe des Qualitätsmanagements
VDI/VDE 2600 Blatt 1 bis 6	Metrologie (Meßtechnik)

Internationales Wörterbuch der Metrologie = International Vocabulary of Basic and General Terms in Metrology (VIM). DIN Deutsches Institut für Normung e.V. (Herausgeber); 2. Auflage; Beuth Verlag GmbH (Berlin, Köln) 1994 (englischer und deutscher Text). ISO International Organization for Standardization (Genf) 1993 (englischer und französischer Text)

Guide to the Expression of Uncertainty in Measurement. ISO International Organization for Standardization (Genf) 1993

Frühere Ausgaben

DIN 1319: 1942-07, 1962-01, 1963-12

DIN 1319-1: 1971-01, 1985-06

DIN 1319-2: 1968-12, 1980-01

DIN 1319-3: 1968-12, 1972-01, 1983-08

Änderungen

Gegenüber den Ausgaben 06.85, 01.80, 08.83 der Teile 1, 2 und 3 der DIN 1319 "Grundbegriffe der Meßtechnik" vollständig überarbeitete Fassung: Die vorliegende Begriffsnorm erscheint in Tabellenform und umfaßt Begriffe aus allen Teilen der vorausgegangenen Ausgaben mit neuer Sacheinteilung.

Neu aufgenommen: Dynamische und Statische Messung; Erweiterte Vergleichbedingungen; Erwartungswert; Vollständiges Meßergebnis; Berichtigen; Referenzmaterial; Eingangsgröße eines Meßgerätes; Ausgangsgröße eines Meßgerätes; Übertragungsverhalten eines Meßgerätes; Hysterese eines Meßgerätes; Rückwirkung eines Meßgerätes; Meßabweichung eines Meßgerätes; Meßgerätedrift.

Neu gefaßt: Meßmethode; Meßverfahren; Meßergebnis; Meßunsicherheit; Kalibrierung.

Entfallen: Arten von Meßgeräten; Skalen und damit zusammenhängende Begriffe.

Erläuterungen

Die Norm unterscheidet sich in äußerer Form – Tabellenform – wie auch teilweise im Inhalt von der Normenreihe DIN 1319 "Grundbegriffe der Meßtechnik", die in den Jahren von 1980 bis 1985 in vier Teilen erschien. Nicht in Übereinstimmung mit dem Haupttitel enthielt diese Normenreihe auch Verfahren zur Auswertung von Meßdaten.

Die vorliegende Begriffsnorm wird Teil 1 der Normenreihe DIN 1319, die den neuen Haupttitel "Grundlagen der Meßtechnik" erhält. Diejenigen Teile der Normenreihe DIN 1319, die sich auf verfahrenstechnische Fragen bei der Auswertung von Meßdaten beziehen, sind als DIN 1319 Teile 3 und 4 "Grundlagen der Meßtechnik" vorgesehen. In DIN 1319-2 ist beabsichtigt, ergänzende Begriffe zur Meßtechnik zusammenzustellen.

Die vorliegende Norm ersetzt DIN 1319-1 : 1985-06 sowie teilweise DIN 1319-3 : 1983-08. Während einige der in DIN 1319-3 : 1983-08 enthaltenen Begriffe inhaltsgleich in die vorliegende Norm übernommen wurden, wurden andere neu gefaßt. Davon betroffen sind insbesondere Begriffe aus DIN 1319-3 : 1983-08 Abschnitte 4, 6 und 7. DIN 1319-2 : 1980-01 bleibt vorläufig weiterhin gültig, wenn auch eine Anzahl der darin enthaltenen Begriffe inhaltsgleich in die vorliegende Norm eingearbeitet sind.

Die Begriffe der Norm wurden überwiegend den folgenden Dokumenten entnommen: DIN 1319 Teile 1 bis 3 in den Ausgaben 1980 bis 1985; VDI/VDE-Richtlinie 2600; Internationales Wörterbuch der Metrologie (VIM).

Soweit vorhanden, wurden in der Spalte "Benennung" des Abschnitts 2 "Begriffe" zusätzlich englische und französische Benennungen (in dieser Reihenfolge) aufgeführt, die weitgehend dem Internationalen Wörterbuch der Metrologie (VIM) entnommen sind. Sie sind nicht Bestandteil dieser Norm und dienen lediglich als Orientierungshilfe beim Übersetzen. Es ist nicht sichergestellt, daß sich der deutsche Begriffsinhalt zu einer fremdsprachigen Benennung in allen Einzelheiten mit dem entsprechenden englischen oder französischen Begriffsinhalt deckt.

Beim Begriff Prüfung (2.1.4 in Abschnitt 2) wird in Anmerkung 3 darauf hingewiesen, daß in der Europäischen Normenreihe DIN EN 45000 der Begriffsinhalt zur Benennung "Prüfung" zur Zeit nicht mit dem in 2.1.4 genormten übereinstimmt, welcher seit langem in der deutschsprachigen Normung eingeführt ist. Diese Diskrepanz ist darauf zurückzuführen, daß bei der Erarbeitung der deutschen Fassung der Europäischen Normenreihe die angloamerikanische Benennung "test" mit "Prüfung" übersetzt wurde, wobei sich aber "test" auf einen Begriffsinhalt bezieht, der in Anmerkung 3 zu 2.1.4 kurz durch "Untersuchung" beschrieben ist. Die Übersetzung kann darin begründet sein, daß im Angloamerikanischen unterschiedliche Benennungen wie "inspection and testing" oder "verification" für den Begriffsinhalt Prüfung verwendet werden.

Diese Norm über Grundbegriffe der Meßtechnik ist von einem Gemeinschaftsausschuß erarbeitet, der vom AEF im DIN, der VDI/VDE-Gesellschaft Meß- und Automatisierungstechnik (GMA) und der Deutschen Elektrotechnischen Kommission im DIN und VDE (DKE) gebildet wurde. Der Normenausschuß Qualitätsmanagement, Statistik und Zertifizierungsgrundlagen (NQSZ) ist Mitträger dieser Norm.

Stichwortverzeichnis (Benennungen in deutscher Sprache)

Angegeben sind die Nummern im Abschnitt 2 "Begriffe". Das Verzeichnis enthält auch Benennungen, die in Anmerkungen vorkommen.

Internationale Patentklassifikation

G 01 D 001/00
G 01 N 037/00
G 01 R 019/00
G 01 R 033/00

DK 53.084/.087 : 681.2.004 : 001.4 Januar 1980

Grundbegriffe der Meßtechnik

Begriffe für die Anwendung von Meßgeräten

DIN 1319 Teil 2

Basic concepts of measurement; concepts for the use of measuring equipment

Inhalt

1 Geltungsbereich

DIN 1319 Teil 1 bis Teil 3 beschreibt und definiert allgemeine Grundbegriffe, die für alle Bereiche der Meßtechnik von Bedeutung sind. Der vorliegende Teil 2 legt die für die Anwendung von Meßgeräten und Meßeinrichtungen gültigen Begriffe fest. Spezielle und weitergehende Einzelfragen bleiben den besonderen Normen oder Richtlinien für die verschiedenen Anwendungsbereiche vorbehalten[1]).

2 Meßgerät, Meßeinrichtung, Meßkette, Meßanlage

Ein Meßgerät liefert oder verkörpert Meßwerte (siehe DIN 1319 Teil 1), auch die Verknüpfung mehrerer voneinander unabhängiger Meßwerte (z. B. das Verhältnis von Meßwerten).

Eine Meßeinrichtung besteht aus einem Meßgerät oder mehreren zusammenhängenden Meßgeräten mit zusätzlichen Einrichtungen, die ein Ganzes bilden. Zusätzliche Einrichtungen sind vor allem Hilfsgeräte, die nicht unmittelbar zur Aufnahme, Umformung oder Ausgabe dienen (z. B. Einrichtung für Hilfsenergie, Ableselupe, Thermostat), sowie Signal- und Meßleitungen.

Die wesentliche Aufgabe einer Meßeinrichtung ist die Aufnahme des Meßwertes einer physikalischen Größe (Meßgröße) oder eines Meßsignales, das den gesuchten Meßwert repräsentiert, die Weiterleitung und Umformung des Meßsignales und die Ausgabe des Meßwertes.

Das erste Glied in einer Meßeinrichtung wird oft Aufnehmer genannt; es nimmt den Meßwert der Meßgröße auf und gibt ein diesem entsprechendes Meßsignal ab. Das letzte Glied in einer Meßeinrichtung heißt Ausgeber (Ausgabegerät) und kann ein direkter Ausgeber (Sichtausgeber, z. B. ein Anzeigegerät oder ein Schreiber) oder ein indirekter Ausgeber (z. B. Lochkartenausgeber, Magnetbandausgeber, Magnetspeicher) sein.

Die Übertragungsglieder jeder Art zwischen Aufnehmer und Ausgeber bilden die Übertragungsstrecke[2]); dazu gehören Meßverstärker, Meßumformer und Meßumsetzer (siehe Abschnitt 3.2). Aufnehmer und Ausgeber sollen nicht Meßumformer genannt werden; jedoch fallen Aufnehmer, Meßumformer und Ausgeber unter den gemeinsamen Begriff „Meßgerät".

Eine Meßeinrichtung wird als ein System, das vor allem aus Aufnehmer, in „Kette" geschalteten Übertragungsgliedern (Meßumformern) und Ausgeber zusammengesetzt ist, auch Meßkette genannt.

Eine Meßanlage umfaßt mehrere voneinander unabhängige Meßeinrichtungen, die in räumlichem oder funktionalem Zusammenhang stehen.

---

[1]) Siehe z. B.:
DIN 2257 Teil 1 und Teil 2 Begriffe der Längenprüftechnik;
DIN 43 745 Elektronische Meßeinrichtungen; DIN 43 780 Direkt wirkende anzeigende Meßgeräte und ihr Zubehör;
Richtlinie VDI/VDE 2600 Metrologie (Meßtechnik).
Bei der Bearbeitung der Norm wurde auch das Vocabulaire de Métrologie Légale, Termes fondamentaux (1969), Organisation Internationale de Métrologie Légale (OIML) beachtet (deutsch-französische Fassung des Internationalen Vokabulariums für Gesetzliches Messen, Sammlung von Sonderdrucken aus PTB-Mitteilungen 1967 bis 1970).

[2]) Unter Übertragungsstrecke ist hier das gesamte Übertragungssystem zwischen Aufnehmer und Ausgeber zu verstehen, nicht die Meßleitung und sonstige Leitungsstrecken allein.

Stichwortverzeichnis siehe Originalfassung der Norm

Fortsetzung Seite 2 bis 5

Normenausschuß Einheiten und Formelgrößen (AEF) im DIN Deutsches Institut für Normung e. V.

3 Arten von Meßgeräten

3.1 Meßgeräte mit direkter Ausgabe (Sichtausgeber)

3.1.1 Ein anzeigendes Meßgerät ist dadurch gekennzeichnet, daß die von ihm angebotene oder ausgegebene Information, der Meßwert (siehe DIN 1319 Teil 1), unmittelbar abgelesen oder abgenommen werden kann.

Anmerkung: *Als anzeigendes Meßgerät gilt auch ein Meßgerät mit Nullanzeige (Skalen- oder Ziffernanzeige) in einer Meßeinrichtung, wobei der der Nullage zugeordnete Meßwert durch ein Vergleichsnormal gegeben ist.*

3.1.2 Ein registrierendes Meßgerät zeichnet einzelne Meßwerte oder den Verlauf — und zwar meist den zeitlichen Verlauf — von Meßwerten auf (Schreiber, Drucker).

3.1.3 Ein zählendes Meßgerät gibt als Meßwert eine Anzahl aus (z. B. Stückzähler, Meßeinrichtung zum Zählen von α-Teilchen) oder die Summe von Quantisierungseinheiten (z. B. Wasserzähler mit Meßkammern, Kolbengaszähler mit zählendem Meßwerk), oder es gehört zu den meist ebenfalls „Zähler" genannten, eine Meßgröße über die Zeit integrierenden Meßgeräten (z. B. Elektrizitätszähler, Gasdurchfluß-Integratoren).

3.1.4 Bei den Meßgeräten mit Skalenanzeige stellt sich eine Marke (z. B. eine bestimmte Stelle eines körperlichen Zeigers oder eines Lichtzeigers, ein Noniusstrich, eine Kante, der Meniskus einer Flüssigkeitssäule, die bezeichnete Stelle eines Schaulochs) meist kontinuierlich auf eine Stelle der Skale (Teilung) des Gerätes ein oder die Skale wird darauf eingestellt. Es ist unwesentlich, ob sich die Marke oder die Skale bewegt.

Anmerkung 1: *Es gibt anzeigende Meßgeräte mit mehreren Skalen, die in bezug auf die Marke nebeneinander oder hintereinander liegen können.*

Anmerkung 2: *Siehe Abschnitt 3.1.5, Anmerkung 2.*

3.1.5 Bei den Meßgeräten mit Ziffernanzeige ist die Ausgangsgröße eine mit fest gegebenem kleinsten Schritt quantisierte zahlenmäßige Darstellung der Meßgröße. Der Meßwert erscheint diskontinuierlich als Summe von Quantisierungseinheiten oder als Summe (Anzahl) von Impulsen, z. B. in einer Ziffernfolge. Solche Meßgeräte haben keine stetig ablesbare Skale (siehe DIN 1319 Teil 1, Ausgabe November 1971, Abschnitt 2).

Anmerkung 1: *Bei Meßgeräten mit Ziffernanzeige kann die Ziffernfolge durch einen automatischen Vorgang dekadisch bewertet sein (Anzeige von Zehnerpotenzen, automatische Kommaverschiebung).*

Anmerkung 2: *Die Benennungen „analog" und „digital" sollen für die Kennzeichnung von Meßverfahren vorbehalten bleiben (siehe DIN 1319 Teil 1) und deshalb nicht für die Kennzeichnung von Anzeigen verwendet werden. Eine Skalenanzeige soll nicht analoge Anzeige, eine Ziffernanzeige soll nicht digitale Anzeige genannt werden.*

3.1.6 Maßverkörperungen sind Meßgeräte, die bestimmte, im allgemeinen unveränderliche einzelne Werte oder eine Folge von Werten einer Meßgröße, z. B. eine Einheit, Vielfache oder Teile einer Einheit verkörpern (z. B. Endmaße, Meßkolben, Gewichtstücke, Widerstandsnormale; auch ein Meterstab und ein Meßzylinder sind spezielle Maßverkörperungen).

3.2 Übertragende Meßgeräte (Meßgeräte mit indirekter Ausgabe)

Übertragende, nichtanzeigende Meßgeräte (Meßverstärker, Meßumformer, Meßumsetzer) innerhalb einer Meßeinrichtung oder Meßkette bilden die wesentlichen Teile der Übertragungsstrecke (bei Fernmessung auch „Übertragungskanal" genannt, siehe DIN 40146 Teil 1); sie haben die Aufgabe, die Information über den Meßwert aus vorhandenen Meßsignalen in andere geeignete Meßsignale umzuformen und bis zum ausgebenden (oder weiterverarbeitenden) Gerät weiterzuleiten (zu übertragen).

Die Information über den Meßwert muß dabei eindeutig und unverfälscht erhalten bleiben.

Beispiele: Meßumformer (hier im engeren Sinne als Meßgeräte zur Umformung von analogen Eingangssignalen in eindeutig damit zusammenhängende analoge Ausgangssignale), Stromwandler und Spannungswandler, Meßumsetzer (z. B. Analog-Digital-Umsetzer), Meßverstärker.

4 Ausgabe

Die Ausgabe ist die durch die Meßeinrichtung oder das Meßgerät in irgendeiner Form ausgegebene Information über den gesuchten Meßwert, siehe DIN 1319 Teil 1. Die Information kann direkt als Anzeige oder indirekt ohne Anzeige ausgegeben werden.

Anmerkung: *Die weitere Verarbeitung von Ausgaben (z. B. Informationsverarbeitung) fällt nicht in den Bereich dieser Norm.*

4.1 Direkte Ausgabe, Anzeige

Die direkte Ausgabe, Anzeige genannt, ist die unmittelbar mit den menschlichen Sinnen erfaßbare (lesbare) Ausgabe. Sie wird bei anzeigenden Meßgeräten in Einheiten der Meßgröße oder als Zahlenwert angegeben, bei Meßgeräten mit Skalenanzeige auch in Skalenteilen (siehe Abschnitt 6.4 und Beispiele in Abschnitt 6.7).

Die Anzeige kann auch akustisch (z. B. Zeitzeichen im Rundfunk), als Lichtsignal oder über Schreiber oder Drucker vermittelt werden.

Bei Maßverkörperungen (siehe Abschnitt 3.1.6) entspricht der Anzeige die Aufschrift (der Nennwert der Meßgröße).

4.2 Indirekte Ausgabe

Bei der indirekten Ausgabe wird die gesuchte Information über den Meßwert oder den Verlauf des Meßwertes ohne Anzeige weitergegeben oder in einer ohne besondere Vorrichtungen nicht ausdeutbaren Form an nachgeschaltete Einrichtungen übertragen. Indirekte Ausgabe ist also entweder die Weitergabe des Meßwertes am Ausgang eines Meßumformers durch Meßsignale (z. B. elektrische Spannungen, elektrische Stromstärken, pneumatischen Druck, siehe DIN 40146 Teil 1) oder die Darstellung des Meßwertes z. B. auf Lochkarten, Magnetbändern oder anderen Datenträgern.

5 Ausgabebereich, Anzeigebereich, Meßbereich

5.1 Ausgabebereich (Ausgangsbereich)

Der Ausgabebereich ist der Bereich aller Meßwerte, die durch ein Meßgerät direkt oder indirekt geliefert werden können.

5.2 Anzeigebereich

Der Ausgabebereich bei anzeigenden Meßgeräten heißt Anzeigebereich. Er ist der Bereich aller Werte der betrachteten Meßgröße, die an einem Meßgerät abgelesen werden können. Bestimmte Meßgeräte, z. B. Thermometer mit Erweiterungen, können mehrere Teilanzeigebereiche haben.

Anmerkung 1: *Beim Umschalten eines Meßgerätes mit mehreren Anzeigebereichen ändern sich mit dem Anzeigebereich der Skalenteilungswert, die Skalenkonstante und im allgemeinen auch die Empfindlichkeit.*

Anmerkung 2: *Der Unterdrückungsbereich ist derjenige Bereich von Meßwerten, oberhalb dessen das Meßgerät auf Grund einer speziellen Konstruktion erst anzuzeigen beginnt.*

Der Unterbrechungsbereich ist ein Teilbereich aller möglichen Meßwerte, innerhalb dessen das Meßgerät nicht anzeigt (z. B. verknüpft mit Unterbrechung der Skale).

Beispiel:

Bei Flüssigkeitsthermometern (auch mit Nullpunkt) mit einer Kapillarerweiterung wird die Anzeige in einem bestimmten Temperaturbereich unterdrückt oder unterbrochen.

5.3 Meßbereich

Der Meßbereich ist derjenige Bereich von Meßwerten der Meßgröße, in welchem vorgegebene, vereinbarte oder garantierte Fehlergrenzen nicht überschritten werden (siehe DIN 1319 Teil 3).

Bei Meßgeräten mit mehreren Meßbereichen können für die einzelnen Bereiche unterschiedliche Fehlergrenzen gelten (Beispiel: Mehrbereich-Meßgerät).

Der Meßbereich wird durch seine Grenzen, Anfangswert und Endwert, angegeben. Die Differenz zwischen Endwert und Anfangswert heißt Meßspanne.

Bei anzeigenden Meßgeräten ist der Meßbereich ein Teil des Anzeigebereiches. Er kann den ganzen Anzeigebereich umfassen, wird aber oft nur aus einem oder mehreren Teilen des Anzeigebereiches bestehen.

Anmerkung: Die Begriffe Ausgabebereich (Anzeigebereich) und Meßbereich sollten auseinandergehalten und die Bereiche präzise angegeben werden.

6 Skalen und damit zusammenhängende Begriffe

6.1 Skalenarten

6.1.1 Eine Strichskale ist die Aufeinanderfolge einer größeren Anzahl von Teilungszeichen (Teilungsmarken), z. B. Teilstrichen, auf einem Skalenträger. Strichskalen sind bevorzugt in regelmäßigen Abständen beziffert und meist für eine kontinuierliche (schleichende) Anzeige von Meßwerten bestimmt.

Anmerkung: Es gibt ebene Skalen (mit gerader oder kreisbogenförmiger Teilungsgrundlinie) und gekrümmte Skalen.

Nach Anordnung und Lage des Zeigers zur Skale unterscheidet man Querskale, Hochskale, Quadrantskale, Sektorskale und Kreisskale (siehe DIN 43 802, Skalen und Zeiger für elektrische Meßinstrumente).

6.1.2 Eine Ziffernskale (z. B. bei einem Zähler) ist eine Folge von Ziffern (meist 0 bis 9) auf einem Skalen- oder Ziffernträger, wobei meist nur die abzulesende Ziffer sichtbar ist. Die mehrstellige Ziffernskale besteht aus mehreren, nebeneinander angeordneten einstelligen Ziffernskalen mit z. B. hinter Schauöffnungen ablesbaren Ziffern; meist sind hier die einzelnen Ziffernskalen dezimal aufeinander abgestuft.

Eine Ziffernskale ist vorwiegend für eine diskontinuierliche, springende Anzeige bestimmt. Der Unterschied zwischen Ziffernskale und Strichskale wird (hinsichtlich Ablesbarkeit oder Meßunsicherheit) belanglos, wenn der Ziffernschritt (siehe Abschnitt 6.5) kleiner ist als die Unsicherheit der Anzeige.

Anmerkung: Die abzulesende Zahl kann z. B. durch Beleuchtung (durch Leuchtziffern) markiert werden (dekadische Zählröhren). Gelegentlich wird eine (nur diskontinuierliche Anzeigen ermöglichende) Ziffernskale mit einer (kontinuierlich ablesbaren) Strichskale kombiniert, z. B. beim Rollenzählwerk mancher integrierender Meßgeräte. Dabei gibt die Strichskale die letzte(n) Stelle(n) der Anzeige an.

6.2 Skalenlänge

Die Skalenlänge (Gesamtlänge) einer Strichskale ist der längs des Weges der Marke in Längeneinheiten gemessene Abstand zwischen dem ersten und letzten Teilstrich der Skale, die beide oft besonders hervorgehoben sind. Bei anzeigenden Meßgeräten mit ebener gebogener Skale (Kreisskale) ist die Skalenlänge auf dem Bogen, der durch die Mitte der kürzesten Teilstriche verläuft, zu messen; es kann auch der Skalenwinkel angegeben werden.

6.3 Teilstrichabstand

Der Teilstrichabstand einer Strichskale ist der in Längen- oder Winkeleinheiten gemessene Abstand zweier benachbarter Teilstriche.

Anmerkung: Zu kleine Teilstrichabstände (etwa unter 0,7 mm) sollten vermieden werden, da bei solchen das Ablesen ermüdend, insbesondere eine Zehntelschätzung nicht möglich und dadurch die Beobachtung unsicherer ist. Die Ablesemarke soll über die Mitte der kleinsten Teilstriche laufen. Bei Geräten mit fest eingebauter optischer Vergrößerung ist maßgebend der scheinbare Teilstrichabstand, d. h. das Produkt aus dem vorher definierten Teilstrichabstand und der optischen Vergrößerung oder dem Abbildungsmaßstab.

6.4 Skalenteil

Der Skalenteil einer Strichskale ist eine der Teilungseinheiten, in der die Anzeige angegeben werden kann; man faßt dabei den Teilstrichabstand als Zähleinheit „Skalenteil“ für die Anzeige auf.

Anmerkung 1: Als Teilungseinheiten werden benutzt: Skalenteil und Ziffernschritt (ohne Angabe der Einheit der Meßgröße), Skalenteilungswert (meist in Einheiten der Meßgröße).

Anmerkung 2: Die Skalenteilungen werden (in bezug auf die Beschriftung mit Zahlenwerten) als Einerteilung, Zweierteilung oder Fünferteilung ausgeführt (Beispiel in Anmerkung zu Abschnitt 6.7: Einerteilung Skalenbild A und B, Zweierteilung Skalenbild C). Es gibt lineare Skalen (mit gleichen Teilstrichabständen) und nichtlineare Skalen (Beispiel in Anmerkung zu Abschnitt 6.7: Skalenbild D). Der Skalenteil einer Strichskale sollte als Teilungseinheit nur bei linearer Skalenteilung benutzt werden.

6.5 Ziffernschritt

Der Ziffernschritt einer Ziffernskale ist gleich dem Sprung zwischen zwei aufeinanderfolgenden Zahlen der letzten Stelle.

6.6 Skalenteilungswert

Der Skalenteilungswert, früher Skalenwert oder Teilungswert genannt, ist bei einem Meßgerät mit Skalenanzeige gleich der Änderung des Wertes der Meßgröße, die auf einer Strichskale einer Verschiebung der Marke um einen Skalenteil entspricht. Bei einem Meßgerät mit Ziffernanzeige ist der Skalenteilungswert gleich der Änderung des Wertes der Meßgröße, die auf der Ziffernskale dem Ziffernschritt entspricht. Der Skalenteilungswert ist stets in der Einheit anzugeben, die für die Meßgröße gewählt worden ist. Der Skalenteilungswert wird als kennzeichnende Größe z. B. bei folgenden anzeigenden Meßgeräten benutzt: Flüssigkeitsthermometer, Aräometer, Längenmeßgeräte, Volumenmeßgeräte mit Skale.

Anmerkung: Wird bei einer mehrstelligen Ziffernskale die letzte Stelle auf einer Strichskale abgelesen, so ist der Skalenteilungswert auf einen Skalenteil der Strichskale zu beziehen.

6.7 Skalenkonstante, Gerätekonstante

Die Skalenkonstante bei Meßgeräten mit Skalenanzeige ohne unmittelbare Angabe einer Einheit (z. B. bei Mehrbereich-Meßgeräten) ist derjenige Größenwert k, mit welchem der Zahlenwert der Anzeige z_A (entsprechend dem Stand der Marke gemäß der Bezifferung der Skale) multipliziert werden muß, um den gesuchten Meßwert x zu erhalten, also

$$x = k\, z_A \text{ und } k = x/z_A$$

Die Skalenkonstante, gekürzt auch Konstante genannt, wird vorwiegend bei elektrischen Meßgeräten benutzt. Die Skalenkonstante k heißt vielfach, besonders bei Geräten ohne Skale (z. B. Kapillarviskosimeter) „Gerätekonstante", sie wird in manchen Bereichen auch „Kalibrierkonstante" genannt.

Anmerkung: Der Unterschied zwischen den Begriffen „Skalenteilungswert" und „Skalenkonstante" sei an 4 Skalenbildern mit jeweils an der Stelle z_A eingezeichneter Anzeige erläutert.

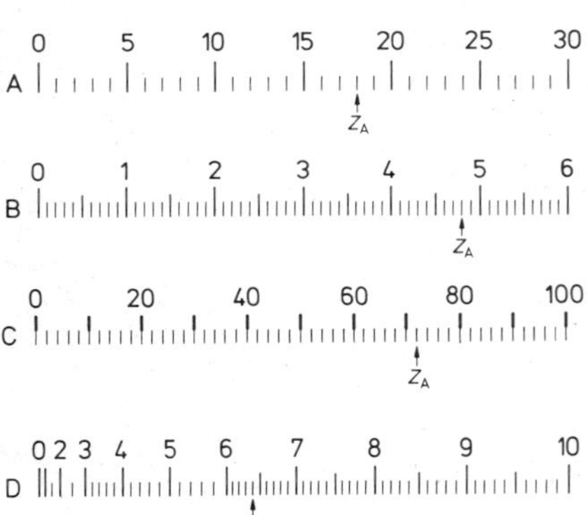

Beim Skalenbild A sind die Skalenteile fortlaufend gezählt; die Bezifferung gibt die Anzahl der Skalenteile an. In diesem Fall stimmen bei einer gleichmäßig geteilten Skale Skalenteilungswert und Skalenkonstante überein.

Beim Skalenbild B sind Gruppen von je 10 Skalenteilen fortlaufend gezählt und beziffert. Deshalb ist hier der Skalenteilungswert verschieden von der Skalenkonstante. Der Meßwert x ergibt sich aus $x = 4{,}8 \cdot 1{,}0\,\text{mA} = 48 \cdot 0{,}1\,\text{mA} = 4{,}8\,\text{mA}$.

Bei Skalenbild C mit Zweierteilung sind Gruppen von je 10 Skalenteilen fortlaufend gezählt und entsprechend der Zweierteilung beziffert. Daher ist der Skalenteilungswert 0,4 mA doppelt so groß wie die Skalenkonstante 0,2 mA. Der Meßwert x folgt aus $x = 72 \cdot 0{,}2\,\text{mA} = 36 \cdot 0{,}4\,\text{mA} = 14{,}4\,\text{mA}$.

Bei Skalenbild D mit nichtlinearer (hier quadratischer) Teilung muß die Unterteilung der Skale zwischen den langen, bezifferten Teilstrichen am Anfang gröber als am Ende sein. Die Skalenteilungswerte wären hier 0,1 A; 0,05 A; 0,02 A; 0,01 A, in den Anzeigebereichen: 0 bis 1; 1 bis 3; 3 bis 6; 6 bis 10. Deshalb kann in solchen Fällen nur die Skalenkonstante benutzt werden, die immer unabhängig von der Skalenteilung ist.

6.8 Mehrbereich-Meßgeräte

Bei Mehrbereich-Meßgeräten ist zu jedem Bereich der zugehörige Skalenwert oder die zugehörige Skalenkonstante anzugeben.

Oft begnügt man sich aber auch mit der Angabe des Meßwertes für den Skalenendwert, der bei elektrischen Meßgeräten meist mit dem Meßbereichendwert übereinstimmt.

7 Empfindlichkeit

7.1 Definition

Die Empfindlichkeit eines Meßgerätes (unter Umständen an einer bestimmten Stelle) ist der Quotient einer beobachteten Änderung des Ausgangssignals (oder der Anzeige) durch die sie verursachende (hinreichend kleine) Änderung des Eingangssignals (oder der Meßgröße). Der Begriff der Empfindlichkeit wird vorwiegend bei anzeigenden Meßgeräten verwendet.

7.2 Angabe bei veränderlicher Empfindlichkeit

Ist die Empfindlichkeit längs der Skale nicht konstant, so muß jeweils die Anzeige, für die sie gelten soll, oder der zugehörige Wert der Meßgröße angegeben werden. Insbesondere kann zwischen Anfangsempfindlichkeit und Endempfindlichkeit unterschieden werden.

Anmerkung 1: Immer sollte beachtet werden, daß im Zähler jeder Empfindlichkeit die Änderung der Wirkung stehen muß, im Nenner dagegen die Änderung der Ursache. Es hat nur dann Sinn, von Empfindlichkeit zu sprechen, wenn kein Zweifel darüber bestehen kann, welche Größe als Ursache und welche als Wirkung aufzufassen ist.

Anmerkung 2: Es ist definitionswidrig, als Empfindlichkeit den Kehrwert des hierfür definierten Quotienten zu benennen. Beispielsweise ist die Stromempfindlichkeit eines Galvanometers mit einer Skale in Längeneinheiten nicht 10^{-8} A/mm, sondern 100 mm/µA (anschaulicher als 10^8 mm/A).

Anmerkung 3: Man beachte, daß die Empfindlichkeit auf die Änderung der Meßgröße und nicht auf den Ausschlagwinkel bezogen wird.

Anmerkung 4: In der optischen Strahlungsphysik und Lichttechnik (siehe DIN 5031 Teil 2) verwendet man außer der differentiell definierten Empfindlichkeit nach Abschnitt 7.1 vorzugsweise die „Gesamtempfindlichkeit s" als Quotient Ausgangsgröße Y (Wirkung) durch Eingangsgröße X (Ursache), also $s = \frac{Y}{X}$.

Anmerkung 5: Ein analoger Begriff wie die Gesamtempfindlichkeit s in der Optik ist im Bereich der Strahlungs-

Skale	Anzeige z_A Zahlenwert	Anzeige z_A Skalenteile	Meßbereich z. B.	Skalenkonstante k	Skalenteilungswert	Meßwert x bei Anzeige z_A
A	18,0	18	0 *bis* 6 mA	0,2 mA	0,2 mA	3,6 mA
B	4,8	48	0 *bis* 6 mA	1,0 mA	0,1 mA	4,8 mA
C	72	36	0 *bis* 20 mA	0,2 mA	0,4 mA	14,4 mA
D	6,4	–	0,3 *bis* 1 A	0,1 A	–	0,64 A

technik das A n s p r e c h v e r m ö g e n. *In der Strahlungstechnik, insbesondere der Dosimetrie, wird zur Kennzeichnung von Meßgeräten, speziell von Strahlungsdetektoren, das „Ansprechvermögen" (oder die „Nachweiswahrscheinlichkeit") definiert, als das Verhältnis der am Meßgerät beobachteten Anzeige zu dem Wert der sie verursachenden Meßgröße.*

7.3 Angabe bei Skalenanzeige

Bei Meßgrößen mit Skalenanzeige ist die Empfindlichkeit E gleich dem Quotienten Änderung ΔL der Anzeige durch die sie verursachende Änderung ΔM der Meßgröße, also

$$\text{Empfindlichkeit } E = \frac{\Delta L}{\Delta M}.$$

A n m e r k u n g: Bezeichnet man den Teilstrichabstand einer linearen Strichskale mit A, den Skalenteilungswert mit S und die Empfindlichkeit mit E, so ist $E = \Delta L / \Delta M \approx A/S$. Die Empfindlichkeit ist also auch angenähert gleich dem Quotienten Teilstrichabstand durch Skalenteilungswert und somit von der Beschaffenheit der Teilung unabhängig.

7.4 Angabe bei Ziffernanzeige

Bei Meßgeräten mit Ziffernanzeige ist die Empfindlichkeit E gleich dem Quotienten Anzahl ΔZ der Ziffernschritte, um die sich die Anzeige infolge einer Änderung ΔM der Meßgröße ändert, durch die verursachende Änderung ΔM, also $E = \Delta Z / \Delta M$.

7.5 Empfindlichkeit bei Längenmeßgeräten

Bei Längenmeßgeräten ist die Empfindlichkeit gleich dem Verhältnis des Weges des anzeigenden Elementes, z. B. des Zeigers, zum Weg des messenden Elementes, z. B. des Meßbolzens (Endweg zum Anfangsweg).

Beispiel:

> Ein Feinzeiger mit der Übersetzung 1000 : 1 (Übertragungsfaktor 1000) hat die Empfindlichkeit 1 mm/0,001 mm, weil sich bei einer Änderung der Meßgröße um 0,001 mm die Anzeige um 1 mm ändert.

8 Umkehrspanne

Die U m k e h r s p a n n e eines Meßgerätes bei einem bestimmten Wert x_e der Meßgröße (Eingangsgröße) ist gleich der Differenz der Anzeigen $(x'_a - x_a)$ (Ausgangswerte), die man erhält, wenn der festgelegte Meßwert x_e einmal von kleineren Werten her – zunehmend, Anzeige x_a – und einmal von größeren Werten her – abnehmend, Anzeige x'_a – stetig oder schrittweise langsam eingestellt wird. Die relative Umkehrspanne ist dann $(x'_a - x_a)/x_a$. Für den festen Meßwert x_e werden entweder Werte in der Nähe der Grenzen des Meßbereiches (etwa 0,1 und 0,9 der Meßspanne), der maximale Wert oder der mittlere Wert innerhalb des Meßbereiches gewählt.

Bei quantitativen Angaben über die Umkehrspanne ist das Meßverfahren anzugeben. Im allgemeinen muß die Umkehrspanne in einem geschlossenen Zyklus zwischen Null und dem Endwert des Meßbereiches ermittelt werden; sie wird dabei im allgemeinen an mehreren Stellen des Meßbereiches in abgestuften Schritten gemessen.

A n m e r k u n g 1: Ursachen einer Umkehrspanne sind z. B. Reibung, toter Gang, elastische Nachwirkungen, Remanenz, Hysterese.

A n m e r k u n g 2: Die Umkehrspanne ist nicht immer konstant (z. B. wegen der Veränderlichkeit der Reibung). Oft gibt man nur an, daß sie unter einer bestimmten Grenze liegt.

9 Ansprechschwelle, Ansprechwert, Anlaufwert

Die A n s p r e c h s c h w e l l e ist derjenige Wert einer erforderlichen geringen Änderung der Meßgröße, welche eine erste eindeutig erkennbare Änderung der Anzeige hervorruft (z. B. erste sichtbare Änderung eines Zeigerausschlages).

Die Ansprechschwelle am Nullpunkt heißt auch A n s p r e c h w e r t.

Bei integrierenden Meßgeräten heißt der Ansprechwert A n l a u f w e r t. Er ist derjenige Wert der Meßgröße, über die zeitlich integriert wird (z. B. Stromstärke bzw. Leistung beim Elektrizitätszähler oder Volumendurchfluß bei einem Gasdurchflußintegrator), bei welchem die erste eindeutige Anzeige erkennbar wird, d. h. bei der der Zähler sicher anläuft.

Beispiel:

> Ein Elektrizitätszähler der Klasse 1,0 muß bei 0,4 % des Nennstroms unter Nennbedingungen anlaufen und weiterdrehen. Es ist zu überprüfen, daß der Läufer mit Sicherheit eine ganze Umdrehung ausführt (siehe IEC-Publikation 521).

A n m e r k u n g 1: Ansprechschwelle, Ansprechwert und Anlaufwert sind nicht immer konstant (z. B. wegen der Veränderlichkeit der Reibung). Oft gibt man nur an, daß sie unter einer bestimmten Grenze liegen.

A n m e r k u n g 2: In manchen Bereichen der Meßtechnik wird der Begriff A u f l ö s u n g *benutzt. Man versteht dabei unter Auflösung diejenige erforderliche geringe Änderung des Wertes der Meßgröße, die eine noch erkennbare (oft festgelegte) geringe Änderung der Anzeige bewirkt (bei Meßgeräten mit Skalenanzeige z. B. 1/5 des Skalenteilungswertes). Bei Meßgeräten mit Ziffernanzeige ist die Auflösung gleich dem Ziffernschritt.*

In der Optik versteht man unter Auflösung (Auflösungsvermögen) bei einer Meßeinrichtung den kleinsten Abstand zweier Punkte eines Objektes oder zweier benachbarter Größenwerte, welche von der Meßeinrichtung mit Sicherheit getrennt (deutlich unterscheidbar) registriert werden können. Beispiel: Bei einem Mikroskop ist Auflösung der kleinste Abstand zweier Punkte, welche in der Abbildung noch getrennt erscheinen.

Mai 1996

Grundlagen der Meßtechnik

Teil 3: Auswertung von Messungen einer einzelnen Meßgröße
Meßunsicherheit

DIN 1319-3

ICS 17.020

Mit DIN 1319-1 : 1995-01
Ersatz für Ausgabe 1983-08

Deskriptoren: Meßtechnik, Meßunsicherheit, Meßdaten, Auswertung, Metrologie

Fundamentals of metrology – Part 3: Evaluation of measurements of a single measurand, measurement uncertainty

Fondements de la métrologie – Partie 3: Exploitation des mesurages d'un mesurande seul, incertitude de mesure

Inhalt

Fortsetzung Seite 2 bis 24

Normenausschuß Einheiten und Formelgrößen (AEF) im DIN Deutsches Institut für Normung e.V.
Deutsche Elektrotechnische Kommission im DIN und VDE (DKE)
Normenausschuß Qualitätsmanagement, Statistik und Zertifizierungsgrundlagen (NQSZ) im DIN

Vorwort

Diese Norm wurde vom Normenausschuß Einheiten und Formelgrößen (AEF, Aufgabe 73) neu erarbeitet, um insbesondere die Behandlung und Angabe der Meßunsicherheit zu einem Meßergebnis den internationalen Empfehlungen [1] anzupassen.

Anhänge A bis G sind informativ.

DIN 1319 "Grundlagen der Meßtechnik" besteht aus:

Teil 1: Grundbegriffe
Teil 2: Begriffe für die Anwendung von Meßgeräten
Teil 3: Auswertung von Messungen einer einzelnen Meßgröße, Meßunsicherheit
Teil 4: Behandlung von Unsicherheiten bei der Auswertung von Messungen

Änderungen

Gegenüber der Ausgabe August 1983 wurden folgende Änderungen vorgenommen:

- Die Norm wurde vollständig neu erarbeitet, um sie in Einklang mit DIN 1319-4 und den internationalen Empfehlungen [1] zu bringen.
- Die Grundbegriffe der Meßtechnik sind nunmehr in DIN 1319-1 definiert.

Frühere Ausgaben

DIN 1319: 1942-07, 1962-01, 1963-12; DIN 1319-3: 1968-12, 1972-01, 1983-08

1 Anwendungsbereich

Diese Norm gilt im Bereich der Meßtechnik für die Ermittlung des Werts einer e i n z e l n e n Meßgröße und deren Meßunsicherheit durch Auswertung von Messungen. Sie gilt sinngemäß auch bei rechnersimulierten Messungen.

Zweck der Norm ist die Festlegung eines Verfahrens für die Auswertung im Fall, daß die Meßgröße direkt gemessen oder mittels einer gegebenen Funktion aus anderen Größen berechnet wird. In allgemeineren Fällen, z.B. wenn eine Ausgleichsrechnung durchzuführen ist wie bei Ringversuchen oder wenn mehrere Meßgrößen gemeinsam als Funktionen anderer Größen auszuwerten sind, ist das Verfahren in DIN 1319-4 anzuwenden.

2 Normative Verweisungen

Diese Norm enthält durch datierte und undatierte Verweisungen Festlegungen aus anderen Publikationen. Diese normativen Verweisungen sind an den jeweiligen Stellen im Text zitiert, und die Publikationen sind nachstehend aufgeführt. Bei datierten Verweisungen gehören spätere Änderungen oder Überarbeitungen dieser Publikationen nur zu dieser Norm, falls sie durch Änderung oder Überarbeitung eingearbeitet sind. Bei undatierten Verweisungen gilt die letzte Ausgabe der in Bezug genommenen Publikation.

DIN 1313 Physikalische Größen und Gleichungen – Begriffe, Schreibweisen

DIN 1319-1 Grundlagen der Meßtechnik – Teil 1: Grundbegriffe

DIN 1319-4 Grundbegriffe der Meßtechnik – Behandlung von Unsicherheiten bei der Auswertung von Messungen

DIN 1333 Zahlenangaben

DIN 13303-1 Stochastik – Wahrscheinlichkeitstheorie, Gemeinsame Grundbegriffe der mathematischen und der beschreibenden Statistik, Begriffe und Zeichen

DIN 13303-2 Stochastik – Mathematische Statistik, Begriffe und Zeichen

DIN 53804-1 Statistische Auswertungen – Meßbare (kontinuierliche) Merkmale

DIN 55350-21 Begriffe der Qualitätssicherung und Statistik – Begriffe der Statistik, Zufallsgrößen und Wahrscheinlichkeitsverteilungen

DIN 55350-22 Begriffe der Qualitätssicherung und Statistik – Begriffe der Statistik, Spezielle Wahrscheinlichkeitsverteilungen

DIN 55350-23 Begriffe der Qualitätssicherung und Statistik – Begriffe der Statistik, Beschreibende Statistik

DIN 55350-24 Begriffe der Qualitätssicherung und Statistik – Begriffe der Statistik, Schließende Statistik

ISO 3534-1: 1993 Statistics – Vocabulary and symbols – Part 1: Probability and general statistical terms

[1] Leitfaden zur Angabe der Unsicherheit beim Messen. Beuth Verlag, Berlin, Köln 1995; Guide to the Expression of Uncertainty in Measurement. ISO International Organization for Standardization, Genf 1993

[2] Internationales Wörterbuch der Metrologie – International Vocabulary of Basic and General Terms in Metrology. DIN Deutsches Institut für Normung (Herausgeber), Beuth Verlag, Berlin, Köln 1994; International Vocabulary of Basic and General Terms in Metrology. ISO International Organization for Standardization, Genf 1993

[3] K. Weise, W. Wöger: Eine Bayessche Theorie der Meßunsicherheit. PTB-Bericht N–11, Physikalisch-Technische Bundesanstalt (Braunschweig) 1992; A Bayesian Theory of Measurement Uncertainty. Meas. Sci. Technol. 4; 1–11; 1993

3 Begriffe

Die Benennungen wichtiger Begriffe sind im folgenden bei deren ersten Auftreten oder an besonderen Stellen kursiv gesetzt. Gesperrt gesetzte Wörter sind betont.

Die mit einem Stern (*) versehenen Begriffe sind in den Normen in Anhang E definiert; siehe aber auch ISO 3534-1: 1993 und [1], [2].

Einige herausragende Begriffe sind im folgenden definiert und kommentiert. Die bei ihren Benennungen in runden Klammern stehenden Zusätze dürfen fortgelassen werden, wenn keine Gefahr der Verwechslung mit anderen Begriffen besteht.

Für die Anwendung dieser Norm gelten die folgenden Begriffe:

3.1 Meßgröße: *Physikalische Größe**, der die *Messung** gilt. (Aus: DIN 1319-1: 1995-01)

ANMERKUNG: Einer Meßgröße gleichgestellt werden in dieser Norm auch alle anderen Größen, die bei der *Auswertung* von Messungen b e t e i l i g t sind. Das betrifft vor allem *Einflußgrößen** und Größen, die der Berichtigung oder *Kalibrierung** dienen.

3.2 Ergebnisgröße (der Auswertung): *Meßgröße** als Ziel der Auswertung von *Messungen**.

3.3 Eingangsgröße (der Auswertung): *Meßgröße** oder andere Größe, von der Daten in die Auswertung von *Messungen** eingehen.

3.4 Modell (der Auswertung): Mathematische Beziehungen zwischen allen bei der Auswertung von *Messungen** beteiligten *Meßgrößen** und anderen Größen.

3.5 Meßunsicherheit: Kennwert, der aus *Messungen** gewonnen wird und zusammen mit dem *Meßergebnis** zur Kennzeichnung eines Wertebereiches für den *wahren Wert** der *Meßgröße** dient. (Aus: DIN 1319-1: 1995-01)

ANMERKUNG 1: Die Meßunsicherheit ist ein Maß für die Genauigkeit der Messung und kennzeichnet die Streuung oder den Bereich derjenigen Werte, die der Meßgröße vernünftigerweise als *Schätzwerte** für den wahren Wert z u g e w i e s e n werden können [1]. Sie kann auch als ein Maß für die Unkenntnis der Meßgröße aufgefaßt werden [3].

ANMERKUNG 2: Die Meßunsicherheit ist von der *Meßabweichung** deutlich zu unterscheiden. Letztere ist nur die Differenz zwischen einem der Meßgröße zuzuordnenden Wert, z.B. einem *Meßwert** oder dem Meßergebnis, und dem wahren Wert. Die Meßabweichung kann gleich Null sein, ohne daß dies bekannt ist. Diese Unkenntnis drückt sich in einer Meßunsicherheit größer als Null aus.

ANMERKUNG 3: Die Meßunsicherheit kann auch ganz allgemein eine bei der Auswertung von Messungen beteiligte Größe betreffen, ohne daß diese eine Meßgröße zu sein braucht. Sie wird im folgenden oft kurz auch *Unsicherheit* genannt. Die Benennung *Standardmeßunsicherheit*, kurz *Standardunsicherheit* [1], wird verwendet, wenn herausgestellt werden soll, daß die Meßunsicherheit durch eine *Standardabweichung** ausgedrückt wird (siehe 5.3 und 6.2.1). Die Standardunsicherheit besitzt dieselbe *Dimension** wie die Meßgröße. Die Meßunsicherheit wird auch *individuelle Komponente der Meßunsicherheit* genannt, wenn sie mit denen anderer Meßgrößen kombiniert wird oder zusammen mit der *gemeinsamen Komponente der Meßunsicherheit* (siehe 3.6) erwähnt wird.

ANMERKUNG 4: Zu anderen Kennwerten für die Genauigkeit einer Messung siehe 5.4.2 und Anhang D.

3.6 Gemeinsame Komponente der Meßunsicherheit: Kennwert für ein Paar von *Meßgrößen**, der aus *Messungen** gewonnen wird und zur Kennzeichnung eines Wertebereichs für das Paar der *wahren Werte** der beiden Meßgrößen beiträgt.

ANMERKUNG: Der genannte Wertebereich ist zweidimensional. Die gemeinsame Komponente der Meßunsicherheit kennzeichnet die gegenseitige Abhängigkeit, mit der den beiden Meßgrößen gemeinsam Werte zugewiesen werden können. Auch die gemeinsame Komponente der Meßunsicherheit kann andere Größen als Meßgrößen betreffen. Im Gegensatz zur Meßunsicherheit kann sie auch negativ sein. Ist sie ungleich Null, so sind die beiden Meßgrößen — genauer die ihnen zugeordneten *Schätzer** (siehe 6.1.2 und 6.2.1) — *korreliert**.

4 Allgemeine Grundlagen der Auswertung von Messungen

4.1 Ziel der Messung

Ziel jeder *Messung** einer *Meßgröße** (siehe 3.1) ist es, deren *wahren Wert** zu ermitteln. Dabei wird eine *Meßeinrichtung** und ein *Meßverfahren** auf ein *Meßobjekt**, den Träger der Meßgröße, angewendet. Die Messung kann mit Hilfe eines Rechners simuliert sein. Die Messung umfaßt auch die *Auswertung* der gewonnenen *Meßwerte** und anderer zu berücksichtigender Daten. Ein einheitliches Verfahren für die Auswertung ermöglicht den kritischen Vergleich und die Kombination von Meßergebnissen.

Wegen der bei der Messung wirkenden Einflüsse treten unvermeidlich *Meßabweichungen** (siehe 3.5 Anmerkung 2) auf. Diese sind der Grund, warum es nicht möglich ist, den wahren Wert genau zu finden. Lediglich das *Meßergebnis** y als ein *Schätzwert** für den wahren Wert einer Meßgröße Y sowie die *Meßunsicherheit** $u(y)$ (siehe 3.5) lassen sich aus den Meßwerten und anderen Daten gewinnen und angeben. In dieser Norm bilden das Meßergebnis und die Meßunsicherheit zusammen das *vollständige Meßergebnis** für die Meßgröße Y, die *Ergebnisgröße* der Auswertung (siehe 3.2).

Bei vielen Messungen ergeben sich die zu einer Meßgröße gehörenden Meßwerte direkt aus der *Ausgabe** der Meßeinrichtung. Eine solche Messung wird kurz *direkte Messung* genannt. Die Auswertung in dem einfachen, aber grundlegenden Fall der mehrmaligen direkten Messung bei Vorliegen einer *systematischen Meßabweichung** wird in Abschnitt 5 beschrieben. Im allgemeinen muß eine Meßgröße jedoch indirekt ermittelt werden. Dabei werden zunächst andere Meßgrößen entweder direkt gemessen oder ebenfalls indirekt ermittelt. Aus diesen und weiteren Größen, insbesondere *Einflußgrößen**, die die Ursache für systematische Meßabweichungen sind, wird dann mit Hilfe eines bestehenden mathematischen Zusammenhangs, des *Modells* der Auswertung (siehe 3.4), das vollständige Meßergebnis für die Ergebnisgröße errechnet. Jene Größen sind die *Eingangsgrößen* der Auswertung (siehe 3.3). Das Auswertungsverfahren für den allgemeinen Fall wird in Abschnitt 6 beschrieben.

4.2 Vier Schritte der Auswertung von Messungen

Jede Auswertung wird zweckmäßig in vier voneinander deutlich zu trennenden Schritten ausgeführt:

a) Aufstellung eines Modells, das die Beziehung der interessierenden Meßgröße, der Ergebnisgröße, zu allen anderen beteiligten Größen, den Eingangsgrößen, mathematisch beschreibt (siehe 5.1 und 6.1),
b) Vorbereitung der gegebenen Meßwerte und anderer verfügbarer Daten (siehe 5.2 und 6.2),
c) Berechnung des Meßergebnisses und der Meßunsicherheit der Ergebnisgröße aus den vorbereiteten Daten mittels des Modells (siehe 5.3 und 6.3 und Anhang B),
d) Angabe des vollständigen Meßergebnisses der Ergebnisgröße (siehe 5.4 und 6.4).

5 Auswertungsverfahren für den einfachen Fall der mehrmaligen direkten Messung

Das in diesem Abschnitt beschriebene Verfahren der Auswertung für den einfachen Fall der mehrmaligen direkten Messung bei Vorliegen einer systematischen Meßabweichung ist ein Sonderfall des allgemeinen Verfahrens nach Abschnitt 6, der wegen seiner Bedeutung herausgestellt wird.

5.1 Aufstellung des Modells

Oft wird eine Meßgröße Y in unabhängigen Versuchen mehrmals d i r e k t gemessen, wobei dieselben genau festgelegten Versuchsbedingungen so weit wie möglich eingehalten werden und eine von einer Einflußgröße verursachte systematische Meßabweichung bei der Auswertung zu berücksichtigen ist. Auch in diesem einfachen, typischen Fall ist im ersten Schritt der Auswertung zuerst ein ebenfalls einfaches Modell der Auswertung aufzustellen. Im Hinblick auf eine spätere Verallgemeinerung ist es zweckmäßig, der unberichtigten *Ausgabe** der verwendeten Meßeinrichtung eine Eingangsgröße X_1 und davon getrennt der systematischen Meßabweichung eine weitere Eingangsgröße X_2 zuzuordnen. Die Meßgröße Y ist die Ergebnisgröße und zwar die um die Eingangsgröße X_2 berichtigte Ausgabe X_1 und ergibt sich somit aus der Gleichung

$$Y = X_1 - X_2 \,, \tag{1}$$

die das Modell darstellt.

5.2 Vorbereitung der Eingangsdaten

5.2.1 Mittelwert und Standardabweichung der Meßwerte

Bei der mehrmaligen direkten Messung der Meßgröße Y streuen die bei den n einzelnen Messungen erhaltenen Meßwerte v_j $(j = 1, \dots, n)$ wegen zufälliger Einflüsse. Die Meßwerte werden deshalb als Realisierungen einer *Zufallsgröße** V aufgefaßt, die der Eingangsgröße X_1 zugeordnet ist. Die Zufallsgröße V folgt einer *Wahrscheinlichkeitsverteilung**, im folgenden kurz auch *Verteilung* genannt, die insbesondere durch die beiden *Parameter** *Erwartungswert** μ und *Standardabweichung** σ (oder alternativ durch die *Varianz** σ^2) gekennzeichnet ist. Die Eingangsgröße X_1 ist keine Zufallsgröße, deshalb ist sie auch nicht identisch mit V. Der Erwartungswert μ stimmt mit dem wahren Wert der Größe X_1 überein, bei Abwesenheit der durch Einflußgrößen verursachten systematischen Meßabweichung $(X_2 = 0)$ auch mit dem wahren Wert der Meßgröße Y selbst. Die Standardabweichung ist ein Maß für die Streuung der einzelnen Meßwerte um den Erwartungswert oder der *zufälligen Meßabweichungen** um Null.

Die Parameter μ und σ der Verteilung sind im allgemeinen nicht bekannt. Es besteht im zweiten Schritt der Auswertung zunächst die Aufgabe, aus den Meßwerten v_j Schätzwerte für sie zu ermitteln. Üblicherweise wird der *(arithmetische) Mittelwert** $\bar{v}$ der Meßwerte (auch *arithmetisches Mittel* genannt)

$$x_1 = \bar{v} = \frac{1}{n} \sum_{j=1}^{n} v_j \tag{2}$$

als Schätzwert für μ und daher auch für X_1 benutzt. x_1 ist das *unberichtigte Meßergebnis**. Die *(empirische) Standardabweichung**

$$s = \sqrt{\frac{1}{n-1} \sum_{j=1}^{n} (v_j - \bar{v})^2} \tag{3}$$

der Meßwerte dient als Schätzwert für σ. Zu anderen Ausdrücken, die mit denen nach den Gleichungen (2) und (3) äquivalent sind, aber bei numerischen Rechnungen zweckmäßiger sein können, siehe DIN 53804-1.

Weil die Meßwerte Realisierungen der Zufallsgröße V sind, können $\bar{v}$ von μ und s von σ zufällig abweichen. $\bar{v}$ und s sind also auch selbst Realisierungen von Zufallsgrößen, die *Schätzer** genannt werden und der Ermittlung der Parameter dienen.

Als Unsicherheit $u(x_1)$ von X_1, die mit dem Mittelwert $\bar{v}$ als Schätzwert x_1 für X_1 verbunden ist, wird die *(empirische) Standardabweichung des Mittelwerts* verwendet:

$$u(x_1) = s(\bar{v}) = s/\sqrt{n} = \sqrt{\frac{1}{n(n-1)} \sum_{j=1}^{n} (v_j - \bar{v})^2} \ . \tag{4}$$

Die Unsicherheit des mit X_1 übereinstimmenden Erwartungswerts μ wird daher kleiner mit zunehmender Anzahl n der Messungen. Wenn eine systematische Meßabweichung nicht vernachlässigt werden darf, ist diese Unsicherheit $u(x_1)$ nur ein Teil der Meßunsicherheit der Meßgröße Y.

Ist aus früheren, unter vergleichbaren Versuchsbedingungen oftmals ausgeführten Messungen derselben oder einer ähnlichen Meßgröße bereits eine empirische Standardabweichung s_0 der Verteilung der Meßwerte bekannt, so sollte der bei kleiner Anzahl n günstigere Ansatz

$$u(x_1) = s_0/\sqrt{n} \tag{5}$$

verwendet werden.

5.2.2 Systematische Meßabweichung

Die *systematische Meßabweichung** setzt sich aus der *bekannten systematischen Meßabweichung* und der *unbekannten systematischen Meßabweichung* zusammen (siehe DIN 1319-1). Eine bekannte systematische Meßabweichung dient als Schätzwert x_2 für die Eingangsgröße X_2. Sie wird durch ihren negativen Wert, die *Korrektion** K des unberichtigten Meßergebnisses x_1, hier des Mittelwerts $\bar{v}$, ausgeglichen. $x_2 = -K$ ist im allgemeinen nicht gleich der gesamten systematischen Meßabweichung. Daher rührt die Unsicherheit $u(x_2)$ der Eingangsgröße X_2, die der systematische Meßabweichung zugeordnet ist. Auch dann, wenn die Korrektion K selbst gleich Null ist und daher im Meßergebnis nicht in Erscheinung tritt, bleibt diese Unsicherheit bestehen (siehe 3.5 Anmerkung 2). Ob diese

Unsicherheit vernachlässigt werden darf, muß im Einzelfall geprüft und entschieden werden. Als Unsicherheit von X_2 wird die Standardabweichung einer Verteilung derjenigen Werte der systematischen Meßabweichung benutzt, die nach Maßgabe der vorliegenden oder aus der Erfahrung ableitbaren Informationen über die Eingangsgröße X_2 vernünftigerweise m ö g l i c h sind. Welche systematische Meßabweichung sich bei der Messung tatsächlich realisiert, bleibt dabei unbekannt. Im Gegensatz zu der Verteilung der Zufallsgröße V der bei den einzelnen Messungen festgestellten Meßwerte ist die Verteilung einer Zufallsgröße W, die hier der Eingangsgröße X_2 als Schätzer zugeordnet wird, eine solche der möglichen, aber nicht festgestellten Werte der systematischen Meßabweichung.

Der Schätzwert x_2 und die Unsicherheit $u(x_2)$ errechnen sich nach mathematischen Ausdrücken in 6.2.5. Ist z.B. bekannt oder anzunehmen, daß die systematische Meßabweichung, d.h. der wahre Wert der Eingangsgröße X_2, fest oder sich während der Messung ändernd zwischen den Grenzen a und b liegt ($a < b$), und ist sonst nichts über diese Größe bekannt, so ist anzusetzen:

$$x_2 = -K = (a+b)/2 \ ; \quad u(x_2) = (b-a)/\sqrt{12} \ . \tag{6}$$

5.3 Berechnung des vollständiges Meßergebnisses

Im dritten Schritt der Auswertung führt das Einsetzen des Mittelwerts $x_1 = \bar{v}$ sowie $x_2 = -K$ oder z.B. x_2 nach Gleichung (6) in die das Modell darstellende Gleichung (1) auf das Meßergebnis y für die Meßgröße Y:

$$y = x_1 - x_2 = \bar{v} + K \ . \tag{7}$$

y ist der beste Schätzwert für den wahren Wert der Ergebnisgröße.

Die Meßunsicherheit $u(y)$ der Meßgröße Y folgt aus der quadratischen Kombination der Unsicherheiten $u(x_1)$ und $u(x_2)$ der Eingangsgrößen X_1 bzw. X_2, ungeachtet der unterschiedlichen begrifflichen Auffassung der Verteilung der beiden zugeordneten Schätzer (siehe auch Gleichung (43) und Anhang F):

$$u(y) = \sqrt{u^2(x_1) + u^2(x_2)} \ . \tag{8}$$

$u(y)$ ist die *Standardunsicherheit* (siehe 3.5 Anmerkung 3) von Y. Zweckmäßig wird auch die *relative Meßunsicherheit** $u_{\text{rel}}(y) = u(y)/|y|$ gebildet, wenn $y \neq 0$.

5.4 Angabe des vollständigen Meßergebnisses

5.4.1 Schreibweisen der Angabe mit Meßunsicherheit

Das *vollständige Meßergebnis** für die Meßgröße Y wird im vierten Schritt der Auswertung nach DIN 1319-1 in einer der folgenden Schreibweisen angegeben:

$$\begin{aligned} &\text{a)}\ y\ ,\ u(y)\ ; && \text{d)}\ Y = y \pm u(y)\ ; \\ &\text{b)}\ y\ ,\ u_{\text{rel}}(y)\ ; && \text{e)}\ Y = y \cdot (1 \pm u_{\text{rel}}(y))\ . \\ &\text{c)}\ Y = y\ (u(y))\ ; && \end{aligned} \tag{9}$$

Der durch die Meßunsicherheit gekennzeichnete Bereich der Werte, die der Meßgröße zugewiesen werden können (siehe 3.5), lautet

$$y - u(y) \leq Y \leq y + u(y) \ . \tag{10}$$

Es wird n i c h t behauptet, der Bereich enthalte tatsächlich den wahren Wert.

Gerundete numerische Unsicherheitwerte sind mit zwei (oder bei Bedarf mit drei) signifikanten Ziffern anzugeben. Sie sind aufzurunden. Das Meßergebnis ist an derselben Stelle wie die zugehörige Unsicherheit zu runden, z.B. $y =$ 245,5716 mm auf $y =$ 245,57 mm, wenn $u(y) =$ 0,4528 mm auf $u(y) =$ 0,46 mm aufgerundet wird. Die Angabe des Meßergebnisses und der Standardunsicherheit $u(y)$ in derselben Einheit sowie der relativen Meßunsicherheit in Prozent kann zweckmäßig sein. Zur zahlenmäßigen Angabe des vollständigen Meßergebnisses und zu Runderegeln siehe auch DIN 1319-1 und DIN 1333.

BEISPIEL:
Der gemessene elektrische Widerstand R beträgt 100,035 Ω mit einer Meßunsicherheit von 0,023 Ω (oder einer relativen Meßunsicherheit von $2{,}3 \cdot 10^{-4}$ oder 0,023 %). Auch $R =$ 100,035 Ω (0,023 Ω) oder $R =$ (100,035 ± 0,023) Ω oder $R =$ 100,035 Ω ± 0,023 Ω oder $R =$ 100,035 · (1 ± $2{,}3 \cdot 10^{-4}$) Ω. Vor allem in Tabellen findet sich mitunter auch die Kurzschreibweise $R =$ 100,035(23) Ω. In Klammern steht hier die Meßunsicherheit mit dem Stellenwert der

letzten angegebenen Ziffer des Meßergebnisses, hier 10^{-3}. Der durch die Meßunsicherheit gekennzeichnete Bereich ist $100{,}012\ \Omega \leq R \leq 100{,}058\ \Omega$.

5.4.2 Angabe mit erweiterter Meßunsicherheit

Ein anderer Kennwert für die Genauigkeit einer Messung ist die *erweiterte Meßunsicherheit* [1]. Dieser Kennwert kennzeichnet einen Wertebereich, der den wahren Wert der Meßgröße mit hoher Wahrscheinlichkeit enthält. Die erweiterte Meßunsicherheit ist

$$U(y) = k \cdot u(y) \tag{11}$$

mit dem *Erweiterungsfaktor* k, dessen Wert zwischen 2 und 3 festzulegen ist [1]. Vorzugsweise sollte $k = 2$ verwendet werden. Der durch die erweiterte Meßunsicherheit gekennzeichnete Wertebereich für den wahren Wert der Meßgröße Y ist

$$y - U(y) \leq Y \leq y + U(y)\ . \tag{12}$$

Wird die erweiterte Meßunsicherheit $U(y)$ angegeben, z.B. in einer Schreibweise nach Gleichung (9) anstelle der Standardunsicherheit $u(y)$, so ist klarzustellen, daß es sich um die erweiterte Meßunsicherheit handelt, und auch der benutzte Erweiterungsfaktor k mitzuteilen. Nur dann läßt sich die Standardunsicherheit $u(y) = U(y)/k$ für eine Weiterverarbeitung nach dem in Abschnitt 6 festgelegten Verfahren oder für einen kritischen Vergleich zweier oder mehrerer vollständiger Meßergebnisse derselben Meßgröße wiedergewinnen.

5.4.3 Angabe als Vertrauensbereich

Nach DIN 1319-1 läßt sich bei Bedarf z u s ä t z l i c h zum vollständigen Meßergebnis nach Gleichung (9) unter einer Annahme über die Form der Wahrscheinlichkeitsverteilung der Meßwerte mit Hilfe von n, $\bar{v}$ und s ein *Vertrauensbereich** (auch *Vertrauensintervall** oder *Konfidenzintervall** genannt) angeben. Dieser enthält mit einer vorgegebenen Wahrscheinlichkeit, dem *Vertrauensniveau** $(1 - \alpha)$, den Erwartungswert μ der Verteilung (nicht den wahren Wert der Meßgröße Y). In dieser Norm wird als Verteilung der Meßwerte eine *Normalverteilung** vorausgesetzt. Der Vertrauensbereich (für den Erwartungswert) wird von den *Vertrauensgrenzen** eingeschlossen:

$$\bar{v} - t \cdot s(\bar{v}) \leq \mu \leq \bar{v} + t \cdot s(\bar{v}) \tag{13}$$

(Zum Faktor t, auch *Student-Faktor* genannt, siehe Anmerkung 1). Durch den Vertrauensbereich nach Gleichung (13) wird nur der Einfluß der zufälligen Meßabweichungen erfaßt. Wenn $u(x_2)$ vernachlässigbar ist — und nur dann —, kann durch Verschiebung des Vertrauensbereichs um die Korrektion K auch der Einfluß der systematischen Meßabweichung berücksichtigt werden. Auf diese Weise wird wie folgt ein Vertrauensbereich für Y festgelegt:

$$y - t \cdot u(y) \leq Y \leq y + t \cdot u(y)\ . \tag{14}$$

Bei der Angabe der Vertrauensgrenzen sind in jedem Fall auch der Faktor t oder das gewählte Vertrauensniveau $(1 - \alpha)$ und die Anzahl n der Messungen mitzuteilen. Der Faktor t und damit der Vertrauensbereich hängen von der Anzahl n und vom gewählten Vertrauensniveau ab. Im Gegensatz dazu ist die Meßunsicherheit $u(x_1)$ unabhängig von einer angenommenen Verteilung der Meßwerte und vom gewählten Vertrauensniveau. Werte für t sind in Tabelle 1 angegeben. Sie gelten nur für die vorausgesetzte Normalverteilung der Meßwerte. Sie zeigen auch, daß bei nur wenigen Messungen ein weiter Vertrauensbereich in Kauf genommen werden muß. Oft genügt die Wahl $t = t_\infty = 2$ für $1 - \alpha \approx 95\ \%$. Dieses Vertrauensniveau von 95 % sollte verwendet werden, aber kein höheres. Denn nur dann ist der Vertrauensbereich einigermaßen unabhängig von der zugrundeliegenden Wahrscheinlichkeitsverteilung, die nicht immer als Normalverteilung vorausgesetzt werden darf (siehe Anmerkung 2). Das zeigt das untenstehende Gegenbeispiel.

Mitunter wird ein e i n s e i t i g e r Vertrauensbereich zu einem gewählten Vertrauensniveau $(1 - \alpha)$ benötigt, d.h.

$$\mu \leq \bar{v} + t \cdot s(\bar{v}) \qquad \text{oder} \qquad \mu \geq \bar{v} - t \cdot s(\bar{v})\ . \tag{15}$$

ANMERKUNG 1: t in Tabelle 1 ist das *Quantil** der *Student-* oder *t-Verteilung** zum *Freiheitsgrad** $(n - 1)$ für die Wahrscheinlichkeit $(1 - \alpha/2)$. In anderen Tabellen wird t oft in Abhängigkeit von diesem Freiheitsgrad angegeben. t_∞ ist identisch mit dem Quantil der *standardisierten Normalverteilung** für die gleiche Wahrscheinlichkeit.

ANMERKUNG 2: Um zu entscheiden, ob eine Normalverteilung der Meßwerte vorliegt oder ob ein Meßwert v_k, der anscheinend aus der Menge der übrigen Meßwerte herausfällt, aus einer durch Störung verfälschten Messung stammt und dann als *Ausreißer* außer acht bleiben darf, siehe DIN 53804-1.

Tabelle 1: Werte für t und t_∞ für verschiedene Vertrauensniveaus $(1-\alpha)$ bei normalverteilten Meßwerten

Anzahl n der Meßwerte	t für zweiseitigen Vertrauensbereich: $1-\alpha=$					
	68,26 %	90 %	95 %	99 %	99,5 %	99,73 %
	t für einseitigen Vertrauensbereich: $1-\alpha=$					
		95 %	97,5 %	99,5 %	99,75 %	
2	1,84	6,31	12,71	63,66	127,32	235,8
3	1,32	2,92	4,30	9,92	14,09	19,21
4	1,20	2,35	3,18	5,82	7,45	9,22
5	1,14	2,13	2,78	4,60	5,60	6,62
6	1,11	2,02	2,57	4,03	4,77	5,51
7	1,09	1,94	2,45	3,71	4,32	4,90
8	1,08	1,89	2,36	3,50	4,03	4,53
9	1,07	1,86	2,31	3,36	3,83	4,28
10	1,06	1,83	2,26	3,25	3,69	4,09
11	1,05	1,81	2,23	3,17	3,58	3,96
12	1,05	1,80	2,20	3,11	3,50	3,85
13	1,04	1,78	2,18	3,05	3,43	3,76
20	1,03	1,73	2,09	2,86	3,17	3,45
30	1,02	1,70	2,05	2,76	3,04	3,28
50	1,01	1,68	2,01	2,68	2,94	3,16
80	1,01	1,66	1,99	2,64	2,89	3,10
100	1,01	1,66	1,98	2,63	2,87	3,08
125	1,00	1,66	1,98	2,62	2,86	3,06
200	1,00	1,65	1,97	2,60	2,84	3,04
>200	1,00	1,65	1,96	2,58	2,81	3,00
Die Werte für t in der letzten Zeile werden auch mit t_∞ bezeichnet.						

BEISPIEL:
Bei Simulationen physikalischer Vorgänge unter Anwendung der Monte-Carlo-Methode ist häufig eine Größe Y in der Form

$$Y = \int_a^b g(z)\,\mathrm{d}z \qquad (16)$$

zu "messen". Werden sehr viele Werte z_j mit Hilfe eines Zufallszahlengenerators aus einer *Rechteckverteilung** im Intervall von a bis b gezogen, so ist mit den "Meßwerten" $v_j = g(z_j)$ so zu verfahren, wie es in diesem Abschnitt 5 beschrieben ist. Eine Normalverteilung der Meßwerte v_j darf jedoch nicht vorausgesetzt werden. Daher ist Tabelle 1 in diesem Fall nicht anwendbar. Trotzdem ist ein Vertrauensbereich nach Gleichung (13) mit $t = t_\infty$ eine gute Näherung, wenn das Integral $\int_a^b g^2(z)\,\mathrm{d}z$ existiert.

6 Auswertungsverfahren für den allgemeinen Fall

Die vier Schritte der Auswertung nach 4.2 werden wie in Abschnitt 5 auch in dem folgenden Verfahren für den allgemeinen Fall der indirekten Ermittlung einer Meßgröße ausgeführt.

6.1 Aufstellung des Modells

6.1.1 Allgemeines

Der erste Schritt eines allgemeinen Verfahrens für die Auswertung von Messungen besteht auch bei einer einzelnen indirekt zu ermittelnden Meßgröße Y in jedem Anwendungsfall darin, das mathematische Modell für die Auswertung heranzuziehen oder zu entwickeln. Das Modell muß der gestellten Auswertungsaufgabe individuell angepaßt sein, diese beschreiben und es erlauben, das vollständige Meßergebnis für die interessierende Meßgröße aus Meßwerten und anderen verfügbaren Daten zu berechnen. Die Gleichungen des Modells müssen alle mathematischen Beziehungen umfassen, die zwischen den bei den auszuwertenden Messungen beteiligten physikalischen und anderen Größen, einschließlich der Einflußgrößen, bestehen. Oft ist das Modell zwar schon beispielsweise durch das Meßverfahren, eine Definitionsgleichung oder ein Naturgesetz als eine einfache Gleichung gegeben, nicht selten jedoch erfordert die Aufstellung des Modells eine gründliche Analyse aller Größen, Zusammenhänge, Abläufe und Einflüsse in dem betrachteten Experiment. Das Modell muß immer gebildet werden, möglichst schon bei der Planung der Messungen, nicht nur, um Unsicherheiten zu berechnen, sondern auch, um überhaupt ein Meßergebnis für die interessierende Meßgröße zu erhalten.

6.1.2 Eingangsgrößen und Ergebnisgröße

Als erstes ist es nötig, Klarheit darüber zu gewinnen, welche Größen neben der interessierenden Meßgröße Y, der *Ergebnisgröße* (siehe 3.2), bei den betrachteten Messungen und damit bei der gestellten Auswertungsaufgabe zu berücksichtigen sind. Zu diesen *Eingangsgrößen* X_i (siehe 3.3; $i = 1, \ldots, m$ mit der Anzahl m der Eingangsgrößen) gehören

a) Meßgrößen, die direkt gemessen werden und den u n b e r i c h t i g t e n Ausgaben der verwendeten Meßeinrichtungen zugeordnet werden;
b) Einflußgrößen und Größen, die der Berichtigung oder *Kalibrierung** dienen;
c) Ergebnisgrößen vorangegangener Auswertungen oder Teilauswertungen und
d) andere bei der Auswertung benutzte Größen, für die Daten z.B. aus der Literatur oder aus Tabellen herangezogen werden.

Es wird besonders darauf hingewiesen, daß die unter Aufzählung b) genannten Größen, insbesondere die Einflußgrößen, die die Ursache für systematische Abweichungen sind, zweckmäßig als eigene, zusätzliche Eingangsgrößen betrachtet werden.

Jeder beteiligten physikalischen oder anderen Größe X_i und Y wird eine Zufallsgröße, ein *Schätzer**, zugeordnet. Ein ermittelter Wert x_i bzw. y dieses Schätzers wird als Schätzwert für den wahren Wert der zugehörigen Größe aufgefaßt. y ist das interessierende Meßergebnis. Die Schätzer sind zu unterscheiden von den Größen und treten bei der Auswertung selbst kaum in Erscheinung, aber ihre Werte. Ihre *gemeinsame Wahrscheinlichkeitsverteilung* dient dazu, den vorliegenden Kenntnisstand über die Größen auszudrücken.

6.1.3 Modellfunktion

Oft hängt die Ergebnisgröße Y in Form einer gegebenen *Modellfunktion* f explizit von den Eingangsgrößen X_i ab:

$$Y = f(X_1, \ldots, X_m) \ . \qquad (17)$$

Nur Modelle dieser Art werden in dieser Norm behandelt. In allgemeineren Fällen siehe DIN 1319-4. Die Modellfunktion kann als mathematischer Ausdruck, darf aber auch als komplizierter Algorithmus in Form eines Rechenprogramms vorliegen.

Ist die Modellfunktion nur näherungsweise als f_0 bekannt, so kann eine zusätzlich eingeführte Eingangsgröße X_{m+1} helfen, die damit verbundene Abweichung zu beschreiben. Anstelle der Modellfunktion f_0 ist dann also beispielsweise die Modellgleichung

$$Y = f(X_1, \ldots, X_{m+1}) = f_0(X_1, \ldots, X_m) + X_{m+1} \qquad (18)$$

zu benutzen. X_{m+1} ist als Einflußgröße anzusehen und kann z.B. das Restglied einer abgebrochenen Taylor-Reihe sein, die durch f_0 dargestellt wird (siehe Beispiel 3).

BEISPIEL 1:
Muß im Fall der mehrmaligen direkten Messung einer Meßgröße Y (siehe 5.1) der ausgegebene Wert der Meßeinrichtung noch mit einem Kalibrierfaktor multipliziert werden, so ist dieser Kalibrierfaktor als eine weitere Eingangsgröße X_3 aufzufassen. Die Modellgleichung lautet dann

$$Y = X_1 X_3 - X_2 \ . \qquad (19)$$

BEISPIEL 2:
Die Aktivität $Y = A$ einer radioaktiven Probe soll gemessen werden. Sie hängt ab von der Anzahl $X_1 = N$ der im Zähler während der Meßdauer $X_2 = T$ nachgewiesenen Zerfallsereignisse, der Nachweiswahrscheinlichkeit $X_3 = \varepsilon$ für ein solches Ereignis und der Totzeit $X_4 = \tau$ des Zählers. Das Modell der Auswertung lautet in diesem Fall

$$Y = \frac{X_1}{X_3 \cdot (X_2 - X_1 X_4)} \ . \qquad (20)$$

Fortsetzung siehe Beispiel 2 in 6.3.1.

BEISPIEL 3:
Die Meßgröße Y sei aus der nicht geschlossen nach Y auflösbaren Gleichung $Y = X_1 \exp(-Y)$ zu ermitteln. Dies kann für $-1/\mathrm{e} < X_1 < \mathrm{e}$ iterativ geschehen, beginnend mit der Näherung $Y = X_1$. Zweimalige Iteration führt auf die Modellgleichung

$$Y = X_1 \cdot \exp(-X_1 \cdot \mathrm{e}^{-X_1}) + X_2 \ . \tag{21}$$

Die Größe X_2 berichtigt nach Gleichung (18) die durch das erste Glied dargestellte Näherung.

6.2 Vorbereitung der Eingangsdaten

6.2.1 Individuelle und gemeinsame Komponenten der Meßunsicherheit

Zur Berechnung des Meßergebnisses y und der Meßunsicherheit $u(y)$ für die interessierende Meßgröße Y mit Hilfe des Modells werden Schätzwerte x_i für die wahren Werte der beteiligten Eingangsgrößen X_i, die entweder direkt gemessen wurden oder über die andere Informationen für die Auswertung, z.B. vollständige Meßergebnisse aus vorangegangenen Auswertungen, herangezogen werden, sowie auch die zugehörigen Unsicherheiten benötigt. Und zwar nicht nur die *Meßunsicherheiten* $u(x_i)$ (*individuelle Komponenten der Meßunsicherheit*, siehe 3.5) der einzelnen Eingangsgrößen, sondern auch deren *gemeinsame Komponenten* $u(x_i, x_k)$ *der Meßunsicherheit* (siehe 3.6), wenn die Eingangsgrößen — genauer die ihnen zugeordneten Schätzer (siehe 6.1.2) — *korreliert* sind.

Entsprechend DIN 1319-4 und [1] werden als Maß für die Unsicherheiten $u(x_i)$ der Eingangsgrößen X_i *(empirische) Varianzen** (der zugeordneten Schätzer) herangezogen:

$$u^2(x_i) = s^2(x_i) \ , \tag{22}$$

alternativ und anschaulicher auch *Standardabweichungen**, d.h. die (positiven) Quadratwurzeln der Varianzen,

$$u(x_i) = s(x_i) \tag{23}$$

oder *relative Standardabweichungen (Variationskoeffizienten*)*

$$u_{\mathrm{rel}}(x_i) = u(x_i)/|x_i| = s(x_i)/|x_i| \ ; \quad (x_i \neq 0) \ . \tag{24}$$

$u(x_i)$ nach Gleichung (23) heißt auch *Standardunsicherheit* (siehe 3.5 Anmerkung 3). Für die gemeinsamen Komponenten der Unsicherheit werden *(empirische) Kovarianzen**

$$u(x_i, x_k) = s(x_i, x_k) \ ; \quad (i \neq k) \tag{25}$$

oder alternativ *(empirische) Korrelationskoeffizienten** benutzt:

$$r(x_i, x_k) = \frac{u(x_i, x_k)}{u(x_i)u(x_k)} = \frac{s(x_i, x_k)}{s(x_i)s(x_k)} \ . \tag{26}$$

Sie werden nur für $i < k$ benötigt. Es gelten die Beziehungen

$$\begin{aligned} &u(x_i, x_i) = u^2(x_i) \ ; \quad u(x_k, x_i) = u(x_i, x_k) \ ; \\ &r(x_i, x_i) = 1 \ ; \quad r(x_k, x_i) = r(x_i, x_k) \ ; \quad |r(x_i, x_k)| \leq 1 \ . \end{aligned} \tag{27}$$

Die Meßunsicherheit der Ergebnisgröße Y wird entsprechend als Varianz mit $u^2(y)$, als Standardunsicherheit mit $u(y)$ und relativ mit $u_{\mathrm{rel}}(y)$ bezeichnet.

Die Schätzwerte x_i für die Eingangsgrößen X_i und die zugehörigen Unsicherheiten sind im zweiten Schritt der Meßdatenauswertung empirisch nach mathematischen Ausdrücken anzusetzen, die in 6.2.2 bis 6.2.6 angegeben werden. Bei diesen Ausdrücken handelt es sich um Beispiele. Sie dürfen je nach den vorliegenden Informationen sinngemäß verändert werden. Bei allem Bemühen sind sinnvolle empirische Ansätze jedoch mitunter nicht frei von subjektiver Erfahrung. Das ist unvermeidlich, vernünftig und tragbar, solange zusätzliche Informationen nicht vorliegen oder nur mit unverhältnismäßig hohem Aufwand gewonnen werden können.

Vollständige Meßergebnisse früherer Auswertungen lassen sich unmittelbar benutzen, wenn sie in der oben beschriebenen Form ausgedrückt sind.

6.2.2 Mehrmals gemessene Größen

Werden einige Eingangsgrößen X_i in unabhängigen Versuchen n_i-mal direkt gemessen, wobei dieselben genau festgelegten Versuchsbedingungen so weit wie möglich eingehalten werden, und ergibt sich für X_i dabei im j-ten Versuch der Meßwert v_{ij} ($j = 1, \ldots, n_i$; $n_i > 1$), so werden als Schätzwerte x_i für diese Meßgrößen X_i die Mittelwerte $\bar{v}_i$ der Meßwerte sowie als Unsicherheiten $u^2(x_i)$ der Meßgrößen die Varianzen dieser Mittelwerte angesetzt:

$$x_i = \bar{v}_i = \frac{1}{n_i} \sum_{j=1}^{n_i} v_{ij} \ ; \tag{28}$$

$$u^2(x_i) = s^2(\bar{v}_i) = s_i^2/n_i \ ; \quad s_i^2 = \frac{1}{(n_i - 1)} \sum_{j=1}^{n_i} (v_{ij} - \bar{v}_i)^2 \ . \tag{29}$$

Die s_i sind die empirischen Standardabweichungen der Verteilungen der Meßwerte der Eingangsgrößen. Bei nur wenigen Messungen siehe auch 6.2.3.

Werden einige Eingangsgrößen X_i in jedem einzelnen von n unabhängigen Versuchen desselben Experiments g e m e i n s a m gemessen (siehe auch Beispiel in A.6), so ist in den Gleichungen (28) und (29) $n_i = n$ zu setzen ($n > 1$). Außerdem sind die gemeinsamen Komponenten der Unsicherheit als Kovarianzen der Mittelwerte sowie — wenn in 6.3 erforderlich — als Korrelationskoeffizienten wie folgt zu berechnen ($i < k$):

$$u(x_i, x_k) = s(\bar{v}_i, \bar{v}_k) = \frac{1}{n(n-1)} \sum_{j=1}^{n} (v_{ij} - \bar{v}_i)(v_{kj} - \bar{v}_k) \ ; \tag{30}$$

$$r(x_i, x_k) = \frac{u(x_i, x_k)}{u(x_i)u(x_k)} \ . \tag{31}$$

6.2.3 Einzelwerte oder wenige Werte

Liegt für manche Eingangsgrößen X_i nur je ein einzelner Wert vor ($n_i = 1$), z.B. ein Meßwert, ein Wert aus der Literatur, eine bekannte systematische Meßabweichung oder eine Korrektion, so ist dieser als Schätzwert x_i zu verwenden. Die Unsicherheit ist dann aus den verfügbaren Informationen oder nach der Erfahrung z.B. wie folgt anzusetzen:

Sind die individuellen Komponenten $u^2(x_{i0})$ und gemeinsamen Komponenten $u(x_{i0}, x_{k0})$ der Unsicherheit aus n_{i0} früheren, unter vergleichbaren Versuchsbedingungen mehrmals ausgeführten Messungen derselben oder ähnlicher Größen nach 6.2.2 bekannt, so sind im Fall weniger Messungen ($1 \leq n_i < n_{i0}$) der Eingangsgrößen X_i

$$u^2(x_i) = u^2(x_{i0}) n_{i0}/n_i \ ; \quad u(x_i, x_k) = u(x_{i0}, x_{k0}) n_{i0}/n_i \tag{32}$$

zu benutzen.

Sind stattdessen die relativen Unsicherheiten $u_{\mathrm{rel}}(x_{i0})$ und Korrelationskoeffizienten $r(x_{i0}, x_{k0})$ aus jenen früheren Messungen bekannt und wird angenommen, daß sie auch für die gegenwärtigen Messungen bei von x_{i0} abweichenden Werten x_i noch gelten, so sind sie wie folgt zu verwenden:

$$u(x_i) = |x_i| u_{\mathrm{rel}}(x_{i0}) \sqrt{n_{i0}/n_i} \ ; \quad r(x_i, x_k) = r(x_{i0}, x_{k0}) \ . \tag{33}$$

Sind empirische Standardabweichungen s_{i0} der Verteilungen der Meßwerte der Eingangsgrößen bekannt, so darf wie bei Gleichung (5) auch

$$u(x_i) = s_{i0}/\sqrt{n_i} \tag{34}$$

verwendet werden.

6.2.4 Anzahlen

Werden mehrere Anzahlen X_i, wie bei Kernstrahlungsmessungen üblich, durch *Zählen** eingetretener gleichartiger Ereignisse einmal gemessen und werden dabei jeweils N_i dieser Ereignisse (z.B. durch Alphateilchen ausgelöste Impulse) registriert, so sind anzusetzen:

$$x_i = N_i \; ; \quad u^2(x_i) = N_i \; . \tag{35}$$

Hier ist angenommen, daß die Ereignisse unabhängig voneinander eintreten und die Anzahlen der Ereignisse daher *Poisson-Verteilungen** gehorchen. In den meisten Fällen einer einmaligen, aber gemeinsamen zählenden Messung mehrerer Anzahlen (z.B. bei der Vielkanalanalyse) dürfen deshalb auch gemeinsame Komponenten $u(x_i, x_k) = 0$ der Unsicherheit angesetzt werden (siehe auch 6.2.6).

6.2.5 Einflußgrößen

Meist können lediglich eine untere Grenze a_i und eine obere Grenze b_i für die m ö g l i c h e n Werte einer Eingangsgröße X_i, z.B. einer Einflußgröße, gemessen oder abgeschätzt werden. Dann lautet der Ansatz:

$$x_i = (a_i + b_i)/2 \; ; \quad u^2(x_i) = (b_i - a_i)^2/12 \tag{36}$$

(Zu gemeinsamen Komponenten der Unsicherheit siehe 6.2.6). Diese Ausdrücke sind ebenso zu verwenden, wenn keinerlei Information über eine während der Messung mögliche oder tatsächliche Änderung einer Einflußgröße in ihren Grenzen vorliegt. Die Ansätze nach Gleichung (36) entsprechen einer *Rechteckverteilung** des Schätzers für die Einflußgröße zwischen den Grenzen.

Andere Ansätze:

a) Schwingt die Einflußgröße bekanntermaßen zwischen den Grenzen sinusförmig in der Zeit mit einer Schwingungsdauer, die klein ist gegen die Meßdauer, so ist in Gleichung (36) der Nenner 12 durch den Nenner 8 zu ersetzen.
b) Können bei einer sich zeitlich zufällig ändernden Einflußgröße X der zeitliche Mittelwert $\bar{v} = \overline{v(t)}$ und Effektivwert v_{eff} gemessen werden, so gelten die Ansätze

$$x = \bar{v} \; ; \quad u^2(x) = v_{\text{eff}}^2 - \bar{v}^2 \; ; \quad v_{\text{eff}} = \sqrt{\overline{v^2(t)}} \; . \tag{37}$$

c) Liegt für eine aus physikalischen Gründen nicht negative Einflußgröße X lediglich ein Schätzwert $x > 0$ vor, so ist $u(x) = x$ anzunehmen.
d) Wird eine systematische Abweichung über eine Größe $X = a(1 - \cos Z) \approx aZ^2/2$ durch eine Einflußgröße Z, beispielsweise einen Winkel, mit $|Z| \leq b \ll 1$ bewirkt, so sind

$$x = ab^2/6 \; ; \quad u^2(x) = a^2 b^4/45 \tag{38}$$

zu benutzen.

BEISPIEL 1:
Beispiele unterer und oberer Grenzen sind:

a) gemessene Grenzen, z.B. einer Einflußtemperatur, die mittels eines Maximum-Minimum-Thermometers gemessen werden,
b) bekannte Grenzen einer durch Rundung verursachten Abweichung (siehe Beispiel 2),
c) geschätzte Grenzen für ein vernachlässigtes Restglied einer Reihenentwicklung, z.B. einer Taylor-Reihe für eine Modellfunktion,
d) Grenzen für die Meßabweichung einer anzeigenden Meßeinrichtung, die sich z.B. aus den Angaben des Herstellers oder eines Zertifikats ergeben können.

BEISPIEL 2:
Ist der Wert v einer Größe X gegeben und bekannt, daß er aufgerundet worden ist, und ist 10^p der Stellenwert der letzten signifikanten Ziffer von v (p ist eine ganze Zahl), so sind die Grenzen der durch die Rundung verursachten Abweichung $a = v - 10^p$ und $b = v$. Für X und für die Unsicherheit ergeben sich damit nach Gleichung (36) als Schätzwert $x = v - 0{,}5 \cdot 10^p$ bzw. $u(x) = 0{,}289 \cdot 10^p$.

6.2.6 Korrelationen

Gemeinsame Komponenten der Unsicherheit in Form von Kovarianzen $u(x_i, x_k)$ und Korrelationskoeffizienten $r(x_i, x_k)$ $(i \neq k)$ dürfen für Eingangsgrößen X_i und X_k gleich Null gesetzt werden, wenn

a) die Größen X_i und X_k unkorreliert sind — wenn sie also z.B. zwar mehrmals, aber nicht gemeinsam in verschiedenen unabhängigen Versuchen gemessen wurden — oder Ergebnisgrößen unterschiedlicher früherer Auswertungen sind, die unabhängig voneinander durchgeführt wurden oder
b) die Größen X_i und X_k näherungsweise als unkorreliert angesehen werden können oder
c) die Unsicherheit einer der Größen X_i und X_k vernachlässigt wird oder
d) keinerlei Information über eine Korrelation der Größen X_i und X_k vorliegt.

Wenn einige der Eingangsgrößen von anderen abhängen, so daß $X_i = g_i(X_k, \ldots)$, sind jene Eingangsgrößen korreliert. In diesem Fall ist es zweckmäßig, die X_i durch Einsetzen der Funktionen g_i in das Modell nach Gleichung (17) zu eliminieren. Dann brauchen Korrelationen oft nicht berücksichtigt zu werden. Manchmal sind Eingangsgrößen X_i in gleicher Weise beeinflußt und müssen deshalb wegen einer systematischen Meßabweichung berichtigt werden mittels derselben Größe X_q, die eine gemeinsame additive Korrektion oder einen Korrektionsfaktor darstellt (siehe Beispiel 1 in 6.1.3 und Gleichung (45)). Die X_i sind dann zweckmäßigerweise aufzuspalten und zu substituieren durch $X_i = X_i' + c_i X_q$ oder $X_i = X_q X_i'$, so daß alle neuen Größen X_i' und X_q nunmehr möglicherweise als unkorreliert angesehen werden können. Die c_i sind Konstanten. Es darf dann auch im ersteren Fall

$$u(x_i, x_k) = c_i c_k u^2(x_q) \tag{39}$$

und im zweiten Fall

$$u(x_i, x_k) = x_i' x_k' u^2(x_q) = x_i x_k u_{\mathrm{rel}}^2(x_q) \tag{40}$$

gesetzt werden. Siehe hierzu auch Beispiel in A.7.

ANMERKUNG: Wenn von Null verschiedene Kovarianzen oder Korrelationskoeffizienten als gemeinsame Komponenten der Unsicherheit der Eingangsgrößen X_i auf andere Weise gewonnen oder angesetzt werden als nach den vorstehenden Regeln und Gleichungen (39) und (40), so müssen sie zusätzlichen Bedingungen genügen. Das ist nötig, um sicherzustellen, daß die Unsicherheit jeder beliebigen Ergebnisgröße Y, die von den Eingangsgrößen X_i abhängt (siehe 6.3), nicht negativ werden kann. Siehe hierzu DIN 1319-4.

6.2.7 Größen mit geringer Auswirkung

Wirken sich die Unsicherheiten einiger Eingangsgrößen X_i nur sehr geringfügig auf die Unsicherheit der Ergebnisgröße Y aus (siehe 6.3), z.B. weil jene Größen wesentlich genauer als andere Eingangsgrößen gemessen werden können oder weil die Meßgröße Y nicht empfindlich von ihnen abhängt — das gilt besonders für Größen X_i, die der Berichtigung dienen —, so dürfen jene Größen als Konstanten behandelt und ihre Unsicherheiten vernachlässigt werden.

6.3 Berechnung des vollständigen Meßergebnisses

6.3.1 Allgemeines Verfahren

Sind die Schätzwerte x_i der Eingangsgrößen X_i und deren individuelle Komponenten $u^2(x_i)$ und gemeinsame Komponenten $u(x_i, x_k)$ der Unsicherheit nach 6.2 aufgestellt worden, so können nach dieser Vorbereitung der Eingangsdaten nunmehr im dritten Schritt der Auswertung das Meßergebnis y für die Ergebnisgröße Y und deren Unsicherheit, ausgedrückt durch $u(y)$ oder $u^2(y)$, berechnet werden.

Das Meßergebnis y wird durch Einsetzen der Schätzwerte x_i in die Modellfunktion f nach Gleichung (17) gewonnen:

$$y = f(x_1, \ldots, x_m) \ . \tag{41}$$

Die Standardunsicherheit $u(y)$ der Ergebnisgröße Y ergibt sich als Quadratwurzel aus

$$\begin{aligned} u^2(y) &= \sum_{i,k=1}^{m} \frac{\partial f}{\partial x_i} \frac{\partial f}{\partial x_k} u(x_i, x_k) \\ &= \sum_{i=1}^{m} \left(\frac{\partial f}{\partial x_i} \right)^2 u^2(x_i) + 2 \sum_{i=1}^{m-1} \sum_{k=i+1}^{m} \frac{\partial f}{\partial x_i} \frac{\partial f}{\partial x_k} u(x_i, x_k) \ . \end{aligned} \tag{42}$$

Hierbei ist $\partial f / \partial x_i$ die partielle Ableitung der Modellfunktion f nach der Größe X_i mit eingesetzten Schätzwerten x_1 bis x_m aller Größen. Gleichung (27) ist zu beachten. Gleichung (42) beschreibt die *Fortpflanzung von Unsicherheiten*. Bei unkorrelierten Eingangsgrößen X_i reduziert sich Gleichung (42) auf

$$u(y) = \sqrt{\sum_{i=1}^{m} \left(\frac{\partial f}{\partial x_i} \right)^2 u^2(x_i)} \ . \tag{43}$$

Speziell für $m = 1$ gilt

$$u(y) = \left| \frac{\mathrm{d}f}{\mathrm{d}x_1} \right| u(x_1) \ . \tag{44}$$

Hängt eine Eingangsgröße X_i von einer anderen Größe X_k in der Form $X_i = g_i(X_k, \ldots)$ ab oder hängen beide von einer dritten Größe X_q in der Form $X_i = h_i(X_q, \ldots)$ und $X_k = h_k(X_q, \ldots)$ ab, so ist in Gleichung (42)

$$u(x_i, x_k) = \frac{\partial g_i}{\partial x_k} u^2(x_k) \qquad \text{bzw.} \qquad u(x_i, x_k) = \frac{\partial h_i}{\partial x_q} \frac{\partial h_k}{\partial x_q} u^2(x_q) \tag{45}$$

einzusetzen. In anderen Fällen siehe DIN 1319-4. Siehe hierzu auch Beispiel in A.7.

Wird die Unsicherheit $u_0^2(y)$ von Y vorläufig dadurch ermittelt, daß in der Modellfunktion f eine Eingangsgröße X_q als Konstante angesehen wird, später aber als eine zu den übrigen Eingangsgrößen unkorrelierte Größe, so gilt

$$u^2(y) = u_0^2(y) + \left(\frac{\partial f}{\partial x_q} \right)^2 u^2(x_q) \ . \tag{46}$$

Siehe hierzu auch Beispiel in A.4.

Wird statt y nach Gleichung (41) ein anderer Schätzwert y' für die Ergebnisgröße Y weiterverwendet, so vergrößert sich dadurch die Unsicherheit. Es ist dann

$$u^2(y') = u^2(y) + (y' - y)^2 \ . \tag{47}$$

Wenn zwei (oder entsprechend mehrere) Ergebnisgrößen Y_1 und Y_2 mit den Modellfunktionen f_1 bzw. f_2 aus d e n s e l b e n Eingangsgrößen und Daten zu ermitteln sind — daneben können noch andere Eingangsgrößen beteiligt sein —, so ist zunächst bei beiden Ergebnisgrößen wie beschrieben zu verfahren. Zusätzlich muß dann auch noch die gemeinsame Komponente $u(y_1, y_2)$ der Unsicherheit dieser Größen berechnet werden (siehe auch DIN 1319-4):

$$u(y_1, y_2) = \sum_{i,k=1}^{m} \frac{\partial f_1}{\partial x_i} \frac{\partial f_2}{\partial x_k} u(x_i, u_k) \ . \tag{48}$$

ANMERKUNG 1: Das Auswertungsverfahren ist nicht in allen Fällen anwendbar. Siehe hierzu Anhang C.

ANMERKUNG 2: Bei mehrmaligen Messungen von Eingangsgrößen X_i (siehe 6.2.2) liegt es nahe, jeweils die zusammengehörigen Meßwerte v_{ij} dieser Größen direkt in die Modellfunktion f einzusetzen, aus den so gewonnenen "Meßwerten" f_j der Ergebnisgröße Y den Mittelwert $\bar{f}$ zu bilden und diesen als Schätzwert y für Y zu nehmen. Dieses Vorgehen entspricht nicht der Berechnung des Meßergebnisses y nach Gleichung (41) und ist unzweckmäßig, weil der Mittelwert einer immer größer werdenden Anzahl solcher "Meßwerte" im allgemeinen nicht gegen den wahren Wert von Y strebt, die Schätzung $y = \bar{f}$ also nicht *erwartungstreu* ist (siehe DIN 13303-2 und DIN 55350-24).

ANMERKUNG 3: Gleichung (43) wurde früher "Fehlerfortpflanzungsgesetz" genannt. Sie betrifft jedoch nicht die Fortpflanzung von Meßabweichungen (früher "Fehler"), sondern die von Unsicherheiten.

BEISPIEL 1:
Ist in 5.1 die Größe X_2 ein Korrektionsfaktor, so daß das Modell $Y = X_1 X_2$ lautet, so gilt

$$y = x_1 \cdot x_2 \ ; \quad u_{\text{rel}}(y) = \sqrt{u_{\text{rel}}^2(x_1) + u_{\text{rel}}^2(x_2)} \ . \tag{49}$$

BEISPIEL 2:
In Beispiel 2 in 6.1.3 seien N Zerfallsereignisse gezählt worden, so daß sich $x_1 = N$ und $u^2(x_1) = N$ nach 6.2.4

ergeben. Für die Nachweiswahrscheinlichkeit liege der Wert $x_3 = \varepsilon$ und die relative Unsicherheit $u_{\mathrm{rel}}(\varepsilon)$ vor, ermittelt aus anderen Messungen, so daß $u(\varepsilon) = \varepsilon u_{\mathrm{rel}}(\varepsilon)$ (siehe 6.2.3). Die Unsicherheiten der Meßdauer T und der Totzeit τ werden vernachlässigt (siehe 6.2.7), ebenso die gemeinsamen Komponenten der Unsicherheit (siehe 6.2.6 a) und c)). Dann ergibt sich für die Aktivität A und ihre Meßunsicherheit mit dem Modell nach Gleichung (20) sowie unter Anwendung der Gleichungen (41) und (43)

$$A = \frac{N}{\varepsilon \cdot (T - N\tau)} \; ; \quad u_{\mathrm{rel}}(A) = \sqrt{u_{\mathrm{rel}}^2(\varepsilon) + \frac{1}{N \cdot (1 - N\tau/T)^2}} \; . \tag{50}$$

BEISPIEL 3:
Beim Vorliegen der Beziehung $Y = X_1 \exp(-Y)$ ist die Modellfunktion f nicht explizit, sondern nur als Iterationsalgorithmus gegeben (siehe Beispiel 3 in 6.1.3). Das Meßergebnis y läßt sich also durch Iteration aus x_1 berechnen. Es gilt $x_1 = y \exp(y) = g(y)$. g ist die Umkehrfunktion von f, also ist $\mathrm{d}f/\mathrm{d}x_1 = 1/(\mathrm{d}g/\mathrm{d}y) = y/(x_1 \cdot (y+1))$ und nach Gleichung (44)

$$u(y) = \left| \frac{y}{x_1 \cdot (y+1)} \right| u(x_1) \; . \tag{51}$$

Für $x_1 = 0$ ist $y/x_1 = 1$ zu setzen. Beim Rechnen mit beschränkter Stellenanzahl springt bei der Iteration mitunter auch innerhalb des Konvergenzbereichs der Wert für y dauernd zwischen zwei nahe beieinanderliegenden Werten a und b hin und her (Bifurkation). Dieser Einfluß erzeugt eine zusätzliche Unsicherheit $u(x_2) = |a - b|/\sqrt{12}$ (siehe 6.2.5). Es ist dann zu setzen:

$$y = (a+b)/2 \; ; \quad u(y) = \sqrt{\left(\frac{y}{x_1 \cdot (y+1)} \right)^2 u^2(x_1) + \frac{(a-b)^2}{12}} \; . \tag{52}$$

6.3.2 Numerische Berechnung

Die Ableitungen brauchen n i c h t explizit gebildet zu werden, insbesondere dann nicht, wenn dies nur schwer möglich ist oder wenn die Modellfunktion f nur als Rechenprogramm vorliegt. Es genügt, zunächst die Differenzen

$$\Delta_i f = f(x_1, \ldots, x_i + u(x_i)/2, \ldots, x_m) - f(x_1, \ldots, x_i - u(x_i)/2, \ldots, x_m) \; ; \quad (i = 1, \ldots, m) \tag{53}$$

und anschließend

$$u^2(y) = \sum_{i=1}^{m} (\Delta_i f)^2 + 2 \sum_{i=1}^{m-1} \sum_{k=i+1}^{m} (\Delta_i f)(\Delta_k f)\, r(x_i, x_k) \tag{54}$$

zu berechnen. Dieses Vorgehen ist besonders dann zweckmäßig, wenn die Auswertung mittels eines Rechners erfolgen soll. Rechenprogrammbausteine für diesen Zweck sind in Anhang B angegeben.

6.4 Angabe des vollständigen Meßergebnisses

Nach Abschluß der Berechnungen nach 6.2 und 6.3 ist im vierten Schritt der Auswertung im Interesse einer späteren konsistenten Verwertung der Ergebnisse mittels des angegebenen Verfahrens nach folgendem Schema darüber zu berichten:

Anzugeben sind in jedem Fall für die Meßgröße Y das Meßergebnis y und die Meßunsicherheit $u(y)$ oder, wenn $y \neq 0$, die relative Meßunsicherheit $u_{\mathrm{rel}}(y) = u(y)/|y|$ in einer Schreibweise nach Gleichung (9).

Darüber hinaus ist es sinnvoll, die Schätzwerte x_i aller Eingangsgrößen X_i, deren Unsicherheiten $u(x_i)$ oder, wenn $x_i \neq 0$, relativ als $u_{\mathrm{rel}}(x_i) = u(x_i)/|x_i|$ und deren gemeinsame Komponenten der Unsicherheit als Kovarianzen $u(x_i, x_k)$ oder als Korrelationskoeffizienten $r(x_i, x_k)$ mitzuteilen. Bei den mehrfach gemessenen Größen X_i sind dann auch die Anzahlen n_i der Messungen zu nennen. Die Modellfunktion f sowie Erläuterungen zu den Ansätzen der Unsicherheiten der Einflußgrößen gehören ebenfalls in den Bericht.

Gerundete numerische Unsicherheitswerte sind mit zwei (oder bei Bedarf mit drei) signifikanten Ziffern anzugeben. (Relative) Unsicherheiten sind aufzurunden, nicht jedoch gemeinsame Komponenten der Unsicherheit. Außerdem gelten 5.4.1 und 5.4.2. Auch die Angabe eines Korrelationskoeffizienten in Prozent kann zweckmäßig sein.

Anhang A (informativ)
Beispiele

A.1 Mehrmalige direkte Messung einer Länge

Die Länge $Y = L$ eines Maßstabs vom Wert 150 mm (Aufschrift) wird mit einem Längenmeßgerät direkt gemessen. Die Prüfung des Längenmeßgeräts hatte ergeben, daß dessen Anzeige im benutzten Meßbereich um die bekannte systematische Meßabweichung $x_2 = -0{,}06$ mm zu berichtigen ist und daß die Unsicherheit der Eingangsgröße X_2, die der systematischen Meßabweichung zugeordnet ist, vernachlässigt werden darf. Die Meßwerte v_j aus $n = 20$ Messungen des Maßstabs sind in Tabelle A.1 aufgeführt. Aus ihnen werden nach Abschnitt 5 der Mittelwert $\bar{v}$, die Standardabweichung s, das Meßergebnis y, die Meßunsicherheit $u(y)$ und unter der Annahme normalverteilter Meßwerte die Vertrauensgrenzen $y \pm t \cdot u(y)$ für das Vertrauensniveau $1 - \alpha = 95$ % berechnet.

Tabelle A.1: Meßwerte v_j einer Längenmessung

Messung Nr j	Länge v_j mm	$10^2 \cdot (v_j - \bar{v})$ mm	$10^4 \cdot (v_j - \bar{v})^2$ mm^2
1	150,14	12	144
2	150,04	2	4
3	149,97	−5	25
4	150,08	6	36
5	149,93	−9	81
6	149,99	−3	9
7	150,13	11	121
8	150,09	7	49
9	149,89	−13	169
10	150,01	−1	1
11	149,99	−3	9
12	150,04	2	4
13	150,02	0	0
14	149,94	−8	64
15	150,19	17	289
16	149,93	−9	81
17	150,09	7	49
18	149,83	−19	361
19	150,03	1	1
20	150,07	5	25
Summen	3000,40	0	1522
$\bar{v}$	150,02		

Addition des Mittelwerts der Meßwerte

$$x_1 = \bar{v} = \frac{1}{20} \sum_{j=1}^{20} v_j = \frac{1}{20} \cdot 3000{,}40 \text{ mm} = 150{,}02 \text{ mm} \tag{A.1}$$

und der Korrektion $K = -x_2$ ergibt das Meßergebnis

$$y = \bar{v} + K = 150{,}02 \text{ mm} + 0{,}06 \text{ mm} = 150{,}08 \text{ mm} . \tag{A.2}$$

Aus der Standardabweichung der Meßwerte

$$s = \sqrt{\frac{1}{19} \sum_{j=1}^{20} (v_j - 150{,}02 \text{ mm})^2} = \sqrt{0{,}1522 \text{ mm}^2/19} = 0{,}09 \text{ mm} \tag{A.3}$$

folgen die Meßunsicherheit (Standardunsicherheit)

$$u(y) = u(x_1) = s/\sqrt{n} = \sqrt{0{,}1522 \text{ mm}^2/(19 \cdot 20)} = 0{,}02 \text{ mm} \tag{A.4}$$

und die relative Meßunsicherheit

$$u_{\text{rel}}(y) = u(y)/y = 0{,}02\ \text{mm}/150{,}08\ \text{mm} = 1{,}4 \cdot 10^{-4} \ . \tag{A.5}$$

Das vollständige Meßergebnis für die gesuchte Länge L des Maßstabs lautet nun

$$L = y \pm u(y) = 150{,}08\ \text{mm} \pm 0{,}02\ \text{mm} \tag{A.6}$$

oder mittels der relativen Meßunsicherheit

$$L = y \cdot (1 \pm u_{\text{rel}}(y)) = 150{,}08 \cdot (1 \pm 1{,}4 \cdot 10^{-4})\ \text{mm} \ . \tag{A.7}$$

Da die Unsicherheit der Einflußgröße vernachlässigbar ist, kann ein Vertrauensbereich für den wahren Wert einfach durch Verschieben des Vertrauensbereichs für den Erwartungswert um die Korrektion erhalten werden. Aus Tabelle 1 wird für das Vertrauensniveau $1 - \alpha = 95\ \%$ und $n = 20$ Messungen der Student-Faktor $t = 2{,}09$ entnommen. Damit errechnen sich die Vertrauensgrenzen nach Gleichung (14) zu

$$\begin{aligned} y - t \cdot u(y) &= 150{,}08\ \text{mm} - 0{,}04\ \text{mm} = 150{,}04\ \text{mm} \ ; \\ y + t \cdot u(y) &= 150{,}08\ \text{mm} + 0{,}04\ \text{mm} = 150{,}12\ \text{mm} \ . \end{aligned} \tag{A.8}$$

A.2 Messung einer Wärmeleitfähigkeit

Es wird die Wärmeleitfähigkeit $Y = \lambda$ einer Probe eines Baustahls gemessen. Ein geeignetes Meßverfahren dafür besteht in der Messung des Temperaturgefälles in einem Zylinder in Richtung eines axial fließenden Wärmestroms. Der aus $n = 5$ Messungen gewonnene Mittelwert $x_1 = \bar{v} = 54{,}30\ \text{WK}^{-1}\text{m}^{-1}$ der Meßwerte ist um die bekannte systematische Meßabweichung $x_2 = -0{,}41\ \text{WK}^{-1}\text{m}^{-1}$, die im wesentlichen durch unvermeidliche, aber berechenbare Wärmeverluste und durch gemessene Verstimmungen des Temperaturfeldes bedingt ist, zu berichtigen. Das Meßergebnis ist somit

$$y = x_1 - x_2 = 54{,}71\ \text{WK}^{-1}\text{m}^{-1} \ . \tag{A.9}$$

Aus zahlreichen früheren Messungen ist die empirische Standardabweichung $s_0 = 0{,}34\ \text{WK}^{-1}\text{m}^{-1}$ als Schätzwert für die Standardabweichung σ der Verteilung der Meßwerte genügend gut bekannt. Damit ergibt sich nach Gleichung (5) die Unsicherheit

$$u(x_1) = s(\bar{v}) = s_0/\sqrt{n} = 0{,}34\ \text{WK}^{-1}\text{m}^{-1}\ /\sqrt{5} = 0{,}15\ \text{WK}^{-1}\text{m}^{-1} \ . \tag{A.10}$$

Die Korrektion kann eine unbekannte systematische Meßabweichung, die durch unberücksichtigte Wärmeverluste, Einbaustörungen und nicht meß- oder berechenbare Verstimmungen des Temperaturfeldes hervorgerufen sein kann, nicht ausgleichen. Aus langer Erfahrung wird aber abgeschätzt, daß sich die zu berichtigende systematische Meßabweichung betragsmäßig um höchstens $0{,}90\ \text{WK}^{-1}\text{m}^{-1}$ von x_2 unterscheidet. In Gleichung (6) wird damit $b - a = 2 \cdot 0{,}90\ \text{WK}^{-1}\text{m}^{-1}$ und

$$u(x_2) = (b - a)/\sqrt{12} = 0{,}52\ \text{WK}^{-1}\text{m}^{-1} \ . \tag{A.11}$$

Die quadratische Addition von $u(x_1)$ und $u(x_2)$ nach Gleichung (8) erbringt die Meßunsicherheit

$$u(y) = \sqrt{u^2(x_1) + u^2(x_2)} = 0{,}54\ \text{WK}^{-1}\text{m}^{-1} \ . \tag{A.12}$$

Damit lautet das vollständige Meßergebnis für die Wärmeleitfähigkeit schließlich

$$\lambda = (54{,}71 \pm 0{,}54)\ \text{WK}^{-1}\text{m}^{-1} = 54{,}71 \cdot (1 \pm 1{,}0\ \%)\ \text{WK}^{-1}\text{m}^{-1} \ . \tag{A.13}$$

A.3 Messung einer Rechteckfläche

Die Länge X'_1 und Breite X'_2 einer rechteckigen Fläche wird mit demselben Maßstab gemessen. Den am Maßstab abgelesenen Werten werden die Größen X_1 bzw. X_2 zugeordnet. Mit dem Kalibrierfaktor X_3 gelten dann die Beziehungen $X'_1 = X_1 X_3$ und $X'_2 = X_2 X_3$. Außerdem ist die Abweichung des Eckenwinkels vom rechten Winkel als

Einflußgröße X'_4 zu berücksichtigen. Es sei $X_4 = \cos X'_4$. Unter Vernachlässigung weiterer Einflußgrößen folgt für den Flächeninhalt Y des Rechtecks die Modellgleichung

$$Y = f(X_1, X_2, X_3, X_4) = X'_1 \cdot X'_2 \cdot \cos X'_4 = X_1 X_3 \cdot X_2 X_3 \cdot X_4 \ . \qquad \text{(A.14)}$$

Die Ablesungen, der Kalibrierfaktor und der Winkel dürfen als unabhängig voneinander angesehen werden. Deshalb ergibt sich als relative Unsicherheit von Y mittels Gleichung (43) und mit den Ableitungen $\partial f/\partial x_i = y/x_i$ $(i \neq 3)$ und $\partial f/\partial x_3 = 2y/x_3$

$$u_{\text{rel}}(y) = \sqrt{u^2_{\text{rel}}(x_1) + u^2_{\text{rel}}(x_2) + 4u^2_{\text{rel}}(x_3) + u^2_{\text{rel}}(x_4)} \ . \qquad \text{(A.15)}$$

Hierbei ist mit $|X'_4| \leq b \ll 1$ und nach Ansatz d) in 6.2.5

$$x_4 = 1 - b^2/6 \ ; \quad u^2_{\text{rel}}(x_4) = b^4/(45x_4^2) \ . \qquad \text{(A.16)}$$

Wird $b^2/6$ bei x_4 vernachlässigt, also als Näherung $x_4 = 1$ gesetzt, so vergrößert sich die Unsicherheit von X_4 nach Gleichung (47). Es ist dann $u^2_{\text{rel}}(x_4) = u^2(x_4) = b^4/45 + (b^2/6)^2 = b^4/20$.

A.4 Zeitlich korrelierte mehrmalige Messungen

Eine Meßgröße Y wird mehrmals direkt gemessen. Die in gleichen Zeitabständen aufeinanderfolgenden Messungen erbringen die Meßwerte v'_j $(j = 1, \ldots, n)$. Wegen nur langsam veränderlicher unbeeinflußbarer Störungen oder einer sehr schnellen Folge der Messungen, zwischen denen z.B. die Meßeinrichtung nicht ganz in die Anfangsstellung zurückkehrt, dürfen die Messungen nicht als voneinander unabhängig angesehen werden. Drückt sich die Anzeige einer Messung noch mit einem Faktor c bei der folgenden Messung aus, so ist cv'_{j-1} die Meßabweichung bei der j-ten Messung $(j > 1)$. Die berichtigten Werte $v_j = v'_j - cv'_{j-1}$ werden nun als die Meßwerte der Meßgröße Y, also als unabhängige Realisierungen einer zugeordneten Zufallsgröße V aufgefaßt und nach 5.2.1 ausgewertet, was zunächst

$$y = \bar{v} = \overline{v'} - c \cdot \left(\overline{v'} - v'_n/n\right) \qquad \text{(A.17)}$$

und bei konstantem Faktor c die Standardunsicherheit $u(y) = s(\bar{v})$ erbringt.

Der Faktor c wird in einer gesonderten Messung des zeitlichen Abfalls einer Anzeige mit der Unsicherheit $u(c)$ ermittelt. Um auch diese Unsicherheit zu berücksichtigen, wird Gleichung (A.17) als Modellgleichung $y = f(\ldots, x_q)$ mit $x_q = c$ aufgefaßt (siehe Gleichung (46)), so daß $\partial f/\partial c = -\left(\overline{v'} - v'_n/n\right)$. Damit ergibt sich für die Unsicherheit von Y nach Gleichung (46) mit $u_0^2(y) = s^2(\bar{v})$ schließlich

$$u(y) = \sqrt{s^2(\bar{v}) + \left(\overline{v'} - v'_n/n\right)^2 u^2(c)} \ . \qquad \text{(A.18)}$$

A.5 Kombination von Meßergebnissen bei Vergleichmessungen

In m Laboratorien werden unabhängig voneinander mit unterschiedlichen Meßeinrichtungen und Meßverfahren die vollständigen Meßergebnisse $X_i = x_i \pm u(x_i)$ $(i = 1, \ldots, m)$ für dieselbe interessierende physikalische Größe Y erzielt, z.B. für eine Fundamentalkonstante. Unter der Annahme, daß die Meßgrößen X_i mit Y übereinstimmen, sind die vollständigen Meßergebnisse gewichtet zu mitteln. Eine lineare Modellfunktion f beschreibt diese Mittelung (siehe DIN 1319-4, auch zum Prüfen der Annahme) und liefert mit den schon eingesetzten Schätzwerten x_i das kombinierte Meßergebnis

$$y = f(x_1, \ldots, x_m) = \sum_{i=1}^{m} p_i x_i \ ; \qquad \text{(A.19)}$$

$$p_i = \frac{\partial f}{\partial x_i} = C/u^2(x_i) \ ; \quad C^{-1} = \sum_{i=1}^{m} 1/u^2(x_i) \ . \qquad \text{(A.20)}$$

Die Eingangsgrößen bekommen so das Gewicht p_i, diejenigen mit kleinerer Unsicherheit ein größeres. Gleichung (43) erbringt die Meßunsicherheit

$$u(y) = \sqrt{C} \ . \qquad \text{(A.21)}$$

Nach 6.2.6 a) brauchen Korrelationen nicht berücksichtigt zu werden.

In den l ersten Laboratorien wird dasselbe Kalibriernormal benutzt $(1 < l \leq m)$. Mit der dem Normal zuzuordnenden Kalibriergröße X_q gilt dann nach 6.2.6 der Ansatz $X_i = X_q X_i'$ $(i = 1, \ldots, l)$, und die Meßgrößen X_i besitzen die gemeinsamen Komponenten $u(x_i, x_k) = x_i x_k u_{\text{rel}}^2(x_q)$. der Unsicherheit. Die Meßunsicherheit lautet nun

$$u(y) = \sqrt{C} \cdot \sqrt{1 + 2C u_{\text{rel}}^2(x_q) \sum_{i=1}^{l-1} \sum_{k=i+1}^{l} \frac{x_i x_k}{u^2(x_i) u^2(x_k)}} \quad . \qquad \text{(A.22)}$$

A.6 Indirekte Ermittlung eines Widerstands aus mehrmaligen Messungen

Der Widerstand $Y = R$ eines elektrischen Leiters wird unter Vernachlässigung von Einflußgrößen durch gemeinsame Messung der Scheitelspannung $X_1 = U$ einer an den Leiter gelegten sinusförmigen Wechselspannung, der Scheitelstromstärke $X_2 = I$ des hindurchfließenden Wechselstroms sowie des Phasenverschiebungswinkels $X_3 = \varphi$ der Wechselspannung gegen die Wechselstromstärke ermittelt. Das Modell der Auswertung ist die Definitionsgleichung für den elektrischen Widerstand:

$$R = f(U, I, \varphi) = (U/I)\cos\varphi \qquad \text{oder} \qquad Y = f(X_1, X_2, X_3) = (X_1/X_2)\cos X_3 \quad . \qquad \text{(A.23)}$$

Tabelle A.2 zeigt die auszuwertenden Meßwerte v_{ij} der in $n = 5$ Versuchen desselben Experiments jeweils gemeinsam gemessenen Eingangsgrößen X_i, die zu den drei Meßgrößen gehörenden Mittelwerte der Meßwerte und die Standardabweichungen der Mittelwerte nach den Gleichungen (28) und (29) und außerdem die nach Gleichung (30) gewonnenen Korrelationskoeffizienten der Eingangsgrößen. Diese Größen sind wegen ihrer gemeinsamen Messung im selben Versuch korreliert. Da keine Einflußgrößen zu berücksichtigen sind, bilden die Mittelwerte und Standardabweichungen der Mittelwerte bereits die vollständigen Meßergebnisse für die Eingangsgrößen. In Tabelle A.2 ist auch das vollständige Meßergebnis für den elektrischen Widerstand R angegeben. Das Meßergebnis errechnet sich durch Einsetzen der Mittelwerte der Meßwerte der Eingangsgrößen in das Modell nach Gleichung (41) (siehe auch das Programm in Anhang B), die Unsicherheit entsprechend nach Gleichung (42) unter Benutzung der Korrelationskoeffizienten und der Ableitungen

$$\frac{\partial f}{\partial U} = (1/I)\cos\varphi \ ; \quad \frac{\partial f}{\partial I} = -(U/I^2)\cos\varphi \ ; \quad \frac{\partial f}{\partial \varphi} = -(U/I)\sin\varphi \ . \qquad \text{(A.24)}$$

Tabelle A.2: Daten der Messung eines Widerstands

Messung Nr j	Eingangsgrößen: Scheitel-spannung U V	Scheitel-stromstärke I mA	Phasenverschie-bungswinkel φ rad
1	5,007	19,663	1,0456
2	4,994	19,639	1,0438
3	5,005	19,640	1,0468
4	4,990	19,685	1,0428
5	4,999	19,678	1,0433
$\bar{v}$	4,9990	19,6610	1,04446
$s(\bar{v})$	0,0032	0,0095	0,00075
	Korrelationskoeffizienten: $r(U,I) = -0{,}36$; $r(U,\varphi) = 0{,}86$; $r(I,\varphi) = -0{,}65$		
Ergebnisgröße: Widerstand $R = (127{,}732 \pm 0{,}071)\ \Omega$			

A.7 Messung einer Masse mittels Normalen

Die Masse $Y = M$ ist aus zwei Normalen der Masse $X_1 = M_1$ und $X_2 = M_2$ zu $M = M_1 + M_2$ zusammengesetzt. Die Massen M_i $(i = 1, 2)$ wurden zuvor mit demselben Referenznormal der Masse $X_q = M_0$ kalibriert, so daß $M_i = h_i(M_0) = a_i M_0$ mit bekannten Kalibrierkonstanten $a_i > 0$. Die Kalibrierung bewirkt eine Korrelation der Massen M_i. Nach Gleichung (45) ergeben sich zunächst mit den Schätzwerten m_i für die Massen M_i die Unsicherheiten $u^2(m_i) = a_i^2 u^2(m_0)$ und $u(m_1, m_2) = a_1 a_2 u^2(m_0)$, also $r(m_1, m_2) = u(m_1, m_2)/(u(m_1)u(m_2)) = 1$. Daraus folgt nach Gleichung (42) zum Schätzwert m für die Masse M die Unsicherheit $u^2(m) = u^2(m_1) + u^2(m_2) + 2u(m_1, m_2)$, also $u(m) = (a_1 + a_2)u(m_0)$. Dasselbe Ergebnis läßt sich nach 6.2.6 einfacher gewinnen, indem die Massen $M_i = a_i M_0$ durch Einsetzen in die Modellgleichung $M = M_1 + M_2$ eliminiert werden, was auf $M = (a_1 + a_2)M_0$ führt. Wenn die Unsicherheiten der Kalibrierkonstanten a_i nicht vernachlässigt werden dürfen, sind diese Konstanten als eigene Eingangsgrößen X_3 und X_4 aufzufassen.

Liegen für die Ermittlung von $u(m)$ lediglich die Unsicherkeiten $u(m_1)$ und $u(m_2)$ vor, nicht aber der Korrelationskoeffizient $r(m_1, m_2)$, so hängt ein Ansatz für diesen davon ab, welche Information über die Kalibrierung der Massen M_i gegeben ist. Falls keinerlei Information darüber vorliegt, ist $r(m_1, m_2) = 0$ nach 6.2.6 d) anzusetzen. Damit ist $u^2(m) = u^2(m_1) + u^2(m_2)$. Falls nur keine Information über M_0 und a_i vorliegt, aber doch bekannt ist, daß dasselbe Referenznormal benutzt wurde, ist nach obiger Folgerung $r(m_1, m_2) = 1$ anzusetzen, was $u(m_1, m_2) = u(m_1)u(m_2)$ bedeutet und $u(m) = u(m_1) + u(m_2)$ erbringt. Falls hierbei jedoch fraglich ist, ob die Massen mit demselben Referenznormal kalibriert wurden oder nicht, ist bei gleichwahrscheinlicher Einschätzung dieser beiden Fälle $r(m_1, m_2) = 0{,}5$ zu setzen. Dann ist $u^2(m) = u^2(m_1) + u^2(m_2) + u(m_1)u(m_2)$.

Anhang B (informativ)
Rechnerunterstützte Auswertung

Bei der Auswertung von Messungen ist es zweckmäßig, so weit wie möglich einen Rechner zu benutzen, insbesondere im zweiten Schritt der Auswertung bei der Meßdatenvorbereitung (siehe 6.2.2) und im dritten Schritt bei der Berechnung des vollständigen Meßergebnisses (siehe 6.3.2). Die Fortpflanzung der Unsicherheiten läßt sich dann elegant nach den Gleichungen (53) und (54) berechnen.

Das Programmbeispiel in Bild B.1, geschrieben in der Programmiersprache *Pascal*, zeigt die Auswertung von n gemeinsamen Messungen von m Eingangsgrößen X_i zum Beispiel in A.6 bis hin zur Berechnung des vollständigen Meßergebnisses. Das Programm enthält vier allgemein verwendbare Bausteine. Im ersten dieser Programmbausteine werden aus den Meßwerten v_{ij}, die in den Elementen `v[i,j]` des zweidimensionalen Feldes `v` vorliegen, nach Gleichung (28) die Mittelwerte $\bar{v}_i$ als Schätzwerte x_i der Eingangsgrößen berechnet und in den Elementen `x[i]` des Feldes `x` abgelegt. Im zweiten Baustein erfolgt nach den Gleichungen (29) bis (31) die Ermittlung der Standardabweichungen $s(\bar{v}_i)$ der Mittelwerte als Standardunsicherheiten $u(x_i)$ der Eingangsgrößen in den Elementen `ux[i]` des Feldes `ux`, sowie der Korrelationskoeffizienten $r(x_i, x_k)$ in den Elementen `rx[i,k]` des zweidimensionalen Feldes `rx`. Der Berechnung der Differenzen $\Delta_i f$ in den Elementen `df[i]` des Feldes `df` nach Gleichung (53) dient der dritte Baustein des Programms. Die Modellfunktion f muß als `function`-Unterprogramm `f(x)` gegeben sein. Der vierte Baustein schließlich stellt Gleichung (54) dar, womit sich die Standardunsicherheit $u(y)$ in `uy` ergibt. Auch das Meßergebnis y für die interessierende Meßgröße wird hier durch den Aufruf `y = f(x)` gebildet. `h` und `u` sind Hilfsgrößen.

```
program widerstand ( werte, output );

const   m = 3; n = 5;                  { Deklarationen }
type    vektor   = array[1..m] of real;
var     i,j,k     : integer;
        h,u,y,uy  : real;
        x,ux,df   : vektor;
        rx        : array[1..m,1..m] of real;
        v         : array[1..m,1..n] of real;
        werte     : text;

function f(x : vektor) : real;         { Modellfunktion }
  begin
    f := (x[1] / x[2]) * cos( x[3] )
  end;


begin
reset( werte );                        { Meßwerte }
for j := 1 to n do
for i := 1 to m do  read( werte, v[i,j] );

{ 1) Mittelwerte x[i] bei n-maliger gemeinsamer Messung
     von m Eingangsgrößen mit Meßwerten v[i,j] }

for i := 1 to m do
  begin
    h := 0.0;
    for j := 1 to n do  h := h + v[i,j];
    x[i] := h / n
  end;

{ 2) Standardabweichungen ux[i] der Mittelwerte und
     Korrelationskoeffizienten rx[i,k] ( i <= k, n > 1 ) }

for i := m downto 1 do
for k := i to m do
  begin
    h := 0.0;
    for j := 1 to n do
      h := h + (v[i,j] - x[i]) * (v[k,j] - x[k]);
    u := h / n / (n-1);
    if i = k then ux[i]   := sqrt(u)
             else rx[i,k] := u / ux[i] / ux[k]
  end;

{ 3) Differenzen df[i] }

for i := 1 to m do
  begin
    u      := ux[i] / 2.0;  x[i] := x[i] - u;
    h      := f(x);         x[i] := x[i] + u + u;
    df[i]  := f(x) - h;     x[i] := x[i] - u
  end;

{ 4) Fortpflanzung der Unsicherheiten und
     vollständiges Meßergebnis y, uy }

u := 0.0;
for i := 1 to m do
  begin
    h := 0.0;
    for k := i+1 to m do  h := h + df[k] * rx[i,k];
    u := u + df[i] * (df[i] + h + h)
  end;
y := f(x);  uy := sqrt(u);

write( y, uy )
end.
```

Bild B.1: Programm für die rechnerunterstützte Auswertung

Anhang C (informativ)
Grenzen der Anwendung des Auswertungsverfahrens

Das in 6.3 beschriebene Verfahren ist nur dann anwendbar, wenn sich die Modellfunktion bei Veränderung der Schätzwerte x_i der Eingangsgrößen im Rahmen der Unsicherheiten $u(x_i)$ genügend linear verhält. Anderenfalls ist die Auswertung wesentlich aufwendiger (siehe hierzu [1], [3]). Das Verfahren kann sinnvoll nur dann angewendet werden, wenn die Bedingung

$$|q| \ll u(y) \tag{C.1}$$

erfüllt ist, wobei

$$q = \frac{1}{2}\sum_{i=1}^{m} \frac{\partial^2 f}{\partial x_i^2} u^2(x_i) + \sum_{i=1}^{m-1} \sum_{k=i+1}^{m} \frac{\partial^2 f}{\partial x_i \partial x_k} u(x_i, x_k) \; . \tag{C.2}$$

Beiträge höherer Ableitungen sind dann vernachlässigbar. An Maxima, Minima und Sattelpunkten der Funktion f sind alle Ableitungen $\partial f/\partial x_i = 0$. Nahe dieser Extrema ist daher die Bedingung nach Gleichung (C.1) verletzt. In diesem Fall ist q als Korrektion zu verwenden und anzusetzen:

$$y = f(x_1, \ldots, x_m) + q \; ; \quad u^2(y) = \frac{1}{2} \sum_{i,j,k,l=1}^{m} \frac{\partial^2 f}{\partial x_i \partial x_j} \frac{\partial^2 f}{\partial x_k \partial x_l} u(x_i, x_k) u(x_j, x_l) \; . \tag{C.3}$$

Speziell für $m = 1$ und $\mathrm{d}f/\mathrm{d}x_1 = 0$ gilt

$$u(y) = \sqrt{2}\,|q| = \frac{1}{\sqrt{2}} \left| \frac{\mathrm{d}^2 f}{\mathrm{d}x_1^2} \right| u^2(x_1) \; . \tag{C.4}$$

Numerisch einfacher errechnen sich

$$q = 2\sum_{i=1}^{m} \Delta_{ii}^2 f + 4 \sum_{i=1}^{m-1} \sum_{k=i+1}^{m} (\Delta_{ik}^2 f)\, r(x_i, x_k) \; ; \tag{C.5}$$

$$u^2(y) = 2 \sum_{i,j,k,l=1}^{m} (\Delta_{ij}^2 f)(\Delta_{kl}^2 f)\, r(x_i, x_k) r(x_j, x_l) \tag{C.6}$$

mit Gleichung (27) und

$$\begin{aligned} \Delta_{ii}^2 f &= f(x_1, \ldots, x_i + u(x_i)/2, \ldots, x_m) + f(x_1, \ldots, x_i - u(x_i)/2, \ldots, x_m) - 2f(x_1, \ldots, x_m) \; ; \\ \Delta_{ik}^2 f &= f(x_1, \ldots, x_i + u(x_i)/2, \ldots, x_k + u(x_k)/2, \ldots, x_m) - f(x_1, \ldots, x_i + u(x_i)/2, \ldots, x_m) \\ &\quad - f(x_1, \ldots, x_k + u(x_k)/2, \ldots, x_m) + f(x_1, \ldots, x_m) \; ; \quad (i \neq k) \; . \end{aligned} \tag{C.7}$$

Anhang D (informativ)
Kennwert für den maximal möglichen Betrag der Meßabweichung

Für Fälle, in denen sicherzustellen ist, daß der wahre Wert einer Meßgröße einen Höchstwert nicht überschreitet oder einen Mindestwert nicht unterschreitet, ist für die Angabe der Genauigkeit einer Messung auch ein anderer Kennwert in Gebrauch. Dieser Kennwert ist ein Schätzwert für den maximal möglichen Betrag der Meßabweichung und kennzeichnet einen Wertebereich, der den wahren Wert der Meßgröße möglichst s i c h e r enthält. Er ist nicht mit der Standardunsicherheit verträglich und ist deshalb ungeeignet für eine Weiterverarbeitung nach dem in Abschnitt 6 festgelegten Verfahren. Er eignet sich auch nicht für einen kritischen Vergleich zweier oder mehrerer vollständiger Meßergebnisse derselben Meßgröße, weil die angestrebte Sicherheit, den wahren Wert wirklich zu umfassen, einen für den Vergleich oft unrealistisch weiten Wertebereich mit sich bringt.

Mitunter ist bekannt oder kann angenommen werden, daß eine oder mehrere Einflußgrößen $\widehat{X}_i$ in jedem Experiment jeweils immer denselben festen, aber unbekannten Wert zwischen den jeweiligen Grenzen a_i und b_i haben ($a_i < b_i$), zum Beispiel, wenn immer dasselbe Meßverfahren angewendet wird. Dann ist der Kennwert

$$\widehat{U}(y) = k \cdot u(y) + \sum_i \left| \frac{\partial f}{\partial \widehat{x}_i} \right| \frac{b_i - a_i}{2} \tag{D.1}$$

ein Schätzwert für den maximal möglichen Betrag der Meßabweichung der Meßgröße Y. In Gleichung (D.1) ist die Standardunsicherheit $u(y)$ ohne die Beiträge der Einflußgrößen $\widehat{X}_i$ zu ermitteln. k ist der Erweiterungsfaktor nach 5.4.2. $(b_i - a_i)/2$ ist der maximal mögliche Betrag der Abweichung der Einflußgröße $\widehat{X}_i$ von ihrem Schätzwert $\widehat{x}_i = (a_i + b_i)/2$. Der durch den Kennwert $\widehat{U}(y)$ gekennzeichnete Wertebereich für den wahren Wert der Meßgröße Y ist

$$y - \widehat{U}(y) \leq Y \leq y + \widehat{U}(y) \ . \qquad \text{(D.2)}$$

Der Kennwert darf nur für Meßergebnisse, die keinesfalls weiterverarbeitet werden, Verwendung finden. Wird er angegeben, so ist klarzustellen, daß es sich um den Kennwert für den maximal möglichen Betrag der Meßabweichung handelt.

Anhang E (informativ)

Verwendete genormte Begriffe und ihre Quellen

Begriff	Quelle
Ausgabe	DIN 1319-1
Dimension	DIN 1313
Einflußgröße	DIN 1319-1
Erwartungswert	DIN 1319-1, DIN 13303-1, DIN 55350-21
Freiheitsgrad	DIN 13303-1
Größe, physikalische	DIN 1313
Kalibrierung	DIN 1319-1
Konfidenzintervall	DIN 13303-2
Korrektion	DIN 1319-1
Korrelation (korreliert)	DIN 55350-21
Korrelationskoeffizient, (empirischer)	DIN 13303-1, DIN 55350-21
Kovarianz, (empirische)	DIN 13303-1, DIN 55350-21
Meßabweichung	DIN 1319-1
—, systematische	DIN 1319-1
—, zufällige	DIN 1319-1
Meßeinrichtung	DIN 1319-1
Meßergebnis	DIN 1319-1
—, unberichtigtes	DIN 1319-1
—, vollständiges	DIN 1319-1
Meßgröße	DIN 1319-1
Meßobjekt	DIN 1319-1
Messung	DIN 1319-1
Meßunsicherheit	DIN 1319-1
—, relative	DIN 1319-1
Meßverfahren	DIN 1319-1
Meßwert	DIN 1319-1
Mittelwert, (arithmetischer)	DIN 13303-1, DIN 55350-23
Normalverteilung	DIN 13303-1, DIN 55350-22
—, standardisierte	DIN 55350-22
Parameter	DIN 55350-21
Poisson-Verteilung	DIN 13303-1, DIN 55350-22
Quantil	DIN 13303-1, DIN 55350-21
Rechteckverteilung	DIN 13303-1
Schätzer	DIN 13303-2
Schätzwert	DIN 13303-2, DIN 55350-23, DIN 55350-24
Standardabweichung	DIN 13303-1, DIN 55350-21
—, (empirische)	DIN 13303-1, DIN 55350-23
Student-Verteilung	DIN 55350-22
t-Verteilung	DIN 55350-22
Varianz, (empirische)	DIN 13303-1, DIN 55350-21
Variationskoeffizient	DIN 13303-1, DIN 55350-21
Vertrauensbereich	DIN 13303-2, DIN 55350-24
Vertrauensintervall	DIN 13303-2
Vertrauensgrenze	DIN 13303-2, DIN 55350-24
Vertrauensniveau	DIN 13303-2, DIN 55350-24
Wahrscheinlichkeitsverteilung	DIN 13303-1, DIN 55350-21
Wert, wahrer	DIN 1319-1
Zählen	DIN 1319-1
Zufallsgröße	DIN 13303-1, DIN 55350-21

Anhang F (informativ)

Erläuterungen

In den internationalen Empfehlungen [1] wird unterschieden zwischen Meßunsicherheiten, die mit "statistischen Verfahren" (Typ A) errechnet werden, die auf vorliegenden oder angenommenen Häufigkeitsverteilungen vorkommender Werte fußen, und solchen, bei denen das mit "anderen Mitteln" (Typ B) geschieht, d.h. mittels vernünftig angenommener Verteilungen möglicher Werte, die keineswegs immer als Häufigkeitsverteilungen aufgefaßt werden können, sondern den Stand der unvollständigen Kenntnis der jeweiligen Größen wiedergeben. Das Zusammenfassen der Unsicherheiten, ungeachtet der beiden begrifflich verschiedenen Verfahren ihrer Ermittlung, zu einer resultierenden Unsicherheit hat in der Vergangenheit zu heftigen Kontroversen geführt und ist auch unbefriedigend. Die Verfahren lassen sich jedoch vereinheitlichen und mit den Verfahren der *Bayesschen Statistik* identifizieren, sowie alle Verteilungen mittels des *Prinzips der maximalen Entropie* aus den vorliegenden Daten und anderen Informationen aufstellen [3]. Danach braucht zwischen den Verfahren vom Typ A oder Typ B nicht mehr unterschieden zu werden.

Anhang G (informativ)
Stichwortverzeichnis

Die hinter den Stichwörtern stehenden Zahlen sind die Nummern der Abschnitte, in denen die Stichwörter erscheinen. Es sind nur die wichtigsten Fundstellen aufgeführt.

Februar 1999

Grundlagen der Meßtechnik
Teil 4: Auswertung von Messungen Meßunsicherheit

DIN 1319-4

ICS 17.020

Ersatz für Ausgabe 1985-12

Deskriptoren: Meßtechnik, Meßunsicherheit, Meßdaten, Auswertung, Metrologie

Fundamentals of metrology —
Part 4: Evaluation of measurements, uncertainty of measurement

Fondements de la métrologie —
Partie 4: Exploitation des mesurages, incertitude de mesure

Inhalt

Fortsetzung Seite 2 bis 36

Normenausschuß Technische Grundlagen (NATG) — Einheiten und Formelgrößen —
im DIN Deutsches Institut für Normung e.V.
Deutsche Elektrotechnische Kommission im DIN und VDE (DKE)
Normenausschuß Qualitätsmanagement, Statistik und Zertifizierungsgrundlagen (NQSZ) im DIN

Vorwort

Diese Norm wurde vom Arbeitsausschuß NATG-A.73 des Normenausschusses Technische Grundlagen (NATG) – Fachbereich A: Einheiten und Formelgrößen (AEF) – im DIN Deutsches Institut für Normung, einem Gemeinschaftsarbeitsausschuß mit der Deutschen Elektrotechnischen Kommission im DIN und VDE (DKE) und der VDI/VDE-Gesellschaft Meß- und Automatisierungstechnik (GMA), erarbeitet.

Anhänge A bis I sind informativ.

DIN 1319 "Grundlagen der Meßtechnik" besteht aus:

Teil 1: Grundbegriffe
Teil 2: Begriffe für die Anwendung von Meßgeräten
Teil 3: Auswertung von Messungen einer einzelnen Meßgröße, Meßunsicherheit
Teil 4: Auswertung von Messungen, Meßunsichheit

Änderungen

Gegenüber der Ausgabe Dezember 1985 wurden folgende Änderungen vorgenommen:

a) Die Norm wurde redaktionell überarbeitet, insbesondere hinsichtlich der Benennungen und Formelzeichen, und an DIN 1319-3:1996-05 und an die internationalen Empfehlungen [1] angepaßt. Das genormte Verfahren wurde jedoch nicht geändert.
b) Die Meßunsicherheitsmatrix wurde eingeführt.
c) Aus Gründen der Systematik und Vollständigkeit wurden einige Teile aus DIN 1319-3:1996-05 sinngemäß, teilweise auch wörtlich übernommen.

Frühere Ausgaben

DIN 1319-4:1985-12

1 Anwendungsbereich

Diese Norm gilt im Bereich der Meßtechnik für die gemeinsame Ermittlung und Angabe der Meßergebnisse und Meßunsicherheiten von Meßgrößen bei der Auswertung von Messungen. Sie gilt sinngemäß auch bei rechnersimulierten Messungen.

Zweck der Norm ist die Festlegung eines Verfahrens für die Auswertung im Fall, daß die Meßgrößen mittels gegebener Funktionen aus anderen Größen berechnet werden, z.B. durch eine Ausgleichsrechnung. Wenn nur eine einzelne Meßgröße direkt gemessen wird oder als Funktion anderer Größen auszuwerten ist, kann auch nach DIN 1319-3 verfahren werden.

2 Normative Verweisungen

Diese Norm enthält durch datierte oder undatierte Verweisungen Festlegungen aus anderen Publikationen. Diese normativen Verweisungen sind an den jeweiligen Stellen im Text zitiert, und die Publikationen sind nachstehend aufgeführt. Bei datierten Verweisungen gehören spätere Änderungen oder Überarbeitungen dieser Publikationen nur zu dieser Norm, falls sie durch Änderung oder Überarbeitung eingearbeitet sind. Bei undatierten Verweisungen gilt die letzte Ausgabe der in Bezug genommenen Publikation.

DIN 1303 Vektoren, Matrizen, Tensoren – Zeichen und Begriffe

DIN 1313 Physikalische Größen und Gleichungen – Begriffe, Schreibweisen

DIN 1319-1 Grundlagen der Meßtechnik – Teil 1: Grundbegriffe

DIN 1319-3 Grundlagen der Meßtechnik – Teil 3: Auswertung von Messungen einer einzelnen Meßgröße, Meßunsicherheit

DIN 1333 Zahlenangaben

DIN 13303-1 Stochastik – Wahrscheinlichkeitstheorie, Gemeinsame Grundbegriffe der mathematischen und der beschreibenden Statistik, Begriffe und Zeichen

DIN 13303-2 Stochastik – Mathematische Statistik, Begriffe und Zeichen

DIN 18709-4 Begriffe, Kurzzeichen und Formelzeichen im Vermessungswesen – Ausgleichungsrechnung und Statistik

DIN 55350-21 Begriffe der Qualitätssicherung und Statistik – Begriffe der Statistik, Zufallsgrößen und Wahrscheinlichkeitsverteilungen

DIN 55350-22 Begriffe der Qualitätssicherung und Statistik – Begriffe der Statistik, Spezielle Wahrscheinlichkeitsverteilungen

DIN 55350-23 Begriffe der Qualitätssicherung und Statistik – Begriffe der Statistik, Beschreibende Statistik

DIN 55350-24 Begriffe der Qualitätssicherung und Statistik – Begriffe der Statistik, Schließende Statistik

ISO 3534-1:1993 Statistics – Vocabulary and symbols – Part 1: Probability and general statistical terms

VDI 2739 Blatt 1 Matrizenrechnung – Grundlagen für die praktische Anwendung

[1] Leitfaden zur Angabe der Unsicherheit beim Messen. Beuth Verlag, Berlin, Köln 1995; Guide to the Expression of Uncertainty in Measurement. ISO International Organization for Standardization, Genf 1993, korrigierter Neudruck 1995

[2] Internationales Wörterbuch der Metrologie – International Vocabulary of Basic and General Terms in Metrology. DIN Deutsches Institut für Normung (Herausgeber), Beuth Verlag, Berlin, Köln 1994; International Vocabulary of Basic and General Terms in Metrology. ISO International Organization for Standardization, Genf 1993

3 Begriffe

Die Benennungen wichtiger Begriffe sind im folgenden bei deren ersten Auftreten oder an besonderen Stellen kursiv gesetzt. Gesperrt gesetzte Wörter sind betont.

Die Begriffe zu den mit einem Stern (*) versehenen Benennungen sind in den Normen in Anhang H definiert; siehe aber auch ISO 3534-1:1993 und [1], [2]. Zu Begriffen der Wahrscheinlichkeitsrechnung und Matrizenrechnung siehe auch Anhänge B bzw. C sowie VDI 2739 Blatt 1.

Einige herausragende Begriffe sind im folgenden definiert und kommentiert. Die bei ihren Benennungen in runden Klammern stehenden Zusätze dürfen fortgelassen werden, wenn keine Gefahr der Verwechslung mit anderen Begriffen besteht.

Für die Anwendung dieser Norm gelten die folgenden Definitionen:

3.1 Meßgröße: *Physikalische Größe**, der die *Messung** gilt. [DIN 1319-1:1995-01]

ANMERKUNG: Einer Meßgröße gleichgestellt werden in dieser Norm auch alle anderen Größen, die bei der *Auswertung* von Messungen beteiligt sind. Das betrifft vor allem *Einflußgrößen** und Größen, die der Berichtigung oder *Kalibrierung** dienen.

3.2 Ergebnisgröße (der Auswertung): *Meßgröße** als Ziel der Auswertung von *Messungen**. [DIN 1319-3:1996-05]

3.3 Eingangsgröße (der Auswertung): *Meßgröße** oder andere Größe, von der Daten in die Auswertung von *Messungen** eingehen. [DIN 1319-3:1996-05]

3.4 Modell (der Auswertung): Mathematische Beziehungen zwischen allen bei der Auswertung von *Messungen** beteiligten *Meßgrößen** und anderen Größen. [DIN 1319-3:1996-05]

3.5 Meßunsicherheit: Kennwert, der aus *Messungen** gewonnen wird und zusammen mit dem *Meßergebnis** zur Kennzeichnung eines Wertebereiches für den *wahren Wert** der *Meßgröße** dient. [DIN 1319-1:1995-01]

ANMERKUNG 1: Die Meßunsicherheit ist ein Maß für die Genauigkeit der Messung und kennzeichnet die Streuung oder den Bereich derjenigen Werte, die der Meßgröße vernünftigerweise als *Schätzwerte** zugewiesen werden können [1]. Sie kann auch als ein Maß für die Unkenntnis der Meßgröße aufgefaßt werden [3].

ANMERKUNG 2: Die Meßunsicherheit ist von der *Meßabweichung** deutlich zu unterscheiden. Letztere ist nur die Differenz zwischen einem der Meßgröße zuzuordnenden Wert, z.B. einem *Meßwert** oder dem Meßergebnis, und dem wahren Wert der Meßgröße. Die Meßabweichung kann gleich Null sein, ohne daß dies bekannt ist. Diese Unkenntnis drückt sich in einer Meßunsicherheit größer als Null aus.

ANMERKUNG 3: Die Meßunsicherheit kann auch ganz allgemein eine bei der Auswertung von Messungen beteiligte Größe betreffen, ohne daß diese eine Meßgröße zu sein braucht. Die Meßunsicherheit wird in dieser Norm wie in [1] auch kurz *Unsicherheit* genannt. Sie wird auch *individuelle Komponente der Meßunsicherheit* genannt, wenn sie mit denen anderer Meßgrößen kombiniert wird oder zusammen mit der *gemeinsamen Komponente der Meßunsicherheit* (siehe 3.7) erwähnt wird. Die Meßunsicherheit wird in dieser Norm als *Standardmeßunsicherheit* durch eine *Standardabweichung** (Quadratwurzel einer *Varianz**) oder quadriert durch eine Varianz ausgedrückt (siehe 3.6, 6.1 und Anhang B).

ANMERKUNG 4: Zu anderen Kennwerten für die Genauigkeit einer Messung siehe DIN 1319-3.

3.6 Standardmeßunsicherheit: *Meßunsicherheit**, ausgedrückt durch eine *Standardabweichung**.

ANMERKUNG 1: Die Standardmeßunsicherheit darf, wenn keine Mißverständnisse entstehen können, auch kurz *Standardunsicherheit* genannt werden. Diese Benennung wird in dieser Norm häufig und in [1] ausschließlich verwendet.

ANMERKUNG 2: Die Standardmeßunsicherheit besitzt dieselbe *Dimension** wie die Meßgröße.

3.7 Gemeinsame Komponente der Meßunsicherheit: Kennwert für ein Paar von *Meßgrößen**, der aus *Messungen** gewonnen wird und zur Kennzeichnung eines Wertebereichs für das Paar der *wahren Werte** der beiden Meßgrößen beiträgt. [DIN 1319-3:1996-05]

ANMERKUNG 1: Der genannte Wertebereich ist zweidimensional. Die gemeinsame Komponente der Meßunsicherheit kennzeichnet die gegenseitige Abhängigkeit, mit der den beiden Meßgrößen gemeinsam Werte zugewiesen werden können. Auch die gemeinsame Komponente der Meßunsicherheit kann andere Größen als Meßgrößen betreffen. Im Gegensatz zur Meßunsicherheit kann sie auch negativ sein. Ist sie ungleich Null, so sind die beiden Meßgrößen — genauer die ihnen zugeordneten *Schätzer** (siehe 5.2 und 6.1) — *korreliert**.

ANMERKUNG 2: Die gemeinsame Komponente der Meßunsicherheit wird in dieser Norm durch eine *Kovarianz** oder einen *Korrelationskoeffizienten** ausgedrückt (siehe 6.1 und Anhang B).

ANMERKUNG 3: In dieser Norm bilden die Meßergebnisse von Meßgrößen und die zugehörigen Standardmeßunsicherheiten und die gemeinsamen Komponenten der Meßunsicherheit in Form von Korrelationkoeffizienten zusammen das *vollständige Meßergebnis** für diese Meßgrößen (siehe Abschnitt 9).

ANMERKUNG 4: Die gemeinsame Komponente der Meßunsicherheit wird in [1] und [4] *Kovarianz** genannt.

3.8 Meßunsicherheitsmatrix: *Matrix**, in der als *Diagonalelemente* die *individuellen Komponenten der Meßunsicherheit* von *Meßgrößen** in Form von *Varianzen** und als Nichtdiagonalelemente die *gemeinsamen Komponenten der Meßunsicherheit* aller Paare dieser Meßgrößen in Form von *Kovarianzen** zusammengefaßt sind.

ANMERKUNG 1: Zu Matrizen und ihren Eigenschaften siehe Anhang C sowie DIN 1303 und VDI 2739 Blatt 1. Zum Aufbau und zu Eigenschaften der Meßunsicherheitsmatrix siehe 6.1 und 6.6.

ANMERKUNG 2: Die Meßunsicherheitsmatrix darf, wenn keine Mißverständnisse entstehen können, auch kurz *Unsicherheitsmatrix* genannt werden. Diese Benennung wird in dieser Norm häufig verwendet. Die Meßunsicherheitsmatrix wird in [1] *Kovarianzmatrix** genannt.

4 Allgemeine Grundlagen der Auswertung von Messungen

4.1 Ziel der Messung

Ziel jeder *Messung** einer *Meßgröße** (siehe 3.1) oder gemeinsamen Messung mehrerer Meßgrößen ist es, die *wahren Werte** der Meßgrößen zu ermitteln. Dabei werden *Meßeinrichtungen** und *Meßverfahren** auf *Meßobjekte**, die Träger der Meßgrößen, angewendet. Die Messung kann mit Hilfe eines Rechners simuliert sein. Die Messung umfaßt auch die *Auswertung* der gewonnenen *Meßwerte** und anderer zu berücksichtigender Daten. Ein einheitliches Verfahren für die Auswertung ermöglicht den kritischen Vergleich und die Kombination von Meßergebnissen.

Wegen der bei der Messung wirkenden Einflüsse treten unvermeidlich *Meßabweichungen** (siehe 3.5 Anmerkung 2) auf. Diese sind der Grund, warum es nicht möglich ist, den wahren Wert einer Meßgröße genau zu finden. Lediglich das *Meßergebnis** als ein *Schätzwert** einer Meßgröße sowie die *Meßunsicherheit** (siehe 3.5 und 3.6) lassen sich aus den Meßwerten und anderen Daten gewinnen und angeben, bei mehreren Meßgrößen auch die *gemeinsamen Komponenten der Meßunsicherheit* (siehe 3.7). In dieser Norm bilden die Meßergebnisse und die individuellen und gemeinsamen Komponenten der Meßunsicherheit zusammen das *vollständige Meßergebnis** für die Meßgrößen, die *Ergebnisgrößen* der Auswertung (siehe 3.2 und 3.7 Anmerkung 3).

Bei vielen Messungen ergeben sich die zu einer Meßgröße gehörenden Meßwerte direkt oder nach Berichtigung aus der *Ausgabe** der Meßeinrichtung. Eine solche Messung wird kurz *direkte Messung* genannt. Im allgemeinen müssen Meßgrößen jedoch indirekt ermittelt werden. Dabei werden zunächst andere Meßgrößen entweder direkt gemessen oder ebenfalls indirekt ermittelt. Aus diesen und weiteren Größen, insbesondere *Einflußgrößen**, die die Ursache für *systematische Meßabweichungen** sind, wird dann mit Hilfe eines bestehenden mathematischen Zusammenhangs, des *Modells (der Auswertung)* (siehe 3.4), das vollständige Meßergebnis für die Ergebnisgrößen errechnet. Jene Größen sind die *Eingangsgrößen* der Auswertung (siehe 3.3).

In der Regel können also die interessierenden physikalische Größen einer Meßaufgabe im Experiment nicht direkt gemessen werden, sondern müssen aus anderen Größen, die der Messung besser zugänglich sind oder über die Informationen z.B. aus der Literatur herangezogen werden können, nach mathematischen Beziehungen errechnet werden, z.B. durch eine Ausgleichsrechnung. Selbst bei einer direkt gemessenen Größe sind die ausgegebenen Werte einer Meßeinrichtung oft noch zu berichtigen. Die Frage, wie sich die Unsicherheiten der Eingangsgrößen, die aus den Meßwerten und anderen Informationen folgen, zu den Unsicherheiten der letztlich interessierenden Ergebnisgrößen kombinieren, ist dabei von besonderer Bedeutung. Im Hinblick auf die Verwertung der Meßergebnisse ist es wünschenswert, die Unsicherheiten in einheitlicher Weise zu behandeln. Ein Verfahren für diesen Zweck ist Gegenstand dieser Norm. Es wird *Gauß-Verfahren* genannt. Während DIN 1319-3:1996-05 nur im Fall einer einzelnen zu ermittelnden physikalischen Größe angewendet werden kann, wird diese Einschränkung in dieser Norm fallengelassen. Das Verfahren in dieser Norm umfaßt auch die Ausgleichsrechnung nach der *Gaußschen Methode der kleinsten Quadrate*.

4.2 Vier Schritte der Auswertung von Messungen

Jede Auswertung wird zweckmäßig in vier voneinander deutlich zu trennenden Schritten ausgeführt:

a) Aufstellung eines Modells, das die Beziehung der interessierenden Meßgrößen, der Ergebnisgrößen, zu allen anderen beteiligten Größen, den Eingangsgrößen, mathematisch beschreibt (siehe Abschnitt 5),
b) Vorbereitung der gegebenen Meßwerte und anderer verfügbarer Daten (siehe Abschnitt 6),
c) Berechnung des vollständigen Meßergebnisses der Ergebnisgrößen aus den vorbereiteten Daten mittels des Modells (siehe Abschnitte 7 und 8 und Anhang D),
d) Angabe des vollständigen Meßergebnisses der Ergebnisgrößen (siehe Abschnitt 9).

Die Durchführung der Auswertung in diesen vier Schritten ist schematisch in Bild F.1 dargestellt.

5 Aufstellung des Modells der Auswertung

5.1 Allgemeines

Der erste Schritt eines allgemeinen Verfahrens für die Auswertung von Messungen besteht in jedem Anwendungsfall darin, das mathematische Modell der Auswertung heranzuziehen oder zu entwickeln. Das Modell muß der gestellten Auswertungsaufgabe individuell angepaßt sein, diese beschreiben und es erlauben, das vollständige Meßergebnis für die interessierenden Meßgrößen aus Meßwerten und anderen verfügbaren Daten zu berechnen. Die Gleichungen des Modells müssen alle mathematischen Beziehungen umfassen, die zwischen den bei den auszuwertenden Messungen beteiligten physikalischen und anderen Größen, einschließlich der Einflußgrößen, bestehen. Oft ist das Modell zwar schon beispielsweise durch das Meßverfahren, eine Definitionsgleichung oder ein Naturgesetz als eine einfache Gleichung gegeben, nicht selten jedoch erfordert die Aufstellung des Modells eine gründliche Analyse aller Größen, Zusammenhänge, Abläufe und Einflüsse in dem betrachteten Experiment. Das Modell muß immer gebildet werden, möglichst schon bei der Planung der Messungen, nicht nur, um Unsicherheiten zu berechnen, sondern auch, um überhaupt Meßergebnisse für die interessierenden Meßgrößen zu erhalten.

5.2 Eingangsgrößen und Ergebnisgrößen

Als erstes ist es nötig, Klarheit darüber zu gewinnen, welche Größen neben den interessierenden Meßgrößen, den *Ergebnisgrößen* Y_i (siehe 3.2; $i = 1, \ldots, n$ mit der Anzahl n der Ergebnisgrößen), bei den betrachteten Messungen und damit bei der gestellten Auswertungsaufgabe zu berücksichtigen sind. Zu diesen *Eingangsgrößen* X_k [1]) (siehe 3.3; $k = 1, \ldots, m$ mit der Anzahl m der Eingangsgrößen) gehören

a) Meßgrößen, die direkt gemessen werden und den u n b e r i c h t i g t e n Ausgaben der verwendeten Meßeinrichtungen zugeordnet werden;
b) Einflußgrößen und Größen, die der Berichtigung oder *Kalibrierung** dienen;
c) Ergebnisgrößen vorangegangener Auswertungen oder Teilauswertungen und
d) andere bei der Auswertung benutzte Größen, für die Daten z.B. aus der Literatur oder aus Tabellen herangezogen werden.

Es wird besonders darauf hingewiesen, daß die unter Aufzählung b) genannten Größen, insbesondere die Einflußgrößen, die die Ursache für systematische Meßabweichungen sind, zweckmäßig als eigene, zusätzliche Eingangsgrößen betrachtet werden.

Bei der Messung einer Funktion sind den gemessenen Ordinaten, bei unsicheren Abszissen auch diesen je eine Eingangsgröße zuzuordnen. Die z.B. durch eine Ausgleichsrechnung zu ermittelnden Parameter der Funktion sind die Ergebnisgrößen.

Jeder beteiligten physikalischen oder anderen Größe X_k und Y_i wird eine Variable, *Schätzer** genannt, zugeordnet. Ein ermittelter Wert x_k bzw. y_i dieses Schätzers wird als Schätzwert der zugehörigen Größe aufgefaßt. Die y_i sind die interessierenden Meßergebnisse. Die Schätzer sind zu unterscheiden von den Größen und treten bei der Auswertung selbst kaum in Erscheinung, aber ihre Werte. Ihre gemeinsame *Wahrscheinlichkeitsverteilung** dient dazu, den vorliegenden Kenntnisstand über die Größen auszudrücken (siehe Anhang F).

5.3 Modellfunktionen

Oft hängen die Ergebnisgrößen Y_i in Form gegebener *Modellfunktionen* G_i explizit von den Eingangsgrößen X_k ab:

$$Y_i = G_i(X_1, \ldots, X_m) \; ; \quad (i = 1, \ldots, n) \; . \tag{1}$$

Für den Fall $n = 1$ siehe auch DIN 1319-3. In diesem Fall wird auf Angabe des Index $i = 1$ verzichtet. Die Modellfunktionen können als mathematische Ausdrücke, dürfen aber auch als komplizierter Algorithmus in Form eines Rechenprogramms vorliegen.

Die partielle Ableitung einer Modellfunktion G_i nach einer Eingangsgröße X_k mit eingesetzten Schätzwerten x_1 bis x_m aller Eingangsgrößen wird mit

$$\frac{\partial G_i}{\partial x_k} = \left. \frac{\partial G_i}{\partial X_k} \right|_{x_1, \ldots, x_m} \tag{2}$$

bezeichnet. Diese Ableitungen werden in 7.1 benötigt. Für numerische Rechnungen ist es im allgemeinen aber n i c h t erforderlich, diese Ableitungen explizit zu bilden. Diese Aussage ist besonders wichtig, wenn zur Bildung der Ableitungen ein großer Aufwand nötig ist oder wenn die Modellfunktionen G_i nur als Rechenprogramm vorliegen. Es genügt, die Ableitungen durch numerisch berechnete Differenzenquotienten anzunähern (siehe auch 7.3 und Anhang D), z.B. durch

$$\frac{\partial G_i}{\partial x_k} = \frac{1}{\Delta x_k} \Big(G_i(x_1, \ldots, x_k + \tfrac{1}{2}\Delta x_k, \ldots, x_m) - G_i(x_1, \ldots, x_k - \tfrac{1}{2}\Delta x_k, \ldots, x_m) \Big) \tag{3}$$

mit geeignetem Zuwachs Δx_k für eine geringfügige Änderung von x_k.

Ist eine Modellfunktion nur näherungsweise als $G_{0,i}$ bekannt, so kann eine zusätzlich eingeführte Eingangsgröße X_{m+1} helfen, die damit verbundene Abweichung zu beschreiben. Anstelle der Modellfunktion $G_{0,i}$ ist dann also beispielsweise die Modellgleichung

$$Y_i = G_i(X_1, \ldots, X_{m+1}) = G_{0,i}(X_1, \ldots, X_m) + X_{m+1} \tag{4}$$

zu benutzen. X_{m+1} ist als Einflußgröße anzusehen und kann z.B. das Restglied einer durch $G_{0,i}$ dargestellten a b g e b r o c h e n e n *Taylor-Reihe* sein (siehe Beispiel 3).

---

[1]) Statt der Indizes i und k der Größen Y_i und X_k werden, wenn es zweckmäßig ist, auch andere Buchstaben benutzt.

BEISPIEL 1:
Wird eine Größe Y direkt gemessen und muß aber noch eine systematische Meßabweichung berichtigt werden, so ist $Y = G(X_1, X_2) = X_1 - X_2$ als Modell anzusetzen, um die Ergebnisgröße Y zu erhalten. Hierbei ist die Meßgröße X_1 z.B. der Ausgabe der Meßeinrichtung zuzuordnen. Sie ist, für sich betrachtet, frei von der systematischen Meßabweichung zu denken. Deren Einfluß im Hinblick auf die interessierende Meßgröße Y wird im Modell durch die Einflußgröße X_2 berichtigt. Muß der ausgegebene Wert der Meßeinrichtung noch mit einem Kalibrierfaktor multipliziert werden, so ist dieser Kalibrierfaktor als eine weitere Eingangsgröße X_3 aufzufassen. Die Modellgleichung lautet dann $Y = G(X_1, X_2, X_3) = X_1 X_3 - X_2$.

BEISPIEL 2:
Die Aktivität $Y = A$ einer radioaktiven Probe soll gemessen werden. Sie hängt ab von der Anzahl $X_1 = N$ der im Zähler während der Meßdauer $X_2 = T$ nachgewiesenen Zerfallsereignisse, der Nachweiswahrscheinlichkeit $X_3 = \varepsilon$ für ein solches Ereignis und der Totzeit $X_4 = \tau$ des Zählers. Das Modell der Auswertung lautet in diesem Fall

$$Y = A = G(X_1, X_2, X_3, X_4) = \frac{N}{(T - N\tau)\,\varepsilon} = \frac{X_1}{(X_2 - X_1 X_4)\,X_3} \quad . \tag{5}$$

BEISPIEL 3:
Die Meßgröße Y sei aus der nicht geschlossen nach Y auflösbaren Gleichung $Y = \arctan(X_1 + Y)$ zu ermitteln. Dies kann iterativ geschehen, beginnend mit der Näherung $Y = 0$. Dreimalige Iteration führt auf die Modellgleichung

$$Y = G(X_1, X_2) = \arctan\big(X_1 + \arctan(X_1 + \arctan X_1)\big) + X_2 \quad . \tag{6}$$

Die Größe X_2 berichtigt nach Gleichung (4) die durch das erste Glied dargestellte Näherung. Es gilt $X_1 = h(Y) = \tan Y - Y$. Hier ist $h(Y)$ die Umkehrfunktion der Funktion $H(X_1)$, die in der Modellgleichung $Y = H(X_1)$ formal das Ergebnis der fortgesetzten Iteration darstellt. Also ist $\mathrm{d}H/\mathrm{d}X_1 = (\mathrm{d}h/\mathrm{d}Y)^{-1} = (X_1 + Y)^{-2}$.

BEISPIEL 4:
Den m gemessenen Anzeigen X_k (Eingangsgrößen) eines Thermometers bei den eingestellten, als exakt angenommenen Referenz-Temperaturen t_k soll eine Kalibriergerade $t(X) = Y_1 + Y_2 X$ nach der Gaußschen Methode der kleinsten Quadrate angepaßt werden, damit aus einer Anzeige X bei späterer Anwendung des Thermometers die dann vorliegende Temperatur t leicht berechnet werden kann. Für die $n = 2$ Parameter Y_1 und Y_2 (Ergebnisgrößen) der Kalibriergeraden folgen, wenn die Summe $\sum(t(X_k) - t_k)^2$ der Quadrate der Temperatur-Meßabweichungen minimiert wird, die Modellfunktionen

$$\begin{aligned} Y_1 &= G_1(X_1, \ldots, X_m) = (\textstyle\sum t_k \sum X_k^2 - \sum t_k X_k \sum X_k)/D \ ; \\ Y_2 &= G_2(X_1, \ldots, X_m) = (m \textstyle\sum t_k X_k - \sum t_k \sum X_k)/D \ ; \quad D = m \textstyle\sum X_k^2 - (\sum X_k)^2 \ , \end{aligned} \tag{7}$$

wobei alle Summen von $k = 1$ bis m laufen. Die Ableitungen lauten

$$\begin{aligned} \partial G_1/\partial X_j &= \big(2X_j \textstyle\sum t_k - \sum t_k X_k - t_j \sum X_k - 2Y_1 \cdot (m\,X_j - \sum X_k)\big)/D \ ; \\ \partial G_2/\partial X_j &= \big(m\,t_j - \textstyle\sum t_k - 2Y_2 \cdot (m\,X_j - \sum X_k)\big)/D \ . \end{aligned} \tag{8}$$

Die Referenz-Temperaturen sind als zusätzliche Eingangsgrößen anzusehen, wenn ihre Unsicherheit berücksichtigt werden muß. Dann gelten

$$\partial G_1/\partial t_j = (\textstyle\sum X_k^2 - X_j \sum X_k)/D \ ; \quad \partial G_2/\partial t_j = (mX_j - \sum X_k)/D \ . \tag{9}$$

5.4 Verallgemeinerte mathematische Formulierung des Modells

Die Eingangsgrößen X_k und die Ergebnisgrößen Y_i sowie ihre Schätzwerte x_k bzw. y_i werden jeweils in *Spaltenmatrizen* zusammengefaßt (und aus Platzgründen als transponierte *Zeilenmatrizen* geschrieben, siehe Anhang C):

$$\boldsymbol{X} = (X_1 \ldots X_m)^\top \ ; \quad \boldsymbol{x} = (x_1 \ldots x_m)^\top \ ; \quad \boldsymbol{Y} = (Y_1 \ldots Y_n)^\top \ ; \quad \boldsymbol{y} = (y_1 \ldots y_n)^\top \ . \tag{10}$$

Ein zu bearbeitendes Auswertungsproblem wird allgemein durch n_F Gleichungen $F_j(\boldsymbol{X}, \boldsymbol{Y}) = 0$ $(j = 1, \ldots, n_F)$ beschrieben. Sie erfassen die gegenseitige Abhängigkeit der in den Spaltenmatrizen $\boldsymbol{X}$ und $\boldsymbol{Y}$ zusammengefaßten Eingangs- und Ergebnisgrößen in impliziter Weise. Die Funktionen F_j werden ebenfalls durch eine Spaltenmatrix $\boldsymbol{F} = (F_1 \ldots F_{n_F})^\top$ dargestellt. Die Matrixgleichung

$$\boldsymbol{F}(\boldsymbol{X}, \boldsymbol{Y}) = \boldsymbol{O} \tag{11}$$

enthält dann alle mathematischen Beziehungen des Problems. Sie wird *Modell* (*der Auswertung*) genannt (siehe 3.4). (Die Spaltenmatrix $\boldsymbol{O}$ ist eine *Nullmatrix**, siehe Anhang C.) Die Ergebnisdaten $\boldsymbol{y}$ errechnen sich aus den Eingangsdaten $\boldsymbol{x}$ über die Gleichung $\boldsymbol{F}(\boldsymbol{x},\boldsymbol{y}) = \boldsymbol{O}$. Es muß $n_F \geq n$ sein. Nur Modelle dieser Art werden in dieser Norm behandelt. Anderenfalls ist das Auswertungsproblem unterbestimmt und besitzt im allgemeinen keine eindeutige Lösung.

Die Matrizen der partiellen Ableitungen des Modells $\boldsymbol{F}$ nach $\boldsymbol{X}$ und $\boldsymbol{Y}$ mit eingesetzten Größenwerten $\boldsymbol{x}$ und $\boldsymbol{y}$ werden mit $\boldsymbol{F_x}$ bzw. $\boldsymbol{F_y}$ bezeichnet ((n_F, m)- bzw. (n_F, n)-Matrix, Beispiel siehe A.2):

$$\boldsymbol{F_x} = \left(\left. \frac{\partial F_j}{\partial X_k} \right|_{\boldsymbol{x},\boldsymbol{y}} \right) \; ; \quad \boldsymbol{F_y} = \left(\left. \frac{\partial F_j}{\partial Y_k} \right|_{\boldsymbol{x},\boldsymbol{y}} \right) \; ; \quad (j = 1, \ldots, n_F \; ; \; k = 1, \ldots, m \text{ bzw. } n) \; . \tag{12}$$

Eine Hauptrolle bei der Fortpflanzung von Unsicherheiten spielt das Matrixprodukt $\boldsymbol{Q} = -\boldsymbol{F_y}^{-1}\boldsymbol{F_x}$, die *Empfindlichkeitsmatrix* (siehe 7.2).

Oft ist es möglich und dann zweckmäßig, obwohl nicht unbedingt erforderlich, das Modell in einer nach $\boldsymbol{Y}$ aufgelösten Form $\boldsymbol{F}(\boldsymbol{X},\boldsymbol{Y}) = \boldsymbol{Y} - \boldsymbol{G}(\boldsymbol{X}) = \boldsymbol{O}$ oder

$$\boldsymbol{Y} = \boldsymbol{G}(\boldsymbol{X}) \tag{13}$$

explizit anzugeben, wobei $\boldsymbol{G} = (G_1 \; \ldots \; G_n)^{\mathsf{T}}$ ebenfalls eine Spaltenmatrix mit den $n_F = n$ Elementen $G_i(\boldsymbol{X})$ ist. Es liegt dann der Fall nach 5.3 vor. Gleichung (13) kann formal auch als der Lösungsalgorithmus der Auswertung, z.B. für Gleichung (11) aufgefaßt werden. Die partiellen Ableitungen nach Gleichung (2) werden als Matrix $\boldsymbol{G_x} = (\partial G_i / \partial x_k)$ zusammengefaßt (Beispiel siehe A.6). Mit den Gleichungen (12) und (13) sind dann $\boldsymbol{F_x} = -\boldsymbol{G_x}$ und $\boldsymbol{F_y} = \boldsymbol{E}$, so daß $\boldsymbol{Q} = \boldsymbol{G_x}$ ($\boldsymbol{E}$ ist die *Einheitsmatrix**, siehe Anhang C).

BEISPIEL 1:
Soll die Dichte ϱ eines Körpers aus seiner Masse M und seinem Volumen V (unter Vernachlässigung von Einflußgrößen) ermittelt werden, so sind die Meßgrößen M und V die Eingangsgrößen X_1 und X_2, und die interessierende Meßgröße ϱ ist die Ergebnisgröße Y. Es sind $m = 2$ und $n = 1$. Die Beziehung $\varrho = G(M,V) = M/V$ ist das Modell der Auswertung: $Y = G(X_1, X_2) = X_1/X_2$. Es kann auch in der Form $F(M,V,\varrho) = \varrho - M/V = 0$ geschrieben werden, wobei $n_F = n = 1$. Ziel ist es, aus vorliegenden Meßdaten und anderen Daten das Meßergebnis für die Dichte $Y = \varrho$ zu gewinnen und deren Unsicherheit aus den Unsicherheiten von M und V zu berechnen. Die Ableitungen sind $\partial F/\partial M = -\partial G/\partial M = -1/V$; $\partial F/\partial V = -\partial G/\partial V = M/V^2$; $\partial F/\partial \varrho = 1$. Daraus ergeben sich nach Gleichung (12) die (1,2)-Matrix $\boldsymbol{F_x} = -\boldsymbol{G_x} = (-1/V \;\; M/V^2)$ und die (1,1)-Matrix $\boldsymbol{F_y} = (1)$. In $\boldsymbol{F_x}$ sind dann noch die Schätzwerte der Größen einzusetzen.

BEISPIEL 2:
Hängen die Ergebnisgrößen $\boldsymbol{Y}$ linear von den Eingangsgrößen $\boldsymbol{X}$ ab, d.h. gilt mit der konstanten Matrix $\boldsymbol{A}$ und Spaltenmatrix $\boldsymbol{b}$ das Modell $\boldsymbol{Y} = \boldsymbol{G}(\boldsymbol{X}) = \boldsymbol{A}\boldsymbol{X} + \boldsymbol{b}$, so sind $\boldsymbol{G_x} = \boldsymbol{A}$; $\boldsymbol{F_x} = -\boldsymbol{A}$ und $\boldsymbol{F_y} = \boldsymbol{E}$.

BEISPIEL 3:
Sollen die Amplitude $Y_1 = A$ und die Phasenkonstante $Y_2 = \varphi$ ($n = 2$ Ergebnisgrößen) einer Schwingung $X(t) = A \sin(\omega t + \varphi)$ mit bekannter Kreisfrequenz ω aus m zu den Zeitpunkten t_j gemessenen Auslenkungen $X_j = X(t_j)$ (Eingangsgrößen) berechnet werden, so lauten die Modellfunktionen mit $n_F = m$

$$F_j = X_j - Y_1 \sin(\omega t_j + Y_2) = 0 \; ; \quad (j = 1, \ldots, m) \; . \tag{14}$$

Es ist $\boldsymbol{F_x} = \boldsymbol{E}$, und $\boldsymbol{F_y}$ ist die $(m,2)$-Matrix

$$\boldsymbol{F_y} = \begin{pmatrix} -\sin(\omega t_1 + y_2) & -y_1 \cos(\omega t_1 + y_2) \\ \vdots & \vdots \\ -\sin(\omega t_m + y_2) & -y_1 \cos(\omega t_m + y_2) \end{pmatrix} . \tag{15}$$

Ist auch die Kreisfrequenz zu ermitteln, so ist $Y_3 = \omega$ zu setzen. Die Zeiten t_j sind als zusätzliche Eingangsgrößen anzusehen, wenn die Unsicherheit der Zeitmessung berücksichtigt werden muß. Dann ist $\boldsymbol{x} = (x_1 \; \ldots \; x_m \; t_1 \; \ldots \; t_m)^{\mathsf{T}}$, und $\boldsymbol{F_x}$ besteht aus $\boldsymbol{E}$ und einer angefügten Diagonalmatrix mit den Diagonalelementen $d_j = -\omega y_1 \cos(\omega t_j + y_2)$.

6 Vorbereitung der Eingangsdaten

6.1 Individuelle und gemeinsame Komponenten der Meßunsicherheit, Meßunsicherheitsmatrix

Zur Berechnung des vollständigen Meßergebnisses für die interessierenden Ergebnisgrößen mit Hilfe des Modells werden Schätzwerte x_i der beteiligten Eingangsgrößen X_i, die entweder direkt gemessen wurden oder über die andere

Informationen für die Auswertung, z.B. vollständige Meßergebnisse aus vorangegangenen Auswertungen, herangezogen werden, sowie auch die zugehörigen Unsicherheiten benötigt. Und zwar nicht nur die *Meßunsicherheiten** $u(x_i)$ (*individuelle Komponenten der Meßunsicherheit*, siehe 3.5) der einzelnen Eingangsgrößen, sondern auch deren *gemeinsame Komponenten* $u(x_i, x_k)$ *der Meßunsicherheit* (siehe 3.7), wenn die Eingangsgrößen — genauer die ihnen zugeordneten Schätzer (siehe 5.2) — *korreliert** sind.

Als Maß für die Meßunsicherheiten $u(x_i)$ der Eingangsgrößen X_i werden *(empirische) Varianzen** (der zugeordneten Schätzer) herangezogen [1]:

$$u^2(x_i) = s^2(x_i) \ , \tag{16}$$

alternativ und anschaulicher auch *Standardabweichungen**, d.h. die (positiven) Quadratwurzeln der Varianzen,

$$u(x_i) = s(x_i) \tag{17}$$

oder *relative Standardabweichungen* (*Variationskoeffizienten**)

$$u_{\text{rel}}(x_i) = u(x_i)/|x_i| = s(x_i)/|x_i| \ ; \quad (x_i \neq 0) \ . \tag{18}$$

$u(x_i)$ nach Gleichung (17) ist die *Standardmeßunsicherheit*, $u_{\text{rel}}(x_i)$ nach Gleichung (18) die *relative Standardmeßunsicherheit* (siehe 3.6). Für die gemeinsamen Komponenten der Meßunsicherheit werden *(empirische) Kovarianzen**

$$u(x_i, x_k) = s(x_i, x_k) \ ; \quad (i \neq k) \tag{19}$$

oder alternativ *(empirische) Korrelationskoeffizienten** benutzt:

$$r(x_i, x_k) = \frac{u(x_i, x_k)}{u(x_i)u(x_k)} = \frac{s(x_i, x_k)}{s(x_i)s(x_k)} \ . \tag{20}$$

Sie werden nur für $i < k$ benötigt. Es gelten die Beziehungen

$$\begin{aligned} &u(x_i, x_i) = u^2(x_i) \ ; \quad u(x_k, x_i) = u(x_i, x_k) \ ; \quad u^2(x_i, x_k) \leq u(x_i)u(x_k) \ ; \\ &r(x_i, x_i) = 1 \ ; \quad r(x_k, x_i) = r(x_i, x_k) \ ; \quad |r(x_i, x_k)| \leq 1 \ . \end{aligned} \tag{21}$$

In vielen Fällen ist es zweckmäßig, die individuellen und gemeinsamen Komponenten der Meßunsicherheit zu einer *Meßunsicherheitsmatrix* (siehe 3.8) wie folgt zusammenzufassen:

$$\boldsymbol{U_x} = (u(x_i, x_k)) = \begin{pmatrix} u^2(x_1) & u(x_1, x_2) & \dots & u(x_1, x_m) \\ u(x_2, x_1) & u^2(x_2) & \dots & u(x_2, x_m) \\ \vdots & \vdots & \ddots & \vdots \\ u(x_m, x_1) & u(x_m, x_2) & \dots & u^2(x_m) \end{pmatrix} \ . \tag{22}$$

In der Hauptdiagonale stehen die Quadrate der Standardmeßunsicherheiten. Die Meßunsicherheitsmatrix ist eine *symmetrische Matrix**.

Auf ähnliche Weise wird die ebenfalls symmetrische *Korrelationsmatrix* aus den Korrelationskoeffizienten gebildet:

$$\boldsymbol{R_x} = (r(x_i, x_k)) = \begin{pmatrix} 1 & r(x_1, x_2) & \dots & r(x_1, x_m) \\ r(x_2, x_1) & 1 & \dots & r(x_2, x_m) \\ \vdots & \vdots & \ddots & \vdots \\ r(x_m, x_1) & r(x_m, x_2) & \dots & 1 \end{pmatrix} \ . \tag{23}$$

Die Meßunsicherheit einer Ergebnisgröße Y_i wird entsprechend als Varianz mit $u^2(y_i)$, als Standardmeßunsicherheit mit $u(y_i)$ und als *relative Standardmeßunsicherheit* mit $u_{\text{rel}}(y_i)$ bezeichnet, die gemeinsame Komponente der Meßunsicherheit zweier Ergebnisgrößen Y_i und Y_k mit $u(y_i, y_k)$ und deren Korrelationskoeffizient mit $r(y_i, y_k)$. Die Unsicherheitmatrix $\boldsymbol{U_y}$ und die Korrelationsmatrix $\boldsymbol{R_y}$ mehrerer Ergebnisgrößen werden entsprechend Gleichung (22) bzw. Gleichung (23) gebildet.

Die Schätzwerte x_i der Eingangsgrößen X_i und die zugehörigen Unsicherheiten sind im zweiten Schritt der Meßdatenauswertung empirisch nach mathematischen Ausdrücken anzusetzen, die in 6.2 bis 6.6 angegeben werden. Bei diesen Ausdrücken handelt es sich um Beispiele. Sie dürfen je nach den vorliegenden Informationen sinngemäß verändert werden. Bei allem Bemühen sind sinnvolle empirische Ansätze jedoch mitunter nicht frei von subjektiver

Erfahrung. Das ist unvermeidlich, vernünftig und tragbar, solange zusätzliche Informationen nicht vorliegen oder nur mit unverhältnismäßig hohem Aufwand gewonnen werden können.

Vollständige Meßergebnisse früherer Auswertungen lassen sich unmittelbar benutzen, wenn sie in der oben beschriebenen Form ausgedrückt sind.

6.2 Mehrmals gemessene Größen

Werden einige Eingangsgrößen X_i in unabhängigen Versuchen N_i-mal direkt gemessen, wobei dieselben genau festgelegten Versuchsbedingungen so weit wie möglich eingehalten werden, und ergibt sich für X_i dabei im j-ten Versuch der Meßwert v_{ij} $(j = 1, \ldots, N_i;\ N_i > 1)$, so werden als Schätzwerte x_i dieser Meßgrößen X_i jeweils die *(arithmetischen) Mittelwerte** $\bar{v}_i$ der Meßwerte sowie als Meßunsicherheiten $u^2(x_i)$ der Meßgrößen die Varianzen dieser Mittelwerte angesetzt:

$$x_i = \bar{v}_i = \frac{1}{N_i} \sum_{j=1}^{N_i} v_{ij} \quad ; \tag{24}$$

$$u^2(x_i) = s^2(\bar{v}_i) = s_i^2/N_i \quad ; \quad s_i^2 = \frac{1}{(N_i - 1)} \sum_{j=1}^{N_i} (v_{ij} - \bar{v}_i)^2 \quad . \tag{25}$$

Die s_i sind die empirischen Standardabweichungen der Verteilungen der Meßwerte der Eingangsgrößen. Bei nur wenigen Messungen siehe auch 6.3.

Werden einige Eingangsgrößen X_i in jedem einzelnen von N unabhängigen Versuchen d e s s e l b e n Experiments g e m e i n s a m gemessen (siehe auch Beispiel in A.6), so ist in den Gleichungen (24) und (25) $N_i = N$ zu setzen $(N > 1)$. Außerdem sind die gemeinsamen Komponenten der Meßunsicherheit als Kovarianzen der Mittelwerte sowie — wenn in den Abschnitten 7 und 8 erforderlich — als Korrelationskoeffizienten wie folgt zu berechnen $(i < k)$:

$$u(x_i, x_k) = s(\bar{v}_i, \bar{v}_k) = \frac{1}{N(N-1)} \sum_{j=1}^{N} (v_{ij} - \bar{v}_i)(v_{kj} - \bar{v}_k) \quad ; \tag{26}$$

$$r(x_i, x_k) = \frac{u(x_i, x_k)}{u(x_i) u(x_k)} \quad . \tag{27}$$

6.3 Einzelwerte oder wenige Werte

Liegt für manche Eingangsgrößen X_i nur je ein einzelner Wert vor $(N_i = 1)$, z.B. ein Meßwert, ein Wert aus der Literatur, eine bekannte systematische Meßabweichung oder eine *Korrektion**, so ist dieser als Schätzwert x_i zu verwenden. Die Unsicherheit ist dann aus den verfügbaren Informationen oder nach der Erfahrung z.B. wie folgt anzusetzen:

Sind die individuellen Komponenten $u^2(x_{i0})$ und gemeinsamen Komponenten $u(x_{i0}, x_{k0})$ der Meßunsicherheit aus N_{i0} früheren, unter vergleichbaren Versuchsbedingungen mehrmals ausgeführten Messungen derselben oder vergleichbarer Größen nach 6.2 bekannt, so sind im Fall weniger Messungen $(1 \leq N_i < N_{i0})$ der Eingangsgrößen X_i

$$u^2(x_i) = u^2(x_{i0}) \cdot N_{i0}/N_i \quad ; \quad u(x_i, x_k) = u(x_{i0}, x_{k0}) \cdot N_{i0}/N_i \tag{28}$$

zu benutzen.

Sind stattdessen die relativen Standardmeßunsicherheiten $u_{\text{rel}}(x_{i0})$ und Korrelationskoeffizienten $r(x_{i0}, x_{k0})$ aus jenen früheren Messungen bekannt und wird angenommen, daß sie auch für die gegenwärtigen Messungen bei von x_{i0} abweichenden Werten x_i noch gelten, so sind sie wie folgt zu verwenden:

$$u(x_i) = |x_i| u_{\text{rel}}(x_{i0}) \sqrt{N_{i0}/N_i} \quad ; \quad r(x_i, x_k) = r(x_{i0}, x_{k0}) \quad . \tag{29}$$

Sind empirische Standardabweichungen s_{i0} der Verteilungen der Meßwerte der Eingangsgrößen bekannt, so darf auch

$$u(x_i) = s_{i0}/\sqrt{N_i} \tag{30}$$

verwendet werden.

6.4 Zählraten

Werden mehrere *Zählraten* X_i, wie bei Kernstrahlungsmessungen üblich, durch *Zählen** eingetretener gleichartiger Ereignisse einmal gemessen und werden dabei jeweils N_i dieser Ereignisse (z.B. durch Alphateilchen ausgelöste Impulse) während der Meßdauer t_i registriert, so sind anzusetzen:

$$x_i = N_i/t_i \ ; \quad u^2(x_i) = N_i\ /t_i^2 \ . \tag{31}$$

Hier ist angenommen, daß die Ereignisse unabhängig voneinander eintreten und die Anzahlen der Ereignisse daher *Poisson-Verteilungen** gehorchen. In den meisten Fällen einer einmaligen, aber gemeinsamen zählenden Messung mehrerer Zählraten (z.B. bei der Vielkanalanalyse) dürfen deshalb auch gemeinsame Komponenten $u(x_i, x_k) = 0$ der Meßunsicherheit angesetzt werden (siehe auch 6.6).

ANMERKUNG: Der Fall $N_i = 0$ ergibt $u(x_i) = 0$. Das ist unrealistisch, weil die Meßunsicherheit bei endlicher Meßdauer t_i keineswegs verschwindet, nur weil zufällig kein Ereignis registriert wird. Dieser Fall kann auch bei Anwendung der Methode der kleinsten Quadrate nach 8.1 oder in Gleichung (A.25), wenn durch $u^2(x_i)$ zu dividieren ist, auf eine Division durch Null führen. Diese Schwierigkeit kann, wenn die Meßgröße positiv ist, durch Wahl einer ausreichend langen Meßdauer oder bei der Vielkanalanalyse durch geeignetes Zusammenfassen von Kanälen vermieden werden.

6.5 Einflußgrößen

Meist können lediglich eine untere Grenze a_i und eine obere Grenze b_i für die möglichen Werte einer Eingangsgröße X_i, z.B. einer *Einflußgröße**, gemessen oder abgeschätzt werden. Dann lautet der Ansatz

$$x_i = (a_i + b_i)/2 \ ; \quad u^2(x_i) = (b_i - a_i)^2/12 \tag{32}$$

(Zu gemeinsamen Komponenten der Meßunsicherheit siehe 6.6). Diese Ausdrücke sind ebenso zu verwenden, wenn keinerlei Information über eine während der Messung mögliche oder tatsächliche Änderung einer Einflußgröße in ihren Grenzen vorliegt. Die Ansätze nach Gleichung (32) entsprechen einer *Rechteckverteilung** des Schätzers für die Einflußgröße zwischen den Grenzen.

Andere Ansätze:

a) Schwingt die Einflußgröße bekanntermaßen zwischen den Grenzen sinusförmig in der Zeit mit einer Schwingungsdauer, die klein ist gegen die Meßdauer, so ist in Gleichung (32) der Nenner 12 durch den Nenner 8 zu ersetzen.
b) Können bei einer sich zeitlich zufällig ändernden Einflußgröße X der zeitliche Mittelwert $\bar{v} = \overline{v(t)}$ und Effektivwert v_{eff} gemessen werden, so gelten die Ansätze

$$x = \bar{v} \ ; \quad u^2(x) = v_{\text{eff}}^2 - \bar{v}^2 \ ; \quad v_{\text{eff}} = \sqrt{\overline{v^2(t)}} \ . \tag{33}$$

c) Liegt für eine aus physikalischen Gründen nicht negative Einflußgröße X lediglich ein Schätzwert $x > 0$ vor, so ist $u(x) = x$ anzunehmen.
d) Wird eine systematische Meßabweichung über eine Größe $X = a\,(1 - \cos Z) \approx aZ^2/2$ durch eine Einflußgröße Z, beispielsweise einen Winkel, mit $|Z| \leq b \ll 1$ bewirkt, so sind

$$x = ab^2/6 \ ; \quad u^2(x) = a^2b^4/45 \tag{34}$$

zu benutzen.

BEISPIEL 1:
Beispiele unterer und oberer Grenzen sind:

a) gemessene Grenzen, z.B. einer Einflußtemperatur, die mittels eines Maximum-Minimum-Thermometers gemessen werden,
b) bekannte Grenzen einer durch Rundung verursachten Abweichung (siehe Beispiel 2),
c) geschätzte Grenzen für ein vernachlässigtes Restglied einer Reihenentwicklung, z.B. einer Taylor-Reihe für eine Modellfunktion,
d) Grenzen für die Meßabweichung einer anzeigenden Meßeinrichtung, die sich z.B. aus den Angaben des Herstellers oder eines Zertifikats ergeben können.

BEISPIEL 2:
Ist der Wert v einer Größe X gegeben und bekannt, daß er aufgerundet worden ist, und ist 10^p der Stellenwert der letzten signifikanten Ziffer von v (p ist eine ganze Zahl), so sind die Grenzen der durch die Rundung verursachten

Abweichung $a = v - 10^p$ und $b = v$. Für X ergeben sich damit nach Gleichung (32) der Schätzwert $x = v - 0{,}5 \cdot 10^p$ und die Standardmeßunsicherheit $u(x) = 0{,}289 \cdot 10^p$.

6.6 Korrelationen

Gemeinsame Komponenten der Meßunsicherheit in Form von Kovarianzen $u(x_i, x_k)$ und Korrelationskoeffizienten $r(x_i, x_k)$ $(i \neq k)$ dürfen für Eingangsgrößen X_i und X_k gleich Null gesetzt werden, wenn

a) die Größen X_i und X_k unkorreliert sind — wenn sie also z.B. zwar mehrmals, aber nicht gemeinsam in verschiedenen unabhängigen Versuchen gemessen wurden — oder Ergebnisgrößen unterschiedlicher früherer Auswertungen sind, die unabhängig voneinander durchgeführt wurden oder
b) die Größen X_i und X_k näherungsweise als unkorreliert angesehen werden können oder
c) die Meßunsicherheit einer der Größen X_i und X_k vernachlässigt wird oder
d) keinerlei Information über eine Korrelation der Größen X_i und X_k vorliegt.

Wenn einige der Eingangsgrößen von anderen abhängen, so daß $X_i = g_i(X_k, \ldots)$, sind jene Eingangsgrößen korreliert. In diesem Fall ist es zweckmäßig, die X_i durch Einsetzen der Funktionen g_i in das Modell nach Gleichung (1) zu eliminieren. Dann brauchen Korrelationen oft nicht berücksichtigt zu werden. Manchmal sind Eingangsgrößen X_i in gleicher Weise beeinflußt und müssen deshalb wegen einer systematischen Meßabweichung berichtigt werden mittels derselben Größe X_q, die eine gemeinsame additive Korrektion oder einen Korrektionsfaktor darstellt (siehe Beispiel 1 in 5.3 und Gleichung (41)). Die X_i sind dann zweckmäßigerweise aufzuspalten und zu substituieren durch $X_i = X_i' + c_i X_q$ oder $X_i = X_q X_i'$, so daß alle neuen Größen X_i' und X_q nunmehr möglicherweise als unkorreliert angesehen werden können. Die c_i sind Konstanten. Es darf dann auch im ersteren Fall

$$u(x_i, x_k) = c_i c_k u^2(x_q) \tag{35}$$

und im zweiten Fall

$$u(x_i, x_k) = x_i' x_k' u^2(x_q) = x_i x_k u_{\text{rel}}^2(x_q) \tag{36}$$

gesetzt werden.

Werden nicht alle Nichtdiagonalelemente der Unsicherheitsmatrix $\boldsymbol{U_x}$ gleich Null gesetzt, so müssen die Bedingungen nach Gleichung (21) beachtet werden, und es ist zu prüfen, ob $\boldsymbol{U_x}$ eine *nichtnegativ definite Matrix* ist (siehe Anhang C). Besitzt $\boldsymbol{U_x}$ diese Eigenschaft nicht, die garantiert, daß keine der individuellen Komponenten $u^2(y_i)$ der Meßunsicherheit (siehe Abschnitt 7) negativ wird, so liegt ein Fehler im Ansatz für $\boldsymbol{U_x}$ vor. Eine diagonale Unsicherheitsmatrix oder eine solche nach Gleichung (26) ist bereits nichtnegativ definit. Lassen sich die Größen X_i so in Klassen einteilen, daß $u(x_i, x_k) = 0$ ist für alle Paare von Größen X_i und X_k aus verschiedenen Klassen, und sind die Unsicherheitsmatrizen $\boldsymbol{U_{x,j}}$ der mit j numerierten einzelnen Klassen nichtnegativ definit, so besitzt auch $\boldsymbol{U_x}$ diese Eigenschaft.

6.7 Größen mit geringer Auswirkung

Wirken sich die Unsicherheiten einiger Eingangsgrößen X_i nur sehr geringfügig auf die Unsicherheiten der Ergebnisgrößen aus (siehe Abschnitt 7), z.B. weil jene Größen wesentlich genauer als andere Eingangsgrößen gemessen werden können oder weil die Ergebnisgrößen Y_i nicht empfindlich von ihnen abhängen — das gilt besonders für Größen X_i, die der Berichtigung dienen —, so dürfen jene Größen als Konstanten behandelt und ihre Unsicherheiten vernachlässigt werden.

7 Berechnung des vollständigen Meßergebnisses

7.1 Gauß-Verfahren

Sind die Schätzwerte x_k der Eingangsgrößen X_k und deren individuelle Komponenten $u^2(x_k)$ und gemeinsame Komponenten $u(x_k, x_l)$ der Meßunsicherheit nach Abschnitt 6 aufgestellt worden, so können nach dieser Vorbereitung der Eingangsdaten nunmehr im dritten Schritt der Auswertung die Meßergebnisse y_i für die Ergebnisgrößen Y_i und deren Unsicherheiten, ausgedrückt durch $u(y_i)$ oder $u^2(y_i)$ sowie $u(y_i, y_j)$, berechnet werden.

Die Meßergebnisse y_i werden durch Einsetzen der Schätzwerte x_k in die Modellfunktionen G_i nach Gleichung (1) gewonnen:

$$y_i = G_i(x_1, \ldots, x_m) \; ; \quad (i = 1, \ldots, n) \; . \tag{37}$$

Die Komponenten $u(y_i, y_j)$ der Meßunsicherheit folgen aus

$$u(y_i, y_j) = \sum_{k,l=1}^{m} \frac{\partial G_i}{\partial x_k} \frac{\partial G_j}{\partial x_l} u(x_k, x_l) \; . \tag{38}$$

Die Standardmeßunsicherheiten $u(y_i)$ der Ergebnisgrößen Y_i ergeben sich als Quadratwurzeln aus $u^2(y_i) = u(y_i, y_i)$. Zu den partiellen Ableitungen $\partial G_i/\partial x_k$ siehe Gleichung (2). Gleichung (38) beschreibt die *Fortpflanzung von Unsicherheiten*. Das Verfahren nach den Gleichungen (37) und (38) wird *Gauß-Verfahren* genannt.

Bei unkorrelierten Eingangsgrößen X_k und einer einzelnen Ergebnisgröße Y reduziert sich Gleichung (38) auf

$$u(y) = \sqrt{\sum_{k=1}^{m} \left(\frac{\partial G}{\partial x_k}\right)^2 u^2(x_k)} \ . \tag{39}$$

Speziell für $m = 1$ gilt

$$u(y) = \left|\frac{\mathrm{d}G}{\mathrm{d}x_1}\right| u(x_1) \ . \tag{40}$$

Hängt eine Eingangsgröße X_i von einer anderen Größe X_k in der Form $X_i = g_i(X_k, \ldots)$ ab oder hängen beide von einer dritten Größe X_q in der Form $X_i = h_i(X_q, \ldots)$ und $X_k = h_k(X_q, \ldots)$ ab, so ist in Gleichung (38)

$$u(x_i, x_k) = \frac{\partial g_i}{\partial x_k} u^2(x_k) \quad \text{bzw.} \quad u(x_i, x_k) = \frac{\partial h_i}{\partial x_q}\frac{\partial h_k}{\partial x_q} u^2(x_q) \tag{41}$$

einzusetzen.

Wird die Unsicherheit $u_0^2(y_i)$ von Y_i vorläufig dadurch ermittelt, daß in den Modellfunktionen G_i eine Eingangsgröße X_q als Konstante angesehen wird, später aber als eine zu den übrigen Eingangsgrößen unkorrelierte Größe, so gilt

$$u^2(y_i) = u_0^2(y_i) + \left(\frac{\partial G_i}{\partial x_q}\right)^2 u^2(x_q) \ . \tag{42}$$

Werden statt y_i nach Gleichung (37) andere Schätzwerte y_i' für die Ergebnisgrößen Y_i weiterverwendet, so vergrößern sich dadurch die individuellen Komponenten der Meßunsicherheit, und auch die gemeinsamen Komponenten der Meßunsicherheit ändern sich. Es ist dann

$$u^2(y_i') = u^2(y_i) + (y_i' - y_i)^2 \ ; \quad u(y_i', y_j') = u(y_i, y_j) + (y_i' - y_i)(y_j' - y_j) \ . \tag{43}$$

ANMERKUNG 1: Dem Gauß-Verfahren liegt eine lineare Näherung der Modellfunktionen G_i um die Schätzwerte x_k der Eingangsgrößen X_k zugrunde. Es ist deshalb nicht in allen Fällen anwendbar. Siehe hierzu Anhang E.

ANMERKUNG 2: Gleichung (39) wurde früher "Fehlerfortpflanzungsgesetz" genannt. Sie betrifft jedoch nicht die Fortpflanzung von Meßabweichungen (früher "Fehler"), sondern die von Unsicherheiten.

BEISPIEL 1:
Wird in Beispiel 1 in 5.3 die systematische Meßabweichung durch einen Korrektionsfaktor X_2 berichtigt, so daß das Modell $Y = G(X_1, X_2) = X_1 X_2$ lautet ($m = 2$, $n = 1$), so gilt

$$y = x_1 x_2 \ ; \quad u_{\mathrm{rel}}(y) = \sqrt{u_{\mathrm{rel}}^2(x_1) + u_{\mathrm{rel}}^2(x_2)} \ . \tag{44}$$

BEISPIEL 2:
Beim Vorliegen der nicht geschlossen nach Y auflösbaren Beziehung $Y = X_1 \exp(-Y)$ ist die Modellfunktion G nicht explizit, sondern nur als Iterationsalgorithmus gegeben. Das Meßergebnis y läßt sich danach innerhalb des Konvergenzbereichs $-1/\mathrm{e} < x_1 < \mathrm{e}$ iterativ aus x_1 berechnen, beginnend mit der Näherung $y = x_1$. Es gilt $x_1 = y \exp(y) = g(y)$. Dabei ist g die Umkehrfunktion von G, also ist $\mathrm{d}G/\mathrm{d}x_1 = 1/(\mathrm{d}g/\mathrm{d}y) = y/((y+1)x_1)$ und nach Gleichung (40)

$$u(y) = \left|\frac{y}{(y+1)\,x_1}\right| u(x_1) \ . \tag{45}$$

Für $x_1 = 0$ ist $y/x_1 = 1$ zu setzen. Beim Rechnen mit beschränkter Stellenanzahl springt bei der Iteration mitunter auch innerhalb des Konvergenzbereichs der Wert für y dauernd zwischen zwei nahe beieinander liegenden Werten

a und b hin und her (Bifurkation). Dieser Einfluß erzeugt eine zusätzliche Unsicherheit $u(x_2) = |a - b|/\sqrt{12}$ (siehe 6.5). Es ist dann zu setzen

$$y = (a+b)/2 \ ; \quad u(y) = \sqrt{\left(\frac{y}{(y+1)\,x_1}\right)^2 u^2(x_1) + \frac{(a-b)^2}{12}} \ . \tag{46}$$

7.2 Verallgemeinerte Formulierung des Gauß-Verfahrens

Allgemeiner läßt sich das Auswertungsverfahren mit den in den Abschnitten 5 und 6 definierten Größen und ihren Werten so formulieren:

a) Die Meßergebnisse $\boldsymbol{y}$ errechnen sich aus den Eingangsdaten $\boldsymbol{x}$ als Lösung des Modells $\boldsymbol{F}(\boldsymbol{x}, \boldsymbol{y}) = \boldsymbol{O}$.
b) Die Unsicherheitsmatrix $\boldsymbol{U_y}$ ergibt sich aus der Unsicherheitsmatrix $\boldsymbol{U_x}$ durch die Beziehung

$$\boldsymbol{U_y} = \boldsymbol{Q U_x Q}^{\mathsf{T}} \ . \tag{47}$$

Hierbei ist $\boldsymbol{Q}$ eine Transformationsmatrix, *Empfindlichkeitsmatrix* genannt ($\boldsymbol{Q}^{\mathsf{T}}$ ist ihre *transponierte Matrix**, siehe Anhang C), die mit Gleichung (12) gegeben ist durch

$$\boldsymbol{Q} = -\boldsymbol{F_y}^{-1}\boldsymbol{F_x} = \left(\frac{\partial Y_i}{\partial X_k}\bigg|_{\boldsymbol{x},\boldsymbol{y}}\right) \ ; \quad (i = 1, \ldots, n \ ; \ k = 1, \ldots, m) \ . \tag{48}$$

Die Voraussetzungen nach Anhang E sind zu beachten, insbesondere die Bedingung $n_F = n$. Wenn $n_F > n$, ist eine Ausgleichsrechnung nach Abschnitt 8 erforderlich. Sind also die Eingangsdaten als Schätzwerte $\boldsymbol{x}$ und Unsicherheitsmatrix $\boldsymbol{U_x}$ der Eingangsgrößen $\boldsymbol{X}$ gegeben, so lassen sich nach obigem Verfahren die Ergebnisse als Schätzwerte $\boldsymbol{y}$ und Unsicherheitsmatrix $\boldsymbol{U_y}$ der Ergebnisgrößen $\boldsymbol{Y}$ gewinnen. Das Verfahren ist konsistent in dem Sinne, daß sich $\boldsymbol{y}$ und $\boldsymbol{U_y}$ in einer nachfolgenden Auswertung als $\boldsymbol{x}$ und $\boldsymbol{U_x}$ weiterverwenden lassen; auch ist es problemunabhängig, da das Modell $\boldsymbol{F}$ weitgehend beliebig ist.

Gleichung (47) ist das *Unsicherheits-Fortpflanzungsgesetz*, kurz *Gauß-Verfahren* genannt, in einer kompakten Matrixdarstellung. Bei diesem verallgemeinerten Verfahren dient die Unsicherheitsmatrix auf natürliche Weise als unmittelbares Maß für die Unsicherheit. Für seine Anwendung sind daher alle Eingangsdaten und Ergebnisse nach Abschnitt 6 als Schätzwerte der Größen und deren Unsicherheiten in Form von Kovarianzmatrizen bereitzustellen bzw. anzugeben.

Im Fall von 7.1 und Gleichung (13) kann Gleichung (38) nach Gleichung (47) auch in der Form

$$\boldsymbol{U_y} = \boldsymbol{G_x U_x G_x}^{\mathsf{T}} \tag{49}$$

geschrieben werden.

Für die Berechnung der Matrix $\boldsymbol{Q}$ in Gleichung (48), die auch ohne Matrixinvertierung und ohne die Matrizen der partiellen Ableitungen möglich ist, siehe 7.3 und Anhänge C und D. Weil die Unsicherheitsmatrix $\boldsymbol{U_x}$ nichtnegativ definit ist (siehe 6.6 und Anhang C), besitzt auch die Unsicherheitsmatrix $\boldsymbol{U_y}$ diese Eigenschaft. $\boldsymbol{U_y}$ ist eine *singuläre, positiv semidefinite Matrix* (siehe Anhang C), wenn $n > m$. Wenn die Modellgleichung $\boldsymbol{F}(\boldsymbol{X}, \boldsymbol{Y}) = \boldsymbol{O}$ nach $\boldsymbol{y}$ nicht explizit auflösbar ist, können zur Berechnung von $\boldsymbol{y}$ unter anderen das *Newton-* oder das *Gradienten-Verfahren* oder die *Regula falsi* herangezogen werden [5], [6]. Ist eine möglichst gute Näherung $\boldsymbol{y}_0$ für das Ergebnis $\boldsymbol{y}$ gegeben, so läßt sich oft eine verbesserte Näherung $\boldsymbol{y}_1$ mit $\boldsymbol{F} = \boldsymbol{F}(\boldsymbol{x}, \boldsymbol{y})$ z.B. durch

$$\boldsymbol{y}_1 = \boldsymbol{y}_0 - \lambda \cdot (\boldsymbol{F_y}^{-1}\boldsymbol{F})_0 \tag{50}$$

mit $\lambda = 1$ gewinnen. Der Index 0 am zweiten Glied auf der rechten Seite von Gleichung (50) bedeutet, daß $\boldsymbol{y}_0$ anstelle von $\boldsymbol{y}$ einzusetzen ist. Mit $\boldsymbol{y}_1$ kann erneut als $\boldsymbol{y}_0$ in Gleichung (50) eingegangen werden. Allerdings läßt sich nicht von vornherein sagen, ob die Werte aus diesem Iterationsverfahren gegen $\boldsymbol{y}$ konvergieren. Bei divergentem, z.B. chaotischem Verhalten der Iteration kann Konvergenz manchmal durch einen verkleinerten Wert λ mit $0 < \lambda < 1$ erzwungen werden.

BEISPIEL:
Im Beispiel 3 in 5.4 ergeben sich im speziellen Fall $m = 2$ mit $\alpha = \omega t_2 - \omega t_1$

$$y_1 = \sqrt{\frac{x_1^2 + x_2^2 - 2x_1x_2\cos\alpha}{\sin^2\alpha}} \ ; \quad y_2 = \arctan\left(\frac{x_1\sin\alpha}{x_2 - x_1\cos\alpha}\right) - \omega t_1 \ ; \tag{51}$$

$$\boldsymbol{Q} = \frac{1}{y_1 \sin\alpha} \begin{pmatrix} -y_1 \cos(\omega t_2 + y_2) & y_1 \cos(\omega t_1 + y_2) \\ \sin(\omega t_2 + y_2) & -\sin(\omega t_1 + y_2) \end{pmatrix} . \tag{52}$$

7.3 Numerische Berechnung

Die Ableitungen brauchen n i c h t explizit gebildet zu werden, insbesondere dann nicht, wenn dies nur schwer möglich ist oder wenn die Modellfunktionen G_i nur als Rechenprogramm vorliegen. Es genügt, zunächst die Differenzen

$$\Delta_k G_i = G_i(x_1, \ldots, x_k + \tfrac{1}{2}u(x_k), \ldots, x_m) - G_i(x_1, \ldots, x_k - \tfrac{1}{2}u(x_k), \ldots, x_m) \tag{53}$$

und anschließend

$$u(y_i, y_j) = \sum_{k,l=1}^{m} (\Delta_k G_i)(\Delta_l G_j)\, r(x_k, x_l) \ . \tag{54}$$

zu berechnen. Dieses Vorgehen ist besonders dann zweckmäßig, wenn die Auswertung mittels eines Rechners erfolgen soll. Rechenprogrammbausteine für diesen Zweck sind in Anhang D angegeben. Für Gleichung (54) wurde Gleichung (3) mit dem Zuwachs $\Delta x_k = u(x_k)$ verwendet.

8 Ausgleichsrechnung

8.1 Methode der kleinsten Quadrate

Häufig sind die Werte y_i von nur einigen interessierenden Meßgrößen Y_i aus vielen Eingangsdaten x_k zu gewinnen, aber es ist im Rahmen des Modells $\boldsymbol{F}(\boldsymbol{x}, \boldsymbol{y}) = \boldsymbol{O}$ nicht möglich, Werte y_i zu finden, die diese Gleichung erfüllen. Dann sind sie so zu berechnen, daß sie mit den Eingangsdaten wenigstens möglichst gut verträglich sind, zwischen ihnen vermitteln, sie ausgleichen. Dies ist der Fall der Überbestimmtheit ($n < n_F$) beim Gauß-Verfahren, der in 7.2 zunächst zurückgestellt wurde (m, n und n_F sind die Anzahlen der Eingangsgrößen, Ergebnisgrößen bzw. Modellgleichungen). Er kann so behandelt werden: In $\boldsymbol{F}(\boldsymbol{x}, \boldsymbol{y})$ werde der Argumentwert $\boldsymbol{x}$ durch eine Spaltenmatrix $\boldsymbol{z}$ mit ebenfalls m Elementen z_k ersetzt, die die ausgeglichenen Werte zu den x_k darstellen. Dann sind $\boldsymbol{y}$ und $\boldsymbol{z}$ so zu ermitteln, daß

$$\xi = (\boldsymbol{z} - \boldsymbol{x})^{\top} \boldsymbol{U}_{\boldsymbol{x}}^{-1} (\boldsymbol{z} - \boldsymbol{x}) = \min \tag{55}$$

wird mit der im allgemeinen nichtlinearen Nebenbedingung

$$\boldsymbol{F}(\boldsymbol{z}, \boldsymbol{y}) = \boldsymbol{O} \ . \tag{56}$$

Näherungsweise kann dies im Rahmen der Voraussetzungen über das lineare Verhalten des Modells nach Anhang E dadurch geschehen, daß statt $\boldsymbol{F} = \boldsymbol{F}(\boldsymbol{x}, \boldsymbol{y})$ das veränderte Modell

$$\boldsymbol{F}^{*}(\boldsymbol{x}, \boldsymbol{y}) = \boldsymbol{F}_{\boldsymbol{y}}^{\top} \boldsymbol{K} \boldsymbol{F} = \boldsymbol{O} \tag{57}$$

mit

$$\boldsymbol{K} = (\boldsymbol{F}_{\boldsymbol{x}} \boldsymbol{U}_{\boldsymbol{x}} \boldsymbol{F}_{\boldsymbol{x}}^{\top})^{-1} \ , \tag{58}$$

das aus nunmehr $n_{F^*} = n$ im allgemeinen ebenfalls nichtlinearen Beziehungen besteht, für die Berechnung von $\boldsymbol{y}$ herangezogen wird. Mit $\boldsymbol{F}^*$ ist wie in 7.2 mit $\boldsymbol{F}$ zu verfahren. Dies ist im wesentlichen und verallgemeinert die *Gaußsche Methode der kleinsten Quadrate*.

Das Verfahren ergibt für die Unsicherheitsmatrix

$$\boldsymbol{U}_{\boldsymbol{y}} = (\boldsymbol{F}_{\boldsymbol{y}}^{\top} \boldsymbol{K} \boldsymbol{F}_{\boldsymbol{y}})^{-1} \ , \tag{59}$$

für die Spaltenmatrix der ausgeglichenen Werte

$$\boldsymbol{z} = \boldsymbol{x} - \boldsymbol{U}_{\boldsymbol{x}} \boldsymbol{F}_{\boldsymbol{x}}^{\top} \boldsymbol{K} \boldsymbol{F} \ , \tag{60}$$

für die dazu gehörende Unsicherheitsmatrix

$$\boldsymbol{U}_{\boldsymbol{z}} = \boldsymbol{U}_{\boldsymbol{x}} - \boldsymbol{U}_{\boldsymbol{x}} \boldsymbol{F}_{\boldsymbol{x}}^{\top} (\boldsymbol{K} - \boldsymbol{K} \boldsymbol{F}_{\boldsymbol{y}} \boldsymbol{U}_{\boldsymbol{y}} \boldsymbol{F}_{\boldsymbol{y}}^{\top} \boldsymbol{K}) \boldsymbol{F}_{\boldsymbol{x}} \boldsymbol{U}_{\boldsymbol{x}} \ , \tag{61}$$

sowie als minimalen Wert ξ_0 von ξ

$$\xi_0 = \boldsymbol{F}^\top \boldsymbol{K}\boldsymbol{F} \quad . \tag{62}$$

Einige Matrixprodukte, z.B. $\boldsymbol{F_x U_x}$ und $\boldsymbol{K F_y}$ und die Spaltenmatrix $\boldsymbol{KF}$, treten mit ihren transponierten Matrizen mehrmals auf. Sie sind zweckmäßigerweise zuerst zu berechnen (siehe auch spezielle Fälle, z.B. die Kurvenanpassung in A.3, sowie Anhang C).

Die Bedingung $n \leq n_F \leq m$ muß erfüllt sein. Wenn $n_F > m$, läßt sich $\boldsymbol{K}$ nicht bilden. In diesem Fall sind vor der Ausgleichsrechnung zunächst $n_F - m$ der Ergebnisgrößen Y_i zu eliminieren. Diese sind dann nach der Ausgleichsrechnung für die übrigen Ergebnisgrößen in einer zweiten Anwendung des Gauß-Verfahrens aus diesen Ergebnisgrößen und den Eingangsgrößen zu berechnen (siehe Beispiel in A.3.2). Wenn $n_F > m + n$, gibt es im allgemeinen keine Lösung.

Ist eine möglichst gute Näherung $\boldsymbol{y}_0$ für das Ergebnis $\boldsymbol{y}$ bekannt, so ergibt sich eine verbesserte Näherung $\boldsymbol{y}_1$ mit $\boldsymbol{F}^* = \boldsymbol{F}^*(\boldsymbol{x}, \boldsymbol{y})$ und $\boldsymbol{U_y}$ nach den Gleichungen (57) bis (59) durch

$$\boldsymbol{y}_1 = \boldsymbol{y}_0 - \lambda \cdot (\boldsymbol{U_y F}^*)_0 \quad . \tag{63}$$

Der Index 0 am zweiten Glied auf der rechten Seite von Gleichung (63) besagt, daß $\boldsymbol{y}_0$ anstelle von $\boldsymbol{y}$ einzusetzen ist (siehe auch Bemerkungen unter Gleichung (50)).

Als Nachweis dafür, daß das Modell $\boldsymbol{F}$ mit den Eingangsdaten verträglich ist, muß der minimale Wert ξ_0 nach Gleichung (62) die Bedingung

$$|\xi_0 - \nu| \leq k\sqrt{2\nu} \quad ; \quad (\nu = n_F - n) \tag{64}$$

erfüllen, wobei k ein zu vereinbarender Faktor zwischen 1 und 3 ist. Der Wert $k = 2$ ist zu bevorzugen.

Ist ein Modell nicht verträglich mit den Daten, so kann das auch ein Hinweis auf unerkannte systematische Meßabweichungen oder falsch ermittelte individuelle oder gemeinsame Komponenten der Meßunsicherheit sein. Andererseits beweist die Verträglichkeit des Modells mit den Daten nicht, daß das Modell richtig ist.

Ist das Modell eines Auswertungsproblems nicht genau bekannt, so können verschiedene Ansätze für $\boldsymbol{F}$ mittels Gleichung (64) geprüft werden. Unter denen, die den Test bestehen, ist ein Modell mit minimalem $|\xi_0 - \nu|$ oder mit möglichst kleiner Anzahl n der Ergebnisgrößen auszuwählen, wobei zusätzlich $\xi_0 - \nu < 0$ gefordert werden kann (siehe Beispiel in A.5).

ANMERKUNG: Für die hier angesprochenen Fragen sind in der Literatur die Stichwörter *(Kurven-)Anpassung, Approximation, Ausgleichung (vermittelnder) Beobachtungen, Entfaltung, Entwicklung, Glättung* üblich (siehe auch A.3 und A.5).

BEISPIEL 1:
Bei einer in den Parametern Y_k linearen Kurvenanpassung wird eine Funktion $h(t)$ durch die Spaltenmatrix $\boldsymbol{X} = (h(t_i))$ dargestellt (t_i sind die als exakt angenommenen Stützstellen) und mittels eines Funktionensystems $\psi_k(t)$ approximiert:

$$X_i = h(t_i) = \sum_{k=1}^{n} \psi_k(t_i) Y_k \quad ; \quad (i = 1, \ldots, n_F = m) \tag{65}$$

oder $\boldsymbol{F}(\boldsymbol{X}, \boldsymbol{Y}) = \boldsymbol{X} - \boldsymbol{AY} = \boldsymbol{O}$. Die konstante Matrix $\boldsymbol{A}$ besitzt die Elemente $A_{ik} = \psi_k(t_i)$. Es gelten $\boldsymbol{F_x} = \boldsymbol{E}$ und $\boldsymbol{F_y} = -\boldsymbol{A}$. Damit lautet das veränderte Modell nach Gleichung (57)

$$\boldsymbol{F}^*(\boldsymbol{x}, \boldsymbol{y}) = \boldsymbol{A}^\top \boldsymbol{U_x}^{-1} (\boldsymbol{Ay} - \boldsymbol{x}) = \boldsymbol{O} \quad , \tag{66}$$

woraus mit den Gleichungen (59) bis (62)

$$\boldsymbol{y} = \boldsymbol{U_y A}^\top \boldsymbol{U_x}^{-1} \boldsymbol{x} \quad ; \quad \boldsymbol{U_y} = (\boldsymbol{A}^\top \boldsymbol{U_x}^{-1} \boldsymbol{A})^{-1} \quad ; \quad \boldsymbol{z} = \boldsymbol{Ay} \quad ; \quad \boldsymbol{U_z} = \boldsymbol{A U_y A}^\top \quad ; \tag{67}$$

$$\xi_0 = \boldsymbol{x}^\top \boldsymbol{U_x}^{-1} (\boldsymbol{x} - \boldsymbol{z}) \tag{68}$$

folgen (siehe auch A.3 und A.5). Zur zweckmäßigen Wahl der Matrix $\boldsymbol{A}$ siehe A.3.3.

BEISPIEL 2:
Die Stützstellen t_i in Beispiel 1 sind als Schätzwerte zusätzlicher Eingangsgrößen T_i anzusehen, wenn die ihnen zugehörige Unsicherheit berücksichtigt werden muß, z.B. wenn sie bei der Messung einzustellen sind und dies nur unsicher möglich ist. Das kann auf mehrere Weisen geschehen, die sich im Modellansatz unterscheiden. Eine Möglichkeit besteht darin, nach erfolgter Ausgleichsrechnung nach Beispiel 1 z.B. die erste Gleichung (67) als Modell der Form

$$\boldsymbol{Y} = \boldsymbol{G}(\boldsymbol{X}') = \left(\boldsymbol{A}^{\mathsf{T}}(\boldsymbol{T})\boldsymbol{U}_{\boldsymbol{x}}^{-1}\boldsymbol{A}(\boldsymbol{T})\right)^{-1}\boldsymbol{A}^{\mathsf{T}}(\boldsymbol{T})\boldsymbol{U}_{\boldsymbol{x}}^{-1}\boldsymbol{X} \tag{69}$$

aufzufassen und dann weiter nach 7.1, 7.2 oder 7.3 zu verfahren. Hierbei besteht die Spaltenmatrix $\boldsymbol{X}' = (X_1 \; \ldots \; X_m \; T_1 \; \ldots \; T_m)^{\mathsf{T}}$ aus den $m' = 2m$ Eingangsgrößen X_i und T_i, und $\boldsymbol{A}$ hängt von den in der Spaltenmatrix $\boldsymbol{T}$ zusammengefaßten Größen T_i ab. Bei der folgenden Möglichkeit werden auch die Werte t_i ausgeglichen. Das Modell lautet in diesem Fall $\boldsymbol{F}(\boldsymbol{X}', \boldsymbol{Y}) = \boldsymbol{X} - \boldsymbol{A}(\boldsymbol{T})\boldsymbol{Y} = \boldsymbol{O}$. Es gilt $\boldsymbol{F_y} = -\boldsymbol{A}(\boldsymbol{t})$, und $\boldsymbol{F_{x'}}$ besteht aus $\boldsymbol{E}$ und einer angefügten Diagonalmatrix mit den Diagonalelementen $d_i = -\sum_{k=1}^{n} \psi_k'(t_i) y_k$ (siehe auch Beispiel 3 in 5.4). In der anschließenden nichtlinearen Ausgleichsrechnung nach 8.1 übernimmt $\boldsymbol{x}'$ die Rolle von $\boldsymbol{x}$.

8.2 Sonderfall der einmaligen Messung vieler Größen

Häufig umfaßt ein Problem sehr viele Größen ($m, n > 30$). Das ist unter anderem der Fall bei der Messung einer Funktion, z.B. eines Neutronenenergiespektrums (siehe A.5, Bild A.1). Jedem Argumentwert (Abszisse) ist dabei eine eigene Eingangsgröße für den zugehörigen Funktionswert (Ordinate) zuzuordnen. Oft werden viele Größen oder der Funktionsverlauf nur ein einziges Mal gemessen und durch die Spaltenmatrix $\boldsymbol{x}$ dargestellt ($m \gg 1$, $N_i = 1$, siehe 6.3). Die Unsicherheitsmatrix $\boldsymbol{U_x}$ läßt sich dann nicht ohne weiteres bilden, außer wenn es sich bei den Größen um Zählraten handelt wie bei der Vielkanalanalyse in der Kernstrahlenspektrometrie (siehe 6.4). Wenn wenigstens angenommen werden kann, daß die Unsicherheiten gleichartig und von gleicher Größenordnung sind für alle gemessenen Größen oder im gesamten Intervall, über das die Funktion gemessen wird, so kann mit dem Ansatz $\boldsymbol{U_x} = u^2\boldsymbol{E}$ wie in 8.1 vorgegangen werden. Dabei ist u^2 das Quadrat einer *globalen Standardmeßunsicherheit*, wofür sich unter der Annahme $\xi_0 \approx \nu = m - n$ nach Gleichung (64) nachträglich der folgende Wert ergibt:

$$u^2 = (\boldsymbol{z} - \boldsymbol{x})^{\mathsf{T}}(\boldsymbol{z} - \boldsymbol{x})/\nu \; . \tag{70}$$

Das Kriterium nach Gleichung (64), die sich auf Gleichung (55) stützt, ist damit verbraucht; zur Prüfung, ob ein Modell $\boldsymbol{F}$ mit den Eingangsdaten verträglich ist, wird ein weiteres Kriterium benötigt. Kann angenommen werden, daß die Schätzer zu den Komponenten von $\boldsymbol{z} - \boldsymbol{x}$ wenigstens näherungsweise unkorreliert sind, die Meßabweichungen also eine Art weißes Rauschen darstellen, was auch schon der Ansatz $\boldsymbol{U_x} = u^2\boldsymbol{E}$ ausdrückt, so soll bei einer Funktion eine der beiden Prüfgrößen

$$\xi_1 = \frac{1}{u^2}\sum_{i=2}^{m}(z_{i-1} - x_{i-1})(z_i - x_i) \; ; \tag{71}$$

$$\xi_2 = \sum_{i=2}^{m} \operatorname{sgn}(z_{i-1} - x_{i-1}) \operatorname{sgn}(z_i - x_i) \tag{72}$$

die Kriterien

$$|\xi_1| \leq k\sqrt{\nu} \quad \text{bzw.} \quad |\xi_2| \leq k\sqrt{m-1} \tag{73}$$

erfüllen (zu k siehe unter Gleichung (64)). ξ_1 ist ein globales Maß für die Korrelation benachbarter Funktionswerte. $\boldsymbol{y}$ und $\boldsymbol{z}$ sind aus den Gleichungen (57) bzw. (60) zu ermitteln (siehe auch A.3). Unter verschiedenen Modellen ist dann das mit kleinstem $|\xi_1|$ oder $|\xi_2|$ oder mit möglichst kleiner Anzahl n der Ergebnisgrößen auszuwählen, wobei zusätzlich $\xi_1 < 0$ bzw. $\xi_2 < 0$ gefordert werden kann (siehe A.5). ξ_2 ist auch bei stark unterschiedlichen Streuungen der Eingangsdaten x_i im Verlauf der gemessenen Funktion oft noch gut als Prüfgröße geeignet, wenn m genügend groß ist.

9 Mitteilung der Ergebnisse der Auswertung

9.1 Angabe des vollständigen Meßergebnisses

Nach Abschluß der Berechnungen nach den Abschnitten 7 und 8 ist im vierten Schritt der Auswertung im Interesse einer späteren konsistenten Verwertung der Ergebnisse mittels des Gauß-Verfahrens nach folgendem Schema darüber zu berichten:

Anzugeben ist immer das *vollständige Meßergebnis** der Auswertung, d.h. für jede einzelne Ergebnisgröße Y_i das Meßergebnis y_i und die Standardmeßunsicherheit $u(y_i)$ oder, wenn $y_i \neq 0$, die *relative Standardmeßunsicherheit*

Tabelle 1. Muster einer Tabelle für die Mitteilung der Meßergebnisse y_i für n Meßgrößen Y_i und der zugehörigen Standardmeßunsicherheiten $u(y_i)$ und Matrix der Korrelationskoeffizienten $r(y_i, y_j)$.

Meß-größe Y_i	Meß-ergebnis y_i	Standardmeß-unsicherheit $u(y_i)$	Korrelationskoeffizienten $r(y_i, y_j)$ $j = 2$	$j = 3$	...	$j = n$
Y_1	y_1	$u(y_1)$	$r(y_1, y_2)$	$r(y_1, y_3)$	...	$r(y_1, y_n)$
Y_2	y_2	$u(y_2)$		$r(y_2, y_3)$	...	$r(y_2, y_n)$
$\vdots$	$\vdots$	$\vdots$			$\ddots$	$\vdots$
Y_{n-1}	y_{n-1}	$u(y_{n-1})$				$r(y_{n-1}, y_n)$
Y_n	y_n	$u(y_n)$				

$u_{\text{rel}}(y_i) = u(y_i)/|y_i|$ in einer Schreibweise nach Gleichung (74). Außerdem sind die gemeinsamen Komponenten $u(y_i, y_j)$ der Meßunsicherheit oder die Korrelationskoeffizienten $r(y_i, y_j)$ mitzuteilen. Tabelle 1 ist ein Muster für die Angabe in Form einer Tabelle. Als Beispiel kann Tabelle A.1 dienen.

Darüber hinaus ist es sinnvoll, auf gleiche Weise die gleichen Angaben auch für alle Eingangsgrößen X_k zu machen. Bei den mehrmals gemessenen Größen X_k sind dann auch die Anzahlen N_k der Messungen zu nennen. Die Modellfunktionen F_j oder G_i sowie Erläuterungen zu den Ansätzen der Elemente der Unsicherheitsmatrix $\boldsymbol{U_x}$ gehören ebenfalls in den Bericht.

Für e i n e ausgewählte Ergebnisgröße kann zusätzlich die *erweiterte Meßunsicherheit* und ein (angenähertes) Vertrauensintervall zu einem zu nennenden Vertrauensniveau mitgeteilt werden (siehe 10.1). Bei der Methode der kleinsten Quadrate (siehe Abschnitt 8) sind schließlich der Wert der benutzten Prüfgröße ξ_k und die globale Standardmeßunsicherheit u von Interesse.

9.2 Schreibweisen der Angabe mit Meßunsicherheit

Das *vollständige Meßergebnis** für jede einzelne Meßgröße Y_i (als Komponente von $\boldsymbol{Y}$, für $\boldsymbol{X}$ entsprechend) ist nach DIN 1319-1 in einer der folgenden Schreibweisen anzugeben:

$$\begin{array}{llll} \text{a)}\ y_i\ ,\ u(y_i)\ ; & \text{c)}\ Y_i = y_i\ (u(y_i))\ ; & \text{e)}\ Y_i = y_i \cdot (1 \pm u_{\text{rel}}(y_i))\ . & \\ \text{b)}\ y_i\ ,\ u_{\text{rel}}(y_i)\ ; & \text{d)}\ Y_i = y_i \pm u(y_i)\ ; & & (74) \end{array}$$

Außerdem sind die Korrelationskoeffizienten $r(y_i, y_j)$ für jedes Paar der Meßgrößen anzugeben.

Durch die Standardmeßunsicherheit $u(y_i)$ wird ein Bereich derjenigen Werte gekennzeichnet, die der Meßgröße Y_i vernünftigerweise zugewiesen werden können [1]. Der Bereich lautet

$$y_i - u(y_i) \leq Y_i \leq y_i + u(y_i)\ . \qquad (75)$$

Es wird n i c h t behauptet, der Bereich enthalte tatsächlich den wahren Wert der Meßgröße Y_i.

Gerundete numerische Unsicherheitwerte sind mit zwei (oder bei Bedarf mit drei) signifikanten Ziffern anzugeben. (Relative) Unsicherheiten sind aufzurunden, nicht jedoch gemeinsame Komponenten der Meßunsicherheit und Korrelationskoeffizienten. Das Meßergebnis ist an derselben Stelle wie die zugehörige Standardmeßunsicherheit zu runden, z.B. $y = 245{,}5716$ mm auf $y = 245{,}57$ mm, wenn $u(y) = 0{,}4528$ mm auf $u(y) = 0{,}46$ mm aufgerundet wird. Die Angabe des Meßergebnisses und der Standardmeßunsicherheit $u(y)$ in derselben Einheit sowie der relativen Standardmeßunsicherheit und eines Korrelationskoeffizienten in Prozent kann zweckmäßig sein. Zur zahlenmäßigen Angabe des vollständigen Meßergebnisses und zu Runderegeln siehe auch DIN 1319-1 und DIN 1333.

BEISPIEL:
Der gemessene elektrische Widerstand R beträgt 100,035 Ω mit einer Standardunsicherheit von 0,023 Ω (oder einer relativen Standardunsicherheit von $2{,}3 \cdot 10^{-4}$ oder 0,023 %). Auch $R = 100{,}035\ \Omega\ (0{,}023\ \Omega)$ oder $R = (100{,}035 \pm 0{,}023)\ \Omega$ oder $R = 100{,}035\ \Omega \pm 0{,}023\ \Omega$ oder $R = 100{,}035 \cdot (1 \pm 2{,}3 \cdot 10^{-4})\ \Omega$. Vor allem in Tabellen findet sich mitunter auch die Kurzschreibweise $R = 100{,}035(23)\ \Omega$. In Klammern steht hier die Standardunsicherheit mit dem Stellenwert der letzten angegebenen Ziffer des Meßergebnisses, hier 10^{-3}. Der durch die Standardunsicherheit gekennzeichnete Bereich ist $100{,}012\ \Omega \leq R \leq 100{,}058\ \Omega$.

10 Ergänzungen

10.1 Vertrauensbereich

Im Rahmen des Gauß-Verfahrens allein ist es nicht möglich, einen (im allgemeinen Fall mehrdimensionalen) *Vertrauensbereich** (*Konfidenzbereich**), der mit einer vorgegebenen Wahrscheinlichkeit (*Vertrauensniveau**, *Konfidenzniveau**) die wahren Werte der Ergebnisgrößen $\boldsymbol{Y}$ enthält, zu ermitteln (siehe Anhang F).

Für e i n e einzelne ausgewählte Ergebnisgröße Y kann jedoch näherungsweise ein *Vertrauensintervall** (*Konfidenzintervall**) zum Vertrauensniveau $1-\alpha$ angegeben werden, das eingeschlossen wird von den *Vertrauensgrenzen** $y - ku(y)$ und $y + ku(y)$. Hier ist $U(y) = ku(y)$ die *erweiterte Meßunsicherheit* (siehe auch DIN 1319-3 und [1]). Der ebenfalls anzugebende *Erweiterungsfaktor* k hängt von $1 - \alpha$ ab und ist definiert durch

$$\sqrt{1/2\pi} \int\limits_{-k}^{k} \exp(-z^2/2)\,\mathrm{d}z = 1 - \alpha \ . \tag{76}$$

Für $1-\alpha = 68{,}27$ % ist $k = 1$ und die Standardmeßunsicherheit $u(y)$ gleich der halben Weite des Vertrauensintervalls (siehe auch Gleichung (75)). Für $1 - \alpha \approx 95$ % ist $k = 2$. Dieser Wert wird im industriellen Meßwesen bevorzugt. k ist auch das $(1 - \alpha/2)$-*Quantil** der *standardisierten Normalverteilung** (siehe Anhang B).

Für mehrere gemeinsam ermittelte Ergebnisgrößen $\boldsymbol{Y}$ kann als Vertrauensbereich näherungsweise ein n-dimensionales *Vertrauensellipsoid** gebildet werden:

$$(\boldsymbol{Y} - \boldsymbol{y})^{\mathrm{T}} \boldsymbol{U}_{\boldsymbol{y}}^{-1} (\boldsymbol{Y} - \boldsymbol{y}) = \chi^2_{n;\,1-\alpha} \ , \tag{77}$$

wobei $\chi^2_{n;\,1-\alpha}$ das $(1-\alpha)$-Quantil der *Chiquadrat-Verteilung** mit n *Freiheitsgraden* ist. $\boldsymbol{U}_{\boldsymbol{y}}^{-1}$ muß existieren. $n \leq m$ ist dafür eine notwendige Bedingung. Die Angabe von Vertrauens i n t e r v a l l e n wie im vorangehenden Absatz oder nach DIN 1319-3 für mehrere gemeinsam ermittelte Ergebnisgrößen ist nicht sinnvoll.

ANMERKUNG: Die Angabe eines Vertrauensintervalls oder eines anderen Vertrauensbereichs, z.B. eines Vertrauensellipsoids, bietet keine zusätzliche Information zu der des vollständigen Meßergebnisses.

10.2 Vorgehen bei sehr vielen Größen

Wenn sehr viele Größen beteiligt sind, werden Unsicherheitsmatrizen unhandlich groß, beanspruchen in Rechnern viel Speicherraum und lange Bearbeitungszeiten und lassen sich kaum veröffentlichen. Um diese Schwierigkeiten zu vermindern, kann zunächst 6.7 beachtet werden. Dann dürfen in einer Tabelle statt der Werte aller Elemente einer Unsicherheitsmatrix globale Näherungswerte, die für größere Bereiche der Indizes gelten, angegeben werden. Mitunter ist es auch möglich, die Elemente einer Unsicherheitsmatrix näherungsweise durch einen mathematischen Ausdruck $g(i,k)$ als Funktion der Indizes zu beschreiben. Weiterhin darf, z.B. bei Anwendung der Methode der kleinsten Quadrate in Gleichung (55), die Unsicherheitsmatrix $\boldsymbol{U}_{\boldsymbol{x}}$ notfalls durch eine Diagonalmatrix $\boldsymbol{U}'_{\boldsymbol{x}}$ ersetzt werden, die die gleichen Diagonalelemente wie $\boldsymbol{U}_{\boldsymbol{x}}$ besitzt. $(\boldsymbol{U}'_{\boldsymbol{x}})^{-1}$ läßt sich leicht bilden. Die Bedingung nach Gleichung (64) ist unempfindlich gegenüber einer solchen Operation und behält im wesentlichen ihre Bedeutung bei. Alle diese Maßnahmen reduzieren den Aufwand erheblich, die damit verbundene Einbuße an voller Konsistenz nach Anhang F kann in den meisten Fällen in Kauf genommen werden. Für die grafische Darstellung einer großen Unsicherheits- oder Korrelationsmatrix eignet sich eine Relief-, Farb- oder Höhenlinienkarte.

Anhang A (informativ)
Beispiele

A.1 Einfache Modelle

A.1.1 Eine einzelne physikalische Größe Y werde unter nominell gleichen Bedingungen in N unabhängigen Versuchen desselben Experiments mehrmals direkt gemessen. Die Meßwerte v_{1j} $(j = 1, \ldots, N)$ der Größe X_1, die der Anzeige der verwendeten Meßeinrichtung zugeordnet ist, seien auf Grund unkorrelierter Einflußgrößen X_k $(k = 2, \ldots, m)$ mit systematischen Meßabweichungen behaftet. Von diesen werde angenommen, daß sie jeweils zwischen der unteren Grenze a_k und der oberen Grenze b_k liegen. Dann ist als Modell $Y = G(\boldsymbol{X}) = X_1 - X_2 - \ldots - X_m$ anzusetzen, und nach den Gleichungen (24), (25), (32), (37) und (38) gelten als Schätzwert der Meßgröße Y sowie mit $\partial G/\partial x_1 = 1$ und $\partial G/\partial x_k = -1$ $(k > 1)$ für die Unsicherheit

$$y = \frac{1}{N}\sum_{j=1}^{N} v_{1j} - \frac{1}{2}\sum_{k=2}^{m}(a_k + b_k) \ ; \tag{A.1}$$

$$u^2(y) = \frac{1}{N(N-1)}\sum_{j=1}^{N}\left(v_{1j} - \frac{1}{N}\sum_{l=1}^{N} v_{1l}\right)^2 + \frac{1}{12}\sum_{k=2}^{m}(b_k - a_k)^2 \ . \tag{A.2}$$

A.1.2 Ist das Modell nach Gleichung (13) gegeben durch $\boldsymbol{Y} = \boldsymbol{G}(\boldsymbol{X})$ mit der Matrix $\boldsymbol{G_x} = (\partial G_i/\partial x_k)$ der partiellen Ableitungen der Modellfunktionen G_i, die die Spaltenmatrix $\boldsymbol{G}$ bilden, so ergibt sich die Unsicherheitsmatrix $\boldsymbol{U_y}$ nach Gleichung (49). Zu den Ableitungen siehe auch 5.3. Sind speziell die Eingangsgrößen X_k unkorreliert, ist also die Unsicherheitsmatrix $\boldsymbol{U_x}$ eine *Diagonalmatrix**, so gilt für die Elemente der Unsicherheitsmatrix $\boldsymbol{U_y}$

$$u^2(y_i) = \sum_{k=1}^{m}\left(\frac{\partial G_i}{\partial x_k}\right)^2 u^2(x_k) \ ; \quad u(y_i, y_j) = \sum_{k=1}^{m}\frac{\partial G_i}{\partial x_k}\frac{\partial G_j}{\partial x_k}u^2(x_k) \ . \tag{A.3}$$

Es wird besonders darauf hingewiesen, daß auch bei unkorrelierten Eingangsgrößen X_k die Nichtdiagonalelemente von $\boldsymbol{U_y}$ im allgemeinen nicht verschwinden, d.h. die Ergebnisgrößen Y_i sind korreliert. Ist speziell $\boldsymbol{G}(\boldsymbol{X}) = \boldsymbol{AX} + \boldsymbol{b}$ mit konstanter Matrix $\boldsymbol{A}$ und Spaltenmatrix $\boldsymbol{b}$, so ergeben sich $\boldsymbol{Q} = \boldsymbol{G_x} = \boldsymbol{A}$ und $\boldsymbol{U_y} = \boldsymbol{AU_xA}^\top$. Wird $\boldsymbol{X}$ um $\Delta\boldsymbol{x}$ variiert, so ändert sich $\boldsymbol{Y}$ in linearer Näherung um $\Delta\boldsymbol{y} = \boldsymbol{G_x}\Delta\boldsymbol{x}$.

A.1.3 Ist in A.1.2 mit den Konstanten c_i und M_{ik}

$$Y_i = G_i(\boldsymbol{X}) = c_i \prod_{k=1}^{m} X_k^{M_{ik}} \tag{A.4}$$

und werden die Matrix $\boldsymbol{M} = (M_{ik})$ und die *relativen Kovarianzmatrizen*

$$\boldsymbol{U}_{\boldsymbol{x},\mathrm{rel}} = \left(\frac{u(x_i, x_k)}{x_i x_k}\right) \ ; \quad \boldsymbol{U}_{\boldsymbol{y},\mathrm{rel}} = \left(\frac{u(y_i, y_k)}{y_i y_k}\right) \tag{A.5}$$

eingeführt, so ergibt sich mit Gleichung (49)

$$\boldsymbol{U}_{\boldsymbol{y},\mathrm{rel}} = \boldsymbol{M}\boldsymbol{U}_{\boldsymbol{x},\mathrm{rel}}\boldsymbol{M}^\top \ . \tag{A.6}$$

Relative Kovarianzmatrizen sind nur dann sinnvoll, wenn lediglich positive Werte der Größen X_k und Y_i vorkommen, was z.B. für Temperaturen in Kelvin zutrifft, jedoch nicht für solche in Grad Celsius.

A.2 Anwendung auf ein längenmeßtechnisches Problem

Es sollen die Länge Y_1 und die Breite Y_2 eines Rechtecks mittels eines Strichmaßstabs mehrmals gemessen und daraus die Fläche Y_3 des Rechtecks ermittelt werden. Den Ablesungen am Maßstab bei der Längen- und Breitenmessung werden die Größen X_1 bzw. X_2 zugeordnet, einer unbekannten gemeinsamen systematischen Meßabweichung der Ablesungen von den unbekannten wahren Werten dieser Größen auf Grund der Fertigung des Maßstabs die Größe X_3, für die der Hersteller die Grenzen $a_3 = -50\ \mu$m und $b_3 = 130\ \mu$m angegeben haben möge. Außerdem soll die Längenausdehnung des Maßstabs auf Grund der Abweichung $\Delta T = 5$ K der Umgebungstemperatur von seiner Solltemperatur 20 °C als Korrektion berücksichtigt werden. Die Ansätze für x_k und $u^2(x_k)$ ergeben sich für X_1 und X_2 nach 6.2, für X_3 nach 6.5. ΔT und der einer Tabelle entnommene thermische Längenausdehnungskoeffizient $\alpha_l = 12 \cdot 10^{-6}$ K^{-1} können nach 6.7 als Konstanten angesehen werden. Die Größen X_k sind unkorreliert nach 6.6, Aufzählung a.

Das Modell lautet mit $c = 1 + \alpha_l T$

$$\boldsymbol{F} = \begin{pmatrix} Y_1 - c \cdot (X_1 - X_3) \\ Y_2 - c \cdot (X_2 - X_3) \\ Y_3 - Y_1 Y_2 \end{pmatrix} = \boldsymbol{O} \ . \qquad \text{(A.7)}$$

Daraus ergeben sich nach Gleichung (12) die Ableitungsmatrizen

$$\boldsymbol{F_x} = \begin{pmatrix} -c & 0 & c \\ 0 & -c & c \\ 0 & 0 & 0 \end{pmatrix} \ ; \quad \boldsymbol{F_y} = \begin{pmatrix} 1 & 0 & 0 \\ 0 & 1 & 0 \\ -y_2 & -y_1 & 1 \end{pmatrix} \qquad \text{(A.8)}$$

und nach Gleichung (48) die Empfindlichkeitsmatrix

$$\boldsymbol{Q} = -\boldsymbol{F_y}^{-1} \boldsymbol{F_x} = \begin{pmatrix} c & 0 & -c \\ 0 & c & -c \\ cy_2 & cy_1 & -c \cdot (y_1 + y_2) \end{pmatrix} \ . \qquad \text{(A.9)}$$

Eingangsdaten und Ergebnisse sind in Tabelle A.1, die als Beispiel auch für andere Auswertungsaufgaben dienen kann, angegeben. Mit den Gleichungen (A.7) bis (A.9) sowie (47) kann die Rechnung nachvollzogen werden.

Tabelle A.1: Eingangsdaten und Ergebnisse der Messung von Länge, Breite und Fläche eines Rechtecks. Gleichzeitig Beispiel für die Mitteilung der Ergebnisse einer Meßaufgabe in Form einer Tabelle (siehe Abschnitt 9)

k	X_k	x_k	$u(x_k)$	N_k	Bemerkungen
1	X_1	1213,72 mm	0,26 mm	35	X_1, X_2, X_3
2	X_2	564,16 mm	0,21 mm	52	unkorreliert:
3	X_3	0,04 mm	0,05 mm	–	$\boldsymbol{R_x} = \boldsymbol{E}$
4	ΔT	5 K	in Korrektion	–	konstant
5	α_l	$12 \cdot 10^{-6}$ K^{-1}	vernachlässigt	–	konstant
i	Y_i	y_i	$u(y_i)$	$\boldsymbol{R_y}$	
1	Y_1	1213,75 mm	0,27 mm	1 0,05 0,53	
2	Y_2	564,15 mm	0,22 mm	0,05 1 0,87	
3	Y_3	6847,4 cm^2	3,1 cm^2	0,53 0,87 1	

A.3 Sonderfälle der Methode der kleinsten Quadrate: Kurvenanpassung und Ausgleichung vermittelnder Beobachtungen

A.3.1 Bei *Kurvenanpassungen* (siehe z.B. A.5, Bild A.1) und *Ausgleichungen vermittelnder Beobachtungen* nach der Methode der kleinsten Quadrate nach 8.1 sind die Ergebnisgrößen Y_i die interessierenden Parameter einer den Eingangswerten x_k anzupassenden Ausgleichskurve (siehe z.B. A.3.3 und A.5). Das Modell liegt dann meist in der Form $\boldsymbol{F}(\boldsymbol{X}, \boldsymbol{Y}) = \boldsymbol{X} - \boldsymbol{H}(\boldsymbol{Y}) = \boldsymbol{O}$ mit $n_F = m > n$ vor. Dabei ist $\boldsymbol{H}(\boldsymbol{Y})$ eine Spaltenmatrix mit den m Elementen $H_i(\boldsymbol{Y})$ und mit der Matrix ihrer partiellen Ableitungen

$$\boldsymbol{H_y} = \left(\left. \frac{\partial H_i}{\partial Y_j} \right|_{\boldsymbol{y}} \right) \ ; \quad (i = 1, \ldots, m \ ; \ j = 1, \ldots, n) \ . \qquad \text{(A.10)}$$

Dann sind $\boldsymbol{F_x} = \boldsymbol{E}$, $\boldsymbol{F_y} = -\boldsymbol{H_y}$ und nach Gleichung (58) $\boldsymbol{K} = \boldsymbol{U_x}^{-1}$. Dies, eingesetzt in die Gleichungen (57) bis (62), ergibt mit $\boldsymbol{H} = \boldsymbol{H}(\boldsymbol{y})$ und $\boldsymbol{F} = \boldsymbol{x} - \boldsymbol{H}$ das veränderte Modell

$$\boldsymbol{F}^*(\boldsymbol{x}, \boldsymbol{y}) = \boldsymbol{H_y}^\top \boldsymbol{U_x}^{-1}(\boldsymbol{H} - \boldsymbol{x}) = \boldsymbol{O} \tag{A.11}$$

für die Berechnung von $\boldsymbol{y}$ sowie

$$\boldsymbol{U_y} = (\boldsymbol{H_y}^\top \boldsymbol{U_x}^{-1} \boldsymbol{H_y})^{-1} \ ; \tag{A.12}$$

$$\boldsymbol{z} = \boldsymbol{H} \ ; \quad \boldsymbol{U_z} = \boldsymbol{H_y} \boldsymbol{U_y} \boldsymbol{H_y}^\top \ ; \tag{A.13}$$

$$\xi_0 = (\boldsymbol{H} - \boldsymbol{x})^\top \boldsymbol{U_x}^{-1}(\boldsymbol{H} - \boldsymbol{x}) \ . \tag{A.14}$$

$\boldsymbol{U_z}$ ist eine singuläre Matrix. ξ_0 muß das Kriterium nach Gleichung (64) mit $\nu = m - n$ erfüllen. Ist eine Näherung $\boldsymbol{y}_0$ für das Ergebnis $\boldsymbol{y}$ bekannt, so ergibt sich nach den Gleichungen (63) und (A.11) eine verbesserte Näherung $\boldsymbol{y}_1$ durch

$$\boldsymbol{y}_1 = \boldsymbol{y}_0 - \lambda \cdot (\boldsymbol{U_y} \boldsymbol{H_y}^\top \boldsymbol{U_x}^{-1}(\boldsymbol{H} - \boldsymbol{x}))_0 \ . \tag{A.15}$$

Der Index 0 am zweiten Glied auf der rechten Seite von Gleichung (A.15) besagt, daß $\boldsymbol{y}_0$ anstelle von $\boldsymbol{y}$ einzusetzen ist (siehe auch Bemerkungen unter Gleichung (50)).

A.3.2 Oft ist $\boldsymbol{F}(\boldsymbol{x}, \boldsymbol{y}) = \boldsymbol{x} - (\boldsymbol{A}\boldsymbol{y} + \boldsymbol{b}) = \boldsymbol{O}$, also $\boldsymbol{H} = \boldsymbol{A}\boldsymbol{y} + \boldsymbol{b}$ mit einer konstanten Matrix $\boldsymbol{A}$ und Spaltenmatrix $\boldsymbol{b}$ sowie $\boldsymbol{H_y} = \boldsymbol{A}$. Damit lautet das veränderte Modell nach Gleichung (A.11)

$$\boldsymbol{F}^*(\boldsymbol{x}, \boldsymbol{y}) = \boldsymbol{A}^\top \boldsymbol{U_x}^{-1}(\boldsymbol{A}\boldsymbol{y} + \boldsymbol{b} - \boldsymbol{x}) = \boldsymbol{O} \ , \tag{A.16}$$

woraus mit den Gleichungen (A.12) bis (A.14) durch Einsetzen von $\boldsymbol{H_y} = \boldsymbol{A}$ folgen

$$\boldsymbol{y} = \boldsymbol{U_y} \boldsymbol{A}^\top \boldsymbol{U_x}^{-1}(\boldsymbol{x} - \boldsymbol{b}) \ ; \quad \boldsymbol{U_y} = (\boldsymbol{A}^\top \boldsymbol{U_x}^{-1} \boldsymbol{A})^{-1} \ ; \tag{A.17}$$

$$\boldsymbol{z} = \boldsymbol{A}\boldsymbol{y} + \boldsymbol{b} \ ; \quad \boldsymbol{U_z} = \boldsymbol{A}\boldsymbol{U_y}\boldsymbol{A}^\top \ ; \tag{A.18}$$

$$\xi_0 = (\boldsymbol{x} - \boldsymbol{b})^\top \boldsymbol{U_x}^{-1}(\boldsymbol{x} - \boldsymbol{b}) - \boldsymbol{y}^\top \boldsymbol{U_y}^{-1} \boldsymbol{y} \ . \tag{A.19}$$

Gleichungen (A.16) bis (A.19) lassen sich anwenden, wenn z.B. die drei Winkel eines Dreiecks in unabhängigen Versuchen mehrmals gemessen werden. Der Ausgabe der Meßeinrichtung bei der Messung der Winkel werden dazu die Meßgrößen $\boldsymbol{X} = (X_1 \ X_2 \ X_3)^\top$ zugeordnet. Die Schätzwerte $\boldsymbol{x}$ und die hier diagonale Unsicherheitsmatrix $\boldsymbol{U_x}$ ergeben sich aus den Meßwerten nach den Gleichungen (24) und (25). Einflußgrößen sollen vernachlässigt werden. Eine Ausgleichsrechnung nach 8.1 muß berücksichtigen, daß die Winkelsumme 180° beträgt. Die Modellgleichungen dafür lauten $F_i = X_i - Y_i = 0$ $(i = 1,2,3)$ und $F_4 = Y_1 + Y_2 + Y_3 - \pi = 0$. Also ist $n_F = 4 > m = 3$, so daß sich die Matrix $\boldsymbol{K}$ nach Gleichung (58) nicht bilden läßt. Abhilfe schafft die Eliminierung von Y_3, wodurch die Modellgleichungen nunmehr $F_i = X_i - Y_i = 0$ $(i = 1,2)$ und $F_3 = X_3 + Y_1 + Y_2 - \pi = 0$ mit $n_F = m = 3$ lauten oder auch $\boldsymbol{F}(\boldsymbol{x}, \boldsymbol{y}) = \boldsymbol{x} - (\boldsymbol{A}\boldsymbol{y} + \boldsymbol{b}) = \boldsymbol{O}$ mit eingesetzten Werten $\boldsymbol{x}$ und $\boldsymbol{y}$ sowie

$$\boldsymbol{A} = \begin{pmatrix} 1 & 0 \\ 0 & 1 \\ -1 & -1 \end{pmatrix} \ ; \quad \boldsymbol{b} = \begin{pmatrix} 0 \\ 0 \\ \pi \end{pmatrix} \ . \tag{A.20}$$

Das letztlich interessierende vollständige Meßergebnis besteht in diesem Fall aus $\boldsymbol{z}$ und $\boldsymbol{U_z}$.

A.3.3 Soll eine Funktion $h(t)$, die durch die Spaltenmatrix $\boldsymbol{X} = (h(t_i))$ (t_i sind die Stützstellen) dargestellt wird, mittels eines Funktionensystems $\psi_k(t)$ nach Gleichung (65) approximiert werden (siehe Beispiel 1 in 8.1), so kann in A.3.2 die Matrix $\boldsymbol{A} = (\psi_k(t_i))$ zusammen mit der Spaltenmatrix $\boldsymbol{b} = \boldsymbol{O}$ dieses System repräsentieren. Die Elemente Y_k von $\boldsymbol{Y}$ stellen dann die Koeffizienten dieser Entwicklung dar, deren Anzahl n so zu wählen ist, daß z.B. $|\xi_0 - (m - n)|$ entsprechend der Bemerkung unter Gleichung (64) minimal wird. Wird $\boldsymbol{A}$ so gewählt, daß $\boldsymbol{A}^\top \boldsymbol{A} = \boldsymbol{E}$ und $\boldsymbol{U_x}\boldsymbol{A} = \boldsymbol{A}\boldsymbol{D}$ mit einer Diagonalmatrix $\boldsymbol{D}$ und dann auch $\boldsymbol{U_x}^{-1}\boldsymbol{A} = \boldsymbol{A}\boldsymbol{D}^{-1}$ gelten, so wird $\boldsymbol{U_y} = \boldsymbol{D}$. Die Größen Y_i sind also unkorreliert. Wird $\boldsymbol{U_x} = u^2\boldsymbol{E}$ angesetzt (siehe 8.2), so sind z.B. $|\xi_1|$ oder $|\xi_2|$ zu minimieren und die Kriterien nach Gleichung (73) anzuwenden, und es ergibt sich nach Gleichung (70) die globale Standardmeßunsicherheit

$$u = \sqrt{\frac{\boldsymbol{x}^\top(\boldsymbol{x} - \boldsymbol{A}\boldsymbol{y})}{m - n}} \ . \tag{A.21}$$

Gilt außerdem $\boldsymbol{A}^{\top}\boldsymbol{A} = \boldsymbol{E}$, so ist auch $\boldsymbol{U_y} = u^2\boldsymbol{E}$. Sind die Stützstellen t_i äquidistant, so sind als $\psi_k(t)$ möglichst Sinus- und Cosinusfunktionen zu nehmen (*Fourier-Approximation*, siehe auch A.5). Diese können so gewählt werden, daß $\boldsymbol{U_y}$ eine Diagonalmatrix wird. Durch die provisorische Ersetzung $\boldsymbol{U_x} = u^2\boldsymbol{E}$ kann auch die Bildung von $\boldsymbol{U_x^{-1}}$ vermieden werden. Zunächst ergibt sich $\boldsymbol{y} = \boldsymbol{G}(\boldsymbol{x}) = \boldsymbol{B}(\boldsymbol{x} - \boldsymbol{b})$ mit $\boldsymbol{B} = (\boldsymbol{A}^{\top}\boldsymbol{A})^{-1}\boldsymbol{A}^{\top}$, worauf dann in einem zweiten Auswertungschritt Gleichung (49) angewendet wird. Daraus folgt schließlich $\boldsymbol{U_y} = \boldsymbol{B}\boldsymbol{U_x}\boldsymbol{B}^{\top}$.

A.4 Gesamtmittelwert aus mehreren Meßreihen bei Vergleichsmessungen

Liegen für eine Meßgröße aus m unabhängigen Meßreihen z.B. unter Vergleichsbedingungen (siehe DIN 1319-1) bei Ringversuchen die jeweiligen Mittelwerte x_k mit den zugehörigen Unsicherheiten $u^2(x_k)$ vor ($k = 1, \ldots, m$), und sind der Gesamtmittelwert y und die zugehörige Unsicherheit $u^2(y)$ gesucht ($n = 1$), so ergeben sich nach A.3.2 mit $\boldsymbol{A} = (1 \; \ldots \; 1)^{\top}$ und $\boldsymbol{b} = \boldsymbol{O}$

$$y = u^2(y) \sum_{k=1}^{m} x_k/u^2(x_k) \; ; \quad u^2(y) = \left(\sum_{k=1}^{m} 1/u^2(x_k) \right)^{-1} \; ; \tag{A.22}$$

$$\xi_0 = \sum_{k=1}^{m} x_k^2/u^2(x_k) - y^2/u^2(y) \; ; \quad \nu = m - 1 \; . \tag{A.23}$$

Wird in jeder Meßreihe nur ein einziges Mal gemessen, so sind die Unsicherheiten $u^2(x_k)$ im allgemeinen nicht gegeben. Nach 8.2 sind dann $u^2(x_k) = u^2$ und $\xi_0 = m - 1$ anzusetzen, woraus sich $u^2(y) = u^2/m$ und

$$y = \frac{1}{m} \sum_{k=1}^{m} x_k \; ; \quad u^2(y) = \frac{1}{m(m-1)} \sum_{k=1}^{m} (x_k - y)^2 \tag{A.24}$$

ergeben. Dies entspricht dem Fall der mehrmaligen Messung nach 6.2.

Ist die Meßgröße eine unter nominell gleichen Versuchsbedingungen und mit gleicher Meßdauer t durch Zählen von Ereignissen m-mal gemessene Zählrate nach 6.4 mit den Meßwerten N_k/t, so wird nach den Gleichungen (A.22) und (A.23)

$$y = mt\, u^2(y) \; ; \quad u^2(y) = \frac{1}{t^2} \left(\sum_{k=1}^{m} 1/N_k \right)^{-1} \; ; \tag{A.25}$$

$$\xi_0 = N - mt\, y \; ; \quad \nu = m - 1 \; ; \quad N = \sum_{k=1}^{m} N_k \; . \tag{A.26}$$

Unter Voraussetzung einer Poisson-Verteilung der Anzahl N folgen etwas andere Ergebnisse:

$$y = N/(mt) \; ; \quad u^2(y) = N/(mt)^2 \; . \tag{A.27}$$

In diesem Fall ist statt ξ_0 in Gleichung (64) mit $\nu = m - 1$ die Prüfgröße

$$\xi_3 = \frac{m}{N} \sum_{k=1}^{m} (N_k - N/m)^2 \; ; \quad (N > 10) \tag{A.28}$$

zu verwenden. Die Gleichungen (A.25) und (A.26) nach der Methode der kleinsten Quadrate sind beim Vorliegen einer Poisson-Verteilung der Anzahlen N_k nur für $N_k \gg 1$ und $m \gg 1$ gültig und unterscheiden sich dann nur geringfügig von den entsprechenden Gleichungen (A.27) und (A.28), bei denen die Einschränkung bis auf $N > 10$ entfällt und sogar einige $N_k = 0$ sein dürfen.

A.5 Anwendung bei einer Kurvenanpassung in der Neutronenspektrometrie

Mit Hilfe eines ^{3}He(n,p)^{3}H-Neutronenspektrometers wurde das Vielkanal-Spektrum, das aus vielen Anzahlen registrierter Ereignisse besteht, einer ^{241}Am-Be(α,n)-Neutronenquelle aufgenommen und daraus durch Vergleich mit einer ^{252}Cf-Spontanspaltungs-Referenzquelle die Wahrscheinlichkeitsdichte f_E der Energie E der Neutronen ermittelt, eine Kurve aus $m = 205$ Werten x_i für die Eingangsgrößen X_i an äquidistanten Stützstellen t_i der Neutronenenergie, dargestellt als Kreuze in Bild A.1. Die Länge der senkrechten Striche entspricht der doppelten Standardunsicherheit $u(x_i)$. Durch die Rechnung ist jeder ausgeglichene Funktionswert mit den etwa zehn nächst benachbarten korreliert.

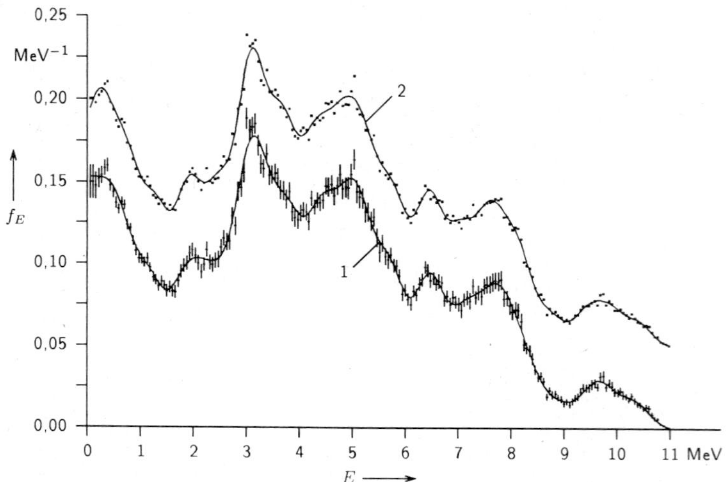

Wahrscheinlichkeitsdichte f_E der Energie E von Neutronen aus einer ^{241}Am-Be(α,n)-Neutronenquelle. Kreuze bei Kurve 1 und zur Verdeutlichung um 0,05 MeV^{-1} nach oben versetzte Punkte bei Kurve 2: je ein Meßwert für die $m = 205$ als unkorreliert betrachteten Eingangsgrößen. Die Länge der senkrechten Striche entspricht der doppelten Standardunsicherheit. Durchgezogen: Fourier-Approximation mit einer Konstanten, einer Cosinusfunktion und $n-2$ Sinusfunktionen: bei Kurve 1 ist $n = 36$; bei Kurve 2 sind $n = 41$ und $n = 39$, wobei sich die beiden zugehörigen Kurven so wenig unterscheiden, daß es in der grafischen Darstellung nicht erkennbar ist. Die Kurven 1 und 2 erfüllen die Kriterien nach Gleichung (64) bzw. (73). Angegeben ist jeweils das minimale n, womit $\xi_0 - (m-n)$ bzw. ξ_1 bzw. ξ_2 negativ ist.

Bild A.1: Beispiel für die Kurvenanpassung

Aus Gründen des Aufwands wurde jedoch die Unsicherheitsmatrix $\boldsymbol{U_x}$ durch die Diagonalmatrix $\boldsymbol{U'_x}$ ersetzt (siehe 10.2).

Die Kurve wurde nach Fourier entwickelt und ausgeglichen, wobei die zu berechnenden n Koeffizienten als die Ergebnisgrößen $\boldsymbol{Y}$ aufgefaßt wurden (siehe A.3.3):

$$X_i = h(t_i) = Y_1 + Y_2 \cos t_i + \sum_{k=3}^{n} Y_k \sin kt_i \;\; ; \quad (t_i = (i-1)\pi/(m-1) \; ; \; i = 1, \ldots, m) \; . \tag{A.29}$$

Bei Variation der Anzahl n bei Kurvenanpassungen zeigt sich, daß die Prüfgrößen $\xi_0 - (m-n)$, ξ_1 und ξ_2 für kleine n positiv und für große n negativ sind. Dazwischen liegt eine typische Nullstelle. Im vorliegenden Fall mit $n_F = m$ ergaben sich die minimalen Werte $n = 36$, 41 bzw. 39 für die Erfüllung der Kriterien nach den Gleichungen (64) bzw. (73) mit negativen Werten der drei Prüfgrößen. Die sehr gut übereinstimmenden Anpassungsergebnisse zeigt Bild A.1. Die für die beiden letzteren Fälle nach den Gleichungen (70) oder (A.21) unabhängig von $\boldsymbol{U_x}$ berechnete globale Standardmeßunsicherheit u erwies sich um etwa 10 % kleiner als die Wurzel aus dem arithmetischen Mittel der quadrierten Standardunsicherheiten zu den einzelnen Kurvenwerten. Diese beiden globalen Unsicherheitswerte sollten in etwa übereinstimmen.

A.6 Gemeinsame Ermittlung des Wirk- und Blindwiderstands eines Leiters aus mehrmaligen Messungen

A.6.1 Größen und Modell

Der Wirkwiderstand R_w und der Blindwiderstand R_b eines elektrischen Leiters werden unter Vernachlässigung von Einflußgrößen durch gemeinsame Messung der Scheitelspannung U einer an den Leiter gelegten sinusförmigen Wechselspannung, der Scheitelstromstärke I des hindurchfließenden Wechselstroms sowie des Phasenverschiebungswinkels φ der Wechselspannung gegen die Wechselstromstärke ermittelt. Als Eingangsgrößen der Auswertung liegen die $m = 3$ Meßgrößen $X_1 = U$, $X_2 = I$, $X_3 = \varphi$ vor; die $n = 2$ Ergebnisgrößen sind $Y_1 = R_w$, $Y_2 = R_b$. Nach Gleichung (10) wird angesetzt

$$\boldsymbol{X} = (U \ \ I \ \ \varphi)^{\mathsf{T}} \ ; \quad \boldsymbol{Y} = (R_w \ \ R_b)^{\mathsf{T}} \ . \tag{A.30}$$

Das Modell der Auswertung besteht aus den Definitionsgleichungen

$$Y_1 = R_w = (U/I)\cos\varphi = G_1(X_1, X_2, X_3) \ ; \quad Y_2 = R_b = (U/I)\sin\varphi = G_2(X_1, X_2, X_3) \tag{A.31}$$

für die beiden elektrischen Widerstände, so daß nach 5.4

$$\boldsymbol{Y} = \boldsymbol{G}(\boldsymbol{X}) = \begin{pmatrix} (U/I)\cos\varphi \\ (U/I)\sin\varphi \end{pmatrix} \ . \tag{A.32}$$

$\boldsymbol{G}$ ist nach den einzelnen Eingangsgrößen abzuleiten, um die Matrix $\boldsymbol{G_x}$ der partiellen Ableitungen zu bilden:

$$\boldsymbol{G_x} = \begin{pmatrix} \partial G_1/\partial x_1 & \partial G_1/\partial x_2 & \partial G_1/\partial x_3 \\ \partial G_2/\partial x_1 & \partial G_2/\partial x_2 & \partial G_2/\partial x_3 \end{pmatrix} = \begin{pmatrix} (1/I)\cos\varphi & -(U/I^2)\cos\varphi & -(U/I)\sin\varphi \\ (1/I)\sin\varphi & -(U/I^2)\sin\varphi & (U/I)\cos\varphi \end{pmatrix} \ . \tag{A.33}$$

Hier müssen noch die Eingangsdaten $\boldsymbol{x}$ eingesetzt werden.

Tabelle A.2: Daten der gemeinsamen Messung des Wirk- und Blindwiderstands eines elektrischen Leiters

Messung Nr j	Eingangsgrößen: Scheitelspannung U V	Scheitelstromstärke I mA	Phasenverschiebungswinkel φ rad
1	5,007	19,663	1,0456
2	4,994	19,639	1,0438
3	5,005	19,640	1,0468
4	4,990	19,685	1,0428
5	4,999	19,678	1,0433
$\bar{v}$	4,9990	19,6610	1,04446
$s(\bar{v})$	0,0032	0,0095	0,00075
	Korrelationskoeffizienten $r(U, I) = -0{,}36$ $r(U, \varphi) = 0{,}86$ $r(I, \varphi) = -0{,}65$		
	Ergebnisgrößen Wirkwiderstand $R_w = (127{,}732 \pm 0{,}071)\ \Omega$ Blindwiderstand $R_b = (219{,}85 \pm 0{,}30)\ \Omega$ Korrelationskoeffizient $r(R_w, R_b) = -0{,}59$		

A.6.2 Daten

Tabelle A.2 zeigt die auszuwertenden Meßwerte v_{kj} der in $N = 5$ Versuchen desselben Experiments unter nominell gleichen Versuchsbedingungen jeweils gemeinsam gemessenen Eingangsgrößen X_k, die zu diesen drei Meßgrößen gehörenden Mittelwerte der Meßwerte und die Standardabweichungen der Mittelwerte nach den Gleichungen (24) und (25) und außerdem die nach Gleichung (26) gewonnenen Korrelationskoeffizienten der Eingangsgrößen. Diese

Größen sind wegen ihrer gemeinsamen Messung im selben Versuch korreliert. Die Mittelwerte sind die Schätzwerte der Eingangsgrößen, und die Standardabweichungen der Mittelwerte sind die Standardunsicherheiten dieser Größen. Da keine Einflußgrößen zu berücksichtigen sind, bilden die Mittelwerte und Standardabweichungen der Mittelwerte sowie die Korrelationkoeffizienten bereits das vollständige Meßergebnis für die Eingangsgrößen. In Tabelle A.2 ist auch das vollständige Meßergebnis für die elektrischen Widerstände R_w und R_b angegeben. Das Meßergebnis errechnet sich durch Einsetzen der Mittelwerte der Meßwerte der Eingangsgrößen in das Modell nach Gleichung (A.32) (siehe auch das Programm in Anhang D), die Unsicherheit entsprechend nach Gleichung (38) oder (49) unter Benutzung der Korrelationskoeffizienten und der Ableitungen nach Gleichung (A.33).

Die Schätzwerte der Größen nach Tabelle A.2 bilden die Spaltenmatrizen $\boldsymbol{x}$ und $\boldsymbol{y}$:

$$\boldsymbol{x} = \begin{pmatrix} 4{,}9990\ \mathrm{V} \\ 19{,}6610\ \mathrm{mA} \\ 1{,}04446\ \mathrm{rad} \end{pmatrix} \quad ; \quad \boldsymbol{y} = \begin{pmatrix} (x_1/x_2)\cos x_3 \\ (x_1/x_2)\sin x_3 \end{pmatrix} = \begin{pmatrix} 127{,}732\ \Omega \\ 219{,}847\ \Omega \end{pmatrix} . \tag{A.34}$$

$\boldsymbol{x}$ und $\boldsymbol{y}$ werden in die Matrix $\boldsymbol{G_x}$ der partiellen Ableitungen nach Gleichung (A.33) eingesetzt:

$$\boldsymbol{G_x} = \begin{pmatrix} y_1/x_1 & -y_1/x_2 & -y_2 \\ y_2/x_1 & -y_2/x_2 & y_1 \end{pmatrix} = \begin{pmatrix} 25{,}552\ \Omega{\cdot}\mathrm{V}^{-1} & -6{,}497\ \Omega{\cdot}\mathrm{mA}^{-1} & -219{,}847\ \Omega \\ 43{,}978\ \Omega{\cdot}\mathrm{V}^{-1} & -11{,}182\ \Omega{\cdot}\mathrm{mA}^{-1} & 127{,}732\ \Omega \end{pmatrix} . \tag{A.35}$$

Die Unsicherheitsmatrix $\boldsymbol{U_x}$ und die Korrelationsmatrix $\boldsymbol{R_x}$ lauten

$$\boldsymbol{U_x} = \begin{pmatrix} u^2(x_1) & u(x_1,x_2) & u(x_1,x_3) \\ u(x_2,x_1) & u^2(x_2) & u(x_2,x_3) \\ u(x_3,x_1) & u(x_3,x_2) & u^2(x_3) \end{pmatrix}$$

$$= \begin{pmatrix} 1{,}030{\cdot}10^{-5}\ \mathrm{V}^2 & -1{,}080{\cdot}10^{-5}\ \mathrm{V{\cdot}mA} & 2{,}070{\cdot}10^{-6}\ \mathrm{V{\cdot}rad} \\ -1{,}080{\cdot}10^{-5}\ \mathrm{V{\cdot}mA} & 8{,}970{\cdot}10^{-5}\ \mathrm{mA}^2 & -4{,}595{\cdot}10^{-6}\ \mathrm{mA{\cdot}rad} \\ 2{,}070{\cdot}10^{-6}\ \mathrm{V{\cdot}rad} & -4{,}595{\cdot}10^{-6}\ \mathrm{mA{\cdot}rad} & 5{,}656{\cdot}10^{-7}\ \mathrm{rad}^2 \end{pmatrix} ; \tag{A.36}$$

$$\boldsymbol{R_x} = \begin{pmatrix} 1 & -0{,}36 & 0{,}86 \\ -0{,}36 & 1 & -0{,}65 \\ 0{,}86 & -0{,}65 & 1 \end{pmatrix} . \tag{A.37}$$

A.6.3 Unsicherheiten zu den Ergebnissen

Für die Berechnung der Unsicherheitsmatrix $\boldsymbol{U_y}$ und der Korrelationsmatrix $\boldsymbol{R_y}$ des Wirkwiderstandes R_w und des Blindwiderstandes R_b nach Gleichung (38) oder Gleichung (49) werden die Matrizen $\boldsymbol{G_x}$ und $\boldsymbol{U_x}$ nach den Gleichungen (A.35) bzw. (A.36) herangezogen. Nach Gleichung (49) ist $\boldsymbol{G_x}$ von rechts mit der Unsicherheitsmatrix $\boldsymbol{U_x}$ zu multiplizieren und das Ergebnis dieser Multiplikation von rechts mit der transponierten Matrix $\boldsymbol{G}_{\boldsymbol{x}}^{\mathrm{T}}$, für die in Gleichung (A.35) lediglich die Zeilen mit den Spalten zu vertauschen sind. Daraus folgt

$$\boldsymbol{U_y} = \begin{pmatrix} 0{,}505{\cdot}10^{-2}\ \Omega^2 & -1{,}236{\cdot}10^{-2}\ \Omega^2 \\ -1{,}236{\cdot}10^{-2}\ \Omega^2 & 8{,}737{\cdot}10^{-2}\ \Omega^2 \end{pmatrix} \tag{A.38}$$

und aus den Elementen dieser Unsicherheitsmatrix $\boldsymbol{U_y}$ mit Gleichung (20)

$$\boldsymbol{R_y} = \begin{pmatrix} 1 & -0{,}59 \\ -0{,}59 & 1 \end{pmatrix} . \tag{A.39}$$

Die Standardunsicherheiten von R_w und R_b sind die Wurzeln der Diagonalelemente von $\boldsymbol{U_y}$ (siehe Tabelle A.2).

Die Widerstände sind nach Gleichung (A.39) korreliert. Werden die Nichtdiagonalelemente von $\boldsymbol{U_x}$ in Gleichung (A.36) gleich Null gesetzt und wird Gleichung (A.3) auf die beiden Widerstände einzeln angewendet, so ergeben sich $u(y_1) = 0{,}195\ \Omega$ bzw. $u(y_2) = 0{,}20\ \Omega$. Der Korrelationskoeffizient in Gleichung (A.39) nimmt statt des Wertes $-0{,}59$ den Wert $+0{,}06$ an. Obwohl $\boldsymbol{U_x}$ als diagonal angenommen wird, bleiben die Meßergebnisse korreliert. Die Vernachlässigung der gemeinsamen Komponenten der Meßunsicherheit in $\boldsymbol{U_x}$ führt somit zu einer Fehleinschätzung der Unsicherheiten.

Anhang B (informativ)
Grundlagen der Wahrscheinlichkeitsrechnung

(Siehe DIN 13303-1, DIN 13303-2, DIN 55350-21, DIN 55350-22, DIN 55350-23 und DIN 55350-24)

Die *Wahrscheinlichkeit** P, daß einer physikalischen Größe X, in diesem Zusammenhang *Zufallsvariable** (*Zufallsgröße**) genannt, ein Wert zukommt, der kleiner oder gleich einem vorgegebenen Wert x ist, heißt *Verteilungsfunktion** $F_X(x)$ der Zufallsvariablen X. Es ist

$$F_X(x) = P(X \leq x) \ , \tag{B.1}$$

wobei $F_X(-\infty) = 0$ und $F_X(+\infty) = 1$ gelten [2]).

*Wahrscheinlichkeitsdichte** einer Zufallsvariablen X ist eine Funktion $f_X(x) \geq 0$ mit der Eigenschaft

$$\int_{-\infty}^{x} f_X(z)\,\mathrm{d}z = F_X(x) \ . \tag{B.2}$$

Bei vorgegebenen Wert p des Integrals in Gleichung (B.2) ist x das *p-Quantil**. Bei einer *diskreten Zufallsvariablen** X sind nur ganz spezielle Werte x_j mit einer von Null verschiedenen Wahrscheinlichkeit $P(X = x_j) = f_X(x_j)$ möglich. $f_X(x)$ heißt dann *Wahrscheinlichkeitsfunktion**.

Zwei oder mehrere physikalische Größen X_i $(i = 1, 2, \ldots)$ können z.B. infolge physikalischer Zusammenhänge oder über die Meßeinrichtung, Maßverkörperungen oder das Meßverfahren in irgendeiner Weise voneinander abhängen. Sie besitzen dann eine *gemeinsame Verteilungsfunktion*

$$F_{X_1,X_2,\ldots}(x_1, x_2, \ldots) = P(X_1 \leq x_1 \text{ und } X_2 \leq x_2 \text{ und } \ldots) \ . \tag{B.3}$$

und eventuell entsprechend eine gemeinsame Wahrscheinlichkeitsdichte oder gemeinsame Wahrscheinlichkeitsfunktion. Die Zufallsvariablen sind *unabhängige Zufallsvariablen**, wenn

$$F_{X_1,X_2,\ldots}(x_1, x_2, \ldots) = F_{X_1}(x_1) \cdot F_{X_2}(x_2) \cdots \ . \tag{B.4}$$

Entsprechende Gleichungen gelten dann für die Wahrscheinlichkeitsdichten und -funktionen.

Verteilungsfunktion, Wahrscheinlichkeitsfunktion und Wahrscheinlichkeitsdichte dürfen, wenn Verwechslungen ausgeschlossen sind oder jede gemeint sein kann, *Wahrscheinlichkeitsverteilung** oder kurz *Verteilung* genannt werden.

Ist $g(X)$ eine Funktion der Zufallsvariablen X, so ist ihr *Erwartungswert** gegeben durch

$$\mathrm{E}\,g(X) = \int_{-\infty}^{\infty} g(x) f_X(x)\,\mathrm{d}x \tag{B.5}$$

oder im diskreten Fall durch (x_j siehe Angaben unter Gleichung (B.2))

$$\mathrm{E}\,g(X) = \sum_j g(x_j) f_X(x_j) \ . \tag{B.6}$$

$\mathrm{E}\,X = \mu$ ist der Erwartungswert von X. $\mathrm{E}(X - \mathrm{E}\,X)^2 = \mathrm{Var}(X) = \sigma^2$ heißt *Varianz**, σ wird *Standardabweichung** genannt. Ein Erwartungswert kann auch von einer Funktion $g(X_1, X_2, \ldots)$ mehrerer Zufallsvariablen analog zu den Gleichungen (B.5) und (B.6) mit der gemeinsamen Wahrscheinlichkeitsdichte oder -funktion gebildet werden, wobei über die Werte aller Zufallsvariablen zu integrieren bzw. zu summieren ist. So ist die *Kovarianz** zweier Größen X und Y gegeben durch

$$\mathrm{Cov}(X, Y) = \mathrm{E}(X - \mathrm{E}\,X)(Y - \mathrm{E}\,Y) \ . \tag{B.7}$$

---

[2]) Die Verteilungsfunktion F_X nach DIN 13303-1 wird nur im Anhang B verwendet und darf nicht mit den Modellfunktionen F_i oder den Matrizen $\boldsymbol{F_x}$ und $\boldsymbol{F_y}$ der partiellen Abteilungen der Modellfunktionen (siehe 5.4) verwechselt werden.

Ist $\mathrm{Cov}(X,Y) = 0$, so sind X und Y *unkorreliert*, sonst *korreliert**. Sind X und Y unabhängig, so sind sie auch unkorreliert. Diese Aussage kann im allgemeinen nicht umgekehrt werden.

Alle Varianzen und Kovarianzen der Zufallsvariablen X_i können in der *Kovarianzmatrix** $\boldsymbol{\Sigma} = (\mathrm{Cov}(X_i, X_k))$ zusammengefaßt werden, die eine *nichtnegativ definite symmetrische Matrix* ist (siehe Gleichung (22) und Anhang C).

Der *Korrelationskoeffizient** zweier Größen X und Y ist definiert durch

$$\varrho(X,Y) = \mathrm{Cov}(X,Y)/\sqrt{\mathrm{Var}(X)\mathrm{Var}(Y)} \ . \qquad \text{(B.8)}$$

Es gelten $\varrho(X,X) = 1$ und $|\varrho(X,Y)| \leq 1$. Alle Korrelationskoeffizienten der Größen X_i bilden ebenfalls eine symmetrische und nichtnegativ definite Matrix (siehe Gleichung (23)).

Bei einer *Rechteckverteilung** ist die Wahrscheinlichkeitsdichte einer Zufallsvariablen X, der nur die reellen Werte x in einem Intervall (a,b) zukommen können, in diesem Intervall konstant und lautet

$$f_X(x) = \begin{cases} 1/(b-a) \ ; & (a < x < b) \ ; \\ 0 \ ; & (x \leq a \ ; \ x \geq b) \ . \end{cases} \qquad \text{(B.9)}$$

Für den Erwartungswert der Rechteckverteilung gilt $\mu = (a+b)/2$ und für ihre Varianz $\sigma^2 = (b-a)^2/12$.

Eine *Normalverteilung** liegt vor, wenn eine Zufallsvariable X die Wahrscheinlichkeitsdichte

$$f_X(x) = (\sigma\sqrt{2\pi})^{-1} \exp(-(x-\mu)^2/(2\sigma^2)) \ ; \quad (-\infty < x < +\infty) \qquad \text{(B.10)}$$

besitzt. Sie ist eine *standardisierte Normalverteilung**, wenn $\mu = 0$ und $\sigma = 1$.

Die *Poisson-Verteilung** beschreibt die Verteilung einer Größe X, deren Werte x nur positiv ganzzahlig oder gleich Null sein können, und gilt für die Anzahl von Ereignissen, die mit geringer konstanter Wahrscheinlichkeit an einer großen Anzahl von Objekten auftreten, wie z.B. beim Zerfall radioaktiver Atomkerne. Die Wahrscheinlichkeitsfunktion

$$f_X(x) = (\mu^x/x!) \exp(-\mu) \ ; \quad (x = 0, 1, 2, \ldots) \ , \qquad \text{(B.11)}$$

wobei $\sigma^2 = \mu$ ist, gibt die Wahrscheinlichkeit an, das Zählergebnis x der Anzahl X zu beobachten.

Anhang C (informativ)

Hinweise für die Anwendung der Matrizenrechnung

Mathematische Operationen bei der Auswertung von Messungen lassen sich mit Hilfe der Matrizenrechnung oft knapp und übersichtlich formulieren. Deshalb werden ihre Grundlagen kurz dargestellt (siehe DIN 1303 und VDI 2739 Blatt 1). Zur numerischen Durchführung von Matrixoperationen siehe Anhang D und [5], [6].

Eine *Matrix** (auch (m,n)-*Matrix**) ist eine rechteckige Anordnung $\boldsymbol{A}$ von $m \times n$ *Elementen* a_{ik} $(i = 1, \ldots, m \ ; \ k = 1, \ldots, n)$ in der Form

$$\boldsymbol{A} = (a_{ik}) = \begin{pmatrix} a_{11} & a_{12} & \cdots & a_{1n} \\ a_{12} & a_{22} & \cdots & a_{2n} \\ \vdots & \vdots & \ddots & \vdots \\ a_{m1} & a_{m2} & \cdots & a_{mn} \end{pmatrix} \qquad \text{(C.1)}$$

In dieser Norm werden nur *reelle Matrizen* betrachtet. Bei diesen sind alle Elemente entweder reelle Zahlen, reellwertige Funktionen, physikalische Größen (Größenmatrix) oder Größenwerte (Wertematrix), also Produkte aus reellen *Zahlenwerten* und den Einheiten der Größen.

Bei einer *quadratischen Matrix* ist $m = n$, bei einer *Spaltenmatrix* $n = 1$, bei einer *Zeilenmatrix* $m = 1$. Bei den beiden letzteren kann der *Index* k bzw. i entfallen. Wird die Matrix $\boldsymbol{A}$ an der durch ihre *Diagonalelemente* a_{ii} gebildeten *Hauptdiagonale* gespiegelt, so entsteht die *transponierte Matrix** $\boldsymbol{A}^\mathrm{T} = (a_{ki})$ von $\boldsymbol{A}$. Aus einer Spaltenmatrix wird so eine Zeilenmatrix und umgekehrt. Eine Spaltenmatrix $\boldsymbol{A}$ wird aus Platzgründen oft als transponierte Zeilenmatrix geschrieben: $\boldsymbol{A} = (a_1 \ldots a_m)^\mathrm{T}$. Eine quadratische Matrix $\boldsymbol{A}$ heißt *symmetrische Matrix**, wenn $\boldsymbol{A}^\mathrm{T} = \boldsymbol{A}$ ist. Sie wird *Diagonalmatrix** genannt, wenn nur Diagonalelemente von Null verschiedene Zahlenwerte besitzen. Sind alle Diagonalelemente einer Diagonalmatrix gleich Eins, so handelt es sich um eine *Einheitsmatrix** $\boldsymbol{E}$. Bei einer *Nullmatrix** $\boldsymbol{O}$ sind die Zahlenwerte aller Elemente gleich Null.

Werden alle Elemente einer Matrix $\boldsymbol{A} = (a_{ik})$ mit einer Größe q multipliziert, so entsteht die Produktmatrix $q\boldsymbol{A} = (qa_{ik})$. $-\boldsymbol{A}$ bedeutet $(-1)\boldsymbol{A}$, also $q = -1$.

Die Matrix-Summe und -Differenz $\boldsymbol{A} \pm \boldsymbol{B} = (a_{ik} \pm b_{ik})$ zweier Matrizen $\boldsymbol{A} = (a_{ik})$ und $\boldsymbol{B} = (b_{ik})$ ergeben sich durch Addieren bzw. Subtrahieren aller sich entsprechenden Elemente; sind alle $a_{ik} = b_{ik}$, so ist $\boldsymbol{A} = \boldsymbol{B}$. $\boldsymbol{A}$ und $\boldsymbol{B}$ müssen hier beide (m, n)-Matrizen sein, d.h. die gleiche Anzahl m *Zeilen* und n *Spalten* besitzen.

Das Produkt einer (m, n)-Matrix $\boldsymbol{A} = (a_{ik})$ mit einer (n, r)-Matrix $\boldsymbol{B} = (b_{ik})$ ist eine (m, r)-Matrix $\boldsymbol{C} = (c_{ik}) = \boldsymbol{AB}$, deren Elemente auf folgende Weise gebildet werden:

$$c_{ik} = \sum_{j=1}^{n} a_{ij} b_{jk} \ ; \quad (i = 1, \ldots, m \ ; \ k = 1, \ldots, r) \ . \tag{C.2}$$

Im allgemeinen ist $\boldsymbol{AB} \neq \boldsymbol{BA}$. Es gelten $(\boldsymbol{AB})^{\mathsf{T}} = \boldsymbol{B}^{\mathsf{T}}\boldsymbol{A}^{\mathsf{T}}$ und $\boldsymbol{AE} = \boldsymbol{EA} = \boldsymbol{A}$.

Die Matrix $\boldsymbol{A}^{-1}$ mit der Eigenschaft $\boldsymbol{A}^{-1}\boldsymbol{A} = \boldsymbol{A}\boldsymbol{A}^{-1} = \boldsymbol{E}$ ist die *inverse Matrix** der quadratischen Matrix $\boldsymbol{A}$. Wenn sie existiert, ist $\boldsymbol{A}$ eine *reguläre Matrix**, sonst eine *singuläre Matrix*. Die inverse Matrix $\boldsymbol{D}^{-1}$ einer Diagonalmatrix $\boldsymbol{D}$ mit den Diagonalelementen $d_i \neq 0$ ist ebenfalls diagonal und besitzt die Diagonalelemente $1/d_i$.

Die inverse Matrix $\boldsymbol{A}^{-1}$ einer regulären Matrix $\boldsymbol{A}$ kommt meist in einem Produkt der Form $\boldsymbol{A}^{-1}\boldsymbol{B}$ vor. Es ist zweckmäßig, gleich dieses Produkt als Lösung $\boldsymbol{Q}$ der Matrixgleichung $\boldsymbol{AQ} = \boldsymbol{B}$ zu berechnen. Sind $\boldsymbol{Q}_k$ und $\boldsymbol{B}_k$ $(k = 1, \ldots, n)$ die aus den Spalten der (m, n)-Matrizen $\boldsymbol{Q}$ bzw. $\boldsymbol{B}$ gebildeten Spaltenmatrizen, so kann das geschehen durch Lösen der n Matrixgleichungen $\boldsymbol{AQ}_k = \boldsymbol{B}_k$, die ausgeschrieben auch als *lineare Gleichungssysteme* aufgefaßt werden können, z.B. nach dem *Gauß-Jordan-Eliminationsverfahren* [5], [6]. Für $\boldsymbol{B} = \boldsymbol{E}$ ergibt sich $\boldsymbol{Q} = \boldsymbol{A}^{-1}$.

Eine symmetrische (n, n)-Matrix $\boldsymbol{A} = (a_{ik})$ wie eine Kovarianz- oder Korrelationsmatrix (siehe Gleichungen (22) und (23)) heißt *nichtnegativ definit* (ist entweder eine *positiv definite Matrix** oder eine *positiv semidefinite Matrix*), wenn für jede Spaltenmatrix $\boldsymbol{X}$ die Beziehung $\boldsymbol{X}^{\mathsf{T}}\boldsymbol{AX} \geq 0$ gilt. Um das festzustellen, bilde man die *obere Dreiecksmatrix* $\boldsymbol{T} = (t_{ik})$ $(i, k = 1, \ldots, n)$ rekursiv wie folgt:

a) Diagonalelemente:

$$t_{ii} = +\sqrt{a_{ii} - \sum_{j=1}^{i-1} t_{ji}^2} \ ; \tag{C.3}$$

b) Nichtdiagonalelemente:
für $k < i$, oder wenn $t_{ii} = 0$ ist, ist $t_{ik} = 0$ zu setzen;
für $k > i$, und wenn außerdem $t_{ii} \neq 0$ ist, gilt

$$t_{ik} = \frac{1}{t_{ii}} \Big(a_{ik} - \sum_{j=1}^{i-1} t_{ji} t_{jk} \Big) \ . \tag{C.4}$$

Für $i = 1$ sind die Summen in den Gleichungen (C.3) und (C.4) gleich Null zu setzen. Es ist zweckmäßig, die Elemente zeilenweise von links nach rechts und von oben nach unten, also in Leserichtung zu berechnen. Ist in Gleichung (C.3) keiner der Radikanden der Wurzeln negativ und ist $\boldsymbol{A} = \boldsymbol{T}^{\mathsf{T}}\boldsymbol{T}$, so ist $\boldsymbol{A}$ nichtnegativ definit. $\boldsymbol{A}$ ist genau dann auch regulär, wenn alle Diagonalelemente $t_{ii} > 0$ sind. Dann gilt $\boldsymbol{A}^{-1} = \boldsymbol{T}^{-1}(\boldsymbol{T}^{-1})^{\mathsf{T}}$. Die inverse Matrix $\boldsymbol{T}^{-1} = (t_{ik}^*)$ ergibt sich rekursiv aus

$$\begin{aligned} & t_{kk}^* = 1/t_{kk} \ ; \quad t_{ik}^* = 0 \ (i > k) \ ; \\ & t_{ik}^* = -\frac{1}{t_{ii}} \sum_{j=i+1}^{k} t_{ij} t_{jk}^* \ ; \quad (k = 1, \ldots, n \ ; \ i = k-1, k-2, \ldots, 1) \ . \end{aligned} \tag{C.5}$$

Hier sind die Elemente spaltenweise von unten nach oben und von links nach rechts zu bilden. Eine Diagonalmatrix ist nichtnegativ definit, wenn keines ihrer Diagonalelemente negativ ist. Sind die symmetrischen Matrizen $\boldsymbol{A}$, $\boldsymbol{B}_1, \ldots, \boldsymbol{B}_m$ und $\boldsymbol{C}$ nichtnegativ definit, $\boldsymbol{C}$ regulär, $q \geq 0$ und $\boldsymbol{Q}$ eine beliebige Matrix, so sind auch die Matrizen $q\boldsymbol{A}$, $\boldsymbol{B}_1 + \ldots + \boldsymbol{B}_m$, $\boldsymbol{C}^{-1}$ und $\boldsymbol{QAQ}^{\mathsf{T}}$ nichtnegativ definit.

BEISPIEL:
Mit $\boldsymbol{A} = \boldsymbol{U_x}$ und der Spaltenmatrix $\boldsymbol{B} = (\boldsymbol{T}^{-1})^{\mathsf{T}}(\boldsymbol{z} - \boldsymbol{x})$ lautet Gleichung (55) $\xi_0 = \boldsymbol{B}^{\mathsf{T}}\boldsymbol{B}$.

Anhang D (informativ)

Rechnerunterstützte Auswertung

Bei der Auswertung von Messungen ist es zweckmäßig, so weit wie möglich einen Rechner zu benutzen, insbesondere im zweiten Schritt der Auswertung bei der Meßdatenvorbereitung (siehe Abschnitt 6) und im dritten Schritt bei der Berechnung des vollständigen Meßergebnisses (siehe Abschnitte 7 und 8). Die Fortpflanzung der Unsicherheiten läßt sich dann elegant nach den Gleichungen (53) und (54) berechnen, wozu die in Bild D.1 angegebenen beiden Programmbausteine in der häufig benutzten Programmiersprache FORTRAN dienen. Zu Programmen für die Anwendung der Matrizenrechnung siehe [5], [6].

Die Felder `x`, `Ux`, `Uy`, `Q` der Programmbausteine stehen für die Matrizen $\boldsymbol{x}$, $\boldsymbol{U_x}$, $\boldsymbol{U_y}$ bzw. $\boldsymbol{Q}$; `m` und `n` für die Anzahlen m und n sowie `dx` für den Zuwachs Δx_k. `ya` und `yb` sind Hilfsfelder für $\boldsymbol{y}$. Eingabefelder und -variablen sind `x`, `Ux`, `m` und `n`; Ausgabefelder `Uy` und `Q`. Die Hilfsvariablen `dx` und `a` und das Hilfsfeld `h` dienen einem schnelleren Programmablauf. Alle Felder sind den Matrizen entsprechend zu dimensionieren. `Ux` darf auch als `FUNCTION`-Unterprogramm oder als Formelfunktion definiert sein. Das vom Anwender beizubringende Unterprogramm `Modell(x,y)` berechnet $\boldsymbol{y}$ aus $\boldsymbol{F}(\boldsymbol{x}, \boldsymbol{y}) = \boldsymbol{O}$ oder $\boldsymbol{y} = \boldsymbol{G}(\boldsymbol{x})$ oder ist die Lösungsprozedur einer Ausgleichsrechnung, z.B. für Gleichung (57) nach Gleichung (63).

```
C ------- Berechnung der
C         Empfindlichkeitsmatrix Q
      DO k = 1,m
        dx = SQRT( Ux(k,k) )
        x(k) = x(k) + 0.5 * dx
        CALL Modell( x,ya )
        x(k) = x(k) - dx
        CALL Modell( x,yb )
        x(k) = x(k) + 0.5 * dx
        DO i = 1,n
          Q(i,k) = ( ya(i) - yb(i) ) / dx
        END DO
      END DO

C ------- Berechnung der
C         Unsicherheitsmatrix Uy = Q * Ux * Qt
      DO i = 1,n
        DO k = 1,m
          a = 0.0
          DO j = 1,m
            a = a + Q(i,j) * Ux(j,k)
          END DO
          h(k) = a
        END DO
        DO k = 1,i
          a = 0.0
          DO j = 1,m
            a = a + h(j) * Q(k,j)
          END DO
          Uy(i,k) = a
          Uy(k,i) = a
        END DO
      END DO
```

Bild D.1: Programmbausteine für die rechnerunterstützte Auswertung

Anhang E (informativ)
Grenzen der Anwendung des Gauß-Verfahrens

Das Gauß-Verfahren ist nur dann sinnvoll anwendbar, wenn sich die Modellfunktionen bei Änderung der Schätzwerte x_k der Eingangsgrößen im Rahmen der Standardunsicherheiten $u(x_k)$ genügend linear verhalten. Das ist der Fall, wenn in Gleichung (54) statt der Differenzen $\Delta_k G_i$ nach Gleichung (53) die Differenzen

$$\Delta_k G_i = G_i(x_1, \ldots, x_k + u(x_k), \ldots, x_m) - G_i(x_1, \ldots, x_m) \tag{E.1}$$

verwendet werden und sich dadurch die Standardunsicherheiten $u(y_i)$ um höchstens wenige Prozent ändern, was vernachlässigt werden darf. Bei den Korrelationskoeffizienten $r(y_i, y_k)$, wenn in Prozent angegeben, ist eine Änderung im Rahmen weniger Prozentpunkte tolerierbar. Die Änderungen können geprüft werden, indem der erste Programmbaustein in Bild D.1 durch seine Variante in Bild E.1 ersetzt wird. Es sei daran erinnert, daß $\boldsymbol{G}$ generell die Lösungsprozedur der Auswertung, z.B. einer Ausgleichsrechnung, darstellt.

Anderenfalls ist die Auswertung aufwendiger. Es müssen dann die Integrale

$$\boldsymbol{y} = \int \boldsymbol{G}(\boldsymbol{X})\, f(\boldsymbol{X})\,\mathrm{d}\boldsymbol{X} \quad ; \quad \boldsymbol{U_y} = \int (\boldsymbol{G}(\boldsymbol{X}) - \boldsymbol{y})(\boldsymbol{G}(\boldsymbol{X}) - \boldsymbol{y})^{\mathsf{T}} f(\boldsymbol{X})\,\mathrm{d}\boldsymbol{X} \tag{E.2}$$

mit

$$f(\boldsymbol{X}) = \frac{\exp\left(-\frac{1}{2}(\boldsymbol{X} - \boldsymbol{x})^{\mathsf{T}} \boldsymbol{U_x}^{-1} (\boldsymbol{X} - \boldsymbol{x})\right)}{\sqrt{(2\pi)^m \det \boldsymbol{U_x}}} \tag{E.3}$$

berechnet werden [3]. $\det \boldsymbol{U_x}$ ist die *Determinante** von $\boldsymbol{U_x}$. Zu numerischen Integrationsverfahren siehe [5], [6]. Für die Integration über viele Größen eignen sich besonders Monte-Carlo-Verfahren.

Die Gleichungen (37) und (38) folgen aus den Gleichungen (E.2) und (E.3) durch lineare Näherung von $\boldsymbol{G}(\boldsymbol{X})$ an der Stelle $\boldsymbol{x}$.

Für Gleichung (47) muß vorausgesetzt werden, daß alle beteiligten Matrizen existieren, insbesondere $\boldsymbol{F_y}^{-1}$, d.h. die Anzahl n der Ergebnisgrößen Y_i muß gleich der Anzahl n_F der Modellfunktionen F_j sein, also $n = n_F$ gelten. Ist $n > n_F$ oder ist $\boldsymbol{F_y}$ singulär, so reicht das Modell nicht aus, um die Werte y_i zu ermitteln. Der Fall $n < n_F$ dagegen läßt sich auf den mit $n = n_F$ zurückführen (siehe 8.1). Dabei muß auch $n_F \leq m + n$ sein.

Weitere Voraussetzungen brauchen nicht erfüllt zu werden, insbesondere dürfen die zugrunde liegenden Verteilungen (der Schätzer) der Größen $\boldsymbol{X}$ und $\boldsymbol{Y}$ beliebig sein, solange nur ihre Erwartungswerte und Kovarianzmatrizen existieren. Die Meß- oder Einflußgrößen X_k brauchen z.B. nicht unabhängig voneinander, unkorreliert oder normalverteilt zu sein.

```
C ------- Variante der Berechnung der
C             Empfindlichkeitsmatrix Q
          CALL Modell( x,yb )
          DO k = 1,m
            dx = SQRT( Ux(k,k) )
            x(k) = x(k) + dx
            CALL Modell( x,ya )
            x(k) = x(k) - dx
            DO i = 1,n
              Q(i,k) = ( ya(i) - yb(i) ) / dx
            END DO
          END DO
```

Bild E.1: Variante des ersten Programmbausteins in Bild D.1 für die Prüfung der Anwendbarkeit des Gauß-Verfahrens

Anhang F (informativ)

Erläuterungen

a) In den internationalen Empfehlungen [1] wird unterschieden zwischen Meßunsicherheiten, die mit "statistischen Verfahren" (Typ A) errechnet werden, die auf vorliegenden oder angenommenen Häufigkeitsverteilungen vorkommender Werte fußen, und solchen, bei denen das mit "anderen Mitteln" (Typ B) geschieht, d.h. mittels vernünftig angenommener Verteilungen möglicher Werte, die keineswegs immer als Häufigkeitsverteilungen aufgefaßt werden können, sondern den Stand der unvollständigen Kenntnis der jeweiligen Größen wiedergeben. Das Zusammenfassen der Unsicherheiten, ungeachtet der beiden begrifflich verschiedenen Verfahren ihrer Ermittlung, zu einer resultierenden Unsicherheit hat in der Vergangenheit zu heftigen Kontroversen geführt und ist auch unbefriedigend. Die Verfahren lassen sich jedoch vereinheitlichen und mit den Verfahren der *Bayes-Statistik* identifizieren, sowie alle Verteilungen mittels des *Prinzips der maximalen Entropie* aus den vorliegenden Daten und anderen Informationen aufstellen [3]. Danach braucht zwischen den Verfahren vom Typ A oder Typ B nicht mehr unterschieden zu werden.

b) Ein allgemeines Verfahren der Auswertung von Messungen und zur Behandlung von Unsicherheiten muß, damit es Verbreitung finden kann, einige Bedingungen erfüllen: es muß p r o b l e m u n a b h ä n g i g formulierbar sein und sich zwar nicht unbedingt auf alle nur denkbaren, jedoch auf die weit überwiegende Mehrzahl der vorkommenden Fälle in der einfachen Laboratoriumspraxis sowie bei Messungen hoher Genauigkeit und gerade auch bei geringer greifbarer Information anwenden lassen. Weiterhin muß das Verfahren vorliegende Information ohne Unterscheidung der eigenen Meßdaten von mitbenutzten fremden Ergebnissen und zugehörigen Unsicherheiten in der Weise k o n s i s t e n t verarbeiten, daß die gewonnenen Ergebnisse und zugehörigen Unsicherheiten unmittelbar wieder als Eingangsdaten für dasselbe Verfahren bei einem anderen Auswertungsproblem dienen können (siehe Bild F.1). Eine größere Auswertungsaufgabe soll auch in Teilaufgaben zerlegt werden dürfen, ohne daß sich dadurch die Ergebnisse und zugehörigen Unsicherheiten ändern. Schließlich muß das Verfahren e i n f a c h, leicht verständlich und mit vertretbarem Rechenaufwand gut anwendbar sein. Es darf nur auf wenigen Voraussetzungen und Annahmen beruhen. Das früher so genannte "Fehlerfortpflanzungsgesetz" von Gauß — in verallgemeinerter Form heute *Unsicherheits-* oder *Kovarianz-Fortpflanzungsgesetz* und in dieser Norm kurz *Gauß-Verfahren* genannt — erfüllt die Bedingungen. Es wird deshalb dieser Norm zugrunde gelegt. Die Auswertung ist in Bild F.1 schematisch dargestellt.

c) Den vielfältigen Anwendungsmöglichkeiten des Gauß-Verfahrens entspricht die in dieser Norm benutzte mathematische Formulierung. Es ist sinnvoll und zweckmäßig, vor konkreten Rechnungen die allgemeinen Gleichungen so weit wie möglich für die vorgegebene Problemstellung zu spezialisieren. So reduziert sich die allgemeine Gleichung (47) des Gauß-Verfahrens unter den in 7.1 genannten Voraussetzungen auf die einfachere Gleichung (39).

d) Allen nicht genau bekannten *physikalischen Größen** werden beim Gauß-Verfahren Variablen (*Schätzer**) zugeordnet, die den Regeln der Wahrscheinlichkeitsrechnung folgen (siehe Anhang B). Dies gilt auch für die *Einflußgrößen**, die systematische Meßabweichungen bewirken (siehe 5.2 und 6.5 sowie DIN 1319-1). Die Einflußgrößen unterscheiden sich von den gemessenen Größen nur dadurch, daß über sie andersartige Information als statistisch streuende Meßwerte herangezogen werden. Die *Wahrscheinlichkeitsverteilungen** der Variablen stellen den aktuellen Stand der Kenntnis über die Meßgrößen dar. Sie sind mit ihren Parametern bekannt und dürfen im allgemeinen nicht als Häufigkeitsverteilungen aufgefaßt werden [3]. Sie sind aber meist unwesentlich, weil hauptsächlich mit ihren bekannten *Erwartungswerten** gerechnet wird. Die Erwartungswerte werden als beste *Schätzwerte** (z.B. Mittelwerte von Meßwerten) der physikalischen Größen genommen. Außerdem wird mit den *Varianzen** und *Kovarianzen** der Schätzer gerechnet. Sie dienen, zusammengefaßt zur *Meßunsicherheitsmatrix* (*Kovarianzmatrix**), als Maß für die *Meßunsicherheit**. Siehe auch die geometrische Darstellung zur Unsicherheitsmatrix in Bild F.2.

e) Die Angabe eines *Vertrauensbereichs**, der zu einer vorgegebenen Wahrscheinlichkeit den wahren Wert einer Ergebnisgröße enthält, ist nur dann möglich, wenn die Wahrscheinlichkeitsverteilung des Schätzers berechnet wird [3] oder eine solche als Näherung angenommen werden kann, z.B. eine Normalverteilung. Wegen dieses zusätzlich erforderlichen Aufwandes oder der Annahme einer Verteilung, die in der Praxis allerdings durchaus realistisch sein mag, sollte nur bei Bedarf ein Vertrauensbereich als Ergänzung zur Angabe des vollständigen Meßergebnisses angegeben werden. Für die spätere Verwertung der Meßergebnisse wird jedoch nicht der Vertrauensbereich, sondern die Unsicherheitsmatrix benötigt.

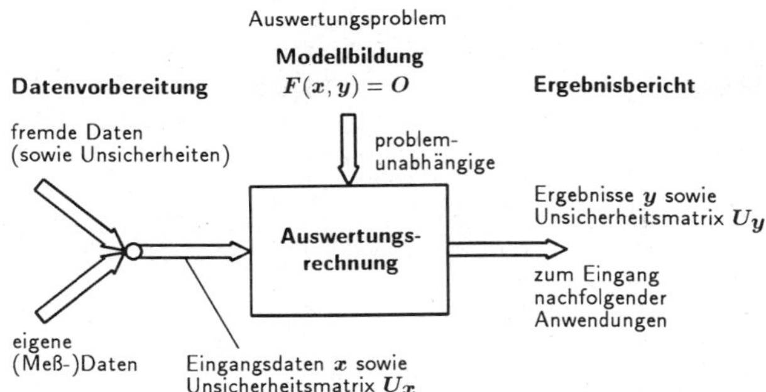

Bild F.1: Schematische Darstellung der vier Schritte einer Auswertung

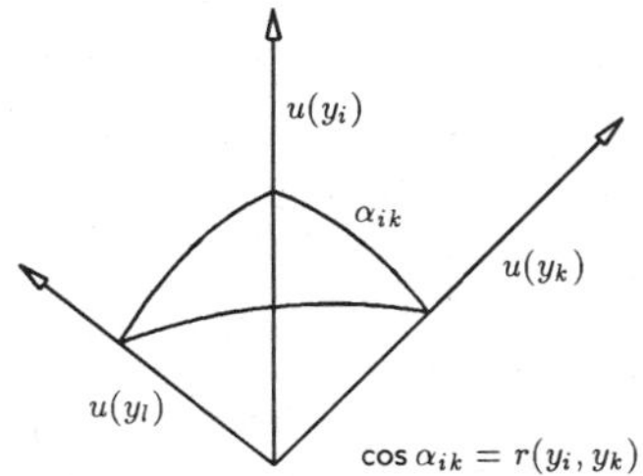

Geometrische Darstellung der Meßunsicherheiten von n Meßgrößen Y_i durch n Vektoren, die einen n-dimensionalen "Unsicherheitsraum" aufspannen. Die Längen der Vektoren sind die Standardmeßunsicherheiten $u(y_i)$, und der Cosinus des Winkels α_{ik} zwischen je zwei Vektoren ist der Korrelationskoeffizient $r(y_i, y_k)$.

Bild F.2: Geometrische Darstellung zur Unsicherheitsmatrix

Anhang G (informativ)

Literaturhinweise

[3] K. Weise, W. Wöger: Eine Bayessche Theorie der Meßunsicherheit. PTB-Bericht N–11, Physikalisch-Technische Bundesanstalt (Braunschweig) 1992; A Bayesian Theory of Measurement Uncertainty. Meas. Sci. Technol. 4; 1–11; 1993

[4] Deutscher Kalibrierdienst: Angabe der Meßunsicherheit bei Kalibrierungen. Bericht DKD–3, Physikalisch-Technische Bundesanstalt (Braunschweig) 1998

[5] G. Engeln-Müllges, F. Reutter: Numerik-Algorithmen. 8. Auflage, VDI Verlag (Düsseldorf) 1996

[6] W.H. Press, S.A. Teukolsky, W.T. Vetterling, B.P. Flannery: Numerical Recipes in FORTRAN – The Art of Scientific Computing. 2. Auflage, Cambridge University Press (Cambridge) 1992

Anhang H (informativ)

Verwendete genormte Begriffe und ihre Quellen

Begriff	Quelle
Ausgabe	DIN 1319-1
Chiquadrat-Verteilung	DIN 55350-21
Determinante	DIN 1303
Diagonalmatrix	DIN 1303
Dimension	DIN 1313
Einflußgröße	DIN 1319-1
Eingangsgröße (der Auswertung)	DIN 1319-3
Einheitsmatrix	DIN 1303
Ergebnisgröße (der Auswertung)	DIN 1319-3
Erwartungswert	DIN 1319-1, DIN 13303-1, DIN 55350-21
Größe, physikalische	DIN 1313
Kalibrierung	DIN 1319-1
Konfidenzbereich	DIN 13303-2
Konfidenzintervall	DIN 13303-2
Konfidenzniveau	DIN 13303-2
Korrektion	DIN 1319-1
Korrelation (korreliert)	DIN 55350-21
Korrelationskoeffizient, (empirischer)	DIN 13303-1, DIN 55350-21
Kovarianz, (empirische)	DIN 13303-1, DIN 55350-21
Kovarianzmatrix	DIN 13303-1
Matrix	DIN 1303
— , inverse	DIN 1303
— , positiv definite	DIN 1303
— , reguläre	DIN 1303
— , symmetrische	DIN 1303
— , transponierte	DIN 1303
Meßabweichung	DIN 1319-1
— , systematische	DIN 1319-1
Meßeinrichtung	DIN 1319-1
Meßergebnis	DIN 1319-1
— , vollständiges	DIN 1319-1
Meßgröße	DIN 1319-1
Meßobjekt	DIN 1319-1
Messung	DIN 1319-1
Meßunsicherheit	DIN 1319-1
— , gemeinsame Komponente der	DIN 1319-3
Meßverfahren	DIN 1319-1
Meßwert	DIN 1319-1
Mittelwert, (arithmetischer)	DIN 13303-1, DIN 55350-23
Modell (der Auswertung)	DIN 1319-3
Normalverteilung	DIN 13303-1, DIN 55350-22
— , standardisierte	DIN 55350-22
Nullmatrix	DIN 1303
Parameter	DIN 55350-21
Poisson-Verteilung	DIN 13303-1, DIN 55350-22
Quantil	DIN 13303-1, DIN 55350-21
Rechteckverteilung	DIN 13303-1
Schätzer	DIN 13303-2
Schätzwert	DIN 13303-2, DIN 55350-23, DIN 55350-24
Standardabweichung	DIN 13303-1, DIN 55350-21
— , (empirische)	DIN 13303-1, DIN 55350-23
Varianz, (empirische)	DIN 13303-1, DIN 55350-21
Variationskoeffizient	DIN 13303-1, DIN 55350-21
Verteilungsfunktion	DIN 13303-1, DIN 55350-21
Vertrauensbereich	DIN 13303-2, DIN 55350-24
Vertrauensellipsoid	DIN 18709-4
Vertrauensgrenze	DIN 13303-2, DIN 55350-24
Vertrauensintervall	DIN 13303-2
Vertrauensniveau	DIN 13303-2, DIN 55350-24
Wahrscheinlichkeit	DIN 13303-1
Wahrscheinlichkeitsdichte	DIN 13303-1, DIN 55350-21
Wahrscheinlichkeits-funktion	DIN 13303-1, DIN 55350-21
Wahrscheinlichkeits-verteilung	DIN 13303-1, DIN 55350-21
Wert, wahrer	DIN 1319-1
Zählen	DIN 1319-1
Zufallsgröße	DIN 13303-1, DIN 55350-21
Zufallsvariable	DIN 13303-1, DIN 55350-21
— , diskrete	DIN 13303-1
— , unabhängige	DIN 13303-1

Anhang I (informativ)

Stichwortverzeichnis

Die hinter den Stichwörtern stehenden Zahlen und Buchstaben sind die Nummern der Abschnitte und Anhänge, in denen die Stichwörter erscheinen. Es sind nur die wichtigsten Fundstellen aufgeführt. Verweise auf Begriffserklärungen sind fett gedruckt.

Juni 1997

Akustik
Begriffe

DIN 1320

ICS 01.040.17; 17.140.01

Deskriptoren: Akustik, Begriffe, Elektrotechnik

Ersatz für Ausgabe 1992-06

Acoustics – Terminology

Inhalt

Vorwort

Diese Norm wurde vom Normenausschuß Akustik, Lärmminderung und Schwingungstechnik unter Mitwirkung des Normenausschusses Technische Grundlagen im Gemeinschaftsarbeitsausschuß NALS A0/NATG-A.118 "Grundlagen und Terminologie der Akustik" erarbeitet.

Zur deutlichen Unterscheidung von Benennungen, welche physikalisch-akustische Phänomene betreffen, und solchen, welche auditive Wahrnehmungsphänomene betreffen, werden – insbesondere, wenn Verwechselungsgefahr besteht – erstere mit dem Zusatz "-schall" und letztere mit dem Zusatz "-laut" versehen (vgl. z. B. Tonschall und Tonlaut). In der englischen Sprache sind entsprechende Zusätze bis jetzt nicht üblich. Die Adjektive "acoustic" bzw. "auditory" eignen sich gegebenenfalls zur Klärung.

Änderungen

Gegenüber der Ausgabe Juni 1992 wurden folgende Änderungen vorgenommen:

a) Es wurde die englische Übersetzung der Benennungen aufgenommen.

b) Es wurden zwei Stichwortverzeichnisse deutsch-englisch und englisch-deutsch erstellt.

c) Die Hinweise auf den Zusammenhang mit der Internationalen Norm IEC 50(801) in der 4. Spalte wurden aktualisiert.

d) Außerdem wurden einige Begriffe redaktionell überarbeitet.

Frühere Ausgaben

DIN 1320: 1939-08, 1959-06, 1969-10, 1992-06

Fortsetzung Seite 2 bis 35

Normenausschuß Akustik, Lärmminderung und Schwingungstechnik (NALS) im DIN und VDI
Normenausschuß Technische Grundlagen (NATG) im DIN
Deutsche Elektrotechnische Kommission im DIN und VDE (DKE)

22/7*

1 Anwendungsbereich

Diese Norm legt Begriffe der Akustik und ihre Benennungen fest und enthält neben allgemeinen Begriffen Begriffe aus den verschiedenen Teilbereichen der Akustik. Die in Kapitel 801 "Akustik und Elektroakustik" des Internationalen Elektrotechnischen Wörterbuches, der Internationalen Norm IEC 50(801), enthaltenen Begriffe wurden zum großen Teil übernommen. Auf den Zusammenhang wird im einzelnen in der 4. Spalte hingewiesen.

ANMERKUNG: Die Internationale Norm IEC 50(801) liegt auch in deutscher Übersetzung als "Deutsche Ausgabe des Internationalen Elektrotechnischen Wörterbuches – Kapitel 801: Akustik und Elektroakustik" vor (siehe Anhang A).

2 Normative Verweisungen

Diese Norm enthält durch datierte oder undatierte Verweisungen Festlegungen aus anderen Publikationen. Diese normativen Verweisungen sind an den jeweiligen Stellen im Text zitiert, und die Publikationen sind nachstehend aufgeführt. Bei datierten Verweisungen gehören spätere Änderungen oder Überarbeitungen dieser Publikationen nur dann zu dieser Norm, falls sie durch Änderung oder Überarbeitung eingearbeitet sind. Bei undatierten Verweisungen gilt die letzte Ausgabe der in Bezug genommenen Publikation.

DIN 40148-2
Übertragungssysteme und Zweitore – Symmetrieeigenschaften von linearen Zweitoren

E DIN EN ISO 140-6
Akustik – Messung der Schalldämmung in Gebäuden und von Bauteilen – Teil 6: Messung der Trittschalldämmung von Decken in Prüfständen (ISO/DIS 140-6 : 1996); Deutsche Fassung prEN ISO 140-6 : 1996

IEC 50(801)
International Electrotechnical Vocabulary – Chapter 801: Acoustics and electroacoustics

3 Allgemeine Begriffe

Nr	Benennung	Definition, Anmerkungen	Übereinstimmung mit IEC 50(801)
3.1	**Schall** en: sound	elastodynamische Schwingungen und Wellen[1]) ANMERKUNG: Schall setzt feste, flüssige, gasförmige oder plasmaförmige Materie voraus.	
3.2	**Hörfrequenzbereich** en: frequency range of audible sound	Frequenzbereich ausgeprägten Hörvermögens beim Menschen (etwa 16 Hz bis 16 kHz)	
3.3	**Hörschall** en: audible sound	Schall im Hörfrequenzbereich	
3.4	**Infraschall** en: infrasound	Schall im Frequenzbereich unterhalb des Hörfrequenzbereiches	teilweise
3.5	**Ultraschall** en: ultrasound	Schall im Frequenzbereich oberhalb des Hörfrequenzbereiches	teilweise
3.6	**Hyperschall** en: very-high-frequency sound, hypersound	Ultraschall im Frequenzbereich oberhalb von etwa 1 GHz	
3.7	**Lärmschall, Lärm** en: noise	unerwünschter Hörschall; Hörschall, der zu Störungen, Belästigungen, Beeinträchtigungen oder Schäden führen kann	
3.8	**Geräuschschall, Geräusch** en: noise	Schall, der nicht vorwiegend zur Übertragung von Informationen erzeugt wurde (z. B. Maschinengeräuschschall, Fahrgeräuschschall, Wohngeräuschschall)	
3.9	**Echoschall, Echo** en: echo	in der Weise wiederholter Schall, daß ursprünglicher und wiederholter Schall vom Empfänger getrennt werden können	
3.10	**Sinus(ton)schall** en: sinusoidal sound	Schall mit sinusförmiger Zeitfunktion	
3.11	**Tonschall, Ton** en: tonal sound	Hörschall, welcher als Hörereignis mit ausgeprägter Tonhöhe (Tonlaut) wahrnehmbar ist	
3.12	**Klangschall, Klang** en: complex tonal sound	Hörschall, welcher aus mehreren Tonschallen besteht	

[1]) Die Benennung Schall wird sowohl im Sinne eines Sammelbegriffs als auch für eine einzelne Schwingung oder Welle benutzt.

Nr	Benennung	Definition, Anmerkungen	Überein-stimmung mit IEC 50(801)
3.13	**Fremdgeräuschschall, Fremdgeräusch** en: background noise	Geräuschschall am Meßort, der unabhängig von dem zu beurteilenden Geräuschschall ist	
3.14	**Luftschall** en: airborne sound	Schall im Medium Luft	
3.15	**Flüssigkeitsschall** en: liquid-borne sound	Schall in flüssigen Medien	
3.16	**Wasserschall** en: waterborne sound	Schall im Medium Wasser	
3.17	**Körperschall** en: structure-borne sound	Schall in festen Medien	
3.18	**Schallimpuls** en: sound impulse	einmaliges Schallsignal von kurzer Dauer	
3.19	**Rauschschall, Rauschen** en: random noise	Schall, dessen Zeitverlauf nur statistisch beschreibbar ist	
3.20	**weißes Rauschen** en: white noise	Rauschschall, bei dem der Quotient aus Schallintensität und Frequenzbandbreite über einen betrachteten Frequenzbereich konstant ist	teilweise
3.21	**rosa Rauschen** en: pink noise	Rauschschall, bei dem der Quotient aus Schallintensität und Frequenzbandbreite über einen betrachteten Frequenzbereich umgekehrt proportional der Frequenz ist	teilweise
3.22	**Bandpaßrauschen** en: band-limited noise	Rauschschall mit begrenzter Frequenzbandbreite (z. B. Terz- oder Oktavrauschen)	
3.23	**Schallemission** en: sound emission	das Abstrahlen von Schall	
3.24	**Emissionsschall** en: emitted sound	von einer Quelle abgestrahlter Schall ANMERKUNG: Das Immissionsschutzrecht benennt den Emissionsschall häufig verkürzt “Emission”.	
3.25	**Schallimmission** en: sound immission	Einwirken von Schall (auf ein Gebiet oder einen Punkt des bestrahlten Gebietes)	
3.26	**Immissionsschall** en: immitted sound	auf ein Gebiet oder einen Punkt einwirkender Schall ANMERKUNG: Das Immissionsschutzrecht benennt den Immissionsschall häufig verkürzt “Immission”.	
3.27	**Schallausschlag** en: sound particle displacement	dem Schall zugeordnete Wechselauslenkung	
3.28	**Schallschnelle** en: sound particle velocity	dem Schall zugeordnete Wechselgeschwindigkeit	
3.29	**Schallfluß** en: volume velocity	Produkt aus Schallschnelle und Querschnittsfläche senkrecht zur Schwingungsrichtung	teilweise
3.30	**Schallbeschleunigung** en: sound particle acceleration	dem Schall zugeordnete Wechselbeschleunigung	
3.31	**Schalldruck** en: sound pressure	dem Schall zugeordneter Wechseldruck in einem Volumenelement	
3.32	**Schallenergie** en: sound energy	kinetische und potentielle Energie des Schalles	
3.33	**Schallenergiedichte** en: sound energy density	a) räumliche: Quotient aus Schallenergie und Volumen b) spektrale: Quotient aus Schallenergie und Frequenzbandbreite	
3.34	**Schalleistung** en: sound power	zeitliche Ableitung der Schallenergie (Sie ist gleich dem Produkt aus Schalldruck und Schallfluß.)	

Nr	Benennung	Definition, Anmerkungen	Übereinstimmung mit IEC 50(801)
3.35	**Schallintensitätsvektor** en: sound intensity vector	Vektor in Richtung des Energieflusses, dessen Skalarprodukt mit dem Flächennormalenvektor die durch die Fläche gehende Energieflußdichte, d. h. die Energie geteilt durch die Fläche und durch die Zeit, ergibt	
3.36	**Schallintensität** en: sound intensity	Betrag des Schallintensitätsvektors	
3.37	**Schallast, Belastungsschall** en: sound impact	Ausmaß des Schalles, der auf den Menschen einwirkt (oder einwirken kann), ausgedrückt in physikalischen Größen	
3.38	**Beeinträchtigung** (durch Schall) en: impairment (by sound)	unerwünschte Wirkung einer Schallast, z. B. in Form der Minderung des körperlichen, seelischen oder sozialen Wohlbefindens	
3.39	**Störung** (durch Schall) en: interference (by sound)	bewußte oder unbewußte Behinderung von körperlicher oder geistiger Tätigkeit durch Schall	
3.40	**Belästigung** (durch Schall)[2]) en: annoyance (by sound)	individuell bewertete Beeinträchtigung durch eine Schallast	
3.41	**Schaden** (durch Schall)[3]) en: demage (by sound)	erhebliche Beeinträchtigung durch eine Schallast, z. B. eine bleibende Beeinträchtigung, die ein bestimmtes Ausmaß überschreitet	

4 Begriffe für Pegel

Nr	Benennung	Definition, Anmerkungen	Übereinstimmung mit IEC 50(801)
4.1	**Schalldruckpegel** en: sound pressure level	zehnfacher dekadischer Logarithmus des Verhältnisses des Quadrates des Effektivwertes des Schalldruckes zum Quadrat des Bezugsschalldruckes p_0 mit p_0 = 20 µPa in Luft und p_0 = 1 µPa in anderen Medien	teilweise
4.2	**Schalleistungspegel** en: sound power level	zehnfacher dekadischer Logarithmus des Verhältnisses der Schalleistung zur Bezugsschalleistung P_0 = 1 pW	teilweise
4.3	**Schallintensitätspegel** en: sound intensity level	zehnfacher dekadischer Logarithmus des Verhältnisses der Schallintensität zur Bezugsschallintensität I_0 = 1 pW/m^2	teilweise
4.4	**Schallenergiedichtepegel** (räumlicher) en: sound energy density level (spatial)	zehnfacher dekadischer Logarithmus des Verhältnisses der räumlichen Schallenergiedichte zur Bezugsschallenergiedichte w_0 = 1 pJ/m^3	
4.5	**Schallenergiepegel** en: sound energy level	zehnfacher dekadischer Logarithmus des Verhältnisses der Schallenergie zur Bezugsschallenergie E_0 = 1 pJ	
4.6	**bewerteter Schalldruckpegel** en: weighted sound presure level	zehnfacher dekadischer Logarithmus des Verhältnisses des Quadrates des Effektivwertes des Schalldruckes bei einer gegebenen Frequenz- und Zeitbewertung zum Quadrat des Bezugsschalldruckes p_0 ANMERKUNG: Die Frequenzbewertung (z. B. A, B, C) und/oder die Zeitbewertung (z. B. F, S, I) sind als Index des Schalldruckpegels L_p anzugeben, z. B. L_{pAF}.	teilweise

[2]) Bei Schallasten im Hörfrequenzbereich spricht man auch von Lärmbelästigung.

[3]) Bei Schallasten im Hörfrequenzbereich spricht man auch von Lärmschaden.

Nr	Benennung	Definition, Anmerkungen	Übereinstimmung mit IEC 50(801)
4.7	**äquivalenter Dauerschallpegel** (Mittelungspegel) en: equivalent continuous sound pressure level	zehnfacher dekadischer Logarithmus des Verhältnisses eines über die Zeit T gemittelten Schalldruckquadrates zum Quadrat des Bezugsschalldruckes p_0 ANMERKUNG 1: Der äquivalente Dauerschallpegel $L_{\mathrm{peq.T}}$ wird (beispielsweise für die Frequenzbewertung A und Zeitbewertung F) wie folgt gebildet: $L_{\mathrm{pAFeq.T}} = 10 \lg \left[\frac{1}{T} \int_0^T (p_{\mathrm{AF}}^2 / p_0^2) \mathrm{d}t \right] \mathrm{dB}$ ANMERKUNG 2: Es sei darauf hingewiesen, daß im Fluglärmgesetz der äquivalente Dauerschallpegel anders definiert ist.	
4.8	**Beurteilungspegel** en: rating level	Größe zur Kennzeichnung der Stärke der Schallimmission während der Beurteilungszeit T_r unter Berücksichtigung von Zuschlägen oder Abschlägen für bestimmte Geräusche, Zeiten oder Situationen. Wenn keine Zu- oder Abschläge zu berücksichtigen sind, ist der äquivalente Dauerschallpegel der Beurteilungspegel. ANMERKUNG: Der Beurteilungspegel L_r wird wie folgt aus dem äquivalenten Dauerschallpegel $L_{\mathrm{pAFeq.T_i}}$ und den Zuschlägen K_i während der Teilzeitintervalle T_i für die Beurteilungszeit T_r gebildet: $L_r = 10 \lg \left[\frac{1}{T_r} \sum_{i=1}^{n} T_i \cdot 10^{0,1(L_{\mathrm{pAFeq.T_i}} + K_i)/\mathrm{dB}} \right] \mathrm{dB}$	
4.9	**Zuschlag** en: adjustment	Bei der Bildung des Beurteilungspegels werden gegebenenfalls Zuschläge berücksichtigt, z. B. Impulszuschlag, Tonzuschlag oder Zuschläge für Ruhezeiten	
4.10	**Maximalpegel** en: maximum level	zehnfacher dekadischer Logarithmus des Verhältnisses des höchsten Wertes des Quadrates des gleitenden Effektivwertes des Schalldruckes bei gegebener Frequenz- und Zeitbewertung zum Quadrat des Bezugsschalldruckes p_0	
4.11	**Spitzenpegel** en: peak level	zehnfacher dekadischer Logarithmus des Verhältnisses des höchsten Wertes des Quadrates des Schalldruckes bei gegebener Frequenzbewertung und der Zeitbewertung "peak" zum Quadrat des Bezugsschalldruckes p_0	
4.12	**Überschreitungspegel** en: exceedance level	Schalldruckpegel bei gegebener Frequenz- und Zeitbewertung, der in N % der Fälle, z. B. der Meßzeitintervalle, überschritten wird. N ist anzugeben. ANMERKUNG: Die Bezeichnung "Perzentilpegel" ist zu vermeiden, da mißverständlich.	
4.13	**Einzelereignisschalldruckpegel** en: single event sound pressure level	der auf 1 s bezogene äquivalente Dauerschallpegel eines isolierten Einzelschallereignisses ANMERKUNG: In anderen Normen wird der A-bewertete Einzelereignisschalldruckpegel auch als "Einzelereignispegel" und als "Schallexpositionspegel" bezeichnet.	
4.14	**Schnellepegel** en: particle velocity level	zehnfacher dekadischer Logarithmus des Verhältnisses des Quadrates des Effektivwertes der Schallschnelle zum Quadrat der Bezugsschallschnelle v_0, mit v_0 = 1 nm/s oder v_0 = 50 nm/s (Der erstere Wert von v_0 ist bei Wasserschall üblich.)	teilweise
4.15	**Beschleunigungspegel** en: acceleration level	zehnfacher dekadischer Logarithmus des Verhältnisses des Quadrates des Effektivwertes der Schallbeschleunigung zum Quadrat der Bezugsschallbeschleunigung a_0 = 1µm/s^2	teilweise
4.16	**Kraftpegel** en: force level	zehnfacher dekadischer Logarithmus des Verhältnisses des Quadrates des Effektivwertes der Wechselkraft zum Quadrat der Bezugskraft F_0 = 1 µN	

Nr	Benennung	Definition, Anmerkungen	Übereinstimmung mit IEC 50(801)
4.17	**Meßflächenmaß** en: (10 times the logarithm to the base of 10 of the measurement surface divided by 1 m^2)	zehnfacher dekadischer Logarithmus des Verhältnisses der Meßfläche zu der Bezugsfläche S_0 = 1 m^2	
4.18	**Meßflächenschalldruckpegel** en: surface sound pressure level	zeitlich und räumlich über die Meßfläche energetisch gemittelter Schalldruckpegel	
4.19	**Emissions-Schalldruckpegel** en: emission sound presure level	Schalldruckpegel an einem festgelegten Ort in der Nähe einer Maschine, insbesondere an deren Bedienplatz, der allein durch den abgestrahlten Schall dieser Maschine gegeben ist, gemessen mit vorgegebener Zeit- und Frequenzbewertung	
4.20	**Impulszuschlag** en: impulse adjustment	Differenz zwischen dem A-bewerteten äquivalenten Dauerschallpegel mit der Zeitbewertung I (impulse) und dem mit der Zeitbewertung F (fast) oder S (slow) ANMERKUNG: Die deutsche Allgemeine Verwaltungsvorschrift "TA Lärm" verwendet eine hiervon abweichende Definition.	
4.21	**Schalldruckbandpegel** en: band sound pressure level	Schalldruckpegel in einem bestimmten Frequenzband. Dabei ist das Frequenzband anzugeben, z. B. Oktavpegel, Terzpegel.	teilweise

5 Begriffe zur Ausbreitung

Nr	Benennung	Definition, Anmerkungen	Übereinstimmung mit IEC 50(801)
5.1	**Schallwelle** en: sound wave	elastodynamischer Vorgang, der eine Funktion der Zeit und des Ortes ist und sich mit einer bestimmten Geschwindigkeit, die den Vorgang beschreibt, fortpflanzt	
5.2	**Schallgeschwindigkeit** en: velocity of sound	Betrag des Phasengeschwindigkeitsvektors einer freien, fortschreitenden Schallwelle	teilweise
5.3	**Torsionswelle, Scherwelle** en: torsional wave, shear wave	Schallwelle, die sich in einem Medium ausbreitet und dabei ein Element in seiner Gestalt verändert, das Volumen des Elementes jedoch unverändert läßt	teilweise
5.4	**Biegewelle** en: bending wave	transversale Schallwelle in einer Platte oder einem Stab als Kombination aus Kompressions- und Scherwelle	teilweise
5.5	**Rayleighwelle** en: Rayleigh wave	exponentiell zum Körperinneren abnehmende Schallwelle an der spannungsfreien Oberfläche eines festen Körpers, die sich so ausbildet, daß die Teilchen Ellipsen beschreiben	teilweise
5.6	**Schallfeld** en: sound field	Bereich eines elastischen Mediums, der Schall enthält	teilweise
5.7	**freies Schallfeld** en: free sound field	Schallfeld in einem homogenen isotropen Medium, dessen Ränder einen vernachlässigbaren Einfluß auf die Schallwellen ausüben	teilweise
5.8	**(akustisches) Nahfeld** en: near (sound) field	Schallfeldbereich nahe an einer Schallquelle, wo die komplexen Amplituden von Schalldruck und Schallschnelle nicht zu vernachlässigende Unterschiede im Nullphasenwinkel aufweisen	teilweise
5.9	**(akustisches) Fernfeld** en: far (sound) field	Schallfeldbereich, der so weit von einer Schallquelle entfernt ist, daß die komplexen Amplituden von Schalldruck und Schallschnelle (annähernd) gleiche Nullphasenwinkel aufweisen	teilweise
5.10	**diffuses Schallfeld** en: diffuse sound field	Schallfeld, in dem der Schallintensitätsvektor in jedem Augenblick isotrop ist	
5.11	**Schallausbreitungsmaß** en: transmission loss, propagation loss	Abnahme des Schalldruckpegels zwischen zwei bestimmten Stellen innerhalb eines Übertragungssystems ANMERKUNG: In komplexer Darstellung setzt sich das Schallausbreitungsmaß aus dem Schalldämpfungsmaß (Realteil) und dem Schallphasenmaß (Imaginärteil) zusammen.	teilweise

Nr	Benennung	Definition, Anmerkungen	Überein-stimmung mit IEC 50(801)
5.12	**Schallausbreitungs-koeffizient** en: sound propagation coefficient	räumliches Differential des Schallausbreitungsmaßes	
5.13	**Schalldämpfungskoeffizient** en: attenuation coefficient	Realteil des Schallausbreitungskoeffizienten	vollständig
5.14	**Schallphasenkoeffizient** en: acoustic phase coefficient	Imaginärteil des Schallausbreitungskoeffizienten	teilweise
5.15	**Schallabsorptionsmaß** en: absorption loss	Teil des Schallausbreitungsmaßes, der auf Dissipation oder andere Umwandlung von Schallenergie zurückzuführen ist, und zwar entweder innerhalb des Mediums oder an einer Grenzfläche	teilweise
5.16	**Einfügungsdämpfungsmaß** en: insertion loss	eines Schallhindernisses (z. B. Schirm, Schalldämpfer): Abnahme des Schalldruckpegels an gleicher Stelle durch Einfügen des Hindernisses	
5.17	**Abschirmmaß** en: barrier attenuation	Abnahme des Schalldruckpegels an gleicher Stelle durch Einfügen eines Hindernisses im Spezialfall der frei fortschreitenden Welle	
5.18	**Richtfaktor** en: directivity factor	beim Schallstrahler: Quotient aus der komplexen Amplitude einer Schallfeldgröße (z. B. Schalldruck) im Fernfeld unter einem anzugebenden Winkel gegen die Bezugsrichtung des Schallstrahlers und derjenigen einer gleichartigen Schallfeldgröße auf der Bezugsrichtung bei gleichem Abstand der Aufpunkte vom Schallstrahler beim Schallaufnehmer: Quotient aus der komplexen Amplitude der elektrischen Spannung, die vom Schallaufnehmer erzeugt wird, wenn eine fortschreitende Schallwelle unter einem anzugebenden Winkel gegen die Bezugsrichtung des Schallaufnehmers auf diesen trifft, und der komplexen Amplitude derjenigen Spannung, die bei Beschallung aus der Bezugsrichtung erzeugt wird	
5.19	**Richtcharakteristik** en: directivity pattern	für einen Schallstrahler oder -aufnehmer bei einer Frequenz oder in einem Frequenzbereich: Darstellung des Richtfaktors oder Richtmaßes in Abhängigkeit vom Winkel gegen eine Bezugsrichtung	
5.20	**Richtmaß** en: directional gain	zehnfacher dekadischer Logarithmus des Quadrates des Betrages des Richtfaktors	
5.21	**statistischer Richtfaktor** en: statistic directivity factor	beim Schallstrahler: Quotient aus der komplexen Amplitude des Schalldruckes im Fernfeld unter einem anzugebenden Winkel gegen die Bezugsachse des Schallstrahlers und der komplexen Amplitude des Schalldruckes, den eine ungerichtete Schallquelle (Kugelstrahler) gleicher Schalleistung bei gleichem Abstand der Aufpunkte vom Schallstrahler erzeugen würde	
5.22	**Richtwirkungsmaß** en: directivity index	zehnfacher dekadischer Logarithmus des Quadrates des statistischen Richtfaktors	
5.23	**Bündelungsgrad** en: front-to-random factor	Kehrwert des über alle Raumrichtungen in einer Kugelfläche gemittelten Quadrates des Betrages des Richtfaktors	
5.24	**Bündelungsmaß** en: front-to-random gain	zehnfacher dekadischer Logarithmus des Bündelungsgrades	

6 Begriffe für Impedanzen und Wandlerparameter

Nr	Benennung	Definition, Anmerkungen	Überein-stimmung mit IEC 50(801)
6.1	**Impedanz** en: impedance	Quotient aus den komplexen Amplituden einer dynamischen Feldgröße und einer kinematischen Feldgröße, deren Produkt eine Leistung oder Intensität ergibt	teilweise
6.2	**Feldimpedanz** (spezifische Schallimpedanz) en: specific acoustic impedance	Quotient aus den komplexen Amplituden von Schalldruck und Schallschnelle	teilweise
6.3	**Flußimpedanz** (akustische Impedanz) en: acoustic impedance	Quotient aus den komplexen Amplituden von Schalldruck und Schallfluß	teilweise
6.4	**mechanische Impedanz** en: mechanical impedance	Quotient aus den komplexen Amplituden von Wechselkraft und Schallschnelle	teilweise
6.5	**Kennimpedanz** en: characteristic impedance	Impedanz in einer ebenen fortschreitenden Welle	
6.6	**Feldkennimpedanz** en: characteristic field impedanz	Quotient aus den komplexen Amplituden von Schalldruck und Schallschnelle in einer ebenen fortschreitenden Welle. Spezifische Größe eines Mediums	
6.7	**Schallstrahlungsimpedanz** en: acoustic radiation impedance	Impedanz eines Mediums an der Oberfläche eines Schallstrahlers ANMERKUNG: Es kann zweckmäßig sein, die Schallstrahlungsimpedanz durch eine mechanische Impedanz, eine Feld- oder eine Flußimpedanz zu beschreiben. Eine Umrechnung der Impedanzen ineinander ist mit Hilfe der wirksamen Oberfläche des Schallstrahlers möglich.	
6.8	**Wandler** en: transducer	Gerät, welches ein Signal einer Energieform in ein Signal einer anderen Energieform so umwandelt, daß bestimmte Eigenschaften des Eingangssignals erhalten bleiben	teilweise
6.9	**linearer Wandler** en: linear transducer	Wandler, bei dem die Signale der einen Energieform über eine lineare Transformation in die der anderen Energieform übergehen	
6.10	**passiver Wandler** en: passive transducer	Wandler, bei dem die Energie des Ausgangssignals ausschließlich aus dem Eingangssignal stammt	vollständig
6.11	**aktiver Wandler** en: active transducer	Wandler, bei dem die Energie des Ausgangssignals zumindest teilweise von einer vom Eingangssignal gesteuerten Energiequelle stammt	teilweise
6.12	**reversibler Wandler** en: reversible transducer	Wandler, der gleichermaßen in der Lage ist, eine Energieform in eine zweite sowie umgekehrt diese zweite in die erste umzuwandeln	teilweise
6.13	**reziproker Wandler** en: reciprocal transducer	zeitinvarianter, kopplungssymmetrischer Wandler ANMERKUNG: Siehe DIN 40148-2 : 1984-01, Anmerkung in 4.1.	teilweise
6.14	**innerer Wandler** en: intrinsic transducer	idealisierter, energiespeicherloser und verlustloser reziproker Wandler	
6.15	**elektroakustischer Wandler** en: electroacoustic transducer	Wandler für die Umwandlung von akustischer Energie in elektrische Energie und umgekehrt	teilweise
6.16	**Leistungsübertragungskoeffizient eines Schallstrahlers** en: power conversion coefficient of a sound radiator	Quotient aus dem Quadrat des Effektivwertes einer vom Schallstrahler an einer anzugebenden Stelle erzeugten akustischen Feldgröße (z. B. Schalldruck) und der elektrischen Scheinleistung	

Nr	Benennung	Definition, Anmerkungen	Übereinstimmung mit IEC 50(801)
6.17	**Leistungsübertragungskoeffizient eines Schallaufnehmers** en: power conversion coefficient of a sound sensor	Quotient aus der vom Schallaufnehmer an einen anzugebenden Widerstand abgegebenen elektrischen Scheinleistung und dem Quadrat des Effektivwertes einer akustischen Feldgröße (z. B. Schalldruck) an einer anzugebenden Stelle	
6.18	**Kraft-Strom-Wandlerkoeffizient** en: force-current-transducer coefficient	Quotient aus der komplexen Amplitude der Wechselkraft, die auf das festgebremste mechanische System eines elektromechanischen Wandlers wirkt, und der komplexen Amplitude des anliegenden elektrischen Wechselstroms ANMERKUNG: Dieser Quotient ist bei leistungssymmetrischen[4]) Wandlern dem Betrage nach gleich dem Quotienten aus der Leerlaufspannung desselben Wandlers und der Schnelle des angeregten mechanischen Systems.	
6.19	**Kraft-Spannungs-Wandlerkoeffizient** en: force-voltage transducer coefficient	Quotient aus der komplexen Amplitude der Wechselkraft, die auf das festgebremste System eines elektromechanischen Wandlers wirkt, und der komplexen Amplitude der anliegenden elektrischen Wechselspannung ANMERKUNG: Dieser Quotient ist bei leistungssymmetrischen[4]) Wandlern dem Betrage nach gleich dem Quotienten aus dem Kurzschlußstrom desselben Wandlers und der Schnelle des angeregten mechanischen Systems.	
6.20	**elektrischer Wandlerkoeffizient** en: electric transducer coefficient	Kraft-Spannungs-Wandlerkoeffizient eines inneren Wandlers mit elektrischem Feld ANMERKUNG: Der elektrische Wandlerkoeffizient ist reell und frequenzunabhängig.	
6.21	**magnetischer Wandlerkoeffizient** en: magnetic transducer coefficient	Kraft-Strom-Wandlerkoeffizient eines inneren Wandlers mit magnetischem Feld ANMERKUNG: Der magnetische Wandlerkoeffizient ist reell und frequenzunabhängig.	

7 Begriffe für Mikrofone

Nr	Benennung	Definition, Anmerkungen	Übereinstimmung mit IEC 50(801)
7.1	**Mikrofon** en: microphone	elektroakustischer Wandler, der Schall in elektrische Signale umwandelt	vollständig
7.2	**Standardmikrofon** en: standard microphone	Mikrofon, dessen Übertragungskoeffizient durch eine Primärkalibrierung bestimmt wurde	teilweise
7.3	**Druckmikrofon** en: pressure microphone	Mikrofon, das im wesentlichen auf den Schalldruck anspricht	vollständig
7.4	**Druckgradientenmikrofon** en: pressure-gradient microphone	Mikrofon, das im wesentlichen auf den Gradienten des Schalldruckes anspricht	vollständig
7.5	**Richtmikrofon** en: directional microphone	Mikrofon, dessen Leistungsübertragungskoeffizient eine (oder mehrere) ausgeprägte Vorzugsrichtung(en) aufweist	teilweise
7.6	**Nahbesprechungsmikrofon** en: close-talking microphone	Mikrofon, das insbesondere für den Gebrauch in unmittelbarer Nähe des Mundes des Benutzers bestimmt ist	vollständig

[4]) Zum Begriff "Leistungssymmetrie" siehe DIN 40148-2

Nr	Benennung	Definition, Anmerkungen	Überein-stimmung mit IEC 50(801)
7.7	**Schnellemikrofon** en: velocity microphone	Mikrofon, das auf die Schallschnelle anspricht	
7.8	**Schallintensitätssonde** en: sound intensity probe	Sonde zur gleichzeitigen Erfassung von schalldruck- und schallschnelleproportionalen Meßgrößen	

8 Begriffe für Lautsprecher und Kopfhörer

Nr	Benennung	Definition, Anmerkungen	Überein-stimmung mit IEC 50(801)
8.1	**Lautsprecher** en: loudspeaker	Wandler, der elektrische Signale in Schall wandelt und dessen Zweck es ist, akustische Leistung in die umgebende Luft zu strahlen	teilweise
8.2	**Schallwand** en: acoustic baffle	schalldämmende Fläche, in die ein Lautsprecher eingebaut wird, um den Schallweg zwischen Vorder- und Rückseite des Lautsprechers zu verlängern	teilweise
8.3	**Kopfhörer** en: headphone	Lautsprecher, welcher zum Betrieb nahe am Außenohr bestimmt ist	
8.4	**Einsteckhörer** en: insert earphone	Lautsprecher, welcher zum Betrieb im Außenohr bestimmt ist	teilweise
8.5	**Knochenleitungshörer** en: bone vibrator	Wandler, der elektrische Signale in mechanische Signale wandelt und an den Schädelknochen, im allgemeinen an den Warzenfortsatz des Stirnbeins (das Mastoid), angekoppelt wird	teilweise

9 Begriffe für verschiedene Geräte

Nr	Benennung	Definition, Anmerkungen	Überein-stimmung mit IEC 50(801)
9.1	**Schallpegelmesser** en: sound level meter	Gerät zur Messung des Schalldruckpegels, gegebenenfalls mit genormter Frequenz- und/oder Zeitbewertung	teilweise
9.2	**Audiometer** en: audiometer	Gerät zur Messung des Hörvermögens	teilweise
9.3	**akustischer Kuppler** en: acoustic coupler	Hohlraum mit festgelegter Form und festgelegtem Volumen, der – zusammen mit einem kalibrierten Mikrofon zur Messung des Schalldruckes im Hohlraum – z. B. für die Kalibrierung von Kopfhörern, Einsteckhörern oder Mikrofonen benutzt wird	teilweise
9.4	**mechanischer Kuppler** en: mechanical coupler	Gerät mit festgelegter mechanischer Impedanz, das – zusammen mit einem kalibrierten Meßwandler – z. B. für die Kalibrierung von Knochenleitungshörern benutzt wird	teilweise
9.5	**Ohrsimulator** en: ear simulator	Gerät für die Kalibrierung von Einsteckhörern und Kopfhörern, das einen akustischen Kuppler und ein kalibriertes Mikrofon zur Messung des Schalldruckes enthält und dessen akustische Impedanz in einem bestimmten Frequenzbereich der des durchschnittlichen menschlichen Ohres entspricht	teilweise
9.6	**Mundsimulator** (künstlicher Mund) en: mouth simulator (artificial mouth)	Gerät, das aus einem in einer Wand, einem Gehäuse oder einem Kunstkopf montierten Lautsprecher besteht, dessen Form so gestaltet ist, daß seine Richtwirkung der des durchschnittlichen menschlichen Mundes entspricht	teilweise
9.7	**Kopf- und Rumpfsimulator** (Kunstkopf) en: head and torso simulator (artificial head)	Nachbildung eines natürlichen Kopfes und Rumpfes in akustischer Hinsicht	

Nr	Benennung	Definition, Anmerkungen	Übereinstimmung mit IEC 50(801)
9.8	**Mastoidsimulator** (künstliches Mastoid) en: mastoid simulator (artificial mastoid)	Gerät für die Kalibrierung von Knochenleitungshörern, dessen mechanische Impedanz der des durchschnittlichen menschlichen Stirnbeins am Warzenfortsatz (Mastoid) entspricht	vollständig
9.9	**elektrostatisches Anregegitter** (elektrostatischer Kalibrator) en: electrostatic actuator (electrostatic calibrator)	Gerät mit einer Hilfselektrode, das unter Zuhilfenahme eines Wechselspannungsnormals die Beaufschlagung der metallischen oder metallisierten Membran eines Mikrofons mit einer elektrostatischen Kraft zu Kalibrierzwecken ermöglicht	teilweise
9.10	**Pistonphon** en: pistonphone	Gerät mit starrem Kolben, das bei Betrieb mit bekannter Frequenz und festem Hub einen bestimmten Schalldruck in einem kleinen geschlossenen Hohlraum erzeugt	teilweise
9.11	**Rayleighscheibe** en: Rayleigh disc	am Torsionsdraht aufgehängte Scheibe für die Messung der Schallschnelle in Flüssigkeiten	vollständig
9.12	**Schwingungsmesser** en: vibration meter	Gerät für die Messung des Wechselausschlages, der Wechselschnelle oder der Wechselbeschleunigung eines schwingenden Körpers	teilweise
9.13	**Vocoder** en: vocoder	Gerät zur parametrischen Analyse und Resynthese von Sprachsignalen ANMERKUNG: Die Bezeichnung wurde aus voice coder zusammengesetzt. Es gibt unterschiedliche Ausführungen, z. B. Kanalvocoder oder Formantvocoder.	vollständig
9.14	**Hörgerät** en: hearing aid	tragbares Gerät, das üblicherweise ein Mikrofon, einen Verstärker und einen Einsteckhörer oder einen Knochenleitungshörer enthält und das einer Person mit Hörschaden als Hörhilfe dienen soll	teilweise
9.15	**Gehörschützer** en: hearing protector	Gerät für den Schutz des Hörorgans vor Lärm, das im äußeren Gehörgang, in der Ohrmuschel oder das Ohr oder einen wesentlichen Teil des Kopfes überdeckend getragen wird	vollständig
9.16	**Schallintensitätsmeßgerät** en: sound intensity meter	Meßgerät, bestehend aus einer Schallintensitätssonde und einem Analysator zur Bestimmung des Schallintensitätsvektors	

10 Begriffe für die Hörakustik

Nr	Benennung	Definition, Anmerkungen	Übereinstimmung mit IEC 50(801)
10.1	**Artikulationsindex** en: articulation index	Ergebnis eines Verfahrens zur Vorhersage von Sprachverständlichkeitsquoten (z. B. für Räume und andere Übertragungssysteme), welches auf Messungen des vorhandenen Aussteuerungsbereiches in sprachrelevanten Frequenzbändern beruht	
10.2	**auditiv** en: auditory	das Gehör betreffend; auf das Gehör bezogen, gehörmäßig	
10.3	**Bark** en: Bark	Einheit der Tonheit (Hinweiszeichen: Bark). Eine Frequenzgruppe hat die Frequenzbandbreite 1 Bark.	
10.4	**binaural** en: binaural	das beidohrige Hören betreffend	
10.5	**circumaural** en: circumaural	das Ohr umschließend	
10.6	**dichotisch** en: dichotic	diejenige Art der Schalldarbietung, bei welcher das Schallsignal an dem einen Ohr sich von demjenigen am anderen Ohr unterscheidet	

Nr	Benennung	Definition, Anmerkungen	Übereinstimmung mit IEC 50(801)
10.7	**Differenztonschall** en: difference tone	Kombinationstonschall, dessen Frequenz der Differenz der Frequenzen zweier anregender Sinusschalle oder deren Harmonischen entspricht	
10.8	**diotisch** en: diotic	diejenige Art der Schalldarbietung, bei welcher die Schallsignale an beiden Ohren gleich sind	
10.9	**Diplakusis, binaurale** en: diplacusis, binaural	Phänomen, bei dem ein und derselbe Tonschall bei der Darbietung auf dem einen Ohr eine andere Tonhöhe hervorruft als bei Darbietung auf dem anderen Ohr	
10.10	**Diplakusis, monaurale** en: diplacusis, monaural	Phänomen, bei dem ein monotisch dargebotener Sinusschall mehrere Tonhöhen und/oder eine Geräuschempfindung hervorruft	
10.11	**Drosselung** en: partial masking	partielle Verdeckung: Herabsetzung der einem Schall zugeordneten Lautheit durch weitere Schalle	
10.12	**Durchsichtigkeit** en: transparency	bei Musikdarbietungen die auditive Unterscheidbarkeit von zeitlich aufeinanderfolgenden Tönen und Geräuschen sowie von gleichzeitig erklingenden Instrumenten und Stimmen	
10.13	**Echolaut** en: Echo	Hörereignis, welches als Wiederholung eines vorangegangenen Hörereignisses wahrgenommen wird	
10.14	**Flatterecholaut, Flatterecho** en: flutter echo	periodischer Mehrfachecholaut	
10.15	**Formant** en: formant	Bereich im Frequenzspektrum eines Schalls, in dem relativ hohe Energiedichten auftreten	teilweise
10.16	**Frequenzgruppe** (kritisches Frequenzband) en: critical band	dasjenige Frequenzband, innerhalb dessen das Gehör bei der Bildung der Lautheit die Schallintensität, bei der Bildung der Mithörschwelle eines Sinusschalles die Störschallintensität integriert	teilweise
10.17	**Frequenztonhöhe** en: frequency pitch	Maß der Tonhöhe. Es wird in Hz angegeben. Es wird gewonnen, indem ein Sinusschall definierten Pegels durch Frequenzänderung so eingestellt wird, daß er dieselbe Tonhöhe hervorruft wie ein zu beurteilender Schall. Die Frequenz dieses Sinusschalles wird dann als Frequenztonhöhe dem zu beurteilenden Schall zugeordnet.	
10.18	**Frontalebene** en: frontal plane	Bezugsebene, die zur Beschreibung von Eigenschaften des Gehörs benutzt wird. Sie steht senkrecht auf der Horizontalebene und schneidet die oberen Begrenzungen der äußeren Gehörgänge.	
10.19	**Halligkeit** en: reverberance	Merkmale des Hörereignisses, die den Eindruck erwecken, daß in einem Raum außer dem direkten Schall verzögerter (z. B. reflektierter) Schall vorhanden ist, welcher jedoch nicht zur Wahrnehmung von Echolauten führt	
10.20	**Harmonische** en: harmonic	Komponente des Frequenzspektrums eines periodischen Schwingungsvorganges	
10.21	**Horizontalebene** en: horizontal plane	Bezugsebene, die zur Beschreibung von Eigenschaften des Gehörs benutzt wird. Sie ist gegeben durch die oberen Begrenzungen der äußeren Gehörgänge und durch die unteren Ränder der Augenhöhlen.	
10.22	**Hörempfindung** en: auditory sensation	Bezeichnung für nicht weiter unterteilbare Attribute (Elemente) des auditiv Wahrgenommenen, auf die getrennt geachtet werden kann	
10.23	**Hörereignis, Laut** en: auditory event (auditory object)	der auditive Wahrnehmungsgegenstand, das auditiv Wahrgenommene, das Gehörte, das auditive Objekt, der Hörgegenstand	
10.24	**Hörfläche** en: auditory sensation area	Fläche, die durch diejenigen Kurven umrandet wird, welche die Hörschwelle und die Schmerzschwelle als Funktion der Frequenz beschreiben	vollständig

Nr	Benennung	Definition, Anmerkungen	Übereinstimmung mit IEC 50(801)
10.25	**Hörpegel** en: sensation level	Pegeldifferenz, um die der Schalldruckpegel eines bestimmten Schallsignals die Hörschwelle eines Zuhörers für dieses Schallsignal überschreitet	teilweise
10.26	**Hörraum** en: auditory space	Menge aller möglichen Hörereignisorte (Lautorte)	
10.27	**Hörsamkeit** en: acoustic quality (of a space with respect to specific acoustic performances)	Eignung eines Raumes für bestimmte Schalldarbietungen	
10.28	**Hörschwelle** en: threshold of audibility	der minimale Schalldruckpegel eines bestimmten Schallsignals, der bei einem Zuhörer eine auditive Wahrnehmung auslöst ANMERKUNG: Die Meßbedingungen sind anzugeben, z. B.: Hören mit einem oder zwei Ohren, im Freifeld, mit Kopfhörern, das verwendete psychometrische Verfahren.	teilweise
10.29	**Hörschwellenpegel, Hörverlust** en: hearing level (veraltet: hearing loss)	Differenz zwischen der Hörschwelle eines Ohres und einer vereinbarten Standardhörschwelle ANMERKUNG: Als Testschall wird in der Regel ein intermittierender Sinusschall verwendet. Damit kann der Hörschwellenpegel als Funktion der Frequenz gemessen werden.	teilweise
10.30	**Im-Kopf-Lokalisiertheit** en: intracranial locatedness	Phänomen, bei dem das Hörereignis seinen Ort innerhalb des Kopfes hat	
10.31	**interaural** en: interaural	die Beziehungen zwischen den beiden Ohren einer Person betreffend	
10.32	**Intervall** en: interval	Abstand, Zwischenraum ANMERKUNG: Da den Tonhöhenintervallen der Musik bestimmte Frequenzverhältnisse zugeordnet werden können, besteht die Gefahr einer bedeutungswidrigen Anwendung des Begriffes "Frequenzintervall". Es ist zu beachten, daß unter einem Frequenzintervall der Abstand zweier Frequenzen, nicht deren Quotient zu verstehen ist. Für den Logarithmus eines Frequenzverhältnisses wird der Begriff "Frequenzmaßintervall" verwendet (siehe Frequenzmaßintervall).	
10.33	**Klanglaut, Klang** en: complex tone	Hörereignis, welches bei gleichzeitiger Darbietung mehrerer Tonschalle besteht (siehe Klangschall)	
10.34	**Klangfarbe** en: timbre, tone colour	Merkmal des Hörereignisses, dessen Beschreibung mehrere unterschiedliche Skalen erfordert, z. B. hell-dunkel, scharf-stumpf ANMERKUNG: Die Klangfarbe ist wesentlich durch das Frequenzspektrum der dargebotenen Schalle bestimmt.	
10.35	**Knallaut, Knall** en: bang	Hörereignis bei Darbietung eines Schallimpulses vornehmlich großer Stärke	
10.36	**Knochenleitung** en: bone conduction	Schalleitung auf dem Weg über Schädelknochen und -gewebe zum Innenohr	teilweise
10.37	**Kombinationstonschall** en: combination tone	Tonschall, der bei Überlagerung zweier oder mehrerer Sinussignale in einem nichtlinearen Übertragungssystem entsteht	
10.38	**Kurve gleicher Pegellautstärke, Isophone** en: Isophone	Kurve, die den Verlauf desjenigen Schalldruckpegels eines Sinus- oder Schmalbandschalles als Funktion der Frequenz bzw. Bandmittenfrequenz angibt, welcher bei einem Zuhörer, der in festgelegter Weise damit beschallt wird, zu einem Hörereignis konstanter Lautheit führt	teilweise

Nr	Benennung	Definition, Anmerkungen	Übereinstimmung mit IEC 50(801)
10.39	**Lateralisation** en: lateralization	Zuordnung der seitlichen Auslenkung eines Hörtereignisses aus der Medianebene zu Schallparametern und/oder anderen, mit dem Hörereignis korrelierten Parametern	
10.40	**Laut** en: auditory event (auditory object)	siehe Hörereignis	
10.41	**Lautheit** en: loudness	Hörempfindung, welche auf einer Skala "leise-laut" skaliert wird. Die Einheit der Lautheit ist das Sone (Hinweiszeichen: sone). Einer frei fortschreitenden monofrequenten Welle mit der Frequenz 1 kHz und dem Schalldruckpegel 40 dB (p_0 = 20 µPa), die frontal auf die Zuhörer trifft, ist die Lautheit 1 sone zugeordnet. Ein Laut, welcher von den Zuhörern als n-mal so laut wie derjenige mit 1 sone bezeichnet wird, erhält die Lautheit n sone zugeordnet.	
10.42	**Lokalisation** en: localisation	Zuordnung zwischen dem Ort eines Hörereignisses zu Schallparametern und/oder anderen mit dem Hörereignisort korrelierten Parametern	
10.43	**Luftleitung** en: air conduction	Schalleitung auf dem Wege durch das äußere Ohr und Mittelohr zum Innenohr	vollständig
10.44	**Maskierer** en: masker	Schall, der die Wahrnehmung eines anderen Schalles verdeckt oder in der Lautheit drosselt	
10.45	**Medianebene** en: median plane	Bezugsebene, die zur Beschreibung von Eigenschaften des Gehörs benutzt wird. Sie ist die angenommene Symmetrieebene des Kopfes und steht senkrecht auf der Horizontalebene.	
10.46	**Mithörschwelle** en: masked threshold	Hörschwelle eines bestimmten Schalles in Gegenwart eines Maskierers	teilweise
10.47	**Mithörschwellenaudiogramm** en: masked audiogram, masking pattern	Diagramm, welches die Mithörschwelle eines Sinus- oder Schmalbandschalles als Funktion von dessen Frequenz bzw. Bandmittenfrequenz zeigt	
10.48	**monaural** en: monaural	das einohrige Hören betreffend	
10.49	**Monophonie** en: monophony	einkanalige Übertragung von Schallsignalen, auch wenn sie auf mehreren Wegen erfolgt	
10.50	**monotisch** en: monotic	diejenige Art der Schalldarbietung, bei der Schall nur auf eines der beiden Ohren gelangt	
10.51	**Nachhall** en: reverberation	Gesamtheit des reflektierten Schalls, der nach Verstummen der Schallquelle(n) noch vorhanden ist	teilweise
10.52	**Nachhalldauer** en: duration of reverberation	Dauer der Hörbarkeit des Nachhalls	
10.53	**Pegellautstärke** en: loudness level	Größe zur Beschreibung der einem Schall zugeordneten Lautheit; nämlich der Zahlenwert desjenigen Schalldruckpegels einer monofrequenten, frei fortschreitenden Welle der Frequenz 1 kHz, welche bei Zuhörern bei frontalem Schalleinfall gleiche Lautheit hervorruft wie der zu beurteilende Schall. Der so ermittelte Zahlenwert wird durch das einheitenähnliche Hinweiszeichen "phon" gekennzeichnet. ANMERKUNG 1: Die Bedingungen der Beschallung sind anzugeben (z. B. mit Kopfhörern, im Diffusfeld). ANMERKUNG 2: Der oder die Zuhörer sind bezüglich ihrer audiologischen Merkmale zu spezifizieren.	teilweise

Nr	Benennung	Definition, Anmerkungen	Übereinstimmung mit IEC 50(801)
10.54	**Präzedenzeffekt** en: precedence effect	Phänomen, bei dem mehrere räumlich getrennte Quellen kohärente oder teilkohärente Schalle abstrahlen, jedoch nur ein Hörereignis entsteht, dessen Ort von demjenigen Schall bestimmt wird, der zuerst beim Hörer eintrifft ANMERKUNG: Die Bezeichnung "Gesetz der ersten Wellenfront" wird nicht mehr empfohlen.	
10.55	**Pulsationsschwelle** en: pulsation threshold	Pegel eines Testschallpulses, der zeitlich intermittierend mit einem Vergleichsschallpuls gesendet und als kontinuierlich wahrgenommen wird ANMERKUNG: Ein solches Auftreten einer zeitlich kontinuierlichen auditiven Wahrnehmung bei intermittierendem Testschall ist nur bei geeignet gewählten Schallparametern zu beobachten.	
10.56	**Rauhigkeit** en: roughness	Hörempfindung, die auf einer Skala "glatt-rauh" skaliert wird ANMERKUNG: Rauhigkeit wird z. B. durch rasche Amplitudenschwankungen des Schallsignals hervorgerufen.	
10.57	**Rauschen, gleichmäßig anregendes** en: uniformly exciting noise	Rauschschall, dessen Intensitätsdichtespektrum so beschaffen ist, daß auf jede Frequenzgruppe die gleiche Schallintensität entfällt	
10.58	**Rauschen, gleichmäßig verdeckendes** en: uniformly masking noise	Rauschschall, der als Maskierer im ganzen Frequenzbereich des Hörens eine von der Frequenz unabhängige Mithörschwelle für Sinusschalle bewirkt	
10.59	**Räumlichkeit** en: auditory spaciousness	vorwiegend in geschlossenen Räumen auftretendes Phänomen derart, daß die Hörereignisausdehnung über die sichtbaren Umrisse der Schallquellenanordnung (z. B. des Orchesters) hinausragt	
10.60	**Rekruitment** en: recruitment	bei bestimmten Gehörerkrankungen auftretendes Phänomen derart, daß die Lautheit stärker mit dem Schalldruckpegel ansteigt als bei gesundem Gehör	teilweise
10.61	**Schmerzschwelle** en: threshold of pain	der kleinste Schalldruckpegel, der bei einem Zuhörer deutlich Schmerz im Ohr auslöst ANMERKUNG: Die Meßbedingungen sind im einzelnen anzugeben.	teilweise
10.62	**Spektraltonhöhe** en: spectral pitch	diejenige Art der Tonhöhe, welche unmittelbar von spektralen Merkmalen abhängt BEISPIEL: die Tonhöhe eines Sinusschalles, die unmittelbar von der Frequenz abhängt	
10.63	**Sprachübertragungsindex** en: speech transmission index	Ergebnis eines Meßverfahrens zur Vorhersage der Sprachverständlichkeitsquote, z. B. für Räume und Übertragungssysteme. Er ergibt sich aus spezifischen Veränderungen der Hüllkurven von Bandpaßanteilen eines Sendesignals auf dem Übertragungswege (z. B. infolge von Störungen, Verzerrungen, Nachhall).	
10.64	**Stereophonie** en: stereophony	zweikanalige Schallsignalübertragung zur Abbildung räumlich verteilter Schallquellen	
10.65	**Summenlokalisation** en: summing localization	Phänomen, bei dem der Ort eines Hörereignisses von mehreren Schallen abhängt, die von räumlich getrennten Schallquellen stammen	
10.66	**supraaural** en: supraaural	auf dem Ohr aufliegend	
10.67	**Tonaudiogramm** en: tone audiogram	Diagramm, welches den Hörschwellenpegel eines Sinusschalles als Funktion von dessen Frequenz zeigt	teilweise
10.68	**Tonlaut, Ton** en: tone	Hörereignis mit ausgeprägter Tonhöhe	

Nr	Benennung	Definition, Anmerkungen	Überein-stimmung mit IEC 50(801)
10.69	**Tonheit** en: critical band rate	Jeder Frequenz f ist eine Tonheit z so zugeordnet, daß der (frequenzunabhängigen) Breite der Frequenzgruppe ein frequenzunabhängiger Tonheitsabstand entspricht. Dieser Tonheitsabstand bildet die Einheit der Tonheit und wird als 1 Bark (Hinweiszeichen: Bark) bezeichnet.	
10.70	**Tonhöhe** en: pitch	Oberbegriff für diejenige Hörempfindung, die auf einer Skala "tief-hoch" skaliert wird	teilweise
10.71	**Tonschall, komplexer** en: harmonic tonal sound, complex	periodischer Hörschall, der aus mehreren Sinusschallen zusammengesetzt ist und einen Tonlaut hervorruft ANMERKUNG: Der Begriff wird vor allem gebraucht, wenn hervorgehoben werden soll, daß kein Sinusschall gemeint ist. In der Regel wird ein Tonschall als komplex bezeichnet, wenn seine Komponenten Harmonische einer bestimmten Grundschwingung (Grundwelle) sind. Soll dies besonders hervorgehoben werden, wird der Begriff "harmonischer Tonschall" empfohlen. Umgekehrt kann der Begriff "inharmonischer komplexer Tonschall" benutzt werden, wenn die Frequenzen der Oberschwingungen (Oberwellen) nicht ganzzahlige Vielfache einer Grundfrequenz sind.	
10.72	**Tonschallimpuls** en: tone impulse, tone burst	Tonschall von kurzer Dauer	
10.73	**Unterschiedsschwelle** en: differential threshold	kleinste Änderung eines Schalles, die zu einer Änderung des zugeordneten Hörereignisses oder eines bestimmten Hörereignismerkmals führt ANMERKUNG: Sofern ein bestimmtes Merkmal des Hörereignisses beurteilt wird, wird dieses der Bezeichnung Unterschiedsschwelle vorangestellt, z. B. Lautheitsunterschiedsschwelle, Richtungsunterschiedsschwelle.	
10.74	**Verdeckung** en: masking	Anhebung der Hörschwelle eines Schalles infolge des Einflusses eines anderen Schalles (siehe Maskierer)	teilweise
10.75	**Verhältnistonhöhe** en: ratio pitch	dasjenige Maß der Tonhöhe, welches durch Verhältnisschätzung im Hörversuch (insbesondere mit Verhältnissen von 1 : 2 und 2 : 1) gewonnen wird. Die Einheit der Verhältnistonhöhe ist das Mel (Hinweiszeichen: mel). Einem Sinustonschall mit der Frequenz 125 Hz wird die Verhältnistonhöhe 125 mel zugeordnet. ANMERKUNG: Abweichend hierzu ordnet IEC 50(801) 1 000 mel einer ebenen, frei fortschreitenden Welle der Frequenz 1 kHz und des Schalldruckpegels 40 dB (p_0 = 20 µPa) zu, die die Zuhörer frontal beschallt.	
10.76	**Verständlichkeitsquote** en: intelligibility quota	Anteil von akustisch dargebotenen Sprachelementen, der von Zuhörern richtig identifiziert wurde ANMERKUNG: Die verwendeten Sprachelemente sind anzugeben. Man spricht entsprechend z. B. von Phonem-, Logatom-, Silben-, Wort- und Satzverständlichkeitsquote.	teilweise
10.77	**virtuelle Tonhöhe** en: virtual pitch	die einem komplexen Tonschall oder einem Klangschall vom Gehör zugeordnete allgemeine (ganzheitliche) Tonhöhe ANMERKUNG: Die virtuelle Tonhöhe eines komplexen Tonschalles (z. B. eines stimmhaften Sprachlautes oder eines musikalischen Tonschalles) entspricht in der Regel der Tonhöhe, die bei einem Sinusschall gleicher Grundfrequenz auftritt. Bei Schallen mit harmonischem Frequenzspektrum ist sie in der Regel auch dann hörbar, wenn die Grundschwingung (Grundwelle) fehlt oder nur eine verschwindend kleine Amplitude hat.	

11 Begriffe für die musikalische Akustik[5])

Nr	Benennung	Definition, Anmerkungen	Übereinstimmung mit IEC 50(801)
11.1	**Normstimmton(schall)** en: standard tuning frequency	Schall mit der Periodendauer T = 1/440 s	teilweise
11.2	**harmonische Teilton(schall)reihe** en: harmonic series (of sounds)	Reihe von Sinusschallen, deren Frequenz ganzzahlige Vielfache einer Grundfrequenz sind	teilweise
11.3	**Teilton(schall), Partialton(schall)** en: partial	sinusförmige Komponente eines komplexen Tonschalles	teilweise
11.4	**harmonischer Teilton(schall), Harmonische** en: harmonic	sinusförmige Komponente einer harmonischen Teiltonschallreihe	teilweise
11.5	**Grundton(schall)** en: fundamental (tone)	sinusförmige Komponente eines komplexen Tonschalles mit derjenigen Frequenz, deren ganzzahlige Vielfache die harmonische Teiltonreihe bilden	
11.6	**Note** en: note	Zeichen zur graphischen Angabe von Tonhöhe und Dauer eines Tones innerhalb einer musikalischen Skala ANMERKUNG: Im deutschen Sprachgebrauch wird mit "Note" nicht die "sound sensation" wie in IEC 50(801) : 1994-07, Ziffer 801-30-06 b, bezeichnet.	teilweise
11.7	**Vibrato** en: vibrato	musikalischer Effekt, der primär auf einer periodischen Frequenzänderung beruht. Die Modulationsfrequenz liegt meist im Bereich von etwa 5 Hz bis 8 Hz. ANMERKUNG: Ein primär auf periodischen Amplitudenänderungen beruhender musikalischer Effekt wird als Tremolo bezeichnet.	teilweise
11.8	**Frequenzmaßintervall** en: logarithmic frequency interval	Logarithmus des Verhältnisses zweier Frequenzen	teilweise
11.9	**Oktave** en: octave	Frequenzmaßintervall zwischen zwei Tonschallen, deren Grundfrequenz im Verhältnis 1 : 2 zueinander stehen[6])	teilweise
11.10	**Ganzton(schritt)** en: whole tone, whole step	Frequenzmaßintervall zwischen zwei Tonschallen, deren Grundfrequenzen in einem Verhältnis von etwa 8 : 9 bis 9 : 10 zueinander stehen[6])	
11.11	**temperierter Ganzton(schritt)** en: equally tempered whole tone	Frequenzmaßintervall zwischen zwei Tonschallen, deren Grundfrequenzen in einem Verhältnis von 1 : $\sqrt[6]{2}$ zueinander stehen[6])	teilweise
11.12	**Halbton(schritt)** en: semitone	Frequenzmaßintervall zwischen zwei Tonschallen, deren Grundfrequenzen in einem Verhältnis von etwa 15 : 16 zueinander stehen[6])	
11.13	**temperierter Halbton(schritt)** en: equally tempered semitone	Frequenzmaßintervall zwischen zwei Tonschallen, deren Grundfrequenzen in einem Verhältnis von 1 : $\sqrt[12]{2}$ zueinander stehen[6])	teilweise
11.14	**Cent** en: cent	Frequenzmaßintervall zwischen zwei Tonschallen, deren Grundfrequenzen in einem Verhältnis von 1 : $\sqrt[1200]{2}$ zueinander stehen[6]) ANMERKUNG: 1 Oktave entspricht 1 200 cent (cent: Hinweiszeichen für Cent).	

[5]) In diesem Gebiet ist es üblich, statt "Tonschall" verkürzt "Ton", statt "Frequenzmaßintervall" verkürzt "Frequenzintervall" oder "Intervall", statt "Klangschall" verkürzt "Klang" zu sagen.

[6]) Anmerkung zu 11.9 bis 11.14: Die genannten Benennungen werden in der Musik auch für Tonhöhenintervalle verwendet, und zwar vorzugsweise für solche, die denjenigen entsprechen, welche bei Darbietung von zwei Tonschallen mit gleichnamigem Frequenzmaßintervall wahrgenommen werden.

Nr	Benennung	Definition, Anmerkungen	Überein-stimmung mit IEC 50(801)
11.15	**musikalische Stimmung** en: musical scale, intonation	festgelegte Reihe von Tonschallen, deren Frequenzen einem bestimmten Schema von Frequenzmaßintervallen entsprechen	teilweise
11.16	**Tonleiter** en: musical scale	auf- oder absteigende Ton(laut)folge, die nach einem bestimmten Schema aus Ganz- und/oder Halbtonschritten aufgebaut ist ANMERKUNG: In anderen Sprachen wird die Benennung "scala" sowohl für die Bestimmung als auch für die Tonleiter verwendet.	
11.17	**pythagoräische Stimmung** en: Pythagorean scale	musikalische Stimmung, bei der die Frequenzmaßintervalle durch Verhältnisse von ganzzahligen Potenzen von 3 und 2 bestimmt sind	teilweise
11.18	**reine Stimmung** en: just scale	musikalische Stimmung, bei der die Frequenzmaßintervalle von Dur- und Moll-Dreiklängen durch die Verhältnisse 4 : 5 : 6 bzw. 10 : 12 : 15 bestimmt sind	teilweise
11.19	**gleichmäßig temperierte Stimmung** en: equally tempered scale	musikalische Stimmung, die durch die Aufteilung der Oktave in 12 gleiche Frequenzmaßintervalle entsteht	teilweise

12 Begriffe für Bauakustik und Schallschutz

Nr	Benennung	Definition, Anmerkungen	Überein-stimmung mit IEC 50(801)
12.1	**Schallabsorption** en: sound absorption	Entzug von Schallenergie aus einem Raum oder Raumbereich ANMERKUNG: Schallabsorption beruht auf Austritt des Schalles aus dem betrachteten Bereich ("Transmission") oder auf Umwandlung der Schallenergie in andere Energieformen (z. B. in Wärme: "Dissipation").	
12.2	**Schallabsorptionsgrad** en: sound absorption coefficient	für eine gegebene Frequenz und festgelegte Bedingungen einer Fläche der von dieser nicht reflektierte Anteil der einfallenden Schallenergie. Soweit nicht anders angegeben, wird ein allseits gleichmäßiges (diffuses) Schallfeld vorausgesetzt.	teilweise
12.3	**Schallreflexionsgrad** en: sound reflection coefficient	für eine gegebene Frequenz und festgelegte Bedingungen einer Fläche der von dieser reflektierte Anteil der einfallenden Schallenergie. Soweit nicht anders angegeben, wird ein allseitig gleichmäßiger (diffuser) Schalleinfall vorausgesetzt.	teilweise
12.4	**Schallreflexionsfaktor** en: sound pressure reflection coefficient	bei einer gegebenen Frequenz und für einen gegebenen Einfallswinkel ebener Schallwellen das Verhältnis der komplexen Schalldruckamplitude der reflektierten zu derjenigen der einfallenden Welle ANMERKUNG: Gilt entsprechend für die Schallschnellen.	teilweise
12.5	**äquivalente Absorptionsfläche** en: equivalent absorption area of an object or of a surface	Größe einer Fläche mit dem Schallabsorptionsgrad 1, die in einem halligen Raum bei diffusem Schallfeld die gleiche Schallleistung absorbiert wie ein betrachteter Gegenstand oder eine betrachtete Oberfläche. Im Fall einer betrachteten Oberfläche ist die äquivalente Absorptionsfläche das Produkt aus deren Flächeninhalt und deren Schallabsorptionsgrad.	teilweise
12.6	**Nachhallzeit** en: reverberation time	für Schall gegebener Frequenz oder in einem gegebenen Frequenzband die Zeitspanne nach Beenden der Schallsendung, in der in einem Raum der Schalldruckpegel um 60 dB abfällt ANMERKUNG: Die Zeitspanne beginnt mit dem Ende des eingeschwungenen Zustandes. Ihr Endpunkt wird aus dem Pegelverlauf eines räumlich gemittelten, gleitenden Effektivwertes des Schalldruckes bestimmt.	teilweise

Nr	Benennung	Definition, Anmerkungen	Überein-stimmung mit IEC 50(801)
12.7	**Hallraum** en: reverberation chamber	Raum mit einer langen Nachhallzeit und einem möglichst diffusen Schallfeld ANMERKUNG: Hallräume werden insbesondere benutzt zur Bestimmung des Schallabsorptionsgrades von Materialien und der Schalleistung von Schallquellen.	teilweise
12.8	**Hallabstand** en: diffuse-field distance	diejenige Entfernung vom akustischen Mittelpunkt einer Schallquelle, bei welcher die Effektivwerte des Schalldruckes des Direktschalles in einer angegebenen Richtung und des reflektierten Schalles im Raum gleich sind	
12.9	**Hallradius** en: diffuse-field distance for omnidirectional source	Hallabstand bei einer Schallquelle mit kugelförmiger Richtcharakteristik	teilweise
12.10	**reflexionsarmer Raum** en: anechoic chamber	Raum, dessen Begrenzungsflächen den auf sie auftreffenden Schall weitgehend absorbieren, so daß im Raum nahezu Freifeldbedingungen bestehen	
12.11	**reflexionsarmer Halbraum** en: hemi-anechoic chamber	Raum mit einem hochreflektierenden Boden und ansonsten hochabsorbierenden Begrenzungsflächen, so daß im Raum nahezu Freifeldbedingungen über einer reflektierenden Ebene bestehen	
12.12	**poröser Absorber** en: porous absorber	Material mit zusammenhängenden Hohlräumen, das einen Widerstand für strömende Gase oder Flüssigkeiten darstellt	vollständig
12.13	**äußere Strömungsresistanz** en: airflow resistance	Quotient aus der Differenz der Drücke beiderseits einer Schicht porös absorbierenden Materials und der Strömungsgeschwindigkeit des diese Schicht konstant durchströmenden Mediums	
12.14	**Durchgangsdämmaß** en: transmission loss	Maß für die frequenzabhängige Differenz der Schalleistungspegel im Kanal vor und hinter einem Schalldämpfer	
12.15	**Norm-Schallpegeldifferenz** en: normalized sound level difference	auf den Bezugswert der äquivalenten Absorptionsfläche im Empfangsraum umgerechnete Schallpegeldifferenz ANMERKUNG: Für Wohnräume beträgt die äquivalente Bezugsabsorptionsfläche 10 m^2.	
12.16	**Standard-Schallpegel-differenz** en: standardized sound level difference	auf einen Bezugswert der Nachhallzeit im Empfangsraum umgerechnete Schallpegeldifferenz ANMERKUNG: Für Wohnräume beträgt die Bezugsnachhallzeit 0,5 s.	
12.17	**Schalldämmaß** en: sound reduction index	zehnfacher dekadischer Logarithmus des Verhältnisses der auf einen Prüfgegenstand auffallenden zur durchgelassenen Schalleistung	
12.18	**Nebenwegübertragung** en: bypass transmission	jede Form der Luftschallübertragung vom Senderaum zu einem angrenzenden Empfangsraum, die nicht direkt über die gemeinsame Trennwand oder Trenndecke erfolgt (z. B. auch die Übertragung über Undichtheiten, Lüftungsanlagen, Rohrleitungen o. ä.)	
12.19	**Flankenübertragung** en: flanking transmission	Teil der Nebenwegübertragung, der ausschließlich über Bauteile erfolgt (d. h. unter Ausschluß der Übertragung über Undichtheiten, Lüftungsanlagen, Rohrleitungen u. ä.)	
12.20	**Trittschallpegel** en: impact sound pressure level	mittlerer Schalldruckpegel im Empfangsraum in einem gegebenen terzbreiten Frequenzband, wenn die zu prüfende Decke mit dem Normhammerwerk angeregt wird ANMERKUNG: Das Normhammerwerk ist ein Hammerwerk nach DIN EN ISO 140-6.	teilweise
12.21	**Norm-Trittschallpegel** en: normalized impact sound pressure level	auf den Bezugswert der äquivalenten Absorptionsfläche im Empfangsraum umgerechnete Trittschallpegel ANMERKUNG: Für Wohnräume beträgt die äquivalente Bezugsabsorptionsfläche 10 m^2.	

Nr	Benennung	Definition, Anmerkungen	Übereinstimmung mit IEC 50(801)
12.22	**Standard-Trittschallpegel** en: standardized impact sound pressure level	auf einen Bezugswert der Nachhallzeit im Empfangsraum umgerechneter Trittschallpegel ANMERKUNG: Für Wohnräume beträgt die Bezugsnachhallzeit 0,5 s.	
12.23	**Trittschallminderung einer Deckenauflage** en: reduction of impact sound level of a floor covering	Differenz der Norm-Trittschallpegel einer Decke ohne und mit Deckenauflage (z. B. schwimmender Estrich, weichfedernder Bodenbelag)	
12.24	**bewertetes Schalldämmaß** en: weighted sound reduction index	Einzahlangabe zur Kennzeichnung der Luftschalldämmung	
12.25	**bewerteter Norm-Trittschallpegel** en: weighted normalized impact sound pressure level	Einzahlangabe zur Kennzeichnung des Trittschallverhaltens von gebrauchsfertigen Bauteilen	
12.26	**bewerteter Standard-Trittschallpegel** en: weighted standardized impact sound pressure level	Einzahlangabe zur Kennzeichnung der Trittschallverbesserung einer Massivdecke durch eine Deckenauflage	
12.27	**akustisch wirksame Porosität** en: acoustically effective porosity	Verhältnis des Volumens aller Poren, die von der Oberfläche zugänglich sind und eine Durchströmung des gesamten Gefüges erlauben, zum Gesamtvolumen	

13 Begriffe für den Wasserschall

Nr	Benennung	Definition, Anmerkungen	Übereinstimmung mit IEC 50(801)
13.1	**Sonar** en: sonar	Technik oder Einrichtung, die mittels Wasserschall Informationen über Objekte in der See liefert (en: sound navigation and ranging)	teilweise
13.2	**Aktivsonar** en: active sonar	Sonar zur Gewinnung von Informationen über ein entferntes Objekt durch Analyse des von ihm zurückgeworfenen Schallanteils	teilweise
13.3	**Passivsonar** en: passive sonar	Sonar zur Gewinnung von Informationen über ein entferntes Objekt durch Analyse des Schalles, den dieses selbst erzeugt	teilweise
13.4	**Sonargrundgeräuschschall** en: sonar background noise	Gesamtgeräuschschall, der dem Nutzsignal überlagert ist	
13.5	**Sonareigengeräuschschall** en: sonar self-noise	Teil des Sonargrundgeräuschschalles, hervorgerufen durch das Sonar selbst, durch Maschinen und Bewegungen des Schiffes und durch die Sonarmontageplattform	teilweise
13.6	**abgestrahlter Geräuschschall** en: radiated noise	Wasserschall, der von Schiffen, Unterseebooten oder ortsfesten Installationen abgestrahlt wird	teilweise
13.7	**Meeresgeräuschschall** en: sea noise	Wasserschall, hervorgerufen durch natürliche Schallquellen wie thermische Vorgänge, Wind, Wasserwellen, Strömungen, Regen und biologische (oder technische) Schallquellen	teilweise
13.8	**relativer Nachhallpegel** en: relative reverberation level	Differenz der Schalldruckpegel von Nachhall und Direktschall in einem Punkt in der Hauptabstrahlrichtung der Quelle	teilweise

Nr	Benennung	Definition, Anmerkungen	Überein-stimmung mit IEC 50(801)
13.9	**nachhallbegrenzte Bedingung** en: reverberation-limited condition	Grenzbedingung für die Erkennung mit aktivem Sonar, gegeben durch den Nachhall des Sonargrundgeräusches	teilweise
13.10	**Sonargütemaß** en: figure of merit of an active sonar	Differenz der Schalldruckpegel eines abgestrahlten Schallimpulses in 1 m Abstand von der Quelle und dem eines gerade noch als Echo nachweisbaren Rückwurfes unter den gegebenen Bedingungen	teilweise
13.11	**Ausbreitungsanomalie** en: propagation anomaly	Differenz zwischen den tatsächlichen und den berechneten Ausbreitungsverlustmaßen einer Kugelwelle oder einer anderen Wellenform für eine bestimmte Strecke bei gleichem Laufweg	teilweise
13.12	**kritische Reichweite** en: cross-over range	Entfernung, bei der die Schallschwächungen durch Divergenz des Feldes und Absorption gleich groß sind	teilweise
13.13	**Bathythermogramm** en: bathythermogram	graphische Darstellung der Meerwassertemperatur als Funktion der Tiefe	vollständig
13.14	**Temperatursprungschicht** en: thermocline	Oberflächenschicht des Meeres, innerhalb der sich die Wassertemperatur mit der Tiefe stark ändert	vollständig
13.15	**isotherme Schicht** en: isothermal layer	Meeresschicht mit weitgehend konstanter Temperatur	vollständig
13.16	**Grenzstrahl** en: limiting ray	Strahl, der tangential zu einer horizontalen Ebene verläuft, in der die Schallgeschwindigkeit maximal ist	vollständig
13.17	**Konvergenzzone** en: convergence zone	Bereich nahe der Meeresoberfläche, in dem die Schallwellen in großem Abstand von der Quelle durch Brechung in großer Tiefe konzentriert werden	vollständig
13.18	**Schattenzone** en: shadow zone	Meereszone, in die Schallwellen aufgrund der Brechung nicht eindringen können	vollständig
13.19	**Schallkanal** en: sound channel	Meereszone, in der die Schallgeschwindigkeit als Funktion der Tiefe ein Minimum durchläuft	vollständig
13.20	**tiefe Echostreuschicht** en: deep scattering layer	Streuzentren enthaltende Schicht bestimmter Tiefe, die Echos erzeugt	teilweise
13.21	**Sonardom** en: sonar dome	geeignete, akustisch transparente Hülle zur Verringerung des Störgeräuschschalles durch Turbulenz und Kavitation infolge der Fahrt durch das Wasser	teilweise
13.22	**Hydrophon** en: hydrophone	Schallwandler, der ein zum akustischen Signal analoges elektrisches Signal erzeugt	teilweise
13.23	**gerichteter Schallstrahler** en: shaded transducer	Schallwandler, dessen Richtcharakteristik mittels einer definierten Amplituden- und/oder Phasenbelegung der aktiven Fläche eingestellt wurde	teilweise
13.24	**Unterwasserschallsender** en: underwater sound projector	elektroakustischer Wandler, der ein zum elektrischen Signal analoges akustisches Signal in Wasser erzeugt	vollständig
13.25	**Sonarsendepegel** en: sonar source level, axial source level	Schallpegel auf der Achse des Schallsenders in 1 m Entfernung von dessen akustischem Zentrum, soweit keine andere Festlegung besteht	teilweise
13.26	**Streuquerschnitt** en: scattering cross-section of an object or volume	Ersatzfläche, die aus einer ebenen fortschreitenden Schallwelle denjenigen Betrag der Schallenergie ausblendet, der sonst durch das Objekt oder die Streuzentren in dem betrachteten Volumen in alle Richtungen ausgestrahlt wird	teilweise

Nr	Benennung	Definition, Anmerkungen	Überein-stimmung mit IEC 50(801)
13.27	**Rückstreuquerschnitt** en: backscattering cross-section of an object or volume	4π multipliziert mit dem Quadrat des Schalldruckes der zurückgestreuten Welle, multipliziert mit dem Quadrat des Abstandes vom akustischen Zentrum der Streuzentren, geteilt durch das Quadrat des Schalldruckes am Ort der Streuzentren im betrachteten Volumen. Der Einfallswinkel muß angegeben werden und zusätzlich der Streuwinkel, sofern keine reine Rückstreuung vorliegt.	teilweise
13.28	**Streuquerschnitt einer Oberfläche, Streuquerschnitt eines Grundes** en: scattering cross-section of a surface, scattering cross-section of a bottom	Ersatzfläche, die aus einer ebenen fortschreitenden Schallwelle denjenigen Betrag der Schallenergie ausblendet, der sonst durch eine festgelegte Oberfläche (Grund) in einen Halbraum gestreut wird	teilweise
13.29	**Volumenstreukoeffizient** en: volume scattering coefficient	Streuquerschnitt des betrachteten Volumens, geteilt durch dieses Volumen	vollständig
13.30	**Oberflächenstreukoeffizient** en: surface or bottom scattering coefficient	Streuquerschnitt einer Oberfläche, geteilt durch die Fläche dieser Oberfläche	teilweise
13.31	**Objektrückstreumaß, Zielstärke** en: object backscattering differential target strength	Differenz zwischen dem Schalldruckpegel des zurückgestreuten Schallfeldes in 1 m Abstand von dem akustischen Zentrum des Streuobjektes und dem Schalldruckpegel der einfallenden ebenen Welle ANMERKUNG: Siehe Anmerkungen 1 und 2 in IEC 50(801) : 1994-07, Ziffer 801-32-36.	teilweise
13.32	**Volumenrückstreumaß, Volumenstreustärke** en: volume backscattering differential target strength, volume scattering strength	Differenz zwischen dem Schalldruckpegel des zurückgestreuten Schallfeldes in 1 m Abstand von dem akustischen Zentrum des streuenden Volumens und dem Schalldruckpegel der einfallenden ebenen Welle ANMERKUNG: Siehe Anmerkungen 1 und 2 in IEC 50(801) : 1994-07, Ziffer 801-32-37.	teilweise
13.33	**Oberflächenrückstreumaß** en: surface or bottom backscattering strength	Differenz zwischen dem Schalldruckpegel des zurückgestreuten Schallfeldes in 1 m Abstand von dem akustischen Zentrum des streuenden Oberflächenelementes (Grundes) und dem Schalldruckpegel der einfallenden ebenen Welle	teilweise

Anhang A (informativ)

Literaturhinweise

Internationales Elektrotechnisches Wörterbuch – Deutsche Ausgabe – Kapitel 801: Akustik und Elektroakustik; Identisch mit IEC 50(801) : 1994
Herausgegeben von der Deutschen Elektrotechnischen Kommission im DIN und VDE (DKE)

ANMERKUNG: Diese deutsche Übersetzung der Internationalen Norm IEC 50(801) ist **keine** Deutsche Norm.

TA Lärm
Technische Anleitung zum Schutz gegen Lärm vom 16. Juli 1968
In: Bundesanzeiger, 1968, Nr. 137, Beilage, S. 1–16

Stichwortverzeichnis deutsch-englisch

abgestrahlter Geräuschschall	radiated noise	13.6
Abschirmmaß	barrier attenuation	5.17
aktiver Wandler	active transducer	6.11
Aktivsonar	active sonar	13.2
akustisch wirksame Porosität	acoustically effective porosity	12.27
akustische Impedanz	acoustic impedance	6.3
akustischer Kuppler	acoustic coupler	9.3
(akustisches) Fernfeld	far (sound) field	5.9
(akustisches) Nahfeld	near (sound) field	5.8
äquivalente Absorptionsfläche	equivalent absorption area of an object or of a surface	12.5
äquivalenter Dauerschallpegel	equivalent continuous sound pressure level	4.7
Artikulationsindex	articulation index	10.1
Audiometer	audiometer	9.2
auditiv	auditory	10.2
Ausbreitungsanomalie	propagation anomaly	13.11
äußere Strömungsresistanz	airflow resistance	12.13
Bandpaßrauschen	band-limited noise	3.22
Bark	Bark	10.3
Bathythermogramm	bathythermogram	13.13
Beeinträchtigung (durch Schall)	impairment (by sound)	3.38
Belästigung (durch Schall)	annoyance (by sound)	3.40
Belastungsschall	sound impact	3.37
Beschleunigungspegel	acceleration level	4.15
Beurteilungspegel	rating level	4.8
bewerteter Norm-Trittschallpegel	weighted normalized impact sound pressure level	12.25
bewerteter Schalldruckpegel	weighted sound pressure level	4.6
bewerteter Standard-Trittschallpegel	weighted standardized impact sound pressure level	12.26
bewertetes Schalldämmaß	weighted sound reduction index	12.24
Biegewelle	bending wave	5.4
binaural	binaural	10.4
Bündelungsgrad	front-to-random factor	5.23
Bündelungsmaß	front-to-random gain	5.24
Cent	cent	11.14
circumaural	circumaural	10.5
dichotisch	dichotic	10.6
Differenztonschall	difference tone	10.7
diffuses Schallfeld	diffuse sound field	5.10
diotisch	diotic	10.8
Diplakusis, binaurale	diplacusis, binaural	10.9
Diplakusis, monaurale	diplacusis, monaural	10.10
Drosselung	partial masking	10.11
Druckgradientenmikrofon	pressure-gradient microphone	7.4
Druckmikrofon	pressure microphone	7.3
Durchgangsdämmaß	transmission loss	12.14
Durchsichtigkeit	transparency	10.12
Echo(schall)	echo	3.9
Echolaut	echo	10.13
Einfügungsdämpfungsmaß	insertion loss	5.16

Einsteckhörer	insert earphone	8.4
Einzelereignisschalldruckpegel	single event sound pressure level	4.13
elektrischer Wandlerkoeffizient	electric transducer coefficient	6.20
elektroakustischer Wandler	electroacoustic transducer	6.15
elektrostatischer Kalibrator	electrostatic calibrator	9.9
elektrostatisches Anregegitter (elektrostatischer Kalibrator)	electrostatic actuator (electrostatic calibrator)	9.9
Emissionsschall	emitted sound	3.24
Emissions-Schalldruckpegel	emission sound pressure level	4.19
Feldimpedanz (spezifische Schallimpedanz)	specific acoustic impedance	6.2
Feldkennimpedanz	characteristic field impedance	6.6
Fernfeld	far field	5.9
Flankenübertragung	flanking transmission	12.19
Flatterecho(laut)	flutter echo	10.14
Flüssigkeitsschall	liquid-borne sound	3.15
Flußimpedanz (akustische Impedanz)	acoustic impedance	6.3
Formant	formant	10.15
freies Schallfeld	free sound field	5.7
Fremdgeräusch(schall)	background noise	3.13
Frequenzgruppe (kritisches Frequenzband)	critical band	10.16
Frequenzmaßintervall	logarithmic frequency interval	11.8
Frequenztonhöhe	frequency pitch	10.17
Frontalebene	frontal plane	10.18
Ganzton(schritt)	whole tone, whole step	11.10
Gehörschützer	hearing protector	9.15
Geräusch(schall)	noise	3.8
gerichteter Schallstrahler	shaded transducer	13.23
gleichmäßig temperierte Stimmung	equally tempered scale	11.19
Grenzstrahl	limiting ray	13.16
Grundton(schall)	fundamental (tone)	11.5
Halbton(schritt)	semitone	11.12
Hallabstand	diffuse-field distance	12.8
Halligkeit	reverberance	10.19
Hallradius	diffuse-field distance for omnidirectional source	12.9
Hallraum	reverberation chamber	12.7
Harmonische	harmonic	10.20, 11.4
harmonische Teilton(schall)reihe	harmonic series (of sounds)	11.2
harmonischer Teilton(schall), Harmonische	harmonic	11.4
Hörempfindung	auditory sensation	10.22
Hörereignis, Laut	auditory event (auditory object)	10.23
Hörfläche	auditory sensation area	10.24
Hörfrequenzbereich	frequency range of audible sound	3.2
Hörgerät	hearing aid	9.14
Horizontalebene	horizontal plane	10.21
Hörpegel	sensation level	10.25
Hörraum	auditory space	10.26
Hörsamkeit	acoustic quality (of a space with respect to specific acoustic performances)	10.27
Hörschall	audible sound	3.3
Hörschwelle	threshold of audibility	10.28
Hörschwellenpegel, Hörverlust	hearing level (veraltet: hearing loss)	10.29
Hörverlust	hearing level (veraltet: hearing loss)	10.29

Hydrophon	hydrophone	13.22
Hyperschall	very-high-frequency sound; hypersound	3.6
Im-Kopf-Lokalisiertheit	intracranial locatedness	10.30
Immissionsschall	immitted sound	3.26
Impedanz	impedance	6.1
Impulszuschlag	impulse adjustment	4.20
Infraschall	infrasound	3.4
innerer Wandler	intrinsic transducer	6.14
interaural	interaural	10.31
Intervall	interval	10.32
Isophone	isophone	10.38
isotherme Schicht	isothermal layer	13.15
Kennimpedanz	characteristic impedance	6.5
Klangfarbe	timbre, tone colour	10.34
Klang(laut)	complex tone	10.33
Klang(schall)	complex tonal sound	3.12
Knall(laut)	bang	10.35
Knochenleitung	bone conduction	10.36
Knochenleitungshörer	bone vibrator	8.5
Kombinationstonschall	combination tone	10.37
Konvergenzzone	convergence zone	13.17
Kopf- und Rumpfsimulator (Kunstkopf)	head and torso simulator (artificial head)	9.7
Kopfhörer	headphone	8.3
Körperschall	structure-borne sound	3.17
Kraft-Spannungs-Wandlerkoeffizient	force-voltage transducer coefficient	6.19
Kraft-Strom-Wandlerkoeffizient	force-current transducer coefficient	6.18
Kraftpegel	force level	4.16
kritische Reichweite	cross-over range	13.12
kritisches Frequenzband	critical band	10.16
Kunstkopf	artificial head	9.7
künstlicher Mund	artificial mouth	9.6
künstliches Mastoid	artificial mastoid	9.8
Kurve gleicher Pegellautstärke, Isophone	isophone	10.38
Lärm(schall)	noise	3.7
Lateralisation	lateralization	10.39
Laut	auditory event (auditory object)	10.23, 10.40
Lautheit	loudness	10.41
Lautsprecher	loudspeaker	8.1
Leistungsübertragungskoeffizient eines Schallaufnehmers	power conversion coefficient of a sound sensor	6.17
Leistungsübertragungskoeffizient eines Schallstrahlers	power conversion coefficient of a sound radiator	6.16
linearer Wandler	linear transducer	6.9
Lokalisation	localisation	10.42
Luftleitung	air conduction	10.43
Luftschall	airborne sound	3.14
magnetischer Wandlerkoeffizient	magnetic transducer coefficient	6.21
Maskierer	masker	10.44
Mastoidsimulator (künstliches Mastoid)	mastoid simulator (artificial mastoid)	9.8
Maximalpegel	maximum level	4.10

mechanische Impedanz	mechanical impedance	6.4
mechanischer Kuppler	mechanical coupler	9.4
Medianebene	median plane	10.45
Meeresgeräuschschall	sea noise	13.7
Meßflächenmaß	(10 times the logarithm to the base of 10 of the measurement surface divided by 1 m^2)	4.17
Meßflächenschalldruckpegel	surface sound pressure level	4.18
Mikrofon	microphone	7.1
Mithörschwelle	masked threshold	10.46
Mithörschwellenaudiogramm	masked audiogram, masking pattern	10.47
Mittelungspegel	equivalent continuous sound pressure level	4.7
monaural	monaural	10.48
Monophonie	monophony	10.49
monotisch	monotic	10.50
Mundsimulator (künstlicher Mund)	mouth simulator (artificial mouth)	9.6
musikalische Stimmung	musical scale, intonation	11.15
Nachhall	reverberation	10.51
nachhallbegrenzte Bedingung	reverberation-limited condition	13.9
Nachhalldauer	duration of reverberation	10.52
Nachhallzeit	reverberation time	12.6
Nahbesprechungsmikrofon	close-talking microphone	7.6
Nahfeld	near field	5.8
Nebenwegübertragung	bypass transmission	12.18
Norm-Schallpegeldifferenz	normalized sound level difference	12.15
Normstimmton(schall)	standard tuning frequency	11.1
Norm-Trittschallpegel	normalized impact sound pressure level	12.21
Note	note	11.6
Oberflächenrückstreumaß	surface or bottom backscattering strength	13.33
Oberflächenstreukoeffizient	surface or bottom scattering coefficient	13.30
Objektrückstreumaß, Zielstärke	object backscattering differential target strength	13.31
Ohrsimulator	ear simulator	9.5
Oktave	octave	11.9
Partialton(schall)	partial	11.3
passiver Wandler	passive transducer	6.10
Passivsonar	passive sonar	13.3
Pegellautstärke	loudness level	10.53
Pistonphon	pistonphone	9.10
poröser Absorber	porous absorber	12.12
Präzedenzeffekt	precedence effect	10.54
Pulsationsschwelle	pulsation threshold	10.55
pythagoräische Stimmung	Pythagorean scale	11.17
Rauhigkeit	roughness	10.56
Räumlichkeit	auditory spaciousness	10.59
Rauschen	random noise	3.19
Rauschen, gleichmäßig anregendes	uniformly exciting noise	10.57
Rauschen, gleichmäßig verdeckendes	uniformly masking noise	10.58
Rauschschall	random noise	3.19
Rayleighscheibe	Rayleigh disc	9.11
Rayleighwelle	Rayleigh wave	5.5
reflexionsarmer Halbraum	hemi-anechoic chamber	12.11

reflexionsarmer Raum	anechoic chamber	12.10
reine Stimmung	just scale	11.18
Rekruitment	recruitment	10.60
relativer Nachhallpegel	relative reverberation level	13.8
reversibler Wandler	reversible transducer	6.12
reziproker Wandler	reciprocal transducer	6.13
Richtcharakteristik	directivity pattern	5.19
Richtfaktor	directivity factor	5.18
Richtmaß	directional gain	5.20
Richtmikrofon	directional microphone	7.5
Richtwirkungsmaß	directivity index	5.22
rosa Rauschen	pink noise	3.21
Rückstreuquerschnitt	backscattering cross-section of an object or volume	13.27
Schaden (durch Schall)	damage (by sound)	3.41
Schall	sound	3.1
Schallabsorption	sound absorption	12.1
Schallabsorptionsgrad	sound absorption coefficient	12.2
Schallabsorptionsmaß	absorption loss	5.15
Schallast	sound impact	3.37
Schallausbreitungskoeffizient	sound propagation coefficient	5.12
Schallausbreitungsmaß	transmission loss, propagation loss	5.11
Schallausschlag	sound particle displacement	3.27
Schallbeschleunigung	sound particle acceleration	3.30
Schalldämmaß	sound reduction index	12.17
Schalldämpfungskoeffizient	attenuation coefficient	5.13
Schalldruck	sound pressure	3.31
Schalldruckbandpegel	band sound pressure level	4.21
Schalldruckpegel	sound pressure level	4.1
Schalleistung	sound power	3.34
Schalleistungspegel	sound power level	4.2
Schallemission	sound emission	3.23
Schallenergie	sound energy	3.32
Schallenergiedichte	sound energy density	3.33
Schallenergiedichtepegel (räumlicher)	sound energy density level (spatial)	4.4
Schallenergiepegel	sound energy level	4.5
Schallfeld	sound field	5.6
Schallfluß	volume velocity	3.29
Schallgeschwindigkeit	velocity of sound	5.2
Schallimmission	sound immission	3.25
Schallimpuls	sound impulse	3.18
Schallintensität	sound intensity	3.36
Schallintensitätsmeßgerät	sound intensity meter	9.16
Schallintensitätspegel	sound intensity level	4.3
Schallintensitätssonde	sound intensity probe	7.8
Schallintensitätsvektor	sound intensity vector	3.35
Schallkanal	sound channel	13.19
Schallpegelmesser	sound level meter	9.1
Schallphasenkoeffizient	acoustic phase coefficient	5.14
Schallreflexionsfaktor	sound pressure reflection coefficient	12.4
Schallreflexionsgrad	sound reflection coefficient	12.3
Schallschnelle	sound particle velocity	3.28
Schallstrahlungsimpedanz	acoustic radiation impedance	6.7

Schallwand	acoustic baffle	8.2
Schallwelle	sound wave	5.1
Schattenzone	shadow zone	13.18
Scherwelle	shear wave	5.3
Schmerzschwelle	threshold of pain	10.61
Schnellemikrofon	velocity microphone	7.7
Schnellepegel	particle velocity level	4.14
Schwingungsmesser	vibration meter	9.12
Sinus(ton)schall	sinusoidal sound	3.10
Sonar	sonar	13.1
Sonardom	sonar dome	13.21
Sonareigengeräuschschall	sonar self-noise	13.5
Sonargrundgeräuschschall	sonar background noise	13.4
Sonargütemaß	figure of merit of an active sonar	13.10
Sonarsendepegel	sonar source level, axial source level	13.25
Spektraltonhöhe	spectral pitch	10.62
spezifische Schallimpedanz	specific acoustic impedance	6.2
Spitzenpegel	peak level	4.11
Sprachübertragungsindex	speech transmission index	10.63
Standardmikrofon	standard microphone	7.2
Standard-Schallpegeldifferenz	standardized sound level difference	12.16
Standard-Trittschallpegel	standardized impact sound pressure level	12.22
statistischer Richtfaktor	statistic directivity factor	5.21
Stereophonie	stereophony	10.64
Störung (durch Schall)	interference (by sound)	3.39
Streuquerschnitt	scattering cross-section of an object or volume	13.26
Streuquerschnitt einer Oberfläche	scattering cross-section of a surface	13.28
Streuquerschnitt eines Grundes	scattering cross-section of a bottom	13.28
Summenlokalisation	summing localization	10.65
supraaural	supraaural	10.66
Teilton(schall), Partialton(schall)	partial	11.3
Temperatursprungschicht	thermocline	13.14
temperierter Ganzton(schritt)	equally tempered whole tone	11.11
temperierter Halbton(schritt)	equally tempered semitone	11.13
tiefe Echostreuschicht	deep scattering layer	13.20
Ton(laut)	tone	10.68
Ton(schall)	tonal sound	3.11
Tonaudiogramm	tone audiogram	10.67
Tonheit	critical band rate	10.69
Tonhöhe	pitch	10.70
Tonleiter	musical scale	11.16
Tonschall, komplexer	harmonic tonal sound, complex	10.71
Tonschallimpuls	tone impulse, tone burst	10.72
Torsionswelle	torsional wave	5.3
Trittschallminderung einer Deckenauflage	reduction of impact sound level of a floor covering	12.23
Trittschallpegel	impact sound pressure level	12.20
Überschreitungspegel	exceedance level	4.12
Ultraschall	ultrasound	3.5
Unterschiedsschwelle	differential threshold	10.73
Unterwasserschallsender	underwater sound projector	13.24

Stichwortverzeichnis englisch-deutsch

English	Deutsch	Nr
close-talking microphone	Nahbesprechungsmikrofon	7.6
combination tone	Kombinationstonschall	10.37
complex tonal sound	Klang(schall)	3.12
complex tone	Klang(laut)	10.33
convergence zone	Konvergenzzone	13.17
critical band	Frequenzgruppe (kritisches Frequenzband)	10.16
critical band rate	Tonheit	10.69
cross-over range	kritische Reichweite	13.12
damage (by sound)	Schaden (durch Schall)	3.41
deep scattering layer	tiefe Echostreuschicht	13.20
dichotic	dichotisch	10.6
difference tone	Differenztonschall	10.7
differential threshold	Unterschiedsschwelle	10.73
diffuse-field distance	Hallabstand	12.8
diffuse-field distance for omnidirectional source	Hallradius	12.9
diffuse sound field	diffuses Schallfeld	5.10
diotic	diotisch	10.8
directional gain	Richtmaß	5.20
directional microphone	Richtmikrofon	7.5
directivity factor	Richtfaktor	5.18
directivity index	Richtwirkungsmaß	5.22
directivity pattern	Richtcharakteristik	5.19
diplacusis, binaural	Diplakusis, binaurale	10.9
diplacusis, monaural	Diplakusis, monaurale	10.10
duration of reverberation	Nachhalldauer	10.52
ear simulator	Ohrsimulator	9.5
echo	Echo(schall), Echolaut	3.9, 10.13
electric transducer coefficient	elektrischer Wandlerkoeffizient	6.20
electroacoustic transducer	elektroakustischer Wandler	6.15
electrostatic actuator (electrostatic calibrator)	elektrostatisches Anregegitter (elektrostatischer Kalibrator)	9.9
electrostatic calibrator	elektrostatischer Kalibrator	9.9
emission sound pressure level	Emissions-Schalldruckpegel	4.19
emitted sound	Emissionsschall	3.24
equally tempered scale	gleichmäßig temperierte Stimmung	11.19
equally tempered semitone	temperierter Halbton(schritt)	11.13
equally tempered whole tone	temperierter Ganzton(schritt)	11.11
equivalent absorption area of an object or of a surface	äquivalente Absorptionsfläche	12.5
equivalent continuous sound pressure level	äquivalenter Dauerschallpegel (Mittelungspegel)	4.7
exceedance level	Überschreitungspegel	4.12
far (sound) field	(akustisches) Fernfeld	5.9
figure of merit of an active sonar	Sonargütemaß	13.10
flanking transmission	Flankenübertragung	12.19
flutter echo	Flatterecho(laut)	10.14
force-current transducer coefficient	Kraft-Strom-Wandlerkoeffizient	6.18
force level	Kraftpegel	4.16
force-voltage transducer coefficient	Kraft-Spannungs-Wandlerkoeffizient	6.19
formant	Formant	10.15
free sound field	freies Schallfeld	5.7
frequency pitch	Frequenztonhöhe	10.17
frequency range of audible sound	Hörfrequenzbereich	3.2

front-to-random factor	Bündelungsgrad	5.23
front-to-random gain	Bündelungsmaß	5.24
frontal plane	Frontalebene	10.18
fundamental (tone)	Grundton(schall)	11.5
harmonic	Harmonische, harmonischer Teilton(schall)	10.20, 11.4
harmonic series (of sounds)	harmonische Teilton(schall)reihe	11.2
harmonic tonal sound, complex	Tonschall, komplexer	10.71
head and torso simulator (artificial head)	Kopf- und Rumpfsimulator (Kunstkopf)	9.7
headphone	Kopfhörer	8.3
hearing aid	Hörgerät	9.14
hearing level (veraltet: hearing loss)	Hörschwellenpegel, Hörverlust	10.29
hearing protector	Gehörschützer	9.15
hemi-anechoic chamber	reflexionsarmer Halbraum	12.11
horizontal plane	Horizontalebene	10.21
hydrophone	Hydrophon	13.22
hypersound	Hyperschall	3.6
immitted sound	Immissionsschall	3.26
impact sound pressure level	Trittschallpegel	12.20
impairment (by sound)	Beeinträchtigung (durch Schall)	3.38
impedance	Impedanz	6.1
impulse adjustment	Impulszuschlag	4.20
infrasound	Infraschall	3.4
insert earphone	Einsteckhörer	8.4
insertion loss	Einfügungsdämpfungsmaß	5.16
intelligibility quota	Verständlichkeitsquote	10.76
interaural	interaural	10.31
interference (by sound)	Störung (durch Schall)	3.39
interval	Intervall	10.32
intonation	musikalische Stimmung	11.15
intracranial locatedness	Im-Kopf-Lokalisiertheit	10.30
intrinsic transducer	innerer Wandler	6.14
isophone	Kurve gleicher Pegellautstärke, Isophone	10.38
isothermal layer	isotherme Schicht	13.15
just scale	reine Stimmung	11.18
lateralization	Lateralisation	10.39
limiting ray	Grenzstrahl	13.16
linear transducer	linearer Wandler	6.9
liquid-borne sound	Flüssigkeitsschall	3.15
localisation	Lokalisation	10.42
logarithmic frequency interval	Frequenzmaßintervall	11.8
loudness	Lautheit	10.41
loudness level	Pegellautstärke	10.53
loudspeaker	Lautsprecher	8.1
magnetic transducer coefficient	magnetischer Wandlerkoeffizient	6.21
masked audiogram, masking pattern	Mithörschwellenaudiogramm	10.47
masked threshold	Mithörschwelle	10.46
masker	Maskierer	10.44
masking	Verdeckung	10.74
masking pattern	Mithörschwellenaudiogramm	10.47

mastoid simulator (artificial mastoid)	Mastoidsimulator (künstliches Mastoid)	9.8
maximum level	Maximalpegel	4.10
mechanical coupler	mechanischer Kuppler	9.4
mechanical impedance	mechanische Impedanz	6.4
median plane	Medianebene	10.45
microphone	Mikrofon	7.1
monaural	monaural	10.48
monophony	Monophonie	10.49
monotic	monotisch	10.50
mouth simulator (artificial mouth)	Mundsimulator (künstlicher Mund)	9.6
musical scale	Tonleiter	11.16
musical scale, intonation	musikalische Stimmung	11.15
near (sound) field	(akustisches) Nahfeld	5.8
noise	Lärm(schall), Geräusch(schall)	3.7, 3.8
normalized impact sound pressure level	Norm-Trittschallpegel	12.21
normalized sound level difference	Norm-Schallpegeldifferenz	12.15
note	Note	11.6
object backscattering differential target strength	Objektrückstreumaß, Zielstärke	13.31
octave	Oktave	11.9
partial	Teilton(schall), Partialton(schall)	11.3
partial masking	Drosselung	10.11
particle velocity level	Schnellepegel	4.14
passive sonar	Passivsonar	13.3
passive transducer	passiver Wandler	6.10
peak level	Spitzenpegel	4.11
pink noise	rosa Rauschen	3.21
pistonphone	Pistonphon	9.10
pitch	Tonhöhe	10.70
porous absorber	poröser Absorber	12.12
power conversion coefficient of a sound radiator	Leistungsübertragungskoeffizient eines Schallstrahlers	6.16
power conversion coefficient of a sound sensor	Leistungsübertragungskoeffizient eines Schallaufnehmers	6.17
precedence effect	Präzedenzeffekt	10.54
pressure microphone	Druckmikrofon	7.3
pressure-gradient microphone	Druckgradientenmikrofon	7.4
propagation anomaly	Ausbreitungsanomalie	13.11
propagation loss	Schallausbreitungsmaß	5.11
pulsation threshold	Pulsationsschwelle	10.55
Pythagorean scale	pythagoräische Stimmung	11.17
radiated noise	abgestrahlter Geräuschschall	13.6
random noise	Rauschschall, Rauschen	3.19
rating level	Beurteilungspegel	4.8
ratio pitch	Verhältnistonhöhe	10.75
Rayleigh disc	Rayleighscheibe	9.11
Rayleigh wave	Rayleighwelle	5.5
reciprocal transducer	reziproker Wandler	6.13
recruitment	Rekruitment	10.60
reduction of impact sound level of a floor covering	Trittschallminderung einer Deckenauflage	12.23
relative reverberation level	relativer Nachhallpegel	13.8
reverberance	Halligkeit	10.19

reverberation	Nachhall	10.51
reverberation chamber	Hallraum	12.7
reverberation-limited condition	nachhallbegrenzte Bedingung	13.9
reverberation time	Nachhallzeit	12.6
reversible transducer	reversibler Wandler	6.12
roughness	Rauhigkeit	10.56
scattering cross-section of a bottom	Streuquerschnitt eines Grundes	13.28
scattering cross-section of a surface	Streuquerschnitt einer Oberfläche	13.28
scattering cross-section of an object or volume	Streuquerschnitt	13.26
sea noise	Meeresgeräuschschall	13.7
semitone	Halbton(schritt)	11.12
sensation level	Hörpegel	10.25
shaded transducer	gerichteter Schallstrahler	13.23
shadow zone	Schattenzone	13.18
shear wave	Scherwelle	5.3
single event sound pressure level	Einzelereignisschalldruckpegel	4.13
sinusoidal sound	Sinus(ton)schall)	3.10
sonar	Sonar	13.1
sonar background noise	Sonargrundgeräuschschall	13.4
sonar dome	Sonardom	13.21
sonar self-noise	Sonareigengeräuschschall	13.5
sonar source level, axial source level	Sonarsendepegel	13.25
sound	Schall	3.1
sound absorption	Schallabsorption	12.1
sound absorption coefficient	Schallabsorptionsgrad	12.2
sound channel	Schallkanal	13.19
sound emission	Schallemission	3.23
sound energy	Schallenergie	3.32
sound energy density	Schallenergiedichte	3.33
sound energy density level (spatial)	Schallenergiedichtepegel (räumlicher)	4.4
sound energy level	Schallenergiepegel	4.5
sound field	Schallfeld	5.6
sound immission	Schallimmission	3.25
sound impact	Schallast, Belastungsschall	3.37
sound impulse	Schallimpuls	3.18
sound intensity	Schallintensität	3.36
sound intensity level	Schallintensitätspegel	4.3
sound intensity meter	Schallintensitätsmeßgerät	9.16
sound intensity probe	Schallintensitätssonde	7.8
sound intensity vector	Schallintensitätsvektor	3.35
sound level meter	Schallpegelmesser	9.1
sound particle acceleration	Schallbeschleunigung	3.30
sound particle displacement	Schallausschlag	3.27
sound particle velocity	Schallschnelle	3.28
sound power	Schalleistung	3.34
sound power level	Schalleistungspegel	4.2
sound pressure	Schalldruck	3.31
sound pressure level	Schalldruckpegel	4.1
sound pressure reflection coefficient	Schallreflexionsfaktor	12.4
sound propagation coefficient	Schallausbreitungskoeffizient	5.12
sound reduction index	Schalldämmaß	12.17
sound reflection coefficient	Schallreflexionsgrad	12.3
sound wave	Schallwelle	5.1
specific acoustic impedance	Feldimpedanz (spezifische Schallimpedanz)	6.2
spectral pitch	Spekraltonhöhe	10.62
speech transmission index	Sprachübertragungsindex	10.63
standard microphone	Standardmikrofon	7.2
standard tuning frequency	Normstimmton(schall)	11.1

standardized impact sound pressure level	Standard-Trittschallpegel	12.22
standardized sound level difference	Standard-Schallpegeldifferenz	12.16
statistic directivity factor	statistischer Richtfaktor	5.21
stereophony	Stereophonie	10.64
structure-borne sound	Körperschall	3.17
summing localization	Summenlokalisation	10.65
supraaural	supraaural	10.66
surface or bottom backscattering strength	Oberflächenrückstreumaß	13.33
surface or bottom scattering coefficient	Oberflächenstreukoeffizient	13.30
surface sound pressure level	Meßflächenschalldruckpegel	4.18
(10 times to logarithm to the base of 10 of the measurement surface divided by 1 m^2)	Meßflächenmaß	4.17
thermocline	Temperatursprungschicht	13.14
threshold of audibility	Hörschwelle	10.28
threshold of pain	Schmerzschwelle	10.61
timbre, tone colour	Klangfarbe	10.34
tonal sound	Ton(schall)	3.11
tone	Ton(laut)	10.68
tone audiogram	Tonaudiogramm	10.67
tone burst	Tonschallimpuls	10.72
tone colour	Klangfarbe	10.34
tone impulse, tone burst	Tonschallimpuls	10.72
torsional wave	Torsionswelle	5.3
transducer	Wandler	6.8
transmission loss	Durchgangsdämmaß	12.14
transmission loss, propagation loss	Schallausbreitungsmaß	5.11
transparency	Durchsichtigkeit	10.12
ultrasound	Ultraschall	3.5
underwater sound projector	Unterwasserschallsender	13.24
uniformly exciting noise	Rauschen, gleichmäßig anregendes	10.57
uniformly masking noise	Rauschen, gleichmäßig verdeckendes	10.58
velocity microphone	Schnellemikrofon	7.7
velocity of sound	Schallgeschwindigkeit	5.2
very-high-frequency sound, hypersound	Hyperschall	3.6
vibration meter	Schwingungsmesser	9.12
vibrato	Vibrato	11.7
virtual pitch	virtuelle Tonhöhe	10.77
vocoder	Vocoder	9.13
volume backscattering differential target strength	Volumenrückstreumaß	13.32
volume scattering coefficient	Volumenstreukoeffizient	13.29
volume scattering strength	Volumenstreustärke	13.32
volume velocity	Schallfluß	3.29
waterborne sound	Wasserschall	3.16
weighted normalized impact sound pressure level	bewerteter Norm-Trittschallpegel	12.25
weighted sound pressure level	bewerteter Schalldruckpegel	4.6
weighted sound reduction index	bewertetes Schalldämmaß	12.24
weighted standardized impact sound pressure level	bewerteter Standard-Trittschallpegel	12.26
white noise	weißes Rauschen	3.20
whole step	Ganzton(schritt)	11.10
whole tone, whole step	Ganzton(schritt)	11.10

DK 537.8 Mai 1988

Elektromagnetisches Feld

Zustandsgrößen

DIN 1324 Teil 1

Electromagnetic field; state quantities

Mit DIN 1324 T 2/05.88
Ersatz für DIN 1324/01.72
und DIN 1325/01.72 und
teilweise Ersatz für
DIN 1323/02.66

1 Anwendungsbereich und Zweck

Zweck dieser Norm ist es, die Zustandsgrößen des elektromagnetischen Feldes in einer geschlossenen Form darzustellen. Die Norm basiert auf dem Kapitel 121 des Internationalen Elektrotechnischen Wörterbuches (IEV), das Begriffe des Elektromagnetismus enthält (siehe DIN IEC 50 Teil 121).

2 Allgemeines

Als Feld bezeichnet man einen Zustand des Raumes, dem man Impuls und Energie zuschreibt. Quellen für elektrische und magnetische Felder sind ruhende und bewegte Ladungen. Letztere werden als Ströme bezeichnet. Die elektrische Ladung Q, auch Elektrizitätsmenge genannt, wird als Grunderscheinung der Elektrizität betrachtet; sie ist eine skalare Größe.

Als Quellengrößen des elektromagnetischen Feldes werden hier die Raumladungsdichte ϱ und die Stromdichte $\vec{J}$ betrachtet.

Das durch die Quellen hervorgerufene Feld wird durch Feldgrößen beschrieben. Zusammen mit den Quellengrößen und abgeleiteten Größen bilden sie das System der Zustandsgrößen, welche Gegenstand dieser Norm sind. Es wird die Kontinuumstheorie zugrundegelegt.

Die in dieser Norm behandelten Größen und Begriffe sind in Tabelle 1 angegeben.

Die Materialgrößen, welche die stoffspezifischen Beziehungen zwischen den Feldgrößen beschreiben, werden in DIN 1324 Teil 2 behandelt.

Begriffe und Größen, die im Zusammenhang mit der Ausbreitung elektromagnetischer Wellen stehen, werden in DIN 1324 Teil 3 behandelt.

Tabelle 1. **Übersicht**

Größe oder Begriffe	Formelzeichen	SI-Einheit	Siehe Abschnitt
Grundbegriffe			3
Feldgrößen, Quellengrößen			3.1
Feldgleichungen			3.2
Feldkonstanten			3.3
magnetische Feldkonstante	μ_0	H/m = V · s/(A · m)	3.3
elektrische Feldkonstante	ε_0	F/m = A · s/(V · m)	3.3
Feldlinien			3.4
Ladung und Strom			4
Elektrische Ladung	Q	C = A · s	4.1
Raumladungsdichte	ϱ	$C/m^3 = A \cdot s/m^3$	4.2
Ladungsbedeckung	σ	$C/m^2 = A \cdot s/m^2$	4.3
Ladungsbelag	q_L	C/m = A · s/m	4.4
Stromdichte	$\vec{J}$	A/m^2	4.5
Strombelag	$\vec{\alpha}$	A/m	4.6
Stromstärke	I	A	4.7
Verschiebungsstromdichte	$\partial\vec{D}/\partial t$	A/m^2	4.8
Gesamtstromdichte	$\vec{J}_{tot}$	A/m^2	4.9

Fortsetzung Seite 2 bis 6

Normenausschuß Einheiten und Formelgrößen (AEF) im DIN Deutsches Institut für Normung e. V.
Deutsche Elektrotechnische Kommission im DIN und VDE (DKE)

Tabelle 1. (Fortsetzung)

Größe oder Begriffe	Formelzeichen [1])	SI-Einheit	Siehe Abschnitt
Feldstärken und Flußdichten			5
Elektrische Feldstärke	$\vec{E}$	V/m	5.1
Elektrische Flußdichte	$\vec{D}$	$\text{C/m}^2 = \text{A} \cdot \text{s/m}^2$	5.2
Elektrischer Fluß	Ψ	C = A · s	5.3
Magnetische Flußdichte	$\vec{B}$	$\text{T} = \text{V} \cdot \text{s/m}^2$	5.4
Magnetischer Fluß	Φ	Wb = V · s	5.5
Magnetische Feldstärke	$\vec{H}$	A/m	5.6
Polarisation und Magnetisierung			6
Elektrische Polarisation	$\vec{P}$	$\text{C/m}^2 = \text{A} \cdot \text{s/m}^2$	6.1
Elektrisierung	$\vec{P}/\varepsilon_0$	V/m	6.1
Elektrisches Dipolmoment	$\vec{p}$	C · m = A · s · m	6.2
Magnetische Polarisation	$\mu_0\vec{M}$	$\text{T} = \text{V} \cdot \text{s/m}^2$	6.3
Magnetisierung	$\vec{M}$	A/m	6.3
Magnetisches (Flächen-)Moment	$\vec{m}$	$\text{A} \cdot \text{m}^2$	6.4
Magnetisches Dipolmoment	$\vec{j}$	Wb · m = V · s · m	6.4
Spannungen und Potentiale			7
(Elektrische) Spannung	U	V	7.1
Elektrisches Potential	φ_e	V	7.2
Induzierte Spannung	U_i	V	7.3
Magnetisches Vektorpotential	$\vec{A}_m$	Wb/m = V · s/m	7.4
Magnetische Spannung	V_m	A	7.5
Durchflutung	Θ	A	7.6
Energie- und Impulsgrößen			8
Elektromagnetische Energiedichte	w	$\text{J/m}^3 = \text{V} \cdot \text{A} \cdot \text{s/m}^3$	8.1
Poyntingvektor	$\vec{S}$	$\text{W/m}^2 = \text{V} \cdot \text{A/m}^2$	8.2
Elektromagnetische Impulsdichte	$\vec{p}_V$	$\text{N} \cdot \text{s/m}^3 = \text{V} \cdot \text{A} \cdot \text{s}^2/\text{m}^4$	8.3
Kraftdichte	$\vec{f}$	$\text{N/m}^3 = \text{V} \cdot \text{A} \cdot \text{s/m}^4$	8.4

[1]) Wegen Überschneidung werden in dieser Norm die Ausweichzeichen φ_e und $\vec{A}_m$ anstelle der Vorzugszeichen nach DIN 1304 Teil 1 benutzt.

3 Grundbegriffe

3.1 Feldgrößen und Quellengrößen

Feldgrößen sind
die elektrische Feldstärke $\vec{E}$ (siehe Abschnitt 5.1),
die elektrische Flußdichte $\vec{D}$ (siehe Abschnitt 5.2),
die magnetische Flußdichte $\vec{B}$ (siehe Abschnitt 5.4),
die magnetische Feldstärke $\vec{H}$ (siehe Abschnitt 5.6).

Quellengrößen sind die Raumladungsdichte ϱ (siehe Abschnitt 4.2) und die Stromdichte $\vec{J}$ (siehe Abschnitt 4.5).

3.2 Feldgleichungen

Die Feldgrößen bilden ein System von Größen unterschiedlicher Tensor-Stufe (siehe DIN 1303, Ausgabe März 1987, Abschnitte 6 und 7). In dieser Norm werden Bi- und Trivektoren durch ihre jeweilige duale Ergänzung, das sind Monovektoren und Skalare, ersetzt.

Die Feldgrößen sind miteinander durch die Maxwellschen Gleichungen, kurz die Feldgleichungen, verknüpft. Sie lauten:

$$\operatorname{rot} \vec{E} = -\frac{\partial \vec{B}}{\partial t} \tag{1}$$

$$\operatorname{rot} \vec{H} = \frac{\partial \vec{D}}{\partial t} + \vec{J} \tag{2}$$

mit

$$\operatorname{div} \vec{D} = \varrho \tag{3}$$

$$\operatorname{div} \vec{B} = 0 \tag{4}$$

Über die Bedeutung der Differentialoperatoren grad, div. und rot siehe DIN 4895 Teil 2.

Statt in differentieller Form können die Maxwellschen Gleichungen auch in Integralform angegeben und mit besonderen Benennungen gekennzeichnet werden:

Induktionsgesetz

$$\oint_s \vec{E} \cdot d\vec{s} = -\int_A \frac{\partial \vec{B}}{\partial t} \cdot d\vec{A} \tag{5}$$

Durchflutungsgesetz

$$\oint_s \vec{H} \cdot d\vec{s} = \int_A \left(\frac{\partial \vec{D}}{\partial t} + \vec{J} \right) \cdot d\vec{A} \tag{6}$$

mit

$$\oint_A \vec{D} \cdot d\vec{A} = Q = \int_V \varrho \, dV \qquad (7)$$

$$\oint_A \vec{B} \cdot d\vec{A} = 0 \qquad (8)$$

$d\vec{s}$ und $d\vec{A}$ sind die Vektoren, die den Differentialen der Skalare s und A zugeordnet sind.

In den Gleichungen (5) und (6) wird mit dem Linienelement $d\vec{s}$ über die Randkurve und mit dem Flächenelement $d\vec{A}$ über die durch die Randkurve begrenzte einfach zusammenhängende Fläche integriert; in den Gleichungen (7) und (8) wird mit $d\vec{A}$ über eine geschlossene Fläche integriert, die ein Raumgebiet mit dem Volumen V einschließt. Dabei zeigt $d\vec{A}$ nach außen und ist mit $d\vec{s}$ rechtsschraubig verknüpft.

In Materie kann der Zusammenhang zwischen den Feldgrößen durch die Materialgrößen elektrische Leitfähigkeit (Konduktivität) $\varkappa$, Permittivität ε und Permeabilität μ beschrieben werden (siehe DIN 1324 Teil 2).

Sind die Materialgrößen von den Feldgrößen unabhängig, so bezeichnet man die Materie als ideal. Wenn die Materie im gewählten Bezugssystem ruht, gelten in diesem Fall die Materialgleichungen

$$\vec{J} = \varkappa \vec{E} \qquad (9)$$

$$\vec{D} = \varepsilon \vec{E} \qquad (10)$$

$$\vec{B} = \mu \vec{H} \qquad (11)$$

3.3 Feldkonstanten

Im materiefreien Raum sind Flußdichten und Feldstärken durch die Beziehungen

$$\vec{D} = \varepsilon_0 \vec{E} \qquad (12)$$

$$\vec{B} = \mu_0 \vec{H} \qquad (13)$$

verknüpft.

Die Größe

$$\mu_0 = 4\pi \cdot 10^{-7} \text{ H/m} = 1{,}256\,637\,061\ldots \ \mu\text{H/m} \qquad (14)$$

heißt magnetische Feldkonstante. Die Größe

$$\varepsilon_0 = \frac{1}{\mu_0 c_0^2} = 8{,}854\,187\,817\ldots \text{ pF/m} \qquad (15)$$

heißt elektrische Feldkonstante. Die in Gleichung (15) enthaltene Konstante

$$c_0 = 299\,792\,458 \text{ m/s} \qquad (16)$$

ist die Lichtgeschwindigkeit im materiefreien Raum.

Im Internationalen Einheitensystem sind die Zahlenwerte für c_0 und μ_0 mit den Definitionen der Basiseinheiten Meter und Ampere implizit festgelegt. Aus der Gleichung (15) ergibt sich damit auch der Zahlenwert für ε_0.

3.4 Feldlinien

Die Konfiguration eines elektromagnetischen Feldes kann durch Feldlinien dargestellt werden. Eine Feldlinie ist die Raumkurve, welche durchlaufen wird, wenn stets in Richtung der zugehörigen vektoriellen Feldgröße fortgeschritten wird. Bezeichnet man das Inkrement des Fortschreitens mit $d\vec{s}$, so wird eine Feldlinie, die zur vektoriellen Ortsfunktion $\vec{E}$ gehört, mathematisch durch die Differentialgleichung

$$\vec{E} \times d\vec{s} = 0 \qquad (17)$$

beschrieben.

4 Ladung und Strom

4.1 Elektrische Ladung Q — SI-Einheit: C = A · s

Es gibt zwei unterschiedliche Ladungsarten, die positiv und negativ genannt werden.

Die elektrische Ladung in einem Gebiet ist die algebraische Summe der darin enthaltenen positiven und negativen Ladungen. Ladung kann in einem abgeschlossenen System weder erzeugt noch zerstört werden. Dieser Sachverhalt wird als Ladungserhaltungssatz bezeichnet.

Bei den Ladungen kann man unterscheiden zwischen freien und gebundenen Ladungen. Freie Ladungen können als Ladungen verschiedenen Vorzeichens auf Körper übertragen werden. Gebundene Ladungen im Sinne dieser Unterscheidung treten auf in elektrisch polarisierter Materie auf Grund molekularer Dipole, z. B. an Grenzflächen. Sie sind dort nicht abtrennbar. Wenn keine Mißverständnisse möglich sind, wird die freie Ladung kurz als Ladung Q bezeichnet.

Ist Ladung auf einen hinreichend kleinen Raumbereich beschränkt, so kann man sie sich in einen Punkt konzentriert denken. In Analogie zur Punktmasse wird sie dann als Punktladung bezeichnet.

4.2 Raumladungsdichte ϱ — SI-Einheit: C/m³ = A · s/m³

Die räumliche Dichte der in einem Raumgebiet vom Volumen V enthaltenen elektrischen Ladung Q heißt Raumladungsdichte ϱ. Es gilt:

$$\varrho = \frac{dQ}{dV} \qquad (18)$$

$$Q = \int_V \varrho \, dV \qquad (19)$$

Anmerkung: Das Formelzeichen ϱ wird in der Elektrotechnik sowohl für die Raumladungsdichte als auch für den spezifischen elektrischen Widerstand (siehe DIN 1324 Teil 2) gebraucht. Zur Unterscheidung kann die Raumladungsdichte mit ϱ_e bezeichnet werden.

4.3 Ladungsbedeckung σ — SI-Einheit: C/m² = A · s/m²

Die Flächendichte der auf einer Fläche mit dem Flächeninhalt A vorhandenen Ladung Q heißt Ladungsbedeckung σ. Es gilt:

$$\sigma = \frac{dQ}{dA} \qquad (20)$$

$$Q = \int_A \sigma \, dA \qquad (21)$$

4.4 Ladungsbelag q_L — SI-Einheit: C/m = A · s/m

Die Liniendichte der auf einer Linie mit der Länge s vorhandenen Ladung Q heißt Ladungsbelag q_L. Es gilt:

$$q_L = \frac{dQ}{ds} \qquad (22)$$

$$Q = \int_s q_L \, ds \qquad (23)$$

4.5 Stromdichte $\vec{J}$ — SI-Einheit: A/m²

Die Stromdichte ist die räumliche Dichte des Produkts aus den Ladungen der freien Ladungsträger und deren Geschwindigkeiten.

Bezeichnet man mit Q_i die Ladung des i-ten Ladungsträgers, mit $\vec{v}_i$ seine Geschwindigkeit und mit n die Anzahl der im Raumgebiet mit dem Volumen V enthaltenen freien Ladungsträger, so ist die Stromdichte:

$$\vec{J} = \frac{d}{dV} \sum_{i=1}^{n} Q_i \vec{v}_i \qquad (24)$$

4.6 Strombelag $\vec{\alpha}$ SI-Einheit: A/m

Der **Strombelag** ist die Flächendichte des Produkts aus den Ladungen der freien Ladungsträger und deren Geschwindigkeiten.

Bezeichnet man mit Q_i die i-te Ladung, mit $\vec{v}_i$ deren Geschwindigkeit und mit n die Anzahl der parallel zur Fläche mit dem Flächeninhalt A bewegten freien Ladungen, so ist der Strombelag:

$$\vec{\alpha} = \frac{\mathrm{d}}{\mathrm{d}A} \sum_{i=1}^{n} Q_i \vec{v}_i \tag{25}$$

Anmerkung: Um Verwechslungen mit dem Flächeninhalt A zu vermeiden, wird für den Strombelag anstelle des Formelzeichens $\vec{A}$ hier das Formelzeichen $\vec{\alpha}$ benutzt.

In einer langen, vom Strom der Stromstärke I durchflossenen Spule mit der Windungszahl n und der Länge l ist der Betrag des Strombelags $n \cdot I/l$.

4.7 Stromstärke I SI-Einheit: A

Die **Stromstärke** I eines durch eine Fläche mit dem Flächeninhalt A fließenden Stromes ist das Integral der Stromdichte $\vec{J}$ über diese Fläche, deren Flächenelementen die Vektoren $\mathrm{d}\vec{A}$ in Richtung der Flächennormalen zugeordnet sind:

$$I = \int_A \vec{J} \cdot \mathrm{d}\vec{A} \tag{26}$$

Die gewählte Richtung des Vektors $\mathrm{d}\vec{A}$ bestimmt dabei den **Bezugssinn** des Stromes nach DIN 5489.

Der **Richtungssinn** der Stromstärke ist durch die Transportrichtung positiver Ladung gegeben.

Ist $\mathrm{d}Q$ die in der Zeitspanne $\mathrm{d}t$ durch eine Fläche mit dem Flächeninhalt A tretende Ladung, so gilt:

$$I = \frac{\mathrm{d}Q}{\mathrm{d}t} \tag{27}$$

4.8 Verschiebungsstromdichte $\frac{\partial \vec{D}}{\partial t}$ SI-Einh.: A/m²

Die Anstiegsgeschwindigkeit der elektrischen Flußdichte (siehe Abschnitt 5.2) heißt **Verschiebungsstromdichte** $\partial\vec{D}/\partial t$. Für sie wird kein eigenes Formelzeichen eingeführt.

4.9 Gesamtstromdichte $\vec{J}_{\mathrm{tot}}$ SI-Einheit: A/m²

Die Summe aus der Verschiebungsstromdichte und der Stromdichte heißt **Gesamtstromdichte** $\vec{J}_{\mathrm{tot}}$. Es gilt:

$$\vec{J}_{\mathrm{tot}} = \frac{\partial \vec{D}}{\partial t} + \vec{J} \tag{28}$$

Als Folge des Ladungserhaltungssatzes ergibt sich die Gesamtstromdichte als quellenfrei.

5 Feldstärken und Flußdichten

5.1 Elektrische Feldstärke $\vec{E}$ SI-Einheit: V/m

Auf eine Punktladung Q übt ein elektrisches Feld den vom Bewegungszustand des Ladungsträgers unabhängigen Kraftanteil

$$\vec{F} = Q\,\vec{E} \tag{29}$$

aus. Der Vektor $\vec{E}$ heißt **elektrische Feldstärke** am Ort der Punktladung. Soll der elektrische Feldzustand vor dem Einbringen der Punktladung gekennzeichnet werden, so muß deren Rückwirkung auf die Quellen des elektrischen Feldes vernachlässigbar sein.

Anmerkung: Sind stoffliche Inhomogenitäten vorhanden, wie z.B. in der galvanischen Zelle, in einem Thermoelement, beim Metall-Halbleiter-Kontakt, beim P-N-Übergang, so können zusätzliche Kräfte auftreten.

5.2 Elektrische Flußdichte $\vec{D}$ SI-Einheit: C/m² = A · s/m²

Durch ein elektrisches Feld wird im betrachteten Feldpunkt auf einer im Grenzfall ideal leitenden und infinitesimal kleinen Scheibe bei einer bestimmten Lage die maximale Ladungsbedeckung σ_{max} influenziert. Die **elektrische Flußdichte** $\vec{D}$ ist als Vektor definiert, dessen Betrag mit der Ladungsbedeckung σ_{max} im entsprechenden Feldpunkt übereinstimmt und dessen Richtung gegeben ist durch die Richtung von der negativen zur positiven Influenzladung.

5.3 Elektrischer Fluß Ψ SI-Einheit: C = A · s

Der **elektrische Fluß** Ψ durch eine Fläche mit dem Flächeninhalt A ist das Integral der elektrischen Flußdichte $\vec{D}$ über diese Fläche, deren Flächenelementen die Vektoren $\mathrm{d}\vec{A}$ in Richtung der Flächennormalen zugeordnet sind:

$$\Psi = \int_A \vec{D} \cdot \mathrm{d}\vec{A} \tag{30}$$

Die gewählte Richtung des Vektors $\mathrm{d}\vec{A}$ bestimmt dabei den Bezugssinn des Flusses.

Der Richtungssinn des elektrischen Flusses wird durch den überwiegenden Beitrag der durch die Fläche durchtretenden elektrischen Flußdichte gegeben.

5.4 Magnetische Flußdichte $\vec{B}$ SI-Einheit: T = V · s/m²

Auf eine Punktladung Q wird von einem magnetischen Feld der geschwindigkeitsproportionale Kraftanteil

$$\vec{F} = Q\left(\vec{v} \times \vec{B}\right) \tag{31}$$

ausgeübt. Der Vektor $\vec{B}$ heißt **magnetische Flußdichte**. Er kennzeichnet den magnetischen Feldzustand vor dem Einbringen der Punktladung. Der Vektor $\vec{v}$ ist die Geschwindigkeit der Punktladung in dem Bezugssystem, in dem $\vec{B}$ gemessen wird. Soll der magnetische Zustand vor dem Einbringen der bewegten Punktladung gekennzeichnet werden, so muß ihre Rückwirkung auf die Erregung des Magnetfeldes vernachlässigbar sein.

5.5 Magnetischer Fluß Φ SI-Einheit: Wb = V · s

Der **magnetische Fluß** Φ durch eine offene Fläche mit dem Flächeninhalt A ist das Integral der magnetischen Flußdichte $\vec{B}$ über diese Fläche, deren Flächenelementen die Vektoren $\mathrm{d}\vec{A}$ in Richtung der Flächennormalen zugeordnet sind:

$$\Phi = \int_A \vec{B} \cdot \mathrm{d}\vec{A} \tag{32}$$

Die gewählte Richtung des Vektors $\mathrm{d}\vec{A}$ bestimmt dabei den Bezugssinn des Flusses.

Der Richtungssinn des magnetischen Flusses wird durch den überwiegenden Beitrag der durch die Fläche durchtretenden magnetischen Flußdichte gegeben.

5.6 Magnetische Feldstärke $\vec{H}$ SI-Einheit: A/m

Die **magnetische Feldstärke** $\vec{H}$ ist ein Vektor, der betragsmäßig übereinstimmt mit dem Strombelag einer in den entsprechenden Feldpunkt gebrachten infinitesimal kleinen, schlanken und im Innern materiefreien Spule. Dabei muß die Lage der Spule und ihr Strombelag so gewählt werden, daß das magnetische Feld im Spuleninnern kompensiert wird. Die Richtung der magnetischen Feldstärke bildet zusammen mit dem Umlaufsinn des kompensierenden Strombelags den Linksschraubsinn.

6 Polarisation und Magnetisierung

6.1 Elektrische Polarisation $\vec{P}$ SI-Einheit: C/m² = A · s/m²

Elektrisierung $\vec{P}/\varepsilon_0$ SI-Einheit: V/m

Im materiegefüllten Raum kann man die elektrische Flußdichte $\vec{D}$ aufteilen in den Anteil $\varepsilon_0 \vec{E}$ und einen Anteil $\vec{P}$, der von der Materie herrührt. Es gilt:

$$\vec{D} = \varepsilon_0 \vec{E} + \vec{P} \tag{33}$$

Die Größe $\vec{P}$ heißt elektrische Polarisation. Die Größe $\vec{P}/\varepsilon_0$ wird Elektrisierung genannt.

6.2 Elektrisches Dipolmoment $\vec{p}$ SI-Einheit: C · m = A · s · m

Das elektrische Dipolmoment ist das Moment erster Ordnung der Ladungsverteilung.

Für zwei entgegengesetzt gleiche Punktladungen $+Q$ und $-Q$ im gegenseitigen Abstand $\vec{d}$ gilt für das Dipolmoment:

$$\vec{p} = Q\,\vec{d} \tag{34}$$

Der Vektor $\vec{p}$ weist von der negativen zur positiven Ladung.

Die elektrische Polarisation $\vec{P}$ ist gleich der räumlichen Dichte des elektrischen Moments molekularer Dipole. Es gilt:

$$\vec{P} = \frac{\mathrm{d}\vec{p}}{\mathrm{d}V} \tag{35}$$

$$\vec{p} = \int_V \vec{P}\,\mathrm{d}V \tag{36}$$

6.3 Magnetische Polarisation $\mu_0 \vec{M}$ SI-Einheit: T = V · s/m²

Magnetisierung $\vec{M}$ SI-Einheit: A/m

Im materiegefüllten Raum kann man die magnetische Flußdichte $\vec{B}$ aufteilen in den Anteil $\mu_0 \vec{H}$ und einen Anteil $\mu_0 \vec{M}$, der von den magnetischen Eigenschaften der Materie herrührt:

$$\vec{B} = \mu_0(\vec{H} + \vec{M}) \tag{37}$$

Die Größe $\mu_0 \vec{M}$ heißt magnetische Polarisation.

Die Größe $\vec{M}$ heißt Magnetisierung.

Anmerkung: Wenn Verwechslungen nicht zu befürchten sind, wird für die magnetische Polarisation das Formelzeichen $\vec{J}$ verwendet.

6.4 Magnetisches (Flächen-)Moment $\vec{m}$ SI-Einheit: A·m²

Magnetisches Dipolmoment $\vec{j}$ SI-Einheit: Wb·m = V·s·m

Das magnetische (Flächen)-Moment ist das Umlaufintegral über die Momente erster Ordnung der Stromelemente $I\,\vec{\mathrm{d}s}$ eines geschlossenen Stromfadens. Die Momente sind mit dem Ortsvektor $\vec{r}$ bezüglich eines frei wählbaren Ursprungs zu bilden. Es gilt:

$$\vec{m} = \frac{1}{2} I \oint \vec{r} \times \vec{\mathrm{d}s} \tag{38}$$

Für einen geschlossenen Stromfaden, der eine ebene Fläche mit dem Flächenvektor $\vec{A}$ umfaßt, gilt:

$$\vec{m} = I\,\vec{A} \tag{39}$$

Der Vektor $\vec{m}$ und der Umlaufsinn des Stromes bilden den Rechtsschraubsinn.

Die Größe

$$\vec{j} = \mu_0 \vec{m} \tag{40}$$

heißt magnetisches Dipolmoment.

Die Magnetisierung $\vec{M}$ ist gleich der räumlichen Dichte der auf den magnetischen Materialeigenschaften beruhenden magnetischen Flächenmomente. Die magnetische Polarisation $\mu_0 \vec{M}$ ist gleich der räumlichen Dichte der magnetischen Dipolmomente. Es gilt:

$$\vec{M} = \frac{\mathrm{d}\vec{m}}{\mathrm{d}V} \tag{41}$$

$$\vec{m} = \int_V \vec{M}\,\mathrm{d}V \tag{42}$$

$$\mu_0 \vec{M} = \frac{\mathrm{d}\vec{j}}{\mathrm{d}V} \tag{43}$$

$$\vec{j} = \int_V \mu_0 \vec{M}\,\mathrm{d}V \tag{44}$$

7 Spannungen und Potentiale

7.1 (Elektrische) Spannung U SI-Einheit: V

Das Linienintegral der elektrischen Feldstärke $\vec{E}$ längs eines Weges der Länge s vom Raumpunkt P_1 zum Raumpunkt P_2 heißt elektrische Spannung längs dieses Weges. Es gilt:

$$U_{12} = \int_{P_1}^{P_2} \vec{E} \cdot \vec{\mathrm{d}s} \tag{45}$$

7.2 Elektrisches Potential φ_e SI-Einheit: V

Ist in einem elektrischen Feld die Spannung zwischen den Raumpunkten P_1 und P_2 wegunabhängig, so nennt man das Feld wirbelfrei. In diesem Fall kann man jedem Punkt P ein elektrisches Potential gegenüber einem Bezugspunkt P_0 mit dem frei wählbaren Bezugspotential $\varphi_{\mathrm{e}0}$ zuordnen. Wählt man $\varphi_{\mathrm{e}0} = 0$, so gilt für einen beliebigen Weg s von P_0 nach P:

$$\varphi_\mathrm{e} = -\int_{P_0}^{P} \vec{E} \cdot \vec{\mathrm{d}s} \tag{46}$$

In differentieller Schreibweise gilt:

$$\vec{E} = -\operatorname{grad} \varphi_\mathrm{e} \tag{47}$$

Die Spannung

$$U_{12} = -(\varphi_{\mathrm{e}2} - \varphi_{\mathrm{e}1}) \tag{48}$$

ist das Negative der Potentialdifferenz von P_1 nach P_2.

Anmerkung: Das Formelzeichen φ wird in der Elektrotechnik auch für den Phasenverschiebungswinkel gebraucht. Zur Unterscheidung wird das elektrische Potential hier mit φ_e bezeichnet. International wird das Formelzeichen V verwendet.

7.3 Induzierte Spannung U_i SI-Einheit: V

Wird eine offene und einfach zusammenhängende Fläche mit dem Flächeninhalt A, die durch eine geschlossene Leiterschleife mit der Leiterlänge s begrenzt ist, vom magnetischen Fluß Φ durchsetzt, so wird bei Änderung des umfaßten Flusses eine Spannung U_i in der Leiterschleife induziert. Die Spannung

$$U_\mathrm{i} = -\int_A \frac{\partial \vec{B}}{\partial t} \cdot \vec{\mathrm{d}A} + \oint_s \left(\vec{v} \times \vec{B}\right) \cdot \vec{\mathrm{d}s} = -\frac{\mathrm{d}\Phi}{\mathrm{d}t} \tag{49}$$

heißt induzierte Spannung längs der Leiterschleife, deren Elemente mit der Länge $\vec{\mathrm{d}s}$ im Bezugssystem von $\vec{B}$ die lokale Geschwindigkeit $\vec{v}$ haben und mit den Flächenelementen $\vec{\mathrm{d}A}$ den Rechtsschraubsinn bilden.

7.4 Magnetisches Vektorpotential $\vec{A}_\mathrm{m}$ SI-Einheit: Wb/m V · s/m

Im magnetischen Feld kann an jedem Punkt des Raumes die magnetische Flußdichte durch das magnetische Vektorpotential entsprechend der Beziehung

$$\vec{B} = \operatorname{rot} \vec{A}_\mathrm{m} \tag{50}$$

ausgedrückt werden. Damit folgt aus Gleichung (1):

$$\vec{E} = -\left(\operatorname{grad} \varphi_e + \frac{\partial \vec{A}_m}{\partial t}\right) \quad (51)$$

Anmerkung: Als Formelzeichen für das magnetische Vektorpotential ist $\vec{A}$ international üblich. Um Verwechslungen mit dem Formelzeichen $\vec{A}$ für den Flächenvektor zu vermeiden, wird hier das Formelzeichen $\vec{A}_m$ verwendet.

7.5 Magnetische Spannung V_m SI-Einheit: A

Das Linienintegral der magnetischen Feldstärke $\vec{H}$ längs eines Weges der Länge s vom Raumpunkt P_1 zum Raumpunkt P_2 heißt magnetische Spannung V_m längs dieses Weges. Es gilt:

$$V_{m12} = \int_{P_1}^{P_2} \vec{H} \cdot d\vec{s} \quad (52)$$

Fallen End- und Ausgangspunkt des Weges zusammen, so nennt man die magnetische Spannung entlang dem geschlossenen Weg magnetische Umlaufspannung. Sie bildet die linke Seite des Durchflutungsgesetzes nach Gleichung (6).

7.6 Durchflutung Θ SI-Einheit: A

Die rechte Seite des Durchflutungsgesetzes nach Gleichung (6) ist die elektrische Gesamtdurchflutung Θ_{tot} des Querschnitts mit dem Flächeninhalt A. Es gilt:

$$\Theta_{tot} = \int_A \vec{J}_{tot} \cdot d\vec{A} = \int_A \left(\frac{\partial \vec{D}}{\partial t} + \vec{J}\right) \cdot d\vec{A} = \frac{\partial \Psi}{\partial t} + I \quad (53)$$

Die Gesamtdurchflutung setzt sich zusammen aus der Anstiegsgeschwindigkeit des elektrischen Flusses und der Stärke des Stromes, die den Querschnitt durchsetzen.

Ist die Anstiegsgeschwindigkeit des elektrischen Flusses zu vernachlässigen, so ist die Durchflutung Θ einer Fläche, die von einem Strom N-mal in der gleichen Richtung durchflossen wird:

$$\Theta = N\, I \quad (54)$$

8 Energie- und Impulsgrößen

8.1 Elektromagnetische Energiedichte w

SI-Einheit: $J/m^3 = V \cdot A \cdot s/m^3$

Die Dichte der im elektromagnetischen Feld enthaltenen elektrischen und magnetischen Energie heißt elektromagnetische Energiedichte w. Es gilt:

$$w = \int_0^D \vec{E} \cdot d\vec{D} + \int_0^B \vec{H} \cdot d\vec{B} = w_e + w_m \quad (55)$$

w_e heißt elektrische Energiedichte, w_m heißt magnetische Energiedichte. Für dielektrisch und magnetisch ideale Materialien gilt:

$$w = \frac{1}{2}(\vec{E} \cdot \vec{D} + \vec{H} \cdot \vec{B}) \quad (56)$$

Ist das Material außerdem isotrop, so gilt auch:

$$w = \frac{1}{2}(\varepsilon E^2 + \mu H^2) \quad (57)$$

8.2 Poynting-Vektor $\vec{S}$ SI-Einheit: $W/m^2 = V \cdot A/m^2$

Die Energiestromdichte eines elektromagnetischen Feldes (elektromagnetische Leistungsdichte) ist gegeben durch das Vektorprodukt aus den Feldstärken der miteinander verketteten elektrischen und magnetischen Feldanteile. Der Vektor

$$\vec{S} = \vec{E} \times \vec{H} \quad (58)$$

heißt Poynting-Vektor.

8.3 Elektromagnetische Impulsdichte $\vec{p}_V$

SI-Einheit: $N \cdot s/m^3 = V \cdot A \cdot s^2/m^4$

Der volumenbezogene Impuls, der zu einem elektromagnetischen Feld gehört, heißt elektromagnetische Impulsdichte $\vec{p}_V$. Es gilt:

$$\vec{p}_V = \frac{\vec{S}}{c^2} = \vec{D} \times \vec{B} \quad (59)$$

Dabei bedeutet c die Ausbreitungsgeschwindigkeit elektromagnetischer Energie in der vorliegenden Materie.

8.4 Kraftdichte $\vec{f}$ SI-Einheit: $N/m^3 = V \cdot A \cdot s/m^4$

Auf Ladungsträger, die eine Raumladungsdichte ϱ hervorrufen und deren Bewegungen durch die Stromdichte $\vec{J}$ beschrieben werden, übt das elektromagnetische Feld Kräfte aus, welche durch die Kraftdichte $\vec{f}$ beschrieben werden. Es gilt:

$$\vec{f} = \varrho \vec{E} + \vec{J} \times \vec{B} \quad (60)$$

Zitierte Normen

DIN 1303	Vektoren, Matrizen, Tensoren; Zeichen und Begriffe
DIN 1304 Teil 1	Formelzeichen; Allgemeine Formelzeichen
DIN 1324 Teil 2	Elektromagnetisches Feld; Materialgrößen
DIN 1324 Teil 3	Elektromagnetisches Feld; Elektromagnetische Wellen
DIN 4895 Teil 2	Orthogonale Koordinatensysteme; Differentialoperatoren der Vektoranalysis
DIN 5489	Vorzeichen- und Richtungsregeln für elektrische Netze
DIN IEC 50 Teil 121	Internationales Elektrotechnisches Wörterbuch; Teil 121: Elektromagnetismus

Weitere Normen

IEC 27-1 (1971) Letter symbols to be used in electrical technology; Part 1: General

Frühere Ausgaben

DIN 1323: 04.26, 08.58, 01.61, 02.66; DIN 1324: 07.46, 04.58, 01.64, 01.72; DIN 1325: 07.46, 04.58, 01.64, 01.67, 01.72; DIN 40130: 01.42

Änderungen

Gegenüber DIN 1324/01.72, DIN 1325/01.72 und DIN 1323/02.66 wurden folgende Änderungen vorgenommen:

a) Inhalt von DIN 1324 und DIN 1325 mit Teilen des Inhaltes von DIN 1323 zusammengefaßt

b) Vollständig überarbeitet

c) Neu gegliedert und auf DIN 1324 Teil 1 über Zustandsgrößen und DIN 1324 Teil 2 über Materialeigenschaften aufgeteilt.

DK 537.8 Mai 1988

Elektromagnetisches Feld

Materialgrößen

DIN 1324 Teil 2

Electromagnetic field; material quantities

Mit DIN 1324 T 1/05.88
Ersatz für DIN 1324/01.72
und DIN 1325/01.72

1 Anwendungsbereich und Zweck

Zweck dieser Norm ist es, die Materialgrößen darzustellen, die materialspezifische Beziehungen (z.B. Proportionalitäten) zwischen den Feldgrößen des elektromagnetischen Feldes (siehe DIN 1324 Teil 1) beschreiben. Die Norm basiert auf dem Kapitel 121 des Internationalen Elektrotechnischen Wörterbuches (IEV), das Begriffe des Elektromagnetismus enthält (siehe DIN IEC 50 Teil 121).

2 Allgemeines

Die in dieser Norm behandelten Größen und Begriffe sind in Tabelle 1 angegeben.

Während die in den Abschnitten 3 und 4 vorausgesetzte Proportionalität zwischen den elektrischen Feldgrößen in vielen technisch verwendeten Dielektrika im Rahmen der erforderlichen Genauigkeit gegeben ist, verhalten sich in allen „magnetischen" Materialien (Ferro- und Ferrimagnetika) die magnetischen Feldgrößen nichtlinear zueinander.

Damit dielektrisch bzw. magnetisch nichtlineare Eigenschaften dennoch durch Permittivitäts- bzw. Permeabilitätszahlen beschrieben werden können, wird im Abschnitt 5 eine Reihe dafür geeigneter Größen eingeführt.

Die komplexen Größen nach Abschnitt 6 werden zweckmäßigerweise verwendet, wenn statt der im Abschnitt 4 vorausgesetzten idealen Eigenschaften zwar lineare Abhängigkeiten zwischen den Feldgrößen bestehen, die materialbedingten Verluste jedoch zeitliche Verzögerungen zwischen ihnen hervorrufen.

Die Benennung „Konstante" wird für die Materialgrößen nicht verwendet, weil diese Größen z.B. von der Temperatur, der Frequenz usw. abhängen.

Da die Materialgrößen zur Beschreibung dielektrischer und magnetischer Eigenschaften meist analog zueinander gebildet sind, sind sie, soweit möglich, in dieser Norm unmittelbar nebeneinander gestellt. Textteile, die für beide Darstellungen gleichermaßen gelten, sind dabei nur einmal aufgeführt.

Tabelle 1. **Übersicht**

Materialgröße	Formelzeichen	SI-Einheit	Siehe Abschnitt
Materialgrößen zur Beschreibung der Stromleitung			3
Elektrische Leitfähigkeit, Konduktivität	$\varkappa$ [1])	S/m = A/(V · m)	3
Spezifischer elektrischer Widerstand, Resistivität	ϱ	Ω·m = V·m/A	3
Materialgrößen zur Beschreibung linearer dielektrischer bzw. magnetischer Eigenschaften			4
Permittivität	ε	F/m = A · s/(V·m)	4
Permeabilität	μ	H/m = V · s/(A·m)	4
Permittivitätszahl (relative Permittivität)	ε_r	1	4
Permeabilitätszahl (relative Permeabilität)	μ_r	1	4
Elektrische Suszeptibilität	χ_e	1	4
Magnetische Suszeptibilität	χ_m	1	4
Materialgrößen für dielektrisch bzw. magnetisch nichtlineare Materialien			5
Aus der Hystereseschleife bei Vollaussteuerung abgeleitete Materialgrößen:			5.1
Magnetische Sättigungspolarisation	J_s	T = V · s/m²	5.1
Sättigungsmagnetisierung	M_s	A/m	5.1
Elektrische Remanenzflußdichte	D_r	C/m² = A · s/m²	5.1
Magnetische Remanenzflußdichte	B_r	T = V · s/m²	5.1
Elektrische Koerzitivfeldstärke	E_c	V/m	5.1
Magnetische Koerzitivfeldstärke	H_c	A/m	5.1
Flußdichte-Koerzitivfeldstärke	H_{cB}	A/m	5.1
Polarisations-Koerzitivfeldstärke	H_{cJ}	A/m	5.1
Differentielle Permittivitätszahl	ε_{dif}	1	5.1
Differentielle Permeabilitätszahl	μ_{dif}	1	5.1

[1]) Wegen Überschneidung wird in dieser Norm das 2. Ausweichzeichen $\varkappa$ anstelle des Vorzugszeichens γ und des 1. Ausweichzeichens σ nach DIN 1304 Teil 1 benutzt.

Fortsetzung Seite 2 bis 7

Normenausschuß Einheiten und Formelgrößen (AEF) im DIN Deutsches Institut für Normung e.V.
Deutsche Elektrotechnische Kommission im DIN und VDE (DKE)

Tabelle 1. (Fortsetzung)

Materialgröße	Formelzeichen	SI-Einheit	Siehe Abschnitt
Aus Unterschleifen abgeleitete Materialgrößen:			5.2
Symmetrische Aussteuerung, ausgehend vom neutralen Zustand:			5.2.1
Amplitudenpermittivitätszahl	ε_a	1	5.2.1
Amplitudenpermeabilitätszahl	μ_a	1	5.2.1
Wechselpermittivitätszahl	$\varepsilon_\sim$	1	5.2.1
Wechselpermeabilitätszahl	$\mu_\sim$	1	5.2.1
Anfangspermittivitätszahl	ε_i	1	5.2.1
Anfangspermeabilitätszahl	μ_i	1	5.2.1
Maximalpermittivitätszahl	ε_{max}	1	5.2.1
Maximalpermeabilitätszahl	μ_{max}	1	5.2.1
Unsymmetrische Aussteuerung:			5.2.2
Überlagerungspermittivitätszahl	ε_Δ	1	5.2.2
Überlagerungspermeabilitätszahl	μ_Δ	1	5.2.2
Impulspermittivitätszahl	ε_p	1	5.2.2
Impulspermeabilitätszahl	μ_p	1	5.2.2
Reversible Permittivitätszahl	ε_{rev}	1	5.2.2
Reversible Permeabilitätszahl	μ_{rev}	1	5.2.2
Materialgrößen bei sinusförmiger Zeitabhängigkeit			6
Komplexe Permittivitätszahl	$\underline{\varepsilon}_r$	1	6
Komplexe Permeabilitätszahl	$\underline{\mu}_r$	1	6
Permittivitäts-Verlustfaktor	$\tan \delta_\varepsilon$	1	6
Permeabilitäts-Verlustfaktor	$\tan \delta_\mu$	1	6
Komplexe elektrische Suszeptibilität	$\underline{\chi}_e$	1	6
Komplexe magnetische Suszeptibilität	$\underline{\chi}_m$	1	6

3 Materialgrößen zur Beschreibung der Stromleitung

Die elektrische Stromdichte und die elektrische Feldstärke sind in isotropen Materialien außerhalb stofflicher Inhomogenitäten einander gleichgerichtet. Es gilt:

$$\vec{J} = \varkappa \vec{E} \tag{1}$$

und

$$\vec{E} = \varrho \vec{J} \tag{2}$$

Die Materialgröße $\varkappa$ wird elektrische Leitfähigkeit oder Konduktivität genannt, ihr Kehrwert $\varrho = 1/\varkappa$ spezifischer elektrischer Widerstand oder Resistivität.

Wenn $\varkappa$ und damit ϱ unabhängig von der elektrischen Feldstärke ist, spricht man von ohmschem Verhalten.

Anmerkung: Das Formelzeichen $\varkappa$ ist hier zwecks Vermeidung von Überschneidungen gewählt; sonst werden die Zeichen γ oder σ bevorzugt. Das Formelzeichen ϱ wird in der Elektrotechnik sowohl für die Raumladungsdichte als auch für den spezifischen elektrischen Widerstand benutzt.

4 Materialgrößen zur Beschreibung linearer dielektrischer Eigenschaften | magnetischer Eigenschaften

Materialien, bei denen im Rahmen der Grenzabweichungen die zeitabhängigen Feldgrößen

$\vec{E}$, $\vec{D}$ und $\vec{P}$ | $\vec{H}$, $\vec{B}$ und $\vec{M}$

durch Systeme von linearen Differentialgleichungen mit feldstärkeunabhängigen Koeffizienten verknüpft sind, heißen

dielektrisch lineare Materialien (kurz lineare Dielektrika).

Anmerkung: Zum Beispiel besteht für Dielektrika mit einem einheitlichen Resonanz- oder Relaxationsverhalten der Zusammenhang

$$a_0 \vec{D} + a_1 \frac{\partial \vec{D}}{\partial t} + a_2 \frac{\partial^2 \vec{D}}{\partial t^2} = \varepsilon_0 \vec{E} \tag{3}$$

mit dem Rückstellkoeffizienten a_0, dem Dämpfungskoeffizienten a_1 und dem Trägheitskoeffizienten a_2.

magnetisch lineare Materialien.

Für die elektromagnetischen Felder gilt in diesen Materialien das Superpositionsgesetz: Unterschiedliche Vorgänge überlagern sich, ohne sich gegenseitig zu beeinflussen.

Man nennt Materialien

dielektrisch

magnetisch

ideal, wenn die Feldgrößen zueinander proportional sind, wenn also bei den betrachteten Zeitabhängigkeiten die Summanden mit zeitlichen Ableitungen in den Differentialgleichungen vernachlässigbar klein sind.

Sind die Materialien außerdem isotrop, so ist der Quotient der Beträge von Flußdichte und Feldstärke in demselben Feldpunkt die

Permittivität

$$\varepsilon = \frac{D}{E} \quad (4)$$

Permeabilität

$$\mu = \frac{B}{H} \quad (5)$$

Für den materiefreien Raum stimmt sie nach DIN 1324 Teil 1/05.88, Abschnitt 3.3, überein mit der

elektrischen Feldkonstante ε_0.

magnetischen Feldkonstante μ_0.

Man nennt das Größenverhältnis

$$\frac{\varepsilon}{\varepsilon_0} = \varepsilon_r \quad (6)$$

Permittivitätszahl oder relative Permittivität.

$$\frac{\mu}{\mu_0} = \mu_r \quad (7)$$

Permeabilitätszahl oder relative Permeabilität.

Man nennt das Größenverhältnis

$$\chi_e = \frac{P}{\varepsilon_0 E} = \varepsilon_r - 1 \quad (8)$$

elektrische Suszeptibilität.

$$\chi_m = \frac{M}{H} = \mu_r - 1 \quad (9)$$

magnetische Suszeptibilität.

Es gilt also für isotrope ideale

Dielektrika:

$$\vec{D} = \varepsilon \vec{E} = \varepsilon_0 \varepsilon_r \vec{E} \quad (10)$$

$$\vec{P} = \varepsilon_0 \chi_e \vec{E} \quad (12)$$

$$\frac{\varepsilon}{\varepsilon_0} = \varepsilon_r = \chi_e + 1 \quad (14)$$

Magnetika:

$$\vec{B} = \mu \vec{H} = \mu_0 \mu_r \vec{H} \quad (11)$$

$$\vec{M} = \chi_m \vec{H} \quad (13)$$

$$\frac{\mu}{\mu_0} = \mu_r = \chi_m + 1 \quad (15)$$

Für dielektrisch bzw. magnetisch ideale, jedoch anisotrope Materialien treten an Stelle der skalaren Materialgrößen Tensoren zweiter Stufe.

5 Materialgrößen für dielektrisch nichtlineare Materialien | magnetisch nichtlineare Materialien

In ferroelektrischen

In ferro- und in ferrimagnetischen

Materialien unterscheidet man zwischen der spontanen Polarisation als der Vektorsumme der Dipolmomente über viele Elementarzellen innerhalb einer Domäne, dividiert durch das entsprechende Volumen, und der pauschalen Polarisation als der Vektorsumme der Dipolmomente über viele Domänen (z. B. über die ganze Probe) dividiert durch ihr Volumen.

Die spontane elektrische Polarisation in ferroelektrischen Materialien muß man bei $E = 0$ ermitteln, denn bei $E \neq 0$ kommt ein feldinduzierter Polarisationsbeitrag hinzu.

Der Betrag der spontanen magnetischen Polarisation in ferro- und in ferrimagnetischen Materialien hängt praktisch nicht von der magnetischen Feldstärke ab.

Durch die Domänenstruktur werden auch die übrigen Feldgrößen inhomogen. Unter der pauschalen Flußdichte versteht man ebenfalls den Mittelwert über viele Domänen.

Die nichtlinearen Zusammenhänge zwischen den Feldgrößen werden meist so dargestellt, daß man die pauschale Flußdichte oder die pauschale Polarisation in Abhängigkeit von der Feldstärke als Zustandskurven darstellt. Man unterscheidet zwischen statischen und dynamischen Zustandskurven.

Der Zustand des Materials, in dem die pauschale Polarisation, die pauschale Flußdichte und die Feldstärke gleich null sind, heißt neutraler Zustand. Er kann durch dynamisches, statisches oder thermisches

Depolarisieren

Abmagnetisieren

erreicht werden.

Die vom neutralen Zustand ausgehende Zustandskurve bei monotoner Feldstärkesteigerung heißt Neukurve.

Die bei zyklischer Feldstärkeänderung auftretende, aus einem aufsteigend durchlaufenen und einem davon verschiedenen absteigend durchlaufenen Kurvenast bestehende statische geschlossene Zustandskurve heißt Hystereseschleife, siehe Bilder 1, 2 und 3. Die eingeschlossene Hysteresefläche gibt die bei einem Zyklus auf der Umpolarisation beruhende Verlustenergiedichte an.

Für isotrope Materialien werden aus den Hystereseschleifen die folgenden Größen abgeleitet.

5.1 Aus der Hystereseschleife bei Vollaussteuerung abgeleitete Materialgrößen

Dielektrika weisen keine dielektrische Sättigung auf. Die erreichbare Feldstärke wird durch die Durchbruchfeldstärke begrenzt.

Ändert sich mit zunehmender Feldstärke H die Magnetisierung M nicht mehr merklich, so spricht man von magnetischer Sättigung. Die zugehörigen Werte heißen Sättigungsmagnetisierung M_s und magnetische Sättigungspolarisation $\mu_0\, M_s = J_s$.

Auf der vollausgesteuerten, d. h. bis kurz vor den elektrischen Durchbruch

zur magnetischen Sättigung

ausgesteuerten Hystereseschleife heißt die Flußdichte beim Nulldurchgang der Feldstärke Remanenzflußdichte. Die Remanenzflußdichte stimmt mit der Remanenzpolarisation überein. Es gilt:

$$D_r = P_r \quad (16)$$

$$B_r = \mu_0\, M_r = J_r \quad (17)$$

Die Feldstärke beim Nulldurchgang der Flußdichte heißt elektrische Koerzitivfeldstärke E_c. Der Unterschied zwischen den Feldstärkewerten beim Nulldurchgang der elektrischen Flußdichte und der elektrischen Polarisation ist vernachlässigbar.

magnetische Flußdichte-Koerzitivfeldstärke H_{cB}. Der davon verschiedene Feldstärkewert beim Nulldurchgang der magnetischen Polarisation heißt Polarisations-Koerzitivfeldstärke H_{cJ} (siehe Bild 2).

Materialien, bei denen die Koerzitivfeldstärken wesentlich größer als 1 kA/m sind, heißen hartmagnetisch. Materialien, bei denen die Koerzitivfeldstärken wesentlich kleiner sind, heißen weichmagnetisch. Bei weichmagnetischen Materialien ist der Unterschied zwischen H_{cB} und H_{cJ} vernachlässigbar, und man spricht einfach von der magnetischen Koerzitivfeldstärke H_c.

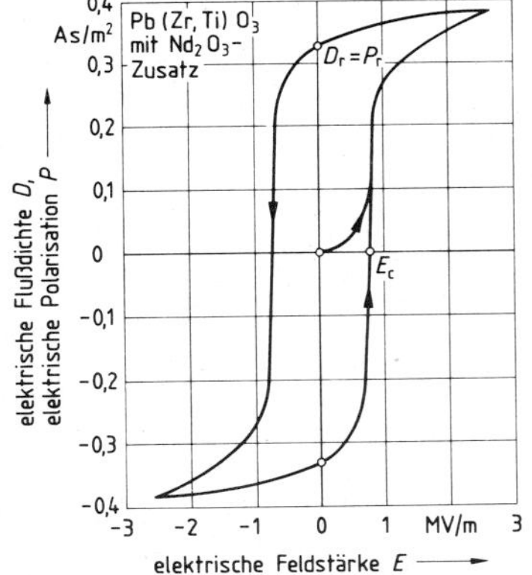

Bild 1. Beispiel für eine vollausgesteuerte Hystereseschleife der elektrischen Flußdichte und der elektrischen Polarisation (im Rahmen der Zeichengenauigkeit nicht unterscheidbar) mit Definition der Remanenzflußdichte bzw. Remanenzpolarisation $D_r = P_r$ und der Koerzitivfeldstärke E_c für ein ferroelektrisches Material.

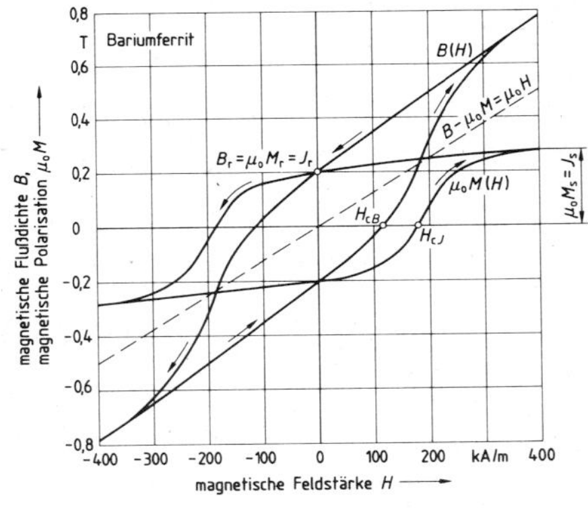

Bild 2. Beispiel für eine vollausgesteuerte Hystereseschleife der magnetischen Flußdichte und der magnetischen Polarisation mit Definition der Remanenzflußdichte bzw. Remanenzpolarisation $B_r = \mu_0\, M_r = J_r$, der Flußdichte-Koerzitivfeldstärke H_{cB} und der Polarisations-Koerzitivfeldstärke H_{cJ} für ein hartmagnetisches Material

Die aus der Steigung in einem Punkt der Hystereseschleife (siehe Bild 3) abgeleitete

Permittivitätszahl heißt differentielle Permittivitätszahl:

$$\varepsilon_{dif} = \frac{1}{\varepsilon_0}\,\frac{dD}{dE} \quad (18)$$

Permeabilitätszahl heißt differentielle Permeabiliätszahl.

$$\mu_{dif} = \frac{1}{\mu_0}\,\frac{dB}{dH} \quad (19)$$

5.2 Aus Unterschleifen abgeleitete Materialgrößen

Die zwischen kleineren Werten der Feldstärke zyklisch durchlaufenen Hystereseschleifen heißen Unterschleifen. Aus ihnen sind die folgenden Größen abgeleitet, mit denen das Materialverhalten bei elektrischen Wechsel- und Impulsvorgängen charakterisiert wird (siehe Bild 3).

Die meisten der in den Abschnitten 5.2.1. und 5.2.2 definierten Größen hängen von der Aussteuerung und vom Arbeitspunkt sowie vom zeitlichen Verlauf der Feldänderung ab. Entsprechende Angaben sind daher nötig.

5.2.1 Symmetrische Aussteuerung, ausgehend vom neutralen Zustand

Die von den Maximalwerten der Feldstärke und der Flußdichte bei symmetrischer Aussteuerung um den neutralen Zustand abgeleitete

Permittivitätszahl heißt Amplitudenpermittivitätszahl:

$$\varepsilon_a = \frac{1}{\varepsilon_0} \frac{\hat{D}}{\hat{E}} \tag{20}$$

Permeabilitätszahl heißt Amplitudenpermeabilitätszahl:

$$\mu_a = \frac{1}{\mu_0} \frac{\hat{B}}{\hat{H}} \tag{21}$$

Legt man statt der Maximalwerte die Effektivwerte der Zustandsgrößen zugrunde, so erhält man die

Wechselpermittivitätszahl:

$$\varepsilon_{\sim} = \frac{1}{\varepsilon_0} \frac{\widetilde{D}}{\widetilde{E}} \tag{22}$$

Wechselpermeabilitätszahl:

$$\mu_{\sim} = \frac{1}{\mu_0} \frac{\widetilde{B}}{\widetilde{H}} \tag{23}$$

Der statisch gemessene Grenzwert dieser Größen für sehr kleine Aussteuerung stimmt mit der Steigung der Neukurve im Nullpunkt überein (siehe Bild 3) und heißt

Anfangspermittivitätszahl.

$$\varepsilon_i = \lim_{\hat{E} \to 0} \varepsilon_a \tag{24}$$

Anfangspermeabilitätszahl.

$$\mu_i = \lim_{\hat{H} \to 0} \mu_a \tag{25}$$

Anmerkung: Aus praktischen Gründen wird statt der Anfangspermeabilitätszahl oft der Wert der Amplitudenpermeabilitätszahl bei einer sehr kleinen Feldstärke angegeben, z. B. der Wert μ_4 bei $\hat{H} = 400$ mA/m.

Der Maximalwert der

Amplitudenpermittivitätszahl | Amplitudenpermeabilitätszahl

bezüglich Variation der Amplitude ist gegeben durch die Steigung der Tangente vom Ursprung an die Neukurve (siehe Bild 3) und heißt

Maximalpermittivitätszahl.

$$\varepsilon_{max} = (\varepsilon_a)_{max} \tag{26}$$

Maximalpermeabilitätszahl.

$$\mu_{max} = (\mu_a)_{max} \tag{27}$$

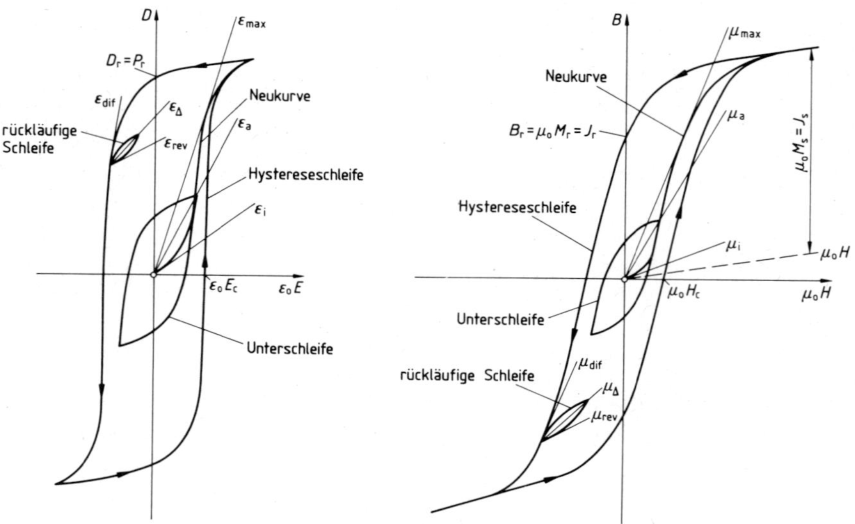

Bild 3. Erläuterung der in den Abschnitten 5.1 und 5.2 festgelegten Permittivitäts- und Permeabilitätszahlen als Steigungen der im Bild eingetragenen Geraden. (Für Abszisse und Ordinate der Bilder wurden verschiedene Maßstäbe verwendet.)

5.2.2 Unsymmetrische Aussteuerung

Wird in einem Arbeitspunkt dem Gleichfeld ein Wechselfeld überlagert, so heißt die von den Amplituden der Flußdichte und der Feldstärke abgeleitete

Permittivitätszahl Überlagerungspermittivitätszahl:

$$\varepsilon_\Delta = \frac{1}{\varepsilon_0}\,\frac{\Delta D}{\Delta E} \tag{28}$$

Permeabilitätszahl Überlagerungspermeabilitätszahl:

$$\mu_\Delta = \frac{1}{\mu_0}\,\frac{\Delta B}{\Delta H} \tag{29}$$

Überlagert man dem Gleichfeld anstelle von Wechselfeldern unipolare Feldimpulse, so spricht man von der

Impulspermittivitätszahl.

$$\varepsilon_\mathrm{p} = \frac{1}{\varepsilon_0}\,\frac{\Delta D}{\Delta E} \tag{30}$$

Impulspermeabilitätszahl.

$$\mu_\mathrm{p} = \frac{1}{\mu_0}\,\frac{\Delta B}{\Delta H} \tag{31}$$

Der Grenzwert dieser Größen für sehr kleine Aussteuerung heißt

reversible Permittivitätszahl.

$$\varepsilon_\mathrm{rev} = \lim_{\Delta E \to 0} \varepsilon_\Delta \tag{32}$$

reversible Permeabilitätszahl.

$$\mu_\mathrm{rev} = \lim_{\Delta H \to 0} \mu_\Delta \tag{33}$$

6 Materialgrößen bei sinusförmiger Zeitabhängigkeit der Feldgrößen

Die Flußdichte folgt der Feldstärke im allgemeinen verzögert. Bei einer sinusförmigen Zeitabhängigkeit der Feldgrößen kann man für

dielektrisch | magnetisch

lineare Materialien den Amplitudenquotienten und die Phasendifferenz durch komplexe Materialgrößen beschreiben und dabei auch die Leitungsverluste der Dielektrika mit berücksichtigen. Es ist dies

die komplexe Permittivitätszahl.

$$\underline{\varepsilon}_\mathrm{r} = \frac{1}{\varepsilon_0}\,\frac{\mathrm{j}\omega\underline{\hat{D}} + \underline{\hat{J}}}{\mathrm{j}\omega\underline{\hat{E}}} = \frac{\underline{\hat{D}}}{\varepsilon_0\underline{\hat{E}}} - \mathrm{j}\,\frac{\varkappa}{\omega\,\varepsilon_0} \tag{34}$$

$\underline{\hat{J}}$ bedeutet hier die komplexe Amplitude der Stromdichte.

die komplexe Permeabilitätszahl.

$$\underline{\mu}_\mathrm{r} = \frac{\underline{\hat{B}}}{\mu_0\,\underline{\hat{H}}} \tag{35}$$

In nichtlinearen Materialien resultiert aus einem zeitlich sinusförmigen Verlauf der Feldstärke ein nicht sinusförmiger Verlauf der Flußdichte und umgekehrt. In den Gleichungen (34) bzw. (35) ist die komplexe Amplitude der Grundschwingung der Feldstärke bzw. der Flußdichte einzusetzen.

Die komplexe Permittivitätszahl berücksichtigt die Leitungs- und Relaxationsverluste und die Verluste der Ionen- und Elektronenresonanzen, in piezoelektrischen Materialien auch die mechanischen Resonanzen.

Die komplexe Permeabilitätszahl berücksichtigt die Hysterese-, Nachwirkungs- und Spinpräzessionsverluste, nicht jedoch die von den Probenabmessungen abhängigen Wirbelstromverluste.

Für die Real- und Imaginärteile dieser komplexen Größen sind Formelzeichen gemäß

$$\underline{\varepsilon}_\mathrm{r} = \varepsilon_\mathrm{r}' - \mathrm{j}\,\varepsilon_\mathrm{r}'' \tag{36}$$

$$\underline{\mu}_\mathrm{r} = \mu_\mathrm{r}' - \mathrm{j}\,\mu_\mathrm{r}'' \tag{37}$$

üblich. Man nennt das Verhältnis

$$\tan\delta_\varepsilon = \frac{\varepsilon_\mathrm{r}''}{\varepsilon_\mathrm{r}'} \tag{38}$$

Permittivitäts-Verlustfaktor.

$$\tan\delta_\mu = \frac{\mu_\mathrm{r}''}{\mu_\mathrm{r}'} \tag{39}$$

Permeabilitäts-Verlustfaktor.

Zu allen abgeleiteten

Permittivitätszahlen | Permeabilitätszahlen

gibt es entsprechende Suszeptibilitäten, z. B. die

komplexe elektrische Suszeptibilität.

$$\underline{\chi}_\mathrm{e} = \frac{1}{\varepsilon_0}\,\frac{\mathrm{j}\omega\underline{\hat{D}} + \underline{\hat{J}}}{\mathrm{j}\omega\underline{\hat{E}}} - 1 \tag{40}$$

komplexe magnetische Suszeptibilität.

$$\underline{\chi}_\mathrm{m} = \frac{1}{\mu_0}\,\frac{\underline{\hat{B}}}{\underline{\hat{H}}} - 1 \tag{41}$$

Es gilt für die

komplexe Permittivität:

$$\underline{\varepsilon} = \varepsilon_0\,\underline{\varepsilon}_\mathrm{r} = \varepsilon' - \mathrm{j}\,\varepsilon'' \tag{42}$$

komplexe Permeabilität:

$$\underline{\mu} = \mu_0\,\underline{\mu}_\mathrm{r} = \mu' - \mathrm{j}\,\mu'' \tag{43}$$

Zitierte Normen

DIN 1304 Teil 1	Formelzeichen; Allgemeine Formelzeichen
DIN 1324 Teil 1	Elektromagnetisches Feld; Zustandsgrößen
DIN IEC 50 Teil 121	Internationales Elektrotechnisches Wörterbuch; Teil 121: Elektromagnetismus

Frühere Ausgaben

DIN 1324: 07.46, 04.58, 01.64, 01.72
DIN 1325: 07.46, 04.58, 01.64, 01.67, 01.72
DIN 40 130: 01.42

Änderungen

Gegenüber DIN 1324/01.72, DIN 1325/01.72 und DIN 1323/02.66 wurden folgende Änderungen vorgenommen:

a) Inhalt von DIN 1324 und DIN 1325 mit Teilen des Inhaltes von DIN 1323 zusammengefaßt
b) Vollständig überarbeitet
c) Neu gegliedert und auf DIN 1324 Teil 1 über Zustandsgrößen und DIN 1324 Teil 2 über Materialeigenschaften aufgeteilt.

Internationale Patentklassifikation

G 01 R 33/12
H 01 F 1/00
H 01 G 4/06
H 01 G 7/06

DK 537.8 Mai 1988

Elektromagnetisches Feld
Elektromagnetische Wellen

DIN 1324 Teil 3

Electromagnetic field; electromagnetic waves

1 Anwendungsbereich und Zweck

Diese Norm behandelt die physikalischen Grundlagen für elektromagnetische Wellen, deren mathematische Beschreibung sowie die zugehörigen Begriffe.

2 Allgemeines

Die in dieser Norm behandelten Größen und Begriffe sind in Tabelle 1 angegeben.

Der mathematische Ausdruck zur räumlichen und zeitlichen Beschreibung einer Welle wird Wellenfunktion genannt. Elektromagnetische Wellen sind polarisierbar. Ihre Wellenfunktionen sind deshalb vektoriell.

Elektromagnetische Wellen werden zweckmäßig durch die Wellenfunktionen der zugehörigen elektrischen Feldstärke $\vec{E}$ und der magnetischen Feldstärke $\vec{H}$ beschrieben. Die Feldstärken $\vec{E}$ und $\vec{H}$ ergeben sich aus Messungen oder aus der Integration der Maxwellschen Feldgleichungen unter Berücksichtigung von Neben-, Rand- und Anfangsbedingungen.

Die Ausbreitung elektromagnetischer Wellen ist nicht an die Existenz eines materiellen Mediums gebunden.

Die Norm baut auf den Maxwellschen Feldgleichungen auf (siehe DIN 1324 Teil 1/05.88, Gleichungen (1) bis (4)). Außerhalb von Quellen wird bei Anwesenheit von Materie diese als homogen, linear wirkend und isotrop mit zeitinvarianten Eigenschaften vorausgesetzt.

Es werden die Differentialoperatoren grad, div, rot und der vektorielle Laplace-Operator Δ nach DIN 4895 Teil 2 benutzt.

Tabelle 1. **Übersicht**

Begriff oder Gleichung	Formelzeichen	SI-Einheit	Siehe Abschnitt
Wellenfunktion			2
Wellengleichungen			3
Eingeprägte Leitungsstromdichte	$\vec{J}_0$	A/m^2	3.1
Eingeprägte Raumladungsdichte	ϱ_0	$C/m^3 = A \cdot s/m^3$	3.1
Ausbreitungsgeschwindigkeit der Wellen	c	m/s	3.1
Lorentz-Konvention			3.2
Elementare Dipole als Punktquellen elektromagnetischer Wellen			4
Hertzscher Dipol			4
Fitzgeraldscher Dipol			4
Feldwellenwiderstand	Z_F	Ω	4
Helmholtzsche Gleichungen			5
Komplexe Kreisrepetenz	$\underline{k}$	1/m	5.1
Nullphasenwinkel	φ_{0i}	rad	5.2
Phasenwinkel	φ_i	rad	5.2
Phasengeschwindigkeit, Gruppengeschwindigkeit, Wellenlänge			6
Phasengeschwindigkeit	$\vec{v}_{pi}$	m/s	6.1
Gruppengeschwindigkeit	$\vec{v}_{gi}$	m/s	6.2
Wellenlänge	λ_i	m	6.3

Fortsetzung Seite 2 bis 4

Normenausschuß Einheiten und Formelgrößen (AEF) im DIN Deutsches Institut für Normung e.V.
Deutsche Elektrotechnische Kommission im DIN und VDE (DKE)

Tabelle 1. (Fortsetzung)

Begriff oder Gleichung	Formelzeichen	SI-Einheit	Siehe Abschnitt
Wellenformen			7
Ebene Wellen			7.1
Vektorieller Ausbreitungskoeffizient	$\vec{\gamma}$	1/m	7.1.1
Vektorieller Dämpfungskoeffizient	$\vec{\alpha}$	1/m	7.1.1
Vektorieller Phasenkoeffizient	$\vec{\beta}$	1/m	7.1.1
TEM-Wellen			7.1.2
TM-Wellen			7.1.3
TE-Wellen			7.1.3
Zylinderwellen			7.2
Kugelwellen			7.3
Feldwellenimpedanzen			8
Feldwellenimpedanz für TEM-Wellen	Z_F	Ω	8
Feldwellenimpedanz für TM-Wellen	Z_{FM}	Ω	8
Feldwellenimpedanz für TE-Wellen	Z_{FE}	Ω	8

3 Wellengleichungen

3.1 Als Quellen der elektromagnetischen Wellen sind die eingeprägte Leitungsstromdichte $\vec{J}_0$ und die eingeprägte Raumladungsdichte ϱ_0 aufzufassen. Bei Einführung der eingeprägten Leitungsstromdichte

$$\vec{J}_0 = \vec{J} - \varkappa \vec{E} \tag{1}$$

und der eingeprägten Raumladungsdichte

$$\varrho_0 = \varepsilon \operatorname{div} \vec{E} \tag{2}$$

führen die Feldgleichungen unter Beachtung der Materialgleichungen (siehe DIN 1324 Teil 1/05.88, Abschnitt 3.2) und bei Vernachlässigung von anderen als Leitfähigkeitsverlusten auf die Wellengleichung für die elektrische Feldstärke:

$$\Delta \vec{E} - \varepsilon \mu \frac{\partial^2 \vec{E}}{\partial t^2} - \varkappa \mu \frac{\partial \vec{E}}{\partial t} = \mu \frac{\partial \vec{J}_0}{\partial t} + \operatorname{grad} \frac{\varrho_0}{\varepsilon} \tag{3}$$

und die Wellengleichung für die magnetische Feldstärke:

$$\Delta \vec{H} - \varepsilon \mu \frac{\partial^2 \vec{H}}{\partial t^2} - \varkappa \mu \frac{\partial \vec{H}}{\partial t} = - \operatorname{rot} \vec{J}_0 \tag{4}$$

Mit

$$c = \frac{1}{\sqrt{\varepsilon \mu}} \tag{5}$$

wird die Ausbreitungsgeschwindigkeit c der Wellen im betrachteten Medium eingeführt.

3.2 Mit der Lorentz-Konvention wird hier über die bisher noch unbestimmten Quellen des Vektorpotentials verfügt:

$$\operatorname{div} \vec{A}_m = - \varepsilon \mu \frac{\partial \varphi_e}{\partial t} - \varkappa \mu \varphi_e \tag{6}$$

Unter den gleichen Vernachlässigungen wie in Abschnitt 3.1 ergeben sich für die elektrodynamischen Potentiale φ_e und $\vec{A}_m$ die folgenden Wellengleichungen:

$$\Delta \varphi_e - \varepsilon \mu \frac{\partial^2 \varphi_e}{\partial t^2} - \varkappa \mu \frac{\partial \varphi_e}{\partial t} = - \frac{\varrho_0}{\varepsilon} \tag{7}$$

$$\Delta \vec{A}_m - \varepsilon \mu \frac{\partial^2 \vec{A}_m}{\partial t^2} - \varkappa \mu \frac{\partial \vec{A}_m}{\partial t} = - \mu \vec{J}_0 \tag{8}$$

4 Elementare Dipole als Punktquellen elektromagnetischer Wellen

Die Punktquellen elektromagnetischer Wellen sind der Hertzsche Dipol, das ist ein Elementardipol mit oszillierendem elektrischem Dipolmoment $\vec{p}(t)$, und der Fitzgeraldsche Dipol, das ist ein Elementardipol mit oszillierendem magnetischem Flächenmoment $\vec{m}(t)$ (siehe DIN 1324 Teil 1/05.88, Abschnitte 6.2 und 6.4).

Wegen der endlichen Ausbreitungsgeschwindigkeit c der Welle besteht zwischen der Quellzeit t' und der Beobachtungszeit t bei einem räumlichen Abstand r zwischen Quell- und Beobachtungspunkt der Zusammenhang:

$$t' = t - \frac{r}{c} \tag{9}$$

Dieser Zusammenhang wird als Retardierung bezeichnet. Er führt bei den Lösungen der Gleichungen (7) und (8) auf die retardierten Potentiale. Für einen Hertzschen Dipol lautet die Lösung für das retardierte Vektorpotential:

$$\vec{A}_m(r, t) = \frac{\mu}{4\pi} \frac{1}{r} \frac{\partial}{\partial t} \vec{p}\left(t - \frac{r}{c}\right) \tag{10}$$

Ist der Dipol im Ursprung eines Koordinatensystems angeordnet und weist sein Moment $\vec{p}$ in Richtung der z-Achse, so ergeben sich in einem System von Kugelkoordinaten r, ϑ, φ die folgenden Komponentengleichungen für das elektromagnetische Feld:

$$\begin{aligned}
&E_\varphi = 0\,, \quad H_r = 0\,, \quad H_\vartheta = 0\,,\\
&H_\varphi = \frac{1}{4\pi}\left(\frac{1}{c}\frac{\partial^2 p}{\partial t^2} + \frac{1}{r}\frac{\partial p}{\partial t}\right)\frac{\sin\vartheta}{r}\\
&E_r = \frac{1}{2\pi\varepsilon}\left(\frac{1}{r^2}p - \frac{1}{r}\frac{\partial p}{\partial r}\right)\frac{\cos\vartheta}{r}\\
&E_\vartheta = -\frac{1}{4\pi\varepsilon}\left(\frac{1}{r}\frac{\partial p}{\partial r} - \frac{1}{r^2}p - \frac{1}{c^2}\frac{\partial^2 p}{\partial t^2}\right)\frac{\sin\vartheta}{r}
\end{aligned} \tag{11}$$

Berücksichtigt man in Gleichung (11) nur Terme, die sich proportional zu $1/r$ verhalten, so spricht man vom Fernfeld des Dipols. Für das Fernfeld eines Hertzschen Dipols gilt daher:

$$\begin{aligned}
&H_\varphi = \frac{1}{4\pi c}\frac{\partial^2 p}{\partial t^2}\frac{\sin\vartheta}{r}\\
&E_r = 0\\
&E_\vartheta = \frac{1}{4\pi\varepsilon c^2}\frac{\partial^2 p}{\partial t^2}\frac{\sin\vartheta}{r}
\end{aligned} \tag{12}$$

Die Vektoren $\vec{E}$ und $\vec{H}$ stehen im Fernfeld nicht nur aufeinander, sondern auch auf dem vom Ursprung ausgehenden Radiusvektor senkrecht. Der Quotient E_ϑ/H_φ ist im Fernfeld ortsunabhängig und heißt Feldwellenwiderstand Z_F.

Es gilt:

$$Z_\mathrm{F} = \frac{E_\vartheta}{H_\varphi} = \frac{1}{\varepsilon c} = \mu c = \sqrt{\frac{\mu}{\varepsilon}} \tag{13}$$

Im materiefreien Raum gilt:

$$Z_\mathrm{F} = Z_0 = \sqrt{\frac{\mu_0}{\varepsilon_0}} = 376{,}730\,313 \ldots \Omega \tag{14}$$

Aus den Gleichungen (11) und (12) entstehen die für den Fitzgeraldschen Dipol gültigen Gleichungen, wenn $\vec{E}$ durch $Z_\mathrm{F}\vec{H}$, $\vec{H}$ durch $-\vec{E}/Z_\mathrm{F}$ und $\vec{p}$ durch $\vec{m}/c$ ersetzt wird.

5 Helmholtzsche Gleichungen

5.1 Bei sinusförmiger Zeitabhängigkeit der Feldgrößen lassen sich die Stoffeigenschaften durch die komplexe Permittivität $\underline{\varepsilon}$ und die komplexe Permeabilität $\underline{\mu}$ beschreiben (siehe DIN 1324 Teil 2/05.88, Abschnitt 6); die Lösung der Wellengleichung gilt dann allgemein für linear wirkende dielektrische und magnetische Materialien mit Einschluß auch anderer als nur der Leitfähigkeitsverluste (siehe DIN 1324 Teil 2/05.88, Abschnitt 6).

Für die komplexen Amplituden oder Effektivwerte der Feldstärken und mit

$$\underline{k} = \omega \sqrt{\underline{\mu}\,\underline{\varepsilon}} = k' - \mathrm{j}k'' \tag{15}$$

folgt aus den Wellengleichungen (3), (4), (7), (8):

$$\Delta\underline{\vec{E}} + \underline{k}^2 \underline{\vec{E}} = \mathrm{j}\omega\,\underline{\mu}\,\underline{\vec{J}}_0 + \mathrm{grad}\,\frac{\underline{\varrho}_0}{\underline{\varepsilon}} \tag{16}$$

$$\Delta\underline{\vec{H}} + \underline{k}^2 \underline{\vec{H}} = -\,\mathrm{rot}\,\underline{\vec{J}}_0 \tag{17}$$

$$\Delta\underline{\varphi}_\mathrm{e} + \underline{k}^2 \underline{\varphi}_\mathrm{e} = -\frac{\underline{\varrho}_0}{\underline{\varepsilon}} \tag{18}$$

$$\Delta\underline{\vec{A}}_\mathrm{m} + \underline{k}^2 \underline{\vec{A}}_\mathrm{m} = -\,\underline{\mu}\,\underline{\vec{J}}_0 \tag{19}$$

Die Gleichungen (16) bis (19) werden als Helmholtzsche Gleichungen bezeichnet. Die Größe $\underline{k}$ wird komplexe Kreisrepetenz genannt.

5.2 Die Wellenfunktion für eine Lösung der Helmholtzschen Gleichung hat z. B. für eine Komponente $\underline{\vec{E}}_i$ der elektrischen Feldstärke und mit $\vec{r}$ als dem Radiusvektor die allgemeine Form:

$$\underline{\vec{E}}_i(\vec{r}, t) = E_i(\vec{r})\ \mathrm{e}^{\mathrm{j}(\omega t + \varphi_{0i}(\vec{r}))}\ \vec{e}_i \tag{20}$$

$\vec{e}_i$ ist der Einsvektor in i-Richtung.

Die reelle Größe $\varphi_{0i}(\vec{r})$ heißt Nullphasenwinkel der i-Komponente der Wellenfunktion.

Die nachfolgenden Ausführungen beziehen sich sämtlich auf Wellenfunktionen nach Gleichung (20).

Durch

$$\varphi_{0i}(\vec{r}) = \text{konst.} \tag{21}$$

werden Flächen gleichen Nullphasenwinkels, die sogenannten Phasenflächen der i-Komponente der Wellenfunktion, definiert; sie bilden eine mit dem jeweiligen Wert der Phase bezifferte im Raum ruhende Flächenschar.

Durch

$$\varphi_i(\vec{r}, t) = \omega t + \varphi_{0i}(\vec{r}) = \text{konst.} \tag{22}$$

werden Flächen gleicher Phase für die i-Komponente definiert; sie wandern mit dem Ablauf der Zeit in Richtung abnehmenden Nullphasenwinkels.

Die reelle Größe $\varphi_i(\vec{r}, t)$ heißt Phasenwinkel der i-Komponente.

6 Phasengeschwindigkeit, Gruppengeschwindigkeit und Wellenlänge

6.1 Die Phasengeschwindigkeit $\vec{v}_{\mathrm{p}i}$ der i-Komponente des elektrischen oder magnetischen Feldes einer elektromagnetischen Welle ist durch den Ausdruck

$$\vec{v}_{\mathrm{p}i} = -\frac{\omega}{|\mathrm{grad}\,\varphi_{0i}|^2}\,\mathrm{grad}\,\varphi_{0i} \tag{23}$$

gegeben. Bei freier Ausbreitung nähert sich $|\mathrm{grad}\,\varphi_{0i}|$ mit zunehmendem Abstand von der Quelle asymptotisch dem Realteil k' der komplexen Kreisrepetenz. Im materiefreien Raum nähert sich dann der Betrag der Phasengeschwindigkeit der Lichtgeschwindigkeit c_0.

Ist die Phasengeschwindigkeit frequenzabhängig, so liegt Dispersion vor. Zunahme von $|\vec{v}_{\mathrm{p}i}|$ mit ω heißt anomale Dispersion, Abnahme heißt normale Dispersion.

6.2 Die Gruppengeschwindigkeit $\vec{v}_{\mathrm{g}i}$ beschreibt z. B. die Ausbreitungsgeschwindigkeit der Einhüllenden einer Wellengruppe aus spektral eng benachbarten Anteilen:

$$\vec{v}_{\mathrm{g}i} = \vec{v}_{\mathrm{p}i} + k'\,\frac{\partial \vec{v}_{\mathrm{p}i}}{\partial k'} \tag{24}$$

In ausreichendem Frequenzabstand von einem Absorptionsmaximum des Ausbreitungsmediums stimmt die Gruppengeschwindigkeit näherungsweise mit der Ausbreitungsgeschwindigkeit elektromagnetischer Energie überein.

6.3 Die Wellenlänge λ_i der i-Komponente einer elektromagnetischen Welle ist gegeben durch den Ausdruck:

$$\lambda_i = -\frac{2\pi}{|\mathrm{grad}\,\varphi_{0i}|} = \frac{v_{\mathrm{p}i}}{f} \tag{25}$$

Bei freier Ausbreitung im materiefreien Raum nähert sich die Wellenlänge mit zunehmendem Abstand von der Quelle asymptotisch dem Wert:

$$\lambda_0 = \frac{2\pi c_0}{\omega} = \frac{c_0}{f} \tag{26}$$

7 Wellenformen

Eine Unterscheidung zwischen verschiedenen Wellenformen wird nach der Form ihrer Phasenflächen vorgenommen. Die wichtigsten sind die ebenen Wellen, die Zylinderwellen und die Kugelwellen. Unter diesen nehmen die ebenen Wellen eine Sonderstellung ein. Sie sind durch keine physikalische Quellenverteilung exakt realisierbar. Ihre Bedeutung erlangen sie durch die Feststellungen:

a) Jedes realisierbare Strahlungsfeld kann in ausreichendem Abstand von der Quelle und in einem geeignet beschränkten Raumteil durch eine ebene Welle approximiert werden.

b) Jedes realisierbare Strahlungsfeld kann durch Überlagerung von ebenen Wellen exakt dargestellt werden.

7.1 Ebene Wellen

7.1.1 Die Phasenflächen ebener Wellen sind parallele Ebenen. Ebene Wellen stellen bei freier Ausbreitung die einfachste Lösung der homogenen Helmholtzschen Gleichung für die komplexe Amplitude der elektrischen Feldstärke und der magnetischen Feldstärke dar. Mit

$$\underline{\vec{\gamma}} = \vec{\alpha} + \mathrm{j}\vec{\beta} \tag{27}$$

lauten die Lösungen:

$$\underline{\vec{E}} = \underline{\vec{E}}_0\,\mathrm{e}^{-\underline{\vec{\gamma}}\cdot\vec{r}} \tag{28}$$

$$\underline{\vec{H}} = \underline{\vec{H}}_0\,\mathrm{e}^{-\underline{\vec{\gamma}}\cdot\vec{r}} \tag{29}$$

Der vektorielle Ausbreitungskoeffizient $\vec{\underline{\gamma}}$ setzt sich zusammen aus dem vektoriellen Dämpfungskoeffizienten $\vec{\alpha}$ und dem vektoriellen Phasenkoeffizienten $\vec{\beta}$. Die beiden Vektoren schließen den Winkel ψ ein. $\vec{\alpha}$ weist in Richtung stärkster Amplitudenabnahme, $\vec{\beta} = -\operatorname{grad}\varphi$ weist in die Richtung stärkster Phasenänderung, die zugleich Ausbreitungsrichtung der Welle ist.

Mit dem hier für alle Feldkomponenten bis auf eine additive Konstante gleichen Nullphasenwinkel φ_0 gilt

$$\vec{\beta} = -\operatorname{grad}\varphi_0 \tag{30}$$

und nach Gleichung (25)

$$\beta = \frac{2\pi}{\lambda} \tag{31}$$

$\vec{\underline{E}}_0$, $\vec{\underline{H}}_0$ sind ortsunabhängige komplexe Vektoramplituden in jeder durch $\vec{\beta}\cdot\vec{r} = 0$ definierten Ebene. Die Flächen gleicher Amplituden sind ebenfalls Ebenen.

Der komplexe vektorielle Ausbreitungskoeffizient unterliegt der Bedingung:

$$\vec{\underline{\gamma}}\cdot\vec{\underline{\gamma}} = -\underline{k}^2 \tag{32}$$

Diese läßt sich aufspalten in die beiden Gleichungen:

$$\alpha^2 - \beta^2 = -\omega^2\,(\mu'\varepsilon' - \mu''\varepsilon'') \tag{33}$$

$$\vec{\alpha}\cdot\vec{\beta} = \alpha\beta\cos\psi = \frac{\omega^2}{2}\,(\mu'\varepsilon'' + \mu''\varepsilon') \tag{34}$$

Über die Bedeutung der einfach bzw. doppelt gestrichenen Formelzeichen siehe DIN 1324 Teil 2/05.88, Gleichungen (42) und (43).

7.1.2 Bei homogenen ebenen Wellen sind die vektoriellen Dämpfungs- und Phasenkoeffizienten gleichgerichtet, d. h. $\cos\psi = 1$. Ebenen gleicher Phase und Amplitude fallen zusammen. Die Feldvektoren $\vec{E}$ und $\vec{H}$ liegen ganz in diesen Ebenen und stehen räumlich aufeinander senkrecht. Wellen mit dieser Eigenschaft werden als TEM-Wellen bezeichnet (transversal-elektro-magnetische Wellen).

Für homogene ebene Wellen in einem verlustlosen Medium ist $\alpha = 0$.

7.1.3 Ist $\cos\psi < 1$, so spricht man von inhomogenen ebenen Wellen. Die transversalen Feldkomponenten $\vec{E}_t$ und $\vec{H}_t$, ganz innerhalb einer Phasenebene gelegen, stehen räumlich aufeinander senkrecht. Zu ihnen tritt notwendig noch eine der beiden Feldkomponenten $\vec{E}_\beta$ oder $\vec{H}_\beta$ in Richtung der Ausbreitung. Im ersten Fall heißen die Wellen TM-Wellen, im zweiten Fall TE-Wellen (transversal-magnetisch, transversal-elektrisch).

Neben einer exponentiellen Ortsabhängigkeit der Amplituden in Ausbreitungsrichtung tritt eine solche auch in Richtung des transversalen Anteils desjenigen Feldvektors auf, der eine Komponente in Ausbreitungsrichtung aufweist.

Für ein verlustloses Medium wird Gleichung (34) durch räumlich aufeinander senkrecht stehende vektorielle Dämpfungs-und Phasenkoeffizienten erfüllt. Phasenebenen und Äquiamplitudenebenen schneiden sich senkrecht.

7.2 Zylinderwellen

Bei Zylinderwellen sind die Phasenflächen koaxiale Kreiszylinderflächen. Bezüglich der Bezeichnungen TEM-, TE- und TM-Wellen gelten die gleichen Festlegungen wie bei ebenen Wellen.

7.3 Kugelwellen

Bei den Kugelwellen sind die Phasenflächen konzentrische Kugeloberflächen. Bezüglich der Bezeichnungen TEM-,TE- und TM-Wellen gelten die gleichen Festlegungen wie bei ebenen Wellen.

8 Feldwellenimpedanzen

Feldwellenimpedanzen sind definiert als Quotienten der komplexen Amplituden der Beträge von räumlich aufeinander senkrecht stehenden elektrischen und magnetischen Feldstärkekomponenten einer fortschreitenden Welle im selben Raumpunkt. Die Formulierung der Feldwellenimpedanzen für TEM-, TE- und TM-Wellen führt auf unterschiedliche Beziehungen.

Diese werden einfach für TEM-Wellen, sowie für Wellen mit ebenen Phasenflächen. Hierzu zählen alle, die von längshomogen-zylindrischen Wellenleitern geführt werden. Für die aus den transversalen Komponenten berechneten Feldwellenimpedanzen gilt dann:

a) Komplexe Feldwellenimpedanz $\underline{Z}_F$ für TEM-Wellen:

$$\underline{Z}_F = \sqrt{\frac{\underline{\mu}}{\underline{\varepsilon}}} \tag{35}$$

b) Feldwellenimpedanz Z_{FE} für TE-Wellen bei verlustlosem Medium:

$$Z_{FE} = \frac{\omega\mu}{\beta} = \frac{\omega\sqrt{\varepsilon\mu}}{\beta}\,Z_F = \frac{\omega}{\beta c}\,Z_F \tag{36}$$

c) Feldwellenimpedanz Z_{FM} für TM-Wellen bei verlustlosem Medium:

$$Z_{FM} = \frac{\beta}{\omega\varepsilon} = \frac{\beta}{\omega\sqrt{\varepsilon\mu}}\,Z_F = \frac{\beta c}{\omega}\,Z_F \tag{37}$$

Zitierte Normen

DIN 1324 Teil 1 Elektromagnetisches Feld; Zustandsgrößen

DIN 1324 Teil 2 Elektromagnetisches Feld; Materialgrößen

DIN 4895 Teil 2 Orthogonale Koordinatensysteme; Differentialoperatoren der Vektoranalysis

DK 536.2 : 535.231.1 : 001.4 : 003.62 Oktober 1986

Wärmeübertragung

Begriffe, Kenngrößen

DIN 1341

Heat transfer; concepts, dimensionless parameters

Ersatz für Ausgabe 11.71

1 Grundbegriffe

Nach dieser Norm ist Wärmeübertragung der gemeinsame Name für den Transport von Wärme durch Leitung, Konvektion und Strahlung. Wärmeübertragungsvorgänge können zeitunabhängig (stationär) oder zeitabhängig (instationär) sein.

Die Wärme (Wärmemenge) Q ist aufgrund des 1. Hauptsatzes der Thermodynamik definiert. Der Wärmestrom Φ oder $\dot{Q}$ ist gleich dem Quotienten der strömenden Wärme $\mathrm{d}Q$ durch Zeitspanne $\mathrm{d}t$:

$$\Phi = \dot{Q} = \mathrm{d}Q/\mathrm{d}t \tag{1}$$

Die Wärmestromdichte q ist der Quotient Wärmestrom Φ durch Fläche A:

$$q = \Phi/A \tag{2}$$

Der im Innern eines Körpers durch Wärmequellen oder -senken entstehende, auf das Körpervolumen V bezogene Wärmestrom heißt Leistungsdichte:

$$\varphi = \Phi/V \tag{3}$$

Bei Strahlungsvorgängen ist die Strahlungsleistung (der Strahlungsfluß) Φ_e analog zu Gleichung (1) der Quotient der Strahlungsenergie $\mathrm{d}Q_e$ durch Zeitspanne $\mathrm{d}t$:

$$\Phi_e = \mathrm{d}Q_e/\mathrm{d}t \tag{4}$$

2 Wärmeleitung

2.1 Stationäre Wärmeleitung

2.1.1 Der Wärmetransport durch Wärmeleitung wird durch die Gleichung

$$\Phi = -\lambda A \,\partial\vartheta / \partial s \tag{5}$$

beschrieben, in der λ die Wärmeleitfähigkeit des von Wärme durchströmten Stoffes, ϑ die Temperatur, A die isotherme Fläche mit der Flächennormalen s und $\partial\vartheta/\partial s$ der lokale Temperaturgradient ist ($\partial\vartheta/\partial s = \text{grad}\ |\vartheta|$).

2.1.2 Bei eindimensionaler Wärmeleitung in geometrisch einfachen Körpern (ebene Wände, zylindrische Rohre) mit den Oberflächentemperaturen ϑ_1 und ϑ_2, wobei $\vartheta_1 > \vartheta_2$, gelten folgende Gleichungen:

a) Ebene Wand

$$\Phi = \lambda A \,(\vartheta_1 - \vartheta_2)/\delta \tag{6}$$

δ ist die Dicke der Wand.

b) Zylindrisches Rohr

$$\Phi = \lambda \cdot 2\pi L \frac{\vartheta_1 - \vartheta_2}{\ln\,(d_a/d_i)} \tag{7}$$

d_i, d_a sind der innere und äußere Durchmesser, L ist die Länge des Rohres.

c) Für einfache Körper aus n unterschiedlich dicken Schichten von unterschiedlichem Material, die vom selben Wärmestrom durchflossen werden, gilt z. B. für die ebene mehrschichtige Wand:

$$\Phi = \frac{A}{\sum\limits_{j=1}^{n} (\delta_j/\lambda_j)} (\vartheta_1 - \vartheta_2) \tag{8}$$

2.2 Instationäre Wärmeleitung

Die Wärme Q_{12}, die in der Zeit von t_1 bis t_2 infolge Wärmeleitung durch eine Fläche A tritt, beträgt:

$$Q_{12} = A \int_{t_1}^{t_2} \lambda\,(-\partial\vartheta/\partial s)\,\mathrm{d}t \tag{9}$$

Für die zeitabhängige Temperaturverteilung gilt unter der Bedingung, daß λ nicht von der Temperatur abhängt:

$$\partial\vartheta/\partial t = a \,\triangle\, \vartheta \tag{10}$$

Darin bedeutet $\triangle$ den Laplace-Operator, z. B. gilt für rechtwinklige kartesische Koordinaten:

$$\triangle\,\vartheta = \partial^2\vartheta/\partial x^2 + \partial^2\vartheta/\partial y^2 + \partial^2\vartheta/\partial z^2 \tag{11}$$

In Gleichung (11) ist a die Temperaturleitfähigkeit eines Stoffes, sie wird berechnet nach:

$$a = \lambda/(\varrho\, c_p) \tag{12}$$

Darin ist λ die Wärmeleitfähigkeit, ϱ die Dichte und c_p die isobare spezifische Wärmekapazität. Der häufig verwendete Wärmeeindringungskoeffizient b eines Stoffes ist:

$$b = \sqrt{\lambda\varrho\, c_p} \tag{13}$$

Er gibt an, wieviel Wärme in bestimmter Zeit in einen Körper eingedrungen ist nach plötzlicher Erhöhung seiner Oberflächentemperatur.

3 Wärmeübergang

Der Wärmestrom zwischen einer Wandoberfläche und einem strömenden Medium (Flüssigkeit oder Gas) durch Konvektion ergibt sich nach folgender Gleichung:

$$\Phi = \alpha A\,(\vartheta_W - \vartheta_M) \tag{14}$$

Darin ist α der Wärmeübergangskoeffizient, ϑ_W die Temperatur der Wandoberfläche und ϑ_M eine zweckmäßig definierte Temperatur des strömenden Mediums, z. B. eine mittlere Temperatur über den Strömungsweg.

4 Wärmedurchgang

4.1 Ein Wärmestrom zwischen zwei strömenden Medien, die durch eine Wand voneinander getrennt sind, wird durch folgende Gleichung berechnet:

$$\Phi = k A\,(\vartheta_a - \vartheta_b) \tag{15}$$

Darin ist k der Wärmedurchgangskoeffizient, ϑ_a und ϑ_b sind die zweckmäßig definierten Temperaturen der strömenden Medien.

4.2 Der Wärmedurchgangskoeffizient k ergibt sich für senkrecht zum Wärmestrom geschichtete ebene Wände aus:

$$\frac{1}{k} = \frac{1}{\alpha_1} + \sum_{j=1}^{n} \frac{\delta_j}{\lambda_j} + \frac{1}{\alpha_2} \tag{16}$$

Darin sind α_1 und α_2 die Wärmeübergangskoeffizienten zu beiden Seiten der Wand, die aus n Teilschichten unterschiedlicher Dicken δ_j und Wärmeleitfähigkeiten λ_j besteht.

Fortsetzung Seite 2 und 3

Normenausschuß Einheiten und Formelgrößen (AEF) im DIN Deutsches Institut für Normung e.V.

4.3 Für ein zylindrisches Rohr der Länge L mit Innendurchmesser d_i und Außendurchmesser d_a ergibt sich für das Produkt kA:

$$kA = \frac{\pi L}{\frac{1}{\alpha_i d_i} + \frac{1}{2\lambda} \ln \frac{d_a}{d_i} + \frac{1}{\alpha_a d_a}} \quad (17)$$

Darin sind α_i und α_a die Wärmeübergangskoeffizienten an der Rohrinnenseite und Rohraußenseite und λ die Wärmeleitfähigkeit des Rohrmaterials.

5 Thermischer Widerstand

Als thermischer Widerstand R_{th} wird der Quotient Temperaturdifferenz $\vartheta_1 - \vartheta_2$ durch Wärmestrom Φ bezeichnet:

$$R_{th} = (\vartheta_1 - \vartheta_2)/\Phi \quad (18)$$

Damit läßt sich nach Gleichung (6) und Gleichung (18) der Wärmeleitungswiderstand, z. B. für die ebene Wand mit $R_L = \delta/(\lambda A)$ berechnen und nach Gleichung (7) bzw. Gleichung (8) und Gleichung (18) analog für andere einfache Körper. Ebenso findet man mit Gleichung (14) den Wärmeübergangswiderstand mit $R_ü = 1/(\alpha A)$ und mit Gleichung (15) den Wärmedurchgangswiderstand mit $R_d = 1/(kA)$.

Anmerkung: Die nach Gleichung (18) definierten thermischen Widerstände entsprechen der englisch „thermal resistance", französisch „résistance thermique" genannten Größe R in der Internationalen Norm ISO 31/4-1978. Hiervon abweichend ist in den Normen DIN 4108 Teil 1, DIN 4701 Teil 1, DIN 52 611 Teil 1 und Teil 2, DIN 52 612 Teil 1 und Teil 3 der Quotient Temperaturdifferenz durch Wärmestromdichte, je nach zugrundegelegter Temperaturdifferenz, als „Wärmedurchlaßwiderstand" (auch Wärmeleitwiderstand, Wärmedämmwert), „Wärmeübergangswiderstand" und „Wärmedurchgangswiderstand" bezeichnet. Eine solche Größe ist in ISO 31/4-1978 ebenfalls enthalten, sie wird englisch „thermal insulance, coefficient of thermal insulation", französisch „coefficient d'isolation thermique" genannt.

6 Temperaturstrahlung (Wärmestrahlung)

6.1 Der Strahlungsfluß Φ_{es} der unpolarischen Strahlung des schwarzen Körpers mit der thermodynamischen Temperatur T und der Oberfläche A beträgt, über den gesamten Wellenlängenbereich und über den Halbraum integriert, nach dem Stefan-Boltzmannschen Gesetz:

$$\Phi_{es} = \sigma A T^4 \quad (19)$$

Darin ist $\sigma = (5{,}670\,32 \pm 0{,}000\,71) \cdot 10^{-8}\,\mathrm{W \cdot m^{-2} \cdot K^{-4}}$ die Stefan-Boltzmann-Konstante. Zur einfacheren Zahlenrechnung wird in der Praxis die Größe $C_s = 10^8\,\sigma$ benutzt, womit sich die folgende Gleichung für den Strahlungsfluß ergibt:

$$\Phi_{es} = C_s A\,(T/100)^4 \quad (20)$$

6.2 Der Austauschstrahlungsfluß Φ_{e12} zwischen zwei gleich großen, parallelen, in relativ geringem Abstand stehenden grauen Flächen $A_1 = A_2$ beträgt:

$$\Phi_{e12} = A_1 C_{12}\,((T_1/100)^4 - (T_2/100)^4) \quad (21)$$

Darin ist C_{12} die Strahlungsaustauschkonstante:

$$C_{12} = \frac{C_s}{\frac{1}{\varepsilon_1} + \frac{1}{\varepsilon_2} - 1} \quad (22)$$

mit ε_1 und ε_2 als den halbräumlichen Emissionsgraden der Flächen 1 und 2.

Für einen grauen Körper der Fläche 1, der völlig von einer grauen Fläche 2 umhüllt ist, ergibt sich die Strahlungsaustauschkonstante C_{12} zu:

$$C_{12} = \frac{C_s}{\frac{1}{\varepsilon_1} + \frac{A_1}{A_2}\left(\frac{1}{\varepsilon_2} - 1\right)} \quad (23)$$

Damit kann nach Gleichung (21) der Austauschstrahlungsfluß berechnet werden.

6.3 Um in bestimmten Fällen den Energietransport durch Strahlung formal wie einen Wärmeübergang zu behandeln, kann man einen Temperaturfaktor f einführen:

$$f = \frac{(T_1/100)^4 - (T_2/100)^4}{T_1 - T_2} \quad (24)$$

Damit wird der Austauschstrahlungsfluß Φ_{e12}:

$$\Phi_{e12} = A_1 C_{12} f\,(T_1 - T_2) = A_1 \alpha_{St}\,(T_1 - T_2) \quad (25)$$

$\alpha_{St} = C_{12} f$ wird Wärmeübergangskoeffizient der Strahlung genannt.

Wie in Abschnitt 5 läßt sich formal ein Übertragungswiderstand bei Strahlung $R_{St} = 1/(\alpha_{St} A_1)$ definieren.

7 Kenngrößen

Die große Anzahl der Einflußgrößen bei Problemen der Wärmeübertragung läßt sich beträchtlich vermindern, wenn man gewisse Einflußgrößen zu Kenngrößen von der Dimension 1 zusammenfaßt und diese als Veränderliche einer durch Versuch oder Rechnung ermittelten Gleichung auffaßt, z. B.:

$$Nu = \text{Konstante} \cdot Re^{\text{Exponent 1}} \cdot Pr^{\text{Exponent 2}} \quad (26)$$

Folgende Kenngrößen („Kennzahlen") sind üblich:

Nr	Name	Formelzeichen	Definition
7.1	Archimedes-Zahl	Ar	$g\,l^3\,\Delta\varrho\,/\,(\nu^2\,\varrho)$
7.2	Biot-Zahl	Bi	$\alpha\,l\,/\,\lambda_{fe}$
7.3	Fourier-Zahl	Fo	$a\,t\,/\,l^2$
7.4	Froude-Zahl	Fr	$v^2\,/\,g\,l$
7.5	Grashof-Zahl	Gr	$g\,\gamma\,\Delta\vartheta\,l^3\,/\,\nu^2$
7.6	Knudsen-Zahl	Kn	$\Lambda\,/\,l$
7.7	Nusselt-Zahl	Nu	$\alpha\,l\,/\,\lambda_{fl}$
7.8	Péclet-Zahl	Pe	$v\,l\,/\,a = Re \cdot Pr$
7.9	Prandtl-Zahl	Pr	$\nu\,/\,a$
7.10	Rayleigh-Zahl	Ra	$g\,\gamma\,\Delta\vartheta\,l^3\,/\,(\nu\,a) = Gr \cdot Pr$
7.11	Reynolds-Zahl	Re	$v\,l\,/\,\nu$
7.12	Stanton-Zahl	St	$\alpha\,/\,(v\,\varrho\,c_p) = Nu\,/\,(Re \cdot Pr)$

Darin bedeutet:

- a Temperaturleitfähigkeit
- c_p isobare spezifische Wärmekapazität
- g örtliche Fallbeschleunigung
- l charakteristische Länge
- t Zeit
- v Geschwindigkeit
- α Wärmeübergangskoeffizient
- γ Volumenausdehnungskoeffizient
- $\Delta\vartheta$ Temperaturdifferenz
- λ_{fe} bzw. λ_{fl} Wärmeleitfähigkeit für den Festkörper bzw. für das Fluid
- Λ mittlere freie Weglänge
- ν kinematische Viskosität
- ϱ Dichte, $\Delta\varrho$ Dichtedifferenz

Zitierte Normen

DIN 4108 Teil 1	Wärmeschutz im Hochbau; Größen und Einheiten
DIN 4701 Teil 1	Regeln für die Berechnung des Wärmebedarfs von Gebäuden; Grundlagen der Berechnung
DIN 52611 Teil 1	Wärmeschutztechnische Prüfungen; Bestimmung des Wärmedurchlaßwiderstandes von Wänden und Decken; Prüfung im Laboratorium
DIN 52611 Teil 2	Wärmeschutztechnische Prüfungen; Bestimmung des Wärmedurchlaßwiderstandes von Wänden und Decken; Weiterbehandlung der Meßwerte für die Anwendung im Bauwesen
DIN 52612 Teil 1	Wärmeschutztechnische Prüfungen; Bestimmung der Wärmeleitfähigkeit mit dem Plattengerät; Durchführung, Auswertung
DIN 52612 Teil 3	Wärmeschutztechnische Prüfungen; Bestimmung der Wärmeleitfähigkeit mit dem Plattengerät; Wärmedurchlaßwiderstand geschichteter Materialien für die Anwendung im Bauwesen
ISO 31/4-1978	Quantities and units of heat

Weitere Normen

DIN 1304 Teil 1	(z.Z. Entwurf) Formelzeichen; Allgemeine Formelzeichen
DIN 1345	Thermodynamik; Formelzeichen, Einheiten
DIN 5031 Teil 1	Strahlungsphysik im optischen Bereich und Lichttechnik; Größen, Formelzeichen und Einheiten der Strahlungsphysik
DIN 5031 Teil 5	Strahlungsphysik im optischen Bereich und Lichttechnik; Temperaturbegriffe
DIN 5031 Teil 8	Strahlungsphysik im optischen Bereich und Lichttechnik; Strahlungsphysikalische Begriffe und Konstanten
DIN 5496	Temperaturstrahlung

Frühere Ausgaben

DIN 1341: 12.37, 07.59x, 01.66, 11.71

Änderungen

Gegenüber der Ausgabe November 1971 wurden folgende Änderungen vorgenommen:

a) Wärmeleitung in stationäre und instationäre Wärmeleitung unterteilt.
b) Abschnitt über thermischen Widerstand aufgenommen.
c) Abschnitt über Temperaturstrahlung (Wärmestrahlung) aufgenommen.
d) Früherer Abschnitt über Einheiten gestrichen.
e) Vollständig redaktionell überarbeitet.

Internationale Patentklassifikation

F 24 B
F 24 C
F 24 D
F 24 F
F 24 H
F 24 J
F 28 B
F 28 C
F 28 D

DK 532.13 : 001.4 Oktober 1983

Viskosität

Rheologische Begriffe

DIN 1342 Teil 1

Viscosity; rheological concepts

Die vorliegende Norm enthält die rheologischen Begriffe, die in DIN 1342 Teil 2 [1]) über newtonsche Flüssigkeiten und in DIN 13 342 [2]) über nicht-newtonsche Flüssigkeiten verwendet werden.

Bei den einzelnen Begriffen wird auf die Abschnitte dieser Normen hingewiesen, in denen die Begriffe vorwiegend benutzt und die zugehörigen physikalischen Zusammenhänge behandelt werden. Begriffe, die innerhalb der vorliegenden Norm an anderer Stelle aufgeführt werden, sind im Text gesperrt gedruckt.

Soweit vorhanden, sind englische Benennungen bei den einzelnen Begriffen aufgeführt. Sie sollen das Übersetzen erleichtern, jedoch ist nicht sichergestellt, daß sich die deutschen Begriffsbestimmungen in allen Einzelheiten mit den englischen und amerikanischen decken. Es wurden weitgehend die terminologischen Festlegungen der British Standards Institution (BS 5168 – 1975) und der International Union of Pure and Applied Chemistry (IUPAC, [1]) berücksichtigt.

---

[1]) Entwurf Ausgabe August 1983

[2]) Ausgabe Juni 1976, bei Überarbeitung als Teil der Reihe DIN 1342 vorgesehen

Fortsetzung Seite 2 bis 10

Normenausschuß Einheiten und Formelgrößen (AEF) im DIN Deutsches Institut für Normung e. V.
Normenausschuß Pigmente und Füllstoffe (NPF) im DIN
Normenausschuß Anstrichstoffe und ähnliche Beschichtungsstoffe (FA) im DIN

Benennung	Bedeutung
Anfangskomplianz	Komplianz J_0 zu Beginn des Einwirkens einer Spannung auf eine elastische Flüssigkeit (siehe auch Viskoelastizität, Maxwell-Modell). Siehe DIN 13342 [2]), Abschnitt 3.2.1.
Antithixotropie E: negative thixotropy, anti-thixotropy	Gleichbedeutend mit negativer Thixotropie und Rheopexie
Bingham-Modell E: Bingham model	Gebräuchliches rheologisches Modell für einen plastischen Stoff (siehe auch Plastizität). Siehe DIN 13342 [2]), Abschnitt 3.3.
Bingham-Viskosität E: Bingham viscosity	Viskositätskoeffizient η_B in dem einem Bingham-Modell entsprechenden Fließgesetz $\tau - \tau_f = \eta_B D$ (τ Schubspannung, τ_f Fließgrenze, D Geschwindigkeitsgefälle). Siehe DIN 13342 [2]), Abschnitt 3.1.3.
Burgers-Modell E: Burgers model	Rheologisches Modell der linearen Viskoelastizität einer Flüssigkeit mit unverzögerter und mit verzögerter Elastizität. Siehe DIN 13342 [2]), Abschnitt 3.2.3.
Casson-Viskosität E: Casson viscosity	Viskositätskoeffizient η_C im Fließgesetz $(\sqrt{\tau} - \sqrt{\tau_f})^2 = \eta_C\ D$ (τ Schubspannung, τ_f Fließgrenze, D Geschwindigkeitsgefälle). Siehe DIN 13342 [2]), Abschnitt 3.1.3.
Deformation E: deformation	a) Änderung der Gestalt oder des Volumens (qualitativ) b) Gleichbedeutend mit Verformung
Dehngeschwindigkeit E: rate of elongation, rate of extension	Erste zeitliche Ableitung $\dot{\varepsilon}$ der Dehnung. Siehe DIN 13342 [2]), Abschnitte 2.3 und 3.4.
Dehnspannung E: tensile stress	Teil der Komponente der Normalspannung, der nicht der isotropen Normalspannungsverteilung zugehört. Siehe DIN 13342 [2]), Abschnitt 3.4.
Dehnströmung E: elongational flow, extensional flow	Strömung, die sich als ausschließlich durch Dehnspannungen verursacht darstellen läßt. Siehe DIN 13342 [2]), Abschnitte 2.3 und 3.4.
Dehnung E: elongation, extension	Relative Änderung ε einer charakteristischen Länge (bei Zunahme positiv), hier als Maß für die durch eine Dehnspannung bewirkte Deformation. Beschrieben wird die Dehnung durch das Längenverhältnis $\lambda = l(t)/l_0$ zur Zeit t und durch die Hencky-Dehnung $\varepsilon_H = \ln \lambda$ mit dem Grenzwert $\lim\limits_{\lambda \to 1} \varepsilon_H = \varepsilon \approx \Delta\, l/l_0$.
Dehnviskosität E: elongational viscosity, extensional viscosity	Die für die Dehnströmung maßgebende Viskositätsfunktion $\eta_D(\dot{\varepsilon})$ (Quotient Dehnspannung durch zugehörige Dehngeschwindigkeit). Siehe DIN 13342 [2]), Abschnitt 3.4.
Dilatanz E: shear thickening, dilatancy	Fließverhalten von Stoffen, deren Viskosität bei höheren Werten von Schubspannung oder Geschwindigkeitsgefälle größer ist als bei kleineren Werten. Die Stoffeigenschaft „dilatant" sagt nichts über die Zeitabhängigkeit des Fließverhaltens aus. Siehe DIN 13342 [2]), Abschnitt 3.1.3.
Dynamische Viskosität E: dynamic viscosity	a) Der für Scherströmungen maßgebende Viskositätskoeffizient (die Stoffkonstante η im Fließgesetz für newtonsche Flüssigkeiten) b) Für nicht-newtonsche Flüssigkeiten und im Fließbereich plastischer Stoffe ein Wert der Scherviskositätsfunktion für gegebene Schubspannung oder für gegebenes Geschwindigkeitsgefälle Die vollständige Benennung müßte „dynamische Scherviskosität" lauten. Der Zusatz „dynamisch" dient der Unterscheidung von der kinematischen (Scher-)Viskosität, der Zusatz „Scher-" zur Unterscheidung von der Dehn- oder der Volumenviskosität. Der Kehrwert der dynamischen Viskosität heißt Fluidität. Siehe DIN 1342 Teil 2 [1]), Abschnitt 1.4.

[1]) und [2]) siehe Seite 1

Benennung	Bedeutung
Ebene Couette-Strömung E: plane Couette flow	Gleichbedeutend mit einfacher Scherströmung
Einfache Scherströmung E: simple shear flow	Einfachste Schichtenströmung zwischen zwei weit ausgedehnten, ebenen und parallelen Randflächen mit konstantem Abstand, bei konstanter Geschwindigkeitsdifferenz (Strömungsform mit räumlich konstantem Geschwindigkeitsgefälle), auch ebene Couette-Strömung genannt. Siehe DIN 1342 Teil 2 [1]), Abschnitt 1.2.
Elastizität E: elasticity	Eigenschaft eines Stoffes, derzufolge eine Spannung eine reversible Verformung hervorruft. Die von äußeren Kräften verrichtete Arbeit wird reversibel als Formänderungsenergie gespeichert.
Endviskosität	Viskosität $\overset{\infty}{\eta}$ des oberen linearen Bereiches einer Ostwald-Kurve. Siehe DIN 13342 [2]), Abschnitt 3.1.3.
Fließgesetz	Rheologisches Stoffgesetz für Fluide und für plastische Stoffe oberhalb der Fließgrenze. Siehe DIN 13342 [2]), Abschnitte 2 und 3.
Fließgrenze E: yield point	Kleinste Schubspannung τ_f, oberhalb derer ein plastischer Stoff (siehe auch Plastizität) sich rheologisch wie eine Flüssigkeit verhält. Siehe DIN 13342 [2]), Abschnitt 1.3.
Fließkurve E: flow curve	Graphische Darstellung des Zusammenhanges zwischen Schubspannung τ und Geschwindigkeitsgefälle D für eine einer Schichtenströmung unterworfene Flüssigkeit oder für einen plastischen Stoff oberhalb der Fließgrenze. Fließkurven sind nur in viskosimetrischen Strömungen definiert. Siehe DIN 13342 [2]), Abschnitt 3.1.2.
Flüssigkeit	Siehe Fluid
Fluid E: fluid	Oberbegriff für Gase, Flüssigkeiten und Dämpfe. In DIN 1342 Teil 2 [1]) beziehen sich die Begriffe „Flüssigkeit" und „Flüssigkeitsverhalten" allgemein auf Fluide. Siehe DIN 13342 [2]), Abschnitt 1.1.
Fluidität E: fluidity	Kehrwert der dynamischen Viskosität (Formelzeichen: φ). Siehe DIN 1342 Teil 2 [1]), Abschnitt 1.5.
Gedächtnis E: memory	Erscheinung, daß rheologische Eigenschaften eines Stoffes nicht nur von den gegenwärtigen, sondern auch von zeitlich vorausgegangenen Spannungen, Verformungen oder Verformungsgeschwindigkeiten abhängen können. Siehe DIN 13342 [2]), Abschnitt 1.2.3.
Gel-Kurve	Siehe rheologische Hysteresekurve
Geschwindigkeitsgefälle E: velocity gradient, shear rate	(Früher gelegentlich auch Schergefälle genannt.) Besondere Benennung für die Schergeschwindigkeit in einer Schichtenströmung. In diesem Fall ist die Änderung der Geschwindigkeit senkrecht zu den Scherflächen am größten (Formelzeichen: D). Siehe DIN 1342 Teil 2 [1]), Abschnitt 1.2.
Geschwindigkeitsprofil E: velocity profile	Geschwindigkeitsverteilung über einen Querschnitt senkrecht zur Strömungsrichtung. Siehe DIN 1342 Teil 2 [1]), Abschnitt 1.2.
Gleichgewichtsviskosität E: ultimate viscosity	Viskosität η_∞ einer viskoelastischen Flüssigkeit (siehe Viskoelastizität) nach dem Abklingen des Einflusses einer verzögerten Elastizität. Bei reinviskosen Flüssigkeiten und bei viskoelastischen Flüssigkeiten ohne verzögerte Elastizität gibt es nur die Gleichgewichtsviskosität; bei rheologischen Hysteresekurven herrscht keine Gleichgewichtsviskosität. Siehe DIN 13342 [2]), Abschnitt 3.2.2.
Grenzviskositätszahl E: limiting viscosity number	Siehe Staudinger-Index. Siehe DIN 1342 Teil 2 [1]), Abschnitt 2.4.
Hooke-Modell, hookesche Feder E: Hooke model, Hookian spring	Modell zur Darstellung des Hookeschen Gesetzes (Proportionalität von Spannung und reversibler Verformung)

[1]) und [2]) siehe Seite 1

Benennung	Bedeutung
Ideale Flüssigkeit E: ideal liquid	Inkompressible Flüssigkeit mit vernachlässigbar kleiner Viskosität
Isotrop E: isotropic	Allgemein die Eigenschaft eines Stoffes, sich in allen Richtungen gleich zu verhalten (z. B. Gase); speziell in bezug auf ein bestimmtes Merkmal die Eigenschaft eines Stoffes, daß dieses Merkmal unabhängig von der Richtung, d. h. nach allen Richtungen gleich ausgeprägt ist. Siehe DIN 13342 [2]), Abschnitt 2.4.
Kelvin-Modell E: Kelvin model	Gleichbedeutend mit Voigt-Kelvin-Modell
Kinematische Viskosität E: kinematic viscosity	Quotient dynamische Viskosität durch Dichte (Formelzeichen: ν). Siehe DIN 1342 Teil 2 [1]), Abschnitt 1.6.
Komplianz E: compliance	Quotient einer elastischen Verformung durch die zugehörige Spannung, auch Nachgiebigkeit genannt (Formelzeichen: J). Siehe DIN 13342 [2]), Abschnitt 3.2.
Kontinuumsrheologie E: continuum rheology	Gleichbedeutend mit Makrorheologie
Konzentrationsbezogene relative Viskositätsänderung E: viscosity number	Gleichbedeutend mit Staudinger-Funktion.
Laminare Strömung, laminares Fließen E: laminar flow	Strömung, in der keine merkliche Querdurchmischung auftritt. Sie kann durch ein Stromlinienfeld gekennzeichnet werden. Gegensatz: turbulente Strömung. Man unterscheidet zwischen laminarer Grundströmung (auch schleichende Strömung) und laminarer Sekundärströmung. Die laminare Sekundärströmung entsteht aus der Grundströmung durch Trägheitskräfte oder durch den rheologischen Quereffekt und überlagert sich der Grundströmung. Siehe DIN 1342 Teil 2 [1]), Abschnitte 1.2 und 1.3.
Lineare Viskoelastizität E: linear viscoelasticity	Rheologisches Stoffverhalten, das sich durch Mehr-Parameter-Modelle beschreiben läßt, die nur aus den linearen Grundmodellen hookesche Feder und newtonsches Dämpfungsglied aufgebaut sind. Im Bereich des linear-viskoelastischen Verhaltens gilt das Superpositionsprinzip. Siehe DIN 13342 [2]), Abschnitte 1.2.2.2 und 3.2.
Logarithmische Viskositätszahl E: inherent viscosity, logarithmic viscosity number	Die logarithmische Viskositätszahl $\eta_{\ln}$ ist der natürliche Logarithmus der relativen Viskosität η_r, dividiert durch die Massenkonzentration β_i des gelösten Stoffes: $\eta_{\ln} = \frac{1}{\beta_i} \ln \eta_r$. Der Grenzwert für unendliche Verdünnung ist der Staudinger-Index J_g.
Makrorheologie E: macrorheology	Rheologie, die den Stoff als Kontinuum behandelt und seine Mikrostruktur nicht berücksichtigt
Maxwell-Modell E: Maxwell model	Rheologisches Modell, gebildet durch Serienanordnung eines newtonschen Dämpfungsgliedes und einer hookeschen Feder; einfachstes Modell für eine Flüssigkeit mit einer Relaxationszeit. Siehe DIN 13342 [2]), Abschnitt 3.2.1.
Mikrorheologie E: microrheology	Behandlung der Zusammenhänge von Spannungen, Verformungen und Verformungsgeschwindigkeiten unter Gesichtspunkten der molekularen oder dispersen Struktur des Stoffes
Modell, rheologisches Modell E: model	Vereinfachte Darstellung des rheologischen Stoff-Verhaltens, insbesondere die Darstellung von Formen der linearen Viskoelastizität und der Plastizität durch Netzwerke aus den Elementen oder Grundmodellen hookesche Feder, newtonsches Dämpfungsglied und Saint-Venant-Modell. Parallelanordnung bedeutet Additivität der Spannungen, Serienanordnung Additivität der Verformungen oder Verformungsgeschwindigkeiten. Siehe DIN 13342 [2]), Abschnitt 3.2.

[1]) und [2]) siehe Seite 1

Benennung	Bedeutung
Modul E: modulus	Kehrwert einer Komplianz (siehe DIN 13316)
Nachgiebigkeit	Gleichbedeutend mit Komplianz
Navier-Stokes-Gleichung E: Navier-Stokes equation	Allgemeine Bewegungsgleichung für newtonsche Flüssigkeiten
Newtonsche Flüssigkeit E: Newtonian fluid	Flüssigkeit, für die bei der einfachen Scherströmung die Schubspannung proportional dem Geschwindigkeitsgefälle ist. Die Proportionalitätskonstante, die Viskosität, ist die einzige Stoffkonstante des Fließgesetzes; sie hängt nur von Druck und Temperatur ab. Siehe DIN 1342 Teil 2 [1]), Abschnitt 1.3.
Newtonsches Dämpfungsglied E: Newtonian dashpot	Rheologisches Grundmodell, das eine newtonsche Flüssigkeit symbolisiert, zur Verwendung in zusammengesetzten rheologischen Modellen. Siehe DIN 13342 [2]), Abschnitt 3.2.
Nichtlineare Viskosität E: nonlinear viscosity	Reinviskoses Fließverhalten, bei dem Schubspannung und zugehörige Schergeschwindigkeit nicht proportional sind; Beispiele: Strukturviskosität, Dilatanz, Ostwald-Kurve. Auch bei viskoelastischen Flüssigkeiten können die hier genannten Fließkurventypen beobachtet werden, wenn es sich um eine viskosimetrische Strömung handelt. Reinviskose Flüssigkeiten werden mitunter auch „verallgemeinerte newtonsche Flüssigkeiten" genannt.
Nicht-newtonsche Flüssigkeit E: non-Newtonian fluid	Oberbegriff für Flüssigkeiten mit nichtlinearer Viskosität, linearer Viskoelastizität oder nichtlinearer Viskoelastizität. Siehe DIN 13342 [2]), Abschnitt 1.2.2.
Normalspannung E: normal stress	Spannung, deren Richtung senkrecht zur Angriffsfläche steht. Die Normalspannung gilt als positiv vereinbart, wenn der Kraftvektor vom Volumenelement her auswärts weist.
Normalspannungsdifferenz E: normal stress difference	Folge der Ungleichheit der drei Normalspannungskomponenten in Schichtenströmungen von nicht-newtonschen Flüssigkeiten. Man unterscheidet die erste Normalspannungsdifferenz N_1 (Differenz der Normalspannungen in Fließrichtung und in Richtung des Geschwindigkeitsgefälles) und die zweite Normalspannungsdifferenz N_2 (Differenz der Normalspannungen in Richtung des Geschwindigkeitsgefälles und in indifferenter Richtung). Siehe DIN 13342 [2]), Abschnitt 2.3.
Normalspannungseffekt	Gleichbedeutend mit rheologischem Quereffekt
Nullviskosität (Anfangsviskosität) [3]) E: viscosity at zero rate of shear	Viskosität $\mathring{\eta}$ des unteren linearen Bereiches einer Ostwald-Kurve
Ostwald-de-Waelesches Fließgesetz E: power-law fluid model	Potenzformel für die Scherviskositätsfunktion einer Flüssigkeit mit Strukturviskosität. Siehe DIN 13342 [2]), Abschnitt 3.1.3.
Ostwald-Kurve E: Ostwald curve	Viskositätskurve einer nicht-newtonschen Flüssigkeit mit einem strukturviskosen und zwei linearen Bereichen (siehe auch newtonsche Flüssigkeit, Strukturviskosität). Ostwald-Kurven sind nur in viskosimetrischen Strömungen definiert. Siehe DIN 13342 [2]), Abschnitt 3.1.3.
Phänomenologische Rheologie E: phenomenological rheology	Gleichbedeutend mit Makrorheologie
Plastischer Stoff E: plastic material	Stoff, dessen rheologisches Verhalten durch eine Fließgrenze gekennzeichnet ist (siehe auch Plastizität, Bingham-Modell, Prandtl-Reuss-Modell, Saint-Venant-Modell). Die Benennung idealplastisches Stoffverhalten sollte dem Grenzfall verschwindender Viskosität vorbehalten bleiben. Siehe DIN 13342 [2]), Abschnitt 1.3.

[1]) Siehe Seite 1
[2]) Siehe Seite 1
[3]) Die Benennung Anfangsviskosität sollte der Viskoelastizität vorbehalten bleiben.

Benennung	Bedeutung
Plastisches Fließen E: plastic flow	Verformungsvorgang eines plastischen Stoffes oberhalb der Fließgrenze. Das plastische Fließen ist in einfachen Fällen durch einen Viskositätskoeffizienten und die Fließgrenze zu beschreiben (siehe auch Bingham-Viskosität, Bingham-Modell, Casson-Viskosität). Siehe DIN 13 342 [2]), Abschnitte 1.3 und 3.1.3.
Plastizität E: plasticity	Fähigkeit eines Stoffes, nur oberhalb einer Fließgrenze bleibende Deformationen anzunehmen (zu fließen). Unterhalb der Fließgrenze treten keine oder nur elastische Deformationen auf. Siehe DIN 13 342 [2]), Abschnitt 1.3.
Poisson-Zahl E: Poisson ratio	Verhältnis der negativen Querdehnung (Querkontraktion) zur Längsdehnung bei einachsiger Beanspruchung eines Stabes. Die Poisson-Zahl μ ist bei linear-elastischem Verhalten eine Stoffkonstante.
Prandtl-Eyringsches Fließgesetz	Einfache Näherungsformel für nichtlinear-viskoelastische Flüssigkeiten ohne Berücksichtigung rheologischer Quereffekte: Überlagerung von Strukturviskosität und linearer Scherelastizität. Siehe DIN 13 342 [2]), Abschnitt 3.3.
Prandtl-Reuss-Modell E: Prandtl-Reuss model	Rheologisches Modell für einen elastoplastischen Stoff, gebildet durch Serienanordnung eines Saint-Venant-Modells und einer hookeschen Feder (unterhalb der Fließgrenze: elastischer Festkörper; oberhalb der Fließgrenze: analog der idealen Flüssigkeit). Siehe DIN 13 342 [2]), Abschnitt 3.3.
Prandtlsches Fließgesetz	Näherungsformel für die Scherviskositätsfunktion einer Flüssigkeit mit Strukturviskosität. Siehe DIN 13 342 [2]), Abschnitt 3.1.3.
Pseudoplastizität E: pseudoplasticity	Strukturviskosität ohne Fließgrenze
Relative Viskosität E: relative viscosity, viscosity ratio	Verhältnis der dynamischen Viskosität einer Lösung zu der des Lösungsmittels. Siehe DIN 1342 Teil 2 [1]), Abschnitt 2.1.
Relative Viskositätsänderung E: viscosity relative increment, specific viscosity	Quotient Viskositätsänderung durch Viskosität des Lösemittels. (Die Viskositätsänderung ist die Differenz der dynamischen Viskositäten von Lösung und Lösungsmittel.) Sie ist gleich der um den Wert Eins verminderten relativen Viskosität. Siehe DIN 1342 Teil 2 [1]), Abschnitt 2.2.
Relaxationszeit E: relaxation time	Zeitkonstante t° eines Entspannungsvorganges unter konstant gehaltener Verformung (z.B. in einem Maxwell-Modell). Mehr-Parameter-Modelle können mehrere Relaxationszeiten aufweisen (Relaxationsspektrum). Siehe DIN 13 342 [2]), Abschnitt 3.2.1.
Repräsentative Viskosität E: representative viscosity	In einer Schichtenströmung mit einer Schubspannungsverteilung normal zu den Scherflächen ist die repräsentative Viskosität $\eta_{rep} = \tau_{rep}/D_{rep}$ die wahre Viskosität an einer ausgezeichneten (der repräsentativen) Scherfläche. Repräsentative Schubspannung τ_{rep} und repräsentatives Geschwindigkeitsgefälle D_{rep} sind aus den entsprechenden scheinbaren Größen an den Randflächen des Fließfeldes aufgrund des Mittelwertsatzes der Integralrechnung bestimmbar. Hierfür gibt es für viele Viskosimetertypen und Stoffgesetze einfache und gute Näherungslösungen (siehe auch [2] und DIN 53 019 Teil 1).
Retardationszeit E: retardation time	Zeitkonstante $t^{\times}$ der verzögerten Einstellung einer elastischen Verformung unter konstant gehaltener Spannung (z.B. in einem Voigt-Kelvin-Modell). Mehr-Parameter-Modelle können mehrere Retardationszeiten aufweisen (Retardationsspektrum). Siehe DIN 13 342 [2]), Abschnitt 3.2.2.
Reynolds-Zahl E: Reynolds number	Kennzahl Re der Ähnlichkeitsmechanik, Verhältnis von Trägheitskräften zu Viskositätskräften in einer strömenden Flüssigkeit
Rheologie E: rheology	Lehre vom Deformations- und Fließverhalten der Stoffe

[1]) und [2]) siehe Seite 1

Benennung	Bedeutung
Rheologische Hysteresekurve E: rheological hysteresis curve	Beim Zunehmen der Schergeschwindigkeit von Null auf einen Maximalwert und anschließendem Absinken auf Null nach einem zu vereinbarenden definierten Zeitprogramm werden bei Thixotropie oder Rheopexie des Stoffes zwei Fließkurven erhalten, die sich nicht decken. Die der höheren Viskositätslage entsprechende Fließkurve wird (nicht sehr treffend) Gel-Kurve, die andere Sol-Kurve genannt.
Rheologischer Quereffekt E: rheological cross effect	Erscheinung, die bei nicht-newtonschen Flüssigkeiten in Schichtenströmungen als Folge der Normalspannungsdifferenzen auftritt; gleichbedeutend mit Normalspannungseffekt (Beispiel: Weissenberg-Effekt). Siehe DIN 13342 [2]), Abschnitt 3.3.
Rheologisches Stoffgesetz E: rheological equation of state, constitutive equation	Der die rheologischen Stoffeigenschaften beschreibende quantitative Zusammenhang zwischen Spannung, Verformungen und der Zeit. Das Stoffgesetz für Fluide und für das Fließverhalten plastischer Stoffe heißt auch Fließgesetz. Siehe DIN 13342 [2]), Abschnitt 2.
Rheologische Zustandsgleichung	Gleichbedeutend mit rheologischem Stoffgesetz
Rheopexie E: rheopexy, negative thixotropy	Zeitabhängiges Fließverhalten, bei dem die Viskosität infolge andauernder mechanischer Beanspruchung vom Wert des Ruhezustandes her gegen einen Endwert hin ansteigt und nach Aufhören der Beanspruchung wieder abnimmt (Eigenschaftswort: rheopex). Siehe DIN 13342 [2]), Abschnitt 1.2.3.
Saint-Venant-Modell E: Saint-Venant model	Rheologisches Grundmodell für das ideal-plastische Stoffverhalten (Plastizität): unterhalb der Fließgrenze als starrer Festkörper, oberhalb analog der idealen Flüssigkeit. Siehe DIN 13342 [2]), Abschnitt 3.3.
Scheinbare Fließkurve	a) Darstellung des Fließverhaltens, wobei statt der Schubspannung oder des Geschwindigkeitsgefälles andere, mit ihnen funktional zusammenhängende Meßgrößen angegeben sind (z. B. Drehmomente oder Drehzahlen). b) Fließkurve einer nicht-newtonschen Flüssigkeit oder eines plastischen Stoffes oberhalb der Fließgrenze, wobei für die Schubspannung oder das Geschwindigkeitsgefälle Werte verwendet werden, die mit Hilfe von Gleichungen berechnet sind, die nur für newtonsche Flüssigkeiten gelten (siehe auch scheinbare Viskositätskurve). Siehe DIN 13342 [2]), Abschnitt 3.1.2.
Scheinbare Viskosität E: apparent viscosity (bei b))	a) Viskositätswert, der durch einen Punkt auf der scheinbaren Viskositätskurve gegeben ist. b) Früher auch Viskositätswert, der einem Punkt auf der (wahren) Viskositätskurve einer nicht-newtonschen Flüssigkeit entspricht. Siehe DIN 13342 [2]), Abschnitt 3.1.2.
Scheinbare Viskositätskurve	Viskositätskurve einer nicht-newtonschen Flüssigkeit oder eines plastischen Stoffes oberhalb der Fließgrenze, wobei statt der Schubspannung oder des Geschwindigkeitsgefälles Größen verwendet werden, die mit Hilfe von Gleichungen berechnet sind, die nur für newtonsche Flüssigkeiten gelten. In einigen Fällen sind rechnerische oder graphische Methoden der Umwandlung in die wahre Viskositätskurve bekannt. Siehe DIN 13342 [2]), Abschnitt 3.1.2.
Scherentzähung E: shear thinning	Gleichbedeutend mit Strukturviskosität
Scherfläche E: shearing surface	Siehe bei Schichtenströmung
Schergeschwindigkeit E: rate of shear	a) Scherkomponente $\dot{\gamma}$ des Tensors der Verformungsgeschwindigkeit b) Gleichbedeutend mit Geschwindigkeitsgefälle D Siehe DIN 13342 [2]), Abschnitt 3.

[2]) Siehe Seite 1

Benennung	Bedeutung
Scherspannung E: shear stress	Gleichbedeutend mit Schubspannung
Scherströmung E: shear flow	Strömung, die sich als nur durch Schubspannungen bedingt darstellen läßt. Grundsätzliche Bedeutung hat die einfache Scherströmung oder ebene Couette-Strömung; praktisch wichtig sind Scherströmungen mit rotationssymmetrischen (ebenen oder gekrümmten) Scherflächen (siehe DIN 53018 Teil 1).
Scherung, Scherverformung E: shear strain	Änderung eines charakteristischen Winkels γ eines Volumenelementes als quantitatives Maß für seine Gestaltänderung infolge der Einwirkung von Schubspannungen
Scherverzähung E: shear thickening	Gleichbedeutend mit Dilatanz
Scherviskosität E: shear viscosity	Im allgemeinen gleichbedeutend mit dynamischer Viskosität
Scherviskositätsfunktion	Stoffspezifische Funktion $\eta(D^2) = \tau/D$ für den Zusammenhang zwischen Schubspannung τ und Geschwindigkeitsgefälle D in der Schichtenströmung einer Flüssigkeit oder eines plastischen Stoffes oberhalb der Fließgrenze. Die Scherviskositätsfunktion wird graphisch als Viskositätskurve dargestellt. Siehe DIN 13342 [2]), Abschnitt 3.1.1.
Schichtenströmung	Laminare Strömung, bei der infinitesimal dünne Schichten tangential zueinander bewegt werden, so daß die Schichten selbst keine Deformation erfahren. Die Fläche zwischen zwei solchen Schichten wird Scherfläche genannt. Siehe DIN 13342 [2]), Abschnitt 3.1.
Schleichende Strömung E: creeping flow	Laminare Strömung einer viskosen Flüssigkeit, die so langsam verläuft, daß sie von Trägheitskräften nicht merklich beeinflußt wird. Siehe DIN 1342 Teil 2 [1]), Abschnitt 1.1.
Schubspannung E: shear stress	Auf die Fläche bezogene Kraft, deren Richtung parallel zur Angriffsfläche liegt (Formelzeichen: τ). Siehe DIN 1342 Teil 2 [1]), Abschnitte 1.2 bis 1.4, und DIN 13342 [2]), Abschnitt 1.2.2.1.
Sol-Kurve	Siehe rheologische Hysteresekurve
Spannung E: stress	Quotient Kraft durch Fläche, zerlegbar in die Komponenten der Normalspannung σ und der Schubspannung τ. Die an einem Volumenelement angreifenden Spannungen bilden unter sehr allgemeinen Voraussetzungen einen symmetrischen Tensor.
Staudinger-Funktion E: reduced viscosity, viscosity number	Konzentrationsbezogene relative Viskositätsänderung J_v, auch Viskositätszahl genannt. Siehe DIN 1342 Teil 2 [1]), Abschnitt 2.3.
Staudinger-Index E: intrinsic viscosity, limiting viscosity number	J_g, Grenzwert der Staudinger-Funktion für verschwindende Konzentrationen bei hinreichend kleinen Schubspannungen; auch Grenzviskositätszahl genannt. Siehe DIN 1342 Teil 2 [1]), Abschnitt 2.4.
Steiger-Orysches Fließgesetz	Näherungsformel für die Scherviskositätsfunktion von Flüssigkeiten mit Strukturviskosität. Siehe DIN 13342 [2]), Abschnitt 3.1.3.
Stoff E: material	Oberbegriff für Gase, Flüssigkeiten und Festkörper. Ein Stoff im engeren Sinne ist einheitlich, ein Stoffsystem dagegen aus mehreren Komponenten oder Phasen zusammengesetzt. In DIN 13342 [2]) werden auch Stoffsysteme als Stoffe bezeichnet. Siehe DIN 13342 [2]), Abschnitt 1.1.
Strangaufweitung E: die swell, Barus effect, Merrington effect	Querschnittsvergrößerung des frei aus einer Kapillare austretenden Strahls einer viskoelastischen Flüssigkeit

[1]) und [2]) siehe Seite 1

Benennung	Bedeutung
Strukturviskosität E: structural viscosity	Fließverhalten von Stoffen, deren Viskosität bei höheren Werten der Schubspannung oder des Geschwindigkeitsgefälles kleiner ist als bei niedrigeren Werten. Die Stoffeigenschaft „strukturviskos" sagt nichts über die Zeitabhängigkeit des Fließverhaltens aus. Siehe DIN 13342 [2]), Abschnitt 3.1.3.
Superpositionsprinzip E: superposition principle	Postulat, nach dem Teilspannungen und durch sie hervorgerufene Verformungen oder Verformungsgeschwindigkeiten linear überlagert werden dürfen. Diese Annahme gilt für newtonsche Flüssigkeiten und für Stoffe mit linearer Viskoelastizität.
Thixotropie E: thixotropy	Zeitabhängiges Fließverhalten, bei dem die Viskosität infolge andauernder mechanischer Beanspruchung vom Wert im Ruhezustand her gegen einen Endwert hin abnimmt und nach Aufhören der Beanspruchung wieder zunimmt (Eigenschaftswort: thixotrop). Siehe DIN 13342 [2]), Abschnitt 1.2.3.
Trouton-Verhältnis E: Trouton ratio	N_{Tr}, Verhältnis von Dehnviskosität zu Scherviskosität unter vergleichbarer mechanischer Beanspruchung. Im Geltungsbereich des Superpositionsprinzips hat das Trouton-Verhältnis den Wert Drei. Siehe DIN 13342 [2]), Abschnitt 3.4.2.
Turbulenz E: turbulence	Form der Strömung bei hohen Reynolds-Zahlen, in welcher die Geschwindigkeitskomponenten nach Betrag und Richtung statistisch schwanken. Gegensatz zu turbulenter Strömung: laminare Strömung.
Verformung E: deformation, strain	ε, γ, quantitative Kennzeichnung der Gestalt- und/oder Volumenänderung eines Volumenelementes, in der Festkörpermechanik auch Verzerrung genannt (siehe DIN 13316). Die Verformungsgrößen werden durch symmetrische Tensoren dargestellt.
Verformungsgeschwindigkeit E: rate of deformation, rate of strain	Zeitbezogene Änderung der Verformung. Siehe DIN 1342 Teil 2 [1]), Abschnitt 1.1.
Verzögerte Elastizität E: delayed elasticity	Elastische Verformung, die sich beim Anlegen einer Spannung nicht sofort voll einstellt, sondern mit endlicher, zeitlich abklingender Geschwindigkeit (siehe auch Voigt-Kelvin-Element, Retardationszeit). Siehe DIN 13342 [2]), Abschnitt 3.2.2.
Viskoelastizität E: viscoelasticity	Erscheinung, daß Stoffe sowohl Elastizität als auch Viskosität besitzen können. Viskoelastische Stoffe speichern einen Teil der Verformungsarbeit. Siehe DIN 13342 [2]), Abschnitte 1.2.2.2 und 1.2.2.3.
Viskosimetrische Strömung E: viscometric flow	Schichtenströmung, bei der sich im gesamten Fließfeld und für alle auftretenden Geschwindigkeitsgefälle die Gleichgewichtsviskosität eingestellt hat
Viskosität E: viscosity	a) Qualitativ: Eigenschaft eines Stoffes, unter Einwirkung einer Spannung zu fließen (viskos gleich zähflüssig) und irreversibel deformiert zu werden. Dabei wird Strömungsenergie in Wärme umgewandelt. b) Im Sinne eines Viskositätskoeffizienten, z.B. dynamische Viskosität η c) Im Sinne einer Viskositätsfunktion Siehe DIN 1342 Teil 2 [1]), Abschnitt 1.1.
Viskositätsfunktion	Die ein zähflüssiges Medium kennzeichnenden Stoffeigenschaften Scherviskosität $\eta(D^2)$, Dehnviskosität $\eta_D(\dot{\varepsilon})$ und Volumenviskosität $\eta_v(\dot{V})$ als Funktion der entsprechenden Spannungen oder Verformungsgeschwindigkeiten. Siehe DIN 13342 [2]), Abschnitt 3.1.1.
Viskositätskoeffizient	Stoffspezifische Konstante in rheologischen Stoffgesetzen, die viskose Eigenschaften beschreibt (z.B. dynamische Viskosität newtonscher Flüssigkeiten, Bingham-Viskosität, Casson-Viskosität, Nullviskosität).

[1]) und [2]) siehe Seite 1

Benennung	Bedeutung
Viskositätskurve E: viscosity curve	Graphische Darstellung der Scherviskositätsfunktion über dem Geschwindigkeitsgefälle oder über der Schubspannung. Für eine newtonsche Flüssigkeit erhält man eine parallel zur Abszisse verlaufende Gerade. Viskositätskurven sind nur in viskosimetrischen Strömungen definiert. Siehe DIN 13 342 [2]), Abschnitt 3.1.2.
Viskositätszahl E: viscosity number	Siehe Staudinger-Funktion. Siehe DIN 1342 Teil 2 [1]), Abschnitt 2.3.
Voigt-Kelvin-Modell E: Voigt-Kelvin model, Kelvin model	Rheologisches Modell, gebildet durch Parallelanordnung einer hookeschen Feder und eines newtonschen Dämpfungsgliedes; einfachstes Modell für einen viskoelastischen Festkörper mit nur einer Retardationszeit
Volumenviskosität E: bulk viscosity, volume viscosity	Der für die Volumenänderung maßgebende Viskositätskoeffizient η_v, Quotient isotrope Spannung durch die zugehörige (relative) Volumenänderungsgeschwindigkeit zu Beginn der Verformung. Siehe DIN 13 342 [2]), Abschnitt 1.2.2.2.
Vorgeschichte E: history	Die rheologische Vorgeschichte eines Stoffes ist bestimmt durch alle Spannungen und Verformungen an dem betrachteten Volumenelement eines Stoffes für die vorangegangene Zeit bis zum Zeitpunkt der Messung. Siehe DIN 13 342 [2]), Abschnitt 2.1.
Weissenberg-Effekt E: Weissenberg effect	Hochkriechen mancher nicht-newtonscher Flüssigkeiten an einem in sie eintauchenden rotierenden Schaft; erster Nachweis und Demonstrationsversuch für die Existenz des rheologischen Quereffektes in Scherströmungen.
Zähigkeit	Früher an Stelle von Viskosität gebraucht

[1]) und [2]) siehe Seite 1

Zitierte Normen und andere Unterlagen

DIN 1342 Teil 2 [1]) Viskosität; Newtonsche Flüssigkeiten

DIN 13 316 Mechanik ideal elastischer Körper; Begriffe, Größen, Formelzeichen

DIN 13 342 Nicht-newtonsche Flüssigkeiten; Begriffe, Stoffgesetze

DIN 53 018 Teil 1 Viskosimetrie; Messung der dynamischen Viskosität newtonscher Flüssigkeiten mit Rotationsviskosimetern, Grundlagen

DIN 53 019 Teil 1 Viskosimetrie; Messung von Viskositäten und Fließkurven mit Rotationsviskosimetern mit Standardgeometrie, Normalausführung

BS 5168 – 1975 [4]) Glossary of rheological terms

[1] Lyklema, J.; Olphen, J. van: Definitions, terminology and symbols for rheological properties. Pure Appl. Chem. **51** (1979), S. 1213–1218

[2] Giesekus, H.; Langer, G.: Die Bestimmung der wahren Fließkurven nicht-newtonscher Flüssigkeiten und plastischer Stoffe mit der Methode der repräsentativen Viskosität. Rheol. Acta **16** (1977), S. 1–22

Internationale Patentklassifikation

G 01 N 11-00

---

[1]) Siehe Seite 1

[4]) Zu beziehen bei der Auslandsnormenvermittlung im DIN, Burggrafenstraße 4–10, 1000 Berlin 30.

DK 532.13 Februar 1986

Viskosität
Newtonsche Flüssigkeiten

DIN 1342 Teil 2

Viscosity; newtonian fluids

Ersatz für DIN 1342/12.71

1 Grundlagen

1.1 Viskosität

Viskosität ist die Eigenschaft eines fließfähigen (vorwiegend flüssigen oder gasförmigen) Stoffsystems, bei einer Verformung eine Spannung aufzunehmen, die nur von der Verformungsgeschwindigkeit abhängt. Ebenso kann die Spannung als Ursache der Verformungsgeschwindigkeit angesehen werden.

Anmerkung: Zur leichteren Veranschaulichung ist es zweckmäßig, sich Strömungen vorzustellen, in denen die Beschleunigungskräfte klein gegen die Reibungskräfte sind (schleichende Bewegung). Die Begriffe sind aber auch außerhalb dieser einschränkenden Bedingungen definiert und von Bedeutung.

Bei volumenbeständiger Verformung einer newtonschen Flüssigkeit genügt eine einzige Konstante zur Kennzeichnung der Viskosität. Deshalb werden in dieser Norm die Scherviskosität einfach Viskosität und die Scherverformung einfach Verformung genannt. Von der Behandlung der Kompressions- oder Volumenviskosität wird hier abgesehen.

1.2 Einfache Darstellung der viskosen Strömung durch Geschwindigkeitsgefälle und Schubspannung

Bei ebener Parallelströmung in Richtung x (Geschwindigkeit v_x, siehe Bild 1) ist die Änderung der Geschwindigkeit senkrecht zur Strömungsrichtung, das **Geschwindigkeitsgefälle** D, definiert als der Grenzwert des Quotienten aus dem Geschwindigkeitsunterschied $\Delta v_x = v_{x2} - v_{x1}$ zwischen zwei Ebenen 1 und 2 und ihrem Abstand Δy:

$$D = \lim_{\Delta y \to 0} \left(\frac{\Delta v_x}{\Delta y}\right) = \frac{dv_x}{dy} \quad (1)$$

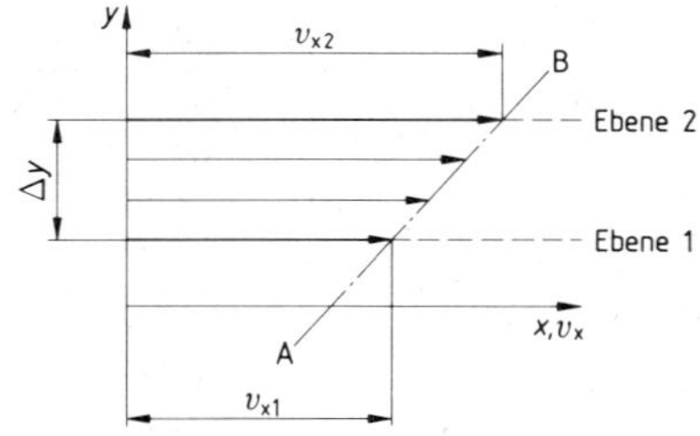

Bild 1.

Die im Bild strichpunktierte Linie AB heißt Geschwindigkeitsprofil. In einer solchen laminaren Strömung wirkt zwischen benachbarten Flüssigkeitsschichten eine **Schubspannung** τ in Richtung x. Die in Bild 1 dargestellte Strömungsform heißt einfache Scherströmung. Diese Darstellung läßt sich auch auf nichtebene Strömungsvorgänge übertragen; für Rotationsviskosimeter siehe DIN 53 018 Teil 1, Ausgabe März 1976, Erläuterungen.

Anmerkung: Für die Benennung „Geschwindigkeitsgefälle" ist in Anlehnung an den Sprachgebrauch im Englischen auch „Schergeschwindigkeit" gebräuchlich, ebenso anstelle von D das Formelzeichen $\dot{\gamma}$.

1.2 Newtonsche Flüssigkeit

Eine **newtonsche Flüssigkeit** ist ein isotropes reinviskoses Fluid, das folgenden Bedingungen genügt:

a) Schubspannung τ und Geschwindigkeitsgefälle D sind direkt proportional.

b) In der einfachen Scherströmung (siehe Bild 1) sind die Normalspannungen in Richtung der x-Koordinatenachse, der y-Koordinatenachse und senkrecht dazu gleich groß.

c) Eine elastische Verformung der Flüssigkeit muß bei zeitlich veränderlicher Schubspannung so klein sein, daß sie das Geschwindigkeitsgefälle nicht beeinflußt.

Anmerkung: Bei einer realen Flüssigkeit muß damit gerechnet werden, daß sie eine gewisse Scherelastizität besitzt.

Flüssigkeiten mit anderem Verhalten heißen **nicht-newtonsche Flüssigkeiten,** siehe DIN 13 342 [1]).

1.4 Dynamische Viskosität

Zwischen der Schubspannung τ und dem Geschwindigkeitsgefälle D gilt die Beziehung:

$$\tau = \eta D \quad (2)$$

Die (nicht negative) Proportionalitätskonstante η heißt **dynamische Viskosität** (wo eine Verwechslung mit der kinematischen Viskosität, siehe Abschnitt 1.6, nicht zu befürchten ist, kann das Beiwort „dynamische" auch wegfallen). η ist eine für die betrachtete Flüssigkeit charakteristische Größe und hängt von der Temperatur und vom Druck ab. Es gibt Flüssigkeiten, die Gleichung 2 nur in einem begrenzten Bereich der Schubspannung befolgen (newtonscher Bereich).

[1]) Ausgabe Juni 1976; es ist vorgesehen, DIN 13 342 als Norm der Reihe DIN 1342 herauszugeben.

Fortsetzung Seite 2 und 3

Normenausschuß Einheiten und Formelgrößen (AEF) im DIN Deutsches Institut für Normung e. V.

1.5 Fluidität

Der Kehrwert der dynamischen Viskosität wird **Fluidität** genannt und mit dem Formelzeichen φ bezeichnet:

$$\varphi = 1/\eta \qquad (3)$$

1.6 Kinematische Viskosität

Der Quotient dynamische Viskosität η durch Dichte ϱ (dichtebezogene Viskosität) wird nach Maxwell **kinematische Viskosität** genannt und mit dem Formelzeichen ν bezeichnet:

$$\nu = \eta/\varrho \qquad (4)$$

2 Viskosität von Lösungen

2.1 Relative Viskosität (Viskositätsverhältnis)

Bei Lösungen unterscheidet man

a) die Viskosität η der Lösung und
b) die Viskosität η_s des Lösemittels.

Der Quotient beider Größen $\eta_r = \eta/\eta_s$ heißt **relative Viskosität (Viskositätsverhältnis).**

2.2 Relative Viskositätsänderung

Der Quotient $\frac{\eta - \eta_s}{\eta_s} = \eta_r - 1$ heißt **relative Viskositätsänderung** (auch: relative Viskositätserhöhung).

2.3 Staudinger-Funktion

Bezieht man die relative Viskositätsänderung auf die Massenkonzentration β_i (siehe DIN 1310) des gelösten Stoffes in der Lösung, so erhält man die konzentrationsbezogene relative Viskositätsänderung:

$$J_v = \frac{1}{\beta_i} \cdot \frac{\eta - \eta_s}{\eta_s} \qquad (5)$$

Sie wird kurz **Staudinger-Funktion** (früher: Viskositätszahl) genannt. Für die Konzentration wird überwiegend die Einheit g/cm^3 benutzt; damit bekommt J_v die Einheit cm^3/g.

2.4 Staudinger-Index

Die Staudinger-Funktion nähert sich mit abnehmender Konzentration und Schubspannung einem Grenzwert:

$$J_g = \lim_{\substack{\beta_i \to 0 \\ \tau \to 0}} \left(\frac{1}{\beta_i} \cdot \frac{\eta - \eta_s}{\eta_s} \right) \qquad (6)$$

Dieser Grenzwert wird **Staudinger-Index** (früher: Grenzviskositätszahl) genannt.

Anmerkung 1: In den letzten Jahren hat man sich sowohl in der deutschen Normung als auch in der IUPAC (International Union of Pure and Applied Chemistry) darum bemüht, für die mit der Dimension Volumen durch Masse behafteten Größen J_v und J_g die Benennungen „Viskositätszahl" und „Grenzviskositätszahl" nicht mehr zu verwenden. An deren Stelle sind die Benennungen „Staudinger-Funktion" und „Staudinger-Index" eingeführt worden. Die Verwendung dieser Benennungen wird empfohlen.

Anmerkung 2: Bisher ist als Formelzeichen für den Staudinger-Index J_g vielfach das Zeichen $[\eta]$ benutzt worden. Dieses Zeichen sollte vermieden werden, da es nach DIN 1313 eine Einheit der Größe η darstellt.

2.5 Massenanteil-Viskositätszahl

Bezieht man die relative Viskositätsänderung auf den Massenanteil w_i (siehe DIN 1310) des gelösten Stoffes in der Lösung, so erhält man die **Massenanteil-Viskositätszahl:**

$$j_v = \frac{1}{w_i} \cdot \frac{\eta - \eta_s}{\eta_s} \qquad (7)$$

Der Grenzwert

$$j_g = \lim_{\substack{w_i \to 0 \\ \tau \to 0}} \left(\frac{1}{w_i} \cdot \frac{\eta - \eta_s}{\eta_s} \right) \qquad (8)$$

wird **Massenanteil-Grenzviskositätszahl** genannt. Die Größen j_v und j_g haben die Dimension 1.

Anmerkung 1: Die Massenanteil-Viskositätszahl j_v und die Staudinger-Funktion J_v lassen sich nach folgender Gleichung ineinander umrechnen:

$$j_v = \varrho J_v \qquad (9)$$

Hierbei ist ϱ die Dichte der Lösung bei der Temperatur, bei der die Viskositäten η und η_s gemessen wurden.

Anmerkung 2: Die Verwendung des Massenanteils w_i anstelle der Massenkonzentration β_i hat meßtechnische Vorteile. Die Lösung wird durch Einwägen statt durch Auffüllen bis zur Meßmarke hergestellt (anstelle des Volumens wird die Masse der Lösung zugrunde gelegt). Damit entfällt das Einstellen des Meßkolbens mit Inhalt auf die Referenztemperatur des Meßkolbens. Im Gegensatz zu β_i ist w_i temperaturunabhängig, weshalb bei erhöhten Prüftemperaturen, die bei manchen Hochpolymeren erforderlich sind, beim Verwenden von w_i keine systematisch falschen Gehaltsangaben verwendet werden.

3 Zusammenstellung der Größen und Einheiten

Größe		SI-Einheit	Beziehung	Weitere gebräuchliche Einheiten
Bennenung	Formelzeichen			
Schubspannung	τ	Pa	1 Pa = 1 N/m² = 1 kg/(m · s²)	
Geschwindigkeitsgefälle, Schergeschwindigkeit	$D, \dot{\gamma}$	s^{-1}		
dynamische Viskosität	η	Pa · s	1 Pa · s = 1 N · s/m² = 1 kg/(m · s)	dPa · s (früher: Poise) mPa · s (früher: Centipoise)
kinematische Viskosität	ν	m²/s		1 mm²/s = 10^{-6} m²/s (früher: Centistokes)
Staudinger-Funktion (früher: Viskositätszahl)	J_v	m³/kg		1 cm³/ g = 10^{-3} m³/kg [1]
Staudinger-Index (früher: Grenzviskositätszahl)	J_g	m³/kg		1 cm³/g = 10^{-3} m³/kg
Massenanteil-Viskositätszahl	j_v	1		[2]
Massenanteil-Grenzviskositätszahl	j_g	1		

[1]) Bevorzugt vereinbarter Wert der Massenkonzentration: β_i = 0,005 g/cm³ bei 20 °C
[2]) Bevorzugt vereinbarter Massenanteil: ω_i = 0,005; d. h. 0,5 g des gelösten Stoffes in 100 g Lösung

Zitierte Normen

DIN 1310	Zusammensetzung von Mischphasen (Gasgemische, Lösungen, Mischkristalle); Begriffe, Formelzeichen
DIN 1313	Physikalische Größen und Gleichungen; Begriffe, Schreibweisen
DIN 13 342	Nicht-newtonsche Flüssigkeiten; Begriffe, Stoffgesetze
DIN 53 018 Teil 1	Viskosimetrie; Messung der dynamischen Viskosität newtonscher Flüssigkeiten mit Rotationsviskosimetern, Grundlagen

Weitere Normen

DIN 1342 Teil 1 Viskosität; Rheologische Begriffe

Frühere Ausgaben

DIN 1342: 08. 36, 04. 57, 12. 71

Änderungen

Gegenüber DIN 1342/12. 71 wurden folgende Änderungen vorgenommen:

a) Die Größen Massenanteil-Viskositätszahl und Massenanteil-Grenzviskositätszahl wurden zusätzlich eingeführt.

b) Abschnitt 3 „Zusammenstellung der Größen und Einheiten" wurde erweitert.

c) Der gesamte Text wurde redaktionell durchgesehen und überarbeitet.

Internationale Patentklassifikation

F 17 D 1/08
G 01 N 11/00

DK 536.4.092 Januar 1990

Referenzzustand, Normzustand, Normvolumen

Begriffe und Werte

DIN 1343

Reference conditions, normal conditions, normal volume; Concepts and values

Conditions de référence, conditons normales, volume normal; Notions et valeurs

Ersatz für Ausgabe 08.86

1 Referenzzustand

Ein Referenzzustand ist ein durch bestimmte Werte von Referenzgrößen, insbesondere durch eine Referenztemperatur T_{ref} und durch einen Referenzdruck p_{ref} festgelegter Zustand eines festen, flüssigen oder gasförmigen Stoffes. Es sind zahlreiche Referenzzustände in Gebrauch. Der jeweilige Referenzzustand ist anzugeben oder zu zitieren.

Anmerkung: Sind die Eigenschaften eines Stoffes bei einem anderen als dem festgelegten Wert einer Referenzgröße gegeben, so müssen sie auf den festgelegten Wert reduziert werden (siehe DIN 5485). Dies setzt voraus, daß der physikalische Zusammenhang bekannt ist.

Ist der physikalische Zusammenhang nicht bekannt, so ist keine Reduzierung möglich. Dann muß die Messung beim festgelegten Wert der Referenzgröße ausgeführt werden.

2 Normzustand

Normzustand ist derjenige Referenzzustand, der durch die Normtemperatur

$$T_n = 273{,}15 \text{ K oder } t_n = 0\,°\text{C}$$

und den Normdruck

$$p_n = 101\,325 \text{ Pa} = 1{,}013\,25 \text{ bar}$$

festgelegt ist.

3 Normvolumen

3.1 Das Volumen eines Stoffes im Normzustand, also bei der Normtemperatur und dem Normdruck, wird Normvolumen V_n genannt.

Beispiel für die Angabe eines Normvolumens:

Argon im Normzustand $V_n = 50 \text{ m}^3$

oder

$V_n (\text{Ar}) = 50 \text{ m}^3$

3.2 Das stoffmengenbezogene (molare) Normvolumen $V_{m,n}$ ist gleich dem Quotienten Normvolumen V_n durch Stoffmenge n:

$$V_{m,n} = \frac{V_n}{n}$$

Das stoffmengenbezogene (molare) Normvolumen des idealen Gases $V_{m,0}$ ist nach Codata Bulletin Nr 63:

$$V_{m,0} = (22{,}414\,10 \pm 0{,}000\,19) \text{ l/mol}$$

Zitierte Normen und andere Unterlagen

DIN 5485 Benennungsgrundsätze für physikalische Größen; Wortzusammensetzungen mit Eigenschafts- und Grundwörtern

Codata Bulletin Nr 63, November 1986, Codata Secretariat, 51 Boulevard de Montmorency, F-75016 Paris

Frühere Ausgaben

DIN 524: 08.22

DIN 1343: 08.40, 06.55, 04.63, 05.64, 12.71, 11.75, 08.86

Änderungen

Gegenüber der Ausgabe August 1986 wurden folgende Änderungen vorgenommen:

- Der Wert für das stoffmengenbezogene Normvolumen des idealen Gases wurde entsprechend Codata Bulletin Nr 63 geändert.

Erläuterungen

In einer Veröffentlichung der International Union of Pure and Applied Chemistry (IUPAC) wird empfohlen, künftig für den Normdruck den Wert 10^5 Pa mit dem Formelzeichen p^0 zu verwenden (Pure & Appl. Chem., Vol. 54, No 6, pp 1239–1250, 1982). Diese Empfehlung wird in der vorliegenden Norm nicht berücksichtigt, da eine Änderung des Normdruckes weitreichende Folgen hätte.

Internationale Patentklassifikation

G 01

Normenausschuß Einheiten und Formelgrößen (AEF) im DIN Deutsches Institut für Normung e.V.

DK 536.7 : 003.62 : 001.4 : 53.081 Dezember 1993

Thermodynamik
Grundbegriffe

DIN 1345

Thermodynamics; terminology

Ersatz für Ausgabe 09.75
und DIN 13 346/10.79

1 Grundlagen

1.1 System

Ein System ist im Sinne der Thermodynamik ein makroskopisches System.

1.2 Phase

Eine Phase ist jeder homogene Teil eines Systems.

1.3 Homogenes, heterogenes, kontinuierliches und inhomogenes System

Ein *homogenes System* ist ein Einphasensystem, ein *heterogenes* (oder diskontinuierliches) *System* ein Mehrphasensystem.

Ein *kontinuierliches System* baut sich aus Raumelementen auf, die sich wie infinitesimale Phasen verhalten (Beispiel: System im Schwerefeld der Erde oder in einer Zentrifuge).

Ein *inhomogenes System* ist entweder ein heterogenes oder ein kontinuierliches System.

1.4 Bereich

Ein *Bereich* ist entweder eine Phase oder ein Raumelement eines kontinuierlichen Systems.

1.5 Einfacher Bereich und einfaches System

Ein *einfacher Bereich* ist ein isotroper Bereich ohne Elektrisierung, Magnetisierung und Grenzflächenerscheinungen.

Ein *einfaches System* ist ein System, das aus einfachen Bereichen besteht.

1.6 Wechselwirkungen

Wechselwirkungen zwischen System und Umgebung bestehen generell in Stoffaustausch (Materieaustausch), Verrichtung von Arbeit und Zufuhr oder Abgabe von Wärme (Wärmeaustausch). Ein System heißt

offen bei beliebiger Wechselwirkung mit der Umgebung,

geschlossen bei fehlendem Stoffaustausch,

thermisch isoliert bei fehlendem Stoff- und Wärmeaustausch,

abgeschlossen bei keinerlei Wechselwirkung mit der Umgebung.

Demnach ist ein thermisch isoliertes System ein geschlossenes System ohne Wärmeaustausch, ein abgeschlossenes System ein thermisch isoliertes System, an dem oder von dem keine Arbeit verrichtet wird.

1.7 Zustandsgrößen

Die das makroskopische Verhalten eines Systems oder Bereiches beschreibenden Größen werden *Zustandsgrößen* genannt. Feste Werte dieser Größen entsprechen einem bestimmten Zustand des Systems oder Bereiches. Zustandsgrößen sind entweder äußere Zustandsgrößen wie Lagekoordinaten in äußeren Kraftfeldern (etwa im Schwerefeld der Erde), makroskopische Geschwindigkeiten von Systemen oder Systemteilen, davon abhängige Größen wie die makroskopische potentielle Energie und die makroskopische kinetische Energie oder innere Zustandsgrößen wie der Druck, das Volumen, die Temperatur und die innere Energie.

Nicht alle inneren Zustandsgrößen sind voneinander unabhängig. Werden beispielsweise zur Beschreibung des inneren Zustandes eines einfachen Bereiches die Temperatur, der Druck und die Massen oder Stoffmengen der im Bereich enthaltenen Stoffe als unabhängige Variable gewählt, so sind das Volumen und die innere Energie Funktionen dieser Variablen.

Zustandsänderungen können sowohl durch Wechselwirkungen mit der Umgebung (siehe Abschnitt 1.6) als auch durch Vorgänge (Prozesse) im Inneren des Systems oder Bereiches hervorgerufen werden. Diese Vorgänge sind irreversible (wirkliche) Prozesse wie chemische Reaktionen, Relaxationsphänomene und Transportvorgänge.

Die Änderungen von Zustandsgrößen sind bei festen Anfangs- und Endzuständen unabhängig vom Verlauf der Zustandsänderungen. Eine infinitesimale Zunahme einer Zustandgröße, etwa des Druckes, des Volumens oder der Energie, ist daher ein vollständiges Differential.

1.8 Prozeßgrößen

Größen wie Arbeit und Wärme werden als *Prozeßgrößen* bezeichnet. Sie sind keine Zustandsgrößen. Ihre Werte hängen vielmehr vom speziellen Verlauf der Zustandsänderung und deren Realisierung durch Wechselwirkungen zwischen System und Umgebung ab. Eine infinitesimale Arbeit oder infinitesimale Wärme stellt mithin ein unvollständiges Differential dar.

Fortsetzung Seite 2 bis 6

Normenausschuß Einheiten und Formelgrößen (AEF) im DIN Deutsches Institut für Normung e.V.

1.9 Intensive Größen

Eine intensive Größe ist eine Zustandsgröße, die unabhängig vom Quantum der Stoffportion (siehe DIN 32 629) des zugehörigen Systems ist. Sie hat innerhalb eines homogenen Systems überall denselben Wert, während sie bei einem kontinuierlichen System eine stetige Ortsfunktion darstellt. Beispiele sind der Druck, die Dichte, die Temperatur, die elektrische Feldstärke und das chemische Potential (siehe Abschnitt 4.2).

1.10 Extensive Größen

Eine extensive Größe ist eine Zustandsgröße, die vom Quantum der Stoffportion des zugehörigen Systems abhängt. Werden die Massen oder Stoffmengen der in einem Bereich vorkommenden Stoffe bei konstanten intensiven Größen vervielfacht, so vervielfachen sich alle extensiven Größen des Bereiches in gleichem Maß. Eine extensive Größe eines Bereiches ist also eine homogene Funktion ersten Grades in den Massen oder Stoffmengen. Generell ist eine extensive Größe irgendeines Systems gleich der Summe der extensiven Größen der makroskopischen Teilsysteme, in die das gegebene System unterteilt werden kann. Beispiele sind das Volumen, die Masse, das elektrische Moment, die Energie und die Entropie.

Bei kontinuierlichen Systemen ist die extensive Größe des Gesamtsystems (z. B. die Masse) gleich dem Integral über das Produkt aus lokaler volumenbezogener Größe (z. B. lokaler Dichte) und Volumenelement (über volumenbezogene Größen siehe Abschnitt 7.4).

1.11 Konservative und nicht-konservative Größen

Bei einer beliebigen Zustandsänderung gilt für die Zunahme ΔZ einer extensiven Größe Z eines Systems die Zerlegung

$$\Delta Z = \Delta_e Z + \Delta_i Z. \qquad (1)$$

Hierin bedeutet $\Delta_e Z$ die Zunahme der Größe Z infolge von Wechselwirkungen (Materieaustausch, Verrichtung von Arbeit, Wärmeaustausch) mit der Umgebung (Index e von extern), während $\Delta_i Z$ die Zunahme der Größe Z durch Vorgänge (irreversible Prozesse) im Inneren des Systems darstellt (Index i von intern).

Eine extensive Größe Z, für die $\Delta_i Z = 0$ gilt (keine „Erzeugung" oder „Vernichtung" der Größe im Inneren des Systems), heißt konservative Größe. Sie unterliegt einem Erhaltungssatz. Aus Gleichung (1) folgt

$$\Delta_i Z = 0, \Delta Z = \Delta_e Z \text{ (konservative Größe).} \qquad (2)$$

Beispiele sind die (Gesamt-)Masse und die (Gesamt-) Energie des Systems. Konservative Größen ändern sich also nur durch Wechselwirkungen mit der Umgebung.

Ein abgeschlossenes System ist nach Gleichung (1) durch die Bedingungen

$$\Delta_e Z = 0, \Delta Z = \Delta_i Z \text{ (abgeschlossenes System)} \qquad (3)$$

gekennzeichnet.

Damit wird für eine konservative Größe in einem abgeschlossenen System abgeleitet (siehe Gleichung (2)):

$$\Delta Z = 0, Z = \text{const (konservative Größe, abgeschlossenes System).} \qquad (4)$$

Insbesondere sind die (Gesamt-)Masse und die (Gesamt-) Energie eines abgeschlossenen Systems konstant. Die Masse bleibt bereits bei einem geschlossenen System (siehe Abschnitt 1.6) unverändert. Generell kann sich nämlich im nichtrelativistischen Fall die Masse nur durch Stoffaustausch mit der Umgebung, die Energie aber auch durch Verrichtung von Arbeit und Wärmeaustausch (siehe Abschnitt 3.1) ändern.

Eine extensive Größe, für die $\Delta_i Z \neq 0$ gilt, wird nicht-konservative Größe genannt. Für eine solche Größe findet man aus Gleichung (3) im Falle eines abgeschlossenen Systems $\Delta Z \neq 0$.

Ein Beispiel für eine nicht-konservative Größe ist die Masse oder Stoffmenge einer chemisch reagierenden Teilchenart. Hier gibt es eine Erzeugung ($\Delta_i Z > 0$) oder Vernichtung ($\Delta_i Z < 0$) durch die Vorgänge (Reaktionen) im Inneren des Systems. Ein anderes Beispiel stellt die Entropie (siehe Abschnitt 4.1) dar, für die es bei Ablauf von beliebigen (irreversiblen) Prozessen im Inneren des Systems stets eine Erzeugung ($\Delta_i Z > 0$) gibt.

2 Temperatur

2.1 Thermodynamische Temperatur

Die Temperatur oder thermodynamische Temperatur (Formelzeichen: T) eines Bereiches ist vereinbarungsgemäß eine Basisgröße mit der Basiseinheit Kelvin (Einheitenzeichen: K). Sie ist eine intensive Größe.

Das Kelvin (K) wird definiert durch die Gleichung

$$1\,\text{K} = \frac{T_{tr}}{273{,}\mathbf{16}}, \qquad (5)$$

wobei T_{tr} die (thermodynamische) Temperatur des Tripelpunktes des Wassers ist. Dieser Tripelpunkt kennzeichnet das heterogene Gleichgewicht zwischen den drei Phasen Eis, flüssiges Wasser, Wasserdampf; der zugehörige Druck ist etwa 0,6 kPa.

Die (thermodynamische) Temperatur T ist die den Gesetzen der Thermodynamik zugrunde liegende physikalische Größe. Deshalb sollte nur diese Temperatur in Größengleichungen benutzt werden.

2.2 Celsius-Temperatur

Die Celsius-Temperatur (Formelzeichen: t oder ϑ) ist definiert durch die Gleichung

$$t = T - T_0 \qquad (6)$$

mit $T_0 = 273{,}1\mathbf{5}\,\text{K},$ (7)

stellt also die Differenz zwischen der jeweiligen (thermodynamischen) Temperatur T und der festen Bezugstemperatur T_0 dar.

Bei Angabe der Celsius-Temperatur wird der Einheitenname Grad Celsius (Einheitenzeichen: °C) als besonderer Name für das Kelvin benutzt.

Von der Temperatur des Tripelpunktes des Wassers zu unterscheiden ist die Temperatur des Eispunktes. Der Eispunkt kennzeichnet das heterogene Gleichgewicht zwischen den drei Phasen Eis, luftgesättigtes flüssiges Wasser, wasserdampfgesättigte Luft beim Normdruck 101,32**5** kPa. (Die flüssige und gasförmige Phase sind hier Mischphasen.)

Die bei der Definition der Celsius-Temperatur benutzte Bezugstemperatur T_0 = 273,1**5** K, entsprechend der Celsius-Temperatur 0 °C, ist innerhalb der heute bestehenden Meßunsicherheit gleich der Temperatur des Eispunktes. Demgegenüber hat die Temperatur T_{tr} des Tripelpunktes des Wassers den Wert 273,1**6** K, entsprechend der Celsius-Temperatur 0,0**1** °C.

2.3 Temperaturdifferenz

Temperaturdifferenzen werden in der Einheit Kelvin angegeben. Man schreibt beispielsweise für die Differenz zwischen den (thermodynamischen) Temperaturen $T_2 = 300$ K und $T_1 = 285$ K

$$\Delta T = T_2 - T_1 = 15 \text{ K},$$

für die Differenz zwischen den Celsius-Temperaturen $t_2 = 30\,°C$ und $t_1 = 25\,°C$

$$\Delta t = t_2 - t_1 = 5 \text{ K}.$$

Nach dem Beschluß der 13. Generalkonferenz für Maß und Gewicht (1967-1968) darf eine Differenz zweier Celsius-Temperaturen auch in der Einheit Grad Celsius (°C) angegeben werden.

2.4 Toleranzbereich und Meßunsicherheit

Zur Bezeichnung von Toleranzbereichen und Meßunsicherheiten werden folgende Schreibweisen empfohlen:

bei Temperaturdifferenzen und -intervallen

$$\Delta T = \Delta t = (17{,}0 \pm 0{,}2) \text{ K},$$

bei Celsius-Temperaturen

$$t = (20{,}0 \pm 0{,}2)\,°C.$$

3 Energie und verwandte Größen

3.1 Energie, Arbeit und Wärme

Die (Gesamt-)E n e r g i e eines Systems (Formelzeichen: E) ist eine extensive Größe mit der SI-Einheit Joule (Einheitenzeichen: J), wobei 1 J = 1 Ws = 1 Nm ist. Sie wird durch den Ersten Hauptsatz der Thermodynamik eingeführt.

Die Energie stellt eine konservative Größe dar. Aus Gleichung (2) ergibt sich für die Zunahme ΔE der Energie eines Systems

$$\Delta_i E = 0, \qquad \Delta E = \Delta_e E. \tag{8}$$

Dabei gilt die Energiebilanz (für ein offenes System)

$$\Delta E = \Delta_e E = \Delta_M E + W + Q. \tag{9}$$

Hierin bedeutet $\Delta_M E$ die Zunahme der Energie eines Systems durch Stoffaustausch mit der Umgebung (Index M von Materie), W die am System verrichtete A r b e i t, Q die dem System zugeführte W ä r m e. (Die Aussage $W < 0$ entspricht einer vom System verrichteten Arbeit, die Aussage $Q < 0$ einer vom System abgegebenen Wärme.)

Man erhält aus Gleichung (9) für ein geschlossenes System ($\Delta_M E = 0$)

$$\Delta E = W + Q \text{ (geschlossenes System)}, \tag{10}$$

für ein thermisch isoliertes System ($\Delta_M E = 0$, $Q = 0$)

$$\Delta E = W \text{ (thermisch isoliertes System)}, \tag{11}$$

für ein abgeschlossenes System ($\Delta_M E = 0$, $W = 0$, $Q = 0$)

$$\Delta E = 0,\ E = \text{const} \quad \text{(abgeschlossenes System)} \tag{12}$$

wie in Gleichung (4).

Die Energie eines heterogenen (diskontinuierlichen) bzw. eines kontinuierlichen Systems ist gleich der Summe der Energien der einzelnen Phasen bzw. gleich dem Integral über das Produkt aus lokaler Energiedichte und Volumenelement (siehe Abschnitt 1.10).

3.2 Innere, potentielle und kinetische Energie

Die (Gesamt-)Energie E eines beliebigen Systems läßt sich (im nicht-relativistischen Fall) wie folgt unterteilen:

$$E = U + E_p + E_k. \tag{13}$$

Dabei ist U die i n n e r e E n e r g i e, E_p die (makroskopische) p o t e n t i e l l e E n e r g i e (in äußeren Kraftfeldern), E_k die (makroskopische) k i n e t i s c h e E n e r g i e (bei makroskopischen Bewegungen).

Die extensive Größe U ist eine innere Zustandsgröße, während die extensiven Größen E_p und E_k äußere Zustandsgrößen sind (siehe Abschnitt 1.7).

3.3 Enthalpie

Die E n t h a l p i e (Formelzeichen: H) eines einfachen Bereiches mit dem Druck p und dem Volumen V ist die als

$$H = U + p\,V \tag{14}$$

definierte extensive innere Zustandsgröße mit der SI-Einheit Joule.

Bei nicht-einfachen Bereichen ist das Produkt $p\,V$ durch den Ausdruck $-\sum_i \lambda_i\, l_i$ zu ersetzen.

Darin bedeuten die Größen λ_i bzw. l_i die Arbeitskoeffizienten (intensive Größen von der Art des negativen Druckes) bzw. die Arbeitskoordinaten (extensive Größen von der Art des Volumens). Beispiele für Arbeitskoeffizienten und Arbeitskoordinaten sind — im Falle eines elektrisierten Bereiches — die elektrische Feldstärke und das elektrische Moment.

Für die Enthalpie eines inhomogenen Systems gilt Analoges wie für die Energie (siehe Abschnitt 3.1).

4 Entropie und verwandte Größen

4.1 Entropie

Die E n t r o p i e eines Systems (Formelzeichen: S) ist eine extensive innere Zustandsgröße mit der SI-Einheit Joule/Kelvin (Einheitenzeichen: J/K). Sie wird durch den Zweiten Hauptsatz der Thermodynamik (zusammen mit der Temperatur T) eingeführt.

Die Entropie stellt eine nicht-konservative Größe dar. Man findet mit Gleichung (1) die Zunahme ΔS der Entropie eines offenen Systems:

$$\Delta S = \Delta_e S + \Delta_i S. \tag{15}$$

Der Term $\Delta_e S$ beruht auf dem Wärme- und Stoffaustausch mit der Umgebung (nicht jedoch auf der verrichteten Arbeit). Er verschwindet also bei thermisch isolierten und damit auch bei abgeschlossenen Systemen. Für den Term $\Delta_i S$ gilt

$$\Delta_i S \geq 0. \tag{16}$$

Hierin bezieht sich das Gleichheitszeichen auf Gleichgewicht, das Ungleichheitszeichen auf den Ablauf von irreversiblen Prozessen im Inneren des Systems („Entropieerzeugung").

Für thermisch isolierte und damit auch für abgeschlossene Systeme ($\Delta_e S = 0$) folgt aus den Gleichungen (15) und (16): $\Delta S \geq 0$. Daher kann die Entropie eines thermisch isolierten oder abgeschlossenen Systems nicht abnehmen. Sie muß insbesondere bei wirklichen (irreversiblen) Prozessen in einem abgeschlossenen System stets zunehmen.

ANMERKUNG: In diesem Sinne ist der Ausspruch von Clausius zu verstehen: Die Energie der Welt ist konstant; die Entropie der Welt strebt einem Maximum zu.

Für die Entropie eines inhomogenen Systems gilt Analoges wie für die Energie (siehe Abschnitt 3.1).

4.2 Chemisches Potential

Für das (vollständige) Differential $\mathrm{d}S$ der Entropie S eines einfachen Bereiches ist die „Gibbs-Hauptgleichung" gültig:

$$T\,\mathrm{d}S = \mathrm{d}U + p\,\mathrm{d}V - \sum_k \mu_k\,\mathrm{d}n_k, \qquad (17)$$

worin n_k die Stoffmenge des Stoffes k bedeutet.

Das chemische Potential μ_k des Stoffes k (SI-Einheit: J/mol), das hierdurch definiert wird, ist eine intensive Größe, die von der Temperatur, vom Druck und von der Zusammensetzung des Bereiches abhängt.

Bei nicht-einfachen Bereichen ist der Term $p\,\mathrm{d}V$ in Gleichung (17) durch den Ausdruck $-\sum \lambda_i\,\mathrm{d}l_i$ zu ersetzen (siehe Abschnitt 3.3). Jetzt ist das chemische Potential eine Funktion der Temperatur, der Arbeitskoeffizienten und der Zusammensetzung.

Hat in einem inhomogenen System gleichförmiger Temperatur das chemische Potential μ_k eines (elektrisch neutralen) Stoffes k an verschiedenen Orten verschiedene Werte, während alle anderen chemischen Potentiale ortsunabhängig sind, so fließt der Stoff k von Orten mit größeren Werten von μ_k zu Orten mit kleineren Werten von μ_k, bis das chemische Potential μ_k örtlich konstant ist.

Für das Gleichgewicht zwischen zwei Phasen (Hochzeichen ′ und ″) eines heterogenen Systems gilt demnach

$$(\mu_k)' = (\mu_k)'' \text{ (heterogenes Gleichgewicht).} \qquad (18)$$

Dabei bezieht sich der Index k auf jeden (elektrisch neutralen) Stoff, der die Phasengrenzen passieren kann.

Bei Systemen mit geladenen Teilchenarten (elektrochemischen Systemen) übernimmt das elektrochemische Potential (siehe DIN 4896) die Rolle des chemischen Potentials.

4.3 Affinität

Bezeichnet man bei einer chemischen Reaktion (siehe DIN 13 345) die stöchiometrische Zahl eines reagierenden Stoffes k mit ν_k, so stellt die intensive Größe

$$A = -\sum_k \nu_k\,\mu_k \qquad (19)$$

die Affinität der Reaktion dar (SI-Einheit: J/mol). Ihr Vorzeichen bestimmt die Richtung der Reaktion. Bei Gleichgewicht verschwindet die Affinität:

$$A = 0 \text{ (chemisches Gleichgewicht).} \qquad (20)$$

4.4 Freie Energie und Freie Enthalpie

Die extensive innere Zustandsgröße (SI-Einheit: J)

$$F = U - T\,S \qquad (21)$$

heißt Freie Energie, die extensive innere Zustandsgröße (SI-Einheit: J)

$$G = H - T\,S \qquad (22)$$

Freie Enthalpie des betrachteten Bereiches.

Für die Freie Energie und die Freie Enthalpie eines inhomogenen Systems gilt Analoges wie für die Energie (siehe Abschnitt 3.1).

4.5 Fundamentalgleichungen der Thermodynamik

Aus den Gleichungen (14), (17), (21) und (22) folgt für jeden einfachen Bereich ein Satz von Differentialbeziehungen, die Fundamentalgleichungen genannt werden:

$$\mathrm{d}U = T\,\mathrm{d}S - p\,\mathrm{d}V + \sum_k \mu_k\,\mathrm{d}n_k, \qquad (23)$$

$$\mathrm{d}H = T\,\mathrm{d}S + V\,\mathrm{d}p + \sum_k \mu_k\,\mathrm{d}n_k, \qquad (24)$$

$$\mathrm{d}F = -S\,\mathrm{d}T - p\,\mathrm{d}V + \sum_k \mu_k\,\mathrm{d}n_k, \qquad (25)$$

$$\mathrm{d}G = -S\,\mathrm{d}T + V\,\mathrm{d}p + \sum_k \mu_k\,\mathrm{d}n_k. \qquad (26)$$

Hieraus ergibt sich für das chemische Potential

$$\mu_k = (\partial U/\partial n_k)_{S,V,n_j} = (\partial H/\partial n_k)_{S,p,n_j} = (\partial F/\partial n_k)_{T,V,n_j} = (\partial G/\partial n_k)_{T,p,n_j}. \qquad (27)$$

Darin steht n_j für alle Stoffmengen außer n_k. Gleichung (23) stimmt mit der Gibbs-Hauptgleichung (17) überein.

Bei nicht-einfachen Bereichen ist der Term $-p\,\mathrm{d}V$ durch $\sum_i \lambda_i\,\mathrm{d}l_i$, der Term $V\,\mathrm{d}p$ durch $-\sum_i l_i\,\mathrm{d}\lambda_i$, der Index V durch l_i, der Index p durch λ_i zu ersetzen (siehe Abschnitt 3.3).

5 Wärmekapazität und Isentropenexponent

5.1 Wärmekapazität

Als Wärmekapazität C_{th} eines Bereiches (SI-Einheit: J/K) wird die extensive innere Zustandsgröße bezeichnet

$$C_{\mathrm{th}} = T\,\partial S/\partial T, \qquad (28)$$

wobei die bei der Differentiation konstant zu haltenden Größen von Fall zu Fall verschieden sind.

Die wichtigsten Beispiele für C_{th} bei einfachen Bereichen sind die Wärmekapazität bei konstantem Volumen (siehe Gleichung (23))

$$C_V = T\,(\partial S/\partial T)_{V,n_k} = (\partial U/\partial T)_{V,n_k} \qquad (29)$$

und die Wärmekapazität bei konstantem Druck (siehe Gleichung (24))

$$C_p = T\,(\partial S/\partial T)_{p,n_k} = (\partial H/\partial T)_{p,n_k} \qquad (30)$$

5.2 Zusammenhänge zwischen den Wärmekapazitäten

Für jeden einfachen Bereich besteht zwischen dem (thermischen) Volumenausdehnungskoeffizienten (SI-Einheit: K^{-1})

$$\alpha_V = (1/V)\,(\partial V/\partial T)_{p,n_k} \qquad (31)$$

dem (thermischen) Spannungskoeffizienten (SI-Einheit: K^{-1})

$$\alpha_p = (1/p)\,(\partial p/\partial T)_{V,n_k} \qquad (32)$$

und der isothermen Kompressibilität (SI-Einheit: Pa^{-1})

$$\chi_T = -(1/V)\,(\partial V/\partial p)_{T,n_k} \qquad (33)$$

die Beziehung

$$\alpha_V = p\,\alpha_p\,\chi_T. \qquad (34)$$

Damit erhält man für die Differenz zwischen den Wärmekapazitäten C_p und C_V

$$C_p - C_V = T\,V(\alpha_V)^2/\chi_T = T\,V\,p^2(\alpha_p)^2\chi_T \qquad (35)$$

Es gilt für das Verhältnis γ der Wärmekapazitäten

$$\gamma = C_p/C_V = \chi_T/\chi_S = \varrho\,\chi_T\,c_{\mathrm{a}}^2. \qquad (36)$$

Hierin ist

$$\chi_S = -(1/V)\,(\partial V/\partial p)_{S,n_k} \qquad (37)$$

die isentrope Kompressibilität, ϱ die Dichte, c_{a} die Schallgeschwindigkeit.

5.3 Isentropenexponent

Bei einfachen Bereichen wird die Größe der Dimension 1

$$\varkappa = -(V/p)\,(\partial p/\partial V)_{S,n_k} = 1/(p\chi_S) \qquad (38)$$

I s e n t r o p e n e x p o n e n t genannt.
Aus den Gleichungen (36) und (38) folgt

$$(c_a)^2 = 1/(\varrho\chi_S) = p\,\varkappa/\varrho, \qquad (39)$$

ein allgemeiner Ausdruck für die Schallgeschwindigkeit in einfachen Bereichen.
Speziell für ideale Gase findet man mit Gleichung (36)

$$\varrho = M\,p/(R\,T),\ \chi_T = 1/p,\ \chi_S = 1/(p\,\gamma) \qquad (40)$$

(ideales Gas),

wobei M die stoffmengenbezogene (molare) Masse (siehe Abschnitt 7.1), R die (universelle) Gaskonstante bedeutet. Damit wird aus den Gleichungen (38) und (39) abgeleitet:

$$\varkappa = \gamma,\ (c_a)^2 = R\,T\,\gamma/M \quad \text{(ideales Gas).} \qquad (41)$$

6 Änderungen von Zustandsgrößen bei speziellen Prozessen

Oft werden besondere Symbole zur Bezeichnung der Zunahme ΔZ einer extensiven Größe Z bei speziellen Zustandsänderungen benötigt, insbesondere bei isotherm-isobaren Prozessen, d. h. bei Vorgängen mit örtlich und zeitlich konstanten Werten der Temperatur T und des Druckes p (im Fall von einfachen Systemen).
Folgende Formelzeichen werden verwendet:

$\Delta_{T,p}Z$ für einen beliebigen isotherm-isobaren Prozeß,
$\Delta_r Z$ für chemische Reaktionen,
$\Delta_m Z$ für Mischvorgänge,
$\Delta_u Z$ für Phasenumwandlungen.

So bedeutet beispielsweise $\Delta_r G$ die Freie Reaktionsenthalpie, $\Delta_r H$ die (integrale) Reaktionsenthalpie, $\Delta_m S$ die Mischungsentropie, $\Delta_u H$ die Phasenumwandlungsenthalpie (Schmelzenthalpie, Verdampfungsenthalpie usw.).
Aus Gleichung (22) wird abgeleitet:

$$\Delta_{T,p}G = \Delta_{T,p}H - T\,\Delta_{T,p}S. \qquad (42)$$

Damit folgt für chemische Reaktionen (siehe DIN 13 345)

$$\Delta_r G = \Delta_r H - T\,\Delta_r S, \qquad (43)$$

für Mischvorgänge

$$\Delta_m G = \Delta_m H - T\,\Delta_m S \qquad (44)$$

und für Phasenumwandlungen

$$\Delta_u G = \Delta_u H - T\,\Delta_u S. \qquad (45)$$

Da im letzten Falle koexistente Phasen ($\Delta_u G = 0$) betrachtet werden, ergibt sich

$$\Delta_u H = T\,\Delta_u S, \qquad (46)$$

also eine Verknüpfung zwischen Phasenumwandlungsenthalpie und Phasenumwandlungsentropie.

7 Massenbezogene, stoffmengenbezogene, volumenbezogene und partielle Größen

7.1 Allgemeines

Für einen beliebigen Bereich sei Z eine extensive innere Zustandsgröße, etwa das Volumen V, die Enthalpie H, die Entropie S oder die Wärmekapazität C_V bzw. C_p bei konstantem Volumen bzw. bei konstantem Druck.

Ferner sei

$$m = \sum_k m_k = \sum_k M_k\,n_k \qquad (47)$$

die gesamte Masse des Bereiches,

$$n = \sum_k n_k = m/M \qquad (48)$$

die gesamte Stoffmenge des Bereiches. Hierin bedeutet m_k die Masse des Stoffes k, n_k die Stoffmenge des Stoffes k, $M_k = m_k/n_k$ die stoffmengenbezogene (molare) Masse des Stoffes k, $M = \Sigma\,M_k\,n_k/n$ die mittlere stoffmengenbezogene (mittlere molare) Masse des Bereiches (SI-Einheit für M_k und M: kg/mol).

Aus den genannten Größen werden bestimmte Quotienten und Differentialquotienten gebildet, die intensive Größen sind und von der Temperatur T, von den Arbeitskoeffizienten λ_i (bei einfachen Bereichen vom Druck p) sowie von der Zusammensetzung des Bereiches abhängen.

7.2 Massenbezogene Größen

Der Quotient

$$z = Z/m \qquad (49)$$

heißt m a s s e n b e z o g e n e oder s p e z i f i s c h e G r ö ß e. Beispiele sind das spezifische Volumen v (SI-Einheit: m^3/kg), das gleich dem reziproken Wert der Dichte ϱ (SI-Einheit: kg/m^3) ist, weiterhin die spezifische Enthalpie h (SI-Einheit: J/kg), die spezifische Entropie s (SI-Einheit: J K^{-1} kg^{-1}) und die spezifische Wärmekapazität c_V oder c_p (SI-Einheit: J K^{-1} kg^{-1}).

7.3 Stoffmengenbezogene Größen

Der Quotient

$$Z_m = Z/n = M\,z \qquad (50)$$

wird s t o f f m e n g e n b e z o g e n e oder m o l a r e G r ö ß e genannt. Beispiele sind das molare Volumen V_m (SI-Einheit: m^3/mol), die molare Enthalpie H_m (SI-Einheit: J/mol), die molare Entropie S_m (SI-Einheit: J K^{-1} mol^{-1}) und die molare Wärmekapazität C_{mV} oder C_{mp} (SI-Einheit: J K^{-1} mol^{-1}).

7.4 Volumenbezogene Größen

Der Quotient

$$Z_V = Z/V = \varrho\,z = Z_m/V_m \qquad (51)$$

wird als v o l u m e n b e z o g e n e G r ö ß e oder D i c h t e d e r G r ö ß e Z bezeichnet. Beispiele sind die Dichte (Massendichte) ϱ (SI-Einheit: kg/m^3), die Enthalpiedichte H_V (SI-Einheit: J/m^3) und die Entropiedichte S_V (SI-Einheit: J K^{-1} m^{-3}).

7.5 Partielle Größen

Der partielle Differentialquotient

$$z_k = (\partial Z/\partial m_k)_{T,\lambda_i,m_j} \qquad (52)$$

(mit dem Index j für alle Stoffe außer k) heißt p a r t i e l l e m a s s e n b e z o g e n e oder p a r t i e l l e s p e z i f i s c h e G r ö ß e des Stoffes k. Beispiele sind das partielle spezifische Volumen v_k (SI-Einheit: m^3/kg), die partielle spezifische Enthalpie h_k (SI-Einheit: J/kg) und die partielle spezifische Entropie s_k (SI-Einheit: J K^{-1} kg^{-1}).

Entsprechend heißt der partielle Differentialquotient

$$Z_k = (\partial Z/\partial n_k)_{T,\lambda_i,m_j} = M_k\, z_k \qquad (53)$$

partielle stoffmengenbezogene oder partielle molare Größe des Stoffes k. Beispiele sind das partielle molare Volumen V_k (SI-Einheit: m^3/mol), die partielle molare Enthalpie H_k (SI-Einheit: J/mol) und die partielle molare Entropie S_k (SI-Einheit: J K^{-1} mol^{-1}). Nach den Gleichungen (27) und (53) ist das chemische Potential μ_k identisch mit der partiellen molaren Freien Enthalpie G_k (SI-Einheit: J/mol).

Aus den Gleichungen (22), (27) und (53) folgt

$$\mu_k = H_k - T\,S_k. \qquad (54)$$

Zitierte Normen

DIN 4896	Einfache Elektrolytlösungen; Formelzeichen
DIN 13 345	Thermodynamik und Kinetik chemischer Reaktionen; Formelzeichen, Einheiten
DIN 32 629	Stoffportion; Begriff, Kennzeichnung

Frühere Ausgaben

DIN 1345: 10.38x, 07.59, 02.69, 01.72, 09.75
DIN 5498: 02.69
DIN 13 346: 10.79

Änderungen

Gegenüber der Ausgabe September 1975 und DIN 13 346/10.79 wurden folgende Änderungen vorgenommen:

a) Beide Norm-Inhalte unter DIN 1345 zusammengefaßt.
b) Inhalte vollständig überarbeitet.

Stichwortverzeichnis

Internationale Patentklassifikation

G 09 F 007/00

DK 535.34

Juni 1972

Durchgang optischer Strahlung durch Medien

Optisch klare Stoffe

Größen, Formelzeichen und Einheiten

DIN 1349 Blatt 1

Transmisson of optical radiation;
optical clear (nonscattering) media, quantities, symbols and units
Transmission de radiation optique; milieux éclaires; grandeurs, symbols et unités

Ersatz für DIN 1349

In der Optik und Lichttechnik werden im allgemeinen die Stoffkennzahlen Reflexionsgrad, Absorptionsgrad und Transmissionsgrad auf den auftreffenden Lichtstrom bezogen (siehe DIN 1335, DIN 5031 Blatt 5 und DIN 5036 Blatt 1 und 2). Nachfolgend definierte, diesen entsprechende Stoffkennzahlen und Größen bilden dazu eine Ergänzung insofern, als die optischen Vorgänge innerhalb eines Mediums betrachtet werden. Deshalb wird hier und bei einigen weiteren Größen auf den in das Medium eindringenden Lichtstrom Bezug genommen. Um Verwechslungen mit dem auf den auftreffenden Lichtstrom bezogenen Absorptions- bzw. Transmissionsgrad zu vermeiden, wurde dem auf den eindringenden Lichtstrom bezogenen Absorptions- bzw. Transmissionsgrad die Benennung Reinabsorptions- bzw. Reintransmissionsgrad beigelegt.

Die hier definierten Stoffkennzahlen und Größen gelten für den Durchgang von gerichteter Strahlung durch einen isotropen, homogenen, nicht lumineszierenden Stoff, in dem keine Richtungsänderung der Strahlung eintritt (optisch klarer Stoff). Der Begriff „Stoffkennzahlen" wird im Sinne von DIN 5036 verwendet.

Unter Stoffkennzahlen werden hier Kennzahlen verstanden, die sich nicht nur auf den Stoff allein, sondern auch auf zusätzliche geometrische Bedingungen (z. B. die Schichtdicke) beziehen.

Anmerkung: Für einen Vergleich zwischen gemessenen und theoretisch gewonnenen Stoffkennzahlen siehe [1] u. [2]

1. Spektrale Stoffkennzahlen und Größen

In den folgenden Abschnitten wird eine Reihe von spektralen Größen definiert; der Zusatz „spektral" soll grundsätzlich mitgeführt werden, außer wenn — wie nachstehend — keine Mißverständnisse möglich sind.

1.1. Spektraler Reinabsorptionsgrad $\alpha_i(\lambda)$

Der spektrale Reinabsorptionsgrad $\alpha_i(\lambda)$ ist das Verhältnis des im Innern eines optisch klaren Mediums absorbierten Strahlungsflusses zu dem eingedrungenen spektralen Strahlungsfluß $(\Phi_{e\lambda})_{in}$.

Der im Innern des optisch klaren Mediums absorbierte spektrale Strahlungsfluß ist gleich der Differenz zwischen dem eingedrungenen $(\Phi_{e\lambda})_{in}$ und dem ausdringenden $(\Phi_{e\lambda})_{ex}$ spektralen Strahlungsfluß, weil in einem optisch klaren Stoff nur an den Grenzflächen Reflexion auftritt.

$$\alpha_i(\lambda) = \frac{(\Phi_{e\lambda})_{in} - (\Phi_{e\lambda})_{ex}}{(\Phi_{e\lambda})_{in}} = 1 - \frac{(\Phi_{e\lambda})_{ex}}{(\Phi_{e\lambda})_{in}} = 1 - \tau_i(\lambda) \quad (1)$$

1.2. Spektraler Reintransmissionsgrad $\tau_i(\lambda)$

Der spektrale Reintransmissionsgrad $\tau_i(\lambda)$ ist das Verhältnis des ausdringenden spektralen Strahlungsflusses $(\Phi_{e\lambda})_{ex}$ zu dem eingedrungenen spektralen Strahlungsfluß $(\Phi_{e\lambda})_{in}$.

$$\tau_i(\lambda) = \frac{(\Phi_{e\lambda})_{ex}}{(\Phi_{e\lambda})_{in}} = 1 - \alpha_i(\lambda) \quad (2)$$

Anmerkung: Wird $\lg(\lg\tau_i)$ als Ordinate gegen die Wellenlänge als Abszisse aufgetragen, so ergibt sich bei Gültigkeit des Beerschen Gesetzes (siehe Abschnitt 1.5) eine für den Stoff charakteristische Kurve (früher „typische Farbkurve" genannt). Bei dieser ist die Kurvenform von der Schichtdicke und Konzentration des Mediums unabhängig. Außerdem werden Gebiete hoher und niedriger τ_i-Werte stark gedehnt und geringe Unterschiede deutlich.

1.3. Spektrales Absorptionsmaß (Extinktion)

Das dekadische Absorptionsmaß $A(\lambda)$ ist der dekadische Logarithmus des Kehrwertes des spektralen Reintransmissionsgrades $\tau_i(\lambda)$

$$A(\lambda) = \lg \frac{1}{\tau_i(\lambda)} \quad (3)$$

Das natürliche Absorptionsmaß $A_n(\lambda)$ ist der natürliche Logarithmus des Kehrwertes des spektralen Reintransmissionsgrades $\tau_i(\lambda)$

$$A_n(\lambda) = \ln \frac{1}{\tau_i(\lambda)} \quad (4)$$

1.4. Spektraler Absorptionskoeffizient (Extinktionsmodul)

Der dekadische Absorptionskoeffizient $a(\lambda)$ ist der Quotient aus dem dekadischen Absorptionsmaß $A(\lambda)$ und der Schichtdicke d des von dem spektralen Strahlungsfluß durchsetzten Mediums

$$a(\lambda) = \frac{A(\lambda)}{d} = \frac{1}{d} \cdot \lg \frac{1}{\tau_i(\lambda)} \quad (5)$$

Fortsetzung Seite 2 bis 5

Fachnormenausschuß Lichttechnik im Deutschen Normenausschuß (DNA)
Ausschuß Einheiten und Formelgrößen im DNA

Der natürliche Absorptionskoeffizient $a_n(\lambda)$ ist der Quotient aus dem natürlichen Absorptionsmaß $A_n(\lambda)$ und der Schichtdicke d des von dem spektralen Strahlungsfluß durchsetzten Mediums

$$a_n(\lambda) = \frac{A_n(\lambda)}{d} = \frac{1}{d} \cdot \ln \frac{1}{\tau_i(\lambda)} \tag{6}$$

Anmerkung 1: Der Absorptionskoeffizient ist im Internationalen Wörterbuch der Lichttechnik, 3. Auflage unter 45-20-135 wie folgt definiert:

$$a \cdot l = \log_e 10 \cdot D_i$$

Anmerkung 2: Im Schrifttum wird auch das Formelzeichen E statt A bzw. m statt a verwendet.

1.5. Bezogene spektrale Absorptionskoeffizienten

Die spektralen Absorptionskoeffizienten mancher optisch klarer Stoffe (z. B. isotroper Kristalle, homogener Flüssigkeiten und Gase im Normzustand) sind Stoffkonstanten. Bezieht man bei Lösungen eines absorbierenden Stoffes in nicht absorbierenden Lösungsmitteln auf die Konzentration, so erhält man die im folgenden definierten bezogenen spektralen Absorptionskoeffizienten. Diese Koeffizienten sind nach dem Beerschen Gesetz Stoffkonstanten des gelösten Stoffes, sofern nicht dessen Assoziationszustand und Solvatationszustand vom Lösungsmittel und von der Konzentration abhängen.

Der (bezogene) molare dekadische Absorptionskoeffizient $\varkappa(\lambda)$ ist der Quotient aus dem Absorptionskoeffizienten $a(\lambda)$ und der Stoffmengenkonzentration c einer Lösung eines absorbierenden Stoffes in einem nicht absorbierenden Lösungsmittel

$$\varkappa(\lambda) = \frac{a(\lambda)}{c} = \frac{1}{c} \cdot \frac{A(\lambda)}{d} = \frac{1}{c \cdot d} \cdot \lg \frac{1}{\tau_i(\lambda)} \tag{7}$$

Der (bezogene) molare natürliche Absorptionskoeffizient $\varkappa_n(\lambda)$ ist der Quotient aus dem natürlichen Absorptionskoeffizienten $a_n(\lambda)$ und der Stoffmengenkonzentration c einer Lösung eines absorbierenden Stoffes in einem nicht absorbierenden Lösungsmittel

$$\varkappa_n(\lambda) = \frac{a_n(\lambda)}{c} = \frac{1}{c} \cdot \frac{A_n(\lambda)}{d} = \frac{1}{c \cdot d} \cdot \ln \frac{1}{\tau_i(\lambda)} \tag{8}$$

Der bezogene dekadische Absorptionskoeffizient $\varkappa'(\lambda)$ ist der Quotient aus dem Absorptionskoeffizienten $a(\lambda)$ und der Massenkonzentration c' der Lösung eines absorbierenden Stoffes in einem nicht absorbierenden Lösungsmittel

$$\varkappa'(\lambda) = \frac{a(\lambda)}{c'} = \frac{1}{c'} \cdot \frac{A(\lambda)}{d} = \frac{1}{c' \cdot d} \cdot \lg \frac{1}{\tau_i(\lambda)} \tag{9}$$

Der bezogene natürliche Absorptionskoeffizient $\varkappa'_n(\lambda)$ ist der Quotient aus dem natürlichen Absorptionskoeffizienten $a_n(\lambda)$ und der Massenkonzentration c' der Lösung eines absorbierenden Stoffes in einem nicht absorbierenden Lösungsmittel

$$\varkappa'_n(\lambda) = \frac{a_n(\lambda)}{c'} = \frac{1}{c'} \cdot \frac{A_n(\lambda)}{d} = \frac{1}{c' \cdot d} \cdot \ln \frac{1}{\tau_i(\lambda)} \tag{10}$$

Anmerkung: Im Schrifttum wird statt des Formelzeichens $\varkappa$ auch das Formelzeichen ε verwendet und für Massenkonzentration das Formelzeichen ϱ, das hier aus Gründen der Verwechslungsgefahr vermieden wurde.

1.6. Spektrale Diabatie $\Theta(\lambda)$

Die spektrale Diabatie $\Theta(\lambda)$ ist der dekadische Logarithmus des zehnfachen Kehrwertes des spektralen dekadischen Absorptionsmaßes

$$\Theta(\lambda) = \lg \frac{10}{A(\lambda)} = 1 - \lg A(\lambda) = 1 - \lg \left(\lg \frac{1}{\tau_i(\lambda)} \right) \tag{11}$$

Anmerkung: Die Kurve der spektralen Diabatie wird bei verschiedenen Schichtdicken ein und desselben Mediums in ihrer Gesamtheit in Richtung der Ordinatenachse um den dekadischen Logarithmus der relativen Schichtdicke verschoben. Sie zeigt deshalb für jedes Medium einen bestimmten charakteristischen Verlauf unabhängig von der Schichtdicke.

Wenn das Absorptionsmaß bzw. der Reintransmissionsgrad sehr hohe oder sehr niedrige Werte annehmen, kommen kleine Unterschiede in diesen Werten bei der Diabatie-Darstellung deutlicher als in der üblichen Darstellung zur Geltung; die graphische Darstellung wird dadurch besonders anschaulich. Die Schichtdicke wird für die graphische Darstellung zweckmäßigerweise so gewählt, daß sich für $\Theta(\lambda)$ stets positive Werte ergeben.

1.7. Spektraler Fresnelscher Reflexionsgrad $\bar{\varrho}(\lambda)$

Sind bei einem optisch klaren und schwach absorbierenden Stoff (siehe Bild) die Grenzflächen völlig glatt und ohne störende Oberflächenschichten, so lassen sich die Fresnelschen Reflexionsgrade $\bar{\varrho}_p(\lambda)$ und $\bar{\varrho}_s(\lambda)$ für die beiden Strahlungsflußanteile, die von den parallel und senkrecht zur Einfallsebene schwingenden elektrischen Feldstärken herrühren, berechnen

$$\bar{\varrho}_p(\lambda) = \frac{\tan^2(\zeta_1 - \zeta_2)}{\tan^2(\zeta_1 + \zeta_2)} \tag{12}$$

$$\bar{\varrho}_s(\lambda) = \frac{\sin^2(\zeta_1 - \zeta_2)}{\sin^2(\zeta_1 + \zeta_2)} \tag{13}$$

Dabei ist ζ_1 der Winkel des aus dem Medium 1 einfallenden und ζ_2 der Winkel des im Medium 2 gebrochenen Strahls, jeweils gegen die Flächennormale gemessen (siehe Bild in Abschnitt 4).

Bei senkrecht auffallendem Strahlungsfluß ist unabhängig vom Polarisationszustand beim Übergang von einem Stoff mit der Brechzahl n_1 in einen mit der Brechzahl n_2

$$\bar{\varrho}(\lambda)_0 = \left(\frac{n_2 - n_1}{n_2 + n_1} \right)^2 \tag{14}$$

1.8. Brechzahl $n(\lambda)$

Die Brechzahl $n(\lambda)$ für monochromatische elektromagnetische Strahlung ist das Verhältnis der Ausbreitungsgeschwindigkeit c im Vakuum zu der wellenlängenabhängigen Ausbreitungsgeschwindigkeit $v(\lambda)$ in einem Medium

$$n(\lambda) = \frac{c}{v(\lambda)} \tag{15}$$

Es gilt nach dem Snelliusschen Brechungsgesetz für den Übergang aus dem Medium 1 mit der Brechzahl n_1 in das Medium 2 mit der Brechzahl n_2

$$n_1 \cdot \sin\zeta_1 = n_2 \cdot \sin\zeta_2 \tag{16}$$

Da für Luft unter Normalbedingungen

$$n \approx 1{,}0003$$

ist, wird in der Praxis häufig statt Vakuum Luft als Bezug gewählt (siehe DIN 58925 Blatt 2).

2. Allgemeine lichttechnische und strahlungsphysikalische Stoffkennzahlen und Größen

Die allgemeinen Stoffkennzahlen sind außer von der jeweiligen spektralen Stoffkennzahl auch von der spektralen Strahlungsverteilung $(\Phi_{e\lambda})_{in}$ der eindringenden Strahlung und von der spektralen Empfindlichkeit $s(\lambda)$ des verwendeten Empfängers abhängig. Da bei der Verhältnisbildung Maßstabsfaktoren durch Kürzung wegfallen, genügt es, wenn Relativwerte der spektralen Strahlungsverteilung (Strahlungsfunktion) und der spektralen Empfindlichkeit bekannt sind. Spektrale Strahlungsverteilung und spektrale Empfindlichkeit sind jeweils mit anzugeben.

Ist $x(\lambda)$ eine der in Abschnitt 1.1 und 1.2 definierten spektralen Stoffkennzahlen, so ist die entsprechende allgemeine Stoffkennzahl x_s für einen Empfänger mit der relativen spektralen Empfindlichkeit $s(\lambda)_{rel}$ und eine spektrale Strahlungsverteilung $(\Phi_{e\lambda})_{in}$ der eindringenden Strahlung:

$$x_s = \frac{\int_0^\infty (\Phi_{e\lambda})_{in} \cdot x(\lambda) \cdot s(\lambda)_{rel} \cdot d\lambda}{\int_0^\infty (\Phi_{e\lambda})_{in} \cdot s(\lambda)_{rel} \cdot d\lambda} \tag{17}$$

Bei den übrigen in den Gleichungen (3) bis (11) definierten Stoffkennzahlen wird die Stoffkennzahl x_s auf die allgemeine Größe τ_{i_s} zurückgeführt. Bewertet der Empfänger die Strahlung wellenlängenunabhängig (aselektiv), also $s(\lambda)_{rel} = 1$, so erhält man die entsprechenden strahlungsphysikalischen Stoffkennzahlen.

Bewertet der Empfänger die Strahlung gemäß dem spektralen Hellempfindlichkeitsgrad des menschlichen Auges $V(\lambda)$, also $s(\lambda)_{rel} = V(\lambda)$, so erhält man die entsprechenden lichttechnischen Stoffkennzahlen.

Die relative spektrale Verteilung der eindringenden Strahlung ist nur dann gleich derjenigen der auffallenden Strahlung, wenn der spektrale Fresnelsche Reflexionsgrad wellenlängenunabhängig ist. Ebenso gelten die für die spektralen Kennzahlen im folgenden angeführten Beziehungen nur dann auch für allgemeine Stoffkennzahlen und Größen, wenn $x(\lambda)$ wellenlängenunabhängig ist.

3. Zusammenhänge zwischen den spektralen Stoffkennzahlen

3.1. Spektraler Reinabsorptionsgrad und spektraler Reintransmissionsgrad

Spektraler Reinabsorptionsgrad und spektraler Reintransmissionsgrad ergänzen sich zu eins (siehe Gleichung (1))

$$\alpha_i(\lambda) + \tau_i(\lambda) = 1 \tag{18}$$

3.2. Gesetz von Bouguer und Lambert

Der spektrale Reintransmissionsgrad nimmt (nach Bouguer und Lambert) mit wachsender Dicke d der durchstrahlten Schicht exponentiell ab

$$\tau_i(\lambda) = \tau_{i_0}(\lambda)^{\frac{d}{d_0}} \tag{19}$$

Dabei ist die Basis $\tau_{i_0}(\lambda)$ der für $d = d_0$ gültige spektrale Reintransmissionsgrad; d_0 ist die frei gewählte Bezugslänge, die anzugeben ist. Fällt Strahlung unter dem Winkel ζ_1 auf eine planparallele Platte der Schichtdicke d auf, so gilt (siehe Bild):

$$\frac{\lg \tau_i(\lambda)_{\zeta_1}}{\lg \tau_{i_0}(\lambda)} = \frac{d}{d_0} \cdot \frac{1}{\sqrt{1 - \left(\frac{\sin \zeta_1}{n_2/n_1}\right)^2}} \tag{20}$$

Das Gesetz von Bouguer und Lambert gilt für die allgemeinen strahlungsphysikalischen und lichttechnischen Stoffkennzahlen nur, wenn $\tau_i(\lambda)$ von der Wellenlänge unabhängig ist.

3.3. Spektraler Reintransmissionsgrad, spektrales Absorptionsmaß und spektraler Absorptionskoeffizient

Aus den Gleichungen 3 und 4 ergibt sich mit $\ln 10 \approx 2{,}3$

$$\tau_i(\lambda) = 10^{-A(\lambda)} = e^{-A_n(\lambda)} \tag{21}$$

$$A_n(\lambda) \approx 2{,}3 \cdot A(\lambda) \tag{22}$$

Aus den Gleichungen (5) und (6) ergibt sich ebenso

$$\tau_i(\lambda) = 10^{-a(\lambda) \cdot d} = e^{-a_n(\lambda) \cdot d} \tag{23}$$

$$a_n(\lambda) \approx 2{,}3 \cdot a(\lambda) \tag{24}$$

In dieser Schreibweise besagt das Gesetz von Bouguer, daß die Absorptionskoeffizienten für den Stoff charakteristische Konstanten sind, die nur von der Wellenlänge abhängen.

3.4. Kombiniertes Gesetz von Bouguer, Lambert und Beer

Das Gesetz von Beer besagt, daß die Absorptionskoeffizienten proportional den Konzentrationen des gelösten Stoffes sind. Die bezogenen Absorptionskoeffizienten sind dann ebenfalls für den Stoff charakteristische Konstanten, die nur von der Wellenlänge abhängen.

Man erhält den Zusammenhang zwischen spektralem Reintransmissionsgrad $\tau_i(\lambda)$, Absorptionskoeffizienten und bezogenem Absorptionskoeffizienten durch das kombinierte Gesetz von Bouguer, Lambert und Beer

$$\begin{aligned}\tau_i(\lambda) &= 10^{-a(\lambda) \cdot d} = 10^{-\varkappa(\lambda) \cdot c \cdot d} = 10^{-\varkappa'(\lambda) \cdot c' \cdot d} \\ &= e^{-a_n(\lambda) \cdot d} = e^{-\varkappa_n(\lambda) \cdot c \cdot d} = e^{-\varkappa'(\lambda) \cdot c' \cdot d}\end{aligned} \tag{25}$$

4. Weitere Zusammenhänge

Der Zusammenhang zwischen den spektralen Stoffkennzahlen, nämlich spektraler Reflexionsgrad $\varrho(\lambda)$, spektraler Absorptionsgrad $\alpha(\lambda)$ und spektraler Transmissionsgrad $\tau(\lambda)$ und den hier eingeführten spektralen Stoffkennzahlen — spektraler Reinabsorptionsgrad $\alpha_i(\lambda)$ und spektraler Reintransmissionsgrad $\tau_i(\lambda)$ — läßt sich für den besonderen Fall der planparallelen Platte aus einem optisch klaren (isotropen und homogenen) Medium mit glatten Abschlußflächen bei monochromatischer Strahlung herleiten.

Das Bild zeigt eine solche Platte mit der Brechzahl n_2, auf die aus einem Medium mit der Brechzahl n_1 unter dem Einfallswinkel ζ_1 (gemessen gegen die Flächennormale) der spektrale Strahlungsfluß $\Phi_{e\lambda}$ auftrifft; auf der Rückseite der Platte schließt sich ein Medium mit der Brechzahl n_3 an. Als Folge der Reflexionen an Vorder- und Rückfläche der Platte (spektraler Fresnelscher

Reflexionsgrad $\bar{\varrho}_1(\lambda)$ und $\bar{\varrho}_2(\lambda)$) spaltet sich der auffallende Strahlungsfluß in eine Anzahl von Teilstrahlungsflüssen auf. Summiert man alle reflektierten, absorbierten und durchgelassenen Teilstrahlungsflüsse, so ergibt sich, wenn der Einfachheit halber die Variable λ jeweils fortgelassen wird,

$$\varrho = \bar{\varrho}_1 + \frac{(1-\bar{\varrho}_1)^2 \cdot \bar{\varrho}_2 \cdot \tau_i^2}{1-\bar{\varrho}_1 \cdot \bar{\varrho}_2 \cdot \tau_i^2} \tag{26}$$

$$\alpha = \frac{(1-\bar{\varrho}_1)(1+\bar{\varrho}_2 \cdot \tau_i)}{1-\bar{\varrho}_1 \cdot \bar{\varrho}_2 \cdot \tau_i^2}(1-\tau_i) = \frac{(1-\bar{\varrho}_1)(1+\bar{\varrho}_2 \cdot \tau_i)}{1-\bar{\varrho}_1 \cdot \bar{\varrho}_2 \cdot \tau_i^2} \cdot \alpha_i \tag{27}$$

$$\tau = \frac{(1-\bar{\varrho}_1)(1-\bar{\varrho}_2)}{1-\bar{\varrho}_1 \cdot \bar{\varrho}_2 \cdot \tau_i^2} \cdot \tau_i \tag{28}$$

Grenzt die Platte mit beiden Seiten an Luft ($n_1 = n_3 = 1$), so ist für $\zeta_1 = \zeta_3 < 45°$ mit bei den üblichen optischen Gläsern auftretenden Werten von n_2 unter Berücksichtigung von Abschnitt 1.8 $\bar{\varrho}_1(\lambda) = \bar{\varrho}_2(\lambda) = \bar{\varrho} < 0{,}1$. Dann ist $\bar{\varrho}_1(\lambda)\,\bar{\varrho}_2(\lambda)\,\tau_i^2(\lambda) < \bar{\varrho}_1(\lambda)\,\bar{\varrho}_2(\lambda) = \bar{\varrho}^2 < 0{,}01$, und es darf mit einem Fehler, der unter 1% liegt, $1 - \bar{\varrho}_1(\lambda) \cdot \bar{\varrho}_2(\lambda)\,\tau_i^2(\lambda) = 1 - \bar{\varrho}^2(\lambda)$ gesetzt werden.

Hiermit ergeben sich die für jeden Einfallswinkel $\zeta_1 < 45°$ geltenden Näherungsformeln

$$\varrho(\lambda) \approx \left(1 + P(\lambda) \cdot \tau_i^2(\lambda)\right) \cdot \bar{\varrho}(\lambda) \tag{29}$$

$$\alpha(\lambda) \approx \frac{1+\bar{\varrho}(\lambda)\,\tau_i(\lambda)}{1-\bar{\varrho}(\lambda)} \cdot P(\lambda) \cdot \alpha_1(\lambda) \tag{30}$$

$$\tau(\lambda) \approx P(\lambda) \cdot \tau_i(\lambda) \tag{31}$$

Die hier eingeführte Größe $P(\lambda)$ (Griechischer Großbuchstabe Rho)

$$P(\lambda) = \frac{(1-\bar{\varrho}(\lambda))^2}{1-\bar{\varrho}(\lambda)^2} = \frac{1-\bar{\varrho}(\lambda)}{1+\bar{\varrho}(\lambda)} \tag{32}$$

wird Reflexionsfaktor genannt.

Die vorstehenden Beziehungen gelten jeweils getrennt für den Anteil, der von der parallel zur Einfallsebene schwingenden und für den, der von der hierzu senkrecht schwingenden elektrischen Feldstärke herrührt. Es gilt bei schrägem Strahlungseinfall

$$(\bar{\varrho}_{\zeta_1})_p(\lambda) = \frac{\tan^2(\zeta_1 - \zeta_2)}{\tan^2(\zeta_1 + \zeta_2)} \tag{33}$$

bzw.

$$(\bar{\varrho}_{\zeta_1})_s(\lambda) = \frac{\sin^2(\zeta_1 - \zeta_2)}{\sin^2(\zeta_1 + \zeta_2)} \tag{34}$$

Bei senkrechtem Strahlungseinfall aus Luft ist

$$P(\lambda) = \frac{2\,n_2}{n_2^2 + 1} \tag{35}$$

Anmerkung: Wenn der Strahlungsfluß schräg einfällt, ist zu beachten, daß er längere Wege durchläuft.

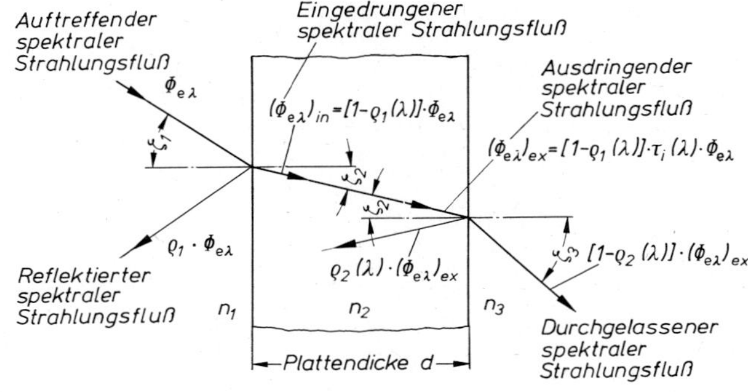

Vergleichende Übersicht
der in dieser Norm und in DIN 1349 Ausgabe Februar 1955 definierten Begriffe

Begriffe nach DIN 1349 Blatt 1	Begriffe nach DIN 1349 Ausgabe Februar 1955
1.1. Spektraler Reinabsorptionsgrad $\alpha_i(\lambda)$	Reinabsorptionsgrad α_i
1.2. Spektraler Reintransmissionsgrad $\tau_i(\lambda)$	spektraler Reintransmissionsgrad ϑ_λ
1.3. Spektrales Absorptionsmaß (Extinktion)	
dekadisches Absorptionsmaß $A(\lambda)$	dekadische Extinktion E_λ
natürliches Absorptionsmaß $A_n(\lambda)$	natürliche Extinktion $E_{n\lambda}$
1.4. Spektraler Absorptionskoeffizient (Extinktionsmodul)	
dekadischer Absorptionskoeffizient $a(\lambda)$	Extinktionsmodul m_λ
natürlicher Absorptionskoeffizient $a_n(\lambda)$	natürlicher Extinktionsmodul $m_{n\lambda}$
1.5. Bezogene spektrale Absorptionskoeffizienten	
molarer dekadischer Absorptionskoeffizient $\varkappa(\lambda)$	molarer(dekadischer)Extinktionskoeffizient ε_λ
molarer natürlicher Absorptionskoeffizient $\varkappa_n(\lambda)$	molarer natürlicher Extinktionskoeffizient $\varepsilon_{n\lambda}$
bezogener dekadischer Absorptionskoeffizient $\varkappa'(\lambda)$	(dekadischer) Extinktionskoeffizient ε'_λ
bezogener natürlicher Absorptionskoeffizient $\varkappa'_n(\lambda)$	natürlicher Extinktionskoeffizient $\varepsilon'_{n\lambda}$
1.6. Spektrale Diabatie $\Theta(\lambda)$	Diabatie Θ
1.7. Spektraler Fresnelscher Reflexionsgrad $\bar{\varrho}(\lambda)$	
1.8. Brechzahl $n(\lambda)$	

[1] A. Bauer: „Über die Gesetze von Kirchhoff und Bouguer-Lambert bei erzwungener Emission" Lichttechnik 20 (1968) S. 146 A

[2] A. Bauer: „Über die exakten Zusammenhänge zwischen Brutto- und Nettoabsorption und den Strahlungsgesetzen" Optik 29 (1969) S. 179

Hinweise auf weitere Normen:

DIN 1335 Bezeichnungen in der technischen Strahlungsoptik

DIN 5031 Strahlungsphysik im optischen Bereich und Lichttechnik

DIN 5036 Bewertung und Messung der lichttechnischen Eigenschaften von Werkstoffen

DIN 5485 Wortverbindungen mit den Wörtern Konstante, Koeffizient, Zahl, Faktor, Grad und Maß

DIN 58 925 Blatt 2 Optisches Glas; Begriffe der optischen Eigenschaften

Ein weiteres Blatt über Durchgang optischer Strahlung durch Medien, optisch trübe Stoffe, befindet sich in Vorbereitung.

DK 535.362:001.4 April 1975

Durchgang optischer Strahlung durch Medien
Optisch trübe Stoffe
Begriffe

DIN 1349 Blatt 2

Transmission of optical radiation; turbid media, definitions
Transmission des radiations optiques; milieux troubles, définitions

DIN 1349 „Durchgang optischer Strahlung durch Medien" umfaßt folgende Blätter:
Blatt 1 Optisch klare Stoffe, Größen, Formelzeichen und Einheiten
Blatt 2 Optisch trübe Stoffe, Begriffe

1. Geltungsbereich

Diese Norm beschränkt sich auf die wichtigsten Größen und Begriffe, die bei der Beschreibung der Strahlungs-Ausbreitung innerhalb eines optisch trüben Mediums in verschiedensten Gebieten der Naturwissenschaft und Technik (Astrophysik, Meteorologie, Lichttechnik, Gewässerkunde, Anstrichtechnik, Papiertechnik, physikalische Chemie, Färbetechnik usw.) verwendet werden.

Einschränkende Voraussetzungen

a) hinsichtlich des Materials:

Das trübe Medium wird, makroskopisch gesehen, als homogen und optisch isotrop vorausgesetzt.

Anmerkung: Diese Voraussetzung ist gegeben, wenn Inhomogenitäten und Anisotropien, mikroskopisch gesehen, statistisch gleichmäßig verteilt sind.

Lumineszenz und Polarisation werden nicht in Betracht gezogen.

b) hinsichtlich der Strahlung:

Alle hier aufgeführten Definitionen gelten nur für monochromatische Strahlung.

2. Trübes Medium

Ein Medium, in dem neben Absorption auch Volumen-Streuung auftritt, heißt trübes Medium.

Streuung im Sinne dieser Norm ist jede Änderung der geradlinigen Strahlungs-Ausbreitung durch, mikroskopisch gesehen, statistisch gleichmäßig verteilte Inhomogenitäten im Innern eines Mediums (Volumen-Streuung).

Anmerkung: Im Grenzfall einer gegenüber der Absorption vernachlässigbaren Streuung wird aus dem trüben ein optisch klares Medium.

3. Schwächung quasi-paralleler Strahlung

Durchsetzt Strahlung ein trübes Medium, so wird die in einer bestimmten Richtung durchtretende Strahlungsleistung durch Absorption und Volumen-Streuung verringert. Bei einem quasi-parallelen Strahlenbündel kann die Strahlungsschwächung durch eine Exponential-Funktion entsprechend dem Bouguer-Lambertschen Gesetz (siehe DIN 1349 Blatt 1) beschrieben werden.

3.1. Spektraler Absorptionskoeffizient

Der spektrale Absorptionskoeffizient $a(\lambda)$ für ein quasi-paralleles Strahlenbündel in einem trüben Medium ist der Quotient aus der allein durch Absorption (Index „abs") bedingten relativen Änderung

$$-(\mathrm{d}L_\lambda)_{\mathrm{abs}}/L_\lambda$$

der spektralen (Dichte der) Strahldichte [1]) L_λ eines quasi-parallelen Strahlenbündels, das eine beliebig gelegene Schicht infinitesimal kleiner Dicke $\mathrm{d}l$ senkrecht durchdringt, und der Dicke dieser Schicht:

$$a(\lambda) = -\frac{1}{L_\lambda}\cdot\frac{(\mathrm{d}L_\lambda)_{\mathrm{abs}}}{\mathrm{d}l} \qquad (1)$$

3.2. Spektraler Streukoeffizient

Der spektrale Streukoeffizient $s(\lambda)$ für ein quasi-paralleles Strahlenbündel in einem trüben Medium ist der Quotient aus der allein durch Volumen-Streuung bedingten relativen Änderung

$$-(\mathrm{d}L_\lambda)_{\mathrm{streu}}/L_\lambda$$

der spektralen Strahldichte L_λ eines quasi-parallelen Strahlenbündels, das eine beliebig gelegene Schicht infinitesimal kleiner Dicke $\mathrm{d}l$ senkrecht durchdringt, und der Dicke dieser Schicht:

$$s(\lambda) = -\frac{1}{L_\lambda}\cdot\frac{(\mathrm{d}L_\lambda)_{\mathrm{streu}}}{\mathrm{d}l} \qquad (2)$$

Anmerkung: Bisher noch gebräuchliche Benennungen: Zerstreuungskoeffizient, Trübung, Trübungskoeffizient usw.

3.3. Spektraler Schwächungskoeffizient

Der spektrale Schwächungskoeffizient $\mu(\lambda)$ für ein quasi-paralleles Strahlenbündel in einem trüben Medium ist die Summe aus den entsprechenden spektralen Absorptions- und Streukoeffizienten (siehe Abschnitte 3.1 und 3.2):

$$\mu(\lambda) = a(\lambda) + s(\lambda) \qquad (3)$$

Anmerkung: Neben den durch die Gleichungen 1 bis 3, 6 und 7 definierten „natürlichen" spektralen Koeffizienten der Strahlungsschwächung werden vereinzelt auch „dekadische" angewendet, die sich aus der Division der „natürlichen" durch ln 10 ≈ 2,3 *ergeben (siehe DIN 1349 Blatt 1).*

---

1) Die spektrale Dichte einer strahlungsphysikalischen Größe X kann nach der Norm DIN 5031 Blatt 1 und nach internationalen Vereinbarungen (Internationales Wörterbuch der Lichttechnik [1] und ISO-Norm [2]) auch durch den Namen der Größe bezeichnet werden, dem das Adjektiv „spektral" vorangesetzt wird; das Formelzeichen der Größe wird mit dem Index „λ" versehen. Dabei ist zu beachten, daß X und X_λ von verschiedener Dimension sind, denn es gilt:

$$X_\lambda = \mathrm{d}X/\mathrm{d}\lambda$$

(z. B. spektrale Strahldichte $L_\lambda = \mathrm{d}L/\mathrm{d}\lambda$).

Fortsetzung Seite 2

Fachnormenausschuß Lichttechnik (FNL) im Deutschen Normenausschuß (DNA)
Ausschuß für Einheiten und Formelgrößen (AEF) im DNA
Fachnormenausschuß Farbe (FNF) im DNA
Fachnormenausschuß Feinmechanik und Optik (FNA FuO) im DNA
Fachnormenausschuß Papier und Pappe (FNPa) im DNA
Fachnormenausschuß Phototechnik (photonorm) im DNA

4. Kennzeichnung der Art der Einfachstreuung

Zur Kennzeichnung der räumlichen Verteilung einmal gestreuter Strahlung in Abhängigkeit vom Streuwinkel φ (Winkel zwischen gestreuter und ungestreuter Strahlung) dient die Streufunktion

$$f(\varphi) \sim \left(L_\lambda(\varphi)\right)_{\text{streu}} \qquad (4)$$

Diese ist so normiert, daß

$$\frac{1}{4\pi\Omega_0} \cdot \int_{\Omega=0}^{4\pi\Omega_0} f(\varphi) \cdot \mathrm{d}\Omega = 1 \qquad (5)$$

ist, wobei $\Omega_0 = 1\,\text{sr}$.

Anmerkung: Wenn der Durchmesser der Teilchen sehr klein gegen die Wellenlänge ist, handelt es sich um Rayleigh-Streuung; in diesem Falle ist $f(\varphi) \sim (1 + \cos^2\varphi)$. Bei der Streuung an kugelförmigen Einzelteilchen von der Größenordnung der Wellenlänge spricht man von Mie-Streuung. Ist die Streufunktion von φ unabhängig, spricht man von isotroper Streuung.

5. Kenngrößen bei charakteristischer räumlicher Strahldichte-Verteilung

5.1. Charakteristische räumliche Strahldichte-Verteilung

Im Innern eines hinreichend ausgedehnten trüben Mediums nähert sich (auf Grund der Vielfach-Streuung) mit zunehmender Eindringtiefe die räumliche Strahldichte-Verteilung (Indikatrix) einer Grenzverteilung. Diese ist für jedes trübe Medium im relativen Verlauf charakteristisch und unabhängig von der Richtungsverteilung der einfallenden Strahlung. Sie heißt charakteristische räumliche Strahldichte-Verteilung $L_\lambda(\psi)$, wobei die Richtung $\psi = 0$ mit der Normalen zur bestrahlten Fläche zusammenfällt (siehe Bild). $L_\lambda(\psi)$ ist für alle Punkte P einer Ebene parallel zur bestrahlten Fläche gleich. Mit weiter zunehmender Eindringtiefe wird die Strahlung nach einer Exponential-Funktion geschwächt. Die relative charakteristische räumliche Strahldichte-Verteilung bleibt jedoch erhalten.

Anmerkung: Nur bei nicht absorbierenden Stoffen ist diese Indikatrix ein Kreis mit dem Mittelpunkt P.

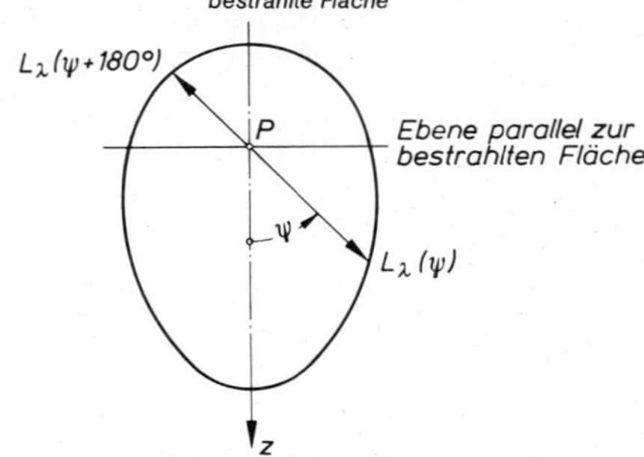

Bild. Grundsätzliche Form der charakteristischen räumlichen Strahldichte-Verteilung

5.2. Spektraler charakteristischer Schwächungskoeffizient

Der spektrale charakteristische Schwächungskoeffizient $\mu_c(\lambda)$ ist der Quotient aus der relativen Änderung $-\mathrm{d}L_\lambda/L_\lambda$ der spektralen Strahldichte L_λ der Strahlung, die eine parallel zur bestrahlten Fläche (siehe Bild) gelegene Schicht infinitesimal kleiner Dicke dz durchdringt, und der Dicke dieser Schicht:

$$\mu_c(\lambda) = -\frac{1}{L_\lambda} \cdot \frac{\mathrm{d}L_\lambda}{\mathrm{d}z} \qquad (6)$$

Anmerkung: Der Index c steht für „charakteristisch".

5.3. Spektrale Kubelka-Munk-Koeffizienten

Der spektrale Kubelka-Munk-Absorptionskoeffizient $K_{\mathrm{KM}}(\lambda)$ und der spektrale Kubelka-Munk-Streukoeffizient $S_{\mathrm{KM}}(\lambda)$ sind durch die Differentialgleichungen

$$\begin{aligned} \frac{\mathrm{d}L_\lambda^+}{\mathrm{d}z} &= -\left[K_{\mathrm{KM}}(\lambda) + S_{\mathrm{KM}}(\lambda)\right] \cdot L_\lambda^+ + S_{\mathrm{KM}}(\lambda) \cdot L_\lambda^- \\ \frac{\mathrm{d}L_\lambda^-}{\mathrm{d}z} &= +\left[K_{\mathrm{KM}}(\lambda) + S_{\mathrm{KM}}(\lambda)\right] \cdot L_\lambda^- - S_{\mathrm{KM}}(\lambda) \cdot L_\lambda^+ \end{aligned} \qquad (7)$$

gegeben. Dabei ist dz ein Wegelement in der Schichtnormalen; für L_λ^+ und L_λ^- sollen nur die spektralen charakteristischen Strahldichten $L_\lambda(\psi = 0)$ und $L_\lambda(\psi = 180°)$ angewendet werden (siehe Bild).

Anmerkung: Der Index KM steht für „Kubelka-Munk". Seine Anwendung wird in Ergänzung zur bisherigen Gepflogenheit empfohlen, um diese Größen eindeutig von anderen ähnlich benannten Größen (z. B. $a(\lambda)$ und $s(\lambda)$) zu unterscheiden.

Hinweise auf weitere Normen

DIN 1349 Blatt 1 Durchgang optischer Strahlung durch Medien; optisch klare Stoffe; Größen, Formelzeichen und Einheiten

DIN 5036 Blatt 1 bis Blatt 4 und Beiblatt Bewertung und Messung der lichttechnischen Eigenschaften von Werkstoffen

DIN 5037 Blatt 2 Lichttechnische Bewertung von Scheinwerfern; Signalscheinwerfer, Signalleuchten

DIN 53 145 Prüfung von Papier und Pappe; Messung des Remissionsgrades, Begriffe und Meßgrundlagen

DIN 53 146 Prüfung von Papier und Pappe; Bestimmung der Opazität

DIN 53 147 Prüfung von Papier und Pappe; Bestimmung der Transparenz

DIN 53 162 Blatt 1 und Blatt 2 und Beiblatt Prüfung von Anstrichstoffen; Bestimmung eines Deckvermögenswertes von lufttrocknenden unbunten Anstrichfarben

DIN 53 234 Prüfung von Farbmitteln; Bestimmung der relativen Farbstärke in Weißaufhellungen; photometrisches Verfahren

DIN 53 490 Prüfung von Kunststoffen; Bestimmung der Trübung von durchsichtigen Kunststoff-Schichten

DIN 58 161 Blatt 4 Prüfung von Optikeinzelteilen; Streuscheiben

Schrifttum

[1] Commission Internationale de l'Eclairage
Internationales Wörterbuch der Lichttechnik, 3. Auflage CIE-Publikation Nr. 17 (Paris 1970)

[2] Quantities and units of light and related electromagnetic radiations (ISO 31/VI) – [Genf]: Intern. Organiz. for Standard. (1973)

DK 531.71 : 001.4 : 53.081.1 : 620.1.05

November 1982

Begriffe der Längenprüftechnik

Einheiten Tätigkeiten Prüfmittel
Meßtechnische Begriffe

DIN 2257 Teil 1

Terms and definitions in dimensional metrology; units, procedures, equipment, metrological terms

Termes et définitions en métrologie dimensionelle; unités, opérations, accessoires, termes métrologiques

Ersatz für Ausgabe 03.70

Für die Richtigkeit der englischen und französischen Benennungen kann das DIN trotz aufgewendeter Sorgfalt keine Gewähr übernehmen.

Inhalt

1 Allgemeines

Längen und Längenverhältnisse sind z. B. Außenmaße, Innenmaße, Absatzmaße, Maße für Durchmesser, Breiten, Dicken, Lochmittenabstände, Winkel, Radien. Dazu gehören auch Maße für Form und Lage sowie Oberflächenmaße. Längen- und Winkelmaße werden mit Zahlenwert und Einheit angegeben, z. B. 20,985 mm, und sind nach DIN 102 generell auf 20 °C bezogen.

Für die Meßtechnik allgemein geltende Begriffe sind in DIN 1319 Teil 1 bis Teil 3 definiert. In der vorliegenden Norm sind für die Längenprüftechnik wichtige Begriffe aus DIN 1319 Teil 1 bis Teil 3 übernommen (mit * gekennzeichnet) und für die industrielle Praxis erklärt und ergänzt worden. Zusätzlich sind weitere in der Längenprüftechnik verwendete Begriffe aufgenommen und definiert worden.

2 Einheiten

2.1 Längeneinheit (siehe auch DIN 1301 Teil 1)

Die SI-Basiseinheit der Länge ist das Meter mit dem Zeichen m.

Bevorzugte dezimale Teile des Meter:

1 dm (Dezimeter)	$= 10^{-1}$ m	= 0,1 m
1 cm (Zentimeter)	$= 10^{-2}$ m	= 0,01 m
1 mm (Millimeter)	$= 10^{-3}$ m	= 0,001 m
1 µm (Mikrometer)	$= 10^{-6}$ m	= 0,000 001 m
	$= 10^{-3}$ mm	= 0,001 mm
1 nm (Nanometer)	$= 10^{-9}$ m	= 0,000 000 001 m
	$= 10^{-6}$ mm	= 0,000 001 mm
	$= 10^{-3}$ µm	= 0,001 µm

Fortsetzung Seite 2 bis 6

Normenausschuß Länge und Gestalt (NLG) im DIN Deutsches Institut für Normung e. V.
Normenausschuß Einheiten und Formelgrößen (AEF) im DIN

2.2 Winkeleinheiten (siehe auch DIN 1315)

Die SI-Einheit des ebenen Winkels ist derjenige Winkel, für den das Längenverhältnis Kreisbogen zu Kreisradius den Zahlenwert 1 besitzt. Diese Einheit wird Radiant (Zeichen: rad) genannt.

Bevorzugte dezimale Teile des Radiant:

1 mrad (Milliradiant) $= 10^{-3}$ rad $= 0{,}001$ rad

1 µrad (Mikroradiant) $= 10^{-6}$ rad $= 0{,}000\,001$ rad

Der Grad (früher auch Altgrad; Zeichen: °) ist gleich dem 360. Teil des Vollwinkels.

$$1^\circ = \frac{\pi}{180}\ \text{rad}$$

Sexagesimale Teile des Grad:

$$1' \text{ (Minute)} = \left(\frac{1}{60}\right)^\circ$$

$$1'' \text{ (Sekunde)} = \left(\frac{1}{60}\right)' = \left(\frac{1}{3600}\right)^\circ$$

Das Gon (früher auch Neugrad; Zeichen: gon) ist gleich dem 400. Teil des Vollwinkels.

$$1\ \text{gon} = \frac{\pi}{200}\ \text{rad}$$

Bevorzugte dezimale Teile des Gon:

1 cgon (Zentigon) $= 10^{-2}$ gon $= 0{,}01$ gon

1 mgon (Milligon) $= 10^{-3}$ gon $= 0{,}001$ gon

Bei Angabe eines Winkels in der Einheit Grad kann dieser entweder sexagesimal (z.B. 50° 7′ 30″) oder dezimal (z.B. 50, 125°) unterteilt angegeben werden.

3 Tätigkeiten

Nr	Benennung	Definition, Erklärung
3.1	**Prüfen** * inspecting contrôler	Prüfen in der Längenprüftechnik ist das Feststellen, ob ein Prüfgegenstand den geforderten Maßen und der geforderten Gestalt entspricht. Das Prüfen kann subjektiv durch Sinneswahrnehmung oder objektiv durch Messen oder Lehren erfolgen. Prüfen → subjektiv (durch Sinneswahrnehmung); objektiv (durch Messen, durch Lehren)
3.1.1	**Messen** * measuring mesurer	Messen in der Längenprüftechnik ist das Ermitteln des Meßwertes einer Länge oder eines Winkels durch Vergleich mit einem Normal, z. B. Maßverkörperung.
3.1.2	**Lehren** * gauging contrôler par calibre	Lehren ist das Feststellen, ob bestimmte Längen, Winkel oder Formen eines Prüfgegenstandes die durch Maß- oder Formverkörperungen – die Lehren – gegebenen Grenzen einhalten oder in welcher Richtung sie diese überschreiten. Der Betrag der Abweichung wird nicht festgestellt. Eine Grenzlehrung erfordert zwei Maßverkörperungen, die den beiden Grenzmaßen entsprechen.
3.2	**Kalibrieren** * calibrating étalonner	Kalibrieren ist das Ermitteln des Zusammenhangs zwischen Ausgangs- und Eingangsgröße, z. B. zwischen der Anzeige eines Meßgerätes oder einer Meßeinrichtung und dem Wert der Meßgröße. In der Regel wird dabei die Differenz zwischen Anzeige (Ist-Anzeige) und richtigem Wert (Soll-Anzeige) ermittelt. Das Ergebnis des Kalibrierens kann z. B. zum Justieren (siehe Nr 3.4) verwendet werden. Anmerkung: Die Benennung „Eichen" soll vermieden werden, weil sie auch im gesetzlichen Sinne benutzt wird und deshalb zu Mißverständnissen führen kann.
3.3	**Einstellen** setting régler	Einstellen ist das Verstellen von Prüfmitteln auf ein Maß mit Bezug auf Maßverkörperungen. Wenn hierbei eine Null-Anzeige angestrebt wird, spricht man von einer Null-Einstellung.
3.4	**Justieren** * adjusting ajuster	Justieren umfaßt alle erforderlichen Maßnahmen, mit denen erreicht wird, daß die Abweichung der Anzeige innerhalb der Fehlergrenzen liegt.

4 Prüfmittel

Prüfmittel lassen sich nach folgendem Schema gliedern:

Prüfmittel

anzeigende Meßgeräte | Maßverkörperungen und Lehren | Hilfsmittel

Aus einem oder mehreren anzeigenden Meßgeräten, Maßverkörperungen und Hilfsmitteln lassen sich Meßeinrichtungen (Meßanordnungen, Meßvorrichtungen) zusammenstellen.

Nr	Benennung	Definition, Erklärung
4.1	**Anzeigendes Meßgerät** * measuring instrument appareil mesureur	Ein anzeigendes Meßgerät ist ein Meßgerät mit einer Anzeigeeinrichtung, z. B. Meßschieber, Bügelmeßschraube, Meßuhr, Feinzeiger, das zum Messen (siehe Nr 3.1.1) dient. Einfache anzeigende Meßgeräte wie z. B. Meßschieber oder Meßschraube werden auch Meßzeuge genannt.
4.2.1	**Maßverkörperung** * material measure mesure matérialisée	Eine Maßverkörperung in der Längenprüftechnik stellt Längen bzw. Winkel durch die festen Abstände bzw. Winkel zwischen Flächen oder Strichen dar. Einstellnormale (z. B. Einstellringe oder Einstelldorne) sind Maßverkörperungen.
4.2.2	**Lehre** * gauge calibre	Eine Lehre verkörpert Maße oder Formen, die in der Regel auf Grenzmaße bezogen sind. Anmerkung: Zu Begriffen der Lehren und Lehrenarten siehe DIN 13 Teil 16 und Teil 18 und DIN 7150 Teil 2.
4.3	**Hilfsmittel** auxiliary equipment accessoires	Hilfsmittel in der Längenprüftechnik sind insbesondere Geräte oder Teile, mit denen Prüfgegenstände, anzeigende Meßgeräte, Maßverkörperungen oder Lehren in bestimmte, für die Ausführung der Messung erforderliche Positionen gebracht werden können. Hilfsmittel haben Bezugsflächen, Aufnahmeflächen, Führungen usw. in der für die Messungen erforderlichen Beschaffenheit.

5 Meßtechnische Begriffe

Nr	Benennung	Definition, Erklärung
5.1	**Meßgröße** M * measurand grandeur à mesurer	Die Meßgröße in der Längenprüftechnik ist die zu messende Länge bzw. der zu messende Winkel.
5.2	**Anzeige** Az * reading indication	Die Anzeige ist die unmittelbar mit den menschlichen Sinnen erfaßbare Information über den Meßwert. Sie kann optisch, akustisch oder auf andere Weise vermittelt werden. Bei anzeigenden Meßgeräten werden die Skalenanzeige, die Ziffernanzeige und sonstige Anzeigen unterschieden. Die Anzeige kann auch durch Drucker oder Schreiber dargestellt werden. Bei Maßverkörperungen entspricht die Aufschrift der Anzeige.
5.2.1	**Skalenanzeige** scale reading indication de l'échelle	Eine Skalenanzeige ist der an einer Strichskale ablesbare Stand einer Marke.
5.2.2	**Ziffernanzeige** * numerical reading indication numérique	Eine Ziffernanzeige ist die Anzeige in Form einer Ziffernfolge, die den Meßwert diskontinuierlich darstellt.
5.2.3	**Sonstige Anzeige** any other reading indication indirecte	Eine sonstige Anzeige dient der Feststellung, in welchem Bereich sich der Meßwert befindet. Der Meßwert selbst wird nicht angezeigt.

Nr	Benennung	Definition, Erklärung
5.3	**Strichskale** Sks * line scale échelle à traits	Eine Strichskale (Teilung) ist die Aufeinanderfolge einer Anzahl von Teilstrichen auf einem Skalenträger. Die Teilstriche der Skale können beziffert sein. Im allgemeinen entspricht die Bezifferung den verwendeten Einheiten.
5.3.1	**Teilstrichabstand** Ta * scale spacing longueur de l'échelon	Der Teilstrichabstand einer Strichskale ist der längs des Weges der Ablesemarke (z. B. Zeigerspitze) in Längeneinheiten gemessene Mittenabstand zweier benachbarter Teilstriche.
5.3.2	**Skalenteil** SkT * scale division échelon	Der Skalenteil einer Strichskale ist die Einheit für die Anzeige, wenn die Anzeige nicht auf die Einheit der Meßgröße bezogen wird, sondern der Teilstrichabstand als Zähleinheit dient.
5.3.3	**Skalenteilungswert** Skw * scale interval valeur de l'échelon	Der Skalenteilungswert ist die Änderung des Wertes der Meßgröße, die eine Änderung der Anzeige um einen Skalenteil bewirkt. Der Skalenteilungswert wird in der Einheit der Meßgröße angegeben. Anmerkung: Der Skalenteilungswert wurde früher Skalenwert genannt.
5.3.4	**Noniuswert** Now vernier interval valeur du vernier	Der Noniuswert ist die Änderung des Wertes der Meßgröße, die eine Änderung der Anzeige um einen Skalenteil der Nonius-Teilung bewirkt.
5.4	**Ziffernskale** Skz * numerical scale échelle numérique	Eine Ziffernskale ist eine Folge von Ziffern (meist 0 bis 9) auf einem Skalen- oder Ziffernträger, wobei meist nur die abzulesende Ziffer sichtbar ist. Eine mehrstellige Ziffernskale besteht aus mehreren, nebeneinander angeordneten einstelligen Ziffernskalen mit z. B. hinter Schauöffnungen ablesbaren Ziffern; meist sind hier die einzelnen Ziffernskalen dezimal abgestuft.
5.4.1	**Ziffernschritt** Zst * numerical division échelon d'une échelle numérique	Der Ziffernschritt ist die Differenz zweier aufeinanderfolgender Ziffern der letzten Stelle einer Ziffernskale.
5.4.2	**Ziffernschrittwert** Zw numerical interval valeur de l'échelon d'une échelle numérique	Der Ziffernschrittwert einer Ziffernskale ist die Änderung des Wertes der Meßgröße, die eine Änderung der Anzeige um einen Ziffernschritt bewirkt. Der Ziffernschrittwert, der dem Skalenteilungswert einer Strichskale (siehe Nr 5.3.3) entspricht, wird in der Einheit der Meßgröße angegeben.
5.5	**Meßwert** Mw * measured value valeur mesurée	Der Meßwert in der Längenprüftechnik ist der spezielle, durch eine Messung ermittelte Wert der zu messenden Länge bzw. des zu messenden Winkels. Er wird aus der Anzeige eines Meßgerätes ermittelt und als Produkt aus Zahlenwert und Einheit angegeben. Gegebenenfalls ist das Vorzeichen zu beachten. Jeder Meßwert ist mit einer Meßunsicherheit (siehe DIN 2257 Teil 2) behaftet.
5.6	**Meßergebnis** Meg * result of measurement résultat de mesurage	Das Meßergebnis wird aus einem oder mehreren Meßwerten nach einer vorgegebenen eindeutigen Beziehung gebildet und stellt unter Berücksichtigung der Meßunsicherheit das Istmaß dar (siehe auch DIN 2257 Teil 2: Vollständiges Meßergebnis).
5.7	**Empfindlichkeit** E * sensitivity sensibilité	Bei Meßgeräten mit Skalenanzeige ist die Empfindlichkeit E gleich dem Verhältnis der Anzeigeänderung ΔL zu der sie verursachenden Änderung ΔM der Meßgröße. $E = \frac{\Delta L}{\Delta M}$ Bei Längenmeßgeräten ist die Empfindlichkeit gleich dem Verhältnis des Weges der Ablesemarke, z. B. der Zeigerspitze, zum Weg des messenden Elements, z. B. des Meßbolzens. Anmerkung: Bei Längenmeßgeräten wird anstelle von Empfindlichkeit (E) auch von Vergrößerung (V) oder Übersetzung ($\ddot{U}$) gesprochen. Bei Meßgeräten mit Ziffernanzeige ist die Empfindlichkeit E gleich dem Verhältnis der Anzahl ΔZ der Ziffernschritte zu der sie verursachenden Änderung ΔM der Meßgröße. $E = \frac{\Delta Z}{\Delta M}$

Nr	Benennung	Definition, Erklärung
5.8	**Anzeigebereich** Azb * indicating range étendue de l'échelle	Der Anzeigebereich ist der Bereich zwischen größter und kleinster Anzeige eines Meßgerätes.
5.9	**Meßbereich** Meb * measuring range étendue de mesurage	Der Meßbereich eines anzeigenden Meßgerätes ist derjenige Bereich von Meßwerten, in dem vorgegebene oder vereinbarte Fehlergrenzen nicht überschritten werden (siehe DIN 1319 Teil 3). Der Meßbereich ist ein Teil des Anzeigebereiches, er kann auch den ganzen Anzeigebereich umfassen. Bei Meßgeräten mit mehreren Meßbereichen können für die einzelnen Meßbereiche unterschiedliche Fehlergrenzen gelten. Anmerkung: Meßbereich und Anzeigebereich sollen durch ihre Anfangs- und Endwerte bezeichnet werden.
5.9.1	**Meßspanne** Mes * measuring span course	Die Meßspanne ist die Differenz zwischen Endwert und Anfangswert des Meßbereiches.
5.10	**Verstellbereich** Vsb range of adjustment domaine de réglage	Der Verstellbereich ist der Bereich der Meßgröße, um den der Meßbereich verlagert werden kann.
5.11	**Anwendungsbereich** Awb range of application domaine d'utilisation	Der Anwendungsbereich eines Prüfmittels ist gleich der Summe aus Verstellbereich und Meßbereich. Anmerkung: Der Begriff Anwendungsbereich wird auch in anderem Sinne verwendet, z. B. nach DIN 820 Teil 22 in einem wesentlich allgemeineren Sinne.
5.12	**Meßkraft** measuring force force de mesurage	Die Meßkraft ist die Kraft, die von der Meßeinrichtung auf den Prüfgegenstand beim Messen ausgeübt wird.
5.13	**Meßkraftumkehrspanne** f_k hysteresis of measuring force réversibilité de force de mesurage	Die Meßkraftumkehrspanne ist der Unterschied der Meßkräfte bei demselben Meßwert, wenn dieser einerseits bei steigenden und andererseits bei fallenden Werten der Anzeige bzw. der Meßkraft erreicht wird.
5.14	**Meßwertumkehrspanne** f_u * hysteresis error erreur de réversibilité	Die Meßwertumkehrspanne eines anzeigenden Meßgerätes ist der Unterschied der Anzeigen für denselben Wert der Meßgröße, wenn einerseits bei steigenden und andererseits bei fallenden Werten der Anzeige gemessen wird. Zur Ermittlung und Beurteilung einer Meßwertumkehrspanne bedarf es einer Meßanweisung.
5.15	**Meßanweisung** measuring instruction condition de mesurage	Die Meßanweisung legt die einzuhaltenden Bedingungen und den Ablauf des Meßvorgangs fest. Meßanweisungen für rechnergestütztes Messen werden Meßprogramme genannt.
5.16	**Abbescher Grundsatz** Abbe principle principe d'Abbe	Nach dem Abbeschen Grundsatz sollen die zu messende Strecke am Prüfgegenstand und die Vergleichsstrecke an der Maßverkörperung bzw. dem messenden Element in der Meßrichtung fluchtend angeordnet sein. Hierdurch werden Meßabweichungen, die infolge von geringen Kippungen bei Meßbewegungen auftreten (Meßabweichungen 2. Ordnung), vernachlässigbar klein. Bei Parallelversatz von Meßstrecke und Vergleichsstrecke, also Nichteinhaltung des Abbeschen Grundsatzes, verursachen geringe Kippungen bei Meßbewegungen eine Meßabweichung (Meßabweichung 1. Ordnung), die meist nicht mehr vernachlässigbar klein ist.
5.17	**Taylorscher Grundsatz** Taylor principle principe de Taylor	Der Taylorsche Grundsatz bezieht sich auf die Gestaltung und Anwendung von Lehren zur Prüfung von Paßteilen. Die Gutlehre, die man mit jedem als gut zu bezeichnenden Prüfgegenstand paaren kann, muß jedem Element der zu prüfenden Werkstückfläche ein eigenes Flächenelement gegenüberstellen. Damit werden sowohl die Form als auch die Maße geprüft. Die Gutlehre muß also so ausgebildet sein, daß sie die zu prüfende Form in ihrer Gesamtwirkung prüft. Die Ausschußlehre, die man mit einem als gut zu bezeichnenden Prüfgegenstand nicht paaren kann, soll dagegen so kleine Flächenelemente besitzen, daß sie durch Paarung mit sehr kleinen Elementen der zu prüfenden Werkstückfläche das Nichteinhalten des geforderten Grenzmaßes anzeigt. Damit werden nur einzelne Maße des Prüfgegenstandes geprüft.

Zitierte Normen

DIN 13 Teil 16	Metrisches ISO-Gewinde; Lehren für Bolzen- und Muttergewinde; Lehrensystem und Benennungen
DIN 13 Teil 18	Metrisches ISO-Gewinde; Lehren für Bolzen- und Muttergewinde; Lehrung der Werkstücke und Handhabung der Lehren
DIN 102	Bezugstemperatur der Meßzeuge und Werkstücke
DIN 820 Teil 22	Normungsarbeit, Gestaltung von Normen; Gliederung
DIN 1301 Teil 1	Einheiten; Einheitennamen, Einheitenzeichen
DIN 1315	Winkel; Begriffe, Einheiten
DIN 1319 Teil 1	Grundbegriffe der Meßtechnik; Messen, Zählen, Prüfen
DIN 1319 Teil 2	Grundbegriffe der Meßtechnik; Begriffe für die Anwendung von Meßgeräten
DIN 1319 Teil 3	Grundbegriffe der Meßtechnik; Begriffe für die Fehler beim Messen
DIN 2257 Teil 2	Begriffe der Längenprüftechnik; Fehler und Unsicherheiten beim Messen
DIN 7150 Teil 2	ISO-Toleranzen und ISO-Passungen; Prüfung von Werkstück-Elementen mit zylindrischen und parallelen Paßflächen

Weitere Normen

DIN 1301 Teil 2	Einheiten; Allgemein angewendete Teile und Vielfache
DIN 2268	Längenmaße mit Teilung; Kenngrößen, Tolerierung
DIN 7182 Teil 1	Toleranzen und Passungen; Grundbegriffe

Frühere Ausgaben

DIN 2257 Teil 1: 03.70

Änderungen

Gegenüber der Ausgabe März 1970 wurden folgende Änderungen vorgenommen:

a) Der Begriff „Anzeige“ ist erweitert und systematisch unterteilt worden, und die Begriffe „analog“ und „digital“ für die Art der Anzeige sind entfallen. Sie sollen nicht für die Art der Anzeige benutzt werden, sondern Verfahren vorbehalten bleiben. Eine Skalenanzeige soll nicht „analoge Anzeige“ und eine Ziffernanzeige soll nicht „digitale Anzeige“ genannt werden (siehe auch DIN 1319 Teil 2, Ausgabe Januar 1980).

b) In Nr 5.3 wurde die Benennung „Teilung“ als Synonym zu Strichskale aufgenommen. Dieser Begriff wird in der Längenmeßtechnik häufig verwendet, insbesondere bei solchen Meßgeräten, bei denen die Ablesemarke nicht Teil des Meßgerätes selbst ist, sondern durch den Prüfgegenstand gebildet wird, wie z. B. Strichmaßstäbe. In diesem Zusammenhang wird auf DIN 2268, Längenmaße mit Teilung; Kenngrößen, Tolerierung verwiesen.

c) Der Begriff „Meßbereich“ wurde mit einer Definition ausgefüllt und der Begriff „Meßergebnis“ neu aufgenommen.

d) Der Begriff „Meßspanne“ wurde neu aufgenommen im Hinblick auf eine Begriffserklärung bei solchen Meßgeräten, bei denen ein Meßbereich als Bereich im eigentlichen Sinne (siehe Anmerkung zu Nr 5.9, Meßbereich) erst durch das Zusammenwirken mit einem Hilfsmittel entsteht (z. B. Meßuhren, Feinzeiger), sowie bei Meßschrauben, deren Meßbereich durch einfache Maßnahmen (Auswechseln von Verlängerungen oder Einsätzen) verlagert werden kann.

e) Begriffe der Lehrenarten wurden nicht mehr aufgenommen. Dazu wird auf folgendes verwiesen: Die Arten und Anwendung der Lehren gehören zum Geltungsbereich der Normen DIN 7150 Teil 2 und DIN 13 Teil 16 und Teil 18, wo sämtliche Begriffe der Lehrenarten erscheinen.

f) Es wurde die inzwischen für Begriffsnormen üblich gewordene tabellarische Gestaltung für das Layout gewählt.

Erläuterungen

Diese Norm behandelt die wichtigsten Begriffe der Längenprüftechnik, die in der industriellen Fertigungsmeßtechnik benutzt werden, aufbauend auf den durch DIN 1319 Teil 1 und Teil 2 gegebenen Grundlagen, und bildet zusammen mit DIN 7182 Teil 1 einen wesentlichen Teil der terminologischen Basis für die mechanische Fertigung in allen Bereichen und Branchen der Wirtschaft.

Begriffe, die in erster Linie mit Abweichungen und Unsicherheiten beim Messen zusammenhängen, werden in DIN 2257 Teil 2 behandelt.

Internationale Patentklassifikation

G 01 B

DK 001.4 : 53.08 November 1975

Gebrauch der Wörter dual, invers, reziprok, äquivalent, komplementär

DIN 4898

Use of the German terms "dual", "invers", "reziprok", "äquivalent", "komplementär"

1 Das Wort „dual"

Das Wort dual wird in mehreren Bedeutungen gebraucht:

a) Zwei Gleichungen (oder zwei Systeme von Gleichungen), die den gleichen physikalischen Sachverhalt beschreiben, entsprechen einander dual, wenn sie die gleiche mathematische Form haben und wenn zwei oder mehrere Größen miteinander vertauscht erscheinen.

Beispiele:

Ohmsches Gesetz

$$U = RI \quad \text{und} \quad I = GU$$

U und I sind miteinander vertauscht und die gleiche mathematische Form ist durch Einführen von G anstelle von $1/R$ hergestellt.

Widerstands- und Leitwertform der Vierpolgleichungen

$$\begin{aligned} U_1 &= Z_{11}I_1 + Z_{12}I_2 \\ U_2 &= Z_{21}I_1 + Z_{22}I_2 \end{aligned} \quad \text{und} \quad \begin{aligned} I_1 &= Y_{11}U_1 + Y_{12}U_2 \\ I_2 &= Y_{21}U_1 + Y_{22}U_2 \end{aligned}$$

U_1 ist mit I_1 und U_2 mit I_2 vertauscht und die gleiche mathematische Form ist durch Einführen der Leitwertparameter anstelle der Widerstandsparameter hergestellt.

b) Zwei Gebilde (Gegenstände) mit verschiedenen physikalischen Eigenschaften entsprechen einander dual, wenn die Gesetze für die beiden Gebilde unter Vertauschen von zwei oder mehr Größen in die gleiche mathematische Form gebracht werden können.

Beispiele:

Spule und Kondensator

$$u = L\frac{\mathrm{d}i}{\mathrm{d}t} \text{ und } i = C\frac{\mathrm{d}u}{\mathrm{d}t}$$

Starrer Körper und Feder

$$F = m\frac{\mathrm{d}v}{\mathrm{d}t} \text{ und } v = k\frac{\mathrm{d}F}{\mathrm{d}t}$$

Parallel- und Reihenschwingkreis in linearen Netzen

Anmerkung: Das Wort dual soll nicht als Synonym für zweiwertig, zweiziffrig und zweizählig benutzt werden; „dual" ist auch nicht gleichbedeutend mit „binär" (siehe DIN 44 300).

2 Das Wort „invers"

Ist eine Größe a als Funktion einer Größe b dargestellt ($a = f(b)$), so heißt die umgekehrte Darstellung der Größe b als Funktion der Größe a ($b = g(a)$), sofern sie existiert, die zur ersten Darstellung inverse Darstellung. Nach Vertauschen der Variablen gilt dann $a = g(b)$. g heißt die zu f inverse Funktion oder ihre Umkehrfunktion.

3 Das Wort „reziprok"

Zwei Größen heißen reziprok zueinander, wenn die eine als Kehrwert der anderen definiert ist, beziehungsweise wenn ihr Produkt die Zahl 1 ergibt (A und B sind zueinander reziprok, wenn $A = 1/B$ ist; die zu einer Matrix $\boldsymbol{A}$ reziproke Matrix $\boldsymbol{A}^{-1}$ ist dadurch definiert, daß das Produkt der beiden Matrizen die Einsmatrix ergibt). Bei dualen Zweipolen gilt, daß das Produkt ihrer Impedanzen gleich ist einer frequenzunabhängigen Konstanten ($Z_1Z_2 = R^2$). Auch in diesem Fall können die beiden Impedanzen Z_1 und Z_2 reziprok zueinander genannt werden, da bei geeigneter Normierung ($Z_1/R = A$, $Z_2/R = B$) die obige Definition gilt. In diesem Fall sollte man aber besser von einem „reziproken Verhalten" oder einer „reziprok-dualen Verwandtschaft" sprechen.

Anmerkung: In der Mathematik ist „reziprok" ein Unterbegriff zu „invers", wenn dieser auf Zahlen oder Matrizen angewandt wird.

4 Das Wort „äquivalent"

Zwei Größen (Gebilde, Schaltungen) sind bezüglich gegebener Eigenschaften äquivalent, wenn sie sich in bezug auf diese Eigenschaften ersetzen können. Können sie in gleicher Weise durch eine dritte ersetzt werden, dann muß auch die erste Größe (Gebilde, Schaltung) durch die dritte ersetzbar sein. Insbesondere ist jede Größe zu sich selbst äquivalent.

5 Das Wort „komplementär"

Ergänzt eine Größe (ein Begriff) eine zweite Größe (einen zweiten Begriff) zu einer vorgegebenen Gesamtgröße (zu einem vorgegebenen Gesamtbegriff), so nennt man die erste Größe (den ersten Begriff) die zur zweiten komplementäre Größe (den zum zweiten komplementären Begriff). So ergänzt z. B. der zu einem Winkel komplementäre Winkel (Komplementärwinkel oder Komplementwinkel) den ersten zu $(\pi/2)$rad. Die zu einer Farbe komplementäre Farbe ist jene, die sie zu weiß ergänzt.

Ausschuß für Einheiten und Formelgrößen (AEF) im DIN Deutsches Institut für Normung e. V.

Lineare elektrische Mehrtore

DIN 4899

Linear electric multiports

1 Geltungsbereich

Die folgenden Festlegungen beziehen sich auf Sinusvorgänge in linearen elektrischen Systemen, die nur über Tore (siehe Abschnitt 2.7) zugänglich sind. Lineare elektrische Systeme sind dadurch definiert, daß bei Klemmenschaltungen (siehe Abschnitt 2.2) zwischen Spannungen und Strömen, bei Wellenleiterschaltungen (siehe Abschnitt 2.6) zwischen elektrischen und magnetischen Feldstärken lineare Beziehungen bestehen. Ferner wird im folgenden vorausgesetzt, daß die betrachteten Systeme frei von unabhängigen Quellen und zeitlich unveränderlich sind.

2 Grundbegriffe

2.1 Klemme, Pol

Mittel zum Anschluß oder Verbinden von elektrischen Leitungen, z. B. Stecker, Buchse, Lötöse, Schraubanschluß. Eine Klemme wird idealisiert als widerstandsfrei und punktförmig angesehen. Aus diesem Grunde wird sie auch Anschlußpunkt oder Pol genannt.

2.2 Mehrpol, Klemmenschaltung

System mit mehreren Klemmen (Polen), z. B. Zweipol, Dreipol, Vierpol, usw.

2.3 Klemmenpaar

Zwei einander zugeordnete Klemmen (Pole) eines Systems oder Systemteiles, die zum Anschluß von Klemmenpaaren anderer Systeme oder Systemteile dienen. Die Spannung zwischen den beiden Klemmen eines Klemmenpaares als Linienintegral der elektrischen Feldstärke soll eindeutig sein. Diese Bedingung ist bei Gleichstrom immer erfüllt, bei Wechselstrom nur dann, wenn der räumliche Abstand zwischen den beiden Klemmen hinreichend klein gegen die Wellenlänge im umgebenden Raum ist. Nur für diesen Frequenzbereich wird die Benennung Klemmenpaar in dieser Norm verwendet.

2.4 Klemmenpaarschaltung

Ein System, das elektrisch nur über Klemmenpaare zugänglich ist.

2.5 Wellenleiteranschluß

Mittel zum Anschluß oder Verbinden von Wellenleitern zylindrischer Form (z. B. Hohlleiter mit Rechteck- oder Kreisquerschnitt, Lichtwellenleiter). Zur Definition der physikalischen Kenngrößen der in dem Wellenleiter auftretenden Wellen dient in dem praktisch meist vorliegenden Fall geringer Verluste eine Bezugsebene senkrecht zur Längsrichtung des Wellenleiters (Transversalebene).

2.6 Wellenleiterschaltung

Ein System, das elektrisch nur über Wellenleiteranschlüsse zugänglich ist.

2.7 Tor

Der elektrische Zugang (Eingang oder Ausgang) eines Systems oder Systemteiles. Bei Klemmenpaarschaltungen ist jedem Klemmenpaar nur je ein einziges Tor zugeordnet; die Klemmen dienen als Bezugspunkte für Spannungen und Ströme in dem betrachteten Frequenzbereich. Dabei ist vorausgesetzt, daß der in die eine Klemme eintretende Strom in jedem Zeitpunkt gleich dem aus der anderen Klemme austretenden Strom ist.

Bei Wellenleiterschaltungen können in jedem Wellenleiteranschluß ein oder mehrere Wellentypen in dem interessierenden Frequenzbereich erzeugt werden. Jeder Wellentyp entspricht in diesem Frequenzbereich einem Tor des Wellenleiteranschlusses. Dem Wellenleiteranschluß können daher mehrere Tore für diesen Frequenzbereich zugeordnet werden.

Stichwortverzeichnis siehe Originalfassung der Norm

Fortsetzung Seite 2 bis 7

Normenausschuß Einheiten und Formelgrößen (AEF) im DIN Deutsches Institut für Normung e.V.

2.8 Mehrtor

System mit mehreren Toren. Zur Unterscheidung zwischen Klemmenpaarschaltungen und Wellenleiterschaltungen werden die Benennungen Klemmenmehrtor und Wellenleitermehrtor benutzt. Ein System mit n Toren heißt n - Tor, wenn ausschließlich gleichartige Tore vorliegen.

Eine Klemmenpaarschaltung mit n Toren ist ein Klemmen-n-Tor und hat im allgemeinen $2\,n$ Klemmen; es kann jedoch auch eine Klemme mehreren Toren gemeinsam sein.

Ein Wellenleitermehrtor hat eine Anzahl Wellenleiteranschlüsse, von denen jedem in dem interessierenden Frequenzbereich ein oder mehrere Tore zugeordnet werden können.

In dem Fall eines einzigen Tores wird bei Klemmenschaltungen vorwiegend die Benennung Zweipol, bei Wellenleiterschaltungen die Benennung Eintor benutzt.

3 Lineare Klemmenmehrtore

3.1 Beziehungen zwischen Spannungen und Strömen

Das elektrische Verhalten eines Klemmen-n-Tores, siehe Bild 1, wird durch n lineare unabhängige Gleichungen zwischen den n Torspannungen $U_1, U_2, \ldots, U_n$ und den n Torströmen $I_1, I_2, \ldots, I_n$ beschrieben. Als Bezugsrichtungen werden in dieser Norm durchweg symmetrische Bezugspfeile nach DIN 40 148 Teil 1 benutzt. $U_1, \ldots, U_n$ und $I_1, \ldots, I_n$ sind komplexe Effektivwerte, komplexe Amplituden.

Daher sind auch deren Verhältnisse, die in den nachfolgenden Gleichungen als Koeffizienten oder als Elemente der Matrizen auftreten, komplex (z. B. komplexe Leitwerte oder Admittanzen).

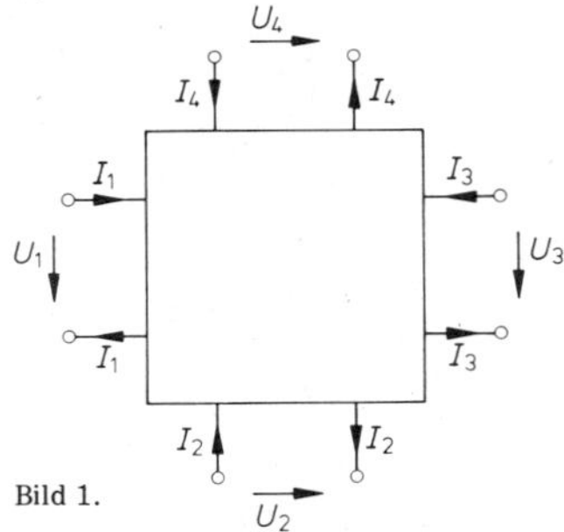

Bild 1.

3.1.1 Allgemeine Mehrtorgleichungen

3.1.1.1 Die Leitwertgleichungen oder Admittanzgleichungen des Mehrtores lauten:

$$\left.\begin{aligned} I_1 &= Y_{11}U_1 + Y_{12}U_2 + \ldots + Y_{1n}U_n, \\ I_2 &= Y_{21}U_1 + Y_{22}U_2 + \ldots + Y_{2n}U_n, \\ &\ldots\ldots\ldots\ldots\ldots\ldots \\ I_n &= Y_{n1}U_1 + Y_{n2}U_2 + \ldots + Y_{nn}U_n, \end{aligned}\right\} \tag{1}$$

in Matrizenschreibweise (siehe DIN 5486):

$$\begin{pmatrix} I_1 \\ I_2 \\ \cdot \\ I_n \end{pmatrix} = \begin{pmatrix} Y_{11} Y_{12} \ldots Y_{1n} \\ Y_{21} Y_{22} \ldots Y_{2n} \\ \ldots\ldots\ldots\ldots \\ Y_{n1} Y_{n2} \ldots Y_{nn} \end{pmatrix} \begin{pmatrix} U_1 \\ U_2 \\ \cdot \\ U_n \end{pmatrix} \tag{2}$$

und abgekürzt:

$$\boldsymbol{I} = \boldsymbol{Y}\boldsymbol{U} \tag{3}$$

$\boldsymbol{Y}$ heißt Leitwertmatrix oder Admittanzmatrix. Die Elemente $Y_{\mu\nu}$ der Leitwertmatrix des n-Tores mit $\mu = 1, 2, \ldots, n$, $\nu = 1, 2, \ldots, n$ heißen Leitwertparameter oder Admittanzparameter.

Insbesondere heißt $Y_{\mu\nu}$ für $\nu = \mu$ der Kurzschlußleitwert (die Kurzschlußadmittanz) des Tores μ; er ist der Eingangsleitwert dieses Tores, wenn alle anderen Tore kurzgeschlossen sind. Für $\mu \neq \nu$ ist $Y_{\mu\nu}$ der Übertragungsleitwert (Kopplungsleitwert, Kopplungsadmittanz) von Tor ν nach Tor μ für Kurzschluß an allen Toren mit Ausnahme des Tores ν.

3.1.1.2 Die W i d e r s t a n d s g l e i c h u n g e n oder I m p e d a n z g l e i c h u n g e n des Mehrtores lauten:

$$\left.\begin{aligned} U_1 &= Z_{11}I_1 + Z_{12}I_2 + \ldots + Z_{1n}I_n, \\ U_2 &= Z_{21}I_1 + Z_{22}I_2 + \ldots + Z_{2n}I_n, \\ &\ldots\ldots\ldots\ldots\ldots\ldots \\ U_n &= Z_{n1}I_1 + Z_{n2}I_2 + \ldots + Z_{nn}I_n, \end{aligned}\right\} \qquad (4)$$

in Matrizenschreibweise:

$$\begin{pmatrix} U_1 \\ U_2 \\ \cdot \\ U_n \end{pmatrix} = \begin{pmatrix} Z_{11}Z_{12}\ldots Z_{1n} \\ Z_{21}Z_{22}\ldots Z_{2n} \\ \ldots\ldots\ldots\ldots \\ Z_{n1}Z_{n2}\ldots Z_{nn} \end{pmatrix} \begin{pmatrix} I_1 \\ I_2 \\ \cdot \\ I_n \end{pmatrix} \qquad (5)$$

und abgekürzt:

$$\boldsymbol{U} = \boldsymbol{Z}\boldsymbol{I} \qquad (6)$$

$\boldsymbol{Z}$ heißt W i d e r s t a n d s m a t r i x oder I m p e d a n z m a t r i x . Die Elemente $Z_{\mu\nu}$ der Widerstandsmatrix des n-Tores mit $\mu = 1, 2, \ldots, n$, $\nu = 1, 2, \ldots, n$ heißen W i d e r s t a n d s p a r a m e t e r oder I m p e d a n z p a r a m e t e r .

Insbesondere heißt $Z_{\mu\nu}$ für $\nu = \mu$ der L e e r l a u f w i d e r s t a n d (die L e e r l a u f i m p e d a n z) des Tores μ; er ist der Eingangswiderstand dieses Tores, wenn alle anderen Tore offen sind. Für $\mu \neq \nu$ ist $Z_{\mu\nu}$ der Ü b e r t r a g u n g s w i d e r s t a n d (K o p p l u n g s w i d e r s t a n d , K o p p l u n g s i m p e d a n z) von Tor ν nach Tor μ für Leerlauf an allen Toren mit Ausnahme des Tores ν.

Die Widerstands- und Leitwert-Matrizen eines Mehrtores sind zueinander invers:

$$\boldsymbol{Z} = \boldsymbol{Y}^{-1} \qquad (7)$$

3.1.1.3 Ein Mehrtor wird k o p p l u n g s s y m m e t r i s c h (ü b e r t r a g u n g s s y m m e t r i s c h , „reziprokes Mehrtor", siehe DIN 40 148 Teil 2, Ausgabe März 1970, Anmerkung zu Abschnitt 1.1) genannt, wenn in seiner Leitwertmatrix

$$Y_{\mu\nu} = Y_{\nu\mu} \qquad (8)$$

oder in seiner Widerstandsmatrix

$$Z_{\mu\nu} = Z_{\nu\mu} \qquad (9)$$

für sämtliche μ und ν ist. Die beiden Matrizen sind dann symmetrische Matrizen. Siehe auch Gl. (30) und DIN 40 148 Teil 2.

3.1.2 Mehrtorgleichungen bei zwei Torgruppen

Durch Auflösen der n Leitwert- oder Widerstandsgleichungen eines n-Tores nach beliebigen n der $2n$ Spannungen und Ströme können insgesamt $\binom{2n}{n}$ Gleichungssysteme gebildet werden. Von diesen werden im folgenden die R e i h e n p a r a l l e l g l e i c h u n g e n , die P a r a l l e l r e i h e n g l e i c h u n g e n und die K e t t e n g l e i c h u n g e n definiert.

3.1.2.1 Reihenparallelgleichungen und Parallelreihengleichungen

Als Bezugsrichtungen für die Spannungen und Ströme werden auch bei diesen Gleichungen s y m m e t r i s c h e B e z u g s p f e i l e nach Bild 1 zugrunde gelegt. Bei einem n-Tor seien zwei Gruppen von Toren unterschieden, eine Gruppe mit k Toren (z. B. E i n g a n g s t o r e) und eine Gruppe mit $n - k$ Toren (z. B. A u s g a n g s t o r e). Die k Eingangsspannungen seien durch U_1 bis U_k, die k Eingangsströme durch I_1 bis I_k, die $n - k$ Ausgangsspannungen durch U_{k+1} bis U_n und die $n - k$ Ausgangsströme durch I_{k+1} bis I_n bezeichnet.

Dann lauten die R e i h e n p a r a l l e l g l e i c h u n g e n :

$$\left.\begin{aligned} U_1 &= H_{11}I_1 + \ldots + H_{1k}I_k + H_{1(k+1)}U_{k+1} + \ldots + H_{1n}U_n, \\ &\ldots\ldots\ldots\ldots\ldots\ldots\ldots\ldots \\ U_k &= H_{k1}I_1 + \ldots + H_{kk}I_k + H_{k(k+1)}U_{k+1} + \ldots + H_{kn}U_n, \\ I_{k+1} &= H_{(k+1)1}I_1 + \ldots + H_{(k+1)k}I_k + H_{(k+1)(k+1)}U_{k+1} + \ldots + H_{(k+1)n}U_n, \\ &\ldots\ldots\ldots\ldots\ldots\ldots\ldots\ldots \\ I_n &= H_{n1}I_1 + \ldots + H_{nk}I_k + H_{n(k+1)}U_{k+1} + \ldots + H_{nn}U_n \end{aligned}\right\} \qquad (10)$$

Werden die Matrizen der Eingangs- und Ausgangsspannungen und -ströme durch

$$\boldsymbol{U}_\mathrm{I} = \begin{pmatrix} U_1 \\ \cdot \\ \cdot \\ \cdot \\ U_k \end{pmatrix}, \qquad \boldsymbol{I}_\mathrm{I} = \begin{pmatrix} I_1 \\ \cdot \\ \cdot \\ \cdot \\ I_k \end{pmatrix} \tag{11}$$

$$\boldsymbol{U}_\mathrm{II} = \begin{pmatrix} U_{k+1} \\ \cdot \\ \cdot \\ \cdot \\ U_n \end{pmatrix}, \qquad \boldsymbol{I}_\mathrm{II} = \begin{pmatrix} I_{k+1} \\ \cdot \\ \cdot \\ \cdot \\ I_n \end{pmatrix}$$

gekennzeichnet, dann lauten die Reihenparallelgleichungen in Matrizenschreibweise:

$$\begin{pmatrix} \boldsymbol{U}_\mathrm{I} \\ \boldsymbol{I}_\mathrm{II} \end{pmatrix} = \begin{pmatrix} \boldsymbol{H}_\mathrm{I\,I} & \boldsymbol{H}_\mathrm{I\,II} \\ \boldsymbol{H}_\mathrm{II\,I} & \boldsymbol{H}_\mathrm{II\,II} \end{pmatrix} \begin{pmatrix} \boldsymbol{I}_\mathrm{I} \\ \boldsymbol{U}_\mathrm{II} \end{pmatrix} = \boldsymbol{H} \begin{pmatrix} \boldsymbol{I}_\mathrm{I} \\ \boldsymbol{U}_\mathrm{II} \end{pmatrix} \tag{12}$$

$\boldsymbol{H}$ heißt Reihenparallelmatrix; sie ist immer quadratisch, ebenso wie die Teilmatrizen $\boldsymbol{H}_\mathrm{I\,I}$ und $\boldsymbol{H}_\mathrm{II\,II}$. Dagegen sind die Teilmatrizen $\boldsymbol{H}_\mathrm{I\,II}$ und $\boldsymbol{H}_\mathrm{II\,I}$ im allgemeinen Fall nicht quadratisch.

Bei den Parallelreihengleichungen werden die k Eingangsströme und die $n-k$ Ausgangsspannungen in Abhängigkeit von den k Eingangsspannungen und den $n-k$ Ausgangsströmen dargestellt. Dementsprechend lauten die Parallelreihengleichungen in Matrizenschreibweise:

$$\begin{pmatrix} \boldsymbol{I}_\mathrm{I} \\ \boldsymbol{U}_\mathrm{II} \end{pmatrix} = \begin{pmatrix} \boldsymbol{P}_\mathrm{I\,I} & \boldsymbol{P}_\mathrm{I\,II} \\ \boldsymbol{P}_\mathrm{II\,I} & \boldsymbol{P}_\mathrm{II\,II} \end{pmatrix} \begin{pmatrix} \boldsymbol{U}_\mathrm{I} \\ \boldsymbol{I}_\mathrm{II} \end{pmatrix} = \boldsymbol{P} \begin{pmatrix} \boldsymbol{U}_\mathrm{I} \\ \boldsymbol{I}_\mathrm{II} \end{pmatrix} \tag{13}$$

$\boldsymbol{P}$ heißt Parallelreihenmatrix; für sie gelten die gleichen Aussagen wie oben für $\boldsymbol{H}$.

Die Reihenparallelmatrix und die Parallelreihenmatrix eines Mehrtores sind zueinander invers:

$$\boldsymbol{H} = \boldsymbol{P}^{-1} \tag{14}$$

3.1.2.2 Kettengleichungen

Wenn die Anzahl der Ausgangstore gleich der Anzahl der Eingangstore ist, also $k = n/2$, dann heißt das n-Tor torzahlsymmetrisch. Für diesen Fall werden die Kettengleichungen definiert. Sie stellen die $n/2$ Eingangsspannungen und -ströme durch die $n/2$ Ausgangsspannungen und -ströme dar und eignen sich besonders bei Kettenschaltungen von Mehrtoren.

Die Kettengleichungen lauten:

$$\left.\begin{aligned}
U_1 &= A_{11}U_{k+1} + \ldots + A_{1k}U_n + A_{1(k+1)}(-I_{k+1}) + \ldots + A_{1n}(-I_n) \\
&\cdots\cdots\cdots\cdots\cdots\cdots\cdots\cdots \\
U_k &= A_{k1}U_{k+1} + \ldots + A_{kk}U_n + A_{k(k+1)}(-I_{k+1}) + \ldots + A_{kn}(-I_n) \\
I_1 &= A_{(k+1)1}U_{k+1} + \ldots + A_{(k+1)k}U_n + A_{(k+1)(k+1)}(-I_{k+1}) + \ldots + A_{(k+1)n}(-I_n) \\
&\cdots\cdots\cdots\cdots\cdots\cdots\cdots\cdots \\
I_k &= A_{n1}U_{k+1} + \ldots + A_{nk}U_n + A_{n(k+1)}(-I_{k+1}) + \ldots + A_{nn}(-I_n)
\end{aligned}\right| \tag{15}$$

oder in Matrizenschreibweise:

$$\begin{pmatrix} U_1 \\ \cdot \\ U_k \\ I_1 \\ \cdot \\ I_k \end{pmatrix} = \begin{pmatrix} A_{11} \cdots & A_{1k} & A_{1(k+1)} \cdots & A_{1n} \\ \cdots & \cdots & \cdots & \cdots \\ A_{k1} \cdots & A_{kk} & A_{k(k+1)} \cdots & A_{kn} \\ A_{(k+1)1} \cdots & A_{(k+1)k} & A_{(k+1)(k+1)} \cdots & A_{(k+1)n} \\ \cdots & \cdots & \cdots & \cdots \\ A_{n1} \cdots & A_{nk} & A_{n(k+1)} \cdots & A_{nn} \end{pmatrix} \begin{pmatrix} U_{k+1} \\ \cdot \\ U_n \\ -I_{k+1} \\ \cdot \\ -I_n \end{pmatrix} \tag{16}$$

und abgekürzt:

$$\begin{pmatrix} \boldsymbol{U}_\mathrm{I} \\ \boldsymbol{I}_\mathrm{I} \end{pmatrix} = \begin{pmatrix} \boldsymbol{A}_\mathrm{I\,I} & \boldsymbol{A}_\mathrm{I\,II} \\ \boldsymbol{A}_\mathrm{II\,I} & \boldsymbol{A}_\mathrm{II\,II} \end{pmatrix} \begin{pmatrix} \boldsymbol{U}_\mathrm{II} \\ -\boldsymbol{I}_\mathrm{II} \end{pmatrix} = \boldsymbol{A} \begin{pmatrix} \boldsymbol{U}_\mathrm{II} \\ -\boldsymbol{I}_\mathrm{II} \end{pmatrix} \tag{17}$$

(Werden statt der symmetrischen Bezugspfeile Kettenbezugspfeile benutzt, dann entfallen die Minuszeichen bei den Strömen.)

$\boldsymbol{A}$ heißt Kettenmatrix; sie ist quadratisch. Ebenso sind hier auch alle vier Teilmatrizen wegen der Torzahlsymmetrie quadratisch. Ist das Mehrtor kopplungssymmetrisch (siehe Abschnitt 3.1.1.3), dann gilt:

$$\det \boldsymbol{A} = 1. \tag{18}$$

Beispiel: Bei dem torzahlsymmetrischen V i e r t o r (siehe Bild 2) lassen sich die Teilmatrizen darstellen durch:

$$\left.\begin{aligned} \boldsymbol{A}_{\mathrm{I\,I}} &= \begin{pmatrix} A_{11} A_{12} \\ A_{21} A_{22} \end{pmatrix}, \quad \boldsymbol{A}_{\mathrm{I\,II}} = \begin{pmatrix} A_{13} A_{14} \\ A_{23} A_{24} \end{pmatrix} \\ \boldsymbol{A}_{\mathrm{II\,I}} &= \begin{pmatrix} A_{31} A_{32} \\ A_{41} A_{42} \end{pmatrix}, \quad \boldsymbol{A}_{\mathrm{II\,II}} = \begin{pmatrix} A_{33} A_{34} \\ A_{43} A_{44} \end{pmatrix} \end{aligned}\right\} \tag{19}$$

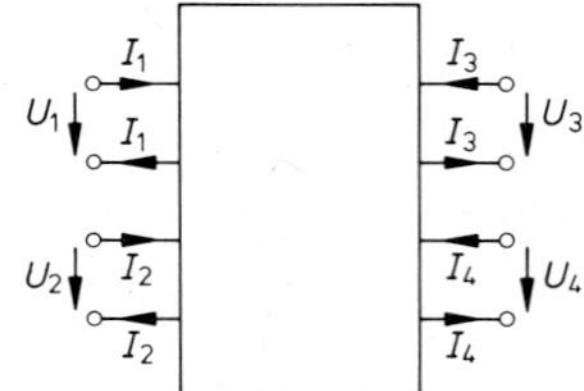

Bild 2.

Ein Z w e i t o r ist torzahlsymmetrisch; seine Kettenmatrix lautet:

$$\boldsymbol{A} = \begin{pmatrix} A_{11} A_{12} \\ A_{21} A_{22} \end{pmatrix} \tag{20}$$

Das Zweitor ist kopplungssymmetrisch (siehe Abschnitt 3.1.1.3), wenn

$$\det \boldsymbol{A} = A_{11} A_{22} - A_{12} A_{21} = 1 \tag{21}$$

gilt.

3.2 Beziehung zwischen Streuvariablen

3.2.1 Streuvariable

Der elektrische Zustand an jedem Tor kann statt durch Klemmenspannung U und Klemmenstrom I durch zwei Variable M und N beschrieben werden, deren Quadrate Leistungen ergeben. Für diese Variablen („Feldgrößen", siehe DIN 5493) gelten ebenfalls lineare Gleichungssysteme wie für die Spannungen und Ströme. Die Größen M und N werden S t r e u - v a r i a b l e (auch W e l l e n g r ö ß e n) genannt.

Bei K l e m m e n s c h a l t u n g e n werden die Streuvariablen für jedes Tor durch Ausdrücke von der Form

$$M = \frac{U + RI}{2\sqrt{R}}, \quad N = \frac{U - RI}{2\sqrt{R}} \tag{22}$$

definiert, für die auch die Formelzeichen a und b verwendet werden.

R bedeutet einen für jedes Tor frei wählbaren reellen Bezugswiderstand (Torwiderstand). Die Spannung U und der Strom I an dem Tor lassen sich dann durch die Größen M und N ausdrücken:

$$\left.\begin{aligned} U &= (M + N)\sqrt{R} \\ I &= \frac{(M - N)}{\sqrt{R}} \end{aligned}\right\} \tag{23}$$

Wenn U und I komplexe Effektivwerte sind, so folgt damit für die i n d a s T o r e i n t r e t e n d e W i r k l e i s t u n g:

$$P = \mathrm{Re}\left\{UI^*\right\} = |M|^2 - |N|^2 \tag{24}$$

unabhängig von der Größe des gewählten Bezugswiderstandes, siehe Bild 3.

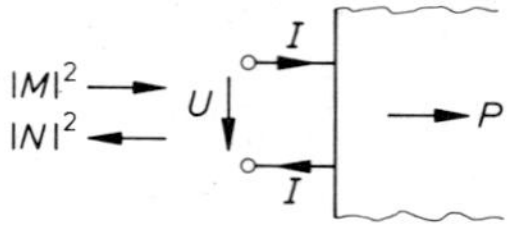

Bild 3.

Liegt an einem Tor eine Quelle mit der Quellenspannung U_0 und reellem Innenwiderstand und wird R gleich dem Innenwiderstand dieser Quelle gewählt, dann ist

$$|M|^2 = \frac{|U_0|^2}{4R} \tag{25}$$

die v o n d e r Q u e l l e m a x i m a l a b g e b b a r e (v e r f ü g b a r e) L e i s t u n g. Die in das Tor eintretende Wirkleistung P wird durch Gl. (24) als Differenz der dem Tor zufließenden verfügbaren Leistung $|M|^2$ der Quelle und einer z u r ü c k f l i e ß e n d e n L e i s t u n g $|N|^2$ dargestellt.

Bei quellenfreiem Abschluß eines Tores mit einem reellen Widerstand, der gleich dem Bezugswiderstand R ist, wird nach Gl. (25) mit $U_0 = 0$

$$M = 0. \tag{26}$$

Über die Darstellung bei komplexen Bezugswiderständen siehe Anmerkungen.

3.2.2 Streumatrix

Wegen der vorausgesetzten Linearität des Systems gelten für den Zusammenhang zwischen den Streuvariablen N und M n lineare Gleichungen, die als Streugleichungen in folgender Form geschrieben werden:

$$\left.\begin{aligned} N_1 &= S_{11}M_1 + S_{12}M_2 + \ldots + S_{1n}M_n \\ N_2 &= S_{21}M_1 + S_{22}M_2 + \ldots + S_{2n}M_n \\ &\ldots\ldots\ldots\ldots\ldots\ldots\ldots\ldots \\ N_n &= S_{n1}M_1 + S_{n2}M_2 + \ldots + S_{nn}M_n \end{aligned}\right| \tag{27}$$

oder in Matrizenschreibweise:

$$\begin{pmatrix} N_1 \\ N_2 \\ \cdot \\ N_n \end{pmatrix} = \begin{pmatrix} S_{11}S_{12} \ldots S_{1n} \\ S_{21}S_{22} \ldots S_{2n} \\ \ldots\ldots\ldots\ldots \\ S_{n1}S_{n2} \ldots S_{nn} \end{pmatrix} \begin{pmatrix} M_1 \\ M_2 \\ \cdot \\ M_n \end{pmatrix} \tag{28}$$

und abgekürzt:

$$\boldsymbol{N} = \boldsymbol{S}\boldsymbol{M} \tag{29}$$

Die quadratische Matrix $\boldsymbol{S}$ heißt Streumatrix oder Verteilmatrix des n-Tores. Die Elemente der Hauptdiagonale $S_{\mu\nu}$ für $\mu = \nu$ sind die Betriebsreflexionsfaktoren (kurz Reflexionsfaktoren) (siehe DIN 40 148 Teil 3), die übrigen Elemente $S_{\mu\nu}$ für $\mu \neq \nu$ sind die Betriebsübertragungsfaktoren (kurz Transmissionsfaktoren) von Tor ν nach Tor μ (siehe DIN 40 148 Teil 1), wenn der Bezugswiderstand R für jedes Tor gleich dem Abschlußwiderstand des Tores gewählt wird.

Das Mehrtor wird kopplungssymmetrisch (siehe Abschnitt 3.1.1.3) genannt, wenn in der Streumatrix

$$S_{\mu\nu} = S_{\nu\mu} \tag{30}$$

für sämtliche μ und ν ist.

Ein solches n-Tor erfüllt auch die Bedingungen der Kopplungssymmetrie nach Abschnitt 3.1.1.3.

3.2.3 Betriebskettenmatrix

Die Gln. (27) lauten für Zweitore:

$$\left.\begin{aligned} N_1 &= S_{11}M_1 + S_{12}M_2 \\ N_2 &= S_{21}M_1 + S_{22}M_2 \end{aligned}\right| \tag{31}$$

Auflösen nach M_1 und N_1 ergibt die Betriebskettengleichungen bei symmetrischen Bezugspfeilen:

$$\left.\begin{aligned} N_1 &= T_{11}M_2 + T_{12}N_2 \\ M_1 &= T_{21}M_2 + T_{22}N_2 \end{aligned}\right| \tag{32}$$

Die Matrix

$$\boldsymbol{T} = \begin{pmatrix} T_{11}T_{12} \\ T_{21}T_{22} \end{pmatrix} \tag{33}$$

heißt die Betriebskettenmatrix des Zweitores. Das Zweitor ist kopplungssymmetrisch (siehe Abschnitt 3.1.1.3), wenn

$$\det \boldsymbol{T} = T_{11}T_{22} - T_{12}T_{21} = 1 \tag{34}$$

gilt.

Auch bei einem allgemeinen n-Tor lassen sich die Betriebskettengleichungen aufstellen, wenn ebenso viele Ausgangstore wie Eingangstore vorhanden sind. Analog zu Abschnitt 3.1.2.2 lauten die Betriebskettengleichungen für das torzahlsymmetrische n-Tor

$$\begin{pmatrix} \boldsymbol{N}_{\mathrm{I}} \\ \boldsymbol{M}_{\mathrm{I}} \end{pmatrix} = \begin{pmatrix} \boldsymbol{T}_{\mathrm{I\,I}} & \boldsymbol{T}_{\mathrm{I\,II}} \\ \boldsymbol{T}_{\mathrm{II\,I}} & \boldsymbol{T}_{\mathrm{II\,II}} \end{pmatrix} \begin{pmatrix} \boldsymbol{M}_{\mathrm{II}} \\ \boldsymbol{N}_{\mathrm{II}} \end{pmatrix} \tag{35}$$

$$T = \begin{pmatrix} T_{\mathrm{I\,I}} & T_{\mathrm{I\,II}} \\ T_{\mathrm{II\,I}} & T_{\mathrm{II\,II}} \end{pmatrix} \tag{36}$$

ist die Betriebskettenmatrix des torzahlsymmetrischen n-Tores, wobei wegen der Torzahlsymmetrie die Teilmatrizen quadratische Matrizen von der Ordnung $n/2$ sind. Ist das Mehrtor kopplungssymmetrisch (siehe Abschnitt 3.1.1.3), dann gilt:

$$\det T = 1 \tag{37}$$

Beim Übergang von symmetrischen Bezugspfeilen zu Kettenbezugspfeilen bleiben die Vorzeichen in der Betriebskettenmatrix unverändert; es sind lediglich die Streuvariablen M_{II} und N_{II} miteinander zu vertauschen.

4 Lineare Wellenleitermehrtore

Analoge Beziehungen wie in Abschnitt 3.1 gelten formal auch bei Wellenleitermehrtoren, wenn anstelle der Spannungen und Ströme die skalaren komplexen Werte (Zeiger) von bestimmten elektrischen und magnetischen Feldstärken für jedes Tor eingesetzt werden. Verbreitete Anwendung findet jedoch hier die Darstellung durch die Streuvariablen und die Streumatrix nach Gl. (27) und Gl. (28). Die Streuvariablen M und N (oder a und b) werden hier meist Wellengrößen genannt. Die Quadrate ihrer Beträge geben für jedes Tor die beiden gegenläufigen Wirkleistungen $|M|^2$ und $|N|^2$ an. Dabei muß eine Bezugsrichtung für M für jedes Tor festgelegt werden; üblich ist hierfür die in das Mehrtor hineinweisende Richtung. Für die in ein Tor eintretende Wirkleistung gilt dann wie bei Gl. (24):

$$P = |M|^2 - |N|^2 \tag{38}$$

Die Voraussetzung reeller Bezugswiderstände in Abschnitt 3.2.1 entspricht einem Abschluß des Tores, aus dem keine Energie in das Tor geliefert wird (Absorber). Bei einem solchen quellenfreien Abschluß ist für das betreffende Tor $M = 0$.

Im allgemeinen Fall sei P_a die in ein Tor fließende Wirkleistung, P_b die aus dem Tor herausfließende Wirkleistung, dann werden die Wellengrößen für dieses Tor definiert durch:

$$M = \sqrt{P_a}\,\mathrm{e}^{\mathrm{j}\varphi_a}, \quad N = \sqrt{P_b}\,\mathrm{e}^{\mathrm{j}\varphi_b} \tag{39}$$

Dabei sind φ_a und φ_b die Phasenwinkel der Zeiger der elektrischen Querfeldstärken für den betreffenden Wellentyp gegen eine willkürlich angenommene Bezugsphase.

Der Betriebsreflexionsfaktor an einem Tor μ wird:

$$S_{\mu\mu} = \left(\frac{N_\mu}{M_\mu}\right)_{M_{\nu \neq \mu} = 0} = \sqrt{\frac{P_{b\mu}}{P_{a\mu}}}\,\mathrm{e}^{\mathrm{j}(\varphi_{b\mu} - \varphi_{a\mu})} \tag{40}$$

Der Betriebsübertragungsfaktor von Tor ν nach Tor μ wird:

$$S_{\mu\nu} = \left(\frac{N_\mu}{M_\nu}\right)_{M_{\mu \neq \nu} = 0} = \sqrt{\frac{P_{b\mu}}{P_{a\nu}}}\,\mathrm{e}^{\mathrm{j}(\varphi_{b\mu} - \varphi_{a\nu})} \tag{41}$$

Anmerkungen

Hinsichtlich der Formelzeichen für die in dieser Norm vorkommenden Größen siehe auch DIN 1344.

Gleichartige Beziehungen wie in dieser Norm gelten bei geeigneter Wahl der Variablen auch in allgemeinen linearen Systemen, z. B. in linearen mechanischen Systemen, wenn es sich um geradlinige oder um Drehbewegungen handelt. Daher können lineare elektrische Systeme vielfach als Ersatzbilder für allgemeine Systeme dienen.

Zu Abschnitt 2.8:

Ein Zweitor kann entweder vier Klemmen oder drei Klemmen haben; es kann also ein Vierpol oder ein Dreipol sein. Aus historischen Gründen wird das Klemmen-Zweitor häufig Vierpol genannt, unabhängig davon, ob es drei oder vier Pole hat.

Zu Abschnitt 3.2.1:

Neben der in Abschnitt 3.2.1 benutzten Definition der Streuvariablen für reelle Abschlußwiderstände sind auch für den allgemeinen Fall komplexer Abschlußwiderstände Definitionen vorgeschlagen worden, von denen besonders die beiden folgenden genannt seien:

a) Eine an die allgemeine Definition des Betriebsübertragungsfaktors (siehe DIN 40 148 Teil 1) anschließende Darstellung ergibt sich, wenn in den Gln. (22) als Bezugswiderstand ein komplexer Widerstand Z eingeführt wird und statt der Wirkleistungen die Wechselleistungen betrachtet werden (W. Klein, Mehrtortheorie, Akademie-Verlag, Berlin 1976, 3. Auflage, Seite 79). Für die in das Tor eintretende Wechselleistung gilt dann:

$$S_{\sim} = M^2 - N^2 \tag{42}$$

M^2 ist die Anpassungswechselleistung $U_0^2/(4Z)$, falls Z der Innenwiderstand der Quelle ist.

b) Bei komplexem Bezugswiderstand Z wird nicht die Anpassungswechselleistung, sondern die maximale Wirkleistung $|U_0|^2/(4\,\mathrm{Re}\,Z)$ zugrunde gelegt. Dann gilt die Gl. (24), wenn die Größen M und N definiert werden durch:

$$M = \frac{U + Z\,I}{2\sqrt{\mathrm{Re}\,Z}}, \quad N = \frac{U - Z^*I}{2\sqrt{\mathrm{Re}\,Z}} \tag{43}$$

Z^* ist der zu dem Widerstand Z konjugiert komplexe Widerstand. Bei reellem Z gehen diese Gleichungen in die Gln. (22) über. (P. Penfield, IRE Trans. Circuit Theory CT-7 (1960), 166. D. C. Youla, Proc. IRE 49 (1961), 1221).

DK 535.2-2 : 628.9 : 001.4 : 003.62 März 1982

Strahlungsphysik im optischen Bereich und Lichttechnik

Größen, Formelzeichen und Einheiten der Strahlungsphysik

DIN 5031 Teil 1

Optical radiation physics and illuminating engineering; quantities, symbols and units of radiation physics

Physique de radiation optique et technique d'éclairage; grandeurs, symboles et unités de la physique de radiation

Ersatz für Ausgabe 10.76

DIN 5031 umfaßt die folgenden einzelnen Teile:

Teil 1 Strahlungsphysik im optischen Bereich und Lichttechnik; Größen, Formelzeichen und Einheiten der Strahlungsphysik

Teil 2 Strahlungsphysik im optischen Bereich und Lichttechnik; Strahlungsbewertung durch Empfänger

Teil 3 Strahlungsphysik im optischen Bereich und Lichttechnik; Größen, Formelzeichen und Einheiten der Lichttechnik

Teil 4 Strahlungsphysik im optischen Bereich und Lichttechnik; Wirkungsgrade

Teil 5 Strahlungsphysik im optischen Bereich und Lichttechnik; Temperaturbegriffe

Teil 6 Strahlungsphysik im optischen Bereich und Lichttechnik; Pupillen-Lichtstärke als Maß für die Netzhautbeleuchtung

Teil 7 Strahlungsphysik im optischen Bereich und Lichttechnik; Benennung der Wellenlängenbereiche

Teil 8 Strahlungsphysik im optischen Bereich und Lichttechnik; Strahlungsphysikalische Begriffe und Konstanten

Teil 9 Strahlungsphysik im optischen Bereich und Lichttechnik; Lumineszenz-Begriffe

Teil 10 (Vornorm) Strahlungsphysik im optischen Bereich und Lichttechnik; Größen, Formel- und Kurzzeichen für photobiologisch wirksame Strahlung

Beiblatt 1 zu DIN 5031 Strahlungsphysik im optischen Bereich und Lichttechnik; Inhaltsverzeichnis über Größen, Formelzeichen und Einheiten sowie Stichwortverzeichnis zu DIN 5031 Teil 1 bis Teil 10

1 Strahlungsphysikalische Größen

1.1 Energetische Größen

Lfd. Nr	Größe	Formelzeichen	Beziehung	SI-Einheit	Vereinfachte Beziehung	Vereinfachte Erklärung
1	Strahlungsenergie, Strahlungsmenge	Q, (W)	$Q = \int Q_\lambda \cdot \mathrm{d}\,\lambda$	W · s		$Q_\lambda = \frac{\mathrm{d}\,Q}{\mathrm{d}\,\lambda}$ ist die spektrale Dichte der Strahlungsenergie Q (siehe Abschnitt 2).
2	Strahlungsleistung, (Strahlungsfluß)	Φ, P	$\Phi = \frac{\mathrm{d}\,Q}{\mathrm{d}\,t}$	W	$\Phi = \frac{Q}{t}$	Die Strahlungsleistung Φ ist der Quotient aus Strahlungsenergie Q und Zeit t.
3	Spezifische Ausstrahlung	M	$M = \frac{\mathrm{d}\,\Phi}{\mathrm{d}\,A_1}$	$\mathrm{W \cdot m^{-2}}$	$M = \frac{\Phi}{A_1}$	Die spezifische Ausstrahlung M ist der Quotient aus der von einer Fläche A_1 ausgehenden Strahlungsleistung Φ und dieser Fläche.
4	Strahlstärke [1])	I	$I = \frac{\mathrm{d}\,\Phi}{\mathrm{d}\,\Omega_1}$	$\mathrm{W \cdot sr^{-1}}$	$I = \frac{\Phi}{\Omega_1}$	Die Strahlstärke I ist der Quotient aus der von einer Strahlungsquelle in einer Richtung ausgehenden Strahlungsleistung Φ und dem durchstrahlten Raumwinkel Ω_1.

Fortsetzung Seite 2 bis 6

Normenausschuß Lichttechnik (FNL) im DIN Deutsches Institut für Normung e. V.
Normenausschuß Einheiten und Formelgrößen (AEF) im DIN

22/10*

1.1 **Energetische Größen** (Fortsetzung)

Lfd. Nr	Größe	Formelzeichen	Beziehung	SI-Einheit	Vereinfachte	
					Beziehung	Erklärung
5	Strahldichte [1] (Energiefluß-dichte – Richtungs-verteilung [2])	L (ψ_Ω)	$L = \frac{d^2 \Phi}{d\Omega_1 \cdot dA_1 \cdot \cos\varepsilon_1}$ $= \frac{d^2 \Phi}{d\Omega_2 \cdot dA_2 \cdot \cos\varepsilon_2}$	$W \cdot sr^{-1} \cdot m^{-2}$	$L = \frac{\Phi}{\Omega_1 \cdot A_1 \cdot \cos\varepsilon_1}$ $= \frac{\Phi}{\Omega_2 \cdot A_2 \cdot \cos\varepsilon_2}$	Die Strahldichte L ist der Quotient aus der durch eine Fläche A in einer Richtung (ε) durchtretenden (auftreffenden) Strahlungsleistung Φ und dem Produkt aus dem durchstrahlten Raumwinkel Ω und der Projektion der Fläche ($dA \cdot \cos\varepsilon$) auf eine Ebene senkrecht zur betrachteten Richtung.
6	Bestrahlungs-stärke [3]	E	$E = \frac{d\Phi}{dA_2}$	$W \cdot m^{-2}$	$E = \frac{\Phi}{A_2}$	Die Bestrahlungsstärke E ist der Quotient aus der auf eine Fläche A_2 auftreffenden Strahlungsleistung Φ und dieser Fläche.
7	Bestrahlung	H	$H = \int E \cdot dt$	$W \cdot m^{-2} \cdot s$	$H = E \cdot t$	Die Bestrahlung H ist das Produkt aus der Bestrahlungsstärke E und der Dauer t des Bestrahlungsvorganges.
8	Raumbestrah-lungsstärke (Energiefluß-dichte [2])	E_0 (ψ)	$E_0 = \int_{4\pi} L \cdot d\Omega_2$	$W \cdot m^{-2}$	$E_0 = 4 \cdot \frac{\Phi}{A_K}$	Die Raumbestrahlungsstärke E_0 ist das 4fache des Quotienten aus der Strahlungsleistung Φ, die auf die Außenseite einer kleinen um den betrachteten Punkt gedachten Kugel auffällt, und der Kugeloberfläche A_K.
9	Raumbe-strahlung (Energie-fluenz [2])	H_0 (Ψ)	$H_0 = \int E_0 \cdot dt$	$W \cdot m^{-2} \cdot s$	$H_0 = E_0 \cdot t$	Die Raumbestrahlung H_0 ist das Produkt aus der Raumbestrahlungsstärke E_0 und der Dauer t des Bestrahlungsvorganges.
10	Bestrahlungs-vektor (Energiestrom-dichte [2])	$\vec{E}$ ($\vec{g}$)	$\vec{E} = \int_{4\pi} L \cdot d\vec{\Omega}$	$W \cdot m^{-2}$	–	Der Betrag des Bestrahlungsvektors $\vec{E}$ ist gleich der maximalen Differenz der Bestrahlungsstärke E auf den beiden Seiten eines am betrachteten Punkt gedachten Flächenelements. Die Richtung des Bestrahlungsvektors entspricht der Flächennormalen auf der Seite des Flächenelementes, die bei Orientierung nach der maximalen Differenz die geringere Bestrahlungsstärke aufweist.

[1]) In DIN 45 020, Ausgabe November 1965, „Elektrische Nachrichtentechnik; Begriffe aus dem Gebiet der Wellenausbreitung" sind zum Teil andere Benennungen und/oder Begriffsbestimmungen eingeführt worden, als sie in der Lichttechnik seit 1938 genormt sind.

[2]) In der Radiologie gebräuchliche Benennungen (siehe DIN 6814 Teil 2) sind bei „Größe" und „Formelzeichen" in Klammern mit angegeben.

[3]) In der Meteorologie wird die Bestrahlungsstärke auf horizontaler Fläche, die durch Sonne und Himmel erzeugt wird, als „Globalbestrahlungsstärke" bezeichnet.

1.2 Photonen-Größen

Lfd. Nr	Größe	Formelzeichen	Beziehung	SI-Einheit	Vereinfachte Beziehung	Vereinfachte Erklärung
1	Photonenanzahl	N_p	$N = \int N_{p\lambda} \cdot d\lambda$			$N_{p\lambda} = dN_p/d\lambda$ ist die spektrale Dichte der Photonenanzahl N_p (siehe Abschnitt 2).
2	Photonenstrom	Φ_p	$\Phi_p = \frac{dN_p}{dt}$	s^{-1}	$\Phi_p = \frac{N_p}{t}$	Der Photonenstrom Φ_p ist der Quotient aus Photonenanzahl N_p und Zeit t.
3	Spezifische Photonenausstrahlung	M_p	$M_p = \frac{d\Phi_p}{dA_1}$	$s^{-1}\,m^{-2}$	$M_p = \frac{\Phi_p}{A_1}$	Die spezifische Photonenausstrahlung M_p ist der Quotient aus dem von einer Fläche A_1 ausgehenden Photonenstrom Φ_p und dieser Fläche.
4	Photonenstrahlstärke	I_p	$I_p = \frac{d\Phi_p}{d\Omega_1}$	$s^{-1} \cdot sr^{-1}$	$I_p = \frac{\Phi_p}{\Omega_1}$	Die Photonenstrahlstärke I_p ist der Quotient aus dem von einer Strahlungsquelle in einer Richtung ausgehenden Photonenstrom Φ_p und dem durchstrahlten Raumwinkel Ω_1.
5	Photonenstrahldichte (Flußdichte-Richtungsverteilung [2]))	L_p (φ_Ω)	$L = \frac{d^2\Phi_p}{d\Omega_1 \cdot dA_1 \cdot \cos\varepsilon_1} = \frac{d^2\Phi_p}{d\Omega_2 \cdot dA_2 \cdot \cos\varepsilon_2}$	$s^{-1}\,sr^{-1}\,m^{-2}$	$L_p = \frac{\Phi_p}{\Omega_1 \cdot A_1 \cdot \cos\varepsilon_1} = \frac{\Phi_p}{\Omega_2 \cdot A_2 \cdot \cos\varepsilon_2}$	Die Photonenstrahldichte L_p ist der Quotient aus dem durch eine Fläche A in einer Richtung (ε) durchtretenden (auftreffenden) Photonenstrom Φ_p und dem Produkt aus dem durchstrahlten Raumwinkel Ω und der Projektion der Fläche ($dA \cdot \cos\varepsilon$) auf eine Ebene senkrecht zur betrachteten Richtung.
6	Photonenbestrahlungsstärke	E_p	$E_p = \frac{d\Phi_p}{dA_2}$	$s^{-1}\,m^{-2}$	$E_p = \frac{\Phi_p}{A_2}$	Die Photonenbestrahlungsstärke E_p ist der Quotient aus dem auf eine Fläche A_2 auftretenden Photonenstrom Φ und dieser Fläche.
7	Photonenbestrahlung	H_p	$H_p = \int E_p \cdot dt$	m^{-2}	$H_p = E_p \cdot t$	Die Photonenbestrahlung H_p ist das Produkt aus der Photonenbestrahlungsstärke E_p und der Dauer t des Bestrahlungsvorgangs.
8	Photonenraumbestrahlungsstärke (Flußdichte [2]))	E_{p0} (φ)	$E_{p0} = \int_{4\pi} L_p \cdot d\Omega$	$s^{-1} \cdot m^{-2}$	$E_{p0} = 4 \cdot \frac{\Phi_p}{A_K}$	Die Photonenraumbestrahlungsstärke E_{p0} ist das 4fache des Quotienten aus dem Photonenstrom Φ_p, der auf die Außenseite einer kleinen um den betrachteten Punkt gedachten Kugel auffällt, und der Kugeloberfläche A_K.
9	Photonenraumbestrahlung (Fluenz [2]))	H_{p0} (Φ)	$H_{p0} = \int E_{p0} \cdot dt$	m^{-2}	$H_{p0} = E_{p0} \cdot t$	Die Photonenraumbestrahlung H_{p0} ist das Produkt aus der Photonenraumbestrahlungsstärke E_{p0} und der Dauer t des Bestrahlungsvorganges.

1.2 Photonen-Größen (Fortsetzung)

Lfd. Nr	Größe	Formelzeichen	Beziehung	SI-Einheit	Vereinfachte Beziehung	Vereinfachte Erklärung
10	Photonenbestrahlungsvektor (Photonenstromdichte[2]))	$\vec{E}_p$ ($\vec{j}$)	$\vec{E}_p = \int_{4\pi} L_p \cdot d\vec{\Omega}$	$s^{-1} \cdot m^{-2}$	–	Der Betrag des Photonenbestrahlungsvektors $\vec{E}_p$ ist gleich der maximalen Differenz der Photonenbestrahlungsstärke E_p auf den beiden Seiten eines am betrachteten Punkt gedachten Flächenelementes. Die Richtung des Photonenbestrahlungsvektors entspricht der Flächennormalen auf der Seite des Flächenelementes, die bei Orientierung nach der maximalen Differenz die geringere Photonenbestrahlungsstärke erhält.

1.3 Formelzeichen

Für jede strahlungsphysikalische Größe werden in dieser Norm (in Übereinstimmung mit der Internationalen Beleuchtungskommission (CIE)) ein oder mehrere Formelzeichen empfohlen. Bei den Photonen-Größen, die für monochromatische Strahlung entsprechend der Gleichung $\mathrm{d}N_p = \mathrm{d}Q/(h \cdot \nu) = \mathrm{d}Q \cdot \lambda/(h \cdot c)$ (h Plancksches Wirkungsquantum, ν Frequenz der monochromatischen Strahlung, λ Wellenlänge der monochromatischen Strahlung, c Vakuumlichtgeschwindigkeit) mit den energetischen Größen verknüpft sind, wurde zur Unterscheidung der Index p verwendet. Jeder energetischen Größe entsprechen außerdem lichttechnische Größen (siehe DIN 5031 Teil 2 und Teil 3), bei denen die Strahlung entsprechend einem photometrischen Normalbeobachter bewertet wird: beide Größenarten werden mit dem gleichen Formelzeichen bezeichnet. Falls erforderlich, wird zu ihrer Unterscheidung der Index e in dem Fall der energetischen Größen und der Index v (visuell) im Fall der lichttechnischen Größen hinzugefügt. Wenn keine Möglichkeit einer Verwechslung besteht, dürfen die Indizes weggelassen werden; dies gilt sinngemäß auch für den Index p.

Es ist üblich, geometrische Größen (Flächen, Winkel und Raumwinkel), die nur für die Ausstrahlung gelten, durch den Index 1 und Größen, die nur für die Einstrahlung gelten, durch den Index 2 zu kennzeichnen.

1.4 Einheiten

Neben den in Abschnitt 1.1 und 1.2 genannten Einheiten dürfen auch deren dezimale Teile oder Vielfache sowie die weiteren in DIN 1301 Teil 1 angegebenen Einheiten angewendet werden.

1.5 Vereinfachte Beziehungen

Neben den exakten differentiellen Begriffsbestimmungen werden für strahlungsphysikalische Größen oft vereinfachte Beziehungen und Erklärungen verwendet. Dabei ist zu beachten, ob die Strahlungsleistung bzw. der Photonenstrom

a) gleichmäßig über die Zeit,
b) gleichmäßig über die Fläche,
c) gleichmäßig im Raumwinkel

verteilt ist. Ist eine Bedingung nicht erfüllt, so gilt für diese Verteilung die Vereinfachung nur für den Mittelwert.

2 Spektrale strahlungsphysikalische Größen

Ist die Strahlung über ein größeres Wellenlängenintervall verteilt, so ist der Begriff der spektralen strahlungsphysikalischen Größe erforderlich. Für eine beliebige energetische oder Photonengröße ergibt sich die zugehörige spektrale Größe durch Differentiation der jeweiligen Größe X entweder nach der Wellenlänge λ oder nach der Frequenz ν. Es handelt sich also um die spektrale Dichte der jeweiligen Größe. Wenn keine Verwechslungen zu erwarten sind, darf an die Stelle von „spektrale Dichte von“ das Adjektiv „spektral“ gesetzt werden.

Der Zusammenhang zwischen spektralen energetischen und spektralen Photonengrößen ergibt sich durch die Beziehung:

$$\mathrm{d}N_p = Q_\lambda \cdot \frac{\mathrm{d}\lambda \cdot \lambda}{h \cdot c} = Q_\nu \cdot \frac{\mathrm{d}\nu}{h \cdot \nu}$$

also: $$\frac{\mathrm{d}N_p}{\mathrm{d}\lambda} = Q_\lambda \cdot \frac{\lambda}{h \cdot c}; \quad \frac{\mathrm{d}N_p}{\mathrm{d}\nu} = Q_\nu \cdot \frac{1}{h \cdot \nu}$$

Die spektralen Größen X_λ und X_ν sind von verschiedener Größenart, nämlich strahlungsphysikalische Größe/Wellenlänge bzw. strahlungsphysikalische Größe/Frequenz; ihre Zahlenwerte hängen von den benutzten Einheiten für Wellenlänge und Frequenz ab. Sie erreichen ihre Extremwerte für Werte λ' und ν', die nicht durch die Gleichung $c = \lambda' \cdot \nu'$ verbunden sind.

Anmerkung: $X_\lambda = \frac{\mathrm{d}X}{\mathrm{d}\lambda}$; z. B. spektrale Strahlungsleistung bezogen auf den infinitesimalen Wellenlängenbereich $\mathrm{d}\lambda$

$$\Phi_\lambda = \frac{\mathrm{d}\Phi}{\mathrm{d}\lambda} \quad \text{etwa in } \mathrm{W \cdot nm^{-1}}$$

$X_\nu = \frac{\mathrm{d}X}{\mathrm{d}\nu}$; z. B. spektrale Strahlungsleistung bezogen auf den infinitesimalen Frequenzbereich $\mathrm{d}\nu$

$$\Phi_\nu = \frac{\mathrm{d}\Phi}{\mathrm{d}\nu} \quad \text{etwa in } \mathrm{W \cdot THz^{-1}}$$

Im Wellenlängenintervall $\Delta\lambda$ ist dann:

$$\Delta X = X_\lambda \cdot \Delta\lambda, \text{ z. B. } \Delta\Phi = \Phi_\lambda \cdot \Delta\lambda$$

Und ebenso in dem Frequenzintervall $\Delta\nu$

$$\Delta X = X_\nu \cdot \Delta\nu, \text{ z. B. } \Delta\Phi = \Phi_\nu \cdot \Delta\nu$$

Entsprechendes gilt für die Photonengrößen.

Multipliziert man die spektralen strahlungsphysikalischen Größen mit der Wellenlänge λ oder der Frequenz ν, so erhält man die logarithmisch-spektralen strahlungsphysikalischen Größen.

Anmerkung: Diese Multiplikation ist als Folge der Beziehung $\mathrm{d}\,(\ln u) = \frac{\mathrm{d}\,u}{u}$ gleichbedeutend mit der Differentiation nach den Logarithmen der relativen Werte der Variablen λ oder ν.

Die logarithmisch-spektralen Größen $X_\lambda \cdot \lambda$ und $X_\nu \cdot \nu$ sind bis auf das Vorzeichen gleich; sie sind von der gleichen Größenart, nämlich Strahlungsgröße durch relatives Wellenlängen- bzw. Frequenzintervall, ihre Zahlenwerte sind von den benutzten Einheiten für Wellenlänge bzw. Frequenz unabhängig. Sie erreichen ihre Extremwerte für Werte λ'' bzw. ν'', die durch die Gleichung $c = \lambda'' \cdot \nu''$ verbunden sind[4]).

Anmerkung: Logarithmisch-spektrale Strahlungsleistung

$\frac{\mathrm{d}\,\Phi}{\mathrm{d}\,\lambda/\lambda} = \frac{\mathrm{d}\,\Phi}{\mathrm{d}\,\lambda} \cdot \lambda = \Phi_\lambda \cdot \lambda$ mit der Wellenlänge als Variable etwa in $\frac{\mathrm{W}}{\mathrm{nm/nm}}$

Logarithmisch-spektrale Strahlungsleistung

$$\frac{\mathrm{d}\,\Phi}{\mathrm{d}\,\nu/\nu} = \frac{\mathrm{d}\,\Phi}{\mathrm{d}\,\nu} \cdot \nu = \Phi_\nu \cdot \nu$$

mit der Frequenz als Variable etwa in $\frac{\mathrm{W}}{\mathrm{THz/THz}}$

3 Raumwinkelgrößen

Bei der Beschreibung der Ausbreitung von Strahlung werden folgende Größen benötigt, die mit dem Raumwinkel zusammenhängen.

3.1 Raumwinkel

Der Raumwinkel Ω, unter dem ein Gegenstand von einem Punkt aus erscheint, ist der Quotient aus der Zentralprojektion dieses Gegenstandes auf eine um den Punkt gelegte Kugel und dem Quadrat des Kugelradius. Der Punkt ist Zentrum der Projektion und Scheitelpunkt des Raumwinkels. Er wird in dieser Norm in der Einheit „Steradiant" (Einheitenzeichen sr) gemessen (siehe DIN 1315).

Wird das Raumwinkelelement $\mathrm{d}\,\Omega$ durch ein von seinem Scheitelpunkt im Abstand r befindliches Flächenelement $\mathrm{d}\,A$ begrenzt, so ist folglich

$$\mathrm{d}\,\Omega = \frac{\mathrm{d}\,A \cdot \cos\varepsilon}{r^2}\,\Omega_0$$

$$\Omega_0 = 1\ \mathrm{sr}$$

Dabei bedeutet ε den ebenen Winkel zwischen der Normalen von $\mathrm{d}\,A$ und der Richtung vom Scheitelpunkt.

3.2 Raumwinkelprojektion

Berechnet man die von einem Flächenelement $\mathrm{d}\,A_1$ unter dem Winkel ε_1 gegen die Flächennormale in den Raumwinkel Ω_1 abgestrahlte Strahlungsleistung $\mathrm{d}\,\Phi$, so ergibt sich diese bei konstanter Strahldichte L zu:

$$\mathrm{d}\,\Phi = L \cdot \mathrm{d}\,A_1 \int_{(\Omega_1)} \cos\varepsilon_1 \cdot \mathrm{d}\,\Omega_1$$

Entsprechendes gilt, wenn man die aus einem bestimmten Raumwinkel Ω_2 unter dem Winkel ε_2 auf ein Flächenelement auftreffende Strahlungsleistung betrachtet.

Das Integral

$$\Omega_\mathrm{p} = \int \cos\varepsilon \cdot \mathrm{d}\,\Omega$$

heißt **Raumwinkelprojektion.**

3.3 Geometrischer Fluß

Berechnet man die von einer Fläche A_1 in den Raumwinkel Ω_1 abgestrahlte Strahlungsleistung Φ, so muß außer über den Raumwinkel auch über die Fläche integriert werden:

$$\Phi = L \int_{(A_1)} \int_{(\Omega_1)} \mathrm{d}\,A_1 \cdot \cos\varepsilon_1 \cdot \mathrm{d}\,\Omega_1$$

Entsprechendes gilt, wenn man die aus einem bestimmten Raumwinkel Ω_2 auf eine Fläche auftreffende Strahlungsleistung betrachtet.

Das Integral

$$G = \iint \mathrm{d}\,A \cdot \cos\varepsilon \cdot \mathrm{d}\,\Omega$$

heißt **geometrischer Fluß.**

4 Photometrisches Grundgesetz

Für die Ausbreitung von Strahlung gilt das photometrische Grundgesetz:

$$\mathrm{d}^2\,\Phi = L \cdot \frac{\mathrm{d}\,A_1 \cdot \cos\varepsilon_1 \cdot \mathrm{d}\,A_2 \cdot \cos\varepsilon_2}{r^2} \cdot \Omega_0$$

$\mathrm{d}^2\,\Phi$ ist die Strahlungsleistung, die ein Flächenelement $\mathrm{d}\,A_1$ mit der Strahldichte L unter dem Ausstrahlungswinkel ε_1 einem anderen von ihm im Abstand r befindlichen Flächenelement $\mathrm{d}\,A_2$ unter dem Einstrahlungswinkel ε_2 zustrahlt. Die Winkel ε werden zwischen Flächennormalen und Strahlungsrichtung gemessen. Die Projektionen $\mathrm{d}\,A_1 \cdot \cos\varepsilon_1$ und $\mathrm{d}\,A_2 \cdot \cos\varepsilon_2$ sind senkrecht auf der Strahlungsrichtung stehende Querschnitte.

Das Gesetz gilt streng nur für das Vakuum; in Materie gilt es nur insoweit, als Absorption, Streuung und Lumineszenz vernachlässigt werden dürfen.

Anmerkung: Aus dem symmetrischen Aufbau der Formel geht hervor, daß die gleiche Strahlungsleistung übertragen wird, unabhängig davon, ob $\mathrm{d}\,A_1$ als Strahler und $\mathrm{d}\,A_2$ als Empfänger wirken oder umgekehrt, sofern nur die Strahldichte L in beiden Fällen gleich groß ist.

5 Photometrisches Entfernungsgesetz

Aus dem photometrischen Grundgesetz läßt sich die auf einem Flächenelement $\mathrm{d}\,A_2$ auftretende Bestrahlungsstärke E aus der Strahlstärke I der Strahlungsquelle, dem Abstand r zwischen Strahlungsquelle und $\mathrm{d}\,A_2$ und dem Strahlungseinfallswinkel ε_2 näherungsweise berechnen:

$$E = \frac{I}{r^2} \cdot \cos\varepsilon_2 \cdot \Omega_0$$

Diese Gleichung wird als „photometrisches Entfernungsgesetz" bezeichnet.

Diese Beziehung gilt nur für Abstände, die größer sind als die „photometrische Grenzentfernung". Diese ist der zulässige Mindestabstand zwischen Strahlungsquelle und Empfänger. Die photometrische Grenzentfernung hängt ab von:

a) dem zugelassenen Fehler,

b) der Ausdehnung der Strahlungsquelle,

c) der räumlichen Strahlstärkeverteilung und der örtlichen Strahldichteverteilung der Strahlungsquelle.

Bei der Messung von Bestrahlungsstärken beeinflussen auch die Empfängereigenschaften die photometrische Grenzentfernung.

Siehe DIN 5032 Teil 1.

---

4) Bauer, G.: „Zur Darstellung spektraler Strahlungsverteilungen" Lichttechnik 15 (1963), S. 415-418.

6 Räumliche Bestrahlungsgrößen

Aus dem photometrischen Entfernungsgesetz ergibt sich die Bestrahlungsstärke $\mathrm{d}E$ auf der bestrahlten Fläche $\mathrm{d}A_2$ zu:

$$\mathrm{d}E = L \cdot \frac{\mathrm{d}A_1 \cdot \cos\varepsilon_1 \cdot \cos\varepsilon_2}{r^2} \cdot \Omega_0 = L \cdot \mathrm{d}\Omega_2 \cdot \cos\varepsilon_2$$

$\mathrm{d}\Omega_2$ ist der Raumwinkel, unter dem die strahlende Fläche $\mathrm{d}A_1$ von $\mathrm{d}A_2$ aus gesehen wird. Daher gilt:

$$E = \int_{(\Omega 2)} L \cdot \cos\varepsilon_2 \cdot \mathrm{d}\Omega_2$$

Wenn es auf die Bestrahlung kleiner Teilchen, z. B. von Molekülen ankommt, bezieht man sich auf den Quotienten aus der Strahlungsleistung, die durch das Teilchen hindurchgeht, und dem Querschnitt des Teilchens.

Setzt man bei diesem Kugelgestalt und infinitesimalen Durchmesser voraus, so verschwindet der Faktor $\cos\varepsilon_2$ in der vorstehenden Gleichung und man erhält:

$$\text{Raumbestrahlungsstärke } E_0 = \int_{(\Omega 2)} L \cdot \mathrm{d}\Omega_2$$

$$\text{Raumbestrahlung } H_0 = \int_0^t \int_{(\Omega 2)} L \cdot \mathrm{d}\Omega_2 \cdot \mathrm{d}t$$

Ersetzt man die Strahldichte L durch die Photonen-Strahldichte L_p, so ergeben sich in gleicher Weise die entsprechenden Größen Raum-Photonen-Bestrahlungsstärke $E_{p,0}$ und Raum-Photonen-Bestrahlung $H_{p,0}$.

Zitierte Normen

DIN 1301 Teil 1	Einheiten; Einheitennamen, Einheitenzeichen
DIN 1315	Winkel; Begriffe, Einheiten
DIN 5031 Teil 2	Strahlungsphysik im optischen Bereich und Lichttechnik; Strahlungsbewertung durch Empfänger
DIN 5031 Teil 3	Strahlungsphysik im optischen Bereich und Lichttechnik; Größen, Formelzeichen und Einheiten der Lichttechnik
DIN 5032 Teil 1	Lichtmessung; Photometrische Verfahren
DIN 6814 Teil 2	Begriffe und Benennungen in der radiologischen Technik; Strahlenphysik
DIN 45 020	Elektrische Nachrichtentechnik; Begriffe aus dem Gebiet der Wellenausbreitung

Frühere Ausgaben

DIN 5031: 08.38, 06.53

DIN 5031 Teil 1: 08.62, 08.70, 10.76

Änderungen

Gegenüber der Ausgabe Oktober 1976 wurden folgende Änderungen vorgenommen:

In die Aufzählung der einzelnen Teile der Norm wurde die Vornorm DIN 5031 Teil 10 aufgenommen.

DK 535.2-2 : 628.9 : 001.4 : 003.62 : 53.081 März 1982

Strahlungsphysik im optischen Bereich und Lichttechnik

Größen, Formelzeichen und Einheiten der Lichttechnik

DIN 5031 Teil 3

Optical radiation physics and illuminating engineering; quantities, symbols and units of illuminating engineering

Physique de radiation optique et technique d'éclairage; grandeurs, symbols et unités de la technique d'éclairage

Ersatz für Ausgabe 05.77

DIN 5031 umfaßt die folgenden einzelnen Teile:

Teil 1 Strahlungsphysik im optischen Bereich und Lichttechnik; Größen, Formelzeichen und Einheiten der Strahlungsphysik

Teil 2 Strahlungsphysik im optischen Bereich und Lichttechnik; Strahlungsbewertung durch Empfänger

Teil 3 Strahlungsphysik im optischen Bereich und Lichttechnik; Größen, Formelzeichen und Einheiten der Lichttechnik

Teil 4 Strahlungsphysik im optischen Bereich und Lichttechnik; Wirkungsgrade

Teil 5 Strahlungsphysik im optischen Bereich und Lichttechnik; Temperaturbegriffe

Teil 6 Strahlungsphysik im optischen Bereich und Lichttechnik; Pupillen-Lichtstärke als Maß für die Netzhautbeleuchtung

Teil 7 Strahlungsphysik im optischen Bereich und Lichttechnik; Benennung der Wellenlängenbereiche

Teil 8 Strahlungsphysik im optischen Bereich und Lichttechnik; Strahlungsphysikalische Begriffe und Konstanten

Teil 9 Strahlungsphysik im optischen Bereich und Lichttechnik; Lumineszenz-Begriffe

Teil 10 (Vornorm) Strahlungsphysik im optischen Bereich und Lichttechnik; Größen, Formel- und Kurzzeichen für photobiologisch wirksame Strahlung

Beiblatt 1 zu DIN 5031 Strahlungsphysik im optischen Bereich und Lichttechnik; Inhaltsverzeichnis über Größen, Formelzeichen und Einheiten sowie Stichwortverzeichnis zu DIN 5031 Teil 1 bis Teil 10

1 Allgemeines

1.1 Die photometrische Bewertung

Zu jeder der in DIN 5031 Teil 1 aufgeführten strahlungsphysikalischen Größen gibt es entsprechende lichttechnische Größen, und zwar eine für Tagessehen und eine für Nachtsehen. Diese ergeben sich, wenn der spektrale Hellempfindlichkeitsgrad für Tagessehen bzw. der für Nachtsehen zugrunde gelegt ist, folgendermaßen:

für Tagessehen (photopischer Bereich) $X_v = K_m \cdot \int X_{e\lambda} \cdot V(\lambda) \cdot d\lambda$

für Nachtsehen (skotopischer Bereich) $X'_v = K'_m \cdot \int X_{e\lambda} \cdot V'(\lambda) \cdot d\lambda$

Hierin bedeuten:

X_v die lichttechnische Größe für Tagessehen, z. B. die Leuchtdichte L

X'_v die lichttechnische Größe für Nachtsehen, z. B. die skotopische Leuchtdichte L'

$X_{e\lambda}$ die der lichttechnischen Größe entsprechende spektrale strahlungsphysikalische Größe, z. B. die spektrale Strahldichte $L_{e\lambda}$

K_m den Maximalwert des photometrischen Strahlungsäquivalents für Tagessehen

K'_m den Maximalwert der photometrischen Strahlungsäquivalente für Nachtsehen

$V(\lambda)$ den spektralen Hellempfindlichkeitsgrad für Tagessehen

$V'(\lambda)$ den spektralen Hellempfindlichkeitsgrad für Nachtsehen

Die Grenzen des skotopischen und photopischen Bereichs sind mit $L' = 10^{-5}$ cd/m^2 und $L = 10^2$ cd/m^2 festgelegt, für praktische Zwecke können sie mit $L = 10^{-3}$ cd/m^2 und $L = 10$ cd/m^2 angenommen werden.

1.2 Äquivalente Leuchtdichte L_{eq}

Im Adaptationsbereich von 10^{-5} cd/m^2 bis 10^2 cd/m^2 bewertet das menschliche Auge die Strahlung nach dem in DIN 5031 Teil 2 beschriebenen spektralen Hellempfindlichkeitsgrad $V_{eq}(\lambda)$ (Übergangsfunktionen). Die photometrische Strahlungsbewertung in diesem (mesopischen) Bereich erfolgt durch die äquivalente Leuchtdichte L_{eq}: [1] [2].

$$L_{eq} = K_{m,eq} \int L_{e\lambda} \cdot V_{eq}(\lambda) \cdot d\lambda$$

L_{eq} äquivalente Leuchtdichte

$L_{e\lambda}$ spektrale Strahldichte (siehe DIN 5031 Teil 1)

$V_{eq}(\lambda)$ spektraler Hellempfindlichkeitsgrad im mesopischen Bereich (siehe DIN 5031 Teil 2)

$K_{m,eq}$ Maximalwert des photometrischen Strahlungsäquivalents im mesopischen Bereich (siehe Abschnitt 1.6)

Fortsetzung Seite 2 bis 11

Normenausschuß Lichttechnik (FNL) im DIN Deutsches Institut für Normung e.V.
Normenausschuß Einheiten und Formelgrößen (AEF) im DIN

$K_{m,eq}$ und $V_{eq}(\lambda)$ sind bei gegebener Vergleichsstrahlung sowie Gesichtsfeldgröße und wirksamer Augenpupillenfläche von L_{eq} abhängig. Bis zur endgültigen internationalen Festlegung eines mesopischen Normalbeobachters wird in dieser Norm die mesopische Strahlungsbewertung auf der Grundlage der in Abschnitt 1.6 und in DIN 5031 Teil 2 enthaltenen Zahlenwerte für $V_{eq}(\lambda)$ und $K_{m,eq}$ empfohlen.

Die äquivalente Leuchtdichte ist hinsichtlich numerischer Operationen zwischen verschiedenen L_{eq}-Niveaus eine nichtadditive Größe. Für Kontinuumstrahler wirkt sich eine mesopische Strahlungsbewertung mittels der äquivalenten Leuchtdichte unterhalb etwa 10 cd/m² aus [3].

Anmerkung: Die zahlenmäßige Bestimmung der Maximalwerte des photometrischen Strahlungsäquivalents im mesopischen und skotopischen Bereich ($K_{m,eq}$ bzw. K'_m) wurde in DIN 5031 Teil 3, Ausgabe Mai 1977, vorgenommen auf Grund der von der Internationalen Beleuchtungskommission (CIE) festgelegten Definition der äquivalenten Leuchtdichte (siehe Internationales Wörterbuch der Lichttechnik; CIE-Publikation Nr 17, 1970). Danach ist die äquivalente Leuchtdichte einer zu bewertenden Strahlung mit der spektralen Strahldichte $L_{e\lambda}$ gleich der (photopischen) Leuchtdichte einer Vergleichsstrahlung mit der Verteilungstemperatur des erstarrenden Platins, wenn beide Strahlungen unter den gegebenen Bedingungen gleich hell erscheinen.

Durch die Neudefinition der Lichtstärkeeinheit (siehe Abschnitt 1.3) und die Festsetzung des photometrischen Strahlungsäquivalents auf 683 lm/W bei der Wellenlänge von 555 nm ergeben sich Abweichungen zu den bisherigen Werten (siehe Abschnitt 1.6). Diese Abweichungen sind jedoch relativ gering. Sie belaufen sich bei K'_m auf −3,4 %, bei $K_{m,10}$ auf +3,8 %. Etwas größere Abweichungen ergeben sich im mittleren mesopischen Bereich. Bei z.B. L_{eq} = 0,1 cd/m² beträgt die Änderung −12,6 %.

Nimmt man diese Änderungen in Kauf, so läßt sich die äquivalente Leuchtdichte mit für die Praxis genügend Genauigkeit auch weiterhin als die Leuchtdichte einer gleichhellen Vergleichsstrahlung mit der Verteilungstemperatur des erstarrenden Platins interpretieren. Erscheint z.B. innerhalb eines 10°-Feldes eine mit der Verteilungstemperatur von 6000 K beleuchtete aselektive Fläche mit der (photopischen) Leuchtdichte von 0,01 cd/m² gleich hell wie die Vergleichsstrahlung mit der (photopischen) Leuchtdichte von 0,0174 cd/m², dann ist die äquivalente Leuchtdichte der mit 6000 K beleuchteten Fläche L_{eq} = 0,0174 cd/m².

Die Anwendung der äquivalenten Leuchtdichte ist vor allem dort von Vorteil, wo im Bereich niedriger Leuchtdichten spektral unterschiedliche Strahlungen bezüglich ihrer Helligkeit verglichen werden sollen. Außerdem lassen sich in diesem Adaptationsbereich die Sehleistungen des Auges mit der äquivalenten Leuchtdichte als adequate Reizgröße erfassen.

1.3 Lichtstärkeeinheit

Als Lichtstärkeeinheit gilt die Candela (cd).

Die Candela ist die Lichtstärke in einer bestimmten Richtung einer Strahlungsquelle, die monochromatische Strahlung der Frequenz $540 \cdot 10^{12}$ Hertz aussendet, und deren Strahlstärke in dieser Richtung 1/683 Watt durch Steradiant beträgt [5].

Anmerkung: Für Luft unter Normbedingungen entspricht die Wellenlänge $\lambda = 555$ nm der Frequenz $f = 540 \cdot 10^{12}$ Hz. Die Lichtstärkeeinheit gilt sowohl für den photopischen als auch für den skotopischen und mesopischen Bereich.

1.4 Maximalwert des photometrischen Strahlungsäquivalents für Tagessehen K_m

Der Wert für K_m ergibt sich aus der Festlegung der Lichtstärkeeinheit und dem spektralen Hellempfindlichkeitsgrad $V(\lambda)$ für Tagessehen für die Wellenlänge 555 nm ($V(\lambda = 555\,\text{nm}) = 1$) zu

$$K_m = 683\ \text{lm/W}$$

1.5 Maximalwert des photometrischen Strahlungsäquivalents für Nachtsehen K'_m

Der Wert für K'_m ergibt sich aus der Festlegung der Lichtstärkeeinheit und dem spektralen Hellempfindlichkeitsgrad $V'(\lambda)$ für Nachtsehen für die Wellenlänge 555 nm ($V'(\lambda = 555\,\text{nm}) = 0{,}402$) zu

$$K'_m = 1699\ \text{lm/W}$$

1.6 Maximalwerte des photometrischen Strahlungsäquivalents im mesopischen Bereich $K_{m,eq}$

Die Werte für $K_{m,eq}$ ergeben sich aus der Festlegung der Lichtstärkeeinheit und den spektralen Hellempfindlichkeitsgraden $V_{eq}(\lambda)$ für mesopisches Sehen für die Wellenlänge $\lambda = 555$ nm zu

$$K_{m,eq} = \frac{683\ \text{lm/W}}{V_{eq}(\lambda = 555\,\text{nm})}$$

Nach DIN 5031 Teil 2 gelten die in der folgenden Tabelle 1 angegebenen Werte.

Tabelle 1. **Zahlenwerte für $K_{m,eq}$ für das 10°-Gesichtsfeld sowie Relativwerte**

Größe	Zahlenwert für äquivalente Leuchtdichten L_{eq} in cd · m⁻²							
	10^{-5}	10^{-4}	10^{-3}	10^{-2}	10^{-1}	10^{0}	10^{1}	10^{2}
$K_{m,eq}$ in $\text{lm} \cdot \text{W}^{-1}$	1699	1599	1485	1253	773	686	683	684
$K_{m,eq}/K_{m,10}$	2,485	2,34	2,12	1,83	1,12	1,00	1,00	1
$K_{m,eq}/K_m$	2,488	2,34	2,17	1,83	1,13	1,00	1,00	1,00

$K_{m,10} = 684\ \text{lm} \cdot \text{W}^{-1}$ Maximalwert des photometrischen Strahlungsäquivalents für Tagessehen für das 10°-Gesichtsfeld

$K_m = 683\ \text{lm} \cdot \text{W}^{-1}$ Maximalwert des photometrischen Strahlungsäquivalents für Tagessehen für das 2°-Gesichtsfeld

Tabelle 2. **Spektraler Hellempfindlichkeitsgrad für Tagessehen $V(\lambda)$ und Nachtsehen $V'(\lambda)$** [6]

Wellenlänge nm	Spektraler Hellempfindlichkeitsgrad $V(\lambda)$ 2°-Gesichtsfeld	$V'(\lambda)$ 10°-Gesichtsfeld
380	3,900 000 · 10^{-5}	5,89 · 10^{-4}
381	4,282 640 · 10^{-5}	6,65 · 10^{-4}
382	4,691 460 · 10^{-5}	7,52 · 10^{-4}
383	5,158 960 · 10^{-5}	8,54 · 10^{-4}
384	5,717 640 · 10^{-5}	9,72 · 10^{-4}
385	6,400 000 · 10^{-5}	1,108 · 10^{-3}
386	7,234 421 · 10^{-5}	1,263 · 10^{-3}
387	8,221 224 · 10^{-5}	1,453 · 10^{-3}
388	9,350 816 · 10^{-5}	1,668 · 10^{-3}
389	1,061 361 · 10^{-4}	1,918 · 10^{-3}
390	1,200 000 · 10^{-4}	2,209 · 10^{-3}
391	1,349 840 · 10^{-4}	2,547 · 10^{-3}
392	1,514 920 · 10^{-4}	2,939 · 10^{-3}
393	1,702 080 · 10^{-4}	3,394 · 10^{-3}
394	1,918 160 · 10^{-4}	3,921 · 10^{-3}
395	2,170 000 · 10^{-4}	4,53 · 10^{-3}
396	2,469 067 · 10^{-4}	5,24 · 10^{-3}
397	2,812 400 · 10^{-4}	6,05 · 10^{-3}
398	3,185 200 · 10^{-4}	6,98 · 10^{-3}
399	3,572 667 · 10^{-4}	8,06 · 10^{-3}
400	3,960 000 · 10^{-4}	9,29 · 10^{-3}
401	4,337 147 · 10^{-4}	1,070 · 10^{-2}
402	4,730 240 · 10^{-4}	1,231 · 10^{-2}
403	5,178 760 · 10^{-4}	1,413 · 10^{-2}
404	5,722 187 · 10^{-4}	1,619 · 10^{-2}
405	6,400 000 · 10^{-4}	1,852 · 10^{-2}
406	7,245 600 · 10^{-4}	2,113 · 10^{-2}
407	8,255 000 · 10^{-4}	2,405 · 10^{-2}
408	9,411 600 · 10^{-4}	2,730 · 10^{-2}
409	1,069 880 · 10^{-3}	3,089 · 10^{-2}
410	1,210 000 · 10^{-3}	3,484 · 10^{-2}
411	1,362 091 · 10^{-3}	3,916 · 10^{-2}
412	1,530 752 · 10^{-3}	4,39 · 10^{-2}
413	1,720 368 · 10^{-3}	4,90 · 10^{-2}
414	1,935 323 · 10^{-3}	5,45 · 10^{-2}
415	2,180 000 · 10^{-3}	6,04 · 10^{-2}
416	2,454 800 · 10^{-3}	6,68 · 10^{-2}
417	2,764 000 · 10^{-3}	7,36 · 10^{-2}
418	3,117 800 · 10^{-3}	8,08 · 10^{-2}
419	3,526 400 · 10^{-3}	8,85 · 10^{-2}
420	4,000 000 · 10^{-3}	9,66 · 10^{-2}
421	4,546 240 · 10^{-3}	1,052 · 10^{-1}
422	5,159 320 · 10^{-3}	1,141 · 10^{-1}
423	5,829 280 · 10^{-3}	1,235 · 10^{-1}
424	6,546 160 · 10^{-3}	1,334 · 10^{-1}
425	7,300 000 · 10^{-3}	1,436 · 10^{-1}
426	8,086 507 · 10^{-3}	1,541 · 10^{-1}
427	8,908 720 · 10^{-3}	1,651 · 10^{-1}
428	9,767 680 · 10^{-3}	1,764 · 10^{-1}
429	1,066 443 · 10^{-2}	1,879 · 10^{-1}
430	1,160 000 · 10^{-2}	0,1998
431	1,257 317 · 10^{-2}	0,2119
432	1,358 272 · 10^{-2}	0,2243
433	1,462 968 · 10^{-2}	0,2369
434	1,571 509 · 10^{-2}	0,2496
435	1,684 000 · 10^{-2}	0,2625
436	1,800 736 · 10^{-2}	0,2755
437	1,921 448 · 10^{-2}	0,2886
438	2,045 392 · 10^{-2}	0,3017
439	2,171 824 · 10^{-2}	0,3149
440	2,300 000 · 10^{-2}	0,3281
441	2,429 461 · 10^{-2}	0,3412
442	2,561 024 · 10^{-2}	0,3543
443	2,695 857 · 10^{-2}	0,3673
444	2,835 125 · 10^{-2}	0,3803
445	2,980 000 · 10^{-2}	0,3931
446	3,131 083 · 10^{-2}	0,406
447	3,288 368 · 10^{-2}	0,418
448	3,452 112 · 10^{-2}	0,431
449	3,622 571 · 10^{-2}	0,443
450	3,800 000 · 10^{-2}	0,455
451	3,984 667 · 10^{-2}	0,467
452	4,176 800 · 10^{-2}	0,479
453	4,376 600 · 10^{-2}	0,490
454	4,584 267 · 10^{-2}	0,502
455	4,800 000 · 10^{-2}	0,513
456	5,024 368 · 10^{-2}	0,524
457	5,257 304 · 10^{-2}	0,535
458	5,498 056 · 10^{-2}	0,546
459	5,745 872 · 10^{-2}	0,557
460	6,000 000 · 10^{-2}	0,567
461	6,260 197 · 10^{-2}	0,578
462	6,527 752 · 10^{-2}	0,588
463	6,804 208 · 10^{-2}	0,599
464	7,091 109 · 10^{-2}	0,610
465	7,390 000 · 10^{-2}	0,620
466	7,701 600 · 10^{-2}	0,631
467	8,026 640 · 10^{-2}	0,642
468	8,366 680 · 10^{-2}	0,653
469	8,723 280 · 10^{-2}	0,664
470	9,098 000 · 10^{-2}	0,676
471	9,491 755 · 10^{-2}	0,687
472	9,904 584 · 10^{-2}	0,699
473	0,103 367 4	0,710
474	0,107 884 6	0,722
475	0,112 600 0	0,734
476	0,117 532 0	0,745
477	0,122 674 4	0,757
478	0,127 992 8	0,769
479	0,133 452 8	0,781

Tabelle 2. (Fortsetzung)

Wellenlänge nm	Spektraler Hellempfindlichkeitsgrad $V(\lambda)$ 2°-Gesichtsfeld	$V'(\lambda)$ 10°-Gesichtsfeld	Wellenlänge nm	Spektraler Hellempfindlichkeitsgrad $V(\lambda)$ 2°-Gesichtsfeld	$V'(\lambda)$ 10°-Gesichtsfeld
480	0,139 020 0	0,793	530	0,862 000 0	0,811
481	0,144 676 4	0,805	531	0,873 810 8	0,796
482	0,150 469 3	0,817	532	0,884 962 4	0,781
483	0,156 461 9	0,828	533	0,895 493 6	0,765
484	0,162 717 7	0,840	534	0,905 443 2	0,749
485	0,169 300 0	0,851	535	0,914 850 1	0,733
486	0,176 243 1	0,862	536	0,923 734 8	0,717
487	0,183 558 1	0,873	537	0,932 092 4	0,700
488	0,191 273 5	0,884	538	0,939 922 6	0,683
489	0,199 418 0	0,894	539	0,947 225 2	0,667
490	0,208 020 0	0,904	540	0,954 000 0	0,650
491	0,217 119 9	0,914	541	0,960 256 1	0,633
492	0,226 734 5	0,923	542	0,966 007 4	0,616
493	0,236 857 1	0,932	543	0,971 260 6	0,599
494	0,247 481 2	0,941	544	0,976 022 5	0,581
495	0,258 600 0	0,949	545	0,980 300 0	0,564
496	0,270 184 9	0,957	546	0,984 092 4	0,548
497	0,282 293 9	0,964	547	0,987 418 2	0,531
498	0,295 050 5	0,970	548	0,990 312 8	0,514
499	0,308 578 0	0,976	549	0,992 811 6	0,497
500	0,323 000 0	0,982	550	0,994 950 1	0,481
501	0,338 402 1	0,986	551	0,996 710 8	0,465
502	0,354 685 8	0,990	552	0,998 098 3	0,448
503	0,371 698 6	0,994	553	0,999 112 0	0,433
504	0,389 287 5	0,997	554	0,999 748 2	0,417
505	0,407 300 0	0,998	555	1,000 000 0	0,402
506	0,425 629 9	1,000	556	0,999 856 7	0,3864
507	0,444 309 6	1,000	557	0,999 304 6	0,3715
508	0,463 394 4	1,000	558	0,998 325 5	0,3569
509	0,482 939 5	0,998	559	0,996 898 7	0,3427
510	0,503 000 0	0,997	560	0,995 000 0	0,3288
511	0,523 569 3	0,994	561	0,992 600 5	0,3151
512	0,544 512 0	0,990	562	0,989 742 6	0,3018
513	0,565 690 0	0,986	563	0,986 444 4	0,2888
514	0,586 965 3	0,981	564	0,982 724 1	0,2762
515	0,608 200 0	0,975	565	0,978 600 0	0,2639
516	0,629 345 6	0,968	566	0,974 083 7	0,2519
517	0,650 306 8	0,961	567	0,969 171 2	0,2403
518	0,670 875 2	0,953	568	0,963 856 8	0,2291
519	0,690 842 4	0,944	569	0,958 134 9	0,2182
520	0,710 000 0	0,935	570	0,952 000 0	0,2076
521	0,728 185 2	0,925	571	0,945 450 4	0,1974
522	0,745 463 6	0,915	572	0,938 499 2	0,1876
523	0,761 969 4	0,904	573	0,931 162 8	0,1782
524	0,777 836 8	0,892	574	0,923 457 6	0,1690
525	0,793 200 0	0,880	575	0,915 400 0	0,1602
526	0,808 110 4	0,867	576	0,907 006 4	0,1517
527	0,822 496 2	0,854	577	0,898 277 2	0,1436
528	0,836 306 8	0,840	578	0,889 204 8	0,1358
529	0,849 491 6	0,826	579	0,879 781 6	0,1284

Tabelle 2. (Fortsetzung)

Wellenlänge nm	Spektraler Hellempfindlichkeitsgrad $V(\lambda)$ 2°-Gesichtsfeld	$V'(\lambda)$ 10°-Gesichtsfeld
580	0,870 000 0	1,212 · 10^{-1}
581	0,859 861 3	1,143 · 10^{-1}
582	0,849 392 0	1,078 · 10^{-1}
583	0,838 622 0	1,015 · 10^{-1}
584	0,827 581 3	9,56 · 10^{-2}
585	0,816 300 0	8,99 · 10^{-2}
586	0,804 794 7	8,45 · 10^{-2}
587	0,793 082 0	7,93 · 10^{-2}
588	0,781 192 0	7,45 · 10^{-2}
589	0,769 154 7	6,99 · 10^{-2}
590	0,757 000 0	6,55 · 10^{-2}
591	0,744 754 1	6,13 · 10^{-2}
592	0,732 422 4	5,74 · 10^{-2}
593	0,720 003 6	5,37 · 10^{-2}
594	0,707 496 5	5,02 · 10^{-2}
595	0,694 900 0	4,69 · 10^{-2}
596	0,682 219 2	4,38 · 10^{-2}
597	0,669 471 6	4,09 · 10^{-2}
598	0,656 674 4	3,816 · 10^{-2}
599	0,643 844 8	3,558 · 10^{-2}
600	0,631 000 0	3,315 · 10^{-2}
601	0,618 155 5	3,087 · 10^{-2}
602	0,605 314 4	2,874 · 10^{-2}
603	0,592 475 6	2,674 · 10^{-2}
604	0,579 637 9	2,487 · 10^{-2}
605	0,566 800 0	2,312 · 10^{-2}
606	0,553 961 1	2,147 · 10^{-2}
607	0,541 137 2	1,994 · 10^{-2}
608	0,528 352 8	1,851 · 10^{-2}
609	0,515 632 3	1,718 · 10^{-2}
610	0,503 000 0	1,593 · 10^{-2}
611	0,490 468 8	1,477 · 10^{-2}
612	0,478 030 4	1,369 · 10^{-2}
613	0,465 677 6	1,269 · 10^{-2}
614	0,453 403 2	1,175 · 10^{-2}
615	0,441 200 0	1,088 · 10^{-2}
616	0,429 080 0	1,007 · 10^{-2}
617	0,417 036 0	9,32 · 10^{-3}
618	0,405 032 0	8,62 · 10^{-3}
619	0,393 032 0	7,97 · 10^{-3}
620	0,381 000 0	7,37 · 10^{-3}
621	0,368 918 4	6,82 · 10^{-3}
622	0,356 827 2	6,30 · 10^{-3}
623	0,344 776 8	5,82 · 10^{-3}
624	0,332 817 6	5,38 · 10^{-3}
625	0,321 000 0	4,97 · 10^{-3}
626	0,309 338 1	4,59 · 10^{-3}
627	0,297 850 4	4,24 · 10^{-3}
628	0,286 593 6	3,913 · 10^{-3}
629	0,275 624 5	3,613 · 10^{-3}

Wellenlänge nm	Spektraler Hellempfindlichkeitsgrad $V(\lambda)$ 2°-Gesichtsfeld	$V'(\lambda)$ 10°-Gesichtsfeld
630	0,265 000 0	3,335 · 10^{-3}
631	0,254 763 2	3,079 · 10^{-3}
632	0,244 889 6	2,842 · 10^{-3}
633	0,235 334 4	2,623 · 10^{-3}
634	0,226 052 8	2,421 · 10^{-3}
635	0,217 000 0	2,235 · 10^{-3}
636	0,208 161 6	2,062 · 10^{-3}
637	0,199 548 8	1,903 · 10^{-3}
638	0,191 155 2	1,757 · 10^{-3}
639	0,182 974 4	1,621 · 10^{-3}
640	0,175 000 0	1,497 · 10^{-3}
641	0,167 223 5	1,382 · 10^{-3}
642	0,159 646 4	1,276 · 10^{-3}
643	0,152 277 6	1,178 · 10^{-3}
644	0,145 125 9	1,088 · 10^{-3}
645	0,138 200 0	1,005 · 10^{-3}
646	0,131 500 3	9,28 · 10^{-4}
647	0,125 024 8	8,57 · 10^{-4}
648	0,118 779 2	7,92 · 10^{-4}
649	0,112 769 1	7,32 · 10^{-4}
650	0,107 000 0	6,77 · 10^{-4}
651	0,101 476 2	6,26 · 10^{-4}
652	9,618 864 · 10^{-2}	5,79 · 10^{-4}
653	9,112 296 · 10^{-2}	5,36 · 10^{-4}
654	8,626 485 · 10^{-2}	4,96 · 10^{-4}
655	8,160 000 · 10^{-2}	4,59 · 10^{-4}
656	7,712 064 · 10^{-2}	4,25 · 10^{-4}
657	7,282 552 · 10^{-2}	3,935 · 10^{-4}
658	6,871 008 · 10^{-2}	3,645 · 10^{-4}
659	6,476 976 · 10^{-2}	3,377 · 10^{-4}
660	6,100 000 · 10^{-2}	3,129 · 10^{-4}
661	5,739 621 · 10^{-2}	2,901 · 10^{-4}
662	5,395 504 · 10^{-2}	2,689 · 10^{-4}
663	5,067 376 · 10^{-2}	2,493 · 10^{-4}
664	4,754 965 · 10^{-2}	2,313 · 10^{-4}
665	4,458 000 · 10^{-2}	2,146 · 10^{-4}
666	4,175 872 · 10^{-2}	1,991 · 10^{-4}
667	3,908 496 · 10^{-2}	1,848 · 10^{-4}
668	3,656 384 · 10^{-2}	1,716 · 10^{-4}
669	3,420 048 · 10^{-2}	1,593 · 10^{-4}
670	3,200 000 · 10^{-2}	1,480 · 10^{-4}
671	2,996 261 · 10^{-2}	1,375 · 10^{-4}
672	2,807 664 · 10^{-2}	1,277 · 10^{-4}
673	2,632 936 · 10^{-2}	1,187 · 10^{-4}
674	2,470 805 · 10^{-2}	1,104 · 10^{-4}
675	2,320 000 · 10^{-2}	1,026 · 10^{-4}
676	2,180 077 · 10^{-2}	9,54 · 10^{-5}
677	2,050 112 · 10^{-2}	8,88 · 10^{-5}
678	1,928 108 · 10^{-2}	8,26 · 10^{-5}
679	1,812 069 · 10^{-2}	7,69 · 10^{-5}

Tabelle 2. (Fortsetzung)

Wellenlänge nm	Spektraler Hellempfindlichkeitsgrad $V(\lambda)$ 2°-Gesichtsfeld	$V'(\lambda)$ 10°-Gesichtsfeld
680	1,700 000 · 10^{-2}	7,15 · 10^{-5}
681	1,590 379 · 10^{-2}	6,66 · 10^{-5}
682	1,483 718 · 10^{-2}	6,20 · 10^{-5}
683	1,381 068 · 10^{-2}	5,78 · 10^{-5}
684	1,283 478 · 10^{-2}	5,38 · 10^{-5}
685	1,192 000 · 10^{-2}	5,01 · 10^{-5}
686	1,106 831 · 10^{-2}	4,67 · 10^{-5}
687	1,027 339 · 10^{-2}	4,36 · 10^{-5}
688	9,533 311 · 10^{-3}	4,06 · 10^{-5}
689	8,846 157 · 10^{-3}	3,789 · 10^{-5}
690	8,210 000 · 10^{-3}	3,533 · 10^{-5}
691	7,623 781 · 10^{-3}	3,295 · 10^{-5}
692	7,085 424 · 10^{-3}	3,075 · 10^{-5}
693	6,591 476 · 10^{-3}	2,870 · 10^{-5}
694	6,138 485 · 10^{-3}	2,679 · 10^{-5}
695	5,723 000 · 10^{-3}	2,501 · 10^{-5}
696	5,343 059 · 10^{-3}	2,336 · 10^{-5}
697	4,995 796 · 10^{-3}	2,182 · 10^{-5}
698	4,676 404 · 10^{-3}	2,038 · 10^{-5}
699	4,380 075 · 10^{-3}	1,905 · 10^{-5}
700	4,102 000 · 10^{-3}	1,780 · 10^{-5}
701	3,838 453 · 10^{-3}	1,664 · 10^{-5}
702	3,589 099 · 10^{-3}	1,556 · 10^{-5}
703	3,354 219 · 10^{-3}	1,454 · 10^{-5}
704	3,134 093 · 10^{-3}	1,360 · 10^{-5}
705	2,929 000 · 10^{-3}	1,273 · 10^{-5}
706	2,738 139 · 10^{-3}	1,191 · 10^{-5}
707	2,559 876 · 10^{-3}	1,114 · 10^{-5}
708	2,393 244 · 10^{-3}	1,043 · 10^{-5}
709	2,237 275 · 10^{-3}	9,76 · 10^{-6}
710	2,091 000 · 10^{-3}	9,14 · 10^{-6}
711	1,953 587 · 10^{-3}	8,56 · 10^{-6}
712	1,824 580 · 10^{-3}	8,02 · 10^{-6}
713	1,703 580 · 10^{-3}	7,51 · 10^{-6}
714	1,590 187 · 10^{-3}	7,04 · 10^{-6}
715	1,484 000 · 10^{-3}	6,60 · 10^{-6}
716	1,384 496 · 10^{-3}	6,18 · 10^{-6}
717	1,291 268 · 10^{-3}	5,80 · 10^{-6}
718	1,204 092 · 10^{-3}	5,44 · 10^{-6}
719	1,122 744 · 10^{-3}	5,10 · 10^{-6}
720	1,047 000 · 10^{-3}	4,78 · 10^{-6}
721	9,765 896 · 10^{-4}	4,49 · 10^{-6}
722	9,111 088 · 10^{-4}	4,21 · 10^{-6}
723	8,501 332 · 10^{-4}	3,951 · 10^{-6}
724	7,932 384 · 10^{-4}	3,709 · 10^{-6}
725	7,400 000 · 10^{-4}	3,482 · 10^{-6}
726	6,900 827 · 10^{-4}	3,270 · 10^{-6}
727	6,433 100 · 10^{-4}	3,070 · 10^{-6}
728	5,994 960 · 10^{-4}	2,884 · 10^{-6}
729	5,584 547 · 10^{-4}	2,710 · 10^{-6}
730	5,200 000 · 10^{-4}	2,546 · 10^{-6}
731	4,839 136 · 10^{-4}	2,393 · 10^{-6}
732	4,500 528 · 10^{-4}	2,250 · 10^{-6}
733	4,183 452 · 10^{-4}	2,115 · 10^{-6}
734	3,887 184 · 10^{-4}	1,989 · 10^{-6}
735	3,611 000 · 10^{-4}	1,870 · 10^{-6}
736	3,353 835 · 10^{-4}	1,759 · 10^{-6}
737	3,114 404 · 10^{-4}	1,655 · 10^{-6}
738	2,891 656 · 10^{-4}	1,557 · 10^{-6}
739	2,684 539 · 10^{-4}	1,466 · 10^{-6}
740	2,492 000 · 10^{-4}	1,379 · 10^{-6}
741	2,313 019 · 10^{-4}	1,299 · 10^{-6}
742	2,146 856 · 10^{-4}	1,223 · 10^{-6}
743	1,992 884 · 10^{-4}	1,151 · 10^{-6}
744	1,850 475 · 10^{-4}	1,084 · 10^{-6}
745	1,719 000 · 10^{-4}	1,022 · 10^{-6}
746	1,597 781 · 10^{-4}	9,62 · 10^{-7}
747	1,486 044 · 10^{-4}	9,07 · 10^{-7}
748	1,383 016 · 10^{-4}	8,55 · 10^{-7}
749	1,287 925 · 10^{-4}	8,06 · 10^{-7}
750	1,200 000 · 10^{-4}	7,60 · 10^{-7}
751	1,118 595 · 10^{-4}	7,16 · 10^{-7}
752	1,043 224 · 10^{-4}	6,75 · 10^{-7}
753	9,733 560 · 10^{-5}	6,37 · 10^{-7}
754	9,084 587 · 10^{-5}	6,01 · 10^{-7}
755	8,480 000 · 10^{-5}	5,67 · 10^{-7}
756	7,914 667 · 10^{-5}	5,35 · 10^{-7}
757	7,385 800 · 10^{-5}	5,05 · 10^{-7}
758	6,891 600 · 10^{-5}	4,77 · 10^{-7}
759	6,430 267 · 10^{-5}	4,50 · 10^{-7}
760	6,000 000 · 10^{-5}	4,25 · 10^{-7}
761	5,598 187 · 10^{-5}	4,01 · 10^{-7}
762	5,222 560 · 10^{-5}	3,790 · 10^{-7}
763	4,871 840 · 10^{-5}	3,580 · 10^{-7}
764	4,544 747 · 10^{-5}	3,382 · 10^{-7}
765	4,240 000 · 10^{-5}	3,196 · 10^{-7}
766	3,956 104 · 10^{-5}	3,021 · 10^{-7}
767	3,691 512 · 10^{-5}	2,855 · 10^{-7}
768	3,444 868 · 10^{-5}	2,699 · 10^{-7}
769	3,214 816 · 10^{-5}	2,552 · 10^{-7}
770	3,000 000 · 10^{-5}	2,413 · 10^{-7}
771	2,799 125 · 10^{-5}	2,282 · 10^{-7}
772	2,611 356 · 10^{-5}	2,159 · 10^{-7}
773	2,436 024 · 10^{-5}	2,042 · 10^{-7}
774	2,272 461 · 10^{-5}	1,932 · 10^{-7}
775	2,120 000 · 10^{-5}	1,829 · 10^{-7}
776	1,977 885 · 10^{-5}	1,731 · 10^{-7}
777	1,845 285 · 10^{-5}	1,638 · 10^{-7}
778	1,721 687 · 10^{-5}	1,551 · 10^{-7}
779	1,606 459 · 10^{-5}	1,468 · 10^{-7}
780	1,499 000 · 10^{-5}	1,390 · 10^{-7}

2 Zahlenwerte für den spektralen Hellempfindlichkeitsgrad

Die in Tabelle 2 (Seite 6 bis 9) angegebenen Werte sind die der CIE-Publikation Nr 18 [6]. In der Praxis genügt es im allgemeinen, die Werte von 5 nm zu 5 nm oder von 10 nm zu 10 nm zu verwenden.

3 Lichttechnische Größen

3.1 Zusammenstellung

Tabelle 3. **Lichttechnische Größen**

Lfd. Nr	Größe	Formelzeichen	Beziehung	Vereinfachte Beziehung	Vereinfachte Erklärung
1	Lichtmenge	Q	$Q = K_m \int Q_{e\lambda} \cdot V(\lambda) \cdot d\lambda$	–	Die Lichtmenge Q ist die $V(\lambda)$ getreu bewertete Strahlungsmenge Q_e.
2	Lichtstrom	Φ	$\Phi = \frac{dQ}{dt}$	$\Phi = \frac{Q}{t}$	Der Lichtstrom Φ ist der Quotient aus Lichtmenge Q und Zeit t.
3	Spezifische Lichtausstrahlung [1])	M	$M = \frac{d\Phi}{d_{A1}}$	$M = \frac{\Phi}{A_1}$	Die spezifische Lichtausstrahlung M ist der Quotient aus dem von einer Fläche A_1 abgegebenen Lichtstrom Φ und der leuchtenden Fläche.
4	Lichtstärke	I	$I = \frac{d\Phi}{d\Omega_1}$	$I = \frac{\Phi}{\Omega_1}$	Die Lichtstärke I ist der Quotient aus dem von einer Lichtquelle in einer bestimmten Richtung ausgesandten Lichtstrom und dem durchstrahlten Raumwinkel Ω_1.
5	Leuchtdichte	L	$L = \frac{d^2\Phi}{dA_1 \cdot \cos\varepsilon_1 \cdot d\Omega_1}$ $L = \frac{d^2\Phi}{dA_2 \cdot \cos\varepsilon_2 \cdot d\Omega_2}$	$L = \frac{\Phi}{A_1 \cdot \cos\varepsilon_1 \cdot \Omega_1}$ $L = \frac{\Phi}{A_2 \cdot \cos\varepsilon_2 \cdot \Omega_2}$	Die Leuchtdichte L ist der Quotient aus dem durch eine Fläche A in einer bestimmten Richtung (ε) durchtretenden (auftreffenden) Lichtstrom Φ und dem Produkt aus dem durchstrahlten Raumwinkel Ω und der Projektion der Fläche $A \cdot \cos\varepsilon$ auf eine Ebene senkrecht zur betrachteten Richtung.
6	Beleuchtungsstärke	E	$E = \frac{d\Phi}{dA_2}$	$E = \frac{\Phi}{A_2}$	Die Beleuchtungsstärke E ist der Quotient aus dem auf eine Fläche auftreffenden Lichtstrom Φ und der beleuchteten Fläche A_2.
7	Raumbeleuchtungsstärke [2]) (sphärische Beleuchtungsstärke)	E_0	$E_0 = \int_{(4\pi\,sr)} L \cdot d\Omega_2$	$E_0 = \frac{4 \cdot \Phi}{A_K}$	Die Raumbeleuchtungsstärke E_0 ist das Vierfache des Quotienten aus dem Lichtstrom Φ, der auf die Außenseite einer kleinen, um den betrachteten Punkt gedachten, Kugel auffällt und der Kugeloberfläche A_K.
8	Zylindrische Beleuchtungsstärke [2])	E_z	$E_z = \frac{1}{\pi} \int_{(4\pi\,sr)} L \cdot d\Omega \cdot \cos\varepsilon_2 =$ $= \frac{1}{2\pi} \int_{(2\pi\,sr)} E_v \cdot d\varphi = \overline{E}_v$	$E_z = \frac{1}{n} \sum_{x=1}^{n} E_{vx}$	Die zylindrische Beleuchtungsstärke E_z ist der an einem Punkt vorhandene arithmetische Mittelwert $\overline{E}_v$ der vertikalen Beleuchtungsstärken E_{vx}. ε_2 Lichteinfallswinkel, gemessen gegen eine Ebene senkrecht zur optischen Achse E_v Beleuchtungsstärke auf einer Ebene, die die optische Achse enthält φ Winkel in der Ebene senkrecht zur optischen Achse

[1]) und [2]) siehe Seite 8

Tabelle 3. (Fortsetzung)

Lfd. Nr	Größe	Formelzeichen	Beziehung	Vereinfachte	
				Beziehung	Erklärung
9	Beleuchtungsvektor [8]	$\vec{E}$	$\vec{E} = \int_{(4\pi\,\mathrm{sr})} L \cdot \mathrm{d}\vec{\Omega}_2$	–	Der Betrag des Beleuchtungsvektors ist gleich der maximalen Differenz der Beleuchtungsstärke auf den beiden Seiten eines am betrachteten Punkt gedachten Flächenelements. Die Richtung des Beleuchtungsvektors entspricht der Flächennormalen auf der Seite des Flächenelements, die bei Orientierung nach der maximalen Differenz die geringere Beleuchtungsstärke aufweist.
10	Belichtung	H	$H = \int E \cdot \mathrm{d}t$	$H = E \cdot t$	Die Belichtung H ist das Produkt aus der Beleuchtungsstärke E und der Dauer t des Beleuchtungsvorganges.

[1]) Abweichend von DIN 5490 ist hier das Wort „spezifisch" als auf die Fläche bezogen eingesetzt.

[2]) Begriffsbestimmungen der Raumbeleuchtungsstärke, Halbraumbeleuchtungsstärke, mittleren räumlichen Beleuchtungsstärke, mittleren halbräumlichen Beleuchtungsstärke und zylindrischen Beleuchtungsstärke sind zusammengestellt bei [7].

Tabelle 4. **Lichttechnische Einheiten**

Größe	Einheit	Zeichen und Zusammenhänge
Lichtstärke	Candela	cd
Leuchtdichte	Candela/Quadratmeter	$\mathrm{cd \cdot m^{-2}}$
Lichtstrom	Lumen	$1\,\mathrm{lm} = 1\,\mathrm{cd \cdot sr}$
Lichtmenge	Lumenstunde Lumensekunde	$\mathrm{lm \cdot h}$ $\mathrm{lm \cdot s}$
Spezifische Lichtausstrahlung	Lumen/Quadratmeter	$\mathrm{lm \cdot m^{-2}}$
Beleuchtungsstärke	Lumen/Quadratmeter Lux	$\mathrm{lm \cdot m^{-2}}$ $1\,\mathrm{lx} = 1\,\mathrm{lm \cdot m^{-2}}$
Raumbeleuchtungsstärke Beleuchtungsvektor	Lumen/Quadratmeter Lux	$\mathrm{lm \cdot m^{-2}}$ $1\,\mathrm{lx} = 1\,\mathrm{lm \cdot m^{-2}}$
Belichtung	Luxsekunde	$1\,\mathrm{lx \cdot s} = 1\,\mathrm{lm \cdot m^{-2} \cdot s}$

Als Einheit für die Pupillenlichtstärke wird nach DIN 5031 Teil 6 das Troland (Trol) verwendet.

3.2 Formelzeichen

Für jede lichttechnische Größe wird in dieser Norm in Übereinstimmung mit der CIE ein Formelzeichen empfohlen. Jeder dieser Größen entspricht eine andere Größe, bei der die Strahlung energetisch bewertet wird. Diese beiden Größenarten werden mit dem gleichen Formelzeichen bezeichnet; zu ihrer Unterscheidung wird der Index e (energetisch) im Fall der physikalischen Größen und der Index v (visuell) im Fall der photometrischen Größen hinzugefügt. Wenn keine Möglichkeit der Verwechslung besteht, kann auf die Indizes verzichtet werden.

Es ist üblich, solche geometrischen Größen (Flächen, Winkel, Raumwinkel), die nur für die Ausstrahlung gelten, durch den Index 1 und Größen, die nur für die Einstrahlung gelten, durch den Index 2 zu kennzeichnen.

3.3 Einheiten

Neben den in Tabelle 4 genannten Einheiten können auch deren dezimale Teile oder Vielfache sowie die in DIN 1301 Teil 1 angegebenen Einheiten angewendet werden.

Anmerkung: Umrechnungsfaktoren für weitere Leuchtdichte-Einheiten und Beleuchtungsstärke-Einheiten siehe Erläuterungen.

3.4 Vereinfachte Beziehungen

Neben den exakten differentiellen Begriffsbestimmungen werden für lichttechnische Größen oft vereinfachte Beziehungen und Erklärungen angewendet. Dabei ist zu beachten, ob der Lichtstrom

a) gleichmäßig über die Zeit,

b) gleichmäßig über die Fläche,

c) gleichmäßig im Raumwinkel verteilt ist.

Ist eine Bedingung nicht erfüllt, so gilt für diese Verteilung die Vereinfachung nur für den arithmetischen Mittelwert.

4 Spektrale lichttechnische Größen

Die spektrale Dichte einer lichttechnischen Größe ergibt sich durch Multiplikation der dazugehörigen spektralen strahlungsphysikalischen Größe $X_{e\lambda}$ mit $K(\lambda)$ bzw. $K'(\lambda)$.

5 Raumwinkelgrößen

5.1 Raumwinkel

Der Raumwinkel Ω, unter dem ein Gegenstand von einem Punkt aus erscheint, ist der Quotient aus der Zentralprojektion dieses Gegenstandes auf eine um den Punkt gelegte Kugel und dem Quadrat des Kugelradius. Der Punkt ist Zentrum der Projektion und Scheitelpunkt des Raumwinkels. Er wird in dieser Norm in der Einheit Steradiant (Einheitenzeichen sr) gemessen (siehe DIN 1315).

Wird das Raumwinkelelement $\mathrm{d}\Omega$ durch ein von seinem Scheitelpunkt im Abstand r befindliches Flächenelement $\mathrm{d}A$ begrenzt, so ist

$$\mathrm{d}\Omega = \frac{\mathrm{d}A \cdot \cos\varepsilon}{r^2} \cdot \Omega_0$$

$$\Omega_0 = 1\ \mathrm{sr}$$

Dabei bedeutet ε den ebenen Winkel zwischen der Flächennormalen von $\mathrm{d}A$ und der Richtung vom Scheitelpunkt.

5.2 Vektorieller Raumwinkel

Der vektorielle Raumwinkel $\vec{\Omega}$ ist durch die Beziehung

$$\vec{\Omega} = \int \mathrm{d}\vec{\Omega} = \frac{1}{2} \oint_C \mathrm{d}\vec{\alpha}$$ mit dem vektoriellen ebenen Winkel

verknüpft (siehe Bild).

$$\mathrm{d}\vec{\alpha} = \left[\frac{\vec{r_0}}{r} \cdot \mathrm{d}\vec{l}\right]$$

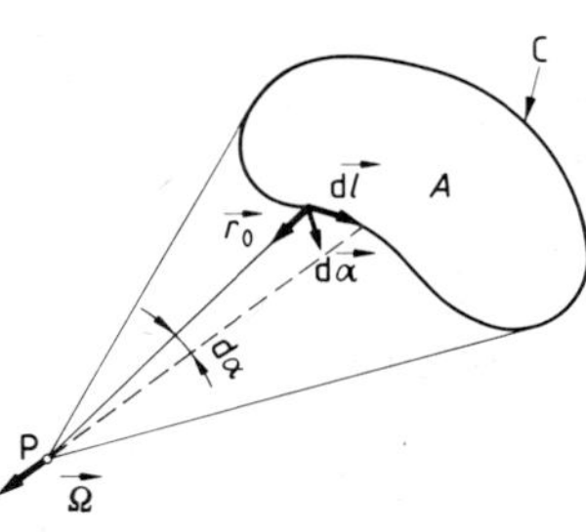

Zusammenhang zwischen vektoriellem Raumwinkel und vektoriellem ebenen Winkel

Es sind:

$\mathrm{d}l$ das Linienelement der Kurve C,

$\vec{r_0}$ der Einheitsvektor in die Richtung vom Anfangspunkt von $\mathrm{d}l$ zum Scheitelpunkt P.

r der Abstand zwischen $\mathrm{d}l$ und P.

5.3 Raumwinkelprojektion

Berechnet man den von einem Flächenelement $\mathrm{d}A_1$ unter dem Winkel ε_1 gegen die Flächennormale in den Raumwinkel Ω_1 abgestrahlten Lichtstrom $\mathrm{d}\Phi$, so ergibt sich dieser bei konstanter Leuchtdichte L zu:

$$\mathrm{d}\Phi = L \cdot \mathrm{d}A_1 \int_{\Omega_1} \cos\varepsilon_1 \cdot \mathrm{d}\Omega_1$$

Entsprechendes gilt, wenn man den aus einem bestimmten Raumwinkel Ω_2 unter dem Winkel ε_2 auf ein Flächenelement auftreffenden Strahlungsfluß betrachtet.

Das Integral

$$\Omega_P = \int \cos\varepsilon \cdot \mathrm{d}\Omega$$

heißt Raumwinkelprojektion.

5.4 Geometrischer Fluß

Berechnet man den von einer Fläche A_1 in den Raumwinkel Ω_1 abgestrahlten Lichtstrom Φ, so muß außer über den Raumwinkel auch über die Fläche integriert werden:

$$\Phi = L \int_{(A_1)} \int_{(\Omega_1)} \mathrm{d}A_1 \cdot \cos\varepsilon_1 \cdot \mathrm{d}\Omega_1$$

Entsprechendes gilt, wenn man den aus einem bestimmten Raumwinkel Ω_2 auf eine Fläche auftreffenden Lichtstrom betrachtet.

Das Integral

$$G = \iint \mathrm{d}A \cdot \cos\varepsilon \cdot \mathrm{d}\Omega$$

heißt geometrischer Fluß.

6 Photometrisches Grundgesetz

Für die Ausbreitung des Lichts gilt das photometrische Grundgesetz:

$$\mathrm{d}^2\Phi = L\,\frac{\mathrm{d}A_1 \cdot \cos\varepsilon_1 \cdot \mathrm{d}A_2 \cdot \cos\varepsilon_2}{r^2} \cdot \Omega_0$$

$\mathrm{d}^2\Phi$ ist der Lichtstrom, den ein Flächenelement $\mathrm{d}A_1$ mit der Leuchtdichte L unter dem Ausstrahlungswinkel ε_1, einem anderen, von ihm im Abstand r befindlichen Flächenelement dA_2 unter dem Einstrahlungswinkel ε_2 zustrahlt. Die Winkel ε werden zwischen Flächennormale und Strahlungsrichtung r gemessen. Die Projektionen $dA_1 \cdot \cos \varepsilon_1$ und $dA_2 \cdot \cos \varepsilon_2$ sind senkrecht auf r (der Strahlungsrichtung) stehende Querschnitte.

Das Gesetz gilt streng nur im Vakuum; in Materie gilt es nur soweit, als Absorption, Streuung und Lumineszenz vernachlässigt werden dürfen.

Anmerkung: Aus dem symmetrischen Aufbau der Formel geht hervor, daß der gleiche Lichtstrom übertragen wird, unabhängig davon, ob dA_1 als Strahler und dA_2 als Empfänger wirken oder umgekehrt, wenn nur die Leuchtdichte L in beiden Fällen gleich groß ist.

7 Photometrisches Entfernungsgesetz

Aus dem photometrischen Grundgesetz läßt sich die auf einem Flächenelement dA_2 auftretende Beleuchtungsstärke E aus der Lichtstärke I der Lichtquelle, dem Abstand r zwischen Lichtquelle und dA_2 und dem Lichteinfallswinkel ε_2 näherungsweise berechnen:

$$E = \frac{I}{r^2} \cdot \cos \varepsilon_2 \cdot \Omega_0$$

Diese Gleichung wird als „photometrisches Entfernungsgesetz" bezeichnet.

Diese Beziehung gilt nur für Abstände, die größer sind als die „photometrische Grenzentfernung". Diese ist der zulässige Mindestabstand zwischen Lichtquelle und Empfänger. Die photometrische Grenzentfernung hängt ab von

a) dem zugelassenen Fehler;

b) der Ausdehnung der Lichtquelle;

c) der räumlichen Lichtstärkeverteilung und der örtlichen Leuchtdichteverteilung der Lichtquelle.

Bei der Messung von Beleuchtungsstärken beeinflussen auch die Empfängereigenschaften die photometrische Grenzentfernung.

Zitierte Normen und andere Unterlagen

DIN 1301 Teil 1 Einheiten; Einheitennamen, Einheitenzeichen

DIN 1315 Winkel; Begriffe, Einheiten

DIN 5031 Teil 1 Strahlungsphysik im optischen Bereich und Lichttechnik; Größen, Formelzeichen und Einheiten der Strahlungsphysik

DIN 5031 Teil 2 Strahlungsphysik im optischen Bereich und Lichttechnik; Strahlungsbewertung durch Empfänger

DIN 5031 Teil 6 Strahlungsphysik im optischen Bereich und Lichttechnik; Pupillen-Lichtstärke als Maß für die Netzhautbeleuchtung

DIN 5490 Gebrauch der Wörter bezogen, spezifisch, relativ, normiert und reduziert

[1] Compte Rendu 15, Session Vienne 1963. Publication CIE No. 11 B (1964), S. 212 – 213 [1])

[2] Kokoschka, S. und Bodmann, H. W.: Ein konsistentes System zur photometrischen Strahlungsbewertung im gesamten Adaptationsbereich. Compte Rendu 18, Session Londres 1975. Publikation CIE No. 36 (1976), D. 217 – 225 [1])

[3] Kokoschka, S.: Photometrie niedriger Leuchtdichten durch eine äquivalente Leuchtdichte des 10°-Feldes, Licht-Forschung **1** (1980), S. 3 – 15

[4] CIE-Publikation Nr 17 (E – 1.1) (1970) Internationales Wörterbuch der Lichttechnik [1])

[5] Ergebnisse der 16. Generalkonferenz für Maß und Gewicht, PTB-Mitteilungen **90** (1980), S. 148 – 151

[6] CIE-Publikation Nr 18 (E – 1.2) (1970) Principles of Light Measurement [1])

[7] Krochmann, J.: Über die Definitionen von Raumbeleuchtungsstärke und zylindrischer Beleuchtungsstärke, Licht-Forschung **1** (1979), S. 26 – 29

[8] Helwig, H.-J.: Die Feldtheorie in der Lichttechnik, Lichttechnik **2** (1950), S. 14 – 20

Frühere Ausgaben

DIN 5031: 08.38, 06.53

DIN 5031 Teil 3: 08.62, 08.70, 05.77

Änderungen

Gegenüber der Ausgabe Mai 1977 wurden folgende Änderungen vorgenommen:

Bedingt durch die Neudefinition der Candela wurden die Abschnitte 1.2 bis 1.6, die Tabelle 1 über die Zahlenwerte für die Maximalwerte des photometrischen Strahlungsäquivalents im mesopischen Bereich sowie die Schrifttumshinweise überarbeitet und auf den neuesten Stand gebracht.

In der Zusammenstellung der lichttechnischen Größen in Tabelle 3 wurde unter Nr 7 eine Definition der Raumbeleuchtungsstärke aufgenommen. Ferner wurde der für die Raumbeleuchtungsstärke in der englischen Literatur übliche Ausdruck „Sphärische Beleuchtungsstärke" hinzugefügt.

---

[1]) Zu beziehen bei: FNL-Geschäftsstelle im DIN, Burggrafenstraße 4–10, 1000 Berlin 30

Erläuterungen

Neben den in Abschnitt 3.3 genannten Einheiten waren in der Vergangenheit auch die in Tabelle 5 und 6 genannten weiteren Einheiten für die Leuchtdichte und die Beleuchtungsstärke gebräuchlich.

Tabelle 5. **Umrechnungstabelle für früher benutzte Leuchtdichte-Einheiten**

Einheit		$cd \cdot m^{-2}$	asb	sb	L	$cd \cdot ft^{-2}$	fL	$cd \cdot in^{-2}$
1 $cd \cdot m^{-2}$	=	1	π	10^{-4}	$\pi \cdot 10^{-4}$	$9{,}29 \cdot 10^{-2}$	0,2919	$6{,}45 \cdot 10^{-4}$
1 Apostilb (asb)	=	$\frac{1}{\pi}$	1	$\frac{1}{\pi} \cdot 10^{-4}$	10^{-4}	$2{,}957 \cdot 10^{-2}$	0,0929	$2{,}054 \cdot 10^{-4}$
1 Stilb (sb)	=	10^4	$\pi \cdot 10^4$	1	π	929	2919	6,452
1 Lambert (L)	=	$\frac{1}{\pi} \cdot 10^4$	10^4	$\frac{1}{\pi}$	1	$2{,}957 \cdot 10^2$	929	2,054
1 Candela per square foot ($cd \cdot ft^{-2}$)	=	10,764	33,82	$1{,}076 \cdot 10^{-3}$	$3{,}382 \cdot 10^{-3}$	1	π	$6{,}94 \cdot 10^{-3}$
1 Footlambert (fL)	=	3,426	10,764	$3{,}426 \cdot 10^{-4}$	$1{,}0764 \cdot 10^{-3}$	$\frac{1}{\pi}$	1	$2{,}211 \cdot 10^{-3}$
1 Candela per square inch ($cd \cdot in^{-2}$)	=	1550	4869	0,155	0,4869	144	452,4	1
(Für die Einheit $cd \cdot m^{-2}$ war im Ausland gelegentlich auch die Benennung Nit, für die Einheit asb die Benennung Blondel im Gebrauch)								

Tabelle 6. **Umrechnungstabelle für früher benutzte Beleuchtungsstärke-Einheiten**

Einheit		lx	fc
1 Lux (lx)	=	1	0,0929
1 Footcandle (fc)	=	10,764	1
(Für die Einheit $lm \cdot cm^{-2}$ wurde früher auch die Einheit Phot (ph) verwendet)			

DK 535.2-2 : 628.9 : 001.4

Januar 1984

Strahlungsphysik im optischen Bereich und Lichttechnik

Benennung der Wellenlängenbereiche

DIN 5031 Teil 7

Optical radiation physics and illumination engineering; terms for wavebands

Physique de rayonnement optique et technique d'éclairage; désignation des gammes d'ondes

Ersatz für Ausgabe 11.82

DIN 5031 umfaßt die folgenden einzelnen Teile:

Teil 1 Strahlungsphysik im optischen Bereich und Lichttechnik; Größen, Formelzeichen und Einheiten der Strahlungsphysik

Teil 2 Strahlungsphysik im optischen Bereich und Lichttechnik; Strahlungsbewertung durch Empfänger

Teil 3 Strahlungsphysik im optischen Bereich und Lichttechnik; Größen, Formelzeichen und Einheiten der Lichttechnik

Teil 4 Strahlungsphysik im optischen Bereich und Lichttechnik; Wirkungsgrade

Teil 5 Strahlungsphysik im optischen Bereich und Lichttechnik; Temperaturbegriffe

Teil 6 Strahlungsphysik im optischen Bereich und Lichttechnik; Pupillen-Lichtstärke als Maß für die Netzhautbeleuchtung

Teil 7 Strahlungsphysik im optischen Bereich und Lichttechnik; Benennung der Wellenlängenbereiche

Teil 8 Strahlungsphysik im optischen Bereich und Lichttechnik; Strahlungsphysikalische Begriffe und Konstanten

Teil 9 Strahlungsphysik im optischen Bereich und Lichttechnik; Lumineszenz-Begriffe

Teil 10 (Vornorm) Strahlungsphysik im optischen Bereich und Lichttechnik; Größen, Formel- und Kurzzeichen für photobiologisch wirksame Strahlung

Beiblatt 1 zu DIN 5031 Strahlungsphysik im optischen Bereich und Lichttechnik; Inhaltsverzeichnis über Größen, Formelzeichen und Einheiten sowie Stichwortverzeichnis zu DIN 5031 Teil 1 bis Teil 10

Diese Norm enthält die Einteilung der optischen Strahlung in die z. Z. üblichen Spektralbereiche. An den optischen Bereich schließen sich nach kurzen Wellenlängen die ionisierende Strahlung, nach langen Wellenlängen die Millimeterwellen an.

Benennung der Strahlung		Spektralbereiche 3)						
		Kurzzeichen			Wellenlänge λ nm	Frequenz ν THz	Wellenzahl σ mm^{-1}	Photonenenergie Q_e eV
Ultraviolettstrahlung 1)	Vakuum-*UV*	*UV*	*UV–C*	*VUV*	100 bis 200	3000 bis 1500	10 000 bis 5000	12,4 bis 6,2
	Fernes *UV*			*FUV*	200 bis 280	1500 bis 1070	5 000 bis 3600	6,2 bis 4,4
	Mittleres *UV*		*UV–B*		280 bis 315	1070 bis 950	3 600 bis 3200	4,4 bis 3,9
	Nahes *UV*		*UV–A*		315 bis 380	950 bis 790	3 200 bis 2600	3,9 bis 3,3
Sichtbare Strahlung, Licht 2)		*VIS*			380 bis 780	790 bis 385	2 600 bis 1300	3,3 bis 1,6
Infrarotstrahlung 2)	Nahes *IR*	*IR*	*NIR*	*IR–A*	780 bis $140 \cdot 10^1$	385 bis 215	1 300 bis 700	1,6 bis 0,9
				IR–B	$140 \cdot 10^1$ bis $300 \cdot 10^1$	215 bis 100	700 bis 330	0,9 bis 0,4
	Mittleres *IR*		*IR–C*	*MIR*	$300 \cdot 10^1$ bis $500 \cdot 10^2$	100 bis 6	330 bis 20	0,4 bis 0,025
	Fernes *IR*			*FIR*	$500 \cdot 10^2$ bis 10^6	6 bis 0,3	20 bis 1	0,025 bis 0,001

1) Von der Internationalen Beleuchtungskommission (CIE) (Internationales Wörterbuch der Lichttechnik, CIE-Publikation No. 17 (E–1.1) 1970) ist als obere Grenze des Wellenlängenbereichs der Ultraviolettstrahlung 400 nm angegeben. Bei der Verwendung dieser Grenze ergibt sich eine Überlappung zwischen dem Wellenlängenbereich der Ultraviolettstrahlung (*UV*) und der sichtbaren Strahlung, Licht (*VIS*).

2) Strahlung in den benachbarten Bereichen der sichtbaren Strahlung kann bei hoher Strahldichte sichtbar sein. Für Farbmessungen sollte daher der Wellenlängenbereich 360 nm bis 830 nm berücksichtigt werden (siehe DIN 5033 Teil 2 – Farbmessung, Normvalenz-Systeme). Bei extrem hohen Strahldichten kann es außerdem notwendig sein, diesen Bereich ins *UV–A* oder *IR–A* zu erweitern.

3) Die Bereiche sind durch die angegebenen Grenzwellenlängen festgelegt. Die obere Grenze ist dabei nicht in den Bereich eingeschlossen. Die angegebene Zuordnung von Frequenz, Wellenzahl und Photonenenergie zur Wellenlänge gilt streng nur für Vakuum; gegebenenfalls ist die Brechzahl des Mediums zu berücksichtigen.

Fortsetzung Seite 2

Normenausschuß Lichttechnik (FNL) im DIN Deutsches Institut für Normung e. V.
Normenausschuß Einheiten und Formelgrößen (AEF) im DIN

Zitierte Normen und Unterlagen

DIN 5033 Teil 2 Farbmessung; Normvalenz-Systeme

[1] CIE-Publikation Nr 17 (E–1.1) (1970), Internationales Wörterbuch der Lichttechnik
Zu beziehen bei: FNL-Geschäftsstelle im DIN, Burggrafenstraße 4–10, 1000 Berlin 30

Frühere Ausgaben

DIN 5031 Teil 7: 04.67, 09.76, 11.82

Änderungen

Gegenüber der Ausgabe September 1976 wurden folgende Änderungen vorgenommen:

Die Tabelle über die Einteilung der optischen Strahlung wurde durch zusätzliche Angaben über die zugeordneten Frequenzen, Wellenzahlen und Photonenenergien erweitert.

Gegenüber der Ausgabe November 1982 wurden folgende Änderungen vorgenommen:

Aufgrund eines Druckfehlers waren in der Ausgabe November 1982 die Wellenzahlen um den Faktor 10 zu niedrig angegeben. Dieser Fehler wurde korrigiert. Außerdem wurden der englische und französische Titel berichtigt.

Erläuterungen

Die Erweiterungen der Tabelle über die Einteilung der optischen Strahlung wurden übernommen aus dem Entwurf DIN 5030 Teil 2, Ausgabe Oktober 1981.

Internationale Patentklassifikation

G 01 J
G 02

DK 535.2-2 : 628.9 : 001.4 : 53.081.6/.7 März 1982

Strahlungsphysik im optischen Bereich und Lichttechnik

Strahlungsphysikalische Begriffe und Konstanten

DIN 5031 Teil 8

Physics of radiation in the field of optics and illuminating engineering; definitions and constants of radiation physics

Physique de radiation optique et technique d'éclairage; définitions et constantes de la physique de radiation

Ersatz für Ausgabe 05.77

DIN 5031 umfaßt die folgenden einzelnen Teile:

Teil 1 Strahlungsphysik im optischen Bereich und Lichttechnik; Größen, Formelzeichen und Einheiten der Strahlungsphysik

Teil 2 Strahlungsphysik im optischen Bereich und Lichttechnik; Strahlungsbewertung durch Empfänger

Teil 3 Strahlungsphysik im optischen Bereich und Lichttechnik; Größen, Formelzeichen und Einheiten der Lichttechnik

Teil 4 Strahlungsphysik im optischen Bereich und Lichttechnik; Wirkungsgrade

Teil 5 Strahlungsphysik im optischen Bereich und Lichttechnik; Temperaturbegriffe

Teil 6 Strahlungsphysik im optischen Bereich und Lichttechnik; Pupillen-Lichtstärke als Maß für die Netzhautbeleuchtung

Teil 7 Strahlungsphysik im optischen Bereich und Lichttechnik; Benennung der Wellenlängenbereiche

Teil 8 Strahlungsphysik im optischen Bereich und Lichttechnik; Strahlungsphysikalische Begriffe und Konstanten

Teil 9 Strahlungsphysik im optischen Bereich und Lichttechnik; Lumineszenz-Begriffe

Teil 10 (Vornorm) Strahlungsphysik im optischen Bereich und Lichttechnik; Größen, Formel- und Kurzzeichen für photobiologisch wirksame Strahlung

Beiblatt 1 zu DIN 5031 Strahlungsphysik im optischen Bereich und Lichttechnik; Inhaltsverzeichnis über Größen, Formelzeichen und Einheiten sowie Stichwortverzeichnis zu DIN 5031 Teil 1 bis Teil 10

1 Allgemeine Begriffe

1.1 Periode T

Kleinstes Intervall der unabhängigen Veränderlichen, nach dem sich ein periodischer Vorgang wiederholt.

Anmerkung: Bei Strahlungsvorgängen ist die unabhängige Veränderliche die Zeit. Die Periode wird dort meist als Periodendauer (Schwingungsdauer) bezeichnet.

1.2 Frequenz f, v

Kehrwert der Periode T:

$$f = \frac{1}{T} \tag{1}$$

Anmerkung: Dient die Zeit als unabhängige Veränderliche, so ist die Einheit der Frequenz das Hertz ($1\,\text{Hz} = 1\,\text{s}^{-1}$).

1.3 Wellenlänge λ

Längenabstand zwischen aufeinanderfolgenden (gleichzeitig vorhandenen) Punkten gleicher Phase, in Richtung der Wellenausbreitung gemessen.

1.4 Wellenzahl σ, $\tilde{\nu}$

Kehrwert der Wellenlänge λ:

$$\sigma = \frac{1}{\lambda} \tag{2}$$

1.5 Strahlung

Aussendung oder Übertragung von Energie in Form von elektromagnetischen Wellen oder Korpuskeln.

1.6 Photon

Elementarquantum der elektromagnetischen Strahlungsenergie, gegeben durch das Produkt aus dem Planckschen Wirkungsquantum h und der Frequenz f der elektromagnetischen Strahlung.

1.7 Monochromatische Strahlung

Elektromagnetische Strahlung in dem infinitesimalen Wellenlängenbereich $d\lambda$, die nur einer Wellenlänge zugeordnet werden kann.

Im erweiterten Sinn auch Strahlung eines sehr kleinen Wellenlängenbereichs $\Delta\lambda$, der durch Angabe einer einzelnen Wellenlänge (Schwerpunktswellenlänge) gekennzeichnet werden kann.

Fortsetzung Seite 2 bis 4

Normenausschuß Lichttechnik (FNL) im DIN Deutsches Institut für Normung e. V.
Normenausschuß Einheiten und Formelgrößen (AEF) im DIN

1.8 Zusammengesetzte Strahlung

Strahlung, die aus verschiedenen monochromatischen Strahlungen zusammengesetzt ist.

1.9 Spektrum (einer Strahlung)

a) Durch die Zerlegung einer zusammengesetzten Strahlung in ihre monochromatischen Komponenten entstehende Erscheinung.

b) (Spektrale) Zusammensetzung einer Strahlung.

Anmerkung: Beispiele zur Bedeutung b): Kontinuierliches Spektrum, Linienspektrum.

1.10 Spektrallinie

Monochromatische Strahlung, die beim Übergang zwischen verschiedenen Energieniveaus emittiert oder absorbiert wird.

1.11 Emission

Aussendung von Strahlungsenergie.

2 Strahler

2.1 Temperaturstrahler

Strahlungsquelle, die Temperaturstrahlung aussendet. (Siehe auch Abschnitt 4.1.)

2.2 Schwarzer (Planckscher) Strahler

Temperaturstrahler, dessen spektrale Strahldichte bei jeder Temperatur unabhängig von der Richtung für alle Wellenlängen den von allen Temperaturstrahlern maximal möglichen Wert hat (Emissionsgrad 1).

2.3 Grauer Strahler

Nicht selektiver Strahler, dessen spektraler Emissionsgrad unabhängig von der Wellenlänge und kleiner als 1 ist. Dies gilt im allgemeinen nur in einem begrenzten Spektralbereich.

2.4 Kontinuumsstrahler

Strahler, dessen Strahlung sich kontinuierlich auf einen größeren Wellenlängenbereich verteilt.

2.5 Selektivstrahler

Strahler, dessen spektraler Emissionsgrad in dem betrachteten Spektralbereich von der Wellenlänge abhängig ist.

2.6 Linienstrahler

Strahler, der Spektrallinien aussendet.

2.7 Lambertscher Strahler

Strahler mit in allen Richtungen gleicher Strahldichte (Leuchtdichte).

3 Kennzeichnung der spektralen Strahlungsverteilung

3.1 Spektrale Verteilung (einer Strahlungsgröße: Strahlungsfluß, Strahlstärke usw.)

Spektrale Dichte der Strahlungsgröße als Funktion der Wellenlänge.

Die spektrale Dichte $X_{e\lambda}$ einer Strahlungsgröße ist der Quotient aus der Strahlungsgröße X_e, die für ein infinitesimales, bei einer bestimmten Wellenlänge gelegenes Intervall betrachtet wird, und diesem Wellenlängenintervall $\mathrm{d}\lambda$:

$$X_{e\lambda} = \frac{\mathrm{d}X_e}{\mathrm{d}\lambda} \tag{3}$$

Gewöhnlich wird die relative spektrale Verteilung einer Strahlungsgröße verwendet, d. h. die spektrale Dichte bezogen auf einen beliebigen Wert der spektralen Dichte der Strahlungsgröße.

3.2 Strahlungsfunktion $S(\lambda)$

Kennzeichnung der spektralen Beschaffenheit einer Strahlung (z. B. Beschreibung einer Lichtart) durch die relative spektrale Verteilung einer beliebigen Strahlungsgröße (Strahlungsleistung, Strahlstärke usw.).

3.3 Lichtart

Strahlung bestimmter Strahlungsfunktion, soweit sie die Farbe von Objekten beeinflussen kann oder die durch die Strahlungsfunktion gekennzeichnete Eigenschaft einer Lichtquelle.

Eine Reihe von Lichtarten werden übereinkommensgemäß durch Kurzzeichen bezeichnet, z. B. (siehe DIN 5033 Teil 7) Lichtart B (für Sonnenlicht), Lichtart G (für Vakuum-Glühlampenlicht), Lichtart P (für Petroleum- und Kerzenlicht), Lichtart XE (für Xenon-Licht), Lichtart D55 und D75 (für Tageslicht mit ähnlichsten Farbtemperaturen von rund 5500 K bzw. 7500 K).

3.4 Normlichtart (siehe DIN 5033 Teil 7)

Lichtart, die für bevorzugte Verwendung in den nationalen und internationalen Normen empfohlen wird. Die folgenden Normlichtarten sind festgelegt: Normlichtart A entsprechend dem Schwarzen (Planckschen) Strahler bei $T = 2855{,}6$ K (für Glühlampenlicht). Normlichtart C entsprechend Tageslicht mit einer ähnlichsten Farbtemperatur von $T_n = 6774$ K (für künstliches Tageslicht im sichtbaren Spektralbereich), Normlichtart D65 (entsprechend Tageslicht mit einer ähnlichsten Farbtemperatur von $T_n = 6504$ K) für natürliches Tageslicht mit der genannten ähnlichsten Farbtemperatur.

3.5 Energiegleiches Spektrum

Strahlungsfunktion, die in gleichen Wellenlängenintervallen gleiche Strahlungsleistung enthält ($S(\lambda)$ = konst.).

4 Gesetze der Temperaturstrahlung

4.1 Temperaturstrahlung

Temperaturstrahlung heißt jede elektromagnetische Strahlung, die thermisch angeregt ist. Sie wird allein von der Art und der Temperatur des strahlenden Körpers bestimmt und auch Wärmestrahlung genannt (siehe DIN 5496).

4.2 Plancksches Strahlungsgesetz

Gesetz, das die Abhängigkeit der spektralen Strahldichte eines Schwarzen (Planckschen) Strahlers von der Wellenlänge und der Temperatur angibt.

Für die insgesamt abgegebene (unpolarisierte) spektrale Strahldichte $L_{e\lambda,\,S}$ gilt:

$$L_{e\lambda,\,S}(T) = c_1 \cdot n^{-2} \cdot \lambda^{-5} \left(e^{\frac{c_2}{n\lambda T}} - 1\right)^{-1} \cdot \pi^{-1} \cdot \Omega_0^{-1} \tag{4}$$

Hierin bedeuten:

$c_1 = 2\pi h c^2$	1. Konstante des Planckschen Strahlungsgesetzes
$c_2 = \dfrac{h \cdot c}{k}$	2. Konstante des Planckschen Strahlungsgesetzes
h	Plancksches Wirkungsquantum
c	Lichtgeschwindigkeit
T	Thermodynamische Temperatur
k	Boltzmannsche Konstante
n	Brechzahl des umgebenden Mediums
$\Omega_0 = 1$ sr	Einheitsraumwinkel

4.3 Wiensches Strahlungsgesetz

Näherungsformel für das Plancksche Strahlungsgesetz, bei der die Zahl 1 in der Klammer vernachlässigt wird. Diese Näherung gilt für den Fall genügend kleiner Werte von $\lambda \cdot T$:

$$L_{e\lambda,S}(T) = c_1 \cdot \lambda^{-5} \cdot e^{-c_2/(\lambda \cdot T)} \cdot \pi^{-1} \cdot \Omega_0^{-1} \quad (5)$$

Anmerkung: Die Näherung gilt mit einer relativen Unsicherheit von kleiner als 1 ‰, wenn der Wert von $\lambda \cdot T < 0{,}002$ m · K ist.

4.4 Strahlungsgesetz von Rayleigh-Jeans

Näherungsformel für das Plancksche Strahlungsgesetz, bei der die Glieder höherer Ordnung in der Potenzreihenentwicklung des Planckschen Strahlungsgesetzes vernachlässigt werden. Diese Näherung gilt für den Fall genügend großer Werte von $\lambda \cdot T$:

$$L_{e\lambda,S}(T) = c_1 \cdot c_2^{-1} \cdot \lambda^{-4} \cdot T \cdot \pi^{-1} \cdot \Omega_0^{-1} \quad (6)$$

Anmerkung: Die Näherung gilt mit einer relativen Unsicherheit von kleiner als 1 %, wenn der Wert von $\lambda \cdot T > 0{,}72$ m · K ist.

4.5 Stefan-Boltzmannsches Strahlungsgesetz

Beziehung zwischen der spezifischen Ausstrahlung eines Schwarzen (Planckschen) Strahlers und seiner Temperatur:

$$M_{e,S}(T) = \sigma \cdot T^4 \quad (7)$$

Hierin bedeutet:

$\sigma = \dfrac{2\,\pi^5 \cdot k^4}{15 \cdot h^3 \cdot c^2}$ Stefan-Boltzmannsche Strahlungskonstante

4.6 Wiensches Verschiebungsgesetz

Beziehung zwischen der Wellenlänge λ_{max}, bei der die spektrale Strahldichte der Strahlung des Schwarzen (Planckschen) Strahlers ihr Maximum hat und der Temperatur T des Schwarzen (Planckschen) Strahlers:

$$\lambda_{max} \cdot T = w \quad (8)$$

Hierin bedeutet:

w Wiensche Verschiebungskonstante

4.7 Kirchhoffsches Strahlungsgesetz

Beziehung zwischen der spektralen Strahldichte $L_{e\lambda}(T)$ eines beliebigen Temperaturstrahlers und der spektralen Strahldichte $L_{e\lambda,S}(T)$ des Schwarzen (Planckschen) Strahlers, der die gleiche thermodynamische Temperatur T hat wie der zu kennzeichnende beliebige Temperaturstrahler:

$$\frac{L_{e\lambda}(T)}{L_{e\lambda,S}(T)} = \varepsilon(\lambda, T) = \alpha(\lambda, T) \quad (9)$$

Hierin bedeuten:

$\varepsilon(\lambda, T)$ spektraler gerichteter Emissionsgrad (siehe Abschnitt 4.8.1) des beliebigen Temperaturstrahlers bei der Temperatur T.

$\alpha(\lambda, T)$ spektraler Absorptionsgrad des beliebigen Temperaturstrahlers bei gerichteter Einstrahlung in der der spektralen Strahldichte $L_{e\lambda}(T)$ entsprechenden Richtung bei der Temperatur T.

4.8 Spektraler Emissionsgrad (siehe DIN 5036 Teil 1)

4.8.1 Spektraler gerichteter Emissionsgrad $\varepsilon(\lambda, \vartheta, \varphi)$ eines Temperaturstrahlers

Der spektrale gerichtete Emissionsgrad $\varepsilon(\lambda, \vartheta, \varphi)$ eines Temperaturstrahlers in einer Richtung ist das Verhältnis der spektralen Strahldichte $L_{e\lambda}(\vartheta, \varphi)$ des betrachteten Temperaturstrahlers bei der Abstrahlungsrichtung (Winkel ϑ, φ) zur spektralen Strahldichte $L_{e\lambda,S}$ des Schwarzen (Planckschen) Strahlers bei gleicher Temperatur:

$$\varepsilon(\lambda, \vartheta, \varphi) = \frac{L_{e\lambda}(\vartheta, \varphi)}{L_{e\lambda,S}} \quad (10)$$

Anmerkung: Hier wird in Anlehnung an DIN 5496 die Abstrahlungsrichtung durch die Winkel ϑ, φ, statt durch ε_2 gekennzeichnet.

4.8.2 Spektraler halbräumlicher Emissionsgrad $\varepsilon(\lambda)$ eines Temperaturstrahlers

Der spektrale halbräumliche Emissionsgrad $\varepsilon(\lambda)$ eines Temperaturstrahlers ist das Verhältnis der spektralen spezifischen Ausstrahlung $M_{e\lambda}$ des betrachteten Temperaturstrahlers zur spektralen spezifischen Ausstrahlung $M_{e\lambda,S}$ des Schwarzen (Planckschen) Strahlers bei gleicher Temperatur:

$$\varepsilon(\lambda) = \frac{M_{e\lambda}}{M_{e\lambda,S}} \quad (11)$$

5 Wichtige Konstanten

Die Zahlenwerte der Konstanten sind im folgenden nach den zur Zeit geltenden gesetzlichen Bestimmungen angegeben.

1. Konstante des Planckschen Strahlungsgesetzes
   $c_1 = 3{,}741832 \cdot 10^{-16}$ W · m²
2. Konstante des Planckschen Strahlungsgesetzes
   $c_2 = 1{,}438786 \cdot 10^{-2}$ m · K

Platinerstarrungstemperatur
$T_{pt} = 2042$ K

Goldpunkt
$T_{au} = 1337{,}58$ K

Maximalwert des photometrischen Strahlungsäquivalentes
für Tagessehen $K_m = 683$ lm/W
für Nachtsehen $K'_m = 1699$ lm/W
für Tagessehen, Großfeldnormalbeobachter (10°-Gesichtsfeld) $K_{m,10} = 684$ lm/W

Plancksches Wirkungsquantum
$h = 6{,}626176 \cdot 10^{-34}$ W · s²

Vakuumlichtgeschwindigkeit
$c_o = 2{,}99792458 \cdot 10^8$ m · s⁻¹

Boltzmannsche Entropiekonstante
$k = 1{,}380662 \cdot 10^{-23}$ W · s · K

Stefan-Boltzmannsche Strahlungskonstante
$\sigma = 5{,}67032 \cdot 10^{-8}$ W · m⁻² · K⁻⁴

Wiensche Verschiebungskonstante
$w = 2{,}8978 \cdot 10^{-3}$ m · K

Solarkonstante
$E_{eo} = 1{,}37$ kW · m⁻²

Anmerkung: Von der Internationalen Beleuchtungskommission (CIE) ist die Solarkonstante mit $E_{eo} = 1{,}35$ kW · m⁻² angegeben (siehe „Empfehlung für die Gesamtbestrahlungsstärke und die spektrale Verteilung künstlicher Sonnenstrahlung für Prüfzwecke"; CIE-Publikation Nr 20, (TC-2.2) (1972) [1]).

Zitierte Normen und andere Unterlagen

DIN 5033 Teil 7 Farbmessung; Meßbedingungen für Körperfarben

DIN 5036 Teil 1 Strahlungsphysikalische und lichttechnische Eigenschaften von Materialien; Begriffe, Kennzahlen

DIN 5496 Temperaturstrahlung

[1] CIE-Publikation Nr 20 (TC-2.2) (1972), Empfehlung für die Gesamtbestrahlungsstärke und die spektrale Verteilung künstlicher Sonnenstrahlung für Prüfzwecke [1])

Frühere Ausgaben

DIN 5031 Teil 8: 05.77

Änderungen

Gegenüber der Ausgabe Mai 1977 wurden folgende Änderungen vorgenommen:

In Abschnitt 4.2 wurde beim Planckschen Strahlungsgesetz die Formel für ein vom Vakuum abweichendes Medium ergänzt. Ferner wurden in Abschnitt 5 die durch die Neudefinition der Candela erforderlichen Änderungen bei der Angabe der Maximalwerte des photometrischen Strahlungsäquivalents durchgeführt.

---

[1]) Zu beziehen bei: FNL-Geschäftsstelle im DIN, Burggrafenstraße 4–10, 1000 Berlin 30

DK 53"7" : 389 : 001.4 Juni 1983

Zeitabhängige Größen

Benennungen der Zeitabhängigkeit

DIN 5483 Teil 1

Time-dependent quantities; terms for the time-dependency

Ersatz für Ausgabe 03.83

Inhalt

Fortsetzung Seite 2 bis 14

Normenausschuß Einheiten und Formelgrößen (AEF) im DIN Deutsches Institut für Normung e. V.
Deutsche Elektrotechnische Kommission im DIN und VDE (DKE)

Die für zeitabhängige Größen benutzten Formelzeichen stellen nur Beispiele dar; über die verschiedenen Möglichkeiten siehe DIN 5483 Teil 2. Die hier verwendeten Ordinatengrößen $x(t)$ haben die Dimension Eins.

Nr	Benennung und Bild	Erklärung und Bemerkungen
1	**Gleichbleibender Vorgang, Gleichvorgang** 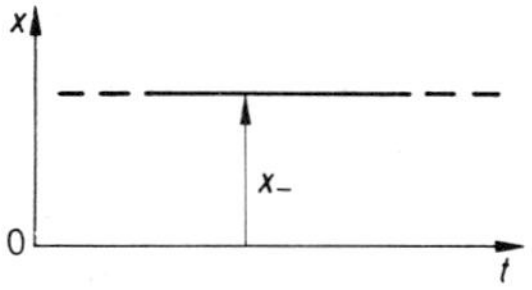	Ein Vorgang, dessen Augenblickswert x_- zeitlich konstant ist. Beispiele: Gleichbleibende Temperatur, gleichbleibende Geschwindigkeit, Gleichkraft, Gleichspannung, Gleichstrom. In der Elektrotechnik spricht man auch dann von Gleichspannung und Gleichstrom, wenn dem konstanten Wert kleine, für die beabsichtigte Wirkung unwesentliche Schwankungen überlagert sind oder wenn der Wert selbst, z. B. in einem Starkstromnetz infolge von Belastungsschwankungen, zeitlich schwankt.
2	**Periodischer Vorgang, periodische Schwingung** 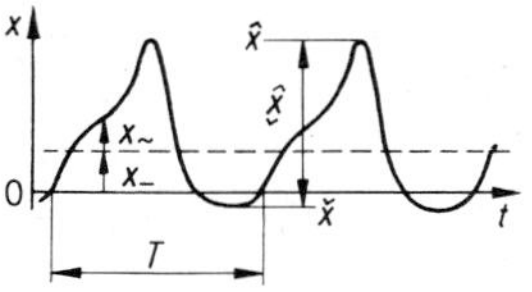	Ein Vorgang, dessen Augenblickswert x einen periodischen Zeitverlauf hat: $x(t-nT)=x(t)$ Hierbei bedeuten n jede beliebige ganze Zahl, T die Periodendauer (kürzester Zeitabschnitt, nach dem sich der Vorgang periodisch wiederholt) und $f=1/T$ die (Perioden-) Frequenz. Der periodische Vorgang läßt sich darstellen als Summe eines Gleichvorganges nach Nr 1 und eines Wechselvorganges nach Nr 2.1: $x=x_-+x_\sim$ x_- ist der Gleichanteil und $x_\sim$ der Wechselanteil der Mischgröße x. Die Differenz $\hat{\check{x}}$ zwischen dem Maximalwert $\hat{x}$ und dem Minimalwert $\check{x}$ nennt man Schwingungsbreite (Schwankung, Spitze-Tal-Wert). Beispiele: Periodische Bewegung, Geschwindigkeit, elektrische Spannung; periodischer elektrischer Strom. Periodisch zeitabhängige elektrische Spannungen und Ströme mit Gleichanteil werden in der elektrischen Energietechnik auch Mischspannungen und Mischströme genannt (siehe DIN 40 110, Ausgabe Oktober 1975, Abschnitt 1.1).
2.1	**Wechselvorgang, Wechselschwingung; in der Akustik: Klang** 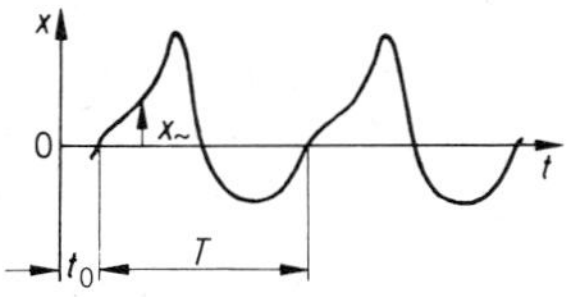	Ein Vorgang, dessen Augenblickswert $x_\sim$ einen periodischen Zeitverlauf mit dem linearen Mittelwert Null hat: $x_\sim(t-nT)=x_\sim(t);\quad \int_{t_0}^{t_0+T} x(t)\,\mathrm{d}t=0$ t_0 beliebiger Zeitpunkt Beispiele: Wechselausschlag, Wechselbeschleunigung, Wechselkraft, Schwingung eines Pendels, elektrische Wechselspannung, elektrischer Wechselstrom. Anmerkung: Meist ist diese Wechselschwingung gemeint, wenn von „Schwingung" schlechthin gesprochen wird; aber auch andere Vorgänge werden Schwingungen genannt; siehe Nr 4.3 und DIN 1311 Teil 1, Ausgabe Februar 1974, Abschnitt 3.

Nr	Benennung und Bild	Erklärung und Bemerkungen
2.2	**Sinusvorgang, Sinusschwingung; in der Akustik: Ton** 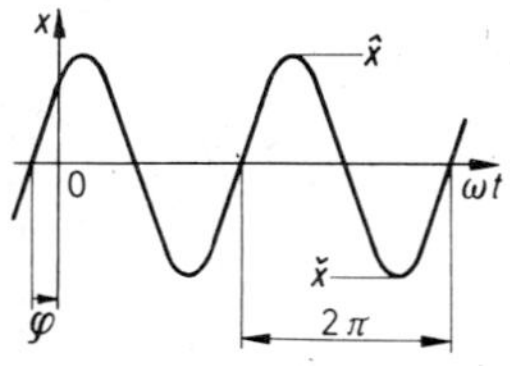	Ein Wechselvorgang $x(t)$, dessen Augenblickswert x sinusförmig mit der Zeit t verläuft: $x(t) = \hat{x} \sin(\omega t + \varphi)$ Hierin sind $\hat{x}$ die Amplitude, $\omega = 2\pi f = 2\pi/T$ die Kreisfrequenz (Winkelfrequenz), f die (Perioden-)Frequenz, T die Periodendauer und φ der Nullphasenwinkel; $\check{x}$ ist der Minimalwert und $\tilde{x} = \hat{x}/\sqrt{2}$ der Effektivwert (siehe DIN 5483 Teil 2). Beispiele: Sinusausschlag, elektrischer Sinusstrom. Bei zwei zusammenwirkenden Sinusvorgängen gleicher Frequenz wird die Differenz der Nullphasenwinkel φ_2 und φ_1 Phasenverschiebungswinkel $\varphi_0 = \varphi_2 - \varphi_1$ genannt. Beispiele: Phasenverschiebungswinkel zwischen Kraft und Ausschlag, zwischen elektrischer Spannung und elektrischem Strom. Anmerkung: Die Sinusschwingung wurde früher auch harmonische Schwingung genannt (siehe DIN 1311 Teil 1, Ausgabe Februar 1974, Abschnitt 3.2).
3	**Mehrphasiger Sinusvorgang, Mehrphasenvorgang** 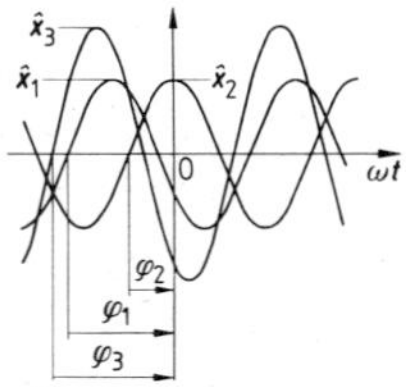 (Beispiel: $m = 3$)	Mehrere, in einem gemeinsamen System zusammenwirkende gleichartige Sinusvorgänge von gleicher Frequenz, mit beliebigen Amplituden und verschiedenen Nullphasenwinkeln: $x_1 = \hat{x}_1 \sin(\omega t + \varphi_1)$ $x_2 = \hat{x}_2 \sin(\omega t + \varphi_2)$ . . . . $x_m = \hat{x}_m \sin(\omega t + \varphi_m)$ m Anzahl der Stränge (Über mehrphasige elektrische Spannungen und Ströme siehe DIN 40 108, Ausgabe Mai 1978, Abschnitte 1.1.2.2, 2.1, 4.2 und DIN 40 110, Ausgabe Oktober 1975, Abschnitt 2.)
3.1	**Symmetrischer mehrphasiger Sinusvorgang, symmetrischer Mehrphasenvorgang** 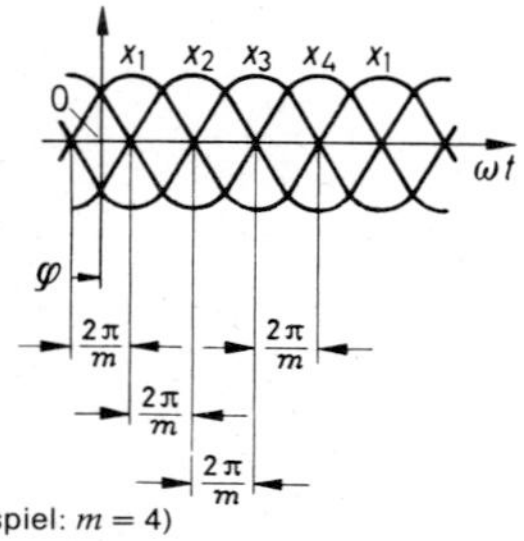(Beispiel: $m = 4$)	Sinusvorgänge nach Nr 3 mit gleichen Amplituden $\hat{x}$ und mit Nullphasenwinkeln, die sich um den gleichen Betrag unterscheiden: $x_1 = \hat{x} \sin(\omega t + \varphi)$ $x_2 = \hat{x} \sin\left(\omega t + \varphi - \frac{2\pi}{m}\right)$ $x_3 = \hat{x} \sin\left(\omega t + \varphi - 2\,\frac{2\pi}{m}\right)$ . . . . $x_m = \hat{x} \sin\left[\omega t + \varphi - (m-1)\,\frac{2\pi}{m}\right]$ m Anzahl der Stränge Beispiele: Mehrphasige (m-phasige) elektrische Spannung, mehrphasiger (m-phasiger) elektrischer Strom, Dreiphasiger elektrischer Strom heißt üblicherweise Drehstrom.
4	**Sinusverwandter Vorgang, sinusverwandte Schwingung**	Ein dem Sinusvorgang nach Nr 2.2 ähnlicher Vorgang, entsprechend der Beziehung $x(t) = \hat{x}(t) \sin \psi(t)$, bei dem sich die Amplitude $\hat{x}(t)$ zeitlich ändert oder der Phasenwinkel $\psi(t)$, anders als linear mit der Zeit, d.h. anders als nach der Formel $(\omega_T t + \varphi)$ zunimmt oder beide sich ändern ($\omega_T = 2\pi f_T$ zeitlich konstante Kreisfrequenz, f_T Trägerfrequenz, φ zeitlich konstanter Nullphasenwinkel). Beispiele: Schwebungsvorgang nach Nr 4.1, modulierter Sinusvorgang nach Nr 4.2, wachsender oder schwindender Sinusvorgang nach Nr 4.3.

Nr	Benennung und Bild	Erklärung und Bemerkungen
4.1	**Schwebungsvorgang, Schwebung** allgemeine Schwebung 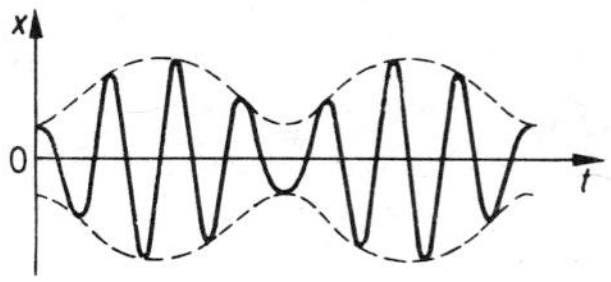 reine Schwebung 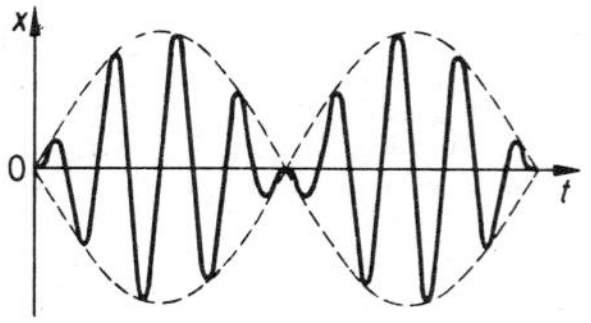	Summe zweier Sinusvorgänge mit (meist wenig) verschiedenen Kreisfrequenzen ω_1 und ω_2: $x = \hat{x}_1 \sin(\omega_1 t + \varphi_1) + \hat{x}_2 \sin(\omega_2 t + \varphi_2)$ Die Bäuche oder Täler der Hüllkurven folgen im Takt der Schwebungsfrequenz $f_s = \|f_2 - f_1\| = \|(\omega_2 - \omega_1)/2\pi\|$ aufeinander. Die reine Schwebung ergibt sich bei gleichen Amplituden $\hat{x}_1$ und $\hat{x}_2$.
4.2	**Modulierter Sinusvorgang, modulierte Sinusschwingung**	Ein sinusverwandter Vorgang nach Nr 4: $x(t) = \hat{x}(t) \sin \psi(t)$, bei dem sich die Amplitude $\hat{x}(t)$ oder die Phasenwinkelabweichung $\Delta\psi(t)$ oder die Kreisfrequenz $\omega(t)$ zeitlich, entsprechend einem modulierenden (zeitabhängigen) Vorgang, ändern. Man nennt die entsprechenden Modulationsarten Amplituden-, Phasen- und Frequenzmodulation; Phasen- und Frequenzmodulation werden unter dem Begriff „Winkelmodulation" zusammengefaßt. Amplituden- und Winkelmodulation können auch gleichzeitig auftreten. Der unmodulierte Sinusvorgang wird Trägerschwingung oder Träger genannt, seine Frequenz $f_T = \frac{\omega_T}{2\pi}$ heißt Trägerfrequenz. Der modulierende Vorgang hängt eindeutig von dem zu übertragenden Nachrichten- oder Signalvorgang ab; im einfachsten Fall ist er mit diesem Vorgang identisch. Ist der modulierende Vorgang ein Sinusvorgang, so heißt seine Frequenz Modulationsfrequenz und ist: $f_M = \frac{\omega_M}{2\pi}$
4.2.1	**Amplitudenmodulierter Sinusvorgang, amplitudenmodulierte Sinusschwingung** 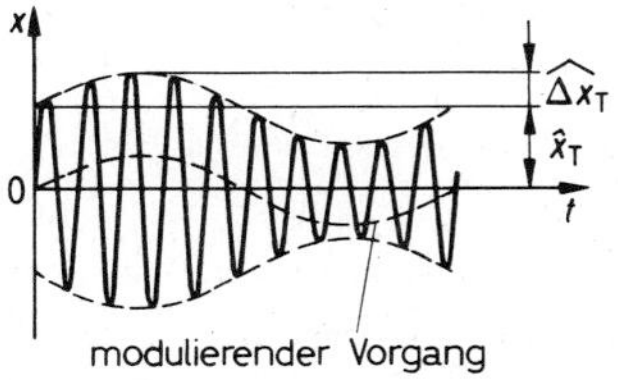 modulierender Vorgang	Die Amplitude $\hat{x}(t)$ ändert sich zeitlich entsprechend einem modulierenden Vorgang, im einfachsten Fall sinusförmig: $\hat{x}(t) = \hat{x}_T + \widehat{\Delta x}_T \sin \omega_M t$ $\hat{x}_T$ Trägeramplitude, $\widehat{\Delta x}_T$ Amplitudenhub (siehe Anmerkung), $\frac{\widehat{\Delta x}_T}{\hat{x}_T}$ Modulationsgrad, $f_M = \frac{\omega_M}{2\pi}$ Modulationsfrequenz. Die Kreisfrequenz $\omega(t) = \omega_T = \frac{d\psi(t)}{dt}$ ist konstant; $f_T = \frac{\omega_T}{2\pi}$ heißt Trägerfrequenz. Das Zeitgesetz lautet: $x(t) = (\hat{x}_T + \widehat{\Delta x}_T \sin \omega_M t) \sin(\omega_T t + \varphi)$ Anmerkung: Streng genommen müßte der Amplitudenhub – da er der Scheitelwert der Änderung eines Scheitelwertes ist – durch zwei Dächer gekennzeichnet sein: $\widehat{\Delta \hat{x}}_T$

Nr	Benennung und Bild	Erklärung und Bemerkungen
4.2.2	**Winkelmodulierter Sinusvorgang, winkelmodulierte Sinusschwingung**	Die Phasenwinkelabweichung $\Delta\psi(t)$ des modulierten vom unmodulierten Sinusvorgang ändert sich zeitlich in eindeutiger Abhängigkeit von einem modulierenden Vorgang. Der Begriff des winkelmodulierten Sinusvorganges umfaßt die beiden möglichen Formen des phasenmodulierten (siehe Nr 4.2.2.1) und des frequenzmodulierten (siehe Nr 4.2.2.2) Vorganges.
4.2.2.1	**Phasenmodulierter Sinusvorgang, phasenmodulierte Sinusschwingung** 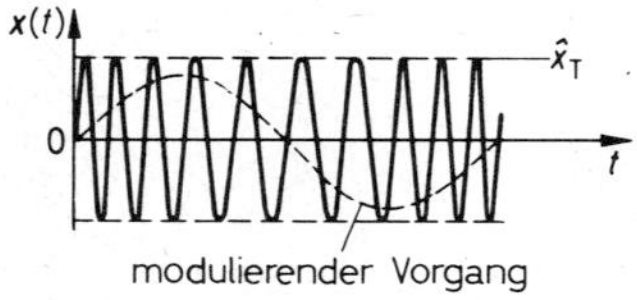 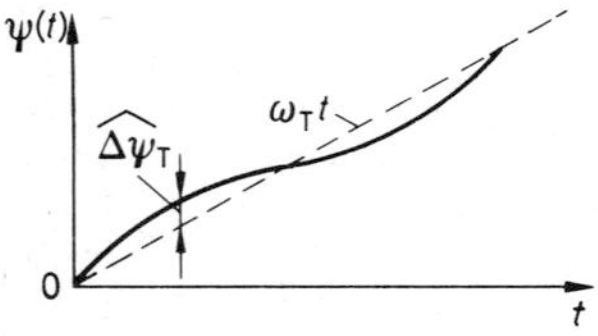 $x(t)$ $\hat{x}_T$ 0 t modulierender Vorgang $\psi(t)$ $\omega_T t$ $\widehat{\Delta\psi_T}$ 0 t	Die Phasenwinkelabweichung $\Delta\psi(t)$ des modulierten vom unmodulierten Sinusvorgang ändert sich zeitlich, proportional zu einem modulierenden Vorgang, im einfachsten Fall sinusförmig: $$\Delta\psi(t) = \psi(t) - (\omega_T t + \varphi) = \widehat{\Delta\psi_T} \sin \omega_M t$$ Dabei ist $\widehat{\Delta\psi_T}$ Phasenhub, $f_M = \frac{\omega_M}{2\pi}$ Modulationsfrequenz. Die Amplitude $\hat{x}(t)$ ist konstant und gleich $\hat{x}_T$. Das Zeitgesetz lautet: $$x(t) = \hat{x}_T \sin(\omega_T t + \varphi + \widehat{\Delta\psi_T} \sin \omega_M t)$$
4.2.2.2	**Frequenzmodulierter Sinusvorgang, frequenzmodulierte Sinusschwingung** 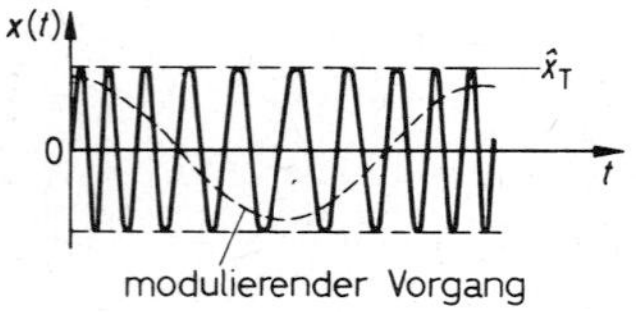 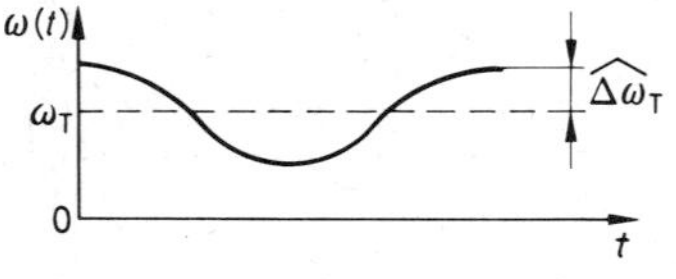 $x(t)$ $\hat{x}_T$ 0 t modulierender Vorgang $\omega(t)$ ω_T $\widehat{\Delta\omega_T}$ 0 t	Die Kreisfrequenz $\omega(t) = \frac{d\psi(t)}{dt}$ ändert sich zeitlich entsprechend einem modulierenden Vorgang, im einfachsten Fall sinusförmig: $$\omega(t) = \omega_T + \widehat{\Delta\omega_T} \cos \omega_M t$$ $f_T = \frac{\omega_T}{2\pi}$ Trägerfrequenz (Mittenfrequenz), $\widehat{\Delta f_T} = \frac{\widehat{\Delta\omega_T}}{2\pi}$ Frequenzhub, $m = \frac{\widehat{\Delta\omega_T}}{\omega_T}$ Modulationsgrad, $f_M = \frac{\omega_M}{2\pi}$ Modulationsfrequenz. Der Scheitelwert des Phasenhubes $\eta = \frac{\widehat{\Delta\omega_T}}{\omega_M}$ ist der Modulationsindex. Die Amplitude $\hat{x}(t)$ ist konstant und gleich $\hat{x}_T$. Das Zeitgesetz lautet: $$x(t) = \hat{x}_T \sin\left(\omega_T t + \varphi + \frac{\widehat{\Delta\omega_T}}{\omega_M} \sin \omega_M t\right)$$ Anmerkung 1: Im Schrifttum findet man als Formelzeichen für den Modulationsindex statt η gelegentlich auch M. Anmerkung 2: Bei einem sinusförmigen modulierenden Vorgang unterscheidet sich der Zeitverlauf des frequenzmodulierten und des phasenmodulierten Sinusvorganges nicht, wenn die modulierenden Vorgänge in beiden Fällen, wie dargestellt, gleiche Frequenz haben, um den Phasenwinkel $\pi/2$ gegeneinander verschoben sind und der Phasenhub in beiden Fällen gleich groß ist.

Nr	Benennung und Bild	Erklärung und Bemerkungen
4.3	**Exponentiell wachsender (anklingender) Sinusvorgang;** **exponentiell schwindender (abklingender) Sinusvorgang** 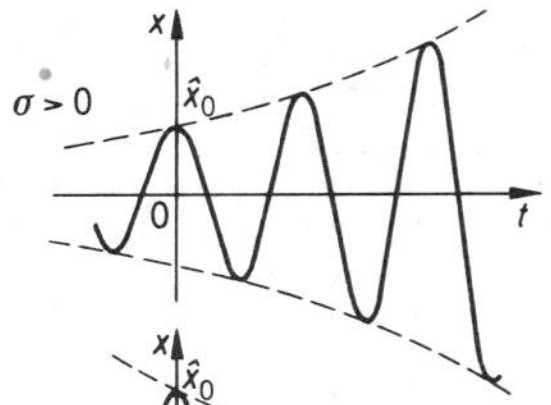 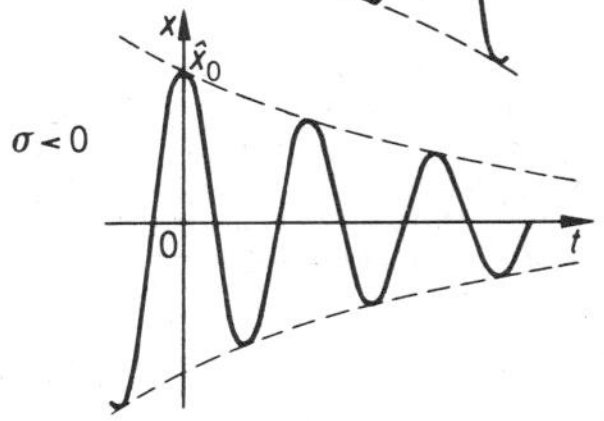	Ein sinusverwandter Vorgang mit zeitlich konstanter Kreisfrequenz ω (entsprechend ω_T nach Nr 4), dessen Amplitude nach einem Exponentialgesetz wächst (anklingt): $x(t) = \hat{x}_0 e^{\sigma t} \cos \omega t = \frac{\hat{x}_0}{2} [e^{(\sigma + j\omega)t} + e^{(\sigma - j\omega)t}]$ $= \frac{\hat{x}_0}{2} (e^{\underline{p}t} + e^{\underline{p}^* t}) = \hat{x}_0 \operatorname{Re} (e^{\underline{p}t})$ $\sigma > 0$ Anklingkoeffizient, Wuchskoeffizient $\underline{p} = \sigma + j\omega$ komplexe Kreisfrequenz, komplexer Anklingkoeffizient, $\underline{p}^* = \sigma - j\omega$ konjugiert komplexe Kreisfrequenz, konjugiert komplexer Anklingkoeffizient Für den in der Realität häufiger vorkommenden Fall des exponentiell schwindenden (abklingenden) Sinusvorganges wird der Wuchskoeffizient σ negativ und ersetzt durch den Abklingkoeffizienten $\delta = -\sigma > 0$. Anmerkung: Das Formelzeichen p kann (nach DIN 1304, Ausgabe Februar 1978, Nr 2.12, und IEC-Publikation 27-2 (1972), Nr 122) auch durch s ersetzt werden.
5	**Impuls, impulsförmiger Vorgang, Stoß**	Ein Vorgang, dessen Augenblickswerte nur innerhalb einer beschränkten Zeitspanne merklich von Null abweichen und der innerhalb dieser Zeitspanne einen beliebigen Zeitverlauf hat. Er ist gekennzeichnet durch die Impulsform (siehe Nr 5.1), die Impulsamplitude (siehe Nr 5.1.1), die Impulsdauer (siehe Nr 5.1.2) sowie durch den Zeitpunkt seines Auftretens.
5.1	**Impulsform**	Ein bis auf Proportionalitätsfaktoren für Wert und Zeit festgelegter Verlauf des Impulses (siehe z. B. Nr 5.2 bis Nr 5.4).
5.1.1	**Impulsamplitude**	Ein die Höhe des Impulses kennzeichnender Wert, z. B. der Spitzenwert.
5.1.2	**Impulsdauer**	Eine in verschiedener Weise definierbare Größe τ, z. B. die Zeitspanne zwischen dem ersten und dem letzten Überschreiten vorgegebener Schwellenwerte. Unter Halbwertdauer versteht man diejenige Zeitspanne, in der der Augenblickswert 50 % der Impulsamplitude überschreitet. Die Impulsdauer kann auch durch die Dauer eines flächen- oder energiegleichen Rechteckimpulses mit gleicher Impulsamplitude definiert werden.
5.1.3	**Erste Übergangsdauer eines Impulses**	Die Dauer zwischen den beiden Zeitpunkten, in denen die Augenblickswerte des Impulses das erste Mal vorgegebene Werte annehmen, z. B. 10 % bzw. 90 % der Impulsamplitude, sofern die Impulsform nicht zu einer anderen Festlegung zwingt. Anmerkung: Bisher Anstiegsdauer
5.1.4	**Letzte Übergangsdauer eines Impulses**	Die Dauer zwischen den beiden Zeitpunkten, in denen die Augenblickswerte des Impulses das letzte Mal vorgegebene Werte annehmen, z. B. 90 % bzw. 10 % der Impulsamplitude, sofern die Impulsform nicht zu einer anderen Festlegung zwingt. Anmerkung: Bisher Abfalldauer

Nr	Benennung und Bild	Erklärung und Bemerkungen
5.2	**Unipolarer (einseitiger) Impuls, Stoß** 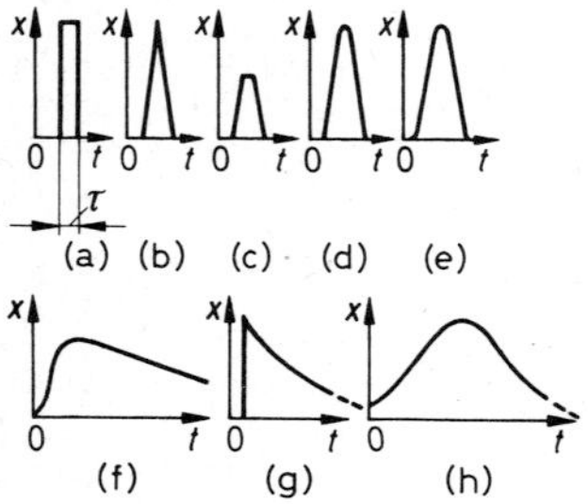 x 0 t τ (a) (b) (c) (d) (e) (f) (g) (h)	Ein Impuls, dessen Augenblickswert während der gesamten Dauer keinen Polaritätswechsel erfährt. Üblich ist eine Benennung nach der Kurvenform, z. B. Rechteckimpuls (a), Dreieckimpuls (b), Trapezimpuls (c), Sinusimpuls (d), Sinusquadratimpuls (e), ungleich an- und abklingender Impuls (f), Exponentialimpuls (g), Gauß-Impuls, d. h. Impuls mit der Kurvenform nach der Gaußschen Fehlerverteilungskurve (h). Beispiel aus der Hochspannungstechnik: Stoßspannung (Verlauf etwa nach Bild f), siehe VDE 0433 Teil 3, 4.66, Bild 1a).
5.3	**Bipolarer Impuls, Wechselimpuls; in der Akustik: Knall** 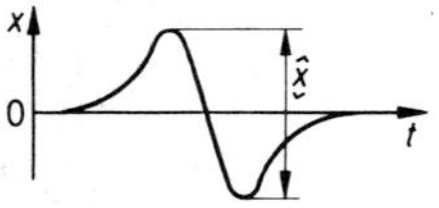 x 0 t $\hat{x}$ $\check{x}$	Ein Impuls, dessen Augenblickswert während der gesamten Dauer einen Polaritätswechsel erfährt, wobei die vom Kurvenzug umfaßten Flächen oberhalb und unterhalb der Zeitachse einander gleich sind. Der bipolare Impuls kann durch Differentiation des unipolaren Impulses nach der Zeit erzeugt werden.
5.4	**Sinusschwingungsimpuls, kurz: Schwingungsimpuls; in der Akustik: Tonimpuls** 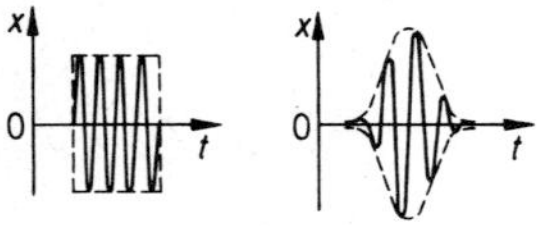 x 0 t	Ein Sinusvorgang, dessen Hüllkurven (im positiven und negativen Bereich) den Zeitverlauf eines unipolaren Impulses haben. Beispiele: Hochfrequenzimpuls, Gauß-Ton.
6	**Puls, Pulsvorgang, periodische Impulsfolge; in der Akustik: Impulsklang** 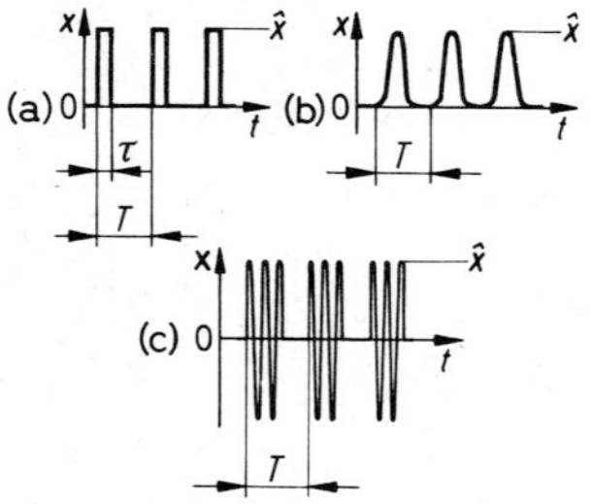 x $\hat{x}$ (a) 0 t τ T (b) 0 (c) 0	Ein periodischer Vorgang mit der Periodendauer T, der aus einer Folge von gleichen Impulsen (siehe Nr 5) besteht. Ein Puls kann gekennzeichnet werden z. B. durch die Pulsfrequenz (Impulsfolgefrequenz) $f = 1/T$, die Impulsamplitude (siehe Nr 5.1.1), die Impulsdauer τ (siehe Nr 5.1.2) und den Impuls-Phasenverschiebungswinkel $\Delta\varphi$ (siehe Nr 6.1). Häufig wird bei der Benennung der Pulse auch auf die Impulsform (siehe Nr 5.1) Bezug genommen, z. B. Rechteckpuls (a), Dreieck-, Sinus- oder Sinusquadratpuls (b) (siehe Nr 5.2), Schwingungspuls (e) (siehe Nr 5.4). Beim Rechteckpuls heißt τ/T Tastgrad. Das Zeitgesetz des Pulses lautet: $$x(t) = \hat{x}_T \sum_{n=-\infty}^{+\infty} r(t - nT)$$ Darin ist $\hat{x}_T\, r(t)$ der Zeitverlauf eines den Pulsvorgang bestimmenden einzelnen Impulses mit der Amplitude $\hat{x}_T$.
6.1	**Impuls-Phasenverschiebungswinkel**	Gegeben durch $\Delta\varphi = 2\pi\, \Delta T/T$, wobei ΔT die zeitliche Abweichung eines Impulses von einem Bezugsimpuls in einem Puls der Periodendauer T ist.

Nr	Benennung und Bild	Erklärung und Bemerkungen
7	**Modulierter Puls**	Ein dem Pulsvorgang nach Nr 6 verwandter Vorgang, bei dem sich die Impulsamplitude (siehe Nr 5.1.1), die Impulsdauer (siehe Nr 5.1.2), der Impuls-Phasenverschiebungswinkel (siehe Nr 6.1) oder die Pulsfrequenz gegenüber dem unmodulierten Puls in eindeutiger Abhängigkeit von einem modulierenden Vorgang (siehe Nr 4.2 und Nr 7.1 bis 7.3) zeitlich ändern. Man nennt die entsprechenden Modulationsarten Pulsamplituden-, Pulsdauer-, Pulsphasen- und Pulsfrequenz-Modulation. Da sowohl die Pulsphasen- als auch die Pulsfrequenz-Modulation eine zeitliche Verschiebung der einzelnen Impulse gegenüber den entsprechenden Impulsen des unmodulierten Pulses zur Folge hat, werden diese auch unter dem Begriff Pulszeit-Modulation zusammengefaßt. Der unmodulierte Puls wird auch Pulsträger oder Träger genannt. Der modulierende Vorgang muß in seiner Bandbreite auf die Hälfte der Pulsfrequenz begrenzt sein.
7.1	**Amplitudenmodulierter Puls** 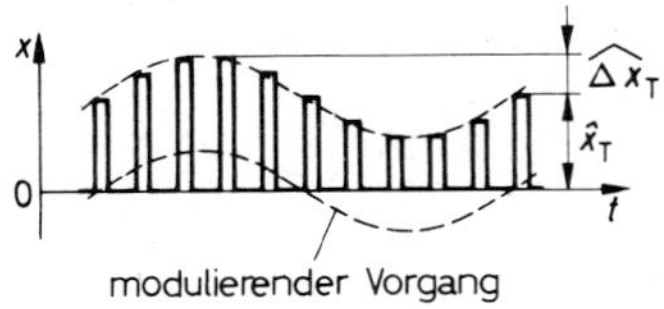	Ein modulierter Puls nach Nr 7, bei dem sich ausschließlich die Impulsamplitude zeitlich ändert und dabei den zeitgleichen Augenblickswerten eines modulierenden Vorganges entspricht. Ist der modulierende Vorgang im einfachsten Fall sinusförmig, so lautet das Zeitgesetz: $x(t) = \sum_{n=-\infty}^{+\infty} (\hat{x}_T + \widehat{\Delta x_T} \sin \omega_M nT)\, r(t-nT)$ Darin wird $\widehat{\Delta x_T}/\hat{x}_T$ mit Modulationsgrad bezeichnet.
7.2	**Zeitmodulierter Puls**	Ein modulierter Puls nach Nr 7, bei dem sich die zeitliche Verschiebung der einzelnen Impulse gegen die Zeitlage der Impulse des unmodulierten Pulses in eindeutiger Abhängigkeit von einem modulierenden Vorgang ändert.
7.2.1	**Phasenmodulierter Puls** 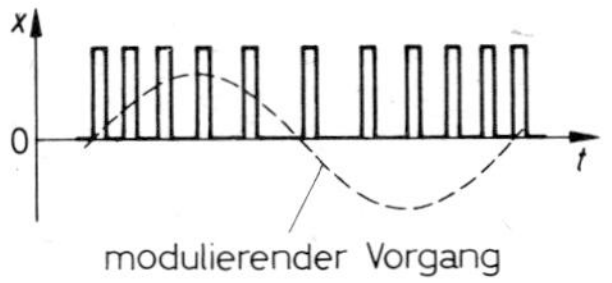	Ein zeitmodulierter Puls nach Nr 7.2, bei dem sich der Impuls-Phasenverschiebungswinkel (siehe Nr 6.1) zeitlich entsprechend einem modulierenden Vorgang ändert. Ist der modulierende Vorgang im einfachsten Fall sinusförmig, so lautet das Zeitgesetz: $x(t) = \hat{x}_T \sum_{n=-\infty}^{+\infty} r(t - nT - \frac{\widehat{\Delta \Psi}}{2\pi} T \sin \omega_M nT)$ Darin sind $\widehat{\Delta \Psi}$ der Phasenhub und $\widehat{\Delta \Psi}\, T/2\pi$ der Zeithub.
7.2.2	**Frequenzmodulierter Puls** 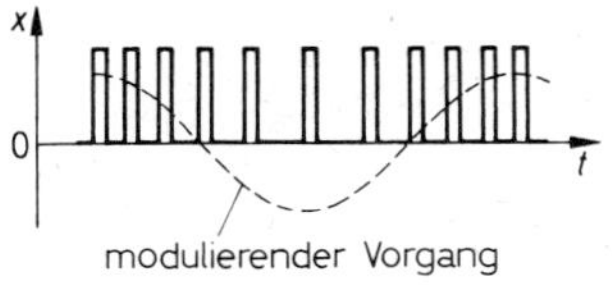	Ein zeitmodulierter Puls nach Nr 7.2, bei dem sich die Pulsfrequenz zeitlich entsprechend einem modulierenden Vorgang ändert. Ist der modulierende Vorgang im einfachsten Fall sinusförmig, so lautet das Zeitgesetz: $x(t) = \hat{x}_T \sum_{n=-\infty}^{+\infty} r(t - nT - \frac{\widehat{\Delta f}\, T}{\omega_M} \sin \omega_M nT)$ Darin sind $\widehat{\Delta f}$ der Frequenzhub und $\widehat{\Delta f}\, T/\omega_M$ der Zeithub; der Phasenhub ist $\widehat{\Delta \Psi} = \widehat{\Delta f}/f_M$.
7.3	**Dauermodulierter Puls** 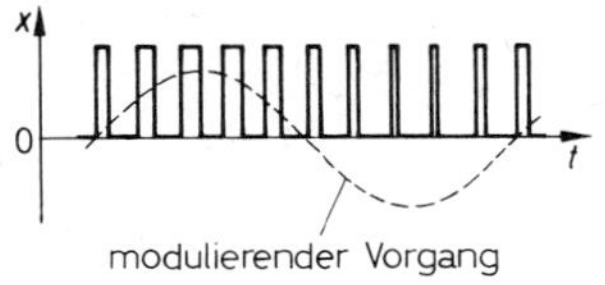	Ein modulierter Puls nach Nr 7, bei dem sich die Impulsdauer zeitlich entsprechend einem modulierenden Vorgang ändert. Ist der modulierende Vorgang im einfachsten Fall sinusförmig, so lautet das Zeitgesetz: $x(t) = \hat{x}_T \sum_{n=-\infty}^{+\infty} \Big[\varepsilon(t - nT + \frac{\tau}{2} + \widehat{\Delta \tau} \sin \omega_M nT) - \varepsilon(t - nT - \frac{\tau}{2} - \widehat{\Delta \tau} \sin \omega_M nT)\Big]$ Darin sind $\varepsilon(t)$ ein Sprungvorgang (siehe Nr 8.1), τ die Impulsdauer im unmodulierten Puls und $\widehat{\Delta \tau}$ der Zeithub der beiden Impulsflanken.

Nr	Benennung und Bild	Erklärung und Bemerkungen
8	**Sprung und dessen Differentialquotienten nach der Zeit**	
8.1	**Sprung, Sprungvorgang** 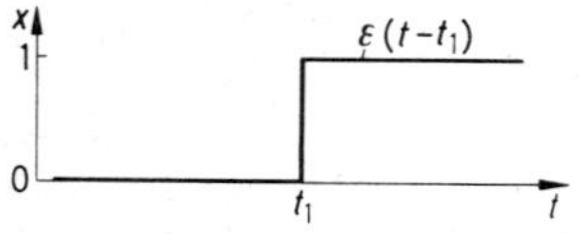 x; 1; 0; $\varepsilon(t-t_1)$; t_1; t	Ein Vorgang, dessen Augenblickswert bis zu einem bestimmten Zeitpunkt einen konstanten Wert und von diesem Zeitpunkt an einen anderen konstanten Wert annimmt. Das Bild zeigt den Einheitssprung $\varepsilon(t-t_1)$, der zum Zeitpunkt $t = t_1$, von Null auf Eins springt.
8.2	**Delta-Impuls, Dirac-Impuls** 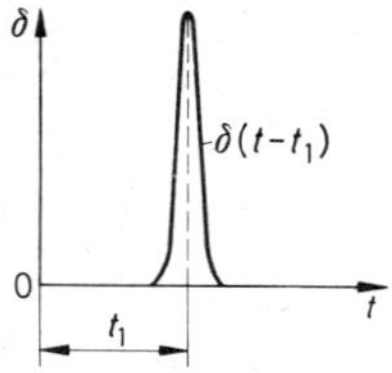 δ; 0; $\delta(t-t_1)$; t_1; t	Grenzfall des unipolaren Impulses nach Nr 5.2, bei dem die gesamte Dauer beliebig klein und der Maximalwert beliebig groß wird, derart, daß die Impulsfläche den Wert Eins behält. Der idealisierte Delta-Impuls kann als Differentialquotient des Einheitssprunges (siehe Nr 8.1) nach der Zeit aufgefaßt werden: $\delta(t) = \frac{\mathrm{d}\,\varepsilon(t)}{\mathrm{d}\,t}$ Anmerkung: Die Dimension des Delta-Impulses ist Zeit^{-1}.
8.3	**Idealisierter Wechselimpuls, idealisierter Impuls zweiter Ordnung; in der Akustik: idealisierter Knall** 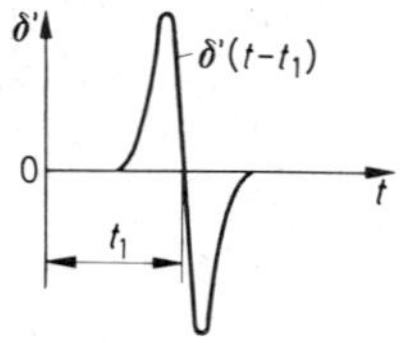 δ'; 0; $\delta'(t-t_1)$; t_1; t	Grenzfall des bipolaren Impulses nach Nr 5.3, bei dem die gesamte Dauer beliebig klein und die Impulsschwankung (Spitze-Tal-Wert) beliebig groß wird, derart, daß die vom Kurvenzug umfaßten Flächen oberhalb und unterhalb der Zeitachse gleich bleiben. Der idealisierte Wechselimpuls kann als Differentialquotient des Delta-Impulses (siehe Nr 8.2) nach der Zeit aufgefaßt werden. Anmerkung: Die Dimension des idealisierten Wechselimpulses ist Zeit^{-2}.
9	**Linearer Anstiegsvorgang, Keilvorgang** 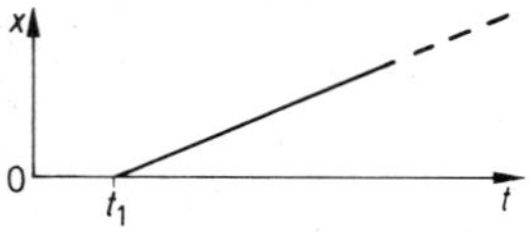 x; 0; t_1; t	Ein Vorgang $x(t)$, dessen Augenblickswert bis zu einem bestimmten Zeitpunkt $t = t_1$ den Wert Null hat und von diesem Zeitpunkt an linear mit der Zeit ansteigt. Es gilt: $x(t) = k \cdot (t - t_1) \cdot \varepsilon(t - t_1)$ Dabei ist k ein Koeffizient, der die Steilheit des Anstiegs bestimmt und die Dimension Zeit^{-1} hat.

Nr	Benennung und Bild	Erklärung und Bemerkungen
10	**Übergangsvorgang, Ausgleichsvorgang** 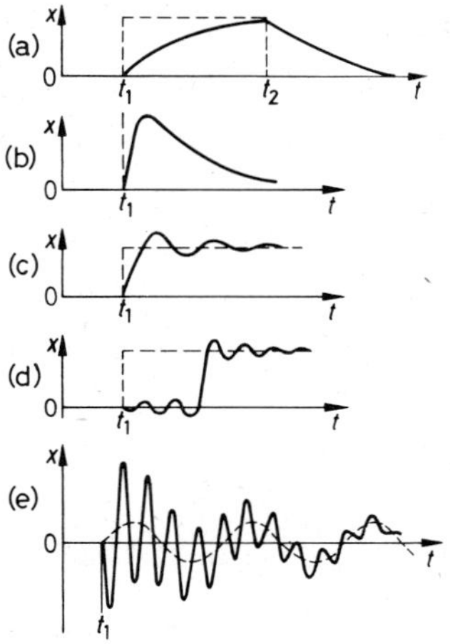 (a) (b) (c) (d) (e)	Wird in einem mechanischen oder elektrischen System in irgendeiner Weise ein plötzlicher Übergang von einem periodischen Vorgang (oder Gleichvorgang) in einen anderen erzwungen, so geht das System in einem Übergangsvorgang vom anfänglichen periodischen Vorgang (oder Gleichvorgang) in den späteren Vorgang über. Der Ausgleichsvorgang ist die Differenz zwischen dem Übergangsvorgang und dem (durch die gestrichelten Linien in den Bildern dargestellten) erzwungenen späteren periodischen Vorgang (oder Gleichvorgang). Anmerkung: Hinsichtlich der Sonderfälle „Einschwingvorgänge" und „Ausschwingvorgänge" siehe Nr 4.3 dieser Norm und DIN 1311 Teil 2, Ausgabe Dezember 1974, Abschnitt 4.1.3.
11	**Rauschvorgang** 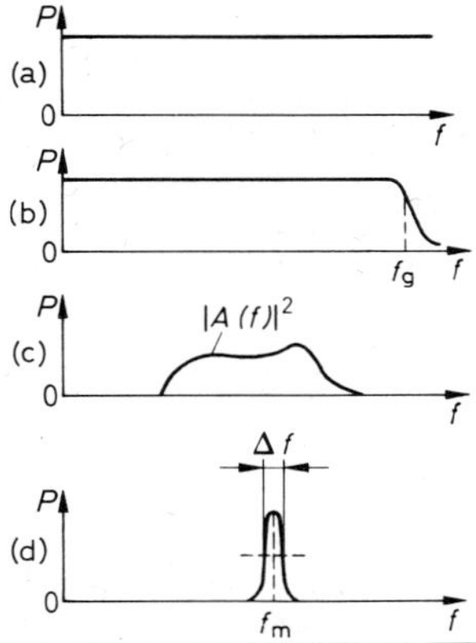 (a) (b) (c) $\|A(f)\|^2$ (d) Δf f_m	Ein Rauschvorgang ist ein stochastischer Prozeß, der ständig, aber nicht periodisch verläuft und nur mit Hilfe statistischer Kenngrößen beschrieben werden kann. Solche sind der lineare und der quadratische Mittelwert als Kennkonstanten, die Leistungsdichte P und die damit verknüpfte Autokorrelationsfunktion als Kennfunktionen im Frequenz- und Zeitbereich. Je nach dem Verlauf der Leistungsspektren unterscheidet man die folgenden Grundtypen von Schwankungsvorgängen: a) Weißes Rauschen mit konstanter (frequenzunabhängiger) Leistungsdichte als idealisierter Grenzfall; b) breitbandiges Rauschen mit frequenzunabhängigem Verlauf der Leistungsdichte bis zu einer oberen Grenzfrequenz f_g, z. B. 3-dB-Grenzfrequenz; c) farbiges Rauschen, durch lineare Filterung aus breitbandigem Rauschen entstanden ($A(f)$ ist der Frequenzgang des Filters); d) schmalbandiges Rauschen, dessen Leistungsdichte sich eng um eine Mittenfrequenz f_m gruppiert ($\Delta f \ll f_m$); e) rosa Rauschen, wobei die Leistungsdichte umgekehrt proportional zur Frequenz ist.

Anhang A

Nr	Benennung und Bild	Englische (E) und französische (F) Benennung in Anlehnung an IEC 27-1, IEC 27-1A, IEC 50(101) und IEC 469-1
A.1	Gleichbleibender Vorgang, Gleichvorgang	E: constant (time-independent) phenomenon F: phénomène constant (indépendant du temps)
A.2	Periodischer Vorgang, periodische Schwingung	E: periodic phenomenon (periodic oscillation) F: phénomène périodique (oscillation périodique)
A.2.1	Wechselvorgang, Wechselschwingung; in der Akustik: Klang	E: alternating phenomenon (alternating oscillation); in acoustics: complex sound F: phénomène alternatif (oscillation alternative); dans l'acoustique: son complexe
A.2.2	Sinusvorgang, Sinusschwingung; in der Akustik: Ton	E: sinusoidal phenomenon (sinusoidal oscillation); in acoustics: tone F: phénomène sinusoïdal (oscillation sinusoïdale); dans l'acoustique: ton
A.3	Mehrphasiger Sinusvorgang, Mehrphasenvorgang	E: polyphase (sinusoidal) phenomenon F: phénomène (sinusoïdal) polyphasé
A.3.1	Symmetrischer mehrphasiger Sinusvorgang, symmetrischer Mehrphasenvorgang	E: symmetrical polyphase (sinusoidal) phenomenon F: phénomène (sinusoïdal) polyphasé symétrique
A.4	Sinusverwandter Vorgang, sinusverwandte Schwingung	E: quasi sinusoidal phenomenon (wave) F: phénomène quasi sinusoïdal (onde quasi sinusoïdale)
A.4.1	Schwebungsvorgang, Schwebung	E: beat F: battement
A.4.2	Modulierter Sinusvorgang, modulierte Sinusschwingung	E: modulated sinusoidal phenomenon (wave) F: phénomène sinusoïdal modulé (onde sinusoïdale modulée)
A.4.2.1	Amplitudenmodulierter Sinusvorgang, amplitudenmodulierte Sinusschwingung	E: amplitude modulated sinusoidal phenomenon (wave) F: phénomène sinusoïdal modulé en amplitude (onde sinusoïdale modulée en amplitude)
A.4.2.2	Winkelmodulierter Sinusvorgang, winkelmodulierte Sinusschwingung	E: phase-angle modulated sinusoidal phenomenon (wave) F: phénomène sinusoïdal modulé en angle de phase (onde sinusoïdale modulée en angle de phase)
A.4.2.2.1	Phasenmodulierter Sinusvorgang, phasenmodulierte Sinusschwingung	E: phase modulated sinusoidal phenomenon (wave) F: phénomène sinusoïdal modulé en phase (onde sinusoïdale modulée en phase)

Nr	Benennung und Bild	Englische (E) und französische (F) Benennung in Anlehnung an IEC 27-1, IEC 27-1A, IEC 50(101) und IEC 469-1
A.4.2.2.2	Frequenzmodulierter Sinusvorgang, frequenzmodulierte Sinusschwingung	E: frequency modulated sinusoidal phenomenon (wave) F: phénomène sinusoïdal modulé en fréquence (onde sinusoïdale modulée en fréquence)
A.4.3	Exponentiell wachsender (anklingender) Sinusvorgang; exponentiell schwindender (abklingender) Sinusvorgang	E: exponentially increasing sinusoidal phenomenon (wave); exponentially decreasing sinusoidal phenomenon (wave) F: phénomène sinusoïdal (onde sinusoïdale) augmentant exponentiellement); phénomène sinusoïdal (onde sinusoïdale) diminuant exponentiellement
A.5	Impuls, impulsförmiger Vorgang, Stoß	E: pulse F: impulsion
A.5.1	Impulsform	E: pulse shape F: contour d'impulsion
A.5.1.1	Impulsamplitude	E: pulse amplitude F: amplitude d'impulsion
A.5.1.2	Impulsdauer	E: pulse duration F: durée d'impulsion
A.5.1.3	Erste Übergangsdauer eines Impulses	E: first transition duration of a pulse F: durée de la première transition d'une impulsion
A.5.1.4	Letzte Übergangsdauer eines Impulses	E: last transition duration of a pulse F: durée de la dernière transition d'une impulsion
A.5.2	Unipolarer (einseitiger) Impuls, Stoß	E: unipolar pulse F: impulsion unipolaire
A.5.3	Bipolarer Impuls, Wechselimpuls; in der Akustik: Knall	E: bipolar pulse, double pulse; in acoustics: shock pulse F: impulsion bipolaire, impulsion double; dans l'acoustique: impulsion de choc
A.5.4	Sinusschwingungsimpuls, kurz: Schwingungsimpuls; in der Akustik: Tonimpuls	E: sinusoidal pulse; in acoustics: tone pulse F: impulsion sinusoïdale; dans l'acoustique: impulsion sonore
A.6	Puls, Pulsvorgang, periodische Impulsfolge; in der Akustik: Impulsklang	E: pulse train; in acoustics: series of pulses F: train d'impulsions; dans l'acoustique: série d'impulsions
A.6.1	Impuls-Phasenverschiebungswinkel	E: phase difference of a pulse F: différence de phase (déphasage) d'une impulsion

Nr	Benennung und Bild	Englische (E) und französische (F) Benennung in Anlehnung an IEC 27-1, IEC 27-1A, IEC 50(101) und IEC 469-1
A.7	Modulierter Puls	E: modulated pulse train F: train d'impulsions modulé
A.7.1	Amplitudenmodulierter Puls	E: amplitude modulated pulse train F: train d'impulsions modulé en amplitudes
A.7.2	Zeitmodulierter Puls	E: (time) interval modulated pulse train F: train d'impulsions modulé en intervalles de temps
A.7.2.1	Phasenmodulierter Puls	E: phase angle modulated pulse train F: train d'impulsions modulé en angle de phase
A.7.2.2	Frequenzmodulierter Puls	E: frequency modulated pulse train F: train d'impulsions modulé en fréquence
A.7.3	Dauermodulierter Puls	E: time duration modulated pulse train F: train d'impulsion modulé en durée de temps
A.8	Sprung und dessen Differentialquotienten nach der Zeit	
A.8.1	Sprung, Sprungvorgang	E: (Heaviside) unit step F: échelon unité, fonction de Heaviside
A.8.2	Delta-Impuls, Dirac-Impuls	E: unit pulse, Dirac function F: percussion unité, distribution de Dirac
A.8.3	Idealisierter Wechselimpuls, idealisierter Impuls zweiter Ordnung; in der Akustik: idealisierter Knall	E: unit doublet; in acoustics: ideal shock pulse F: doublet unité; dans l'acoustique: impulsion de choc idéale
A.9	Linearer Anstiegsvorgang, Keilvorgang	E: ramp F: rampe
A.10	Übergangsvorgang, Ausgleichsvorgang	E: transient phenomenon F: phénomène transitoire
A.11	Rauschvorgang	E: (random) noise F: bruit (aléatoire)

Zitierte Normen und andere Unterlagen

DIN 1304	Allgemeine Formelzeichen
DIN 1311 Teil 1	Schwingungslehre; Kinematische Begriffe
DIN 5483 Teil 2	Zeitabhängige Größen; Formelzeichen
DIN 40 108	Elektrische Energietechnik; Stromsysteme; Begriffe, Größen, Formelzeichen
DIN 40 110	Wechselstromgrößen
VDE 0433 Teil 3	Erzeugung und Messung von Hochspannungen; Bestimmungen für die Erzeugung und Anwendung von Stoßspannungen und Stoßströmen für Prüfzwecke
IEC 27-1	Letter symbols to be used in electrical technology; Part 1: General
IEC 27-1A	Letter symbols to be used in electrical technology; Part 1: General; Clause 4a: Time-dependant quantities
IEC 27-2	Letter symbols to be used in electrical technology; Part 2: Telecommunications and electronics
IEC 50(101)	International electrotechnical vocabulary; Chapter 101: Mathematics
IEC 469-1	Pulse techniques and apparatus; Part 1: Pulse terms and definitions

Frühere Ausgaben

DIN 40 113: 07.40
DIN 5488: 02.64, 01.69
DIN 5483 Teil 1: 03.83

Änderungen

Gegenüber DIN 5488/01.69 wurden folgende Änderungen vorgenommen:

Die Norm-Nummer in DIN 5483 Teil 1 geändert. Der Inhalt wurde hinsichtlich der Terminologie an DIN 1311 über Schwingungslehre angepaßt sowie vollständig redaktionell überarbeitet.

Die Begriffe für impulsförmige Vorgänge wurden ergänzt.

Gegenüber der Ausgabe März 1983 wurde folgender Druckfehler berichtigt:
Die beiden oberen Bilder in den Abschnitten 4.2.2.1 und 4.2.2.2 wurden miteinander vertauscht.

Internationale Patentklassifikation

G 06 G 7/22
H 03 K 3/80

September 1994

Zeitabhängige Größen

Teil 3: Komplexe Darstellung sinusförmig zeitabhängiger Größen

DIN 5483-3

ICS 01.060.10

Deskriptoren: Größe, Einheit, Formelgröße

Ersatz für Ausgabe 1984-06

Time-dependent quantities – Part 3: complex representation of sinusoidal time-dependent quantities

Inhalt

1 Vorbemerkung

Im DIN 5483-1 und DIN 5483-2 werden als allgemeine Formelzeichen die Buchstaben x, y, z benutzt. Um in der vorliegenden Norm Verwechslungen mit den in der komplexen Rechnung verwendeten Formelzeichen $\underline{z} = x + \mathrm{j}y$ auszuschließen, wird für die komplex darzustellende Größe in Übereinstimmung mit IEC 375 : 1972, das allgemeine Formelzeichen $\underline{a}$ verwendet.

Komplexe Größen werden durch Unterstreichen der jeweiligen Formelzeichen gekennzeichnet.

ANMERKUNG 1: In der Praxis kann häufig auf das Unterstreichen verzichtet werden, wenn Unterscheidungen nicht erforderlich und Irrtümer nicht möglich sind (übereinstimmend mit DIN 1302 : 1994-04, Abschnitt 4); dann müssen Beträge gekennzeichnet werden.

ANMERKUNG 2: In dieser Norm wird für die imaginäre Einheit das in der Elektrotechnik gebräuchliche Zeichen j benutzt, siehe auch DIN 1302 : 1994-04, Abschnitt 4.1.

2 Komplexe Darstellung von Sinusgrößen

2.1 Allgemeines

Ein physikalischer Vorgang, der sich durch eine Sinusfunktion oder eine Cosinusfunktion mit linear von der Zeit abhängigem Argument beschreiben läßt, heißt Sinusschwingungsgröße, kurz Sinusgröße (siehe DIN 1311-1 : 1974-02, Abschnitt 1). Sinusgrößen können vorteilhaft in komplexer Form geschrieben werden. Hierdurch vereinfacht sich ihre mathematische Behandlung wesentlich, und es ergibt sich eine anschauliche Darstellung.

2.2 Drehzeiger

Eine Sinusgröße $a(t)$ läßt sich durch einen komplexen Augenblickswert $\underline{a}(t)$ darstellen. Dieser kann in der komplexen Ebene durch einen Drehzeiger (rotierenden Zeiger) abgebildet werden, dessen Projektion auf die reelle Koordinatenachse Re $(\underline{a}(t))$ zu jedem Zeitpunkt t die Größe $a(t)$ ergibt (siehe Bild 1). Es gilt

$$\underline{a}(t) = \hat{a}\mathrm{e}^{\mathrm{j}(\omega t + \varphi_\mathrm{a})} = \hat{a}\mathrm{e}^{\mathrm{j}\omega t}\,\mathrm{e}^{\mathrm{j}\varphi_\mathrm{a}} = \hat{a}\exp\left(\mathrm{j}(\omega t + \varphi_\mathrm{a})\right) = \hat{a}\,\underline{/\,\omega t + \varphi_\mathrm{a}} = \hat{a}\left(\cos(\omega t + \varphi_\mathrm{a}) + \mathrm{j}\sin(\omega t + \varphi_\mathrm{a})\right) \quad (1)$$

und

$$a(t) = \mathrm{Re}\left(\underline{a}(t)\right) = \hat{a}\cos(\omega t + \varphi_\mathrm{a}). \quad (2)$$

Fortsetzung Seite 2 bis 9

Normenausschuß Einheiten und Formelgrößen (AEF) im DIN Deutsches Institut für Normung e.V.
Deutsche Elektrotechnische Kommission im DIN und VDE (DKE)

In den Gleichungen (1) und (2) bedeuten $\hat{a}$ die Amplitude, ω die Kreisfrequenz (Winkelfrequenz), das ist hier die Drehgeschwindigkeit (Winkelgeschwindigkeit) des rotierenden Zeigers, φ_a den Nullphasenwinkel (siehe DIN 1311-1 : 1974-02, 1.4 und 1.5.1) und $\angle$ das Versorzeichen. Das Versorzeichen steht für $e^{j\cdots}$.

ANMERKUNG 1: Der Drehzeiger wird auch Versor (Dreher) genannt.

ANMERKUNG 2: Die übrigen Formelzeichen, z. B. die Nebenzeichen ˆ, ˜, ′, ″, sowie weitere Indizes sind teils in späteren Abschnitten dieser Norm, teils in DIN 5483-2 erklärt.

Der Nullphasenwinkel φ_a kann für eine Größe, die Bezugsgröße, willkürlich gewählt werden, z. B. $\varphi_a = 0$. Für weitere Sinusgrößen ergeben sich deren Nulllphasenwinkel durch die mit φ_a getroffene Festlegung des Zeitpunktes $t = 0$.

Eine der Gleichung (2) gleichwertige Darstellung für eine Sinusgröße ist

$$a(t) = \frac{1}{2}\left(\underline{a}(t) + \underline{a}^*(t)\right) = \hat{a}\cos(\omega t + \varphi_a) \tag{3}$$

mit $\underline{a}^*(t) = \hat{a}\,e^{-j(\omega t + \varphi_a)}$ als dem zu $\underline{a}(t)$ konjugiert komplexen Drehzeiger, der entgegengesetzt, d. h. mit der Kreisfrequenz $-\omega$, umläuft (siehe Bild 2).

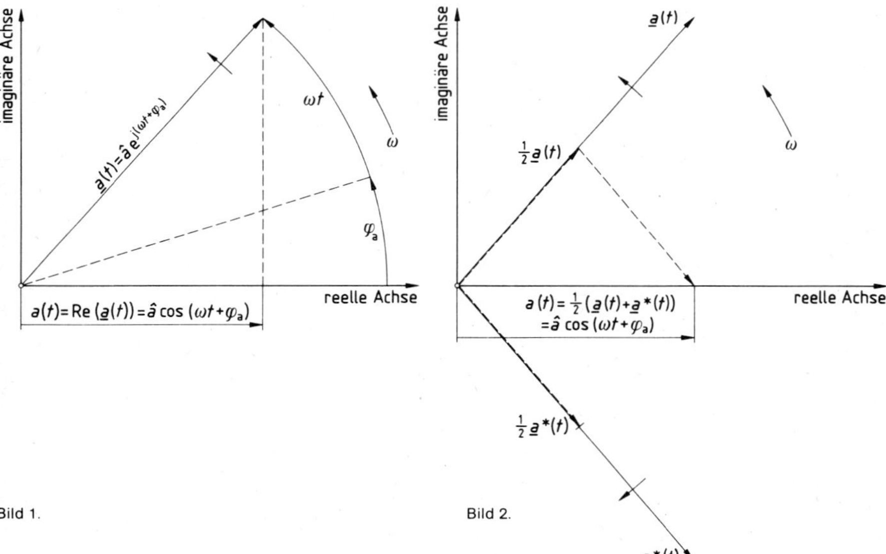

Bild 1. Bild 2.

2.3 Ruhende Zeiger

2.3.1 Statt nach Bild 1 den Zeiger mit der Kreisfrequenz ω zu drehen, kann man auch das Koordinatensystem, auf das projiziert wird, entgegengesetzt, das heißt mit der Kreisfrequenz $-\omega$, umlaufen lassen. Das bedeutet eine Division durch den Zeitfaktor $e^{j\omega t}$. Die Drehzeiger werden dann zu in der Darstellungsebene ruhenden Zeigern.

2.3.2 Ruhende Zeiger entstehen auch bei der Division zweier Drehzeiger gleicher Kreisfrequenz; der zugehörige Zeitfaktor $e^{j\omega t}$ kürzt sich bei der Division. Die Zeigerlänge entspricht dem Quotienten der beiden Amplituden, und der Winkel ist gleich der Differenz der beiden Nullphasenwinkel, nämlich gleich dem Phasenverschiebungswinkel φ. Die durch solche ruhenden Zeiger dargestellten zeitunabhängigen Größen werden komplexe Größenquotienten genannt, wenn Zählergröße und Nennergröße unterschiedliche Dimensionen haben. Sind Zählergröße und Nennergröße von gleicher Dimension, nennt man die zeitunabhängigen Größen komplexe Größenverhältnisse (siehe DIN 1313 : 1978-04, Abschnitte 6 und 7). Es gilt:

$$\underline{a} = \frac{\hat{a}_1\,e^{j(\omega t + \varphi_1)}}{\hat{a}_2\,e^{j(\omega t + \varphi_2)}} = |\underline{a}|\,e^{j\varphi} \tag{4}$$

mit $|\underline{a}| = \dfrac{\hat{a}_1}{\hat{a}_2}$ und $\varphi = \varphi_1 - \varphi_2$

Diese Größenquotienten und Größenverhältnisse stellen z. B. komplexe Kenngrößen von Medien oder Netzwerken dar, wenn beide Drehzeiger gleicher Kreisfrequenz physikalische Größen kennzeichnen, die in diesen Medien oder Netzwerken wirken.

Sollen diese komplexen Größenquotienten und Größenverhältnisse von den sinusförmig veränderlichen Größen auch im Formelzeichen unterschieden werden, so darf statt der Unterstreichung ein hochgestelltes Versorzeichen hinter dem Formelbuchstaben verwendet werden, z. B. $a \angle$ für $\underline{a}$.

Beispiel 1:

(Komplexe) elektrische Impedanz $\underline{Z}$ eines Zweipols:

$$\underline{Z} = \frac{\underline{u}(t)}{\underline{i}\,(t)} = \frac{\hat{\underline{u}}}{\hat{\underline{i}}} = \frac{\hat{u}}{\hat{i}}\,\mathrm{e}^{\mathrm{j}(\varphi_u - \varphi_i)} = |\underline{Z}|\,\mathrm{e}^{\mathrm{j}\varphi} = Z\,\underline{/\varphi} = R + \mathrm{j}X. \tag{5}$$

In Gleichung (5) bedeuten:

$\underline{u}\,(t)$ den (komplexen) Drehzeiger der elektrischen Spannung,

$\underline{i}\,(t)$ den (komplexen) Drehzeiger der elektrischen Stromstärke,

$\hat{\underline{u}}$ den ruhenden Zeiger der elektrischen Spannung,

$\hat{\underline{i}}$ den ruhenden Zeiger der elektrischen Stromstärke,

R den Wirkwiderstand (die Resistanz),

X den Blindwiderstand (die Reaktanz),

φ den Winkel der (komplexen) Impedanz, zugleich den Phasenverschiebungswinkel,

$\angle$ das Versorzeichen,

$Z = |\underline{Z}|$ den Scheinwiderstand.

Ist X positiv, so bezeichnet man die Impedanz $\underline{Z}$ auch als induktiv, wobei die Spannung $\underline{u}$ der Stromstärke $\underline{i}$ um den Phasenverschiebungswinkel $\varphi = \varphi_{\mathrm{u}} - \varphi_{\mathrm{i}}$ voreilt. Ist X negativ, so bezeichnet man die Impedanz $\underline{Z}$ auch als kapazitiv, wobei die Spannung $\underline{u}$ der Stromstärke $\underline{i}$ nacheilt; φ ist in diesem Fall negativ.

Beispiel 2:

(Komplexe), meist frequenzabhängige, Übertragungsfunktion $\underline{H}\,(\omega)$ eines Zweitors:

$$\underline{H}\,(\omega) = \frac{\underline{u}_2\,(\omega, t)}{\underline{u}_1\,(\omega, t)} = \frac{\hat{u}_2\,(\omega)}{\hat{u}_1\,(\omega)}\,\mathrm{e}^{\mathrm{j}(\varphi_2(\omega) - \varphi_1(\omega))} = |\underline{H}\,(\omega)|\,\mathrm{e}^{\mathrm{j}\varphi(\omega)}. \tag{6}$$

In Gleichung (6) bedeuten:

$\underline{u}_1\,(\omega, t)$ bzw. $\underline{u}_2\,(\omega, t)$ die komplexen elektrischen Spannungen,

$\varphi_1\,(\omega)$ bzw. $\varphi_2\,(\omega)$ deren Nullphasenwinkel am Eingang bzw. am Ausgang des Zweitors,

$\varphi\,(\omega) = \varphi_2\,(\omega) - \varphi_1\,(\omega)$ den Winkel der Übertragungsfunktion, zugleich den Phasenverschiebungswinkel von der Eingangsspannung zur Ausgangsspannung.

2.3.3 Stehen besondere Formelzeichen für Realteil und Imaginärteil nicht zur Verfügung, so können diese unter Beibehaltung des Formelzeichens durch Hochzeichen rechts gekennzeichnet werden, und zwar durch ′ am Realteil und durch ″ am Imaginärteil:

$$\underline{a} = a' + \mathrm{j}\,a''. \tag{7}$$

Beispiel 3:

Komplexe Permeabilität:

$$\underline{\mu} = \mu' - \mathrm{j}\,\mu''. \tag{8}$$

Beispiel 4:

Komplexe Permittivität:

$$\underline{\varepsilon} = \varepsilon' - \mathrm{j}\,\varepsilon''. \tag{9}$$

Die Vorzeichen in Gleichung (8) und Gleichung (9) sind deshalb (ausnahmsweise) negativ gewählt, damit die durch μ'' bzw. ε'' gekennzeichneten Verlustgrößen positiv werden. (Siehe DIN 1324-2 : 1988-05, Abschnitt 6 und IEC 50-221 : 1990-03-06.)

3 Besondere komplexe Werte

3.1 Komplexe Amplitude

Die komplexe Amplitude $\hat{\underline{a}}$ einer Sinusgröße $\underline{a}\ (t)$ mit dem Nullphasenwinkel φ_{a} erhält man durch Division von Gleichung (1) durch den Zeitfaktor $\mathrm{e}^{\mathrm{j}\omega t}$:

$$\hat{\underline{a}} = \frac{\underline{a}\,(t)}{\mathrm{e}^{\mathrm{j}\omega t}} = \hat{a}\,\mathrm{e}^{\mathrm{j}\varphi_{\mathrm{a}}} = \hat{a}\,\underline{/\varphi_{\mathrm{a}}}. \tag{10}$$

Die komplexe Amplitude ist ein ruhender Zeiger.

Beispiel 5:

Komplexe Amplitude des magnetischen Flusses $\underline{\Phi}(t)$ mit dem Nullphasenwinkel φ_Φ:

$$\underline{\hat{\Phi}} = \hat{\Phi}\,\mathrm{e}^{\mathrm{j}\varphi_\Phi}. \tag{11}$$

3.2 Komplexer Effektivwert

Der komplexe Effektivwert $\underline{\tilde{a}}$ einer Sinusgröße $\underline{a}(t)$ mit dem Nullphasenwinkel φ_a ergibt sich durch Division der komplexen Amplitude $\underline{\hat{a}}$ durch $\sqrt{2}$:

$$\underline{\tilde{a}} = \frac{\underline{\hat{a}}}{\sqrt{2}} = \frac{\hat{a}}{\sqrt{2}}\,\mathrm{e}^{\mathrm{j}\varphi_\mathrm{a}} = \underline{A} = A\,\mathrm{e}^{\mathrm{j}\varphi_\mathrm{a}} = A\,\underline{/\varphi_\mathrm{a}}. \tag{12}$$

Der komplexe Effektivwert ist ein ruhender Zeiger.

Die Schreibweise $\underline{A} = \dfrac{\underline{\hat{a}}}{\sqrt{2}}$ ist nur möglich, wenn für das benutzte Formelzeichen ein Großbuchstabe und ein Kleinbuchstabe verfügbar sind; sie wird vorzugsweise angewandt für die elektrische Spannung und die elektrische Stromstärke mit ihren Formelzeichen u, $\hat{u}$, U bzw. i, $\hat{i}$, I.

Beispiel 6:

Komplexer Effektivwert $\underline{U}$ einer elektrischen Sinusspannung $\underline{u}(t)$ mit dem Nullphasenwinkel φ_u:

$$\underline{U} = U\,\mathrm{e}^{\mathrm{j}\varphi_\mathrm{u}} = \frac{\hat{u}}{\sqrt{2}}\,\mathrm{e}^{\mathrm{j}\varphi_\mathrm{u}}. \tag{13}$$

ANMERKUNG: Nach DIN 5483-2 und DIN 1304-1 können Effektivwerte auch mit den Indizes q oder eff gekennzeichnet werden.

4 Komplexe Darstellung eines zeitabhängigen Vektors

Gegeben sei ein zeitabhängiger Vektor (z. B. eine Feldstärke)

$$\boldsymbol{a}(t) = a_\mathrm{x}(t)\,\boldsymbol{e}_\mathrm{x} + a_\mathrm{y}(t)\,\boldsymbol{e}_\mathrm{y} + a_\mathrm{z}(t)\,\boldsymbol{e}_\mathrm{z}, \tag{14}$$

dessen Komponenten jeweils aus dem Produkt der Koordinaten $a_\mathrm{x}(t)$, $a_\mathrm{y}(t)$, $a_\mathrm{z}(t)$ mit den Einsvektoren (Einheitsvektoren) $\boldsymbol{e}_\mathrm{x}$, $\boldsymbol{e}_\mathrm{y}$, $\boldsymbol{e}_\mathrm{z}$ bestehen. Die Koordinaten seien Sinusgrößen, nämlich:

$$a_\mathrm{x}(t) = \hat{a}_\mathrm{x}\cos(\omega t + \varphi_\mathrm{x}), \quad a_\mathrm{y}(t) = \hat{a}_\mathrm{y}\cos(\omega t + \varphi_\mathrm{y}), \quad a_\mathrm{z}(t) = \hat{a}_\mathrm{z}\cos(\omega t + \varphi_\mathrm{z}). \tag{15}$$

Wenn die drei Nullphasenwinkel gleich sind oder sich nur um π unterscheiden, behält der Vektor $\boldsymbol{a}(t)$ seine Richtung bei und sein Betrag ändert sich sinusförmig.

Wenn diese Bedingungen nicht erfüllt sind, bewegt sich die Spitze des Vektors $\boldsymbol{a}(t)$ auf einer Ellipse, deren Mittelpunkt im Koordinatenursprung liegt.

Jede der drei Koordinaten kann nach Gleichung (2) als Realteil einer komplexen Größe, nämlich eines Drehzeigers, dargestellt werden:

$$\begin{aligned} a_\mathrm{x}(t) &= \mathrm{Re}\,(\underline{\hat{a}}_\mathrm{x}\,\mathrm{e}^{\mathrm{j}\omega t}), & \underline{\hat{a}}_\mathrm{x} &= \hat{a}_\mathrm{x}\,\mathrm{e}^{\mathrm{j}\varphi_\mathrm{x}}; \\ a_\mathrm{y}(t) &= \mathrm{Re}\,(\underline{\hat{a}}_\mathrm{y}\,\mathrm{e}^{\mathrm{j}\omega t}), & \underline{\hat{a}}_\mathrm{y} &= \hat{a}_\mathrm{y}\,\mathrm{e}^{\mathrm{j}\varphi_\mathrm{y}}; \\ a_\mathrm{z}(t) &= \mathrm{Re}\,(\underline{\hat{a}}_\mathrm{z}\,\mathrm{e}^{\mathrm{j}\omega t}), & \underline{\hat{a}}_\mathrm{z} &= \hat{a}_\mathrm{z}\,\mathrm{e}^{\mathrm{j}\varphi_\mathrm{z}}. \end{aligned} \tag{16}$$

Die komplexen Koordinaten für den Zeitpunkt $t = 0$, das sind die komplexen Amplituden $\underline{\hat{a}}_\mathrm{x}$, $\underline{\hat{a}}_\mathrm{y}$, $\underline{\hat{a}}_\mathrm{z}$ der Sinusgrößen, sind in Bild 3 in der komplexen Ebene dargestellt. Aus diesen komplexen Koordinaten wird folgender komplexer Vektor gebildet:

$$\underline{\hat{\boldsymbol{a}}} = \underline{\hat{a}}_\mathrm{x}\,\boldsymbol{e}_\mathrm{x} + \underline{\hat{a}}_\mathrm{y}\,\boldsymbol{e}_\mathrm{y} + \underline{\hat{a}}_\mathrm{z}\,\boldsymbol{e}_\mathrm{z}. \tag{17}$$

Der Realteil dieses Vektors ist gleich dem zeitabhängigen Vektor zum Zeitpunkt $t = 0$:

$$\boldsymbol{a}(t = 0) = \mathrm{Re}\,\underline{\hat{\boldsymbol{a}}} = (\mathrm{Re}\,\underline{\hat{a}}_\mathrm{x})\,\boldsymbol{e}_\mathrm{x} + (\mathrm{Re}\,\underline{\hat{a}}_\mathrm{y})\,\boldsymbol{e}_\mathrm{y} + (\mathrm{Re}\,\underline{\hat{a}}_\mathrm{z})\,\boldsymbol{e}_\mathrm{z}. \tag{18}$$

Der Imaginärteil des Vektors nach Gleichung (17) ist:

$$\mathrm{Im}\,\underline{\hat{\boldsymbol{a}}} = (\mathrm{Im}\,\underline{\hat{a}}_\mathrm{x})\,\boldsymbol{e}_\mathrm{x} + (\mathrm{Im}\,\underline{\hat{a}}_\mathrm{y})\,\boldsymbol{e}_\mathrm{y} + (\mathrm{Im}\,\underline{\hat{a}}_\mathrm{z})\,\boldsymbol{e}_\mathrm{z}. \tag{19}$$

Die Vektoren $\mathrm{Re}\,\underline{\hat{\boldsymbol{a}}}$ und $\mathrm{Im}\,\underline{\hat{\boldsymbol{a}}}$ können im dreidimensionalen Raum durch ruhende orientierte Strecken dargestellt werden (siehe Bild 4); sie schließen den Winkel γ ein, wobei $0 \leq \gamma \leq \pi$ ist.

Multipliziert man den ruhenden komplexen Vektor nach Gleichung (17) mit $\mathrm{e}^{\mathrm{j}\omega t}$, so erhält man den zeitabhängigen komplexen Vektor $\underline{\boldsymbol{a}}(t)$. Der physikalisch interessierende Realteil dieses Vektors ist:

$$\boldsymbol{a}(t) = \mathrm{Re}\,(\underline{\hat{\boldsymbol{a}}}\,\mathrm{e}^{\mathrm{j}\omega t}) = \mathrm{Re}\,\big((\mathrm{Re}\,\underline{\hat{\boldsymbol{a}}} + \mathrm{j}\,\mathrm{Im}\,\underline{\hat{\boldsymbol{a}}})\,(\cos\omega t + \mathrm{j}\sin\omega t)\big) = \mathrm{Re}\,\underline{\hat{\boldsymbol{a}}}\cos\omega t - \mathrm{Im}\,\underline{\hat{\boldsymbol{a}}}\sin\omega t. \tag{20}$$

Die Spitze des Vektors $\boldsymbol{a}(t)$ nach Gleichung (20) durchläuft, abhängig von der Zeit t, eine Ellipse (siehe Bild 4), für die die Vektoren $\mathrm{Re}\,\underline{\hat{\boldsymbol{a}}}$ und $\mathrm{Im}\,\underline{\hat{\boldsymbol{a}}}$ ein Paar konjugierter Halbmesser bilden. In Bild 4 ist außerdem der Augenblickswert des Vektors $\boldsymbol{a}(t)$ für den Zeitpunkt $t = \dfrac{T}{8}$, entsprechend $\omega t = \dfrac{\pi}{4}$ eingezeichnet. Dabei ist $T = \dfrac{2\pi}{\omega}$ die Periodendauer. Den durch den Vektor $\boldsymbol{a}(t)$ beschriebenen Schwingungsvorgang nennt man elliptisch polarisiert.

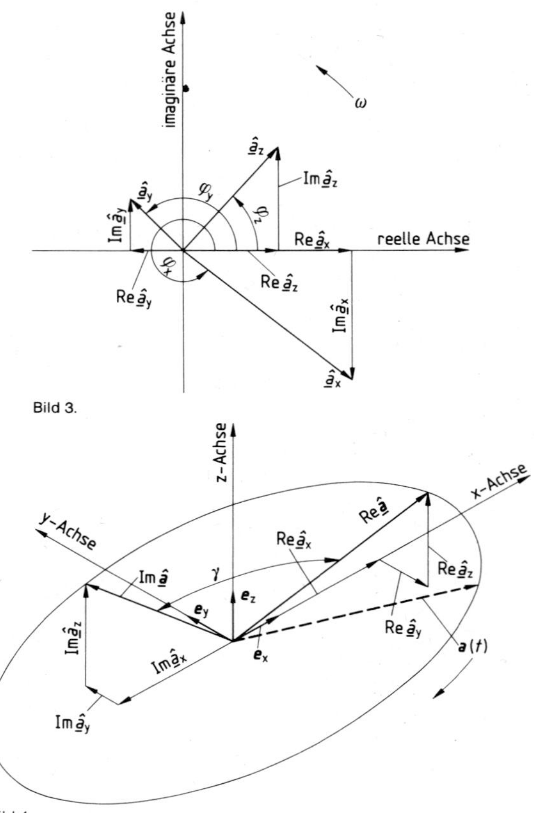

Bild 3.

Bild 4.

Sind die beiden Vektoren Re $\hat{\underline{a}}$ und Im $\hat{\underline{a}}$ gleich lang und stehen sie aufeinander senkrecht, so entartet die Ellipse in einen Kreis. Diesen Schwingungsvorgang nennt man zirkular polarisiert. Sind die Vektoren Re $\hat{\underline{a}}$ und Im $\hat{\underline{a}}$ parallel, das heißt $\gamma = 0$ oder $\gamma = \pi$, so entartet die Ellipse in eine Gerade. Diesen Schwingungsvorgang nennt man linear polarisiert.

5 Drehoperator

Unter Drehoperator versteht man eine komplexe Größe vom Betrage 1, deren Zeiger entweder zeitabhängig mit der Winkelgeschwindigkeit ω umläuft ($e^{j\omega t}$), oder zeitunabhängig (als Multiplikator) eine einmalige Drehung um einen bestimmten Winkel bewirkt ($e^{j\varphi}$).

In der elektrischen Energietechnik bedient man sich bei der Analyse von Mehrphasensystemen (siehe DIN 13 321) spezieller Drehoperatoren der zweiten Art, die den idealen Phasenverschiebungswinkeln entsprechen, und zwar für m-Phasen-Systeme:

$$\underline{a}_m = e^{j \frac{2\pi}{m}}, \tag{21}$$

für ein (dreiphasiges) Drehstromsystem:

$$\underline{a}_3 = e^{j \frac{2}{3}\pi} = a. \tag{22}$$

6 Bemerkungen zum Rechnen mit komplexen Größen

6.1 Addition und Subtraktion

Bei der Addition und Subtraktion komplexer Größen wird rechnerisch die Aufspaltung in Realteil und Imaginärteil, zeichnerisch auch die Darstellung nach Betrag und Winkel häufig angewendet.

Beispiel 7:

Wenn in einen Netzknoten die komplexen Stromanteile $\underline{i}_1, \underline{i}_2, \underline{i}_3$ hineinfließen, wobei die jeweiligen komplexen Anteile mit $\underline{i}_k = i'_k + j\, i''_k$ gekennzeichnet seien, so hat der abfließende Gesamtstrom

$$\underline{i} = \underline{i}_1 + \underline{i}_2 + \underline{i}_3 = (i'_1 + i'_2 + i'_3) + j\,(i''_1 + i''_2 + i''_3) = i' + j\, i'' = |\underline{i}|\, e^{j\varphi} \tag{23}$$

den Betrag

$$|\underline{i}| = \sqrt{i'^2 + i''^2} \tag{24}$$

und den Nullphasenwinkel

$$\varphi = \text{Arctan}\,\frac{i''}{i'}\,. \tag{25}$$

Wenn i' negativ ist, muß statt Gleichung (25) gesetzt werden:

$$\varphi = \text{Arctan}\,\frac{i''}{i'} + \pi\,. \tag{26}$$

6.2 Division

Bei dem durch Division zweier Drehzeiger entstehenden komplexen Größenquotienten oder komplexen Größenverhältnis haben gewöhnlich Realteil und Imaginärteil oder auch Betrag und Winkel für sich eine physikalische Bedeutung (siehe auch Abschnitt 2.3.2, Beispiele 1 und 2).

Beispiel 8:

Wird ein viskoelastischer Stoff durch eine Schubspannung

$$\underline{\tau}\,(\omega,t) = \hat{\tau}\, e^{j\omega t} \tag{27}$$

beansprucht, so gilt für den damit verbundenen Schergradienten

$$\underline{\gamma}\,(\omega,t) = \hat{\gamma}\,(\omega)\, e^{j\,(\omega t - \Delta(\omega))} \tag{28}$$

die Verknüpfung

$$\frac{\underline{\tau}\,(\omega,t)}{\underline{\gamma}\,(\omega,t)} = \underline{G}\,(\omega) = G'\,(\omega) + j\, G''\,(\omega) = |\underline{G}\,(\omega)|\, e^{j\Delta\,(\omega)}\,. \tag{29}$$

In Gleichung (29) bedeuten

$\underline{G}\,(\omega)$	den (komplexen) Schubmodul,
$G'\,(\omega)$	den Speichermodul,
$G''\,(\omega)$	den Verlustmodul,
$\lvert\underline{G}\,(\omega)\rvert$	den dynamischen Schubmodul,
$\tan \Delta\,(\omega) = \dfrac{G''\,(\omega)}{G'\,(\omega)}$	den Verlustfaktor,
$\Delta\,(\omega) = \text{Arctan}\,\dfrac{G''\,(\omega)}{G'\,(\omega)}$	den Verlustwinkel.

6.3 Multiplikation

Das Produkt zweier Sinusgrößen gleicher Frequenz (Kreisfrequenz ω) mit unterschiedlichen Nullphasenwinkeln φ_1 und φ_2 ergibt in komplexer Schreibweise (siehe Gleichung (3)):

$$a\,(t) = a_1(t)\, a_2(t) = \frac{1}{4}\,\big(\underline{a}_1(t) + \underline{a}_1^*\,(t)\big)\,\big(\underline{a}_2(t) + \underline{a}_2^*\,(t)\big). \tag{30}$$

Setzt man die komplexen Augenblickswerte als Drehzeiger nach Gleichung (1) an:

$$\underline{a}_1\,(t) = \underline{\hat{a}}_1\, e^{j\omega t}, \quad \underline{\hat{a}}_1 = \hat{a}_1\, e^{j\varphi_1}, \quad \underline{a}_1^*\,(t) = \underline{\hat{a}}_1^*\, e^{-j\omega t} = \hat{a}_1\, e^{-j\varphi_1}\, e^{-j\omega t}, \tag{31}$$

$$\underline{a}_2\,(t) = \underline{\hat{a}}_2\, e^{j\omega t}, \quad \underline{\hat{a}}_2 = \hat{a}_2\, e^{j\varphi_2}, \quad \underline{a}_2^*\,(t) = \underline{\hat{a}}_2^*\, e^{-j\omega t} = \hat{a}_2\, e^{-j\varphi_2}\, e^{-j\omega t}, \tag{32}$$

und setzt man dies in Gleichung (30) ein, so ergibt sich eine Summe aus zwei ruhenden Zeigern und zwei Drehzeigern, die mit der doppelten Kreisfrequenz, also mit $2\,\omega$, umlaufen:

$$a\,(t) = \frac{1}{4}\,\big(\hat{a}_1\,\hat{a}_2\, e^{j\,(\varphi_1 - \varphi_2)} + \hat{a}_1\,\hat{a}_2\, e^{-j\,(\varphi_1 - \varphi_2)} + \hat{a}_1\,\hat{a}_2\, e^{+j\,(2\,\omega t + \varphi_1 + \varphi_2)} + \hat{a}_1\,\hat{a}_2\, e^{-j\,(2\,\omega t + \varphi_1 + \varphi_2)}\big). \tag{33}$$

Sowohl die ruhenden als auch die rotierenden Zeiger sind konjugiert komplexe Paare (siehe Bild 2). Faßt man die ruhenden und die rotierenden Zeiger paarweise zusammen, so ergibt sich in der Darstellung nach Bild 1 und Gleichung (2), wo für jedes Paar nur ein Zeiger doppelter Länge verwendet wird:

$$a\,(t) = \text{Re}\left(\frac{1}{2}\,\underline{\hat{a}}_1\,\underline{\hat{a}}_2^* + \frac{1}{2}\,\underline{\hat{a}}_1\,\underline{\hat{a}}_2\, e^{j\,2\,\omega t}\right) = \text{Re}\left(\frac{1}{2}\,\hat{a}_1\,\hat{a}_2\, e^{j\varphi} + \frac{1}{2}\,\hat{a}_1\,\hat{a}_2\, e^{j\,(2\,\omega t + \varphi_1 + \varphi_2)}\right). \tag{34}$$

Dabei ist $\varphi_1 - \varphi_2 = \varphi$ gesetzt. In reeller Schreibweise folgt aus Gleichung (34):

$$a\,(t) = \frac{1}{2}\,\hat{a}_1\,\hat{a}_2 \cos\varphi + \frac{1}{2}\,\hat{a}_1\,\hat{a}_2 \cos\,(\,2\,\omega t + \varphi_1 + \varphi_2). \tag{35}$$

Die Produktbildung von Sinusgrößen gleicher Frequenz wird vorzugsweise zur Berechnung von Leistungen und Energien aus Feldgrößen gebraucht, die in komplexer Form vorliegen. Hierbei ist nur die komplexe Darstellung nach Gleichung (3) brauchbar, nicht diejenige nach Gleichung (2).

Beispiel 9:

An einem Punkt eines (elektrischen) Netzes seien $a_1(t)$ der Augenblickswert der elektrischen Spannung $u(t)$ und $a_2(t)$ der Augenblickswert der elektrischen Stromstärke $i(t)$ mit den zugehörigen Effektivwerten $U = \frac{\hat{u}}{\sqrt{2}}$ bzw. $I = \frac{\hat{i}}{\sqrt{2}}$ und den Nullphasenwinkeln φ_u bzw. φ_i.

Dann ist $a\,(t)$ der Augenblickswert $P\,(t)$ der Leistung. Nach Gleichung (34) und (35) ist:

$$P\,(t) = \mathrm{Re}\,(\underline{U}\,\underline{I}^* + \underline{U}\,\underline{I}\,\mathrm{e}^{\mathrm{j}\,2\,\omega t}) = \mathrm{Re}\,(U\,I\,\mathrm{e}^{\mathrm{j}\,\varphi} + U\,I\,\mathrm{e}^{\mathrm{j}\,(2\,\omega t + \varphi_u + \varphi_i)}) = U\,I \cos\varphi + U\,I \cos\,(2\,\omega t + \varphi_u + \varphi_i), \tag{36}$$

wobei $\varphi = \varphi_u - \varphi_i$ den Phasenverschiebungswinkel bedeutet. Man bezeichnet nach DIN 40110 Teil 1 die zeitunabhängigen Größen

$$\underline{S} = \underline{U}\,\underline{I}^* = S\,\mathrm{e}^{\mathrm{j}\varphi} = S\,(\cos\varphi + \mathrm{j}\sin\varphi) = P + \mathrm{j}\,Q \tag{37}$$

als komplexe Leistung, auch komplexe Scheinleistung

$$S = |\underline{S}| = U\,I \tag{38}$$

als Scheinleistung,

$$P = \mathrm{Re}\,\underline{S} = S\cos\varphi \tag{39}$$

als Wirkleistung,

$$Q = \mathrm{Im}\,\underline{S} = S\sin\varphi \tag{40}$$

als (Verschiebungs-) Blindleistung und bei der überlagerten Leistungsschwingung die Größe

$$\underline{S}_\sim = \underline{U}\,\underline{I} = U\,I\,\mathrm{e}^{\mathrm{j}\,(\varphi_u + \varphi_i)} \tag{41}$$

als komplexe Wechselleistung (kurz Wechselleistung).

Beispiel 10:

Mechanische (Wirk-) Leistung, berechnet aus Kraft $\underline{F}$ und Geschwindigkeit $\underline{v}$:

$$P = \mathrm{Re}\left(\frac{1}{2}\,\hat{\underline{F}}\,\hat{\underline{v}}^*\right) = \frac{1}{2}\,|\hat{\underline{F}}\,\hat{\underline{v}}| \cos\varphi. \tag{42}$$

Beispiel 11:

Komplexe Schallintensität $\underline{J}$ (flächenbezogene Scheinleistung), berechnet aus Schalldruck $\underline{p}$ und Schallschnelle $\underline{v}$ einer Kugelwelle:

$$\underline{J} = \frac{\underline{S}}{A} = \tilde{p}\,\tilde{v}\,(\cos\varphi + \mathrm{j}\sin\varphi), \tag{43}$$

worin A die zur Richtung des Energietransports senkrechte Fläche,

$$\mathrm{Re}\,\underline{J} = \tilde{p}\,\tilde{v}\cos\varphi \tag{44}$$

die (abgestrahlte) Wirkintensität und

$$\mathrm{Im}\,\underline{J} = \tilde{p}\,\tilde{v}\sin\varphi \tag{45}$$

die (hin und her pendelnde) Blindintensität ist.

Stichwortverzeichnis

Zitierte Normen

DIN 1302	Allgemeine mathematische Zeichen und Begriffe
DIN 1304-1	Formelzeichen; Allgemeine Formelzeichen
DIN 1311-1	Schwingungslehre; Kinematische Begriffe
DIN 1313	Physikalische Größen und Gleichungen; Begriffe, Schreibweisen
DIN 1324-2	Elektromagnetisches Feld; Materialgrößen
DIN 5483-1	Zeitabhängige Größen; Benennungen der Zeitabhängigkeit
DIN 5483-2	Zeitabhängige Größen; Formelzeichen
DIN 13321	Elektrische Energietechnik; Komponenten in Drehstromnetzen; Begriffe, Größen, Formelzeichen
DIN 40110-1	Wechselstromgrößen; Zweileiter-Stromkreise
IEC 50-221 : 1990	International Electrotechnical Vocabulary – Chapter 221: Magnetic materials and components
IEC 375	Conventions concerning electric and magnetic circuits

Weitere Normen

DIN 1304-7	Formelzeichen; Formelzeichen für elektrische Maschinen
DIN 1342-1	Viskosität; Rheologische Begriffe
DIN 13343	(z. Z. Entwurf) Linear-viskoelastische Stoffe; Begriffe, Stoffgesetze, Grundfunktionen
DIN 40108	Elektrische Energietechnik; Stromsysteme; Begriffe, Größen, Formelzeichen
IEC 27-1 : 1992	Letter symbols to be used in electrical technology – Part 1: General

Frühere Ausgaben

DIN 5475-1 : 1971-12
DIN 5483 : 1958x-11, 1974-02
DIN 5483-3 : 1984-06

Änderungen

Gegenüber der Ausgabe Juni 1984 wurden folgende Änderungen vorgenommen:

a) Druckfehler wurden berichtigt.
b) Zitate wurden aktualisiert.

Internationale Patentklassifikation

G 06 F 007/548
G 06 F 015/31

DK 53:001.4 August 1986

Benennungsgrundsätze für physikalische Größen

Wortzusammensetzungen mit Eigenschafts- und Grundwörtern

DIN 5485

Principles of terminology for physical quantities; composition of terms with adjectives and substantives

Ersatz für
Ausgabe 05.77
und DIN 5476/04.78
und DIN 5490/04.74

1 Anwendungsbereich und Zweck

Diese Norm enthält Regeln zum Neubenennen von physikalischen Größen, für welche kein eigenständiger Name vorliegt. Das Neubenennen geschieht entweder unter Verwendung eines Grundwortes (z. B. -koeffizient, -konstante, -faktor) oder unter Verwendung eines Beiwortes (z. B. bezogen, spezifisch).

Durch die systematische Anwendung dieser Grund- oder Beiwörter sollen abgeleitete oder bezogene physikalische Größen auf einfache Weise charakterisiert werden. Dies gilt auch für Neubildungen, die dadurch notwendig werden, daß neue Begriffe aus einer Fremdsprache in die deutsche Sprache allgemeinverständlich übertragen werden sollen.

Diese Norm faßt Benennungsgrundsätze zusammen, die bisher in verschiedenen Normen verstreut waren. Einbezogen sind die in ISO 31/0 – 1981, Anhang A, in englischer und französischer Sprache genannten Regeln und Beispiele.

Einige gebräuchliche, jedoch bisher noch nicht genormte Grundwörter für Wortzusammensetzungen sind eingefügt worden.

Anmerkung: Die in DIN 4898 genormten Beiwörter dual, invers, reziprok, äquivalent und komplementär sind nicht mit einbezogen worden, da sie nicht nur für Benennungen von Größen verwendet werden und in der Regel zu keinen Benennungsneubildungen führen.

2 Tabellen zur Verwendung von Grund- und Beiwörtern

Tabelle 1. **Übersicht**

	Benannt werden sollen						
	eigenständige Größen	Größenquotienten		Größen der Dimension 1			Logarithmierte Verhältnisse von Leistungs- oder Feldgrößen
		Zähler- und Nennergröße sind verschiedener Dimension		Kombination von Größen verschiedener Dimension	Verhältnisse von Größen gleicher Dimension		
	mit eigener Dimension	Nenner ohne Bedeutung für die Benennung	Nenner als spezielle Bezugsgröße				
Siehe Tabelle 2, Nr	1	2.1	2.2	3.1	3.2	3.3	4
Beispiele für Grund- oder Beiwort	-größe -wert -konstante -parameter reduziert	-koeffizient -modul	zeitbezogen längenbezogen flächenbezogen volumenbezogen massenbezogen stoffmengenbezogen frequenzbezogen	-zahl	-zahl -faktor -grad -quote -anteil -verhältnis	relativ normiert	-maß -pegel

Fortsetzung Seite 2 bis 10

Normenausschuß Einheiten und Formelgrößen (AEF) im DIN Deutsches Institut für Normung e. V.

Tabelle 2. **Verwendung von Grund- und Beiwörtern**

Nr	Grundwort oder Beiwort	Bedeutung oder Verwendung	Beispiele	Bemerkungen
1 Eigenständige Größen				
1.1	–	Größe mit eigenem Namen	Druck Viskosität Leistung Entropie	Siehe auch Nr 2.2.
1.2	**-größe** E: quantity F: grandeur	Größe, für die eine Namensneubildung noch nicht vollzogen ist	Belastungsgröße Verschleißgröße	Die Kurzbezeichnung einer Größe durch Verbindung eines Formelzeichens mit dem Grundwort „-größe" ist zu vermeiden (also nicht: A-Größe, B-Größe).
1.3	**-wert** E: value F: valeur	In Verbindung mit kennzeichnendem Bestimmungswort zur Bildung eines eigenständigen Namens	Leitwert	Die Kurzbezeichnung einer Größe durch Verbindung des Formelzeichens mit dem Grundwort „-wert" ist zu vermeiden (also nicht: k-Wert, R-Wert). Häufig wird das Wort „-wert" lediglich benutzt, um ausgezeichnete Größenwerte zu benennen (z. B. Spitzenwert, Mittelwert und Effektivwert von zeitlich veränderlichen Größen). Nennwert, Grenzwert und Bemessungswert siehe DIN 40 200. Nicht: Reibwert (siehe Nr 3.2.1) Beiwert siehe Nr 3.2.2.
1.4	**-konstante** E: constant F: constante	a) Fundamentalkonstante	Gravitationskonstante universelle Gaskonstante Avogadro-Konstante Boltzmann-Konstante magnetische Feldkonstante elektrische Feldkonstante Sommerfeld-Feinstrukturkonstante	Fundamentalkonstanten sind für physikalische Zusammenhänge charakteristisch, sie werden i. a. als unveränderlich angesehen.
		b) Stoff- oder Systemkonstante	spezielle Gaskonstante Gitterkonstante eines bestimmten Kristalles Zeitkonstante eines bestimmten Vorganges	Stoff- oder Systemkonstanten sind nur bei gegebenen Bedingungen unveränderliche Größen, die den Zustand oder das Verhalten bestimmter Stoffe, Systeme, Strukturen oder Vorgänge kennzeichnen. „-konstante" sollte bei veränderlichen Bedingungen möglichst vermieden und durch „-koeffizient" ersetzt werden.
1.5	**-parameter** E: parameter F: paramètre	a) Benennung einer Kombination physikalischer Größen, die als neue Größe weiterverwendet wird	Grüneisen-Parameter (ISO 31/13 – 1981)	Die Kurzbezeichnung einer Größe durch Verbindung des Formelzeichens mit dem Grundwort „-parameter" ist zu vermeiden.
		b) Benennung für Koeffizienten in Gleichungen, die einem bestimmten Zustand des beschriebenen Systems zugeordnet sind	Leitwertparameter, Hybridparameter in Mehrtorgleichungen, siehe DIN 4899	

Tabelle 2. (Fortsetzung)

Nr	Grundwort oder Beiwort	Bedeutung oder Verwendung	Beispiele	Bemerkungen
1.6	**reduziert** E: reduced F: réduit	Eine reduzierte Größe ist eine auf einen vereinbarten Zustand oder auf vereinbarte Bedingungen umgerechnete oder umgewertete Größe. Die reduzierte Größe unterscheidet sich von der nicht reduzierten nur im Zahlenwert.	Reduzierter Luftdruck als Ergebnis der Umrechnung eines in einer bestimmten Höhe über dem Meeresspiegel gemessenen Luftdruckes in den Wert, den er unter gleicher geographischer Länge und Breite in Meeresspiegelhöhe angenommen hätte. Reduzierte Gasdichte ist die auf den Referenzzustand umgerechnete Gasdichte. Siehe DIN 1343	Reduzierte Größen sind keine bezogenen Größen (siehe Nr 2.2).

Anmerkung: Wird die Abhängigkeit einer Größe von anderen Größen graphisch dargestellt, werden häufig die Wörter „-kurve", „-diagramm", „-schaubild" und „-graph" benutzt (z. B. Magnetisierungskurve, Sättigungskurve, Bode-Diagramm). Die Kurzbezeichnung einer Größe durch Verbindung des Formelzeichens mit diesen Grundwörtern ist zu vermeiden, ebenso mit dem Grundwort „-funktion".

2 Größenquotienten

2.1 Größenquotienten beliebiger Dimension

Nr	Grundwort oder Beiwort	Bedeutung oder Verwendung	Beispiele	Bemerkungen
2.1.1	**-koeffizient** E: coefficient F: coefficient	Verwendung zur Benennung von Größen, die den Einfluß einer Stoffeigenschaft oder eines physikalischen Systems oder einer Struktur auf einen physikalischen Zusammenhang kennzeichnen. In physikalischen Gleichungen treten Koeffizienten k auf, mit denen eine Größe x multipliziert wird, um ihr eine neue, ihr proportionale Größe y von anderer Dimension zuzuordnen: $y = k\,x$	Dehnungskoeffizient: $\alpha = \frac{\text{relative Längenänderung}}{\text{mechanische Spannung}}$	Nicht: Dehnzahl
2.1.2	**-modul** E: modulus F: module	Für den reziproken Wert von Koeffizienten gebräuchlich	Elastizitätsmodul: $E = 1/\alpha$	

2.2 Größenquotienten mit einer Bezugsgröße bestimmter Dimension (bezogene Größen)

a) Bezogene Größen sind Quotienten aus zwei Größen verschiedener Dimension, die bei einem physikalischen Sachverhalt oder an einem Körper auftreten, wobei der begriffliche Schwerpunkt bei der im Zähler stehenden Größe (Ursprungsgröße) liegt. Die im Nenner stehende Größe heißt Bezugsgröße.

b) Bezogene Größen sind von anderer Dimension als die im Zähler stehenden Größen.

c) Es ist stets kenntlich zu machen, worauf die im Zähler stehende Größe bezogen ist. Dies geschieht entweder durch zugefügte Eigenschaftswörter (z. B. längenbezogen, flächenbezogen, massenbezogen) oder durch substantivische Grundwörter (Oberglieder), die eine sinnfällige Bedeutung haben (z. B. -dichte, -belag).

d) Für zahlreiche, häufig auftretende bezogene Größen gibt es eigene Namen von allgemein bekannter Bedeutung.

Beispiele:

Druck für flächenbezogene Kraft;

Leitfähigkeit für den auf den Querschnitt und die reziproke Länge bezogenen Leitwert.

e) Bei physikalischen Größen, die sich zeitlich ändern, können durch den Bezug auf die Zeit neue Größen gebildet werden. Als Benennungen für die Größen, die als Quotient mit der Differenz der geänderten Größe im Zähler und der Zeit im Nenner gebildet werden, wählt man – wenn es keine besondere Bennenung gibt – Wortzusammensetzungen mit einem kennzeichnenden Grundwort.
Benutzt werden häufig die Grundwörter „-geschwindigkeit", „-strom", „-durchfluß", „-durchsatz", „-rate", „-frequenz" und „-leistung". Durch die Benennung kann unterschieden werden, ob es sich um ortsfeste Änderungen handelt (Beispiele: „-frequenz" für periodische Vorgänge, „-rate" für stochastische Vorgänge) oder um Bewegungsvorgänge (Beispiel: „-geschwindigkeit"). Mit „-strom", „-durchfluß" und „-durchsatz" sind drei Synonyme für Bewegungsvorgänge (Strömungen) gegeben. Das Grundwort „-leistung" sollte nur für solche Fälle benutzt werden, in denen es sich um zeitbezogene Energie (Arbeit) handelt (z. B. Wirkleistung, Scheinleistung, Signalleistung). In anderen Fällen sollte es durch „-rate" ersetzt werden.

Tabelle 2. (Fortsetzung)

Nr	Grundwort oder Beiwort	Bedeutung oder Verwendung	Beispiele	Bemerkungen
2.2.1 Zeitbezogene Größen				
2.2.1.1	**-geschwindig-keit** E: velocity, speed F: vitesse	Verwendung sowohl für ortsfeste Vorgänge als auch für Bewegungsvorgänge	Die Winkelgeschwindigkeit eines Körpers ist gleich dem Quotienten Winkel durch Zeit. Die Temperaturänderungsgeschwindigkeit ist gleich dem Quotienten Temperaturänderung durch Zeit. Die Strömungsgeschwindigkeit ist gleich dem Quotienten Weg durch Zeit. Die Reaktionsgeschwindigkeit ist gleich dem Quotienten Stoffmenge durch Zeit.	Zur Unterscheidung ortsfester Vorgänge von den Bewegungen kann es nützlich sein, für den Zeitbezug ortsfester Größenänderungen anstelle des Grundwortes „-geschwindigkeit" das Grundwort „-schnelligkeit" oder „-schnelle" zu verwenden. Beispiele: Temperaturänderungs-schnelligkeit Reaktionsschnelligkeit Schallschnelle siehe DIN 1320.
2.2.1.2	**-strom** E: flow rate, flux F: débit, flux	Verwendung bei Bewegungsvorgängen zur Kennzeichnung der Strömung durch einen gegebenen Querschnitt	Der Massenstrom ist gleich dem Quotienten durchgeflossene Masse durch Zeit. Der Volumenstrom ist gleich dem Quotienten durchgeflossenes Volumen durch Zeit oder gleich dem Integral der Strömungsgeschwindigkeit über die durchströmte Fläche. In der Strahlenphysik wird der Photonenstrom als Quotient Anzahl der Photonen durch Zeit definiert, siehe DIN 6814 Teil 2.	Bei Division dieser Größen durch die durchströmte Fläche ergeben sich Größen, deren Benennung mit „-stromdichte" gebildet wird.
2.2.1.3	**-durchfluß** **-durchsatz** E: flow rate, flux F: débit, flux	Verwendung anstelle von „-strom" bei fließenden oder geförderten Mengen	Der Speisewasserdurchfluß ist der Quotient durchgeflossenes Speisewasservolumen durch Zeit. Der Dampfdurchsatz ist der Quotient durchgeströmte Dampfmasse durch Zeit.	Mit „-fluß" (E: flux; F: flux) werden oft auch nicht zeitbezogene Größen bezeichnet, z. B. Streufluß.
2.2.1.4	**-rate** E: rate F: taux	Verwendung bei zeitlich stochastischen Vorgängen	Die Impulsrate ist gleich dem Quotienten Impulszahl durch Zeit. Die Reaktionsrate ist gleich der Anzahl von Reaktionen geteilt durch die Zeit. Die Produktionsrate kann angegeben werden als Quotient Stückzahl durch Zeit, Masse durch Zeit oder Volumen durch Zeit.	Das Wort „-rate" wird sinnwidrig manchmal anstelle des Wortes „-quote" verwendet. Dieses wird nicht empfohlen, da Wortverbindungen mit „-quote" Größenverhältnisse bezeichnen, bei denen im Zähler und Nenner Größen der gleichen Dimension stehen (siehe Nr 3.2.4). Im anglo-amerikanischen Sprachgebrauch wird bei Energie und Teilchen auch Fluenzrate (E: fluence rate) anstelle von Flußdichte (E: flux density) benutzt. Dies wird nicht empfohlen, da die Fluenz im Strahlenfeld nicht existiert.

Tabelle 2. (Fortsetzung)

Nr	Grundwort oder Beiwort	Bedeutung oder Verwendung	Beispiele	Bemerkungen
2.2.1.5	**-frequenz** E: frequency F: fréquence	Verwendung bei zeitlich periodischen Vorgängen, wobei die Zählergröße die Anzahl von Perioden eines Schwingungsvorganges oder von Umdrehungen ist	Die Schwingungsfrequenz ist gleich dem Quotienten Schwingungszahl durch Zeit und gleich der reziproken Periodendauer. Die Umdrehungsfrequenz (anstelle von „Drehzahl") ist gleich dem Quotienten Anzahl der Umdrehungen durch Zeit.	Die längenbezogene Anzahl von Perioden sollte nicht „Ortsfrequenz" genannt werden, da es sich hierbei nicht um eine zeitbezogene Größe handelt. In DIN 1304 Teil 1 (z. Z. Entwurf) wird für die reziproke Wellenlänge die Benennung Repetenz verwendet.
2.2.1.6	**-leistung** E: power (energy flux) F: puissance	Verwendung allgemein für den Quotienten Energie durch Zeit	Wirkleistung, Scheinleistung in der Elektrotechnik. Verwendung in der radiologischen Technik für zeitbezogene Dosisgrößen: Die Energiedosisleistung ist gleich dem Quotienten Energiedosis durch Zeit (Dimension: Leistung durch Masse). Die Ionendosisleistung ist gleich dem Quotienten Ionendosis durch Zeit (Dimension: Stromstärke durch Masse).	Der Zeitbezug sollte bei den radiologischen Größen besser durch Wortzusammensetzungen mit „-rate" ausgedrückt werden (Beispiel: Ionendosisrate anstelle von Ionendosisleistung). DIN 6814 Teil 3 benutzt jedoch Wortzusammensetzungen mit „-leistung" wegen der eingebürgerten Benennung der Meßgeräte als Dosisleistungsmesser. Vermieden werden sollen Benennungen wie „Tagesleistung" oder „Jahresleistung" für die Tages- oder Jahresproduktion, siehe Beispiel zu Nr 2.2.1.4. Die Benennung „Zählleistung" soll durch „Zählrate" ersetzt werden. Im fertigungstechnischen Bereich soll die „Abtragsrate" (gemessen z. B. in mm^3/s) nicht „Abtragsleistung" genannt werden.
2.2.2	**Längenbezogene Größen**			
2.2.2.1	**-längendichte** **-belag** **-behang** E: linear density F: ... linéique	Allgemeine längenbezogene Größe	Längenbezogene Masse, Massenbelag, Massenbehang: $m' = m/l$ (SI-Einheit: kg/m)	
2.2.3	**Flächenbezogene Größen**			
2.2.3.1	**-flächendichte** **-bedeckung** E: surface density F: ... surfacique	Allgemeine flächenbezogene Größe	Flächenbezogene Masse, Massenbedeckung: $m'' = m/A$ (SI-Einheit: kg/m^2) Flächenladungsdichte, Ladungsbedeckung: $\sigma = Q/A$ (SI-Einheit: C/m^2)	

Tabelle 2. (Fortsetzung)

Nr	Grundwort oder Beiwort	Bedeutung oder Verwendung	Beispiele	Bemerkungen
2.2.3.2	**-dichte** E: (surface) density F: densité (surfacique)	Querschnittbezogene elektrische, magnetische, Strahlungs- oder Energiegröße	Elektrische Flußdichte (SI-Einheit: C/m²) magnetische Flußdichte (SI-Einheit: T = Wb/m²) elektrische Stromdichte (SI-Einheit: A/m²) Leuchtdichte (SI-Einheit: cd/m²) Wärmestromdichte (SI-Einheit: W/m²) Energiestromdichte (SI-Einheit: W/m²) Leistungsdichte (SI-Einheit: W/m²) Strahlungsflußdichte (SI-Einheit: W/m²)	Im Zweifelsfall ist statt „-dichte" besser „-flächendichte" zu verwenden. E und F haben für die genannten Beispiele teilweise eigene Namen.
2.2.3.3	**-druck** E: pressure F: pression	Flächenbezogene Kraft	Winddruck (SI-Einheit: Pa = N/m²)	
2.2.3.4	**-spannung** E: stress F: contrainte	Querschnittbezogene Werkstoffbeanspruchung	Zugspannung (übliches Vielfaches der SI-Einheit: N/mm²)	
2.2.4 Volumenbezogene Größen				
2.2.4.1	**-volumendichte** **-raumdichte** **-dichte** E: (volume) density F: ... volumique	Allgemeine volumenbezogene Größe	Raumladungsdichte (SI-Einheit: C/m³) Teilchenzahldichte (SI-Einheit: 1/m³) Energiedichte (SI-Einheit: J/m³) Strahlungsenergiedichte (SI-Einheit: J/m³)	Im Zweifelsfall ist statt „-dichte" besser „-volumendichte" oder „-raumdichte" zu verwenden. (Massen-)Dichte $\varrho = m/V$ siehe DIN 1306.
2.2.4.2	**-konzentration** E: concentration F: concentration	Quotient aus Masse, Volumen, Stoffmenge oder Teilchenzahl eines Stoffes und dem Volumen der Mischphase, in der er sich befindet	Massenkonzentration Volumenkonzentration Stoffmengenkonzentration Teilchenzahlkonzentration	Siehe DIN 1310.
2.2.5 Massenbezogene Größen				
2.2.5.1	**spezifisch** E: specific F: massique	Sofern eine bezogene Größe eine Stoffeigenschaft beschreibt und die Bezugsgröße die Masse ist, wird sie „spezifische" (d. h. der Stoffart eigentümliche) Größe genannt.	Spezifisches Volumen eines Stoffes ist das auf die Masse bezogene Volumen: $v = V/m$ (SI-Einheit: m³/kg) Spezifische Aktivität (SI-Einheit: Bq/kg)	Der bisherige Gebrauch des Wortes „spezifisch" war nicht auf den Bezug auf die Masse eingeschränkt, wie die folgenden Beispiele zeigen: Spezifischer Widerstand ist der auf die Länge und den Kehrwert des Querschnitts bezogene Widerstand. Spezifische Ausstrahlung ist der auf eine strahlende Fläche bezogene Strahlungsfluß. Bei künftigen Wortbildungen soll das Wort „spezifisch" nur noch im hier genormten Sinne verwendet werden.

Tabelle 2. (Fortsetzung)

Nr	Grundwort oder Beiwort	Bedeutung oder Verwendung	Beispiele	Bemerkungen
2.2.6 Stoffmengenbezogene Größen				
2.2.6.1	**molar** E: molar F: molaire	Allgemeine stoffmengenbezogene Größe	molare Masse $M = m/n$ (SI-Einheit: kg/mol)	Siehe DIN 1345.
2.2.7 Wellenlängenbezogene (frequenzbezogene) strahlungsphysikalische Größe				
2.2.7.1	**spektral, spektrale Dichte** E: spectral, spectral concentration F: spectrique, densité spectrale	Die spektrale Dichte wird gebildet durch den Bezug auf einen differentiellen Bereich der Wellenlänge oder der Frequenz. Bei der Benennung der spektralen Dichten bestimmter Größen wird das Wort „Dichte" i. a. weggelassen.	spektraler Strahlungsfluß (übliches Vielfaches der SI-Einheit: W/nm) spektrale Strahlstärke (übliches Vielfaches der SI-Einheit: W/(nm·sr)) spektrale spezifische Ausstrahlung (übliches Vielfaches der SI-Einheit: W/(m^2·nm)) spektrale Strahldichte (übliches Vielfaches der SI-Einheit: W/(m^2·nm·sr)) spektrale Bestrahlungsstärke (übliches Vielfaches der SI-Einheit: W/(m^2·nm)) spektrale Rauschleistungsdichte (SI-Einheit: W/Hz)	Siehe DIN 5031 Teil 1 und DIN 5496. Das Wort „spektral" wird auch benutzt, um die Abhängigkeit einer Größe von der Frequenz, der Wellenlänge oder der Repetenz (Wellenzahl) zu kennzeichnen. Wenn hierdurch Mißverständnisse zu befürchten sind, darf das Wort „Dichte" nicht weggelassen werden.
3 Größen der Dimension 1				
3.1 Kombination von Größen verschiedener Dimension				
3.1.1	**-zahl** E: number F: nombre	Benennung einer Kombination von Größen verschiedener physikalischer Dimension, die als Kenngröße der Dimension 1 den Zustand oder das Verhalten von Stoffen oder Strukturen im Rahmen der Ähnlichkeitstheorie kennzeichnet	Prandtl-Zahl Reynolds-Zahl Nußelt-Zahl	Die Tragkraftkennzahl, siehe DIN 31 655 Teil 1, ist ein Beispiel für eine neugebildete Größe der Dimension 1 dieser Art, die nicht nach einem Wissenschaftler benannt ist.
3.2 Verhältnisse von Größen gleicher Dimension				
3.2.1	**-zahl** E: relative (index) (factor) (number) F: relatif (indice) (facteur) (nombre)	Verhältnis zweier Größen gleicher Dimension, welches als Stoffkenngröße verwendet wird und die Beziehung zwischen dem Verhalten eines Mediums bei bestimmten Bedingungen und dem Verhalten eines Vergleichsmediums bei gleichen Bedingungen beschreibt	Permittivitätszahl $= \frac{\text{Permittivität}}{\text{elektrische Feldkonstante}}$ Brechzahl $= \frac{\text{Lichtgeschwindigkeit im leeren Raum}}{\text{Lichtgeschwindigkeit im Medium}}$ Machzahl $= \frac{\text{Geschwindigkeit}}{\text{Schallgeschwindigkeit (im Medium am gleichen Ort)}}$ Reibungszahl $= \frac{\text{Reibkraft}}{\text{Andrückkraft}}$	Das Vergleichsmedium kann auch der leere Raum sein.

Tabelle 2. (Fortsetzung)

Nr	Grundwort oder Beiwort	Bedeutung oder Verwendung	Beispiele	Bemerkungen
3.2.2	**-faktor (-beiwert)** E: factor F: facteur	Verhältnis einer Größe zu einer Bezugsgröße gleicher Dimension	Leistungsfaktor $= \frac{\text{Wirkleistung}}{\text{Scheinleistung}}$ Korrektionsfaktor $= \frac{\text{richtiger Wert einer Größe}}{\text{Anzeigewert einer Größe}}$ Verstärkungsfaktor $= \frac{\text{Ausgangsgröße}}{\text{Eingangsgröße}}$ Reflexionsfaktor $= \frac{\text{reflektierte Feldgröße}}{\text{auftreffende Feldgröße}}$	Statt „-faktor" wird auch „-Beiwert" gesagt, z. B. Sicherheitsbeiwert. Der Faktor kann reell oder komplex sein.
3.2.3	**-grad** E: factor F: facteur	Verhältnis zweier **meßbarer** Größen gleicher Dimension, wenn dessen Größtwert höchstens 1 (= 100 %) ist	Wirkungsgrad $= \frac{\text{abgegebene Leistung}}{\text{zugeführte Leistung}}$ Kopplungsgrad zweier Spulen $= \frac{\text{Gegeninduktivität}}{\text{geometrisches Mittel der Selbstinduktivitäten}}$ Reflexionsgrad $= \frac{\text{reflektierte Leistung}}{\text{auftreffende Leistung}}$ Füllungsgrad $= \frac{\text{ausgefülltes Volumen}}{\text{zur Verfügung stehendes Volumen}}$ Auslastungsgrad Nutzungsgrad	Die Begriffe „-faktor" und „-grad" lassen sich nicht scharf gegeneinander abgrenzen (z. B. Füllfaktor und Füllungsgrad). Der Grad ist immer eine reelle Größe. In der Umformtechnik wird das Wort „-grad" auch für den Logarithmus des Verhältnisses geometrischer Größen benutzt. E und F haben für die genannten Beispiele teilweise eigene Namen.
3.2.4	**-quote** E: quota, ratio F: taux	Verhältnis zweier **zählbarer** Größen gleicher Dimension, wenn dessen Größtwert höchstens 1 (= 100 %) ist	Fehlerquote	Die Verwendung des Wortes „-rate" anstelle des Wortes „-quote" soll vermieden werden, da Wortverbindungen mit „-rate" für Quotienten mit der Bezugsgröße Zeit stehen (siehe Nr 2.2.1.4).
3.2.5	**-anteil** E: fraction F: fraction	Verhältnis zweier **meßbarer** oder **zählbarer** Größen gleicher Dimension, wenn dessen Größtwert höchstens 1 (= 100 %) ist Mit „-anteil" werden speziell Zusammensetzungsgrößen von Mischungen und Mischphasen benannt.	Massenanteil Volumenanteil Stoffmengenanteil Teilchenzahlanteil	Siehe DIN 1310.
3.2.6	**-verhältnis** E: ratio F: rapport	Verhältnis zweier **meßbarer** oder **zählbarer** voneinander abhängiger oder miteinander zu vergleichender Größen gleicher Dimension, welches größer, gleich oder kleiner als 1 sein kann Mit „-verhältnis" werden speziell Verhältnisse der Masse, des Volumens, der Stoffmenge und der Teilchenzahlen zweier verschiedener Stoffe zueinander benannt.	Windungszahlverhältnis eines Transformators Massenverhältnis Volumenverhältnis Stoffmengenverhältnis Teilchenzahlverhältnis	Siehe DIN 1310.

Anmerkung: Das Grundwort „-gehalt" wurde nicht mit aufgeführt, nachdem es in DIN 1310 nur noch als Oberbegriff Verwendung findet (z. B. „Nickelgehalt einer Stahllegierung") und ansonsten gegenüber früheren Ausgaben von DIN 1310 durch das Grundwort „-anteil" ersetzt wurde.

Tabelle 2. (Fortsetzung)

Nr	Grundwort oder Beiwort	Bedeutung oder Verwendung	Beispiele	Bemerkungen
3.3 Größenverhältnisse bei festgelegtem Wert der Bezugsgröße				
3.3.1	**relativ** E: relative F: relatif	Relative Größen sind Verhältnisse zweier Größen gleicher Dimension, wenn ein festgelegter Wert der im Nenner stehenden Bezugsgröße benutzt wird. In verschiedenen Fachgebieten werden für relative Größen unterschiedliche Bezugsgrößen herangezogen, so daß die so gebildeten relativen Größen dann nur in dem betreffenden Fachgebiet Geltung haben.	Relative Dichte ist die auf die Dichte eines Bezugsstoffes bezogene Dichte eines Stoffes unter Bedingungen, die für beide Stoffe besonders anzugeben sind (siehe DIN 1306). Relative Feuchte ist der in einem bestimmten Luftvolumen vorhandene Wasserdampfteildruck, bezogen auf den möglichen Wasserdampfsättigungsdruck.	Ist die bezogene Größe eine stoffabhängige Konstante, dann ist es besser, statt des Beiwortes „relativ" das substantivische Grundwort „-zahl" zu verwenden (siehe Nr 3.2.1). Beispiele: Permittivitätszahl (Dielektrizitätszahl) $\varepsilon/\varepsilon_0$ Permeabilitätszahl μ/μ_0 Das Wort „relativ" wurde bisher nicht nur für Größenverhältnisse angewendet, sondern auch auf Differenzen (Beispiele: Relativgeschwindigkeit, relative Höhe). Bei künftigen Wortbildungen soll das Wort „relativ" nur mehr für Größenverhältnisse benutzt werden; in den vorgenannten Beispielen kann etwa auf die Benennungen Geschwindigkeitsdifferenz und Höhendifferenz ausgewichen werden.
3.3.2	**normiert** E: normalized F: normé	Wird eine Größe auf eine gleichartige, aber von Fall zu Fall wechselnde Größe bezogen, so wird anstelle des Wortes „relativ" auch das Wort „normiert" benutzt.	Normierte Freqenz ist z. B. bei Resonanzkreisen und Siebschaltungen das Verhältnis der Betriebsfrequenz zur Resonanzfrequenz oder zur Grundfrequenz.	Das Wort „normiert" darf nicht mit dem gleichnamigen Begriff in der Mathematik und auch nicht mit „genormt", d. h. einer Norm entspechend, verwechselt werden. Von den normierten Größen sind weiterhin die einen Normzustand kennzeichnenden Normgrößen, z. B. nach DIN 1343, zu unterscheiden; das sind die auf den Normzustand reduzierten Größen. Um Verwechslungen zu verhindern, wird es sich meist empfehlen, das Wort „normiert" überhaupt zu vermeiden und auch hier das Wort „relativ" zu verwenden. Bei der auf die Nennleistung bezogenen Leistung spricht man deshalb besser von relativer Leistung statt von normierter Leistung. Häufig werden die Begriffe „normiert" und „reduziert" miteinander verwechselt. Gleichungen zwischen normierten Zustandsgrößen sollen im Sinne dieser Norm nicht „reduzierte Zustandsgleichungen" genannt werden.

Tabelle 2. (Fortsetzung)

Nr	Grundwort oder Beiwort	Bedeutung oder Verwendung	Beispiele	Bemerkungen
4 Logarithmierte Verhältnisse von Leistungs- oder Feldgrößen				
4.1	**-maß**	Logarithmus des Verhältnisses zweier Leistungs- oder Feldgrößen (ohne feste Bezugsgröße) zur Kennzeichnung von Eigenschaften von Übertragungsgliedern	Übertragungsmaß $= \log \frac{\text{Ausgangsgröße}}{\text{Eingangsgröße}}$ Dämpfungsmaß $= \log \frac{\text{Eingangsgröße}}{\text{Ausgangsgröße}}$	Siehe DIN 5493.
4.2	**-pegel** E: level F: niveau	Verwendung für ein Maß nach Nr 4.1, bei dem die Nennergröße eine festgelegte Bezugsgröße ist, zur Kennzeichnung von Zuständen in Übertragungssystemen	Schalldruckpegel (Bezugsgröße $p_0 = 20$ µPa) Elektrischer Leistungspegel (Bezugsgröße $P_0 = 1$ mW)	Siehe DIN 5493.

Zitierte Normen

DIN 1304 Teil 1	(z. Z. Entwurf) Formelzeichen; Allgemeine Formelzeichen
DIN 1306	Dichte; Begriffe, Angaben
DIN 1310	Zusammensetzung von Mischphasen (Gasgemische, Lösungen, Mischkristalle); Begriffe, Formelzeichen
DIN 1320	Akustik; Grundbegriffe
DIN 1343	Referenzzustand, Normzustand, Normvolumen; Begriffe und Werte
DIN 1345	Thermodynamik; Formelzeichen, Einheiten
DIN 4898	Gebrauch der Wörter dual, invers, reziprok, äquivalent, komplementär
DIN 4899	Lineare elektrische Mehrtore
DIN 5031 Teil 1	Strahlungsphysik im optischen Bereich und Lichttechnik; Größen, Formzeichen und Einheiten der Strahlungsphysik
DIN 5493	Logarithmierte Größenverhältnisse; Maße, Pegel in Neper und Dezibel
DIN 5496	Temperaturstrahlung
DIN 6814 Teil 2	Begriffe und Benennungen in der radiologischen Technik; Strahlenphysik
DIN 6814 Teil 3	Begriffe und Benennungen in der radiologischen Technik; Dosisgrößen und Dosiseinheiten
DIN 31 655 Teil 1	(z. Z. Entwurf) Gleitlager; Hydrostatische Radial-Gleitlager im stationären Betrieb; Berechnung von ölgeschmierten Gleitlagern ohne Zwischennuten
DIN 40 200	Nennwert, Grenzwert, Bemessungswert, Bemessungsdaten; Begriffe
ISO 31/0 – 1981	General priciples concerning quantities, units and symbols
ISO 31/13 – 1981	Quantities and units of solid state physics

Frühere Ausgaben

DIN 5476: 04.78

DIN 5490: 09.63, 04.74

DIN 5485: 07.60, 03.68, 07.71, 05.77

Änderungen

Gegenüber der Ausgabe Mai 1977, DIN 5476/04.78 und DIN 5490/04.74 wurden folgende Änderungen vorgenommen:

a) DIN 5485 wurde mit DIN 5476 und DIN 5490 zusammengelegt.

b) Die Grundwörter Größe, Wert, Parameter, Modul, Druck, Spannung, Konzentration, Quote, Anteil, Verhältnis sowie das Beiwort spektral wurden zusätzlich aufgenommen.

c) Der Gesamtstoff wurde in Tabellenform überführt und redaktionell vollständig überarbeitet.

Internationale Patentklassifikation

G 01

DK 537.8 : 621.316 September 1990

Richtungssinn und Vorzeichen in der Elektrotechnik
Regeln für elektrische und magnetische Kreise, Ersatzschaltbilder

DIN 5489

Directions and signs in electrical engineering; rules for electric and magnetic circuits, equivalent circuit diagrams

Ersatz für Ausgabe 11.68
und mit DIN 1324 Teil 1/05.88
Ersatz für DIN 1323/02.66

Inhalt

1 Anwendungsbereich und Zweck

Zweck dieser Norm ist es, Vorzeichen- und Richtungsregeln festzulegen, die zur Berechnung der Stromstärken und Spannungen in elektrischen Stromkreisen und Netzen sowie zur Berechnung der entsprechenden Größen in magnetischen Kreisen dienen. Die Festlegung von Bezugssinnen durch Bezugspfeile bildet dabei eine Übereinkunft, die bei der Aufstellung der Netzgleichungen besondere Überlegungen über das Setzen von Vorzeichen entbehrlich macht.

Mit dieser Norm, die auch Ersatzschaltbilder für die häufig vorkommenden linearen Zweipole enthält, werden die bisherigen Normen DIN 1323 und DIN 5489 zusammengefaßt.

2 Einleitung

Ein Netz besteht aus einem System von Zweigen, die an Knoten miteinander verbunden sind. Die Zweige des Netzes sind Zweipole (Eintore). Sie haben zwei Pole (Klemmen). An den Knoten sind die Pole mehrerer Zweipole miteinander verbunden. Ein Netz besteht aus mindestens zwei Zweipolen. Einer oder mehrere davon wirken im allgemeinen als Quellen, die übrigen wirken als Verbraucher.

Als elektrisches Netz mit konzentrierten Elementen bezeichnet man Anordnungen, in denen für die Zustandsgröße Stromstärke I (Augenblickswert i) das erste Kirchhoff-Gesetz (Knotensatz siehe Abschnitt 3.4) und für die Zustandsgröße Spannung U (Augenblickswert u) das zweite Kirchhoff-Gesetz (Maschensatz siehe Abschnitt 3.4) gilt. Bei Verbraucher-Bepfeilung (siehe Abschnitt 4.2) und im Einklang mit den Maxwell-Feldgleichungen existieren zwischen den Zustandsgrößen eines jeden nicht resonanzfähigen, linearen und zeitinvarianten Zweipols (Definition eines Zweipols siehe Abschnitt 4.1) im allgemeinen als gewöhnliche Differentialgleichungen mit konstanten Koeffizienten nur die Verknüpfungen

$$u = R\,i + L\frac{\mathrm{d}i}{\mathrm{d}t} + u_s \qquad (1)$$

oder

$$i = G\,u + C\frac{\mathrm{d}u}{\mathrm{d}t} + i_s. \qquad (2)$$

Zweipole, die im allgemeinen resonanzfähig sind, entstehen durch Parallel- oder Serienkombination von Zweipolen nach Art der Gleichungen (1) und (2). Diese Gleichungen enthalten als Absolutglieder die Leerlauf-

Fortsetzung Seite 2 bis 8

Normenausschuß Einheiten und Formelgrößen (AEF) im DIN Deutsches Institut für Normung e.V.
Deutsche Elektrotechnische Kommission (DKE) im DIN und VDE

spannung u_s und den Kurzschlußstrom i_s, sowie den Widerstand R, den Leitwert G, die Induktivität L und die Kapazität C der entsprechenden Bauelemente.

Als magnetischer Kreis wird eine Einrichtung zur Führung des magnetischen Flusses auf vorgegebenen Wegen bezeichnet. In ihm ist der Zusammenhang zwischen dem magnetischen Fluß und der magnetischen Spannung oft nichtlinear.

3 Vorzeichenregeln für Stromstärke und Spannung

3.1 Richtungssinn für die Stromstärke

Als elektrischen Strom der Stromstärke i bezeichnet man die geordnete Bewegung elektrischer Ladungen durch eine Fläche. Als Richtungssinn der Stromstärke i ist diejenige Richtung definiert, in der sich die positiven Ladungen bewegen. Tritt dabei in der Zeitspanne $\mathrm{d}t$ die Ladung $\mathrm{d}Q$ durch die vorgegebene Fläche, z.B. den Querschnitt eines Leiters, so ist der Augenblickswert i der elektrischen Stromstärke definiert durch $i = \mathrm{d}Q/\mathrm{d}t$.

3.2 Richtungssinn für die Spannung

Wenn ein Ladungsträger der Ladung Q in einem elektrischen Feld von einem Anfangspunkt 1 zu einem Endpunkt 2 bewegt wird, so verrichten die Feldkräfte an dem Körper eine Arbeit W_{12}, die proportional zu Q ist. Den Quotienten W_{12}/Q, der im wirbelfreien Feld unabhängig vom Weg ist, nennt man die Spannung u zwischen den Punkten 1 und 2. Als Richtungssinn der Spannung u ist die Richtung von 1 nach 2 definiert, wenn das Feld an einer positiven Ladung positive Arbeit verrichtet, dem Feld also Energie entzogen wird.

3.3 Bezugssinn und Bezugspfeile für Stromstärke und Spannung

In einem Netz sind Richtungssinn von Stromstärke und Spannung in den einzelnen Zweigen zunächst unbekannt. Für die Netzwerkanalyse muß daher beiden Größen in jedem Netzzweig ein Bezugssinn zugeordnet werden. Dabei sind die Festlegungen des Bezugssinns für die Stromstärken und des Bezugssinns für die Spannungen in jedem Zweig willkürlich und jeweils voneinander unabhängig.

3.3.1 Bezugspfeile für die Stromstärke

In Schaltplänen und Netzgraphen wird der Bezugssinn des Stromes durch einen Bezugspfeil angegeben, der bevorzugt nach Bild 1 a) in die Linie gezeichnet wird, die den Stromleiter, bzw. den betreffenden Netzzweig darstellt. Ist dies unzweckmäßig, so darf der Pfeil nach Bild 1 b) neben die Linie gesetzt werden. Wird ausnahmsweise kein Bezugspfeil verwendet, dann sind Anfangs- und Endpunkt des Stromzweiges durch einen Doppelindex nach Bild 1 c) oder d), z.B. i_{12} zu markieren.

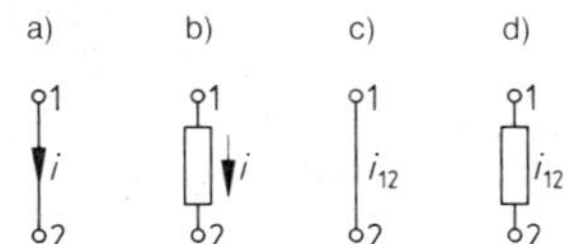

Bild 1.

3.3.2 Bezugspfeile für die Spannung

Bei Spannungen wird der Bezugssinn durch einen Bezugspfeil nach Bild 2 a) oder b) oder durch einen Doppelindex nach Bild 2 c) oder d), z.B. u_{12} dargestellt.

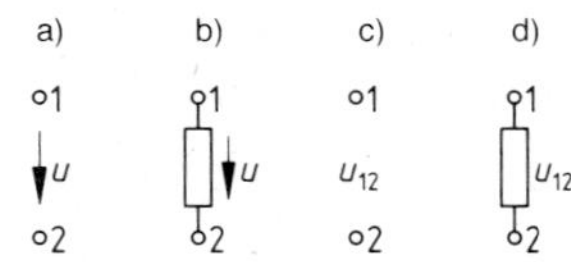

Bild 2.

3.4 Die Kirchhoff-Gesetze

Für die mit ihren Bezugspfeilen definierten Ströme und Spannungen werden die beiden Kirchhoff-Gesetze wie folgt angewendet:

Nach dem ersten Kirchhoff-Gesetz (Knotensatz) ist für jeden Knoten die Summe aller Stromstärken stets null. Die Stromstärken, deren Bezugspfeile zum Knoten hinweisen, sind mit dem einen Vorzeichen, diejenigen, deren Bezugspfeile vom Knoten wegweisen, mit dem anderen Vorzeichen in die Summe einzusetzen (siehe Bild 3 a)).

Nach dem zweiten Kirchhoff-Gesetz (Maschensatz) ist die Summe aller Teilspannungen entlang eines geschlossenen Weges, dessen Umlaufsinn willkürlich gewählt werden kann, stets null. Dabei sind alle Spannungen, deren Bezugssinn mit dem gewählten Umlaufsinn übereinstimmt, mit dem einen Vorzeichen, alle Spannungen, deren Bezugssinn gegen den Umlaufsinn gerichtet ist, mit dem anderen Vorzeichen in die Summe einzusetzen (siehe Bild 3 b)).

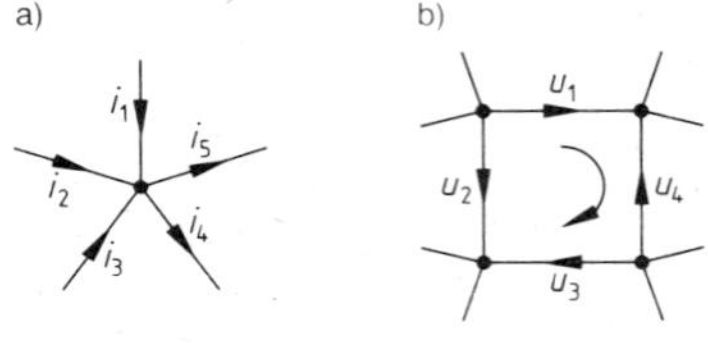

$i_1 + i_2 + i_3 - i_4 - i_5 = 0$ $\quad u_1 - u_4 + u_3 - u_2 = 0$

Bild 3.

4 Elektrische Zweipole, Eintore

4.1 Definition eines Zweipols, Einteilung der Zweipole

Ein elektrischer Zweipol ist ein Teil eines Stromkreises oder eines Netzes, der nur an zwei Punkten elektrisch zugänglich ist oder als zugänglich betrachtet wird. Die beiden zugänglichen Punkte heißen Pole (Klemmen). Die Eigenschaften des Zweipols werden definiert durch den Zusammenhang zwischen der Stärke des Stromes durch den Zweipol und der zugehörigen Spannung zwischen seinen Polen (siehe z.B. Gleichungen (1) und (2)).

4.1.1 Linearität und Zeitinvarianz eines Zweipols

Ein Zweipol, bei dem die Beziehung zwischen Stromstärke und Spannung durch eine lineare Gleichung oder eine lineare Differentialgleichung beschrieben wird, heißt linearer Zweipol, andernfalls nichtlinearer Zweipol. Sind die Koeffizienten in diesen Gleichungen zeitunabhängig, so bezeichnet man den Zweipol als zeitinvariant, andernfalls als zeitvariant. Nachfolgend wird stets Linearität und Zeitinvarianz vorausgesetzt.

4.1.2 Homogene Zweipole

Fehlt in den Gleichungen (1) und (2) das Absolutglied (u_s bzw. i_s), so nennt man den betreffenden Zweipol homogen. Homogene Zweipole werden zweckmäßig nach dem Wert der Koeffizienten R oder G in den Gleichungen (1) oder (2) klassifiziert.

Für $R > 0$ oder $G > 0$ ist der Zweipol dissipativ,
für $R = 0$ oder $G = 0$ ist der Zweipol reaktiv,
für $R < 0$ oder $G < 0$ ist der Zweipol generativ.

4.2 Bepfeilung an einem Zweipol

Bei Bezugspfeilen für Spannung und Stromstärke nach Bild 4a) spricht man von einer Verbraucher-Bepfeilung. Hier beschreibt ein positives Produkt von Spannung und Stromstärke eine in den Zweipol einfließende Energie. Wenn man dem Energiestrom, d.h. der Leistung P einen Bezugspfeil zuordnet, so zeigt dieser wie in Bild 4a) auf den Zweipol hin. Eine Bepfeilung von Spannung und Stromstärke nach Bild 4b) bezeichnet man als Erzeuger-Bepfeilung. Hier beschreibt ein positives Produkt von Spannung und Stromstärke eine vom Zweipol abgegebene Energie. Der Bezugspfeil für die Leistung P zeigt wie in Bild 4b) vom Zweipol weg. Bild 4c) zeigt eine vereinfachte Darstellung eines Zweipols, die für Netzgraphen zweckmäßig ist. In diesem Fall liegt eine Verbraucher-Bepfeilung vor.

a) b) c)

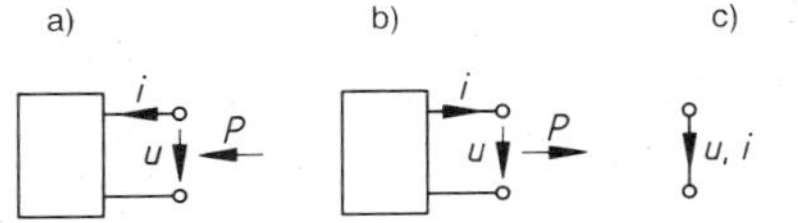

Bild 4.

5 Ideale homogene Zweipole

5.1 Idealer ohmscher Zweipol

Ein Zweipol, an dessen Polen die Spannung u in jedem Augenblick proportional der Stromstärke i ist, wird bei $R > 0$ idealer ohmscher Zweipol genannt. In Schaltplänen wird er durch das Schaltzeichen von Bild 5a) dargestellt und durch seinen Widerstand R gekennzeichnet. Bei Verbraucher-Bepfeilung gilt $u = R \cdot i$. Der Quotient $u/i = R$ wird als Widerstand (auch Resistanz) bezeichnet, sein Kehrwert $G = 1/R$ als Leitwert (auch Konduktanz).

In Schaltplänen wird der Leitwert durch dasselbe Schaltzeichen wie der entsprechende Widerstand dargestellt, jedoch mit der geänderten Beschriftung G statt R.

5.2 Idealer induktiver Zweipol

Ein Zweipol, bei dem Spannung und Stromstärke bei Verbraucher-Bepfeilung durch die Differentialgleichung $u = L \cdot \mathrm{d}i/\mathrm{d}t$ miteinander verknüpft sind, wird idealer induktiver Zweipol genannt. In Schaltplänen wird er durch eines der Schaltzeichen von Bild 5b) dargestellt und durch seine Induktivität L gekennzeichnet.

Anmerkung: Induktivität ist eine physikalische Größe, die eine Spule charakterisiert. Diese Benennung darf nicht zur Bezeichnung des Elementes selbst benutzt werden.

5.3 Idealer kapazitiver Zweipol

Ein Zweipol, bei dem Stromstärke und Spannung bei Verbraucher-Bepfeilung durch die Differentialgleichung $i = C \cdot \mathrm{d}u/\mathrm{d}t$ miteinander verknüpft sind, wird idealer kapazitiver Zweipol genannt. In Schaltplänen wird er durch das Schaltzeichen von Bild 5c) dargestellt und durch seine Kapazität C gekennzeichnet.

Anmerkung: Kapazität ist eine physikalische Größe, die einen Kondensator charakterisiert. Diese Benennung darf nicht zur Bezeichnung des Elementes selbst benutzt werden.

a) b) c)

R u, i $\underline{U}, \underline{I}$ — L u, i $\underline{U}, \underline{I}$ — C u, i $\underline{U}, \underline{I}$

$u = Ri$ $\qquad u = L\dfrac{\mathrm{d}i}{\mathrm{d}t}$ $\qquad i = C\dfrac{\mathrm{d}u}{\mathrm{d}t}$

$\underline{U} = R\underline{I}$ $\qquad \underline{U} = \mathrm{j}\omega L\underline{I}$ $\qquad \underline{I} = \mathrm{j}\omega C\underline{U}$

Bild 5.

6 Zweipolquellen

Ein Zweipol, der in der Lage ist, über ganze Perioden gemittelt elektrische Energie abzugeben, wird als Zweipolquelle, kurz als Quelle bezeichnet.

6.1 Spannungsquelle

Ist für eine Zweipolquelle, beschrieben durch Kombinationen von Gleichung (1) und (2), bei $i_s = 0$ mindestens einer der Koeffizienten R, L, G oder C ungleich null, so liegt eine Spannungsquelle mit Innenwiderstand und der Leerlaufspannung u_s vor.

6.1.1 Unabhängige Spannungsquelle

Wird bei einer Spannungsquelle die Leerlaufspannung u_s nicht von einer anderen Zustandsgröße beeinflußt, so bezeichnet man sie als unabhängig. Verschwinden in den Gleichungen (1) und (2) bei $i_s = 0$ die Koeffizienten R, L, G und C, so spricht man von einer idealen unabhängigen Spannungsquelle. In Schaltplänen wird sie durch das Schaltzeichen von Bild 6a) dargestellt.

6.1.2 Gesteuerte Spannungsquelle

Die Leerlaufspannung u_s einer Spannungsquelle kann der Spannung oder Stromstärke an anderer Stelle des Netzes proportional sein. Im ersten Fall spricht man von einer spannungsgesteuerten, im zweiten von einer stromgesteuerten Spannungsquelle. In Schaltplänen wird sie für den Idealfall entsprechend Bild 6b) bzw. c) dargestellt.

a) b) c)

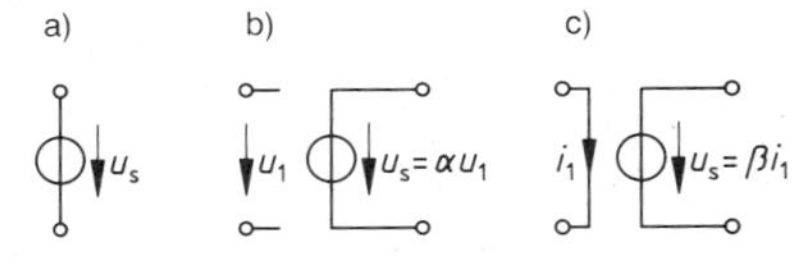

Bild 6.[1])

6.2 Stromquelle

Ist in Kombinationen von Gleichung (1) und (2) bei $u_s = 0$ mindestens einer der Koeffizienten R, L, G oder C ungleich null, so wird eine Stromquelle mit Innenleitwert und der Kurzschlußstromstärke i_s beschrieben.

6.2.1 Unabhängige Stromquelle

Wird bei einer Stromquelle die Kurzschlußstromstärke i_s nicht von einer anderen Zustandsgröße beeinflußt, so bezeichnet man sie als unabhängig. Verschwinden in

---

[1]) α, β, γ und δ sind zunächst nicht näher benannte Steuerungsparameter der Dimension 1 (α, δ), der Dimension eines Widerstandes (β) bzw. der Dimension eines Leitwertes (γ).

den Gleichungen (1) und (2) bei $u_s = 0$ die Koeffizienten R, L, G und C, so spricht man von einer idealen unabhängigen Stromquelle. In Schaltplänen wird sie durch das Schaltzeichen von Bild 7 a) dargestellt.

6.2.2 Gesteuerte Stromquelle

Die Kurzschlußstromstärke i_s einer Stromquelle kann der Spannung oder Stromstärke an anderer Stelle des Netzes proportional sein. Im ersten Fall spricht man von einer spannungsgesteuerten, im zweiten von einer stromgesteuerten Stromquelle. In Schaltplänen wird sie für den Idealfall entsprechend Bild 7 b) bzw. c) dargestellt.

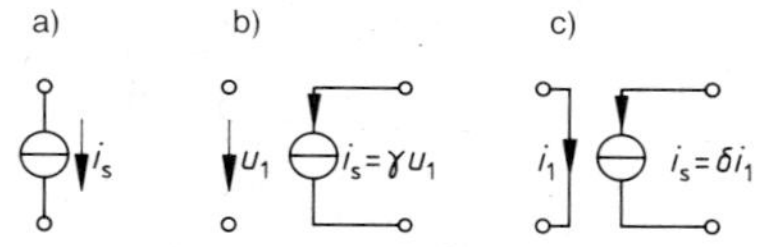

Bild 7.[1])

7 Lineare Zweipole in Wechselstromnetzen

7.1 Komplexe Schreibweise; Impedanz, Admittanz; Reaktanz, Suszeptanz

In linearen Netzen, die mit Quellen für zeitlich sinusförmige Wechselspannungen und Wechselströme gespeist werden, ist es üblich, die sinusförmigen Spannungen und Stromstärken durch ihre komplexen Amplituden $\underline{\hat{u}}$, $\underline{\hat{\imath}}$ oder komplexen Effektivwerte $\underline{U}$, $\underline{I}$ zu kennzeichnen. Mit den Augenblickswerten der zugehörigen Zeitfunktion sind sie über die Gleichungen

$$u = \mathrm{Re}\,(\underline{\hat{u}}\,\mathrm{e}^{\mathrm{j}\omega t}) = \mathrm{Re}\,(\sqrt{2}\,\underline{U}\,\mathrm{e}^{\mathrm{j}\omega t}) \quad (3)$$

$$i = \mathrm{Re}\,(\underline{\hat{\imath}}\,\mathrm{e}^{\mathrm{j}\omega t}) = \mathrm{Re}\,(\sqrt{2}\,\underline{I}\,\mathrm{e}^{\mathrm{j}\omega t}) \quad (4)$$

verknüpft. Dabei ist ω die Kreisfrequenz (auch Pulsatanz). Die komplexen Amplituden oder Effektivwerte erhalten den gleichen Bezugspfeil wie die zugehörigen Augenblickswerte (siehe Bild 5).

Für Zweipole, gebildet aus einer beliebigen Zusammenschaltung von idealen ohmschen Zweipolen, idealen induktiven Zweipolen und idealen kapazitiven Zweipolen, werden die zugehörigen Zustandsgrößen bei Verbraucher-Bepfeilung über die Gleichung

$$\underline{U} = \underline{Z}\,\underline{I} \quad (5)$$

oder die Gleichung

$$\underline{I} = \underline{Y}\,\underline{U} \quad (6)$$

verknüpft.

In Gleichung (5) wird $\underline{Z}$ die Impedanz, in Gleichung (6) wird $\underline{Y}$ die Admittanz des Zweipols genannt. $\underline{Z}$ und $\underline{Y}$ sind im allgemeinen Funktionen der Kreisfrequenz. Wenn der Zweipol nur aus idealen Induktivitäten und idealen Kapazitäten aufgebaut ist, verschwindet der jeweilige Realteil von $\underline{Z}$ bzw. $\underline{Y}$ für alle ω. Eine solche imaginäre Impedanz bzw. Admittanz wird als Reaktanz bzw. Suszeptanz bezeichnet. Ein Zweipol mit einer komplexen Impedanz oder Admittanz wird durch das gleiche Schaltzeichen gekennzeichnet wie ein ohmscher Zweipol, unterschieden nur durch die Beschriftung $\underline{Z}$ oder $\underline{Y}$ statt R (siehe z. B. Bild 8 und 9).

[1]) Siehe Seite 3

7.2 Zweipolquellen

Der allgemeine Zusammenhang zwischen den Zustandsgrößen einer Zweipolquelle läßt sich bei Erzeuger-Bepfeilung nach der Gleichung

$$\underline{U} = \underline{U}_s - \underline{Z}\,\underline{I} \quad (7)$$

oder der Gleichung

$$\underline{I} = \underline{I}_s - \underline{Y}\,\underline{U} \quad (8)$$

darstellen.

Hierbei ist $\underline{Z}$ die Innenimpedanz, $\underline{Y}$ die Innenadmittanz der Quelle. Wenn beide Gleichungen denselben Sachverhalt beschreiben sollen, so muß $\underline{Y} \cdot \underline{Z} = 1$ und $\underline{I}_s = \underline{Y} \cdot \underline{U}_s$ gesetzt werden. In den Grenzfällen $\underline{Z} = 0$ oder $\underline{Y} = 0$ ist nur eine der beiden Formen benutzbar. Die durch die Gleichungen (7) und (8) gegebenen Beziehungen zwischen $\underline{U}$ und $\underline{I}$ können durch Ersatzschaltbilder dargestellt werden.

Aus Gleichung (7) ergibt sich die Ersatz-Spannungsquelle. Sie enthält die Symbole für eine ideale Spannungsquelle und eine Impedanz $\underline{Z}$. Die Ersatz-Spannungsquelle ist in Bild 8 a) mit Erzeuger-Bepfeilung, in Bild 8 b) mit Verbraucher-Bepfeilung dargestellt.

Aus Gleichung (8) ergibt sich die Ersatz-Stromquelle. Sie enthält die Symbole für eine ideale Stromquelle und eine Admittanz $\underline{Y}$. Die Ersatz-Stromquelle ist in Bild 9 a) mit Erzeuger-Bepfeilung, in Bild 9 b) mit Verbraucher-Bepfeilung dargestellt.

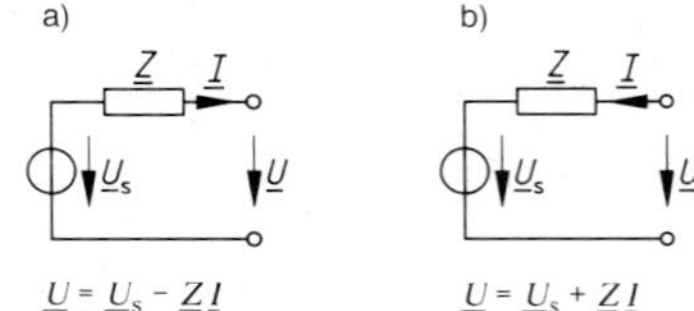

Bild 8.

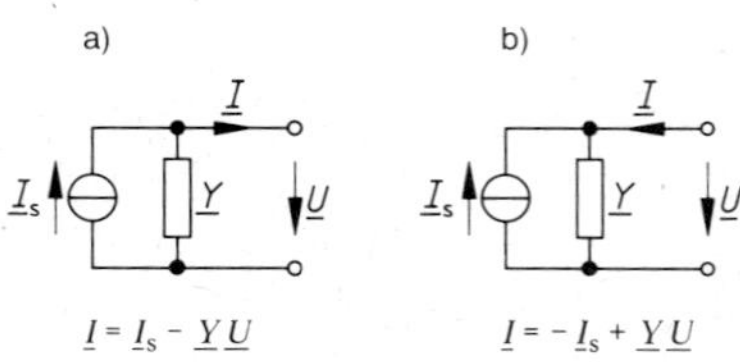

Bild 9.

8 Zweitore

8.1 Bezugssinn für Stromstärke und Spannung an einem Zweitor

Bei Zweitoren (Torbedingung siehe DIN 4899) wird die Verbraucher-Bepfeilung (symmetrische Bepfeilung) nach Bild 10 a) bevorzugt. Für die Kettenschaltung von Zweitoren ist jedoch oft die Ketten-Bepfeilung (unsymmetrische Bepfeilung) nach Bild 10 b) zweckmäßiger.

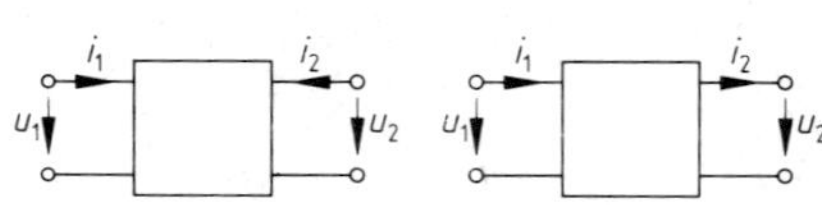

Bild 10.

8.2 Kennzeichnung des Wicklungssinns beim Übertrager

Als idealen Übertrager mit der Spannungsübersetzung t_U bezeichnet man ein Zweitor, für das bei Verbraucher-Bepfeilung in jedem Augenblick

$$u_1 = u_2\, t_U \qquad (9)$$

und

$$i_1 = i_2 / t_U \qquad (10)$$

gilt.

Ein idealer Übertrager entsteht aus dem Grenzfall zweier ausschließlich magnetisch und streuungsfrei gekoppelter idealer induktiver Zweipole, deren Induktivitäten L_1 und L_2 gegen Unendlich gehen. Haben die zugehörigen idealen Spulen die Windungszahlen N_1 und N_2, dann gilt $t_U = \pm N_1/N_2 = \pm n$ (n = Windungszahlverhältnis). Das positive Vorzeichen gilt bei gleichem Wicklungssinn beider Spulen, das negative bei entgegengesetztem. Im Schaltzeichen für den Übertrager nach Bild 11 a) und b) wird zur Kennzeichnung des Wicklungssinns der Anfang jeder Spule durch einen Punkt an einem der beiden Enden des zugehörigen Schaltzeichens festgelegt. Bei der ersten Spule kann das beliebig erfolgen, bei der zweiten muß es so geschehen, daß beim Verbinden des Endes der ersten Spule mit dem Anfang der zweiten der Wicklungssinn fortlaufend wird. Die Vereinbarungen über die Kennzeichnung des Wicklungssinns für das Zusammenwirken zweier oder mehrerer induktiver Zweipole gelten unabhängig von der Strom-Bepfeilung.

a) b)

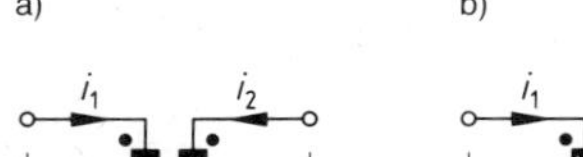

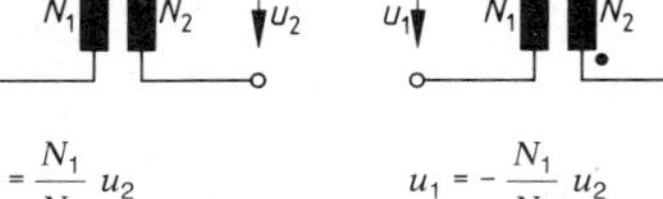

$$u_1 = \frac{N_1}{N_2}\, u_2 \qquad\qquad u_1 = -\frac{N_1}{N_2}\, u_2$$

Bild 11.

Durch die getroffene Vereinbarung über die Kennzeichnung des Wicklungssinns wird auch das Vorzeichen festgelegt, mit dem eine gegenseitige Induktivität L_{12} bei der Analyse einer Schaltung einzusetzen ist. Es gilt die Regel: Weist der Bezugssinn jeder Stromstärke auf den jeweiligen Wicklungspunkt hin oder von ihm weg, so erhalten Induktivität und gegenseitige Induktivität das gleiche Vorzeichen, sonst verschiedenes (siehe als Anwendungsbeispiel Bild 12).

a)

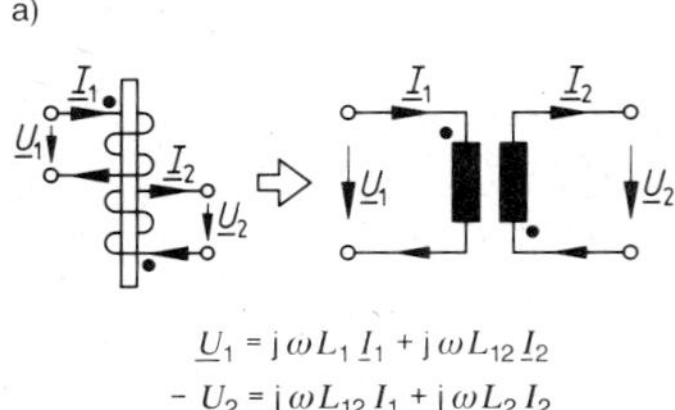

$$\underline{U}_1 = \mathrm{j}\,\omega L_1\, \underline{I}_1 + \mathrm{j}\,\omega L_{12}\, \underline{I}_2$$
$$-\,\underline{U}_2 = \mathrm{j}\,\omega L_{12}\, \underline{I}_1 + \mathrm{j}\,\omega L_2\, \underline{I}_2$$

b)

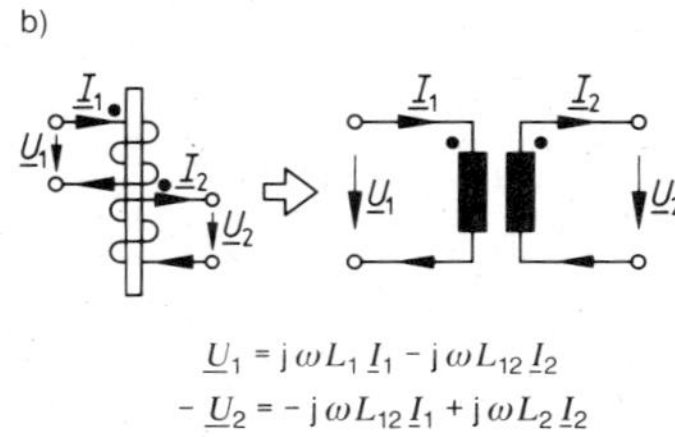

$$\underline{U}_1 = \mathrm{j}\,\omega L_1\, \underline{I}_1 - \mathrm{j}\,\omega L_{12}\, \underline{I}_2$$
$$-\,\underline{U}_2 = -\,\mathrm{j}\,\omega L_{12}\, \underline{I}_1 + \mathrm{j}\,\omega L_2\, \underline{I}_2$$

Bild 12.

8.3 Bezugssinn beim idealen Gyrator

Als idealen Gyrator bezeichnet man ein Zweitor, für das bei Verbraucher-Bepfeilung in jedem Augenblick

$$u_1 = -R\, i_2 \qquad (11)$$

und

$$u_2 = R\, i_1 \qquad (12)$$

gilt. Dabei kann der Gyrationskoeffizient R beiderlei Vorzeichen haben. Im Schaltzeichen für den Gyrator nach Bild 13 a) und b) kennzeichnet man das Vorzeichen von R analog der Orientierung des Wicklungssinns beim Übertrager ebenfalls mit zwei Punkten.

a) b)

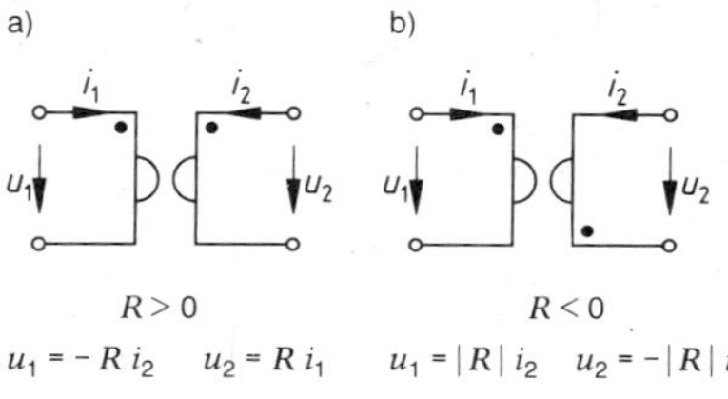

$R > 0$ $\qquad$ $R < 0$

$u_1 = -R\, i_2 \quad u_2 = R\, i_1 \qquad u_1 = |R|\, i_2 \quad u_2 = -|R|\, i_1$

Bild 13.

9 Magnetische Kreise und Netze

9.1 Die Größen des magnetischen Kreises

Entsprechend der Aufteilung eines elektrischen Stromkreises in einzelne Zweipole läßt sich ein magnetischer Kreis im allgemeinen in mehrere Abschnitte aus jeweils einem Material und mit einheitlicher Querschnittsfläche aufteilen. In jedem Abschnitt rechnet man mit mittleren, gleichmäßig über die Querschnittsfläche verteilten Beträgen der magnetischen Feldstärke H und der magnetischen Flußdichte B, wobei Streuflüsse unberücksichtigt bleiben. Längs jedes Abschnittes der Länge l ist dann die magnetische Spannung $V_{\mathrm{m}} = H \cdot l$. Wird der magnetische Fluß im Kreis durch eine stromführende Wicklung erregt, so ergibt deren elektrische Durchflutung Θ die magnetische Umlaufspannung. Für einen Erregerstrom der Stärke i, der N Windungen durchfließt, ergibt sich für einen Kreis aus k Abschnitten

$$\Theta = i\,N = \sum_{j=1}^{k} V_{\mathrm{m}\,j} = \sum_{j=1}^{k} H_j\, l_j . \qquad (13)$$

In jedem Abschnitt gilt für den mittleren Betrag der magnetischen Flußdichte B_j senkrecht zur wirksamen Querschnittsfläche mit dem Flächeninhalt A_j angenähert

$$B_j = \mu_j H_j . \quad (14)$$

Für den magnetischen Fluß, der in einem Kreis ohne Verzweigungen in allen Abschnitten gleich ist, gilt

$$\Phi = B_j A_j = \frac{V_{\mathrm{m}j}}{R_{\mathrm{m}j}} \quad (15)$$

Für einen Abschnitt der Permeabilität μ_j wird die Größe

$$R_{\mathrm{m}j} = \frac{l_j}{\mu_j A_j} = \frac{H_j l_j}{B_j A_j} = \frac{V_{\mathrm{m}j}}{\Phi} \quad (16)$$

als magnetischer Widerstand oder Reluktanz, ihr Kehrwert $\Lambda_j = 1/R_{\mathrm{m}j}$ als magnetischer Leitwert oder Permeanz bezeichnet.

Bei ferromagnetischen Stoffen ist die Permeabilität nicht konstant, der Zusammenhang zwischen der Flußdichte und der Feldstärke muß dann der Magnetisierungskurve entnommen werden.

9.2 Richtungssinn und Bepfeilung in magnetischen Kreisen und Netzen

Der Richtungssinn des magnetischen Flusses Φ und der magnetischen Spannung V_{m} wird übereinstimmend mit der Richtung der magnetischen Flußdichte $\vec{B}$ bzw. der magnetischen Feldstärke $\vec{H}$ senkrecht zur Querschnittsfläche festgelegt. Wird der Fluß durch eine stromführende Erregerwicklung hervorgerufen, dann ist $\vec{H}$ und damit auch der Richtungssinn von V_{m} mit der Stromrichtung im Sinne einer Rechtsschraube verkettet.

Wegen der Analogie zu elektrischen Stromkreisen und Netzen ist es oft zweckmäßig, eine elektrische Ersatzschaltung des magnetischen Kreises oder des magnetischen Netzes zu benutzen. Wie bei der Analyse elektrischer Netze sind dabei allen magnetischen Flüssen und allen magnetischen Spannungen Bezugssinne, gekennzeichnet durch Bezugspfeile, zuzuordnen. Die Analogien zwischen elektrischen und magnetischen Kreisen und Netzen sind in der Tabelle 1 zusammengefaßt.

Bei nichtlinearem Zusammenhang zwischen B und H erfordert die Analyse eines magnetischen Kreises bzw. eines magnetischen Netzes die Auflösung einer nichtlinearen Gleichung bzw. eines nichtlinearen Gleichungssystems.

Tabelle 1. **Analogien**

Elektrischer Kreis			Magnetischer Kreis		
Benennung	Formelzeichen, Zusammenhänge	Si-Einheit	Benennung	Formelzeichen, Zusammenhänge	Si-Einheit
Spannung	U	V	magnetische Spannung	V_{m}	A
Stromstärke	I	A	magnetischer Fluß	Φ	Wb
Widerstand, Resistanz	$R = \frac{l}{\kappa A}$	Ω	magnetischer Widerstand, Reluktanz	$R_{\mathrm{m}} = \frac{l}{\mu A}$	H^{-1}
elektrischer Leitwert, Konduktanz	$G = \frac{1}{R}$	S	magnetischer Leitwert, Permeanz	$\Lambda = \frac{1}{R_{\mathrm{m}}}$	H
elektrische Leitfähigkeit, Konduktivität	κ	S/m	Permeabilität	μ	H/m
Ohm-Gesetz	$U = I R$			$V_{\mathrm{m}} = \Phi R_{\mathrm{m}}$	
Maschensatz	$\sum U = 0$			$\sum V_{\mathrm{m}} = N I$	
Knotensatz	$\sum I = 0$			$\sum \Phi = 0$	

Weitere Normen

DIN 1324 Teil 1	Elektromagnetisches Feld; Zustandsgrößen
DIN 1324 Teil 2	Elektromagnetisches Feld; Materialgrößen
DIN 1324 Teil 3	Elektromagnetisches Feld; Elektromagnetische Wellen
DIN 4899	Lineare elektrische Mehrtore
DIN 5483 Teil 2	Zeitabhängige Größen; Formelzeichen
DIN 5483 Teil 3	Zeitabhängige Größen; Komplexe Darstellung sinusförmig zeitabhängiger Größen
DIN 13322 Teil 1	Elektrische Netze; Begriffe für die Topologie elektrischer Netze und Graphentheorie
DIN 13322 Teil 2	Elektrische Netze; Algebraisierung der Topologie und Grundlagen der Berechnung elektrischer Netze
DIN 40110	Wechselstromgrößen
DIN 40148 Teil 1	Übertragungssysteme und Zweipole; Begriffe und Größen
DIN IEC 50 Teil 131	Internationales Elektrotechnisches Wörterbuch; Teil 131: Elektrische Stromkreise und magnetische Kreise
IEC 375	Conventions concerning electric and magnetic circuits

Frühere Ausgaben

DIN 1323: 04.26, 08.58, 01.61, 02.66

DIN 5489: 11.68

Änderungen

Gegenüber der Ausgabe November 1968 und DIN 1323/02.66 wurden folgende Änderungen vorgenommen:

a) Inhalt vollständig überarbeitet.

b) Aufnahme der Festlegungen bezüglich der Begriffe elektrische Spannung, elektrische Quelle und elektrischer Zweipol aus DIN 1323/02.66.

c) Aufnahme von Festlegungen bezüglich Stromstärke, Linearität und Zeitinvarianz, gesteuerter Quellen, Zweitore, idealer Gyratoren und magnetischer Netze.

d) Aufnahme einer Klassifizierung von Zweitoren.

Stichwortverzeichnis

Internationale Patentklassifikation

H 03 H   H 01 F 17/00   H 01 F 19/00   H 01 G

DK 532.72 : 001.4 : 003.62 September 1970

Stoffübertragung
Diffusion und Stoffübergang
Grundbegriffe, Größen, Formelzeichen, Kenngrößen

DIN 5491

Mass transfer (diffusion and transport of matter); basic concepts, quantities, symbols, dimensionless parameters

1. Grundbegriffe

1.1. Stoffübertragung

Nach dieser Norm ist Stoffübertragung der gemeinsame Name für Diffusion (siehe Abschnitt 1.2) und Stoffübergang (siehe Abschnitt 1.3). Das System oder jede Phase (siehe DIN 1310) des Systems kann fest, flüssig oder gasförmig sein.

Zur Vereinfachung werden in dieser Norm nur isotrope Zweistoffsysteme behandelt, bei denen Temperatur und Druck überall gleich sind.

1.2. Diffusion

Diffusion ist der Materietransport, der als Folge von Konzentrationsgefällen in einem System ohne Phasengrenzen auftritt und zu einem Konzentrationsausgleich führt.

Unter den Voraussetzungen des Abschnitts 1.1 sind die als Ursache der Diffusion anzusehenden Gefälle der chemischen Potentiale der beiden Stoffe den Konzentrationsgefällen proportional. Da es hier nur ein unabhängiges Konzentrationsgefälle und nur einen unabhängigen Diffusionsvorgang gibt, läßt sich die Diffusion durch einen einzigen Koeffizienten beschreiben. Zusätzlich wird vereinfachend ein System vorausgesetzt, das makroskopisch in Ruhe ist, so daß man von der Konvektion absehen kann (siehe Absatz 6). Dann ist bei eindimensionaler Diffusion in Richtung der Ortskoordinate s nach dem Fickschen Gesetz die Massenstromdichte I_i des Stoffes i ($i = 1, 2$) in jedem Volumenelement proportional dem negativen Wert von $\partial \varrho_i / \partial s$, worin ϱ_i die lokale Massenkonzentration (lokale Partialdichte) des Stoffes i und $\partial/\partial s$ die lokale Ableitung nach der Ortskoordinate bedeuten. Der Diffusionskoeffizient D ist definiert durch die folgende Gleichung:

$$I_i = \varrho_i v_i = -D \, \partial \varrho_i / \partial s \, . \qquad (1)$$

Hierbei ist v_i die mittlere lokale Geschwindigkeit des Stoffes i. Der Diffusionskoeffizient D hängt von der Temperatur, vom Druck und von der Zusammensetzung des Volumenelementes ab.

Man kann anstelle von Gleichung (1) auch schreiben:

$$J_i = c_i v_i = -D \, \partial c_i / \partial s \, . \qquad (2)$$

Darin bedeutet J_i die Stoffmengenstromdichte und c_i die lokale Stoffmengenkonzentration (lokale Molarität) des Stoffes i.

Der Zusammenhang zwischen den Gleichungen (1) und (2) ist durch

$$I_i / J_i = \varrho_i / c_i = M_i \qquad (3)$$

gegeben, wobei M_i die stoffmengenbezogene (molare) Masse des Stoffes i bedeutet (siehe auch DIN 5498).

Der auf Grund der Diffusion eine Fläche A senkrecht zu s durchsetzende Massenstrom $\dot{m}_i$ des Stoffes i ergibt sich durch Integration von Gleichung (1) zu

$$\dot{m}_i = \int_A I_i \, \mathrm{d}A \, . \qquad (4)$$

Entsprechend gilt nach Gleichung (2) für den Stoffmengenstrom $\dot{n}_i$ des Stoffes i:

$$\dot{n}_i = \int_A J_i \, \mathrm{d}A \, . \qquad (5)$$

Bei Berücksichtigung der Konvektion muß in den Gleichungen (1) und (2) an die Stelle der Geschwindigkeit v_i die Relativgeschwindigkeit $v_i - w$ treten. Darin ist w eine mittlere Geschwindigkeit, definiert durch die Gleichung

$$w = \varrho_1 \tilde{V}_1 v_1 + \varrho_2 \tilde{V}_2 v_2 = c_1 V_1 v_1 + c_2 V_2 v_2 \, . \qquad (6)$$

In dieser Gleichung ist $\tilde{V}_i$ das partielle massenbezogene (partielle spezifische) Volumen und V_i das partielle stoffmengenbezogene (partielle molare) Volumen des Stoffes i. Die Größe w ist ein Maß für die Konvektion.

Bei dreidimensionaler Diffusion sind in den bisherigen Gleichungen die skalaren Größen I_i, J_i, v_i, A, w durch die Vektoren $\vec{I}_i$, $\vec{J}_i$, $\vec{v}_i$, $\vec{A}$, $\vec{w}$ und die skalaren Größen $\partial \varrho_i / \partial s$, $\partial c_i / \partial s$ durch die Vektoren grad ϱ_i, grad c_i zu ersetzen. Die Verallgemeinerung von Gleichung (2) lautet also beispielsweise:

$$\vec{J}_i = c_i (\vec{v}_i - \vec{w}) = -D \, \mathrm{grad} \, c_i \, . \qquad (7)$$

1.3. Stoffübergang

Stoffübergang ist der Materietransport, der in einem System mit Phasengrenzen durch eine Grenzfläche stattfindet; die Grenzfläche trennt zwei Phasen voneinander, die insgesamt miteinander nicht im Gleichgewicht sind und relativ zueinander in Bewegung sein können.

Unter den Voraussetzungen des Abschnitts 1.1 spielt sich der Stoffübergang in einem zweiphasigen Zweistoffsystem bei konstanter Temperatur und konstantem Druck ab. In diesem Falle wird das heterogene Gleichgewicht zwischen den beiden Phasen durch die

Fortsetzung Seite 2

Ausschuß für Einheiten und Formelgrößen (AEF) im Deutschen Normenausschuß (DNA)

Gleichheit der chemischen Potentiale der beiden Stoffe (nicht durch die Gleichheit der Konzentrationen) bestimmt. Deshalb ist beim Stoffübergang der Materiestrom durch die Phasengrenze in erster Näherung den Differenzen der chemischen Potentiale in den beiden Phasen proportional. Setzt man aber voraus, daß in jeder Phase in unmittelbarer Nähe der Grenzfläche (Index W) lokales heterogenes Gleichgewicht herrscht, so kann man für einen hinreichend großen Abstand von der Grenzfläche (Index ∞) annehmen, daß der Massenstrom $\dot{m}$ oder der Stoffmengenstrom $\dot{n}$ proportional zur Differenz der Massenkonzentrationen $\varrho_W - \varrho_\infty$ oder zur Differenz der Stoffmengenkonzentrationen $c_W - c_\infty$ ist: denn in diesem Falle sind die Abweichungen der chemischen Potentiale von den Gleichgewichtswerten allein durch diese Konzentrationsdifferenzen bedingt. (Bei einer genaueren Darstellung ist in besserer Näherung der Ausdruck $\ln(c_W/c_\infty)$ maßgebend.) Nimmt man an, daß nur einer der beiden Stoffe die Phasengrenze passieren kann, so kann man die Stoffindizes fortlassen und schreiben:

$$\mathrm{d}\dot{m} = \beta\,(\varrho_W - \varrho_\infty)\,\mathrm{d}A \qquad (8)$$

oder

$$\mathrm{d}\dot{n} = \beta\,(c_W - c_\infty)\,\mathrm{d}A\,. \qquad (9)$$

Darin ist β der Stoffübergangskoeffizient und $\mathrm{d}A$ ein Flächenelement der Grenzfläche.

2. Größen

Die für Diffusion und Stoffübergang wichtigsten Größen gehen aus der folgenden Tabelle hervor.

Bedeutung	Formelzeichen
Weg, Ortskoordinate	s
Fläche	A
stoffmengenbezogene (molare) Masse des Stoffes i	M_i
Massenkonzentration (Partialdichte) des Stoffes i	ϱ_i
Stoffmengenkonzentration (Molarität) des Stoffes i	c_i
Massenstromdichte des Stoffes i (siehe Gleichung (1))	I_i
Massenstrom des Stoffes i (siehe Gleichung (4))	$\dot{m}_i$
Stoffmengenstromdichte des Stoffes i (siehe Gleichung (2))	J_i
Stoffmengenstrom des Stoffes i (siehe Gleichung (5))	$\dot{n}_i$
Diffusionskoeffizient (siehe Gleichungen (1) und (2))	D
Stoffübergangskoeffizient (siehe Gleichungen (8) und (9))	β

3. Kenngrößen

Die Anzahl der Veränderlichen beim Darstellen von Stoffübertragungsvorgängen läßt sich vermindern, wenn man bestimmte Einflußgrößen zu Verhältnisgrößen (Kenngrößen) zusammenfaßt und diese als neue Veränderliche einer durch Rechnung oder Versuch gewonnenen Gleichung auffaßt. Die wichtigsten dieser Kenngrößen der Stoffübertragung sind nachstehend aufgeführt. Dabei werden, soweit diese Kenngrößen keinen eigenen Namen oder kein eigenes Formelzeichen haben, wegen der Analogie zur Wärmeübertragung (siehe DIN 1341) die gleichen Formelzeichen wie bei den Kenngrößen der Wärmeübertragung verwendet und zur Unterscheidung von diesen durch einen hochgestellten Stern gekennzeichnet.

Kenngröße	Formelzeichen	Definition
Fourier-Zahl der Stoffübertragung	Fo^*	$\frac{Dt}{l^2}$
Grashof-Zahl der Stoffübertragung	Gr^*	$\frac{g l^3}{\nu^2}\left(\frac{\varrho_\infty}{\varrho_W} - 1\right)$
Nußelt-Zahl der Stoffübertragung (im amerikanischen Schrifttum Sherwood-Zahl genannt)	Nu^*	$\frac{\beta l}{D}$
Péclet-Zahl der Stoffübertragung (Bodenstein-Zahl)	Pe^*	$Re \cdot Sc = \frac{wl}{D}$
Stanton-Zahl der Stoffübertragung	St^*	$\frac{Nu^*}{Re \cdot Sc} = \frac{\beta}{w}$
Reynolds-Zahl	Re	$\frac{wl}{\nu}$
Lewis-Zahl	Le	$\frac{a}{D}$
Prandtl-Zahl	Pr	$\frac{\nu}{a}$
Schmidt-Zahl	Sc	$\frac{\nu}{D}$

Außer den bereits definierten Größen bedeuten hierin

t eine charakteristische Zeit,

l eine charakteristische Länge,

w eine charakteristische Geschwindigkeit,

g die örtliche Fallbeschleunigung,

ν die kinematische Viskosität und

a die Temperaturleitfähigkeit.

Hinweise auf weitere Normen

DIN 1310 Zusammensetzung von Mischphasen (Gasgemische, Lösungen, Mischkristalle); Grundbegriffe

DIN 1341 Wärmeübertragung; Grundbegriffe, Einheiten, Kenngrößen

DIN 5498 Chemische Thermodynamik; Formelzeichen

DK 389 : 53.081 : 621.39

Februar 1993

Logarithmische Größen und Einheiten

Allgemeine Grundlagen

Größen und Einheiten der Informationstheorie

DIN 5493 Teil 1

Logarithmic quantities and units; basic concepts, quantities and units of information theory

Diese Norm enthält inhaltlich das Europäische Harmonisierungsdokument HD 245.3 : 1991. HD 245.3 : 1991 enthält die Internationale Norm IEC 27-3 : 1989.

1 Anwendungsbereich

Diese Norm befaßt sich mit logarithmischen Größen in Naturwissenschaft und Technik. Diese haben im allgemeinen die Einheit Eins, benötigen also keine besonderen Einheiten.

Für besondere Anwendungsfälle sind jedoch Einheiten in Gebrauch. In dieser Norm werden Einheiten für die Informationstheorie beschrieben, in DIN 5493 Teil 2*) Einheiten für die Nachrichtentechnik und Akustik.

Es gibt in anderen Anwendungsgebieten noch weitere Einheiten für logarithmische Größen, die hier nicht beschrieben werden; Beispiele hierfür sind die photographische Empfindlichkeit (siehe DIN 4512 Teil 1) und die scheinbare Helligkeit der Sterne (siehe Beiblatt 1 zu DIN 1301 Teil 1).

2 Allgemeines

Logarithmische Größen sind Größen, die mit Hilfe der mathematischen Funktion „Logarithmus" definiert sind. Nach der Herkunft des Arguments des Logarithmus kann man sie wie folgt einteilen:

a) Logarithmische Größen, bei denen das Argument des Logarithmus von vornherein als Zahl gegeben ist. Dazu gehören die Größen der Informationstheorie, siehe Abschnitt 6 und DIN 44 301.

b) Logarithmierte Größenverhältnisse, bei denen das Argument des Logarithmus ein Verhältnis von zwei physikalischen Größen gleicher Dimension ist. Dazu gehören z.B. das Frequenzmaßintervall, siehe DIN 1320 und DIN 13 320, sowie die Maße und Pegel der Nachrichtenübertragung und Akustik, siehe DIN 5493 Teil 2*).

3 Logarithmus

Die Logarithmusfunktion ist die Umkehrung der allgemeinen Exponentialfunktion (siehe DIN 1302). Das heißt

$$y = \log_b x \quad \text{ist äquivalent zu} \quad x = b^y. \tag{1}$$

b ist die Basis, eine reelle Zahl größer als null und ungleich eins. Wenn y eine reelle Zahl ist, dann ist x reell und positiv. x und y können aber auch beide komplex sein; davon wird beispielsweise in der Übertragungstechnik Gebrauch gemacht (siehe DIN 5493 Teil 2*) und DIN 40 148 Teil 1, Teil 2 und Teil 3).

*) Z. Z. Entwurf

Für Logarithmen verschiedener Basen b_1, b_2 des gleichen Arguments x gilt

$$\log_{b_2} x = \frac{\log_{b_1} x}{\log_{b_1} b_2}. \tag{2}$$

Das Zeichen log ohne Basisangabe soll nur für Beziehungen benutzt werden, die unabhängig von der Basis gelten, z. B.

$$\log ac = \log a + \log c, \tag{3}$$

$$\log a^m = m \log a. \tag{4}$$

Für die Logarithmen mit den Basen e = 2,718 281 828 459 ... und 10 und 2 gibt es nach DIN 1302/08.80, Abschnitt 12, besondere Namen und Zeichen:

natürlicher Logarithmus $\log_e x = \ln x$, (5)

dekadischer Logarithmus $\log_{10} x = \lg x$, (6)

binärer Logarithmus $\log_2 x = \operatorname{lb} x$. (7)

Die Umrechnungsbeziehungen sind

$$\frac{\lg x}{\ln x} = \lg e = \frac{1}{\ln 10} = 0{,}434\,294\,4819\ldots = \frac{1}{2{,}302\,585\,0929\ldots}, \tag{8}$$

$$\frac{\ln x}{\operatorname{lb} x} = \ln 2 = \frac{1}{\operatorname{lb} e} = 0{,}693\,147\,1805\ldots = \frac{1}{1{,}442\,695\,0408\ldots}, \tag{9}$$

$$\frac{\operatorname{lb} x}{\lg x} = \operatorname{lb} 10 = \frac{1}{\lg 2} = 3{,}321\,928\,0948\ldots = \frac{1}{0{,}301\,029\,9956\ldots}. \tag{10}$$

4 Logarithmische Größen ohne hinzugesetzte Einheiten

Logarithmen von Zahlen oder von Größen der Dimension Eins haben die Dimension Eins. Durch Logarithmen zu verschiedenen Basen definierte Größen, die denselben physikalischen Sachverhalt beschreiben, haben verschiedene Zahlenwerte und sind demnach verschiedene Größen:

$$G_d = \lg x, \quad G_n = \ln x, \quad G_b = \operatorname{lb} x. \tag{11}$$

Fortsetzung Seite 2 bis 4

Normenausschuß Einheiten und Formelgrößen (AEF) im DIN Deutsches Institut für Normung e.V.
Deutsche Elektrotechnische Kommission im DIN und VDE (DKE)

Die Indizes weisen auf den verwendeten Logarithmus hin und bedeuten d dekadisch, n natürlich, b binär[1]). Die drei Größen G_d, G_n, G_b unterscheiden sich nur durch Zahlenfaktoren, z. B.

$$G_d = (\lg e)\, G_n = (\lg 2)\, G_b. \qquad (12)$$

Beispiel:

Spektrales dekadisches Absorptionsmaß

$$A(\lambda) = \lg \frac{(\Phi_{e\lambda})_{in}}{(\Phi_{e\lambda})_{ex}}, \qquad (13)$$

spektrales natürliches Absorptionsmaß

$$A_n(\lambda) = \ln \frac{(\Phi_{e\lambda})_{in}}{(\Phi_{e\lambda})_{ex}}. \qquad (14)$$

Hierin bedeuten:

$(\Phi_{e\lambda})_{in}$ eingedrungener spektraler Strahlungsfluß,

$(\Phi_{e\lambda})_{ex}$ ausdringender spektraler Strahlungsfluß an einem optisch klaren Medium (siehe DIN 1349 Teil 1).

Bei $A(\lambda)$ wurde der nach obiger Empfehlung (Gleichung (11)) zweckmäßige Index d weggelassen.

Wenn in einem Anwendungsgebiet nur der Logarithmus einer Basis verwendet wird, ist ein Hinweis auf den Logarithmus im Formelzeichen nicht nötig; es genügt, die definierende Gleichung der logarithmischen Größe einmal anzugeben.

5 Einheiten für logarithmische Größen

In vielen Anwendungsgebieten möchte man einen gegebenen physikalischen Sachverhalt durch nur eine physikalische Größe beschreiben, aber doch die Verwendung von Logarithmen verschiedener Basis zulassen. Dazu führt man Einheiten ein, die außerhalb des SI stehen. Diese weisen hin

a) auf die Basis des Logarithmus,

b) auf die definierte Größe oder das Anwendungsgebiet.

Mit Hilfe dieser Einheiten definiert man eine logarithmische Größe G durch die Größengleichung

$$G = (\lg x)\, \mathrm{E_d} = (\ln x)\, \mathrm{E_n} = (\mathrm{lb}\, x)\, \mathrm{E_b}. \qquad (15)$$

Aus dieser Gleichung folgt für die Beziehung der Einheiten

$$\mathrm{E_d} = (\ln 10)\ \mathrm{E_n} = (\mathrm{lb}\ 10)\ \mathrm{E_b}, \qquad (16)$$

$$\mathrm{E_n} = (\mathrm{lb}\ e)\ \mathrm{E_b} = (\lg e)\ \mathrm{E_d}, \qquad (17)$$

$$\mathrm{E_b} = (\lg 2)\ \mathrm{E_d} = (\ln 2)\ \mathrm{E_n}. \qquad (18)$$

Diese Einheiten erhalten in den einzelnen Anwendungsgebieten besondere Namen.

ANMERKUNG: In manchen Anwendungsgebieten werden in die definierende Größengleichung zusätzliche Faktoren eingefügt; in der Nachrichtenübertragung ist z. B. das Spannungsdämpfungsmaß definiert als

$$A_U = \left(\ln \frac{U_1}{U_2}\right) \mathrm{E_n} = 2 \left(\lg \frac{U_1}{U_2}\right) \mathrm{E'_d} \qquad (19)$$

und das Leistungsdämpfungsmaß als

$$A_P = \frac{1}{2} \left(\ln \frac{P_1}{P_2}\right) \mathrm{E_n} = \left(\lg \frac{P_1}{P_2}\right) \mathrm{E'_d}. \qquad (20)$$

Aus jeder dieser beiden Gleichungen folgt

$$\mathrm{E'_d} = \frac{1}{2} (\ln 10)\ \mathrm{E_n}. \qquad (21)$$

Es ist $\mathrm{E_n}$ = 1 Neper, $\mathrm{E'_d}$ = 1 Bel = 1,151 29 ... Neper. Der Zweck der hinzugefügten Zahlenfaktoren wird in DIN 5493 Teil 2*) erklärt.

Durch Verabredung ist festgelegt, welche von den verschiedenen Einheiten einer logarithmischen Größe beim Übergang zum SI als besonderer Name für die Zahl 1 aufzufassen ist. Bei den Größen der Informationstheorie ist dies die binäre Einheit Shannon, bei den Größen der Nachrichtenübertragung ist dies die natürliche Einheit Neper. Diese Einheit muß gegebenenfalls beim Einsetzen in Größengleichungen gleich eins gesetzt werden. Bei der Angabe von Ergebnissen sollte man aber statt der Eins wieder die entsprechende Einheit verwenden.

6 Größen und Einheiten der Informationstheorie

6.1 Entscheidungsgehalt

Der Entscheidungsgehalt H_0 einer Menge von n sich gegenseitig ausschließenden Ereignissen ist ein logarithmisches Maß für die Anzahl n dieser Ereignisse, definiert durch

$$H_0 = (\mathrm{lb}\ n)\ \mathrm{Sh} = (\ln n)\ \mathrm{nat} = (\lg n)\ \mathrm{Hart}. \qquad (22)$$

Die Einheiten heißen:

- Shannon, Einheitenzeichen Sh,
- natürliche Informationseinheit, Einheitenzeichen nat,
- Hartley, Einheitenzeichen Hart.

ANMERKUNG: In IEC 27-3 : 1989 ist die natürliche Informationseinheit mit NAT abgekürzt, ebenso in ISO 2382-16 : 1978. Für Hartley ist in diesen beiden Dokumenten kein Einheitenzeichen festgelegt.

Laut Beschluß der 9. Generalkonferenz für Maß und Gewicht 1948, Resolution 7, werden Einheitenzeichen im allgemeinen in Kleinbuchstaben geschrieben; dagegen wird der erste Buchstabe groß geschrieben, wenn das Einheitenzeichen von einem Eigennamen hergeleitet ist. Siehe auch IEC 27-1 : 1971, Kapitel II, Absatz 9; ISO 31-0 : 1981, Abschnitt 3.2.1; DIN 1301 Teil 1/12.85, Abschnitt 7.2. Deshalb obige Festlegung: nat, Hart.

Die Einheitenbeziehungen sind

$$1\ \mathrm{Sh} = (\ln 2)\ \mathrm{nat} = (\lg 2)\ \mathrm{Hart} \approx 0{,}693\ \mathrm{nat} \approx 0{,}301\ \mathrm{Hart}, \qquad (23)$$

$$1\ \mathrm{nat} = (\lg e)\ \mathrm{Hart} = (\mathrm{lb}\ e)\ \mathrm{Sh} \approx 0{,}434\ \mathrm{Hart} \approx 1{,}443\ \mathrm{Sh}, \qquad (24)$$

$$1\ \mathrm{Hart} = (\mathrm{lb}\ 10)\ \mathrm{Sh} = (\ln 10)\ \mathrm{nat} \approx 3{,}322\ \mathrm{Sh} \approx 2{,}303\ \mathrm{nat}. \qquad (25)$$

Eine Menge von 2 Ereignissen hat den Entscheidungsgehalt 1 Sh, eine Menge von 10 Ereignissen hat den Entscheidungsgehalt 1 Hart.

Ist der Zahlenwert des Entscheidungsgehalts in Shannon eine ganze Zahl, so ist diese die Anzahl der Binärentscheidungen, die nötig sind, um ein bestimmtes Ereignis auszuwählen.

Ist der Zahlenwert des Entscheidungsgehalts in Hartley eine ganze Zahl, so ist diese die Anzahl der Denärentscheidungen, die nötig sind, um ein bestimmtes Ereignis auszuwählen.

Eine anschauliche Deutung der natürlichen Informationseinheit ist mit Hilfe des Entscheidungsgehalts nicht möglich (siehe aber Abschnitt 6.2).

*) Z. Z. Entwurf

[1]) Die Größen G_d, G_n, G_b können auch durch verschiedene Grundzeichen unterschieden werden.

6.2 Informationsgehalt

Der Informationsgehalt $I(x_i)$ eines Ereignisses x_i aus einer Menge von n sich gegenseitig ausschließenden Ereignissen x_i ($i = 1, 2, \dots, n$) ist definiert durch den Logarithmus des Kehrwerts der Wahrscheinlichkeit für sein Eintreten:

$$I(x_i) = \mathrm{lb}\,\frac{1}{p(x_i)}\ \mathrm{Sh} = \ln\frac{1}{p(x_i)}\ \mathrm{nat}$$

$$= \lg\frac{1}{p(x_i)}\ \mathrm{Hart}; \qquad (26)$$

Einheiten nach Abschnitt 6.1.

Ein Ereignis x_i mit der Wahrscheinlichkeit $p(x_i) = \frac{1}{2}$ hat den Informationsgehalt $I(x_i) = 1$ Sh.

Ein Ereignis x_i mit der Wahrscheinlichkeit $p(x_i) = \frac{1}{e}$ $= 0{,}367\,879\ldots$ hat den Informationsgehalt $I(x_i) = 1$ nat.

Ein Ereignis x_i mit der Wahrscheinlichkeit $p(x_i) = \frac{1}{10}$ hat den Informationsgehalt $I(x_i) = 1$ Hart.

6.3 Entropie

Die Entropie H einer Menge von n sich gegenseitig ausschließenden Ereignissen x_i ($i = 1, 2, \dots, n$) mit den Wahrscheinlichkeiten $p(x_i)$ ist der Erwartungswert der Informationsgehalte $I(x_i)$ der einzelnen Ereignisse:

$$H = \sum_{i=1}^{n} p(x_i)\, I(x_i); \qquad (27)$$

Einheiten nach Abschnitt 6.1.

Die Entropie erreicht bei gegebenem n ihren größten Wert, wenn alle $p(x_i)$ gleich (nämlich $1/n$) sind; sie ist dann gleich dem Entscheidungsgehalt H_0.

ANMERKUNG 1: Der Name Negentropie wird nicht empfohlen.

ANMERKUNG 2: Wenn Verwechslungen mit der thermodynamischen Entropie zu befürchten sind, ist die Benennung informationstheoretische Entropie zu benutzen.

6.4 Redundanz

Die Redundanz R ist die Differenz zwischen Entscheidungsgehalt H_0 und Entropie H:

$$R = H_0 - H; \qquad (28)$$

Einheiten nach Abschnitt 6.1.

6.5 Weitere Größen, Empfehlung zur Einheit Bit

Die oben genannten und weitere Größen der Informationstheorie sind in DIN 44 301 und in ISO 2382-16 : 1978 definiert. Im Beiblatt 1 zu DIN 1301 Teil 1 und in DIN 44 301 wird bei Verwendung des binären Logarithmus als Einheit das Bit (Einheitenzeichen bit) genannt. In Übereinstimmung mit ISO 2382-16 : 1978 wird jedoch empfohlen, innerhalb der Informationstheorie als binäre Einheit nur noch Shannon zu verwenden. Das Wort Bit wird in der Informationsverarbeitung in der Bedeutung Binärzeichen verwendet (siehe DIN 44 300 Teil 2/11.88, Nr 2.1.3).

Die logarithmierten Größenverhältnisse der Nachrichtenübertragung und Akustik (Maße und Pegel in Neper und Dezibel) werden in DIN 5493 Teil 2*) und im Beiblatt 1 zu DIN 5493 behandelt.

---

*) Z. Z. Entwurf

Zitierte Normen und andere Unterlagen

DIN 1301 Teil 1	Einheiten; Einheitennamen, Einheitenzeichen
Beiblatt 1 zu DIN 1301 Teil 1	Einheiten; Einheitenähnliche Namen und Zeichen
DIN 1302	Allgemeine mathematische Zeichen und Begriffe
DIN 1320	Akustik; Begriffe
DIN 1349 Teil 1	Durchgang optischer Strahlung durch Medien; Optisch klare Stoffe, Größen, Formelzeichen und Einheiten
DIN 4512 Teil 1	Photographische Sensitometrie; Bestimmung der Lichtempfindlichkeit von Schwarzweiß-Negativmaterial für bildmäßige Aufnahmen
DIN 5493 Teil 2	(z. Z. Entwurf) Logarithmische Größen und Einheiten; Logarithmierte Größenverhältnisse, Maße, Pegel in Neper und Dezibel
Beiblatt 1 zu DIN 5493	Logarithmierte Größenverhältnisse; Hinweiszeichen auf Bezugsgrößen und Meßbedingungen
DIN 13 320	Akustik; Spektren und Übertragungskurven, Begriffe, Darstellung
DIN 40 148 Teil 1	Übertragungssysteme und Zweitore; Begriffe und Größen
DIN 40 148 Teil 2	Übertragungssysteme und Zweitore; Symmetrieeigenschaften von linearen Zweitoren
DIN 40 148 Teil 3	Übertragungssysteme und Vierpole; Spezielle Dämpfungsmaße
DIN 44 300 Teil 2	Informationsverarbeitung; Begriffe, Informationsdarstellung
DIN 44 301	Informationstheorie; Begriffe
IEC 27-1 : 1971	Letter symbols to be used in electrical technology — Part 1: General
IEC 27-3 : 1989	Letter symbols to be used in electrical technology — Part 3: Logarithmic quantities and units
ISO 31-0 : 1981	General principles concerning quantities, units and symbols
ISO 2382-16 : 1978	Data processing; Vocabulary; Section 16: Information theory

Erläuterungen

Bei der Übernahme des Inhalts der Internationalen Norm IEC 27-3 : 1989, die von CENELEC zum Harmonisierungsdokument HD 245.3 : 1991 erhoben worden ist, erschien es zweckmäßig, zwei Normen statt bisher einer unter der Norm-Hauptnummer DIN 5493 herauszugeben. Dabei wird der Inhalt der bisherigen DIN 5493, die logarithmierten Größenverhältnisse, in DIN 5493 Teil 2 übergehen, während die nicht als logarithmierte Größenverhältnisse definierten logarithmischen Größen aus IEC 27-3 : 1989 und die Grundlagen Inhalt von DIN 5493 Teil 1 sind, die im Deutschen Normenwerk keinen Vorgänger hat.

Internationale Patentklassifikation

G 06 F 15/31

September 1994

Logarithmische Größen und Einheiten

Logarithmierte Größenverhältnisse
Maße, Pegel in Neper und Dezibel

DIN
5493-2

ICS 01.060.10

Ersatz für DIN 5493 : 1982-10

Deskriptoren: Größenverhältnis, Einheit, Nachrichtenübertragung

Logarithmic quantities and units;
Logarithmic ratios, levels in nepers and decibels

Inhalt

1 Anwendungsbereich

Diese Norm befaßt sich mit der Logarithmierung von Größenverhältnissen, die Beziehungen zwischen Leistungs- oder Feldgrößen auf dem Gebiet der elektrischen Nachrichtenübertragung, Nachrichtenmeßtechnik und Akustik beschreiben. Angaben bezüglich logarithmierter Verhältnisse von Frequenzen (Frequenzmaßintervalle) siehe DIN 1320 und DIN 13 320, bezüglich logarithmisch definierter Größen der Informationstheorie siehe DIN 5493 Teil 1 und DIN 44 301.

2 Allgemeines

2.1 Größenverhältnis

Unter einem Größenverhältnis wird der Quotient aus zwei Größen gleicher Dimension verstanden (siehe DIN 1313/04.78, Abschnitt 7). Diese Größen sind entweder ihrer Natur nach reell, oder es wird, wenn es sich um komplexe Größen (Zeiger, siehe DIN 5483 Teil 3) handelt, in dieser Norm vorwiegend das Verhältnis der Beträge betrachtet.

2.2 Leistungsgrößen

Größen, die der Leistung proportional sind, werden Leistungsgrößen genannt. Beispiele: elektrische oder akustische Wirkleistung, Scheinleistung oder Wechselleistung, zugehörige Leistungsdichten; in der Akustik auch Energie, Energiedichte.

Für sinusförmig zeitabhängige Größen kann anstatt der Wirkleistung oder Scheinleistung auch die (komplexe) Wechselleistung verwendet werden. Die Scheinleistung ist der Betrag sowohl der komplexen (Schein-)Leistung als auch der Wechselleistung, siehe DIN 40 110 Teil 1. Bei nichtperiodischen Größen wird die Wirkleistung oder Scheinleistung als Mittelwert über eine zweckmäßig gewählte Mittelungszeitspanne bestimmt, die angegeben werden muß.

2.3 Feldgrößen

Größen, deren Quadrate der Leistung proportional sind (wenn diese Größen auf lineare Impedanzen wirken), werden Feldgrößen genannt. Beispiel: Spannung, Stromstärke, Schalldruck, Schallschnelle, Kraft, Wechselgeschwindigkeit (siehe auch DIN 1320).

Bei sinusförmig zeitabhängigen Größen können die komplexe Amplitude, der komplexe Effektivwert oder deren Beträge verwendet werden. Bei nichtperiodischen Größen wird als Effektivwert der quadratische Mittelwert über eine zweckmäßig gewählte Mittelungszeitspanne gebildet, die angegeben werden muß (DIN 40 110 Teil 1).

3 Logarithmierte Größenverhältnisse, Neper, Bel, Dezibel

In dieser Norm werden nur Größenverhältnisse (siehe Abschnitt 2.1, diese haben die Dimension 1) logarithmiert, das Argument des Logarithmus ist daher eine Zahl. Der jeweilige Funktionswert des Logarithmus ist auch eine Zahl. Diese kann als Zahlenwert einer Größe der Dimension 1 aufgefaßt werden (DIN 5493 Teil 1/02.93, Abschnitt 5).

Fortsetzung Seite 2 bis 7

Normenausschuß Einheiten und Formelgrößen (AEF) im DIN Deutsches Institut für Normung e.V.
Deutsche Elektrotechnische Kommission im DIN und VDE (DKE)

In der Nachrichtentechnik und Akustik sind zwei Arten von Logarithmen gebräuchlich:

- natürlicher Logarithmus, ln, und
- dekadischer Logarithmus, lg.

Komplexe Größenverhältnisse logarithmiert man zweckmäßig nur mit dem natürlichen Logarithmus, siehe Abschnitt 3.3. Im folgenden werden (mit Ausnahme von Abschnitt 4.3.1) nur reelle Größenverhältnisse verwendet. Durch die in den folgenden Gleichungen verwendeten Betragsstriche wird das Auftreten von negativen Werten, die z. B. durch Festlegung von Bezugsrichtungen (siehe DIN 5489) für Feld- und Leistungsgrößen entstanden sind, vermieden.

3.1 Logarithmierte Größenverhältnisse von Feldgrößen

Vom Verhältnis zweier Feldgrößen F_1 und F_2 wird bei Verwendung des natürlichen Logarithmus ein logarithmiertes Größenverhältnis

$$A_{(F)} = \left(\ln\left|\frac{F_1}{F_2}\right|\right) \text{Np}, \quad (1)$$

bei Verwendung des dekadischen Logarithmus ein gleiches logarithmiertes Größenverhältnis

$$A_{(F)} = 2\left(\lg\left|\frac{F_1}{F_2}\right|\right) \text{B} = 20\left(\lg\left|\frac{F_1}{F_2}\right|\right) \text{dB} \quad (2)$$

abgeleitet (siehe Abschnitt 3.3).

3.2 Logarithmierte Größenverhältnisse von Leistungsgrößen

Vom Verhältnis zweier Leistungsgrößen P_1 und P_2 wird bei Verwendung des natürlichen Logarithmus ein logarithmiertes Größenverhältnis

$$A_{(P)} = \frac{1}{2}\left(\ln\left|\frac{P_1}{P_2}\right|\right) \text{Np}, \quad (3)$$

bei Verwendung des dekadischen Logarithmus ein gleiches logarithmiertes Größenverhältnis

$$A_{(P)} = \left(\lg\left|\frac{P_1}{P_2}\right|\right) \text{B} = 10\left(\lg\left|\frac{P_1}{P_2}\right|\right) \text{dB} \quad (4)$$

abgeleitet (siehe Abschnitt 3.3).

> ANMERKUNG: Man beachte, daß historisch bei Verwendung des natürlichen Logarithmus die Feldgrößen direkt ins Verhältnis gesetzt wurden, bei Verwendung des dekadischen Logarithmus die Leistungsgrößen.
>
> Durch die Faktoren 1/2 beim Übergang von Feldgrößen zu Leistungsgrößen wird der quadratische Zusammenhang zwischen diesen Größen berücksichtigt. Sofern die Feldgrößen an gleichen Impedanzen wirken, ergibt sich daher für ein logarithmiertes Feldgrößenverhältnis der gleiche Zahlenwert wie für das zugeordnete logarithmierte Leistungsgrößenverhältnis. Sind die Impedanzen verschieden, so tritt ein Zusatzglied auf, das nur vom Verhältnis der Impedanzen abhängt (siehe Abschnitt 4.3).

3.3 Einheiten

Die Gleichungen (1) und (2) geben jeweils dieselbe Größe $A_{(F)}$ an, die Gleichungen (3) und (4) dieselbe Größe $A_{(P)}$. Die Gleichsetzung wird ermöglicht durch die logarithmischen Einheiten (siehe auch DIN 5493 Teil 1/02.93, Abschnitt 5). Diese haben hier die Einheitennamen und Einheitenzeichen

Neper Np,
Bel B,
Dezibel dB.

Es gelten die Beziehungen

$$1\ \text{dB} = \frac{1}{10}\ \text{B} = \frac{\ln 10}{20}\ \text{Np} = 0{,}115\,1292\ldots\ \text{Np}, \quad (5)$$

$$1\ \text{Np} = (2\lg e)\ \text{B} = (20\lg e)\ \text{dB} = 8{,}685\,889\ldots\ \text{dB}. \quad (8)$$

Diese Einheiten weisen auf die Basis des verwendeten Logarithmus hin, ferner sind die unterschiedlichen Definitionen bei logarithmierten Verhältnissen von Feld- und Leistungsgrößen berücksichtigt.

Diese Einheiten können in Gleichungen wie Einheiten der Dimension 1, also als Zahlen, behandelt werden. Dabei wird die Einheit Neper durch die Zahl 1 ersetzt. Sie ist damit kohärent zum Internationalen Einheitensystem (SI).

Diese Festlegung nimmt darauf Rücksicht, daß bei der natürlichen Logarithmierung eines komplexen Dämpfungsfaktors $\underline{F}_1/\underline{F}_2$ (siehe Gleichung (7)) sich als Realteil ein Dämpfungsmaß in Np und als Imaginärteil ein Phasenmaß in rad (siehe Gleichung (8)) ergibt, wobei aber die Einheiten sich nicht unmittelbar aus der Rechnung ergeben. Die Einheiten Np und rad können den Zahlenwerten zugesetzt werden (siehe das folgende Beispiel):

$$\frac{\underline{F}_1}{\underline{F}_2} = \frac{|\underline{F}_1|\,e^{j\varphi_1}}{|\underline{F}_2|\,e^{j\varphi_2}} = \left|\frac{\underline{F}_1}{\underline{F}_2}\right| e^{j(\varphi_1-\varphi_2)} = \left|\frac{\underline{F}_1}{\underline{F}_2}\right| e^{j\varphi}, \quad (7)$$

$$\ln\frac{\underline{F}_1}{\underline{F}_2} = \ln\left|\frac{\underline{F}_1}{\underline{F}_2}\right| + j\varphi. \quad (8)$$

BEISPIEL:

$$\ln\frac{\underline{F}_1}{\underline{F}_2} = \ln\left(10\,e^{j\pi/6}\right) = 2{,}3 + j\pi/6 = 2{,}3\ \text{Np} + j(\pi/6)\ \text{rad}.$$

Will man umgekehrt aus gegebenem Dämpfungsmaß und Phasenmaß den komplexen Dämpfungsfaktor berechnen, so muß man Np und rad durch 1 ersetzen. Andere Einheiten wie dB, Grad (°) oder gon muß man vorher in Np bzw. rad umrechnen. Daß man rad durch 1 ersetzen kann, ist in DIN 1315/08.82, Abschnitte 1.2.1 und 1.3, festgelegt.

> ANMERKUNG 1: Im technischen Schrifttum hat sich international die bevorzugte Verwendung des Dezibels gegenüber dem Neper durchgesetzt, insbesondere seit die UIT 1968 die ausschließliche Verwendung des Dezibels in CCITT- und CCIR-Empfehlungen beschlossen hat.
>
> ANMERKUNG 2: Der Grund für die in der Praxis bevorzugte Anwendung des Dezibels anstatt des Bels ist historisch zu verstehen. In den USA wurde bis 1923 als Einheit für die Dämpfung von Fernsprechverbindungen die Dämpfung eines bestimmten Kabels („19-gauge“) von der Länge einer englischen Meile bei der Frequenz 800 Hz verwendet. Diese als Mile Standard Cable bezeichnete Dämpfungseinheit entsprach etwa der Unterscheidungsschwelle beim subjektiven Lautstärkevergleich. Mit der Wahl der nach Gleichung (4) definierten Einheit Dezibel ergaben sich für diese Dämpfungsgröße etwa gleiche Zahlenwerte.

Die Einheiten Np, B und dB können auch mit anderen Einheiten kombiniert auftreten. Beispielsweise ist der Dämpfungskoeffizient α einer homogenen Leitung gleich dem Quotient aus Spannungsdämpfungsmaß (Gleichung (9), bei Abschluß mit der Wellenimpedanz $\underline{Z}_0$) durch die Länge der Leitung. Als Einheiten werden vorzugsweise Np/m, Np/km, dB/m und dB/km verwendet.

4 Maß

4.1 Gebrauch des Wortes -maß

Ein logarithmiertes Verhältnis von Leistungs- oder Feldgrößen, das zur Kennzeichnung der Eigenschaften eines Objektes (Zweitor, z. B. Übertragungsglied) dient, soll mit einem zusammengesetzten Wort benannt werden, das mit dem Grundwort „-maß" endet (siehe auch DIN 5485/08.86, Tabelle 2, Nr 4.1).

BEISPIELE:
(siehe auch DIN 1320 und DIN 40148 Teil 1)

Spannungsdämpfungsmaß

$$A_U = 20\left(\lg\left|\frac{U_1}{U_2}\right|\right)\,\text{dB} = \left(\ln\left|\frac{U_1}{U_2}\right|\right)\,\text{Np} \qquad (9)$$

Stromdämpfungsmaß

$$A_I = 20\left(\lg\left|\frac{I_1}{I_2}\right|\right)\,\text{dB} = \left(\ln\left|\frac{I_1}{I_2}\right|\right)\,\text{Np} \qquad (10)$$

Elektroakustisches Übertragungsmaß eines Schallstrahlers (z. B. Lautsprechers)

$$G_{pU} = 20\left(\lg\left|\frac{T_{pU}}{T_0}\right|\right)\,\text{dB} \qquad (11)$$

Leistungsdämpfungsmaß
(in der Akustik auch Schalldämm-Maß R)

$$A_P = 10\left(\lg\left|\frac{P_1}{P_2}\right|\right)\,\text{dB} = \frac{1}{2}\left(\ln\left|\frac{P_1}{P_2}\right|\right)\,\text{Np} \qquad (12)$$

Leistungsverstärkungsmaß (Gewinnmaß)

$$G_P = -A_P = 10\left(\lg\left|\frac{P_2}{P_1}\right|\right)\,\text{dB} = \frac{1}{2}\left(\ln\left|\frac{P_2}{P_1}\right|\right)\,\text{Np} \qquad (13)$$

Hierbei bedeuten

Index 1 Eingangsgröße,
Index 2 Ausgangsgröße,
P Leistung,
U Spannung,
p Schalldruck.

$T_{pU} = \dfrac{p_2}{U_1}$ ist der elektroakustische Übertragungskoeffizient,

$T_0 = \dfrac{1\,\text{Pa}}{1\,\text{V}}$ ist der Bezugsübertragungskoeffizient.

4.2 Umkehrbeziehungen

Die Umkehrbeziehungen zwischen Dämpfungsmaßen und Spannungs- oder Leistungsverhältnissen lauten

$$\left|\frac{U_1}{U_2}\right| = 10^{A_U/(20\,\text{dB})} = \mathrm{e}^{A_U/\text{Np}}, \qquad (14)$$

$$\left|\frac{P_1}{P_2}\right| = 10^{A_P/(10\,\text{dB})} = \mathrm{e}^{2A_P/\text{Np}}. \qquad (15)$$

Tabelle 1 gibt für die Dämpfungsmaße Bel, Neper, Dezibel, Dezineper, Millibel und Millineper die entsprechenden Leistungs- und Spannungsverhältnisse.

Tabelle 1

A_P, A_U	P_1/P_2	U_1/U_2
1 B	10	$\sqrt{10} = 3{,}162\,277\,6\ldots$
1 Np	$\mathrm{e}^2 = 7{,}389\,056\,0\ldots$	$\mathrm{e} = 2{,}718\,281\,8\ldots$
1 dB	1,258 925 4 ..	1,122 018 4 ..
1 dNp	1,221 402 7 ..	1,105 170 9 ..
1 mB	1,002 305 2 ..	1,001 151 9 ..
1 mNp	1,002 002 0 ..	1,001 000 5 ..

4.3 Beziehung zwischen Leistungsdämpfungsmaßen und Spannungsdämpfungsmaß bei sinusförmig zeitabhängiger Spannung

Die in diesem Abschnitt gezeigten Beziehungen gelten, wenn $\underline{S}_{\sim 1}$, S_1, P_1 die vom Zweitor am Tor 1 aufgenommene Wechsel-, Schein-, Wirkleistung ist. Sie gelten nicht für andere Definitionen von Dämpfungsmaßen wie z. B. das komplexe Betriebsdämpfungsmaß. Bei diesem tritt an die Stelle der vom Zweitor aufgenommenen Wechselleistung $\underline{S}_{\sim 1}$ die Wechselleistung $\underline{S}_{\sim \mathrm{Q}}$, die eine Quelle mit der Leerlaufspannung $\underline{U}_0$ und der Impedanz $\underline{Z}_\mathrm{i}$ an einen Verbraucher mit der Impedanz $\underline{Z}_\mathrm{a} = \underline{Z}_\mathrm{i}^*$ abgibt ($\underline{S}_{\sim \mathrm{Q}} = \underline{U}_0^2/4\underline{Z}_\mathrm{i}$, siehe auch DIN 40148 Teil 1).

Am Ausgang (Tor 2) eines Zweitors ist die Impedanz $\underline{Z}_2$ angeschlossen, am Eingang wird die (meist von $\underline{Z}_2$ abhängige) Impedanz $\underline{Z}_1$ gemessen.

4.3.1 Wechselleistungsdämpfungsmaß

Die (komplexe) Wechselleistung ist

am Eingang $\underline{S}_{\sim 1} = \underline{U}_1\,\underline{I}_1 = \underline{U}_1^2/\underline{Z}_1 = \underline{I}_1^2\,\underline{Z}_1$,
am Ausgang $\underline{S}_{\sim 2} = \underline{U}_2\,\underline{I}_2 = \underline{U}_2^2/\underline{Z}_2 = \underline{I}_2^2\,\underline{Z}_2$.

$\underline{U}_1$, $\underline{I}_1$, $\underline{U}_2$, $\underline{I}_2$ sind komplexe Effektivwerte.

Das (komplexe) Wechselleistungsdämpfungsmaß ist

$$\begin{aligned}\underline{\Gamma}_{S\sim} &= \frac{1}{2}\ln\frac{\underline{S}_{\sim 1}}{\underline{S}_{\sim 2}} = \ln\frac{\underline{U}_1}{\underline{U}_2} - \frac{1}{2}\ln\frac{\underline{Z}_1}{\underline{Z}_2} = \underline{\Gamma}_U - \Delta\underline{\Gamma}\\ &= \ln\frac{\underline{I}_1}{\underline{I}_2} + \frac{1}{2}\ln\frac{\underline{Z}_1}{\underline{Z}_2} = \underline{\Gamma}_I + \Delta\underline{\Gamma}\\ &= \frac{1}{2}\ln\frac{\underline{U}_1}{\underline{U}_2} + \frac{1}{2}\ln\frac{\underline{I}_1}{\underline{I}_2} = \frac{1}{2}(\underline{\Gamma}_U + \underline{\Gamma}_I)\end{aligned} \qquad (16)$$

mit

$$\Delta\underline{\Gamma} = \frac{1}{2}\ln\frac{\underline{Z}_1}{\underline{Z}_2}. \qquad (17)$$

Ferner ist

$$\underline{\Gamma}_U - \underline{\Gamma}_I = 2\,\Delta\underline{\Gamma}. \qquad (18)$$

Wenn die Eingangsimpedanz $\underline{Z}_1$ gleich der am Ausgang angeschlossenen Impedanz $\underline{Z}_2$ ist, sind die komplexen Dämpfungsmaße gleich:

$$\underline{\Gamma}_{S\sim} = \underline{\Gamma}_U = \underline{\Gamma}_I.$$

4.3.2 Scheinleistungsdämpfungsmaß

Wenn die Phasenmaße (Imaginärteile der komplexen Dämpfungsmaße) nicht benötigt werden, rechnet man zweckmäßig mit den Scheinleistungen

$$S_1 = |\underline{U}_1|\,|\underline{I}_1| = |\underline{U}_1|^2/|\underline{Z}_1| = |\underline{I}_1|^2|\underline{Z}_1|,$$
$$S_2 = |\underline{U}_2|\,|\underline{I}_2| = |\underline{U}_2|^2/|\underline{Z}_2| = |\underline{I}_2|^2|\underline{Z}_2|.$$

Das Scheinleistungsdämpfungsmaß ist

$$A_S = 10\left(\lg \frac{S_1}{S_2}\right)\text{dB} = \frac{1}{2}\left(\ln \frac{S_1}{S_2}\right)\text{Np}. \qquad (19)$$

Die Beziehungen zum Spannungsdämpfungsmaß A_U (Gleichung (9)) und zum Stromdämpfungsmaß A_I (Gleichung (10)) sind

$$A_S = \frac{1}{2}(A_U + A_I) = A_U - \Delta A = A_I + \Delta A \qquad (20)$$

mit

$$\Delta A = 10\left(\lg \left|\frac{\underline{Z}_1}{\underline{Z}_2}\right|\right)\text{dB} = \frac{1}{2}\left(\ln \left|\frac{\underline{Z}_1}{\underline{Z}_2}\right|\right)\text{Np}. \qquad (21)$$

Ferner ist

$$A_U - A_I = 2\,\Delta A. \qquad (22)$$

Die (reellen) Dämpfungsmaße A_S, A_U, A_I sind gleich, wenn die Beträge der Impedanzen gleich sind ($|\underline{Z}_1| = |\underline{Z}_2|$).

4.3.3 Wirkleistungsdämpfungsmaß

Die Wirkleistungen am Eingang und am Ausgang sind

$$P_1 = S_1 \cos\varphi_1,$$
$$P_2 = S_2 \cos\varphi_2,$$

wobei φ_1 und φ_2 die Winkel der Impedanzen $\underline{Z}_1$ bzw. $\underline{Z}_2$ sind. Das Wirkleistungsdämpfungsmaß A_P (Gleichung (12)) ist damit

$$A_P = A_S + 10\left(\lg \frac{\cos\varphi_1}{\cos\varphi_2}\right)\text{dB} \qquad (23)$$

oder

$$A_P = A_S + \frac{1}{2}\left(\ln \frac{\cos\varphi_1}{\cos\varphi_2}\right)\text{Np}. \qquad (24)$$

Mit A_S nach Gleichung (19) und (20) läßt sich A_P durch A_U oder A_I und ΔA (Gleichung (21)) darstellen.

Das Wirkleistungsdämpfungsmaß darf nicht verwechselt werden mit dem Wirkdämpfungsmaß. Bei diesem tritt an die Stelle der vom Zweitor aufgenommenen Wirkleistung P_1 die maximale Wirkleistung P_{max}, die eine Quelle mit der Leerlaufspannung $\underline{U}_0$ und der Impedanz $\underline{Z}_i$ an einen Verbraucher mit der Impedanz $\underline{Z}_a$ abgeben kann ($P_{max} = |\underline{U}_0|^2/4\,\text{Re}\,\underline{Z}_i$ mit $\underline{Z}_a = \underline{Z}_i^*$, siehe DIN 40 148 Teil 3).

5 Logarithmierte Verhältnisse von Größen, die weder Feld- noch Leistungsgrößen sind

Die Leistungsgrößen sind oft abhängig von anderen Größen, die weder Feld- noch Leistungsgrößen sind. Setzt man eine solche Beziehung in das logarithmierte Größenverhältnis ein und spaltet es dann auf, so entstehen logarithmierte Verhältnisse von Größen, die weder Feld- noch Leistungsgrößen sind. Die Faktoren vor den Logarithmen ergeben sich von selbst aus der Herleitung und sind je nach Anwendungsfall unterschiedlich, wie die folgenden Beispiele zeigen.

BEISPIEL 1:

Freiraumdämpfungsmaß

Das Verhältnis der Sendeleistung P_t zur Empfangsleistung P_r einer Funkstrecke der Länge d bei ungestörter Ausbreitung ist

$$\frac{P_t}{P_r} = \frac{(4\pi)^2 d^2}{g_t\, g_r\, \lambda^2} = \frac{(4\pi)^2 d^2 f^2}{g_t\, g_r\, c^2}. \qquad (25)$$

Dabei sind λ die Wellenlänge, c die Ausbreitungsgeschwindigkeit, f die Frequenz, g_t und g_r die auf den Kugelstrahler bezogenen Gewinnfaktoren von Sende- bzw. Empfangsantenne.

Das Funkfelddämpfungsmaß ist

$$10\left(\lg \frac{P_t}{P_r}\right)\text{dB} = 10\left(\lg \frac{(4\pi)^2 d^2 f^2}{c^2}\right)\text{dB}$$
$$- 10\,(\lg g_t)\,\text{dB} - 10\,(\lg g_r)\,\text{dB}. \qquad (26)$$

Der erste Summand rechts ist das Freiraumdämpfungsmaß

$$A_0 = 20\left(\lg \frac{4\pi\, d\, f}{c}\right)\text{dB}. \qquad (27)$$

Dividiert man die Größen in A_0 durch ihre Einheiten, so kann man weiter aufteilen:

$$A_0 = 20\left(\lg \frac{4\pi}{\frac{c}{\text{m/s}}}\right)\text{dB} + 20\left(\lg \frac{d}{\text{m}}\right)\text{dB} + 20\left(\lg \frac{f}{\text{Hz}}\right)\text{dB}. \qquad (28)$$

Mit $c = 2{,}997 \cdot 10^8$ m/s (für Luft) ergibt der erste Term $-147{,}55$ dB. Ersetzt man im zweiten Term d/m durch d/km, kommt ein Term von 60 dB hinzu. Ersetzen von f/Hz durch f/MHz bringt weitere 120 dB. So erhält man die in der Praxis gebräuchliche Formel

$$A_0 = 32{,}45\,\text{dB} + 20\left(\lg \frac{d}{\text{km}}\right)\text{dB} + 20\left(\lg \frac{f}{\text{MHz}}\right)\text{dB}. \qquad (29)$$

BEISPIEL 2:

Rauschmaß

Die Rauschzahl F eines Zweitors ist definiert als das Verhältnis der Rauschleistung P_n am Ausgang zu der mit dem Leistungsverstärkungsfaktor g_P multiplizierten von der Quelle angebotenen Rauschleistung $k\,T_{ref}\,B_n$ am Eingang:

$$F = \frac{P_n}{k\,T_{ref}\,B_n\,g_P}. \qquad (30)$$

Dabei ist

k $= 1{,}380\,6\ldots \cdot 10^{-23}$ Ws/K die Boltzmann-Konstante,

T_{ref} = 290 K die Referenztemperatur und

B_n die Rauschbandbreite.

Das Rauschmaß ist

$$10\,(\lg F)\,\text{dB} = 10\left(\lg \frac{\frac{P_n}{\text{W}}}{\frac{k}{\text{Ws/K}} \cdot \frac{T_{ref}}{\text{K}} \cdot \frac{B_n}{\text{Hz}} \cdot g_P}\right)\text{dB}$$
$$= 10\left(\lg \frac{P_n}{\text{W}}\right)\text{dB} - 10\,(\lg g_P)\,\text{dB} - 10\left(\lg \frac{k\,T_{ref}}{\text{Ws}}\right)\text{dB}$$
$$- 10\left(\lg \frac{B_n}{\text{Hz}}\right)\text{dB}$$
$$= 10\left(\lg \frac{P_n}{\text{W}}\right)\text{dB} - G_P + 203{,}98\,\text{dB} - 10\left(\lg \frac{B_n}{\text{Hz}}\right)\text{dB}$$
$$= 10\left(\lg \frac{P_n}{\text{mW}}\right)\text{dB} - G_P + 173{,}98\,\text{dB} - 10\left(\lg \frac{B_n}{\text{Hz}}\right)\text{dB}. \qquad (31)$$

Man beachte, daß im ersten Beispiel der Faktor 20, im zweiten Beispiel der Faktor 10 vor dem logarithmierten Frequenzverhältnis steht.

Auch die in Abschnitt 4.3 auftretenden logarithmierten Verhältnisse von Impedanzen (Gleichungen (17) und (21)) sind aus je einer Beziehung zwischen Feld- und Leistungsgrößen hergeleitet. Sie sollen nicht außerhalb dieses Zusammenhangs (etwa zur Kennzeichnung von Widerständen) verwendet werden.

In der Akustik rechnet man mit logarithmierten Verhältnissen von akustischen Impedanzen, Entfernungen und Flächen. Letzteres wird im Beispiel 3 von Abschnitt 6 gezeigt.

Wenn im Anwendungsfall keine Beziehung zwischen der betrachteten Größe und einer Feld- oder Leistungsgröße besteht, sollten die Einheiten Np, B und dB nicht verwendet werden.

ANMERKUNG: In der musikalischen Akustik verwendet man für das Frequenzmaßintervall

$$F = \left(\lg \frac{f_2}{f_1}\right) \text{dec} = \left(\text{lb} \frac{f_2}{f_1}\right) \text{oct}$$

die Einheiten Dekade (dec) und Oktave (oct), siehe DIN 13 320.

6 Pegel, absoluter Pegel

Als Pegel wird das logarithmierte Verhältnis zweier Leistungsgrößen oder zweier Feldgrößen bezeichnet, wenn die Nennergröße ein festgelegter Wert einer Bezugsgröße gleicher Dimension wie die Zählergröße ist. Ein so definierter Pegel wird auch absoluter Pegel genannt. Er beschreibt den Signalzustand an einem bestimmten Punkt eines Übertragungsweges.

Der Wert der Bezugsgröße kann fallweise festgesetzt werden, er sollte aber stets bei der Nennung von Zahlenwerten von Pegeln angegeben werden. (Eine deutliche Angabe der Pegel-Bezugsgrößen ist in den Regeln der UIT und nach ISO 31-7 : 1992 obligatorisch; die IEC-Normen billigen Ausnahmen zu.) Als Kurzform dieser Angabe wird nach IEC 27-3 : 1989 die Bezugsgröße in Klammern hinter das dB-Zeichen oder Np-Zeichen gesetzt. Wenn der Zahlenwert der Bezugsgröße gleich 1 ist, kann in der Klammer diese 1 weggelassen werden (Beispiel Gleichung (34)). Die Bezugsgröße kann auch mit dem Index des Formelzeichens L für den Pegel kombiniert werden (Beispiel Gleichung (35)).

BEISPIEL 1:

Elektrischer Leistungspegel, entweder ausführlich geschrieben

$$L_P\ (P \text{ bezogen auf } 1\,\text{mW}) = 10 \left(\lg \frac{P}{1\,\text{mW}}\right) \text{dB}, \quad (32)$$

bzw. nach IEC 27-3

$$L_P\ (\text{re } 1\,\text{mW}) = 10 \left(\lg \frac{P}{1\,\text{mW}}\right) \text{dB}, \quad (33)$$

oder in Kurzform

$$L_P = 10 \left(\lg \frac{P}{1\,\text{mW}}\right) \text{dB}(1\,\text{mW})$$

$$= 10 \left(\lg \frac{P}{1\,\text{mW}}\right) \text{dB}(\text{mW}) \quad (34)$$

oder

$$L_{P/1\,\text{mW}} = 10 \left(\lg \frac{P}{1\,\text{mW}}\right) \text{dB}. \quad (35)$$

Die Umkehrbeziehungen dazu sind

$$\frac{P}{1\,\text{mW}} = 10^{\frac{L_P\,(\text{re } 1\,\text{mW})}{10\,\text{dB}}}, \quad (36)$$

$$\frac{P}{1\,\text{mW}} = 10^{\frac{L_P}{10\,\text{dB}\,(1\,\text{mW})}}$$

$$= 10^{\frac{L_P}{10\,\text{dB}\,(\text{mW})}}, \quad (37)$$

$$\frac{P}{1\,\text{mW}} = 10^{\frac{L_{P/1\,\text{mW}}}{10\,\text{dB}}}. \quad (38)$$

Bei akustischen Pegeln werden, wenn keine Mißverständnisse zu befürchten sind, die Bezugsgrößen nicht explizit genannt, wenn diese in Normen festgelegt worden sind (siehe z. B. DIN 45 630 Teil 1 oder DIN 1320).

BEISPIEL 2:

Schalldruckpegel

$$L_p = 20 \left(\lg \frac{p_{\text{eff}}}{p_0}\right) \text{dB} \quad (39)$$

(der Bezugsschalldruck $p_0 = 20\,\mu\text{Pa}$ ist in DIN 45 620 Teil 1 festgelegt)

mit der Umkehrung

$$\frac{p_{\text{eff}}}{p_0} = 10^{L_p/20\,\text{dB}}. \quad (40)$$

Besondere Definitionen bezüglich Frequenz- und Zeitbewertung siehe DIN 1320 und DIN 45 641.

BEISPIEL 3:

Schalleistungspegel

$$L_W = 10 \left(\lg \frac{P}{P_0}\right) \text{dB}. \quad (41)$$

(Die Bezugsschalleistung $P_0 = 1$ pW ist in DIN 45 630 Teil 1 festgelegt.)

Die Schalleistung P kann als Produkt der Schallintensität J und der bestrahlten Fläche A dargestellt werden:

$$P = J\,A. \quad (42)$$

Anstatt die Größen durch ihre SI-Einheiten zu dividieren (wie z. B. in den Gleichungen (28) und (31)), kann man sie auch durch geeignete Bezugsgrößen dividieren:

$$\frac{P}{P_0} = \frac{J}{J_0} \cdot \frac{A}{A_0}. \quad (43)$$

Dabei muß $P_0 = J_0 A_0$ sein. Wählt man $P_0 = 1$ pW, $J_0 = 1\,\text{pW/m}^2$, erhält man $A_0 = 1\,\text{m}^2$.

Mit dem Schallintensitätspegel

$$L_J = 10 \left(\lg \frac{J}{J_0}\right) \text{dB} \quad (44)$$

ergibt sich der Schalleistungspegel (Gleichung (41)) zu

$$L_W = L_J + 10 \left(\lg \frac{A}{\text{m}^2}\right) \text{dB}. \quad (45)$$

Weitere Beispiele siehe Beiblatt 1 zu DIN 5493 Teil 2.

Zwischen dem elektrischen Scheinleistungspegel L_S und dem Spannungspegel L_U besteht bei sinusförmiger Spannung die Beziehung

$$L_S = 10 \left(\lg \frac{S}{P_{\text{ref}}} \right) \text{dB} = 10 \left(\lg \frac{|\underline{U}|^2}{|\underline{Z}| P_{\text{ref}}} \right) \text{dB}$$

$$= 20 \left(\lg \frac{|\underline{U}|}{U_{\text{ref}}} \right) \text{dB} + 10 \left(\lg \frac{U_{\text{ref}}^2}{|\underline{Z}| P_{\text{ref}}} \right) \text{dB}$$

$$= L_U - 10 \left(\lg \frac{|\underline{Z}|}{Z_{\text{ref}}} \right) \text{dB} = L_U - \Delta L. \tag{46}$$

Dabei ist $\underline{Z}$ die Impedanz, an der die Scheinleistung $S = |\underline{U}|\,|\underline{I}| = |\underline{U}|^2 / |\underline{Z}|$ auftritt. Die Referenzimpedanz

$$Z_{\text{ref}} = \frac{U_{\text{ref}}^2}{P_{\text{ref}}} \tag{47}$$

ist eine reelle Rechengröße.

Wenn die Referenzwerte so gewählt sind, daß

$$\frac{U_{\text{ref}}^2}{P_{\text{ref}}} = Z_{\text{ref}} = |\underline{Z}| \tag{48}$$

gilt, dann ist der Scheinleistungspegel gleich dem Spannungspegel.

Der Wirkleistungspegel L_P ergibt sich aus dem Scheinleistungspegel L_S zu

$$L_P = L_S - 10 \left(\lg \frac{1}{\cos \varphi} \right) \text{dB}, \tag{49}$$

wobei φ der Winkel der Impedanz $\underline{Z}$ ist.

Komplexe Pegel sind nicht üblich.

Wenn die Impedanz $\underline{Z}$ reell ist ($\underline{Z} = R$) und damit die Scheinleistung gleich der Wirkleistung $P = U^2/R$ ist, dann ist auch für nicht sinusförmige Spannung (Effektivwert U) der Wirkleistungspegel

$$L_P = 10 \left(\lg \frac{P}{P_{\text{ref}}} \right) \text{dB}$$

$$= 20 \left(\lg \frac{|U|}{U_{\text{ref}}} \right) \text{dB} - 10 \left(\lg \frac{R}{Z_{\text{ref}}} \right) \text{dB}. \tag{50}$$

7 Pegeldifferenz, Pegelabstand

7.1 Pegeldifferenz

Die Differenz der Pegel eines Signals an zwei verschiedenen Punkten einer Übertragungseinrichtung ist ein Maß im Sinne von Abschnitt 4. Siehe z. B. DIN 40 148 Teil 1 und Teil 3.

7.2 Pegelabstand

Die Differenz der Pegel zweier verschiedener Signale an ein- und demselben Punkt einer Übertragungseinrichtung ist ein Pegelabstand.

BEISPIEL:

Der Signal-Störpegel-Abstand (auch kurz Störabstand genannt) ist die Differenz zwischen Nutzpegel und Störpegel an einem Punkt einer Übertragungseinrichtung. Er kann als 10 (lg (S/N)) dB dargestellt werden und ist zu unterscheiden vom Signal-zu-Störleistungs-Verhältnis S/N selbst.

8 Relativer Pegel

In der Nachrichtenübertragungstechnik wird als relativer Pegel eines Punktes eines Übertragungskanals die Differenz zwischen dem Leistungspegel eines sinusförmigen Meßsignals an dem betrachteten Punkt und dem Leistungspegel dieses Signals an einem definierten Übertragungs-Bezugspunkt – „einem Punkt des relativen Pegels Null" – bezeichnet.

Diese Differenz ist unabhängig vom Größenwert des Meßsignals, sie ist eine Eigenschaft des Übertragungssystems. Der relative Pegel dient indirekt zur Kennzeichnung des am jeweiligen Punkt zulässigen Nutzpegels (siehe Beiblatt 1 zu DIN 5493 Teil 2).

ANMERKUNG 1: Im Sinne von Abschnitt 7.1 ist der relative Pegel das System-Verstärkungsmaß auf der Strecke vom Übertragungs-Bezugspunkt zu dem betrachteten Punkt.

ANMERKUNG 2: Zahlenwerte des relativen Pegels werden zur Unterscheidung von den im Abschnitt 6 behandelten absoluten Pegeln auch mit dem Zeichen dBr angegeben.

Reduzierter Pegel siehe Beiblatt 1 zu DIN 5493 Teil 2.

Zitierte Normen und andere Unterlagen

DIN 1313	Physikalische Größen und Gleichungen; Begriffe, Schreibweisen
DIN 1315	Winkel; Begriffe, Einheiten
DIN 1320	Akustik; Begriffe
DIN 5483 Teil 3	Zeitabhängige Größen; Komplexe Darstellung sinusförmig zeitabhängiger Größen
DIN 5485	Benennungsgrundsätze für physikalische Größen; Wortzusammensetzungen mit Eigenschafts- und Grundwörtern
DIN 5489	Richtungssinn und Vorzeichen in der Elektrotechnik; Regeln für elektrische und magnetische Kreise, Ersatzschaltbilder
DIN 5493 Teil 1	Logarithmische Größen und Einheiten; Allgemeine Grundlagen, Größen und Einheiten der Informationstheorie
Beiblatt 1 zu DIN 5493 Teil 2	Logarithmische Größen und Einheiten; Logarithmierte Größenverhältnisse, Pegel, Hinweiszeichen auf Bezugsgrößen und Meßbedingungen
DIN 13 320	Akustik; Spektren und Übertragungskurven, Begriffe, Darstellung
DIN 40 110 Teil 1	Wechselstromgrößen; Zweileiter-Stromkreise
DIN 40 148 Teil 1	Übertragungssysteme und Zweitore; Begriffe und Größen
DIN 40 148 Teil 3	Übertragungssysteme und Vierpole; Spezielle Dämpfungsmaße
DIN 44 301	Informationstheorie; Begriffe
DIN 45 630 Teil 1	Grundlagen der Schallmessung; Physikalische und subjektive Größen von Schall
DIN 45 641	Mittelung von Schallpegeln
ISO 31-7 : 1992	Quantities and units – Part 7: Acoustics
IEC 27-3 : 1989	Letter symbols to be used in electrical technology – Part 3: Logarithmic quantities and units

Weitere Normen

DIN 1304 Teil 1	Formelzeichen; Allgemeine Formelzeichen
DIN 1304 Teil 6	Formelzeichen; Formelzeichen für die elektrische Nachrichtentechnik

Erklärung der zitierten Abkürzungen

UIT	Union Internationale des Télécommunications
CCITT	Comité Consultatif International Télégraphique et Téléphonique
CCIR	Comité Consultatif International des Radiocommunications
ISO	International Organization for Standardization
IEC	International Electrotechnical Commission

Frühere Ausgaben

DIN 5493: 02.66, 09.66, 08.72, 10.82

Änderungen

Gegenüber DIN 5493/10.82 wurden folgende Änderungen vorgenommen:

a) Hinweise auf Normen aktualisiert.

b) Formelzeichen an internationale Normen angeglichen.

c) Bemerkung zum komplexen Größenverhältnis erweitert.

d) Wechselleistungsdämpfungsmaß, Scheinleistungsdämpfungsmaß und deren Beziehungen zum Spannungsdämpfungsmaß aufgenommen.

e) Logarithmierte Verhältnisse von Größen, die weder Feld- noch Leistungsgrößen sind, aufgenommen.

f) Beziehung zwischen Scheinleistungspegel, Wirkleistungspegel und Spannungspegel eingeführt.

g) Änderung der Norm-Nummer in DIN 5493 Teil 2.

Erläuterungen

Bei der Übernahme des Inhalts der Internationalen Norm IEC 27-3 : 1989, die von CENELEC zum Harmonisierungsdokument HD 245.3 S1 erhoben worden ist, erschien es zweckmäßig, die bisherige Norm DIN 5493 in 2 Teile aufzuteilen. Dabei ist der Inhalt der bisherigen DIN 5493, die logarithmierten Größenverhältnisse, in DIN 5493 Teil 2 übergegangen, während die nicht als logarithmierte Größenverhältnisse definierten logarithmischen Größen aus IEC 27-3 : 1989 und die Grundlagen jetzt Inhalt von DIN 5493 Teil 1 sind, die im deutschen Normenwerk keinen Vorgänger hat.

Internationale Patentklassifikation

G 10 K 011/00
H 04
G 09 F 007/00

September 1994

Logarithmische Größen und Einheiten

Logarithmierte Größenverhältnisse, Pegel, Hinweiszeichen auf Bezugsgrößen und Meßbedingungen

Beiblatt 1 zu DIN 5493-2

ICS 17.020; 33.020

Ersatz für Beiblatt 1 zu DIN 5493 : 1982-10

Deskriptoren: Größenverhältnis, Einheit, Hinweiszeichen, Bezugsgröße

Logarithmic quantities and units – Logarithmic ratios, levels, notation for expressing reference quantities and measurement conditions

Dieses Beiblatt enthält Informationen zu DIN 5493-2, jedoch keine zusätzlichen genormten Festlegungen.

Der AEF vertritt in DIN 1313 den Grundsatz, daß Zusatzkennzeichen, die auf spezielle Definitionen oder Einschränkungen einer Größe hinweisen, an das Formelzeichen für die Größe und nicht an das Einheitenzeichen gehören. In Übereinstimmung mit IEC 27-3 : 1989 wird jedoch anerkannt, daß bei zahlenmäßigen Angaben von Pegeln in der Praxis häufig das Bedürfnis besteht, die Information über die Bezugsgröße mit dem Einheitenzeichen dB zu kombinieren. Als Kurzform eines Bezugsgrößen-Hinweises (Hinweiszeichen) wird deshalb die in DIN 5493-2 : 1994-09, Abschnitt 6, erwähnte Angabe der Bezugsgröße in Klammern hinter dem dB-Zeichen benutzt.

Die Internationale Fernmeldeunion (UIT) mit ihren Komitees CCITT und CCIR hat darüber hinaus für einige besonders häufig vorkommende Bezugsgrößen und Meßbedingungen weiter verkürzte Hinweiszeichen eingeführt (siehe die CCIR-Empfehlung 574-3 : 1990), die im internationalen Nachrichtenverkehr verwendet werden. Diese werden in den Abschnitten 1 und 3 (Tabellen 1 und 2) als Information, nicht als Empfehlung, mitgeteilt und den von der IEC empfohlenen Schreibweisen gegenübergestellt.

In Abschnitt 2 werden die zum Verständnis der Tabellen nötigen Definitionen einiger Pegelbegriffe aus den UIT-Empfehlungen wiedergegeben. Sie sind z. Z. auch noch in DIN 40146-2 : 1982-10 enthalten. Es ist jedoch geplant, diese Begriffe in der Folgeausgabe dort nicht mehr erscheinen zu lassen.

Abschnitt 4 bringt Sonderfälle von logarithmierten Größenverhältnissen, die keine Pegel sind, aber doch die Angabe einer Bezugsgröße benötigen. Die dafür von der UIT empfohlene Schreibweise stimmt mit der IEC-Schreibweise überein.

Fortsetzung Seite 2 bis 6

Normenausschuß Einheiten und Formelgrößen (AEF) im DIN Deutsches Institut für Normung e.V.
Deutsche Elektrotechnische Kommission im DIN und VDE (DKE)

1 Beispiele von Pegel-Bezugsgrößen

In der folgenden Tabelle 1 sind für verschiedene Arten von Pegeln die Kurzformen der Einheiten mit Hinweiszeichen nach IEC-Empfehlung und – falls davon abweichend – in UIT-Schreibweise angeführt. (Von den bei IEC genannten Schreibweisen von z. B. dB(1 mW) oder dB(mW) wird hier die vereinfachte verwendet, wenn der Zahlenwert der Bezugsgröße 1 ist.)

Tabelle 1: Pegel von Leistungs- oder Feldgrößen (Beispiele) (Bedeutung der Formelzeichen siehe DIN 1304 Teil 1)

Nr	Leistungs- oder Feldgröße	Pegeldefinition und Bezugsgröße	Einheit mit Hinweiszeichen IEC	UIT	Bemerkung
1	Elektrische Leistung	$10\left(\lg \frac{P}{1\ \text{mW}}\right)$ dB	dB(mW)	dBm	
		$10\left(\lg \frac{P}{1\ \text{W}}\right)$ dB	dB(W)	dBW	
2	Elektrische Spannung	$20\left(\lg \frac{U}{0{,}775\ \text{V}}\right)$ dB	dB(0,775 V)	dBu	0,775 V (genau: $\sqrt{0{,}6}$ V) entspricht am Bezugswiderstand 600 Ω von Fernsprecheinrichtungen einer Leistung von 1 mW. dBu wird auch in Tonregieanlagen verwendet, siehe DIN 15905-3.
		$20\left(\lg \frac{U}{1\ \text{V}}\right)$ dB	dB(V)		
3	Elektrische Stromstärke	$20\left(\lg \frac{I}{1\ \text{mA}}\right)$ dB	dB(mA)		
4	Elektrische Feldstärke	$20\left(\lg \frac{E}{1\ \mu\text{V/m}}\right)$ dB	dB(μV/m)		
5	Flächenbezogene Leistung	$10\left(\lg \frac{P/A}{1\ \text{W/m}^2}\right)$ dB	dB(W/m²)		Mit diesen Größen wird in der Nachrichten-Satellitentechnik gerechnet
6	Bandbreitebezogene Leistung	$10\left(\lg \frac{P/\Delta f}{1\ \text{W/4 kHz}}\right)$ dB	dB(W/4 kHz)		
7	Temperaturbezogene Leistung	$10\left(\lg \frac{P/T}{1\ \text{W/K}}\right)$ dB	dB(W/K)		
8	Bandbreite- und flächenbezogene Leistung	$10\left(\lg \frac{P/(A\cdot\Delta f)}{1\ \text{W/(m}^2\ \text{kHz)}}\right)$ dB	$\text{dB}\left(\frac{\text{W}}{\text{m}^2\ \text{kHz}}\right)$		

2 Begriffe zum Pegel für Fernsprech- und Tonübertragung

2.1 Nutzpegel

Der Nutzpegel ist der Pegel eines jeweils betrachteten Nutzsignals. Er soll innerhalb eines von den Eigenschaften des Übertragungskanals abhängigen definierten Pegelbereichs liegen (Bild 1).

Bei zeitkontinuierlichen, aber nicht periodischen Signalen ist das Zeitintervall, das der Mittelwertbildung zugrunde liegt, von Bedeutung. Man unterscheidet demnach

a) Langzeitwerte, gemittelt über eine Minute oder über eine Stunde (CCITT-Empfehlungen G.222, G.223 und H.34),

b) Kurzzeitwerte, gemittelt über 200 ms,

c) Spitzenwerte.

Bei der Quasispitzenwertmessung (Hinweiszeichen q in Tabelle 2) steigt nach dem plötzlichen Einschalten einer 1-kHz-Sinusspannung die Anzeige in 10 ms auf den 90-%-Wert und sinkt nach dem Ausschalten in 1,5 s auf den 10-%-Wert (DIN 45406).

2.2 Störpegel

Der Störpegel ist der Pegel eines Störsignals. Auch hier wird, wie beim Nutzpegel, je nach Mittelungszeitspanne unterschieden zwischen Langzeit-, Kurzzeit- und Spitzenstörpegel. Wird das Störsignal über ein Bewertungsfilter mit festgelegtem Frequenzgang (Hinweiszeichen p für Fernsprech-Bewertungskurve nach CCITT-Empfehlung P.53, ps für Rundfunk-Bewertungskurve nach CCIR-Empfehlung 468) gemessen, spricht man vom bewerteten Störpegel. Die Messung ohne Bewertungsfilter, aber mit definierter Bandbreite, liefert den unbewerteten Störpegel.

2.3 Dynamikbereich

Der Bereich zwischen dem maximalen und minimalen Kurzzeit-Nutzpegel an ein und demselben Punkt einer Übertragungseinrichtung wird Dynamikbereich, kurz Dynamik genannt (Bild 1).

Als untere Grenze des minimalen Kurzzeitpegels wird dabei ein Wert verstanden, der der Nachricht vereinbarungsgemäß noch hinreichend zugeordnet werden kann. Zeiten, in denen dieser Grenzwert unterschritten wird, zählen als Zeiten ohne Nutzsignal.

2.4 Signal-Störpegel-Abstand

Die Differenz zwischen Nutzpegel und Langzeit-Störpegel am gleichen Punkt eines Übertragungssystems wird Signal-Störpegel-Abstand, kurz Störabstand genannt (siehe Bild 1).

2.5 Relativer Pegel

Der relative Pegel $L_{r,x}$ an einem Punkt x eines Übertragungskanals ist die Differenz zwischen dem Leistungspegel $L_{P,x}$ eines sinusförmigen Meßsignals an dem betrachteten Punkt und dem Leistungspegel $L_{P,0}$ an einem nach Abschnitt 2.6 definierten Übertragungs-Bezugspunkt (mit dem Index Null):

$$L_{r,x} = L_{P,x} - L_{P,0}.$$

Der relative Pegel ist gleich dem Verstärkungsmaß von dem Übertragungs-Bezugspunkt zu dem jeweils betrachteten Punkt. Deshalb wird er auch System-Verstärkungsmaß (in den USA "system level" oder "transmission level") genannt.

2.6 Übertragungs-Bezugspunkt

Am Übertragungs-Bezugspunkt ist $L_{r,0} = 0$ dBr; deshalb wird er auch "Punkt des relativen Pegels Null", kurz 0-dBr-Punkt genannt. Im Fernsprechnetz war ursprünglich der Übertragungs-Bezugspunkt der im Fernamt zugängliche Anfang der Zweidrahtleitung. Heute ist das Fernsprechnetz überwiegend aus Vierdrahtsprechkreisen zusammengeschaltet. Deshalb werden 0-dBr-Punkte als hypothetische Punkte dadurch definiert, daß in einem Übertragungskanal einem zugänglichen Punkt ein festgelegter relativer Pegel zugeordnet wird, zum Beispiel dem Eingang einer Vierdrahtleitung der relative Pegel −3,5 dBr (CCITT-Empfehlung G.223). Für das Einspeisen von Meßsignalen kann ein solcher 0-dBr-Punkt durch Vorschalten eines Dämpfungsgliedes (im Beispiel mit dem Dämpfungsmaß 3,5 dB) jederzeit realisiert werden.

2.7 Zulässiger Nutzpegel

An einem 0-dBr-Punkt sollen bei Messungen mit simulierter Betriebsbelastung international vereinbarte Werte des Nutzpegels zulässig, d. h. gerade übertragbar sein, ohne daß im Übertragungssystem unzulässig große Geräuschleistungen entstehen. Diese zulässigen Nutzpegel sind

für einen Fernsprechkanal Langzeitpegel −15 dB(mW) (CCITT-Empfehlung G.223),

für einen Tonrundfunkkanal Spitzenpegel +9 dB(mW) (CCITT-Empfehlung J.14).

Den zulässigen Nutzpegel an einem anderen Punkt des Übertragungssystems erhält man, indem man zu dem obigen Wert den relativen Pegel dieses Punktes addiert.

2.8 Meßpegel

Der Pegel der Meßsignale, die zur Einstellung (Einpegelung) und Überwachung des Verstärkungsmaßes eines Übertragungssystems laut Pegelplan verwendet werden, wird Meßpegel genannt (siehe Bild 1). Empfohlene Werte am 0-dBr-Punkt sind

für einen Fernsprechkanal −10 dB(mW),
für einen Tonrundfunkkanal −12 dB(mW).

2.9 Pegelplan

Der Pegelplan gibt die planmäßigen Werte des relativen Pegels für ausgewählte, insbesondere der Messung zugängliche Punkte des Übertragungsweges an. Bei Frequenzmultiplexsystemen gilt im Prinzip für jeden Kanal ein eigener Pegelplan.

2.10 Reduzierter Pegel

Der reduzierte Pegel $L_{P0,x}$ an einem bestimmten Punkt x eines Übertragungsweges ist gleich dem absoluten Leistungspegel $L_{P,x}$ an diesem Punkt verringert um den relativen Pegel $L_{r,x}$ des Punktes (Bild 2):

$$L_{P0,x} = L_{P,x} - L_{r,x}.$$

Der reduzierte Pegel wird für Nutzsignal, Meßsignal und Störsignal getrennt berechnet. Der reduzierte Meßpegel ist ortsunabhängig, der reduzierte Nutzpegel ist es näherungsweise. Der reduzierte Störpegel ist ortsabhängig; der Meßpunkt muß also angegeben werden.

ANMERKUNG 1: Das Wort "reduziert" ist im Sinne von DIN 5485 : 1986-08, Tabelle 2, Nr 1.6, zu verstehen.

ANMERKUNG 2: Zahlenwerte des reduzierten Pegels werden zur Unterscheidung von den in DIN 5493-2 : 1994-09, Abschnitt 5, behandelten absoluten Pegeln mit dem Zeichen dB(mW,0) oder kurz dBm0 angegeben (siehe auch Tabelle 2).

ANMERKUNG 3: Der Name der Größe $L_{P0,x}$ lautet im englischen Text der CCIR-Recommendation 574-3: "level referred to a point of zero relative level". Dieser Name wird aber in der Praxis nie verwendet; nur durch die Null am dB-Zeichen wird gezeigt, daß diese Größe gemeint ist. Im Deutschen war der Größenname früher "Pegel bezogen auf einen Punkt des relativen Pegel Null", wofür meist kurz (und falsch) "Pegel am relativen Pegel Null" gesagt wurde. R. v. Brandt nannte diese Größe zunächst "fiktiver Pegel" (Nachrichtentechn. Z. 29 (1976) H. 5, S. 377-381), später (1978) "reduzierter Pegel" (Beiblatt 1 zu DIN 5493, Entwurf Oktober 1980). Dieser Name hat sich in der deutschsprachigen Fachliteratur schnell eingebürgert (siehe z. B. Schuon, E.; Wolf, H.: Nachrichten-Meßtechnik, Berlin: Springer 1981).

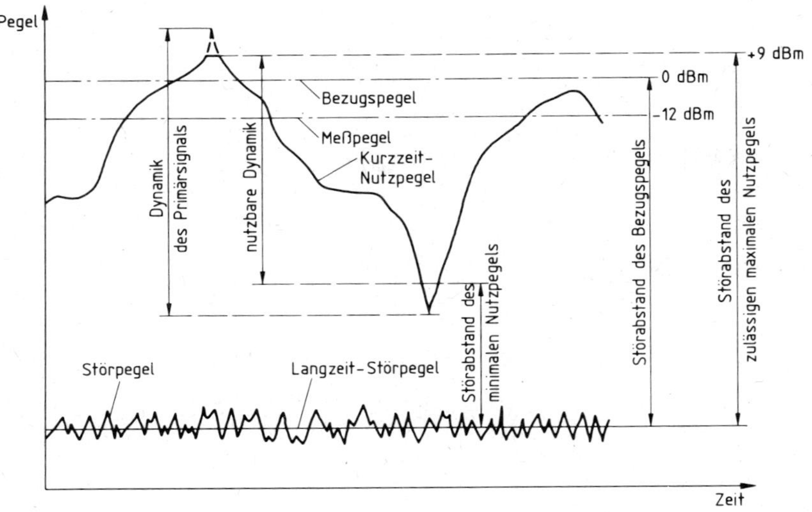

Bild 1: Zur Definition der Dynamik (Abschnitt 2.3) **und des Störabstandes** (siehe Abschnitt 2.4).
Beispiel gezeichnet für ein Tonrundfunksignal an einem 0-dBr-Punkt (siehe Abschnitt 2.6)

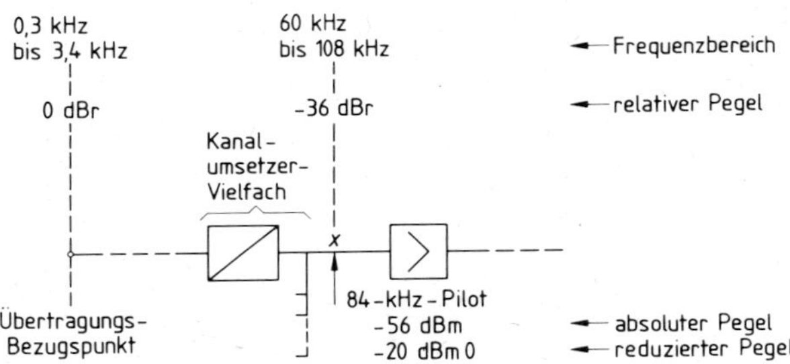

Bild 2: Beispiel zur Erläuterung des reduzierten Pegels

Ein am Punkt x mit dem relativen Pegel –36 dBr eingespeister Primärgruppenpilot mit dem absoluten Pegel –56 dBm wirkt ebenso wie eine am 0-dBr-Punkt eingespeiste Sinusschwingung mit dem absoluten Pegel –20 dBm. Die Kurzbezeichnung für diesen ortsunabhängig reduzierten Pegel ist –20 dBm0.

(Merkregel: a dBm0 + b dBr = (a + b) dBm)

Würde man in einem Fernsprechkanal am Primärgruppen-Verteilerpunkt x mit dem relativen Pegel –36 dBr in Abwesenheit eines Nutzsignals einen psophometrisch bewerteten Störpegel von z. B. –96 dB (mW) (≙ 0,25 pW) messen, dann ist der reduzierte Störpegel an diesem Punkt –96 dB (mW, p) – (–36 dBr) = –60 dB (mW, 0, p) oder kurz –60 dBm0p.

3 Kennzeichnung von Pegeln mit besonderen Meßbedingungen

Pegelangaben von Nutz- und Störsignalen sind nur dann unmißverständlich, wenn sie durch Angabe der benutzten Meßvorschrift und gegebenenfalls des Meßortes ergänzt werden. Zu diesem Zweck sind Kurzformen dieser Angaben in der Form von weiteren Anhängseln an das dB-Zeichen gebräuchlich. Ihre Bedeutung muß im Zweifelsfall besonders erklärt werden. Nachstehende Tabelle 2 zeigt einige Beispiele, wobei neben der UIT-Schreibweise eine der IEC-Spalte der Tabelle 1 entsprechende, etwas ausführlichere Kurzform angegeben ist.

Tabelle 2: Beispiele

Nr	Art des Pegels	Einheit mit Hinweiszeichen		Bemerkung
		analog zu IEC	UIT	
1	Pegel der auf 1 mW bezogenen Leistung, reduziert auf einen 0-dBr-Punkt	dB(mW, 0)	dBm0	0-dBr-Punkt siehe Abschnitt 2.6 Reduzierter Pegel siehe Abschnitt 2.10
2	Pegel der auf 1 mW bezogenen Geräuschleistung, reduziert auf einen 0-dBr-Punkt, frequenzbewertet nach Fernsprech-Bewertungskurve	dB(mW, 0, p)	dBm0p	Fernsprech-Bewertungskurve siehe CCITT-Empfehlung P.53
3	Pegel der Rundfunk-Geräuschleistung, gemessen mit Quasispitzenwertmesser, reduziert auf einen 0.dBr-Punkt, frequenzbewertet nach Rundfunk-Bewertungskurve	dB(q, 0, ps)	dBq0ps	Quasispitzenwertmessung und Rundfunk-Bewertungskurve siehe CCIR-Empfehlung 468

Bezugswert für dB(q...) ist der Scheitelwert einer 1-kHz-Sinusspannung mit dem Effektivwert 0,775 V.

4 Sonderfälle von logarithmierten Größenverhältnissen

Nachstehend werden logarithmierte Größenverhältnisse behandelt, bei denen ein Leistungsverhältnis auf eine dritte Größe bezogen wird. Diese dritte Größe muß durch eine anzugebende Bezugsgröße gleicher Dimension (z. B. durch ihre Einheit) dividiert werden, um ein logarithmierbares Größenverhältnis zu erhalten.

Die gewählte Bezugsgröße muß in Verbindung mit dem Zahlenwert des logarithmierten Größenverhältnisses angegeben werden, um eine verständliche Aussage zu machen. Die UIT empfiehlt, diese Bezugsgröße wie bei Pegelangaben in Klammern hinter das dB-Zeichen zu setzen, wie folgende Beispiele zeigen.

4.1 Träger-zu-Rauschdichte-Abstand D_n

Als ein spezieller Pegelabstand wird das logarithmierte Verhältnis von Trägerleistung P_c zu Rauschleistungsdichte $N_0 = P_n/\Delta f$ gebildet, wobei Δf die Bandbreite des Rauschspektrums ist. Da P_c/N_0 die Dimension einer Frequenz hat, muß der Quotient durch Bezugnahme auf eine frei wählbare Frequenzbandbreite, z. B. 1 kHz, in ein Größenverhältnis der Dimension 1 umgewandelt werden:

$$D_n = 10 \left(\lg \frac{P_c}{N_0 \cdot 1\ \text{kHz}} \right) \text{dB(kHz)} = 10 \left(\lg \frac{P_c}{P_n} \cdot \frac{\Delta f}{1\ \text{kHz}} \right) \text{dB(kHz)}. \quad (1)$$

BEISPIEL:

Mit $P_c = 2$ W, $P_n = 20$ mW und $\Delta f = 1$ MHz ergibt sich $D_n = 50$ dB(kHz).

4.2 Gütemaß M (en: figure of merit) einer Erde-Empfangsstation einer Satellitenverbindung

Das Gütemaß ist definiert als das logarithmierte Verhältnis von Antennengewinnfaktor g und thermodynamischer Temperatur T des Empfängereingangs:

$$M = 10 \left(\lg \frac{g}{T/(1\ \text{K})} \right) \text{dB}(\text{K}^{-1}). \quad (2)$$

BEISPIEL:

Mit $g = 10^6$ und $T = 50$ K ergibt sich $M = 43$ dB(K^{-1}).

ANMERKUNG: Die in der Literatur häufig anzutreffende Formulierung $G/T = 43$ dB/K, wobei $G = 10(\lg g)$ dB das Gewinnmaß ist, ist sowohl falsch als auch irreführend und daher abzulehnen.

Zitierte Normen und andere Unterlagen

DIN 1304 Teil 1	Formelzeichen; Allgemeine Formelzeichen
DIN 1313	Physikalische Größen und Gleichungen; Begriffe, Schreibweisen
DIN 5485	Benennungsgrundsätze für physikalische Größen; Wortzusammensetzungen mit Eigenschafts- und Grundwörtern
DIN 5493 Teil 2	Logarithmische Größen und Einheiten; Logarithmierte Größenverhältnisse; Maße, Pegel in Neper und Dezibel
DIN 15 905 Teil 3	Tontechnik in Theatern und Mehrzweckhallen; Tonregieräume
DIN 45 406	Aussteuerungsmesser für elektroakustische Breitbandübertragung
CCIR-Empfehlung 468	Measurement of audio-frequency noise in sound broadcasting, in sound-recording systems and on sound programme circuits
CCIR-Empfehlung 574-3	Use of the Decibel and the Neper in Telecommunications
CCITT-Empfehlung G.222	Noise objectives for design of carrier-transmission systems of 2500 km
CCITT-Empfehlung G.223	Assumptions for the calculation of noise on hypothetical reference circuits for telephony
CCITT-Empfehlung H.34	Subdivision of the frequency band of a telephone-type circuit between telegraphy and other services
CCITT-Empfehlung J.14	Relative levels and impedances on an international sound-programme connection
CCITT-Empfehlung P.53	Psophometers (apparatus for the objective measurement of circuit noise)
IEC 27-3 : 1989	Letter symbols to be used in electrical technology – Part 3: Logarithmic quantities and units

Weitere Normen

DIN 1304 Teil 6 Formelzeichen; Formelzeichen für die elektrische Nachrichtentechnik

Frühere Ausgaben

Beiblatt 1 zu DIN 5493 : 1982-10

Änderungen

Gegenüber Beiblatt 1 zu DIN 5493 : 1982-10 wurden folgende Änderungen vorgenommen:

a) Änderung der Norm-Nummer in Beiblatt 1 zu DIN 5493-2.

b) Inhalt redaktionell überarbeitet.

Erklärung der zitierten Abkürzungen

UIT	Union Internationale des Télécommunications
CCITT	Comité Consultatif International Télégraphique et Téléphonique
CCIR	Comité Consultatif International des Radiocommunications
ISO	International organization for Standardization
IEC	International Electrotechnical Commission (Sitz dieser Organisation und Bezugsquelle für Unterlagen ist Genf, Rue de Varembé)

Internationale Patentklassifikation

G 06 G 7/24

DK 535.233 : 536.3

Mai 1991

Temperaturstrahlung von Volumenstrahlern

DIN 5496

Thermal radiation of volume radiators

Ersatz für DIN 5496 T 2/07.77

1 Allgemeines

Die Temperaturstrahlung eines Körpers ist von der Art des Körpers unabhängig, wenn er sich im vollständigen thermischen Gleichgewicht (VTG) befindet [strahlungsundurchlässiger Körper einheitlicher Temperatur („Schwarzer Strahler") oder Hohlraum mit Wänden einheitlicher Temperatur]. Das VTG schließt das Strahlungsfeld mit ein, so daß auch thermisches Strahlungsgleichgewicht besteht: Jedes Volumenelement emittiert die gleiche spektrale Strahlungsleistung, die es auch absorbiert, und die spektrale Strahldichte ist durch das Planck-Gesetz gegeben (siehe DIN 5031 Teil 8/03.82, Abschnitt 4.2).

Im allgemeinen ist ein Volumenstrahler jedoch strahlungsteildurchlässig. Es gibt dann Bereiche, die mehr Strahlungsenergie emittieren als absorbieren, so daß kein VTG besteht. Ein Volumenstrahler kann aber (näherungsweise) im lokalen thermischen Gleichgewicht (LTG) sein. Im LTG ist der Materiezustand unabhängig vom Zustand des Strahlungsfeldes lokal der des VTG entsprechend einer lokalen (ortsabhängigen) Temperatur. Im Gegensatz zum VTG können im LTG Temperaturgradienten auftreten, und es besteht kein thermisches Strahlungsgleichgewicht. Die Temperaturstrahlung eines solchen Volumenstrahlers im LTG wird nicht durch das Planck-Gesetz beschrieben.

Das LTG ist gegenüber thermischen Nichtgleichgewichtszuständen abzugrenzen, die in der Regel insbesondere für verdünnte ionisierte Gase (z.B. bei Gasentladungen) vorliegen (siehe Entwurf DIN 1326 Teil 1/07.89, Abschnitt 5).

Die vorliegende Norm definiert Größen zur Beschreibung der Temperaturstrahlung von Volumenstrahlern im LTG. Der Einfachheit halber wird ein nichtstreuendes, isotropes Medium mit einheitlicher Brechzahl vorausgesetzt. Zur Berücksichtigung reflektierender Oberflächen wird auf DIN 1349 Teil 2 und DIN 5036 Teil 1 und 3 verwiesen.

2 Lokale strahlungsphysikalische Größen

Im folgenden werden die lokalen Strahlungsgrößen als Funktionen des Ortes definiert, der durch die Ordinate x gekennzeichnet werden kann, wenn die x-Achse in die (beliebige) Beobachtungsrichtung gelegt wird (siehe Bild 1).

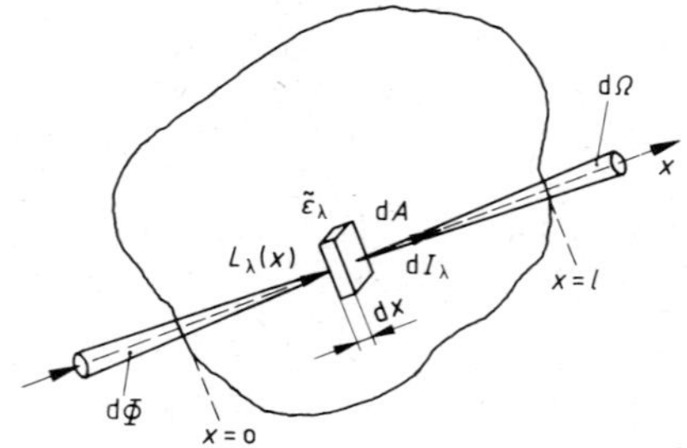

Bild 1. Emission und Absorption im Volumen

Spektrale Dichten sind hier bezüglich der Wellenlänge λ gebildet. Ebensogut können die spektralen Dichten bezüglich der Frequenz ν verwendet werden (DIN 5031 Teil 1/03.82, Abschnitt 2).

Nach DIN 1315 wird die Raumwinkeleinheit Steradiant hier nicht durch 1 ersetzt. Einige Gleichungen enthalten deshalb den Raumwinkel

$\Omega_0 = 1$ sr.

2.1 Spektrale Energiedichte

Die spektrale (Dichte der) Energiedichte der Strahlung w_λ ist der Quotient aus der spektralen (Dichte der) Strahlungsenergie $\mathrm{d}Q_\lambda$ in einem Volumenelement und diesem Volumenelement $\mathrm{d}V$:

$$w_\lambda = \frac{\mathrm{d}Q_\lambda}{\mathrm{d}V}. \qquad (1)$$

Sie ergibt sich aus dem Integral der spektralen (Dichte der) Strahldichte über den vollen Raumwinkel $4\pi\Omega_0$ durch Division mit der Lichtgeschwindigkeit c_0/n im Medium (Brechzahl n für die Wellenlänge λ):

$$w_\lambda = \frac{n}{c_0} \oint L_\lambda \mathrm{d}\Omega. \qquad (2)$$

Für isotrope Strahlung folgt daraus

$$w_\lambda = 4\pi\Omega_0 \frac{n}{c_0} L_\lambda. \qquad (3)$$

Fortsetzung Seite 2 bis 4

Normenausschuß Einheiten und Formelgrößen (AEF) im DIN Deutsches Institut für Normung e.V.
Normenausschuß Lichttechnik (FNL) im DIN

2.2 Spektraler Emissionskoeffizient

Die spektrale Dichte des Emissionskoeffizienten $\tilde{\varepsilon}_\lambda$ für eine bestimmte (Beobachtungs-)Richtung ist der Quotient der aus einem Volumenelement in diese Richtung spontan emittierten spektralen Strahlstärke $\mathrm{d}I_\lambda$ und des Volumenelements $\mathrm{d}V$. Wird diese Definition, wie im Bild 1 veranschaulicht, auf das Volumenelement $\mathrm{d}V = \mathrm{d}x\mathrm{d}A$ mit dem Querschnitt $\mathrm{d}A$ senkrecht zur Beobachtungsrichtung (x-Achse) und der Dicke $\mathrm{d}x$ angewandt, ergibt sich

$$\tilde{\varepsilon}_\lambda = \frac{\mathrm{d}^2\Phi_\lambda}{\mathrm{d}V\,\mathrm{d}\Omega} = \frac{\mathrm{d}I_\lambda}{\mathrm{d}V} = \frac{\mathrm{d}L_\lambda}{\mathrm{d}x}. \tag{4}$$

$\tilde{\varepsilon}_\lambda$ erfaßt in nichtstreuenden Medien nur die spontane Emission (Emission ohne Einstrahlung von außen). Für die hier vorausgesetzten isotropen Medien erfolgt diese Emission isotrop. Die in einem Volumenelement $\mathrm{d}V$ spontan erzeugte spektrale Strahlungsleistung beträgt daher $\mathrm{d}\Phi_\lambda = \mathrm{d}I_\lambda \oint \mathrm{d}\Omega = 4\pi\Omega_0\,\mathrm{d}I_\lambda$, so daß aus Gleichung (4) folgt:

$$\tilde{\varepsilon}_\lambda = \frac{1}{4\pi\Omega_0}\,\frac{\mathrm{d}\Phi_\lambda}{\mathrm{d}V}. \tag{5}$$

Der spektrale Emissionskoeffizient ist in diesem Falle unabhängig von der Beobachtungsrichtung.

In einem strahlenden Medium im LTG hängt $\tilde{\varepsilon}_\lambda$ außer von der Wellenlänge von Temperatur, Druck und chemischer Zusammensetzung ab.

Der Emissionskoeffizient $\tilde{\varepsilon}$ ergibt sich wie üblich durch Integration von $\tilde{\varepsilon}_\lambda$ über alle Wellenlängen:

$$\tilde{\varepsilon} = \int_0^\infty \tilde{\varepsilon}_\lambda \mathrm{d}\lambda = \frac{\mathrm{d}^2\Phi}{\mathrm{d}V\,\mathrm{d}\Omega} = \frac{\mathrm{d}I}{\mathrm{d}V} = \frac{\mathrm{d}L}{\mathrm{d}x}. \tag{6}$$

Anmerkung: Die Schreibweise $\tilde{\varepsilon}$ wurde zur Unterscheidung vom Emissionsgrad ε gewählt. Sind Verwechslungen ausgeschlossen, ist auch für den Emissionskoeffizienten die Bezeichnung ε üblich.

2.3 Absorptionskoeffizient

Der spektrale Absorptionskoeffizient $a(\lambda)$ ergibt sich aus derjenigen Änderung $\mathrm{d}L_\lambda$ der spektralen Strahldichte L_λ beim senkrechten Durchgang durch eine Schicht der Dicke $\mathrm{d}x$ (siehe Bild 1), die durch Strahlungsabsorption (zusätzlich zur Änderung $\tilde{\varepsilon}_\lambda\mathrm{d}x$ durch spontane Emission) auftritt. Entsprechende Beziehungen gelten für die spektrale Strahlstärke I_λ und den spektralen Strahlungsfluß Φ_λ eines quasiparallelen Strahlenbündels:

$$a(\lambda) = -\frac{1}{L_\lambda}\frac{\mathrm{d}L_\lambda}{\mathrm{d}x} = -\frac{1}{I_\lambda}\frac{\mathrm{d}I_\lambda}{\mathrm{d}x} = -\frac{1}{\Phi_\lambda}\frac{\mathrm{d}\Phi_\lambda}{\mathrm{d}x}. \tag{7}$$

Anmerkung 1: Der hier definierte spektrale Absorptionskoeffizient $a(\lambda)$ wird in DIN 1349 Teil 1 als natürlicher Absorptionskoeffizient a_n bezeichnet.

Anmerkung 2: $a(\lambda)$ berücksichtigt sowohl die atomare Absorption als auch die erzwungene (induzierte) Emission. Mit dem Absorptionskoeffizienten $a'(\lambda)$, der allein die atomare Absorption berücksichtigt, besteht im LTG der Zusammenhang $a(\lambda) = a'(\lambda)\{1-\exp[-hc/(\lambda kT)]\}$, so daß $a \leq a'$ ist. Der Unterschied zwischen a und a' ist nur für $\lambda T \ll hc/k = 0{,}0144\ \mathrm{m \cdot K}$ vernachlässigbar.

3 Strahlung aus einem Volumen

3.1 Kirchhoff-Gesetz

Der spektrale Emissionskoeffizient und der Absorptionskoeffizient sind durch den Zustand des materiellen Mediums bestimmt, der im LTG lokal der des VTG ist. Daher gilt im LTG das Kirchhoff-Gesetz in der Form

$$\tilde{\varepsilon}_\lambda(\lambda, T) = a(\lambda, T)\,L_{\lambda,S}(\lambda, T) \tag{8}$$

mit der lokalen Temperatur T und spektralen Strahldichte der Hohlraumstrahlung $L_{\lambda,S}$ nach dem Planck-Gesetz.

3.2 Strahlungstransport

Durch Emission und Absorption ändert sich die spektrale Strahldichte $L_\lambda(x)$ längs der Beobachtungsrichtung (x-Achse). Die Bilanz von Emission (Gleichung (4)) und Absorption (Gleichung (7)) ergibt die Differentialgleichung des Strahlungstransports:

$$\frac{\mathrm{d}L_\lambda}{\mathrm{d}x} = \tilde{\varepsilon}_\lambda(x) - a(\lambda, x)\,L_\lambda(x). \tag{9}$$

Im LTG sind $\tilde{\varepsilon}_\lambda$ und a unabhängig von L_λ und hängen über die Temperatur $T(x)$ vom Ort x ab.

3.3 Optische Dicke

Beobachtet wird die spektrale Strahldichte $L_\lambda(l)$ an der Oberfläche des Volumenstrahlers bei $x = l$ (siehe Bild 1). Aus Gleichung (9) ergibt sich

$$L_\lambda(l) = L_\lambda(0)\mathrm{e}^{-\tilde{\tau}(\lambda)} + \int_0^l \tilde{\varepsilon}_\lambda(x)\,\mathrm{e}^{-\tilde{\tau}(\lambda, x)}\,\mathrm{d}x. \tag{10}$$

Dabei ist

$$\tilde{\tau}(\lambda, x) = \int_x^l a(\lambda, x')\,\mathrm{d}x'$$

die (von der Austrittsstelle der Strahlung aus gemessene) optische Tiefe im Medium und

$$\tilde{\tau}(\lambda) = \tilde{\tau}(\lambda, 0) = \int_0^l a(\lambda, x)\,\mathrm{d}x \tag{11}$$

die optische Dicke des Mediums (in Beobachtungsrichtung) für die Wellenlänge λ.

In Gleichung (10) wird mit $L_\lambda(0)$ gegebenenfalls eine bei $x = 0$ von außen in Beobachtungsrichtung einfallende Strahlung berücksichtigt. Für diese ist der spektrale Transmissionsgrad $\tau(\lambda) = \exp[-\tilde{\tau}(\lambda)]$ und der spektrale Absorptionsgrad

$$a(\lambda) = 1 - \tau(\lambda) = 1 - \mathrm{e}^{-\tilde{\tau}(\lambda)}. \tag{12}$$

Anmerkung 1: Das Formelzeichen $\tilde{\tau}$ wurde zur Unterscheidung vom Transmissionsgrad τ gewählt. Sind Verwechslungen ausgeschlossen, ist auch für die optische Dicke bzw. Tiefe das Formelzeichen τ üblich.

Anmerkung 2: In der Optik wird das Produkt aus Brechzahl und Länge als optische Weglänge bezeichnet. Um Verwechslungen zu vermeiden, achte man auf die Dimension.

3.4 Emission aus homogener Schicht

Für den Sonderfall konstanter Temperatur T längs der Beobachtungsrichtung sind $\tilde{\varepsilon}_\lambda$ und a unabhängig von x, und die optische Dicke wird $\tilde{\tau}(\lambda) = a(\lambda, T)\,l$. Unter Anwendung des Kirchhoff-Gesetzes vereinfacht sich Gleichung (10) für $L_\lambda(0) = 0$ (keine Einstrahlung von außen) zu

$$L_\lambda(l) = \left[1 - \mathrm{e}^{-a(\lambda, T)l}\right] L_{\lambda,S}(T). \tag{13}$$

Für diese Emission aus homogener Schicht läßt sich der spektrale Emissionsgrad $\varepsilon(\lambda) = L_\lambda(T)/L_{\lambda,S}(T)$ angeben; er ist gleich dem Absorptionsgrad $a(\lambda)$ nach Gleichung (12):

$$\varepsilon(\lambda) = a(\lambda) = 1 - \mathrm{e}^{-\tilde{\tau}(\lambda)} = 1 - \mathrm{e}^{-a(\lambda)l}. \tag{14}$$

Gleichung (13) schließt zwei Grenzfälle ein:

a) Ist $\tilde{\tau}(\lambda) \ll 1$, so heißt das Medium optisch dünn für die betreffende Wellenlänge und die jeweilige Beobachtungsrichtung, und es gilt

$$L_\lambda(\lambda, T) \approx a(\lambda, T)\, l\, L_{\lambda,S}(\lambda, T) = \tilde{\varepsilon}_\lambda(\lambda, T)\, l\,. \quad (15)$$

In einem optisch dünnen, homogenen Medium ist die spektrale Strahldichte an der Oberfläche proportional zur Länge der strahlenden Schicht, und ihre spektrale Verteilung ist die des spektralen Emissionskoeffizienten.

b) Ist $\tilde{\tau}(\lambda) \gg 1$, so heißt das Medium optisch dick für die betreffende Wellenlänge und die jeweilige Beobachtungsrichtung, und es gilt

$$L_\lambda(\lambda, T) \approx L_{\lambda,S}(\lambda, T)\,. \quad (16)$$

Ein optisch dickes, homogenes Medium emittiert näherungsweise Hohlraumstrahlung der Temperatur T. Dadurch ist es möglich, in beschränkten Spektralbereichen Hohlraumstrahlung auch für sehr hohe Temperaturen zu erzeugen, bei denen feste Körper oder Wände nicht mehr existieren. Ist das Medium für alle Wellenlängen optisch dick, wird der Volumenstrahler zum Schwarzen Strahler.

4 Zusammenstellung der wichtigsten Größen (siehe auch DIN 5031 Teil 1/03.82, Abschnitt 1)

Größe	Formelzeichen	Beziehung	SI-Einheit
spektrale (Dichte der) Energiedichte	w_λ	$w_\lambda = \frac{\mathrm{d}Q_\lambda}{\mathrm{d}V}$	$\mathrm{J\,m^{-4}}$
Strahlungsenergiedichte	w	$w = \int_0^\infty w_\lambda\,\mathrm{d}\lambda$	$\mathrm{J\,m^{-3}}$
spektrale Dichte des Emissionskoeffizienten	$\tilde{\varepsilon}_\lambda$	$\tilde{\varepsilon}_\lambda = \frac{\mathrm{d}^2\Phi_\lambda}{\mathrm{d}V\,\mathrm{d}\Omega} = \frac{\mathrm{d}I_\lambda}{\mathrm{d}V} = \frac{\mathrm{d}L_\lambda}{\mathrm{d}x}$	$\mathrm{W\,m^{-4}\,sr^{-1}}$
Emissionskoeffizient	$\tilde{\varepsilon}$	$\tilde{\varepsilon} = \int_0^\infty \tilde{\varepsilon}_\lambda\,\mathrm{d}\lambda$	$\mathrm{W\,m^{-3}\,sr^{-1}}$
spektraler Absorptionskoeffizient	$a(\lambda)$	$a(\lambda) = -\frac{1}{L_\lambda}\frac{\mathrm{d}L_\lambda}{\mathrm{d}x} = -\frac{1}{I_\lambda}\frac{\mathrm{d}I_\lambda}{\mathrm{d}x} = -\frac{1}{\Phi_\lambda}\frac{\mathrm{d}\Phi_\lambda}{\mathrm{d}x}$	$\mathrm{m^{-1}}$
optische Dicke	$\tilde{\tau}(\lambda)$	$\tilde{\tau}(\lambda) = \int_0^l a(x, \lambda)\,\mathrm{d}x$	1

Zitierte Normen

DIN 1315	Winkel; Begriffe, Einheiten
DIN 1326 Teil 1	(z.Z. Entwurf) Plasmen; Grundlagen
DIN 1349 Teil 1	Durchgang optischer Strahlung durch Medien; Optisch klare Stoffe, Größen, Formelzeichen und Einheiten
DIN 1349 Teil 2	Durchgang optischer Strahlung durch Medien; Optisch trübe Stoffe, Begriffe
DIN 5031 Teil 1	Strahlungsphysik im optischen Bereich und Lichttechnik; Größen, Formelzeichen und Einheiten der Strahlungsphysik
DIN 5031 Teil 8	Strahlungsphysik im optischen Bereich und Lichttechnik; Strahlungsphysikalische Begriffe und Konstanten
DIN 5036 Teil 1	Strahlungsphysikalische und lichttechnische Eigenschaften von Materialien; Begriffe, Kennzahlen
DIN 5036 Teil 3	Strahlungsphysikalische und lichttechnische Eigenschaften von Materialien; Meßverfahren für lichttechnische und spektrale strahlungsphysikalische Kennzahlen

Frühere Ausgaben

DIN 5496 Teil 2: 07.77

Änderungen

Gegenüber DIN 5496 Teil 2/07.77 wurden folgende Änderungen vorgenommen:

a) Änderung der Norm-Nummer von DIN 5496 Teil 2 in DIN 5496.

b) Redaktionelle Überarbeitung.

Internationale Patentklassifikation

G 01 J 5/00
G 01 K 11/00

DK 536.662 : 001.4 Januar 1972

Brennwert und Heizwert

Begriffe

DIN 5499

Calorific value (gross and net); concepts

1. Allgemeines

Brennwert und Heizwert sind Reaktionsenergien (bei Verbrennung unter konstantem Volumen) oder Reaktionsenthalpien (bei Verbrennung unter konstantem Druck), die vom System abgegeben und deshalb mit einem negativen Vorzeichen versehen werden. Dabei wird grundsätzlich vorausgesetzt, daß die Temperatur der Reaktionsprodukte nach der Verbrennung gleich ist der Temperatur der an der Reaktion teilnehmenden Komponenten vor der Verbrennung.

Die Differenz zwischen der Reaktionsenthalpie $(\Delta H)_R = H_2 - H_1$ und der Reaktionsenergie $(\Delta U)_R = U_2 - U_1$ ist gleich der bei der Verbrennung unter konstantem Druck p verrichteten Volumenarbeit (Gesamtvolumen V; der Index 2 bezieht sich auf den Zustand nach, der Index 1 auf den Zustand vor der Verbrennung):

$$(\Delta H)_R - (\Delta U)_R = p(V_2 - V_1) = p\Delta V\,. \qquad (1)$$

Die Volumenarbeit kann aber bei den festen und flüssigen Anteilen meist vernachlässigt werden. Für die gasförmigen Komponenten darf die Zustandsgleichung des idealen Gases benutzt werden; dann gilt:

$$(\Delta H)_R - (\Delta U)_R = (n_2 - n_1)\,RT = \Delta n\,RT. \qquad (2)$$

Dabei bedeuten:

R molare Gaskonstante

T Bezugstemperatur (thermodynamische Temperatur)

n_1 Stoffmenge der an der Verbrennung teilnehmenden gasförmigen Stoffe vor der Verbrennung

n_2 Stoffmenge der gasförmigen Verbrennungsprodukte.

In dieser Norm werden Brennwert und Heizwert einheitlich durch $-(\Delta H)_R$ definiert. Die entsprechend den experimentellen Möglichkeiten für beide Größen geltenden speziellen Bedingungen und Beziehungen werden in den Abschnitten 2 und 3 näher festgelegt (siehe auch DIN 51900).

2. Feste und flüssige Brennstoffe

2.1. Der spezifische (auf die Masse m bezogene) Brennwert H_o[1]) ist der Quotient aus der bei vollständiger[2]) Verbrennung eines festen oder flüssigen Brennstoffs auftretenden negativ genommenen Reaktionsenthalpie $-(\Delta H)_R$ und seiner Masse m:

$$H_o = -\frac{(\Delta H)_R}{m}\,. \qquad (3)$$

Dabei ist vorausgesetzt, daß

a) die Temperatur des Brennstoffs vor dem Verbrennen und die seiner Verbrennungsprodukte 25 °C beträgt,

b) das vor dem Verbrennen im Brennstoff vorhandene Wasser und das beim Verbrennen der wasserstoffhaltigen Verbindungen des Brennstoffs gebildete Wasser nach der Verbrennung in flüssigem Zustand vorliegen,

c) die Verbrennungsprodukte von Kohlenstoff und Schwefel als Kohlendioxid und Schwefeldioxid in gasförmigem Zustand vorliegen und

d) eine Oxydation des Stickstoffs nicht stattgefunden hat.

Experimentell wird für feste und flüssige Brennstoffe durch Verbrennung bei konstantem Volumen in der kalorimetrischen Bombe üblicherweise die Größe

$$H_{o,v} = -\frac{(\Delta U)_R}{m} \qquad (4)$$

gemessen.

Der spezifische Brennwert H_o wird aus $H_{o,v}$ nach folgender Beziehung berechnet, siehe Gleichung (2):

$$H_o = H_{o,v} - \frac{RT\Delta n}{m}\,. \qquad (5)$$

2.2. Der molare (auf die Stoffmenge n bezogene) Brennwert $H_{o,m}$ ist gleich dem Produkt aus dem spezifischen Brennwert H_o und der molaren Masse $M = m/n$ des Brennstoffs vor der Verbrennung:

$$H_{o,m} = H_o \cdot M\,. \qquad (6)$$

---

1) Bisher „Verbrennungswärme" oder „oberer Heizwert" genannt. Der Index o bedeutet den Buchstaben (nicht Ziffer Null).

2) Der Begriff „vollständige Verbrennung" wird von Chemikern anders ausgelegt als von Nicht-Chemikern. Von der Betrachtungsweise der Ingenieure her wurde vorgeschlagen, von „vollständiger und vollkommener Verbrennung" zu reden, wie in DIN 51900. Dabei sei mit „vollständig" die restlose Umsetzung der Masse des Brennstoffs gemeint, durch „vollkommen" werde angedeutet, daß die chemische Reaktion bis zur abgeschlossenen Oxydation (z.B. C zu CO_2, H_2 zu H_2O, S zu SO_2) durchgeführt werde. Es sei deshalb betont, daß hier der Ausdruck „vollständige Verbrennung" bedeutet: der vorhandene Kohlenstoff wird quantitativ in CO_2 übergeführt.

Fortsetzung Seite 2 und 3
Erläuterungen Seite 3

Ausschuß für Einheiten und Formelgrößen (AEF) im Deutschen Normenausschuß (DNA)

2.3. Der spezifische (auf die Masse m bezogene) Heizwert H_u[3]) ist der Quotient aus der bei vollständiger[2]) Verbrennung eines Brennstoffs abgegebenen Reaktionsenthalpie $-(\Delta H)_R$ und seiner Masse m, wenn

a) die Temperatur des Brennstoffs vor dem Verbrennen und die seiner Verbrennungsprodukte 25 °C beträgt.

b) das vor dem Verbrennen im Brennstoff vorhandene Wasser und das beim Verbrennen der wasserstoffhaltigen Verbindungen des Brennstoffs gebildete Wasser nach der Verbrennung in gasförmigem Zustand (Wasserdampf) bei 25 °C vorliegen,

c) die Verbrennungsprodukte von Kohlenstoff und Schwefel als Kohlendioxid und Schwefeldioxid in gasförmigem Zustand vorliegen und

d) eine Oxydation des Stickstoffs nicht stattgefunden hat.

Der spezifische Heizwert H_u wird normalerweise nicht gemessen, sondern aus dem spezifischen Brennwert H_o und der Masse des bei der Elementaranalyse des Brennstoffs anfallenden Wassers nach folgender Beziehung berechnet:

$$H_u = H_o - r \cdot w_{H_2O} \; . \qquad (7)$$

Dabei bedeuten:

$r = 2442$ kJ/kg [4])
: die spezifische Verdampfungsenthalpie des Wassers bei 25 °C

w_{H_2O} das Verhältnis der Masse des bei der Elementaranalyse des Brennstoffes anfallenden Wassers zu der Masse der analysierten Brennstoffprobe (trocken), siehe DIN 51900, Ausgabe April 1966, Anmerkung zu Abschnitt 13.4.

2.4. Der molare (auf die Stoffmenge n bezogene) Heizwert $H_{u,m}$ ist gleich dem Produkt aus dem spezifischen Heizwert H_u und der molaren Masse M des Brennstoffes vor der Verbrennung:

$$H_{u,m} = H_u \cdot M \; . \qquad (8)$$

Zwischen dem molaren Heizwert $H_{u,m}$ und dem molaren Brennwert $H_{o,m}$ besteht die Beziehung:

$$H_{u,m} = H_{o,m} - r_{m,H_2O} \, x_{H_2O} \; . \qquad (9)$$

Dabei bedeuten:

$r_{m,H_2O} = r \cdot M_{H_2O} = 44{,}0$ kJ/mol [5])
: die molare Verdampfungsenthalpie des Wassers bei 25 °C

x_{H_2O} das Verhältnis der Stoffmenge des bei der Elementaranalyse des Brennstoffs anfallenden Wassers zu der Stoffmenge der analysierten Brennstoffprobe (trocken).

Der molare Heizwert $H_{u,m}$ wird aus dem molaren Brennwert $H_{o,m}$ nach Gleichung (9) berechnet.

[2]) Siehe Seite 1

[3]) Bisher „unterer Heizwert" genannt

[4]) 2442 kJ/kg ≈ 583 kcal/kg

[5]) 44,0 kJ/mol ≈ 10,51 kcal/mol = 10 510 kcal/kmol

3. Gasförmige Brennstoffe

3.1. Brennwert und Heizwert von gasförmigen Brennstoffen werden auf das Volumen des trockenen Gases im Normzustand (0 °C, 1,01325 bar[6])), d.h. auf das Normvolumen (siehe DIN 1343) oder auf die Stoffmenge des trockenen Gases bezogen[7]).

3.2. Der auf das Normvolumen bezogene Brennwert $H_{o,n}$ eines gasförmigen Brennstoffes ist der Quotient aus der bei vollständiger Verbrennung auftretenden negativ genommenen Reaktionsenthalpie $-(\Delta H)_R$ und seinem Normvolumen V_n (gasförmiger Brennstoff im trockenen Zustand), wenn

a) die Verbrennung bei Atmosphärendruck[8]) stattfindet,

b) die Temperatur des gasförmigen Brennstoffes und der Verbrennungsluft vor der Verbrennung und die der Verbrennungsprodukte 25 °C beträgt,

c) die relative Feuchte aller beteiligten Gase vor und nach der Verbrennung 100% beträgt,

d) das beim Verbrennen der wasserstoffhaltigen Verbindungen des Brennstoffes gebildete Wasser nach der Verbrennung in flüssigem Zustand bei 25 °C vorliegt, mit Ausnahme des — der festgelegten Feuchte entsprechenden — Wasserdampfgehaltes der Abgase.

Der auf das Normvolumen bezogene Brennwert

$$H_{o,n} = \frac{-(\Delta H)_R}{V_n} \qquad (10)$$

wird durch Verbrennen unter konstantem Druck in einem Gaskalorimeter gemessen.

3.3. Bei der Verbrennung von gasförmigen Brennstoffen ist der auf das Normvolumen bezogene Heizwert $H_{u,n}$ von besonderer Bedeutung, da bei der Verbrennung in technischen Feuerungen die Verbrennungsprodukte, auch Wasser, im wesentlichen gasförmig entweichen. Es gilt:

$$H_{u,n} = H_{o,n} - r_n \cdot \chi_{H_2O} \; . \qquad (11)$$

Dabei bedeuten:

r_n die auf das Normvolumen (gerechnet wie für ein ideales Gas) bezogene Verdampfungsenthalpie von Wasser (bei 25 °C ist $r_n = 1990$ kJ/m³ [9]))

χ_{H_2O} das Verhältnis des Normvolumens des bei der Elementaranalyse anfallenden Wassers (auf den gasförmigen Zustand umgerechnet mit der theoretischen Normdichte für Wasserdampf $\varrho_n = 0{,}815$ kg/m³) zum Normvolumen des trockenen gasförmigen Brennstoffes (Gasgemisches), meist stöchiometrisch aus der Zusammensetzung des gasförmigen Brennstoffes berechnet.

[6]) 1,01325 bar = 760 Torr

[7]) Siehe DIN 1871: dort Zahlenwerte für die relative Molekülmasse M_r und die Normdichte technischer Gase

[8]) Der genaue Druck bei der Verbrennung ist gleich dem herrschenden Luftdruck plus dem geringen Überdruck des Gases vor dem Brenner des Kalorimeters. Die üblichen Schwankungen des Luftdrucks beeinflussen nur das Gasvolumen, aber nicht den bezogenen Heizwert.

[9]) 1990 kJ/m³ ≈ 475 kcal/m³

Genauere Werte für $H_{u,n}$ werden erhalten, wenn man den gemessenen Brennwert $(H_{o,n})_{gem.}$ mit dem Quotienten $\left(\frac{H_{u,n}}{H_{o,n}}\right)_{ber.}$ der aus der Gasanalyse unter Anwendung von DIN 51850 berechneten Werte multipliziert:

$$H_{u,n} = (H_{o,n})_{gem.} \cdot \left(\frac{H_{u,n}}{H_{o,n}}\right)_{ber.} \qquad (12)$$

3.4. Der molare (auf die Stoffmenge n bezogene) Heizwert $H_{u,m}$ eines gasförmigen Brennstoffs ist gleich dem Produkt aus dem auf das Normvolumen bezogenen Heizwert $H_{u,n}$ und dem molaren Normvolumen $V_{m,n}$:

$$H_{u,m} = H_{u,n} \cdot \frac{V_n}{n} = H_{u,n} \cdot V_{m,n} \,. \qquad (13)$$

Für Gase mit angenähert idealem Verhalten ist $V_{m,n} = 22{,}414\ m^3/kmol$.

Erläuterungen

Der unterschiedliche Gebrauch des Wortes „Heizwert" mit und ohne Zusatz (oberer und unterer Heizwert) hat in der Vergangenheit vielfach zu Mißverständnissen und Streitigkeiten geführt. In der Literatur (siehe DIN-Mitteilungen Bd. 45 (1966), H. 1, S. 58—60) haben die verwendeten Begriffe sowohl zu verschiedenen Zeiten als auch bei den drei hauptsächlich interessierten technischen Sparten (Kohle, Öl, Gas) geschwankt. Vor einigen Jahren haben sich die zuständigen Ausschüsse aus Verbänden der Industrie und Technik sowie des DNA auf eine neue Benennung geeinigt. Gegen diese sind in der Zwischenzeit kaum Einsprüche erhoben worden.

Der Ausschuß für Einheiten und Formelgrößen (AEF) im DNA ist deshalb aufgefordert worden, dieser Entwicklung Rechnung zu tragen und eine Norm über die Grundbegriffe bei den kalorimetrischen Verbrennungsgrößen auszuarbeiten. Das hat zu der jetzt vorgelegten Norm geführt. Da es sich um die Definition der Grundbegriffe handelt, wurde es als zweckmäßig angesehen, strenger als oft in der Praxis zwischen spezifischem, molarem und volumenbezogenem „Brennwert" und „Heizwert" zu unterscheiden.

Eine längere Diskussion entstand hinsichtlich der Formelzeichen. Gegen den naheliegenden Vorschlag, Brennwert mit B und Heizwert mit H zu bezeichnen, wurden schwerwiegende Einwände erhoben: Es sei nicht zweckmäßig, grundsätzlich gleichartige Größen mit verschiedenen Formelzeichen zu versehen; international hätte B kaum Aussicht auf Annahme. Das Formelzeichen H hat günstigere Aussichten; als Benennungen finden sich im englischen Sprachgebrauch z.Z. folgende Ausdrücke: Heating Value (higher and lower), Heat of Combustion (gross and net), Calorific Value (gross and net). Die noch beibehaltenen deutschen Indizes o und u widersprechen der internationalen Verständlichkeit. Hier wären H_s (supra, superior) und H_i (infra, inferior) zweckmäßiger.

DK 532.613.4/.5 : 001.4 : 53.081 : 389.16 : 003.62

August 1982

Grenzflächenspannung bei Fluiden

Begriffe, Größen, Formelzeichen, Einheiten

DIN 13 310

Surface tension in fluids; concepts, quantities, symbols, units

1 Anwendungsbereich

Diese Norm behandelt Grenzflächen zwischen flüssigen Phasen sowie zwischen einer flüssigen und einer gasförmigen Phase im mechanischen und thermodynamischen Gleichgewicht.

Anmerkung: Da der Anwendungsbereich auf Phasen im mechanischen und thermodynamischen Gleichgewicht beschränkt wird, sind Emulsionen, in denen Tropfen verschiedener Größe enthalten sind, aus der Betrachtung auszuschließen. Ebenso ausgeschlossen bleiben Grenzflächen, in denen an verschiedenen Stellen verschiedene Grenzflächenspannungen herrschen, die also nicht im Gleichgewicht sind, obwohl diese technisch besonderes Interesse beanspruchen (Flüssig-flüssig-Extraktion).

2 Übergangsschicht, Grenzfläche, Oberfläche

2.1 Übergangsschicht

Zwischen aneinandergrenzenden fluiden Phasen L_1 und L_2 (siehe Bild 1) besteht eine Übergangsschicht, in der die Werte der intensiven Größen, wie sie im Inneren jeder Phase bestimmt werden können, ineinander übergehen.

Anmerkung: Der Wert einer „intensiven" Größe ist unabhängig von der Stoffmenge; er ist nur abhängig von der Art des Stoffes und eventuell von Zustandsgrößen. Der Wert einer „extensiven" Größe ändert sich dagegen bei jedem Stoff proportional der Stoffmenge.

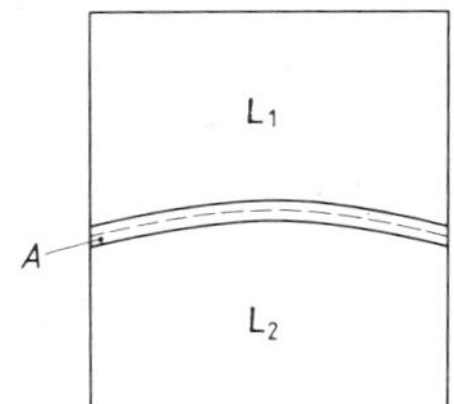

Bild 1.

2.2 Grenzfläche

Für die thermodynamische Behandlung ist es zweckmäßig, im Inneren der Übergangsschicht eine Fläche festzulegen. Sie wird Grenzfläche genannt und zerlegt das Volumen des aus den Phasen L_1 und L_2 bestehenden Systems in Teilvolumina V_1 und V_2.

Anmerkung: Die Grenzfläche ist eine gedachte Fläche, die für die quantitative Betrachtung die Übergangsschicht ersetzt und an der sich die Eigenschaften beider Phasen sprungweise ändern. Ihre Lage innerhalb der Übergangsschicht wird durch strenge mathematische Behandlung festgelegt [1].

2.3 Oberfläche

Die Grenzfläche zwischen einer Flüssigkeit und einem Gas wird auch Oberfläche genannt.

3 Adsorption

Sind c_{1i} und c_{2i} die Stoffmengenkonzentrationen der Komponente i im Inneren der Phasen L_1 und L_2, so gilt für die Gesamtstoffmenge n_i:

$$n_i = c_{1i} V_1 + c_{2i} V_2 + n_{ai} = n_{1i} + n_{2i} + n_{ai} \qquad (1)$$

n_{ai} ist die Überschußmenge in der Übergangsschicht. Sie kann positive und negative Werte annehmen. Als Adsorption definiert man den Quotienten:

$$\Gamma_i = \frac{n_{ai}}{A} \qquad (2)$$

A Inhalt der Grenzfläche

Anmerkung: Die hier definierte Adsorption ist nicht als Vorgang, sondern als eine flächenbezogene Stoffmenge zu verstehen.

4 Freie Grenzflächenenergie

Die freie Grenzflächenenergie F_a ist eine Überschußgröße. Sie ist definiert durch:

$$F_a = F - f_1 V_1 - f_2 V_2 \qquad (3)$$

f_1 und f_2 sind die volumenbezogenen freien Energien im Inneren der Phasen L_1 und L_2; F bezeichnet die freie Energie des Gesamtsystems.

Man definiert ferner die flächenbezogene freie Grenzflächenenergie durch:

$$f_a = \frac{F_a}{A} \qquad (4)$$

und das chemische Potential der an der Grenzfläche adsorbierten Komponente i durch:

$$\mu_{ai} = \frac{\partial F}{\partial n_{ai}} = \frac{\partial F_a}{\partial n_{ai}} = \frac{\partial f_a}{\partial \Gamma_i} \qquad (5)$$

Anmerkung: Das chemische Potential μ_{ai} wird hier zweckmäßigerweise als Funktion der Variablen V_1, V_2, T (Temperatur), n_{1i}, n_{2i}, n_{ai} aufgefaßt. In analoger Weise lassen sich Grenzflächenenthalpie H_a, Grenzflächenentropie S_a, usw., wie auch die entsprechenden flächenbezogenen Größen mit Hilfe der jeweils entsprechenden volumenbezogenen intensiven Größen definieren.

Fortsetzung Seite 2

Normenausschuß Einheiten und Formelgrößen (AEF) im DIN Deutsches Institut für Normung e.V.

5 Grenzflächenspannung, Oberflächenspannung

5.1 In der Übergangsschicht besteht ein Spannungszustand mit ortsabhängigen Druckspannungskomponenten. Diese sind in den Richtungen normal und tangential zur Grenzfläche verschieden groß. Die Differenz zwischen beiden Komponenten wirkt wie eine dem hydrostatischen Druck überlagerte, tangential zur Grenzfläche gerichtete Zugspannungskomponente. Das Integral dieser Zugspannungskomponente, erstreckt über die Dicke der Übergangsschicht, heißt Grenzflächenspannung (Oberflächenspannung) σ, Ausweichzeichen γ.

Anmerkung: Infolge der Integration hat die Grenzflächenspannung die Dimension Kraft durch Länge.

5.2 Die phänomenologische Definition der Grenzflächenspannung geht aus von der Arbeit $\mathrm{d}W$, die notwendig ist, um den Grenzflächeninhalt A um den Betrag $\mathrm{d}A$ bei Konstanthaltung der Volumina V_1 und V_2 zu vergrößern:

$$(\mathrm{d}W)_{V_1,\,V_2}=\sigma\,\mathrm{d}A \tag{6}$$

Anmerkung: Im allgemeinen ist $\mathrm{d}W=-p_1\mathrm{d}V_1-p_2\mathrm{d}V_2+\sigma\mathrm{d}A$, wobei p_1 und p_2 die hydrostatischen Drücke in den Phasen L_1 und L_2 bezeichnen.

Daher hängen die thermodynamischen Zustandsgrößen des Gesamtsystems auch vom Grenzflächeninhalt A ab.

Es gilt:

$$\sigma=\left(\frac{\partial F}{\partial A}\right)_{V_1,V_2,T,n_{11}\ldots n_{ak}}=\left(\frac{\partial G}{\partial A}\right)_{p_1,p_2,T,n_{11}\ldots n_{ak}} \tag{7}$$

Hierin ist k die Anzahl der Komponenten und G die freie Enthalpie des Gesamtsystems. Die Abhängigkeit der freien Energie F vom Grenzflächeninhalt A wird merklich, wenn der Quotient A/V (Grenzfläche durch Gesamtvolumen) einen hinreichend großen Wert annimmt.

Anmerkung: Nach Abschnitt 4 gilt ferner:

$$\sigma=\frac{\partial F_a}{\partial A}=f_a+A\frac{\partial f_a}{\partial A}=f_a+A\sum_i\frac{\partial f_a}{\partial \Gamma_i}\frac{\partial \Gamma_i}{\partial A}=f_a-\sum\mu_{ai}\Gamma_i \tag{8}$$

Grenzflächenspannung und flächenbezogene freie Grenzflächenenergie sind also im allgemeinen verschieden.

6 Kapillardruck

Die Grenzflächenspannung übt auf ein von einer gekrümmten Fläche begrenztes Fluid einen zusätzlichen Druck p_k aus. Dieser Druck heißt Kapillardruck. Im mechanischen Gleichgewicht ist:

$$p_k\,\mathrm{d}V=\sigma\,\mathrm{d}A \tag{9}$$

Für kugelförmige Tropfen und Blasen vom Radius r im Innern einer ausgedehnten fluiden Phase gilt daher:

$$p_k\cdot 4\pi r^2\mathrm{d}r=\sigma\cdot 8\pi r\mathrm{d}r \text{ bzw. } p_k=2\sigma/r \tag{10}$$

Für beliebig gekrümmte Flächen gilt:

$$p_k=\sigma\left(\frac{1}{r_1}+\frac{1}{r_2}\right) \tag{11}$$

mit r_1 und r_2 als Hauptkrümmungsradien.

Anmerkung: Die Erscheinung, daß der Flüssigkeitsmeniskus innerhalb einer in eine Flüssigkeit eintauchenden Kapillare höher oder tiefer steht als außerhalb, wird bedingt u. a. durch den Kapillardruck.

7 Größenbenennungen, Formelzeichen, Einheiten

Nr	Größe	Formelzeichen	Si-Einheit	Bemerkungen
1	Grenzflächenspannung, Oberflächenspannung	σ, γ	N/m	
2	Kapillardruck	p_k	N/m^2	
3	Stoffmenge der Komponente i in der Phase j	n_{ji}	mol	
4	adsorbierte Überschußmenge der Komponente i	n_{ai}	mol	
5	Adsorption der Komponente i	Γ_i	mol/m^2	$\Gamma_i=n_{ai}/A$ (siehe Abschnitt 3)
6	freie Grenzflächenenergie	F_a	J	
7	flächenbezogene freie Grenzflächenenergie	f_a	J/m^2	
8	chemisches Potential der adsorbierten Komponente i	μ_{ai}	J/mol	

Zitierte Unterlagen

[1] S. Ono und S. Kondo: „Molecular Theory of Surface Tension in Liquids“ in: S. Flügge (Herausgeber) „Handbuch der Physik“, Band X (Seite 134 bis 280), Springer-Verlag, Berlin 1960

Weitere Normen und andere Unterlagen

DIN 53914 Prüfung von Tensiden; Bestimmung der Oberflächenspannung

A. W. Adamson: „Physical Chemistry of Surfaces“, 3. Auflage, Wiley, New York 1976

R. Defay, I. Prigogine, A. Bellemans und D. H. Everett: „Surface Tension and Adsorption“, Longmans, Green & Co., London 1966

Internationale Patentklassifikation

G 01 N 13/02

DK 531 : 539.3 : 001.4 : 53.081 : 389.16 : 003.62 September 1980

Mechanik ideal elastischer Körper

Begriffe, Größen, Formelzeichen

DIN 13 316

Mechanics of ideal elastic bodies; concepts, quantities, symbols

Inhalt

1 Geltungsbereich

In dieser Norm werden der ideal elastische, homogene, isotrope Körper und kurz der ideal elastische, homogene, anisotrope Körper behandelt, die unter Kraft- oder Temperatureinwirkung kleine Verformungen erfahren (siehe Abschnitt 6.1).

Die Beschränkung auf kleine Verformungen, wobei Kleinheit auch gegen die kleinen Erstreckungen des Körpers gefordert wird, bedeutet mathematisch, daß in den Verzerrungen (siehe Abschnitt 3.2) nur die ersten Potenzen der Verschiebungsableitungen (siehe Abschnitt 3.1.1) auftreten. Damit scheiden Labilitätserscheinungen wie Knicken, Kippen, Beulen für diese Norm aus.

2 Flächenträger und Längsträger

Elastische Körper, die eine oder zwei „kleine" Abmessungen aufweisen, heißen F l ä c h e n - oder L ä n g s - t r ä g e r (L i n i e n t r ä g e r). Wegen des großen mathematischen Aufwandes, den die Behandlung des dreidimensionalen Körpers erfordert, hat die Elastizitätstheorie für die technisch wichtigen Flächen- und Längsträger spezielle Theorien entwickelt, welche die Rechnung durch kinematische Näherungsannahmen, z. B. Ebenbleiben der Querschnitte, Erhaltung der Querschnittsgestalt, vereinfachen.

2.1 Flächenträger (Platte, Schale, Scheibe)

Ein Flächenträger heißt P l a t t e , wenn er eben, S c h a l e , wenn er gekrümmt oder gewunden ist. Herrscht in der Platte ein ebener Spannungszustand parallel zur Oberfläche, so spricht man von einer S c h e i b e .

2.2 Längsträger (Stab, Bogen, Balken)

Ein Längsträger heißt S t a b , wenn er gerade, B o g e n , wenn er gekrümmt ist. Wird der Stab verbogen, also nur senkrecht zu seiner Achse verformt, spricht man von einem B a l k e n .

3 Geometrie der Verformungen (Kinematik)

Die geometrischen Veränderungen eines Körpers gegenüber seinem Ausgangszustand werden beschrieben durch V e r r ü c k u n g e n , V e r f o r m u n g e n (siehe Abschnitt 3.1) und V e r z e r r u n g e n (siehe Abschnitt 3.2).

3.1 Verrückung und Verformung

Das Wort V e r r ü c k u n g dient als Oberbegriff für die beiden Bewegungsarten V e r s c h i e b u n g (siehe Abschnitt 3.1.1) und V e r d r e h u n g (siehe Abschnitt 3.1.2).

V e r f o r m u n g (siehe Abschnitt 3.1.3) ist die Gestalt- und Volumenänderung eines Körpers.

A n m e r k u n g : Gegenstand der Elastizitätslehre ist nur der Anteil der Verrückungen, der mit einer Verformung verbunden ist, also nicht die Starrkörper-Verrückung.

3.1.1 Verschiebung

3.1.1.1 V e r s c h i e b u n g i m R a u m

Die Ortsveränderung eines Punktes im verformten Körper gegenüber seiner Lage im unverformten Zustand heißt V e r s c h i e b u n g . Die drei kartesischen Komponenten des V e r s c h i e b u n g s v e k t o r s in Richtung der Achsen x, y, z werden mit u, v, w, in Tensorschreibweise (Achsen x_1, x_2, x_3) mit u_1, u_2, u_3 bezeichnet.

A n m e r k u n g : Wenn, wie in der Hydromechanik, u, v, w die Komponenten der Verschiebungsgeschwindigkeit bedeuten, weicht man für die Verschiebungen auf ξ, η, ζ aus. In der Tensorschreibweise sind die Geschwindigkeitskomponenten v_1, v_2, v_3, wodurch u_1, u_2, u_3 für die Verschiebungen frei werden.

Stichwortverzeichnis siehe Originalfassung der Norm

Fortsetzung Seite 2 bis 9

Normenausschuß Einheiten und Formelgrößen (AEF) im DIN Deutsches Institut für Normung e.V.

3.1.1.2 Verschiebungen im Flächenträger

Im Flächenträger werden die Tangentialverschiebungen mit u, v oder u_1, u_2, die Normalverschiebung wird mit w oder u_3 bezeichnet (siehe Bild 1).

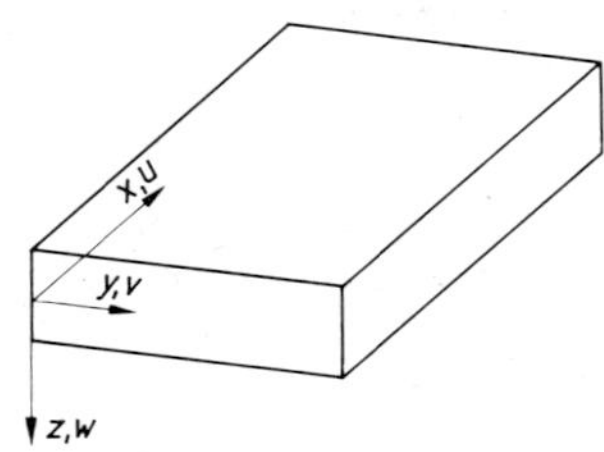

Bild 1.

3.1.1.3 Verschiebungen im Längsträger

Im Längsträger ist u oder u_1 die Längsverschiebung, v, w oder u_2, u_3 sind die Querverschiebungen (siehe Bild 2).

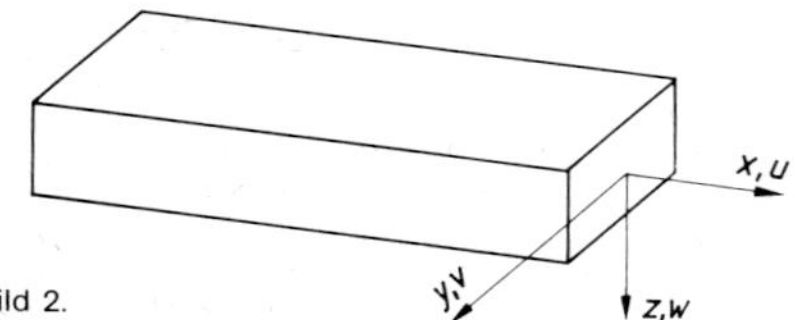

Bild 2.

3.1.2 Verdrehung

3.1.2.1 Verdrehung im Raum

Im dreidimensionalen Körper heißt – bei kleinen Verschiebungen – der Rotor des Verschiebungsvektors Verdrehungsvektor: $\vec{\chi} = \text{rot}\,\vec{u}$.

In kartesischen Koordinaten gilt:

$$\chi_x = \frac{1}{2}\left(\frac{\partial w}{\partial y} - \frac{\partial v}{\partial z}\right), \quad \chi_y = \frac{1}{2}\left(\frac{\partial u}{\partial z} - \frac{\partial w}{\partial x}\right),$$

$$\chi_z = \frac{1}{2}\left(\frac{\partial v}{\partial x} - \frac{\partial u}{\partial y}\right)$$

Anmerkung: Ein dreidimensionales Kontinuum, das von $\vec{\chi}$ unabhängige Verdrehungen erfährt (6 statt 3 Bewegungsfreiheitsgrade), heißt Cosserat-Kontinuum. Flächen- und Längsträger lassen sich als Cosserat-Kontinua von zwei bzw. einer Dimension auffassen.

3.1.2.2 Verdrehungen in der Platte

Bei der Verbiegung einer Platte werden die Verdrehungen der – in sich eben bleibenden – Querschnitte durch die Neigungen der Flächennormalen beschrieben. In der Plattentheorie bezeichnet man die beiden Komponenten des Neigungsvektors ψ_x, ψ_y nach der Neigungsebene x-z, y-z, wobei der Index z wegbleibt.

Anmerkung: In der Platte ohne Schubverzerrung (Kirchhoff, Schubverzerrung siehe Abschnitt 3.2.2) ist $\vec{\psi}$ der negative Gradient der Normalverschiebung (Durchsenkung) w:

$$\psi_x = -\frac{\partial w}{\partial x}, \quad \psi_y = -\frac{\partial w}{\partial y}$$

3.1.2.3 Verdrehungen im Stab

Bei der Torsion des Stabes ist ϑ die Verdrehung des – seinen Umriß nicht ändernden – Querschnittes um die Längsachse. Bei der Biegung sind Verdrehungen die Neigungen ψ_y, ψ_z der – in sich eben bleibenden – Querschnitte um die Achsen y, z. In der Stabtheorie indiziert man die Komponenten des Verdrehungsvektors nach den Drehachsen:

$$\psi_y, \; \psi_z, \; \psi_x = \vartheta$$

Anmerkung 1: Beim Balken ohne Schubverzerrung (Bernoulli) sind ψ_y, ψ_z gleich den Neigungen $-w'$, v' der Balkenmittellinie.

Anmerkung 2: Faßt man den tordierten Stab als dreidimensionales Gebilde auf, so ist ϑ die erste Komponente des Vektors $\vec{\chi}$ (siehe Abschnitt 3.1.2.1). Dagegen stimmt die Verdrehungsdefinition im gebogenen Stab mit der zweiten und dritten Gleichung des Abschnittes 3.1.2.1 in kartesischen Koordinaten nur beim Balken ohne Schubverzerrung überein.

3.1.3 Verformung

Von der Starrkörperbewegung abweichende Verrückungsdifferenzen heißen Verformungen oder Deformationen.

3.1.3.1 Längsverformung

Längsverformung (Längenänderung, Längung) ist beim Stab der Verschiebungsunterschied $\Delta u = u(x+l) - u(x)$ zweier Querschnitte (siehe Bild 3).

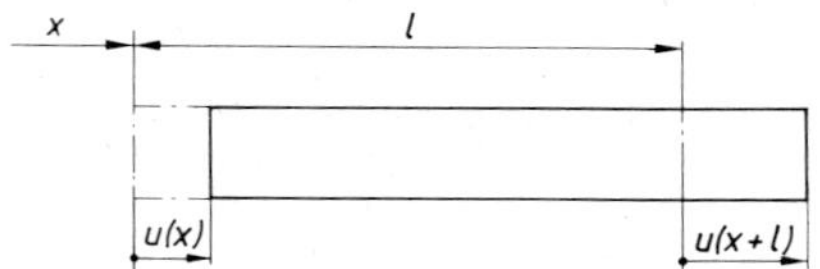

Bild 3.

Anmerkung: Im Versuchswesen ist es üblich, die Längenänderung eines Stabes der Länge l mit Δl zu bezeichnen.

3.1.3.2 Drillwinkel

Der Drillwinkel ist beim Stab der Verdrehungsunterschied $\Delta\vartheta = \vartheta(x+l) - \vartheta(x)$ zweier Querschnitte (siehe Bild 4).

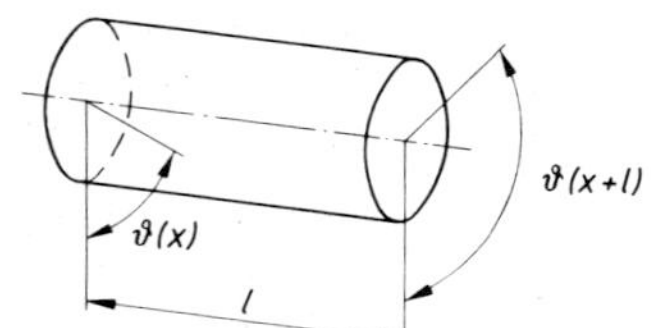

Bild 4.

3.1.3.3 Biegewinkel

Der Biegewinkel ist bei Platte und Balken der Neigungsunterschied $\Delta\psi = \psi(x+l) - \psi(x)$ zweier Querschnitte (siehe Bild 5).

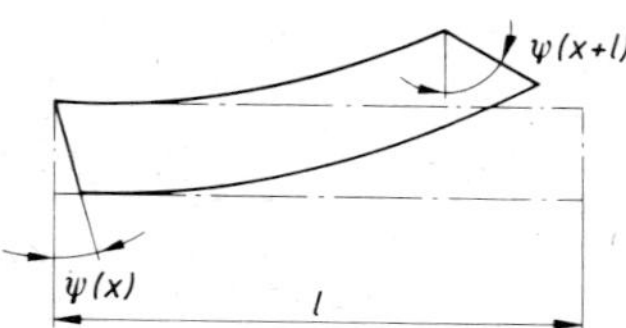

Bild 5.

3.1.3.4 Durchsenkung

Als Durchsenkung bezeichnet man die mit einer Verformung verbundene Platten- oder Balken-Querverschiebung $w(x, y)$ oder $w(x)$.

3.2 Verzerrung

Verzerrung ist das Verhältnis der Verformung zu der entsprechenden Ausgangsabmessung des Körpers.

3.2.1 Längsverzerrung, Dehnung

Das Verhältnis der Längsverformung $\mathrm{d}u$ zur Ausgangslänge $\mathrm{d}x$ eines Körperstückes heißt Längsverzerrung oder Dehnung ε:

$$\varepsilon = \frac{\mathrm{d}u}{\mathrm{d}x}$$

Für die negative Dehnung wird vielfach das Wort Stauchung benutzt.

Anmerkung: Bei dreidimensionaler Verzerrung treten drei Dehnungen

$$\varepsilon_{xx} = \frac{\partial u}{\partial x}, \quad \varepsilon_{yy} = \frac{\partial v}{\partial y}, \quad \varepsilon_{zz} = \frac{\partial w}{\partial z}$$

auf.

3.2.2 Schubverzerrung, Schiebung

Erfahren die Eckpunkte eines Flächenelementes $\mathrm{d}x$, $\mathrm{d}y$ Verschiebungen in ihrer Ebene senkrecht zu den Seiten, so heißt die Abweichung vom ursprünglich rechten Winkel Schubverzerrung, Schiebung oder Scherung:

$$\gamma_{xy} = \frac{\partial v}{\partial x} + \frac{\partial u}{\partial y} = \gamma_{yx}$$ (siehe Bild 6)

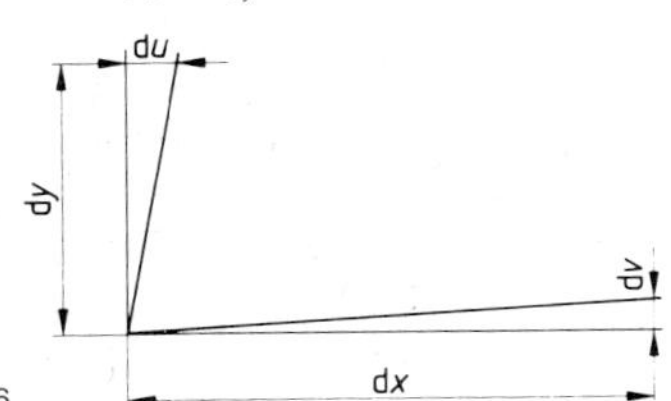

Bild 6.

Anmerkung 1: Bei dreidimensionaler Verzerrung gilt für Schnittflächen parallel zur y-z-Ebene und zur z-x-Ebene:

$$\gamma_{yz} = \frac{\partial w}{\partial y} + \frac{\partial v}{\partial z} = \gamma_{zy}, \quad \gamma_{zx} = \frac{\partial u}{\partial z} + \frac{\partial w}{\partial x} = \gamma_{xz}$$

In der Tensorrechnung wird $\varepsilon_{ik} = \frac{1}{2}\gamma_{ik}$ statt γ_{ik} $(i, k = x, y, z;\ i \neq k)$ benutzt.

Anmerkung 2: Das Wort „Gleitung" soll für bleibende Verformung vorbehalten werden.

3.2.3 Verzerrungstensor

Der aus den drei Dehnungen und den drei halben Schiebungen gebildete Tensor

$$\boldsymbol{\varepsilon} = \begin{pmatrix} \varepsilon_{xx} & \varepsilon_{xy} & \varepsilon_{xz} \\ \varepsilon_{yx} & \varepsilon_{yy} & \varepsilon_{yz} \\ \varepsilon_{zx} & \varepsilon_{zy} & \varepsilon_{zz} \end{pmatrix}$$

heißt Verzerrungstensor. Er ist symmetrisch zur Hauptdiagonalen.

3.2.4 Hauptdehnungen

Durch Drehung des Koordinatensystems können die Nebenglieder des Tensors $\boldsymbol{\varepsilon}$ zu Null gemacht werden. Die so definierten Richtungen heißen Hauptrichtungen 1, 2, 3; die zugehörigen Dehnungen heißen Hauptdehnungen ε_1, ε_2, ε_3.

Anmerkung: In der experimentellen Spannungsanalyse ist es üblich, im Endergebnis die Indizes so zu wählen, daß $\varepsilon_1 \geq \varepsilon_2 \geq \varepsilon_3$ ist.

3.2.5 Volumenänderung und Gestaltänderung

3.2.5.1 Volumenänderung

Als Volumenänderung, Volumendilatation oder kurz Dilatation bezeichnet man das Verhältnis der Änderung $\Delta(\mathrm{d}V)$ zum Ausgangsvolumen:

$$e = \frac{\Delta(\mathrm{d}V)}{\mathrm{d}V}$$

Bei kleinen Verzerrungen ist:

$$e = \varepsilon_{xx} + \varepsilon_{yy} + \varepsilon_{zz} = \varepsilon_1 + \varepsilon_2 + \varepsilon_3$$

Den Tensor

$$\boldsymbol{\varepsilon}^0 = \begin{pmatrix} e/3 & 0 & 0 \\ 0 & e/3 & 0 \\ 0 & 0 & e/3 \end{pmatrix}$$

nennt man den zum Verzerrungstensor gehörigen Kugeltensor; er kennzeichnet die Volumenänderung.

Anmerkung 1: Bei homogener Verformung kann man die Dilatation e als das Verhältnis zweier endlicher Volumina definieren:

$$e = \frac{\Delta V}{V} = \frac{\text{Volumenänderung}}{\text{Ausgangsvolumen}}$$

Anmerkung 2: Statt des Formelzeichens e wird vielfach auch Θ geschrieben.

3.2.5.2 Gestaltänderung

Der Resttensor (Deviator) beschreibt die Gestaltänderung des Körpers:

$$\boldsymbol{\varepsilon}^{\mathrm{Dev}} = \begin{pmatrix} \varepsilon_{xx} - e/3 & \varepsilon_{xy} & \varepsilon_{xz} \\ \varepsilon_{yx} & \varepsilon_{yy} - e/3 & \varepsilon_{yz} \\ \varepsilon_{zx} & \varepsilon_{zy} & \varepsilon_{zz} - e/3 \end{pmatrix}$$

Tabelle 1. **Übersicht zu Abschnitt 3.1**

	Verrückungen	
	Verschiebungen	Verdrehungen
Platte (Scheibe) Stab (Balken)	$u, v; w$ $u; v, w$	ψ_x, ψ_y (Neigungen) $\vartheta; \psi_y, \psi_z$
	Verformungen	
Stab Balken und Platte	Δu, speziell Δl w (Durchsenkung)	$\Delta\vartheta$ (Drillwinkel) $\Delta\psi$ (Biegewinkel)

3.2.6 Verzerrungen der Platte

3.2.6.1 Verkrümmung und Verwindung

Die Größen

$$\varkappa_{xx} = \frac{\partial \psi_x}{\partial x}, \quad \varkappa_{yy} = \frac{\partial \psi_y}{\partial y}$$

heißen Verkrümmungen, die Größe

$$\varkappa_{xy} = \frac{1}{2}\left(\frac{\partial \psi_y}{\partial x} + \frac{\partial \psi_x}{\partial y}\right) = \varkappa_{yx}$$

heißt Verwindung der Platte. Die drei Größen bilden den Krümmungstensor:

$$\begin{pmatrix} \varkappa_{xx} & \varkappa_{xy} \\ \varkappa_{yx} & \varkappa_{yy} \end{pmatrix}$$

Anmerkung: Bei dem im Ausgangszustand gekrümmten Träger (Schale, Bogen) definiert man Verkrümmung und Verwindung mit Hilfe des Tensorformalismus.

3.2.6.2 Verzerrungstensor der Scheibe

In der Scheibe (der nur in ihrer Ebene verformten Platte) ist

$$\begin{pmatrix} \varepsilon_{xx} & \varepsilon_{xy} \\ \varepsilon_{yx} & \varepsilon_{yy} \end{pmatrix}$$

der Verzerrungstensor. Die Hauptwerte $\varepsilon = \varepsilon_1$, ε_2 ergeben sich aus der quadratischen Gleichung:

$$(\varepsilon_{xx} - \varepsilon)\ (\varepsilon_{yy} - \varepsilon) - \varepsilon_{xy}^2 = 0$$

Die Flächendilatation ist:

$$e = \varepsilon_{xx} + \varepsilon_{yy} = \varepsilon_1 + \varepsilon_2$$

Die Gestaltänderung wird durch den Tensor

$$\begin{pmatrix} \varepsilon_{xx} - e/2 & \varepsilon_{xy} \\ \varepsilon_{yx} & \varepsilon_{yy} - e/2 \end{pmatrix}$$

beschrieben.

Anmerkung: Da die drei Verzerrungsgrößen

$$\varepsilon_{xx},\ \varepsilon_{xy} = \varepsilon_{yx},\ \varepsilon_{yy}$$

durch Ableitungsbildung aus zwei Verschiebungen hervorgehen, muß zwischen ihnen eine Beziehung bestehen, die Stetigkeits- oder Kontinuitätsbedingung:

$$\frac{\partial^2 \varepsilon_{xx}}{\partial y^2} + \frac{\partial^2 \varepsilon_{yy}}{\partial x^2} - 2\,\frac{\partial^2 \varepsilon_{xy}}{\partial x \partial y} = 0$$

Entsprechende Aussagen (tensoriell: rot grad $\varepsilon = 0$*) gelten in drei Dimensionen.*

3.2.7 Verzerrungen des Stabes

3.2.7.1 Dehnung

Die Dehnung des längsverformten Stabes ist

$$\varepsilon = \frac{\mathrm{d}u}{\mathrm{d}x},$$

bei gleichmäßiger Verformung über die Länge l

$$\varepsilon = \frac{\Delta u}{l} = \left(\frac{\Delta l}{l}\right) \quad \text{(Verlängerung/Länge)}.$$

Anmerkung: Die Dehnung in Achsrichtung wird auch als Längsdehnung ε_l bezeichnet. Die Dehnung senkrecht zur Stablängsachse heißt Querdehnung ε_q.

3.2.7.2 Verwindung

Die Verwindung oder Verdrillung des tordierten Stabes ist

$$\varkappa_T = \frac{\mathrm{d}\vartheta}{\mathrm{d}x} (= \varkappa_x),$$

bei gleichmäßiger Verformung

$$\varkappa_T = \frac{\Delta\vartheta}{l} \quad \text{(Drillwinkel/Länge)}.$$

3.2.7.3 Verkrümmungen

Die Verkrümmungen $\varkappa_y$, $\varkappa_z$ des verbogenen Stabes oder des Balkens sind

$$\varkappa_y = \frac{\mathrm{d}\psi_y}{\mathrm{d}x}, \quad \varkappa_z = \frac{\mathrm{d}\psi_z}{\mathrm{d}x},$$

bei gleichmäßiger Verformung

$$\varkappa_y = \frac{\Delta\psi_y}{l}, \quad \varkappa_z = \frac{\Delta\psi_z}{l} \quad \text{(Biegewinkel/Länge)}.$$

Anmerkung: Beim Balken ohne Schubverzerrung (Bernoulli) sind $-\varkappa_y$ und $+\varkappa_z$ gleich den geometrischen Krümmungen w'', v'' der Mittellinie (Balkenachse).

4 Geometrie der Kräfte (Statik)

4.1 Kompatibilitätsbedingungen

Das statische Analogon zur Stetigkeitsbedingung (Kontinuitätsbedingung) für die Verzerrungen beim Übergang von x nach $x + \mathrm{d}x$, y nach $y + \mathrm{d}y$, z nach $z + \mathrm{d}z$ ist für die Schnittkräfte die Gleichgewichtsbedingung. Sie wird im weiteren für jede Körperform als Anmerkung formuliert.

Stetigkeits- und Gleichgewichtsbedingungen zusammen werden Verträglichkeitsbedingungen (Kompatibilitätsbedingungen) genannt.

Tabelle 2. **Übersicht zu Abschnitt 3.2**

	Verzerrungen			
	Dehnung(en)	Schiebung(en)	Verkrümmungen	Verwindung
Raum	$\varepsilon_{xx} = \frac{\partial u}{\partial x}$, $\varepsilon_{yy} = \frac{\partial v}{\partial y}$ $\varepsilon_{zz} = \frac{\partial w}{\partial z}$	$\gamma_{xy} = \frac{\partial v}{\partial x} + \frac{\partial u}{\partial y}$ $\gamma_{yz} = \ldots,\ \gamma_{zx} = \ldots$	—	—
Scheibe	$\varepsilon_{xx} = \frac{\partial u}{\partial x}$, $\varepsilon_{yy} = \frac{\partial v}{\partial y}$	$\gamma_{xy} = \frac{\partial v}{\partial x} + \frac{\partial u}{\partial y}$	—	—
Platte	—	—	$\varkappa_{xx} = \frac{\partial \psi_x}{\partial x}$, $\varkappa_{yy} = \frac{\partial \psi_y}{\partial y}$	$\varkappa_{xy} = \frac{1}{2}\left(\frac{\partial \psi_y}{\partial x} + \frac{\partial \psi_x}{\partial y}\right)$
Stab (Balken)	$\varepsilon = \frac{\partial u}{\partial y}$	—	$\varkappa_y = \frac{\mathrm{d}\psi_y}{\mathrm{d}x}$, $\varkappa_z = \frac{\mathrm{d}\psi_z}{\mathrm{d}x}$	$\varkappa_T = \frac{\mathrm{d}\vartheta}{\mathrm{d}x}$

4.1.1 Äußere Kräfte

Alle auf einen Körper von außen wirkenden Kräfte und Momente werden äußere Kräfte und Momente oder auch Lasten und Lastmomente genannt.

4.1.2 Innere Kräfte und Momente

Denkt man sich einen Körper auseinander geschnitten, so sind die Teile nur dann im Gleichgewicht, wenn an den Schnittflächen Kräfte und Momente angebracht werden. Diese an beiden Schnittufern entgegengesetzt gleichen, dort übertragenen Kräfte und Momente heißen innere Kräfte und Momente oder Schnittkräfte und Schnittmomente.

Schnittkräfte verteilen sich im allgemeinen über die Schnittfläche. In jedem Flächenelement $\mathrm{d}A$ wirken dann Schnittspannungen, siehe Abschnitt 4.2. Die resultierende Kraft ist das Integral über das Produkt Spannung mal Flächenelement. Das resultierende Moment ist das Integral über das Produkt Hebelarm mal Spannung mal Flächenelement, siehe Abschnitt 4.2.6 und Abschnitt 4.2.7.

4.2 Spannung

Als mechanische Spannung, kurz Spannung, bezeichnet man den Differentialquotienten Kraft durch Fläche. Die Spannung ist ein Maß für die Beanspruchung des Werkstoffes.

4.2.1 Normalspannung

Ist $\mathrm{d}F_\mathrm{N}$ die senkrecht zur Fläche $\mathrm{d}A$ wirkende Komponente der Kraft (Schnittkraft), so ist die Normalspannung definiert durch:

$$\sigma = \frac{\mathrm{d}F_\mathrm{N}}{\mathrm{d}A}$$

$\mathrm{d}A$ ist die Ausgangsfläche, die sich bei kleinen Verformungen vernachlässigbar wenig ändert. Es ist festgelegt, daß Zugspannungen positive, Druckspannungen negative Normalspannungen sind.

In drei Dimensionen treten in drei zueinander senkrechten Ebenen Normalspannungen auf:

$$\sigma_{xx},\ \sigma_{yy},\ \sigma_{zz}$$

Anmerkung: Verteilt sich die Längskraft F_N gleichmäßig über die Fläche A, näherungsweise verwirklicht im Zugstab, gilt:

$$\sigma = \frac{F_\mathrm{N}}{A}$$

4.2.2 Schubspannung

Ist $\mathrm{d}F_\mathrm{t}$ die zur Fläche $\mathrm{d}A$ tangential wirkende Komponente der Kraft (Schnittkraft), so ist die Schubspannung definiert durch:

$$\tau = \frac{\mathrm{d}F_\mathrm{t}}{\mathrm{d}A}$$

In drei Dimensionen treten in den drei zueinander senkrechten Schnittflächen die Schubspannungen

$$\tau_{xy},\ \tau_{yz},\ \tau_{zx},\ \tau_{yx},\ \tau_{zy},\ \tau_{xz}$$

auf. Der erste Index kennzeichnet die Richtung der Flächennormale, der zweite die Richtung der Spannung.

Anmerkung 1: Aus dem Momentengleichgewicht für das Raumelement $\mathrm{d}x\,\mathrm{d}y\,\mathrm{d}z$ folgt:

$$\tau_{xy} = \tau_{yx},\ \tau_{yz} = \tau_{zy},\ \tau_{zy} = \tau_{yz}$$

Anmerkung 2: Sind Schubspannungen in dem Teilbereich eines Körperquerschnittes näherungsweise gleichmäßig verteilt, wie z. B. im Steg eines I-Balkens („Schubblech"), gilt:

$$\tau = \frac{F_\mathrm{t}}{A}$$

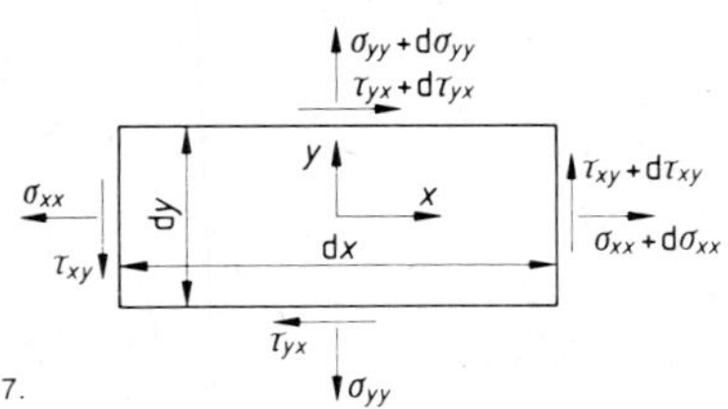

Bild 7.

4.2.3 Spannungstensor

In drei Dimensionen bilden die neun Spannungen den Spannungstensor (σ_{xy} statt τ_{xy} usw. geschrieben):

$$\boldsymbol{\sigma} = \begin{pmatrix} \sigma_{xx} & \sigma_{xy} & \sigma_{xz} \\ \sigma_{yx} & \sigma_{yy} & \sigma_{yz} \\ \sigma_{zx} & \sigma_{zy} & \sigma_{zz} \end{pmatrix}$$

Wegen der Gleichungen in Anmerkung 1 des Abschnittes 4.2.2 ist der Spannungstensor symmetrisch.

4.2.4 Hauptspannungen

Durch Drehung des Koordinatensystems können die Nebenglieder des Spannungstensors zu Null gemacht werden. Die so definierten Richtungen heißen die Hauptrichtungen 1, 2, 3, die zugehörigen Spannungen Hauptspannungen σ_1, σ_2, σ_3.

Anmerkung: Zur Indizierung siehe die Anmerkung des Abschnittes 3.2.4.

4.2.5 Mittlere Spannung, Kugeltensor und Deviator

Die Summe der Hauptglieder des Spannungstensors von Abschnitt 4.2.3, dividiert durch 3, heißt mittlere Spannung σ_m:

$$\sigma_\mathrm{m} = \frac{1}{3}(\sigma_{xx} + \sigma_{yy} + \sigma_{zz}) = \frac{1}{3}(\sigma_1 + \sigma_2 + \sigma_3)$$

Jeder Spannungszustand läßt sich zerlegen in einen hydrostatischen, gekennzeichnet durch den Kugeltensor

$$\boldsymbol{\sigma}^0 = \begin{pmatrix} \sigma_\mathrm{m} & 0 & 0 \\ 0 & \sigma_\mathrm{m} & 0 \\ 0 & 0 & \sigma_\mathrm{m} \end{pmatrix},$$

und einen deviatorischen, gekennzeichnet durch den Deviator:

$$\boldsymbol{\sigma}^\mathrm{Dev} = \begin{pmatrix} \sigma_{xx} - \sigma_\mathrm{m} & \sigma_{xy} & \sigma_{xz} \\ \sigma_{yx} & \sigma_{yy} - \sigma_\mathrm{m} & \sigma_{yz} \\ \sigma_{zx} & \sigma_{zy} & \sigma_{zz} - \sigma_\mathrm{m} \end{pmatrix}$$

Anmerkung 1: Im Falle verschwindender Gestaltänderungsgeschwindigkeiten ist für alle Flüssigkeiten und Gase

$$\sigma_1 = \sigma_2 = \sigma_3 = -p,$$

also

$$\sigma_\mathrm{m} = -p,$$

worin p der Druck ist.

Anmerkung 2: Die Gleichgewichts-Differentialgleichungen am Raumelement $\mathrm{d}x\,\mathrm{d}y\,\mathrm{d}z$ lauten:

$$\frac{\partial \sigma_{xx}}{\partial x} + \frac{\partial \tau_{yx}}{\partial y} + \frac{\partial \tau_{zx}}{\partial z} + X = 0$$

$$\frac{\partial \tau_{yx}}{\partial x} + \frac{\partial \sigma_{yy}}{\partial y} + \frac{\partial \tau_{yz}}{\partial z} + Y = 0$$

$$\frac{\partial \tau_{zx}}{\partial x} + \frac{\partial \tau_{yz}}{\partial y} + \frac{\partial \sigma_{zz}}{\partial z} + Z = 0,$$

in Tensorschreibweise: $\operatorname{div} \boldsymbol{\sigma} + \vec{X} = 0.$

Darin sind X, Y, Z äußere Kräfte durch Volumen, kurz äußere Volumenkräfte.

4.2.6 Schnittkräfte und -momente in der Platte

4.2.6.1 Schnittmomente und -querkräfte

In der Platte der Dicke t sind die auf die Länge bezogenen Schnittmomente M und Schnittquerkräfte Q:

$$M_{xx} = \int_{-t/2}^{t/2} z\sigma_{xx}\,\mathrm{d}z,\quad M_{xy} = \int_{-t/2}^{t/2} z\tau_{xy}\,\mathrm{d}z,\quad M_{yy} = \int_{-t/2}^{t/2} z\sigma_{yy}\,\mathrm{d}z$$

$$Q_x = \int_{-t/2}^{t/2} \tau_{xz}\,\mathrm{d}z,\quad Q_y = \int_{-t/2}^{t/2} \tau_{yz}\,\mathrm{d}z,$$

z von der neutralen Fläche aus gezählt. Siehe Bild 8.

Anmerkung: Die Gleichgewichts-Differentialgleichungen lauten:

$$\frac{\partial M_{xx}}{\partial x} + \frac{\partial M_{yx}}{\partial y} = Q_x,\quad \frac{\partial M_{xy}}{\partial x} + \frac{\partial M_{yy}}{\partial y} = Q_y,$$

tensoriell: $\operatorname{div}\mathbf{M} = \vec{Q}$,

$$\frac{\partial Q_x}{\partial x} + \frac{\partial Q_y}{\partial y} + q = 0,$$

tensoriell: $\operatorname{div}\vec{Q} + q = 0$.

Darin bedeutet q die äußere, quer zur Platte gerichtete Kraft durch Fläche, kurz äußere Flächenkraft.

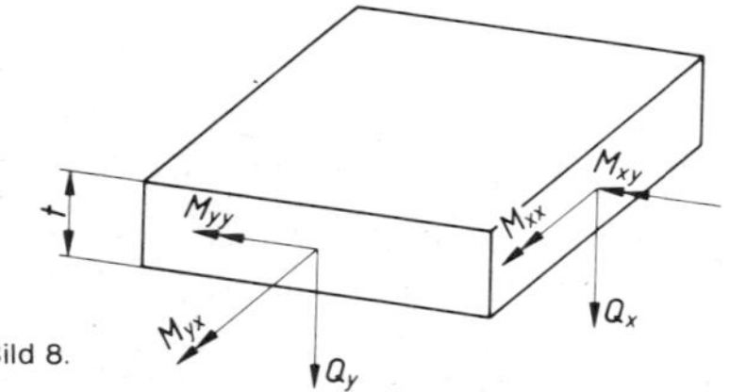

Bild 8.

4.2.6.2 Schnittnormal- und Schnittschubkräfte

In der Scheibe der Dicke t bilden die drei auf die Länge bezogenen Normal- und Schubkräfte

$$N_{xx} = \int_{-t/2}^{t/2} \sigma_{xx}\,\mathrm{d}z,\quad N_{xy} = \int_{-t/2}^{t/2} \tau_{xy}\,\mathrm{d}z = N_{yx},\quad N_{yy} = \int_{-t/2}^{t/2} \sigma_{yy}\,\mathrm{d}z$$

(z die Koordinate senkrecht zur Scheibenebene) einen symmetrischen Tensor. Hauptschnittkräfte, mittlere Schnittkraft und Deviator ergeben sich wie in drei Dimensionen (siehe Abschnitte 4.2.5 und 3.2.6.2). Siehe Bild 9.

Anmerkung: Die Gleichgewichts-Differentialgleichungen sind:

$$\frac{\partial N_{xx}}{\partial x} + \frac{\partial N_{yx}}{\partial y} + X = 0$$

$$\frac{\partial N_{xy}}{\partial x} + \frac{\partial N_{yy}}{\partial y} + Y = 0,$$

tensoriell: $\operatorname{div}\mathbf{N} + \vec{X} = 0$.

Darin sind X, Y äußere Flächenkräfte.

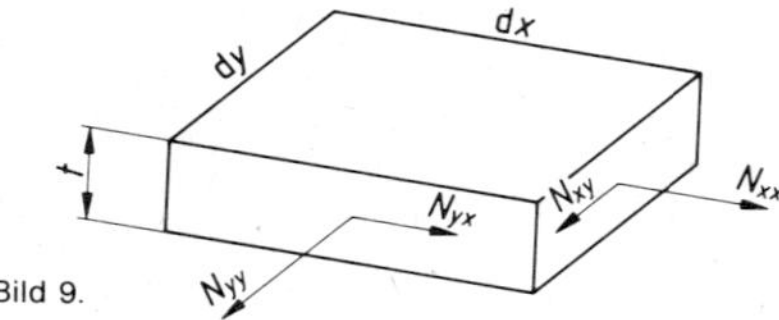

Bild 9.

4.2.7 Schnittkräfte und -momente im Stab

Die Resultierende der Normalspannungen ist die Normalkraft:

$$N = \int_A \sigma\,\mathrm{d}A$$

Das Drill- oder Torsionsmoment ist:

$$M_x = M_\mathrm{T} = \int_A (y\tau_z - z\tau_y)\,\mathrm{d}A,$$

z. B. y, z von der Drillachse (Schubmittelpunktsachse) aus gezählt.

Im Balken sind die Querkräfte und Biegemomente:

$$Q_z = \int_A \tau_z\,\mathrm{d}A,\quad M_y = \int_A z\sigma\,\mathrm{d}A$$

$$Q_y = \int_A \tau_y\,\mathrm{d}A,\quad M_z = -\int_A y\sigma\,\mathrm{d}A,$$

y, z von der Schwerachse aus gezählt.

Anmerkung 1: Da beim Stab $\sigma_{yy} = \sigma_{zz} = 0$ sind, schreibt man σ anstelle von σ_{xx}. Bei den Querschubspannungen $\tau_{zx} = \tau_{xz}$, $\tau_{yx} = \tau_{xy}$ bleibt, da sie im Stabquerschnitt nicht mehr Tensor-, sondern Vektorkomponenten sind ($\tau_{yz} = 0$), der Index x weg.

Anmerkung 2: Die Gleichgewichts-Differentialgleichungen lauten:

$$\frac{\mathrm{d}N}{\mathrm{d}x} + q_x = 0$$

(q_x Kraft durch Länge, Linienkraft)

$$\frac{\mathrm{d}M_\mathrm{T}}{\mathrm{d}x} + \hat{q}_x = 0$$

($\hat{q}_x$ Moment durch Länge, Linienmoment)

$$\frac{\mathrm{d}M_y}{\mathrm{d}x} - Q_z = 0,\quad \frac{\mathrm{d}Q_z}{\mathrm{d}x} + q_z = 0$$

$$\frac{\mathrm{d}M_z}{\mathrm{d}x} + Q_y = 0,\quad \frac{\mathrm{d}Q_y}{\mathrm{d}x} + q_y = 0$$

(q_z, q_y äußere Linienkräfte).

Anmerkung 3: Zur Kennzeichnung der Drehgröße wird ein über das Formelzeichen gesetzter Bogen empfohlen, eine Bezeichnungsweise, die sich auch in analogen Fällen als zweckmäßig erweist.

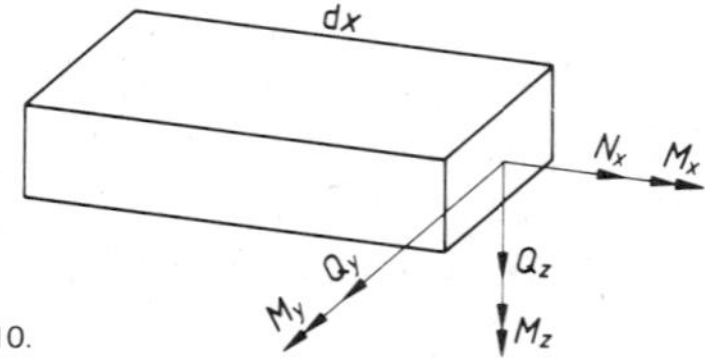

Bild 10.

5 Energie

5.1 Äußere Arbeit

Die Arbeit der äußeren Kräfte längs der virtuellen Verschiebungen ihrer Angriffspunkte und die Arbeit der äußeren Momente längs zugehöriger virtueller Verdrehungen heißt äußere (virtuelle) Arbeit δW. Bei verteilten Kräften ergibt sich die äußere Arbeit als Integral:

5.1.1 Im dreidimensionalen Körper ist:

$$\delta W = \int \vec{X}\,\delta\vec{u}\,\mathrm{d}V + \int \vec{\Xi}\,\delta\vec{u}\,\mathrm{d}A$$

Darin bedeuten: $\vec{X}$ Vektor der Volumenkräfte, $\vec{\Xi}$ Vektor der Oberflächenkräfte, $\mathrm{d}V$ Volumenelement, $\mathrm{d}A$ Oberflächenelement.

5.1.2 In der Platte ist:

$$\delta W = \int q\, \delta w\, \mathrm{d}A$$

Darin bedeuten: q äußere Flächenkraft, w Querverschiebung; hinzu kommt gegebenenfalls die Arbeit von Randkräften.

5.1.3 In der Scheibe lautet die Gleichung für δW wie beim dreidimensionalen Körper (siehe Abschnitt 5.1.1).

5.1.4 Im Stab ist:

$$\delta W = \int q_x\, \delta u\, \mathrm{d}x + \int q_y\, \delta v\, \mathrm{d}x + \int q_z\, \delta w\, \mathrm{d}x + \int \hat{q}_x\, \delta \vartheta\, \mathrm{d}x$$

Darin bedeuten: q_x, q_y, q_z äußere Linienkräfte, $\hat{q}_x$ Linienmoment; hinzu kommt gegebenenfalls die Arbeit von Linienmomenten $\hat{q}_y$, $\hat{q}_z$ und die Arbeit von Randkräften.

5.2 Formänderungsenergie

Der Anteil der äußeren Arbeit δW, der vom Körper in Form von potentieller Energie gespeichert wird, heißt Formänderungsenergie δU. Im ideal elastischen Körper (siehe Abschnitt 6.1.4) ist $\delta U = \delta W$. Die Formänderungsenergie δU berechnet sich durch Integration über die Arbeit der Schnittkräfte an den zugehörigen Verzerrungen:

5.2.1 Im dreidimensionalen Körper ist:

$$\delta U = \int (\sigma_{xx}\, \delta \varepsilon_{xx} + \sigma_{yy}\, \delta \varepsilon_{yy} + \sigma_{zz}\, \delta \varepsilon_{zz} + \tau_{xy}\, \delta \gamma_{xy} + \tau_{yz}\, \delta \gamma_{yz} + \tau_{zx}\, \delta \gamma_{zx})\, \mathrm{d}V$$

5.2.2 In der isotropen Platte der Dicke t ist:

$$\delta U = \int \left(M_{xx}\, \delta \varkappa_{xx} + 2 M_{xy}\, \delta \varkappa_{xy} + M_{yy}\, \delta \varkappa_{yy}\right) \mathrm{d}x\, \mathrm{d}y + \int (Q_x\, \delta \gamma_x + Q_y\, \delta \gamma_y)\, \mathrm{d}x\, \mathrm{d}y$$

In der Platte ohne Schubverzerrung ($\gamma_x = \gamma_y = 0$, Kirchhoff) fallen die beiden letzten Glieder weg.

5.2.3 In der Scheibe lautet die Gleichung für δU wie beim dreidimensionalen Körper (siehe Abschnitt 5.2.1).

5.2.4 Im Stab ist:

$$\delta U = \int (N \delta \varepsilon + M_T \delta \varkappa_T + M_y \delta \varkappa_y + M_z \delta \varkappa_z)\, \mathrm{d}x + \int (Q_y \delta \gamma_y + Q_z \delta \gamma_z)\, \mathrm{d}x$$

Im Stab ohne Schubverzerrung ($\gamma_y = \gamma_z = 0$, Bernoulli) fallen die beiden letzten Glieder weg.

6 Kenngrößen der Elastizitätslehre

6.1 Idealisierungen

Über das mechanische Verhalten der Stoffe werden vier idealisierende Annahmen gemacht:

6.1.1 Homogenität: Die mechanischen Kenngrößen sind unabhängig vom Ort im Körper

6.1.2 Isotropie: Die mechanischen Kenngrößen an einer Stelle des Körpers sind unabhängig von der Richtung

6.1.3 Linearität: Die (kleinen) Verformungen sind proportional den Kraft- oder Temperaturänderungen

6.1.4 Elastizität: Die von den äußeren Kräften geleistete Arbeit wird reversibel als Formänderungsenergie gespeichert. Sind Kraft und Verformung in unverzögerter Wechselwirkung, wird dieses Verhalten ideal elastisch genannt, um es gegen ein Verhalten abzusetzen, das durch eine (kleine) innere Dämpfung gekennzeichnet ist.

Anmerkung 1: Ein Körper heißt quasi-isotrop, wenn seine Teilchen, z. B. Kristallite, so verteilt sind, daß in jedem gegen die Körperabmessungen kleinen Bereich die Vorzugsrichtungen gleichmäßig streuen. Ein quasi-isotroper Körper wird für die Rechnung wie ein isotroper behandelt.

Anmerkung 2: Nichtlineare Materialgesetze ersetzt man für die Rechnung nach Möglichkeit durch lineare Näherungen.

6.2 Definition der Elastizitätsgrößen

6.2.1 Elastizitätsmodul

Der Quotient Spannung durch die von ihr erzeugte Dehnung, betrachtet an einem längsbeanspruchten Stab, heißt Elastizitätsmodul, kurz E-Modul:

$$E = \frac{\sigma}{\varepsilon}$$

Anmerkung: Ein Körper mit höherer „Elastizität" hat den niedrigeren Elastizitätsmodul. Das Wort Steifigkeitsmodul würde diese sprachliche Schwierigkeit umgehen; es ist jedoch auch die wörtliche Übersetzung des englischen „modulus of rigidity", was den Schubmodul bedeutet. Unzulässig ist die Bezeichnung „Dehnsteifigkeit", weil dieses Wort für das Produkt EA (A Querschnittsfläche des Stabes) vergeben ist.

6.2.2 Poissonzahl, Querzahl

Das Verhältnis der Querdehnung $-\varepsilon_q$ zur Längsdehnung ε_l in der Kraftrichtung, betrachtet an einem längsbeanspruchten Stab, heißt Poissonzahl μ:

$$\mu = -\frac{\varepsilon_q}{\varepsilon_l}$$

Anmerkung 1: Da ε_q und ε_l entgegengesetzte Vorzeichen haben, ist die Poissonzahl positiv; zahlenmäßig liegt sie zwischen 0 und 0,5. Ein Medium mit der Poissonzahl $\mu = 0{,}5$ ist inkompressibel.

Anmerkung 2: In der Literatur wird statt des Buchstabens μ häufig der Buchstabe ν benutzt.

6.2.3 Volumenmodul

Der Quotient mittlere Spannung σ_m durch die von ihr erzeugte Dilatation e heißt Volumenmodul K:

$$K = \frac{\sigma_m}{e}$$

Für das inkompressible Medium ist $K = \infty$.

Anmerkung: Im reibungsfreien Fluid, gekennzeichnet durch $\sigma_m = -p$, wird K als Kompressionsmodul definiert:

$$K = -\frac{p}{e}$$

6.2.4 Schubmodul

Der Quotient Schubspannung τ durch die von ihr erzeugte Schiebung γ heißt Schubmodul oder Gestaltmodul G:

$$G = \frac{\tau}{\gamma}$$

6.2.5 (Thermischer) Längenausdehnungskoeffizient
Wird ein Stab einer Temperaturänderung ΔT ($\Delta \vartheta$) ausgesetzt, wobei T die thermodynamische und ϑ die Celsius-Temperatur sind, so entsteht eine Dehnung ε_T (ε_ϑ). Der Quotient

$$\alpha = \frac{\varepsilon_T}{\Delta T} \left(= \frac{\varepsilon_\vartheta}{\Delta \vartheta} \right)$$

heißt (thermischer) Längenausdehnungskoeffizient.

6.3 Lineares Elastizitätsgesetz

Die Beziehung zwischen kinematischen Größen vom Typus ε (siehe Abschnitt 3) und statischen vom Typus σ (siehe Abschnitt 4) nennt man, wenn sie linear ist, lineares Elastizitätsgesetz oder Hookesches Gesetz.

6.3.1 Hookesches Gesetz in einer Dimension, erweitert um die Wärmedehnung:

Für die Dehnung des gezogenen und um ΔT erwärmten Stabes gilt:

$$\varepsilon = \frac{1}{E} \sigma + \alpha \, \Delta T$$

6.3.2 Erweitertes Hookesches Gesetz in drei Dimensionen:

Zwischen den Komponenten der Tensoren der Abschnitte 3.2.3 und 4.2.3 besteht das verallgemeinerte Hookesche Gesetz, erweitert um die ΔT-Glieder:

$$E\varepsilon_{xx} = \sigma_{xx} - \mu\,(\sigma_{yy} + \sigma_{zz}) + E\alpha\,\Delta T,\quad 2\,G\varepsilon_{xy} = G\gamma_{xy} = \tau_{xy}$$
$$E\varepsilon_{yy} = \sigma_{yy} - \mu\,(\sigma_{zz} + \sigma_{xx}) + E\alpha\,\Delta T,\quad G\gamma_{yz} = \tau_{yz}$$
$$E\varepsilon_{zz} = \sigma_{zz} - \mu\,(\sigma_{xx} + \sigma_{yy}) + E\alpha\,\Delta T,\quad G\gamma_{zx} = \tau_{zx}$$

Zerlegt man die Tensoren nach den Abschnitten 3.2.3 und 4.2.3 in den Kugeltensor und den Deviator (siehe Abschnitte 3.2.5 und 4.2.5), so gilt die skalare Beziehung

$$\sigma_{\mathrm{m}} = K\,(e - 3\,\alpha\,\Delta T)$$

und die tensorielle Beziehung

$$\boldsymbol{\sigma}^{\mathrm{Dev}} = 2\,G\boldsymbol{\varepsilon}^{\mathrm{Dev}}.$$

6.3.3 Hookesches Gesetz für die schubstarre Platte (Kirchhoffplatte) der Dicke t:

$$M_{xx} = E' \frac{t^3}{12} \left(\varkappa_{xx} + \mu\,\varkappa_{yy} + (1 + \mu)\,\alpha \left(\frac{T_{\mathrm{o}} - T_{\mathrm{u}}}{t} \right) \right)$$

$$M_{xy} = G\,\frac{t^3}{6}\,\varkappa_{xy} = E'\,\frac{t^3}{12}\,(1 - \mu)\,\varkappa_{xy}$$

$E' = \frac{E}{1 - \mu^2}$ ist der Plattenmodul, $E' \frac{t^3}{12}$ die Plattensteifigkeit, $T_{\mathrm{o}} - T_{\mathrm{u}}$ die Temperaturdifferenz zwischen Ober- und Unterseite der Platte.

6.3.4 Erweitertes Hookesches Gesetz für die Scheibe der Dicke t:

$$N_{xx} = E't\,(\varepsilon_{xx} + \mu\varepsilon_{yy}) + E\,(1 + \mu)\,t\alpha\,\Delta T,\quad N_{xy} = Gt\gamma_{xy}$$

6.3.5 Hookesches Gesetz für den Torsionsstab:

$$M_{\mathrm{T}} = G\,I_{\mathrm{T}}\,\varkappa_{\mathrm{T}}$$

GI_{T} ist die Torsionssteifigkeit.

Anmerkung: I_{T}, der Torsionswiderstand, ist nur für Kreis- und Kreisringquerschnitt gleich dem polaren Trägheitsmoment I_{p}; allgemein gilt $I_{\mathrm{p}} \geq I_{\mathrm{T}}$.

6.3.6 Hookesches Gesetz für den schubstarren Balken

6.3.6.1 Allgemeine (schiefe) Biegung in Matrixschreibweise:

$$\begin{pmatrix} M_y \\ M_z \end{pmatrix} = E \begin{pmatrix} I_{yy} & I_{yz} \\ I_{zy} & I_{zz} \end{pmatrix} \begin{pmatrix} \varkappa_y \\ \varkappa_z \end{pmatrix}$$

Darin sind

$I_{yy} = \int z^2\,\mathrm{d}A, \quad I_{zz} = \int y^2\,\mathrm{d}A$ Flächen-Trägheitsmomente,

$I_{yz} = -\int zy\,\mathrm{d}A = I_{zy}$ Flächen-Deviationsmomente,

y, z von der Schwerachse aus gezählt.

6.3.6.2 Biegung in der xz-Ebene:

$$M = E\,I\,\varkappa, \qquad I = \int z^2\,\mathrm{d}A$$

EI ist die Biegesteifigkeit.

6.4 Zusammenhang zwischen den elastischen Größen

Zwei der elastischen Kenngrößen kennzeichnen das Verhalten ideal elastischer isotroper Körper; die beiden anderen sind dann abgeleitete Größen. Die Beziehungen zwischen E, G, K und μ sind in Tabelle 3 aufgeführt.

6.5 Isotherme und adiabatische Elastizitätsgrößen

Mit der elastischen Verformung ändert sich die innere Energie des Körpers. Zwei Grenzfälle sind denkbar. Die Verformung kann isotherm, d. h. trotz Änderung der inneren

Tabelle 3. **Zusammenhänge der elastischen Kenngrößen E, G, K und μ eines ideal elastischen isotropen Körpers**

Gesuchte Größe	Ausgangsgrößen					
	E, μ	E, G	E, K	G, K	G, μ	K, μ
E				$\frac{9\,KG}{3\,K + G}$	$2\,G\,(1 + \mu)$	$3\,K\,(1 - 2\,\mu)$
G	$\frac{E}{2\,(1 + \mu)}$		$\frac{3\,KE}{3\,K - E}$			$\frac{3}{2}\,K\,\frac{1 - 2\,\mu}{1 + \mu}$
K	$\frac{E}{3\,(1 - 2\,\mu)}$	$\frac{E\,G}{3\,(3\,G - E)}$			$G\,\frac{2\,(1 + \mu)}{3\,(1 - 2\,\mu)}$	
μ		$\frac{E}{2\,G} - 1$	$\frac{1}{2} - \frac{E}{3\,K}$	$\frac{1}{2}\,\frac{3\,K - 2\,G}{3\,K + G}$		

Energie ohne Temperaturänderung ablaufen oder sie kann adiabatisch, d. h. ohne Wärmeaustausch, ablaufen. Das erste gilt für langsam, das zweite für schnell veränderliche Beanspruchung. Entsprechend sind im ersten Fall angenähert die isothermen (Index: is), im zweiten Fall die adiabatischen Elastizitätsgrößen (Index: ad) zu verwenden.

Die isothermen und adiabatischen Kenngrößen stehen in folgendem Zusammenhang:

$$\frac{1}{E_{ad}} = \frac{1}{E_{is}} - \frac{\alpha^2 T}{\varrho c_\sigma}$$

$$\frac{1}{K_{ad}} = \frac{1}{K_{is}} + \frac{\gamma^2 T}{\varrho c_\sigma}$$

$$G_{ad} = G_{is} = G$$

$$\mu_{ad} = \mu_{is} + \frac{E^2}{G} \cdot \frac{\alpha^2 T}{\varrho c_\sigma}$$

In diesen Gleichungen bedeuten:

α Längenausdehnungskoeffizient

γ Volumenausdehnungskoeffizient

ϱ Dichte

c_σ spezifische Wärmekapazität bei konstanter Spannung

Der Unterschied zwischen E_{ad} und E_{is} kann in der vierten Gleichung vernachlässigt werden.

Anmerkung: Die isothermen und adiabatischen Kenngrößen unterscheiden sich für Metalle im allgemeinen um weniger als 1 %, bei Kunststoffen können die Unterschiede bis zu mehreren Prozenten betragen.

7 Elastizitätsgrößen des anisotropen ideal elastischen Körpers

Ein Körper ist mechanisch anisotrop, wenn seine mechanischen Eigenschaften von der Richtung im Körper abhängen.

Von den Annahmen des Abschnittes 6 bleiben die Homogenität, die Linearität und die Elastizität bestehen.

7.1 Elastizitätsgrößen bei strukturbedingter Anisotropie

Unter Struktur wird hier im Sinne der Lehre vom Gitteraufbau der Kristalle die regelmäßige Anordnung von Atomen und Molekülen in einem Gitter verstanden.

Wenn die Anisotropie der elastischen Eigenschaften durch die Struktur eines Einkristalls gegeben ist, wird für die Beschreibung der Beziehungen zwischen Spannung und Verformung eine größere Anzahl von elastischen Konstanten erforderlich. Die Anzahl richtet sich nach der Symmetrie der Kristallstruktur und ist in Tabelle 4 angegeben.

Tabelle 4.

Kristallsystem	Anzahl der elastischen Konstanten
triklin	21
monoklin	13
rhombisch	9
tetragonal	6
hexagonal	5
kubisch	3

Die elastischen Konstanten werden durch das Formelzeichen c bezeichnet. Die grundlegende Spannungs-Verzerrungsbeziehung in einer orthogonalen, auf Eins normierten Basis lautet:

$$\sigma_{ij} = c_{ijkl}\, \varepsilon_{kl}; \quad i, j, k, l = 1, 2, 3$$

7.2 Elastizitätsgrößen bei texturbedingter Anisotropie

Unter Textur wird hier ein struktureller Feinbau verstanden, bei welchem eine ausgeprägte statistische Anisotropie auftritt.

Bei Materialien mit Textur werden die Kenngrößen des Abschnittes 6 richtungsabhängig. Die Vorzugsrichtung kann entweder von Natur, wie z. B. bei Holz, oder aufgrund einer Umformung, wie z. B. bei Walzblech, entstanden sein.

DK 531 : 001.4 : 53.081 : 389.16 : 003.62

Januar 1983

Mechanik starrer Körper

Begriffe, Größen, Formelzeichen

DIN 13 317

Mechanics of rigid bodies; concepts, quantities, symbols

1 Anwendungsbereich

In dieser Norm wird nur die klassische (nichtrelativistische) Starrkörpermechanik behandelt. Sie befaßt sich mit der Auswirkung von Kräften auf die Bewegung starrer Körper.

Kreisel-, Schiffs-, Flugzeug-, Getriebemechanik und andere Gebiete der angewandten Mechanik sind Starrkörpermechanik, wenn die behandelten Körper (Objekte) als starr idealisiert werden.

2 Definition des starren Körpers

Ein Körper wird als starr bezeichnet, wenn seine einzelnen Teile unter der Wirkung äußerer Kräfte gegeneinander unverrückbar sind, also seine Form, seine Abmessungen und seine Dichte unverändert bleiben. Die Dichte kann über das gesamte Volumen des Körpers konstant oder von Volumenelement zu Volumenelement verschieden sein.

Der starre Körper ist ein gedankliches Modell, das viele Probleme der Mechanik mit guter Annäherung an das Verhalten wirklicher Körper zu behandeln ermöglicht.

3 Eigenschaften des starren Körpers

3.1 Masse

Die Masse m des starren Körpers ist mit seiner Dichte ϱ und seinem Volumen V durch folgende Gleichung verknüpft:

$$m = \int_V \varrho \, \mathrm{d}V \qquad (1)$$

3.2 Massenmittelpunkt, Schwerpunkt

Als Massenmittelpunkt ist der Punkt eines starren Körpers definiert, dessen auf einen beliebigen Bezugspunkt bezogener Radiusvektor[1]) $\vec{r}_c$ der Gleichung genügt:

$$\vec{r}_c = \frac{1}{m} \int_V \vec{r} \, \varrho \, \mathrm{d}V = \frac{1}{m} \int_m \vec{r} \, \mathrm{d}m \qquad (2)$$

Ist ein Körper der Wirkung nur eines Schwerefeldes ausgesetzt, das man als homogen ansehen darf, so kann man statt vom Massenmittelpunkt auch vom Schwerpunkt reden:

$$\vec{r}_s = \frac{1}{G} \int_V \vec{r} g \, \varrho \, \mathrm{d}V = \frac{1}{m} \int_V \vec{r} \, \varrho \, \mathrm{d}V = \vec{r}_c \qquad (3)$$

G ist der Betrag der Gewichtskraft, siehe DIN 1305, und g der Betrag der Fallbeschleunigung, siehe Abschnitt 4.2.1.4.

3.3 Massenmomente zweiten Grades (Trägheitsmomente)

Es seien x, y, z kartesische Koordinaten, wobei Achsrichtung und Ursprung beliebig sind; dann unterscheidet man

a) das polare Trägheitsmoment

$$J_p = \int_V (x^2 + y^2 + z^2) \, \varrho \, \mathrm{d}V = \int_m (x^2 + y^2 + z^2) \, \mathrm{d}m \qquad (4)$$

b) die axialen Trägheitsmomente oder einfach Trägheitsmomente

$$J_{xx} = \int_V (y^2 + z^2) \, \varrho \, \mathrm{d}V = \int_m (y^2 + z^2) \, \mathrm{d}m \qquad (5)$$

$$J_{yy} = \int_V (z^2 + x^2) \, \varrho \, \mathrm{d}V = \int_m (z^2 + x^2) \, \mathrm{d}m \qquad (6)$$

$$J_{zz} = \int_V (x^2 + y^2) \, \varrho \, \mathrm{d}V = \int_m (x^2 + y^2) \, \mathrm{d}m \qquad (7)$$

c) die Deviationsmomente

$$J_{xy} = J_{yx} = -\int_V x y \, \varrho \, \mathrm{d}V = -\int_m x y \, \mathrm{d}m \qquad (8)$$

$$J_{yz} = J_{zy} = -\int_V y z \, \varrho \, \mathrm{d}V = -\int_m y z \, \mathrm{d}m \qquad (9)$$

$$J_{zx} = J_{xz} = -\int_V z x \, \varrho \, \mathrm{d}V = -\int_m z x \, \mathrm{d}m \qquad (10)$$

3.4 Trägheitstensor

Die axialen Trägheitsmomente und die Deviationsmomente sind die x-, y-, z-Koordinaten des Trägheitstensors $\boldsymbol{J}$:

$$\boldsymbol{J} = \begin{pmatrix} J_{xx} & J_{xy} & J_{xz} \\ J_{yx} & J_{yy} & J_{yz} \\ J_{zx} & J_{zy} & J_{zz} \end{pmatrix} \qquad (11)$$

3.5 Hauptträgheitsachsen, Hauptträgheitsmomente

Für jeden Koordinatenursprung gibt es (wenigstens) eine Lage der Koordinatenachsen, bei der alle drei Deviationsmomente Null sind. Diese Achsen heißen Hauptträgheitsachsen (für diesen Ursprung). Die zugehörigen axialen Trägheitsmomente heißen Hauptträgheitsmomente (bezüglich des Ursprungs) und werden mit J_1, J_2, J_3 bezeich-

[1]) Zur Darstellung von Vektoren und zugehörigen Rechenoperationen siehe DIN 1303.

Fortsetzung Seite 2 bis 4

Normenausschuß Einheiten und Formelgrößen (AEF) im DIN Deutsches Institut für Normung e.V.

net. Gehen die genannten Achsen durch den Massenmittelpunkt, bezeichnet man sie als zentrale Hauptträgheitsachsen.

3.6 Trägheitsradius

Der Trägheitsradius i (Ausweichzeichen: r_i) eines starren Körpers mit der Masse m und dem axialen Trägheitsmoment J bezüglich einer bestimmten Achse ist:

$$i = \sqrt{\frac{J}{m}} \tag{12}$$

4 Kinematische Größen

Die Kinematik ist die Wissenschaft von den Bewegungen. Ihre Basisgrößen sind die Länge l und die Zeit t.

4.1 Ort und Lage

Der Ort eines starren Körpers wird angegeben durch den Ort eines beliebig wählbaren Punktes, im allgemeinen des Massenmittelpunktes, in einem Bezugsraum; er wird durch geeignete Ortskoordinaten, z. B. die kartesischen Koordinaten x, y, z, gegeben.

Die Lage des Körpers an seinem Ort relativ zum Bezugsraum wird durch geeignete Lagekoordinaten, z. B. die Winkel ϑ, φ, ψ, angegeben.

4.2 Änderung von Ort und Lage, Bewegung

Jede Bewegung eines starren Körpers läßt sich als Überlagerung einer Translation (Ortsveränderung) und einer Rotation (Lageänderung, Drehung) darstellen.

4.2.1 Translation

4.2.1.1 Weg, Verschiebung

Der von einem beliebigen Punkt des starren Körpers zurückgelegte Weg mit der Weglänge Δs ist zu unterscheiden von der Verschiebung $\Delta\vec{r}$ des Punktes. Die Weglänge Δs ist das Linienintegral der Bahnkurve dieses Punktes. Die Verschiebung ist die Differenz $\Delta\vec{r} = \vec{r}_2 - \vec{r}_1$ zweier Radiusvektoren $\vec{r}_2$ und $\vec{r}_1$ ein und desselben Punktes des Körpers, siehe Bild 1.

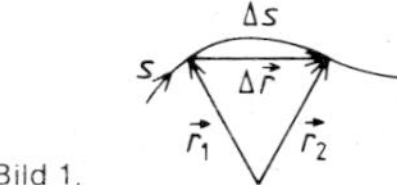

Bild 1.

Bei infinitesimal kleinen Ortsveränderungen ist jedoch $|\mathrm{d}\vec{r}| = \mathrm{d}s$.

4.2.1.2 Translationsgeschwindigkeit

Die Translationsgeschwindigkeit $\vec{v}$ eines beliebigen Punktes des starren Körpers in einem Raum ist der Differentialquotient des Radiusvektors $\vec{r}$ des Punktes in diesem Raum nach der Zeit:

$$\vec{v} = \frac{\mathrm{d}\vec{r}}{\mathrm{d}t} \tag{13}$$

Bei gleichförmig geradliniger Bewegung ist v gleich dem Quotienten Weglänge Δs durch die Zeit Δt:

$$v = \frac{\Delta s}{\Delta t} \tag{14}$$

Die Koordinaten der Translationsgeschwindigkeit in einem kartesischen Koordinatensystem werden mit v_x, v_y, v_z bezeichnet.

4.2.1.3 Translationsbeschleunigung

Die Translationsbeschleunigung $\vec{a}$ eines beliebigen Punktes des starren Körpers in einem Raum ist der Differentialquotient der Translationsgeschwindigkeit des Punktes in diesem Raum nach der Zeit:

$$\vec{a} = \frac{\mathrm{d}\vec{v}}{\mathrm{d}t} = \frac{\mathrm{d}^2\vec{r}}{\mathrm{d}t^2} \tag{15}$$

Bei einer geradlinigen Bewegung mit konstanter Translationsbeschleunigung ist a gleich dem Quotienten Änderung der Translationsgeschwindigkeit Δv durch die Zeit Δt:

$$a = \frac{\Delta v}{\Delta t} \tag{16}$$

Wenn die Richtung der Translationsgeschwindigkeit durch den Tangenteneinsvektor $\vec{e}_v$ gegeben ist, so wird:

$$\vec{a} = \frac{\mathrm{d}}{\mathrm{d}t}(\vec{e}_v v) = \vec{e}_v \frac{\mathrm{d}v}{\mathrm{d}t} + v\frac{\mathrm{d}\vec{e}_v}{\mathrm{d}t} \tag{17}$$

In dieser Gleichung ist das erste Glied der Summe die Tangentialkomponente, das zweite die Normalkomponente der Translationsbeschleunigung.

4.2.1.4 Fallbeschleunigung

Die Translationsbeschleunigung, die ein frei fallender Körper im Schwerefeld der Erde erfährt, ist die Fallbeschleunigung $\vec{g}$; sie ist ortsabhängig.

Anmerkung: Die Normfallbeschleunigung ist dem Betrag nach festgelegt zu:

$$g_n = |\vec{g}_n| = 9{,}806\,65\ \mathrm{m \cdot s^{-2}} \tag{18}$$

4.2.1.5 Ruck

Der Ruck $\vec{h}$ eines beliebigen Punktes des starren Körpers in einem Raum ist der Differentialquotient der Translationsbeschleunigung des Punktes in diesem Raum nach der Zeit:

$$\vec{h} = \frac{\mathrm{d}\vec{a}}{\mathrm{d}t} = \frac{\mathrm{d}^2\vec{v}}{\mathrm{d}t^2} = \frac{\mathrm{d}^3\vec{r}}{\mathrm{d}t^3} \tag{19}$$

4.2.2 Rotation

In dieser Norm wird nur die Rotation oder Drehung des starren Körpers um einen im betrachteten Raum festen Punkt behandelt.

4.2.2.1 Richtungscosinus

Die Cosinus der drei Winkel zwischen einer Geraden und den Achsen eines x, y, z-Systems werden Richtungscosinus der Geraden genannt und mit α, β, γ bezeichnet.

4.2.2.2 Feste und momentane Drehachse

Ein starrer Körper mit einem festen Punkt hat eine durch diesen Punkt gehende Drehachse. Sie heißt feste Drehachse, wenn alle ihre Punkte raumfest sind, anderenfalls momentane oder augenblickliche Drehachse.

4.2.2.3 Drehwinkel

Eine Drehung wird durch den Winkel φ beschrieben, der in einer Ebene senkrecht zur Drehachse liegt, den Drehwinkel[2]). Diesem Winkel kann man einen Vektor $\vec{\varphi}$ zuordnen; er hat die Richtung der Drehachse (Richtungssinn nach DIN 1312), sein Betrag ist gleich dem Drehwinkel um diese Achse; siehe Bild 2. Dieser Vektor wird gerichteter Drehwinkel genannt.

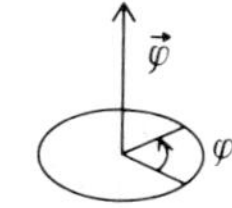

Bild 2.

Bei nacheinander ausgeführten Drehungen um dieselbe Achse können die zugehörigen Drehwinkel addiert oder

[2]) Bei der Auswertung der den Drehwinkel enthaltenden Größengleichungen ist rad durch 1 zu ersetzen; andere Winkeleinheiten sind hierfür in rad umzurechnen.

subtrahiert werden, um die Gesamtdrehung zu beschreiben. Bei bewegter Drehachse, die nur für eine infinitesimale Zeit $\mathrm{d}t$ als fest betrachtet werden kann (momentane Drehachse), kann eine Drehung für die Zeit $\mathrm{d}t$ durch einen infinitesimal kleinen Drehwinkel beschrieben werden. Für derartige infinitesimal kleine Drehwinkel $\mathrm{d}\vec{\varphi}$ gelten die üblichen Regeln der Vektorrechnung.

4.2.2.4 Winkelgeschwindigkeit

Die Winkelgeschwindigkeit $\vec{\omega}$, auch Drehgeschwindigkeit genannt, eines starren Körpers relativ zu einem Raum ist der Differentialquotient des gerichteten Drehwinkels $\vec{\varphi}$ in diesem Raum nach der Zeit:

$$\vec{\omega} = \frac{\mathrm{d}\vec{\varphi}}{\mathrm{d}t} \qquad (20)$$

4.2.2.5 Winkelbeschleunigung

Die Winkelbeschleunigung $\vec{\alpha}$, auch Drehbeschleunigung genannt, relativ zu einem Raum ist der Differentialquotient der Winkelgeschwindigkeit $\vec{\omega}$ relativ zu diesem Raum nach der Zeit:

$$\vec{\alpha} = \frac{\mathrm{d}\vec{\omega}}{\mathrm{d}t} \qquad (21)$$

Bei einer Bewegung mit fester Drehachse hat $\vec{\alpha}$ die Richtung der Achse. In diesem Fall ist die Winkelbeschleunigung:

$$\alpha = \frac{\mathrm{d}^2\varphi}{\mathrm{d}t^2} \qquad (22)$$

4.2.2.6 Umdrehung

Bei der Rotation eines starren Körpers um eine feste Drehachse nennt man jeden Teil des Vorganges, in dem der Drehwinkel um einen Vollwinkel wächst, eine Umdrehung.

4.2.2.7 Umdrehungsfrequenz

Die Umdrehungsfrequenz n (Ausweichzeichen: f_r) ist der Kehrwert der Dauer T einer Umdrehung:

$$n = \frac{1}{T} \qquad (23)$$

Ist die Winkelgeschwindigkeit $\vec{\omega}$ konstant, so gilt:

$$n = \frac{|\vec{\omega}|}{2\,\pi\ \mathrm{rad}} \qquad (24)$$

Anmerkung 1: Die für die Umdrehungsfrequenz noch übliche Bezeichnung „Drehzahl" sollte nicht mehr gebraucht werden, weil die Umdrehungsfrequenz keine Zahl ist, sondern die Dimension 1/Zeit hat.

Anmerkung 2: Bei Schwingungen wird als Kehrwert der Periodendauer T die Frequenz oder Periodenfrequenz benutzt, siehe DIN 1311 Teil 1.

Anmerkung 3: Es ist noch üblich, im Nenner der Gleichung (24) für die Umdrehungsfrequenz n nur $2\,\pi$ statt $2\,\pi$ rad zu schreiben, siehe dazu Fußnote 2 und DIN 1315, Ausgabe August 1982, Abschnitt 1.3.2.

5 Kinetische Größen

Die Kinetik ist die Wissenschaft vom Zusammenhang zwischen den Kräften und Bewegungen. Ihre Basisgrößen sind die Länge l, die Zeit t und die Masse m.

Anmerkung: Dieses Gebiet wurde früher Dynamik genannt. Dynamik ist heute Oberbegriff für Kinetik und Statik.

5.1 Kraft

Kraft nennt man die Ursache einer Geschwindigkeitsänderung. Auf einen Körper der Masse m, dessen Massenmittelpunkt in einem Raum die Beschleunigung $\vec{a}_c$ hat, wirkt die Kraft

$$\vec{F} = m\,\vec{a}_c \qquad (25)$$

5.2 Kräftepaar

Ein Kräftepaar besteht aus zwei gleichgroßen und entgegengesetzt gerichteten Kräften auf parallelen Wirkungslinien.

5.3 Kraftmoment, Drehmoment, Moment eines Kräftepaares

Das Kraftmoment, auch Moment einer Kraft oder Drehmoment genannt, bezüglich eines Punktes ist das Vektorprodukt aus dem Radiusvektor $\vec{r}$ vom Bezugspunkt zu einem beliebigen Punkt auf der Angriffslinie und der Kraft $\vec{F}$:

$$\vec{M} = \vec{r} \times \vec{F} \qquad (26)$$

Ein Kräftepaar ($\vec{F}$, $-\vec{F}$ im Abstand $\vec{d}$, siehe Bild 3) hat ein vom Bezugspunkt unabhängiges Moment (Moment eines Kräftepaares oder Drehmoment):

$$\vec{M} = \vec{d} \times \vec{F} \qquad (27)$$

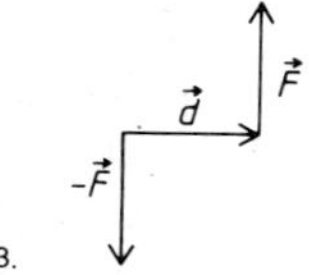

Bild 3.

5.4 Translationsimpuls, Impuls

Der Translationsimpuls $\vec{p}$, kurz Impuls genannt, eines Körpers mit der Masse m ist das Produkt Masse mal Translationsgeschwindigkeit des Massenmittelpunktes:

$$\vec{p} = m\,\vec{v}_c \qquad (28)$$

Anmerkung: Der Impuls wurde früher durch die Differenz zweier Bewegungsgrößen definiert; die Gleichung, in den damals gebräuchlichen Formelzeichen geschrieben, lautet:

$$\vec{I} = \vec{p}_1 - \vec{p}_0 = m\,\vec{v}_1 - m\,\vec{v}_0 \qquad (29)$$

Die Auffassung, daß Bewegungsgröße und Impuls identisch sind, setzt die anfängliche Bewegungsgröße $m\,\vec{v}_0 = \vec{0}$ voraus.

5.5 Drehimpuls, Drall, Impulsmoment

Der Drehimpuls $\vec{L}$, auch Drall oder Impulsmoment genannt, ist das Moment des Translationsimpulses. Er bedarf zu seiner Definition der Angabe eines Bezugspunktes P und der Angabe, relativ zu welchem Raum er gelten soll. Er ist gegeben durch

$$\vec{L}^{(\mathrm{P})} = \int_m (\vec{r} \times \vec{v})\,\mathrm{d}m \qquad (30)$$

In dieser Gleichung ist $\vec{r}$ der Radiusvektor des Massenelementes $\mathrm{d}m$ von P aus und $\vec{v}$ seine Translationsgeschwindigkeit relativ zu dem angegebenen Raum.

Für einen Körper ist:

$$\vec{L}^{(\mathrm{P})} = (\vec{r}_c \times \vec{v}_c)\,m + \boldsymbol{J}_c \cdot \vec{\omega} \qquad (31)$$

In dieser Gleichung bedeutet $\vec{r}_c$ den Radiusvektor des Massenmittelpunktes vom Bezugspunkt P aus, $\vec{v}_c$ dessen Translationsgeschwindigkeit relativ zu dem angegebenen Raum und $\boldsymbol{J}_c$ den Trägheitstensor (siehe Abschnitt 3.4) bezüglich des Massenmittelpunktes. Wird der Massenmittelpunkt als Bezugspunkt gewählt, so ist:

$$\vec{L}^{(\mathrm{c})} = \boldsymbol{J}_c \cdot \vec{\omega} \qquad (32)$$

[2]) Siehe Seite 2

Anmerkung: Das Impulsmoment wurde früher durch die Differenz zweier Drehimpulse definiert; die Gleichung, in den damals gebräuchlichen Formelzeichen geschrieben, lautet:

$$\vec{H}^{(P)} = \vec{L}_1^{(P)} - \vec{L}_0^{(P)} \tag{33}$$

Die Auffassung, das Drehimpuls (Drall) und Impulsmoment identisch sind, setzt den anfänglichen Drehimpuls $\vec{L}_0^{(P)} = \vec{0}$ voraus.

5.6 Mechanische Arbeit

Greift an einem Punkt des starren Körpers die Kraft $\vec{F}$ längs der Bahnkurve des Punktes von einem Radiusvektor $\vec{r}_1$ zu einem Radiusvektor $\vec{r}_2$ an, so verrichtet die Kraft dabei die mechanische Arbeit:

$$W = \int_{\vec{r}_1}^{\vec{r}_2} \vec{F} \cdot \mathrm{d}\vec{r} \tag{34}$$

Die Arbeit ist demnach ein Skalar.

5.7 Mechanische Energie

Ein starrer Körper kann potentielle und kinetische Energie besitzen. Beide Energien werden als mechanische Energie mit den Formelzeichen E, W zusammengefaßt. Die Energie kann als Arbeitsfähigkeit betrachtet werden.

5.7.1 Potentielle Energie

Wenn die Arbeit einer Kraft $\vec{F}$ längs eines Weges zwischen zwei beliebigen Punkten, gegeben durch die Radiusvektoren $\vec{r}_1$ und $\vec{r}_2$, unabhängig vom Verlauf des Weges ist – in diesem Fall wird $\vec{F}$ konservative Kraft oder Potentialkraft genannt –, ändert sich die potentielle Energie E_{pot} um den negativen Wert der mechanischen Arbeit (siehe Abschnitt 5.6):

$$E_{\mathrm{pot}} = -W = -\int_{\vec{r}_1}^{\vec{r}_2} \vec{F} \cdot \mathrm{d}\vec{r} \tag{35}$$

Im als homogen betrachteten Schwerefeld der Erde ist die potentielle Energie eines Körpers mit der Masse m:

$$E_{\mathrm{pot}} = m\, g\, (h_2 - h_1) \tag{36}$$

In dieser Gleichung ist h_1 eine willkürlich wählbare Bezugshöhe, h_2 die Höhe, auf welche der Körper gehoben wurde.

5.7.2 Kinetische Energie

Für einen starren Körper setzt sich die kinetische Energie aus Translationsenergie und Rotationsenergie zusammen:

$$E_{\mathrm{kin}} = \frac{1}{2}\,(m\, \vec{v}_{\mathrm{c}}^{\,2} + J_{\mathrm{c}}\, \vec{\omega}^2) \tag{37}$$

In dieser Gleichung ist $\vec{v}_{\mathrm{c}}$ die Translationsgeschwindigkeit des Massenmittelpunktes, $\vec{\omega}$ die Winkelgeschwindigkeit und J_{c} das axiale Trägheitsmoment um die durch den Massenmittelpunkt gehende Achse parallel zum Vektor $\vec{\omega}$.

5.8 Mechanische Leistung

Die mechanische Leistung P ist der Differentialquotient der Arbeit $\mathrm{d}W$ nach der Zeit:

$$P = \frac{\mathrm{d}W}{\mathrm{d}t} \tag{38}$$

5.9 Die Coulombschen Reibungszahlen

Bei trockener (Coulombscher) Reibung gilt näherungsweise: Um einen mit der resultierenden Kraft F_{N} auf eine Unterlage drückenden Körper aus der Ruhe in gleitende Bewegung zu versetzen, ist eine Kraft $F_{\mathrm{t}} > \mu_{\mathrm{r}} F_{\mathrm{N}}$ tangential zur Berührungsfläche erforderlich; μ_{r} ist die Haftreibungszahl und F_{N} die Normalkraft. Ist der Körper in gleitende Bewegung versetzt, entsteht eine Reibungskraft $F_{\mathrm{R}} = \mu F_{\mathrm{N}}$ entgegen der Bewegungsrichtung; μ ist die Gleitreibungszahl (Bewegungsreibungszahl), die mit wachsender Relativgeschwindigkeit kleiner wird. Die Reibungszahlen μ_{r} und μ, für die $\mu_{\mathrm{r}} > \mu$ gilt, sind in erster Näherung unabhängig von der Größe der Berührungsfläche. Sie werden experimentell bestimmt.

Zitierte Normen

DIN 1303	Schreibweise von Tensoren (Vektoren)
DIN 1305	Masse, Kraft, Gewichtskraft, Gewicht, Last; Begriffe
DIN 1311 Teil 1	Schwingungslehre; Kinematische Begriffe
DIN 1312	Geometrische Orientierung
DIN 1315	Winkel; Begriffe, Einheiten

Internationale Patentklassifikation

G 01 M

DK 534.2-6/-8 : 001.4 : 003.63 : 744.425 Juni 1979

Akustik

Spektren und Übertragungskurven

Begriffe, Darstellung

DIN 13 320

Acoustics; spectra and frequency curves; concepts, representation

1 Geltungsbereich und Zweck

Zweck dieser Festlegungen ist es, in der Akustik einheitliche Begriffe im Zusammenhang mit Spektren und Übertragungskurven sowie eine einheitliche graphische Darstellung in kartesischen Koordinaten festzulegen.

2 Begriffe

2.1 Frequenzmaßintervall, Intervall

Das Frequenzmaßintervall (kurz Intervall) F zwischen zwei Frequenzen f_1 und f_2 ($f_2 \geq f_1$) ist definiert als:

$$F = \lg (f_2/f_1) \text{ dec} = \text{lb} (f_2/f_1) \text{ oct}$$
$$= 3 \,\text{lb} (f_2/f_1) \text{ terz} = 1200 \,\text{lb} (f_2/f_1) \text{ cent}$$

Anmerkung: Diese Größe heißt im Englischen „Frequency interval", im Französischen „Intervalle de fréquence" (siehe IEC-Publikation 27-3 (1974)).

Das Wort Intervall, das in anderen Anwendungsgebieten als der Akustik auch für Abschnitte in einer linearen Skale verwendet wird, rührt von der in der Musik üblichen Auftragung der Frequenzen in einer logarithmischen Skale her. In DIN 1317 Teil 1 wird diese Größe „Intervallmaß" genannt.

Es wird vorgeschlagen, bei einer linearen Frequenzskale die Abschnitte als „Frequenzbereiche" zu bezeichnen.

2.1.1 Dekade, Oktave, Terz, Cent

Die im folgenden aufgeführten Benennungen spezieller Frequenzmaßintervalle und ihre Kurzzeichen können wie Einheiten verwendet werden.

Anmerkung: Im französischen Sprachbereich wird auch das Frequenzmaßintervall 1 Savart = (1/1000) Dekade *verwendet.*

2.1.1.1 Dekade (Frequenzdekade)

Die Dekade ist ein Frequenzmaßintervall, dessen Frequenzverhältnis 10 ist. Kurzzeichen: dec

2.1.1.2 Oktave

Die Oktave ist ein Frequenzmaßintervall, dessen Frequenzverhältnis 2 ist. Kurzzeichen: oct

2.1.1.3 Terz (Drittel-Oktave)

Die Terz ist ein Frequenzmaßintervall, dessen Frequenzverhältnis $\sqrt[3]{2}$ ist. Kurzzeichen: terz

2.1.1.4 Cent

Das Cent ist ein Frequenzmaßintervall, dessen Frequenzverhältnis $\sqrt[1200]{2}$ ist. Kurzzeichen: cent

2.1.2 Beziehungen zwischen Dekade, Oktave, Terz und Cent

$(\lg 2)$ dec = 1 oct = 3 terz = 1200 cent

2.1.3 Frequenzindex

Der Frequenzindex F_i ist ein Frequenzmaßintervall, das in Oktaven angegeben wird, und dessen Bezugsfrequenz den festen Wert 125 Hz hat:

$$F_i = \left(\text{lb} \frac{f}{125 \text{ Hz}}\right) \text{oct}$$

Anmerkung: Durch die Wahl der festen Bezugsfrequenz 125 Hz und die Angabe in Oktaven ergibt sich folgender Zusammenhang zwischen den Frequenzen der 1. Oktavfolge (siehe DIN 45 401) und dem Frequenzindex:

f in Hz	...	31,5	63	125	250	500	1000	...
F_i in oct	...	−2	−1	0	1	2	3	...

Die Werte des Frequenzindex schließen sich an die Indizierung in der Musik an (z. B. c_1 = 261,6 Hz, c_2 = 523,2 Hz).

2.2 Spektrum

Das Spektrum einer zeitabhängigen Funktion ist die Beschreibung ihrer Zerlegung in Komponenten (Anteile), die bestimmten Frequenzen, Frequenzbereichen oder Frequenzmaßintervallen zugeordnet sind.

In der graphischen Darstellung ist die Abszisse stets die Frequenzachse. Bei der vollständigen Bezeichnung eines Spektrums ist die auf der Ordinate aufgetragene Größe vor der auf der Abszisse aufgetragenen Größe zu nennen (z. B. Schalldruckpegel-Oktav-Spektrum).

Anmerkung 1: Die zeitliche Abhängigkeit kann periodisch oder unperiodisch sein. Periodische Funktionen haben Linienspektren, unperiodische Funktionen haben normalerweise frequenzkontinuierliche Spektren. Bei determinierten Zeitfunktionen ist für eine eindeutige Zuordnung des Spektrums zur Zeitfunktion die Angabe von Amplitude und Phase jeder Komponente notwendig. Die Amplituden der Komponenten werden allein durch den Zeitverlauf, die Phasen durch den Zeitverlauf und die willkürliche Wahl des Zeitnullpunktes bestimmt. Die Spektralkomponenten können auch durch Real- und Imaginärteil einer komplexen Größe dargestellt werden.

Beispiele: Dauerton, Impuls.

Bei stochastischen Prozessen ist nur ein reelles Leistungsdichtespektrum physikalisch sinnvoll und definiert.

Beispiele: Rauschvorgang, Verkehrsgeräusch.

Anmerkung 2: Als Spektrum wird auch die Beschreibung von Eigenschwingungen von Festkörpern und von Hohlräumen bezeichnet, z. B. Modenspektrum. Hier besteht eine gewisse mathematische Analogie zu den Linienspektren. Unter anderen lassen sich den Moden auch Frequenzen zuordnen, oberhalb derer sie erst in Erscheinung treten.

Stichwortverzeichnis siehe Originalfassung der Norm

Fortsetzung Seite 2 und 3

Normenausschuß Einheiten und Formelgrößen (AEF) im DIN Deutsches Institut für Normung e. V.
Normenausschuß Akustik und Schwingungstechnik (FANAK) im DIN

2.2.1 Linienspektrum

Ein Linienspektrum ist ein Spektrum, bei dem die Komponenten bei einer oder mehreren diskreten Frequenzen auftreten.

Beispiele: Spektrum eines periodischen Vorganges, Teiltonreihe eines Klanges.

2.2.2 Kontinuierliches Spektrum

Ein kontinuierliches Spektrum ist ein Spektrum, bei dem die Komponenten kontinuierlich über (mindestens) einen Frequenzbereich oder (mindestens) ein Frequenzmaßintervall verteilt sind.

Beispiele: Spektrum eines einmaligen Vorganges, Leistungsdichtespektrum eines Rauschvorganges.

Anmerkung 1: Die Filterbandbreite soll bei Langzeitspektren so klein gemacht werden, daß eine weitere Verkleinerung die Form des gemessenen Spektrums nicht mehr wesentlich ändert. Es ist jedoch zu beachten, daß mit abnehmender Filterbandbreite die zeitliche Auflösung der spektralen Zusammensetzung des Signals geringer wird.

Anmerkung 2: Wenn in einem kontinuierlichem Spektrum Linien enthalten sind, hängt es von der Filterbandbreite ab, wie sehr sich die gemessenen Amplituden der Linien und des Kontinuums unterscheiden.

2.2.3 Frequenzspektrum

Ein Frequenzspektrum ist ein Spektrum, bei dem die Frequenz linear als Abszisse aufgetragen ist. Die bei der Messung verwendete konstante Filterbandbreite ist anzugeben.

Beispiele: Fourier'sche Analyse von Klängen, Analyse von Geräuschen mit einem Filter konstanter Bandbreite („Suchtonanalyse").

2.2.4 Frequenzmaßintervall-Spektrum, Intervallspektrum

Ein Frequenzmaßintervall-Spektrum (kurz Intervallspektrum) ist ein Spektrum, bei dem als Abszisse die Frequenzmaßintervalle in linearem Maßstab aufgetragen sind. Die bei der Messung verwendete konstante relative Bandbreite ist anzugeben.

Beispiel: Oktavanalyse eines Maschinengeräusches.

Anmerkung 1: Intervallspektren haben den Vorteil, daß das Gebiet der höher frequenten Anteile mehr und mehr zusammenrückt und damit ein größerer Frequenzbereich erfaßt wird.

Anmerkung 2: Häufig wird bei dieser Art des Spektrums die Frequenz in einem logarithmischen Maßstab auf der Abszisse aufgetragen. Die Normfrequenzen für akustische Messungen (siehe DIN 45401) sind so gewählt, daß sich in jeder Dekade die gleiche Ziffernserie wiederholt. Bei den Reihen der Terzfolgen ist 1 Dekade in 10 Intervalle (näherungsweise Terzen) unterteilt.

Vielfach werden zur Unterteilung der Intervalle die Frequenzen als Normzahlen (siehe DIN 323 Teil 1) auf der Abszisse angeschrieben. Der Normreihe R 10 z. B. entspricht eine Einteilung in Terzen (Drittel-Oktaven).

2.2.5 Amplitudenspektrum

Ein Amplitudenspektrum ist ein Spektrum, das nur die Amplituden der Komponenten angibt. In der graphischen Darstellung wird die Amplitude in linearem Maßstab auf der Ordinate aufgetragen.

Beispiel: Teiltöne eine Klanges.

2.2.6 Phasenwinkelspektrum, Phasenspektrum

Ein Phasenwinkelspektrum (kurz Phasenspektrum) ist ein Spektrum, das nur die Phasenwinkel der Komponenten angibt. In der graphischen Darstellung wird der Phasenwinkel in linearem Maßstab auf der Ordinate aufgetragen.

2.2.7 Komplexes Amplitudenspektrum

Ein komplexes Amplitudenspektrum ist die Zusammenfassung von Amplituden- und Phasenwinkelspektrum.

2.2.8 Leistungsspektrum, Energiespektrum

Ein Leistungsspektrum (Energiespektrum) ist ein Spektrum, das die Leistung (Energie) der Komponenten angibt. In der graphischen Darstellung wird die Leistung (Energie) in linearem Maßstab auf der Ordinate aufgetragen.

2.2.9 Leistungsdichtespektrum, Energiedichtespektrum, Amplitudendichtespektrum

Ein Leistungsdichtespektrum (Energiedichtespektrum, Amplitudendichtespektrum) ist ein Spektrum, das die Leistung (Energie, Amplitude) bezogen auf die Bandbreite angibt. In der graphischen Darstellung wird die Leistungsdichte (Energiedichte, Amplitudendichte) in linearem Maßstab auf der Ordinate aufgetragen.

Anmerkung: Leistungsdichten (Energiedichten, Amplitudendichten) werden im allgemeinen mit einem Analysator der konstanten Bandbreite Δf gemessen und auf die Bandbreite 1 Hz umgerechnet. Die bei der Messung verwendete Bandbreite ist anzugeben.

2.2.10 Pegelspektrum

Ein Pegelspektrum ist ein Spektrum, das die aus den Komponenten gebildeten Pegel angibt. In der graphischen Darstellung wird der Pegel in linearem Maßstab auf der Ordinate aufgetragen.

Anmerkung: Bei der Auftragung der Pegel (siehe DIN 5493) anstelle linear aufgetragener Amplituden wird ein größerer Amplitudenbereich erfaßt. Dadurch können schwache Komponenten besser in Erscheinung treten.

2.2.11 Pegel-Frequenz-Spektrum

Ein Pegel-Frequenz-Spektrum ist ein Spektrum, das die spektralen Pegel, das sind die Pegel in einem Frequenzbereich von 1 Hz, als Funktion der zugehörigen Frequenz angibt.

Anmerkung: Spektrale Pegel werden im allgemeinen nicht mit einem Analysator der Bandbreite 1 Hz, sondern mit einem Filter der konstanten Bandbreite Δf gemessen. Bei einem kontinuierlichen Spektrum läßt sich der in der Filterbandbreite Δf gemessene Pegel $L_{\Delta f}$ in den spektralen Pegel L_s umrechnen:

$$L_s = L_{\Delta f} - 10 \lg \left(\frac{\Delta f}{1\,\text{Hz}} \right) \text{dB}$$

Die bei der Messung verwendete Filterbandbreite ist anzugeben.

2.2.12 Pegel-Intervallspektrum

Ein Pegel-Intervallspektrum ist ein Spektrum, bei dem die Bandpegel, das sind die Pegel der Anteile in den verschiedenen Frequenzmaßintervallen, über dem jeweiligen Frequenzmaßintervall aufgetragen sind.

Anmerkung 1: Damit der Name des Intervalls nicht zweimal genannt werden muß, wird der exakte Ausdruck „Bandpegel-Intervallspektrum" zu „Pegel-Intervallspektrum" gekürzt.

Beispiel: Schalldruckpegel-Oktavspektrum statt genauer Oktavschalldruckpegel-Oktavspektrum.

Anmerkung 2: Sollen kontinuierliche Spektren, die mit Terzfiltern (Drittel-Oktav-Filtern) aufgenommen wurden, mit Oktavspektren verglichen werden, so müssen die gemessenen Terzpegel auf Oktavpegel umgerechnet werden. Da die Oktave das dreifache Intervall der Terz ist, gilt

$$L_{oct} = L_{terz} + 10 \lg 3\,\text{dB} = L_{terz} + 4{,}8\,\text{dB}.$$

Diese Umrechnung ist jedoch nur sinnvoll, wenn die drei Terzpegel in der betrachteten Oktave annähernd gleich sind.

2.2.13 Lautheitsdichte-Frequenzgruppen-Spektrum

Ein Lautheitsdichte-Frequenzgruppen-Spektrum ist ein Spektrum, bei dem die Teillautheiten, das sind die Lautheiten in den verschiedenen Frequenzgruppen, über den jeweiligen Frequenzgruppen aufgetragen sind.

Anmerkung 1: Definition der Lautheit siehe DIN 45 630 Teil 1.

Anmerkung 2: Erläuterung der Frequenzgruppen und Beispiele für Lautheitsdichte-Frequenzgruppenspektren (dort Lautheitsverteilung genannt) siehe DIN 45 631.

2.3 Übertragungskurve

Die Übertragungskurve eines elektroakustischen Übertragungssystems (linearen Zweitors) ist die Darstellung seines Übertragungsmaßes über einer logarithmischen Frequenzskale.

Beispiele: Übertragungskurve eines Mikrophons (siehe DIN 45 500 Teil 5), Übertragungskurve eines Lautsprechers (siehe DIN 45 500 Teil 7).

3 Graphische Darstellung

Bei der graphischen Darstellung sind die in DIN 461 festgelegten Grundsätze zu beachten. Dort finden sich z. B. Angaben über die Anordnung der Skalen und Teilung der Achsen sowie zeichentechnische Hinweise.

Genormte Logarithmen-Papiere siehe DIN 45 408.

3.1 Skalenverhältnisse

Bei der Darstellung von Pegel-Intervall-Spektren oder Übertragungskurven wird zweckmäßig das Verhältnis der Skalenabschnitte zueinander genormt, damit nicht die gleiche Übertragungskurve einmal nahezu eben, das andere Mal stark zerklüftet erscheint. Je nach dem darzustellenden Intensitätsbereich und der geforderten Meßgenauigkeit werden drei verschiedene Möglichkeiten empfohlen:

Die Länge einer Dekade auf der Abszisse soll der Länge für eine Differenz von 50 dB, 25 dB oder 10 dB auf der Ordinate entsprechen (vgl. IEC-Publikation 263 (1975)).

Anmerkung: Es hat sich vielfach eingebürgert, die Länge einer Dekade auf der Abszisse gleich 50 mm zu wählen. In diesem Fall kann das Koordinatennetz für ein Intervallspektrum in einfacher Weise auch auf normalem Millimeter-Papier gezeichnet werden. Dann entspricht nämlich die Länge einer Terz 5 mm, die einer Oktave 15 mm. Auf der Ordinate entspricht dann die Differenz 10 dB einer Länge von 10 mm, 20 mm oder 50 mm.

3.2 Markierung der Filterbandbreite

Die Pegel der Anteile in Frequenzbändern können entweder über den Mittenfrequenzen der Frequenzbänder oder als Treppenkurven über den Frequenzbändern selbst aufgetragen werden. Die bei der Messung verwendete Filterbandbreite ist auf der Abszisse zu markieren.

Beispiel 1: Anschließende Oktaven:

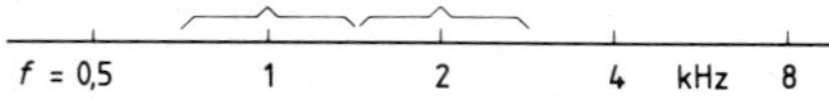

Beispiel 2: Überlappende Oktaven:

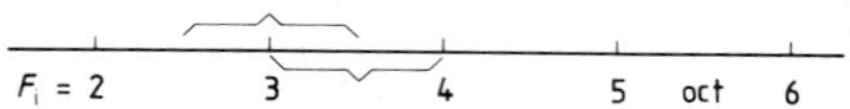

3.3 Eintragung von Gesamtpegeln in ein Pegel-Intervallspektrum

Werden Gesamtpegel in ein (Band-)Pegel-Intervallspektrum an der Seite eingetragen, ist die Abszissenskale an dieser Stelle in geeigneter Weise zu kennzeichnen, z. B. mit A, wenn der A-bewertete Schalldruckpegel (siehe DIN 45 633 Teil 1) eingetragen wird.

Weitere Normen und Unterlagen

DIN 323 Teil 1 Normzahlen und Normzahlreihen; Hauptwerte, Genauwerte, Rundwerte
DIN 323 Teil 2 Normzahlen und Normzahlreihen; Einführung
DIN 461 Graphische Darstellungen in Koordinatensystemen
DIN 1311 Teil 1 Schwingungslehre; kinematische Begriffe
DIN 1317 Teil 1 Norm-Stimmton; Norm-Stimmtonhöhe
DIN 1320 Akustik; Grundbegriffe
DIN 1332 Akustik; Formelzeichen
DIN 5493 Logarithmierte Größenverhältnisse; Pegel, Maße
DIN 45 401 Akustik; Elektroakustik; Normfrequenzen für akustische Messungen
DIN 45 408 Logarithmen-Papier für Frequenzkurven im Hörbereich
DIN 45 500 Teil 5 Heimstudio-Technik (Hi-Fi); Mindestanforderungen an Mikrophone
DIN 45 500 Teil 7 Heimstudio-Technik (Hi-Fi); Mindestanforderungen an Lautsprecher
DIN 45 630 Teil 1 Grundlagen der Schallmessung; Physikalische und subjektive Größen von Schall
DIN 45 631 Berechnung des Lautstärkepegels aus dem Geräuschspektrum; Verfahren nach E. Zwicker
DIN 45 633 Teil 1 Präzisionsschallpegelmesser; Allgemeine Anforderungen
IEC-Publikation 27-3 (1974) Letter Symbols to be used in electrical technology, Part 3: Logarithmic quantities and units
IEC-Publikation 263 (1975) Scales and Sizes for Plotting Frequency Characteristics and Polar Diagrams

DK 621.316.13.025.3 : 001.4
: 003.62 : 53.08

September 1980

Elektrische Energietechnik

Komponenten in Drehstromnetzen

Begriffe, Größen, Formelzeichen

DIN 13 321

Electric power engineering; components in three-phase networks; concepts, quantities, and their letter symbols

Inhalt

1 Zweck und Geltungsbereich

Die Untersuchung von Betriebs- und Ausgleichsvorgängen in mehrphasigen Wechselstromnetzen wird durch die ohmsche, induktive und kapazitive Kopplung der Stränge erschwert. Die Berechnung und Darstellung solcher Vorgänge in Wechselstrom-Mehrphasensystemen wird entscheidend vereinfacht, wenn man die Werte der variablen Größen gekoppelter Stränge in entsprechende Werte weitgehend entkoppelter Stränge transformiert. Dies ist immer möglich bei Strängen, die in Aufbau und Anordnung gewisse Symmetriebedingungen erfüllen, wobei außerdem die verschiedenen variablen Größen linear voneinander abhängig sein müssen.

Im folgenden werden die mit den oben angedeuteten Transformationen zusammenhängenden Begriffe, Größen und Formelzeichen behandelt, und zwar ausschließlich für die zumeist vorkommenden dreiphasigen Drehstromnetze.

Formelzeichen komplexer Größen werden in dieser Norm nicht besonders gekennzeichnet. Konjugiert komplexe Größen werden durch einen hochgestellten Stern (*) am Formelzeichen gekennzeichnet.

2 Begriffe

2.1 Komponenten im Sinne dieser Norm (siehe Anmerkungen) sind die meist zeitlich veränderlichen Größen, für die das Überlagerungsprinzip gilt. Solche Größen können z. B. sein elektrische Ströme und Spannungen, elektrische und magnetische Feldstärken, Ladungen, Flüsse, elektrische Stromdichten, elektrische und magnetische Flußdichten, nicht aber Leistungen und Energien. Für die Komponenten wird das allgemeine Formelzeichen g sowohl für Augenblickswerte als auch für Effektivwerte — abweichend von DIN 5483 Teil 2 (z. Z. noch Entwurf) — verwendet.

2.2 Koeffizienten im Sinne dieser Norm sind die Quotienten unterschiedlicher Komponenten. Zu diesen Quotienten gehören z. B. Impedanzen und Admittanzen sowie deren Wirkanteile und Blindanteile (siehe DIN 40 110, Ausgabe Oktober 1975, Abschnitt 1.5.2), Induktivitäten und Kapazitäten, ferner Strom- und Spannungsübersetzungen.

2.3 Originalgrößen (Originalkomponenten und Originalkoeffizienten) nennt man die Komponenten und Koeffizienten des dreiphasigen Drehstromnetzes (siehe Anmerkungen).

Stichwortverzeichnis siehe Originalfassung der Norm

Fortsetzung Seite 2 bis 9

Normenausschuß Einheiten und Formelgrößen (AEF) im DIN Deutsches Institut für Normung e. V.
Deutsche Elektrotechnische Kommission im DIN und VDE (DKE)

2.4 Bildgrößen (Bildkomponenten und Bildkoeffizienten) nennt man die nach den Angaben der Abschnitte 4 und 6 transformierten Originalgrößen (siehe Anmerkungen).

2.5 Originalraum nennt man die Gesamtheit der Originalgrößen nach Abschnitt 2.3 (siehe Anmerkungen).

2.6 Bildräume nennt man die Gesamtheit der jeweils zusammengehörenden Bildgrößen nach Abschnitt 2.4 (siehe Anmerkungen).

2.7 Komponententripel nennt man das Tripel der Komponenten am selben Ort und zur selben Zeit im selben Originalraum oder Bildraum. Die Komponententripel werden durch Spaltenvektoren (siehe DIN 5486, Ausgabe Dezember 1962, Bemerkungen zu Nr 2.02) beschrieben.

2.8 Zeiger ist eine Darstellungsweise für komplexe Koeffizienten oder allgemeiner für spezielle Werte zeitlich oder räumlich sinusförmig veränderlicher komplexer Größen. Hierzu gehören z. B. der komplexe Augenblickswert, die komplexe Amplitude und der komplexe Effektivwert. Man unterscheidet ruhende Zeiger, z. B. die komplexe Amplitude und den komplexen Effektivwert, und rotierende Zeiger (Drehzeiger), z. B. den komplexen Augenblickswert.

3 Vereinfachende Annahmen

Dieser Norm liegen folgende Annahmen zugrunde:

3.1 Einheitliche lineare und reguläre Transformation aller Komponenten (siehe DIN 5486).

3.2 Zyklische oder diagonal-zyklische Symmetrie der Koeffizientenmatrix (siehe Abschnitte 5.3 und 5.4).

3.3 Unabhängigkeit der Elemente der Transformationsmatrizen (siehe Abschnitt 4) von den Originalgrößen (siehe Abschnitt 2.3) und von den Bildgrößen (siehe Abschnitt 2.4).

3.4 Unabhängigkeit der Koeffizienten von den Komponenten.

3.5 Invarianz der komplexen Leistung: Die Summe der komplexen Leistungen ist in allen Bildräumen und im Originalraum gleich. Hiervon wird in der Bezugskomponenteninvarianten Form abgewichen (siehe Abschnitt 8 und Anmerkungen).

4 Transformationsmatrizen (siehe Anmerkungen)

4.1 Allgemeines

Zwischen dem Komponententripel g_a, g_b, g_c in einem Drehstromnetz (Originalraum) und dem Komponententripel g_A, g_B, g_C in einem der hier betrachteten Bildräume besteht folgender Zusammenhang:

$$\begin{aligned} g_A &= t_{aa}\, g_a + t_{ab}\, g_b + t_{ac}\, g_c \\ g_B &= t_{ba}\, g_a + t_{bb}\, g_b + t_{bc}\, g_c \\ g_C &= t_{ca}\, g_a + t_{cb}\, g_b + t_{cc}\, g_c \end{aligned} \tag{1}$$

oder in Matrizenschreibweise:

$$\begin{pmatrix} g_A \\ g_B \\ g_C \end{pmatrix} = \begin{pmatrix} t_{aa} & t_{ab} & t_{ac} \\ t_{ba} & t_{bb} & t_{bc} \\ t_{ca} & t_{cb} & t_{cc} \end{pmatrix} \begin{pmatrix} g_a \\ g_b \\ g_c \end{pmatrix} \tag{2}$$

oder kürzer: $\boldsymbol{g}_{ABC} = \boldsymbol{T}\boldsymbol{g}_{abc}$ (3)

Dabei sind $\boldsymbol{g}$ die Spaltenvektoren mit den durch die Indizes gekennzeichneten Elementen.

$$\boldsymbol{T} = \begin{pmatrix} t_{aa} & t_{ab} & t_{ac} \\ t_{ba} & t_{bb} & t_{bc} \\ t_{ca} & t_{bc} & t_{cc} \end{pmatrix} \tag{4}$$

ist die beim Übergang vom Originalraum abc zum Bildraum ABC auftretende quadratische Transformationsmatrix. Entsprechende Transformationsmatrizen bestehen auch für Transformationen zwischen unterschiedlichen Bildräumen oder zwischen einem Bildraum und dem Originalraum.

Die Transformation vom Bildraum ABC in den Originalraum abc erfolgt durch die Beziehung:

$$\boldsymbol{g}_{abc} = \boldsymbol{T}^{-1}\, \boldsymbol{g}_{ABC} \tag{5}$$

Hierbei ist $\boldsymbol{T}^{-1}$ die inverse (reziproke) Matrix von $\boldsymbol{T}$ (siehe DIN 5486, Ausgabe Dezember 1962, Nr 3.01).

4.2 Folgerungen aus der Leistungsinvarianz

Bezeichnet man mit $\boldsymbol{g}^T$ bzw. $\boldsymbol{T}^T$ die transponierten (gestürzten) Matrizen von $\boldsymbol{g}$ bzw. $\boldsymbol{T}$ (siehe DIN 5486, Ausgabe Dezember 1962, Nr 3.03), so gelten für die Summen der komplexen Leistungen in den einzelnen Strängen die Beziehungen:

Im Originalraum:

$$p_{abc} = u_a\, i_a^* + u_b\, i_b^* + u_c\, i_c^* = \boldsymbol{u}_{abc}^T\, \boldsymbol{i}_{abc}^* \tag{6}$$

Im Bildraum:

$$p_{ABC} = u_A\, i_A^* + u_B\, i_B^* + u_C\, i_C^* = \boldsymbol{u}_{ABC}^T\, \boldsymbol{i}_{ABC}^* \tag{7}$$

Die Summe der komplexen Leistungen in den einzelnen Strängen des Bildraums ergibt sich aus Gleichung (7) unter Beachtung von Gleichung (3) zu:

$$p_{ABC} = (\boldsymbol{T}\boldsymbol{u}_{abc})^T\, \boldsymbol{T}^*\, \boldsymbol{i}_{abc}^* = \boldsymbol{u}_{abc}^T\, \boldsymbol{T}^T\, \boldsymbol{T}^*\, \boldsymbol{i}_{abc}^* \tag{8}$$

Die nach Abschnitt 3.5 geforderte Leistungsinvarianz wird erfüllt durch Gleichsetzen von p_{ABC} nach Gleichung (8) und p_{abc} nach Gleichung (6), also:

$$\boldsymbol{u}_{abc}^T\, \boldsymbol{T}^T\, \boldsymbol{T}^*\, \boldsymbol{i}_{abc}^* = \boldsymbol{u}_{abc}^T\, \boldsymbol{i}_{abc}^* \tag{9}$$

Die Leistungsinvarianz stellt bei beliebigen $\boldsymbol{u}_{abc}$ und $\boldsymbol{i}_{abc}$ folgende Bedingung:

$$\boldsymbol{T}^T\, \boldsymbol{T}^* = \boldsymbol{E} = \begin{pmatrix} 1 & 0 & 0 \\ 0 & 1 & 0 \\ 0 & 0 & 1 \end{pmatrix} \tag{10}$$

Hierbei ist $\boldsymbol{E}$ die Einheitsmatrix (Einsmatrix) (siehe DIN 5486, Ausgabe Dezember 1962, Nr 2.06). $\boldsymbol{T}$ muß also eine unitäre Matrix sein (siehe DIN 5486, Ausgabe Dezember 1962, Nr 3.12).

5 Koeffizientenmatrizen im Originalraum

(siehe Anmerkungen)

5.1 Allgemeine Form

Die Stränge in einem Originalraum abc werden durch ihre Koeffizientenmatrix $\boldsymbol{M}_{abc}$, d. h. z. B. durch ihre Impedanzmatrix $\boldsymbol{Z}_{abc}$ oder durch ihre Admittanzmatrix $\boldsymbol{Y}_{abc}$, eindeutig beschrieben. Die Koeffizientenmatrix für ein Drehstromnetz lautet in allgemeiner Form:

$$\boldsymbol{M}_{abc} = \begin{pmatrix} m_{aa} & m_{ab} & m_{ac} \\ m_{ba} & m_{bb} & m_{bc} \\ m_{ca} & m_{cb} & m_{cc} \end{pmatrix} \tag{11}$$

Beispielsweise sind die Spannungen und Ströme des Originalraums abc verknüpft durch die Beziehung:

$$\boldsymbol{u}_{abc} = \begin{pmatrix} u_a \\ u_b \\ u_c \end{pmatrix} = \begin{pmatrix} z_{aa} & z_{ab} & z_{ac} \\ z_{ba} & z_{bb} & z_{bc} \\ z_{ca} & z_{cb} & z_{cc} \end{pmatrix} \begin{pmatrix} i_a \\ i_b \\ i_c \end{pmatrix} = \boldsymbol{Z}_{abc}\, \boldsymbol{i}_{abc} \tag{12}$$

mit $\boldsymbol{Z}_{abc}$ als Impedanzmatrix.

5.2 Diagonale Symmetrie

Die hierunter fallende Koeffizientenmatrix enthält sechs unterschiedliche Elemente, von denen drei symmetrisch zur Hauptdiagonale angeordnet sind. Hierbei vereinfacht sich die Koeffizientenmatrix nach Gleichung (11) durch die Bedingungen $m_{ab} = m_{ba}$, $m_{ac} = m_{ca}$, $m_{bc} = m_{cb}$.

Die diagonalsymmetrische Koeffizientenmatrix lautet also:

$$\boldsymbol{M}_{\mathrm{d}} = \begin{pmatrix} m_{\mathrm{aa}} & m_{\mathrm{ba}} & m_{\mathrm{ca}} \\ m_{\mathrm{ba}} & m_{\mathrm{bb}} & m_{\mathrm{cb}} \\ m_{\mathrm{ca}} & m_{\mathrm{cb}} & m_{\mathrm{cc}} \end{pmatrix} \quad (13)$$

Eine Koeffizientenmatrix in der Form von Gleichung (13) tritt z. B. bei einer Drehstromleitung auf, deren drei Außenleiter beliebig angeordnet sind. Liegt eine Koeffizientenmatrix nach Gleichung (13) vor, so lassen sich die Komponenten des Originalraumes in den Bildräumen nicht entkoppeln.

5.3 Zyklische Symmetrie

Die hierunter fallende Koeffizientenmatrix enthält drei unterschiedliche Elemente, durch deren zyklische Vertauschung sich jede Zeile aus der vorangehenden ergibt. Hierbei vereinfacht sich die Koeffizientenmatrix nach Gleichung (11) durch die Bedingungen $m_{\mathrm{aa}} = m_{\mathrm{bb}} = m_{\mathrm{cc}}$ und $m_{\mathrm{ab}} = m_{\mathrm{bc}} = m_{\mathrm{ca}}$ sowie $m_{\mathrm{ac}} = m_{\mathrm{ba}} = m_{\mathrm{cb}}$.

Die zyklisch symmetrische Koeffizientenmatrix lautet also:

$$\boldsymbol{M}_{\mathrm{z}} = \begin{pmatrix} m_{\mathrm{aa}} & m_{\mathrm{ca}} & m_{\mathrm{ba}} \\ m_{\mathrm{ba}} & m_{\mathrm{aa}} & m_{\mathrm{ca}} \\ m_{\mathrm{ca}} & m_{\mathrm{ba}} & m_{\mathrm{aa}} \end{pmatrix} \quad (14)$$

Eine Koeffizientenmatrix in der Form von Gleichung (14) tritt z. B. bei Asynchronmaschinen im Dauerbetrieb auf. Liegt eine Koeffizientenmatrix nach Gleichung (14) vor, so lassen sich die Komponenten in den Bildräumen der symmetrischen Komponenten (siehe Abschnitt 7.2.2) und der Raumzeigerkomponenten (siehe Abschnitt 7.2.5) entkoppeln.

5.4 Diagonal-zyklische Symmetrie

Die hierunter fallende Koeffizientenmatrix enthält nur zwei unterschiedliche Elemente. Es handelt sich hier um den gemeinsamen Sonderfall der diagonalen Symmetrie nach Abschnitt 5.2 und der zyklischen Symmetrie nach Abschnitt 5.3. Hiermit vereinfacht sich die Koeffizientenmatrix nach Gleichung (14) durch die Bedingung $m_{\mathrm{ba}} = m_{\mathrm{ca}}$.

Die diagonal-zyklische Koeffizientenmatrix lautet also:

$$\boldsymbol{M}_{\mathrm{dz}} = \begin{pmatrix} m_{\mathrm{aa}} & m_{\mathrm{ba}} & m_{\mathrm{ba}} \\ m_{\mathrm{ba}} & m_{\mathrm{aa}} & m_{\mathrm{ba}} \\ m_{\mathrm{ba}} & m_{\mathrm{ba}} & m_{\mathrm{aa}} \end{pmatrix} \quad (15)$$

Eine Koeffizientenmatrix in der Form von Gleichung (15) tritt z. B. bei den Strängen symmetrisch aufgebauter Übertragungsmittel in Drehstromnetzen auf. Liegt eine Koeffizientenmatrix nach Gleichung (15) vor, so sind die Komponenten für den Fall ohne zeitliche Ableitung (siehe Abschnitt 6.1) in allen Bildräumen entkoppelt.

6 Koeffizientenmatrix in den Bildräumen

6.1 Fall ohne zeitliche Ableitung der Komponenten

Wendet man Gleichung (3) und (5) auf die Spaltenvektoren $\boldsymbol{u}$ bzw. $\boldsymbol{i}$ für die Spannungen bzw. Ströme an, so folgt aus Gleichung (12):

$$\begin{aligned} \boldsymbol{u}_{\mathrm{ABC}} &= \boldsymbol{T}\boldsymbol{u}_{\mathrm{abc}} = \boldsymbol{T}\boldsymbol{Z}_{\mathrm{abc}}\,\boldsymbol{i}_{\mathrm{abc}} = \boldsymbol{T}\boldsymbol{Z}_{\mathrm{abc}}\,\boldsymbol{T}^{-1}\,\boldsymbol{i}_{\mathrm{ABC}} \\ &= \boldsymbol{Z}_{\mathrm{ABC}}\,\boldsymbol{i}_{\mathrm{ABC}} \end{aligned} \quad (16)$$

Aus den beiden letzten Gliedern von Gleichung (16) ergibt sich, daß die den Bildraum beschreibende Impedanzmatrix mit der des Originalraumes verknüpft ist durch die Beziehung:

$$\boldsymbol{Z}_{\mathrm{ABC}} = \boldsymbol{T}\boldsymbol{Z}_{\mathrm{abc}}\,\boldsymbol{T}^{-1} \quad (17)$$

Ganz allgemein gilt für die Verknüpfung der Koeffizientenmatrizen des Bildraumes ABC und des Originalraumes abc:

$$\boldsymbol{M}_{\mathrm{ABC}} = \boldsymbol{T}\boldsymbol{M}_{\mathrm{abc}}\,\boldsymbol{T}^{-1} \quad (18)$$

Weist die Matrix $\boldsymbol{M}_{\mathrm{abc}}$ die Symmetrieeigenschaften nach Gleichung (14) oder (15) auf, so gelingt es mit den Transformationsmatrizen von Tabelle 2, die Stränge, deren Eigenschaften durch die Koeffizientenmatrix $\boldsymbol{M}_{\mathrm{abc}}$ im Originalraum beschrieben werden, im Bildraum weitgehend zu entkoppeln.

6.2 Fall mit zeitlicher Ableitung der Komponenten

Bei der zeitlichen Ableitung von zeitabhängigen Matrizenprodukten ist die Regel für die Bildung der Ableitung des Produktes zweier Funktionen nach der Variablen (in diesem Fall nach der Zeit) zu beachten. Wendet man die Gleichungen (3) und (5) auf die Spaltenvektoren von $\boldsymbol{u}$ bzw. $\frac{\mathrm{d}}{\mathrm{d}t}\boldsymbol{i}$ für die Spannungen bzw. die zeitliche Ableitung der Ströme an, so erhält man mit $\boldsymbol{L}_{\mathrm{abc}}$ als Induktivitätsmatrix:

$$\left.\begin{aligned} \boldsymbol{u}_{\mathrm{ABC}} &= \boldsymbol{T}\boldsymbol{u}_{\mathrm{abc}} = \boldsymbol{T}\frac{\mathrm{d}}{\mathrm{d}t}\left(\boldsymbol{L}_{\mathrm{abc}}\,\boldsymbol{i}_{\mathrm{abc}}\right) \\ &= \boldsymbol{T}\boldsymbol{L}_{\mathrm{abc}}\frac{\mathrm{d}}{\mathrm{d}t}\left(\boldsymbol{T}^{-1}\boldsymbol{i}_{\mathrm{ABC}}\right) \\ &= \boldsymbol{T}\boldsymbol{L}_{\mathrm{abc}}\,\boldsymbol{T}^{-1}\frac{\mathrm{d}}{\mathrm{d}t}\boldsymbol{i}_{\mathrm{ABC}} \\ &\quad + \boldsymbol{T}\boldsymbol{L}_{\mathrm{abc}}\frac{\mathrm{d}}{\mathrm{d}t}\left(\boldsymbol{T}^{-1}\right)\boldsymbol{i}_{\mathrm{ABC}} \\ &= \boldsymbol{L}_{\mathrm{ABC}}\frac{\mathrm{d}}{\mathrm{d}t}\boldsymbol{i}_{\mathrm{ABC}} + \underset{\sim}{\boldsymbol{L}}_{\mathrm{ABC}}\,\boldsymbol{i}_{\mathrm{ABC}} \end{aligned}\right\} \quad (19)$$

Aus den beiden letzten Zeilen von Gleichung (19) ergibt sich, daß die den Bildraum beschreibenden Matrizen mit der des Originalraumes verknüpft sind durch die Beziehungen:

$$\boldsymbol{L}_{\mathrm{ABC}} = \boldsymbol{T}\boldsymbol{L}_{\mathrm{abc}}\,\boldsymbol{T}^{-1} \quad (20)$$

und

$$\underset{\sim}{\boldsymbol{L}}_{\mathrm{ABC}} = \boldsymbol{T}\boldsymbol{L}_{\mathrm{abc}}\frac{\mathrm{d}}{\mathrm{d}t}\left(\boldsymbol{T}^{-1}\right) \quad (21)$$

(bezüglich des Index ~ siehe Anmerkungen).

Ganz allgemein gilt für die Verknüpfung der Koeffizientenmatrizen des Bildraumes (Index ABC) mit denen des Originalraumes (Index abc):

$$\boldsymbol{M}_{\mathrm{ABC}} = \boldsymbol{T}\boldsymbol{M}_{\mathrm{abc}}\,\boldsymbol{T}^{-1} \quad (22)$$

und

$$\underset{\sim}{\boldsymbol{M}}_{\mathrm{ABC}} = \boldsymbol{T}\boldsymbol{M}_{\mathrm{abc}}\frac{\mathrm{d}}{\mathrm{d}t}\left(\boldsymbol{T}^{-1}\right) \quad (23)$$

7 Komponenten in leistungsinvarianter Form

7.1 Benennungen, Indizes, Bezugskomponente, Homopolarkomponente

Tabelle 1 gibt eine Übersicht über die verschiedenen Komponenten mit ihren Benennungen, Indizes und den Bezugskomponenten. Dabei sind in Spalte 3 anstelle der in den vorigen Abschnitten verwendeten Indizes abc für die Originalgrößen und ABC für die Bildgrößen die zu den einzelnen Komponententripeln gehörenden speziellen Indizes angegeben.

In Spalte 4 sind die Indizes der Bezugskomponenten (siehe Abschnitt 8) aufgeführt. Hierbei geht man vereinbarungsgemäß von der Komponente g_{R} als Zeiger (siehe Tabelle 3, Zeile 2) im Originalraum aus und ordnet dieser in jedem Bildraum eine Bezugskomponente mit folgender Eigenschaft zu: Sie muß im symmetrischen Betrieb, d. h. bei verschwindender Homopolarkomponente g_{h} (siehe Tabelle 3), sowie für verschwindende Zeitfunktion $\xi(t) = 0$ (siehe Tabelle 3) mit der Bezugskomponente g_{R} des Originalraums bis auf einen konstanten reellen Faktor übereinstimmen.

Die Homopolarkomponente g_{h} ist in allen Bildräumen gleich (siehe Tabelle 2), nämlich

$$\sqrt{3}\, g_{h} = g_{R} + g_{S} + g_{T} \qquad (24)$$

Sie wird in den folgenden Abschnitten 7.2 und 7.3 nicht immer ausdrücklich aufgeführt.

7.2 Übersicht über die Transformationsmatrizen

7.2.1 Kennzeichnung

Tabelle 2 zeigt die Matrizen (siehe auch Abschnitte 4 und 6), mit denen zwischen dem Originalraum und den Bildräumen transformiert wird.

Es empfiehlt sich, schon aus der Transformationsmatrix erkennbar zu machen, aus welchem Raum in welchen Raum eine Größe $\boldsymbol{g}$ transformiert werden soll.

Zu diesem Zweck ist das Zeichen $\boldsymbol{T}$ der Transformationsmatrix mit zwei entsprechenden Indizes zu kennzeichnen. Hierbei ist der erste (zweite) Index der Index der Bezugskomponente jenes Raumes, aus dem (in den) transformiert wird.

Beispiele:

$\boldsymbol{g}_{h\alpha\beta} = \boldsymbol{T}_{R\alpha}\, \boldsymbol{g}_{RST}$, $\boldsymbol{g}_{hdq} = \boldsymbol{T}_{Rd}\, \boldsymbol{g}_{RST}$, $\boldsymbol{g}_{h\alpha\beta} = \boldsymbol{T}_{p\alpha}\, \boldsymbol{g}_{hpn}$

Tabelle 3 zeigt die vorhandenen Komponententripel einer im Originalraum dreiphasig symmetrischen Größe vor und nach leistungsinvarianter Transformation.

7.2.2 Symmetrische Komponenten

Die symmetrischen Komponenten bieten besondere Vorteile beim Rechnen mit Zeigern. Die Mitkomponente g_{p} beschreibt vollständig ein symmetrisches dreiphasiges Zeigertripel mit der Phasenfolge R S T. Entsprechend kennzeichnet die Gegenkomponente g_{n} vollständig ein symmetrisches Zeigertripel mit der Phasenfolge R T S.

Symmetrische Komponenten werden vorwiegend zur Untersuchung von Drehstromnetzen im eingeschwungenen Zustand verwendet.

In der Praxis wird meist die Bezugskomponenten-invariante Form verwendet (siehe Abschnitt 8).

7.2.3 Orthogonalkomponenten (ständerbezogen)

Drehfelder mit verschwindender Homopolarkomponente lassen sich statt mit drei Strängen auch mit zwei Strängen erzeugen. Hierbei sind die beiden Feldkomponenten g_{α} und g_{β} räumlich und zeitlich um den Winkel $\frac{\pi}{2}$ rad gegeneinander versetzt.

Orthogonalkomponenten werden zweckmäßig für zeitveränderliche Größen (Untersuchung von Ausgleichsvorgängen in Netzen mit analogen oder digitalen Rechenanlagen) und für Zeiger (Untersuchung von Mehrfachfehlern am Wechselstrom-Netzmodell) verwendet.

7.2.4 Zweiachsenkomponenten (läuferbezogen)

Die Zweiachsenkomponenten g_{h}, g_{d}, g_{q} sind die frequenztransformierte, d. h. die auf $\zeta = \omega_{r} t$ sich beziehende Form der Orthogonalkomponenten g_{h}, g_{α}, g_{β} (siehe Tabelle 2, Spalte 3, Nr 4 und erläuternder Text unter der Tabelle).

Zweiachsenkomponenten werden vorzugsweise zur Untersuchung der Vorgänge in Synchronmaschinen verwendet. Man wählt dabei die zunächst beliebige Funktion $\zeta(t)$ (siehe Tabelle 2) so, daß sie dem Winkel zwischen der ortsfesten Wicklungsachse des Ständers (Bezugskomponente g_{R}) und der rotierenden Wicklungsachse des Läufers (Bezugskomponente g_{d}) entspricht. Das bei der Untersuchung von Betriebs- und Ausgleichsvorgängen in Synchronmaschinen auftretende System von Differentialgleichungen enthält dann bei konstanter Drehzahl trotz der anisotropen Struktur des Läufers nur konstante (von der Zeit unabhängige) Koeffizienten. Sind die Kreisfrequenz ω des Netzes und die Winkelgeschwindigkeit ω_{r} des Läufers konstant und gleich groß, so sind die Komponenten konstant (siehe Tabelle 3, Spalte 4, Nr 2).

7.2.5 Raumzeigerkomponenten

Die Raumzeigerkomponenten g_{h}, g_{s}, g_{z} sind die frequenztransformierte, d. h. die auf $\zeta = \omega_{r} t$ sich beziehende Form der symmetrischen Komponenten g_{h}, g_{p}, g_{n} (siehe Tabelle 2, Spalte 2, Nr 5 und erläuternder Text unter der Tabelle). Raumzeigerkomponenten werden vorteilhaft bei der Untersuchung von Netzen mit mehreren Synchronmaschinen verwendet.

Sind die Originalgrößen g_{RST} Augenblickswerte, so wird die Komponente g_{s} auch als Raumzeiger bezeichnet.

Die drei Projektionen eines Raumzeigers auf drei feststehende, um $\frac{3\pi}{2}$ rad räumlich versetzte Achsen sind dann den Augenblickswerten der betrachteten Größe in den Außenleitern RST nach Abzug der Homopolarkomponente proportional.

7.3 Besondere Eigenschaften der Komponenten

7.3.1 Transformationsmatrizen

Bei Transformationen zwischen den Komponenten g_{R}, g_{S}, g_{T}; g_{h}, g_{α}, g_{β} und g_{h}, g_{d}, g_{q} sind die Transformationsmatrizen reell. Bei sämtlichen Transformationen, die auf symmetrische Komponenten g_{h}, g_{p}, g_{n} oder auf Raumzeigerkomponenten g_{h}, g_{s}, g_{z} führen, sind die Transformationsmatrizen komplex (siehe Tabelle 2). Allgemein gilt jedoch stets für die zeitveränderlichen Größen: Die Summe der Augenblickswerte der Leistungen $\boldsymbol{u}_{ABC}^{T}\, \boldsymbol{i}_{ABC}^{*} = \boldsymbol{u}_{abc}^{T}\, \boldsymbol{i}_{abc}^{*}$ ist immer reell (siehe Gleichungen (6) und (7)), obwohl $\boldsymbol{u}_{ABC}$ und $\boldsymbol{i}_{ABC}$ selbst komplex sein können. Dabei sind alle zwischen den in Tabelle 1 angegebenen Komponenten möglichen Transformationen zu jedem Zeitpunkt auch bezüglich der Summen der Augenblicksleistungen invariant.

Bei der gewohnten komplexen Rechnung erhält man die Zeitfunktion als Realteil des entsprechenden Zeigers. Damit ist üblicherweise ein einfacher Übergang zwischen Zeitfunktionen und Zeigern gegeben. Nach Anwendung komplexer Transformationen ist streng zwischen zeitveränderlichen Funktionen und Zeigerfunktionen zu unterscheiden, da hierbei der erwähnte Zusammenhang (Beispiel siehe Tabelle 3) nicht mehr besteht.

7.3.2 Beziehungen zwischen den Komponenten unterschiedlicher Bildräume

Für $\zeta = 0$ sind die symmetrischen Komponenten g_{h}, g_{p}, g_{n} ein Sonderfall der Raumzeigerkomponenten g_{h}, g_{s}, g_{z} (siehe Tabelle 2, Spalte 1, Nr 2 und 5) und die Orthogonalkomponenten g_{h}, g_{α}, g_{β} ein Sonderfall der Zweiachsenkomponenten g_{h}, g_{d}, g_{q} (siehe Tabelle 2, Spalte 1, Nr 3 und 4).

Weiter bestehen folgende Zusammenhänge zwischen Raumzeigerkomponenten und Zweiachsenkomponenten (siehe Tabelle 2, Kreuzungsfeld Spalte 4 und Nr 5):

$$\begin{aligned} \sqrt{2}\, g_{s} &= g_{d} + \mathrm{j} g_{q} \\ \sqrt{2}\, g_{z} &= g_{d} - \mathrm{j} g_{q} \end{aligned} \qquad (25)$$

und entsprechend für den Sonderfall der symmetrischen Komponenten und der Orthogonalkomponenten (siehe Tabelle 2, Kreuzungsfeld Spalte 3 und Nr 2):

$$\begin{aligned} \sqrt{2}\, g_{p} &= g_{\alpha} + \mathrm{j} g_{\beta} \\ \sqrt{2}\, g_{n} &= g_{\alpha} - \mathrm{j} g_{\beta} \end{aligned} \qquad (26)$$

Bei reellen Komponenten g_{R}, g_{S}, g_{T} im Originalraum folgt aus Gleichung (25) und (26):

$$g_{z} = g_{s}^{*} \qquad (27)$$

$$g_{n} = g_{p}^{*} \qquad (28)$$

In diesem Fall kann also ohne aufwendige Rechnung die dritte Komponente des Tripels als konjugiert komplexer Wert der zweiten bestimmt werden.

8 Bezugskomponenten-invariante Form der symmetrischen Komponenten

Bei symmetrischen Komponenten ist meist die Bezugskomponenten-invariante Form mit den Indizes 0 1 2 üblich. Sie geht aus der leistungsinvarianten Form hervor, indem man die Transformationsmatrizen der Tabelle 2 in Spalte 2, Nr 1, mit $\sqrt{3}$ multipliziert und in Spalte 1, Nr 2, durch $\sqrt{3}$ dividiert. Damit erhält man z. B. die Beziehungen:

$$\begin{pmatrix} g_R \\ g_S \\ g_T \end{pmatrix} = \begin{pmatrix} 1 & 1 & 1 \\ 1 & a^2 & a \\ 1 & a & a^2 \end{pmatrix} \begin{pmatrix} g_0 \\ g_1 \\ g_2 \end{pmatrix} \tag{29}$$

und

$$\begin{pmatrix} g_0 \\ g_1 \\ g_2 \end{pmatrix} = \frac{1}{3} \begin{pmatrix} 1 & 1 & 1 \\ 1 & a & a^2 \\ 1 & a^2 & a \end{pmatrix} \begin{pmatrix} g_R \\ g_S \\ g_T \end{pmatrix} = \frac{1}{\sqrt{3}} \begin{pmatrix} g_h \\ g_p \\ g_n \end{pmatrix} \tag{30}$$

Hierin ist der komplexe Operator $a = \mathrm{e}^{\mathrm{j}\alpha}$ mit $\alpha = \frac{2\pi}{3}$ rad.

Wie man aus Gleichung (29) mit $g_0 = 0$ und $g_2 = 0$ ersieht, stimmt dann der Zeiger g_R (Bezugskomponente im Originalraum) mit dem Zeiger g_1 (Bezugskomponente im Bildraum) überein.

Die Bezugskomponenten-invariante Form der symmetrischen Komponenten weist in Drehstromnetzen zusätzlich folgende Eigenschaften auf:

Die Nullkomponente der Spannung ist zugleich die Leerlaufspannung zwischen dem Sternpunkt eines am gleichen Ort angeschlossenen Sternpunktbildners (z. B. Transformatorsternpunkt) und Bezugserde;

der dreifache Wert der Nullkomponente des Stromes ist gleich dem Strom, der über Erde und Erdleitungssysteme (z. B. metallische Kabelmäntel) fließt; im symmetrischen Betrieb stimmen alle Zeiger des einphasigen Ersatzschaltbildes mit der Mitkomponente dieser Größen überein;

die Zeigerspitze der Nullkomponente g_0 liegt im Flächenschwerpunkt des Dreiecks zwischen den Zeigerspitzen der Drehstromkomponenten g_R, g_S, g_T.

9 Komponententransformationen in Zeigerdiagrammen

(siehe Anmerkungen)

In Bild 1 bis 4 sind einige Beispiele für Komponententransformationen in Zeigerdiagrammen dargestellt. Dabei ist ausgegangen von dem ein unsymmetrisch belastetes Drehstromnetz kennzeichnenden Tripel der Komponenten g_R, g_S, g_T mit willkürlich gewählten Beträgen und Nullphasenwinkeln.

Bild 1, 3 und 4 enthält die Zeigerdiagramme für die in den Bildunterschriften jeweils angegebenen leistungsinvarianten Komponententransformationen in Matrizenschreibweise. Die zugehörigen Transformationsmatrizen ***T*** für die gezeigten Beispiele sind Tabelle 2 zu entnehmen.

In Bild 2 ist das Zeigerdiagramm für die Bezugskomponenten-invariante Transformation der Drehstromkomponenten g_R, g_S, g_T von Bild 1 in die symmetrischen Komponenten g_0, g_1, g_2 aufgetragen.

Die Zeiger der transformierten Komponenten sind in Bild 1 bis 4 jeweils fett gezeichnet.

Tabelle 1. **Die verschiedenen Komponenten**

	1	2	3	4
Nr	Benennung	Index		
		allgemein	speziell	Bezugskomponente
1	Drehstromkomponenten	abc	RST	R
2 2.1 2.2 2.3	symmetrische Komponenten *) Homopolarkomponente Mitkomponente Gegenkomponente	ABC	hpn h p n	p
3 3.1 3.2 3.3	Orthogonalkomponenten Homopolarkomponente α-Komponente β-Komponente		hαβ h α β	α
4 4.1 4.2 4.3	Zweiachsenkomponenten Homopolarkomponente Längskomponente Querkomponente		hdq h d q	d
5 5.1 5.2 5.3	Raumzeigerkomponenten Homopolarkomponente s-Komponente **) z-Komponente **)		hsz h s z	s

*) Die symmetrischen Komponenten in Bezugskomponenten-invarianter Form werden durch die Indizes 0 1 2 und deren Bezugskomponente durch den Index 1 gekennzeichnet (siehe Abschnitt 8).

**) Siehe Anmerkungen zu Abschnitt 7.2.5

Tabelle 2. **Matrizen, zugehörig zu den Komponententripeln g_{abc} und g_{ABC} sowie Transformationsmatrizen T zur leistungsinvarianten Transformation der Komponenten**

Nr	gegeben → / gesucht ↓	1	2	3	4	5
		$\begin{pmatrix} g_R \\ g_S \\ g_T \end{pmatrix}$	$\begin{pmatrix} g_h \\ g_p \\ g_n \end{pmatrix}$	$\begin{pmatrix} g_h \\ g_\alpha \\ g_\beta \end{pmatrix}$	$\begin{pmatrix} g_h \\ g_d \\ g_q \end{pmatrix}$	$\begin{pmatrix} g_h \\ g_s \\ g_z \end{pmatrix}$
1	$\begin{pmatrix} g_R \\ g_S \\ g_T \end{pmatrix}$	$\begin{pmatrix} 1 & 0 & 0 \\ 0 & 1 & 0 \\ 0 & 0 & 1 \end{pmatrix}$	$\frac{1}{\sqrt{3}} \begin{pmatrix} 1 & 1 & 1 \\ 1 & a^2 & a \\ 1 & a & a^2 \end{pmatrix}$	$\sqrt{\frac{2}{3}} \begin{pmatrix} \frac{1}{\sqrt{2}} & 1 & 0 \\ \frac{1}{\sqrt{2}} & -\frac{1}{2} & \frac{\sqrt{3}}{2} \\ \frac{1}{\sqrt{2}} & -\frac{1}{2} & -\frac{\sqrt{3}}{2} \end{pmatrix}$	$\sqrt{\frac{2}{3}} \begin{pmatrix} \frac{1}{\sqrt{2}} & \cos\xi & -\sin\xi \\ \frac{1}{\sqrt{2}} & \cos(\xi-\alpha) & -\sin(\xi-\alpha) \\ \frac{1}{\sqrt{2}} & \cos(\xi+\alpha) & -\sin(\xi+\alpha) \end{pmatrix}$	$\frac{1}{\sqrt{3}} \begin{pmatrix} 1 & e^{j\xi} & e^{-j\xi} \\ 1 & e^{j(\xi-\alpha)} & e^{-j(\xi-\alpha)} \\ 1 & e^{j(\xi+\alpha)} & e^{-j(\xi+\alpha)} \end{pmatrix}$
2	$\begin{pmatrix} g_h \\ g_p \\ g_n \end{pmatrix}$	$\frac{1}{\sqrt{3}} \begin{pmatrix} 1 & 1 & 1 \\ 1 & a & a^2 \\ 1 & a^2 & a \end{pmatrix}$	$\begin{pmatrix} 1 & 0 & 0 \\ 0 & 1 & 0 \\ 0 & 0 & 1 \end{pmatrix}$	$\frac{1}{\sqrt{2}} \begin{pmatrix} \sqrt{2} & 0 & 0 \\ 0 & 1 & j \\ 0 & 1 & -j \end{pmatrix}$	$\frac{1}{\sqrt{2}} \begin{pmatrix} \sqrt{2} & 0 & 0 \\ 0 & e^{j\xi} & je^{j\xi} \\ 0 & e^{-j\xi} & -je^{-j\xi} \end{pmatrix}$	$\begin{pmatrix} 1 & 0 & 0 \\ 0 & e^{j\xi} & 0 \\ 0 & 0 & e^{-j\xi} \end{pmatrix}$
3	$\begin{pmatrix} g_h \\ g_\alpha \\ g_\beta \end{pmatrix}$	$\sqrt{\frac{2}{3}} \begin{pmatrix} \frac{1}{\sqrt{2}} & \frac{1}{\sqrt{2}} & \frac{1}{\sqrt{2}} \\ 1 & -\frac{1}{2} & -\frac{1}{2} \\ 0 & \frac{\sqrt{3}}{2} & -\frac{\sqrt{3}}{2} \end{pmatrix}$	$\frac{1}{\sqrt{2}} \begin{pmatrix} \sqrt{2} & 0 & 0 \\ 0 & 1 & 1 \\ 0 & -j & j \end{pmatrix}$	$\begin{pmatrix} 1 & 0 & 0 \\ 0 & 1 & 0 \\ 0 & 0 & 1 \end{pmatrix}$	$\begin{pmatrix} 1 & 0 & 0 \\ 0 & \cos\xi & -\sin\xi \\ 0 & \sin\xi & \cos\xi \end{pmatrix}$	$\frac{1}{\sqrt{2}} \begin{pmatrix} \sqrt{2} & 0 & 0 \\ 0 & e^{j\xi} & e^{-j\xi} \\ 0 & -je^{j\xi} & je^{-j\xi} \end{pmatrix}$
4	$\begin{pmatrix} g_h \\ g_d \\ g_q \end{pmatrix}$	$\sqrt{\frac{2}{3}} \begin{pmatrix} \frac{1}{\sqrt{2}} & \frac{1}{\sqrt{2}} & \frac{1}{\sqrt{2}} \\ \cos\xi & \cos(\xi-\alpha) & \cos(\xi+\alpha) \\ -\sin\xi & -\sin(\xi-\alpha) & -\sin(\xi+\alpha) \end{pmatrix}$	$\frac{1}{\sqrt{2}} \begin{pmatrix} \sqrt{2} & 0 & 0 \\ 0 & e^{-j\xi} & e^{j\xi} \\ 0 & -je^{-j\xi} & je^{j\xi} \end{pmatrix}$	$\begin{pmatrix} 1 & 0 & 0 \\ 0 & \cos\xi & \sin\xi \\ 0 & -\sin\xi & \cos\xi \end{pmatrix}$	$\begin{pmatrix} 1 & 0 & 0 \\ 0 & 1 & 0 \\ 0 & 0 & 1 \end{pmatrix}$	$\frac{1}{\sqrt{2}} \begin{pmatrix} \sqrt{2} & 0 & 0 \\ 0 & 1 & 1 \\ 0 & -j & j \end{pmatrix}$
5	$\begin{pmatrix} g_h \\ g_s \\ g_z \end{pmatrix}$	$\frac{1}{\sqrt{3}} \begin{pmatrix} 1 & 1 & 1 \\ e^{-j\xi} & e^{-j(\xi-\alpha)} & e^{-j(\xi+\alpha)} \\ e^{j\xi} & e^{j(\xi-\alpha)} & e^{j(\xi+\alpha)} \end{pmatrix}$	$\begin{pmatrix} 1 & 0 & 0 \\ 0 & e^{-j\xi} & 0 \\ 0 & 0 & e^{j\xi} \end{pmatrix}$	$\frac{1}{\sqrt{2}} \begin{pmatrix} \sqrt{2} & 0 & 0 \\ 0 & e^{-j\xi} & je^{-j\xi} \\ 0 & e^{j\xi} & -je^{j\xi} \end{pmatrix}$	$\frac{1}{\sqrt{2}} \begin{pmatrix} \sqrt{2} & 0 & 0 \\ 0 & 1 & j \\ 0 & 1 & -j \end{pmatrix}$	$\begin{pmatrix} 1 & 0 & 0 \\ 0 & 1 & 0 \\ 0 & 0 & 1 \end{pmatrix}$

Ein Komponententripel in der Spalte „gesucht“ ergibt sich durch Multiplikation der betreffenden Transformationsmatrix mit dem jeweiligen Komponententripel in der Zeile „gegeben“.

Es ist $a = e^{j\alpha}$, $a^2 = e^{-j\alpha}$, $1 + a + a^2 = 0$, $\alpha = \frac{2\pi}{3}$ rad und $\xi(t)$ eine der zu lösenden Aufgabe angepaßte einheitliche Zeitfunktion, z. B. $\xi = \omega_r t$ mit ω_r als Winkelgeschwindigkeit des Läufers (siehe Anmerkungen).

Tabelle 3. **Transformation dreiphasig symmetrischer Originalgrößen in Bildgrößen (leistungsinvariante Form)**

	1	2	3	4	5
Nr	symmetrische Originalgrößen g_{abc}	zugehörige Bildgrößen g_{ABC}			
		in symmetrischen Komponenten, Indizes hpn	in Orthogonalkomponenten, Indizes h$\alpha\beta$	in Zweiachsenkomponenten, Indizes hdq	in Raumzeigerkomponenten, Indizes hsz
	zeitlich sinusförmig veränderliche Größen				
1	$\begin{pmatrix} g_R \\ g_S \\ g_T \end{pmatrix} = \hat{g} \begin{pmatrix} \cos(\omega t + \varphi) \\ \cos(\omega t + \varphi - \alpha) \\ \cos(\omega t + \varphi + \alpha) \end{pmatrix}$	$\begin{pmatrix} g_h \\ g_p \\ g_n \end{pmatrix} = \frac{\hat{g}}{\sqrt{3}} \begin{pmatrix} 0 \\ \frac{3}{2} e^{j(\omega t + \varphi)} \\ \frac{3}{2} e^{-j(\omega t + \varphi)} \end{pmatrix}$	$\begin{pmatrix} g_h \\ g_\alpha \\ g_\beta \end{pmatrix} = \sqrt{\frac{2}{3}} \hat{g} \begin{pmatrix} 0 \\ \frac{3}{2} \cos(\omega t + \varphi) \\ \frac{3}{2} \sin(\omega t + \varphi) \end{pmatrix}$	$\begin{pmatrix} g_h \\ g_d \\ g_q \end{pmatrix} = \sqrt{\frac{2}{3}} \hat{g} \begin{pmatrix} 0 \\ \frac{3}{2} \cos(\omega t + \varphi - \xi) \\ \frac{3}{2} \sin(\omega t + \varphi - \xi) \end{pmatrix}$	$\begin{pmatrix} g_h \\ g_s \\ g_z \end{pmatrix} = \frac{\hat{g}}{\sqrt{3}} \begin{pmatrix} 0 \\ \frac{3}{2} e^{j(\omega t + \varphi - \xi)} \\ \frac{3}{2} e^{-j(\omega t + \varphi - \xi)} \end{pmatrix}$
	Zeiger				
2	$\begin{pmatrix} g_R \\ g_S \\ g_T \end{pmatrix} = \lvert g \rvert e^{j\omega t} \begin{pmatrix} e^{j\varphi} \\ e^{j(\varphi - \alpha)} \\ e^{j(\varphi + \alpha)} \end{pmatrix}$	$\begin{pmatrix} g_h \\ g_p \\ g_n \end{pmatrix} = \frac{\lvert g \rvert}{\sqrt{3}} e^{j\omega t} \begin{pmatrix} 0 \\ 3 e^{j\varphi} \\ 0 \end{pmatrix}$	$\begin{pmatrix} g_h \\ g_\alpha \\ g_\beta \end{pmatrix} = \sqrt{\frac{2}{3}} \lvert g \rvert e^{j\omega t} \begin{pmatrix} 0 \\ \frac{3}{2} e^{j\varphi} \\ -\frac{3}{2} j e^{j\varphi} \end{pmatrix}$	$\begin{pmatrix} g_h \\ g_d \\ g_q \end{pmatrix} = \sqrt{\frac{2}{3}} \lvert g \rvert e^{j\omega t} \begin{pmatrix} 0 \\ \frac{3}{2} e^{j(\varphi - \xi)} \\ -\frac{3}{2} j e^{j(\varphi - \xi)} \end{pmatrix}$	$\begin{pmatrix} g_h \\ g_s \\ g_z \end{pmatrix} = \frac{\lvert g \rvert}{\sqrt{3}} e^{j\omega t} \begin{pmatrix} 0 \\ 3 e^{j(\varphi - \xi)} \\ 0 \end{pmatrix}$

$\omega = 2\pi f$ ist eine Kreisfrequenz des Netzes, φ der Nullphasenwinkel, $\alpha = \frac{2\pi}{3}$ rad und $\xi(t)$ eine der zu lösenden Aufgabe angepaßte einheitliche Zeitfunktion, z. B. $\xi = \omega_r t$ mit ω_r als Winkelgeschwindigkeit des Läufers (siehe Anmerkungen).

Beispiele für Komponententransformationen in Zeigerdiagrammen

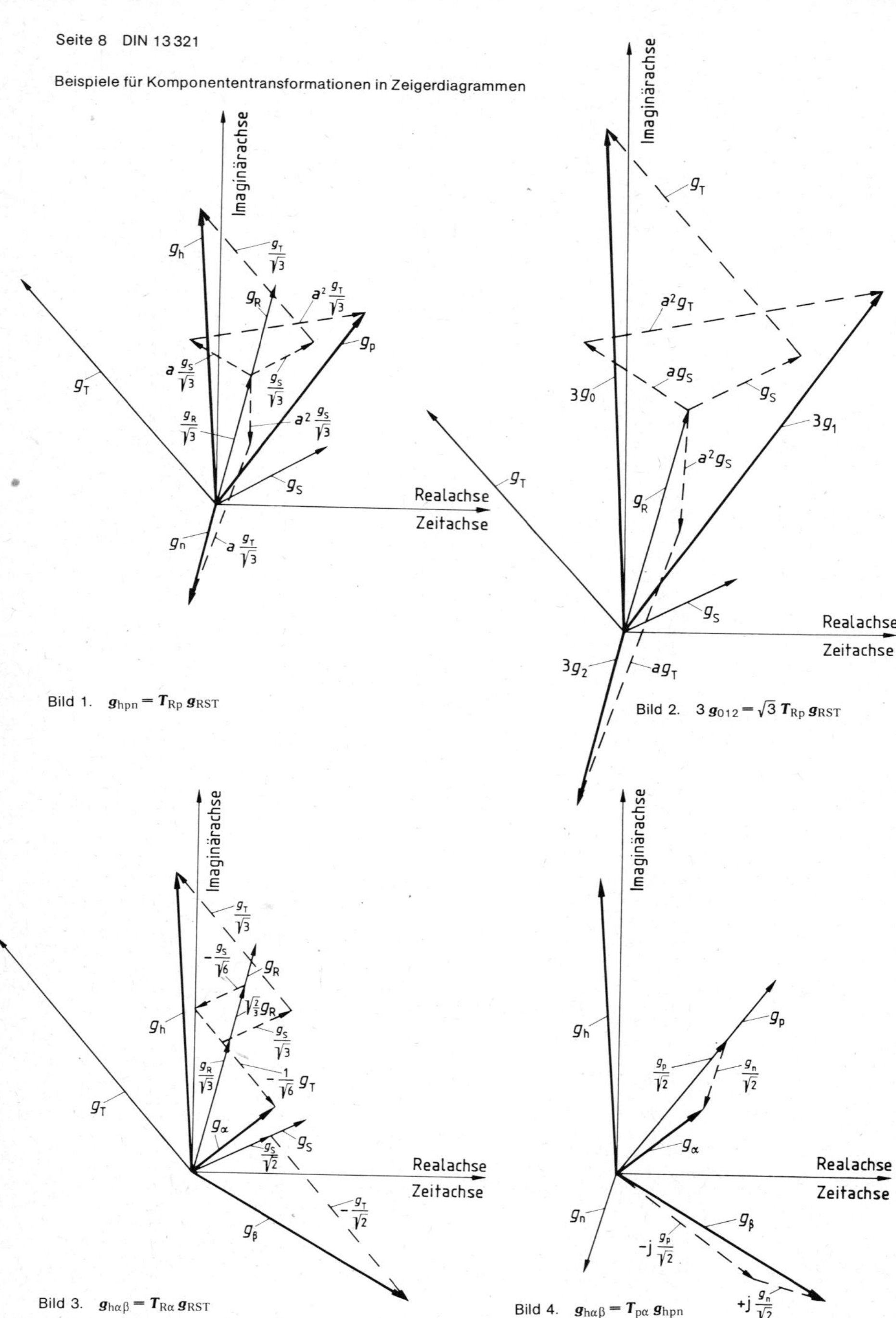

Bild 1. $\boldsymbol{g}_{\mathrm{hpn}} = \boldsymbol{T}_{\mathrm{Rp}}\, \boldsymbol{g}_{\mathrm{RST}}$

Bild 2. $3\, \boldsymbol{g}_{012} = \sqrt{3}\, \boldsymbol{T}_{\mathrm{Rp}}\, \boldsymbol{g}_{\mathrm{RST}}$

Bild 3. $\boldsymbol{g}_{\mathrm{h}\alpha\beta} = \boldsymbol{T}_{\mathrm{R}\alpha}\, \boldsymbol{g}_{\mathrm{RST}}$

Bild 4. $\boldsymbol{g}_{\mathrm{h}\alpha\beta} = \boldsymbol{T}_{\mathrm{p}\alpha}\, \boldsymbol{g}_{\mathrm{hpn}}$

Anmerkungen

Zu Abschnitt 2.1

Die Benennung „Komponenten" im Sinne der vorliegenden Norm ist im in- und ausländischen Schrifttum zumeist gebräuchlich. Die entsprechenden französischen (englischen) Benennungen „composantes" („components") sind auch im Hauptabschnitt 04 „Mehrphasenkomponenten" des Kapitels 131 „Elektrische Stromkreise und magnetische Kreise" des Internationalen Elektrotechnischen Wörterbuches (IEV) enthalten. Eine Verwechslung des Begriffes „Komponenten" im Sinne der vorliegenden Norm mit dem Homonym „Komponenten" eines Vektors ist nicht zu befürchten.

Zu Abschnitt 2.3 bis 2.6

Analog zu den Benennungen bei Fouriertransformationen und Laplacetransformationen (siehe z. B. DIN 5487, Ausgabe November 1967, Nr 2.1 bis 2.3) wurden in der vorliegenden Norm die anschaulichen Benennungen Originalgrößen, Bildgrößen, Originalraum, Bildraum verwendet.

Zu Abschnitt 3.5

Im Schrifttum werden Komponenten in leistungsinvarianter Form gelegentlich als normierte Komponenten und solche in Bezugskomponenten-invarianter Form (siehe Abschnitt 8) als nichtnormierte Komponenten bezeichnet.

Zu Abschnitt 4

Entsprechend der im Schrifttum gebräuchlichen Schreibweise werden die Matrizen der Originalgrößen durch die Indizes abc und die Matrizen der Bildgrößen durch die Indizes ABC gekennzeichnet. Bei einem dreiphasigen Drehstromnetz als Originalraum werden meist die Indizes RST verwendet.

Zu Abschnitt 4 und 5

Übereinstimmend mit DIN 5486, Ausgabe Dezember 1962, werden die Elemente der Matrizen in kleinen Buchstaben geschrieben.

Zu Abschnitt 6.2

Die Beziehungen für die Verknüpfung der Koeffizientenmatrizen $\underset{\sim}{\boldsymbol{M}}_{\mathrm{ABC}}$ des Bildraumes bei den verschiedenen Komponentensystemen mit den Koeffizientenmatrizen $\boldsymbol{M}_{\mathrm{abc}}$ des Originalraumes sind der Arbeit von H.-H. Jahn und R. Kasper zu entnehmen (siehe Anmerkungen zu Abschnitt 7.2).

Nach Tabelle 1 von DIN 5483 Teil 2 (z. Z. noch Entwurf) dient die Tilde (~) über dem Formelzeichen zur Kennzeichnung des Effektivwertes und die Tilde ( )$_\sim$ rechts unten am Formelzeichen zur Kennzeichnung des Wechselanteiles einer Mischgröße. In der vorliegenden Norm wurde die Bedeutung der Gleichungen (21) und (23) durch die sonst nicht vorkommende Tilde ($\underset{\sim}{\ }$) unter dem Formelzeichen der betreffenden Größe gekennzeichnet.

Zu Abschnitt 7.1

Der Index h für die Homopolarkomponente (bisher Nullkomponente) ist aus dem Wort „**h**omopolar" abgeleitet, das dem Griechischen entnommen ist.

Zu Abschnitt 7.2

Eine umfassende Übersicht über Transformationsmatrizen zur Transformation der Komponenten aus dem Originalraum in die verschiedenen Bildräume, aus einem Bildraum in den anderen und zurück in den Originalraum ist enthalten in der Arbeit von H.-H. Jahn und R. Kasper: Koordinatentransformationen zur Behandlung von Mehrphasensystemen, Arch. Elektrotechnik Bd. 56 (1974) S. 105-111.

Ferner sei auf die grundlegende Arbeit von H. Edelmann: Normierte Komponentensysteme zur Behandlung von Unsymmetrieaufgaben in Drehstrom- und Zweiphasennetzen (mit besonderer Berücksichtigung der Erfordernisse des Netzmodelles), Arch. Elektrotechnik Bd. 42 (1956) S. 317-331 hingewiesen.

Über weitere Einzelheiten bei den verschiedenen Komponentensystemen unterrichtet eine Reihe hierüber bestehender Buchveröffentlichungen.

Zu Abschnitt 7.2.2

Die symmetrischen Komponenten sind wohl erstmals 1910 von G. Hommel, dann 1912 von L. G. Stokvis angegeben worden. Große Verbreitung haben sie indessen erst ab 1918 durch die Untersuchungen von C. L. Fortescue erfahren.

Im deutschen und ausländischen Schrifttum werden für die einzelnen Komponenten zumeist die Indizes 012 verwendet. Im angelsächsischen und russischen Schrifttum sind aber auch die Indizes opn gebräuchlich, wobei der Buchstabe p aus „**p**ositive sequence" und der Buchstabe n aus „**n**egative sequence" abgeleitet ist.

In einem demnächst erscheinenden Nachtrag zu IEC Publication 27-1 (1971) „Letter symbols to be used in electrical technology" ist beabsichtigt, neben den Indizes 012 auch die Indizes hpn aufzuführen.

Zu Abschnitt 7.2.3

Die Komponenten mit den Indizes o$\alpha\beta$ wurden 1948 von E. Clarke eingeführt. In der vorliegenden Norm wurde anstelle der gelegentlich verwendeten Bezeichnung „Diagonalkomponenten" die treffendere Benennung Orthogonalkomponenten gewählt. Als Indizes werden h$\alpha\beta$ empfohlen.

Zu Abschnitt 7.2.4

Zweiachsenkomponenten mit den Indizes odq wurden 1929 von R. H. Park angegeben, sie haben sich für die Berechnung von Synchronmaschinen im In- und Ausland weitgehend durchgesetzt. Der Buchstabe d ist aus „**d**irect axis" (Längsachse), der Buchstabe q aus „**q**uadrature axis" (Querachse) abgeleitet. Als Indizes werden hdq empfohlen.

Zu Abschnitt 7.2.5

Raumzeigerkomponenten sind wohl erstmalig 1960 von K. P. Kovács angegeben worden. Die Indizes sind im Schrifttum uneinheitlich. In dieser Norm werden die Indizes hsz empfohlen, wobei s aus dem lateinischen Wort **s**patium (Raum) abgeleitet ist; z kann als das spiegelbildliche s gedeutet werden.

Zu Abschnitt 9

Im Gegensatz zu IEC Publication 34-10 (1975) „Rotating Electrical Machines — Part 10: Conventions for description of synchronous machines", sind in den Zeigerdiagrammen (Bild 1 bis 4) die Zeiger im positiven Drehsinn, also gegen den Uhrzeigersinn orientiert. Dies entspricht der im Schrifttum allgemein üblichen Darstellungsweise.

DK 532.135 : 001.4

Juni 1976

Nicht-newtonsche Flüssigkeiten
Begriffe, Stoffgesetze

DIN 13 342

Non-Newtonian liquids; concepts, rheological equations

Inhalt

1 Begriffe

1.1 Flüssigkeit

Ein deformierbarer Stoff heißt Flüssigkeit*), wenn er die folgenden Eigenschaften aufweist:

a) Jede endliche, noch so kleine Schubspannung, die nicht durch Trägheits- oder Grenzflächenkräfte kompensiert wird, erzeugt bei zeitlich unbegrenzter Einwirkung eine unbegrenzt große Verformung, ohne daß Bruchmechanismen hierfür wesentlich sind. Gleichbedeutend hiermit ist: Nach dem Aufhören der Einwirkung einer endlichen Schubspannung verschwindet die durch sie hervorgerufene Verformung auch nach unbegrenzt langer Zeit nicht wieder vollständig.

b) Bei zeitlich konstanter, endlicher Schubspannung strebt die Verformungsgeschwindigkeit des Vorganges nach a) gegen einen zeitlich konstanten, endlichen Endwert.

c) Der funktionale Zusammenhang zwischen zeitlich konstanter Schubspannung und zugehörigem Endwert der Verformungsgeschwindigkeit nach b) ist bis zu den kleinsten messend zu verfolgenden Schubspannungen herab stetig und endlich.

Anmerkung 1: Die Beobachtbarkeit dieser Eigenschaften kann zwar durch Bruchvorgänge, durch Abweichen vom isothermen Verlauf des Fließens und durch Stoffumwandlungen oder Diffusion beeinträchtigt werden, doch steht das Auftreten solcher Vorgänge der Charakterisierung des Stoffes als einer Flüssigkeit nicht entgegen.

Erhält ein Stoff durch besondere mechanische Einwirkungen (z. B. Vibrieren, Beschallung) fluide Eigenschaften, so kann er als Flüssigkeit angesehen werden. Die mechanischen Einwirkungen erhalten dann die Bedeutung von äußeren Zustandsparametern (wie hydrostatischer Druck oder Temperatur).

Anmerkung 2: In der vorliegenden Norm werden auch Stoffsysteme kurz als Stoff bezeichnet.

1.2 Einteilung der Flüssigkeiten

1.2.1 Newtonsche Flüssigkeit

Verhält sich eine Flüssigkeit linear-reinviskos im Sinne der in DIN 1342 aufgeführten Merkmale, so heißt sie newtonsche Flüssigkeit.

1.2.2 Nicht-newtonsche Flüssigkeit

Unter dem Oberbegriff nicht-newtonsche Flüssigkeit werden drei Klassen von Flüssigkeiten zusammengefaßt: die nichtlinear-reinviskosen, die linear-viskoelastischen und die nichtlinear-viskoelastischen Flüssigkeiten. Diese bilden zusammen mit den newtonschen Flüssigkeiten die gesamte Klasse der Flüssigkeiten.

*) Alle folgenden Betrachtungen gelten grundsätzlich für alle Fluide, also auch für Gase.

Fortsetzung Seite 2 bis 7

Ausschuß für Einheiten und Formelgrößen (AEF) im DIN Deutsches Institut für Normung e.V.

Anmerkung: Vom strukturrheologischen Standpunkt betrachtet liegt dieser nach phänomenologischen Gesichtspunkten getroffenen Klasseneinteilung keine qualitative Unterscheidung von Strukturen zugrunde. Die Einteilung erfolgt vielmehr nach dem Wert von stoffspezifischen Zeitkonstanten (z. B. Platzwechsel- oder Relaxationszeiten) multipliziert mit der praktisch realisierten Deformationsgeschwindigkeit. Ist ein solches Produkt verschwindend klein, so liegt newtonsches Verhalten vor; ist es größer, aber noch klein gegen eins, wird in der Regel nichtlinear-reinviskoses Fließen zu beobachten sein; ist es schließlich von der Größenordnung eins, treten im allgemeinen auch viskoelastische Eigenschaften in Erscheinung. Bei der Unterscheidung reinviskos-viskoelastisch spielen ebenso die Änderungsgeschwindigkeiten der Vorgänge und ihre beobachtungsmäßige zeitliche Auflösbarkeit eine Rolle.

1.2.2.1 Nichtlinear-reinviskose Flüssigkeit

Eine Flüssigkeit verhält sich nichtlinear-reinviskos, wenn sie der folgenden Bedingung a) und mindestens einer der folgenden Bedingungen b) oder c) genügt:

a) Elastische Verformungen bei zeitlich veränderlicher Schubspannung müssen so klein sein, daß sie für die Beschreibung des Fließvorganges unwesentlich sind.

b) Schubspannung und Deformationsgeschwindigkeit sind nicht proportional, sondern hängen nach einer nichtlinearen Beziehung zusammen.

c) Reine Scherverformungen führen nicht nur zu den entsprechenden Schubspannungen, sondern auch zu Normalspannungen.

Anmerkung 1: Die nichtlinear-reinviskosen Flüssigkeiten sind zuerst als nicht-newtonsche Flüssigkeiten erkannt worden, insbesondere an der Erscheinung nach b).

Anmerkung 2: Zur leichteren Veranschaulichung ist es zweckmäßig, sich volumenbeständige Fließvorgänge vorzustellen, in denen die Beschleunigungskräfte klein gegen die Reibungskräfte sind.

1.2.2.2 Linear-viskoelastische Flüssigkeit

Viskoelastisch verhält sich eine Flüssigkeit, wenn die durch das Ausüben einer Schubspannung verrichtete Verformungsarbeit nicht sofort vollständig dissipiert (irreversibel in Reibungswärme verwandelt) wird. Linear verhält sich eine viskoelastische Flüssigkeit, wenn sie den folgenden Bedingungen genügt:

a) Alle irreversiblen Anteile des Fließvorganges verlaufen nach dem newtonschen Ansatz (siehe DIN 1342), und zwar in gleicher Weise für alle einander zugeordneten Komponenten der Spannung und der Deformationsgeschwindigkeit.

b) Alle reversiblen Anteile der Scherverformung verlaufen nach dem Hookeschen Gesetz (eine Norm hierüber ist vorgesehen), und zwar in gleicher Weise für alle einander zugeordneten Komponenten der Spannung und der Deformation.

Anmerkung 1: Aus den Bedingungen a) und b) folgt, daß zwischen einander nicht zugeordneten Komponenten der Spannung, Deformation oder Deformationsgeschwindigkeit keine Wechselwirkungen auftreten, d. h. es gilt das Superpositionsprinzip.

Anmerkung 2: Flüssigkeiten verhalten sich im Hinblick auf allseitigen Druck wie viskoelastische Festkörper, wobei im einfachsten Falle linear-viskoelastischen Verhaltens der Kompressibilitätskoeffizient die elastischen, der Koeffizient der Volumenviskosität die viskosen Eigenschaften kennzeichnet. Flüssigkeitsverhalten nach DIN 1342 setzt deshalb wesentlich volumenbeständiges Fließen voraus.

1.2.2.3 Nichtlinear-viskoelastische Flüssigkeit

Nichtlinear verhält sich eine viskoelastische Flüssigkeit, wenn für wenigstens eine Komponente des Fließvorganges mindestens eine der Bedingungen a) oder b) des Abschnittes 1.2.2.2 nicht mehr erfüllt ist. Die Abweichungen vom linearen Verhalten sind bei großen Deformationsgeschwindigkeiten in der Regel stärker als bei kleinen.

1.2.3 Flüssigkeit mit zeitabhängigen rheologischen Eigenschaften

Obgleich die Klassifizierung der Flüssigkeiten nach den Abschnitten 1.2.2.1 bis 1.2.2.3 dieser Norm und nach DIN 1342 erschöpfend ist, können die rheologischen Eigenschaften durch die Verformungsvorgänge während deren Ablaufs in einer Weise verändert werden, daß die Einordnung einer Flüssigkeit in eine der Klassen nach Abschnitt 1.2.1 und Abschnitt 1.2.2 erschwert ist.

Anmerkung 1: Änderungen rheologischer Eigenschaften mit der Zeit, die unabhängig von dem Verformungsvorgang verlaufen (z. B. Stoffumwandlung durch eine von selbst ablaufende chemische Reaktion), können meßtechnische Besonderheiten bedingen, haben aber für die Festlegung von Begriffen keine Bedeutung.

Zu beobachten sind sowohl wieder zurückgehende als auch bleibende Änderungen der Fließeigenschaften:

a) Thixotropie (Eigenschaftswort: thixotrop) heißt eine Abnahme der Viskosität infolge andauernder mechanischer Beanspruchung und Wiederzunahme nach Aufhören der Beanspruchung.

b) Rheopexie (Eigenschaftswort: rheopex) heißt eine Zunahme der Viskosität infolge andauernder mechanischer Beanspruchung und Wiederabnahme nach Aufhören der Beanspruchung.

In beiden Fällen strebt die Viskosität gegen einen zeitlich konstanten Endwert. Die strenge Anwendung dieser Begriffe ist auf wieder zurückgehende Änderungen eingeschränkt; in der Praxis werden diese Ausdrücke aber auch häufig verwendet, wenn z. T. bleibende Änderungen vorliegen.

Anmerkung 2: Thixotropie und Rheopexie können formal als viskoelastisches Flüssigkeitsverhalten beschrieben werden, wenn das Fließgesetz allgemein genug formuliert wird („Flüssigkeiten mit Gedächtnis"). Die begriffliche Trennung der Thixotropie und Rheopexie von der Viskoelastizität ist dann angebracht, wenn die zu ihrer Beschreibung charakteristische Dauer groß genug ist gegenüber allen sonstigen Zeitkonstanten des viskoelastischen Verformungsprozesses und dadurch das Fließgesetz vereinfacht wird, oder wenn die der Erscheinung zugrunde liegende besondere Strukturumwandlung in dem Stoff bekannt ist.

1.3 Plastischer Stoff

Ein deformierbarer Stoff heißt plastisch, wenn er sich in einem unteren Schubspannungsbereich wie ein elastischer oder viskoelastischer Festkörper, in einem oberen Schubspannungsbereich dagegen wie eine Flüssigkeit verhält und dann die in Abschnitt 1.2 genannten Merkmale aufweist. Die Schubspannung, bei der dieser Übergang stattfindet, heißt Fließgrenze. Die Fließgrenze kann sich auch über ein enges Schubspannungsintervall erstrecken.

Anmerkung: Oberhalb der Fließgrenze wird häufiger Thixotropie, seltener Rheopexie (siehe Abschnitt 1.2.3) beobachtet.

Wie viele andere rheologische Eigenschaften, hängt die Fließgrenze vom Druck, von der Temperatur und häufig

auch von der thermischen oder mechanischen Vorgeschichte des Stoffes ab.
Liegt die Fließgrenze eines plastischen Stoffes bei so kleinen Schubspannungen, daß der betrachtete Verformungsprozeß durch sie nicht wesentlich beeinflußt wird, so ist der Stoff angenähert als Flüssigkeit zu behandeln. Andernfalls erscheint die Fließgrenze als zusätzliche Konstante im Stoffgesetz.

2 Stoffgesetze

2.1 Rheologische Stoffgesetze

Der quantitative Zusammenhang zwischen den Spannungen und Verformungen eines Stoffes heißt r h e o l o g i s c h e s S t o f f g e s e t z. Dieses hat in allgemeiner Form den Charakter einer Funktionalbeziehung zwischen den vollständigen Vorgeschichten von Spannung und Deformation. Unter gewissen einschränkenden Bedingungen kann es durch einen Satz von Differentialgleichungen beschrieben werden.

A n m e r k u n g : Unter Vorgeschichte einer zeitabhängigen Größe versteht man ihren Verlauf für die vorangegangenen Zeiten bis zum gegenwärtigen Zeitpunkt.

Ein rheologisches Stoffgesetz heißt F l i e ß g e s e t z, wenn es Fließvorgänge nach Abschnitt 1.1 (Absätze a) bis c)) beschreibt. Für die in den folgenden Abschnitten dieser Norm wiedergegebenen Fließgesetze wird vereinfachend angenommen:

a) Die Flüssigkeit soll homogen sein, disperse Systeme müssen als quasihomogen zu behandeln sein.
b) In Ruhe soll die Flüssigkeit isotrop sein, d. h. für das Fließgesetz sollen nicht von vornherein ausgezeichnete Richtungen existieren (z. B. durch elektrische oder magnetische Felder, durch anisotrope Ordnungszustände wie in flüssigen Kristallen).

2.2 Allgemeine Form des Fließgesetzes

Für das allgemeine Fließgesetz gilt das Superpositionsprinzip nicht. Das Gesetz muß in tensorieller Form dargestellt werden.
Wenn man die Gültigkeit des Fließgesetzes nicht auf kleine Deformationen oder kleine Deformationsgeschwindigkeiten beschränkt, so müssen an die Stelle der substantiellen Zeitableitungen konvektive (d. h. auf mit dem Stoff mitbewegte Koordinatensysteme bezogene) Ableitungen treten, die nur für skalare Größen mit den substantiellen Ableitungen übereinstimmen.
Zufolge der Annahme b) in Abschnitt 2.1 sind alle Stoffkonstanten Skalare; ihr Wert hängt im allgemeinen von der Temperatur und Dichte des Stoffes ab, in besonderen Fällen auch von weiteren Zustandsparametern (siehe die Abschnitte 1.1 und 1.2.3).

2.3 Skalares Fließgesetz

Ein Fließgesetz läßt sich auf eine oder einige skalare Gleichungen reduzieren, wenn der Deformationsgeschwindigkeits-Tensor jeweils nur eine unabhängige Komponente enthält, z. B. das Geschwindigkeitsgefälle D in einer Schichtenströmung (siehe DIN 1342) oder die Dehngeschwindigkeit $\dot{\varepsilon}$ in einer Dehnströmung (siehe Bild 1). Diese Gleichungen beschreiben den Zusammenhang zwischen den unabhängigen Spannungskomponenten (z. B. der Schubspannung und den Normalspannungsdifferenzen bei einer Schichtenströmung oder der Hauptdehnspannung bei einer Dehnströmung) und der jeweiligen Deformationsgeschwindigkeit.

A n m e r k u n g : Das Fließgesetz für newtonsche Flüssigkeiten in DIN 1342 ist der einfachste Fall eines skalaren Fließgesetzes.

3 Anwendungen des skalaren Fließgesetzes

In Abschnitt 3 werden nur Fließvorgänge betrachtet, die v o l u m e n b e s t ä n d i g verlaufen; τ soll eine Schubspannung, $\dot{\gamma}$ eine Schergeschwindigkeit bedeuten. Bei Schichtenströmungen wird die für das Volumenelement geltende Schergeschwindigkeit durch das Geschwindigkeitsgefälle D ersetzt.

3.1 Fließgesetze für reinviskose Schichtenströmungen

3.1.1 Allgemeine algebraische Darstellung:

$$D = f(\tau) = \tau\varphi(\tau^2),\ \tau = D\eta(D^2); \tag{1}$$

als Reihe:

$$\begin{aligned} D &= a_1\tau + a_2\tau^3 + a_3\tau^5 + \dots \\ &= \tau\mathring{\varphi}(1 + b_1\tau^2 + b_2\tau^4 + \dots) \\ \tau &= c_1 D + c_2 D^3 + c_3 D^5 + \dots \\ &= D\mathring{\eta}(1 + d_1 D^2 + d_2 D^4 + \dots) \end{aligned} \tag{2}$$

$\varphi(\tau^2)$ heißt Fluiditätsfunktion, $\eta(D^2)$ heißt Viskositätsfunktion, $\mathring{\varphi}$ heißt Anfangsfluidität, $\mathring{\eta}$ heißt Anfangsviskosität.
Die Koeffizienten a_i, b_i, c_i und d_i sind weitere Stoffkonstanten der Fließgesetze.

A n m e r k u n g : Die Reihendarstellung von D als ungerade Funktion von τ und umgekehrt drückt die Invarianz von $\varphi(\tau^2)$ und $\eta(D^2)$ gegen Vorzeichenumkehr von τ und D aus. Im Gegensatz zu einer beliebigen Potenzreihendarstellung in $|\tau|$ oder $|D|$ führen die Gleichungen (2) immer zu

$$\lim_{\tau\to 0} (\mathrm{d}\varphi/\mathrm{d}\tau) = \lim_{D\to 0} (\mathrm{d}\eta/\mathrm{d}D) = 0,$$

d. h. zu newtonschem Fließen als Grenzgesetz.

$\eta(D^2)$ kann auch Scherviskositätsfunktion genannt werden, wenn sie ausdrücklich von der Dehnviskosität (siehe Abschnitt 3.4.1) unterschieden werden soll. Ähnliche Beziehungen lassen sich für die Normalspannungsdifferenzen als gerade Funktionen des Geschwindigkeitsgefälles aufstellen.

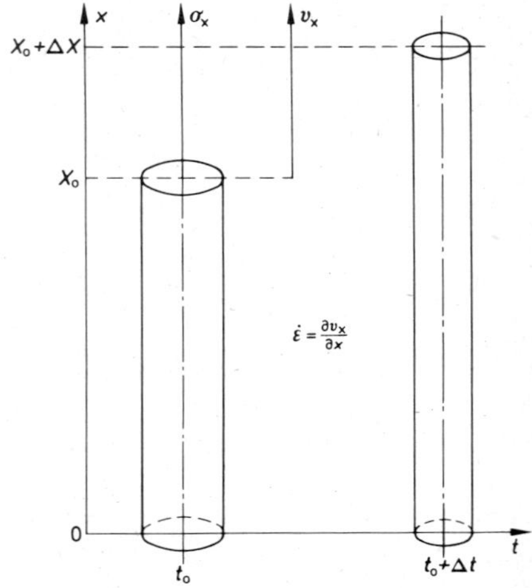

Bild 1. Schema einer Dehnströmung

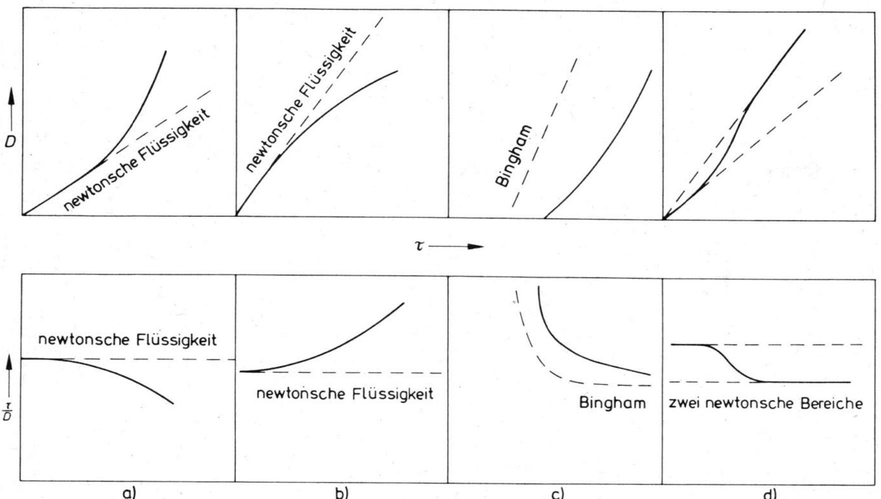

Bild 2. Typische Fließkurven (oben) und Viskositätskurven (unten), (siehe Abschnitt 3.1.3)

3.1.2 Graphische Darstellung, Fließkurve, Viskositätskurve

(Wahre) Fließkurve heißt die Darstellung des Fließgesetzes mit der Schubspannung als Abszisse und dem Geschwindigkeitsgefälle als Ordinate (obere Diagramme im Bild 2).

Scheinbare Fließkurve heißt die entsprechende Darstellung, wenn statt der Schubspannung und/oder des Geschwindigkeitsgefälles andere von ihnen abhängige Meßgrößen (z. B. Drehmomente und Drehzahlen) aufgetragen werden oder wenn die Umrechnung dieser Größen auf Schubspannung und/oder Geschwindigkeitsgefälle auf Grund von Gleichungen erfolgt, die nur für newtonsche Flüssigkeiten gültig sind.

Anmerkung: Während die wahre Fließkurve ausschließlich durch das Stoffverhalten bestimmt ist, hängt die Gestalt der scheinbaren Fließkurve noch zusätzlich von Parametern der Meßapparatur (z. B. bei einem Rotationsviskosimeter von der relativen Spaltweite) ab.

(Wahre) Viskositätskurve heißt die Darstellung des Fließgesetzes mit der Schubspannung τ oder mit dem Geschwindigkeitsgefälle D als Abszisse und mit dem Quotienten τ/D als Ordinate (untere Diagramme in Bild 2).

Scheinbare Viskositätskurve heißt die entsprechende Darstellung, wenn statt der Schubspannung bzw. des Geschwindigkeitsgefälles für die Quotientenbildung Größen verwendet werden, die mit Hilfe von Gleichungen berechnet worden sind, die nur für newtonsche Flüssigkeiten gelten.

3.1.3 Fließkurventypen und spezielle Fließgesetze

Benennung des Fließverhaltens	Fließkurventyp nach Bild 2	angenäherte quantitative Beschreibung		Bemerkungen
strukturviskos[1]	Teil a	$D = k \mid \tau^{n-1} \mid \tau, \quad (n > 1)$	(3)	Potenzgesetz (nach Ostwald – de Waele) nicht für $\tau \to 0$
strukturviskos[1]	Teil a	$D = a_1 \tau + a_2 \tau^3$	(4)	abgebrochene Reihe entsprechend Gl. (2) (nach Steiger-Ory)
strukturviskos[1]	Teil a	$D = a \sinh (\tau / b)$	(5)	Reihe entsprechend Gl. (2) mit $a_n = a \dfrac{b^{-(2n-1)}}{(2n-1)!}$ (nach Prandtl)
dilatant[2]	Teil b	$D = k \mid \tau^{n-1} \mid \tau, \quad (n < 1)$	(6)	Potenzgesetz, nicht für $\tau \to 0$
strukturviskoses Dispersionsgebiet mit zwei newtonschen Bereichen	Teil d	$\tau = D\eta\,(D^2)$ $\eta(D^2) = \overset{\circ}{\eta}\, \dfrac{1 + \varkappa_1 D^2}{1 + \varkappa_2 D^2}$	(7)	die Fließkurve heißt „Ostwald-Kurve" $\varkappa_1 < \varkappa_2$
unterer newtonscher Bereich	Teil d	$\eta(D^2) \approx \overset{\circ}{\eta}, \; \varkappa_1 D^2 \ll 1, \; \varkappa_2 D^2 \ll 1$		$\overset{\circ}{\eta}$ Anfangsviskosität
oberer newtonscher Bereich	Teil d	$\eta(D^2) \approx \overset{\circ}{\eta}\, \dfrac{\varkappa_1}{\varkappa_2} = \overset{\infty}{\eta}, \; \varkappa_1 D^2 \gg 1, \; \varkappa_2 D^2 \gg 1$		$\overset{\infty}{\eta}$ Endviskosität
einfache Beispiele für plastisches Verhalten	Teil c	$\tau - \tau_f = \eta_B D$ $\left(\sqrt{\tau} - \sqrt{\tau_f}\right)^2 = \eta_C D$	(8) (9)	nach Bingham; η_B Bingham-Viskosität nach Casson; η_C Casson-Viskosität

a, a_1, a_2, k, η, $\varkappa_1$, $\varkappa_2$ und τ_f sind Stoffkonstanten in den Fließgesetzen.

[1] Auch „Scherentzähung" (engl.: „shear thinning")

[2] Auch „Scherverzähung" (engl.: „shear thickening")

3.2 Fließgesetze für linear-viskoelastisches Verhalten; lineare rheologische Modelle

Der Anwendungsbereich der Fließgesetze für linear-viskoelastisches Verhalten erstreckt sich auf die Flüssigkeiten nach Abschnitt 1.2.2.2. Hier wird volle Gültigkeit des Superpositionsprinzips vorausgesetzt.

Unter einem rheologischen Modell wird eine bildlich-symbolische Darstellung eines passiven mechanischen Netzwerkes aus Feder-, Dämpfungs- und Trägheitsgliedern verstanden. Ein lineares Netzwerk besteht nur aus Gliedern, bei denen die verformende Kraft proportional zur Verformung (Federglied, einer Komplianz J zugeordnet), zur Verformungsgeschwindigkeit (Dämpfungsglied, einer Viskosität η zugeordnet) oder zur Verformungsbeschleunigung (Trägheitsglied) ist. Jede Schaltung aus linearen Gliedern ergibt ein lineares Netzwerk. Hintereinanderschaltung von Gliedern bedeutet Superposition von Teildehnungen; Parallelschaltung von Gliedern bedeutet Superposition von Teilspannungen.

In dieser Norm werden keine Modelle mit Trägheitsgliedern und nur die drei einfachsten linearen Modelle aus Feder- und Dämpfungsgliedern behandelt, die alle Erscheinungen des linear-viskoelastischen Verhaltens einer Flüssigkeit qualitativ wiedergeben können. Eine Norm zur quantitativen und systematischen Beschreibung des linear-viskoelastischen Verhaltens ist in Vorbereitung.

3.2.1 Flüssigkeit mit unverzögerter Elastizität

Das rheologische Modell nach Bild 3 heißt Maxwell-Modell und beschreibt qualitativ das Verhalten einer Flüssigkeit, die folgende Eigenschaften besitzt: Sie nimmt die gesamte elastische Verformung sofort bei Beginn des Einwirkens der Spannung τ auf. Bei konstant gehaltener Verformung klingt dann die Spannung exponentiell mit der Zeit ab. Das Fließgesetz mit zwei Stoffkonstanten wird durch Gleichung (10) wiedergegeben:

$$\tau + t^\circ \dot{\tau} = \eta \dot{\gamma}; \; t^\circ = \eta J_0. \qquad (10)$$

$\dot{\tau}$ ist die zeitliche Ableitung der Schubspannung, $\dot{\gamma}$ die Schergeschwindigkeit.

Neben der Viskosität η treten in Gl. (10) die Stoffkonstanten t° und J_0 auf. t° ist die Zeitkonstante des Entspannungsvorganges und heißt Relaxationszeit. Die Stoffkonstante J_0 (siehe auch Bild 3) heißt Anfangskomplianz (Kehrwert eines elastischen Moduls).

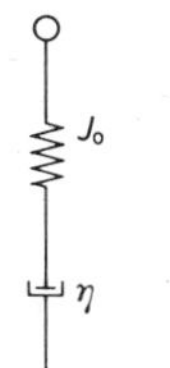

Bild 3. Modell für die Maxwell-Flüssigkeit

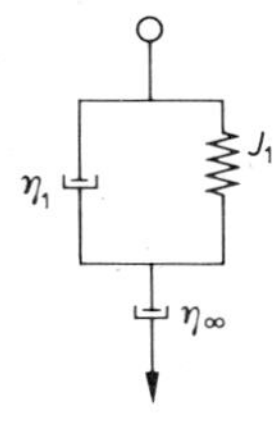

Bild 4. Modell für die Drei-Parameter-Flüssigkeit

3.2.2 Flüssigkeit mit verzögerter Elastizität

Das rheologische Modell nach Bild 4 beschreibt qualitativ das Verhalten einer Flüssigkeit, deren gesamte elastische Verformung sich mit endlicher, exponentiell mit der Zeit abklingender Geschwindigkeit nach Beginn des Einwirkens der Spannung τ einstellt. Ähnlich wie beim Modell nach Abschnitt 3.2.1 relaxiert die Spannung bei konstanter Verformung vollständig. Das Fließgesetz mit drei Stoffkonstanten wird durch Gl. (11) wiedergegeben:

$$\tau + t^\circ \dot{\tau} = \eta_\infty (\dot{\gamma} + t^\times \ddot{\gamma});$$
$$t^\circ = (\eta_1 + \eta_\infty)\, J_1; \; t^\times = \eta_1 J_1. \qquad (11)$$

$\ddot{\gamma}$ ist die zweite zeitliche Ableitung der Scherverformung.

Die für die Verzögerung der elastischen Verformung maßgebende Stoffkonstante $t^\times$ heißt Retardationszeit. η_∞ ist die Gleichgewichtsviskosität unter konstanter Spannung, wenn die Zeitdauer seit der letzten Änderung der Spannung groß gegen die Retardationszeit ist. Mit η_1 und J_1 werden eine Viskosität und eine Komplianz bezeichnet, die gemeinsam die verzögerte elastische Verformung bewirken.

3.2.3 Flüssigkeit mit unverzögerter und mit verzögerter Elastizität

Das rheologische Modell nach Bild 5 (Burgers-Modell genannt) beschreibt qualitativ das Verhalten einer Flüssigkeit, deren elastische Verformung sich teils sofort, teils mit endlicher und zeitlich abklingender Geschwindigkeit nach Beginn des Einwirkens der Spannung τ einstellt. Bei konstanter Verformung relaxiert die Spannung wie im Modell nach Abschnitt 3.2.2. Das Fließgesetz enthält vier Stoffkonstanten und wird durch Gl. (12) wiedergegeben:

$$\tau + (t_1^\circ + t_2^\circ)\dot{\tau} + t_1^\circ t_2^\circ \ddot{\tau} = \eta_\infty (\dot{\gamma} + t^\times \ddot{\gamma});$$
$$t_1^\circ t_2^\circ = \eta_1 J_1 \eta_\infty J_0; \qquad (12)$$
$$(t_1^\circ + t_2^\circ) = \eta_\infty J_0 + (\eta_\infty + \eta_1) J_1; \; t^\times = \eta_1 J_1.$$

J_0, J_1, η_1 und η_∞ haben die gleiche Bedeutung wie in den Abschnitten 3.2.1 und 3.2.2.

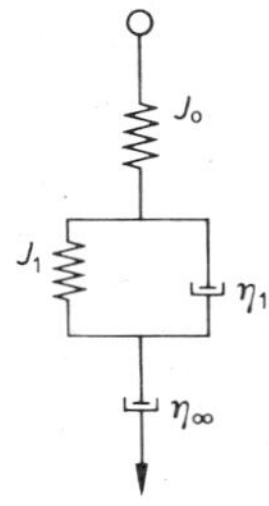

Bild 5. Modell für die Burgers-Flüssigkeit

3.3 Fließgesetze für nichtlinear-viskoelastische Schichtenströmung

Da jedes aus linearen Gliedern gebildete Modell ebenfalls linear ist, müßten zur Beschreibung nichtlinearen Verhaltens nichtlineare Reibungs- oder Federglieder (z. B. Dämpfungsglieder mit Verhalten nach den Gleichungen (3) bis (9)) in das Netzwerk eines rheologischen Modells eingeführt werden. Die Aufhebung des Superpositionsprinzips, die damit verbunden ist, führt bei den nichtlinear-viskoelastischen Flüssigkeiten mitunter zu Quereffekten, durch die der Anwendungsbereich des skalaren Fließgesetzes überschritten wird. Formen des skalaren Fließgesetzes sind dann anwendbar, wenn in einer Schichtenströmung die Unterdrückung der Quereffekte möglich ist. Die bekannteste Form eines solchen Gesetzes ist die Gleichung von Prandtl und Eyring:

$$D = a \sinh(\tau/b) + \dot{\tau}/G \qquad (13)$$

(a, b und G sind Stoffkonstanten).

Ein anderes Beispiel ist das ideal-plastische Modell von Saint-Venant (Bild 6), das unterhalb der Schubspannung τ_f (Fließgrenze) die Fluidität null, für $\tau > \tau_f$ dagegen die Viskosität null besitzt.

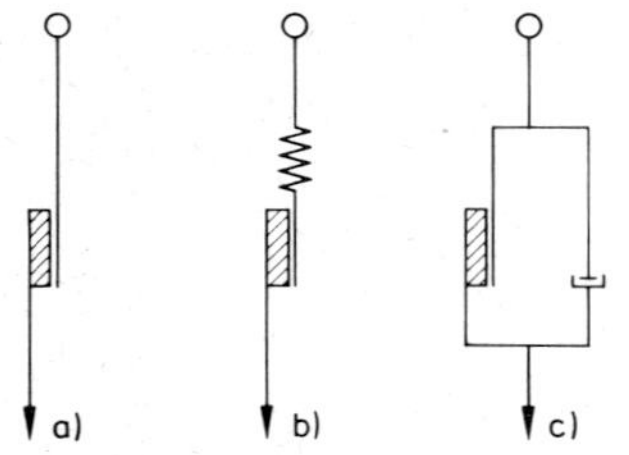

Bild 6. a) Plastischer Stoff nach Saint-Venant
b) Elastoplastischer Stoff nach Prandtl-Reuss
c) Viskoplastischer Stoff nach Bingham

3.4 Dehnströmung

3.4.1 Skalare Fließgesetze bei einachsigem Zug

Für die Dehnströmung nach Bild 1 lassen sich ähnliche skalare Fließgesetze aufstellen wie für die Schichtenströmung im Abschnitt 3.1. Es gilt die Beziehung:

$$\sigma = \dot{\varepsilon}\,\eta_D(\dot{\varepsilon})\,. \tag{14}$$

In Gl. (14) bedeuten – wie in Bild 1 – σ die Hauptdehnspannung und $\dot{\varepsilon}$ die Dehngeschwindigkeit. $\eta_D(\dot{\varepsilon})$ wird Dehnviskositätsfunktion genannt.

Ein auffallender Unterschied zur Scherviskositätsfunktion besteht bei strukturviskosen Flüssigkeiten darin, daß die Fließkurve der Dehnströmung den entgegengesetzten Krümmungssinn wie in Bild 2a besitzen kann.

3.4.2 Trouton-Verhältnis**)

Beziehungen zwischen Dehn- und Schichtenströmung liegen von vornherein nur für inkompressible newtonsche Flüssigkeiten fest. Bei nicht-newtonschem Verhalten einer Flüssigkeit gehen dagegen stoffspezifische Eigenschaften in diese Beziehungen ein. Zur Kennzeichnung dieses Stoffverhaltens dient das Trouton-Verhältnis N_{Tr} nach Gl. (15):

$$N_{Tr} = \frac{\eta_D}{\eta} = \frac{\sigma/\dot{\varepsilon}}{\tau/D} \tag{15}$$

Hierbei müssen die Werte für die beiden Viskositätsfunktionen vergleichbaren Fließzuständen entsprechen (d. h. z. B. gleichen Beträgen für die Schubspannung τ und die Hauptdehnspannung σ). Für newtonsche Flüssigkeiten gilt $N_{Tr} = 3$; bei strukturviskosen Flüssigkeiten gilt häufig $N_{Tr} > 3$.

**) gesprochen: *trūton*

Weitere Normen

DIN 1301 Einheiten; Einheitennamen, Einheitenzeichen
DIN 1342 Viskosität newtonscher Flüssigkeiten

April 1994

Linear-viskoelastische Stoffe

Begriffe, Stoffgesetze, Grundfunktionen

13 343

ICS 17.060; 01.060.20; 01.040.17

Linear viscoelastic materials;
Concepts, constitutive equations, basic functions

Inhalt

1 Anwendungsbereich

Diese Norm gilt nur für das rheologische Verhalten viskoelastischer Stoffe im linearen Beanspruchungsbereich; deshalb wird von darüber hinaus geltenden Begriffen nicht in ihrem vollen Bedeutungsumfang Gebrauch gemacht. Alle Aussagen gelten für ein typisches Volumenelement im Sinne der Kontinuumsmechanik.

Auf endliche Volumina können diese deshalb nur angewendet werden, wenn der Stoff unter den jeweiligen Versuchsbedingungen als makroskopisch homogen betrachtet werden kann und einer ortsunabhängigen Verformungsvorgeschichte unterworfen worden ist. Entsprechend bleiben Einflüsse der Massenträgheit außer Betracht, da diese nicht das Spannungs-Verformungs-Verhalten des Stoffes selbst betreffen, auch wenn sie für die sich darin abspielenden Vorgänge von Bedeutung sind und bei deren Beschreibung mitberücksichtigt werden müssen.

In dieser Norm werden auch Stoffgemische (Stoffsysteme) kurz als Stoffe (das ist der Oberbegriff für Festkörper und Fluide) bezeichnet. Die auf Flüssigkeiten bezogenen Aussagen gelten grundsätzlich für alle Fluide, wenngleich die Gesetze des viskoelastischen Stoffverhaltens vorwiegend für Flüssigkeiten im engeren Sinne von praktischer Bedeutung sind. Von der Einbeziehung anisotroper Stoffe wird abgesehen, da deren Behandlung einen unverhältnismäßig größeren mathematischen Aufwand erfordern würde.

2 Einfache Verformungen, Verformungsleistung

Rheologische Stoffgesetze stellen im allgemeinen Funktionalbeziehungen zwischen den Vorgeschichten des Spannungstensors und des Deformationstensors dar. Als **einfache** Verformungen oder Deformationen werden solche Verformungen bezeichnet, bei denen der Span-

Fortsetzung Seite 2 bis 14

Normenausschuß für Einheiten und Formelgrößen (AEF) im DIN Deutsches Institut für Normung e.V.

nungs- und Deformationstensor jeweils durch eine oder höchstens zwei skalare Größen gekennzeichnet werden können. Hierzu gehören die einfache Dehnung, die einfache Scherung und die gleichförmige Kontraktion (siehe DIN 13 316).

2.1 Einfache Dehnung

Einfache Dehnung liegt z. B. bei der Zug- bzw. Stauchverformung einer stabförmigen Probe eines homogenen Stoffes in der Achsenrichtung vor. Die relative Längenänderung (bezogen auf den Anfangs-, den End- oder den momentanen Zustand) wird als Dehnung (oder Längsdehnung) ε bezeichnet, das negative Verhältnis von Querdehnung zu Längsdehnung als **Poissonzahl** μ. Ist $\varepsilon > 0$, wird die Dehnung auch **uniaxiale Dehnung** genannt, ist $\varepsilon < 0$, dagegen **biaxiale Dehnung** oder **Stauchung**. Die erzeugende Spannung, d. h. die Zugkraft, dividiert durch den momentanen Querschnitt (seltener: den Anfangsquerschnitt), ist die **Dehnspannung** σ (negativ bei Stauchung).

2.2 Einfache Scherung

Einfache Scherung liegt z. B. bei der Verformung einer plattenförmigen Probe eines homogenen Stoffes in einer in seinem großen Begrenzungsflächenpaar liegenden Richtung vor. Der Quotient aus Verschiebung und Plattendicke heißt Scherung γ. Die sie erzeugende Spannung, d. h. die auf die Plattenfläche bezogene Schubkraft, heißt die **Schubspannung** (oder **Scherspannung**) τ.

2.3 Gleichförmige Kontraktion

Gleichförmige Kontraktion liegt bei der Volumenverkleinerung eines beliebig geformten homogenen Probekörpers vor, derart, daß das Ausgangs- und das momentane Volumen geometrisch ähnlich sind. Die relative Volumenverminderung (bezogen auf den Anfangs-, den End- oder den momentanen Zustand) wird als **Volumenkontraktion** ζ bezeichnet. Die sie erzeugende (negative) Spannung, d. h. die auf ein Oberflächenelement bezogene und senkrecht auf dieses wirkende Kraft, heißt der isotrope Druck p.

ANMERKUNG 1: Statt der Volumenkontraktion ζ wird häufig ihr negativer Wert, die Volumendilatation ϑ verwendet (siehe DIN 1304 Teil 1).

ANMERKUNG 2: Die verschiedenen Möglichkeiten der Definition von Zugdehnung ε und Volumenkontraktion ζ führen in der Theorie der endlichen Verformungen zu unterschiedlichen Verformungsmaßen. Da aber eine lineare Theorie in der Regel auf sehr kleine Verformungen beschränkt ist, benötigt man hier nur die sogenannten „infinitesimalen" Verformungsmaße, für welche die Unterschiede bei verschiedener Wahl der Bezugsgrößen als klein von höherer Ordnung vernachlässigt werden können.

2.4 Verformungsleistung

Die bei den einfachen Verformungen aufgebrachte volumenbezogene Verformungsleistung ergibt sich zu

$$\dot{w}_E = \sigma\dot{\varepsilon}, \quad \dot{w}_G = \tau\dot{\gamma}, \quad \dot{w}_K = p\dot{\zeta}, \qquad (1)$$

wobei w die volumenbezogene Arbeit und der übergestellte Punkt die substantielle Zeitableitung bedeuten (siehe Abschnitt 8.1).

3 Einteilung der Stoffe

3.1 Reinelastischer Festkörper, hookescher Körper

Ein mechanisch belasteter Stoff verhält sich als Festkörper (siehe DIN 13 316), wenn er bei beliebig langer Einwirkungsdauer auch beträchtlicher Spannungen nach Wegnahme der Belastung seine ursprüngliche Gestalt wieder annimmt. Der Festkörper heißt reinelastisch (kurz: elastisch), wenn der Momentanwert der Verformung nur vom Momentanwert der Spannung abhängt. Bezugszustand für die Verformung ist in der Regel der spannungsfreie Zustand. Die gesamte Verformungsarbeit wird dabei als elastische Energie gespeichert und kann bei der Entlastung vollständig zurückgewonnen werden.

Ist die Beziehung zwischen Spannung und Verformung linear, so heißt der Festkörper linear-reinelastisch und wird kurz als hookescher Körper bezeichnet. Für die oben definierten einfachen Verformungen nimmt das Hookesche Gesetz folgende Gestalt an:

$$\sigma = E\varepsilon, \quad \tau = G\gamma, \quad p = K\zeta; \qquad (2)$$

dabei werden die Stoffkonstanten E als **Elastizitätsmodul** (kurz: E-Modul), G als **Schubmodul** (auch Scher- oder Torsionsmodul) und K als **Kompressionsmodul** (oder Volumenmodul) bezeichnet. Ihre Kehrwerte heißen **Dehnkomplianz** $D = 1/E$, **Scherkomplianz** $J = 1/G$ und **Volumenkomplianz** $B = 1/K$. Ein Stoff, für den $K \gg G$ bzw. $B \ll J$ (idealisiert: $K = \infty$ bzw. $B = 0$) gilt, wird als dichtebeständig oder inkompressibel bezeichnet.

Wenn die Änderung der Dichte ϱ vernachlässigt werden kann, ergibt sich für die vollständig als Energie gespeicherte Verformungsarbeit

$$w_E = \frac{E}{2}\varepsilon^2, \quad w_G = \frac{G}{2}\gamma^2, \quad w_K = \frac{K}{2}\zeta^2. \qquad (3)$$

ANMERKUNG 1: Bei realen Festkörpern ist der linear-reinelastische (hookesche) Bereich auf kleine Spannungen und Verformungen beschränkt.

ANMERKUNG 2: Wird das Wort „Körper" in Verbindung mit einem Namen verwendet, so hat es stets die Bedeutung „Festkörper".

3.2 Reinviskose Flüssigkeit, newtonsche Flüssigkeit

Ein mechanisch belasteter Stoff verhält sich als Flüssigkeit (siehe DIN 13 342), wenn eine beliebig kleine, von einem isotropen Druck verschiedene Spannung bei hinreichend langer Einwirkungsdauer zu beliebig großen bleibenden Verformungen führt. Eine Flüssigkeit heißt reinviskos (kurz: viskos), wenn der Momentanwert der Verformungsgeschwindigkeit nur vom Momentanwert der Spannung abhängt. Die gesamte Verformungsarbeit wird dabei irreversibel in Wärme verwandelt.

Ist die Beziehung zwischen Spannung und Verformungsgeschwindigkeit linear, so heißt die Flüssigkeit linear-reinviskos und wird kurz als newtonsche Flüssigkeit bezeichnet. Für die oben definierten einfachen Verformungen nimmt das Newtonsche Gesetz folgende Gestalt an:

$$\sigma = \eta_E\,\dot{\varepsilon}, \quad \tau = \eta\dot{\gamma}; \qquad (4)$$

dabei werden die Stoffkonstanten η_E als **Dehnviskosität** und η als **Scherviskosität** bezeichnet. Ihre Kehrwerte heißen **Dehnfluidität** $\varphi_E = 1/\eta_E$ und **Scherfluidität** $\varphi = 1/\eta$. Für die gleichförmige Kontraktion läßt sich ein Newtonsches Gesetz nicht formulieren, denn auch Flüssigkeiten zeigen bezüglich Volumenänderungen festkörperartige Eigenschaften. Im Falle von hookeschem Verhalten ist ihnen somit zusätzlich ein Kompressionsmodul zugeordnet. Für viele Anwendungsfälle können Flüssigkeiten (im engeren Sinne) als dichtebeständig betrachtet werden. Es gilt dann $\eta_E = 3\,\eta$ (siehe Abschnitt 8.2).

Kann die Änderung der Dichte ϱ vernachlässigt werden, ergibt sich für die vollständig dissipierte volumenbezogene Verformungsleistung

$$\dot{w}_E = \eta_E\,\dot{\varepsilon}^2, \quad \dot{w}_G = \eta\,\dot{\gamma}^2. \qquad (5)$$

ANMERKUNG 1: Häufig werden linear-reinviskose Flüssigkeiten nur dann als newtonsche Flüssigkeiten bezeichnet, wenn sie dichtebeständig sind. Dies ist um so mehr gerechtfertigt, als Flüssigkeiten, deren Scherverhalten durch eine Scherviskosität η und deren Kontraktionsverhalten durch einen Kompressionsmodul K beschrieben werden, ein komplizierteres, nämlich viskoelastisches Dehnverhalten zeigen. Hier ist es deshalb angemessener, statt von einer newtonschen Flüssigkeit schlechthin von einer Flüssigkeit mit newtonschem Scherverhalten (allgemeiner: Gestaltänderungsverhalten) zu sprechen.

ANMERKUNG 2: Bei Gasen, für die kein spannungsfreier Zustand mit endlicher Dichte existiert, muß der Kompressionsmodul mittels differentieller Volumen- und Druckänderungen definiert werden. Für barotrope Änderungen ($\varrho = \varrho(p)$) gilt unter der Voraussetzung des Gesetzes des idealen Gases $K = \varrho(\mathrm{d}p/\mathrm{d}\varrho)$.

3.3 Viskoelastische und linear-viskoelastische Stoffe

Stoffe, die nebeneinander sowohl elastische als auch viskose Eigenschaften aufweisen, werden als viskoelastische Stoffe bezeichnet. Entsprechend wird die Verformungsarbeit teilweise elastisch gespeichert, teilweise aber irreversibel in Wärme umgewandelt. Die zugehörigen rheologischen Stoffgesetze sind nicht mehr als Beziehungen zwischen den Momentanwerten von Spannung und Verformung bzw. Spannung und Verformungsgeschwindigkeit darstellbar, sondern enthalten grundsätzlich die gesamten Verläufe bis zum Beobachtungszeitpunkt, die sogenannten **Vorgeschichten**.

Viskoelastische Stoffe, deren rheologisches Verhalten dem **Boltzmannschen Superpositionsprinzip** gehorcht, werden als linear-viskoelastische Stoffe bezeichnet. Dieses Prinzip besagt, daß, wenn jeweils zwei Spannungs- und Verformungsverläufe einander zugeordnet sind, dies auch für die Vielfachen und die Summen beider zutrifft.

4 Grundversuche und Grundfunktionen

Zur Kennzeichnung der rheologischen Eigenschaften linear-viskoelastischer Stoffe eignen sich besonders deren Reaktionen auf gewisse einfache Beanspruchungsverläufe, die sogenannten Grundversuche. Hierbei können entweder der Spannungs- oder der Verformungsverlauf vorgegeben werden. Man unterscheidet durchweg drei Typen von Grundversuchen, nämlich solche mit sprungartiger, impulsartiger und harmonisch-periodischer (sinusförmiger) Beanspruchung. Durch die aus diesen Grundversuchen abgeleiteten Grundfunktionen lassen sich beliebige Spannungs- und Verformungsverläufe in einfacher Weise zueinander in Beziehung setzen.

Die nachfolgenden Ausführungen werden explizit nur in der Bezeichnungsweise der einfachen Scherung formuliert. Sie lassen sich aber unmittelbar auch auf die einfache Dehnung und (mit im einzelnen angemerkten Einschränkungen) auf die gleichförmige Kontraktion übertragen.

4.1 Grundversuche mit sprungartiger Beanspruchung

Die Heaviside-Funktion (Einheitssprung) werde durch

$$H(t) = \begin{cases} 0 \text{ für } -\infty < t \leq 0 \\ 1 \text{ für } \quad 0 < t < \infty \end{cases} \tag{6}$$

definiert.

ANMERKUNG: An der Stelle $t = 0$ sind auch andere Definitionen gebräuchlich, insbesondere $H(0) = 1/2$, doch ist die obige Definition für die folgenden Zwecke besonders günstig.

4.1.1 Kriech- und Kriecherholungsversuch

Beim Kriechversuch wird der Spannungsverlauf in Form einer Sprungfunktion

$$\tau(t) = \tau_0 H(t) \tag{7}$$

vorgegeben. Der zugehörige Verformungsverlauf

$$\gamma(t) = \tau_0 J^+(t) \tag{8}$$

liefert eine Grundfunktion $J^+(t)$, die als **Kriechkomplianz** bezeichnet wird.

Ergänzt man den Kriechversuch durch einen Kriecherholungsversuch in der Weise, daß nach einer Zeit Δt die Spannung wieder sprunghaft weggenommen wird,

$$\tau(t) = \tau_0 [H(t) - H(t - \Delta t)], \tag{9}$$

so stellt sich (gemäß dem Superpositionsprinzip) der Verformungsverlauf wie folgt dar:

$$\gamma(t) = \tau_0 [J^+(t) - J^+(t - \Delta t)]. \tag{10}$$

4.1.2 Spann- und Relaxationsversuch

Beim Spannversuch wird die Verformungsgeschwindigkeit in Form einer Sprungfunktion

$$\dot{\gamma}(t) = \dot{\gamma}_0 H(t) \tag{11}$$

vorgegeben, was einem bei null beginnenden linearen Anstieg der Verformung selbst entspricht:

$$\gamma(t) = \dot{\gamma}_0 t H(t). \tag{12}$$

Der zugehörige Spannungsverlauf

$$\tau(t) = \dot{\gamma}_0 \eta^+(t) \tag{13}$$

liefert dann eine Grundfunktion $\eta^+(t)$, die als **Spannviskosität** bezeichnet wird.

Ergänzt man den Spannversuch durch einen Relaxationsversuch in der Weise, daß nach einer Zeit Δt die Verformungsgeschwindigkeit sprunghaft auf null zurückgenommen, d. h. die Verformung konstant gehalten wird, also

$$\dot{\gamma}(t) = \dot{\gamma}_0 [H(t) - H(t - \Delta t)], \tag{14}$$

$$\gamma(t) = \dot{\gamma}_0 [t H(t) - (t - \Delta t) H(t - \Delta t)] \tag{15}$$

gilt, so stellt sich der Spannungsverlauf wie folgt dar:

$$\tau(t) = \dot{\gamma}_0 [\eta^+(t) - \eta^+(t - \Delta t)]. \tag{16}$$

4.2 Grundversuche mit impulsartiger Beanspruchung

Die Dirac-Funktion (Delta-Distribution, Einheitsstoß) werde formal durch

$$\delta(t) = \frac{\mathrm{d}H(t)}{\mathrm{d}t} \tag{17}$$

definiert, d. h., es gelte $\delta(t) = 0$ für $t \neq 0$ und

$$\int_{-\infty}^{\infty} \delta(t)\,\mathrm{d}t = \int_{0}^{\infty} \delta(t)\,\mathrm{d}t = 1. \tag{18}$$

ANMERKUNG: Eine Änderung der oben gegebenen Definition von $H(t)$ zieht auch eine solche von $\delta(t)$ nach sich. Setzt man in symmetrischer Weise $H(0) = 1/2$, so folgt entsprechend

$$\int_{-\infty}^{0} \delta(t)\,\mathrm{d}t = \int_{0}^{\infty} \delta(t)\,\mathrm{d}t = \frac{1}{2}. \tag{19}$$

4.2.1 Kriecherholungsversuch nach impulsartiger Spannungsbeanspruchung

Hierbei läßt man die Dauer Δt der Beanspruchung gegen null gehen, derart, daß der „Spannungsstoß" $T_0 = \tau_0 \Delta t$ einen endlichen Wert behält:

$$\tau(t) = T_0 \delta(t). \tag{20}$$

Der zugehörige Verformungsverlauf

$$\gamma(t) = T_0 \frac{\mathrm{d}J^+(t)}{\mathrm{d}t} = T_0\,\varphi^+(t) \tag{21}$$

liefert eine weitere Grundfunktion $\varphi^+(t) = \mathrm{d}J^+(t)/\mathrm{d}t$, die als **Retardationsfluidität** bezeichnet wird.

4.2.2 Relaxationsversuch nach impulsartiger Verformungsbeanspruchung

Hierbei läßt man die Dauer Δt des Verformungsvorgangs gegen null gehen, derart, daß die Verformung $\gamma_0 = \dot{\gamma}_0 \Delta t$ selbst einen endlichen Wert behält:

$$\dot{\gamma}(t) = \gamma_0\,\delta(t), \quad \gamma(t) = \gamma_0\,H(t). \tag{22}$$

Der zugehörige Spannungsverlauf

$$\tau(t) = \gamma_0 \frac{\mathrm{d}\eta^+(t)}{\mathrm{d}t} = \gamma_0\,G^+(t) \tag{23}$$

liefert eine weitere Grundfunktion $G^+(t) = \mathrm{d}\eta^+(t)/\mathrm{d}t$, die als **Relaxationsmodul** bezeichnet wird.

ANMERKUNG: Wenn keine Verwechselungsmöglichkeit besteht, kann das Hochzeichen + bei den obigen Grundfunktionen weggelassen werden.

4.3 Verknüpfung beliebiger Spannungs- und Verformungsverläufe mittels der Grundfunktionen der sprungartigen und impulsartigen Beanspruchung

Durch Anwendung des Boltzmannschen Superpositionsprinzips lassen sich beliebige Spannungs- und Verformungsverläufe als sogenannte **Integraltransformationen** vom **Faltungstyp** miteinander verknüpfen, bei denen die Integralkerne durch die oben definierten Grundfunktionen gegeben sind.

Aus diesen Transformationen resultieren zugleich Beziehungen zwischen solchen Grundfunktionen, denen vorgegebene Spannungsverläufe und solchen, denen vorgegebene Verformungsverläufe zugeordnet sind.

4.4 Grundversuche mit harmonisch-periodischer Beanspruchung

Harmonisch-periodische (d. h. sinusförmige) Spannungs- und Verformungsbeanspruchungen seien, wie in Naturwissenschaft und Technik weithin üblich, in komplexer Form dargestellt. Dabei wird angenommen, daß der Realteil der jeweiligen durch Unterstreichung als solche gekennzeichneten komplexen Größe den physikalischen Vorgang beschreibt (siehe DIN 5483 Teil 3).

ANMERKUNG 1: Bei den im folgenden durch eine Tilde (~) gekennzeichneten Größen, die sämtlich komplexe Größen darstellen, kann an sich – wie allgemein üblich – auf eine zusätzliche Kennzeichnung durch Unterstreichung verzichtet werden.

Da bei linearem Verhalten einer sinusförmigen Anregung stets auch eine sinusförmige Reaktion entspricht, die sich nur in Amplitude und Phase, nicht aber in der Frequenz unterscheiden kann, so folgt für die Spannungs- und Verformungsbeanspruchung

$$\underline{\tau}(t) = \tilde{\tau}_0\,\mathrm{e}^{\mathrm{i}\omega t}, \tag{24}$$

$$\underline{\gamma}(t) = \tilde{\gamma}_0\,\mathrm{e}^{\mathrm{i}\omega t}, \quad \underline{\dot{\gamma}}(t) = \tilde{\dot{\gamma}}_0\,\mathrm{e}^{\mathrm{i}\omega t}, \tag{25}$$

worin die komplexen Größen $\tilde{\tau}_0$, $\tilde{\gamma}_0$ und $\tilde{\dot{\gamma}}_0 = \mathrm{i}\omega\tilde{\gamma}_0$ zugleich Amplitude und Phase des jeweiligen Vorgangs kennzeichnen, i die imaginäre Einheit und ω die Kreisfrequenz bedeuten.

Hiermit lassen sich folgende Grundfunktionen definieren:

a) Grundfunktionen, denen vorgegebene Spannungsverläufe zugeordnet sind:

$\tilde{\gamma}_0/\tilde{\tau}_0 = \tilde{J}(\omega)$ **komplexe Komplianz**, (26)

$\tilde{\dot{\gamma}}_0/\tilde{\tau}_0 = \tilde{\varphi}(\omega) = \mathrm{i}\omega\tilde{J}(\omega)$ **komplexe Fluidität**, (27)

b) Grundfunktionen, denen vorgegebene Verformungsverläufe zugeordnet sind:

$\tilde{\tau}_0/\tilde{\gamma}_0 = \tilde{G}(\omega)$ **komplexer Modul**, (28)

$\tilde{\tau}_0/\tilde{\dot{\gamma}}_0 = \tilde{\eta}(\omega) = \tilde{G}(\omega)/\mathrm{i}\omega$ **komplexe Viskosität**. (29)

Ihre Real- und (positiven bzw. negativen) Imaginärteile

$$\tilde{J}(\omega) = J'(\omega) - \mathrm{i}J''(\omega), \quad \tilde{G}(\omega) = G'(\omega) + \mathrm{i}G''(\omega), \tag{30}$$

$$\tilde{\varphi}(\omega) = \varphi'(\omega) + \mathrm{i}\varphi''(\omega), \quad \tilde{\eta}(\omega) = \eta'(\omega) - \mathrm{i}\eta''(\omega) \tag{31}$$

werden wie folgt bezeichnet:

$J'(\omega)$ **Speicherkomplianz**,
$G'(\omega)$ **Speichermodul**,

$J''(\omega)$ **Verlustkomplianz**,
$G''(\omega)$ **Verlustmodul**,

$\varphi'(\omega) = \omega J''(\omega)$ **Wirkfluidität**,
$\eta'(\omega) = G''(\omega)/\omega$ **Wirkviskosität**,

$\varphi''(\omega) = \omega J'(\omega)$ **Blindfluidität**,
$\eta''(\omega) = G'(\omega)/\omega$ **Blindviskosität**.

Damit bildet man die weiteren Größen:

$|\tilde{J}(\omega)| = [J'^2(\omega) + J''^2(\omega)]^{1/2}$

Betrag der komplexen Komplianz, (32)

$|\tilde{G}(\omega)| = [G'^2(\omega) + G''^2(\omega)]^{1/2}$

Betrag des komplexen Moduls, (33)

$|\tilde{\varphi}(\omega)| = [\varphi'^2(\omega) + \varphi''^2(\omega)]^{1/2}$

Betrag der komplexen Fluidität, (34)

$|\tilde{\eta}(\omega)| = [\eta'^2(\omega) + \eta''^2(\omega)]^{1/2}$

Betrag der komplexen Viskosität, (35)

$\tan\delta(\omega) = J''(\omega)/J'(\omega) = G''(\omega)/G'(\omega)$
$= \varphi'(\omega)/\varphi''(\omega) = \eta'(\omega)/\eta''(\omega)$

Verlustfaktor (mechanische Dämpfung), (36)

$\delta(\omega) = \arctan[J''(\omega)/J'(\omega)] = \ldots$ **Verlustwinkel**. (37)

ANMERKUNG 2: Die harmonisch-periodische Beanspruchung wird häufig als „dynamische" Beanspruchung und die dieser zugeordneten Größen werden entsprechend als „dynamische Größen" bezeichnet, z. B. die komplexe Komplianz als „dynamische Komplianz" bzw. ihr absoluter Betrag als „absolute dynamische Komplianz" usw. Diese Bezeichnungsweise ist aber irreführend, da „dynamisch" in aller Regel durch die Massenträgheit verursachte Wirkungen kennzeichnet, die in den Grundfunktionen nicht einbezogen sind. Der Begriff „dynamische Viskosität" ist außerdem schon für die hier kurz als „Viskosität" bezeichnete Größe η (Gegensatz: „kinematische Viskosität" $\nu = \eta/\varrho$) verbraucht. Daher sollte der Begriff „dynamisch" für das bei der harmonisch-periodischen Beanspruchung zutage tretende Stoffverhalten generell vermieden werden.

ANMERKUNG 3: Die komplexen Grundfunktionen werden hier, statt wie sonst durchweg üblich durch einen Stern (*), durch eine Tilde (~) gekennzeichnet, da der Stern in den Natur- und Ingenieurwissenschaften ganz allgemein zur Kennzeichnung einer konjugiert komplexen Größe verwendet wird (siehe DIN 1302).

ANMERKUNG 4: Der Verlustwinkel $\delta(\omega)$ darf nicht mit der Dirac-Funktion verwechselt werden.

Aus den Gleichungen (26) bis (29) ist zu ersehen, daß die Grundfunktionen nach a) und nach b) paarweise miteinander verknüpft sind:

$$\underline{\tilde{J}}(\omega)\,\underline{\tilde{G}}(\omega)=1, \quad \underline{\tilde{\varphi}}(\omega)\,\underline{\tilde{\eta}}(\omega)=1; \tag{38}$$

hieraus resultieren auch für deren Real- und Imaginärteile einfache Umrechnungsformeln.

Dagegen hängen die komplexen Grundfunktionen mit den ihnen korrespondierenden Grundfunktionen der sprung- und impulsartigen Beanspruchung in der Form von **Laplace-Transformationen** bzw. damit verwandten **Carson-Transformationen** zusammen (siehe DIN 5487).

ANMERKUNG: Nach Durchführung gewisser Umformungen läßt sich die Laplace-Transformation in der Regel auch durch eine **Fourier-Transformation** ersetzen, wodurch gewisse Komplikationen entfallen. Auch beliebige Spannungs- und Verformungsverläufe lassen sich unter Zuhilfenahme von Fourier-Transformation und -Rücktransformation durch die komplexen Grundfunktionen in einfacher Weise miteinander verknüpfen.

5 Viskoelastische Stoffe mit diskreten Spektren (n-Parameter-Stoffe)

Eine große Klasse linear-viskoelastischer Stoffe (n-Parameter-Stoffe) läßt sich symbolisch durch sogenannte passive Netzwerke darstellen, die aus **hookeschen Elementen („Federn")** und **newtonschen Elementen („Dämpfern")** zusammengesetzt sind, siehe Bild 1. Diese symbolisieren die Zusammenhänge

a) $\tau=G\gamma, \quad \gamma=J\tau$ (39)

und

b) $\tau=\eta\dot{\gamma}, \quad \dot{\gamma}=\varphi\tau$ (40)

und stellen somit, für sich genommen, die Stoffgesetze des hookeschen Körpers und der newtonschen Flüssigkeit dar.

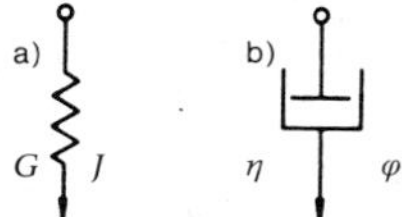

Bild 1: Symbole für (a) das hookesche Element (Feder) und (b) das newtonsche Element (Dämpfer)

Diese Elemente können entweder unter gemeinsamer Verformung bezüglich der Spannung superponiert („parallel geschaltet") oder unter gemeinsamer Spannung bezüglich der Verformung superponiert („hintereinander geschaltet") werden.

ANMERKUNG: Die durch Zusammenschalten von Federn und Dämpfern erzeugten Netzwerke sind elektrischen Netzwerken, die etwa aus Kapazitäten und ohmschen Widerständen zusammengesetzt sind, äquivalent. So kann man z. B. den Federn die Kehrwerte der Kapazitäten, den Dämpfern die Widerstände, der mechanischen Spannung die elektrische Spannung, der Verformung die elektrische Ladung zuordnen, muß dann allerdings Hintereinander- und Parallelschaltung vertauschen. Daher ist die lineare Theorie der viskoelastischen Stoffe mit endlich vielen Parametern formal aus der Theorie der passiven elektrischen (Eintor-)Netzwerke ableitbar.

5.1 Zwei-Parameter-Stoffe

Die Parallel- und Hintereinanderschaltung zweier gleichartiger Elemente kann durch ein einziges Element ersetzt werden, wobei sich die Moduln bzw. Viskositäten oder die Komplianzen bzw. Fluiditäten addieren. Daher ergeben nur die Parallel- oder die Hintereinanderschaltung von Feder und Dämpfer echte Zwei-Parameter-Stoffe.

5.1.1 Kelvin-Voigt-Körper

Die Parameter des Kelvin-Voigt-Körpers sind der Modul G bzw. die Komplianz J und die Viskosität η bzw. die Fluidität φ. Der Quotient $\varkappa=\eta/G=J/\varphi$ wird als **Retardationszeit** bezeichnet. Das Stoffgesetz lautet

$$\tau=G\gamma+\eta\dot{\gamma} \quad \text{bzw.} \quad \gamma+\varkappa\dot{\gamma}=J\tau; \tag{41}$$

die Netzwerk-Darstellung ist in Bild 2 angegeben.

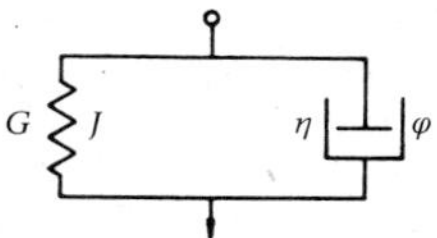

Bild 2: Kelvin-Voigt-Körper

Die Grundfunktionen der sprungartigen, impulsartigen und periodischen Beanspruchung lauten

$$J^+(t) = J(1-\mathrm{e}^{-t/\varkappa})\,H(t), \tag{42}$$

$$\eta^+(t) = (\eta+Gt)\,H(t), \tag{43}$$

$$\varphi^+(t) = \varphi\mathrm{e}^{-t/\varkappa}\,H(t), \tag{44}$$

$$G^+(t) = \eta\delta(t)+GH(t), \tag{45}$$

$$\underline{\tilde{J}}(\omega) = J\left(\frac{1}{1+\varkappa^2\omega^2}-\mathrm{i}\,\frac{\varkappa\omega}{1+\varkappa^2\omega^2}\right), \tag{46}$$

$$\underline{\tilde{G}}(\omega) = G+\mathrm{i}\eta\omega=G(1+\mathrm{i}\varkappa\omega). \tag{47}$$

Der Kelvin-Voigt-Körper verbindet ein festkörperartiges Gleichgewichtsverhalten $(\lim\limits_{t\to\infty} J^+(t)=J)$ mit einem flüssigkeitsartigen Anfangsverhalten $(\lim\limits_{t\to+0} \eta^+(t)=\eta)$. Durch das Symbol +0 soll angedeutet werden, daß der Grenzübergang von positiven t-Werten her auszuführen ist.

5.1.2 Maxwell-Flüssigkeit

Die Parameter der Maxwell-Flüssigkeit sind der Modul G bzw. die Komplianz J und die Viskosität η bzw. die Fluidität φ. Der Quotient $\lambda=J/\varphi=\eta/G$ wird hierbei als **Relaxationszeit** bezeichnet. Das Stoffgesetz lautet

$$\dot{\gamma}=J\dot{\tau}+\varphi\tau \quad \text{bzw.} \quad \tau+\lambda\dot{\tau}=\eta\dot{\gamma}; \tag{48}$$

die Netzwerk-Darstellung ist in Bild 3 angegeben.

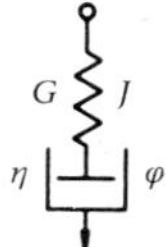

Bild 3: Maxwell-Flüssigkeit

Die Grundfunktionen der sprungartigen, impulsartigen und periodischen Beanspruchung lauten

$$J^+(t) = (J + \varphi t)\, H(t), \tag{49}$$

$$\eta^+(t) = \eta\,(1 - e^{-t/\lambda})\, H(t), \tag{50}$$

$$\varphi^+(t) = J\,\delta(t) + \varphi H(t), \tag{51}$$

$$G^+(t) = G\, e^{-t/\lambda}\, H(t), \tag{52}$$

$$\underline{\tilde{J}}(\omega) = J - i\frac{\varphi}{\omega} = J\left(1 - i\frac{1}{\lambda\omega}\right), \tag{53}$$

$$\underline{\tilde{G}}(\omega) = G\left(\frac{\lambda^2\omega^2}{1+\lambda^2\omega^2} + i\frac{\lambda\omega}{1+\lambda^2\omega^2}\right). \tag{54}$$

Die Maxwell-Flüssigkeit verbindet ein flüssigkeitsartiges Gleichgewichtsverhalten $\left(\lim\limits_{t\to\infty} \eta^+(t) = \eta\right)$ mit einem festkörperartigen Anfangsverhalten $\left(\lim\limits_{t\to+0} J^+(t) = J\right)$.

ANMERKUNG: Der Speichermodul $G'(\omega)$ und die Wirkviskosität $\eta'(\omega)$ eines viskoelastischen Stoffes, siehe Gleichungen (30) und (31), werden auch als die Grundfunktionen des **„äquivalenten Kelvin-Voigt-Modells“** bezeichnet, entsprechend die Kehrwerte der Speicherkomplianz $G_M(\omega) = 1/J'(\omega)$ und der Wirkfluidität $\eta_M(\omega) = 1/\varphi'(\omega)$ als die Grundfunktionen des **„äquivalenten Maxwell-Modells“**. Diese Begriffe dürfen aber nicht mit den in Abschnitt 5.3 definierten Begriffen „verallgemeinertes Kelvin-Voigt-“ und „verallgemeinertes Maxwell-Modell“ verwechselt werden.

5.2 Drei- und Vier-Parameter-Stoffe

Wie für $n = 1$ und $n = 2$ lassen sich auch für jedes $n > 2$ nur jeweils ein viskoelastischer Stoff mit festkörperartigem und einer mit flüssigkeitsartigem Gleichgewichtsverhalten (kurz als Festkörper bzw. Flüssigkeit bezeichnet) angeben. Diesen aber lassen sich nun jeweils verschiedene Netzwerk-Darstellungen zuordnen, wobei entsprechende Äquivalenzrelationen gelten. Im folgenden werden den Elementen dieser Netzwerke nur entweder die Symbole $J, \varphi, \varkappa = J/\varphi$ oder $G, \eta, \lambda = \eta/G$ zugeordnet.

5.2.1 Drei-Parameter-Festkörper (Poynting-Thomson-Körper)

Die beiden Netzwerk-Darstellungen A und B sind in Bild 4 angegeben.

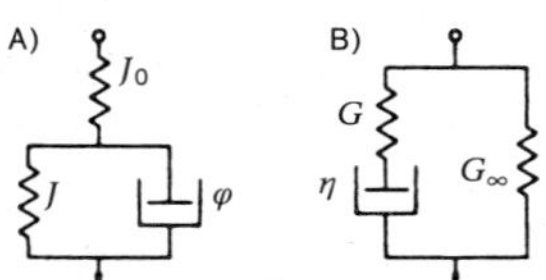

Bild 4: Drei-Parameter-Festkörper

Das Stoffgesetz läßt sich entsprechend auf zwei Weisen formulieren:

$$\text{(A)}\quad \tau + \frac{J_0}{J_0 + J}\varkappa\dot{\tau} = \frac{1}{J_0 + J}(\gamma + \varkappa\dot{\gamma}), \tag{55}$$

$$\text{(B)}\quad \tau + \lambda\dot{\tau} = G_\infty\left(\gamma + \frac{G + G_\infty}{G_\infty}\lambda\dot{\gamma}\right). \tag{56}$$

Dafür gelten die Äquivalenzrelationen

$$G_\infty = \frac{1}{J_0 + J}, \quad G = \frac{J}{J_0(J_0 + J)}, \tag{57}$$

$$\eta = \frac{J^2}{\varphi(J_0 + J)^2}, \quad \lambda = \frac{\varkappa J_0}{J_0 + J}, \tag{58}$$

$$J_0 = \frac{1}{G + G_\infty}, \quad J = \frac{G}{G_\infty(G + G_\infty)}, \tag{59}$$

$$\varphi = \frac{G^2}{\eta(G + G_\infty)^2}, \quad \varkappa = \frac{\lambda(G + G_\infty)}{G_\infty}. \tag{60}$$

Die beiden am häufigsten benutzten Grundfunktionen lauten

$$J^+(t) = [J_0 + J(1 - e^{-t/\varkappa})]\, H(t), \tag{61}$$

$$G^+(t) = [G\, e^{-t/\lambda} + G_\infty]\, H(t). \tag{62}$$

Die Ausdrücke für $\varphi^+(t)$ und $\eta^+(t)$ lassen sich mittels der Gleichungen (21) und (23) leicht daraus ableiten oder, wie auch die komplexen Grundfunktionen, durch Spezialisierung der in Abschnitt 5.3 angegebenen Ausdrücke für die n-Parameter-Stoffe gewinnen.

Der Drei-Parameter-Festkörper besitzt sowohl ein festkörperartiges Gleichgewichtsverhalten $\left(\lim\limits_{t\to\infty} J^+(t) = J_0 + J\right)$ als auch ein festkörperartiges Anfangsverhalten $\left(\lim\limits_{t\to+0} J^+(t) = J_0\right)$.

Für die Retardationszeit $\varkappa$ und die Relaxationszeit λ gilt die Ungleichung $\lambda < \varkappa$.

Das Modell des Drei-Parameter-Festkörpers beschreibt das einfachste nicht rein-elastische Kontraktionsverhalten eines nichtdichtebeständigen linear-viskoelastischen Stoffes, wenn anstelle der in Bild 4 angegebenen Parameter die Konstanten B_0, B und φ_K (Darstellung A) bzw. K, K_∞ und η_K (Darstellung B) substituiert werden. φ_K wird als **Volumenfluidität** und η_K als **Volumenviskosität** bezeichnet, und es gilt dafür $\varphi_K\,\eta_K < 1$.

5.2.2 Drei-Parameter-Flüssigkeit (Jeffreys-Flüssigkeit)

Die beiden Netzwerk-Darstellungen A und B sind in Bild 5 angegeben.

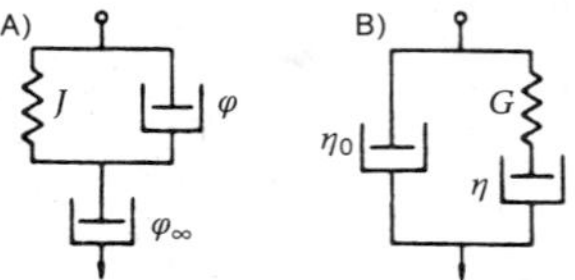

Bild 5: Drei-Parameter-Flüssigkeit

Das Stoffgesetz läßt sich entsprechend auf zwei Weisen formulieren:

$$\text{(A)}\quad \tau + \frac{\varphi + \varphi_\infty}{\varphi_\infty}\varkappa\dot{\tau} = \frac{1}{\varphi_\infty}(\dot{\gamma} + \varkappa\ddot{\gamma}), \tag{63}$$

$$\text{(B)}\quad \tau + \lambda\dot{\tau} = (\eta_0 + \eta)\left(\dot{\gamma} + \frac{\eta_0}{\eta_0 + \eta}\lambda\ddot{\gamma}\right). \tag{64}$$

Dafür gelten die Äquivalenzrelationen

$$\eta_0 = \frac{1}{\varphi + \varphi_\infty}, \quad \eta = \frac{\varphi}{\varphi_\infty(\varphi + \varphi_\infty)}, \tag{65}$$

$$G = \frac{\varphi^2}{J(\varphi + \varphi_\infty)^2}, \quad \lambda = \frac{\varkappa(\varphi + \varphi_\infty)}{\varphi_\infty}, \tag{66}$$

$$\varphi_\infty = \frac{1}{\eta_0 + \eta}, \quad \varphi = \frac{\eta}{\eta_0(\eta_0 + \eta)}, \tag{67}$$

$$J = \frac{\eta^2}{G(\eta_0 + \eta)^2}, \quad \varkappa = \frac{\lambda\eta_0}{\eta_0 + \eta}. \tag{68}$$

Die in Abschnitt 5.2.1 aufgeführten Grundfunktionen lauten hier

$$J^+(t) = [J\,(1-\mathrm{e}^{-t/\varkappa}) + \varphi_\infty t]\,H(t), \qquad (69)$$

$$G^+(t) = \eta_0\,\delta(t) + G\,\mathrm{e}^{-t/\lambda}\,H(t). \qquad (70)$$

Die Drei-Parameter-Flüssigkeit besitzt sowohl ein flüssigkeitsartiges Gleichgewichtsverhalten $(\lim\limits_{t\to\infty}\eta^+(t) = \eta_0 + \eta)$ als auch ein flüssigkeitsartiges Anfangsverhalten $(\lim\limits_{t\to+0}\eta^+(t) = \eta_0)$. Es gilt die Ungleichung $\varkappa < \lambda$.

5.2.3 Vier-Parameter-Festkörper

Die Netzwerk-Darstellungen A und B sind in Bild 6 angegeben.

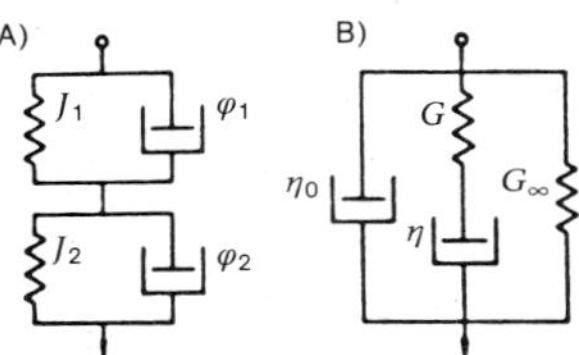

Bild 6: Vier-Parameter-Festkörper

Die zugeordneten Formen des Stoffgesetzes lauten

$$\text{(A)}\quad \tau + \frac{\varkappa_1/J_1 + \varkappa_2/J_2}{1/J_1 + 1/J_2}\,\dot\tau = \frac{1}{J_1+J_2}\,[\gamma + (\varkappa_1+\varkappa_2)\,\dot\gamma + \varkappa_1\varkappa_2\,\ddot\gamma], \qquad (71)$$

$$\text{(B)}\quad \tau + \lambda\,\dot\tau = G_\infty\left[\gamma + \left(\lambda + \frac{\eta_0+\eta}{G_\infty}\right)\dot\gamma + \frac{\eta_0}{G_\infty}\,\lambda\,\ddot\gamma\right]. \qquad (72)$$

Die Äquivalenzrelationen sollen hier (und im folgenden) nicht mehr angegeben werden.

Die Grundfunktionen $J^+(t)$ und $G^+(t)$ lauten nun

$$J^+(t) = [J_1(1-\mathrm{e}^{-t/\varkappa_1}) + J_2(1-\mathrm{e}^{-t/\varkappa_2})]\,H(t), \qquad (73)$$

$$G^+(t) = \eta_0\delta(t) + [G\,\mathrm{e}^{-t/\lambda} + G_\infty]\,H(t). \qquad (74)$$

Der Vier-Parameter-Festkörper verbindet ein festkörperartiges Gleichgewichtsverhalten $(\lim\limits_{t\to\infty} J^+(t) = J_1 + J_2)$ mit einem flüssigkeitsartigen Anfangsverhalten $(\lim\limits_{t\to+0}\eta^+(t) = \eta_0)$.

Nimmt man $\varkappa_1 < \varkappa_2$ an, so gilt $\varkappa_1 < \lambda < \varkappa_2$.

5.2.4 Vier-Parameter-Flüssigkeit (Burgers-Flüssigkeit)

Die Netzwerk-Darstellungen A und B sind in Bild 7 angegeben.

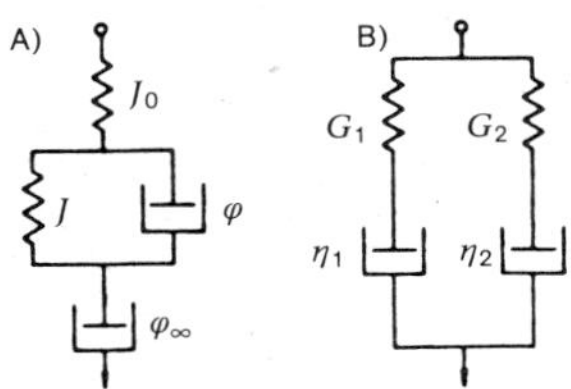

Bild 7: Vier-Parameter-Flüssigkeit

Die zugeordneten Formen des Stoffgesetzes lauten

$$\text{(A)}\quad \tau + \left(\varkappa + \frac{J_0+J}{\varphi_\infty}\right)\dot\tau + \frac{J_0}{\varphi_\infty}\,\varkappa\,\ddot\tau = \frac{1}{\varphi_\infty}\,(\dot\gamma + \varkappa\,\ddot\gamma), \qquad (75)$$

$$\text{(B)}\quad \tau + (\lambda_1+\lambda_2)\,\dot\tau + \lambda_1\lambda_2\,\ddot\tau = (\eta_1+\eta_2)\left(\dot\gamma + \frac{\lambda_1/\eta_1 + \lambda_2/\eta_2}{1/\eta_1 + 1/\eta_2}\,\ddot\gamma\right), \qquad (76)$$

und die Grundfunktionen $J^+(t)$ und $G^+(t)$ nehmen folgende Formen an:

$$J^+(t) = [J_0 + J\,(1-\mathrm{e}^{-t/\varkappa}) + \varphi_\infty t]\,H(t), \qquad (77)$$

$$G^+(t) = [G_1\,\mathrm{e}^{-t/\lambda_1} + G_2\,\mathrm{e}^{-t/\lambda_2}]\,H(t). \qquad (78)$$

Die Vier-Parameter-Flüssigkeit verbindet ein flüssigkeitsartiges Gleichgewichtsverhalten $(\lim\limits_{t\to\infty}\eta^+(t) = \eta_1 + \eta_2)$ mit einem festkörperartigen Anfangsverhalten $(\lim\limits_{t\to+0} J^+(t) = J_0)$.

Nimmt man $\lambda_1 < \lambda_2$ an, so gilt $\lambda_1 < \varkappa < \lambda_2$.

ANMERKUNG: Bei den Vier-Parameter-Stoffen existieren außer den angegebenen Darstellungen A und B noch jeweils zwei weitere, bei denen entweder die Federn in Reihe und die Dämpfer parallel geschaltet sind oder umgekehrt. Diese werden wegen der zugeordneten Formulierungen des Stoffgesetzes als „Kettenbruch-" oder auch als „Leiter-Netzwerke" bezeichnet.

5.3 n-Parameter-Stoffe

Je größer die Zahl der Parameter ist, auf um so mannigfaltigere Weise lassen sich die betreffenden Stoffe durch Feder-Dämpfer-Netzwerke darstellen, jedoch sind diese sämtlich den schon in Abschnitt 5.2 eingeführten Darstellungen A und B äquivalent, die als **„kanonische Darstellungen"** oder auch als **„verallgemeinertes Kelvin-Voigt-Modell"** und **„verallgemeinertes Maxwell-Modell"** bezeichnet werden. Faßt man die Parallelschaltung von Feder und Dämpfer nämlich als „Kelvin-Voigt-Element" und deren Hintereinanderschaltung als „Maxwell-Element" auf, so bestehen diese kanonischen Darstellungen entweder aus einer Hintereinanderschaltung von N Kelvin-Voigt-Elementen oder einer Parallelschaltung von N Maxwell-Elementen (siehe Bild 8). Die Retardationszeiten bzw. Relaxationszeiten der jeweiligen Elemente müssen dabei alle als voneinander verschieden angenommen werden, andernfalls ließe sich das Netzwerk auf eine kleinere Zahl von Elementen reduzieren.

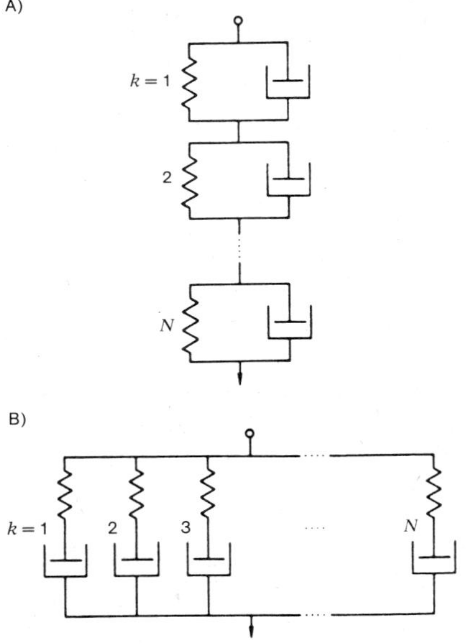

Bild 8: Kanonische Darstellungen A und B

Typ	Stoffgesetz	Kanonische Darstellung A / B, Kriechkomplianz, Spannviskosität
$A_1 - B_4$ Festkörper mit flüssigkeitsartigem Anfangsverhalten	$n = 2N$ $\mathcal{Q}_{N-1}\,\tau = G_\infty\,\mathcal{P}_N\,\gamma$ $\varkappa_1 < \lambda_1 < \ldots < \varkappa_N$	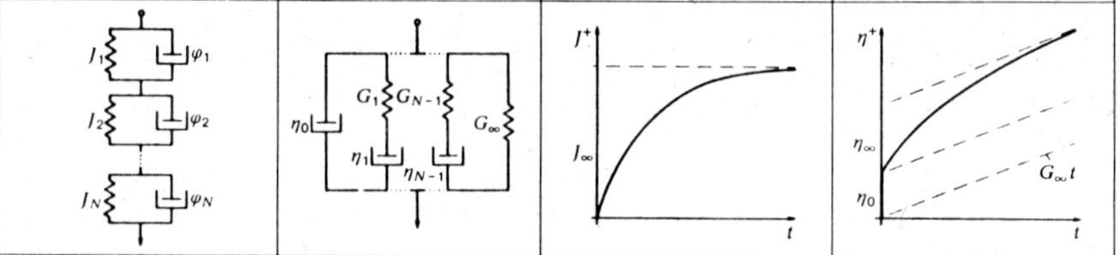
$A_2 - B_3$ Festkörper mit festkörperartigem Anfangsverhalten	$n = 2N - 1$ $\mathcal{Q}_{N-1}\,\tau = G_\infty\,\mathcal{P}_{N-1}\,\gamma$ $\lambda_1 < \varkappa_1 < \ldots < \varkappa_{N-1}$	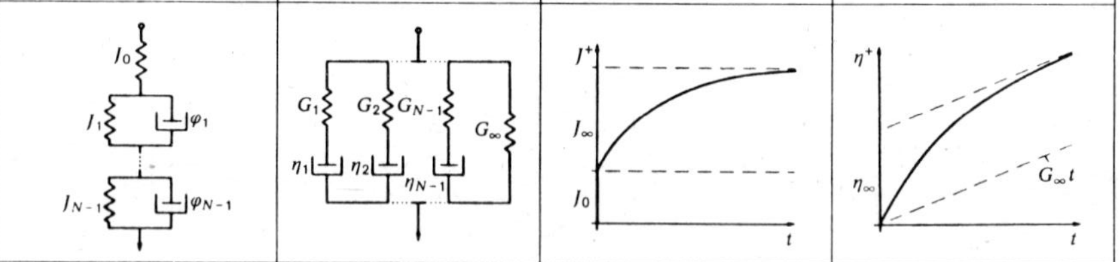
$A_3 - B_2$ Flüssigkeit mit flüssigkeitsartigem Anfangsverhalten	$n = 2N - 1$ $\varphi_\infty\,\mathcal{Q}_{N-1}\,\tau = \mathcal{P}_{N-1}\,\dot{\gamma}$ $\varkappa_1 < \lambda_1 < \ldots < \lambda_{N-1}$	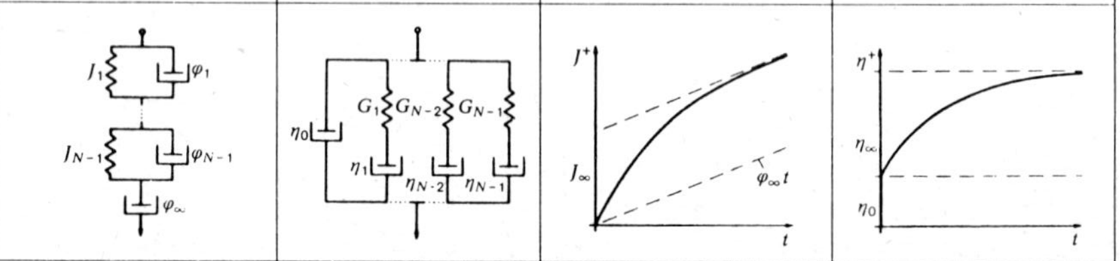
$A_4 - B_1$ Flüssigkeit mit festkörperartigem Anfangsverhalten	$n = 2N$ $\varphi_\infty\,\mathcal{Q}_N\,\tau = \mathcal{P}_{N-1}\,\dot{\gamma}$ $\lambda_1 < \varkappa_1 < \ldots < \lambda_N$	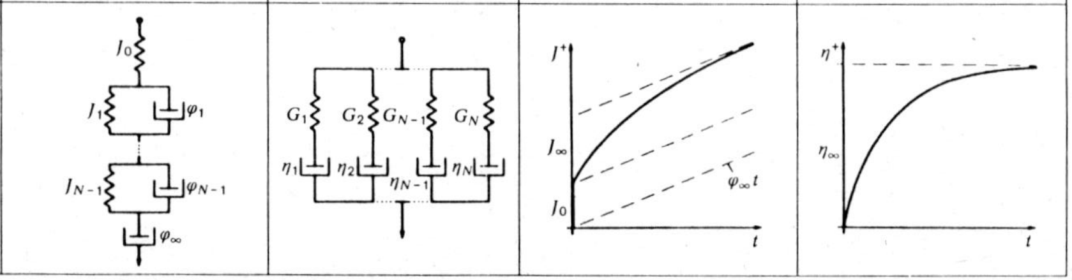

Bild 9: Die vier Grundtypen der viskoelastischen n-Parameter-Stoffe

In den Netzwerken der kanonischen Darstellungen kann jeweils eines der N Kelvin-Voigt-Elemente bzw. Maxwell-Elemente zu einer Feder (J_0 bzw. G_∞) oder zu einem Dämpfer (φ_∞ bzw. η_0) entarten, und es kann auch beides zugleich der Fall sein. Die Stoffgesetze der n-Parameter-Stoffe lassen sich am übersichtlichsten mit Hilfe der Differentialoperatoren

$$\mathscr{P}_m = \left(1 + \varkappa_1 \frac{\mathrm{d}}{\mathrm{d}t}\right)\left(1 + \varkappa_2 \frac{\mathrm{d}}{\mathrm{d}t}\right) \dots \left(1 + \varkappa_m \frac{\mathrm{d}}{\mathrm{d}t}\right), \quad (79)$$

$$\mathscr{Q}_{m'} = \left(1 + \lambda_1 \frac{\mathrm{d}}{\mathrm{d}t}\right)\left(1 + \lambda_2 \frac{\mathrm{d}}{\mathrm{d}t}\right) \dots \left(1 + \lambda_{m'} \frac{\mathrm{d}}{\mathrm{d}t}\right) \quad (80)$$

formulieren, wobei der erste der Darstellung A, der zweite der Darstellung B zugeordnet ist.

Die Grundfunktionen der sprungartigen und impulsartigen Beanspruchung nehmen folgende Gestalt an:

$$J^+(t) = [J_0 + J_\infty \Psi(t) + \varphi_\infty t]\, H(t), \quad (81)$$

$$\eta^+(t) = [\eta_0 + \eta_\infty \Lambda(t) + G_\infty t]\, H(t), \quad (82)$$

$$\varphi^+(t) = J_0\, \delta(t) + [\varphi_0\, \Xi(t) + \varphi_\infty]\, H(t), \quad (83)$$

$$G^+(t) = \eta_0\, \delta(t) + [G_0\, \Phi(t) + G_\infty]\, H(t). \quad (84)$$

Die hierin vorkommenden Größen sind wie folgt definiert bzw. tragen folgende Bezeichnungen:

J_0 **Anfangskomplianz**, η_0 **Anfangsviskosität**,
φ_∞ **Endfluidität**, G_∞ **Endmodul**,

$$J_\infty = \sum_{k=1}^{N'} J_k \quad \textbf{verzögerte Komplianz}, \quad (85)$$

$$\eta_\infty = \sum_{k=1}^{N'} \eta_k \quad \textbf{verzögerte Viskosität}, \quad (86)$$

$$\Psi(t) = 1 - \sum_{k=1}^{N'} (J_k/J_\infty)\, \mathrm{e}^{-t/\varkappa_k} \quad \textbf{integrale Retardationsfunktion}, \quad (87)$$

$$\Lambda(t) = 1 - \sum_{k=1}^{N'} (\eta_k/\eta_\infty)\, \mathrm{e}^{-t/\lambda_k} \quad \textbf{integrale Relaxationsfunktion}, \quad (88)$$

$$\varphi_0 = \sum_{k=1}^{N'} \varphi_k \quad \textbf{Abklingfluidität}, \quad (89)$$

$$G_0 = \sum_{k=1}^{N'} G_k \quad \textbf{Abklingmodul}, \quad (90)$$

$$\Xi(t) = \sum_{k=1}^{N'} (\varphi_k/\varphi_0)\, \mathrm{e}^{-t/\varkappa_k} \quad \textbf{differentielle Retardationsfunktion}, \quad (91)$$

$$\Phi(t) = \sum_{k=1}^{N'} (G_k/G_0)\, \mathrm{e}^{-t/\lambda_k} \quad \textbf{differentielle Relaxationsfunktion}. \quad (92)$$

Hierin kann N' die Werte N-1 oder N annehmen.

In Anlehnung an die Ausdrucksweise der Optik werden die Wertepaare $(J_k, \varkappa_k)$ bzw. $(\varphi_k, \varkappa_k)$ als **Retardationsspektrum** und die Wertpaare (η_k, λ_k) bzw. (G_k, λ_k) als **Relaxationsspektrum** bezeichnet.

In Bild 9 werden die vier verschiedenen Typen von n-Parameter-Stoffen, ihre mittels der Differentialoperatoren (79) und (80) formulierten Stoffgesetze und die Zuordnung der kanonischen Darstellungen A und B, sowie schematisch die Gestalt der diesen korrespondierenden Grundfunktionen $J^+(t)$ und $\eta^+(t)$ gegenübergestellt. Die bei A und B stehenden Indizes beziehen sich auf die vier genannten Fälle: (1) Kein Element ist entartet, (2) ein Element ist zu einer Feder entartet, (3) ein Element ist zu einem Dämpfer entartet, (4) ein Element ist zu einer Feder und eins zu einem Dämpfer entartet. Die Bezeichnung „Festkörper" und „Flüssigkeit" kennzeichnet das jeweilige Gleichgewichtsverhalten.

Die komplexen Grundfunktionen lassen sich durch Quotienten der komplexen Produkte

$$\tilde{\underline{P}}_m(\omega) = (1 + \mathrm{i}\omega\varkappa_1)(1 + \mathrm{i}\omega\varkappa_2) \dots (1 + \mathrm{i}\omega\varkappa_m), \quad (93)$$

$$\tilde{\underline{Q}}_{m'}(\omega) = (1 + \mathrm{i}\omega\lambda_1)(1 + \mathrm{i}\omega\lambda_2) \dots (1 + \mathrm{i}\omega\lambda_{m'}) \quad (94)$$

darstellen, die aus den oben eingeführten Operatoren $\mathscr{P}_m$ und $\mathscr{Q}_{m'}$ durch die Ersetzung von d/dt durch iω gebildet sind. Für die vier in Bild 9 gekennzeichneten Typen von n-Parameter-Stoffen findet man entsprechend

$$\mathrm{A}_1 - \mathrm{B}_4{:}\ \tilde{\underline{G}}(\omega) = 1/\tilde{\underline{J}}(\omega) = G_\infty \tilde{\underline{P}}_N(\omega)/\tilde{\underline{Q}}_{N-1}(\omega), \quad (95)$$

$$\mathrm{A}_2 - \mathrm{B}_3{:}\ \tilde{\underline{G}}(\omega) = 1/\tilde{\underline{J}}(\omega) = G_\infty \tilde{\underline{P}}_{N-1}(\omega)/\tilde{\underline{Q}}_{N-1}(\omega), \quad (96)$$

$$\mathrm{A}_3 - \mathrm{B}_2{:}\ \tilde{\underline{\varphi}}(\omega) = 1/\tilde{\underline{\eta}}(\omega) = \varphi_\infty \tilde{\underline{Q}}_{N-1}(\omega)/\tilde{\underline{P}}_{N-1}(\omega), \quad (97)$$

$$\mathrm{A}_4 - \mathrm{B}_1{:}\ \tilde{\underline{\varphi}}(\omega) = 1/\tilde{\underline{\eta}}(\omega) = \varphi_\infty \tilde{\underline{Q}}_N(\omega)/\tilde{\underline{P}}_{N-1}(\omega). \quad (98)$$

Die den kanonischen Darstellungen A und B zugeordneten Ausdrücke für die Grundfunktionen stellen Partialbruchzerlegungen dieser Quotienten dar. Ihre Real- bzw. Imaginärteile nehmen die folgende Form an:

$$J'(\omega) = \varphi''(\omega)/\omega = J_0 + J_\infty \Psi'(\omega), \quad (99)$$

$$G'(\omega) = \omega\,\eta''(\omega) = G_0\, \Phi'(\omega) + G_\infty, \quad (100)$$

$$\varphi'(\omega) = \omega J''(\omega) = \varphi_0\, \Xi'(\omega) + \varphi_\infty, \quad (101)$$

$$\eta'(\omega) = G''(\omega)/\omega = \eta_0 + \eta_\infty \Lambda'(\omega). \quad (102)$$

Die hierin wie folgt definierten und benannten Funktionen

$$\Psi'(\omega) = \sum_{k=1}^{N'} \frac{J_k/J_\infty}{1 + \varkappa_k^2 \omega^2} \quad \textbf{Speicher-Retardationsfunktion}, \quad (103)$$

$$\Phi'(\omega) = \sum_{k=1}^{N'} \frac{G_k/G_0}{1 + 1/\lambda_k^2 \omega^2} \quad \textbf{Speicher-Relaxationsfunktion}, \quad (104)$$

$$\Xi'(\omega) = \sum_{k=1}^{N'} \frac{\varphi_k/\varphi_0}{1 + 1/\varkappa_k^2 \omega^2} \quad \textbf{Wirk-Retardationsfunktion}, \quad (105)$$

$$\Lambda'(\omega) = \sum_{k=1}^{N'} \frac{\eta_k/\eta_\infty}{1 + \lambda_k^2 \omega^2} \quad \textbf{Wirk-Relaxationsfunktion} \quad (106)$$

verlaufen monoton fallend bzw. steigend zwischen den Werten null und eins.

6 Viskoelastische Stoffe mit kontinuierlichen Spektren

Führt man den Grenzübergang $n \to \infty$ in der Weise durch, daß damit zugleich die Abstände zwischen den Folgen $\varkappa_k$ und λ_k gegen null gehen, so gewinnt man die volle Mannigfaltigkeit der linear-viskoelastischen Stoffe, in der die in Abschnitt 5 definierten n-Parameter-Stoffe als Sonderfälle enthalten sind. Die in Abschnitt 5.3 gegebenen Ausdrücke, welche Summen enthalten, müssen nun durch analoge Ausdrücke mit Integralen ersetzt werden, die im Prinzip über das gesamte unendliche Intervall der Retardations- bzw. Relaxationszeiten zu erstrecken sind.

Da auch bei den realen Stoffen die relevanten Bereiche sich meist über viele Zehnerpotenzen ausdehnen, wählt man in der Regel eine logarithmische Zeit- bzw. Frequenzskala, wobei noch auf die Normierung der kontinuierlichen Spektren mittels der in Abschnitt 5.3 eingeführten Größen J_∞, η_∞ bzw. φ_0, G_0 verzichtet wird.

Dann lauten die verschiedenen Grundfunktionen wie folgt:

$$J^+(t) = [J_0 + \int_{-\infty}^{\infty} M(\varkappa)\,(1-\mathrm{e}^{-t/\varkappa})\,\mathrm{d}(\ln\varkappa) + \varphi_\infty t]\,H(t), \quad (107)$$

$$\eta^+(t) = [\eta_0 + \int_{-\infty}^{\infty} N(\lambda)\,(1-\mathrm{e}^{-t/\lambda})\,\mathrm{d}(\ln\lambda) + G_\infty t]\,H(t), \quad (108)$$

$$\varphi^+(t) = J_0\,\delta(t) + [\int_{-\infty}^{\infty} m(\varkappa)\,\mathrm{e}^{-t/\varkappa}\,\mathrm{d}(\ln\varkappa) + \varphi_\infty]\,H(t), \quad (109)$$

$$G^+(t) = \eta_0\,\delta(t) + [\int_{-\infty}^{\infty} n(\lambda)\,\mathrm{e}^{-t/\lambda}\,\mathrm{d}(\ln\lambda) + G_\infty]\,H(t), \quad (110)$$

$$J'(\omega) = \varphi''(\omega)/\omega = J_0 + \int_{-\infty}^{\infty} \frac{M(\varkappa)}{1+\varkappa^2\omega^2}\,\mathrm{d}(\ln\varkappa), \quad (111)$$

$$\eta'(\omega) = G''(\omega)/\omega = \eta_0 + \int_{-\infty}^{\infty} \frac{N(\lambda)}{1+\lambda^2\omega^2}\,\mathrm{d}(\ln\lambda), \quad (112)$$

$$\varphi'(\omega) = \omega J''(\omega) = \int_{-\infty}^{\infty} \frac{m(\varkappa)}{1+1/\varkappa^2\omega^2}\,\mathrm{d}(\ln\varkappa) + \varphi_\infty, \quad (113)$$

$$G'(\omega) = \omega\,\eta''(\omega) = \int_{-\infty}^{\infty} \frac{n(\lambda)}{1+1/\lambda^2\omega^2}\,\mathrm{d}(\ln\lambda) + G_\infty. \quad (114)$$

Hierin bedeuten $M(\varkappa)$ und $N(\lambda)$ das **integrale**, dagegen $m(\varkappa) = M(\varkappa)/\varkappa$ und $n(\lambda) = N(\lambda)/\lambda$ das **differentielle** (logarithmische) **Retardations-** und **Relaxationsspektrum**.

Die hier eingeführten Spektren zeigen bei realen Stoffen (z. B. Polymersystemen) häufig ausgeprägte Maxima. Diesen entsprechen in den Grundfunktionen der sprungartigen und impulsartigen Beanspruchung sowie den Realteilen der komplexen Grundfunktionen mehr oder weniger steile Abfälle oder Anstiege, wohingegen sie außerhalb derselben nahezu konstante Werte annehmen. Entsprechend findet man bei den Imaginärteilen der komplexen Grundfunktionen an diesen Stellen mehr oder weniger ausgeprägte Maxima. Solche Stellen werden in Analogie zu den optischen Spektren **Dispersionsgebiete** genannt, wohingegen die Zwischenbereiche als **Plateaus** bezeichnet werden.

ANMERKUNG: Bei den n-Parameter-Stoffen ist eine eindeutige Unterscheidung zwischen festkörper- und flüssigkeitsartigem Anfangs- und Gleichgewichtsverhalten gegeben. Bei Stoffen mit kontinuierlichen Spektren kann indessen auch ein intermediäres Verhalten vorliegen („unechte Flüssigkeit") [1], wie es beim Sol-Gel-Übergang in gewissen Polymersystemen zu beobachten ist.

7 Abstrakte Formulierung und Struktur der linearen Theorie der viskoelastischen Stoffe

7.1 Operatoren, ihre Darstellungen und Eigenwerte

Man kann die Zuordnung zwischen den Spannungs- und Verformungsverläufen in abstrakter Weise als Funktionaltransformation auffassen und, im Rahmen der Gültigkeit des Boltzmannschen Superpositionsprinzips, durch lineare Operatoren beschreiben:

$$\gamma(t) = \underset{t'=-\infty}{\overset{t}{\mathscr{J}}}\{\tau(t')\}, \quad \dot\gamma(t) = \underset{t'=-\infty}{\overset{t}{\mathscr{F}}}\{\tau(t')\}, \quad (115)$$

$$\tau(t) = \underset{t'=-\infty}{\overset{t}{\mathscr{G}}}\{\gamma(t')\}, \quad \tau(t) = \underset{t'=-\infty}{\overset{t}{\mathscr{H}}}\{\dot\gamma(t')\}. \quad (116)$$

Diese werden entsprechend als **Komplianz-**, **Fluiditäts-**, **Modul-** und **Viskositätsoperator** bezeichnet. Im folgenden werden das Operationsintervall $(-\infty < t' \leq t)$, die geschweiften Klammern und die Variablen t und t' weggelassen.

Diese Operatoren sind miteinander und mit dem Operator $\mathrm{d}/\mathrm{d}t$ vertauschbar, und es bestehen zwischen ihnen die Beziehungen

$$\mathscr{F} = \mathscr{J}\frac{\mathrm{d}}{\mathrm{d}t} = \frac{\mathrm{d}}{\mathrm{d}t}\mathscr{J}, \quad \mathscr{G} = \mathscr{H}\frac{\mathrm{d}}{\mathrm{d}t} = \frac{\mathrm{d}}{\mathrm{d}t}\mathscr{H}, \quad (117)$$

$$\mathscr{J}\mathscr{G} = \mathscr{G}\mathscr{J} = 1, \qquad \mathscr{F}\mathscr{H} = \mathscr{H}\mathscr{F} = 1. \quad (118)$$

Die im Abschnitt 4.1 und 4.2 definierten Grundfunktionen lassen sich als Darstellungen dieser Operatoren bezüglich der vollständigen Funktionssysteme $H(t-t_0)$ bzw. $\delta(t-t_0)$ auffassen, wohingegen die komplexen Grundfunktionen, die zu dem vollständigen System der **Eigenfunktionen** $\mathrm{e}^{\mathrm{i}\omega t}$ gehören, **Eigenwertspektren** darstellen.

7.2 Struktur der linearen Theorie

Der Zusammenhang zwischen den verschiedenen Grundfunktionen und Spektren ist in dem Blockschema nach Bild 10 dargestellt.

Dabei bedeuten die Verbindungslinien die Existenz von Verknüpfungen. Die betreffenden Beziehungen werden zumeist durch Integraltransformationen beschrieben (siehe Abschnitte 4.3 und 4.4). Sie sind mit Ausnahme der allereinfachsten multiplikativen Beziehungen (siehe Gleichung (38)) aber nicht explizit angegeben.

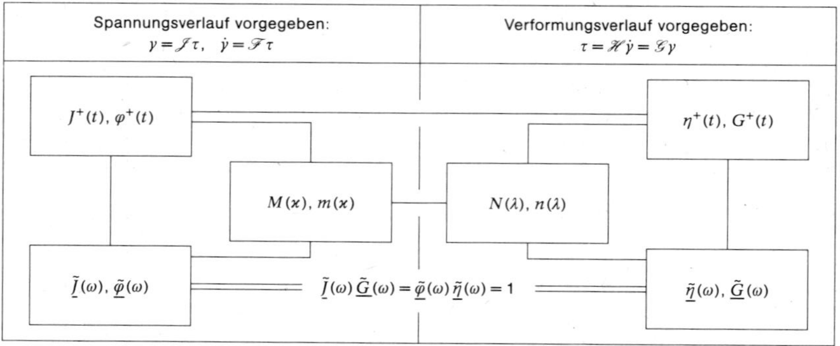

Bild 10: Struktur der linearen Theorie der Viskoelastizität

8 Verallgemeinerung der linearen Theorie der Viskoelastizität für beliebige Verformungen

8.1 Spannungs- und Deformationstensor

Die Zuordnung von Spannungskräften $\boldsymbol{s} = \mathrm{d}\boldsymbol{F}/\mathrm{d}A$ zu orientierten Flächenelementen $\mathrm{d}\boldsymbol{A} = \boldsymbol{n}\mathrm{d}A$, wobei $\boldsymbol{n}$ den Normaleneinsvektor bezeichnet, wird durch den Spannungstensor $\boldsymbol{\sigma}$ wie folgt beschrieben:

$$\boldsymbol{s} = \boldsymbol{n} \cdot \boldsymbol{\sigma}. \tag{119}$$

Kleine (genauer: infinitesimale) Verformungen lassen sich durch den symmetrischen Teil des Verschiebungsgradienten beschreiben, der die Zuordnung eines infinitesimalen Abstandsvektors im unverformten Zustand $\mathrm{d}\boldsymbol{X}$ und im verformten Zustand $\mathrm{d}\boldsymbol{x}$ vermittelt:

$$\mathrm{d}\boldsymbol{\xi} = \mathrm{d}\boldsymbol{x} - \mathrm{d}\boldsymbol{X} = \mathrm{d}\boldsymbol{x} \cdot \nabla\boldsymbol{\xi}. \tag{120}$$

Der für die lineare Theorie hinreichend allgemeine (infinitesimale) Deformationstensor lautet damit

$$\boldsymbol{\varepsilon} = \frac{1}{2}\left[\nabla\boldsymbol{\xi} + (\nabla\boldsymbol{\xi})^{\mathrm{T}}\right], \tag{121}$$

wobei das Symbol T die Transposition eines Tensors bezeichnet.

Die Verformungsleistung (siehe Abschnitt 2.4) ergibt sich hiermit zu

$$\dot{\omega} = \boldsymbol{\sigma} : \dot{\boldsymbol{\varepsilon}}, \tag{122}$$

worin der Doppelpunkt das doppelt-skalare Produkt zweier Tensoren kennzeichnet.

Bei geeigneter Wahl eines Koordinatensystems sind den in Abschnitt 2 definierten Verformungen die folgenden Komponenten von Spannungs- und Deformationstensor zugeordnet. – Das Symbol $\triangleq$ kennzeichnet die Zuordnung der Komponentenmatrix zu dem betreffenden Tensor.

Einfache Dehnung (siehe Abschnitt 2.1):

$$\boldsymbol{\sigma} \triangleq \begin{pmatrix} \sigma & 0 & 0 \\ 0 & 0 & 0 \\ 0 & 0 & 0 \end{pmatrix}, \quad \boldsymbol{\varepsilon} \triangleq \begin{pmatrix} \varepsilon & 0 & 0 \\ 0 & \varepsilon_{\mathrm{q}} & 0 \\ 0 & 0 & \varepsilon_{\mathrm{q}} \end{pmatrix} = \begin{pmatrix} \varepsilon & 0 & 0 \\ 0 & -\mu\varepsilon & 0 \\ 0 & 0 & -\mu\varepsilon \end{pmatrix}. \tag{123}$$

Hierin bedeuten ε die Längs-, ε_{q} die Querdehnung und $-\varepsilon_{\mathrm{q}}/\varepsilon = \mu$ die Poissonzahl.

Einfache Scherung (siehe Abschnitt 2.2):

$$\boldsymbol{\sigma} \triangleq \begin{pmatrix} 0 & \tau & 0 \\ \tau & 0 & 0 \\ 0 & 0 & 0 \end{pmatrix}, \quad \boldsymbol{\varepsilon} \triangleq \begin{pmatrix} 0 & \gamma/2 & 0 \\ \gamma/2 & 0 & 0 \\ 0 & 0 & 0 \end{pmatrix}. \tag{124}$$

Gleichförmige Kontraktion (siehe Abschnitt 2.3):

$$\boldsymbol{\sigma} = -p\,\mathbf{1} \triangleq \begin{pmatrix} -p & 0 & 0 \\ 0 & -p & 0 \\ 0 & 0 & -p \end{pmatrix},$$

$$\boldsymbol{\varepsilon} = -\frac{\zeta}{3}\,\mathbf{1} \triangleq \begin{pmatrix} -\zeta/3 & 0 & 0 \\ 0 & -\zeta/3 & 0 \\ 0 & 0 & -\zeta/3 \end{pmatrix}. \tag{125}$$

Hier bezeichnet $\mathbf{1}$ den Einstensor.

8.2 Das allgemeine Stoffgesetz für isotrope viskoelastische Stoffe

Es sei $\mathcal{G}$ der Moduloperator der das Volumen unverändert lassenden einfachen Scherung und $\mathcal{K}$ der Moduloperator der die Gestalt unverändert lassenden gleichförmigen Kontraktion, der sowohl bezüglich des Gleichgewichts- als auch des Anfangsverhaltens ein festkörperartiges Verhalten beschreiben muß (siehe Abschnitt 5.2.1). Dann lautet das Stoffgesetz für isotrope linear-viskoelastische Stoffe

$$\boldsymbol{\sigma} = 2\,\mathcal{G}\boldsymbol{\varepsilon} + \left(\mathcal{K} - \frac{2}{3}\mathcal{G}\right)(\mathrm{tr}\,\boldsymbol{\varepsilon})\mathbf{1}, \tag{126}$$

wobei $\mathrm{tr}\,\boldsymbol{\varepsilon} = \varepsilon_{11} + \varepsilon_{22} + \varepsilon_{33}$ die Spur des Tensors $\boldsymbol{\varepsilon}$ bezeichnet.

ANMERKUNG: Dieses Gesetz ist völlig analog dem Stoffgesetz isotroper elastischer Stoffe und geht in dieses über, wenn die Operatoren $\mathcal{G}$ und $\mathcal{K}$ durch die Moduln G und K ersetzt werden.

Für dichtebeständige Stoffe vereinfacht sich dieses Gesetz wie folgt:

$$\boldsymbol{\sigma} = -p\,\mathbf{1} + 2\,\mathcal{G}\boldsymbol{\varepsilon}. \tag{127}$$

Hier stellt p einen isotropen Druckparameter dar, der erst durch das zugeordnete Randwertproblem festgelegt wird.

Dieses Gesetz kann unter Benutzung von Komplianzoperatoren für die einfache Scherung $\mathcal{J} = \mathcal{G}^{-1}$ und die gleichförmige Kontraktion $\mathcal{B} = \mathcal{K}^{-1}$ auch nach dem Deformationstensor aufgelöst werden.

Schließlich läßt sich auch der Spezialfall der einfachen Dehnung mittels der vorstehenden Gleichungen (126) bzw. (127) erfassen, doch sollen die diesbezüglichen Operatorgleichungen hier nicht angegeben werden. Definiert man indessen analog zu der komplexen Grundfunktion der einfachen Scherung $\underline{\tilde{G}}(\omega)$ solche für die gleichförmige Kontraktion $\underline{\tilde{K}}(\omega)$, die einfache Dehnung $\underline{\tilde{E}}(\omega)$ und das Poissonverhältnis $\underline{\tilde{\mu}}(\omega)$, so findet man den Zusammenhang

$$\underline{\tilde{E}}(\omega) = \frac{9\underline{\tilde{K}}(\omega)\,\underline{\tilde{G}}(\omega)}{3\underline{\tilde{K}}(\omega) + \underline{\tilde{G}}(\omega)},$$

$$\underline{\tilde{\mu}}(\omega) = \frac{1}{2}\,\frac{3\underline{\tilde{K}}(\omega) - 2\underline{\tilde{G}}(\omega)}{3\underline{\tilde{K}}(\omega) + \underline{\tilde{G}}(\omega)}. \tag{128}$$

ANMERKUNG: Diese Gleichungen sind den entsprechenden Beziehungen der linearen Theorie der elastischen Stoffe völlig analog und gehen in diese über, wenn man die komplexen Grundfunktionen durch die zugeordneten Moduln G, K, E und die Poissonzahl μ ersetzt.

Für dichtebeständige Stoffe ergibt sich entsprechend

$$\underline{\tilde{E}}(\omega) = 3\,\underline{\tilde{G}}(\omega), \quad \underline{\tilde{\mu}}(\omega) = 1/2. \tag{129}$$

ANMERKUNG: Hieraus folgt als Spezialfall die in Abschnitt 3.2 angegebene Beziehung zwischen der Dehnviskosität η_E und der Scherviskosität η einer dichtebeständigen newtonschen Flüssigkeit.

Zitierte Normen und andere Unterlagen

DIN 1302	Allgemeine mathematische Zeichen und Begriffe
DIN 1304 Teil 1	Formelzeichen; Allgemeine Formelzeichen
DIN 5483 Teil 3	Zeitabhängige Größen; Komplexe Darstellung sinusförmig zeitabhängiger Größen
DIN 5487	Fourier-, Laplace- und Z-Transformation; Zeichen und Begriffe
DIN 13 316	Mechanik ideal elastischer Körper; Begriffe, Größen, Formelzeichen
DIN 13 342	Nicht-newtonsche Flüssigkeiten; Begriffe, Stoffgesetze

[1] H. Giesekus und W. Heindl, Zur Unterscheidung von Flüssigkeiten und Festkörpern; ZAMM 52, T51–T53 (1972)

[2] H. Giesekus, A symmetric formulation of the linear theory of viscoelastic materials, in: E. H. Lee (ed.), Proc. Fourth Intern. Congr. Rheology; Interscience Publ., New York 1965; part 3, pp. 15–28

Erläuterungen

Wenngleich der Gegenstand dieser Norm von verschiedenen Anwendungsaspekten her schon seit längerem in Teilen Eingang in die Normung gefunden hat, so ist eine systematisch zusammenfassende Darstellung der Begriffe, Stoffgesetze und Grundfunktionen der linearen Theorie der Viskoelastizität bisher weder in einer Norm noch in einer neueren deutschsprachigen Monographie zu finden. Daraus resultiert, daß diesbezüglich keine auch nur einigermaßen einheitliche normungsfähige Nomenklatur vorhanden ist. Infolgedessen mußte hier die Aufgabe in Angriff genommen werden, ein möglichst geschlossenes Begriffssystem mit einer diesem adäquaten konsistenten Nomenklatur zu erstellen. Es sollte zwar, soweit wie irgend möglich, die bisher eingeführten Bezeichnungen einbeziehen, jedoch kein bloßes Konglomerat darstellen. Diesem Versuch einer „Optimierung" durfte auch nicht ausschließlich das deutschsprachige Schrifttum zugrunde gelegt werden, sondern er hatte ebenso die etwas detaillierter ausgearbeiteten neueren angloamerikanischen Nomenklatursysteme einzubeziehen, wenngleich auch diese den vorliegenden Gegenstand nur unvollständig abdecken.

Der hier gewählten Darstellung liegt eine „symmetrische Formulierung" der linearen Theorie der Viskoelastizität zugrunde, bei welcher der linear-reinelastische (hookesche) Festkörper und die linear-reinviskose (newtonsche) Flüssigkeit als gleichberechtigte Grenzfälle der linear-viskoelastischen Stoffe erscheinen [2], wohingegen die traditionelle Darstellung „unsymmetrisch" diese Theorie als Verallgemeinerung der Elastizitätstheorie behandelt. Zwar hat dies die Einführung zweier weiterer Grundfunktionen, nämlich der „Retardationsfluidität" und der „Spannviskosität" zur Folge, während die herkömmliche Darstellung mit „Kriechkomplianz" und „Relaxationsmodul" auskommt, doch wird dadurch ein erheblicher Gewinn an Geschlossenheit und Durchsichtigkeit erzielt. Darüber hinaus kommt diese Formulierung aber auch den experimentellen Bedürfnissen der Praxis mehr entgegen, insofern gerade der „Spannversuch" das am häufigsten angewendete Prüfverfahren, den sogenannten Zugversuch, idealisiert, wohingegen der Relaxationsversuch nach impulsartiger Belastung bei Stoffen mit flüssigkeitsartigem Anfangsverhalten grundsätzlich nicht realisiert werden kann.

Um den Bedürfnissen des mit dem mathematischen Instrumentarium weniger vertrauten Praktikers entgegenzukommen, wurde das Begriffssystem der linearen Theorie zuerst am Beispiel der sogenannten „einfachen Verformungen", insbesondere der „einfachen Scherung", entwickelt und nur im letzten Abschnitt in knapper Form unter Zuhilfenahme des Tensorbegriffs auf allgemeine Verformungsvorgänge übertragen. Das der linearen Theorie zugrundeliegende sogenannte Boltzmannsche Superpositionsprinzip erlaubt dies ohne irgendwelchen Verzicht auf Allgemeinheit.

Stichwortverzeichnis

Internationale Patentklassifikation

C 10 M 171/00
C 10 N 040/08
G 01 N 011/00

DK 54.081 : 001.4 Dezember 1989

Größen und Einheiten in der Chemie

Stoffmenge und davon abgeleitete Größen

Begriffe und Definitionen

DIN 32 625

Quantities and units in chemistry; amount of substance and derived quantities; terms and definitions

Ersatz für Ausgabe 07.80

Die in dieser Norm enthaltenen englischen Benennungen sind nicht Bestandteil der Norm. Für ihre Richtigkeit wird keine Gewähr übernommen.

Inhalt

1 Zweck

Diese Norm legt die Bezeichnung und Anwendung von einigen gebräuchlichen Größen und Einheiten fest, die mit der Basisgröße Stoffmenge und deren SI-Basiseinheit Mol in Zusammenhang stehen.

2 Stoffmenge (amount of substance)

2.1 Die Stoffmenge und ihre Einheit

Mit der Basisgröße Stoffmenge n wird die Quantität einer Stoffportion oder der Portion eines ihrer Bestandteile auf der Grundlage der Anzahl der darin enthaltenen Teilchen bestimmter Art angegeben.

Die SI-Basiseinheit der Stoffmenge ist das Mol, Einheitenzeichen mol.

Anmerkung 1: Die Definition der Einheit Mol ist von der 14. Generalkonferenz für Maß und Gewicht festgelegt worden [1]. Die deutsche Übersetzung (siehe DIN 1301 Teil 1/12.85, Anhang A) ist die gesetzlich gültige Fassung (siehe [3a] und [3b]). Sie lautet:

Das Mol ist die Stoffmenge eines Systems, das aus ebensoviel Einzelteilchen besteht, wie Atome in 0,012 Kilogramm des Kohlenstoffnuklids ^{12}C enthalten sind. Bei Benutzung des Mol müssen die Einzelteilchen spezifiziert sein und können Atome, Moleküle, Ionen, Elektronen sowie andere Teilchen oder Gruppen solcher Teilchen genau angegebener Zusammensetzung sein.

Dabei bezieht man sich auf Atome von ^{12}C, die nicht verbunden sind, sich in Ruhe und im Grundzustand befinden.

Anmerkung 2: Die Stoffmenge ist als physikalische Größe eine Eigenschaft. Man kann sie angeben von

- einem abgegrenzten vollständigen System (Stoffportion eines Elementes, einer Verbindung);
- einem abgegrenzten Teilsystem (Portion eines Bestandteils einer Verbindung, einer Mischphase), z. B. Portion von gelösten Teilchen, Ionen, atomaren Baugruppen, Elektronen;
- einer Portion von Äquivalentteilchen (siehe Abschnitt 2.3).

Der Begriff Stoffportion bezeichnet hingegen einen sinnlich wahrnehmbaren Gegenstand selbst als Träger aller seiner Eigenschaften. Nur vollständige Systeme, nicht aber deren Bestandteile, sind Stoffportionen (vergleiche DIN 32 629/11.88, Abschnitt 2).

Anmerkung 3: Es gibt Stoffe, deren Quantität nicht durch die Größe Stoffmenge angegeben werden kann, weil die dafür notwendige Angabe einer Teilchenart, die der Stoffmengenangabe zugrunde gelegt werden könnte, nicht gemacht werden kann. Das trifft z. B. bei gewissen hochvernetzten Polymeren zu.

Anmerkung 4: Das früher verwendete „Val" ist im Gesetz über Einheiten im Meßwesen [3] nicht enthalten und

Fortsetzung Seite 2 bis 10

Arbeitsausschuß Chemische Terminologie (AChT) im DIN Deutsches Institut für Normung e.V.
Normenausschuß Einheiten und Formelgrößen (AEF) im DIN
Normenausschuß Materialprüfung (NMP) im DIN
Normenausschuß Wasserwesen (NAW) im DIN
Normenausschuß Laborgeräte und Laboreinrichtungen (FNLa) im DIN

darf demzufolge im amtlichen und geschäftlichen Verkehr nicht verwendet werden. Es wird auch international [1] und [2] sowie in den Normen ISO 31/8 : 1980 und ISO 1000 : 1981 nicht mehr als Einheit betrachtet (siehe auch die Abschnitte 2.3.2 und 4).

2.2 Stoffmengenangaben

Stoffmengen werden für Berechnungen durch Größengleichungen angegeben. Dabei werden die Symbole der Teilchen (z. B. Atome, Moleküle, Ionen, Atomgruppen), die der Stoffmengenangabe zugrunde gelegt sind, nach IUPAC [2] in Klammern hinter das Formelzeichen n gesetzt.

Beispiele:

$n_1(S) = 28$ mol

$n_1(S_8) = 3{,}5$ mol

$n_2(Ca^{2+}) = 2$ mmol

$n_3(H_2SO_4) = 0{,}5$ mol

$n_4(MnO_4^-) = 40$ mol

$n_5(K_2Cr_2O_7) = 5$ mmol

Die Klammer wird gelesen: „von ...“, z. B. „n_1 von S-Atomen“.

Ist eine Größengleichung nicht erforderlich, so können verbale Formulierungen verwendet werden, z. B. ausführlich „Die Stoffmenge n_1 der Schwefelportion 1 beträgt, wenn S_8-Moleküle zugrunde gelegt werden, 3,5 mol“, oder kurz „Die S_8-Stoffmenge der Schwefelportion 1 beträgt 3,5 mol“.

Anmerkung 1: Die vollständige und eindeutige Angabe einer Stoffmenge erfordert zwei Spezifizierungen:

a) Das Symbol der zugrundegelegten Teilchen, das nur deren Qualität kennzeichnet, aber keine Information darüber enthält, zu welcher speziellen Portion eines Stoffes oder Bestandteiles die Angabe gehört,

und

b) eine Kennzeichnung, die die Angabe eindeutig einer bestimmten Stoffportion oder der Portion eines Bestandteils zuordnet.

In der vorliegenden Norm werden zur Unterscheidung verschiedener Portionen Zahlenindizes verwendet. Größenzeichen mit dem gleichen Zahlenindex beziehen sich auf dieselbe Portion (siehe auch DIN 32 629).

Anmerkung 2: Ein und derselben Portion eines Stoffes oder Stoffbestandteils können Stoffmengen mit verschiedenem Bezug zugeordnet werden, je nachdem, welche Teilchen zugrundegelegt werden. Dabei besteht Wahlfreiheit in bezug auf die geeigneten Teilchen. Die Stoffmenge der Schwefelportion 1 ist im ersten Beispiel für S-Atome, im zweiten Beispiel für S_8-Moleküle angegeben.

Es gilt: $n_1(S) = 8 \cdot n_1(S_8)$

2.3 Die Stoffmenge von Äquivalenten

2.3.1 Das Äquivalentteilchen (equivalent entity)

Für eine Stoffmengenangabe kann auch das Äquivalentteilchen als „Einzelteilchen“ im Sinne der Definition des Mol (siehe Abschnitt 2.1, Anmerkung 1) zugrunde gelegt werden, insbesondere wenn die Stoffmengenangabe sich auf Ionen oder auf Reaktionspartner von Neutralisations- oder Redoxreaktionen bezieht.

Das Äquivalentteilchen, in dieser Norm auch kurz Äquivalent genannt, ist der gedachte Bruchteil $\frac{1}{z^*}$ eines Teilchens X, wobei X ein Atom, Molekül, Ion oder eine Atomgruppe sein kann und z^* eine ganze Zahl ist, die sich aus der Ionenladung oder aufgrund einer definierten Reaktion (Äquivalentbeziehung) ergibt (siehe Erläuterungen).

Für die symbolische Darstellung von Äquivalentteilchen wird der Bruch $\frac{1}{z^*}$ vor das Symbol des Teilchens X gesetzt.

Beispiele:

$$\frac{1}{2}Ca^{2+},\ \frac{1}{2}H_2SO_4,\ \frac{1}{5}KMnO_4,\ \frac{1}{3}KMnO_4$$

z^* ist die Anzahl der Äquivalente je Teilchen X, sie wird in dieser Norm auch Äquivalentzahl genannt. Ist $z^* = 1$, so ist das Äquivalent mit dem Teilchen X identisch, z. B. $\frac{1}{1}HCl = HCl$.

Anmerkung 1: Das Äquivalentteilchen $\frac{1}{z^*}X$ als gedachter Bruchteil des Teilchens X hat nur die formale Bedeutung, eine stöchiometrische Beziehung auszudrücken, in ähnlicher Weise, wie in Reaktionsgleichungen z. B. $\frac{1}{2}O_2$ gebraucht wird. Die qualitativen Eigenschaften bleiben unverändert, d. h. mit der „Teilung“ ist keine materielle Zerlegung gemeint.

Anmerkung 2: Es können u. a. folgende Arten von Äquivalenten unterschieden werden (siehe Erläuterungen):

a) Ionenäquivalent
Beim Ionenäquivalent ist die Äquivalentzahl z^* gleich dem Betrag $|z|$ der Ladungszahl z des Ions (siehe DIN 1304, DIN 4896 und DIN 32 640).

b) Neutralisationsäquivalent
Beim Neutralisationsäquivalent ist die Äquivalentzahl z^* des Teilchens gleich der Anzahl der H^+-Ionen oder OH^--Ionen, die das Teilchen bei einer bestimmten Neutralisationsreaktion bindet oder abgibt.

c) Redoxäquivalent
Für das Teilchen X in einer bestimmten Redoxreaktion ist die Äquivalentzahl z^* der Betrag der Differenz der Oxidationszahlen des Teilchens X – gegebenenfalls desjenigen Atoms darin, das seine Oxidationszahl ändert – vor und nach der Reaktion (siehe [2] und DIN 32 640).

2.3.2 Angabe der Stoffmenge von Äquivalenten

Die Stoffmenge von Äquivalenten $n\left(\frac{1}{z^*}X\right)$, kurz auch Äquivalent-Stoffmenge genannt, wird für Berechnungen durch eine Größengleichung angegeben. Dabei wird das Symbol des Äquivalents, auf das sich die Angabe bezieht, in Klammern hinter das Formelzeichen n gesetzt. Für die Bezeichnung $\frac{1}{z^*}X$ kann als allgemeine Kurzform eq gesetzt werden.

Beispiele:

$n_2\left(\frac{1}{2}Ca^{2+}\right) = 4$ mmol

$n_3\left(\frac{1}{2}H_2SO_4\right) = 1$ mol

$n_4\left(\frac{1}{5}MnO_4^-\right) = 200$ mmol

$n_4\left(\frac{1}{3}MnO_4^-\right) = 120$ mmol

$n_5\left(\frac{1}{6}K_2Cr_2O_7\right) = 30$ mmol

$n_6(eq^+) = 2{,}5$ mol

Ist eine Größengleichung nicht erforderlich, so können verbale Formulierungen verwendet werden, z. B. für das vierte der obigen Beispiele: Die Stoffmenge der Permanganat-Äquivalente $\frac{1}{3}MnO_4^-$ in der Lösungsportion 4 beträgt 120 mmol.

Verschiedene Äquivalente können auch zusammengefaßt werden, sofern ihre Art eindeutig gekennzeichnet wird, z. B. „Die Stoffmenge der Kationenäquivalente in der Ionenaustauscher-Portion 6 beträgt 2,5 mol."

Zwischen der Stoffmenge $n(\mathrm{X})$ der Teilchen X in einem abgegrenzten System und der Stoffmenge $n\left(\frac{1}{z^*}\mathrm{X}\right)$ seiner Äquivalentteilchen $\frac{1}{z^*}\mathrm{X}$ besteht die Beziehung:

$$n\left(\frac{1}{z^*}\mathrm{X}\right) = z^* \cdot n(\mathrm{X}) \qquad (1)$$

Anmerkung 1: Ein Beispiel für die Anwendung der Gleichung (1) befindet sich in den Erläuterungen.

Anmerkung 2: Beispiele in den Abschnitten 2.2 und 2.3.2, die den gleichen Zahlenindex tragen, gehören zur selben Stoffportion bzw. zum selben Teilsystem (Bestandteilsportion).

Anmerkung 3: Die Stoffmenge von Äquivalenten $n(\mathrm{eq})$, die in der Einheit Mol angegeben wird, hat den gleichen Zahlenwert wie die frühere Angabe in Val (siehe Beispiele in den Erläuterungen).

3 Molare Masse (molar mass)

Die molare Masse M eines Stoffes oder eines Stoffbestandteiles, der aus den Teilchen X besteht, Formelzeichen $M(\mathrm{X})$, ist der Quotient aus der Masse m_i und der Stoffmenge $n_i(\mathrm{X})$ einer Portion i dieses Stoffes oder Stoffbestandteiles:

$$M(\mathrm{X}) = \frac{m_i}{n_i(\mathrm{X})} \qquad (2)$$

SI-Einheit: kg/mol übliche Einheit: g/mol

Die molare Masse ist also die auf die Stoffmenge bezogene Masse. Sie kennzeichnet einen Stoff oder einen Stoffbestandteil. Sie ist eine intensive Größe, also von der im Einzelfall betrachteten Quantität des Stoffes oder Bestandteiles unabhängig.

Bei der Angabe der molaren Masse eines Stoffes oder Stoffbestandteiles wird das Symbol für deren Teilchen X in Klammern hinter das Formelzeichen M gesetzt.

In den folgenden Beispielen werden Atome, Ionen, Moleküle, Elektronen und Äquivalente als Teilchenarten gewählt:

$M(\mathrm{Ca}) = 40{,}08$ g/mol
$M(\mathrm{H}) = 1{,}0079$ g/mol
$M(\mathrm{H^+}) = 1{,}0074$ g/mol
$M(\mathrm{H_2}) = 2{,}0159$ g/mol
$M(\mathrm{e^-}) = 0{,}5486$ mg/mol
$M\left(\frac{1}{2}\mathrm{Ca^{2+}}\right) = 20{,}04$ g/mol
$M\left(\frac{1}{2}\mathrm{H_2SO_4}\right) = 49{,}040$ g/mol
$M\left(\frac{1}{5}\mathrm{KMnO_4}\right) = 31{,}607$ g/mol

Zwischen der molaren Masse $M(\mathrm{X})$ und der molaren Masse $M\left(\frac{1}{z^*}\mathrm{X}\right)$ besteht wegen Gleichung (1) die Beziehung:

$$M\left(\frac{1}{z^*}\mathrm{X}\right) = \frac{1}{z^*} \cdot M(\mathrm{X}) \qquad (3)$$

Anmerkung 1: Ein Beispiel für die Anwendung der Beziehung (3) befindet sich in den Erläuterungen.

Anmerkung 2: Nach IUPAC [2] ist „molar" gleichbedeutend mit „stoffmengenbezogen", d. h. eine Bezeichnung für Größenquotienten, bei denen im Nenner die Größe Stoffmenge steht.

Anmerkung 3: Die Angabe der molaren Masse als Größengleichung ist die kürzeste Schreibweise; es kann aber auch eine verbale Formulierung gewählt werden, z. B.: „Die molare Masse der Äquivalente $\frac{1}{5}\mathrm{KMnO_4}$ beträgt 31,607 g/mol."

4 Stoffmengenkonzentration

(amount-of-substance concentration)

Die Stoffmengenkonzentration c eines Bestandteiles einer Mischphase, der aus den Teilchen X besteht, Formelzeichen $c(\mathrm{X})$, ist der Quotient aus der Stoffmenge $n(\mathrm{X})$ einer Portion des Bestandteiles und dem zugehörigen Mischphasenvolumen V:

$$c(\mathrm{X}) = \frac{n(\mathrm{X})}{V} \qquad (4)$$

SI-Einheit: mol/m³ übliche Einheit: mol/l (mol/dm³)

Bei Verwendung des Größenzeichens c für eine bestimmte Stoffmengenkonzentration wird das Symbol des dabei zugrundegelegten Teilchens in Klammern hinter das Größenzeichen gesetzt, z. B. $c(\mathrm{HCl})$ (siehe auch die Abschnitte 2.2 und 2.3).

Beispiele für die Angabe von Stoffmengenkonzentrationen in Lösungen mittels Größengleichungen:

$c_1(\mathrm{Ca^{2+}}) = 0{,}85$ mmol/l
$c_1\left(\frac{1}{2}\mathrm{Ca^{2+}}\right) = 1{,}7$ mmol/l
$c_2(\mathrm{H_2SO_4}) = 0{,}05$ mol/l
$c_2\left(\frac{1}{2}\mathrm{H_2SO_4}\right) = 0{,}1$ mol/l
$c_3(\mathrm{KMnO_4}) = 0{,}02$ mol/l
$c_3\left(\frac{1}{5}\mathrm{KMnO_4}\right) = 0{,}1$ mol/l

Zu einer vollständigen Angabe gehört ferner die Angabe des Lösemittels und der Temperatur. Auf eine Angabe des Druckes kann bei flüssigen und festen Mischphasen im allgemeinen verzichtet werden (siehe DIN 32 629/11.88, Abschnitt 3, Beispiel b). Ist kein Lösemittel angegeben, so handelt es sich um eine wäßrige Lösung.

Ist eine Größengleichung nicht erforderlich, so werden Angaben in Kurzform empfohlen:

Beispiele:

HCl, 0,1 mol/l
Ca, 0,85 mmol/l
$\mathrm{H_2SO_4}$, 0,05 mol/l
$\frac{1}{5}\mathrm{KMnO_4}$, 0,1 mol/l

Diese Form der Kennzeichnung eignet sich auch zur Beschriftung von Gefäßen.

Bei Verwendung der Kurzform ist besonders darauf zu achten, daß durch ein Symbol oder eine Formel eindeutig festgelegt sein muß, auf welche Teilchen die Angabe bezogen ist. Hierbei wird angenommen, der gelöste Bestandteil liege ausschließlich in Form der angegebenen Teilchen vor. Die Angabe betrifft also nicht eine in der Lösung (z. B. durch Dissoziation oder Reaktion mit dem Lösemittel) sich einstellende Gleichgewichtskonzentration.

Die Stoffmengenkonzentration, der Äquivalentteilchen zugrunde gelegt sind, heißt Äquivalentkonzentration (siehe DIN 4896). Zwischen der Stoffmengenkonzentration $c(\mathrm{X})$ und der Äquivalentkonzentration $c\left(\frac{1}{z^{\star}}\mathrm{X}\right)$ besteht wegen der Gleichung (1) folgende Beziehung:

$$c\left(\frac{1}{z^{\star}}\mathrm{X}\right) = z^{\star} \cdot c(\mathrm{X}) \tag{5}$$

Anmerkung 1: Ein Beispiel für die Anwendung der Beziehung (5) befindet sich in den Erläuterungen.

Anmerkung 2: Die Beispiele für Größengleichungen geben die Stoffmengenkonzentrationen in den drei Lösungen 1, 2 und 3 an, die Lösungen werden durch Indizes am Größenzeichen unterschieden. Das erste Beispiel gibt die Konzentration der Ca^{2+}-Ionen in der Lösung 1 an, Beispiel 2 die Konzentration der $\frac{1}{2}Ca^{2+}$-Äquivalente in derselben Lösung. Entsprechendes gilt für die übrigen Beispiele.

Anmerkung 3: Wenn keine Verwechslung zwischen Stoffmengen-, Massen- und Volumenkonzentration möglich ist, kann für diese drei Größen auch kurz der Name „Konzentration" verwendet werden, insbesondere wenn dabei eine Einheit oder das Größenzeichen angegeben ist.

Anmerkung 4: Die Namen „Molarität" (molarity) für die Stoffmengenkonzentration und „Normalität" für die Äquivalentkonzentration sowie die Zeichen M (molar) und N (normal) für die Einheit mol/l bzw. die früher benutzte Einheit val/l werden in [2] sowie in den Normen ISO 31/8 : 1980, ISO 78/2 : 1982 und ISO 1000 : 1981 nicht mehr genannt und dürfen nicht mehr angewendet werden. Diese Benennungen und Bezeichnungen sind gemäß obigen Beispielen durch entsprechende Angaben zu ersetzen. Die in der Maßanalytik bisher übliche Bezeichnung „Normallösung" soll durch die allgemeine Benennung „Maßlösung" ersetzt werden.

Anmerkung 5: Beispiele für die Darstellung von Ergebnissen der Wasseranalytik einschließlich der Ionenbilanz, siehe Erläuterungen.

5 Spezifische Partialstoffmenge

Die spezifische Partialstoffmenge q eines Bestandteils einer Mischphase, der aus den Teilchen X besteht, Formelzeichen $q(\mathrm{X})$, ist der Quotient aus der Stoffmenge $n(\mathrm{X})$ einer Portion des Bestandteils und der Masse $\sum \mathrm{m}$ der zugehörigen Mischphasenportion.

$$q(\mathrm{X}) = \frac{n(\mathrm{X})}{\sum \mathrm{m}} \tag{6}$$

SI-Einheit: mol/kg übliche Einheiten: mol/kg, µmol/kg

Beispiele:

Die spezifische Partialstoffmenge des gelösten Siliciumdioxids im Wasserdampf einer Kesselanlage beträgt

$$q(\mathrm{SiO_2}) = 2\ \mu\mathrm{mol/kg}.$$

Die spezifische Partialstoffmenge einer Salzsäure-Maßlösung für Titrationen mit der Wägebürette beträgt

$$q(\mathrm{HCl}) = 0{,}1\ \mathrm{mol/kg}.$$

Anmerkung: Die spezifische Partialstoffmenge ist im Gegensatz zur Stoffmengenkonzentration von der Temperatur und vom Druck unabhängig.

6 Molalität (molality)

Die Molalität b eines Bestandteiles einer Mischphase, der aus den Teilchen X besteht, Formelzeichen $b(\mathrm{X})$, ist der Quotient aus der Stoffmenge $n(\mathrm{X})$ einer Portion des Bestandteils und der Masse $m(\mathrm{Lm})$ der zugehörigen Lösemittelportion.

$$b(\mathrm{X}) = \frac{n(\mathrm{X})}{m(\mathrm{Lm})} \tag{7}$$

SI-Einheit und übliche Einheit: mol/kg

Bei der Angabe der Molalität wird das Symbol für das Teilchen X in Klammern hinter das Größenzeichen b gesetzt, ferner, falls erforderlich, das Lösemittel.

Beispiel für die Angabe der Molalität von Naphthalin im Lösemittel Benzol:

$$b(\mathrm{C_{10}H_8}\ \text{in Benzol}) = 0{,}05\ \mathrm{mol/kg}$$

Anmerkung 1: Die Bezeichnung „molal" für die Einheit mol/kg darf nicht mehr angewendet werden.

Anmerkung 2: Die Molalität ist im Gegensatz zur Stoffmengenkonzentration von der Temperatur und dem Druck unabhängig.

7 Titer

Der Titer t ist in der chemischen Analytik der Quotient aus der tatsächlich vorliegenden Stoffmengenkonzentration $c(\mathrm{X})$ einer Maßlösung (Ist-Wert) und der angestrebten Stoffmengenkonzentration $\tilde{c}(\mathrm{X})$ derselben Lösung (Soll-Wert):

$$t = \frac{c(\mathrm{X})}{\tilde{c}(\mathrm{X})} \tag{8}$$

Beispiel für eine Titerangabe:

$$\tilde{c}(\mathrm{HCl}) = 0{,}1\ \mathrm{mol/l};\ t = 1{,}024$$

Anmerkung 1: Bei Maßanalysen wird im allgemeinen für die Maßlösung eine Stoffmengenkonzentration mit einem glatten Zahlenwert (Soll-Wert) angestrebt, z. B. $c(\mathrm{HCl}) = 0{,}1000\ \mathrm{mol/l}$.

Sinngemäß kann ein Titer auch für „empirische Maßlösungen" angegeben werden, deren Stoffmengenkonzentrationen so angestrebt werden, daß ein glatter Zahlenwert für das Volumen einem glatten Zahlenwert für die Masse des zu titrierenden Stoffes entspricht.

Anmerkung 2: Die tatsächlich vorliegende Stoffmengenkonzentration $c(\mathrm{X})$ erhält man, indem man die angestrebte Stoffmengenkonzentration $\tilde{c}(\mathrm{X})$ mit dem Titer t multipliziert:

$$c(\mathrm{X}) = t \cdot \tilde{c}(\mathrm{X})$$

Berechnung von $c(\mathrm{X})$ für das obengenannte Beispiel:

$$c(\mathrm{HCl}) = 1{,}024 \cdot 0{,}1\ \mathrm{mol/l} = 0{,}1024\ \mathrm{mol/l}$$

Anmerkung 3: In der Medizin hat der Begriff Titer eine andere Bedeutung.

Zitierte Normen und andere Unterlagen

DIN 1301 Teil 1	Einheiten; Einheitennamen, Einheitenzeichen
DIN 1304	Allgemeine Formelzeichen
DIN 4896	Einfache Elektrolytlösungen; Formelzeichen
DIN 32 629	Stoffportion; Begriff, Kennzeichnung
DIN 32 640	Chemische Elemente und einfache anorganische Verbindungen; Namen und Symbole
ISO 31/8 : 1980 Amendment 1 : 1985	Quantities and units of physical chemistry and molecular physics Größen und Einheiten der physikalischen Chemie und der Molekularphysik
ISO 78/2 : 1982	Layouts for standards; Part 2: Standard for chemical analysis Gestaltung von Normen; Teil 2: Norm für chemische Analyse
ISO 1000 : 1981	SI-units and recommendations for the use of their multiples and of certain other units SI-Einheiten und Empfehlungen für die Anwendung ihrer Vielfachen und einiger anderer Einheiten

[1] „Le Système International d'Unites (SI), herausgegeben vom Bureau International des Poids et Mesures, englisch und französisch, zu beziehen vom Bureau International des Poids et Mesures, Pavillon de Breteuil, F-92310 Sèvres

[2] International Union of Pure and Applied Chemistry (IUPAC) „Manual of Symbols and Terminology for Physicochemical Quantities and Units". London, Butterworths Scientific Publications (1973 und 1979)
„Internationale Regeln für die chemische Nomenklatur und Terminologie", Band 2, Teil 6. Verlag Chemie, Weinheim 1977

[3] a) Gesetz über Einheiten im Meßwesen vom 22. Februar 1985, Bundesgesetzblatt (1985), Teil I, Nr 11, S. 408–410

[3] b) Ausführungsverordnung zum Gesetz über Einheiten im Meßwesen (Einheitenverordnung – EinhV) vom 13. Dezember 1985, Bundesgesetzblatt (1985) Teil I, Nr 60, S. 2272–2275
Zu beziehen durch: Deutsches Informationszentrum für Technische Regeln (DITR) im DIN, Burggrafenstraße 6, 1000 Berlin 30

Weitere Normen

DIN 1301 Teil 2	Einheiten; Allgemein angewendete Teile und Vielfache
DIN 1301 Teil 3	Einheiten; Umrechnungen für nicht mehr anzuwendende Einheiten
DIN 1310	Zusammensetzung von Mischphasen (Gasgemische, Lösungen, Mischkristalle); Begriffe, Formelzeichen
DIN 1313	Physikalische Größen und Gleichungen; Begriffe, Schreibweisen
DIN 1345	Thermodynamik; Formelzeichen, Einheiten
DIN 5485	Bennungsgrundsätze für physikalische Größen; Wortzusammensetzungen mit Eigenschafts- und Grundwörtern
DIN 54 400	Ionenaustausch; Begriffe

Frühere Ausgaben

DIN 32 625: 03.76, 07.80

Änderungen

Gegenüber der Ausgabe Juli 1980 wurden folgende Änderungen vorgenommen:

Der Text wurde sachlich und redaktionell überarbeitet.

Neu aufgenommen wurde die physikalische Größe „Spezifische Partialstoffmenge" einschließlich ihrer Definition.

Erläuterungen

Allgemeines

Die Namen und Formelzeichen der physikalischen Größen sind den Internationalen Normen ISO 31/8 : 1980, ISO 78/2 : 1982 und ISO 1000 : 1981 und den Empfehlungen der IUPAC [2] angepaßt worden. Ausnahme: Formelzeichen b für Molalität anstelle m in [2].

Infolge der Festlegung des Mol als Basiseinheit für die Stoffmenge und aufgrund der Tatsache, daß das Val nicht mehr als Einheit verwendet werden darf, ergeben sich für die Praxis Konsequenzen, die Gegenstand dieser Norm sind.

In dieser Norm werden neben der Stoffmenge nur einige von der Stoffmenge abgeleitete Größen behandelt. Die dabei getroffenen Festlegungen sind sinngemäß auf andere von der Stoffmenge abgeleitete Größen zu übertragen, z. B. auf das molare Volumen.

Von den Größen, welche die Zusammensetzung einer Mischphase beschreiben, sind hier die Stoffmengenkonzentration, die spezifische Partialstoffmenge und die Molalität berücksichtigt. Weitere Zusammensetzungsgrößen siehe DIN 1310.

In der historisch gewachsenen Literatur werden oft für denselben Begriff verschiedene Benennungen (Synonyma) verwendet, und es werden gleiche Benennungen für verschiedene Inhalte (polysemantische Wörter) gebraucht. Ein Zweck dieser Norm ist es, eindeutige Benennungen festzulegen.

Zu Abschnitt 2.1 Die Stoffmenge und ihre Einheit

a) Die Stoffmenge n ist eine SI-Basisgröße und hat deshalb eine Dimension eigener Art, die von den Dimensionen der anderen Basisgrößen unabhängig ist (siehe DIN 1313, Ausgabe April 1978, Abschnitt 3). Sie ist über die Avogadro-Konstante N_A (Einheit: mol^{-1}) mit der Teilchenzahl N verknüpft:

$$n(X) = \frac{1}{N_A} \cdot N(X)$$

X in dieser Gleichung ist ein Teilchen im Sinne der Definition des Mol. N hat die Dimension 1.

b) Das Wort „Molzahl" als Benennung für die Größe Stoffmenge ist ungeeignet, weil es den folgenden Regeln für Benennungen widerspricht:

- Eine Größenbenennung darf nicht den Namen einer Einheit dieser Größe, in der die Größe gegebenenfalls zu messen ist, enthalten.
- Eine Größenbenennung darf nur dann das Wort „Zahl" enthalten, wenn die Größe die Einheit 1 hat (siehe auch DIN 5485).

c) **Zu Anmerkung 1**

In den Internationalen Normen ISO 31/8 : 1980 und ISO 1000 : 1981 sowie im Internationalen Einheitensystem (siehe [1]), das dem Gesetz über Einheiten im Meßwesen [3a] und [3b] zugrunde liegt, ist das Mol als Basiseinheit festgelegt worden. Die zugehörige Größe erhielt die Benennung „Stoffmenge" als Übersetzung der Benennungen in den drei ISO-Sprachen: quantité de matière, amount of substance, количество вещества.

d) **Zu Anmerkung 2**

Der Name „Stoffmenge" darf nur noch für die physikalische Größe verwendet werden, die in der Einheit Mol gemessen wird. Zur Bezeichnung eines abgegrenzten Stoffbereiches mit allen seinen Eigenschaften, von denen eine die Stoffmenge ist, ist der Name „Stoffportion" durch DIN 32 629 eingeführt worden.

e) **Zu Anmerkung 4**

Ein weiterer wesentlicher Grund für die Unzulässigkeit der „Einheit" Val ist die Tatsache, daß nach dem Einheitengesetz [3a] und [3b] zwischen zwei verschiedenen Einheiten einer Größe ein fester Umrechnungsfaktor bestehen muß, wie z. B. zwischen Minute und Sekunde [3b]. Ein solcher fester Umrechnungsfaktor besteht jedoch zwischen dem Val und dem Mol nicht. Wie die Erläuterungen zu den Abschnitten 2.3.1 und 2.3.2 zeigen, ist er von der zugehörigen Reaktion oder von der Art des Äquivalentteilchens (z. B. Oxidationsäquivalent, Ionenäquivalent) abhängig.

Zu Abschnitt 2.3.1 Das Äquivalentteilchen

Die Einführung des Äquivalentteilchens als eines der Teilchen, die Stoffmengenangaben zugrunde gelegt werden können, ist in manchen Fällen notwendig, z. B. bei Ionenbilanzen, wie sie in der Wasseranalyse erforderlich sind (siehe Erläuterungen zu Abschnitt 4), bei Ionenaustauschreaktionen oder bei der Titration einer Mischung von Essigsäure und Schwefelsäure mit Natronlauge. In anderen Fällen, deren Behandlung auch ohne die Einführung der Äquivalentteilchen möglich wäre, fördert ihre Verwendung manchmal die Übersichtlichkeit.

Bei Ersatz einer der früher üblichen Angaben in Val durch eine Stoffmengenangabe in Mol, welcher Äquivalentteilchen zugrunde gelegt sind, ändert sich der Zahlenwert dieser Angaben nicht (siehe Erläuterungen zu Abschnitt 2.3.2). Entsprechendes gilt sinngemäß für die von der Stoffmenge abgeleiteten Größen, z. B. die molare Masse und die Stoffmengenkonzentration (siehe Erläuterungen zu Abschnitt 4, Tabellen 2 und 3).

Zu Anmerkung 2

Die Tabelle 1 zeigt, wie sich aus einer Reaktionsgleichung das Äquivalentteilchen ergibt. Sie zeigt auch, daß die Äquivalentzahl z^* eines Teilchens X verschiedene Werte haben kann. So ist z. B. für Fe^{2+} $z^* = 1$, wenn es zu Fe^{3+} oxidiert wird, aber für das Ionenäquivalent von Fe^{2+} gilt die Äquivalentzahl $z^* = 2$.

Das Ionenäquivalent kann an einer Reaktion beteiligt sein unter Beibehaltung seiner Ladung (z. B. Ionenaustausch) oder unter Änderung derselben (z. B. Elektrolyse). Es werden auch Ioneneigenschaften auf das Äquivalent bezogen (z. B. Äquivalentleitfähigkeit, siehe DIN 4896).

Die folgenden Beispiele zeigen, daß z^* auch für Fällungs-, Komplexbildungs- und andere Reaktionen festgelegt werden kann:

- Bei der Titration von Silbernitrat nach Gay-Lussac sind in der Reaktion
  $Ag^+ + Cl^- \rightarrow AgCl$
  $1 Ag^+$ und $1 Cl^-$ einander äquivalent. Die Äquivalentzahl für Ag^+ ist $z^* = 1$.
- Bei der Cyanid-Bestimmung nach Liebig dagegen sind in der Reaktion
  $Ag^+ + 2CN^- \rightarrow Ag(CN)_2^-$
  $1 Ag^+$ und $2 CN^-$ einander äquivalent. Die Äquivalentzahl für Ag^+ ist hier $z^* = 2$.
- Bei der Elementaranalyse des Ethanols besteht die Äquivalentbeziehung

$$n\left(\frac{1}{2} C_2H_5OH\right) = n(CO_2) \text{ mit } z^* = 2 \text{ für } C_2H_5OH$$

- Bei einer Reaktion von C_2H_5OH, welche die Hydroxygruppe betrifft, ist aber $z^* = 1$.

Tabelle 1. **Zusammenhang zwischen einer vorgegebenen Reaktion und der Äquivalentzahl**

Reaktion	Teilchen X	Äquivalentzahl z^*	Äquivalent $\frac{1}{z^*}X$
Zu a: Ionenäquivalente (Ladungszahl z)			
$Fe^{2+} + R(-SO_3H)_2 \rightarrow R(-SO_3)_2Fe + 2\,H^+$	Fe^{2+}	2	$\frac{1}{2}Fe^{2+}$
Hierin bedeutet $R(-SO_3H)_2$: Ionenaustauscher	H^+	1	$\frac{1}{1}H^+$
Elektrolyse: $Cu^{2+} + 2e^- \rightarrow Cu$	Cu^{2+}	2	$\frac{1}{2}Cu^{2+}$
$Cl^- \rightarrow \frac{1}{2}Cl_2 + e^-$	Cl^-	1	$\frac{1}{1}Cl^-$
Zu b: Neutralisationsäquivalente (Protonenübergang)			
$2H^+ + SO_4{}^{2-} + 2OH^- \rightarrow SO_4{}^{2-} + 2H_2O$	H_2SO_4	2	$\frac{1}{2}H_2SO_4$
$H^+ + Cl^- + OH^- \rightarrow Cl^- + H_2O$	HCl	1	$\frac{1}{1}HCl$
$Na^+ + HCO_3{}^- + OH^- \rightarrow Na^+ + CO_3{}^{2-} + H_2O$	$NaHCO_3$	1	$\frac{1}{1}NaHCO_3$
$2Na^+ + CO_3{}^{2-} + H^+ \rightarrow 2Na^+ + HCO_3{}^-$	Na_2CO_3	1	$\frac{1}{1}Na_2CO_3$
$2Na^+ + CO_3{}^{2-} + 2H^+ \rightarrow 2Na^+ + 2H_2O + CO_2$	Na_2CO_3	2	$\frac{1}{2}Na_2CO_3$
Zu c: Redoxäquivalente (Änderung der Oxidationszahl)			
$K^+ + \overset{VII}{Mn}O_4{}^- + 5\overset{II}{Fe}{}^{2+} + 8H^+ \rightarrow K^+ + \overset{II}{Mn}{}^{2+} + 5\overset{III}{Fe}{}^{3+} + 4H_2O$	$KMnO_4$	5	$\frac{1}{5}KMnO_4$
	Fe^{2+}	1	$\frac{1}{1}Fe^{2+}$
$2K^+ + 2\overset{VII}{Mn}O_4{}^- + 3\overset{II}{Mn}{}^{2+} + 4OH^- \rightarrow 2K^+ + 5\overset{IV}{Mn}O_2 + 2H_2O$	$KMnO_4$	3	$\frac{1}{3}KMnO_4$
	Mn^{2+}	2	$\frac{1}{2}Mn^{2+}$
$2K^+ + 2\overset{VII}{Mn}O_4{}^- + 5H_2\overset{-I}{O}_2 + 6H^+ \rightarrow 2K^+ + 2\overset{II}{Mn}{}^{2+} + 5\overset{\pm 0}{O}_2 + 8H_2O$	$KMnO_4$	5	$\frac{1}{5}KMnO_4$
	H_2O_2	2	$\frac{1}{2}H_2O_2$
$2K^+ + \overset{VI}{Cr}_2O_7{}^{2-} + 6\overset{-I}{I}{}^- + 14H^+ \rightarrow 2K^+ + 2\overset{III}{Cr}{}^{3+} + 6\overset{\pm 0}{I} + 7H_2O$	$K_2Cr_2O_7$	6	$\frac{1}{6}K_2Cr_2O_7$
	I^-	1	$\frac{1}{1}I^-$

Zu Abschnitt 2.3.2
Angabe der Stoffmenge von Äquivalenten

a) Für die Stoffmenge von Äquivalenten in Elektrolyten wird an anderer Stelle auch der Name „Äquivalentmenge" benutzt (siehe DIN 4896). Der systematisch gebildete Name „Äquivalent-Stoffmenge" ist eindeutig und deshalb vorzuziehen.

b) **Zu Anmerkung 1**
Anwendung der Beziehung (1) auf das Beispiel Calcium:

$$n\left(\frac{1}{2}\mathrm{Ca}^{2+}\right) = 2 \cdot n(\mathrm{Ca}^{2+})$$

Es ergibt sich für $n_2(\mathrm{Ca}^{2+}) = 2$ mmol, bei Bezug auf Äquivalentteilchen:

$$n_2\left(\frac{1}{2}\mathrm{Ca}^{2+}\right) = 2 \cdot 2\,\mathrm{mmol}.$$

c) **Zu Anmerkung 3**
Beispiele:

0,1 val H_2SO_4	$n\left(\frac{1}{2}\mathrm{H_2SO_4}\right) = 0{,}1\,\mathrm{mol}$
0,1 val $KMnO_4$	$n\left(\frac{1}{5}\mathrm{KMnO_4}\right) = 0{,}1\,\mathrm{mol}$
0,1 val KHC_2O_4	$n(\mathrm{KHC_2O_4}) = 0{,}1\,\mathrm{mol}$

Bei der Angabe 0,1 val $KMnO_4$ geht nur aus der zugehörigen Reaktionsgleichung hervor, ob es sich um das Äquivalent $\frac{1}{3}\mathrm{KMnO_4}$ oder $\frac{1}{5}\mathrm{KMnO_4}$ handelt. Auch die Angabe 0,1 val KHC_2O_4 ist mehrdeutig: Je nachdem, ob es sich um eine Neutralisations- oder eine Redoxreaktion handelt, ist $z^* = 1$ bzw. $z^* = 2$ (siehe Erläuterungen zu Abschnitt 2.3.1).

Zu Abschnitt 3 Molare Masse

a) Für die Berechnung der Masse aus der Stoffmenge (und umgekehrt) wird Gleichung (2) nach der gesuchten Größe umgestellt (vergleiche die Umrechnung von Masse in Volumen und umgekehrt mit Hilfe der Dichte).

Beispiele:
Berechnung der Stoffmenge $n_2\left(\frac{1}{2}\mathrm{Ca}^{2+}\right)$ der Calciumionen-Portion 2 aus ihrer Masse $m_2 = 80{,}16$ mg:

$$n_2\left(\frac{1}{2}\mathrm{Ca}^{2+}\right) = \frac{m_2}{M\left(\frac{1}{2}\mathrm{Ca}^{2+}\right)}$$

$$n_2\left(\frac{1}{2}\mathrm{Ca}^{2+}\right) = \frac{80{,}16\,\mathrm{mg}}{20{,}04\,\mathrm{mg/mmol}}\;4\,\mathrm{mmol}$$

b) Wird die molare Masse M(X) in der Einheit g/mol angegeben, so ist ihr Zahlenwert gleich der relativen Atommasse $A_r(X)$ oder der relativen Molekülmasse $M_r(X)$ (die früher Atom- bzw. Molekulargewicht genannt wurden) und gleich dem Zahlenwert der Masse e i n e s Atoms oder Moleküls X bei Verwendung der atomaren Masseneinheit u (siehe DIN 1345 und DIN 1301 Teil 1 bis Teil 3).

Beispiele:

$M(\mathrm{Ca}^{2+}) = 40{,}08$ g/mol
$A_r(\mathrm{Ca}^{2+}) = 40{,}08$
$m(1\,\mathrm{Ion}\,\mathrm{Ca}^{2+}) = 40{,}08$ u

Neben der molaren Masse werden die Größen relative Atommasse A_r oder relative Molekülmasse M_r nicht benötigt.

c) Im Formelzeichen für die molare Masse von Äquivalenten M(eq) steht eq als Platzhalter für Äquivalentteilchen. Es ist nicht nötig, der molaren Masse von Äquivalentteilchen eine besondere Benennung entsprechend dem alten Namen „Äquivalentgewicht" zu geben.

d) **Zu Anmerkung 1**
Anwendung der Beziehung (3) auf ein Beispiel:

$$M\left(\frac{1}{5}\mathrm{KMnO_4}\right) = \frac{1}{5} \cdot \mathrm{M(KMnO_4)}$$

$$M(\mathrm{KMnO_4}) = 158{,}034\,\mathrm{g/mol}$$

$$M\left(\frac{1}{5}\mathrm{KMnO_4}\right) = \frac{1}{5} \cdot 158{,}034\,\mathrm{g/mol} = 31{,}607\,\mathrm{g/mol}$$

e) **Zu Anmerkung 2**
Weitere Beispiele für die Namen stoffmengenbezogener Größen: molares Volumen, molare Wärmekapazität, molare Enthalpie.

Zu Abschnitt 4 Stoffmengenkonzentration

a) **Zu Anmerkung 1**
Beispiel für die angegebene Gleichung (5):

$$c\left(\frac{1}{5}\mathrm{KMnO_4}\right) = 5 \cdot c(\mathrm{KMnO_4})$$

Für die Lösung 3 mit $c_3(\mathrm{KMnO_4}) = 0{,}02$ mol/l ist die Stoffmengenkonzentration

$$c_3\left(\frac{1}{5}\mathrm{KMnO_4}\right) = 5 \cdot 0{,}02\,\mathrm{mol/l} = 0{,}1\,\mathrm{mol/l}$$

b) **Zu Anmerkung 4**
Die Angabe z. B. „Schwefelsäure, 0,05 M" oder „0,05 molare Schwefelsäure" soll ersetzt werden durch eine Kurzbezeichnung wie

H_2SO_4, 0,05 mol/l

In dieser Weise kann man auch Flaschen etikettieren. Die entsprechende Größengleichung lautet:

Schwefelsäure, $c(\mathrm{H_2SO_4}) = 0{,}05$ mol/l

Eine Angabe wie z. B. „Schwefelsäure, 0,1 N" oder „0,1 normale Schwefelsäure" soll ersetzt werden durch die Kurzbezeichnung

H_2SO_4, 0,05 mol/l

oder durch die vollständige Angabe mittels Größengleichung:

Schwefelsäure, $c\left(\frac{1}{2}\mathrm{H_2SO_4}\right) = 0{,}1\,\mathrm{mol/l}$

Nicht mehr zulässig – wenn auch in der ausländischen Literatur noch benutzt – ist die Abkürzung M für mol/l, also z. B. HCl, 0,1 M. Dieses Einheitenzeichen M (steile Type, nicht kursiv wie M als Formelzeichen für molare Masse) sollte stets gelesen werden: „mol/l". Die Lesart „molar" ist abzulehnen, weil ein Adjektiv als Einheitenbezeichnung aus dem Rahmen des SI fällt und weil bei M = mol/l die Stoffmenge im Zähler steht, während nach allgemeiner Regel (siehe Anmerkung 2 zu Abschnitt 3) unter „molar" ein Quotient verstanden wird, bei dem die Stoffmenge im Nenner steht.

c) **Zu Anmerkung 5**
Für die Berechnung von Ionenbilanzen, z. B. bei Wasseranalysen, ist der Gebrauch der Äquivalentkonzentration c(eq) notwendig. Wird c(eq) in mmol/l angegeben, so können die Zahlenwerte der bisherigen Angaben in mval/l unverändert übernommen werden. Die Tabellen 2, 3 und 4 beschreiben die Möglichkeiten, Ergebnisse der Wasseranalytik unter Einbeziehung der Ionenbilanz darzustellen.

Tabelle 2. **Darstellungsform für Ergebnisse der Wasseranalytik unter Verwendung genormter Formelzeichen und mathematischer Beziehungen**

Kationen X^{z+}	β mg/l	$c(X^{z+})$ mmol/l	$c(eq^+) = z \cdot c(X^{z+})$ mmol/l	Anionen X^{z-}	β mg/l	$c(X^{z-})$ mmol/l	$c(eq^-) = z \cdot c(X^{z-})$ mmol/l
Na^+	897	39	39	Cl^-	621	17,5	17,5
Ca^{2+}	34,1	0,85	1,7	SO_4^{2-}	168	1,75	3,5
Mg^{2+}	19,4	0,8	1,6	HCO_3^-	1300	21,3	21,3
$c(eq^+)$			42,3	$c(eq^-)$			42,3

Tabelle 3. **Darstellungsform für Ergebnisse der Wasseranalytik unter Verwendung genormter Größennamen**

Kationen	Massenkonzentration mg/l	Stoffmengenkonzentration mmol/l	Äquivalentkonzentration mmol/l	Anionen	Massenkonzentration mg/l	Stoffmengenkonzentration mmol/l	Äquivalentkonzentration mmol/l
Na^+	897	39	39	Cl^-	621	17,5	17,5
Ca^{2+}	34,1	0,85	1,7	SO_4^{2-}	168	1,75	3,5
Mg^{2+}	19,4	0,8	1,6	HCO_3^-	1300	21,3	21,3
Summe Äquivalentkonzentration der Kationen			42,3	Summe Äquivalentkonzentration der Anionen			42,3

Tabelle 4. **Darstellungsform für Ergebnisse der Wasseranalytik nur als Ionenbilanz**

Kationenäquivalente	Äquivalentkonzentration $c(eq^+)$ mmol/l	Anionenäquivalente	Äquivalentkonzentration $c(eq^-)$ mmol/l
Na^+	39	Cl^-	17,5
$\frac{1}{2}Ca^{2+}$	1,7	$\frac{1}{2}SO_4^{2-}$	3,5
$\frac{1}{2}Mg^{2+}$	1,6	HCO_3^-	21,3
$c(eq^+)$	42,3	$c(eq^-)$	42,3

d) Die früher für die Konzentrationsangaben gesetzten eckigen Klammern sind durch Einführung des Formelzeichens c(X) überflüssig geworden. Letztere Schreibweise stimmt überein mit dem internationalen Schrifttum [1] und [2] sowie den Normen ISO 31/8 : 1980, ISO 78/2 : 1982 und ISO 1000 : 1981.

Als Beispiel sei die Dissoziationskonstante des Tetraamminkupfer-Ions angeführt:

$$K_\mathrm{D} = \frac{c(\mathrm{Cu}^{2+}) \cdot c^4(\mathrm{NH_3})}{c([\mathrm{Cu(NH_3)_4}]^{2+})} \quad \text{statt } K_\mathrm{D} = \frac{[\mathrm{Cu}^{2+}] \cdot [\mathrm{NH_3}]^4}{[[\mathrm{Cu(NH_3)_4}]^{2+}]}$$

Zu Abschnitt 7 Titer

Der Titer ist eine zweckmäßige Größe bei maßanalytischen Berechnungen mit den in Tabellenwerken angegebenen „maßanalytischen Äquivalenten", die für glattzahlige Werte der Stoffmengenkonzentrationen angegeben werden, z. B. für 0,1 mol/l.

Tabelle 5. **Gegenüberstellung der in DIN 32 625 aufgeführten Größen und Einheiten mit bisherigen Bezeichnungen**

Größen und Einheiten in DIN 32 625	Bisherige Bezeichnungen, auch von Begriffen ähnlicher Bedeutung
● Masse m SI-Einheit: kg	● Gewicht, Menge, Gewichtsmenge, Grammenge Einheit: kg
● Stoffmenge n(X), n(eq) SI-Einheit: mol	● Molmenge, Molzahl, Anzahl Mole, Tomzahl, Menge Einheiten: Grammatom (Tom), Grammolekül (Mol), Grammäquivalent (Val), Grammion
● Molare Masse M(X), M(eq) Übliche Einheit: g/mol	● Atomgewicht oder -masse, Molgewicht oder -masse, Molekulargewicht oder -masse, Äquivalentgewicht oder -masse, Formelmasse, valare Masse (Zeichen für die Größen waren nicht gebräuchlich) Einheiten: 1, g, g/Tom, g/mol, g/val
● Stoffmengenkonzentration c(X) Äquivalentkonzentration c(eq) Übliche Einheit: mol/l	● Konzentration, Gehalt, Molarität (nur bei Angaben in mol/l). Normalität (nur bei Angaben in val/l), molare Konzentration Einheiten: mol/l oder dafür das Zeichen M, val/l oder dafür das Zeichen N
● Molalität b(X) SI-Einheit: mol/kg	● Kilogramm-Molarität, molale Konzentration, Molalität Einheit: mol/kg

Internationale Patenklassifikation

C 01

G 01 N

DK 621.31.024/.025 : 001.4 : 003.62 Mai 1978

Elektrische Energietechnik Stromsysteme

Begriffe, Größen, Formelzeichen

DIN 40 108

Electric power engineering; current systems; concepts, quantities and their letter symbols

1 Stromsysteme

1.1 Stromsystem (System) im Sinne dieser Norm ist die Gesamtheit der in einer elektrischen Anlage zusammengeschlossenen elektrischen Betriebsmittel, insbesondere der zur Fortleitung der elektrischen Energie dienenden Strombahnen.

Man unterscheidet Gleichstromsysteme und Wechselstromsysteme.

1.1.1 Gleichstromsystem ist ein Stromsystem, in und entlang dessen Strombahnen die Augenblickswerte der elektrischen und magnetischen Größen zeitlich im wesentlichen konstant sind (siehe Anmerkungen).

1.1.2 Wechselstromsystem ist ein Stromsystem, in und entlang dessen Strombahnen die Augenblickswerte der elektrischen und magnetischen Größen periodische Funktionen der Zeit mit dem arithmetischen Mittelwert (Gleichwert) Null sind (siehe Anmerkungen).

1.1.2.1 Einphasensystem ist ein Wechselstromsystem mit je einer Strombahn für Hin- und Rückleitung, in und entlang denen die elektrischen und magnetischen Größen verlaufen.

1.1.2.2 Mehrphasensystem ist ein Wechselstromsystem mit mehr als zwei Strombahnen, in und entlang denen die elektrischen und magnetischen Größen mit gleicher Frequenz, mit gleichen oder angenähert gleichen Amplituden, in vorgegebener Phasenfolge (siehe Abschnitt 2.5) mit gleichen oder angenähert gleichen Phasenverschiebungswinkeln (siehe Abschnitt 2.4) verlaufen (siehe Anmerkungen).

Mit Mehrphasensystemen kann man räumlich umlaufende elektrische und magnetische Felder erzeugen. Diese werden Drehfelder genannt. Deshalb werden Mehrphasensysteme allgemein auch als Drehstromsysteme bezeichnet.

1.1.2.3 Drehstromsystem (in der gegenüber Abschnitt 1.1.2.2 eingeschränkten Bedeutung) ist die übliche Bezeichnung für ein dreiphasiges Wechselstromsystem.

2 Phase und Phasenwinkel

2.1 Phase ist der augenblickliche Schwingungszustand eines periodischen Schwingungsvorganges (siehe Anmerkungen).

2.2 Phasenwinkel ist das Argument der Sinus- oder Cosinusfunktion, die den periodischen Verlauf von Wechselstromgrößen, z. B. von Spannungen, Strömen, magnetischen und elektrischen Flüssen, beschreibt (siehe Anmerkungen).

2.3 Nullphasenwinkel ist der zur Zeit $t = 0$ auftretende Phasenwinkel (siehe Anmerkungen).

2.4 Phasenverschiebungswinkel ist die Differenz der Phasenwinkel – und damit auch der Nullphasenwinkel – zweier Wechselstromgrößen gleicher Frequenz (siehe Anmerkungen). Voreilende und nacheilende Wechselstromgröße siehe Anmerkungen.

2.5 Phasenfolge in einem Mehrphasensystem ist die zeitliche Reihenfolge, in der die gleichartigen Augenblickswerte der elektrischen Spannungen in den einzelnen Strombahnen nacheinander auftreten (siehe Anmerkungen).

3 Systempunkte

3.1 Anschlußpunkt, kurz Anschluß oder auch Pol genannt, ist die Verbindungsstelle von Leitern oder elektrischen Betriebsmitteln (siehe Anmerkungen). Zum Verbinden dienen z. B. Klemmen.

3.1.1 Knotenpunkt ist ein Anschlußpunkt, von dem mindestens zwei Leiter ausgehen.

3.1.1.1 Mittelpunkt ist ein Knotenpunkt, von dem in Anordnung und Wirkung gleichwertige Stränge (siehe Abschnitt 4.2) eines Systems ausgehen.

Man unterscheidet Mittelpunkte von Gleichstromsystemen und von Wechselstromsystemen.

3.1.1.2 Sternpunkt ist der Mittelpunkt von Mehrphasensystemen.

3.1.2 Außenpunkt ist der Anschlußpunkt eines Leiters, der nicht im Mittelpunkt angeschlossen ist (siehe Abschnitt 4.1.1 sowie Anmerkungen).

3.2 Bezugserde ist im Bereich der Erde, insbesondere der Erdoberfläche, der von dem zugehörigen Erder (siehe Abschnitt 4.17) so weit entfernt ist, daß zwischen beliebigen Punkten dieses Bereiches keine merklichen Spannungen auftreten (siehe Anmerkungen).

4 Leiter in Stromsystemen

(siehe Anmerkungen)

4.1 Leiter im Sinne dieser Norm sind gut leitende, vorwiegend metallene Strombahnen.

4.1.1 Außenleiter ist ein Leiter, der an einen Außenpunkt angeschlossen ist (siehe Anmerkungen).

4.1.2 Neutralleiter ist ein Leiter, der an einen Mittelpunkt oder Sternpunkt angeschlossen ist (siehe Anmerkungen).

4.1.3 Mittelleiter ist ein Neutralleiter, der an einen Mittelpunkt angeschlossen ist (siehe Anmerkungen).

Fortsetzung Seite 2 bis 8

Normenausschuß Einheiten und Formelgrößen (AEF) im DIN Deutsches Institut für Normung e.V.
Deutsche Elektrotechnische Kommission im DIN und VDE (DKE)

4.1.4 Sternpunktleiter ist ein Neutralleiter, der an einen Sternpunkt angeschlossen ist (siehe Anmerkungen).

4.1.5 Schutzleiter ist ein Leiter, der bei Schutzmaßnahmen gegen gefährliche Berührungsspannungen verwendet wird. Der Schutzleiter verbindet berührbare leitfähige Teile von Betriebsmitteln, die bei normalen Betriebsbedingungen nicht unter Spannung stehen, jedoch im Fehlerfall Spannung annehmen können – je nach der angewendeten Schutzmaßnahme – mit dem Erder, dem Nulleiter oder dem Schutzschalter (siehe Anmerkungen).

4.1.6 Nulleiter ist ein unmittelbar geerdeter Leiter, im allgemeinen der Neutralleiter, der unter gewissen Bedingungen die Funktionen des Schutzleiters übernehmen kann (siehe Anmerkungen).

4.1.7 Erder ist ein Leiter, der ins Erdreich eingebettet ist und mit ihm in leitender Verbindung steht (siehe Anmerkungen).

4.1.8 Erdungsleitung ist eine Leitung, die einen zu erdenden Anlageteil mit einem Erder verbindet, soweit sie außerhalb der Erde oder isoliert in der Erde verlegt ist (siehe Anmerkungen).

4.2 Strang in Mehrphasensystemen ist die Strombahn, in der Strom einer Phase (in der Bedeutung „Schwingungszustand“ nach Abschnitt 2.1) fließt.

5 Schaltungen von Mehrphasensystemen

(siehe Anmerkungen)

5.1 Ringschaltung (Polygonschaltung) eines Mehrphasensystems liegt vor, wenn sämtliche Stränge hintereinander geschaltet einen geschlossenen Ring ergeben.

5.1.1 Dreieckschaltung heißt die Ringschaltung in einem (dreiphasigen) Drehstromsystem.

5.2 Sternschaltung eines Mehrphasensystems liegt vor, wenn sämtliche Stränge an einem ihrer Enden in einem Sternpunkt zusammengeschlossen sind.

6 Benennung von Stromsystemen nach der Anzahl der Leiter

6.1 n-Leitersystem ist ein Stromsystem mit n Leitern. Hierbei bedeutet n die Anzahl der Außenleiter, bei vorhandenem Mittelleiter (Sternpunktleiter) sowie gegebenenfalls zusätzlichem Schutzleiter, die Anzahl sämtlicher Leiter.

6.2 Beispiele für n-Leitersysteme

6.2.1 Gleichstrom-Zweileitersystem (mit zwei Außenleitern) siehe Abschnitt 12, Bild 1.

6.2.2 Gleichstrom-Dreileitersystem (mit zwei Außenleitern und einem Mittelleiter) siehe Abschnitt 12, Bild 2.

6.2.3 Einphasen-Zweileitersystem (mit einem Außenleiter und einem Sternpunktleiter).

6.2.4 Einphasen-Dreileitersystem (mit einem Außenleiter, einem Sternpunktleiter und einem Schutzleiter).

6.2.5 Drehstrom-Dreileitersystem (mit drei Außenleitern).

6.2.6 Drehstrom-Vierleitersystem (mit drei Außenleitern und einem Sternpunktleiter, der auch Nulleiter sein kann).

6.2.7 Drehstrom-Fünfleitersystem (mit drei Außenleitern, einem Sternpunktleiter und einem Schutzleiter).

6.2.8 Sechsphasen - Sechsleitersystem (mit sechs Außenleitern) siehe Abschnitt 12, Bild 3.

6.2.9 Sechsphasen - Siebenleitersystem (mit sechs Außenleitern und einem Sternpunktleiter) siehe Abschnitt 12, Bild 4.

7 Spannungen

7.1 Außenleiterspannung ist bei Dreileitersystemen für Gleichstrom und Einphasenwechselstrom die Spannung zwischen den beiden Außenleitern, bei Mehrphasensystemen die Spannung zwischen zwei Außenleitern mit zeitlich aufeinanderfolgenden Phasen (siehe Anmerkungen).

7.2 Dreieckspannung ist die Außenleiterspannung bei (dreiphasigen) Drehstromsystemen. Drehstromsysteme werden nach dem effektiven Nennwert dieser Spannung benannt.

7.3 Außenleiter - Mittelleiterspannung ist die Spannung zwischen einem Außenleiter und dem Mittelleiter (Mittelpunkt).

7.4 Sternspannung ist die Spannung zwischen einem Außenleiter und dem Sternpunkt (siehe Anmerkungen).

7.5 Strangspannung ist die Spannung zwischen beiden Enden eines Stranges, unabhängig davon, in welcher Schaltung die Stränge zusammengeschlossen sind (siehe Amerkungen).

7.6 Mittelpunktspannung ist die Spannung zwischen einem Mittelpunkt (Mittelleiter) und einem Punkt mit festgelegtem Potential, z. B. der Bezugserde (siehe Abschnitt 3.2).

7.7 Sternpunktspannung ist die Spannung zwischen einem Sternpunkt und einem Punkt mit festgelegtem Potential, z. B. der Bezugserde (siehe Abschnitt 3.2).

7.8 Außenleiter - Erdspannung ist die Spannung zwischen einem Außenleiter und der Bezugserde (siehe Abschnitt 3.2).

Die Außenleiter-Erdspannung ist also:

bei Gleichstromsystemen mit Mittelleiter die Summe aus Außenleiter-Mittelleiterspannung und Mittelpunktspannung,

bei Mehrphasensystemen mit Sternpunkt die Summe aus Sternspannung und Sternpunktspannung.

8 Ströme

8.1 Außenleiterstrom ist der Strom, der in einem Außenleiter fließt (siehe Anmerkungen).

8.2 Mittelleiterstrom ist der Strom, der in einem Mittelleiter fließt.

8.3 Sternpunktleiterstrom ist der Strom, der in einem Sternpunktleiter fließt.

8.4 Strangstrom ist der Strom, der in einem Strang fließt, unabhängig davon, in welcher Schaltung die Stränge zusammengeschlossen sind (siehe Anmerkungen).

8.4.1 Ringstrom ist eine andere Benennung für den Strangstrom bei Mehrphasensystemen in Ringschaltung (Polygonschaltung) (siehe Anmerkungen).

8.4.2 Dreieckstrom ist eine andere Benennung für den Strangstrom bei (dreiphasigen) Drehstromsystemen in Dreieckschaltung (siehe Anmerkungen).

8.4.3 Sternstrom ist eine andere Benennung für den Strangstrom bei Mehrphasensystemen in Sternschaltung (siehe Anmerkungen).

8.5 Erdstrom ist der Sammelbegriff entweder für einen Strom, der betriebsmäßig in die Erde fließt, oder für einen Strom, der von einer Fehlerstelle im Stromsystem – z. B. über eine Erdungsleitung und einen Erder – in die Erde fließt (siehe Anmerkungen).

9 Kennzeichnung von Systempunkten und Leitern

Systempunkte und Leiter werden nach Angaben von Tabelle 1 gekennzeichnet. Für die Anschlußbezeichnungen elektrischer Betriebsmittel gelten im übrigen die Normen DIN 42 400, DIN 42 401 Teil 1 bis Teil 3, DIN 42 402, DIN 42 403 (Vornorm) und DIN 46 199 Teil 2 bis Teil 7 (siehe Anmerkungen).

Tabelle 1. **Kennzeichnung von Systempunkten und Leitern**

<table>
<tr><th>Stromsystem</th><th>Teil</th><th colspan="2">Außenpunkte
Außenleiter</th><th>Mittelpunkt
Mittelleiter
Sternpunkt
Sternpunkt-leiter</th><th>Bezugs-erde</th><th>Schutz-leiter geerdet</th><th>Nulleiter</th></tr>
<tr><td>Gleichstrom-system</td><td>Netz</td><td>Polarität
positiv
L+</td><td>negativ
L−</td><td>M</td><td rowspan="7">E</td><td rowspan="7">PE</td><td rowspan="3">–</td></tr>
<tr><td rowspan="2">m-Phasen-system</td><td rowspan="2">Netz</td><td colspan="2">vorzugsweise L1 L2 L3 . . . Lm</td><td rowspan="6">N</td></tr>
<tr><td colspan="2">zulässig auch [1]) [2]) 1 2 3 . . . m</td></tr>
<tr><td rowspan="4">Drehstrom-system</td><td rowspan="3">Netz</td><td colspan="2">vorzugsweise L1 L2 L3</td><td rowspan="2">PEN</td></tr>
<tr><td colspan="2">zulässig auch [1]) [2]) 1 2 3</td></tr>
<tr><td colspan="2">zulässig auch [2]) R S T</td><td rowspan="2">–</td></tr>
<tr><td>Betriebsmittel</td><td colspan="2">allgemein [2]) U V W</td></tr>
</table>

[1]) Wenn keine Verwechslungen möglich
[2]) Numerierung oder Reihenfolge der Buchstaben im Sinne der Phasenfolge (siehe Abschnitt 2.5)

10 Formelzeichen für Spannungen

(siehe Anmerkungen)

Das Formelzeichen U von Spannungen zwischen zwei Systempunkten oder den dazugehörigen Leitern wird im allgemeinen mit zwei Indizes versehen, die mit den Kennzeichen der betreffenden Systempunkte oder Leiter übereinstimmen. Die Reihenfolge der Indizes entspricht dem Bezugssinn der Spannung (siehe DIN 5489). Auf einen dieser Indizes kann verzichtet werden, wenn die Spannungen in Darstellungen durch Bezugspfeile orientiert sind oder wenn Verwechslungen ausgeschlossen sind.

Bei Wechselstromsystemen bedeutet das Formelzeichen U den Effektivwert der Spannung. Soll der Augenblickswert gekennzeichnet werden, so wird das Formelzeichen u verwendet.

Tabelle 2 zeigt Beispiele von Formelzeichen für Spannungen.

Tabelle 2. **Beispiele von Formelzeichen für Spannungen**

Nr	Art der Spannungen	Stromsystem		Formelzeichen der Spannungen
1	Außenleiterspannungen	Gleichstromsystem		U [1] [2] $U_{L+\,L-}$
2		m-Phasensystem		$U_{12}, U_{23}, U_{34}, \ldots U_{m1}$
3		Drehstromsystem		U_{12}, U_{23}, U_{31} [3]
4		Drehstrom- { Generatoren, Motoren, Transformatoren		U_{UV}, U_{VW}, U_{WU}
5	Außenleiter-Mittelleiterspannungen	Gleichstromsystem		U [2] [4] U_{L+M}, U_{M-L}
6	Sternspannungen	m-Phasensystem	Sternschaltung	$U_{1N}, U_{2N}, U_{3N}, \ldots U_{mN}$ [5]
7		Drehstromsystem		U_{1N}, U_{2N}, U_{3N} [5] [6]
8		Drehstrom- { Generatoren, Motoren, Transformatoren		U_{UN}, U_{VN}, U_{WN}
9	Mittelpunktspannung	Gleichstromsystem		U_{ME}
10	Sternpunktspannung	m-Phasensystem	Sternschaltung	U_{NE}
11		Drehstromsystem		U_{NE}
12	Außenleiter-Erdspannungen	Gleichstromsystem		U_{L+E}, U_{L-E}
13		m-Phasensystem		$U_{1E}, U_{2E}, U_{3E}, \ldots U_{mE}$
14		Drehstromsystem		U_{1E}, U_{2E}, U_{3E} [7]

[1]) In Darstellungen zusätzlich mit Richtungspfeil von + nach −

[2]) Weitere Formelzeichen für Gleichspannungen siehe DIN 5483, DIN 40 110, DIN 41 750 Teil 3 und Teil 4, DIN 41 755 Teil 1.

[3]) Für Erweiterungen auch U_{RS}, U_{ST}, U_{TR}

[4]) In Darstellungen zusätzlich mit Richtungspfeil von L+ nach M bzw. von M nach L−

[5]) Wenn Verwechslungen ausgeschlossen sind, kann auf den Index N verzichtet werden, in Darstellungen ist dann zusätzlich ein Richtungspfeil anzubringen.

[6]) Für Erweiterungen auch U_{RN}, U_{SN}, U_{TN}

[7]) Für Erweiterungen auch U_{RE}, U_{SE}, U_{TE}

11 Formelzeichen für Ströme

(siehe Anmerkungen)

Das Formelzeichen I von Strömen, die von einem Systempunkt ausgehen, wird mit einem Index oder mit zwei Indizes versehen. Die Indizes stimmen mit dem Kennzeichen der betreffenden Systempunkte überein (siehe die folgenden Beispiele). Bei zwei Indizes entspricht deren Reihenfolge der Bezugsrichtung des Stromes (siehe DIN 5489).

Bei Wechselstromsystemen bedeutet das Formelzeichen I den Effektivwert des Stromes. Soll dessen Augenblickswert gekennzeichnet werden, so wird das Formelzeichen i verwendet.

Tabelle 3 zeigt Beispiele von Formelzeichen für Ströme.

Tabelle 3. **Beispiele von Formelzeichen für Ströme**

Nr	Art der Ströme		Stromsystem		Formelzeichen der Ströme
1		–	Gleichstromsystem		I [1] [2] I_{L+}, I_{L-}
2		Sternströme	m-Phasensystem		$I_1, I_2, I_3, \ldots I_m$ [1]
3			Drehstromsystem	Sternschaltung	I_1, I_2, I_3 [1] [3]
4	Außenleiterströme	–	Drehstrom- { Generatoren, Motoren, Transformatoren		I_U, I_V, I_W [1]
5		Ringströme	m-Phasensystem	Ringschaltung (Polygonschaltung)	$I_{12}, I_{23}, I_{34}, \ldots I_{m1}$
6		Dreieckströme	Drehstromsystem		I_{12}, I_{23}, I_{31} [4]
7		–	Drehstrom- { Generatoren, Motoren, Transformatoren	Dreieckschaltung	I_{UV}, I_{VW}, I_{WU}
8	Mittelleiterstrom		Gleichstromsystem		I_M [1]
9	Sternpunktleiterstrom		m-Phasensystem	Sternschaltung	I_N [1]
10			Drehstromsystem		I_N [1]
11	Erdstrom		–	–	I_E [1]

[1]) In Darstellungen zusätzlich mit Richtungspfeil
[2]) Weitere Formelzeichen für Gleichströme siehe DIN 5483, DIN 40 110, DIN 41 750 Teil 3
[3]) Für Erweiterungen auch I_R, I_S, I_T
[4]) Für Erweiterungen auch I_{RS}, I_{ST}, I_{TR}

12 Beispiele für Schaltpläne mit Formelzeichen für Spannungen und Ströme

Die Bilder 1 bis 5 zeigen einige Schaltpläne für verschiedene Gleich- und Wechselstromsysteme nebst Anschluß- und Leiterbezeichnungen (in steiler Schrift) und Formelzeichen von Spannungen und Strömen (in *kursiver* Schrift).

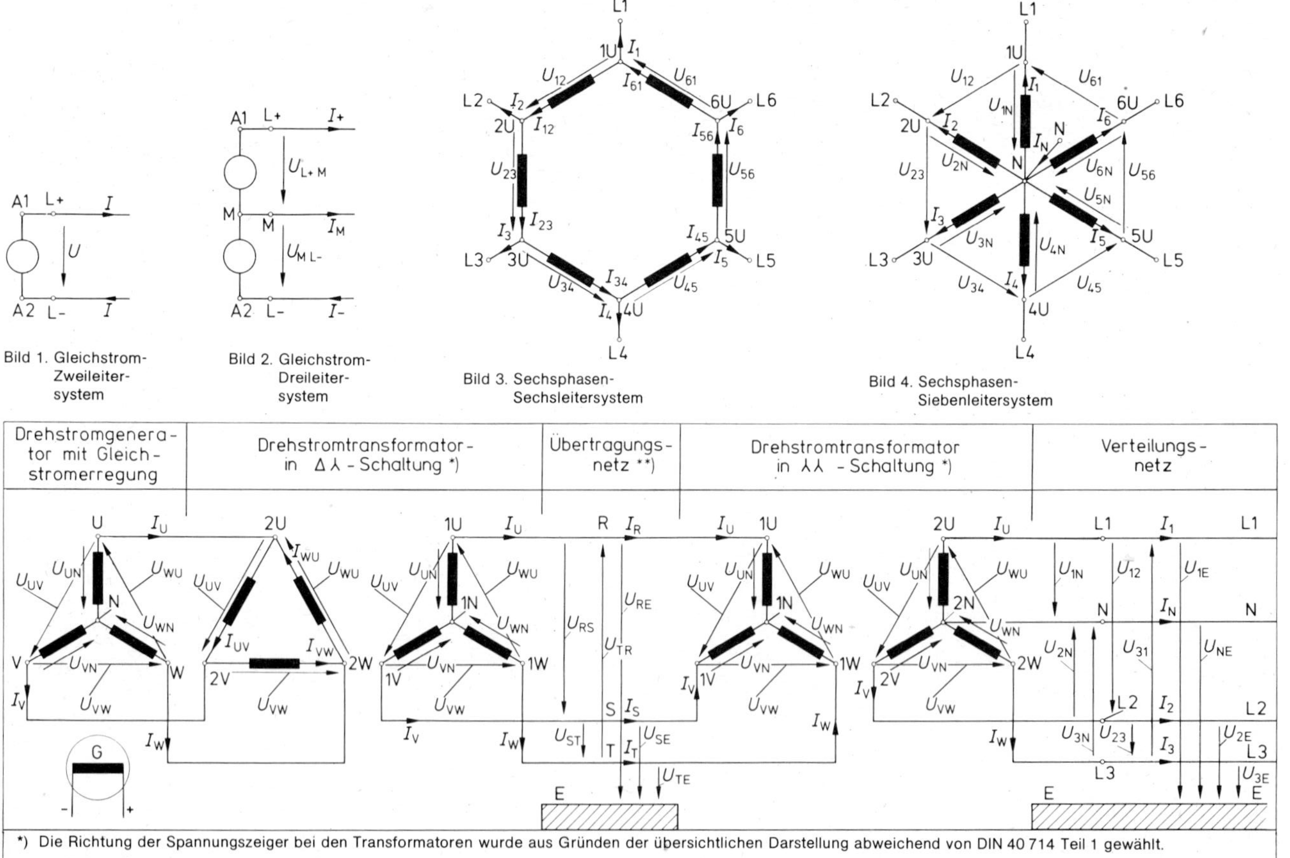

Bild 1. Gleichstrom-Zweileitersystem

Bild 2. Gleichstrom-Dreileitersystem

Bild 3. Sechsphasen-Sechsleitersystem

Bild 4. Sechsphasen-Siebenleitersystem

*) Die Richtung der Spannungszeiger bei den Transformatoren wurde aus Gründen der übersichtlichen Darstellung abweichend von DIN 40 714 Teil 1 gewählt.

**) Als Beispiel für Bezeichnungen in bestehenden Anlagen

Bild 5. Drehstromübertragung

Anmerkungen

Zu Abschnitt 1.1.1

Von einem Gleichstromsystem spricht man auch dann, wenn den konstanten Augenblickswerten der elektrischen und magnetischen Größen kleine, für die beabsichtigte Wirkung unwesentliche Schwingungen überlagert sind oder wenn die Augenblickswerte selbst, z. B. wegen Belastungsschwankungen im Stromsystem, zeitlich schwanken (siehe DIN 5488, Ausgabe Januar 1969, Nr 1).

Zu Abschnitt 1.1.2

Siehe auch DIN 40 110, Ausgabe Oktober 1975, Abschnitt 1.1.

Zu Abschnitt 1.1.2.2

Bei der in diesem Abschnitt gegebenen Definition handelt es sich gemäß DIN 5488, Ausgabe Januar 1969, Nr 3.1, und DIN 40 110, Ausgabe Oktober 1975, Abschnitt 2.1, genauer um ein symmetrisches Mehrphasensystem.

Zu Abschnitt 2.1

Der Begriff „Phase" entspricht DIN 1311 Teil 1, Ausgabe Februar 1974, Abschnitt 3.4.

Nach DIN 40 108, Ausgabe Juni 1966, wurden die den einzelnen Strombahnen eines Mehrphasensystems zugeordneten Leiter oder Anordnungen im übertragenen Sinne auch als Phase bezeichnet. Diese im technischen Sprachgebrauch noch übliche Verwendung des Wortes „Phase" zur Bezeichnung von Gegenständen wird nicht mehr empfohlen (siehe auch Anmerkungen zu den Abschnitten 7.4, 7.5, 8.1, 8.4).

Zu Abschnitt 2.2

Der Begriff „Phasenwinkel" entspricht DIN 1311 Teil 1, Ausgabe Februar 1974, Abschnitt 1.5.

Zu Abschnitt 2.3

Der Begriff „Nullphasenwinkel" entspricht DIN 1311 Teil 1, Ausgabe Februar 1974, Abschnitt 1.5.1.

Zu Abschnitt 2.4

Der Begriff „Phasenverschiebungswinkel" entspricht DIN 1311 Teil 1, Ausgabe Februar 1974, Abschnitt 1.5.2, und DIN 40 110, Ausgabe Oktober 1975, Abschnitt 1.5.1. An beiden Stellen sind auch die Begriffe „voreilende und nacheilende Wechselstromgrößen" erklärt.

Zu Abschnitt 2.5

Die Phasenfolge in einem symmetrischen m-Phasensystem ist gekennzeichnet durch die Zahlen seiner $i = 1, 2, 3, \ldots, m$ Strombahnen. Gleichartige Augenblickswerte, z. B. Amplituden, Nullwerte, sinusförmiger Spannungen, liegen vor, wenn die nachfolgende Spannung der vorhergehenden um einen Phasenwinkel von $\frac{2\pi}{m}$ rad nacheilt.

Zu Abschnitt 3.1 und 3.1.2

Anschlußpunkte (Anschlüsse), insbesondere Außenpunkte, wurden bisher vielfach im übertragenen Sinne, unabhängig von der Art des Verbindungsmittels, auch als Klemmen bezeichnet. Diese Bezeichnung wird nicht mehr empfohlen.

Zu Abschnitt 3.1.2

Bei einem Mehrphasensystem in Sternschaltung ist jeder Strang an einen Außenpunkt und an den Sternpunkt angeschlossen.

Bei Stromsystemen mit Mittelleiter (siehe Abschnitt 4.1.3) und zusätzlichem Schutzleiter (siehe Abschnitt 4.1.5) wird der Anschlußpunkt des Schutzleiters nicht Außenpunkt genannt.

Zu Abschnitt 3.2

Die hierunter gegebene Definition für Bezugserde wurde wortgetreu VDE 0100/5.73, § 3e) 2, entnommen. Eine hiermit sachlich übereinstimmende aber im Wortlaut etwas abweichende Definition findet sich in DIN 57 141, Ausgabe Juli 1976, und VDE 0141/7.76, Abschnitt 2.1.2.

Zu Abschnitt 4

Bei den Definitionen unter Abschnitt 4.1.1 bis 4.1.8 für die verschiedenen Leiterarten wurde im allgemeinen davon abgesehen, die in anderen Normen und VDE-Bestimmungen bereits enthaltenen Definitionen wörtlich zu wiederholen. Dagegen erschien es im Sinne der Vollständigkeit der vorliegenden Norm angebracht, die allgemein gültigen Oberbegriffe für die verschiedenen Leiterarten hier zu erwähnen.

Zu Abschnitt 4.1.1

Siehe auch VDE 0100/5.73, § 3c) 1.

Zu Abschnitt 4.1.2

Siehe auch CENELEC-Harmonisierungsdokument HD 224, Abschnitt 2.09.

Zu Abschnitt 4.1.3

Siehe auch VDE 0100/5.73, § 3c) 2.1, und CENELEC-Harmonisierungsdokument HD 224, Abschnitt 2.09; im letzteren wird statt Mittelleiter die Benennung „Neutralleiter" verwendet.

Zu Abschnitt 4.1.4

Siehe auch VDE 0100/5.73, § 3c) 2.2, und CENELEC-Harmonisierungsdokument HD 224, Abschnitt 2.09; im letzteren wird statt Sternpunktleiter die Benennung „Neutralleiter" verwendet.

Zu Abschnitt 4.1.5

Ins einzelne gehende Definitionen für Schutzleiter finden sich in VDE 0100/5.73, § 3c) 3, und in CENELEC-Harmonisierungsdokument HD 224, Abschnitt 2.06.

Zu Abschnitt 4.1.6

Siehe auch VDE 0100/5.73, § 3c) 4.

Zu Abschnitt 4.1.7

Ins einzelne gehende Definitionen für Erder finden sich in VDE 0100/5.73, § 3e) 3, und in DIN 57 141, Ausgabe Juli 1976, VDE 0141/7.76, Abschnitt 2.1.3. Siehe weiter CENELEC-Harmonisierungsdokument HD 224, Abschnitt 2.10.

Zu Abschnitt 4.1.8

Die hierunter gegebene Definition für Erdungsleitung stimmt wörtlich überein mit der in DIN 57 141, Ausgabe Juli 1976, VDE 0141/7.76, Abschnitt 2.1.4, erster Absatz, und nahezu wörtlich mit der in VDE 0100/5.73, § 3e) 4.

Zu Abschnitt 5

Siehe auch DIN 40 110, Ausgabe Oktober 1975, Abschnitt 2.

Zu Abschnitt 7.1

Nach DIN 40 108, Ausgabe Juni 1966, und nach früherem technischen Sprachgebrauch wurde die Außenleiterspannung bei Mehrphasensystemen auch als verkettete Spannung bezeichnet. Da es sich hierbei nicht um eine Verkettung (Kopplung) im Sinne des elektromagnetischen Feldes handelt, wird die Bezeichnung „verkettete Spannung" nicht mehr empfohlen.

Leiterspannung bedeutet im Elektromaschinenbau die halbe Windungsspannung.

Zu Abschnitt 7.4

Nach DIN 40 108, Ausgabe Juni 1966, und nach früherem technischen Sprachgebrauch wurde die Sternspannung auch Phasenspannung genannt. Diese Bezeichnung wird aus den in den Anmerkungen zu den Abschnitten 2.1 und 7.5 erwähnten Gründen nicht mehr empfohlen.

Zu Abschnitt 7.5

Bei Mehrphasensystemen in Ringschaltung, z. B. bei Drehstromsystemen in Dreieckschaltung, sind Strangspannung und fiktive Sternspannung verschieden. Bei Mehrphasensystemen in Sternschaltung sind Strangspannung und Sternspannung identisch.

Früher wurden die Strangspannung und die Sternspannung (siehe Anmerkung zu Abschnitt 7.4) auch Phasenspannung genannt. Da hiermit z. B. bei Dreieckschaltung die unterschiedlichen Größen Strangspannung und fiktive Sternspannung die gleiche Benennung „Phasenspannung" tragen würden, wird diese Bezeichnung nicht mehr empfohlen.

Zu Abschnitt 8.1

Nach DIN 40 108, Ausgabe Juni 1966, wurde der Außenleiterstrom bei Drehstromleitungen auch Phasenstrom genannt. Diese Benennung wird aus den in den Anmerkungen zu den Abschnitten 2.1, 7.4 und 7.5 erwähnten Gründen nicht mehr empfohlen.

Zu Abschnitt 8.4

Bei Mehrphasensystemen in Sternschaltung sind Strangstrom und Außenleiterstrom identisch. Bei Mehrphasensystemen in Ringschaltung sind Strangstrom und Außenleiterstrom im allgemeinen verschieden, z. B. bei Drehstromsystemen in Dreieckschaltung. Dagegen sind bei Sechsphasensystemen in Ringschaltung bei symmetrischer Belastung die Effektivwerte von Strangstrom und Außenleiterstrom gleich.

Früher wurden der Strangstrom und der Außenleiterstrom (siehe Anmerkung zu Abschnitt 8.1) auch Phasenstrom genannt. Da hiermit z. B. bei Dreieckschaltung die unterschiedlichen Größen Strangstrom und Außenleiterstrom die gleiche Benennung „Phasenstrom" tragen würden, wird diese Bezeichnung nicht mehr empfohlen.

Zu Abschnitt 8.4.1 bis 8.4.3

Gegenüber DIN 40 108, Ausgabe Juni 1966, wurden die anschaulichen Benennungen „Ringstrom", „Dreieckstrom" und „Sternstrom" neu eingeführt.

Zu Abschnitt 8.5

Ins einzelne unterteilte Definitionen anstelle des Oberbegriffes „Erdstrom" finden sich z. B. in VDE 0100/5.73, § 3g) 7 als Fehlerstrom und § 3g) 7.2 als Erdschlußstrom, sowie in DIN 57 141, Ausgabe Juli 1976, VDE 0141/7.76, Abschnitt 2.7.2, als Erdfehlerstrom und in Abschnitt 2.7.3 als Erdungsstrom.

Zu Abschnitt 9

Die nach DIN 40 108, Ausgabe Juni 1966, Abschnitt 6.1 bis 6.3, vorgesehene Kennzeichnung von Mittelpunkt und Sternpunkt durch Mp und des Erdpunktes durch Ep sowie nach Abschnitt 6.5 der Außenpunkte in Gleichstromsystemen durch P und N mußte aufgegeben werden. Die Kennzeichnung der erwähnten Systempunkte in Abschnitt 9 der Neuausgabe von DIN 40 108 stimmt im wesentlichen mit den Festlegungen nach DIN 42 400, Ausgabe März 1976, überein. Die letzgenannte Norm entspricht auch den Empfehlungen der Internationalen Elektrotechnischen Kommission (IEC), Publication 445-1973 „Identification of apparatus terminals and general rules for a uniform system of terminal marking, using an alphanumeric notation". Hiernach und nach DIN 42 400 werden z. B. in Drehstromnetzen die Anschlußpunkte von Außenleitern und die Außenleiter selbst mit L1, L2, L3 gekennzeichnet, statt wie bisher üblich mit R, S, T.

Zu Abschnitt 10 und 11

Die in Tabelle 2 und 3 als Beispiele angegebenen Formelzeichen für Spannungen und Ströme sollen dazu dienen, bei diesen die Anwendung der Indizes nach dem Kennzeichnungsprinzip der Tabelle 1 (Abschnitt 9) zu erläutern. Weitere Indizes bei Formelzeichen für Spannungen und Ströme sind den für die einzelnen Betriebsmittel geltenden besonderen Normen zu entnehmen. Allgemein sei auf die Normen für Formelzeichen bei zeitabhängigen Größen verwiesen, nämlich auf DIN 5483, Ausgabe Februar 1974, und IEC-Publication 27-1A (1976).

Weitere Normen

DIN 1311 Teil 1	Schwingungslehre; Kinematische Begriffe
DIN 1312	Geometrische Orientierung
DIN 4897	Elektrische Energieversorgung; Formelzeichen
DIN 5483	Zeitabhängige Größen; Formelzeichen
DIN 5488	Zeitabhängige Größen; Benennung der Zeitabhängigkeit
DIN 5489	Vorzeichen- und Richtungsregeln für elektrische Netze
DIN 40 110	Wechselstromgrößen
DIN 40 121	Elektromaschinenbau; Formelzeichen

Druckfehlerberichtigungen DIN 40 108

Folgende Druckfehlerberichtigungen wurden in den DIN-Mitteilungen + elektronorm veröffentlicht:

In Tabelle 2, Nr 5, muß das letzte angegebene Formelzeichen für die Außenleiter-Mittelspannungen in Gleichstromsystemen „$U_{\mathrm{ML-}}$" statt „$U_{\mathrm{M-L}}$" lauten.
Die Tabelle 3 mit den Beispielen von Formelzeichen für Ströme muß wie folgt aussehen:

<table>
<tr><th>Nr</th><th colspan="2">Art der Ströme</th><th colspan="2">Stromsystem</th><th>Formelzeichen der Ströme</th></tr>
<tr><td>1</td><td rowspan="4">Außen-leiter-ströme</td><td>–</td><td colspan="2">Gleichstromsystem</td><td>I 1) 2)
$I_{\mathrm{L+}}$, $I_{\mathrm{L-}}$</td></tr>
<tr><td>2</td><td rowspan="3">Stern-ströme</td><td>m-Phasensystem</td><td rowspan="3">Stern-schaltung</td><td>I_1, I_2, I_3, … I_m 1)</td></tr>
<tr><td>3</td><td>Drehstromsystem</td><td>I_1, I_2, I_3 1) 3)</td></tr>
<tr><td>4</td><td>Drehstrom- {Generatoren
Motoren
Transformatoren</td><td>I_{U}, I_{V}, I_{W} 1)</td></tr>
<tr><td>5</td><td rowspan="3">Strang-ströme</td><td>Ring-ströme</td><td>m-Phasensystem</td><td>Ringschaltung (Polygon-schaltung)</td><td>I_{12}, I_{23}, I_{34}, … I_{m1}</td></tr>
<tr><td>6</td><td rowspan="2">Dreieck-ströme</td><td>Drehstromsystem</td><td rowspan="2">Dreieck-schaltung</td><td>I_{12}, I_{23}, I_{31} 4)</td></tr>
<tr><td>7</td><td>Drehstrom- {Generatoren
Motoren
Transformatoren</td><td>I_{UV}, I_{VW}, I_{WU}</td></tr>
<tr><td>8</td><td colspan="2">Mittelleiterstrom</td><td colspan="2">Gleichstromsystem</td><td>I_{M} 1)</td></tr>
<tr><td>9</td><td colspan="2" rowspan="2">Sternpunkt-leiterstrom</td><td>m-Phasensystem</td><td rowspan="2">Stern-schaltung</td><td>I_{N} 1)</td></tr>
<tr><td>10</td><td>Drehstromsystem</td><td>I_{N} 1)</td></tr>
<tr><td>11</td><td colspan="2">Erdstrom</td><td colspan="2">–</td><td>I_{E} 1)</td></tr>
<tr><td colspan="6">1) In Darstellungen zusätzlich mit Richtungspfeil
2) Weitere Formelzeichen für Gleichströme siehe DIN 5483, DIN 40 110, DIN 41 750 Teil 3
3) Für Erweiterungen auch I_{R}, I_{S}, I_{T}
4) Für Erweiterungen auch I_{RS}, I_{ST}, I_{TR}</td></tr>
</table>

Die abgedruckte Norm entspricht der Originalfassung und wurde nicht korrigiert.
In Folgeausgaben werden die aufgeführten Druckfehler berichtigt.

DK 537.855 : 621.3.025 : 001.4 Oktober 1975

Wechselstromgrößen

DIN 40 110

Quantities used in alternating current theory

Inhalt

1 Einphasiger Stromkreis

1.1 Allgemeine Benennungen und Festlegungen

Sind die Augenblickswerte u einer Spannung oder i eines Stromes periodische Funktionen der Zeit t, so ergibt sich die Frequenz f aus der Periodendauer (Schwingungsdauer) T mit

$$f = \frac{1}{T}. \tag{1}$$

Die zeitlichen linearen Mittelwerte (arithmetischen Mittelwerte) der Spannung und des Stromes sind

$$\bar{u} = \frac{1}{T}\int_0^T u\,\mathrm{d}t \tag{2}$$

und

$$\bar{i} = \frac{1}{T}\int_0^T i\,\mathrm{d}t. \tag{3}$$

$\bar{u}$ und $\bar{i}$ werden Gleichwert (Gleichanteil, Gleichspannung, Gleichstrom, Gleichspannungsanteil, Gleichstromanteil) genannt.

Eine Wechselgröße (Wechselspannung, Wechselstrom) liegt vor, wenn der Gleichwert null ist.

Eine Mischgröße (Mischspannung oder Mischstrom) liegt vor, wenn $\bar{u}$ oder $\bar{i}$ von null verschieden sind und einem Gleichanteil eine Wechselgröße (Wechselanteil, Wechselspannung, Wechselstrom) überlagert ist. Bild 1 zeigt als Beispiel den zeitlichen Verlauf einer Mischspannung. Siehe Anmerkung.

Die Schwingungsbreite (Schwankung) einer Mischspannung oder eines Mischstromes ist der Unterschied zwischen dem größten und dem kleinsten Augenblickswert. In Bild 1 ist Δu die Schwingungsbreite, $\bar{u}$ der Gleichspannungsanteil.

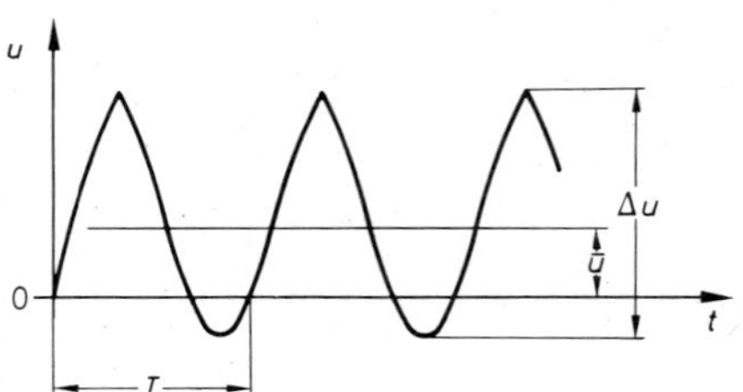

Bild 1.

Der Effektivwert einer Mischspannung oder einer Wechselspannung ist

$$U = \sqrt{\frac{1}{T}\int_0^T u^2\,\mathrm{d}t}. \tag{4}$$

Der Effektivwert eines Mischstromes oder eines Wechselstromes ist

$$I = \sqrt{\frac{1}{T}\int_0^T i^2\,\mathrm{d}t}. \tag{5}$$

Fortsetzung Seite 2 bis 8
Anmerkungen Seite 9

Ausschuß für Einheiten und Formelgrößen (AEF) im DIN Deutsches Institut für Normung e. V.
Deutsche Elektrotechnische Kommission · Fachnormenausschuß Elektrotechnik im DIN gemeinsam mit Vorschriftenausschuß des VDE

1.2 Benennungen und Festlegungen bei Mischgrößen

Der Größtwert (Maximalwert) einer Mischgröße ist der größte Betrag des Augenblickswertes. ($\hat{u} = |u|_{max}$ bedeutet Größtwert der Spannung, $\hat{i} = |i|_{max}$ Größtwert des Stromes.)

Man spricht vom Spitzenwert, wenn der Größtwert der Mischgröße während einer sehr kurzen Zeitspanne im Vergleich zur Periodendauer durchlaufen wird.

Ein Mischstrom mit dem Augenblickswert i hat den Gleichstromanteil $\bar{i}$ und den Wechselstromanteil

$$i_{\sim} = i - \bar{i}. \tag{6}$$

Der Wechselanteil einer Mischgröße kann wie jede Wechselgröße in die Grundschwingung mit der Grundfrequenz f und die Oberschwingungen mit den ganzzahligen Vielfachen der Grundfrequenz zerlegt werden (siehe auch DIN 1311 Blatt 1, Ausgabe Februar 1974, Abschnitt 3.3). Ist z. B. I_1 der Effektivwert der Grundschwingung eines Wechselstromes oder eines Wechselstromanteils und sind I_2, I_3 usw. die Effektivwerte der Oberschwingungen mit den Frequenzen $2f$, $3f$ usw., so folgt aus Gl. (5) für den Effektivwert des Mischstromes

$$I = \sqrt{\bar{i}^2 + I_1^2 + I_2^2 + I_3^2 + \cdots} \tag{7}$$

und für den Effektivwert des Wechselstromanteils

$$I_{\sim} = \sqrt{I_1^2 + I_2^2 + I_3^2 + \cdots} = \sqrt{I^2 - \bar{i}^2}. \tag{8}$$

Entsprechendes gilt auch für Mischspannungen. Auch die im folgenden aufgeführten Definitionen von Verhältniswerten können auf Ströme und auf Spannungen angewendet werden.

Es gilt (mit den Benennungen und Festlegungen nach Abschnitt 1.3)

Schwingungsgehalt s =

$$= \frac{\text{Effektivwert des Wechselanteils}}{\text{Effektivwert der Mischgröße}} = \frac{I_{\sim}}{I}, \tag{9}$$

Welligkeit (effektive Welligkeit) =

$$= \frac{\text{Effektivwert des Wechselanteils}}{\text{Gleichwert der Mischgröße}} = \frac{I_{\sim}}{\bar{i}} \tag{10}$$

(siehe Anmerkung),

Riffelfaktor (Scheitelwelligkeit) =

$$= \frac{\text{Scheitelwert des Wechselanteils}}{\text{Gleichwert der Mischgröße}} =$$

$$= \frac{\hat{i}_{\sim}}{\bar{i}} = \frac{\hat{i} - \bar{i}}{\bar{i}}. \tag{11}$$

Ist eine Mischgröße i entstanden infolge Umbildung eines gegebenen Vorgangs i_1 durch Überlagerung eines zweiten Vorgangs i_2, so gilt

Überlagerungsfaktor =

$$= \frac{\text{Scheitelwert des Überlagerungsanteils}}{\text{Scheitelwert der überlagerungsfreien Größe}} =$$

$$= \frac{\hat{i}_2}{\hat{i}_1}. \tag{12}$$

Ist der überlagerungsfreie Vorgang ein Gleichvorgang, so sind Überlagerungsfaktor und Riffelfaktor einander gleich. Der Schwingungsgehalt liegt zwischen 0 (reiner Gleichvorgang) und 1 (reiner Wechselvorgang), die Welligkeit zwischen 0 (reiner Gleichvorgang) und ∞ (reiner Wechselvorgang).

1.3 Benennungen und Festlegungen bei Wechselgrößen

Der Scheitelwert einer Wechselgröße ist der größte Betrag des Augenblickswertes ($\hat{u}$ bedeutet Scheitelwert der Spannung, $\hat{i}$ Scheitelwert des Stromes). Von Amplitude an Stelle Scheitelwert wird meist nur bei sinusförmigem zeitlichen Verlauf gesprochen (siehe Abschnitt 1.5).

Beim Zerlegen in die Grundschwingung und in die Oberschwingungen gilt z. B. für den Effektivwert des Wechselstromes entsprechend Gl. (7)

$$I = \sqrt{I_1^2 + I_2^2 + I_3^2 + \cdots}. \tag{13}$$

Die folgenden Definitionen von Verhältniswerten können ebenfalls auf Spannungen und auf Ströme angewendet werden. Es gilt

Scheitelfaktor =

$$= \frac{\text{Scheitelwert der Wechselgröße}}{\text{Effektivwert der Wechselgröße}}, \tag{14}$$

$$\text{Scheitelfaktor bei einer Spannung} = \frac{\hat{u}}{U}, \tag{15}$$

$$\text{Scheitelfaktor bei einem Strom} = \frac{\hat{i}}{I}; \tag{16}$$

Grundschwingungsgehalt g =

$$= \frac{\text{Effektivwert der Grundschwingung}}{\text{Effektivwert der Wechselgröße}}, \tag{17}$$

Grundschwingungsgehalt bei einer Spannung

$$g_u = \frac{U_1}{U}, \tag{18}$$

Grundschwingungsgehalt bei einem Strom

$$g_i = \frac{I_1}{I}; \tag{19}$$

Oberschwingungsgehalt (Klirrfaktor) k =

$$= \frac{\text{Effektivwert der Oberschwingungen}}{\text{Effektivwert der Wechselgröße}}, \tag{20}$$

Klirrfaktor bei einer Spannung

$$k_u = \frac{\sqrt{U_2^2 + U_3^2 + \cdots}}{U} = \frac{\sqrt{U^2 - U_1^2}}{U} = \sqrt{1 - g_u^2}, \tag{21}$$

Klirrfaktor bei einem Strom

$$k_1 = \frac{\sqrt{I_2^2 + I_3^2 + \cdots}}{I} = \frac{\sqrt{I^2 - I_1^2}}{I} = \sqrt{1 - g_i^2}. \tag{22}$$

Der Scheitelfaktor kann zwischen 1 und ∞ liegen. Grundschwingungsgehalt und Oberschwingungsgehalt sind höchstens gleich 1.

Als Maß für den Anteil an Oberschwingungen wird vielfach die Abweichung vom Sinusverlauf benutzt. Darunter versteht man die maximale Differenz zwischen der wirklichen Wechselgröße und ihrer Grundschwingung. Sie wird auf die Amplitude der Grundschwingung bezogen; der bezogene Wert ist also gleich dem Maximalwert der genannten Differenz, geteilt durch die Amplitude der Grundschwingung.

Der Gleichrichtwert einer Wechselgröße ist der über eine Periode genommene arithmetische Mittelwert der Beträge der Wechselgröße, z. B.

$$\overline{|u|} = \frac{1}{T}\int_0^T |u| \,\mathrm{d}t, \quad \overline{|i|} = \frac{1}{T}\int_0^T |i| \,\mathrm{d}t. \tag{23}$$

Der Formfaktor einer Wechselgröße ist das Verhältnis des Effektivwertes zu einem Mittelwert. Als Mittelwert wird entweder der Halbschwingungsmittelwert oder der Gleichrichtwert benutzt (siehe Anmerkung). Unter Halbschwingungsmittelwert wird der größte Wert verstanden, den der über eine halbe Periode der Wechselgröße genommene arithmetische Mittelwert annehmen kann. Bei einer Wechselspannung u oder einem Wechselstrom i ist also der Halbschwingungsmittelwert

$$U_h = \frac{2}{T}\left[\int_t^{t+T/2} u\,dt\right]_{max} \quad \text{beziehungsweise}$$

$$I_h = \frac{2}{T}\left[\int_t^{t+T/2} i\,dt\right]_{max}. \qquad (24)$$

Bei Verwendung des Halbschwingungsmittelwertes wird der Formfaktor

$$F_h = \frac{U}{U_h} \quad \text{beziehungsweise} \quad F_h = \frac{I}{I_h}. \qquad (25)$$

Bei Verwendung des Gleichrichtwertes wird der Formfaktor

$$F_g = \frac{U}{\overline{|u|}} \quad \text{beziehungsweise} \quad F_g = \frac{I}{\overline{|i|}}. \qquad (26)$$

Der Halbschwingungsmittelwert wird gleich dem Gleichrichtwert, wenn die Wechselgröße keine geradzahligen Oberschwingungen enthält und wenn während der Halbschwingung keine Einsattelungen mit zusätzlichen Nulldurchgängen auftreten; in diesem Fall wird also $F_h = F_g$. Der Formfaktor kann zwischen 1 und ∞ liegen.

1.4 Leistung

Ist u der Augenblickswert der Spannung an einem beliebigen Abschnitt eines Stromkreises (Zweipol, Klemmenpaar), i der Augenblickswert des Stromes in diesem Abschnitt, so ist der Augenblickswert der Leistung in diesem Abschnitt allgemein ui. Bei Wechselspannungen und -strömen hat dieses Produkt meist positive und negative Werte während einer jeden Periode, siehe Bild 2. Die positiven Werte, z. B. zwischen t_2 und t_3 im Bild 2, zeigen einen Energiefluß in der einen Richtung an; negative Werte, z. B. zwischen t_1 und t_2 im Bild 2, zeigen einen Energiefluß in entgegengesetzter Richtung an. Eine dieser beiden Richtungen, z. B. die mit dem positiven Vorzeichen von ui, entspricht der Bezugsrichtung des Energieflusses; die Richtung mit dem entgegengesetzten Vorzeichen bedeutet einen Energierücklauf.

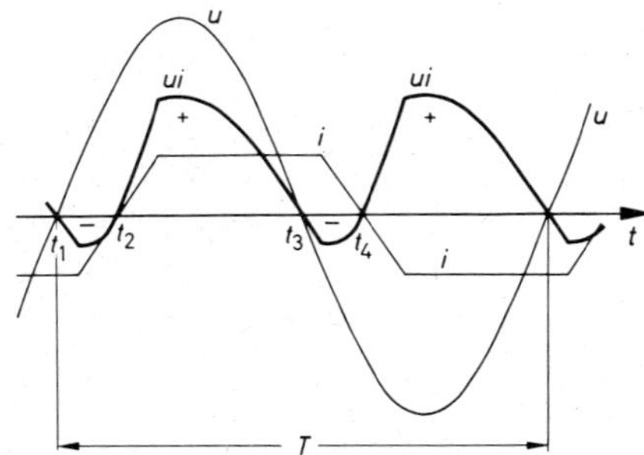

Bild 2.

Die mittlere Leistung oder Wirkleistung (wenn kein Mißverständnis möglich, kurz „Leistung") ist

$$P = \frac{1}{T}\int_0^T u\,i\,dt. \qquad (27)$$

Sie ergibt sich aus der Differenz der positiven und negativen Energieflüsse nach Bild 2 (Differenz der positiven und negativen Flächen zwischen der ui-Kurve und der Zeitachse). Siehe Anmerkung.

1.5 Benennungen und Festlegungen bei sinusförmigem Verlauf von Spannung und Strom

1.5.1 Spannung, Strom, Leistung

Die Augenblickswerte von Spannung und Strom bei zeitlich sinusförmigem Verlauf, kurz sinusförmiger Verlauf, Sinusspannung, Sinusstrom, Sinusgrößen, seien dargestellt durch

$$u = \hat{u}\cos(\omega t + \varphi_u) = U\sqrt{2}\cos(\omega t + \varphi_u), \qquad (28)$$

$$i = \hat{i}\cos(\omega t + \varphi_i) = I\sqrt{2}\cos(\omega t + \varphi_i) \qquad (29)$$

mit der Kreisfrequenz $\omega = 2\pi f$, dem Nullphasenwinkel φ_u der Spannung und dem Nullphasenwinkel φ_i des Stromes.

$$\varphi = \varphi_u - \varphi_i \qquad (30)$$

ist der Phasenverschiebungswinkel der Spannung gegen den Strom (siehe Bild 3). Man sagt auch, die Spannung an dem betrachteten Abschnitt des Stromkreises (Zweipol, Klemmenpaar) eile dem Strom um diesen Winkel vor, der Strom eile der Spannung um diesen Winkel nach, wenn φ zwischen 0 und + 180° liegt; die entgegengesetzte Aussage gilt, wenn φ zwischen − 180° und 0 liegt. Die Scheitelwerte $\hat{u}$ und $\hat{i}$ werden auch Amplituden genannt, siehe DIN 1311 Blatt 1. Die Effektivwerte von Spannung und Strom sind

$$U = \frac{\hat{u}}{\sqrt{2}}, \quad I = \frac{\hat{i}}{\sqrt{2}}. \qquad (31)$$

Für die Augenblickswerte P_t der Leistung gilt:

$$\begin{aligned} P_t = ui &= 2\,UI\cos(\omega t + \varphi_u)\cos(\omega t + \varphi_i) = \\ &= UI\cos\varphi + UI\cos(2\omega t + \varphi_u + \varphi_i) = \\ &= P + S\cos(2\omega t + \varphi_u + \varphi_i). \end{aligned} \qquad (32)$$

Nach Gl. (32) schwingt die augenblickliche Leistung P_t mit der zweifachen Frequenz des Wechselstromes um einen Durchschnittswert (zeitlich linearer Mittelwert) (siehe Bild 4). Der Durchschnittswert ist gemäß Gl. (27) die Wirkleistung

$$P = UI\cos\varphi. \qquad (33)$$

Ferner wird

$$S = UI \qquad (34)$$

die Scheinleistung genannt. Nach Gl. (32) ist dies die Amplitude des Wechselanteils der Leistungsschwingung. Die Scheinleistung ist mindestens gleich der Wirkleistung.

Eine weitere Zerlegung der Augenblickswerte der Leistung erhält man, wenn in Gl. (32) mittels Gl. (30) entweder φ_u oder φ_i eliminiert wird. Es ergibt sich

$$P_t = P[1 + \cos(2\omega t + 2\varphi_i)] - Q\sin(2\omega t + 2\varphi_i), \qquad (35)$$

beziehungsweise

$$P_t = P[1 + \cos(2\omega t + 2\varphi_u)] + Q\sin(2\omega t + 2\varphi_u). \qquad (36)$$

Dabei ist gesetzt

$$Q = UI\sin\varphi = S\sin\varphi. \qquad (37)$$

Diese Größe wird **Blindleistung** genannt. Mit dem Betrag dieser Größe als Amplitude pendelt der zweite Summand in Gl. (35) und Gl. (36) um den Durchschnittswert null; er ist gegenüber dem ersten Summanden um eine Viertelperiode der Leistungsschwingung verschoben, siehe Bilder 5 und 6. Es gilt auch

$$|Q| = \sqrt{S^2 - P^2}. \qquad (38)$$

Die Blindleistung wird nach Gl. (37) positiv, wenn die Spannung dem Strom voreilt, wenn also φ zwischen 0 und +180° liegt.

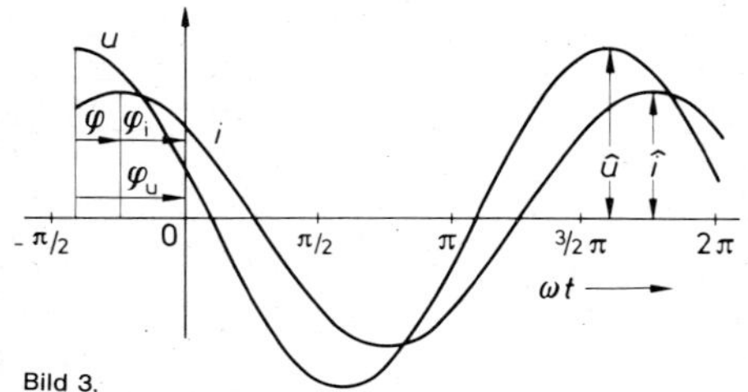

Bild 3.

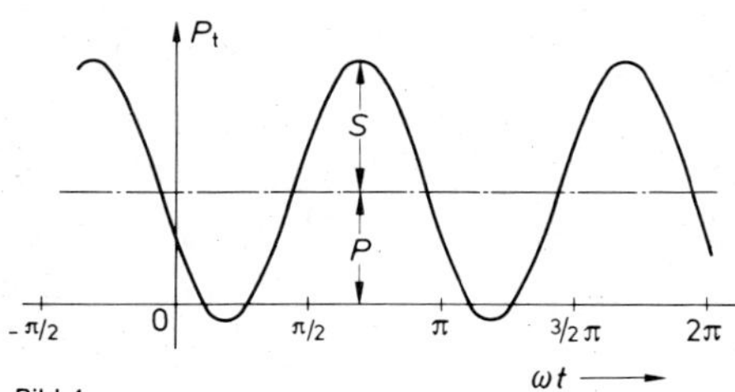

Bild 4.

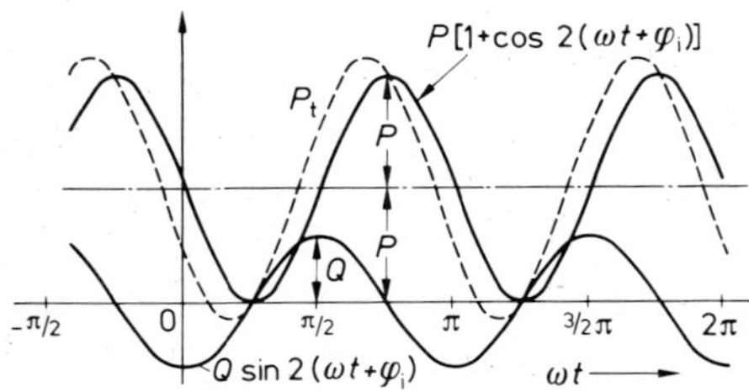

Bild 5.

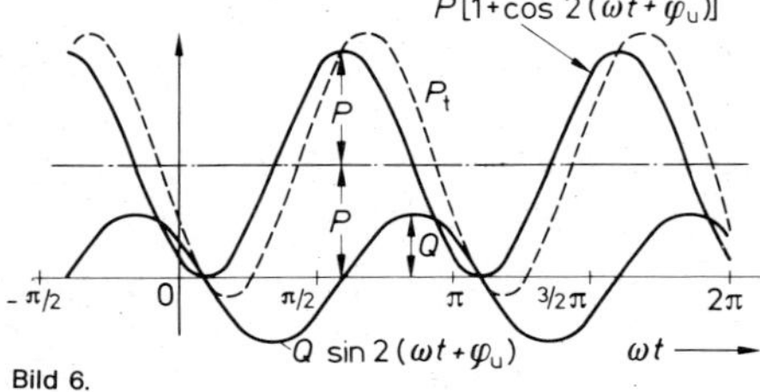

Bild 6.

Der erste Summand in Gl. (35) und Gl. (36) stellt eine Schwingung mit dem Durchschnittswert P und dem Scheitelwert P dar. Die Größtwerte dieses Summanden treten bei der Zerlegung nach Gl. (35) gleichzeitig mit den Scheitelwerten des Stromes, bei der Zerlegung nach Gl. (36) gleichzeitig mit den Scheitelwerten der Spannung auf. Der Blindleistungsanteil der Schwingung unterscheidet sich in den beiden Fällen allein durch den Richtungssinn der zeitlichen Verschiebung gegen den anderen Anteil der Leistungsschwingung.

Ferner werden genannt:

$$\frac{P}{S} = \cos \varphi \qquad (39)$$

der Leistungsfaktor oder Wirkfaktor
(hier auch Verschiebungsfaktor, siehe Gl. (57)),

$$\frac{Q}{S} = \sin \varphi \qquad (40)$$

der Blindfaktor.

Bei **komplexer Darstellung** geben die Nullphasenwinkel die Winkel der Zeiger gegen die reelle Achse an (siehe Bild 7), und es gilt für die **komplexen Effektivwerte**

$$\underline{U} = U\,e^{j\varphi_u}, \qquad \underline{I} = I\,e^{j\varphi_i}. \qquad (41)$$

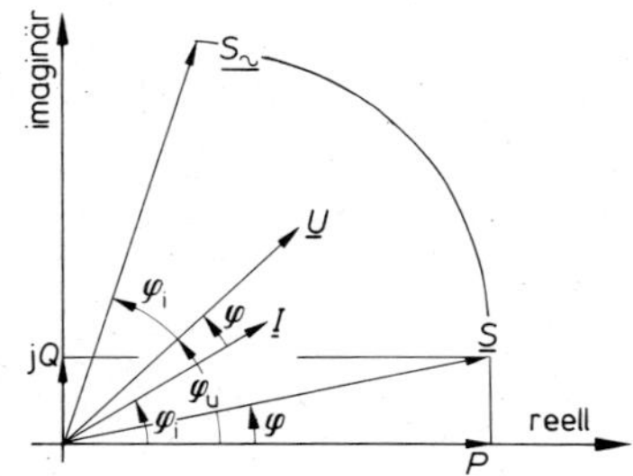

Bild 7.

Wirk- und Blindleistung folgen aus dem Produkt der komplexen Spannung $\underline{U}$ mit dem konjugiert komplexen Strom

$$\underline{I}^* = I\,e^{-j\varphi_i}. \qquad (42)$$

Es gilt

$$\begin{aligned} \underline{S} = \underline{U}\,\underline{I}^* &= U\,e^{j\varphi_u}\,I\,e^{-j\varphi_i} = \\ &= U\,I\,e^{j\varphi} = U\,I\cos\varphi + j\,U\,I\sin\varphi = \\ &= P + jQ; \end{aligned} \qquad (43)$$

siehe Anmerkung.

Die Größe $\underline{S}$ wird **komplexe Scheinleistung** oder auch **komplexe Leistung** genannt.

Das Produkt einer komplexen Wechselspannung $\underline{U}$ mit einem komplexen Wechselstrom $\underline{I}$ liefert die Größe

$$\underline{S}_{\sim} = \underline{U}\,\underline{I} = U\,I\,e^{j(\varphi_u + \varphi_i)}. \qquad (44)$$

Diese Größe stellt in komplexer Form die der Wirkleistung P überlagerte Leistungsschwingung (siehe Bild 4) dar. Der Scheitelwert dieser Schwingung zweifacher Frequenz ist

$$|\underline{S}_{\sim}| = S. \qquad (45)$$

Der Nullphasenwinkel ist $\varphi_u + \varphi_i$, siehe Bild 7. Die Größe $\underline{S}_{\sim}$ wird **komplexe Wechselleistung** oder kurz **Wechselleistung** genannt.

1.5.2 Weitere Benennungen

Es ist

$Z = \frac{U}{I}$ der Scheinwiderstand (die Impedanz),

$Y = \frac{I}{U}$ der Scheinleitwert (die Admittanz),

$R = \frac{P}{I^2}$ der Wirkwiderstand (die Resistanz),

$X = \frac{Q}{I^2}$ der Blindwiderstand (die Reaktanz),

$G = \frac{P}{U^2}$ der Wirkleitwert (die Konduktanz),

$B = -\frac{Q}{U^2}$ der Blindleitwert (die Suszeptanz),

$I_w = \frac{P}{U}$ der Wirkstrom,

$I_b = \frac{|Q|}{U}$ der Blindstrom, siehe Anmerkung,

$U_w = \frac{P}{I}$ die Wirkspannung,

$U_b = \frac{|Q|}{I}$ die Blindspannung, siehe Anmerkung.

Gemäß Gl. (28), Gl. (29), Gl. (30) und Gl. (37) ist der Blindwiderstand X positiv und deshalb der Blindleitwert B negativ, wenn die Spannung dem Strom voreilt; im entgegengesetzten Fall kehren sich die Vorzeichen von X und B um.

Das Zerlegen der Größen in Wirk- und Blindanteile kann man durch rechtwinklige Dreiecke veranschaulichen, deren Katheten die Blind- und Wirkanteile sind. Einheit für alle Ströme ist das Ampere (A), Einheit für alle Spannungen das Volt (V), Einheit für alle Widerstände das Ohm (Ω), Einheit für alle Leitwerte das Siemens (S). Die Einheit für alle Leistungen, auch für die Scheinleistung und die Blindleistung, ist das Watt (W), Vorsätze zur Bezeichnung von Vielfachen und Teilen der Einheiten siehe DIN 1301.

Die Einheit Watt wird bei Angabe von elektrischen Scheinleistungen auch Voltampere (Einheitenzeichen VA), bei Angabe von elektrischen Blindleistungen auch Var (Einheitenzeichen var) genannt.

Der Wirkwiderstand setzt sich im allgemeinen aus verschiedenen Anteilen zusammen; bei manchen Anwendungen kann er in Analogie zur zugehörigen Wirkleistung unterteilt werden in einen Nutzanteil, der der Nutzleistung, z. B. der mechanischen Leistung, entspricht, und einen Verlustanteil, der den Gesamtverlusten, z. B. der Wärme, entspricht. Der mit Gleichstrom gemessene Widerstand heißt Gleichstromwiderstand oder Gleichwiderstand. Unterscheidet sich der Wirkwiderstand eines Leiters nur infolge von Stromverdrängung von dem Gleichstromwiderstand, dann spricht man von dem Wechselstromwiderstand des Leiters. Der Faktor der Widerstandserhöhung ist dann gegeben durch das Verhältnis Wechselstromwiderstand durch Gleichstromwiderstand.

Ein ohmscher Widerstand liegt vor, wenn die Augenblickswerte der Spannung proportional den Augenblickswerten der Stromstärke sind, auch bei beliebigen zeitlichen Änderungen der Spannung oder des Stromes. Ein Leiter, der diese Proportionalität in einem bestimmten Bereich (z. B. der Temperatur, der Frequenz, der Stromstärke) zeigt, verhält sich in diesem Bereich wie ein ohmscher Widerstand.

Bei Kondensatoren und Spulen wird

$$\frac{\pi}{2} - |\varphi| = \delta \qquad (46)$$

der Verlustwinkel,

$$\frac{P}{|Q|} = \tan\delta = d \qquad (47)$$

der Verlustfaktor genannt (siehe Anmerkung).

Bei sinusförmigem Verlauf ist

der Schwingungsgehalt	$s = 1$,
der Scheitelfaktor	$\sqrt{2}$,
der Grundschwingungsgehalt	$g = 1$,
der Oberschwingungsgehalt	$k = 0$,
der Gleichrichtwert (z. B. einer Spannung)	$\frac{2\sqrt{2}}{\pi} U \approx 0{,}900\, U$,
der Formfaktor	$F_h = F_g = \frac{\pi}{2\sqrt{2}} \approx 1{,}111$.

1.6 Beziehungen und Benennungen bei sinusförmigem Spannungsverlauf und nichtsinusförmigem Stromverlauf

Für die Wirkleistung ist nur die Grundschwingung des Stromes maßgebend:

$$P = U I_1 \cos\varphi_1, \qquad (48)$$

wobei I_1 den Effektivwert der Grundschwingung des Stromes, φ_1 die Phasenverschiebung der Spannung gegen diese Grundschwingung bedeuten. Scheinleistung und Blindleistung können ebenfalls für die Grundschwingung des Stromes angegeben werden:

Grundschwingungsscheinleistung $S_1 = U I_1$, (49)

Grundschwingungsblindleistung $Q_1 = U I_1 \sin\varphi_1$. (50)

Definiert man willkürlich wie bei Sinusverlauf von Spannung und Strom die Scheinleistung auch bei nichtsinusförmigem Strom durch

$$S = U I = U\sqrt{I_1^2 + I_2^2 + I_3^2 + \cdots} \qquad (51)$$

und die Blindleistung durch

$$|Q| = \sqrt{S^2 - P^2}, \qquad (52)$$

so ergibt sich, daß diese Blindleistung im Gegensatz zur Wirkleistung mit durch die Oberschwingungen des Stromes bestimmt ist:

$$|Q| = \sqrt{(U I_1 \sin\varphi_1)^2 + U^2 (I_2^2 + I_3^2 + \cdots)}. \qquad (53)$$

Sie enthält zwei Bestandteile,
die Grundschwingungsblindleistung

$$Q_1 = U I_1 \sin\varphi_1 = S g_i \sin\varphi_1 \qquad (54)$$

und die Verzerrungsleistung

$$D = U\sqrt{I_2^2 + I_3^2 + \cdots} = S k_i. \qquad (55)$$

Für die Wirkleistung gilt auch

$$P = S g_i \cos\varphi_1. \qquad (56)$$

Der Leistungsfaktor ist also hier

$$\frac{P}{S} = \lambda = g_i \cos\varphi_1; \qquad (57)$$

$\cos\varphi_1$ wird Grundschwingungsleistungsfaktor oder Verschiebungsfaktor genannt.

Bei Sinusstrom wird der Verschiebungsfaktor gleich dem Leistungsfaktor, also $\lambda = \cos \varphi_1 = \cos \varphi$. Aus den vorher genannten Definitionen folgt allgemein

$$S^2 = P^2 + Q_1^2 + D^2 \tag{58}$$

und es gelten die folgenden Beziehungen

$$\left.\begin{aligned} S^2 &= P^2 + Q^2, \\ S_1^2 &= P^2 + Q_1^2, \\ S^2 &= S_1^2 + D^2, \\ Q^2 &= Q_1^2 + D^2. \end{aligned}\right\} \tag{59}$$

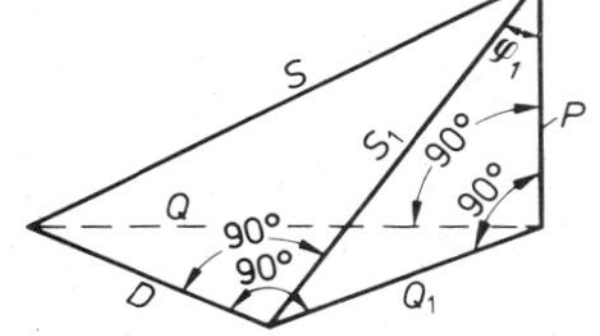

Bild 8.

Der Zusammenhang zwischen diesen Leistungsgrößen läßt sich durch rechtwinklige Dreiecke veranschaulichen. Diese können zu einem Vierflach nach Bild 8 vereinigt werden.

Das Bild zeigt den Phasenwinkel φ_1 in dem rechtwinkligen Dreieck mit den Katheten P und Q_1. Die Hypotenuse dieses Dreiecks ist $S_1 = S g_\mathrm{i}$.

Bei Kondensatoren und Spulen wird hier

$$\frac{\pi}{2} - |\varphi_1| = \delta_1 \tag{60}$$

der Verlustwinkel,

$$\frac{P}{|Q_1|} = \tan \delta_1 = d \tag{61}$$

der Verlustfaktor genannt (siehe Anmerkung zu Abschnitt 1.5.2).

1.7 Beziehungen bei nichtsinusförmigem Spannungs- und Stromverlauf

Geht man von den Ansätzen

$$u = \sum_{k=1}^{\infty} U_\mathrm{k} \sqrt{2} \cos (k\omega t + \varphi_\mathrm{uk}), \tag{62}$$

$$i = \sum_{l=1}^{\infty} I_\mathrm{l} \sqrt{2} \cos (l\omega t + \varphi_\mathrm{il}) \tag{63}$$

aus, so folgt für die augenblickliche Leistung

$$\begin{aligned} P_\mathrm{t} = & \sum_{l=k=1}^{\infty} U_\mathrm{k} I_\mathrm{l} \cos (\varphi_\mathrm{uk} - \varphi_\mathrm{il}) + \\ & + \sum_{k=1}^{\infty} \sum_{l=1}^{\infty} U_\mathrm{k} I_\mathrm{l} \cos [(k+l)\omega t + \varphi_\mathrm{uk} + \varphi_\mathrm{il}] + \\ & + \underbrace{\sum_{k=1}^{\infty} \sum_{l=1}^{\infty}}_{k \neq l} U_\mathrm{k} I_\mathrm{l} \cos [(k-l)\omega t + \varphi_\mathrm{uk} - \varphi_\mathrm{il}]. \end{aligned} \tag{64}$$

Die erste Summe enthält nur diejenigen Summanden, bei denen $l = k$ ist; sie stellt die Wirkleistung dar. Der Anteil $U_1 I_1 \cos (\varphi_\mathrm{u1} - \varphi_\mathrm{i1})$ der Wirkleistung wird Grundschwingungsleistung, der aus den Oberschwingungen gebildete Anteil der Wirkleistung ($l = k$ = 2, 3, usw.) wird Oberschwingungsleistung genannt.

Die Doppelsummen geben die schwingende Leistung an; diese verläuft zeitlich nichtsinusförmig, ist periodisch mit der Frequenz der Grundschwingungen von Spannung und Strom und ihr Mittelwert ist null.

1.8 Langsam veränderliche Wechselspannungen und Wechselströme und unregelmäßig schwankende Spannungen und Ströme

Bei den Wechselspannungen und -strömen, deren Scheitelwerte oder deren Frequenzen langsam im Vergleich zur Periodendauer schwanken, sowie bei unregelmäßig schwankenden Spannungen und Strömen, werden ebenfalls quadratische Mittelwerte benutzt, die auch Effektivwerte genannt werden können. Sie werden definiert durch

$$U = \sqrt{\frac{1}{T_\mathrm{x}} \int_0^{T_\mathrm{x}} u^2 \,\mathrm{d}t}, \tag{65}$$

$$I = \sqrt{\frac{1}{T_\mathrm{x}} \int_0^{T_\mathrm{x}} i^2 \,\mathrm{d}t}. \tag{66}$$

Bei unregelmäßig schwankenden Spannungen und Strömen (z. B. Rauschspannungen) muß die Integrationszeit T_x hinreichend groß gewählt werden, d. h. mindestens so groß, daß eine weitere Vergrößerung keine bedeutungsvollen Änderungen des quadratischen Mittelwertes mehr ergibt. Bei langsam schwankenden Wechselströmen, z. B. in Energieversorgungsanlagen, kann für T_x eine bestimmte Zeitspanne festgelegt werden. Wählt man hierfür z. B. 1 Monat, so erhält man den monatlichen quadratischen Mittelwert oder „Monatseffektivwert". Der gleiche Wert ergibt sich auch, wenn der Effektivwert n-mal über kurze Zeitspannen oder über jede Periode gemessen wird und aus den Meßergebnissen I_ν der quadratische Mittelwert über die lange Zeitspanne gebildet wird:

$$I = \sqrt{\frac{1}{n} \sum_{\nu=1}^{\nu=n} I_\nu^2}. \tag{67}$$

Siehe Anmerkung.

2 Mehrphasiger Stromkreis

2.1 Benennungen

Das vollständige m-Phasensystem ($m \geqq 3$) hat m Außenleiter 1, 2, 3, . . . , m und den Sternpunktleiter (siehe auch DIN 40108). Die Bezugsrichtungen der Leiterströme $i_1, i_2, \ldots, i_\mathrm{m}$ seien übereinstimmend, die Bezugsrichtung des Stromes i_0 im Sternpunktleiter dazu entgegengesetzt angenommen (siehe Bild 9). Dann gilt

$$i_1 + i_2 + i_3 + \ldots + i_\mathrm{m} = i_0. \tag{68}$$

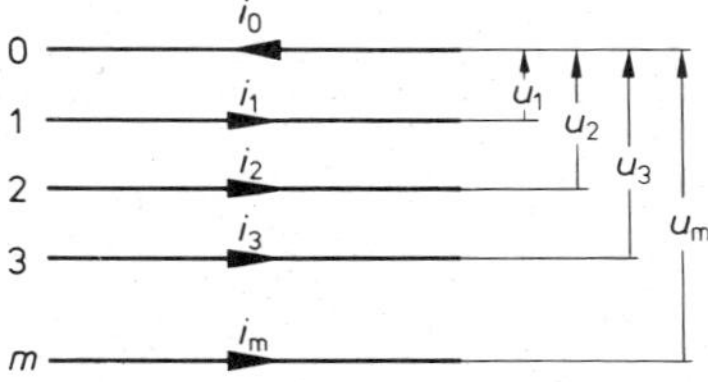

Bild 9.

Fehlt der Sternpunktleiter, so entsteht das m-Leiter-m-Phasensystem und es ist

$$i_1 + i_2 + i_3 + \ldots + i_m = 0. \tag{69}$$

Im m-Phasensystem gibt es m Sternspannungen u_1, $u_2, \ldots, u_m$ (Spannungen zwischen einem Außenleiter und dem Sternpunktleiter oder Sternpunkt), sowie m Leiterspannungen (Außenleiterspannungen, m-Eckspannungen) u_{12}, u_{23}, usw. Es gilt

$$u_{ik} = u_i - u_k, \tag{70}$$

wenn die Bezugspfeile für die Sternspannungen, wie in Bild 4 dargestellt, von den Außenleitern zum Sternpunktleiter zeigen. Die Summe der Außenleiterspannungen ist in jedem Zeitpunkt null.

Das m-Phasensystem heißt symmetrisch, wenn jede Sternspannung aus der vorhergehenden durch eine zeitliche Verschiebung um je $1/m$ Periode hervorgeht. Dann haben auch die Außenleiterspannungen gleiche Werte und Phasenverschiebungen um je $1/m$ Periode. Unter Durchmesserspannung versteht man die doppelte Sternspannung.

Das m-Phasensystem ist symmetrisch belastet, wenn die Impedanzen aller Stränge in Stern- oder Ringschaltung unter sich gleich sind. Im symmetrisch belasteten symmetrischen m-Phasensystem haben die m Außenleiterströme den gleichen Effektivwert und eine Phasenverschiebung von je $1/m$ Periode. Der Sternpunktleiter führt lediglich die Oberschwingungen der Außenleiterströme mit der Frequenz mf und ganzzahligen Vielfachen davon. Mit symmetrischen Mehrphasenspannungen oder -strömen kann man räumlich umlaufende elektrische oder magnetische Felder (Drehfelder) in geeigneten Anordnungen herstellen. Drehstrom nennt man allerdings praktisch nur den dreiphasigen Wechselstrom.

2.2 Leistungsgrößen

2.2.1 Allgemeine Beziehungen

Die durch ein m-Phasensystem mit Sternpunktleiter fließende augenblickliche Leistung ist

$$P_t = u_1 i_1 + u_2 i_2 + u_3 i_3 + \ldots + u_m i_m. \tag{71}$$

Entsprechend den m Summanden kann die Wirkleistung mit m Leistungsmessern bestimmt werden.

Beim m-Phasensystem ohne Sternpunkt oder ohne Sternpunktleiter gilt für die augenblickliche Leistung

$$P_t = u_{1m} i_1 + u_{2m} i_2 + u_{3m} i_3 + \ldots + u_{(m-1)m} i_{m-1}. \tag{72}$$

Entsprechend den $m - 1$ Summanden kann die Wirkleistung mit $m - 1$ Leistungsmessern bestimmt werden.

Bei Ringschaltung (Polygonschaltung) der Stränge (siehe Bild 10) ist die augenblickliche Leistung auch

$$P_t = u_{12} i_{12} + u_{23} i_{23} + \ldots + u_{m1} i_{m1}. \tag{73}$$

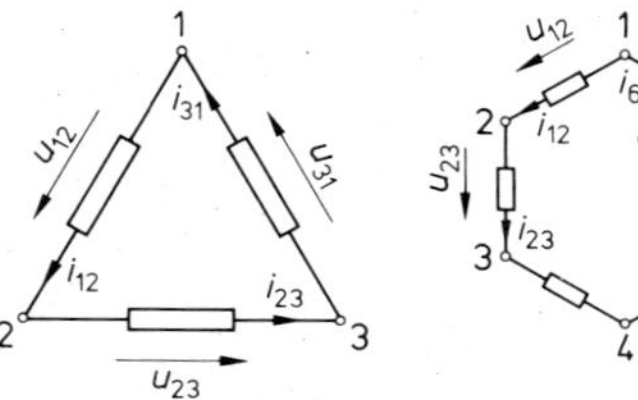

Bild 10.

Bei einem symmetrischen m-Phasensystem mit symmetrischer Belastung ist die Wirkleistung

$$P = m \frac{1}{T} \int_0^T u_1 i_1 \, dt, \tag{74}$$

oder bei Ringschaltung auch

$$P = m \frac{1}{T} \int_0^T u_{12} i_{12} \, dt. \tag{75}$$

Ferner gilt für die Scheinleistung

$$S = m\, U_1 I_1 \tag{76}$$

wobei U_1 die effektive Sternspannung und I_1 den effektiven Leiterstrom bedeuten, und

$$S = m\, U_{12} I_{12}. \tag{77}$$

Sinngemäß gelten auch die übrigen Festlegungen und Beziehungen der Abschnitte 1 und 2.

2.2.2 Strom und Spannung verlaufen sinusförmig

Im unsymmetrischen System gelten die Beziehungen der Abschnitte 1.3 bis 1.5 für jeden Strang.

Im symmetrischen m-Phasensystem ist die effektive m-Eckspannung

$$U_{12} = 2\, U_1 \sin \frac{\pi}{m}, \tag{78}$$

und bei symmetrischer Belastung sind Wirkleistung, Scheinleistung und Blindleistung m-mal so groß wie die entsprechenden Größen in einem einzelnen Strang.

Die Wirkleistung ist

$$P = m\, U_1 I_1 \cos \varphi = \frac{m}{2 \sin \frac{\pi}{m}} U_{12} I_1 \cos \varphi, \tag{79}$$

wobei $\cos \varphi$ den Leistungsfaktor des einzelnen Stranges bedeutet.

Die Scheinleistung ist

$$S = m\, U_1 I_1 = \frac{m}{2 \sin \frac{\pi}{m}} U_{12} I_1. \tag{80}$$

Die Blindleistung ist

$$Q = m\, U_1 I_1 \sin \varphi = \frac{m}{2 \sin \frac{\pi}{m}} U_{12} I_1 \sin \varphi. \tag{81}$$

Der Leistungsfaktor $\lambda = \cos \varphi$ stimmt überein mit dem Leistungsfaktor des einzelnen Stranges.

2.2.3 Die Spannung verläuft sinusförmig, der Stromverlauf ist beliebig

Auch hier können sinngemäß die Beziehungen von den Abschnitten 1.5 und 1.6 für jeden Strang übernommen werden. Für das symmetrische m-Phasensystem mit symmetrischer Belastung sind die Wirk-, Schein-, Blindleistungen m-mal so groß wie die Leistungen in einem Strang. Das gleiche gilt für Abschnitt 1.7 bei nichtsinusförmigem Spannungs- und Stromverlauf.

2.3 Dreiphasenströme

2.3.1 Allgemeine Beziehungen

Hier ist $m = 3$. Für den Strom i_0 im Sternpunktleiter gilt entsprechend Gl. (68)

$$i_1 + i_2 + i_3 = i_0. \tag{82}$$

Beim Dreileitersystem ohne Sternpunktleiter gilt entsprechend Gl. (69)

$$i_1 + i_2 + i_3 = 0. \tag{83}$$

Für die Augenblickswerte der Dreieckspannungen u_{12}, u_{23}, u_{31} gilt die Gl. (70):

$$u_{12} = u_1 - u_2,\ u_{23} = u_2 - u_3,\ u_{31} = u_3 - u_1. \tag{84}$$

Bei Sternschaltung von drei Wicklungssträngen stimmt die Sternspannung, bei Dreieckschaltung von drei Wicklungssträngen die Dreieckspannung mit der Strangspannung überein.

Das Dreiphasensystem heißt symmetrisch, wenn jede Sternspannung aus der vorhergehenden durch eine zeitliche Verschiebung um ⅓ Periode hervorgeht. Dann sind auch die drei Dreieckspannungen dem Betrage nach einander gleich und haben eine Phasenverschiebung um je ⅓ Periode; für die Scheitel- und Effektivwerte gilt bei Sinusverlauf nach Gl. (78) z. B.

$$U_{12} = U_1 \sqrt{3}. \tag{85}$$

Bei symmetrischer Belastung des Dreiphasensystems haben auch die drei Außenleiterströme den gleichen Effektivwert und eine gegenseitige Phasenverschiebung von je ⅓ Periode. Der Sternpunktleiter führt dann lediglich die Oberschwingungen der Außenleiterströme mit der drei-, sechs-, neunfachen usw. Grundfrequenz. Bei Sinusform von Strömen und Spannungen ist hier der Strom im Sternpunktleiter null.

2.3.2 Leistungsgrößen

Die augenblickliche Leistung bei einem Dreiphasensystem mit Sternpunktleiter ist allgemein

$$P_t = u_1 i_1 + u_2 i_2 + u_3 i_3. \tag{86}$$

Beim Dreiphasensystem ohne Sternpunktleiter ist die augenblickliche Leistung allgemein

$$P_t = u_{13} i_1 + u_{23} i_2. \tag{87}$$

Im ersten Fall werden deshalb für die Messung der Wirkleistung drei Leistungsmesser, im zweiten Fall nur zwei Leistungsmesser benötigt.

Bei symmetrischer Belastung eines symmetrischen Dreiphasensystems und sinusförmigem Spannungs- und Stromverlauf wird die Wirkleistung

$$P = 3\,U_1 I_1 \cos\varphi = \sqrt{3}\,U_{12} I_1 \cos\varphi, \tag{88}$$

wobei I_1 der Außenleiterstrom, $\cos\varphi$ der Leistungsfaktor des einzelnen Stranges ist.

Die Scheinleistung wird dann

$$S = 3\,U_1 I_1 = \sqrt{3}\,U_{12} I_1, \tag{89}$$

die Blindleistung

$$Q = 3\,U_1 I_1 \sin\varphi = \sqrt{3}\,U_{12} I_1 \sin\varphi. \tag{90}$$

Im Falle sinusförmiger Spannung und nichtsinusförmiger Ströme gilt die gleiche Beziehung für die Wirkleistung, wenn I_1 den Effektivwert der Grundschwingung im Außenleiterstrom, φ die Phasenverschiebung der Spannung gegen den Strom in einem Strang für die Grundschwingung bedeuten. Die Ausdrücke für S und Q stellen dann jedoch nur die Grundschwingungsscheinleistung und die Grundschwingungsblindleistung dar.

Anmerkungen

Zu Abschnitt 1.1

Die Mischspannung wird auch „Gleichspannung mit überlagerter Wechselspannung" genannt; siehe DIN 41755 Blatt 1.

Zu Abschnitt 1.2

Für die hier definierte Größe Welligkeit werden auch die Benennungen Wechselspannungsgehalt und Wechselstromgehalt verwendet, siehe DIN 41755, Blatt 1. Nach DIN 1344, Ausgabe Dezember 1973, Nr 3.15 nennt man in der Nachrichtentechnik Welligkeitsfaktor das Verhältnis S_{max}/S_{min} des Maximalwertes und des Minimalwertes des Signales längs einer Leitung.

Zu Abschnitt 1.3

Der Gleichrichtwert nach Gl. (23) tritt zum Beispiel bei der Einphasen-Zweiwegschaltung von Gleichrichtern im Idealfall auf. Hierauf bezieht sich auch der Formfaktor F_g.

Der Formfaktor F_h tritt auf bei der Berechnung der in einer Wicklung von einem magnetischen Wechselfeld induzierten Spannung. Für den Effektivwert der in einer Windung durch einen Magnetfluß mit der Frequenz f und dem Scheitelwert Φ_m induzierten Spannung gilt, wenn keine geradzahligen Oberschwingungen vorkommen,

$$U = 4\,F_h f\,\Phi_m\,. \tag{91}$$

Zu Abschnitt 1.4

Da die Augenblickswerte $u\,i$ der Leistung im allgemeinen Fall während eines Teiles der Periode positiv, während eines anderen Teiles negativ sind, lassen sich neben der Wirkleistung P folgende Leistungsbegriffe ableiten:

Durchschnittswert der negativen Leistung = Rücklaufleistung

$$P_r = \frac{1}{2T}\int_0^T (|u\,i| - u\,i)\,dt\,. \tag{92}$$

Durchschnittswert der positiven Leistung = Vorlaufleistung

$$P_v = P + P_r\,. \tag{93}$$

Durchschnittsbetrag der Leistung = Durchflußleistung

$$P_d = \frac{1}{T}\int_0^T |u\,i|\,dt = P + 2\,P_r\,. \tag{94}$$

(Tröger, R.: ETZ-A 74 (1953), S. 533 und ETZ-A 77 (1956), S. 706.)

Zu Abschnitt 1.5.1

P und Q könnten auch aus dem Produkt $\underline{U}^*I$ ermittelt werden. Dabei würde sich für Q das entgegengesetzte Vorzeichen ergeben. Die Darstellung in Gl. (43) stimmt mit der (willkürlichen) Festsetzung des Vorzeichens von Q durch Gl. (37) überein.

Zu Abschnitt 1.5.2

Über die zum Teil gebräuchlichen Vorzeichen bei Blindstrom und Blindspannung werden in dieser Norm keine Festlegungen gemacht.

Bei Sinusspannung und Sinusstrom ist der Verlustfaktor von Spulen und Kondensatoren gleich dem Tangens des Verlustwinkels δ. Hat nur der Strom oder nur die Spannung sinusförmigen Verlauf, so ist der Verlustfaktor gleich dem Tangens des Verlustwinkels δ zwischen der Sinusgröße und der Grundschwingung der Größe mit nichtsinusförmigem Verlauf (siehe auch Abschnitt 1.6). Verlaufen Spannung und Strom nichtsinusförmig, so kann ein Verlustfaktor aus dem Verhältnis von Wirkleistung zu Blindleistung definiert werden; dieser Verlustfaktor kann aber nicht als Tangens eines wirklich vorkommenden Phasenwinkels zwischen den Spannungen und Strömen ausgedrückt werden; es gilt dann die Gl. (47) nur, wenn tan δ gestrichen wird.

Zu Abschnitt 1.7

Bei nichtsinusförmigem Spannungs- und Stromverlauf kann man nach S. Fryze (ETZ 53 (1932) S. 596, 625 und 700) die Augenblickswerte u und i von Spannung und Strom in Wirkkomponenten

$$u_w = \frac{P}{I^2}\,i \text{ und } i_w = \frac{P}{U^2}\,u\,, \tag{95}$$

sowie Blindkomponenten

$$u_b = u - u_w \text{ und } i_b = i - i_w \tag{96}$$

zerlegen. Mit den aus diesen Größen berechneten Effektivwerten U_w, I_w, U_b und I_b gilt wie bei Sinusspannungen und -strömen für die Wirkleistung

$$P = U\,I_w = U_w\,I\,, \tag{97}$$

für die Blindleistung

$$Q = U\,I_b = U_b\,I\,, \tag{98}$$

und für die Scheinleistung

$$S = U\,I = \sqrt{P^2 + Q^2}\,. \tag{99}$$

Zu Abschnitt 1.8

Bei Energieversorgungsanlagen ist es bei langsam veränderlichen Wechselströmen auch vielfach gebräuchlich, den linearen Mittelwert der zeitlich schwankenden nach Gl. (5) bestimmten Effektivwerte als „Mittelwert" anzugeben.

Zu Abschnitt 2.2.1

Für beliebige unsymmetrische Mehrphasensysteme sind zwar verschiedene Vorschläge zur Definition der Scheinleistung und Blindleistung gemacht worden; doch ist noch keine dieser Definitionen zur allgemeinen praktischen Anwendung gelangt; Literatur siehe VDE-Buchreihe Band 10, Blindleistung, 1963.

DK 621.3.025 : 537.855 : 001.4

März 1994

Wechselstromgrößen

Zweileiter-Stromkreise

DIN 40 110 Teil 1

Quantities used in alternating current theory; two-line circuits

Teilweise Ersatz für DIN 40110/10.75

Inhalt

1 Anwendungsbereich und Zweck

In dieser Norm werden die Meß- und Rechengrößen von Wechselstromkreisen in ihren funktionalen Abhängigkeiten zusammenhängend dargestellt. Die Norm befindet sich dabei in Übereinstimmung mit anderen Normen – und sie ist auf diese abgestützt –, in welchen Teile dieser Größen unter anderen speziellen Gesichtspunkten betrachtet werden, z. B. deren Formelzeichen, Begriffserklärungen oder besondere Gruppenzusammenhänge.

Aus systematischen Gründen und wegen besserer Lesbarkeit sind manche Größen daher mehrfach besprochen. Die hiervon betroffenen Normen sind im Verzeichnis „Zitierte Normen" enthalten.

Die Wechselstromgrößen und ihre Zusammenhänge werden in dieser Norm vom Allgemeinen her, d. h. zuerst ohne Benutzung der komplexen Darstellung (nur für Sinusgrößen), beschrieben. Die Formelzeichen für Spannung und Stromstärke werden unter Verwendung von Groß- und Kleinbuchstaben gebildet (siehe DIN 5483 Teil 2/09.82, Fall 1 in Tabelle 1). Die Festlegungen beziehen sich auf Systeme mit zwei Leitern, die in DIN 40 108 auch Einphasensysteme genannt werden.

2 Spannung und Stromstärke

2.1 Benennungen und Festlegungen bei periodischen Größen

Spannung und Stromstärke werden in dieser Norm als periodische Zeitfunktionen gleicher Periodendauer vorausgesetzt (Ausnahme: Abschnitt 3.5.3); zwischen ihren jeweiligen Kenngrößen brauchen im allgemeinen keine linearen Beziehungen zu bestehen. Siehe Anmerkungen.

Für die periodischen Augenblickswerte $u = u(t)$ einer Spannung oder $i = i(t)$ einer Stromstärke ergibt sich die Frequenz f als Kehrwert der Periodendauer T zu

$$f = \frac{1}{T}. \tag{1}$$

Die arithmetischen Mittelwerte (linearen zeitlichen Mittelwerte) der Spannung und der Stromstärke sind

$$\bar{U} = \frac{1}{T}\int_0^T u \, \mathrm{d}t = U_- \text{ [1]} \tag{2}$$

und

[1]) Siehe Seite 2

Fortsetzung Seite 2 bis 14

Normenausschuß Einheiten und Formelgrößen (AEF) im DIN Deutsches Institut für Normung e.V.
Deutsche Elektrotechnische Kommission im DIN und VDE (DKE)

$$\overline{I} = \frac{1}{T}\int_0^T i \, \mathrm{d}t = I_- \,.\ ^{1)} \tag{3}$$

Diese Mittelwerte werden Gleichwerte (Gleichanteile, Gleichspannung, Gleichstromstärke, Gleichspannungsanteil, Gleichstromanteil) genannt.

Eine Wechselgröße (Wechselspannung, Wechselstrom) liegt vor, wenn der Gleichwert Null ist.

Eine Mischgröße (Mischspannung oder Mischstrom) liegt vor, wenn der Gleichwert U_- oder I_- von Null verschieden ist und einem Gleichanteil eine Wechselgröße $u_\sim$ bzw. $i_\sim$ (Wechselanteil, Wechselspannung, Wechselstrom) [2] überlagert ist. Bild 1 zeigt als Beispiel den zeitlichen Verlauf einer Mischspannung $u = U_- + u_\sim$ (siehe Anmerkungen).

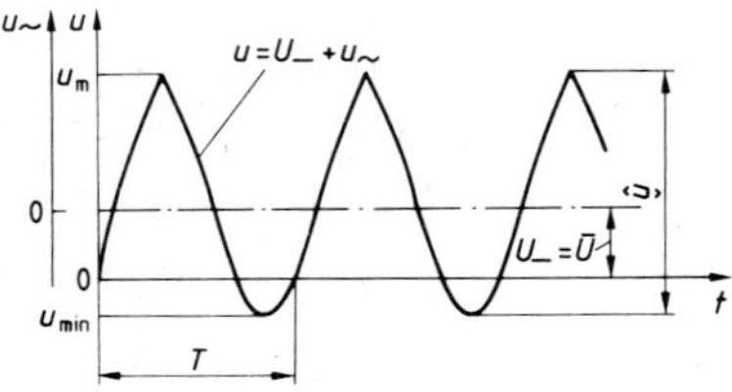

Bild 1

Der Gleichrichtwert einer Mischgröße oder einer Wechselgröße ist der lineare Mittelwert der Beträge der Augenblickswerte, gebildet über eine Periodendauer, also

$$\overline{|u|} = \frac{1}{T}\int_0^T |u| \, \mathrm{d}t \quad \text{bzw.} \quad \overline{|i|} = \frac{1}{T}\int_0^T |i| \, \mathrm{d}t \,. \tag{4), (5}$$

Die zeitlichen quadratischen Mittelwerte von Mischgrößen oder von Wechselgrößen heißen Effektivwerte. Der Effektivwert einer Spannung u oder einer Stromstärke i ist

$$U = \sqrt{\frac{1}{T}\int_0^T u^2 \, \mathrm{d}t} \quad \text{bzw.} \quad I = \sqrt{\frac{1}{T}\int_0^T i^2 \, \mathrm{d}t} \,. \tag{6), (7}$$

Die Effektivwerte von Spannungen oder Stromstärken werden aus Anteilen mit orthogonalen Zeitfunktionen durch quadratische Addition ermittelt; bei nichtorthogonalen Anteilen ist geometrisch zu addieren (Zeiger), siehe Anmerkungen.

So ergibt sich z. B. der Effektivwert I der Stromstärke bei mehreren orthogonalen Anteilen $i_1 + i_2 + \ldots = i$ aus

$$I^2 = I_1^2 + I_2^2 + \ldots \,, \tag{8}$$

andererseits z. B. bei zwei sinusförmigen nichtorthogonalen Anteilen aus

$$I^2 = I_1^2 + I_2^2 + 2 I_1 I_2 \cos \varphi_{21} \tag{9}$$

mit dem Phasenverschiebungswinkel

$$\varphi_{21} = \varphi_{i2} - \varphi_{i1} \,.$$

2.2 Benennungen und Festlegungen bei Mischgrößen

Zur Kennzeichnung spezieller Werte der Mischgrößen werden die folgenden Begriffe verwendet; Beispiele sind hier zunächst nur mit Formelzeichen für Spannungen gegeben; Entsprechendes gilt hier für Begriffe und Formelzeichen bei Mischstromstärken.

Der Maximalwert $u_{\mathrm{m}}, \hat{u}$ ist der größte Augenblickswert (Größtwert) der Mischgröße während einer Periodendauer, bei mehreren Maximalwerten heißt der größte der Maximalwerte Spitzenwert $u_{\mathrm{mm}}, \hat{\hat{u}}$.

Der Minimalwert $u_{\min}, \check{u}$ ist der kleinste Augenblickswert (Kleinstwert) der Mischgröße während einer Periodendauer, bei mehreren Minimalwerten heißt der kleinste von ihnen der Talwert $u_{\mathrm{v}}, \check{\check{u}}$ (siehe Anmerkungen).

Die Schwingungsbreite (Schwankung) u_{e} ist die Differenz zwischen Spitzenwert und Talwert, gegebenenfalls zwischen Maximal- und Minimalwert, sie heißt auch Spitze-Tal-Wert $\hat{\underline{u}}$.

Der Wechselanteil $u_\sim$ einer Mischspannung ergibt sich als Differenz aus ihrem Augenblickswert u und dem Gleichanteil U_-:

$$u_\sim = u - U_- \,. \tag{10}$$

Der Wechselanteil einer periodischen Mischgröße kann, wie jede Wechselgröße, zerlegt werden in eine Grundschwingung (1. Harmonische) mit der Grundfrequenz f und die Oberschwingungen (höheren Harmonischen) mit ganzzahligen Vielfachen der Grundfrequenz (siehe auch DIN 1311 Teil 1/02.74, Abschnitte 3.2 und 3.3). Ist z. B. I_1 der Effektivwert der Grundschwingung eines Wechselstromes oder eines Wechselstromanteils und sind I_2, I_3, usw. die Effektivwerte der Oberschwingungen mit den Frequenzen $2f$, $3f$ usw., so folgt aus den Gleichungen (7) und (8) für den Effektivwert des Mischstromes

$$I = \sqrt{I_-^2 + I_1^2 + I_2^2 + I_3^2 + \ldots} \tag{11}$$

und für den Effektivwert des Wechselstromanteils

$$I_\sim = \sqrt{I_1^2 + I_2^2 + I_3^2 + \ldots} = \sqrt{I^2 - I_-^2} \,. \tag{12}$$

Entsprechendes gilt auch wieder für die Spannungen; ebenso können die nachstehenden Begriffe in gleicher Weise auf Mischspannungen wie auf Mischströme angewendet werden.

Die Anteile der Mischgrößen werden durch die folgenden Größenverhältnisse beschrieben:

Schwingungsgehalt, das Verhältnis Effektivwert des Wechselanteils zum Effektivwert der Mischgröße, z. B. für die Stromstärken eines Mischstromes

$$s_i = I_\sim / I \ ^{3)}; \tag{13}$$

Welligkeit (effektive Welligkeit), das Verhältnis Effektivwert des Wechselanteils zum Betrag des Gleichwertes (siehe Anmerkungen)

$$r_i = I_\sim / |I_-| \,; \tag{14}$$

Schwankungswelligkeit (Riffelfaktor), das Verhältnis Schwingungsbreite zum Betrag des Gleichwertes

$$q_i = \hat{\underline{i}} / |I_-| \,. \tag{15}$$

Ist eine Mischgröße, z. B. eine Stromstärke $i = i_1 + i_2$ entstanden infolge Umbildung eines gegebenen Vorganges i_1 durch Überlagerung eines weiteren Vorganges i_2, so heißt

Überlagerungsfaktor das Verhältnis Scheitelwert des Überlagerungsanteils zum Scheitelwert der überlagerungsfreien Größe $\hat{i}_2/\hat{i}_1$ (Scheitelwert siehe Abschnitt 2.3).

Ist der überlagerungsfreie Vorgang ein Gleichvorgang (I_-), so ist der Überlagerungsfaktor gleich dem halben Riffelfaktor.

Der Schwingungsgehalt kann Werte annehmen zwischen 0 (reiner Gleichvorgang) und 1 (reiner Wechselvorgang), die Welligkeit und die Schwankungswelligkeit zwischen 0 und ∞ (bei den gleichen Fällen) (Grenzwerte jeweils eingeschlossen).

---

[1]) Formelzeichen nach DIN 5483 Teil 2, IEC 27-1:1992 auch U_0 bzw. I_0 anstelle von U_- bzw. I_-

[2]) Formelzeichen nach DIN 5483 Teil 2 auch u_{a} bzw. i_{a}

[3]) In DIN IEC 50 Teil 131, 131-03-12 Formelzeichen p_u, p_i

2.3 Benennungen und Festlegungen bei Wechselgrößen

Bei der folgenden Behandlung reiner Wechselgrößen wird bei den Formelzeichen die Index-Kennzeichnung für „Wechselanteil“ $u_{\sim}$ bzw. $i_{\sim}$ fortgelassen.

Bei Wechselgrößen heißt der größte Betrag der Augenblickswerte

Scheitelwert: $\hat{u}$ Scheitelwert der Spannung, $\hat{i}$ Scheitelwert der Stromstärke;

bei sinusförmigem zeitlichem Verlauf (Sinusgröße) heißt der Scheitelwert Amplitude $\hat{u}, \hat{i}$ (siehe Abschnitt 2.4).

Beim Zerlegen in die Grundschwingung und die Oberschwingungen gilt z. B. für den Effektivwert der Wechselstromstärke entsprechend Gleichung (12)

$$I = \sqrt{I_1^2 + I_2^2 + I_3^2 + \ldots} \,. \qquad (16)$$

Die Oberschwingungsstromstärke oder Verzerrungsstromstärke i_d ist die Differenz der Augenblickswerte von Gesamtstrom und Grundschwingungsstrom

$$i_d = i - i_1 \qquad (17)$$

bzw. bei Effektivwerten

$$I_d = \sqrt{I^2 - I_1^2} \,. \qquad (18)$$

Für Spannungen gilt Entsprechendes. [4])

Die Unterschiede zum reinen Sinusvorgang werden durch die folgenden Größenverhältnisse beschrieben, die in gleicher Weise auf Spannungen und Stromstärken angewendet werden:

Scheitelfaktor, das Verhältnis Scheitelwert zum Effektivwert der Wechselgröße $\hat{u}/U$ bzw. $\hat{i}/I$;

Grundschwingungsgehalt, das Verhältnis Effektivwert der Grundschwingung zum Effektivwert der Wechselgröße

$$g_u = U_1/U \text{ bzw. } g_i = I_1/I; \text{ [5])} \qquad (19), (20)$$

Oberschwingungsgehalt, Klirrfaktor oder auch Verzerrungsgehalt, das Verhältnis Effektivwert der Verzerrungsgröße zum Effektivwert der Wechselgröße

$$d_u = \frac{U_d}{U} = \sqrt{1 - g_u^2} = \frac{\sqrt{U^2 - U_1^2}}{U} \qquad (21)$$

bzw.

$$d_i = \frac{I_d}{I} = \sqrt{1 - g_i^2} = \frac{\sqrt{I^2 - I_1^2}}{I} \text{ [6])} \qquad (22)$$

(siehe Anmerkungen).

Der Wert des Scheitelfaktors ist immer größer oder gleich eins; Grundschwingungsgehalt und Oberschwingungsgehalt liegen zwischen 0 und 1 (gegenläufig) (Grenzwerte eingeschlossen).

Als Maß für den Anteil an Oberschwingungen wird auch die relative Abweichung vom Sinusverlauf benutzt. Dieser Wert ist gleich dem Maximalwert des Betrages der Verzerrungsspannung oder -stromstärke geteilt durch die Amplitude der Grundschwingung $|\hat{u}_d|/\hat{u}_1$ bzw. $|\hat{i}_d|/\hat{i}_1$.

Der Formfaktor einer Wechselgröße ist das Verhältnis ihres Effektivwertes zum Gleichrichtwert

$$F_u = \frac{U}{\overline{|u|}} \text{ bzw. } F_i = \frac{I}{\overline{|i|}} \,. \qquad (23), (24)$$

Der Wert des Formfaktors ist immer größer oder gleich eins (siehe Anmerkungen).

2.4 Benennungen und Festlegungen bei Sinusgrößen

Die Augenblickswerte von Spannung u und Stromstärke i bei zeitlich sinusförmigem Verlauf (kurz Sinusgröße, Sinusspannung, Sinusstrom) werden dargestellt durch

$$u = \hat{u} \cos(\omega t + \varphi_u) = U\sqrt{2} \cos(\omega t + \varphi_u) \qquad (25)$$

und

$$i = \hat{i} \cos(\omega t + \varphi_i) = I\sqrt{2} \cos(\omega t + \varphi_i) \qquad (26)$$

mit den Kennwerten der Sinusgrößen, das sind

Amplitude $\hat{u}, \hat{i}$ anstelle des Scheitelwertes nach Abschnitt 2.3,

Effektivwert U, I,

Phasenwinkel $\varphi(t)$ als das linear zeitabhängige Argument der cos-Funktion, z. B. bei der Spannung

$$\varphi(t) = \omega t + \varphi_u, \qquad (27)$$

Kreisfrequenz $\omega = 2\pi f = 2\pi/T$ (28)

und die

Nullphasenwinkel der Spannung φ_u bzw. der Stromstärke φ_i.

Siehe Anmerkungen.

Der Phasenverschiebungswinkel φ der Spannung u gegenüber der Stromstärke i – deutlicher φ_{ui} – ergibt sich als Differenz der beiden Nullphasenwinkel

$$\varphi = \varphi_u - \varphi_i. \qquad (29)$$

Wenn dieser Winkel einen positiven Wert hat, $0 < \varphi \leq \pi$, so sagt man, die Spannung an dem betrachteten Stromkreisabschnitt eile dem Strom (Bezugsgröße) um diesen Winkel vor (oder auch: Der Strom eile der Spannung nach). Die entgegengesetzte Aussage: Nacheilung der Spannung gegenüber dem Strom (Bezugsgröße) gilt für den Fall negativer Werte des Phasenverschiebungswinkels, $-\pi \leq \varphi < 0$ (auch Voreilung Strom gegen Spannung). Siehe Bild 2.

Wenn die Bezugssinne geeignet gewählt werden und die Richtung des mittleren Energieflusses sich nicht umkehrt, ergeben sich die Winkelwerte nur im Bereich $-\pi/2 \leq \varphi \leq \pi/2$.

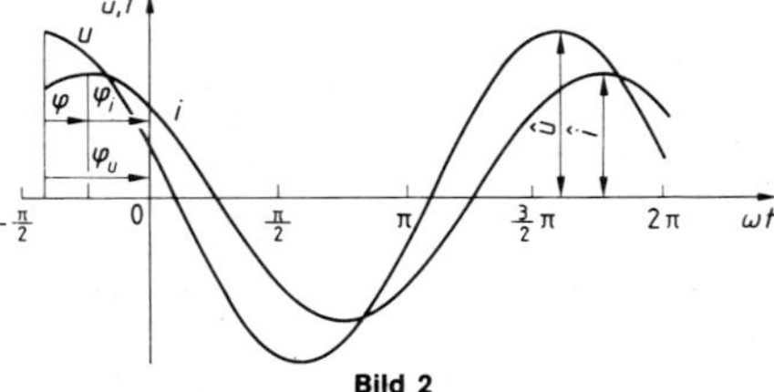

Bild 2

Bei Sinusgrößen ist (Beispiel Spannung)

der Scheitelfaktor	$\hat{u}/U = \sqrt{2} \approx 1{,}4$,
der Schwingungsgehalt	$s = 1$,
der Grundschwingungsgehalt	$g = 1$,
der Oberschwingungsgehalt	$d = 0$,
der Gleichrichtwert	$\overline{\lvert u\rvert} = \frac{2}{\pi}\hat{u} \approx 0{,}64\,\hat{u}$,
	$\overline{\lvert u\rvert} = \frac{2\sqrt{2}}{\pi} U \approx 0{,}90\,U$,
der Formfaktor	$F = \frac{\pi}{2\sqrt{2}} \approx 1{,}1$.

[4]) Wenn mit der Bedeutung des Index d für Gleichstrom bzw. Gleichspannung Verwechslungen möglich sind, kann ausgewichen werden auf den ausgeschriebenen Index dist oder die Indizes k oder h (siehe DIN 1304 Teil 1, DIN IEC 50 Teil 131 und IEC 27-1 : 1992).

[5]) In DIN IEC 50 Teil 131, 131-03-03 Formelzeichen f_u, f_i; auch h_{1u}, h_{1i}

[6]) In IEC 27-2 : 1972 Formelzeichen auch k_u, k_i, in DIN IEC 50 Teil 131, 131-03-04 Formelzeichen h_u, h_i

2.5 Sinusgrößen in komplexer Darstellung

Die folgenden Aussagen werden beispielhaft nur für eine Sinusspannung gemacht; die Benennungen und die Gleichungen gelten entsprechend auch für die Stromstärke (siehe DIN 5483 Teil 3, dort auch noch andere Schreibweisen).

Der komplexe Augenblickswert $\underline{u}$ der Spannung wird dargestellt durch

$$\underline{u} = \hat{u}\ (\cos(\omega t + \varphi_u) + \mathrm{j}\sin(\omega t + \varphi_u))$$
$$= \hat{u}\ \mathrm{e}^{\mathrm{j}(\omega t + \varphi_u)} = \sqrt{2}\ U\ \mathrm{e}^{\mathrm{j}(\omega t + \varphi_u)} \qquad (30)$$

mit den in Abschnitt 2.4 angegebenen Kennwerten oder mit der komplexen Amplitude $\hat{\underline{u}}$ bzw. dem komplexen Effektivwert $\underline{U}$ als

$$\underline{u} = \hat{u}\ \mathrm{e}^{\mathrm{j}\varphi_u}\ \mathrm{e}^{\mathrm{j}\omega t} = \hat{\underline{u}}\ \mathrm{e}^{\mathrm{j}\omega t} = \sqrt{2}\ \underline{U}\ \mathrm{e}^{\mathrm{j}\omega t} \qquad (31)$$

mit $\hat{\underline{u}} = \hat{u}\ \mathrm{e}^{\mathrm{j}\varphi_u}$ und $\underline{U} = U\ \mathrm{e}^{\mathrm{j}\varphi_u}$. (32), (33)

Diese komplexen Größen werden als Drehzeiger entsprechend Gleichung (31) oder als ruhende Zeiger entsprechend Gleichung (32) und (33) in der komplexen Ebene dargestellt (siehe DIN 5483 Teil 3). Dabei werden vorzugsweise die komplexen Effektivwerte benutzt, also Zeiger mit einer dem Effektivwert entsprechenden Länge und mit den Nullphasenwinkeln wie in Bild 3 (siehe Anmerkungen).

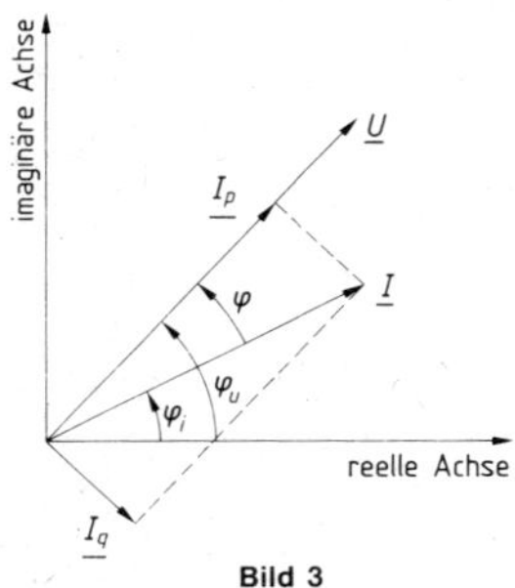

Bild 3

Die Rückführung vom komplexen Augenblickswert $\underline{u}$ auf den physikalischen Augenblickswert u ergibt sich über die Beziehungen

$$u = \mathrm{Re}\ \underline{u}$$
$$= \frac{1}{2}(\underline{u} + \underline{u}^*) = \hat{u}\cos(\omega t + \varphi_u), \qquad (34)$$

wobei $\underline{u}^*$ der konjugiert komplexe Augenblickswert der Spannung $\underline{u}$ ist.

3 Elektrische Leistung

3.1 Leistungsbegriff, Wirkleistung, Scheinleistung

Ist u der Augenblickswert der Spannung an einem beliebigen Abschnitt eines Stromkreises (Zweipol, Klemmenpaar) und i der Augenblickswert der Stromstärke in diesem Abschnitt, so ergibt sich der Augenblickswert der Leistung in diesem Abschnitt allgemein als Produkt der beiden Werte

$$P(t) = u \cdot i\,. \qquad (35)$$ [7]

Dieses Produkt nimmt während einer jeden Periode im allgemeinen sowohl positive als auch negative Werte an, siehe Bild 4. Die positiven Werte, z. B. zwischen t_2 und t_3 im Bild 4, zeigen einen Energiefluß in der einen Richtung an; negative Werte, z. B. zwischen t_1 und t_2, zeigen einen Energiefluß in entgegengesetzter Richtung an. Eine dieser beiden Richtungen, z. B. die mit dem positiven Vorzeichen von $(u \cdot i)$, entspricht der Bezugsrichtung des Energieflusses in dem gewählten Bezugssystem; die entgegengesetzte Richtung bedeutet dann einen Energierücklauf.

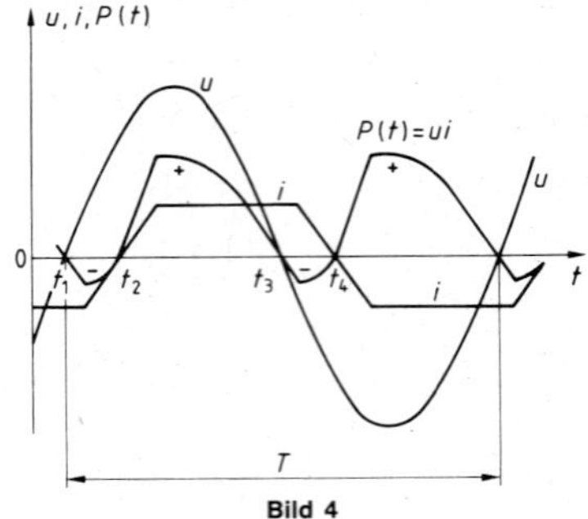

Bild 4

Für die Leistungsbestimmung wird je nach den gegebenen Verhältnissen, z. B. je nach überwiegender Energieflußrichtung, zweckmäßigerweise eine entsprechende Verbraucher- oder Erzeuger-Bepfeilung (siehe DIN 5489) gewählt mit jeweiligen Bezugssinnen für die Augenblickswerte von Spannung u, Stromstärke i und Leistung $P(t)$ nach den Bildern 5 und 6, welche gegebenenfalls auch für die Zeiger $\underline{U}$, $\underline{I}$ und den Leistungs-Mittelwert P gelten.[8]

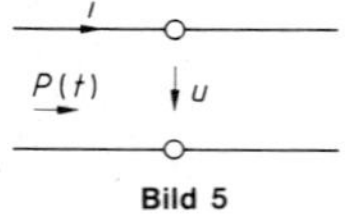

Bild 5

a) Erzeuger-Bepfeilung b) Verbraucher-Bepfeilung

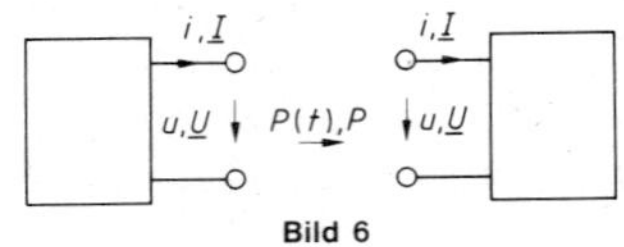

Bild 6

Die mittlere Leistung P oder Wirkleistung, auch kurz Leistung, wenn kein Mißverständnis möglich ist, ist der arithmetische Mittelwert der Augenblicksleistung, gebildet über eine Periodendauer, also

$$P = \frac{1}{T}\int_0^T P(t)\,\mathrm{d}t = \frac{1}{T}\int_0^T ui\,\mathrm{d}t\,. \qquad (36)$$

Sie ergibt sich z. B. auch aus der Summe der positiven und negativen Werte der Flächen nach Bild 4.

Die Wirkleistung P sowie die Effektivwerte von Spannung und Stromstärke, U bzw. I, sind direkt meßbar. Das Produkt dieser Effektivwerte wird Scheinleistung S genannt, sie ist immer größer oder gleich dem Betrag der Wirkleistung:

$$S = U\,I \geq |P|\,. \qquad (37)$$

[7] In DIN IEC 50 Teil 131, 131-03-15 Formelzeichen p

[8] Konventionen nach IEC 375 : 1972, Abschnitt 14

Das Verhältnis des Betrages der Wirkleistung zur Scheinleistung ist der Leistungsfaktor

$$\lambda = |P|/S \leq 1. \tag{38}$$

$S = |P|$ und $\lambda = 1$ gelten dann und nur dann, wenn Spannung u und Stromstärke i stets proportional zueinander sind; dann wird nur Wirkleistung aufgenommen (bzw. abgegeben).

3.2 Leistungsbestimmung im allgemeinen Fall, Gesamtblindleistung

Im allgemeinen Fall, wenn die Augenblickswerte von Spannung und Stromstärke nicht proportional sind, wird in folgender Weise verfahren:

Eine der beiden Größen des Leistungsproduktes wird als Bezugsgröße gewählt, in Versorgungsnetzen z. B. die Spannung u, weil diese als eingeprägter Wert wenig von der Stromstärke abhängt und fast immer nahezu sinusförmig verläuft, der Strom dagegen im allgemeinen lastabhängig verzerrt ist. Die andere Größe, im Beispiel die Stromstärke i, wird dann so in zwei orthogonale Komponenten aufgespalten, daß die eine proportional zur Bezugsgröße ist, sie heißt Wirkkomponente z. B. Wirkstromstärke i_p (Effektivwert I_p). Die Differenz zum Gesamtwert ist dann die andere, die Blindkomponente z. B. die Blindstromstärke i_q (Effektivwert I_q) (siehe Anmerkungen).

Die Komponenten der Stromstärke bestimmen sich wegen der geforderten Proportionalität und des quadratischen Zusammenhangs der Effektivwerte bei Orthogonalität wie folgt:

$$i_p \sim u \quad \text{oder} \tag{39}$$

$$i_p = u\,G \quad \text{bzw.} \quad I_p = U\,|G| \quad \text{und} \tag{40), (41}$$

$$i_q = i - i_p \quad \text{bzw.} \quad I_q = \sqrt{I^2 - I_p^2}\,.\ ^{9)} \tag{42), (43}$$

G ist der Proportionalitätskoeffizient mit der Dimension eines Leitwertes; er kann einen positiven oder negativen Wert entsprechend dem Vorzeichen der Wirkleistung P haben.

Die Aufspaltung in die Komponenten Wirk- und Blindstromstärke, i_p und i_q, entspricht einer Aufteilung des Stromkreisabschnittes in eine gedachte Parallelschaltung von einem „Wirkteil" und einem „Blindteil" an der gemeinsamen Spannung u, siehe Bild 7a). Im allgemeinen Fall besteht zwischen den Augenblickswerten der Spannung u und der Blindstromkomponente i_q kein einfacher, rechnerischer Zusammenhang; deshalb steht in den Bildern 7a) und b) am Blindteil kein Formelzeichen.

a)

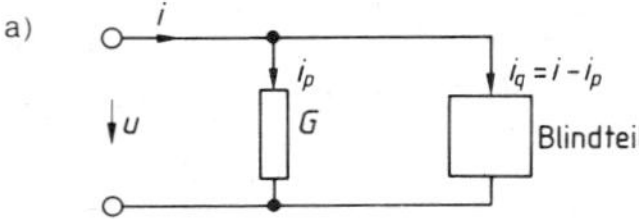

b)

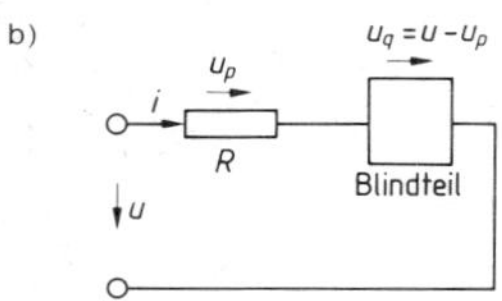

Bild 7

Nur in dem Wirkteil ergibt das Produkt aus der Bezugsgröße Spannung u mit der proportionalen Wirkstromstärke i_p einen von Null verschiedenen arithmetischen Mittelwert, also die Wirkleistung P. In dem anderen Zweig ist das Mittel aus dem Produkt mit der orthogonalen Blindstromstärke i_q immer Null, er liefert keinen Beitrag zur Wirkleistung. Diese wird nach Gleichung (36) und (40)

$$P = \frac{1}{T}\int_0^T u\,(i_p + i_q)\,\mathrm{d}t = \frac{1}{T}\int_0^T u\,i_p\,\mathrm{d}t$$

$$= \frac{1}{T}\int_0^T u^2 G\,\mathrm{d}t = U^2 G. \tag{44}$$

Danach läßt sich auch der Leitwert G, z. B. aus Meßwerten, bestimmen:

$$G = P/U^2. \tag{45}$$

Der Betrag der Wirkleistung ergibt sich auch aus

$$|P| = U\,I_p\,. \tag{46}$$

Die gesamte Scheinleistung des Stromkreisabschnittes ist wegen der Quadratsumme der Komponenteneffektivwerte

$$S = U\,I = U\sqrt{I_p^2 + I_q^2} = \sqrt{U^2\,I_p^2 + U^2\,I_q^2}\,, \tag{47}$$

$$S^2 = P^2 + Q_{\text{tot}}^2 \quad \text{mit} \tag{48}$$

$$Q_{\text{tot}} = \sqrt{S^2 - P^2} = S\sqrt{1-\lambda^2} = U\,I_q\,.\ ^{10)} \tag{49}$$

Die Stromstärke-Komponenten können auch angegeben werden mit

$$I_p = I\,\lambda \quad \text{und} \quad I_q = I\sqrt{1-\lambda^2}\,. \tag{50), (51}$$

Die Größe Q_{tot} heißt Gesamtblindleistung, die nach Gleichung (49) nur positiv definiert ist; sie kann so, z. B. aus Meßwerten, bestimmt werden. Der Ausdruck UI_q ist mit UI_p für den Betrag der Wirkleistung nach Gleichung (46) formal vergleichbar. Die Definition mittels der Quadrate der Leistungsgrößen nach Gleichung (49) ist allgemein gültig. Sie gilt auch bei der dualen Aufspaltung in Spannungskomponenten bezüglich der Stromstärke („Reihenschaltung", siehe Bild 7b)) in gleicher Weise mit

$$Q_{\text{tot}} = I\,U_q \tag{52}$$

(siehe Anmerkungen).

Die Effektivwerte von Spannung, Stromstärke und von deren Komponenten sowie die damit gerechnete Scheinleistung sind sämtlich nur mit positivem Vorzeichen definiert. Demgegenüber können der Proportionalitätskoeffizient G und die Wirkleistung P in den Gleichungen (40), (44) und (45) positive oder negative Werte annehmen, weil die Richtung des mittleren Energieflusses sich umkehren kann.

Das Aufspalten der Größen in Wirk- und Blindkomponenten und die quadratischen Zusammenhänge kann man für die Effektivwerte von Spannung und Stromstärke sowie für die Leistungsgrößen durch rechtwinklige Dreiecke veranschaulichen, deren Katheten den Wirk- und Blindkomponenten entsprechen. Beispiele nach den Gleichungen (43) und (48) siehe Bild 8a), b) und für den dualen Fall Bild 8c).

---

9) Formelzeichen auch i_w, i_b, I_w, I_b statt i_p, i_q usw.; für u, U entsprechend (siehe DIN 1304 Teil 1)

10) Ausweich-Formelzeichen für P: P_p, P_w; für S: P_s; für Q: P_q, P_b (siehe DIN 1304 Teil 1 und IEC 27-1 : 1992)

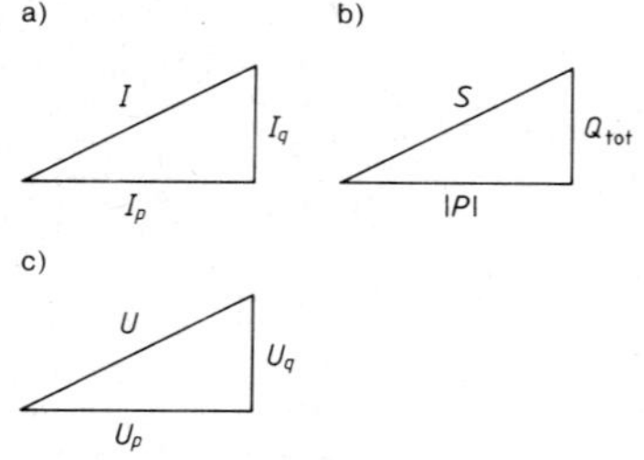

Bild 8

Auch für die Blindkomponenten der Spannung U_q und der Stromstärke I_q, für die Scheinleistung S und die Blindleistung Q_{tot} gelten die SI-Einheiten Volt (V) und Ampere (A) bzw. Watt (W).

In der elektrischen Energietechnik wird vorwiegend für die Scheinleistung das Voltampere (VA) und für die Blindleistung das Var (var) [11]) benutzt; hierbei gilt: 1 var = 1 VA = 1 W (siehe DIN 1301 Teil 1, DIN 1304 Teil 1, DIN 1304 Teil 3 und IEC 27-1 : 1992).

3.3 Leistung bei Sinusgrößen

3.3.1 Zeitverläufe und Mittelwert, Verschiebungs-Blindleistung

Gleichfrequente, sinusförmige Zeitverläufe bei Spannung u und Stromstärke i, d. h. Sinusspannung und Sinusstrom an einem untersuchten Abschnitt, bedeuten Linearität, aber bei Phasenverschiebung zwischen beiden Größen keine Proportionalität. Hierdurch treten Blindkomponenten auf.

Für den Augenblickswert der Leistung $P(t)$ ergibt sich bei Sinusgrößen mit den Gleichungen (25), (26), (29) und (35)

$$\begin{aligned} P(t) = ui &= 2UI \cos(\omega t + \varphi_u) \cos(\omega t + \varphi_i) \\ &= UI \cos\varphi + UI \cos(2\omega t + \varphi_u + \varphi_i) \\ &= P + S \cos(2\omega t + \varphi_u + \varphi_i). \end{aligned} \qquad (53)$$

Hiernach schwingt die Augenblicksleistung $P(t)$ mit der zweifachen Frequenz der Sinusgrößen um einen arithmetischen Mittelwert, siehe Bild 9. Dieser Mittelwert ist nach Gleichung (36) und (37) die Wirkleistung

$$P = UI \cos\varphi = S \cos\varphi. \qquad (54)$$

Das Produkt der Effektivwerte von Spannung und Stromstärke ist, wie oben, die Scheinleistung S; diese ist nach Gleichung (53) gleich der Amplitude der Leistungsschwingung.

Die Aufspaltung einer der beiden Sinusgrößen in eine proportionale, d. h. hier gleichphasige Wirkkomponente und eine weitere orthogonale, d. h. hier um $\pm\pi/2$ phasenverschobene Blindkomponente ergibt sich, wenn man in Gleichung (25) bzw. (26) einen der beiden Nullphasenwinkel mittels Gleichung (29) eliminiert. (Den Nullphasenwinkel der Bezugsgröße kann man dann gegebenenfalls Null setzen.)

Beispielhafte Zerlegung bei der Stromstärke bezüglich der Spannung:

$$\begin{aligned} i &= \hat{i} \cos(\omega t + \varphi_u - \varphi) \\ &= \hat{i} \cos(\omega t + \varphi_u) \cos\varphi + \hat{i} \sin(\omega t + \varphi_u) \sin\varphi \\ &= i_p + i_q. \end{aligned} \qquad (55)$$

Die Wirkstromstärke und ihr Effektivwert sind danach

$$i_p = \hat{i} \cos\varphi \cos(\omega t + \varphi_u) \quad \text{bzw.} \qquad (56)$$

$$I_p = I\,|\cos\varphi|, \qquad (57)$$

die orthogonale Blindstromstärke

$$i_q = \hat{i} \sin\varphi \sin(\omega t + \varphi_u) \quad \text{bzw.} \qquad (58)$$

$$I_q = I\,|\sin\varphi|, \qquad (59)$$

siehe auch Bild 3.

Nach den allgemein gültigen Gleichungen (47), (48) und (49) ist die Scheinleistung in diesem Falle

$$S = U\sqrt{I_p^2 + I_q^2} = \sqrt{U^2 I^2 \cos^2\varphi + U^2 I^2 \sin^2\varphi}, \qquad (60)$$

$$S^2 = P^2 + Q_{tot}^2, \qquad (48)$$

mit der Gesamtblindleistung

$$Q_{tot} = \sqrt{S^2 - P^2} = U\,I\,|\sin\varphi|. \qquad (61)$$

Mit den beiden Stromstärkekomponenten ergibt sich der Augenblickswert der Leistung jetzt als

$$\begin{aligned} P(t) &= u\,(i_p + i_q) \\ &= \hat{u}\hat{i} \cos\varphi \cos^2(\omega t + \varphi_u) \\ &\quad + \hat{u}\hat{i} \sin\varphi \cos(\omega t + \varphi_u) \sin(\omega t + \varphi_u) \\ &= UI \cos\varphi + UI \cos\varphi \cos 2(\omega t + \varphi_u) \\ &\quad + UI \sin\varphi \sin 2(\omega t + \varphi_u) \\ &= P\,[1 + \cos 2(\omega t + \varphi_u)] + Q \sin 2(\omega t + \varphi_u). \end{aligned} \qquad (62)$$

Die zu Gleichung (54) analoge, hier benutzte Beziehung

$$Q = U\,I \sin\varphi = S \sin\varphi \qquad (63)$$

ist die Definition der Verschiebungs-Blindleistung Q, so genannt wegen der Abhängigkeit vom Phasenverschiebungswinkel. Da deren Betrag gleich dem der Gesamtblindleistung nach Abschnitt 3.2, Gleichung (49) und nach Gleichung (61) ist, gibt es in diesem Sonderfall keine andere Blindleistung! Wenn kein Mißverständnis möglich ist, wird die Kurzbezeichnung Blindleistung allein benutzt.

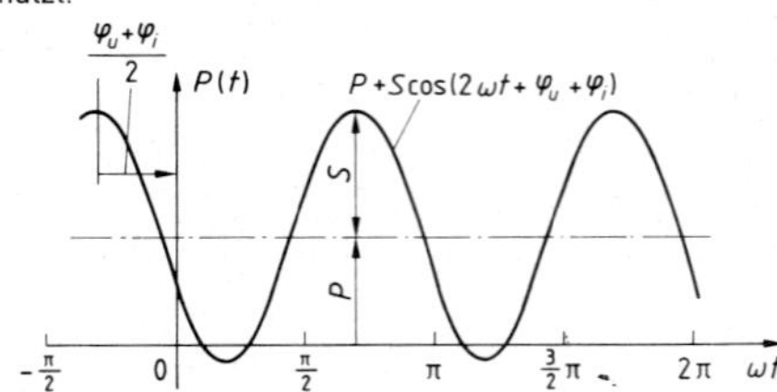

Bild 9

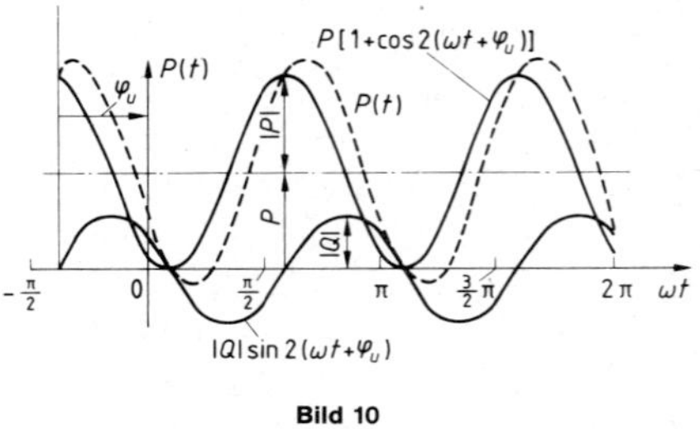

Bild 10

11) Die Einheit var steht für „**v**olt**a**mpere **r**eactive"

Das Ergebnis von Gleichung (53) läßt sich mit der gleichen Winkelsubstitution in Gleichung (62) überführen. Diese Gleichung zeigt (siehe auch Bild 10) eine Leistungsschwingung doppelter Frequenz mit der Amplitude $|P|$ und der Wirkleistung P als Mittelwert, sowie eine weitere doppelfrequente Leistungsschwingung mit der Amplitude $|Q|$ und dem Mittelwert Null.

Bei Sinusgrößen wird die Verschiebungs-Blindleistung Q an einem Zweipol mit Verbraucher-Bepfeilung nach den Gleichungen (29) und (63) wegen der bisher benutzten Konventionen (siehe Anmerkungen) dann positiv, wenn der Phasenverschiebungswinkel einen positiven Wert hat, $0 < \varphi \leq \pi$. Das entspricht z. B. einem Verbraucher mit induktivem Charakter. Der Gegenfall, negative Blindleistung, tritt ein bei Stromvoreilung, negativem Winkel $-\pi \leq \varphi < 0$ und z. B. kapazitivem Verbraucher (siehe Anmerkungen).

Der Leistungsfaktor ist nach Gleichung (38) bei Sinusgrößen

$$\lambda = |P|/S = |\cos\varphi|, \qquad (64)$$

er heißt hier auch Verschiebungsfaktor.

Ferner werden definiert der Wirkfaktor und der Blindfaktor

$$P/S = \cos\varphi \quad \text{bzw.} \quad Q/S = \sin\varphi. \qquad (65), (66)$$

Bei Kondensatoren und Spulen ist

$$\frac{\pi}{2} - |\varphi| = \delta \text{ der Verlustwinkel}, \qquad (67)$$

$$\left|\frac{P}{Q}\right| = \tan\delta = d \text{ der Verlustfaktor} \qquad (68)$$

(siehe Anmerkungen).

3.3.2 Komplexe Leistung bei Sinusgrößen, Wechselleistung

Mit der komplexen Darstellung der Sinusgrößen nach Abschnitt 2.5 und nach DIN 5483 Teil 3/06.84, Abschnitt 6.3, wird die Leistung im Komplexen berechnet als das Produkt des komplexen Effektivwertes der Spannung $\underline{U}$ mit dem konjugiert komplexen Effektivwert der Stromstärke

$$\underline{I}^* = I\,\mathrm{e}^{-\mathrm{j}\varphi_i}. \qquad (69)$$

Das ergibt mit Gleichung (29)

$$\begin{aligned}\underline{S} &= \underline{U}\,\underline{I}^* = U\,\mathrm{e}^{\mathrm{j}\varphi_u}\,I\,\mathrm{e}^{-\mathrm{j}\varphi_i}\\ &= U\,I\,\mathrm{e}^{\mathrm{j}\varphi} = U\,I\cos\varphi + \mathrm{j}\,U\,I\sin\varphi\\ &= S\mathrm{e}^{\mathrm{j}\varphi} = P + \mathrm{j}Q \text{ [10], [12]}\end{aligned} \qquad (70)$$

mit der Größe $\underline{S}$, genannt komplexe Leistung, auch komplexe Scheinleistung, sowie der Scheinleistung S, der Wirkleistung P, der Verschiebungs-Blindleistung Q und dem Phasenverschiebungswinkel φ wie oben.

Entsprechend Gleichung (70) können die komplexe Leistung und ihre Komponenten Wirk- und Blindleistung in der komplexen Ebene als rechtwinkliges Dreieck dargestellt werden (siehe Bild 11).

Die komplexe Leistung ist ein ruhender Zeiger, ihr Betrag ist gleich der Scheinleistung,

$$|\underline{S}| = S = \sqrt{P^2 + Q^2}, \qquad (71)$$

ihr Winkel gleich dem Phasenverschiebungswinkel φ, siehe Gleichungen (54), (63).

Aus dieser Darstellung folgt ferner die Wirkleistung P als Realteil, die Blindleistung Q als Imaginärteil der komplexen Leistung $\underline{S}$:

$$P = \mathrm{Re}\,\underline{S} \quad \text{und} \quad Q = \mathrm{Im}\,\underline{S}. \qquad (72), (73)$$

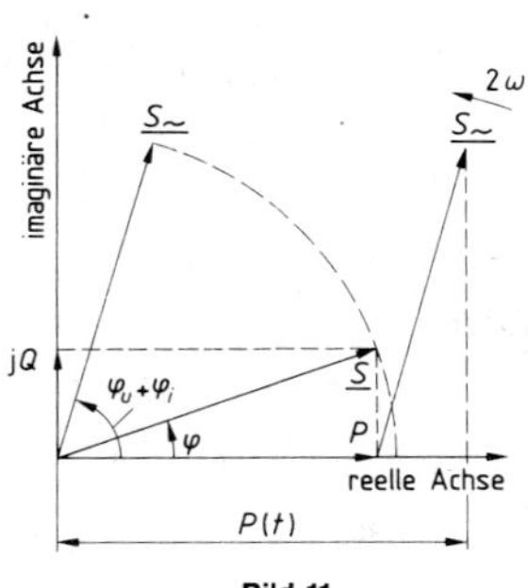

Bild 11

Als Produkt der komplexen Effektivwerte von Spannung $\underline{U}$ und Stromstärke $\underline{I}$ ergibt sich weiter die komplexe Wechselleistung, oder kurz Wechselleistung zu

$$\underline{S}_{\sim} = \underline{U}\,\underline{I} = U\,I\,\mathrm{e}^{\mathrm{j}(\varphi_u + \varphi_i)} = S\,\mathrm{e}^{\mathrm{j}(\varphi_u + \varphi_i)}, \qquad (74)$$

also als Zeiger mit dem Betrag S als Länge und dem Winkel $(\varphi_u + \varphi_i)$. Multipliziert man die komplexe Wechselleistung $\underline{S}_{\sim}$ mit den Zeitfaktoren von Spannung und Stromstärke, d. h. mit $\mathrm{e}^{\mathrm{j}2\omega t}$, so ergibt sich ein Drehzeiger mit der Winkelgeschwindigkeit 2ω. Er stellt in komplexer Form die der Wirkleistung P überlagerte Leistungsschwingung in Gleichung (53) und in Bild 9 dar. Sein Realteil ist als Augenblickswert zu dem konstanten, reellen Zeiger P der Wirkleistung zu addieren (siehe Bild 11).

3.4 Weitere Zusammenhänge und Benennungen

Aus Beziehungen zwischen Spannungen und Stromstärken und Leistungen lassen sich zusätzliche Aussagen machen über die Eigenschaften der Stromkreisabschnitte (Zweipole, Widerstände, Leitwerte), ferner über die Berechnung der Wirk- und Blindkomponenten.

Bei Vorliegen gleichfrequenter Sinusgrößen für Spannung und Stromstärke ergeben sich mit den benutzten Konventionen, besonders anschaulich im Zusammenhang mit bestimmten formalen Ersatzschaltbildern und Bezugssinnen, eindeutige Aussagen über Ersatzelemente sowie Stromstärke- und Spannungskomponenten einschließlich von Richtungssinn-Vorzeichen. Die Zusammenhänge können hier entweder mit Effektivwerten (Beträgen) allein gerechnet oder vorteilhaft in komplexer Rechnung dargestellt werden.

Dann ergeben sich anhand eines Ersatzbildes in Parallelschaltung, z. B. mit Verbraucherbepfeilung, die Kenngrößen

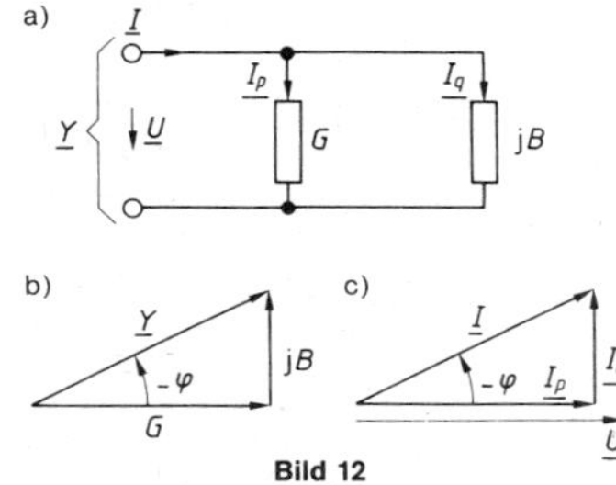

Bild 12

[10] Siehe Seite 5

[12] Andere Schreibweise: $P_s = P_p + \mathrm{j}P_q$ (siehe DIN 1304 Teil 1 und IEC 27-1 : 1992)

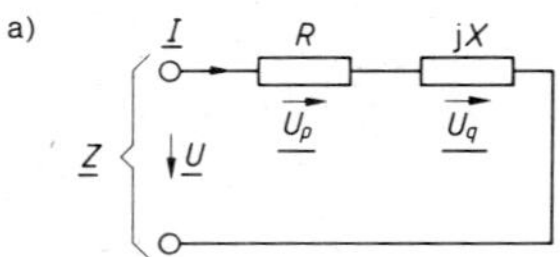

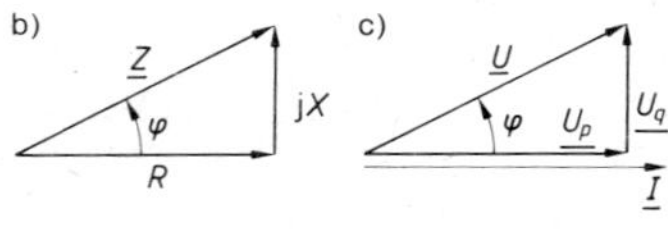

Bild 13

und Beziehungen nach Tabelle 1, Nr 1 bis 11; siehe Bild 12a). Entsprechendes gilt für ein Ersatzbild in Reihenschaltung nach Bild 13a) und Tabelle 1, Nr 12 bis 22.

Beide Ersatzbilder eines Zweipols mit den zugehörigen Größen sind gleichwertig und austauschbar; sie können für eine feste Frequenz mit Hilfe der Beziehungen nach Tabelle 1, Nr 23 bis 28 ineinander umgerechnet werden.

Auch für die Schein- und Blindwiderstände oder -leitwerte gelten die SI-Einheiten Ohm (Ω) bzw. Siemens (S).

Mit den Aussagen über die Blindleistung bei Sinusgrößen (Abschnitt 3.3.1) wird hier der Blindwiderstand X dann positiv, wenn die Blindleistung positiv ist ($0 < \varphi \leq \pi$); wählt man den Bezugssinn der Blindleistung gleich dem der Wirkleistung, so bedeutet der positive Blindwiderstand z. B. die Blindleistungsaufnahme eines induktiven Verbrauchers. Der Blindleitwert B ist in diesem Falle negativ; er hat stets das entgegengesetzte Vorzeichen, siehe Tabelle 1, Nr 4, 25 und 28.

Der andere Fall mit negativen Werten für Q und X, dagegen positivem Wert von B bei $-\pi \leq \varphi < 0$ entspricht z. B. der Blindleistungsabgabe eines kapazitiven Verbrauchers (siehe Anmerkungen).

Die Größen zu den Ersatzbildern können wieder in rechtwinkligen Dreiecken miteinander dargestellt werden, insbesondere auch als Zeigergrößen in der komplexen Ebene, siehe Bilder 12b) und c) und Bilder 13b) und c). Dabei sind die für die Bilder benutzten Verbraucherbeispiele von unterschiedlicher Art und Größe, also nicht vergleichbar oder ineinander umrechenbar.

In dem allgemeinen Fall nach Abschnitt 3.2 und bei Nicht-Sinusgrößen haben die aus Effektivwerten von Spannung und Stromstärke oder den Beträgen der Leistungen gerechneten Kennwerte nur den Charakter formaler Rechengrößen; sie lassen sich mit Elementen des wirklichen Stromkreisabschnittes nicht vergleichen, und sie haben insbesondere überhaupt keinen Aussagewert im Zeitbereich, d. h. für Augenblickswerte, z. B. bei Ersatzschaltbildern wie in den Bildern 7a) und b).

Auch bei Vorliegen linearer Verhältnisse (Sinusgrößen) können Wirkwiderstand bzw. Wirkleitwert ebenso wie Blindwiderstand bzw. Blindleitwert frequenzabhängig sein, z. B. infolge Stromverdrängung. Hierbei unterscheidet man zwischen Wechselstromwiderstand und Gleichstromwiderstand eines Leiters; das Verhältnis der beiden ist der Faktor Widerstandserhöhung.

Wirkwiderstand und -leitwert setzen sich im allgemeinen aus unterschiedlichen Anteilen zusammen. So kann z. B. der Wirkwiderstand bei manchen Anwendungen unterteilt werden in einen Nutzanteil, welcher der Nutzleistung, z. B. der mechanischen Leistung, entspricht, und einen Verlustanteil entsprechend den Gesamtverlusten, z. B. der Wärme.

3.5 Leistungsbestimmung bei verzerrten Spannungen und Stromstärken

Bei gleicher Periodendauer sind neben der allgemeinen Lösung im Zeitbereich (nach Abschnitt 3.2) mit harmonischer Analyse Lösungen im Frequenzbereich möglich.

3.5.1 Leistung bei Sinusspannung und nichtsinusförmigem Stromverlauf

Dieser Sonderfall mit $u = u_1$ und $i = i_1 + i_d$ ist in der Praxis oft gegeben; i_d ist die Verzerrungsstromstärke nach den Gleichungen (17) bzw. (18).

Weil die Spannung u_1 nur als Grundschwingung (1. Harmonische) vorliegt, kann für die Wirkleistung nur die proportionale Wirkkomponente der Stromstärke-Grundschwingung $i_{p1} = i - i_{q1} - i_d$ maßgebend sein. Damit wird entsprechend Abschnitt 3.3.1 (Gleichung (54)) die gesamte Wirkleistung

$$P = P_1 = U\,I_1 \cos\varphi_1 \tag{75}$$

mit I_1, dem Effektivwert der Grundschwingungsstromstärke und φ_1 als Phasenverschiebungswinkel der Spannung gegen diese Strom-Grundschwingung. Entsprechend können auch Schein- und Blindleistung (Gleichung (63)) für die Grundschwingung angegeben werden:

$$S_1 = U\,I_1 \quad \text{die Grundschwingungs-Scheinleistung,} \tag{76}$$

$$Q_1 = U\,I_1 \sin\varphi_1 \quad \text{die Grundschwingungs-Verschiebungs-Blindleistung.} \tag{77}$$

Wie im allgemeinen Fall wird weiter für die Gesamtschwingung die Gesamt-Scheinleistung definiert:

$$S = U\,I = U\sqrt{I_1^2 + I_2^2 + I_3^2 + \ldots} = U\sqrt{I_1^2 + I_d^2}.\text{[16]} \tag{78}$$

Die Gesamt-Blindleistung ist im Gegensatz zur Wirkleistung auch durch die Oberschwingungen der Stromstärke bestimmt:

$$Q_{\text{tot}} = \sqrt{S^2 - P^2} = \sqrt{U^2\,I_1^2 + U^2\,I_d^2 - U^2\,I_1^2 \cos^2\varphi_1}$$
$$= \sqrt{U^2\,I_1^2 \sin^2\varphi_1 + U^2\,I_d^2} = \sqrt{Q_1^2 + Q_d^2}. \tag{79}$$

Damit ergeben sich zwei Anteile der Gesamtblindleistung, nämlich die Grundschwingungs-Verschiebungs-Blindleistung

$$Q_1 = U\,I_1 \sin\varphi_1 = S_1 \sin\varphi_1 = S\,g_i \sin\varphi_1 \text{ [16]} \tag{80}$$

und die Verzerrungs-Blindleistung

$$Q_d = U\,I_d = S\,d_i \text{ [16]} \tag{81}$$

die wieder nur positiv definiert ist.

Für die Wirkleistung gilt auch

$$P = S_1 \cos\varphi_1 = S g_i \cos\varphi_1, \tag{82}$$

damit wird der Leistungsfaktor

$$\lambda = |P|/S = g_i\,|\cos\varphi_1| \tag{83}$$

und der Grundschwingungs-Leistungsfaktor

$$\lambda_1 = |P|/S_1 = |\cos\varphi_1|, \tag{84}$$

er heißt auch Grundschwingungs-Verschiebungsfaktor.

Bei rein sinusförmigem Stromstärkeverlauf gehen alle Beziehungen und Benennungen in diejenigen des Abschnitts 3.3.1 über.

---

[16] I_d, g_i, d_i nach Abschnitt 2.3, Gleichungen (18), (20) bzw. (22)

Tabelle 1: Kenngrößen für Ersatzbilder, Komponenten und Beziehungen

Nr	Benennung	Beziehung
	Für das **Parallel-Ersatzbild**	
	Leitwerte	
1	Admittanz (komplexer Leitwert)	$\underline{Y} = \underline{I}/\underline{U} = G + \mathrm{j}B = Y\mathrm{e}^{-\mathrm{j}\varphi}$
2	Scheinleitwert	$Y = I/U = \sqrt{G^2 + B^2}$
3	Wirkleitwert, Konduktanz	$G = P/U^2 = \mathrm{Re}\ \underline{Y} = Y \cos \varphi$ [13])
4	Blindleitwert, Suszeptanz	$B = -Q/U^2 = \mathrm{Im}\ \underline{Y} = Y \sin (-\varphi)$
5	Winkel der Admittanz	$-\varphi = \mathrm{Arc}\ \underline{Y} = \mathrm{Arctan}\ B/G$ [14])
	Stromstärke-Komponenten	
6	komplexer Effektivwert der Wirkstromstärke [15])	$\underline{I}_p = \underline{U}G$
7	Wirkstromstärke	$I_p = U\|G\| = \|P\|/U$
8	komplexer Effektivwert der Blindstromstärke [15])	$\underline{I}_q = \underline{U}\ \mathrm{j}\ B$
9	Blindstromstärke	$I_q = U\|B\| = \|Q\|/U$
10	komplexer Effektivwert der Gesamtstromstärke [15])	$\underline{I} = \underline{U}\ \underline{Y} = \underline{I}_p + \underline{I}_q$
11	Gesamtstromstärke	$I = UY = \sqrt{I_p^2 + I_q^2}$
	Für das **Reihen-Ersatzbild**	
	Widerstände	
12	Impedanz (komplexer Widerstand)	$\underline{Z} = \underline{U}/\underline{I} = R + \mathrm{j}X = Z\mathrm{e}^{\mathrm{j}\varphi}$
13	Scheinwiderstand	$Z = U/I = \sqrt{R^2 + X^2}$
14	Wirkwiderstand, Resistanz	$R = P/I^2 = \mathrm{Re}\ \underline{Z} = Z \cos \varphi$
15	Blindwiderstand, Reaktanz	$X = Q/I^2 = \mathrm{Im}\ \underline{Z} = Z \sin \varphi$
16	Winkel der Impedanz, Phasenverschiebungswinkel	$\varphi = \mathrm{Arc}\ \underline{Z} = \mathrm{Arctan}\ X/R$ [14])
	Spannungs-Komponenten	
17	komplexer Effektivwert der Wirkspannung [15])	$\underline{U}_p = \underline{I}R$
18	Wirkspannung	$U_p = I\|R\| = \|P\|/I$
19	komplexer Effektivwert der Blindspannung [15])	$\underline{U}_q = \underline{I}\ \mathrm{j}\ X$
20	Blindspannung	$U_q = I\|X\| = \|Q\|/I$
21	komplexer Effektivwert der Gesamtspannung [15])	$\underline{U} = \underline{I}\ \underline{Z} = \underline{U}_p + \underline{U}_q$
22	Gesamtspannung	$U = IZ = \sqrt{U_p^2 + U_q^2}$
	Zur Umrechnung zwischen Leitwerten und Widerständen	
23	Impedanz	$\underline{Z} = 1/\underline{Y} = (1/Y)\mathrm{e}^{\mathrm{j}\varphi}$
24	Wirkwiderstand	$R = G/Y^2$
25	Blindwiderstand	$X = -B/Y^2$
26	Admittanz	$\underline{Y} = 1/\underline{Z} = (1/Z)\mathrm{e}^{-\mathrm{j}\varphi}$
27	Wirkleitwert	$G = R/Z^2$
28	Blindleitwert	$B = -X/Z^2$

[13]) Eigentlich $Y \cos(-\varphi)$, aber $\cos(-\varphi) = \cos \varphi$

[14]) Wenn G oder R negativ, dann $\mathrm{Arctan}\ B/G + \pi$ bzw. $\mathrm{Arctan}\ X/R + \pi$

[15]) Auch: Zeiger der Wirkstromstärke usw.; wenn keine Verwechslungsgefahr möglich, auch kurz: Wirkstromstärke usw.

Aus den vorher genannten Definitionen ergeben sich die folgenden Beziehungen zwischen den Leistungsgrößen:

$$S^2 = |P|^2 + |Q_1|^2 + Q_d^2 \qquad (85)$$

und im einzelnen

$$S_1^2 = |P|^2 + |Q_1|^2, \quad S^2 = S_1^2 + Q_d^2, \qquad (86), (87)$$

$$Q_{tot}^2 = |Q_1|^2 + Q_d^2, \quad S^2 = |P|^2 + Q_{tot}^2. \qquad (88), (89)$$

Diese Beziehungen lassen sich wieder durch rechtwinklige Dreiecke veranschaulichen, und diese können weiter zu einem Vierflach nach Bild 14 zusammengefügt werden. Das Bild zeigt den Phasenverschiebungswinkel $|\varphi_1|$ der Grundschwingung in dem rechtwinkligen Dreieck der Bodenfläche mit den Katheten $|P|$ und $|Q_1|$ und der Hypotenuse S_1. Die übrigen durch Bögen gekennzeichneten Winkel sind rechte Winkel.

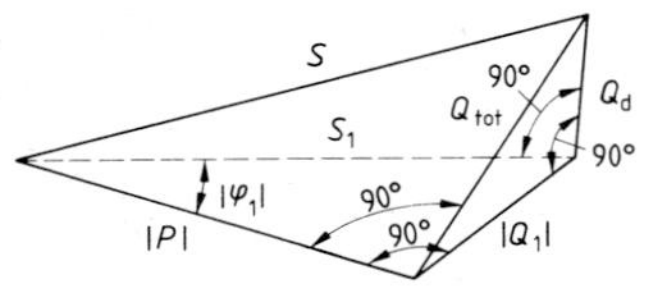

Bild 14

Bei den Kondensatoren und Spulen werden hier der Verlustwinkel und der Verlustfaktor auf die Grundschwingungen bezogen, dann ist

$$\pi/2 - |\varphi_1| = \delta_1 \quad \text{und} \qquad (90)$$

$$|P|/|Q_1| = \tan \delta_1 = d_1 \qquad (91)$$

(siehe Anmerkungen).

3.5.2 Leistung bei nichtsinusförmigen Spannungs- und Stromverläufen

Werden Spannung und Stromstärke als Fourier-Summen ihrer harmonischen Teilschwingungen angesetzt, gilt

$$u = \sum_{k=1}^{\infty} U_k \sqrt{2} \cos (k\omega t + \varphi_{uk}), \qquad (92)$$

$$i = \sum_{l=1}^{\infty} I_l \sqrt{2} \cos (l\omega t + \varphi_{il}), \qquad (93)$$

mit den Effektivwerten

$$U = \sqrt{\sum_{k=1}^{\infty} U_k^2} \quad \text{und} \quad I = \sqrt{\sum_{l=1}^{\infty} I_l^2}. \qquad (94), (95)$$

Damit folgt der Augenblickswert der Leistung als

$$P(t) = \sum_{l=k=1}^{\infty} U_k I_l \cos (\varphi_{uk} - \varphi_{il}) + \sum_{k=1}^{\infty} \sum_{l=1}^{\infty} U_k I_l \cos [(k+l)\, \omega t + \varphi_{uk} + \varphi_{il}] + \underbrace{\sum_{k=1}^{\infty} \sum_{l=1}^{\infty}}_{k \neq l} U_k I_l \cos [(k-l)\, \omega t + \varphi_{uk} - \varphi_{il}] \qquad (96)$$

Hieraus läßt sich die Wirkleistung berechnen. Nur die erste der drei Summen ergibt einen von Null verschiedenen Mittelwert – das ist die Wirkleistung – aus den Produkten aller jeweils gleichfrequenten Teilschwingungen von Spannung und Stromstärke, d. h. von Harmonischen gleicher Ordnungszahl ($l = k$). Dieser Mittelwert der Leistung ist darstellbar in Anteilen, nämlich dem zeitlichen Mittelwert der Grundschwingungsleistung

$$\overline{P_1(t)} = U_1 I_1 \cos (\varphi_{u1} - \varphi_{i1}), \qquad (97)$$

und den analog aus den Oberschwingungen mit $l = k = 2$; 3; ... gebildeten Anteilen (Rest der ersten Summe), die Mittelwerte der Oberschwingungsleistung genannt werden.

Dann ist die gesamte Wirkleistung gleich der Summe der Mittelwerte (siehe Anmerkungen):

$$P = \sum_{k=1}^{\infty} \overline{P_k(t)} \quad \text{mit} \quad \overline{P_k(t)} = U_k I_k \cos \varphi_k; \qquad (98), (99)$$

die gesamte Scheinleistung ist

$$S = U I = \sqrt{\sum_{k=1}^{\infty} U_k^2 \sum_{l=1}^{\infty} I_l^2} \qquad (100)$$

und die Gesamtblindleistung, wie in allen Fällen,

$$Q_{tot} = \sqrt{S^2 - P^2}. \qquad (101)$$

Die beiden Doppelsummen in Gleichung (96) stellen in allen Gliedern reine Wechselgrößen dar, das ist die den genannten Mittelwerten überlagerte Leistungsschwingung; sie verläuft im ganzen periodisch mit der Frequenz der Grundschwingungen von Spannung und Stromstärke.

Entgegen der Möglichkeit, entsprechend Gleichung (99) Leistungs-Mittelwerte für die einzelnen Harmonischen zu berechnen, ist es unzulässig, mit I_k und $\cos \varphi_k$ bzw. $\sin \varphi_k$ Aussagen über die jeweiligen Wirk- und Blindkomponenten I_{pk} und I_{qk} der einzelnen Stromharmonischen zu machen. Diese sind wegen der allgemein gültigen Definition (nach Abschnitt 3.2) über die Gesamtleistung P, die Gesamtspannung U und den Leitwert G aus den Zeitfunktionen zu rechnen:

$$G = P/U^2 \quad \text{und} \quad i_{pk} = G\, u_k, \qquad (102), (103)$$

also der Effektivwert der Wirkstromkomponenten und der gesamte Wirkstrom

$$I_{pk} = |G|\, U_k \quad \text{bzw.} \quad I_p^2 = \sum_{k=1}^{\infty} I_{pk}^2. \qquad (104), (105)$$

Damit ergeben sich die Blindstromkomponenten und deren Effektivwerte aus

$$i_{qk} = i_k - i_{pk} \quad \text{bzw.} \qquad (106)$$

$$I_{qk}^2 = \frac{1}{T} \int_0^T (i_k - i_{pk})^2\, dt = I_k^2 - \frac{2}{T} \int_0^T i_k\, i_{pk}\, dt + I_{pk}^2 = I_k^2 - 2\, G\, \overline{P_k(t)} + I_{pk}^2 \qquad (107)$$

und schließlich der gesamte Blindstrom aus

$$I_q^2 = \sum_{k=1}^{\infty} I_{qk}^2 = I^2 - I_p^2. \qquad (108)$$

3.5.3 Mittelwerte und Leistung bei unregelmäßig schwankenden Spannungen und Stromstärken

Bei Wechselspannungen und -strömen, deren Frequenzen, Scheitelwert und/oder Kurvenformen sich ändern, hängen die Mittelwerte von der Mittelungszeitspanne $T_x = t_2 - t_1$ ab. In den Gleichungen (2) bis (7), (36) und (44) sind die Periodendauer T durch die Mittelungszeitspanne T_x und die Integralgrenzen durch t_1 und $(t_1 + T_x)$ zu ersetzen. Zu den so bestimmten Mittelwertgrößen muß die Mittelungszeitspanne mit angegeben werden.

Sind die statistischen Kenngrößen bei Spannungen und Stromstärken stationär, dann kann die Mittelungszeitspanne T_x so groß gewählt werden, daß die Mittelwerte von ihr unabhängig werden.

Sind für n aufeinander folgende Teilintervalle ΔT_ν Teilmittelwerte bekannt – z. B. der Stromstärke-Effektivwert I_ν –, so kann man einen Gesamtmittelwert über die Mittelungszeitspanne $T_x = \sum \Delta T_\nu$ bilden:

$$I_x = \sqrt{\frac{1}{T_x} \int_{t_1}^{t_1+T_x} i^2 \, dt} = \sqrt{\frac{1}{T_x} \sum_{\nu=1}^{n} I_\nu^2 \Delta T_\nu} \,. \qquad (109)$$

Entsprechendes gilt für die Spannung U_x. Wenn für alle n Teilintervalle die gleiche Dauer T_x/n gewählt wird, vereinfacht sich die Gleichung zu

$$I_x = \sqrt{\frac{1}{n} \sum_{\nu=1}^{n} I_\nu^2} \qquad (110)$$

für den Gesamtzeit-Effektivwert (siehe Anmerkungen).

Die Wirkleistung als Mittelwert über die Zeit T_x wird entsprechend Gleichung (36) bestimmt als

$$P_x = \frac{1}{T_x} \int_{t_1}^{t_1+T_x} P(t) \, dt = \frac{1}{T_x} \sum_{\nu=1}^{n} P_\nu \Delta T_\nu \,. \qquad (111)$$

Für gleiche Teilintervalle gilt entsprechend

$$P_x = \frac{1}{n} \sum_{\nu=1}^{n} P_\nu \,. \qquad (112)$$

Bei den aus mehreren Mittelwerten gebildeten Größen, wie z. B. der Scheinleistung S (nach Gleichung (37)), kann der zugeordnete Wert S_x für eine Zeitspanne T_x aus den hierfür bestimmten Mittelwerten U_x und I_x berechnet werden:

$$S_x = U_x I_x \,. \qquad (113)$$

Für die Gesamtblindleistung – auch hier nur positiv definiert – gilt dann entsprechend Gleichung (49)

$$Q_{\text{tot},x} = \sqrt{S_x^2 - P_x^2} \,. \qquad (114)$$

4 Elektrische Arbeit, elektrische Energie

Die im folgenden behandelte elektrische Arbeit ist gleich der jeweils übertragenen elektrischen Energie. Aus der allgemeinen Definition der Arbeit als Zeitintegral der Leistung folgt mit der Leistung $P(t)$ in einer Zeitspanne T_x zwischen t_1 und $t_2 = t_1 + T_x$ durch Integration die elektrische Arbeit

$$W = \int_{t_1}^{t_1+T_x} P(t) \, dt = \int_{t_1}^{t_1+T_x} u i \, dt \,. \qquad (115)$$

Diese Arbeit ist auch gleich dem Produkt aus der Zeitspanne T_x und dem Leistungs-Mittelwert während T_x, der Wirkleistung P_x. Sie heißt deshalb auch Wirkarbeit

$$W = P_x T_x \,. \qquad (116)$$

Analog lassen sich mit anderen, aus Mittelwerten gebildeten Leistungsgrößen (nach Abschnitt 3.5.3) formal weitere Arbeitsgrößen angeben, so z. B. die Scheinarbeit

$$W_s = S_x T_x \,. \qquad (117)$$

Bei sinusförmigen Spannungen und verzerrten Stromstärken ergibt sich analog zu Gleichung (115) aus der mit Gleichung (63) definierten (Grundschwingungs-)Verschiebungs-Blindleistung die (Grundschwingungs-)Verschiebungs-Blindarbeit

$$W_{q1} = \int_{t_1}^{t_1+T_x} u\left(t - \frac{T}{4}\right) i(t) \, dt = Q_{x1} T_x \,. \qquad (118)$$

Meßgeräte, die entsprechend den Gleichungen (115) und (118) integrierend messen, heißen Wirkarbeitszähler bzw. (Grundschwingungs-)Verschiebungs-Blindarbeitszähler.

Die SI-Einheit für Arbeits- und Energiegrößen ist das Joule (J). In der elektrischen Energietechnik wird vorwiegend für die Scheinarbeit die Einheit Voltamperesekunde (VAs), für die Verschiebungs-Blindarbeit die Einheit Varsekunde (vars) gebraucht. Es gilt (siehe auch Abschnitt 3.2)

1 vars = 1 VAs = 1 Ws = 1 J = 1 Nm [17])

Anmerkungen

Zu Abschnitt 2.1

Die für Spannungen und Stromstärken im folgenden angegebenen Benennungen und Festlegungen lassen sich auch auf andere Feldgrößen mit periodischer Zeitabhängigkeit, z. B. Feldstärken und Flüsse, sinngemäß übertragen.

Die Mischspannung wird auch „Gleichspannung mit überlagerter Wechselspannung" genannt; siehe DIN 41755 Teil 1.

Zu Abschnitt 2.1 und 3.2

Zwei periodische Funktionen sind dann zueinander orthogonal, wenn der arithmetische Mittelwert ihres Produktes über die Periodendauer Null wird, z. B. wenn

$$\frac{1}{T} \int_0^T i_1 i_2 \, dt = 0 \text{ ist.}$$

Dies gilt bei nichtsinusförmigen Wechselgrößen für entsprechend abgespaltene orthogonale Komponenten nach Abschnitt 3.2; Orthogonalität gilt weiter auch für gleichfrequente Sinusgrößen bei Phasenverschiebung um $\pm \pi/2$, sowie für alle nicht gleichfrequenten Sinusgrößen, insbesondere für alle Harmonischen ungleicher Ordnung, ohne Einschränkung.

Zu Abschnitt 2.2

Wenn die Mischgröße während der Periodendauer nur einen Maximalwert bzw. nur einen Minimalwert hat, so ist dieser der Spitzenwert bzw. der Talwert (u_m, $\hat{u}$ bzw. u_{min}, $\breve{u}$).

Für die hier definierte Größe Welligkeit werden auch die Benennungen Wechselspannungsgehalt und Wechselstromgehalt verwendet, siehe DIN 41755 Teil 1. Nach DIN 1304 Teil 6/05.92, Nr 1.22, nennt man in der Nachrichtentechnik Welligkeitsfaktor das Verhältnis S_{max}/S_{min} des Maximalwertes und des Minimalwertes des Signales längs einer Leitung.

Zu Abschnitt 2.3

Die hier definierte Größe Klirrfaktor wird auch in der Nachrichtentechnik vielfach verwendet. Dabei wird bei neueren Meßverfahren als Bezugsgröße nicht mehr der Effektivwert der Wechselgröße, sondern der Effektivwert der Grundschwingung herangezogen (d'.). So wird dann ein Ausdruck für die in einem Übertragungsglied hinzugekommene Störgröße gewonnen oder auch Klirrfaktoren für jede einzelne Oberschwingung.

Die Meßergebnisse ändern sich bei dieser – von internationaler und nationaler Normung abweichenden – Definition nur außerordentlich wenig. Es gilt

$$d' = \sqrt{d^2/(1 - d^2)} = d/g \,,$$

damit wird z. B. $d = 10\,\%$ zu $d' = 10{,}05\,\%$.

Der Gleichrichtwert nach Gleichung (4) und (5) tritt z. B. beim Idealfall der Einphasen-Zweiweg-Gleichrichterschaltung auf. Hierauf bezieht sich der Formfaktor F. Früher wurde noch ein anderer Formfaktor mit Bezug auf einen „Halbschwingungsmittelwert" definiert. DIN IEC 50 Teil 101, 101-04-44 enthält nur die in Abschnitt 2.3 gegebene Definition.

---

[17]) In der Praxis meist größere Einheiten, z. B. kWh, MVAh, varh, ...

Zu Abschnitt 2.4 und 3.3.1

Nach internationaler Konvention (siehe IEC 375 : 1972, Hauptabschnitt II) wird vorzugsweise die cos-Funktion benutzt, z. B. wegen des Übergangs zur komplexen Darstellung und wegen des Anfangswertes 1. Ebenso ist die Festlegung des Phasenverschiebungswinkels φ_{ui} in Gleichung (29) zwar willkürlich, aber konventionell (siehe IEC 375 : 1972, Abschnitt 14). Weitere Konventionen sind hiervon abhängig; andere Darstellungen sind möglich, wenn die Konsequenzen beachtet werden!

Zu Abschnitt 2.5

Der Übergang zwischen Zeiger und Augenblickswert (Realteil-Projektion) bzw. Sinuslinie gilt mit Gleichung (34) nur für Zeiger, deren Beträge den Amplituden entsprechen, z. B. $\hat{u}$ entsprechend den Gleichungen (31) bzw. (32). Da aber meist Effektivwerte als Meßwerte vorliegen, ist die angegebene Darstellung allgemein üblich; für den Übergang ist der Maßstabsfaktor $\sqrt{2}$ anzurechnen.

Zu Abschnitt 3.2 (siehe auch zu Abschnitt 2.1)

Der allgemeine Fall nichtproportionalen Verlaufs gilt auch für Mischgrößen; er wird verursacht z. B. durch nichtlineare Schaltungsteile oder durch frequenzvariante, gegebenenfalls auch zeitvariante Belastungen.

Die hier gezeigte Aufspaltung (Stromkomponenten, Bezugsgröße Spannung) ist nur ein Beispiel, aber wie angegeben begründet; sie kann in gleicher Weise dual, d. h. bei der Spannung gegenüber der Bezugsgröße Stromstärke ausgeführt werden. Die Komponenten-Aufspaltungen werden ohne Frequenzanalyse im Zeitbereich ausgeführt, z. B. mit Meßverfahren der Analogrechentechnik. Weitergehende Aufspaltungen sind möglich und üblich, siehe u. a. Koch, K., etzArchiv 8 (1986), S. 313.

Die Wirkleistung ist durch Gleichung (44) eindeutig und allgemein gültig definiert. Dagegen gibt es für die Gesamtblindleistung Q_{tot} nur in Sonderfällen sinnvolle Definitionen, die über die Betragsdefinition nach Gleichung (49) hinausgehen, siehe z. B. in Abschnitt 3.3.1, Gleichung (63).

Zu Abschnitt 3.3.1 und 3.4 (siehe auch zu Abschnitt 2.4)

Die Konvention bezüglich des Vorzeichens der Blindleistung und der übrigen Blindgrößen gilt nur bei Sinusgrößen. Der Bezugssinn ist gleich dem der Wirkgrößen. Siehe hierzu IEC 375 : 1972, Abschnitt 14, oder DIN IEC 50 Teil 131, 131-03-19.

Zu Abschnitt 3.3.1 und 3.5.1

Bei Sinusspannung und Sinusstrom ist der Verlustfaktor von Spulen und Kondensatoren gleich dem Tangens des Verlustwinkels δ. Hat nur der Strom oder nur die Spannung sinusförmigen Verlauf, so ist der Verlustfaktor gleich dem Tangens des Verlustwinkels δ_1 zwischen der Sinusgröße und der Grundschwingung der Größe mit nichtsinusförmigem Verlauf (siehe auch Abschnitt 3.5.1, Gleichungen (90) und (91)). Verlaufen Spannung und Strom nicht sinusförmig, so kann ein Verlustfaktor aus dem Verhältnis von Wirkleistung zu Blindleistung definiert werden; dieser Verlustfaktor kann aber nicht als Tangens eines wirklich vorkommenden Phasenverschiebungswinkels zwischen den Spannungen und Strömen ausgedrückt werden; es gilt dann anstelle Gleichung (68) $|P| / |Q| = d$.

Zu Abschnitt 3.5.2

In den Gleichungen (92) und (93) sind die Gleichwerte von Spannung und Stromstärke, U_{-} bzw. I_{-}, fortgelassen. Falls beide gleichzeitig existieren, so muß in den Gleichungen (96), (98) die daraus zu berechnende Gleichleistung als Summand hinzugefügt werden.

Zu Abschnitt 3.5.3

Bei Energieversorgungsanlagen ist es vielfach gebräuchlich, den arithmetischen Mittelwert der zeitlich schwankenden, nach Gleichung (6) und (7) für einzelne Perioden T bestimmten Effektivwerte von Spannung und Stromstärke anzugeben. Wenn die Streuung der Einzel-Effektivwerte gegenüber ihrem Mittelwert hinreichend klein ist, stimmt dieser Mittelwert mit dem nach Gleichung (109) bzw. (110) für den Gesamtzeitraum berechneten Effektivwert näherungsweise überein.

Solche Werte werden für entsprechende Zeiträume z. B. Tages- oder Monatseffektivwerte genannt.

Zitierte Normen und andere Unterlagen

DIN 1301 Teil 1	Einheiten; Einheitennamen, Einheitenzeichen
DIN 1304 Teil 1	Formelzeichen; Allgemeine Formelzeichen
DIN 1304 Teil 3	Formelzeichen; Formelzeichen für elektrische Energieversorgung
DIN 1304 Teil 6	Formelzeichen; Formelzeichen für die elektrische Nachrichtentechnik
DIN 1311 Teil 1	Schwingungslehre; Kinematische Begriffe
DIN 5483 Teil 2	Zeitabhängige Größen; Formelzeichen
DIN 5483 Teil 3	Zeitabhängige Größen; Komplexe Darstellung sinusförmig zeitabhängiger Größen
DIN 5489	Richtungssinn und Vorzeichen in der Elektrotechnik; Regeln für elektrische und magnetische Kreise, Ersatzschaltbilder
DIN 40 108	Elektrische Energietechnik; Stromsysteme; Begriffe, Größen, Formelzeichen
DIN 41 755 Teil 1	Überlagerungen auf einer Gleichspannung, Periodische Überlagerungen; Begriffe, Meßverfahren
DIN IEC 50 Teil 101	Internationales Elektrotechnisches Wörterbuch (IEV); Teil 101: Mathematik
DIN IEC 50 Teil 131	Internationales Elektrotechnisches Wörterbuch (IEV); Teil 131: Elektrische Stromkreise und magnetische Kreise
IEC 27-1 : 1992	Letter symbols to be used in electrical technology – Part 1: General
IEC 27-2 : 1972	Letter symbols to be used in electrical technology – Part 2: Telecommunication and electronics
IEC 375 : 1972	Conventions concerning electric and magnetic circuits

Koch, K.: Bestimmung von Größen in Mehr-Leiter-Systemen; Teil 1: Grunddefinitionen in Zwei-Leiter-Systemen, etzArchiv Band 8 (1986), Heft 9, S. 313

Frühere Ausgaben

DIN VDE 110 = DIN 40 110: 10.39, 12.59, 12.66, 07.68, 02.72, 10.75

Änderungen

Gegenüber DIN 40 110/10.75 wurden folgende Änderungen vorgenommen:

a) Änderung der Norm-Nummer von DIN 40 110 in DIN 40 110 Teil 1.
b) Beschränkung auf Zweileiter-Stromkreise.
c) Inhalt unter Berücksichtigung der entsprechenden IEC-Normen vollständig überarbeitet.

Erläuterungen

Bei der Überarbeitung von DIN 40 110 wurde es als zweckmäßig erachtet, den Inhalt nach Zweileiter- und Mehrleiter-Stromkreisen zu trennen. DIN 40 110 Teil 1 behandelt nur Zweileiter-Stromkreise. Für Mehrleiter-Stromkreise ist ein Folgeteil in Vorbereitung.

Stichwortverzeichnis

Internationale Patentklassifikation

G 01 R 031/00

G 01 R 021/00

November 1994

Nachrichtenübertragung

Teil 1: Grundbegriffe

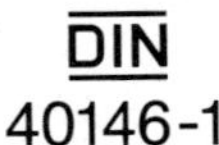

40146-1

ICS 01.040.33; 33.020

Ersatz für Ausgabe 1973-12 und DIN 40146-3 : 1978-10

Deskriptoren: Nachrichtenübertragung, Grundbegriff, Elektrotechnik, Begriffe

Telecommunication — Part 1: basic concepts

Inhalt

Vorwort

Diese Norm wurde vom Arbeitsausschuß AEF 153 “Begriffe der Nachrichtenübertragung” in enger Zusammenarbeit mit der DKE und unter besonderer Berücksichtigung des Internationalen Elektrotechnischen Wörterbuchs (IEV) erarbeitet.

Änderungen

Gegenüber der Ausgabe 1973-12 und DIN 40146-3 : 1978-10 wurden folgende Änderungen vorgenommen:

— Zusammenlegung von DIN 40146-1 und DIN 40146-3, Inhalte vollständig überarbeitet.

Frühere Ausgaben

DIN 40146-1 : 1973-12 und DIN 40146-3 : 1978-10

1 Anwendungsbereich

Diese Norm gilt für die Definition von Begriffen, die für die Technik der Nachrichtenübertragung von Bedeutung sind. Nachdem im International Electrotechnical Vocabulary (IEV) mit den Kapiteln der Klasse 7 “Telecommunication Vocabulary” eine umfangreiche Sammlung von Begriffsdefinitionen vorliegt oder noch in Arbeit ist, die zum Teil auch schon in deutscher Übersetzung erschienen sind, sollen hier nur einige Grundbegriffe, ergänzt durch signal- und schaltungstechnische Begriffe, aufgenommen werden.

Folgende Begriffe werden nicht definiert, da diese entweder umgangssprachlich unterschiedlich benutzt oder innerhalb von speziellen Fachgebieten unterschiedlich interpretiert werden:

Nachricht, Nachrichtentechnik, Information, Informationstechnik, Telekommunikation, Telekommunikationstechnik.

Dies gilt insbesondere bei der Übersetzung der englischsprachigen Begriffe “communication”, “telecommunication”, “information technology” und “transmission” in die deutsche Sprache.

2 Normative Verweisungen

Diese Norm enthält durch datierte oder undatierte Verweisungen Festlegungen aus anderen Publikationen. Diese normativen Verweisungen sind an den jeweiligen Stellen im Text zitiert, und die Publikationen sind nachstehend aufgeführt. Bei datierten Verweisungen gehören spätere Änderungen oder Überarbeitungen nur zu dieser Norm, falls sie durch Änderung oder Überarbeitung eingearbeitet sind. Bei undatierten Verweisungen gilt die letzte Ausgabe der in Bezug genommenen Publikation.

DIN 1319-1
Grundlagen der Meßtechnik; Grundbegriffe

DIN 5483-1
Zeitabhängige Größen; Benennungen der Zeitabhängigkeit

DIN 44300-2
Informationsverarbeitung; Begriffe, Informationsdarstellung

DIN IEC 1(CO)1262-702*)
Internationales Elektrotechnisches Wörterbuch; Schwingungen, Signale, dazugehörige Schaltungen; Identisch mit IEC 1(IEV 702) (CO)1262-I bis III und 1(IEV 702) (CO)1279

ISO/IEC DIS 2382-16 : 1993
Information technology — Vocabulary — Part 16: Information theory

*) Z. Z. Entwurf

Fortsetzung Seite 2 bis 4

Normenausschuß Einheiten und Formelgrößen (AEF) im DIN Deutsches Institut für Normung e.V.
Deutsche Elektrotechnische Kommission im DIN und VDE (DKE)

3 Allgemeine Begriffe

3.1 Nachrichtenübertragung

Übertragung von Nachrichten von einer Nachrichtenquelle über ein Nachrichtenübertragungssystem zu einer oder mehreren Nachrichtensenken mit Hilfe von Signalen. Nachrichtenquellen und Nachrichtensenken sind z. B. der Mensch, Meß- und Steuergeräte, Informationsverarbeitungsgeräte oder -speicher.

Allgemein kann der Teil eines Nachrichtenübertragungssystems, der in Übertragungsrichtung vor einer beliebigen Schnittstelle liegt, Nachrichtenquelle für den hinter der Schnittstelle liegenden Teil genannt werden. Dementsprechend kann der Teil, der hinter einer beliebigen Schnittstelle liegt, Nachrichtensenke für den vor der Schnittstelle liegenden Teil genannt werden.

> ANMERKUNG: Zur Definition der Begriffe "Nachrichtenquelle" und "Nachrichtensenke" siehe ISO/IEC DIS 2382-16.

3.2 Signal

Physikalisches Phänomen, dessen Vorhandensein oder Änderung als Darstellung von Information angesehen wird.

3.3 Signalparameter

Diejenige Kenngröße des Signals, deren Werte oder Werteverläufe die Nachricht darstellen. Ist das Signal z. B. eine amplitudenmodulierte Wechselspannung, so ist die Amplitude der Signalparameter (siehe DIN 5483-1).

> ANMERKUNG: In DIN 44300-2 wird der Signalparameter auch Informationsparameter genannt. In IEV 702[1]) wird hierfür die Benennung "charakteristische Größe" verwendet.

3.4 Nutzsignal

Signal, welches Information transportiert und von einem oder mehreren Empfängern aufgenommen werden soll.

> ANMERKUNG: In IEV 702-08-01[1]) auch "erwünschtes Signal" genannt.

3.5 Störsignal

Signal, welches den Empfang eines Nutzsignals beeinträchtigen kann.

> ANMERKUNG: In IEV 702-08-02[1]) auch "unerwünschtes Signal" genannt.

3.6 Geräusch

Jede veränderliche physikalische Erscheinung, die keine Information enthält und die einem Nutzsignal überlagert oder mit ihm verbunden sein kann.

> ANMERKUNG 1: Ein Geräusch kann in bestimmten Fällen Information über einige Eigenschaften seiner Quelle liefern, z. B. über ihre Art oder ihre räumliche Lage.

> ANMERKUNG 2: Eine Ansammlung von Signalen kann als Geräusch wirken, wenn die Signale nicht getrennt erkennbar sind.

3.7 Nachrichtenübertragungssystem

Gesamtheit der Mittel zur Übertragung einer Nachricht zwischen zwei Punkten, bestehend aus einem Übertragungsmedium, der Endgeräteausrüstung, Zwischenausrüstungen sowie Hilfseinrichtungen (zur Energieversorgung, zum Überwachen, Prüfen usw.).

4 Signale, gekennzeichnet nach dem Ort des Auftretens

4.1 Eingangssignal

Signal am Eingang des jeweils betrachteten Teiles des Nachrichtenübertragungssystems.

4.2 Ausgangssignal

Signal am Ausgang des jeweils betrachteten Teiles des Nachrichtenübertragungssystems.

> ANMERKUNG: Das Ausgangssignal eines Teiles eines Übertragungssystems kann das Eingangssignal eines weiteren Teiles eines Übertragungssystems sein.

5 Signale, gekennzeichnet nach der Art der Zeitabhängigkeit

5.1 Wertkontinuierliches Signal

Signal, dessen Signalparameter alle Werte eines Kontinuums, z. B. eines Intervalles, annehmen kann.

5.2 Wertdiskretes Signal

Signal, bei dem der Signalparameter nur durch bestimmte diskrete Werte oder bestimmte nicht überlappende Wertintervalle eines Wertebereiches gegeben ist. Die Anzahl dieser relevanten Werte oder Intervalle gibt die Wertigkeit des Signals an; ein n-wertiges Signal hat n relevante Werte oder Intervalle des Signalparameters.

5.3 Zeitkontinuierliches Signal

Signal, dessen Signalparameter auf einem Zeitkontinuum definiert ist.

5.4 Zeitdiskretes Signal

Signal, gebildet aus einem Satz zeitlich aufeinanderfolgender Elemente, wobei jedes Element einen oder mehrere Signalparameter hat, die Information darstellen können, zum Beispiel deren Dauer, Zeitlage, Form oder Betrag.

5.5 Analoges Signal

Wertkontinuierliches Signal, dessen Signalparameter einen kontinuierlichen Vorgang darstellt.

> ANMERKUNG: Siehe auch DIN 44300-2.

5.6 Digitales Signal

Wert- und zeitdiskretes Signal, dessen Signalparameter eine Folge von Zeichen darstellt.

> ANMERKUNG: Siehe auch DIN 44300-2.

5.7 Binäres Signal

Digitales Signal, bei dem die Anzahl der Zeichen zwei ist.

> ANMERKUNG: Siehe auch DIN 44300-2.

5.8 Codesignal

Digitales Signal zur Darstellung einer Nachricht mit Hilfe eines Codes.

6 Signale zur Erfüllung von Hilfsfunktionen

6.1 Taktsignal

Periodisches Signal (siehe DIN 5483-1/1983-06 Nr 2 und Nr 6) zur Darstellung einer Folge äquidistanter Zeitpunkte, z. B. bestimmt durch die Anstiegsflanken eines Rechteckpulses.

---

[1]) Zu IEV 702 siehe Entwurf DIN IEC 1(CO)1262 Teil 702.

6.2 Steuerungssignal

Signal, das als Ergebnis einer Signalbildung oder Signalverarbeitung eine Zustandsänderung bewirkt.

6.3 Meldesignal

Signal, das einen Zustand oder eine Zustandsänderung einer Steuerung oder einer zu steuernden Einrichtung anzeigt und vorzugsweise zur Information des Menschen dient.

6.4 Prüfsignal

Signal zur Prüfung (siehe DIN 1319-1) auf Einhaltung bestimmter Bedingungen und Funktionen (z. B. Signale für Fernsehtestbilder, Signale zur Funktionsprüfung und Fehlerdiagnose digitaler Schaltungen).

6.5 Meßsignal

Signal zur Messung (siehe DIN 1319-1) physikalischer Größen, die Merkmale von Übertragungssystemen oder Teilen davon sind (z. B. Dämpfungsmaße, Pegel, Phasenverschiebungswinkel, Klirrfaktoren).

7 Schaltungstechnische Begriffe

7.1 Modulator

Schaltung, die einen Signalparameter einer Schwingung zwingt, den Änderungen eines Signals zu folgen. Beispiele: Amplituden-, Phasen-, Frequenz-, Pulsmodulator.

7.2 Demodulator

Schaltung zur Rückgewinnung des ursprünglichen Modulationssignals aus einer Schwingung, die durch Modulation erzeugt wurde. Beispiele: Amplitudendemodulator, linearer Demodulator oder Einhüllendendemodulator, Frequenz-, Phasen-, Puls-, Synchrondemodulator.

7.3 Detektor

Schaltung zum Nachweis des Vorhandenseins oder der Änderung von Wellen, Schwingungen oder Signalen, gewöhnlich zum Herausziehen der übermittelten Information. Beispiele: linearer Detektor, quadratischer Detektor.

7.4 Codierer; Coder

Schaltung zur Darstellung von Information mit Hilfe eines gegebenen Codes.

7.5 Decodierer; Decoder

Schaltung zur Rückgewinnung von Information aus der codierten Darstellung in die ursprüngliche Form mit Hilfe des gegebenen Codes.

7.6 Multiplexer

Schaltung zum Zusammenfassen von Signalen aus mehreren getrennten Quellen zu einem einzigen Signal zwecks Übertragung in einem gemeinsamen Übertragungskanal. Man unterscheidet Zeitmultiplexer, Frequenzmultiplexer und Codemultiplexer.

7.7 Demultiplexer

Schaltung zur Rückgewinnung der ursprünglichen unabhängigen Signale oder Signalgruppen aus einem von einem Multiplexer erzeugten Signal.

7.8 Signalumformer

Schaltung, welche ein Eingangssignal — gegebenenfalls unter Verwendung einer Hilfsenergie — eindeutig in ein damit zusammenhängendes Ausgangssignal umformt.

7.9 Signalumsetzer

Signalumformer, dessen Eingangssignal(e) und Ausgangssignal(e) unterschiedliche Strukturen aufweisen. Beispiele: Frequenzumsetzer, Parallel-Serien-Umsetzer, Analog-Digital-Umsetzer, Codeumsetzer.

7.10 Signalverstärker

Signalumformer mit Hilfsenergie, der zur Verstärkung der Signalleistung dient.

7.11 Signalwandler

Gerät, das eine oder mehrere Eingangsgrößen aufnimmt und entsprechende Ausgangsgrößen abgibt, die physikalische Größen anderer Art sind. Beispiele: Mikrofon, Lautsprecher, Sensoren.

7.12 (Frequenz-)Filter

Lineares Zweitor, das dazu vorgesehen ist, Teilschwingungen von Signalen nach einer festgelegten Vorschrift zu übertragen, im allgemeinen, um die Teilschwingungen in bestimmten Frequenzbändern durchzulassen und die Teilschwingungen in anderen Frequenzbändern zu dämpfen. Beispiele: Frequenz-Hochpaß, -Tiefpaß, -Bandpaß, -Bandsperre.

7.13 Zeitfilter

Schaltung zur Übertragung ausgewählter Zeitabschnitte von Signalen, etwa zum periodischen Durchlaß bestimmter Signalabschnitte und Sperrung der zeitlich dazwischenliegenden. Beispiele: Abtastfilter, Kanaltor.

7.14 Amplitudenfilter

Nichtlineare Schaltung, die nur Signalanteile eines ausgewählten Wertebereiches durchläßt und die übrigen sperrt. Beispiel: Amplitudenbegrenzer.

7.15 Quantisierer

Nichtlineare Schaltung, die den kontinuierlichen Wertebereich des Signals in eine Anzahl vorbestimmter benachbarter Intervalle aufteilt. Jeder Wert innerhalb eines gegebenen Intervalls wird durch einen einzigen zugeordneten Wert innerhalb des Intervalls dargestellt. Das einfachste Beispiel ist der Entscheider, bei dem nur zwei Intervalle vorgegeben sind.

7.16 Digitalfilter

Digitalschaltung, die einen Rechenalgorithmus realisiert, der ein digitales Eingangssignal (quantisierte Abtastfolge, Eingangszahlenfolge) auf ein digitales Ausgangssignal (Ausgangszahlenfolge) abbildet.

> ANMERKUNG: Ein Digitalfilter, dessen Ausgangszahlenfolge nur von Werten der Eingangszahlenfolge abhängt, ist ein nichtrekursives Digitalfilter. Demgegenüber hängt bei einem rekursiven Digitalfilter ein Wert der Ausgangszahlenfolge auch noch von zeitlich zurückliegenden Ausgangswerten ab.

7.17 Regenerator

Schaltung zum Empfang und zur Erneuerung eines gestörten digitalen Signals derart, daß die zeitliche Lage, die Impulsform und die Amplituden der Signalelemente vorgegebene Grenzen einhalten.

7.18 Dämpfungsglied

Lineares passives Zweitor zur Erzeugung eines Ausgangssignals mit geringerer Leistung als der des Eingangssignals, ohne daß die anderen Charakteristika des Signals geändert werden.

ANMERKUNG: Die durch ein Dämpfungsglied bewirkte Dämpfung kann fest oder veränderbar sein.

7.19 Phasenschieber

Lineares Zweitor zur Erzeugung sinusförmiger Ausgangssignale jeder Frequenz innerhalb eines gegebenen Frequenzbandes, die eine Phasendifferenz in bezug auf den Phasenwinkel der zugehörigen sinusförmigen Eingangssignale haben, ohne daß die anderen Charakteristika des Signals, insbesondere die Amplituden-Frequenz-Charakteristik, geändert werden.

7.20 Frequenzvervielfacher

Nichtlineare Schaltung zur Erzeugung von Schwingungen mit Frequenzen, die ganzzahlige Vielfache der Eingangsfrequenz sind.

7.21 Frequenzteiler

Nichtlineare Schaltung zur Erzeugung von Schwingungen mit Frequenzen, die sich durch Division der Eingangsfrequenz durch ganze Zahlen ergeben.

7.22 Integrierer, Integrierschaltung

Schaltung zur Erzeugung einer Ausgangsgröße, die proportional zum Zeitintegral der Eingangsgröße ist.

7.23 Differenzierer, Differenzierschaltung

Schaltung zur Erzeugung einer Ausgangsgröße, die proportional zur zeitlichen Ableitung der Eingangsgröße ist.

Anhang A (informativ)

Literaturhinweise

DIN IEC 1(CO)1190-722*) Internationales Elektrotechnisches Wörterbuch; Teil 722: Fernsprechen

DIN IEC 1(CO)1241-704*) Internationales Elektrotechnisches Wörterbuch; Teil 704: Nachrichtenübertragung; Identisch mit IEC 1(IEV 704) (CO)1241

DIN IEC 1(CO)1264-705*) Internationales Elektrotechnisches Wörterbuch; Teil 705: Funkwellenausbreitung; Identisch mit IEC 1(IEV 705) (CO)1264-I und II

DIN IEC 1(CO)1324-716*) Internationales Elektrotechnisches Wörterbuch; Teil 716: Diensteintegrierendes Digitalnetz (ISDN); Identisch mit IEC 1(IEV 716) (CO)1324

DIN IEC 1(Sec)1280-713*) Internationales Elektrotechnisches Wörterbuch; Teil 713: Funkkommunikation; Sender, Empfänger, Netze und Betrieb; Identisch mit IEC 1(IEV 713) (Sec)1280

DIN IEC 50-701*) Internationales Elektrotechnisches Wörterbuch; Teil 701: Telekommunikation, Kanäle und Netze; Identisch mit IEC 50(701)

DIN IEC 50-721*) Internationales Elektrotechnisches Wörterbuch; Kapitel 721: Telegrafie, Faksimile und Datenkommunikation; Identisch mit IEC 50(721) : 1991

IEC 50(712) : 1992 International Electrotechnical Vocabulary; Chapter 712: Antennas

IEC 50(714) : 1992 International Electrotechnical Vocabulary; Chapter 714: Switching and signalling in telecommunications

IEC 50(725) : 1982 International Electrotechnical Vocabulary; Chapter 725: Space radiocommunication

IEC 50(726) : 1982 International Electrotechnical Vocabulary; Chapter 726: Transmission lines and waveguides

IEC 50(731) : 1991 International Electrotechnical Vocabulary; Chapter 731: Optical fibre communication

Internationale Patentklassifikation

H 04 B
H 04 L
H 04 M
H 04 N
H 03 H 007/01
H 03 H 007/18
H 03 H 007/24
H 03 H 017/02

*) Z. Z. Entwurf

DK 621.372 : 001.4 November 1978

Übertragungssysteme und Zweitore

Begriffe und Größen

DIN 40 148 Teil 1

Transmissionsystems and twoports; concepts and quantities

Die Festlegungen dieser Norm beziehen sich auf vollständige Signalübertragungssysteme und auf elektrische Zweitore (Vierpole), die Teile eines Übertragungssystems sind. Wenn eine bestimmte Richtung des Energieflusses betrachtet wird, werden die beiden Tore durch die Benennungen Eingangsklemmen, Eingangstor, und Ausgangsklemmen, Ausgangstor, oder auch durch Eingang und Ausgang unterschieden. In dem Teil 1, Teil 2 und Teil 3 dieser Norm werden Systeme vorausgesetzt, die als linear und zeitinvariant betrachtet werden können.

Hinsichtlich allgemeiner Festlegungen und Benennungen wird besonders auf den Abschnitt „Weitere Normen" hingewiesen.

1 Kennzeichnung der Eingangs- und Ausgangsgrößen

E i n g a n g s - und A u s g a n g s g r ö ß e n werden durch die Indizes 1 und 2 unterschieden. Die Eingangs- und Ausgangsgrößen werden als komplexe Wechselgrößen dargestellt. Für diese sind in dieser Norm die Formelzeichen der betreffenden Größen ohne besondere Kennzeichnung als komplexe Größen verwendet. Konjugiert komplexe Größen sind durch einen Stern gekennzeichnet.

Bei einem Schallübertragungssystem (siehe Bild 1) ist also z. B. p_1 der komplexe Schalldruck am Eingang, p_2 der komplexe Schalldruck am Ausgang.

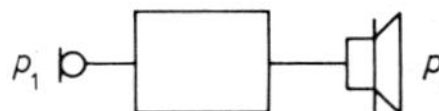

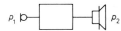

Bild 1. Schallübertragungssystem

Bei einem elektrischen Zweitor (Vierpol) (siehe Bild 2) ist z. B. U_1 die komplexe Eingangswechselspannung, U_2 die komplexe Ausgangswechselspannung, I_1 der komplexe Eingangswechselstrom, I_2 der komplexe Ausgangswechselstrom.

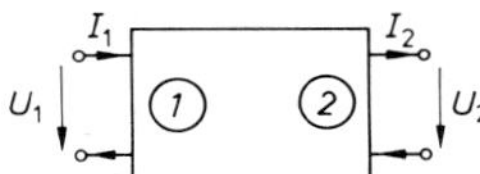

Bild 2. Elektrisches Zweitor: Kettenbezugspfeile

Müssen zwei Eingangsgrößen gleicher Art unterschieden werden, z. B. zwei Spannungen, dann können zur Kennzeichnung entweder die arabischen Ziffern 1 und 2 oder die römischen Ziffern I und II mit Doppelindizes verwendet werden, z. B.

Eingangsgrößen: U_{11}, U_{12} oder $U_{1\mathrm{I}}$, $U_{1\mathrm{II}}$,

Ausgangsgrößen: U_{21}, U_{22} oder $U_{2\mathrm{I}}$, $U_{2\mathrm{II}}$.

In dieser Norm ist allgemein die komplexe Eingangsgröße mit S_1, die komplexe Ausgangsgröße mit S_2 bezeichnet. S_1 und S_2 stellen also die komplexen Wechselgrößen im eingeschwungenen Zustand dar (siehe DIN 5475 Teil 1).

2 Bezugspfeile von Spannungen und Strömen

Bei elektrischen Zweitoren werden die Bezugsrichtungen von Spannungen und Strömen entweder wie in Bild 3 festgelegt, s y m m e t r i s c h e B e z u g s p f e i l e, oder wie in Bild 2, K e t t e n b e z u g s p f e i l e.

Bei symmetrischen Bezugspfeilen geben die Realteile von $U_1 I_1^*$ und $U_2 I_2^*$ die von den Toren aufgenommenen Wirkleistungen an. Bei Kettenbezugspfeilen ist $\mathrm{Re}\, U_1 I_1^*$ die von Tor 1 aufgenommene Wirkleistung, $\mathrm{Re}\, U_2 I_2^*$ die von Tor 2 abgegebene Wirkleistung (U und I sind hier komplexe Effektivwerte).

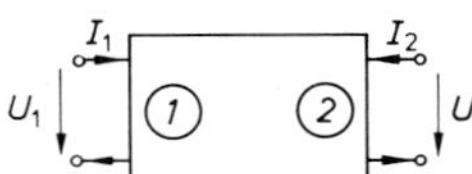

Bild 3. Elektrisches Zweitor: symmetrische Bezugspfeile

3 Übertragungsfaktor

Das Verhältnis der Ausgangsgröße S_2 zur Eingangsgröße S_1 wird (komplexer) Ü b e r t r a g u n g s f a k t o r oder – besonders bei Verstärkern – (komplexer) V e r s t ä r k u n g s f a k t o r genannt:

$$T = \frac{S_2}{S_1} = |T|\, \mathrm{e}^{\mathrm{j}\, \mathrm{arc}\, T}. \qquad (1)$$

Die Eingangs- und Ausgangsgrößen S_1 und S_2 können ungleichartig oder gleichartig sein. Wenn die Verschiedenartigkeit der beiden Größen besonders zum Ausdruck gebracht werden soll, kann T auch Ü b e r t r a g u n g s k o e f f i z i e n t oder V e r s t ä r k u n g s k o e f f i z i e n t

Weitere Normen und Stichwortverzeichnis siehe Originalfassung der Norm

Fortsetzung Seite 2 und 3

Normenausschuß Einheiten und Formelgrößen (AEF) im DIN Deutsches Institut für Normung e.V.

genannt werden. Ist die Ausgangsgröße eine Spannung oder ein Strom, die Eingangsgröße ein Strom bzw. eine Spannung, so kann T Übertragungswiderstand (Übertragungsimpedanz) bzw. Übertragungsleitwert (Übertragungsadmittanz) genannt werden.

Bei gleichartigen Eingangs- und Ausgangsgrößen dürfen zur näheren Kennzeichnung der Größen Zusätze verwendet werden, z. B. Spannungsübertragungsfaktor, Spannungsverstärkungsfaktor, Leistungsverstärkungsfaktor.
Der Übertragungsfaktor ist im allgemeinen komplex und hängt von der Frequenz ab. Soll diese Abhängigkeit besonders ausgedrückt werden, dann spricht man auch von Übertragungsfunktion.
Anstelle des Formelzeichens T kann nach DIN 1344 auch das Formelzeichen H benutzt werden.

4 Dämpfungsfaktor

Das Verhältnis der Eingangsgröße zur Ausgangsgröße wird (komplexer) Dämpfungsfaktor genannt:

$$D = \frac{S_1}{S_2} = |D|\, e^{j \operatorname{arc} D} = \frac{1}{T}. \quad (2)$$

Soll die Frequenzabhängigkeit des Dämpfungsfaktors besonders ausgedrückt werden, dann spricht man auch von Dämpfungsfunktion. Ebenso wie beim Übertragungsfaktor dürfen zur näheren Kennzeichnung Zusätze verwendet werden, z. B. Spannungsdämpfungsfaktor.

5 Übertragungsmaß, Dämpfungsmaß

S_1 und S_2 seien gleichartige Größen, von denen die Leistung quadratisch abhängt, z. B. Spannungen, Stromstärken, Schalldrücke. Dann ergibt der Logarithmus des Übertragungsfaktors das komplexe Übertragungsmaß, der Logarithmus des Dämpfungsfaktors das komplexe Dämpfungsmaß (dieses entspricht in der IEC-Publikation 27-2 dem „exposant de transfer“ bzw. dem „transfer exponent“ Γ, siehe auch DIN 1344 und DIN 5493).

Das komplexe Dämpfungsmaß wird bei Verwendung des natürlichen Logarithmus:

$$g = a + jb = \ln D = -\ln T, \quad (3)$$

also

$$\begin{aligned} g = a + jb &= \ln (|D|\, e^{j \operatorname{arc} D}) \\ &= \ln |D| + j \operatorname{arc} D \\ &= \ln \frac{1}{|T|\, e^{j \operatorname{arc} T}} = -\ln |T| - j \operatorname{arc} T. \end{aligned} \quad (4)$$

Der Realteil

$$a = \ln |D| = -\ln |T| \quad (5)$$

wird Dämpfungsmaß genannt, der Imaginärteil

$$b = \operatorname{arc} D = -\operatorname{arc} T \quad (6)$$

ist das Phasenmaß (auch Dämpfungswinkel genannt) und gleich dem Winkel des komplexen Dämpfungsfaktors.
Es gilt auch

$$D = |D|\, e^{jb} \quad (7)$$

mit dem Betrag des komplexen Dämpfungsfaktors

$$|D| = e^{a}. \quad (8)$$

Gibt man das Dämpfungsmaß gemäß Gl. (5) an, so kann man dies dadurch betonen, daß man das Kurzzeichen Np (gesprochen Neper) dahinter setzt:

$$a = \ln |D| \text{ Np}. \quad (9)$$

Will man dagegen das Dämpfungsmaß unter Benutzung des 10fachen dekadischen Logarithmus des Quadrates des Dämpfungsfaktors angeben, so muß das Kurzzeichen dB (gesprochen Dezibel) dahinter gesetzt werden:

$$a = 20 \lg |D| \text{ dB}. \quad (10)$$

Zur Umrechnung können folgende Beziehungen benutzt werden:

$$1 \text{ dB} = \frac{\ln 10}{20} \text{ Np} \approx 0{,}1151 \text{ Np},$$

$$1 \text{ Np} = 20 \lg e \text{ dB} \approx 8{,}686 \text{ dB}.$$

Die Gl. (6) gibt das Phasenmaß in der Einheit Radiant an; dies kann dadurch betont werden, daß das Einheitenzeichen rad dahinter gesetzt wird. Will man das Phasenmaß in einer vom Vollwinkel ausgehenden Einheit ausdrücken (z. B. Grad, siehe DIN 1315), so muß das entsprechende Einheitenzeichen angegeben werden.

Das komplexe Übertragungsmaß (komplexe Verstärkungsmaß) ist bei Verwendung des natürlichen Logarithmus entsprechend

$$-g = -a - jb = \ln T \quad (11)$$

mit dem Übertragungsmaß (Verstärkungsmaß)

$$-a = \ln |T| \quad (12)$$

und dem Winkel $-b$ des komplexen Übertragungsfaktors.

Es gilt auch

$$T = |T|\, e^{-jb}, \quad (13)$$

wobei

$$|T| = e^{-a} \quad (14)$$

der Betrag des Übertragungsfaktors ist.

In der folgenden Tabelle sind die verschiedenen Definitionen nochmals zusammengestellt:

Dämpfungsfaktor $D = S_1/S_2$	komplexes Dämpfungsmaß $g = a + jb$ $= \ln |D| + j \operatorname{arc} D$
Übertragungsfaktor Verstärkungsfaktor $T = S_2/S_1$	komplexes Übertragungsmaß komplexes Verstärkungsmaß $-g = -a - jb$ $= \ln |T| + j \operatorname{arc} T$

Werden, wie z. B. bei elektroakustischen Wandlern, verschiedenartige Eingangs- und Ausgangsgrößen aufeinander bezogen, dann lassen sich logarithmierte Größenverhältnisse durch Einführen einer Bezugsgröße für den Übertragungsfaktor (Dämpfungsfaktor) bilden.

Werden nicht Spannungen, Stromstärken, Schalldrücke usw. ins Verhältnis gesetzt, sondern Leistungen, dann erhält man das Übertragungs- und das Dämpfungsmaß aus der Wurzel dieses Verhältnisses.

Anstelle der Formelzeichen a, b und g können nach DIN 1344 auch A, B und Γ benutzt werden, also $\Gamma = A + jB$ anstelle von $g = a + jb$.

6 Betriebsübertragungsfaktor, Betriebsdämpfungsfaktor, Betriebsübertragungsmaß, Betriebsdämpfungsmaß

Ein Zweitor liegt zwischen einer Quelle mit der Leerlaufspannung U_0 und dem (komplexen) Innenwiderstand Z_1 und einem Verbraucher mit dem (komplexen) Widerstand Z_2 (siehe Bild 4).

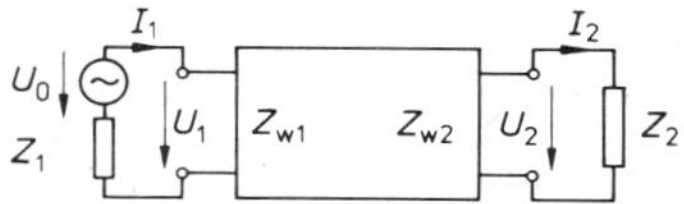

Bild 4. Zweitor mit Quelle und Abschluß

Dann ist der Betriebs-Spannungsübertragungsfaktor

$$T_U = \frac{2U_2}{U_0}, \tag{15}$$

der Betriebs-Stromübertragungsfaktor

$$T_I = \frac{2I_2}{I_k}, \tag{16}$$

wobei der Kurzschlußstrom der Quelle

$$\frac{U_0}{Z_1} = I_k \tag{17}$$

gesetzt ist.

Der Betriebsübertragungsfaktor ist gleich dem geometrischen Mittel von Betriebs-Spannungs- und Betriebs-Stromübertragungsfaktor

$$T_B = \sqrt{T_U T_I} = \sqrt{\frac{4\,U_2 I_2}{U_0 I_k}} = \frac{2\,U_2}{U_0}\sqrt{\frac{Z_1}{Z_2}}. \quad (18)^*)$$

Der Betriebsdämpfungsfaktor ist

$$D_B = \frac{1}{T_B} = \frac{U_0}{2\,U_2}\sqrt{\frac{Z_2}{Z_1}}. \quad (19)^*)$$

Das komplexe Betriebsdämpfungsmaß ist

$$g_B = a_B + \mathrm{j}b_B = \ln D_B. \tag{20}$$

Das Betriebsdämpfungsmaß ist

$$a_B = \ln|D_B| = \ln\left|\frac{U_0}{2\,U_2}\sqrt{\frac{Z_2}{Z_1}}\right|. \quad (21)^*)$$

Das Betriebsphasenmaß ist

$$b_B = \mathrm{arc}\, D_B. \tag{22}$$

Das Betriebsdämpfungsmaß hat im allgemeinen für die beiden Übertragungsrichtungen verschiedene Werte.

Das komplexe Betriebsübertragungsmaß (auch komplexes Verstärkungsmaß) ist das Negative des komplexen Betriebsdämpfungsmaßes.

Für positive reelle Widerstände $Z_1 = R_1$ und $Z_2 = R_2$ ist das Betriebsdämpfungsmaß gleich dem Wirkdämpfungsmaß, siehe DIN 40 148 Teil 3; es ist dann nach Gl. (21) das Maß für das Verhältnis der von der Quelle maximal abgebbaren Wirkleistung

$$P_{max} = |U_0|^2/(4\,R_1)$$

zu der vom Abschlußwiderstand aufgenommenen Wirkleistung

$$P_2 = |U_2|^2/R_2.$$

Das Betriebsdämpfungsmaß ist

$$a_B = \frac{1}{2}\ln\frac{P_{max}}{P_2} \tag{23}$$

Der Betrag des Betriebsübertragungsfaktors ist nach Gl. (18)

$$|T_B| = \sqrt{\frac{P_2}{P_{max}}}. \tag{24}$$

T_B ist in diesem Fall identisch mit dem Parameter S_{21} der Streumatrix (siehe DIN 1344).

7 Wellendämpfung

In Bild 4 sollen Z_{w1} und Z_{w2} die beiden Wellenwiderstände des Zweitors bezeichnen. Sie sind dadurch definiert, daß der Eingangswiderstand am Tor 1 gleich Z_{w1} wird, wenn $Z_2 = Z_{w2}$ ist, und umgekehrt der Eingangswiderstand am Tor 2 gleich Z_{w2} wird, wenn $Z_1 = Z_{w1}$ ist.

Das komplexe Wellendämpfungsmaß ergibt sich als Sonderfall des Betriebsdämpfungsmaßes, wenn $Z_1 = Z_{w1}$ und $Z_2 = Z_{w2}$ gemacht wird. Dann wird

$$U_1 = \frac{1}{2}U_0, \qquad I_1 = \frac{1}{2}I_k,$$

und es gilt:

$$g_w = a_w + \mathrm{j}b_w = \ln\sqrt{\frac{U_1 I_1}{U_2 I_2}} = \ln\frac{U_1}{U_2}\sqrt{\frac{Z_{w2}}{Z_{w1}}}$$

$$= \ln\frac{I_1}{I_2}\sqrt{\frac{Z_{w1}}{Z_{w2}}} \quad (25)^*)$$

a_w ist das Wellendämpfungsmaß,
b_w ist das Wellenphasenmaß.

Das komplexe Wellendämpfungsmaß ist durch Eigenschaften des Vierpols allein bestimmt, während das komplexe Betriebsdämpfungsmaß zusätzlich von den Abschlußwiderständen abhängt.

Der Wellendämpfungsfaktor ist

$$D_w = \frac{U_1}{U_2}\sqrt{\frac{Z_{w2}}{Z_{w1}}} = \frac{I_1}{I_2}\sqrt{\frac{Z_{w1}}{Z_{w2}}}. \quad (26)^*)$$

8 Phasenlaufzeit, Gruppenlaufzeit

Aus dem Phasenmaß b (z. B. Spannungs- oder Stromphasenmaß, Betriebsphasenmaß) können die Phasenlaufzeit und die Gruppenlaufzeit bestimmt werden.

Die Phasenlaufzeit für eine Schwingung mit der Kreisfrequenz ω wird definiert durch

$$t_\varphi = \frac{b}{\omega}. \tag{27}$$

Die Gruppenlaufzeit wird definiert durch

$$t_g = \frac{\mathrm{d}b}{\mathrm{d}\omega}. \tag{28}$$

---

*) Das Vorzeichen der Wurzel ist unbestimmt; daher ist das Phasenmaß grundsätzlich um $\pm\pi$ unbestimmt. Im allgemeinen wird dasjenige Wurzelvorzeichen gewählt, das zu einem positiven Realteil führt.

DK 621.372.5 Januar 1984

Übertragungssysteme und Zweitore

Symmetrieeigenschaften von linearen Zweitoren

DIN 40 148 Teil 2

Transmission systems and two-ports;
Symmetry characteristics of linear two-ports

Ersatz für Ausgabe 03.70

1 Anwendungsbereich und Zweck

Die Festlegungen dieser Norm beziehen sich auf lineare zeitinvariante elektrische Zweitore, die Teile eines Signalübertragungssystems sind. Vom Aufbau und vom Betriebsverhalten her können solche Zweitore bestimmte Symmetrie- oder Antimetrie-Eigenschaften aufweisen. Diese unterschiedlichen Eigenschaften zu definieren, ist Zweck dieser Norm.

2 Allgemeines

Ein lineares zeitinvariantes Zweitor nach Bild 1 wird – ohne Berücksichtigung seiner physikalischen Umgebung – durch die Gleichungen nach Abschnitt 2.1 und Abschnitt 2.2 beschrieben (siehe auch DIN 1344 und DIN 4899). Hier und im folgenden werden komplexe Größen nicht besonders gekennzeichnet.

2.1 Allgemeine Zweitorgleichungen

Die Zweitorgleichungen lauten

in der Widerstandsform:

$$\begin{aligned} U_1 &= Z_{11} I_1 + Z_{12} I_2 \\ U_2 &= Z_{21} I_1 + Z_{22} I_2 \end{aligned} \qquad (1)$$

in der Leitwertform:

$$\begin{aligned} I_1 &= Y_{11} U_1 + Y_{12} U_2 \\ I_2 &= Y_{21} U_1 + Y_{22} U_2 \end{aligned} \qquad (2)$$

in der Kettenform:

$$\begin{aligned} U_1 &= A_{11} U_2 + A_{12} (-I_2) \\ I_1 &= A_{21} U_2 + A_{22} (-I_2) \end{aligned} \qquad (3)$$

2.2 Gleichungen für ein Zweitor mit Bezugswiderständen (Torwiderständen)

Man ordnet jedem Tor einen reellen Widerstand R_1 bzw. R_2 zu und bildet mit diesen Bezugs- oder Torwiderständen die Streuvariablen (Wellengrößen):

$$M_1 = \frac{U_1 + R_1 I_1}{2\sqrt{R_1}} \qquad M_2 = \frac{U_2 + R_2 I_2}{2\sqrt{R_2}}$$
$$N_1 = \frac{U_1 - R_1 I_1}{2\sqrt{R_1}} \qquad N_2 = \frac{U_2 - R_2 I_2}{2\sqrt{R_2}} \qquad (4)$$

Dann kann das Zweitor zusammen mit den Bezugswiderständen durch die Streugleichungen

$$\begin{aligned} N_1 &= S_{11} M_1 + S_{12} M_2 \\ N_2 &= S_{21} M_1 + S_{22} M_2 \end{aligned} \qquad (5)$$

beschrieben werden. Betrachtet man den Betrieb des Zweitors zwischen reellen Widerständen, so wählt man im allgemeinen die Bezugswiderstände gleich den Abschlußwiderständen. Die Koeffizienten S_{11} und S_{22} sind dann die Betriebsreflexionsfaktoren an den beiden Toren (siehe DIN 40 148 Teil 3). Der Koeffizient S_{21} ist der Betriebsübertragungsfaktor von Tor 1 nach Tor 2, der Koeffizent S_{12} ist der Betriebsübertragungsfaktor von Tor 2 nach Tor 1.

Wenn man in Gleichung (4) für die Spannungen und Ströme komplexe Effektivwerte einsetzt, werden die in die Tore eintretenden Wirkleistungen P_1 und P_2 nach Gleichung (6) als Differenzen der dem Tor zufließenden verfügbaren Leistungen $|M_1|^2$ bzw. $|M_2|^2$ der Quellen und der aus den Toren austretenden Leistungen $|N_1|^2$ bzw. $|N_2|^2$ dargestellt (siehe DIN 4899):

$$P_1 = |M_1|^2 - |N_1|^2 \qquad P_2 = |M_2|^2 - |N_2|^2 \qquad (6)$$

Anmerkung: Die hier im Interesse der Übersichtlichkeit vorgenommene Beschränkung auf reelle Bezugswiderstände ist nicht zwingend. Mit komplexen Bezugswiderständen ergeben sich mehrere Möglichkeiten einer sinnvollen Verallgemeinerung.

2.3 Bindungen zwischen den Koeffizienten

Zwischen den vier im allgemeinen unabhängigen Koeffizienten der Zweitorgleichungen bestehen Bindungen, wenn das Zweitor Symmetrieeigenschaften bezüglich seines Aufbaus (Aufbausymmetrie) oder bezüglich seines Betriebsverhaltens (funktionale Symmetrie) aufweist. Wegen der Verschiedenheit der in den folgenden Abschnitten im einzelnen beschriebenen Symmetrieeigenschaften sollte die Benennung „symmetrisches Zweitor" ohne Zusatz nicht verwendet werden.

3 Aufbausymmetrie

3.1 Aufbau-Längssymmetrie

Als aufbau-längssymmetrisch bezeichnet man ein Zweitor, wenn es aus zwei spiegelsymmetrischen Schaltungsteilen bezüglich der in Bild 2 eingezeichneten vertikalen Symmetrieebene aufgebaut ist (Beispiel: T-Schaltung mit gleichen Längswiderständen). Die Aufbau-Längssymmetrie hat zur Folge, daß die Übertragungs- und Widerstandseigenschaften für beide Richtungen bzw. für beide Tore gleich sind.

Fortsetzung Seite 2 und 3

Normenausschuß Einheiten und Formelgrößen (AEF) im DIN Deutsches Institut für Normung e.V.
Deutsche Elektrotechnische Kommission im DIN und VDE (DKE)

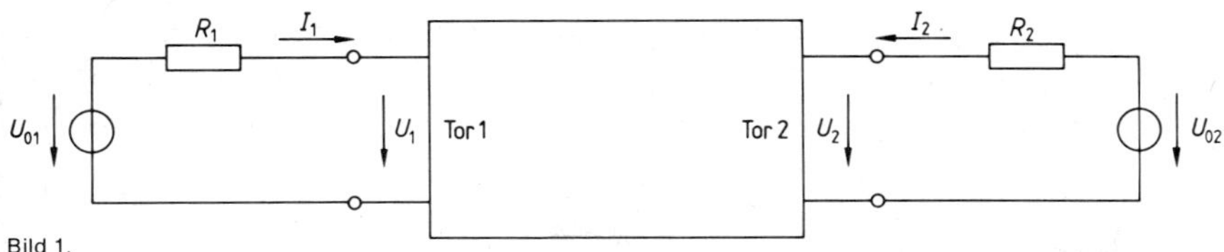

Bild 1.

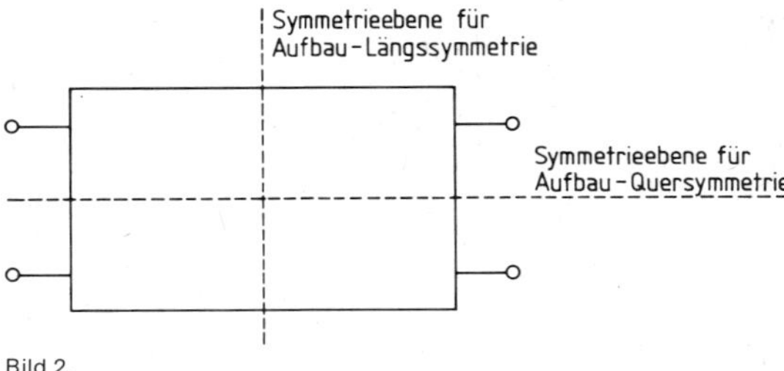

Bild 2.

3.2 Aufbau-Quersymmetrie

Als aufbau-quersymmetrisch bezeichnet man ein Zweitor, das aus zwei spiegelbildlichen Schaltungsteilen bezüglich der in Bild 2 eingezeichneten horizontalen Symmetrieebene aufgebaut ist (Beispiele: symmetrische X-Schaltung, symmetrische Doppelleitung; Beispiele für Quer-Unsymmetrie: T-Schaltung, Koaxialleitung). Die Aufbau-Quersymmetrie hat nur Bedeutung für die Eigenschaften des Zweitors bezüglich des Einflusses der physikalischen Umgebung.

4 Funktionale Symmetrie

Unabhängig vom Aufbau kann das durch die Gleichungen (1), (2), (3) oder (5) beschriebene Verhalten des Zweitors Symmetrieeigenschaften zeigen.

4.1 Kopplungssymmetrie (Übertragungssymmetrie, Kernsymmetrie)

Kopplungssymmetrisch (übertragungssymmetrisch, kernsymmetrisch) wird ein Zweitor genannt, für das der Reziprozitätssatz gilt, bei dem also der Betriebsübertragungsfaktor für beliebige Abschlußwiderstände unabhängig von der Übertragungsrichtung ist.

Zwischen den Koeffizienten der Zweitorgleichungen bestehen dann die jeweils gleichwertigen Beziehungen:

$$S_{12} = S_{21} \quad (7)$$

$$Z_{12} = Z_{21} \quad (8)$$

$$Y_{12} = Y_{21} \quad (9)$$

$$\det A = A_{11}\,A_{22} - A_{12}\,A_{21} = 1 \quad (10)$$

Anmerkung: Ein zeitinvariantes kopplungssymmetrisches Zweitor wird auch reziprokes Zweitor genannt (siehe DIN 4899). Diese Benennung stellt eine Erweiterung der Begriffsfestlegung für das Wort „reziprok" in DIN 4898 dar.

4.2 Symmetrie hinsichtlich des Betriebsdämpfungsmaßes (Leistungssymmetrie)

Gilt bei einem Zweitor entgegen den Gleichungen (8) bis (10) nur

$$|Z_{12}| = |Z_{21}| \qquad |Y_{12}| = |Y_{21}| \qquad |\det A| = 1 \quad (11)$$

für alle Frequenzen, dann sind die Betriebs-Übertragungsfaktoren nur dem Betrag nach unabhängig von der Betriebsrichtung:

$$|S_{12}| = |S_{21}| \quad (12)$$

Sie unterscheiden sich für beide Richtungen aber im Winkel. (Beispiel: verlustfreies Zweitor mit idealem Gyrator). Zweitore mit dieser Eigenschaft sind also symmetrisch hinsichtlich des Betriebsdämpfungsmaßes. Sie werden auch leistungssymmetrisch genannt, da die Betragsquadrate der Streukoeffizienten die Verhältnisse zweier Leistungen darstellen.

4.3 Widerstandssymmetrie (Torsymmetrie)

Widerstandssymmetrisch wird ein Zweitor genannt, bei dem der jeweilige Eingangswiderstand bei beliebigem Abschlußwiderstand unabhängig von der Betriebsrichtung ist. Daraus folgen die jeweils gleichwertigen Bedingungen:

$$Z_{22} = Z_{11} \quad (13)$$

$$Y_{22} = Y_{11} \quad (14)$$

$$A_{22} = A_{11} \quad (15)$$

4.4 Längssymmetrie (Kopplungs- und Widerstandssymmetrie)

Ein Zweitor, das sowohl kopplungs- als auch widerstandssymmetrisch ist, bei dem also alle Betriebseigenschaften unabhängig von der Betriebsrichtung sind, wird längssymmetrisch genannt. Hier sind gleichwertig die folgenden drei Paare von Bedingungen:

$$Z_{22} = Z_{11} \qquad Z_{12} = Z_{21} \tag{16}$$

$$Y_{22} = Y_{11} \qquad Y_{12} = Y_{21} \tag{17}$$

$$A_{22} = A_{11} \qquad \det A = 1 \tag{18}$$

Zweitore mit längssymmetrischem Aufbau (siehe Abschnitt 3.1) sind notwendigerweise auch in ihrer Funktion längssymmetrisch, also kopplungs- und widerstandssymmetrisch.

4.5 Antimetrie

Ein kopplungssymmetrisches (reziprokes) Zweitor wird antimetrisch genannt, und zwar bezüglich einer reellen Impedanz R, wenn die Eingangsimpedanzen an beiden Toren dual zueinander bezüglich R sind, sofern auch die beiden Abschlußimpedanzen dual zueinander bezüglich R sind. Dazu müssen die folgenden, einander äquivalenten Ausdrücke gleich R^2 sein:

$$\det Z = Z_{11} Z_{22} - Z_{12} Z_{21} = \frac{1}{\det Y}$$

$$= \frac{1}{Y_{11} Y_{22} - Y_{12} Y_{21}} = \frac{A_{12}}{A_{21}} = R^2 \tag{19}$$

4.6 Streusymmetrie und Streuantimetrie

Eine Widerstandssymmetrie im weiteren Sinne liegt vor, wenn das Verhältnis $Z_{11}/Z_{22} = Y_{22}/Y_{11}$ eine frequenzunabhängige positive Zahl ist (Beispiel: widerstandssymmetrisches Zweitor in Kette mit einem idealen Übertrager). Ist diese Zahl gleich dem Verhältnis der beiden Torwiderstände

$$\frac{Z_{11}}{Z_{22}} = \frac{Y_{22}}{Y_{11}} = \frac{A_{11}}{A_{22}} = \frac{R_1}{R_2}, \tag{20}$$

so werden die Betriebsreflexionsfaktoren an beiden Toren gleich, es gilt:

$$S_{22} = S_{11} \tag{21}$$

Für diese Eigenschaft wird die Benennung „Reflexionssymmetrie" vorgeschlagen. Entsprechend liegt „Reflexionsantimetrie" mit

$$-S_{22} = S_{11} \tag{22}$$

vor, wenn bei einem antimetrischen Zweitor die Dualitätsinvariante R gleich dem geometrischen Mittel der beiden Torwiderstände ist:

$$\det Z = \frac{1}{\det Y} = \frac{A_{12}}{A_{21}} = R_1 R_2 = R^2 \tag{23}$$

Ein Zweitor, das sowohl kopplungssymmetrisch als auch reflexionssymmetrisch bzw. antimetrisch ist, für dessen Streumatrix also

$$S_{12} = S_{21} \qquad \pm S_{22} = S_{11} \tag{24}$$

gilt, sollte streusymmetrisch bzw. streuantimetrisch genannt werden.

Zitierte Normen

DIN 1344	Elektrische Nachrichtentechnik; Formelzeichen
DIN 4898	Gebrauch der Wörter dual, invers, reziprok, äquivalent, komplementär
DIN 4899	Lineare elektrische Mehrtore
DIN 40 148 Teil 3	Übertragungssysteme und Vierpole; Spezielle Dämpfungsmaße

Weitere Normen

DIN 40 148 Teil 1 Übertragungssysteme und Zweitore; Begriffe und Größen

Frühere Ausgaben

DIN 40 148 Teil 2: 03.70

Änderungen

Gegenüber der Ausgabe März 1970 wurden folgende Änderungen vorgenommen:

a) Symmetrieeigenschaften von Klemmenpaaren gestrichen.
b) Benennung Vierpol durch Zweitor ersetzt.
c) Aufbausymmetrie, Antimetrie, Streusymmetrie und Streuantimetrie aufgenommen.
d) Norm redaktionell vollständig überarbeitet.

Internationale Patentklassifikation

H 04 B 13-00

Übertragungssysteme und Vierpole

Spezielle Dämpfungsmaße

DIN 40148 Blatt 3

Transmission systems and two-ports; measures for attenuation

Häufig wird statt der Benennung „Dämpfungsmaß" die Benennung „Dämpfung" benutzt; dies ist nicht korrekt, da Dämpfung einen Vorgang und keine Größe darstellt.

Die bei den Formelzeichen für die speziellen Größen hier verwendeten Indizes sind nur Beispiele.

1. Spezielle Dämpfungsmaße bei Vierpolen

1.1. Wellendämpfungsmaß

Siehe DIN 40148 Blatt 1, Ausgabe September 1966, Abschnitt 7.

1.2. Betriebsdämpfungsmaß

Siehe DIN 40148 Blatt 1, Ausgabe September 1966, Abschnitt 6.

1.3. Einfügungsdämpfungsmaß

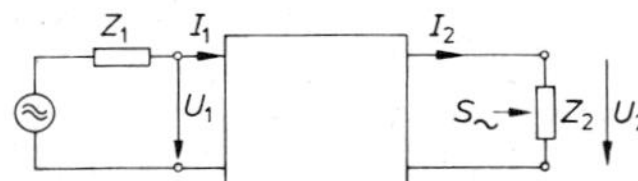

Bild 1

Ist eine Quelle mit dem Innenwiderstand Z_1 mit einem Empfänger mit dem Widerstand Z_2 über einen beliebigen Vierpol verbunden (siehe Bild 1), so ist das komplexe Einfügungsdämpfungsmaß $g_{in} = a_{in} + jb_{in}$ der halbe natürliche Logarithmus des Verhältnisses der Wechselleistungen $S_{\sim 0}/S_{\sim}$, wenn $S_{\sim 0} = (U_2 I_2)_0$ die ohne, $S_{\sim} = U_2 I_2$ die mit Vierpol vom Empfänger aufgenommenen Wechselleistungen (siehe DIN 40110) sind:

$$g_{in} = \frac{1}{2} \ln \frac{S_{\sim 0}}{S_{\sim}}. \qquad (1)$$

Anmerkung: Der Realteil a_{in} der durch Gleichung (1) definierten komplexen Zahl g_{in} ist nach DIN 5493, Ausgabe September 1966, Abschnitt 2.2.1, eine logarithmierte Verhältnisgröße. Das Kurzzeichen Np *für Neper kann hinzugesetzt werden:*

$$a_{in} = \frac{1}{2} \ln \left| \frac{S_{\sim 0}}{S_{\sim}} \right| \text{Np}. \qquad (1\,a)$$

Man erhält das Einfügungsdämpfungsmaß in Dezibel (dB), *indem man in der Gleichung (1 a)*

$$\frac{1}{2} \ln \left| \frac{S_{\sim 0}}{S_{\sim}} \right| \text{Np} \textit{ ersetzt durch } 10 \lg \left| \frac{S_{\sim 0}}{S_{\sim}} \right| \text{dB},$$

oder die Beziehung $1\,\text{dB} = \frac{\ln 10}{20} \approx 0{,}1151\,\text{Np}$ *benutzt.*

Es ist also auch

$$a_{in} = 10 \lg \left| \frac{S_{\sim 0}}{S_{\sim}} \right| \text{dB}. \qquad (1\,b)$$

Das negative komplexe Einfügungsdämpfungsmaß wird — besonders bei Verstärkern — komplexes Einfügungsverstärkungsmaß genannt. Der Zusammenhang des komplexen Einfügungsdämpfungsmaßes g_{in} mit dem komplexen Betriebsdämpfungsmaß g_B (siehe DIN 40148 Blatt 1, Ausgabe September 1966, Abschnitt 6) ist gegeben durch die Beziehung

$$g_{in} = g_B - \ln \frac{Z_1 + Z_2}{2\sqrt{Z_1 Z_2}}. \qquad (2)$$

Für gleiche Widerstände ($Z_1 = Z_2$) ist das komplexe Einfügungsdämpfungsmaß gleich dem komplexen Betriebsdämpfungsmaß.

1.4. Wirkdämpfungsmaß

Das Wirkdämpfungsmaß ist definiert als der halbe natürliche Logarithmus des Leistungsverhältnisses P_{max}/P_{2w}, wobei P_{max} die größte Wirkleistung ist, die der Sender mit dem Innenwiderstand Z_1 (bei Leistungsanpassung) abgeben kann, und P_{2w} die wirklich an Z_2 mit zwischengeschaltetem Vierpol abgegebene Wirkleistung. Das negative Wirkdämpfungsmaß wird — besonders bei Verstärkern — Wirkverstärkungsmaß genannt.

Für reelle Widerstände Z_1 und Z_2 ist das Wirkdämpfungsmaß gleich dem Betriebsdämpfungsmaß.

2. Dämpfungsmaße zur Charakterisierung von Reflexionsstellen

2.1. Betriebsreflexionsdämpfungsmaß (Fehlerdämpfungsmaß, Anpassungsdämpfungsmaß), Echodämpfungsmaß (Rückflußdämpfungsmaß)

Wenn eine Spannungsquelle mit dem Innenwiderstand Z_1 mit einem von Z_1 abweichenden Widerstand Z_2 abgeschlossen ist (siehe Bild 2), dann kann man im eingeschwungenen Zustand Spannung U und Strom I an der Schnittstelle B durch die Überlagerung einer ankommenden Welle $\left(\frac{U_0}{2} = U_a, \frac{U_0}{2Z_1} = I_a\right)$ und einer an Z_2 reflektierten Welle (U_r, I_r) darstellen:

$$U = U_a + U_r \quad \text{und} \quad I = I_a + I_r. \qquad (3)$$

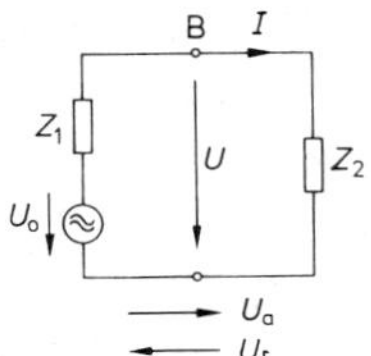

Bild 2

Fortsetzung Seite 2 bis 4

Ausschuß für Einheiten und Formelgrößen (AEF) im Deutschen Normenausschuß (DNA)

Das Verhältnis der Spannung U_r der an Z_2 reflektierten Welle zur Spannung U_a der ankommenden Welle wird Betriebsreflexionsfaktor r genannt:

$$r = \frac{U_r}{U_a} = \frac{Z_2 - Z_1}{Z_2 + Z_1} = \frac{I_r}{I_a}. \quad (4)$$

Das zugehörige komplexe Dämpfungsmaß ist

$$g_r = a_r + j b_r = \ln \frac{1}{r}. \quad (5)$$

Der reelle Teil

$$a_r = \ln \left| \frac{1}{r} \right| = \ln \left| \frac{Z_2 + Z_1}{Z_2 - Z_1} \right| \text{Np} =$$

$$= 20 \lg \left| \frac{Z_2 + Z_1}{Z_2 - Z_1} \right| \text{dB} \quad (6)$$

heißt Betriebsreflexionsdämpfungsmaß.

Anmerkung: Das Betriebsreflexionsdämpfungsmaß wird auch Fehlerdämpfungsmaß oder Anpassungsdämpfungsmaß genannt.

Im Falle eines längsunsymmetrischen Vierpols (siehe DIN 40148 Blatt 2) mit den Wellenwiderständen Z_{w1} und Z_{w2} und dem komplexen Wellendämpfungsmaß g_w, der zwischen einem Quellenwiderstand Z_1 und einem Abschlußwiderstand Z_2 liegt (siehe Bild 3), sind folgende Reflexionsfaktoren am Eingang und Ausgang definiert:

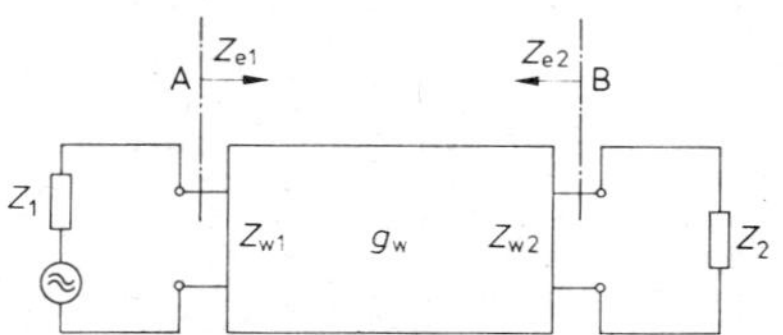

Bild 3

Wellenreflexionsfaktoren

$$r_1 = \frac{Z_1 - Z_{w1}}{Z_1 + Z_{w1}} \quad \text{und} \quad r_2 = \frac{Z_2 - Z_{w2}}{Z_2 + Z_{w2}}, \quad (7)$$

Echofaktoren

$$r_{E1} = \frac{Z_{e1} - Z_{w1}}{Z_{e1} + Z_{w1}} \quad \text{und} \quad r_{E2} = \frac{Z_{e2} - Z_{w2}}{Z_{e2} + Z_{w2}}. \quad (8)$$

Hierin bedeuten:

Z_{e1} und Z_{e2} Eingangs- und Ausgangswiderstände des Vierpols.

Die zugehörigen komplexen Echodämpfungsmaße am Vierpoleingang und Vierpolausgang sind

$$g_{E1} = \ln \frac{1}{r_{E1}} \quad \text{und} \quad g_{E2} = \ln \frac{1}{r_{E2}}. \quad (9)$$

Echo- und Wellenreflexionsfaktoren sind verknüpft durch den Fehlersatz

$$r_{E1} = r_2 \cdot e^{-2g_w} \quad \text{und} \quad r_{E2} = r_1 \cdot e^{-2g_w}. \quad (10)$$

Aus den Gleichungen (9), (10) und (5) ergeben sich für die zugehörigen komplexen Dämpfungsmaße die Beziehungen

$$g_{E1} = g_{r2} + 2 g_w \quad \text{und} \quad g_{E2} = g_{r1} + 2 g_w. \quad (11)$$

Anmerkung: Das Echodämpfungsmaß wird auch Rückflußdämpfungsmaß genannt.

2.2. Stoßdämpfungsmaß

Das komplexe Betriebsdämpfungsmaß der Schaltung in Bild 2 kann auch als komplexes Stoßdämpfungsmaß g_s an der Stoßstelle B aufgefaßt werden:

$$g_s = \ln \frac{Z_1 + Z_2}{2\sqrt{Z_1 \cdot Z_2}}. \quad (12)$$

Im Falle eines fehlangepaßten unsymmetrischen Vierpoles, wie in Bild 3, treten an den Stoßstellen A und B die komplexen Stoßdämpfungsmaße

$$g_{s1} = \ln \frac{Z_1 + Z_{w1}}{2\sqrt{Z_1 \cdot Z_{w1}}} \quad \text{und} \quad g_{s2} = \ln \frac{Z_2 + Z_{w2}}{2\sqrt{Z_2 \cdot Z_{w2}}} \quad (13)$$

auf.

2.3. Wechselwirkungsdämpfungsmaß

Eine Welle, die einen beidseitig fehlangepaßten Vierpol (siehe Bild 3) durchläuft, erfährt außer der Eingangs- und Ausgangsstoßdämpfung nach Gleichung (13) und der Wellendämpfung eine Dämpfung durch Mehrfachreflexionen zwischen Eingang und Ausgang. Das der Mehrfachreflexion entsprechende Dämpfungsmaß ist das komplexe Wechselwirkungsdämpfungsmaß

$$g_{ww} = \ln(1 - r_1 r_2 \cdot e^{-2g_w}). \quad (14)$$

Hierin bedeuten:

r_1 und r_2 die Wellenreflexionsfaktoren nach Gleichung (7).

Die Summe der vier komplexen Dämpfungsmaße ergibt das komplexe Betriebsdämpfungsmaß in Gleichung (17) von DIN 40148 Blatt 1, Ausgabe September 1966:

$$g_B = g_w + g_{s1} + g_{s2} + g_{ww}. \quad (15)$$

3. Dämpfungsmaße in gekoppelten elektrischen Stromkreisen

3.1. Nebensprechdämpfungsmaß

Das Nebensprechdämpfungsmaß ist das Betriebsdämpfungsmaß zwischen zwei definierten Orten zweier gekoppelter Leitungen mit spezifizierten Abschlußwiderständen. In Bild 4 bedeuten ① und ② zwei Leitungen (oder allgemein zwei Vierpole). Wirkt am Eingang der Leitung ① eine Wechselspannung U_1, so kann (infolge von Kopplungen zwischen den Leitungen) in Leitung ② sowohl am gleichen Ort eine störende Wechselspannung U_{2n} als auch am fernen Ort eine störende Wechselspannung U_{2f} auftreten. Die erstere bestimmt das Nahnebensprechdämpfungsmaß a_n, die letztere das Fernnebensprechdämpfungsmaß a_f.

Anmerkung: Das Nebensprechdämpfungsmaß wird auch Kopplungsdämpfungsmaß genannt.

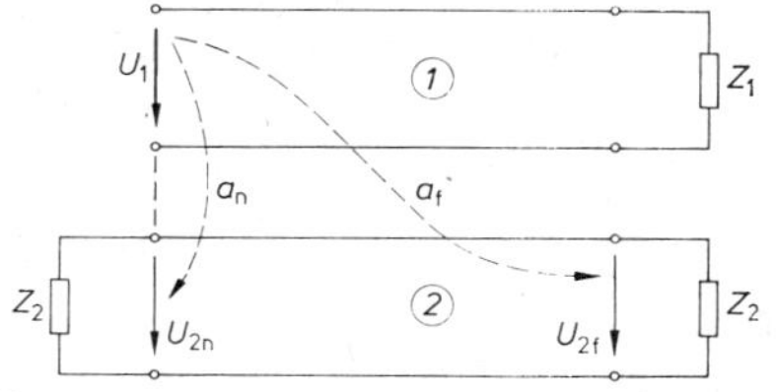

Bild 4

Bei angepaßtem Abschluß der beiden Leitungen mit den Wellenwiderständen Z_1 und Z_2 ist

$$a_n = \ln \left| \frac{U_1}{U_{2n}} \sqrt{\frac{Z_2}{Z_1}} \right| \text{Np} = 20 \lg \left| \frac{U_1}{U_{2n}} \sqrt{\frac{Z_2}{Z_1}} \right| \text{dB} \quad (16)$$

und

$$a_f = \ln \left| \frac{U_1}{U_{2f}} \sqrt{\frac{Z_2}{Z_1}} \right| \text{Np} = 20 \lg \left| \frac{U_1}{U_{2f}} \sqrt{\frac{Z_2}{Z_1}} \right| \text{dB}. \quad (17)$$

3.2. Grundwert der Nebensprechdämpfung

Für die Beurteilung der durch das Nebensprechen entstehenden Störung ist das Verhältnis von Nutzleistung P_{nutz} zu Störleistung $P_{\text{stör}}$ am Ausgang der gestörten Leitung (z. B. am rechten oder linken Ende der Leitung ② in Bild 4) maßgebend. Das logarithmierte Verhältnis

$$a_G = \frac{1}{2} \ln \frac{P_{\text{nutz}}}{P_{\text{stör}}} \text{Np} = 10 \lg \frac{P_{\text{nutz}}}{P_{\text{stör}}} \text{dB} \quad (18)$$

wird Grundwert der Nebensprechdämpfung genannt. Dieser Wert ist durch die Nebensprechdämpfung sowie die in DIN 5493, Ausgabe September 1966, Abschnitt 1.9, definierten relativen Pegel n_1 am Anfang der störenden Leitung (z. B. links bei Leitung ① in Bild 4) und n_2 am Ausgang der gestörten Leitung (z. B. am rechten oder linken Ende der Leitung ② in Bild 4) bestimmt; es gilt für den Zusammenhang zwischen dem Grundwert a_G und dem Nebensprechdämpfungsmaß a_n (oder a_f)

$$a_G = a_n - (n_1 - n_2) \,. \quad (19)$$

4. Dämpfungsmaße in nichtlinearen elektrischen Stromkreisen

4.1. Klirrdämpfungsmaß

Durch Vierpole mit nichtlinearen Elementen entstehen bei einer sinusförmigen Eingangsspannung in der Ausgangsspannung neben einer Grundschwingung mit dem Effektivwert U_1 Oberschwingungen. Das Verhältnis vom Effektivwert sämtlicher Oberschwingungen zum Effektivwert der Gesamtspannung am Ausgang wird Klirrfaktor k genannt (siehe auch DIN 40110):

$$k = \sqrt{\frac{U_2^2 + U_3^2 + \cdots}{U_1^2 + U_2^2 + U_3^2 + \cdots}} \,. \quad (20)$$

Das zugehörige Dämpfungsmaß

$$a_k = \ln \left| \frac{1}{k} \right| \text{Np} = 20 \lg \left| \frac{1}{k} \right| \text{dB} \quad (21)$$

heißt Klirrdämpfungsmaß.

Betrachtet man nur die n-te Harmonische, so erhält man den Klirrfaktor n-ter Ordnung und das Klirrdämpfungsmaß n-ter Ordnung:

$$k_n = \sqrt{\frac{U_n^2}{U_1^2 + U_2^2 + U_3^2 + \cdots}} \quad (22)$$

und

$$a_{k_n} = \ln \left| \frac{1}{k_n} \right| \text{Np} = 20 \lg \left| \frac{1}{k_n} \right| \text{dB} \,. \quad (23)$$

Bei kleinem Klirrfaktor ist der Effektivwert der Gesamtspannung angenähert gleich dem Effektivwert der Grundschwingung.

4.2. Intermodulation, Intermodulationsdämpfungsmaß

Ist das Eingangssignal eine Summe aus einzelnen Sinusschwingungen oder ein Rauschspektrum, so entsteht bei einer nichtlinearen Kennlinie ein zusätzliches Spektrum von sinusförmigen Schwingungen bzw. ein Rauschspektrum, dessen Frequenzen Kombinationen aus den Summen und Differenzen der ursprünglichen Frequenzen und ihrer Oberwellen sind.

Die Leistungen sämtlicher neu entstandenen Schwingungen in einem betrachteten Frequenzband ergeben die Intermodulationsleistung in dem betreffenden Frequenzband.

Zur Beurteilung dieser Intermodulationsleistung gibt es verschiedene Definitionen, siehe Abschnitte 4.2.1 und 4.2.2.

4.2.1. Intermodulation in der Elektroakustik
In der Elektroakustik ist ein Intermodulationsfaktor und das entsprechende Intermodulationsdämpfungsmaß in DIN 45403 Blatt 4 definiert. Es bezieht sich auf den Fall, daß das Eingangssignal aus einer Sinusschwingung niedriger Frequenz mit großer Amplitude und einer Sinusschwingung hoher Frequenz mit kleiner Amplitude besteht. Näheres siehe DIN 45403 Blatt 4.

4.2.2. Intermodulation in Trägerfrequenzsystemen der Nachrichtenübertragung
Zur Beurteilung der Intermodulation in Mehrkanal-Trägerfrequenzsystemen legt man eine künstliche Systembelastung durch weißes Rauschen mit der Bandbreite des Übertragungssystems und definierter Leistung (konventionelle Systembelastung) zugrunde und mißt die am Ausgang des Übertragungssystems in einem Meßkanal auftretende Intermodulationsleistung. Dabei wird durch ein der Rauschquelle nachgeschaltetes Sperrfilter der in den Durchlaßbereich des Meßkanals fallende Teil des Rauschspektrums unterdrückt. Diese Methode heißt Rauschklirrmeßverfahren.

Es seien:

P_1 die am Ausgang des Meßkanals auftretende Leistung für den Fall, daß das Sperrfilter abgeschaltet ist,

P_2 die am Ausgang des Meßkanals auftretende Leistung für den Fall, daß das Sperrfilter eingeschaltet ist,

P_0 die am Ausgang des Meßkanals auftretende Leistung für den Fall, daß die Rauschquelle abgeschaltet ist („Grundgeräuschleistung“).

Dann ist:

$P_1 - P_0$ die Signalleistung,

$P_2 - P_0$ die Intermodulationsleistung.

Das Verhältnis dieser beiden Leistungen bestimmt das Intermodulationsdämpfungsmaß (Rausch-Intermodulationsdämpfungsmaß)

$$\frac{1}{2} \ln \frac{P_1 - P_0}{P_2 - P_0} \text{ Np} = 10 \lg \frac{P_1 - P_0}{P_2 - P_0} \text{ dB}.$$

Praktisch wird meist die gesamte Störleistung P_2 in Beziehung zu der Signalleistung gesetzt und als Störleistungsverhältnis (englisch: Noise Power Ratio, NPR) angegeben. Störleistungsdämpfungsmaß wird dann

$$\frac{1}{2} \ln \frac{P_1}{P_2} \text{ Np} = 10 \lg \frac{P_1}{P_2} \text{ dB}$$

genannt. Das Störleistungsdämpfungsmaß ist gleich dem Abstand zwischen Signalleistungspegel und Störleistungspegel.

Anmerkung: Eine andere gebräuchliche Art der Darstellung benutzt die Angabe des psophometrisch bewerteten absoluten Störleistungspegels (n_2) bezogen auf 1 mW, eine Bandbreite von 3,1 kHz und auf einen Ort mit dem relativen Pegel Null des Systems (siehe CCITT-Empfehlung G. 222 und G. 223).

5. Dämpfungsmaße in Fernsprechverbindungen

5.1. Bezugsdämpfungsmaß

Das Bezugsdämpfungsmaß schließt nicht nur die elektromagnetischen, sondern auch die elektroakustischen Teile des Übertragungsweges ein.

Das Bezugsdämpfungsmaß einer Fernsprechverbindung ist dasjenige Dämpfungsmaß einer Eichleitung, das man in einem Fernsprech-Bezugssystem einstellen muß, um den gleichen Lautstärkeeindruck zu erhalten wie bei der zu beurteilenden vollständigen Fernsprechverbindung. Das Bezugssystem ist das System NOSFER (= Nouveau Système Fondamental pour la Détermination des Equivalents de Référence) des CCITT. Es befindet sich im CCITT-Laboratorium in Genf und ist in den CCITT-Empfehlungen P.41 und P.42 (CCITT-Rotbuch, Band V) beschrieben.

Das Bezugsdämpfungsmaß eines Teils einer Fernsprechverbindung, z.B. das Sendebezugsdämpfungsmaß oder das Empfangsbezugsdämpfungsmaß, erhält man, wenn man beim Messen nur den zu untersuchenden Teil der Verbindung gegen den entsprechenden Teil des NOSFER-Systems auswechselt.

5.2. Restdämpfungsmaß

Restdämpfungsmaß wird das zwischen reellen Abschlußwiderständen von 600 Ω gemessene Betriebsdämpfungsmaß (siehe DIN 40148 Blatt 1, Ausgabe September 1966, Abschnitt 6) einer aus mehreren Abschnitten (einschließlich Verstärkern) bestehenden Übertragungsstrecke genannt.

5.3. Gabeldämpfungsmaß

5.3.1. Gabeldurchgangsdämpfungsmaß

Der Übergang von Zweidraht- auf Vierdrahtleitungen erfolgt meist mit Hilfe einer Gabelschaltung, z.B. nach Bild 5, wobei der Widerstand der Zweidrahtleitung durch einen Widerstand $Z_2 = Z_1$ nachgebildet wird. Das Betriebsdämpfungsmaß der Gabelschaltung für die Übertragung von 1 nach 3 oder von 4 nach 1 nennt man Gabeldurchgangsdämpfungsmaß. Bei einer symmetrischen Gabel nach Bild 5 beträgt das Gabeldurchgangsdämpfungsmaß bei Anpassung (Bemessung gemäß Bild 5) und idealen Übertragern 3 dB (0,35 Np).

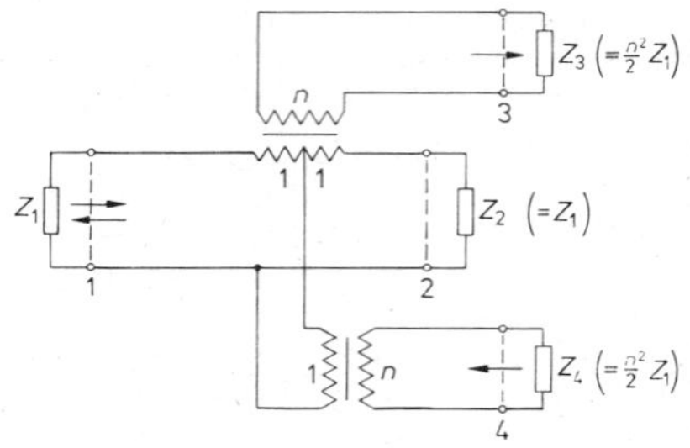

Bild 5

5.3.2. Gabelsperrdämpfungsmaß (Gabelübergangsdämpfungsmaß)

Gabelsperrdämpfungsmaß $a_{\text{ü}}$ wird das Betriebsdämpfungsmaß zwischen den Klemmenpaaren 4 und 3 in Bild 5 genannt. Es beträgt bei einer symmetrischen, verlustlosen und angepaßten Gabel

$$a_{\text{ü}} = a_r + 0{,}7 \text{ Np} = a_r + 6 \text{ dB}. \quad (24)$$

Dabei ist a_r das Fehlerdämpfungsmaß zwischen Nachbildung Z_2 und Widerstand Z_1 der Zweidrahtleitung entsprechend Gleichung (5).

Anmerkung: Das Gabelsperrdämpfungsmaß wird auch Gabelübergangsdämpfungsmaß genannt.

DK 621.3 : 001.4 Oktober 1981

	Nennwert, Grenzwert, Bemessungswert, Bemessungsdaten Begriffe	DIN 40 200

Nominal value, limiting value, rated value, rating – concepts

Valeur nominale, valeur limite, valeur assignée, caractéristiques assignées – notions

Zusammenhang mit der von der Internationalen Elektrotechnischen Kommission (IEC) herausgegebenen Publikation 50 (151) (1978), siehe Erläuterungen.

1 Anwendungsbereich und Zweck

Zweck dieser Norm ist es, die einheitliche Anwendung der Benennungen und Definitionen der Begriffe – 04 – 01 bis – 04 aus der IEC-Publikation 50 (151) in deutschen Normen und anderen Texten zu sichern.

2 Benennungen und Definitionen

Die englischen und französischen Benennungen und Definitionen wurden aus der IEC-Publikation 50 (151) entnommen und stellen keine Übersetzung aus dem Deutschen dar.

Nr	Benennung	Definition
1	**Nennwert** *)	Ein geeigneter gerundeter Wert einer Größe zur Bezeichnung oder Identifizierung eines Elements, einer Gruppe oder einer Einrichtung.
	E *nominal value*	*A suitable approximate quantity value used to designate or identify a component, device or equipment.*
	F *valeur nominale* *valeur de dénomination*	*Valeur approchée appropriée d'une grandeur, utilisée pour dénommer ou identifier un composant, un dispositif ou un matériel.*
		Anmerkung 1: Element, Gruppe und Einrichtung sind Betrachtungseinheiten (nach DIN 40 150/10.79, Abschnitte 2 und 4, sowie Erläuterungen Seite 4, Absätze 5 und 6).
		Anmerkung 2: Siehe auch DIN 55 350 Teil 12/07.78, Nr 2.1 „Nennwert“.
2	**Grenzwert**	Der in einer Festlegung enthaltene größte oder kleinste zulässige Wert einer Größe.
	E *limiting value*	*In a specification, the greatest or smallest admissible value of one of the quantities.*
	F *valeur limite*	*Pour une grandeur figurant dans une spécification, la plus grande ou la plus petite valeur admissible.*
		Anmerkung: Siehe auch DIN 55 350 Teil 12/07.78, Nr 2.4 „Grenzwerte“.
*) Siehe Seite 2, Fortsetzung der Zusammenstellung		

Fortsetzung Seite 2 und 3

Deutsche Elektrotechnische Kommission im DIN und VDE (DKE)
Normenausschuß Einheiten und Formelgrößen (AEF) im DIN Deutsches Institut für Normung e.V.
Ausschuß Qualitätssicherung und angewandte Statistik (AQS) im DIN
Normenausschuß Maschinenbau (NAM) im DIN
Normenausschuß Rohre, Rohrverbindungen und Rohrleitungen (FR) im DIN

Nr	Benennung	Definition
3	**Bemessungswert** *)	Ein für eine vorgegebene Betriebsbedingung geltender Wert einer Größe, der im allgemeinen vom Hersteller für ein Element, eine Gruppe oder eine Einrichtung festgelegt wird.
	E *rated value*	*A quantity value assigned, generally by a manufacturer, for a specified operating condition of a component, device or equipment.*
	F *valeur assignée*	*Valeur d'une grandeur fixée généralement par le constructeur pour un fonctionnement spécifié d'un composant, d'un dispositif ou d'un matériel.*
		Anmerkung: Element, Gruppe und Einrichtung sind Betrachtungseinheiten (nach DIN 40 150/10.79, Abschnitte 2 und 4, sowie Erläuterungen Seite 4, Absätze 5 und 6).
4	**Bemessungsdaten**	Zusammenstellung von Bemessungswerten und Betriebsbedingungen.
	E *rating*	*The set of rated values and operating conditions.*
	F *caractéristiques assignées* (veraltet: *régime nominale*)	*Ensemble des valeurs assignées et des conditions de fonctionnement.*

*) Es gibt Fälle, in denen Nennwert und Bemessungswert den gleichen Wert haben; dann ist derjenige Begriff festzulegen, dessen Definition zutrifft.

Zitierte Normen und Unterlagen

DIN 40 150 Begriffe zur Ordnung von Funktions- und Baueinheiten

DIN 55 350 Teil 12 Begriffe der Qualitätssicherung und Statistik; Begriffe der Qualitätssicherung; Merkmalsbezogene Begriffe

IEC-Publikation 50 (151) Electrical and magnetic devices

Weitere Normen

DIN 5490 Gebrauch der Wörter bezogen, spezifisch, relativ, normiert und reduziert

DIN 7182 Teil 1 Toleranzen und Passungen; Grundbegriffe

DIN 40 002 Nennspannungen von 100 V bis 380 kV

Erläuterungen

Die vorliegende Norm wurde vom Arbeitskreis 111.0.2 „Nennwerte und Begriffsbestimmungen mit der Vorsilbe ‚Nenn-'" erarbeitet und vom Komitee 111 „Terminologie" der Deutschen Elektrotechnischen Kommission verabschiedet.

Die in dieser Norm festgelegten Begriffe sollen anstelle der bisher oft unterschiedlichen Definitionen und Benennungen im deutschen Normenwerk und in anderen deutschen Texten einheitlich angewendet werden. Dieses Ziel kann ohne weitgehende Übereinstimmung über die neue Anwendungsweise und ohne Kompromißbereitschaft bezüglich früherer Gewohnheiten nicht erreicht werden.

Zur Ausarbeitung dieser Norm wurden auch Vertreter nichtelektrotechnischer Normenbereiche hinzugezogen. Die Aufzählung der Mitträger auf der Titelseite zeigt, daß die bei IEC geltende Einschränkung des Geltungsbereichs auf die Elektrotechnik für den deutschen Normenbereich entfällt. Darüber hinaus ist es gelungen, die Zustimmung der elektrotechnischen Verbände der Schweiz und Österreichs zu erhalten.

Die deutschen Definitionen sind Übersetzungen der Definitionen aus der IEC-Publikation 50 (151) (1978). Bei den Benennungen entspricht die deutsche Benennung „Nennwert" für den Begriff „nominal value" dem allgemeinen Sprachgebrauch und der üblichen Übersetzung. Das gleiche gilt bei der Benennung „Grenzwert" für den Begriff „limiting value". Besondere Überlegungen waren beim Begriff „rated value" nötig, für den es im Deutschen kein adäquates Wort gibt. Nach Überprüfung von zahlreichen anderen Wörtern wurde die Benennung „Bemessungswert" gewählt, da gemäß der Definition mit diesem Begriff Größenwerte bezeichnet werden, die Grundlage für die Herstellung und Bemessung sind. Entsprechend lautet für „rating" die Übersetzung „Bemessungsdaten".

Die begriffliche Unterscheidung zwischen dem „Nennwert" und dem „Bemessungswert" ist weithin neu im deutschen Normenwerk. Bisher wurde für beide Begriffe die Benennung „Nennwert" verwendet. Die Unterscheidung ist künftig besonders zu beachten und bedingt Korrekturen bei bestehenden Normen.

So ist die „Nennspannung" eines elektrischen Netzes ein Wert, z. B. 10 kV, der der Bezeichnung dieses Netzes dient (siehe DIN 40 002 „Nennspannungen von 100 V bis 380 kV"). Eine Spannung, die etwa 20 % über der Nennspannung liegt – hier 12 kV –, ist Grundlage für die Bemessung bestimmter Betriebsmittel im Netz. Dieser Wert ist also die „Bemessungsspannung". In früherer Zeit nannte man ihn „Obere Nennspannung". Das widerspricht der vorliegenden Norm.

Auch in ausländischen Texten sind die Begriffe nicht immer im Sinne der in dieser Norm genannten IEC-Publikation verwendet (so entsprach dem „rated value" früher das französische „valeur nominal"). Bei Übersetzungen ins Deutsche ist aus dem zugehörigen Text zu entnehmen, welcher Begriff gemäß den Definitionen der vorliegenden Norm gemeint ist. Dementsprechend ist die zugehörige deutsche Benennung zu wählen.

Für die Anpassung anderslautender Definitionen sei als Beispiel auf die DIN 55 350 Teil 12 „Begriffe der Qualitätssicherung und Statistik; Begriffe der Qualitätssicherung, Merkmalsbezogene Begriffe" hingewiesen. Hier beginnt die Definition für den Nennwert mit dem Satz: „Wert einer Größe zur Gliederung des Anwendungsbereichs". Er enthält keinen Widerspruch zur Definition der Nr 1 dieser Norm, ist vielmehr eine andere Form der gleichen Aussage. Der zweite Satz der Definition lautet: „Ist ein Nennwert vorgegeben, sind Grenzabweichungen auf ihn zu beziehen". Dieser in der vorliegenden Norm nicht enthaltene Satz war im Hinblick auf die Längenmeßtechnik in die DIN 55 350 aufgenommen worden. Er bedeutet eine Einengung der Definition und geht auf ISO/R 286-1962 „ISO Systems of limits and fits. Part 1: General, tolerances and deviations" zurück, wo Nennmaß (basic size) definiert ist als „size by reference to which the limits of size are fixed". Diese Definition ist nämlich in die deutsche Grundnorm für die Begriffe bei DIN 7182 Teil 1, „Toleranzen und Passungen" übernommen worden. Inzwischen zeigt sich aber, daß diese Einengung in DIN 55 350 Teil 12 nicht aufrechterhalten werden kann. Es ist deshalb beantragt und damit zu rechnen, daß dieser zweite Satz der Definition in einer Folgeausgabe der Vornorm ersatzlos gestrichen wird. Dadurch ergäbe sich eine weitere Annäherung der jetzt schon nicht widersprüchlichen Definitionen.

Nenn- und Bemessungswert können dem Wert nach gleich sein. Dann ist aus dem Zusammenhang zu klären, welcher Begriff für den vorliegenden Fall festzulegen ist. Zum Beispiel wird ein für die Drehzahl 3000 min^{-1} bei 50 Hz konstruierter Synchronmotor bei dieser Frequenz stets mit 3000 min^{-1} laufen. Der Anwender wird diese Drehzahl ebenso wie die Drehzahl der von dem Synchronmotor direkt angetriebenen Maschine als „Nenndrehzahl" ansehen, weil der runde Zahlenwert zur Bezeichnung und Identifizierung im täglichen Gebrauch geeignet ist. Diese Drehzahl ist gleichzeitig auch als „Bemessungsdrehzahl" anzusehen, weil sie eine Grundlage für die Konstruktion und Bemessung des Motors ist.

Bei unterschiedlichen Werten für die Bezeichnung und die Bemessung kann die Verwendung des unzutreffenden Begriffs zu Mißverständnissen führen, man darf also den Zusatz „Nenn-" oder „Bemessungs-" nicht fortlassen. Die Kennzeichnung kann auch durch Indizes am Formelzeichen erfolgen. Dafür sollte man zunächst die unstreitig festliegende Form mit drei Buchstaben, „nom" für „Nenn-" und „rat" für Bemessungswerte wählen. Im obigen Beispiel ist also zu schreiben: $U_{\mathrm{nom}} = 10$ kV für die Nennspannung des Netzes und $U_{\mathrm{rat}} = 12$ kV für die zugehörige Bemessungsspannung.

Nenn- und Bemessungswerte sind für ein Element, eine Gruppe oder eine Einrichtung vorgegebene Werte. Sie unterscheiden sich von den im Betrieb oder am fertigen Objekt beobachteten Werten. Z. B. ist die „Nennspannung" eines elektrischen Netzes ein vorgegebener Wert, von dem die Betriebsspannung nach Zeit und Ort abweicht. Auch die „Bemessungswanddicke" eines Rohres ist ein vorgegebener Wert, von dem die am fertigen Rohr beobachteten Werte in der Regel innerhalb des Toleranzfeldes abweichen.

Grenzwerte sind vorgegebene Werte, die außer für ein Element, eine Gruppe oder eine Einrichtung auch für andere Größen, wie z. B. Betriebs-, Zustands-, Verfahrens- und Umweltgrößen festgelegt werden können. Dabei können die verschiedensten Gesichtspunkte für die Festlegung solcher Grenzwerte gelten, wie Wirtschaftlichkeit, Gefährdungsmöglichkeit, Zuverlässigkeit, Umweltschonung.

Solche Gesichtspunkte können auch für Nenn- und Bemessungswerte Bedeutung haben.

In der Verfahrenstechnik werden die auf ein Bauteil (Element, Gruppe, Einrichtung) bezogenen Bemessungswerte von den auf ein Medium (Durchflußstoff, Fördergut, Energieträger) bezogenen unterschieden.

Für die vielfältigen Betriebsgrößen eines Systems gibt es zahlreiche weitere Begriffe und Benennungen. Einige davon sind zu finden in DIN 55 350 Teil 12.

Die vorliegende Norm legt ebensowenig wie die IEC-Publikation 50 (151) (1978) allgemein fest, welche Größen als Bezugsgrößen im Sinne von DIN 5490 „Gebrauch der Wörter bezogen, spezifisch, relativ, normiert und reduziert" zu verwenden sind. Zur Zeit wird in Normen, die zugleich als VDE-Bestimmungen gekennzeichnet sind, oft auf den Nennwert, bei IEC auf den Bemessungswert bezogen. Im Einzelfall ist der zweckmäßige Bezugswert zu klären und anzugeben.

DK 658.562:519.2:001.4 Juli 1987

Begriffe der Qualitätssicherung und Statistik
Begriffe zur Genauigkeit von Ermittlungsverfahren und Ermittlungsergebnissen

DIN 55 350 Teil 13

Concepts in quality and statistics; concepts relating to the accuracy of methods of determination and of results of determination

Ersatz für die im Januar 1986 zurückgezogene Ausgabe 01.81

Die in dieser Norm enthaltenen fremdsprachlichen Benennungen (in der Reihenfolge englisch, französisch) sind nicht Bestandteil dieser Norm, sie sollen das Übersetzen erleichtern.

1 Anwendungsbereich und Zweck

Diese Norm dient wie alle Teile von DIN 55 350 dazu, Benennungen und Definitionen der in der Qualitätssicherung und Statistik verwendeten Begriffe zu vereinheitlichen.

Die Teile von DIN 55 350 sollen nach Möglichkeit alle an der Normung interessierten Anwendungsbereiche berücksichtigen. Sie dürfen deshalb ihre Definitionen nicht so eng fassen, daß sie nur für spezielle Bereiche gelten (Technik, Landwirtschaft, Medizin u. a.). Die internationale Terminologie wurde berücksichtigt, insbesondere die von der Internationalen Organization for Standardization (ISO) herausgegebene Internationale Norm ISO 3534 – 1977 „Statistics – Vocabulary and Symbols“.

Die in dieser Norm dargelegten Begriffe zur Genauigkeit von Ermittlungsverfahren und Ermittlungsergebnissen sowie für die zugehörigen Bezugswerte (z. B. wahrer Wert), Abweichungen und Unsicherheiten lassen sich sinngemäß, nötigenfalls bei Verwendung anderer Benennungen, übertragen auf Begriffe zur Genauigkeit von Realisierungsverfahren (z. B. Positionierverfahren und Fertigungsverfahren) und von Realisierungsergebnissen (z. B. von Positioniergebnissen und, gegebenenfalls davon abhängend, von Fertigungsergebnissen) sowie für deren zugehörige Bezugswerte (z. B. Sollwert), Abweichungen und Unsicherheiten. Dabei ist zu berücksichtigen, daß Realisierungsergebnisse nur durch Ermittlungen festgestellt werden können und daß sich dabei die Abweichungen (bzw. Unsicherheiten) der Realisierungen und die Abweichungen (bzw. Unsicherheiten) der Ermittlungen überlagern.

Stichwortverzeichnis siehe Originalfassung der Norm

Fortsetzung Seite 2 bis 7

Ausschuß Qualitätssicherung und angewandte Statistik (AQS) im DIN Deutsches Institut für Normung e. V.
Normenausschuß Einheiten und Formelgrößen (AEF) im DIN

2 Begriffe

Die in Klammern angegebenen Nummern sind Hinweise auf die Nummern der in dieser Norm enthaltenen Begriffe.

Nr	Benennung	Definition
1 Allgemeine Begriffe		
1.1	Ermittlungsergebnis result of determination	Durch die Anwendung eines Ermittlungsverfahrens festgestellter Merkmalswert (siehe DIN 55 350 Teil 12 (z. Z. Entwurf)). Anmerkung 1: Das Ermittlungsverfahren ist ein Beurteilungs-, Beobachtungs-, Meß-, Berechnungs-, statistisches Schätzverfahren oder eine Kombination daraus. Die Feststellung ist eine Beurteilung, Beobachtung, Messung (siehe DIN 1319 Teil 1), Berechnung oder einer Kombination daraus. Je nach der Art des Ermittlungsverfahrens heißt das Ermittlungsergebnis Beurteilungs-, Beobachtungs-, Meß-, Rechen-, statistisches Schätzergebnis. Anmerkung 2: Ein Ermittlungsergebnis ist im allgemeinen nur dann vollständig, wenn es eine Angabe über die Ergebnisunsicherheit (4.1) enthält. Anmerkung 3: Ein Ermittlungsergebnis höherer Stufe kann durch Zusammenfassung mehrerer Ermittlungsergebnisse niedrigerer Stufe entstanden sein. Beispielsweise kann das Ermittlungsergebnis höherer Stufe der Mittelwert aus mehreren Meßergebnissen (als Ermittlungsergebnisse niedrigerer Stufe) sein. Anmerkung 4: Das „berichtigte Ermittlungsergebnis" ist das um die bekannte systematische Ergebnisabweichung (1.2.1) berichtigte Ermittlungsergebnis.
1.2	Ergebnisabweichung error of result	Unterschied zwischen einem Ermittlungsergebnis (1.1) und dem Bezugswert, wobei dieser je nach Festlegung oder Vereinbarung der wahre, der richtige oder der Erwartungswert (1.3 bis 1.5) sein kann.
1.2.1	Systematische Ergebnisabweichung systematic error of result, bias of result	Bestandteil der Ergebnisabweichung (1.2), der im Verlauf mehrerer Feststellungen konstant bleibt oder sich in einer vorhersehbaren Weise ändert. Anmerkung: Systematische Ergebnisabweichungen und ihre Ursachen können bekannt oder unbekannt sein.
1.2.2	Zufällige Ergebnisabweichung random error of result	Bestandteil der Ergebnisabweichung (1.2), der im Verlauf mehrerer Feststellungen in unvorhersehbarer Weise schwankt. Anmerkung: Die Schwankung kann sich sowohl auf den Betrag als auch auf das Vorzeichen beziehen.
1.2.3	Meßabweichung error of measurement	Ergebnisabweichung (1.2), wenn das Ermittlungsverfahren ein Meßverfahren ist.
1.3	Wahrer Wert true value valeur vraie	Tatsächlicher Merkmalswert (siehe DIN 55 350 Teil 12 (z. Z. Entwurf)) unter den bei der Ermittlung herrschenden Bedingungen. Anmerkung 1: Oftmals ist der wahre Wert ein ideeller Wert, weil er sich nur dann feststellen ließe, wenn sämtliche Ergebnisabweichungen (1.2) vermieden werden könnten, oder er ergibt sich aus theoretischen Überlegungen. Anmerkung 2: Der wahre Wert eines mathematisch-theoretischen Merkmals wird auch „exakter Wert" genannt. Bei einem numerischen Berechnungsverfahren wird sich als Ermittlungsergebnis jedoch nicht immer der exakte Wert ergeben. Beispielsweise ist der exakte Wert der Fläche eines Kreises mit dem Durchmesser d gleich $\pi d^2/4$.

Nr	Benennung	Definition
1.4	Richtiger Wert conventional true value	Wert für Vergleichszwecke, dessen Abweichung vom wahren Wert (1.3) für den Vergleichszweck als vernachlässigbar betrachtet wird. Anmerkung 1: Der richtige Wert ist ein Näherungswert für den wahren Wert (1.3). Er kann z. B. aus internationalen, nationalen oder Gebrauchsnormalen, von Referenzmaterialien oder Referenzverfahren (z. B. auf der Grundlage speziell organisierter Versuche) gewonnen werden. Anmerkung 2: Es gibt mehrere Benennungen, die synonym zu „richtiger Wert" benutzt werden, beispielsweise „Sollwert" (siehe jedoch DIN 55 350 Teil 12 (z. Z. Entwurf)), „Zielwert". Diese Benennungen sind mißverständlich und daher zu vermeiden. Anmerkung 3: Auch „(konventionell) richtiger Wert".
1.5	Erwartungswert expectation	Das mittlere Ermittlungsergebnis (1.1), welches aus der unablässig wiederholten Anwendung des unter vorgegebenen Bedingungen angewendeten Ermittlungverfahrens gewonnen werden könnte. Anmerkung: Siehe auch DIN 55 350 Teil 21 und DIN 13 303 Teil 1.
2 Qualitative Genauigkeitsbegriffe		
2.1	Genauigkeit accuracy justesse	Qualitative Bezeichnung für das Ausmaß der Annäherung von Ermittlungsergebnissen (1.1) an den Bezugswert, wobei dieser je nach Festlegung oder Vereinbarung der wahre, der richtige oder der Erwartungswert (1.3 bis 1.5) sein kann. Anmerkung 1: Es wird dringend davon abgeraten, quantitative Angaben für dieses Ausmaß der Annäherung mit der Benennung „Genauigkeit" zu versehen. Für quantitative Angaben gilt der Begriff Ergebnisunsicherheit (4.1), bei Meßergebnissen der Begriff Meßunsicherheit (4.1.1). Anmerkung 2: Die Genauigkeit bezieht man nur dann auf den Erwartungswert, wenn kein wahrer (oder richtiger) Wert existiert. In diesem Fall ist der Begriff Richtigkeit (2.1.1) nicht anwendbar; Angaben über die Präzision (2.1.2) sind dann gleichzeitig Genauigkeitsangaben. Anmerkung 3: Bei einem Meßergebnis ist die Genauigkeit durch die Sorgfalt bei der Ausschaltung bekannter systematischer Meßabweichungen (1.2.3) und durch die Meßunsicherheit (4.1.1) bestimmt.
2.1.1	Richtigkeit trueness, accuracy of the mean justesse de la moyenne	Qualitative Bezeichnung für das Ausmaß der Annäherung des Erwartungswertes (1.5) des Ermittlungsergebnisses (1.1) an den Bezugswert, wobei dieser je nach Festlegung oder Vereinbarung der wahre oder der richtige Wert (1.3 oder 1.4) sein kann. Anmerkung 1: Je kleiner die systematische Ergebnisabweichung (1.2.1) ist, um so richtiger arbeitet das Ermittlungsverfahren. Anmerkung 2: Bei quantitativen Angaben wird als Maß für die Richtigkeit im allgemeinen diejenige systematische Ergebnisabweichung (1.2.1) verwendet, die sich als Differenz zwischen dem Mittelwert der Ermittlungsergebnisse (1.1), die bei mehrfacher Anwendung des festgelegten Ermittlungsverfahrens festgestellt wurden, und dem richtigen Wert (1.4) ergibt. Anmerkung 3: Früher auch „Treffgenauigkeit".
2.1.2	Präzision precision fidélité	Qualitative Bezeichnung für das Ausmaß der gegenseitigen Annäherung voneinander unabhängiger Ermittlungsergebnisse (1.1) bei mehrfacher Anwendung eines festgelegten Ermittlungsverfahrens unter vorgegebenen Bedingungen. Anmerkung 1: Je größer das Ausmaß der gegenseitigen Annäherung der voneinander unabhängigen Ermittlungsergebnisse (1.1) ist, umso präziser arbeitet das Ermittlungsverfahren.

Nr	Benennung	Definition
noch 2.1.2	Präzision	Anmerkung 2: Die vorgegebenen Bedingungen können sehr unterschiedlich sein. Deshalb ist man übereingekommen, zwei Extremfälle zu betrachten, die Wiederholbedingungen (2.1.2.1) und die Vergleichbedingungen (2.1.2.3). Anmerkung 3: „Voneinander unabhängige Ermittlungsergebnisse" sind Ermittlungsergebnisse, die durch keines der vorhergehenden Ermittlungsergebnisse für dasselbe, das gleiche oder ähnliches Material beeinflußt sind. Anmerkung 4: Früher auch „Wiederholgenauigkeit"
2.1.2.1	Wiederholbedingungen repeatability conditions	Bei der Gewinnung voneinander unabhängiger Ermittlungsergebnisse (1.1) geltende Bedingungen, bestehend in der wiederholten Anwendung des festgelegten Ermittlungsverfahrens am identischen Objekt durch denselben Beobachter in kurzen Zeitabständen mit derselben Geräteausrüstung am selben Ort (im selben Labor). Anmerkung 1: Ermittlungsergebnisse (1.1), die unter den genannten Bedingungen gewonnen werden, nennt man „Ergebnisse unter Wiederholbedingungen". Anmerkung 2: Wenn die Ermittlung am identischen Objekt nicht möglich ist (beispielsweise bei zerstörender Prüfung), dann versucht man, durch möglichst gleichartige Objekte die Wiederholbedingungen sicherzustellen (siehe auch DIN ISO 5725). Anmerkung 3: Siehe Anmerkung 3 zu 2.1.2
2.1.2.2	Wiederholpräzision repeatability	Präzision unter Wiederholbedingungen (2.1.2.1). Anmerkung: Früher „Wiederholbarkeit" (im qualitativen Sinne).
2.1.2.3	Vergleichbedingungen reproducibility conditions	Bei der Gewinnung voneinander unabhängiger Ermittlungsergebnisse (1.1) geltende Bedingungen, bestehend in der Anwendung des festgelegten Ermittlungsverfahrens am identischen Objekt durch verschiedene Beobachter mit verschiedener Geräteausrüstung an verschiedenen Orten (in verschiedenen Labors). Anmerkung 1: Ermittlungsergebnisse (1.1), die unter den genannten Bedingungen gewonnen werden, nennt man „Ergebnisse unter Vergleichbedingungen". Anmerkung 2: Wenn die Ermittlung am identischen Objekt nicht möglich ist (beispielsweise bei zerstörender Prüfung), dann versucht man, durch möglichst gleichartige Objekte die Vergleichbedingungen sicherzustellen (siehe auch DIN ISO 5725). Anmerkung 3: Siehe Anmerkung 3 zu 2.1.2
2.1.2.4	Vergleichpräzision reproducibility	Präzision unter Vergleichbedingungen (2.1.2.3) Anmerkung 1: Die Benennung „Reproduzierbarkeit" soll für diesen Begriff nicht verwendet werden, weil deren umgangssprachliche Bedeutung sowohl die Wiederholpräzision (2.1.2.2) als auch die Vergleichpräzision einschließt und weil sie auch bei der Betrachtung unterschiedlicher Ermittlungsverfahren verwendet wird. Anmerkung 2: Früher „Vergleichbarkeit" (im qualitativen Sinne).
3 Quantitative Begriffe zur Präzision (2.1.2)		
3.1	Wiederholstandardabweichung repeatability standard deviation	Standardabweichung (siehe DIN 55 350 Teil 21) der Ermittlungsergebnisse (1.1) unter Wiederholbedingungen (2.1.2.1). Anmerkung 1: Formelzeichen σ_r

Nr	Benennung	Definition
noch 3.1	Wiederholstandardabweichung	Anmerkung 2: Die Wiederholstandardabweichung ist ein Streuungsparameter (siehe DIN 55 350 Teil 21) für Ermittlungsergebnisse (1.1) unter Wiederholbedingungen (2.1.2.1) und daher ein Maß für die Wiederholpräzision (2.1.2.2). Als Streuungsparameter können auch die Wiederholvarianz, der Wiederholvariationskoeffizient, ein kritischer Wiederholdifferenzbetrag (3.1.1) oder die Wiederholgrenze (3.1.1.1) benutzt werden.
3.1.1	Kritischer Wiederhol-differenzbetrag repeatability critical difference	Betrag, unter dem oder höchstens gleich dem der Absolutwert der Differenz zwischen zwei unter Wiederholbedingungen (2.1.2.1) gewonnenen Ergebnissen , von denen jedes eine Serie von Ermittlungsergebnissen (1.1) repräsentiert, mit einer vorgegebenen Wahrscheinlichkeit erwartet werden kann. Anmerkung 1: Beispiele für solche Ergebnisse sind der arithmetische Mittelwert oder der Median (siehe DIN 55 350 Teil 23) einer Serie von Ermittlungsergebnissen (1.1), wobei die Serie aus nur einem Ermittlungsergebnis bestehen kann. Anmerkung 2: Früher „kritische Wiederholdifferenz"
3.1.1.1	Wiederholgrenze repeatability limit	Kritischer Wiederholdifferenzbetrag (3.1.1) für zwei einzelne Ermittlungsergebnisse (1.1) und für eine vorgegebene Wahrscheinlichkeit von 95 %. Anmerkung 1: Formelzeichen r. Anmerkung 2: Die Standardabweichung der Differenz zweier einzelner Ermittlungsergebnisse (1.1) unter Wiederholbedingungen (2.1.2.1) ist das $\sqrt{2}$fache der Wiederholstandardabweichung. Sind die Ermittlungsergebnisse unter Wiederholbedingungen normalverteilt, dann ergibt sich der kritische Wiederholdifferenzbetrag für eine vorgegebene Wahrscheinlichkeit $1-\alpha$ als $u_{1-\alpha/2}\sqrt{2}\sigma_r$. Dabei ist $u_{1-\alpha/2}$ das $(1-\alpha/2)$-Quantil (siehe DIN 55 350 Teil 21) der standardisierten Normalverteilung (siehe DIN 55 350 Teil 22). Für eine Wahrscheinlichkeit von 95 % sind $1-\alpha = 0{,}95$ und $u_{1-\alpha/2} = 1{,}96$. Daraus ergibt sich $r = 1{,}96\sqrt{2}\,\sigma_r = 2{,}77\,\sigma_r$. Häufig wird auch der Zahlenwert 2,8 benutzt ($2{,}8 \approx 2\sqrt{2}$), siehe DIN ISO 5725. Anmerkung 3: Früher „Wiederholbarkeit" (im quantitativen Sinne)
3.2	Vergleichstandardabweichung reproducibility standard deviation	Standardabweichung (siehe DIN 55 350 Teil 21) der Ermittlungsergebnisse (1.1) unter Vergleichbedingungen (2.1.2.3). Anmerkung 1: Formelzeichen σ_R Anmerkung 2: Die Vergleichstandardabweichung ist ein Streuungsparameter (siehe DIN 55 350 Teil 21) für Ermittlungsergebnisse (1.1) unter Vergleichbedingungen (2.1.2.3) und daher ein Maß für die Vergleichpräzision (2.1.2.4). Als Streuungsparameter können auch die Vergleichvarianz, der Vergleichvariationskoeffizient, ein kritischer Vergleichdifferenzbetrag (3.2.1) oder die Vergleichgrenze (3.2.1.1) benutzt werden.
3.2.1	Kritischer Vergleich-differenzbetrag reproducibility critical difference	Betrag, unter dem oder höchstens gleich dem der Absolutwert der Differenz zwischen zwei Ergebnissen, von denen jedes eine unter Wiederholbedingungen gewonnene Serie von Ermittlungsergebnissen (1.1) repräsentiert und zwischen denen Vergleichbedingungen (2.1.2.3) vorlagen, mit einer vorgegebenen Wahrscheinlichkeit erwartet werden kann. Anmerkung 1: Beispiele für solche Ergebnisse sind der arithmetische Mittelwert oder der Median (siehe DIN 55 350 Teil 23) einer Serie von Ermittlungsergebnissen (1.1), wobei die Serie aus nur einem Ermittlungsergebnis bestehen kann. Anmerkung 2: Früher „kritische Vergleichdifferenz"

Nr	Benennung	Definition
3.2.1.1	Vergleichgrenze reproducibility limit	Kritischer Vergleichdifferenzbetrag (3.2.1) für zwei einzelne Ermittlungsergebnisse (1.1) und für eine vorgegebene Wahrscheinlichkeit von 95 %. Anmerkung 1: Formelzeichen R. Anmerkung 2: Die Standardabweichung der Differenz zweier Ermittlungsergebnisse (1.1) unter Vergleichbedingungen (2.1.2.3) ist das $\sqrt{2}$fache der Vergleichstandardabweichung. Sind die Ermittlungsergebnisse unter Vergleichbedingungen normalverteilt, dann ergibt sich der kritische Vergleichdifferenzbetrag für eine vorgegebene Wahrscheinlichkeit $1-\alpha$ als $u_{1-\alpha/2}\sqrt{2}\,\sigma_R$. Dabei ist $u_{1-\alpha/2}$ das $(1-\alpha/2)$-Quantil (siehe DIN 55 350 Teil 21) der standardisierten Normalverteilung (siehe DIN 55 350 Teil 22). Für eine Wahrscheinlichkeit von 95 % sind $1-\alpha = 0{,}95$ und $u_{1-\alpha/2} = 1{,}96$. Daraus ergibt sich $R = 1{,}96\sqrt{2}\,\sigma_R = 2{,}77\,\sigma_R$. Häufig wird auch der Zahlenwert 2,8 benutzt ($2{,}8 \approx 2\sqrt{2}$), siehe DIN ISO 5725. Anmerkung 3: Früher „Vergleichbarkeit" (im quantitativen Sinne).
4 Quantitative Begriffe zur Genauigkeit (2.1) von Ermittlungsergebnissen (1.1)		
4.1	Ergebnisunsicherheit	Geschätzter Betrag zur Kennzeichnung eines Wertebereichs, innerhalb dessen der Bezugswert liegt, wobei dieser je nach Festlegung oder Vereinbarung der wahre Wert (1.3) oder der Erwartungswert (1.5) sein kann. Anmerkung 1: Die Ergebnisunsicherheit u ist ein Maß für die Genauigkeit (2.1) des Ermittlungsergebnisses (1.1), und zwar als Unterschied u_{ob} zwischen der oberen Grenze des Wertebereichs und dem berichtigten Ermittlungsergebnis (siehe Anmerkung 4 zu 1.1) bzw. als Unterschied u_{un} zwischen dem berichtigten Ermittlungsergebnis und der unteren Grenze des Wertebereichs. Meistens, aber nicht immer, sind beide gleich groß. Ist $u_{ob} = u_{un} = u$ die Ergebnisunsicherheit und x das berichtigte Ermittlungsergebnis, so ist die Untergrenze des Wertebereichs $x - u$ und die Obergrenze $x + u$. Der Wertebereich hat dann eine Weite $2u$. Anmerkung 2: Im allgemeinen baut die Ergebnisunsicherheit auf zwei Komponenten auf: die systematische Komponente als Maß für die unbekannten systematischen Ergebnisabweichungen (1.2.1) und die zufällige Komponente als Maß für die zufälligen Ergebnisabweichungen (1.2.2) des Ermittlungsergebnisses (1.1). Anmerkung 3: Die Ergebnisunsicherheit bezieht man nur dann auf den Erwartungswert, wenn kein wahrer Wert existiert. Anmerkung 4: Die Ergebnisunsicherheit eines Meßverfahrens heißt Meßunsicherheit (4.1.1). Entsprechende Benennungen sind bei den anderen in Anmerkung 1 zu 2.1.1 genannten Ermittlungsverfahren möglich.
4.1.1	Meßunsicherheit uncertainty of measurement	Ergebnisunsicherheit eines Meßergebnisses. Anmerkung: Siehe Anmerkung 1 zu 1.1 sowie DIN 1319 Teil 3.

Zitierte Normen

DIN 1319 Teil 1	Grundbegriffe der Meßtechnik; Allgemeine Grundbegriffe
DIN 1319 Teil 3	Grundbegriffe der Meßtechnik; Begriffe für die Meßunsicherheit und für die Beurteilung von Meßgeräten und Meßeinrichtungen
DIN 13 303 Teil 1	Stochastik; Wahrscheinlichkeitstheorie, Gemeinsame Grundbegriffe der mathematischen und der beschreibenden Statistik; Begriffe und Zeichen
DIN 55 350 Teil 12	(z. Z. Entwurf) Begriffe der Qualitätssicherung und Statistik; Merkmalsbezogene Begriffe
DIN 55 350 Teil 21	Begriffe der Qualitätssicherung und Statistik; Begriffe der Statistik; Zufallsgrößen und Wahrscheinlichkeitsverteilungen
DIN 55 350 Teil 22	Begriffe der Qualitätssicherung und Statistik; Begriffe der Statistik; Spezielle Wahrscheinlichkeitsverteilungen
DIN 55 350 Teil 23	Begriffe der Qualitätssicherung und Statistik; Begriffe der Statistik; Beschreibende Statistik
DIN ISO 5725	Präzision von Meßverfahren; Ermittlung der Wiederhol- und Vergleichpräzision von festgelegten Meßverfahren durch Ringversuche; Identisch mit ISO 5725 Ausgabe 1986
ISO 3534 - 1977	Statistics - Vocabulary and Symbols

Weitere Normen

DIN 13 303 Teil 2	Stochastik; Mathematische Statistik; Begriffe und Zeichen
DIN 55 350 Teil 11	Begriffe der Qualitätssicherung und Statistik; Grundbegriffe der Qualitätssicherung
DIN 55 350 Teil 14	Begriffe der Qualitätssicherung und Statistik; Begriffe der Probenahme
DIN 55 350 Teil 15	Begriffe der Qualitätssicherung und Statistik; Begriffe zu Mustern
DIN 55 350 Teil 16	(z. Z. Entwurf) Begriffe der Qualitätssicherung und Statistik; Begriffe der Qualitätssicherung; Begriffe zu Qualitätssicherungssystemen
DIN 55 350 Teil 17	Begriffe der Qualitätssicherung und Statistik; Begriffe der Qualitätsprüfungsarten
DIN 55 350 Teil 18	Begriffe der Qualitätssicherung und Statistik; Begriffe zu Bescheinigungen über die Ergebnisse von Qualitätsprüfungen; Qualitätsprüf-Zertifikate
DIN 55 350 Teil 24	Begriffe der Qualitätssicherung und Statistik; Begriffe der Statistik; Schließende Statistik
DIN 55 350 Teil 31	Begriffe der Qualitätssicherung und Statistik; Begriffe der Annahmestichprobenprüfung

Frühere Ausgaben

DIN 55 350 Teil 13: 01.81

Änderungen

Gegenüber der im Januar 1986 zurückgezogenen Ausgabe Januar 1981 wurden folgende Änderungen vorgenommen:
Inhalt vollständig überarbeitet

DK 681.3.04 : 351.759.1

Februar 1993

Datenelemente und Austauschformate

Informationsaustausch

Darstellung von Datum und Uhrzeit
(ISO 8601, 1. Ausgabe 1988, und Technical Corrigendum 1 : 1991)
Deutsche Fassung EN 28 601 : 1992

DIN
EN 28 601

Diese Norm enthält die deutsche Übersetzung der Internationalen Norm **ISO 8601**

Data elements and interchange formats; Information interchange;
Representation of dates and times (ISO 8601,
1st edition 1988, and its technical corrigendum 1 : 1991);
German version EN 28 601 : 1992

Eléments de données et formats d'échange; Echange d'information;
Représentation de la date et de l'heure (ISO 8601,
1ère édition 1988, et son corrigendum technique 1 : 1991);
Version allemande EN 28 601 : 1992

Die Europäische Norm EN 28 601 : 1992 hat den Status einer Deutschen Norm.

Internationale Patentklassifikation

G 06 F 003/00
G 04 B 019/00
G 04 C 017/00
G 04 G 009/00

Fortsetzung 13 Seiten EN-Norm

Normenausschuß Bürowesen (NBü) im DIN Deutsches Institut für Normung e.V.

EUROPÄISCHE NORM
EUROPEAN STANDARD
NORME EUROPÉENNE

EN 28601

November 1992

DK 681.3.04 : 351.759.1

Deskriptoren: Datenaustausch, Datendarstellung, Kalenderdatum, Jahr, Tag, Stunde

Deutsche Fassung

Datenelemente und Austauschformate

Informationsaustausch

Darstellung von Datum und Uhrzeit
(ISO 8601, 1. Ausgabe 1988, und Technical Corrigendum 1 : 1991)

Data elements and interchange formats — Information interchange — Representation of dates and times (ISO 8601, 1st edition 1988, and its technical corrigendum 1 : 1991)

Eléments de données et formats d'échange — Echange d'information — Représentation de la date et de l'heure (ISO 8601, 1ère édition 1988, et son corrigendum technique 1 : 1991)

Diese Europäische Norm wurde von CEN am 1992-10-30 angenommen.

Die CEN-Mitglieder sind gehalten, die CEN/CENELEC-Geschäftsordnung zu erfüllen, in der die Bedingungen festgelegt sind, unter denen dieser Europäischen Norm ohne jede Änderung der Status einer nationalen Norm zu geben ist.

Auf dem letzten Stand befindliche Listen dieser nationalen Normen mit ihren bibliographischen Angaben sind beim Zentralsekretariat oder bei jedem CEN-Mitglied auf Anfrage erhältlich.

Diese Europäische Norm besteht in drei offiziellen Fassungen (Deutsch, Englisch, Französisch). Eine Fassung in einer anderen Sprache, die von einem CEN-Mitglied in eigener Verantwortung durch Übersetzung in die Landessprache gemacht und dem Zentralsekretariat mitgeteilt worden ist, hat den gleichen Status wie die offiziellen Fassungen.

CEN-Mitglieder sind die nationalen Normungsinstitute von Belgien, Dänemark, Deutschland, Finnland, Frankreich, Griechenland, Irland, Island, Italien, Luxemburg, Niederlande, Norwegen, Österreich, Portugal, Schweden, Schweiz, Spanien und dem Vereinigten Königreich.

CEN

EUROPÄISCHES KOMITEE FÜR NORMUNG
European Committee for Standardization
Comité Européen de Normalisation

Zentralsekretariat: rue de Stassart 36, B-1050 Brüssel

Ref.-Nr. EN 28601 : 1992 D

Vorwort

Das Technische Büro hat entschieden, die Internationale Norm

ISO 8601 : 1988 "Datenelemente und Austauschformate – Informationsaustausch – Darstellung von Daten und Uhrzeit (ISO 8601, 1. Ausgabe 1988, und Technical Corrigendum 1 : 1991)"

zur formellen Abstimmung vorzulegen.

Das Ergebnis der formellen Abstimmung war positiv.

Diese Europäische Norm muß den Status einer nationalen Norm erhalten, entweder durch Veröffentlichung eines identischen Textes oder durch Anerkennung bis Mai 1993, und etwaige entgegenstehende nationale Normen müssen bis Mai 1993 zurückgezogen werden.

Entsprechend der CEN/CENELEC-Geschäftsordnung, sind folgende Länder gehalten, diese Europäische Norm zu übernehmen: Belgien, Dänemark, Deutschland, Finnland, Frankreich, Griechenland, Irland, Island, Italien, Luxemburg, Niederlande, Norwegen, Österreich, Portugal, Schweden, Schweiz, Spanien und das Vereinigte Königreich.

Anerkennungsnotiz

Der Text der ISO 8601 : 1988 wurde von CEN ohne irgendeine Abänderung genehmigt.

Inhalt

0 Einleitung

0.1 Obwohl seit 1971 ISO-Empfehlungen und Normen erhältlich sind, waren und sind in verschiedenen Ländern verschiedene Formen der numerischen Darstellung von Datum und Uhrzeit in allgemeiner Verwendung. Wo derartige Darstellungen über nationale Grenzen ausgetauscht werden, können Fehlinterpretationen der Bedeutung der Zahlen entstehen, die zu Verwirrung und anderen sich ergebenden Irrtümern und Verlusten führen. Der Zweck dieser Internationalen Norm ist die Beseitigung des Risikos der Fehlinterpretation und die Vermeidung der Verwirrung und ihrer Konsequenzen.

0.2 Diese Internationale Norm enthält Bestimmungen für die numerische Darstellung von Information betreffend Datum und Uhrzeit.

0.3 Um ähnliche Formate für die Darstellung von Kalenderdatum, Ordinaldatum, durch die Wochennummer bestimmtem Datum, Zeitabschnitten, Kombinationen von Datum und Uhrzeit und Unterschieden zwischen lokaler Zeit und Koordinierter Weltzeit (UTC) zu erhalten und Mehrdeutigkeiten dieser Darstellungen zu vermeiden, war es notwendig, in einigen der Darstellungen neben Ziffern auch einzelne Buchstaben oder ein oder mehrere Satzzeichen oder eine Kombination von Buchstaben und anderen Zeichen zu verwenden.

0.4 Diese Vorgangsweise hatte den Vorteil, die Vielseitigkeit und allgemeine Anwendbarkeit früherer einschlägiger Normen zu steigern und die einheitliche Darstellung aller Datums- und Zeitangaben und deren Kombinationen sicherzustellen. Jede Darstellung kann leicht erkannt werden, was vorteilhaft ist, wenn eine Interpretation durch den Mensch verlangt wird.

0.5 Diese Internationale Norm behält die in höchstem Maße allgemein verwendeten Ausdrucksweisen für Datum und Uhrzeit und deren Darstellung aus den früheren Internationalen Normen bei und sieht einheitliche Darstellungen für einige neue, in der Praxis verwendete Ausdrucksweisen vor. Ihre Anwendung im Informationsaustausch, insbesondere zwischen Datenverarbeitungssystemen und zugehörigen Geräten, wird aus Fehlinterpretationen erwachsende Irrtümer und die von diesen verursachten Kosten beseitigen. Die Befürwortung dieser Internationalen Norm wird nicht nur den Austausch über internationale Grenzen hinweg erleichtern, sondern auch die Portabilität von Software steigern und die Kommunikationsprobleme sowohl innerhalb einer Organisation als auch zwischen Organisationen erleichtern.

0.6 Einige der im Text dieser Internationalen Norm verwendeten Buchstaben und Satzzeichen sind einheitlich für die angegebene Verwendung und für die normale typographische Darstellung.

0.7 Um Verwechslungen der Darstellungen mit dem laufenden Text und dessen Satzzeichen zu vermeiden, werden alle Darstellungen zwischen eckigen Klammern [] gesetzt. Diese Klammern sind kein Bestandteil der Darstellung und sollten weggelassen werden, wenn die Darstellungen implementiert werden. Alles außerhalb der eckigen Klammern ist normaler Text und kein Bestandteil der Darstellung. In den angefügten Beispielen wurden die Klammern und typographischen Kennzeichnungen weggelassen.

1 Anwendungsbereich

Diese Internationale Norm legt die Darstellung des Datums nach dem Gregorianischen Kalender sowie von Zeitpunkten und Zeitspannen fest.

Sie beinhaltet

a) Kalenderdaten, die in Jahr, Monat und Tag innerhalb des Monats ausgedrückt werden;

b) Ordinaldaten, die in Jahr und Tag innerhalb des Jahres ausgedrückt werden;

c) Daten, die durch das Jahr, die Wochennummer und die Nummer des Tages innerhalb der Woche ausgedrückt werden;

d) die Uhrzeit nach dem 24-Stunden-System;

e) Unterschiede zwischen der Ortszeit und der Koordinierten Weltzeit (UTC);

f) die Kombination von Datum und Uhrzeit;

g) Zeitspannen mit oder ohne Anfangs- und/oder Endzeitpunkt.

Diese Internationale Norm ist stets anzuwenden, wenn in einem Informationsaustausch Datum- und/oder Zeitangaben enthalten sind.

Diese Internationale Norm bezieht sich nicht auf Datums- und/oder Zeitangaben, zu deren Darstellung Wörter verwendet werden.

Diese Internationale Norm ordnet Datenelemente, die im Sinne dieser Internationalen Norm dargestellt werden, keinerlei bestimmte Bedeutung oder Interpretationen zu. Deren Bedeutung ist vielmehr durch den applikatorischen Kontext gegeben.

2 Hinweise

ISO 31-0 : 1981	General Principles concerning quantities, units and symbols (Allgemeine Grundsätze betreffend Größen, Einheiten und Symbole).
ISO 31-1 : 1078	Quantities and units of space and time (Größen und Einheiten für Raum und Zeit).
ISO 646 : 1983	Information processing — ISO 7-bit coded character set for information interchange (Informationsverarbeitung — ISO 7-bit codierter Zeichensatz für Zwecke des Informationsaustausches).

3 Benennungen und Definitionen

Im Rahmen dieser Internationalen Norm werden folgende Benennungen und Definitionen verwendet:

3.1 Vollständige Darstellung

Jene Darstellung, die alle mit dem Ausdruck verbundenen Datums- und Zeitelemente umfaßt.

3.2 Koordinierte Weltzeit (UTC)

Jene Zeitskala, die vom Bureau International de l'Heure (BIH — Internationales Zeitbüro) gewartet wird, und die die Basis einer koordinierten Aussendung genormter Frequenzen und Zeitsignale bildet.

ANMERKUNG 1: Diese Definition entstammt der Empfehlung 460-2 des Consultative Committee on International Radio (CCIR — Beratendes Komitee für internationalen Rundfunk). CCIR hat auch die Abkürzung UTC für die Koordinierte Weltzeit festgelegt (siehe auch 5.3.3).

ANMERKUNG 2: UTC wird häufig (unkorrekterweise als Greenwich Mean Time (einfach korrigierte Weltzeit — UT1)) zitiert und entsprechende Zeitsignale werden regulär ausgestrahlt.

3.3 Kalenderdatum

Ein bestimmter Tag eines Kalenderjahres, der durch seine laufende Nummer innerhalb eines Kalendermonats dieses Jahres identifiziert wird.

3.4 Ordinaldatum

Ein bestimmter Tag eines Kalenderjahres, der durch seine laufende Nummer innerhalb dieses Jahres identifiziert wird.

3.5 Tag

Eine Zeitspanne von 24 Stunden, die um 0 000 beginnt und um 2 400 endet (was mit dem Beginn 0 000 des nächsten Tages zusammenfällt).

3.6 Basisformat

Jenes Format der Darstellung, das nur die für die geforderte Genauigkeit notwendige Minimalanzahl von Komponenten umfaßt.

3.7 Erweitertes Format

Eine Erweiterung des Basisformats, die zusätzliche Trennzeichen enthält.

3.8 Gregorianischer Kalender

Ein allgemein verwendeter Kalender, der 1582 eingeführt wurde, um einen Fehler des Julianischen Kalenders zu korrigieren. Im Gregorianischen Kalender haben gewöhnliche Jahre 365 Tage und Schaltjahre 366 Tage, und [die Jahre] werden in 12 aufeinanderfolgende Monate unterteilt.

3.9 Stunde

Eine Zeitspanne von 60 Minuten.

3.10 Ortszeit

Die Uhrzeit, die ortsabhängig öffentlich verwendet wird.

3.11 Minute

Eine Zeitspanne von 60 Sekunden.

3.12 Kalendermonat

Eine Zeitspanne, die durch die Unterteilung des Kalenderjahres in 12 aufeinanderfolgende Zeitspannen entsteht, von denen jede einen bestimmten Namen besitzt und eine festgelegte Anzahl von Tagen beinhaltet. Im Gregorianischen Kalender werden die in der Reihenfolge ihres Vorkommens geordneten Monate folgendermaßen benannt und enthalten die nachfolgende Anzahl von Tagen: Januar (31), Februar (28 in gewöhnlichen Jahren, 29 in Schaltjahren), März (31), April (30), Mai (31), Juni (30), Juli (31), August (31), September (30), Oktober (31), November (30), Dezember (31).

ANMERKUNG: In bestimmten Applikationen wird ein Monat als Zeitspanne von 30 Tagen betrachtet.

3.13 Zeitspanne

Eine Zeitspanne, die festgelegt wird durch

a) ein definiertes Ausmaß (z. B. Stunden, Tage, Monate, Jahre);

b) ihren Anfangs- und Endzeitpunkt.

3.14 Sekunde

Eine Basis-Maßeinheit der Zeit im Internationalen Einheitensystem (SI) nach Maßgabe ihrer Definition in ISO 31-1.

3.15 Verkürzte Darstellung

Die Abkürzung einer vollständigen Darstellung durch Weglassen der Komponenten höheren Stellenwertes beginnend an der äußersten linken Seite des Ausdrucks.

3.16 Woche

Eine Zeitspanne von sieben Tagen.

3.17 Kalenderwoche

Eine sieben Tage lange Zeitspanne innerhalb eines Kalenderjahres, die an einem Montag beginnt und durch ihre laufende Nummer innerhalb des Jahres identifiziert wird; die erste Kalenderwoche des Jahres ist jene, die den ersten Donnerstag dieses Jahres enthält. Im Gregorianischen Kalender entspricht das jener Woche, welche den 4. Januar einschließt.

3.18 Jahr

Eine Zeitspanne von zwölf unmittelbar aufeinanderfolgenden Monaten, deren Dauer einem Kalenderjahr entspricht.

3.19 Kalenderjahr

Eine zyklische Zeitspanne eines Kalenders, die für einen Umlauf der Erde um die Sonne benötigt wird. Im Gregorianischen Kalender ist ein Jahr entweder ein gewöhnliches Jahr oder ein Schaltjahr.

3.20 Gewöhnliches Jahr

Im Gregorianischen Kalender ein Jahr mit 365 Tagen.

3.21 Schaltjahr

Im Gregorianischen Kalender ein Jahr mit 366 Tagen. Ein Schaltjahr ist ein Jahr, dessen Jahreszahl durch vier ganzzahlig teilbar ist, es sei denn, es ist ein Jahrhundert-Jahr, dann muß seine Jahreszahl durch vierhundert ganzzahlig teilbar sein.

4 Grundsätze

4.1 Grundkonzept

Ein genauer Kalenderzeitpunkt kann durch einen einzigen Ausdruck identifiziert werden, der einen bestimmten Tag und eine bestimmte Uhrzeit innerhalb dieses Tages bezeichnet. Der für die Applikation benötigte Genauigkeitsgrad kann durch Einbeziehung der entsprechenden Komponenten erreicht werden.

4.2 Gemeinsame Gesichtspunkte, Einheitlichkeit und Kombinationen

Die absteigende Ordnung der Komponenten von links nach rechts ist folgenden Ausdrücken gemeinsam:

- genauen Zeitpunkten;
- Datumsangaben allein;
- Uhrzeitangaben allein;
- Zeitspannen;
- allen Verkürzungen der vorstehenden Ausdrücke.

4.3 In den Darstellungen verwendete Schriftzeichen

Die in dieser Internationalen Norm festgelegten Darstellungen verwenden Ziffern, Buchstaben und Satzzeichen gemäß ISO 646. Die spezielle Verwendung dieser Schriftzeichen wird in 4.4 und Abschnitt 5 erklärt.

ANMERKUNG: Wo Großbuchstaben nicht verfügbar sind, dürfen auch Kleinbuchstaben verwendet werden.

Die Leerzeichen (Leerschritt, Leerstelle) ist in den Darstellungen nicht zu verwenden.

4.4 Verwendung von Trennzeichen

Im Bedarfsfall sind die folgenden Schriftzeichen als Trennzeichen zu verwenden:

[-] (Mittelstrich) – zur Trennung der Zeitelemente “Jahr” und “Monat”, “Jahr” und “Woche”, “Jahr” und “Tag”, “Monat” und “Tag” sowie “Woche” und “Tag”;

ANMERKUNG: Der Mittelstrich wird auch verwendet, um die Auslassung von Komponenten anzuzeigen.

[:] (Doppelpunkt) – zur Trennung der Zeitelemente “Stunde” und “Minute” sowie “Minute” und “Sekunde”.

[/] (Schrägstrich) – zur Trennung der beiden Komponenten in der Darstellung von Zeitspannen.

4.5 Verkürzung

Komponenten höherer Ordnung dürfen in Applikationen, die ihr Vorhandensein (stillschweigend) berücksichtigen, weggelassen werden (Verkürzung). Um die Einheitlichkeit aller Darstellungen, die in dieser Internationalen Norm vorgesehen sind, sicherzustellen, sollte die Verkürzung einer bestimmten Darstellung nur nach Maßgabe jener Regeln der entsprechenden Unterabschnitte des Abschnittes 5 erfolgen, die sich auf die entsprechende Darstellung beziehen. Um das Risiko einer Fehlinterpretation zu vermeiden, wird üblicherweise die Hinzufügung eines einzelnen Mittelstriches anstelle jeder weggelassenen Komponente notwendig sein.

ANMERKUNG: Wo kein Risiko einer Verwechslung solcher Darstellungen mit anderen in dieser Internationalen Norm festgelegten Darstellungen besteht, dürfen bei gegenseitiger Übereinkunft der Partner des Informationsaustausches führende Mittelstriche weggelassen werden.

4.6 Führende Null(en)

Jede Datums- und Uhrzeitkomponente einer definierten Darstellung besitzt eine definierte Länge, die erforderlichenfalls durch Vorsetzen einer oder mehrerer führender Nullen herzustellen ist.

5 Darstellungen

5.1 Erklärungen

5.1.1 Anstelle von Ziffern verwendete Buchstaben

[C] vertritt eine Ziffer an der Tausender- oder Hunderterstelle (im “Jahrhundert”-Teil) des Zeitelements “Jahr”;

[Y] vertritt eine Ziffer an der Zehner- oder Einerstelle des Zeitelements “Jahr”;

[M] vertritt eine Ziffer im Zeitelement “Monat”;

[D] vertritt eine Ziffer im Zeitelement “Tag”;

[W] vertritt eine Ziffer im Zeitelement “Woche”;

[h] vertritt eine Ziffer im Zeitelement “Stunde”;

[m] vertritt eine Ziffer im Zeitelement “Minute”;

[s] vertritt eine Ziffer im Zeitelement “Sekunde”;

[n] vertritt eine oder mehrere Ziffern einer positiven ganzen Zahl.

5.1.2 Als Kennung verwendete Buchstaben

[P] wird als Zeitabschnittskennung verwendet und geht einem Datenelement voraus, das eine Zeitspanne darstellt;

[T] wird als Uhrzeitkennung verwendet und kennzeichnet den Beginn der Darstellung der Tageszeit in kombinierten Datums- und Uhrzeitausdrücken;

[W] wird als Wochenkennung verwendet und geht einem Datenelement voraus, das die laufende Nummer einer Kalenderwoche innerhalb des Jahres darstellt;

[Z] wird als Zeitzonenkennung verwendet und folgt unmittelbar (ohne Zwischenraum) auf ein Datenelement, das die Tageszeit in Koordinierter Weltzeit (UTC) ausdrückt.

In Darstellungen von Zeitspannen (5.5.3.2) werden die folgenden Buchstaben erforderlichenfalls auch als Teile der Darstellung verwendet:

[Y] [M] [W] [D] [H] [M] [S]

ANMERKUNG: In diesen Darstellungen kann [M] zur Bezeichnung von "Monat" oder von "Minute" oder auch für beides verwendet werden.

5.2 Datum

Zum leichteren Vergleich wird in allen folgenden Beispielen der Datumsdarstellung zur Veranschaulichung das Datum 12. April 1985 verwendet, soweit dieses dazu geeignet ist.

5.2.1 Kalenderdatum

In Datumsausdrücken werden

– der Monatstag (Kalendertag) mit zwei Ziffern dargestellt. Der erste Tag jedes Monats wird als [01] dargestellt, und die nachfolgenden Tage desselben Monats werden in aufsteigender Reihenfolge numeriert;

– der Monat mit zwei Ziffern dargestellt. Der Januar wird als [01] dargestellt, und die nachfolgenden Monate werden in aufsteigender Reihenfolge numeriert;

– das Jahr wird grundsätzlich mit vier Ziffern dargestellt; die Jahre werden entsprechend dem Gregorianischen Kalender in aufsteigender Reihenfolge numeriert.

5.2.1.1 Vollständige Darstellung

Falls die Applikation den Bedarf an einem Ausdruck nur für das Kalenderdatum klar erkennen läßt, dann hat die vollständige Darstellung aus einem einzigen, acht Ziffern umfassenden numerischen Datenelement zu bestehen, in dem [CCYY] ein Kalenderjahr darstellt, [MM] die laufende Nummer eines Kalendermonats innerhalb des Kalenderjahres und [DD] die laufende Nummer eines Tages innerhalb des Kalendermonats.

Basisformat: CCYYMMDD
BEISPIEL 1: 19850412
Erweitertes Format: CCYY-MM-DD
BEISPIEL 2: 1985-04-12

5.2.1.2 Darstellung mit geringerer Genauigkeit

Falls es für eine bestimmte Applikation genügt, ein Kalenderdatum mit einer geringeren als der in 5.2.1.1 festgelegten Genauigkeit auszudrücken, dann dürfen – beginnend an der äußersten rechten Seite – zwei, vier oder auch sechs Ziffern weggelassen werden. Die sich ergebende Darstellung bezeichnet dann einen Monat, ein Jahr oder ein Jahrhundert, wie das weiter unten dargestellt wird. Falls nur [DD] ausgelassen wird, ist zwischen [CCYY] und [MM] ein Trennzeichen einzufügen; in anderen Darstellungen mit geringerer Genauigkeit sind jedoch keine Trennzeichen zu verwenden.

a) Ein bestimmter Monat
Basisformat: CCYY-MM
BEISPIEL 1: 1985-04
Erweitertes Format: nicht anwendbar

b) Ein bestimmtes Jahr
Basisformat: CCYY
BEISPIEL 2: 1985
Erweitertes Format: nicht anwendbar

c) Ein bestimmtes Jahrhundert
Basisformat: CC
BEISPIEL 3: 19
Erweitertes Format: nicht anwendbar

5.2.1.3 Verkürzte Darstellungen

Wenn verkürzte Darstellungen benötigt werden, dann hat das Basisformat den nachfolgenden Festlegungen zu entsprechen. In diesen Fällen sind (zur Anzeige fehlender Teile) in der bezeichneten Weise Mittelstriche zu verwenden.

a) Ein bestimmtes Datum des laufenden Jahrhunderts
Basisformat: YYMMDD
BEISPIEL 1: 850412
Erweitertes Format: YY-MM-DD
BEISPIEL 2: 85-04-12

b) Ein bestimmtes Jahr und ein bestimmter Monat des laufenden Jahrhunderts
Basisformat: -YYMM
BEISPIEL 3: -8504
Erweitertes Format: -YY-MM
BEISPIEL 4: -85-04

c) Ein bestimmtes Jahr des laufenden Jahrhunderts
Basisformat: -YY
BEISPIEL 5: -85
Erweitertes Format: nicht anwendbar

d) Ein bestimmter Monatstag
Basisformat: --MMDD
BEISPIEL 6: --0412
Erweitertes Format: --MM-DD
BEISPIEL 7: --04-12

e) Ein bestimmter Monat
Basisformat: --MM
BEISPIEL 8: --04
Erweitertes Format: nicht anwendbar

f) Ein bestimmter Tag
Basisformat: --DD
BEISPIEL 9: --12
Erweitertes Format: nicht anwendbar

5.2.2 Ordinaldatum

Der laufende Tag des Jahres (Ordinaltag) wird mit drei Dezimalziffern dargestellt. Der erste Tag jedes Jahres wird als [001] dargestellt, und nachfolgende Tage werden in aufsteigender Reihenfolge numeriert.

5.2.2.1 Vollständige Darstellung

Falls die Applikation den Bedarf an einer vollständigen Darstellung eines Ordinaldatums klar erkennen läßt, dann ist dieser durch einen der folgenden numerischen Ausdrücke zu befriedigen, wobei [CCYY] ein Kalenderjahr darstellt, und [DDD] die laufende Nummer eines Tages innerhalb des Jahres.

Basisformat: CCYYDDD
BEISPIEL 1: 1985102
Erweitertes Format: CCYY-DDD
BEISPIEL 2: 1985-102

5.2.2.2 Verkürzte Darstellungen

Wenn verkürzte Darstellungen benötigt werden, dann haben die Basisformate den nachfolgenden Festlegungen zu entsprechen. In diesen Fällen sind (zur Anzeige fehlender Teile) in der bezeichneten Weise Mittelstriche zu verwenden.

a) Ein bestimmtes Jahr und ein bestimmter Tag des laufenden Jahrhunderts
Basisformat: YYDDD
BEISPIEL 1: 85102
Erweitertes Format: YY-DDD
BEISPIEL 2: 85-102

b) Nur ein Tag

Basisformat: -DDD

BEISPIEL 3: -102

Erweitertes Format: nicht anwendbar

ANMERKUNG: Konsequenterweise sollte die Darstellung durch [--DDD] erfolgen, aber der erste Mittelstrich ist überflüssig und wurde daher weggelassen.

5.2.3 Durch Kalenderwoche und Tagesnummer bestimmtes Datum

Die Kalenderwoche wird mit zwei Ziffern dargestellt. Die erste Kalenderwoche des Jahres ist gleich [01] zu setzen, und nachfolgende Wochen sind in aufsteigender Reihenfolge zu numerieren.

Der Wochentag wird mit einer Dezimalziffer dargestellt. Der Montag ist mit Tag [1] jeder Kalenderwoche gleichzusetzen, und nachfolgende Tage derselben Woche sind in aufsteigender Reihenfolge bis Sonntag (Tag [7]) zu numerieren.

5.2.3.1 Vollständige Darstellung

Falls die Applikation den Bedarf an einer vollständigen Darstellung eines durch Kalenderwoche und Tagesnummer bestimmten Datums klar erkennen läßt, dann ist dieser durch einen der folgenden alphanumerischen Ausdrücke zu befriedigen, wobei [CCYY] ein Kalenderjahr darstellt, [W] die Wochenkennung ist, und [ww] die laufende Nummer einer Kalenderwoche innerhalb des Jahres sowie [D] die laufende Nummer eines Tages innerhalb der Kalenderwoche darstellen.

Basisformat: CCYYWwwD

BEISPIEL 1: 1985W155

Erweitertes Format: CCYY-Www-D

BEISPIEL 2: 1985-W15-5

5.2.3.2 Darstellung mit geringerer Genauigkeit

Wenn es das erforderliche Ausmaß an Genauigkeit erlaubt, dann darf eine Ziffer der Darstellung nach 5.2.3.1 weggelassen werden.

Basisformat: CCYYWww

BEISPIEL 1: 1985W15

Erweitertes Format: CCYY-Www

BEISPIEL 2: 1985-W15

5.2.3.3 Verkürzte Darstellungen

Wenn verkürzte Darstellungen benötigt werden, dann hat das Basisformat den nachfolgenden Festlegungen zu entsprechen. In diesen Fällen sind (zur Anzeige fehlender Teile) in der bezeichneten Weise Mittelstriche zu verwenden.

a) Jahr, Woche und Tag des laufenden Jahrhunderts

Basisformat: YYWwwD

BEISPIEL 1: 85W155

Erweitertes Format: YY-Www-D

BEISPIEL 2: 85-W15-5

b) Nur Jahr und Woche des laufenden Jahrhunderts

Basisformat: YYWww

BEISPIEL 3: 85W15

Erweitertes Format: YY-Www

BEISPIEL 4: 85-W15

c) Nur Woche und Tag des Jahres der laufenden Dekade

Basisformat: -YWwwD

BEISPIEL 5: -5W155

Erweitertes Format: -Y-Www-D

BEISPIEL 6: -5-W15-5

d) Nur Woche und Tag des laufenden Jahres

Basisformat: -WwwD

BEISPIEL 7: -W155

Erweitertes Format: -Www-D

BEISPIEL 8: -W15-5

e) Nur Woche des laufenden Jahres

Basisformat: -Www

BEISPIEL 9: -W15

Erweitertes Format: nicht anwendbar

f) Nur Tag der laufenden Woche

Basisformat: -W-D

BEISPIEL 10: -W-5

Erweitertes Format: nicht anwendbar

ANMERKUNG: Obwohl die Darstellung [-W-D] ohne Risiko einer Fehlinterpretation zu [-D] verkürzt werden könnte, wurde die volle konsequente Ableitung beibehalten, weil das [W] dazu dient, die Darstellung als auf Woche und Tagesnummer basierendes Datum zu kennzeichnen. Die Häufigkeit ihrer Anwendung wird als niedrig erwartet, so daß die beiden eventuell überflüssigen Schriftzeichen keine Übertragungsprobleme hervorrufen dürften.

g) Nur Tag einer beliebigen Woche

Basisformat: ---D

BEISPIEL 11: ---5

Erweitertes Format: nicht anwendbar

5.3 Tageszeit

Da diese Internationale Norm auf dem 24-Stunden-Zeitmessungssystem basiert, welches nunmehr allgemein verwendet wird, werden Stunden mit zweistelligen Zahlen von [00] bis [24] dargestellt, während Minuten und Sekunden durch zweistellige Zahlen von [00] bis [59] dargestellt werden. Für die meisten Zwecke wird die Uhrzeit mit vier Ziffern [hhmm] dargestellt.

5.3.1 Ortszeit

5.3.1.1 Vollständige Darstellung

Falls die Applikation den Bedarf an einem Ausdruck nur für die Tageszeit klar erkennen läßt, dann hat die vollständige Darstellung im Basisformat aus einem einzigen, sechs Ziffern umfassenden numerischen Datenelement zu bestehen, in dem [hh] Stunden darstellt, [mm] Minuten und [ss] Sekunden.

Basisformat: hhmmss

BEISPIEL 1: 232050

Erweitertes Format: hh:mm:ss

BEISPIEL 2: 23:20:50

5.3.1.2 Darstellung mit geringerer Genauigkeit

Wenn es das erforderliche Ausmaß an Genauigkeit erlaubt, dann dürfen entweder zwei oder vier Ziffern der Darstellung nach 5.3.1.1 weggelassen werden.

Basisformat: hhmm
hh

BEISPIEL 1: 2320
23

Erweitertes Format: hh:mm
nicht anwendbar

BEISPIEL 2: 23:20

5.3.1.3 Darstellung von Dezimalbrüchen

Wenn es für eine bestimmte Applikation notwendig ist, dann darf ein Dezimalbruch der Stunde, Minute oder Sekunde einbezogen werden. Wenn ein Dezimalbruch einbezogen wird, dann sind untergeordnete Teile (falls vorhanden) wegzulassen und der Dezimalbruch ist vom ganzzahligen Teil durch das in ISO 31-0 festgelegte Dezimalzeichen, d. h. das Komma [,] oder der Punkt [.], zu trennen. Von diesen ist das Komma vorzuziehen.

Wenn die Größe der Zahl kleiner ist als eins, dann sind vor dem Dezimalzeichen des Kommas zwei Nullen entsprechend 4.6 anzuordnen (siehe ISO 31-0).

Die Anzahl der Ziffern des Dezimalbruchs soll von den Austauschpartnern in Abhängigkeit von der Applikation festgelegt werden. Das Format ist je nach Eignung [hhmmss,s], [hhmm,m] oder [hh,h] (Stunde Minute Sekunde, Stunde Minute bzw. Stunde) mit der erforderlichen Anzahl von Ziffern hinter dem Dezimalzeichen. Wenn das erweiterte Format benötigt wird, dann dürfen bei der vollständigen Darstellung oder bei der durch Weglassen von (ss,s) verringerten Genauigkeit Trennzeichen in die Darstellung mit Dezimalbrüchen einbezogen werden.

Basisformat: hhmmss,s
hhmm,m
hh,h

BEISPIEL 1: 232050,5
2320,9
23,3

Erweitertes Format: hh:mm:ss,s
hh:mm,m
nicht anwendbar

BEISPIEL 2: 23:20:50,5
23:20,9

5.3.1.4 Verkürzte Darstellungen

Wenn verkürzte Darstellungen benötigt werden, dann hat das Basisformat den nachfolgenden Festlegungen zu entsprechen. In diesen Fällen sind (zur Anzeige fehlender Teile) in der bezeichneten Weise Mittelstriche zu verwenden.

a) Eine bestimmte Minute und Sekunde der Stunde

Basisformat: -mmss

BEISPIEL 1: -2050

Erweitertes Format: -mm:ss

BEISPIEL 2: -20:50

b) Eine bestimmte Minute der Stunde

Basisformat: -mm

BEISPIEL 3: -20

Erweitertes Format: nicht anwendbar

c) Eine bestimmte Minute der Sekunde

Basisformat: --ss

BEISPIEL 4: --50

Erweitertes Format: nicht anwendbar

d) Eine bestimmte Stunde des Tages mit Dezimalbruch der Stunde

Basisformat: hh,h

BEISPIEL 5: 11,3

Erweitertes Format: nicht anwendbar

e) Eine bestimmte Minute der Stunde mit Dezimalbruch der Minute

Basisformat: -mm,m

BEISPIEL 6: -20,9

Erweitertes Format: nicht anwendbar

f) Eine bestimmte Minute und Sekunde der Stunde mit Dezimalbruch der Sekunde

Basisformat: -mmss,s

BEISPIEL 7: -2050,5

Erweitertes Format: -mm:ss,s

BEISPIEL 8: -20:50,5

g) Eine bestimmte Sekunde der Minute mit Dezimalbruch der Sekunde

Basisformat: --ss,s

BEISPIEL 9: --50,5

Erweitertes Format: nicht anwendbar

ANMERKUNG: Die vorstehenden Basisformate zeigen nur eine Ziffer hinter dem Dezimalzeichen, es darf jedoch die erforderliche Anzahl von Ziffern verwendet werden.

5.3.2 Mitternacht

Die vollständige und die erweiterte Darstellung der Mitternacht sind gemäß 5.3.1 auf eine der beiden folgenden Arten wiederzugeben:

Basisformat:	Erweitertes Format:
a) 000000	00:00:00 (der Beginn eines Tages),
b) 240000	24:00:00 (das Ende eines Tages).

Die Darstellungen dürfen gemäß 5.3.1.4 verkürzt werden.

ANMERKUNG 1: Mitternacht wird normalerweise als [0000] oder [2400] dargestellt.

ANMERKUNG 2: Die Auswahl der Darstellung a) oder b) wird von der etwaigen Verbindung mit einem Datum oder einem Zeitabschnitt abhängen.

ANMERKUNG 3: Das Ende eines Tages (2400) fällt mit dem Beginn (0000) des nächsten Tages zusammen, z. B. ist 2400 am 12. April 1985 dasselbe wie 0000 am 13. April 1985. Wenn es keine Verbindung mit einem Datum oder einem Zeitabschnitt gibt, dann bezeichnen sowohl a) als auch b) dieselbe Uhrzeit im 24-Stunden-Zeitmessungssystem.

5.3.3 Koordinierte Weltzeit (UTC)

Um die Tageszeit in der Koordinierten Weltzeit auszudrükken, sind die Darstellungen gemäß 5.3.1 zu verwenden und mit der ohne Zwischenraum unmittelbar nachfolgenden Zeitzonenkennung [Z] abzuschließen. Die nachfolgenden Beispiele sind Darstellungen der UTC-Zeit 20 Minuten und 30 Sekunden nach 23 Uhr mit vollständiger und geringerer Genauigkeit:

Basisformat: hhmmssZ
hhmmZ
hhZ

BEISPIEL 1: 232030Z
2320Z
23Z

Erweitertes Format: hh:mm:ssZ
hh:mmZ
nicht anwendbar

BEISPIEL 2: 23:20:30Z
23:20Z

5.3.3.1 Unterschiede zwischen Ortszeit und Koordinierter Weltzeit

Falls es erforderlich ist, den Unterschied zwischen Ortszeit und Koordinierter Weltzeit zu bezeichnen, dann ist dessen Darstellung ohne Zwischenraum unmittelbar an den untergeordneten (am weitesten rechts stehenden) Teil der Darstellung der Ortszeit anzuhängen, welche in diesem Fall immer eine Stundenangabe enthalten muß.

Der Unterschied zwischen Ortszeit und Koordinierter Weltzeit ist unabhängig von der Genauigkeit des zugehörigen Ortszeitausdrucks in Stunden und Minuten oder nur in Stunden auszudrücken. Er ist in der weiter unten gezeigten Form als positiv (d. i. mit einem vorausgehenden Pluszeichen [+]) darzustellen, wenn die Ortszeit einen Vorsprung vor der Koordinierten Weltzeit besitzt, und als negativ (d. i. mit einem vorausgehenden Minuszeichen [–]), wenn sie hinter dieser zurückbleibt. Die vollständigen Darstellungen der Ortszeit 27 Minuten und 46 Sekunden nach 15 Uhr in

Genf (normalerweise eine Stunde vor UTC) und in New York (fünf Stunden nach UTC) werden gemeinsam mit der Bezeichnung des Unterschiedes zwischen Ortszeit und Koordinierter Weltzeit als Beispiele verwendet.

Basisformat:	+hhmm +hh −hhmm −hh
BEISPIEL 1:	152746+0100 152746+01 152746−0500 152746−05
Erweitertes Format:	+hh:mm nicht anwendbar −hh:mm nicht anwendbar
BEISPIEL 2:	15:27:46+01:00 15:27:46+01 15:27:46−05:00 15:27:46:05

ANMERKUNG: Die Darstellungen des negativen Unterschiedes zwischen Ortszeit und Koordinierter Weltzeit sollten nicht allein verwendet werden, weil sie mit verkürzten Darstellungen eines Datums gemäß 5.2.1.3 und mit verkürzten Darstellungen der Uhrzeit gemäß 5.3.1.4 verwechselt werden könnten.

5.4 Kombinationen von Darstellungen des Datums und der Tageszeit

Falls die Applikation den Bedarf an einem Ausdruck nur für das Kalenderdatum (siehe 5.2) oder nur für die Uhrzeit (siehe 5.3) nicht klar erkennen läßt, dann kann ein Zeitpunkt durch eine Kombination der in dieser Internationalen Norm vorgesehenen Darstellungen von Datum und Tageszeit festgelegt werden.

5.4.1 Vollständige Darstellung

Die Teile eines Zeitpunktes sind in folgender Reihenfolge zu schreiben:

a) Für ein Kalenderdatum:

Jahr – Monat – Tag – Uhrzeitkennung – Stunde – Minute – Sekunde

b) Für ein Ordinaldatum:

Jahr – Tag – Uhrzeitkennung – Stunde – Minute – Sekunde

c) Für ein durch die Wochen- und Tagesnummer bestimmtes Datum:

Jahr – Wochenkennung – Woche – Tag – Uhrzeitkennung – Stunde – Minute – Sekunde

Der Buchstabe [T] ist in kombinierten Datums- und Tageszeitausdrücken als Uhrzeitkennung zur Bezeichnung des Beginns der Tageszeitdarstellung zu verwenden. Im Bedarfsfall sind der Mittelstrich [−] und der Doppelpunkt [:] gemäß 4.4 als Trennzeichen innerhalb des Datums- bzw. der Tageszeitangabe zu verwenden. Falls irgendwelche Teile der Datums- oder Zeitdarstellung weggelassen werden, dann hat die Uhrzeitkennung den verbleibenden Teilen der Tageszeitdarstellung voranzugehen.

ANMERKUNG: Bei gegenseitiger Übereinkunft der Partner eines Informationsaustausches darf der Buchstabe [T] in Applikationen, in denen keine Gefahr der Verwechslung einer kombinierten Datums- und Tageszeitdarstellung mit anderen in dieser Internationalen Norm definierten Darstellungen besteht, weggelassen werden.

Die nachfolgenden Beispiele zeigen Kombinationen von Darstellungen des Datums und der Tageszeit mit vollständiger und geringerer Genauigkeit (im Basis- und im erweiterten Format):

a) Kalenderdatum und Ortszeit

Basisformat:	CCYYMMDDThhmmss CCYYMMDDThhmm CCYYMMDDThh
BEISPIEL 1:	19850412T101530 19850412T1015 19850412T10
Erweitertes Format:	CCYY−MM−DDThh:mm:ss CCYY−MM−DDThh:mm CCYY−MM−DDThh
BEISPIEL 2:	1985−04−12T10:15:30 1985−04−12T10:15 1985−04−12T10

b) Ordinaldatum und Ortszeit

Basisformat:	CCYYDDDThhmmss CCYYDDDThhmm CCYYDDDThh
BEISPIEL 3:	1985102T235030 1985102T2350 1985102T23
Erweitertes Format:	CCYY−DDDThh:mm:ss CCYY−DDDThh:mm CCYY−DDDThh
BEISPIEL 4:	1985−102T23:50:30 1985−102T23:50 1985−102T23

c) Durch Kalenderwoche, Tagesnummern und Ortszeit bestimmtes Datum

Basisformat:	CCYYWwwDThhmmss CCYYWwwDThhmm CCYYWwwDThh
BEISPIEL 5:	1985W155T235030 1985W155T2350 1985W155T23
Erweitertes Format:	CCYY−Www−DThh:mm:ss CCYY−Www−DThh:mm CCYY−Www−DThh
BEISPIEL 6:	1985−W15−5T23:50:30 1985−W15−5T23:50 1985−W15−5T23

5.4.2 Unvollständige Darstellungen

Bei geringerer Genauigkeit und/oder verkürzten Darstellungen eines kombinierten Ausdrucks für Datum und Uhrzeit darf jede der Darstellungen gemäß 5.2.1 (bei einem Kalenderdatum), 5.2.2 (bei einem Ordinaldatum) oder 5.2.3 (bei einem durch eine Wochennummer bestimmten Datum) mit jeder der Darstellungen gemäß 5.3 kombiniert werden, vorausgesetzt, daß die Regeln dieser Abschnitte gemeinsam mit den folgenden angewendet werden:

a) in einem kombinierten Datums- und Uhrzeitausdruck dürfen der Datumsanteil nicht mit geringerer Genauigkeit und der Uhrzeitteil nicht verkürzt dargestellt werden;

b) falls die Verkürzung im Datumsteil eines kombinierten Datums- und Uhrzeitausdrucks auftritt, dann ist es nicht erforderlich, die weggelassenen übergeordneten Teile durch Mittelstriche [−] zu ersetzen;

c) falls es aus dem Zusammenhang nicht klar hervorgeht, daß es sich nur um eine Uhrzeit allein handelt, und das erweiterte Format mit dem Trennzeichen Doppelpunkt [:] nicht verwendet wird, dann ist es notwendig, den Uhrzeitausdruck mit der Kennung [T] zu beginnen.

5.5 Zeitabschnitte

5.5.1 Arten der Beschreibung von Zeitabschnitten

Ein Zeitabschnitt ist auf eine der folgenden Arten auszudrücken:

a) als durch einen bestimmten Beginn und ein bestimmtes Ende begrenzte Zeitspanne;

b) als Zeitgröße, die mit einem oder mehreren bestimmten Teilen (Zahlenwerten) ausgedrückt, aber nicht mit einem bestimmten Beginn oder Ende verbunden wird;

c) als mit einem bestimmten Beginn verbundene Zeitgröße;

d) als mit einem bestimmten Ende verbundene Zeitgröße.

5.5.2 Trennzeichen und Kennungen

Die zwei Teile [des Ausdrucks] gemäß 5.5.1 a) und d) sind durch einen Schrägstrich [/] voneinander zu trennen.

Bei Ausdrücken gemäß 5.5.1 b), c) und d) hat die Kennung [P] der Darstellung der Zeitspanne ohne Zwischenraum vorauszugehen.

Andere Kennungen (und der Mittelstrich, falls er zur Anzeige fehlender Teile verwendet wird) sind wie nachfolgend in 5.5.3 gezeigt zu verwenden.

ANMERKUNG: In bestimmten Anwendungsbereichen wird ein verdoppelter Mittelstrich anstelle des Schrägstriches verwendet.

5.5.3 Vollständige Darstellungen

5.5.3.1 Durch Beginn und Ende bestimmte Zeitabschnittsdarstellung

Falls die Applikation den Bedarf an einer vollständigen, durch Beginn und Ende bestimmten Darstellung eines Zeitabschnittes klar erkennen läßt, dann ist dieser durch einen der nachfolgend alphanumerischen Ausdrücke zu befriedigen. Bei einem bestimmten Beginn oder Ende eines Zeitabschnittes stellen [CCYY] ein Kalenderjahr, [MM] die laufende Nummer eines Kalendermonats innerhalb des Kalenderjahres, [DD] die laufende Nummer eines Tages innerhalb des Kalendermonats, [hh] Stunden, [mm] Minuten und [ss] Sekunden dar.

Basisformat: CCYYMMDDThhmmss/
CCYYMMDDThhmmss

BEISPIEL: 19850412T232050/
19850625T103000

Zeitabschnitt, der 20 Minuten und 50 Sekunden nach 23 Uhr am 12. April 1985 beginnt und 30 Minuten nach 10 Uhr am 25. Juni 1985 endet.

5.5.3.2 Darstellung einer Zeitspanne

Eine bestimmte Dauer eines Zeitabschnittes ist, gleichgültig, ob sie mit einem Beginn oder Ende verbunden ist, durch ein Datenelement variabler Länge darzustellen, das mit der Kennung [P] einzuleiten ist. Auf die Anzahl der Jahre hat die Kennung [Y], auf die Anzahl der Monate [M], auf die Anzahl der Wochen [W] und auf die Anzahl der Tage [D] zu folgen. Der die Uhrzeit enthaltende Teil ist durch die Kennung [T] einzuleiten; auf die Anzahl der Stunden hat [H], auf die Anzahl der Minuten [M] und auf die Anzahl der Sekunden [S] zu folgen. In den nachfolgenden Beispielen ersetzt [n] eine oder mehrere Ziffern einer positiven ganzen Zahl.

Basisformat: PnYnMnDTnHnMnS
PnW

BEISPIEL: P2Y10M15DT10H30M20S

Eine Zeitspanne von 2 Jahren, 10 Monaten, 15 Tagen, 10 Stunden, 30 Minuten und 20 Sekunden.

Eine Zeitspanne von 6 Wochen.

5.5.3.2.1 Alternativformat

Wenn es aus bestimmten Gründen erforderlich ist, dann dürfen Zeitspannen in Anpassung an das für Zeitpunkte verwendete Format gemäß Abschnitt 5 ausgedrückt werden. Dementsprechend dürfen die betreffenden Werte die "Übertragslimits" von 12 Monaten, 30 Tagen, 24 Stunden, 60 Minuten und 60 Sekunden nicht überschreiten. Da Wochen keine definierten Überträge besitzen (52 oder 53), sollten Wochen in solchen Applikationen nicht verwendet werden.

5.5.3.3 Darstellung eines durch seinen Beginn und seine Dauer bestimmten Zeitabschnitts

Basisformat: CCYYMMDDThhmmss/
PnYnMnDTnHnMnS

BEISPIEL: 19850412T232050/
P1Y2M15DT1230M

Ein 1 Jahr, 2 Monate, 15 Tage, 12 Stunden und 30 Minuten langer Zeitabschnitt, der am 12. April 1985 um 20 Minuten und 50 Sekunden nach 23 Uhr beginnt.

5.5.3.4 Darstellung eines durch sein Ende und seine Dauer bestimmten Zeitabschnitts

Basisformat: PnYnMnDTnHnMnS/
CCYYMMDDThhmmss

BEISPIEL: P1Y2M15DT12H30/
19850412T232050

Ein 1 Jahr, 2 Monate, 15 Tage, 12 Stunden und 30 Minuten langer Zeitabschnitt, der am 12. April 1985 um 20 Minuten und 50 Sekunden nach 23 Uhr endet.

ANMERKUNG 1: In den gezeigten vollständigen Darstellungen mit einem Kalenderdatum kann dieses sinngemäß durch ein Ordinaldatum (5.2.2) oder ein durch eine Wochennummer bestimmtes Datum (5.2.3) ersetzt werden.

ANMERKUNG 2: Die die Dauer bestimmenden Teile gemäß 5.5.3.2, 5.5.3.3 und 5.5.3.4 werden häufig in einer Form mit geringerer Genauigkeit vorkommen.

Wenn erweiterte Formate benötigt werden, dann haben sie den Anforderungen gemäß 5.2.1.1, 5.2.2.1, 5.2.3.1 und 5.3.1.1 zu entsprechen.

5.4.4 Unvollständige Darstellungen

Wenn geringere Genauigkeit, verkürzte oder Dezimalbruchstellen oder erweiterte Formate anstelle irgendwelcher Teile vollständiger Darstellungen verwendet werden, dann haben sie den diesbezüglichen Regeln gemäß 5.2 und 5.3 zu entsprechen.

In Zeitabschnittsdarstellungen gemäß 5.5.1 a) [gilt dabei]:

— wenn übergeordnete Teile des dem Schrägstrich folgenden Ausdrucks (d. i. die Darstellung des "Endes des Zeitabschnitts") weggelassen werden, dann gelten auch für ihn die entsprechenden Teile des den "Beginn des Zeitabschnitts" bezeichnenden Ausdrucks (z. B. wenn bei Verwendung einer abgeleiteten Darstellung [CCYYMM] weggelassen wird, dann gelten für das Ende des Zeitabschnitts dasselbe Jahr und derselbe Monat wie für dessen Beginn);

— Darstellungen von Zeitzonen und Koordinierter Weltzeit in dem dem Schrägstrich vorausgehenden Teil gelten auch für den dem Schrägstrich nachfolgenden Teil, es sei denn, der Ausdruck enthält diesbezüglich alternative Angaben.

Anhang A

Verhältnis zu ISO 2014, 2015, 2711, 3307 und 4031

(Dieser Anhang stellt keinen Bestandteil der Norm dar).

A.1 Bei der Vorbereitung der ersten Ausgabe der ISO 2014 wurde eine Prüfung der möglichen Anwendungen rein numerischer Datumsdarstellungen durchgeführt. Dabei wurde festgestellt, daß die Vorteile der absteigenden Ordnung Jahr-Monat-Tag gewichtiger sind als jene der damals bereits in vielen Teilen der Welt eingeführten aufsteigenden Ordnung Tag-Monat-Jahr.

Insbesondere wurde festgestellt, daß die absteigende Ordnung folgende Vorteile einschließt:

a) die Vermeidung von Verwechslungen im Vergleich mit bestehenden nationalen Konventionen, die unterschiedliche Systeme mit aufsteigender Ordnung verwenden;

b) die Einfachheit, mit der das ganze Datum für Zwecke der Ablage und Klassifikationen als einfache Zahl behandelt werden kann;

c) arithmetrische Berechnung, insbesondere in einigen Computeranwendungen;

d) die Möglichkeit der Fortsetzung der Reihenfolge durch Hinzufügung der Ziffern für Stunde-Minute-Sekunde.

A.2 Gegenwärtig ist die Verwendung des 24-Stunden-Zeitmessungssystems so verbreitet (insbesondere im Hinblick auf die breite Verfügbarkeit und Verwendung digitaler Uhren), daß Trennzeichen zur Unterstützung menschlicher Interpretation nicht länger notwendig sind, sondern sie fakultativ einbezogen wurden.

Die natürliche Hinzufügung der untergeordneten Uhrzeitziffern zu den übergeordneten Datumsziffern (siehe oben) bildete das Grundkonzept bei der Vorbereitung dieser Internationalen Norm, daß ein Zeitpunkt einheitlich in rein numerischer Form durch eine Folge von Ziffern dargestellt werden kann, die mit dem Jahr beginnt und in Abhängigkeit von der gewünschten Genauigkeit mit der Stunde, der Minute oder der Sekunde endet.

Aus diesem Konzept wurden Darstellungen aller anderen Datums- und Zeitwerte logisch abgeleitet, wodurch ISO 2014, ISO 3307 und ISO 4031 überflüssig wurden.

A.3 Die Numerierung von Tagen und Wochen innerhalb des auf dem Gregorianischen Kalender beruhenden Jahres ist in vielen kommerziellen Applikationen wichtig. Die Methoden zur Numerierung der Wochen eines Jahres variieren von Land zu Land, und daher ist es für den internationalen Handel und für industrielle Planung innerhalb internationaler Gesellschaften wesentlich, eine einheitliche Wochennumerierung zu verwenden. ISO 2015 und ISO 2711 wurden zur Erfüllung dieser Anforderungen geschaffen.

Die übereinstimmende Numerierung von Wochen erfordert eine einheitliche Festlegung des Tages, mit dem eine Woche beginnt. Für kommerzielle Zwecke, d. i. Verrechnung, Planung und ähnliche Aufgaben, für die eine Wochennummer gebraucht werden könnte, wurde der Montag als der als erster Wochentag geeignetste Tag befunden.

Die Festlegung eines bestimmten Datums mit Hilfe des Ordinaldatums (ISO 2711) und durch das Wochennumerierungssystem (ISO 2015) waren alternative Methoden, die das Grundkonzept dieser Internationalen Norm ebenfalls umfassen konnte, so daß ISO 2015 und ISO 2711 nunmehr überflüssig wurden.

Anhang B

Beispiele von Darstellungen eines Datums, einer Uhrzeit, von Kombinationen von Datum und Uhrzeit sowie von Zeitabschnitten

(Dieser Anhang stellt keinen Bestandteil der Norm dar).

B.1 Datum

Basisformat	Erweitertes Format	Erklärungen
Kalenderdatum — 12. April 1985		
19850412	1985-04-12	Vollständig
850412	85-04-12	Jahr irgendeines Jahrhunderts nur mit Monat und Tag
--0412	--04-12	Monat und Tag irgendeines Jahres
---12	nicht anwendbar	Nur Tag irgendeines Monats
Ordnungsdatum — 12. April 1985		
1985102	1985-102	Vollständig
85102	85-102	Jahr irgendeines Jahrhunderts mit laufendem Tag
5-102	nicht anwendbar	Jahr irgendeines Jahrzehnts mit laufendem Tag
-102	nicht anwendbar	Laufender Tag irgendeines Jahres
Kalenderwoche und Tag — Freitag, 12. April 1985		
1985W155	1985-W15-5	Vollständig
85W155	85-W15-5	Jahr irgendeines Jahrhunderts mit Woche und Tag
-5W155	-5-W15-5	Jahr irgendeines Jahrzehnts mit Woche und Tag
-W155	-W15-5	Woche und Tag irgendeines Jahres
-W-5	nicht anwendbar	Irgendeine Woche und Tag dieser Woche

Kalenderwoche – 15. Woche von 1985

1985W15	1985-W15	Vollständig
85W15	85-W15	Jahr irgendeines Jahrhunderts und Woche dieses Jahres
-5-W15	-5-W15	Jahr irgendeines Jahrzehnts und Woche dieses Jahres
-W15	nicht anwendbar	Bestimmte Woche irgendeines Jahres

Kalendermonat – April 1985

1985-04	nicht anwendbar	Vollständig
-8504	-85-04	Jahr irgendeines Jahrhunderts und Monats dieses Jahres
--04	nicht anwendbar	Bestimmter Monat irgendeines Jahres

Kalenderjahr – 1985

1985	nicht anwendbar	Vollständig
-85	nicht anwendbar	Bestimmtes Jahr irgendeines Jahrhunderts

B.2 Tageszeit

Basisformat	Erweitertes Format	Erklärungen
Ortszeit		
27 Minuten 46 Sekunden nach 15 Uhr Ortszeit		
152746	15:27:46	Vollständig
-2746	-27:46	Bestimmte Minute und Sekunde irgendeiner Stunde
--46	nicht anwendbar	Bestimmte Sekunde irgendeiner Minute
Begrenzt auf Stunden und Minuten		
1527	15:27	Vollständig
-27	nicht anwendbar	Bestimmte Minute irgendeiner Stunde
Begrenzt auf Stunden		
15	nicht anwendbar	Bestimmte Stunde irgendeines Tages
Ortszeit mit Dezimalbrüchen		
27 Minuten 35 und eine halbe Sekunde nach 15 Uhr Ortszeit		
152735,5	15:27:35,5	Vollständig
-2735,5	-27:35,5	Minute einer Stunde, Sekunde mit Dezimalbruch
--35,5	nicht anwendbar	Sekunde einer Minute, Sekunde mit Dezimalbruch
15,46	nicht anwendbar	Stunde mit Dezimalbruch dieser Stunde
-27,59	nicht anwendbar	Minute mit Dezimalbruch dieser Minute
-,59	nicht anwendbar	Dezimalbruch der Minute
--,5	nicht anwendbar	Dezimalbruch der Minute
Mitternacht – Der Beginn eines Tages		
000000	00:00:00	Vollständig
0000	00:00	Nur Stunde und Minute
Mitternacht – Das Ende eines Tages		
240000	24:00:00	Vollständig
2400	24:00	Nur Stunde und Minute
Koordinierte Weltzeit (UTC)		
20 Minuten und 30 Sekunden nach 23 Uhr UTC		
232030Z	23:20:30Z	Vollständig
2320Z	23:20Z	Stunde und Minute in UTC
23Z	23Z	Stunde in UTC
Unterschiede zwischen Ortszeit und Koordinierter Weltzeit		
Die Zeit 27 Minuten 46 Sekunden nach 15 Uhr Ortszeit in Genf (eine Stunde vor UTC)		
152746+0100	15:27:46+01:00	Vollständig
152746+01	15:27:46+01	Zeitunterschied nur in Stunden
Dieselbe Zeit in New Yorker Ortszeit (fünf Stunden hinter UTC)		
152746-0500	15:27:46-05:00	Vollständig
152746-05	15:27:46-05	Zeitunterschied nur in Stunden

B.3 Kombinationen von Datum und Uhrzeit

Basisformat	Erweitertes Format	Erklärungen
Kombinationen von Kalenderdatum und Ortszeit		
19850412T101530	1985-04-12T10:15:30	Vollständig
850412T101530	85-04-12T10:15:30	Innerhalb eines bestimmten Jahres irgendeines Jahrhunderts
850412T1015	85-04-12T10:15	Dito, nur mit Stunde und Minute
0412T1015	04-12T10:15	Innerhalb eines bestimmten Monats irgendeines Jahres nur mit Stunde und Minute
0412T10	04-12T10	Dito, nur mit Stunde
12T10	(nicht anwendbar)	Innerhalb eines bestimmten Tages, irgendeines Monats nur mit Stunde
850412T10	85-04-12T10	Innerhalb eines bestimmten Datums irgendeines Jahrhunderts nur mit Stunde
12T101530	12T10:15:30	Innerhalb eines bestimmten Tages irgendeines Monats, Jahres und Jahrhunderts

usw.

Basisformat	Erweitertes Format	Erklärungen
Kombinationen von Ordinaldatum und Ortszeit		
1985102T235030	1985-102T23:50:30	Vollständig
85102T235030	85-102T23:50:30	Innerhalb eines bestimmten Jahres irgendeines Jahrhunderts
85102T2350	85-102T23:50	Dito, nur mit Stunde und Minute
102T2350	102T23:50	Dito, innerhalb eines bestimmten Ordinaldatums irgendeines Jahres
102T23	(nicht anwendbar)	Dito, nur mit Stunde
85102T23	85-102T23	Innerhalb eines bestimmten Jahres irgendeines Jahrhunderts nur mit Stunde
102T235030	102T23:50:30	Innerhalb eines bestimmten Ordinaldatums irgendeines Jahres und Jahrhunderts

usw.

Basisformat	Erweitertes Format	Erklärungen
Kombinationen von Kalenderwoche, Tagesnummer und Ortszeit		
1985W155T235030	1985-W15-5T23:50:30	Vollständig
85W155T235030	85-W15-5T23:50:30	Innerhalb eines bestimmten Jahres irgendeines Jahrhunderts
85W155T2350	85-W15-5T23:50	Dito, nur mit Stunde und Minute
W155T2350	W15-5T23:50	Dito, innerhalb irgendeines Jahres
W155T23	W15-5T23	Dito, nur mit Stunde
85W155T23	85-W15-5T23	Innerhalb eines bestimmten Jahres irgendeines Jahrhunderts nur mit Stunde
W155T235030	W15-5T23:50:30	Innerhalb einer bestimmten Woche und eines bestimmten Tages dieser Woche in irgendeinem Jahr und Jahrhundert

usw.

Basisformat	Erweitertes Format	Erklärungen
Kombinationen von Tagesnummer und Ortszeit		
5T235030	5T23:50:30	Irgendein Freitag, vollständig
5T2350	5T23:50	Nur mit Stunde und Minute
5T23	nicht anwendbar	Nur mit Stunde

usw.

B.4 Zeitabschnitte

Basisformat	Erweitertes Format

Zeitabschnitt mit bestimmtem Anfang und bestimmtem Ende

Ein Zeitabschnitt, der 20 Minuten und 50 Sekunden nach 23 Uhr am 12. April 1985 beginnt und 30 Minuten nach 10 Uhr am 25. Juni 1985 endet.

19850412T232050/19850625T103000	1985-04-12T23:20:50/1985-06-25T10:30:10

Ein Zeitabschnitt, der am 12. April 1985 beginnt und am 25. Juni 1985 endet.

19850412/0625	1985-04-12/06-25

Dauer eines Zeitabschnitts als Zeitgröße

2 Jahre, 10 Monate, 15 Tage, 10 Stunden, 20 Minuten und 30 Sekunden

P2Y10M15DT10H20M30S nicht anwendbar

1 Jahr und 6 Monate

P1Y6M nicht anwendbar

72 Stunden

PT72H nicht anwendbar

Zeitabschnitt mit bestimmtem Beginn und bestimmter Dauer

Ein Zeitabschnitt von 1 Jahr, 2 Monaten, 15 Tagen und 12 Stunden, der am 12. April 1985 um 20 Minuten und 50 Sekunden nach 23 Uhr beginnt.

19850412T232050/P1Y2M15DT12H 1985-04-12T23:20:50/P1Y2M15DT12H

Zeitabschnitt mit bestimmter Dauer und bestimmtem Ende

Ein Zeitabschnitt von 1 Jahr, 2 Monaten, 15 Tagen und 12 Stunden, der am 12. April 1985 um 20 Minuten und 50 Sekunden nach 23 Uhr endet.

P1Y2M15DT12H/19850412T232050 P1Y2M15DT12H/1985-04-12T23:20:50

Verzeichnis der im DIN-Taschenbuch 202 (2. Aufl., 1994) abgedruckten Normen (nach Sachgebieten geordnet)

Stichwortverzeichnis

Die hinter den Stichwörtern stehenden Angaben umfassen einen oder mehrere Nummernblöcke, die durch Semikolon getrennt sind. Die einzelnen Nummernblöcke sind wie folgt aufgebaut: Die erste Nummer ist die DIN-Nummer (ohne die Buchstaben DIN) der abgedruckten Norm; die folgenden Nummern kennzeichnen den Abschnitt, die Nummer oder die Tabelle (sofern nicht eindeutig einem Abschnitt zugeordnet) und gegebenenfalls die Nummer in dieser Tabelle.

Es bedeuten: Anm Anmerkung, Bbl Beiblatt, Bem Bemerkung, Nr Nummer, Tab Tabelle. Großbuchstaben bedeuten Anhänge. Zusätze in Klammern gehören meist nicht zum Stichwort selbst, sondern geben Erläuterungen zur Fundstelle.

22/17*

22/18*